国家科学技术学术著作出版基金资助出版

氧气转炉炼钢过程的
解析与控制

李远洲 编著

北 京
冶金工业出版社
2018

内 容 提 要

本书包括氧气转炉炼钢反应特点，射流、相似原理和射流与熔池的相互作用，硅、锰的氧化反应，脱磷反应，脱硫反应，脱碳反应，转炉吹炼过程解析，氧气转炉造渣和石灰熔化特点，复吹转炉合理的供氧、供气制度，喷枪和炉型的设计，转炉热工调控，计算机在转炉中的应用共 12 章内容。

本书资料来源于作者从事科研、教学和工程设计过程中，通过生产操作、科学试验得到的研究成果，以及对国内外专家学者发表论文中的科研成果的分析。

本书对从事钢铁冶金基础研究科研、教学人员以及生产人员有很大的启发作用。

图书在版编目（CIP）数据

氧气转炉炼钢过程的解析与控制/李远洲编著 . —北京：冶金工业出版社，2018. 5

国家科学技术学术著作出版基金

ISBN 978-7-5024-7524-6

Ⅰ . ①氧… Ⅱ . ①李… Ⅲ . ①氧气转炉炼钢—研究 Ⅳ . ①TF72

中国版本图书馆 CIP 数据核字（2018）第 046367 号

出 版 人　谭学余
地　　址　北京市东城区嵩祝院北巷 39 号　邮编　100009　电话　(010)64027926
网　　址　www.cnmip.com.cn　电子信箱　yjcbs@ cnmip. com. cn
责任编辑　刘小峰　曾　媛　美术编辑　彭子赫　版式设计　孙跃红
责任校对　王永欣　责任印制　李玉山
ISBN 978-7-5024-7524-6
冶金工业出版社出版发行；各地新华书店经销；三河市双峰印刷装订有限公司印刷
2018 年 5 月第 1 版，2018 年 5 月第 1 次印刷
787mm×1092mm　1/16；52 印张；1264 千字；810 页
200.00 元
冶金工业出版社　投稿电话　(010)64027932　投稿信箱　tougao@cnmip. com. cn
冶金工业出版社营销中心　电话　(010)64044283　传真　(010)64027893
冶金书店　地址　北京市东四西大街 46 号(100010)　电话　(010)65289081(兼传真)
冶金工业出版社天猫旗舰店　yjgycbs.tmall.com
（本书如有印装质量问题，本社营销中心负责退换）

序

李远洲教授的学术著作《氧气转炉炼钢过程的解析与控制》终于出版问世了。谨致以衷心的钦敬和祝贺！

李远洲教授是我国冶金界应用反应工程学方法研究解决问题的开拓者之一。早在20世纪70年代，就对氧气顶吹射流以及底吹气流和熔池的相互作用进行了认真的研究，认识到关于熔池运动动力学的重要性和有关规律。从此出发，对转炉熔渣中三价铁和二价铁的比例关系、渣的氧化性、石灰在渣中溶解动力学，以及脱磷和脱碳反应的综合控制等问题，做了深入研究，并得到许多独到的见解。在多届冶金过程动力学和反应工程学学术会议上，李远洲教授都发表了内容充实而且新颖的论文。在理论的指导下，我国的钢铁生产走向高效率，增强了国际竞争力。

20世纪90年代，我国冶金界合作编著出版《冶金反应工程学丛书》时，萧泽强、蔡志鹏和我均认为李远洲教授可以撰写氧气转炉炼钢过程理论解析方面的专著。萧泽强亲赴南方和李远洲约定了著书计划。编委会曾将李远洲拟写的著作作为丛书的核心著作之一。这是因为炼钢是钢铁生产的主体工艺之一，而李远洲教授对转炉炼钢过程的理论解析当时在国内是最深刻的。可惜的是，在约稿安排之后，李远洲教授罹患重病，直到21世纪初丛书出版工作结束，未能完成撰稿。幸而倪瑞明等三学者翻译成功柏林工业大学 F. Oeters 教授著的《钢冶金学》（Metallurgie der Stahlherstellung），纳入丛书出版。

李远洲同志为祖国钢铁事业执着追求，付出了毕生精力。早在20世纪50年代，他就在平炉设计方面有所改进。后在转炉炼钢的设计和解析方面，以严谨的科学精神进行大量研究。可惜由于突患重病，未能完成著作。令人钦佩的是，病魔并未使李远洲放弃对冶金事业的追求，当病情有所好转后，他继续修改书稿，并在一些年轻学人的帮助下，校核补充了一些理论公式和计算机控制模型方面的内容，使《氧气转炉炼钢过程的解析与控制》这部内容丰富的学术著作呈现在人们面前。书稿相当多的部分是李远洲教授在病榻上毅然坚持完成的，是融入他毕生心血的科学著作。

本书所依据的实验研究，大多是在 20 世纪 70~80 年代进行的。当时炼钢生产的特征是各个炼钢反应（四脱二去）集中在同一个反应容器内完成。随着时代脚步的发展，炼钢工序的多种功能逐渐实现了解析优化，例如脱硫在铁水预处理时完成、脱磷和脱碳在有条件时也分别在不同的反应器中单独进行。对这些功能单一性冶金反应器的设计和解析时，李远洲教授的研究成果也可以从单元过程、单元操作的方式来运用。

最后，还应该对冶金工业出版社的编辑表示深深的谢意。由于编辑同志默默无闻的辛勤劳动，祖国冶金学著作的花圃中又增添了一朵亮丽的鲜花。

应作者之嘱，谨以此拙劣的笔触写了一点粗糙的话，聊以塞责，请作者和读者见谅。

北京科技大学　曲英

于丁酉岁暮

前　言

我的工作经历如下：

1954~1979年，北京钢铁设计研究总院（现中冶京诚工程技术有限公司）和马鞍山钢铁设计研究院（现中冶华天工程技术有限公司）；

1980~1987年，华东冶金学院（现安徽工业大学）；

1987~1990年上海第二冶金专科学校（现上海应用技术学院）；

1991~1997年，上海东沪高等职业技术学校（现上海第二工业大学）。

本书内容源自我的工作经历以及同事、学生及朋友们的帮助。

是我在北京钢铁设计研究总院和马鞍山钢铁设计研究院参加的设计和工厂试验，使我学到了氧气转炉炼钢设计，在此还要感谢重庆院、武汉院的朋友馈赠我的有关设计资料。书中的射流与熔池的相互作用、供氧制度、喷枪和炉型设计以及转炉中的热工控制等，无一不是设计院惠及的知识（包括资料和工作体会）。

如果说，我对射流的兴趣来自设计工作的需要，但到马鞍山钢铁设计研究院工作后，特别是参加了马钢底吹氧气转炉的试验研究并研读了攀枝花钢铁研究院所做的水模实验后，便使我真正感知到射流与熔池的相互作用对冶金的重要性，从而写出底吹氧气转炉的熔池运动动力学的文章。这要感谢马鞍山金属学会和《钢铁》编辑部朱文佳同志的大力支持，文章得以发表在《钢铁》1980年第3期上，并得到中美建交后1980年美国派来访华的第一个科学技术代表团成员中冶金专家张一中先生（美籍华人）的赞许，认为"它发现了该领域的金矿所在地"，并建议我写一本氧气底吹转炉熔池运动动力学的书，他愿将它翻译介绍到美国，为中国增光，冶金工业出版社对该书立了项。

但遗憾的是，那时我已调往华东冶金学院工作，一边要任教、一边要搞科研，一者我没有写书的精力，二者自己也可以做水力学模拟实验和中频感应炉的热模拟实验了，需要学习和积累更多知识才能不辜负大家的期望，故只能暂时把它放下。

　　不过张先生的鼓励一直鞭策我进行射流与熔池相互作用的各项实验研究，所以才有本书的第 2 章。参加这部分实验研究的有黄永兴、何一平、刘晓亚老师以及学生张萍、杨尚宝等。应当说模型和喷头的制作、仪表的维护和使用没有黄、何两位老师的指导，是不可能完成的，而测试数据则是学生们尽心尽力的结果，在此深表感谢。我在华东冶金学院工作的七年中，除了完成射流与熔池相互作用的各项实验研究之外，还完成了部分热模拟实验和冶金热力学和动力学方面的研究，和我一起从事这方面工作的有黄永兴、何一平、李国经、沈新民、范鹏老师以及参与双流复吹氧枪毕业设计的学生斯卫国等。参与脱磷、石灰溶解实验的学生有孙亚琴、李晓红、王建军等，而一直与我一起在华东冶金学院完成双流复吹氧枪的水模实验、喷枪设计（王建军也参加了）到在上钢三厂进行工业性试验的则是张萍，在此深表感谢。

　　应当说，当时在华东冶金学院由于实验经费和设备的限制，射流与熔池相互作用的实验，我也只能做到宏观动力学和实用为止，故后来就转而去学习研究冶金反应热力学和动力学方面的东西，如脱磷反应的热力学和动力学及固体石灰在渣中的溶解动力学……原本只是向前人学习如何去做这些实验，目的只在验证前人的结论，没想到发现它们在理论上还有不足，公式的误差还较大，故才有在本书第 1 章中对氧化铁活度系数（γ_{FeO}、$\gamma_{Fe_2O_3}$）和 Fe^{3+}/Fe^{2+} 比值的见解及对建立氧气转炉吹炼前、中、后期渣中（FeO）含量控制模型的意见。这些除了自身的努力外，更多的是文献资料的启迪和帮助，如刘越生教授测试的氧分压与（FeO）含量的关系图，就给了我建立 γ_{FeO} 回归方程很大的支持，从而获得了这方面较他人精度更高的公式。应当说，它也是在他人试验数据的基础上的继续攀登的结果，没有他人的公式和数据，也就没有李远洲的公式，所以非常感谢他们。

　　第 4 章脱磷是源于在华东冶金学院教学和指导学生毕业论文的需要而怀着对 Turkdogan 和 Healy 等大师们崇敬的心情去学习的结果。开始，我们做实验的方法和处理实验结果的模式也是沿着他们的路走的，只是随着学习的深入，才发现他们的路有问题；这得感谢华东冶金学院和上海第二冶金专科学校图书馆提供了国内外脱磷书籍和期刊，使我看到了 Turkdogan 和 Healy 等权威公式不足之处；而指引我去改进它的则是炉渣的键化学和炉渣的矿相结构知识。这里要特别感谢华东冶金学院的俞盛义老师帮助制作实验炉渣的矿相试片和拍摄矿相照片，马钢钢研所的金淑筠工程师帮助对渣样不同矿相区进行电子扫描分析。如果没有他们的这些帮助，理论的设想就得不到证明，也就难以令人信服。特别要说的是，通过实验，有了对 P_2O_5 在渣中的矿相结构随碱度而变化的认识，并证实这个认识是正确的以后，才产生了一系列的建议、想法，如最佳化初渣、最佳化终渣、脱磷的碱度公式及最佳化脱磷工艺和最佳化造渣工艺等。

可以说 20 世纪 70 年代对碱性氧气转炉造渣理论和工艺的试验研究热潮也把我卷了进来，从研究石灰的溶解进而深入研究转炉造渣理论和工艺。为了教学和科研需要，将学生领到这一学科发展的前沿，在华东冶金学院与从东工（现东北大学）刚毕业的研究生范鹏老师一起开始了固体石灰在转炉渣中溶解速度的第一个实验，参加了沈阳国际学术交流会议，增长了见识，并由此使我去进一步收集当时许多国内外造渣方面的资料，特别是首钢钢研所翻译的那篇炉渣熔剂对我造好炉渣的启发最大，在此深表感谢，是它们丰富了造渣这章的内容。

我于 1987 年下半年调上海后又带领学生李晓红和 1987 年参加脱磷实验的孙亚琴老师回到华东冶金学院去完成我在华东冶金学院接受的冶金部课题，而再次与沈新民老师一起去做比范鹏老师那次碱度更高的石灰溶解动力学实验及脱磷动力学实验，这一实验研究丰富了本书脱磷和造渣两章的内容。

在此我还要说，我能写成本书，我能有一些科研成果，都是因为华东冶金学院培养了我。打倒"四人帮"后，当时华东冶金学院的党委书记吴湘君、副校长李川及教研室主任李大经的关心、支持，来自五湖四海的老师们的友善，使我在华东冶金学院的七年得以教、学相长，并得以完成一个接一个的射流与熔池交互作用和各种转炉炼钢的水模实验、完成与马钢合作的顶底复吹试验、与上钢三厂合作的双流复吹顶枪试验，并把他们发表在院刊和《钢铁》《炼钢》《化工冶金》及《江西冶金》等国内知名刊物上。这些都收入本书的有关章节中，这都是七年华东冶金学院支持帮助的结果。

还得提到的是我的知识和资料积累，除了来自参加的各种学术会议，还与我工作过的各单位的图书馆、情报室分不开，尤其要感谢华东冶金学院图书馆的管理员。总之是华东冶金学院给我这个老兵新传打下了创新的基础。所以我要感谢华东冶金学院，感谢马钢，当然更离不开冶金部科技司的课题支持，这里要感谢周传典副部长、徐炬良司长、胥昌弟司长、李一中工程师等，他们能在当时的情况下支持我完成一些项目，使我十分感激。

我于1987年调上海第二冶金专科学校（二冶专）工作后得到了杨子宁校长和上海冶金局方汉庭总工程师的支持，先后在原上钢五厂、上钢三厂，随后又在甘肃酒钢进行了造渣、脱磷试验研究，并都取得很好效果，它验证了理论，丰富了理论，使本书内容得以丰富和有根可寻。在此还要感谢原上钢三厂的史荣贵总工和分厂温昌才厂长、汤克庆工程师等，及原上钢五厂的邵维裘总工、张怀珺工程师等，酒钢公司炼钢厂的龙腾春总工和公司科技部的傅兵副部长等。没有他们的精心组织、协作和工人的辛勤劳动，是不可能取得这些试验成功和本书供氧制度、造渣工艺和热工控制等章节中那些生动、具体的事例和理论应用的效果。还应当说，这些知识的积累与早期在北京钢铁设计研究总院工作时参加的唐钢侧吹转炉实验、OLP法试验和在马鞍山工作参加的马钢各种转炉炼钢试验所得的教益分不开，特别是马钢的张叔和总工等对我在马工作期间对顶底复吹转炉研究的支持和帮助分不开，在此一并表示感谢。

另外，作者能有对碱性氧气转炉气化脱硫最佳化的认识，一要感谢学生林建国和马洛文对实验数据的精心处理，才可能发现脱硫的起跃点和气化脱硫的最佳碱度值、(FeO)含量；二要感谢王国忱在首钢对气化脱硫的研究，启迪了作者从理论和实践两方面去深入研究。

　　本书的脱磷脱硫最佳工艺、造渣最佳化工艺、转炉的热工控制和计算机在氧气转炉中的应用，则是得益于我1987年下半年调上海工作后，学校和冶金局的支持，上钢三厂、五厂的合作，工人师傅的协作以及同学们尽心尽力的参与，在此深表感谢。在此还应着重提到：（1）"氧气转炉静态控制模型"的计算机程序是上海二冶专88届毕业同学马洛文完成的，后来东沪高职的老师郑佳铭稍作了修改。（2）回归分析程序与数据库程序关联的模型也是马洛文同学完成的，他帮助我完成了许多回归分析，找到了与试验结果最符合的物理（理论）模型的回归方程式，使理论得以分层次的体现。（3）艾明同学帮助编写了造渣的线性规划模型程序，顶枪射流冲击熔池的深度、平面面积和凹坑面积的程序及各类底枪的设计计算程序。（4）最后要说明和感谢的，也是本书功劳最大的孙亚琴副教授。她是1987年华东冶金学院毕业时我指导作脱磷论文的学生，我调上海时，她也分到上海二冶专当老师，她参与了我调上海后的各个实验和数据处理等工作，并共同发表论文。在我2008年骨折又中风后，她接手了本书未完的工作，我当时只完成了第1～10章的初稿，且它们中还有相当部分只是手稿，甚至残缺，而第11、12章的内容则大多是手稿，甚至有些杂乱，我就把这样一个烂摊子交给了孙亚琴。她在身负教学任务和照顾家庭的双重重担下完成了第1、3、5、7、8、11、12章的电子版文稿和第2、4、11、12章的编排工作，只是2010年，她儿子身患重症后才把第2、5、6、9、10章的书稿交我另请迪奈美公司的员工协助完成，最后由孙亚琴老师汇总后于2011年底交给了出版社初审。本想随后的补全和校对工作由孙亚琴去完成，无奈她已实在无力再帮助我了，我只得从2012年元旦后着手整理2.3节，学习用左手写字，上电脑审校书稿（包括文字、图、表和公式）及查找、补充尚缺的图、表和参考文献及内容，同时各方请人帮忙。应当说，孙亚琴在工作十分繁忙、家庭十分困难的情况下，仍接受了我2012年国庆时交给她的第11章的修补工作，因这部分的修改工作是他人不能取代的，我只有麻烦她了，再次说声谢谢。还要说的是第2、8两章的图，基本上是王建英和李星稀在2013年元旦回国休假期间突击扫描完成的；有少部分文字是李晓东整理的。

　　这里还要感谢夏谦从2012年元旦直至2013年春节前夕，在工作繁忙中还抽出时间来帮助做了大量文字、公式、图表及内容的修改和补缺工作（如2.3节的电子版文稿，及第1、3、4、6、8、12各章的修补）。在此要着重感谢上海第二工业大学学生处的经晓峰和陈勇老师于2013年春节前派来的陆韵吉、梁尚云等六位同学突击完成了第8、10、12三章的遗漏部分；特别是春节后，陆、梁两同学还每周轮流来帮忙，直到7月8日为止。这里还要特别感谢上海第二工业大学退休办的王善为老师及陆、梁两同学在相处的这段日子里，教会了我一些电脑修改公式、图表的知识。

　　最后，要向一直支持我、帮助我、鼓励我的曲英教授表示感谢，因为没有他的支持，我不可能执着去完成本书。同时我也要感谢萧泽强教授的支持和信任，是您和曲英教授当年在筹划《冶金反应工程学丛书》时把这本书的光荣任务交给了我，并鼓励我坚持完成。

　　转炉炼钢过程解析与控制涉及的知识非常丰富，本书谨作抛砖引玉，为读者提供参考，希望我国炼钢人能取得更大的成果！

李远洲

2013 年 7 月 12 日

编辑的话

首次见到书稿，第一反应就是惊讶，书稿的内容风格与十多年前我社出版的《冶金反应工程学丛书》的那些书相近。读到当年曲英教授、萧泽强教授曾向李远洲教授约稿，也就不觉得奇怪了，而只剩下当年这本书没能按期出版的遗憾。

细读书稿，更为书中丰富的内容所震撼。作者李远洲教授将对熔池运动动力学的深刻理解，融入转炉炼钢的各个冶金功能和过程控制，书中直观地反映十多分钟的吹炼时间里，转炉内部发生的各种变化。

射流与熔池相互作用的熔池运动动力学，将动力学的反应速度和热力学的反应平衡程度，与转炉冶炼的造渣、供氧、供气和冶炼容器关联在一起。它不仅是解析转炉炼钢过程，更重要的是它要让生产者控制冶炼过程，使冶金反应趋于平衡，从而获得优质低耗的效果。因此，冶金专家张一中先生称熔池运动动力学是"这个领域的金矿所在地"，并称李远洲教授"发现了这个领域的金矿所在地"。

本书围绕熔池运动动力学展开，这是一本把转炉炼钢从技艺变成学问的著作。炼钢就是炼渣，而炼渣就是炼（Fe_tO），炼（Fe_tO）则是控制氧在炉渣和钢水中的合理分配，而要做到氧的合理分配就必须掌控氧气射流与熔池的相互作用。书中通过文献分析和工业实验，探讨和量化冶炼过程的最佳化参数。魏寿昆先生 1993 年曾在给李远洲教授"最佳化脱磷和造渣工艺及其理论"项目的冶金科技进步奖评审书中说"该项目的全部论文达到或接近国际先进水平，属国内领先"。

然而，这不是一本容易写出来的书。李老师在书里"推荐的理论和公式及最佳化工艺，不论是出自作者还是名家，都一律经过科学论证、评估、实际应用比较，乃至对各家之说和公式的精度进行方差分析后才择优推荐"，这也就可以理解李老师所说的"不得不把原本的编著，变成了边写作边进行研究，故而拖延了交稿时间，再加上为了证明提出的公式、理论、模型、方法等的正确，和把创新思维传递给读者，又不得不增大了文字篇幅。""本书提出的公式和理论是更符合实际的，是可派上用场的。"

为了核对书稿内容，责编多次查阅 20 世纪 50~80 年代国外经典文献原文和近二三十年的国内论文，由衷地钦佩前人在冶金过程动力学方面所做过的细致的研究工作，更为我国冶金工作者所取得的成就感到骄傲。李老师多次提到，他只希望这本书能写出水平，为国争光。尤其是得知李老师是在中风后仍坚持十余年完成科研与写作工作，更加敬佩李老师数十年来的执著。李老师是我国炼钢人奋发进取、求实创新精神的写照。

这本书也不是一本容易出版的著作。书中对动力学、热力学等冶金理论的深度分析，尽管解释过程已经很是详细，在编辑出版中仍然感到难以把握。书中引用了近千条参考文献，有的文献没有公开发表过，不够规范且难以查找；个别的文献经查阅原文发现被几次转录引用后有误；不同的文献作者采取的写作方式也不同，增加了理解难度。编辑出版时，尽力按照国内炼钢界的通用方法和读者阅读习惯做了统一规范，尽力做了校核。不妥之处，望李老师（以及参与者）和读者谅解。

近年转炉趋向大型化，自动控制程度提高，生产节奏加快，加上炉外精炼技术迅速发展，转炉功能也有转变。为此，原稿中包括像转炉设计、物料平衡和热平衡实例、计算机控制等内容没有完全刊印。此外，由于李老师身体原因，大量书稿委托他人录入，个别章节内容有缺失或错误。本书难以反映作者对氧气转炉炼钢过程解析和控制所做的全部工作，为便于读者查阅，作者李远洲教授将部分不成熟的原稿和部分学术论文托付本书责编，可提供给有兴趣的读者可向责编索取（forrest_liuxf@ sohu. com）。

读者通过阅读本书，能看到李远洲教授从对经典文献的顶礼膜拜，到质疑，到修正，有实验数据和现场数据的验证，这种科学研究的方法，值得提倡，令人敬重。责编同时在书中看到了冶金反应工程学在转炉炼钢中的应用和发展，深感冶金反应工程学意义重大。在炼钢工艺与设备不断取得重大进展之际，不正是需要我们像李远洲教授一样潜下心来，看一看熔池中同时在发生的剧烈变化吗？这其中蕴含着巨大的宝藏，等待炼钢专业人士来开发。

本书得到国家科学技术学术著作出版基金资助，萧泽强教授、王新华教授、张福明教授分别为本书撰写了专家推荐意见。在此，向三位专家和国家科学技术学术著作出版基金委员会表示感谢。

感谢曲英教授应作者之邀为本书作序。曲英教授在序言中表达了对李远洲教授的钦佩，客观中肯地介绍了李远洲教授所取得研究成果的价值和意义，让我们更全面地了解了这本书的来龙去脉，由衷地敬佩我国冶金人筚路蓝缕、砥砺前行的奋斗精神。感谢曲英教授对编辑出版工作的肯定和鼓励。

责任编辑：刘小峰

目　　录

1 氧气转炉炼钢反应特点

本章论述了氧气转炉炼钢反应的宏观结构（渣、金、气、乳化）；熔池的氧化机理，传氧方式；氧流在渣、金间的宏观分配；金属滴在炉渣中（贫氧和富氧状态下，或渣、金、气完全乳化与非完全乳化状态下）的氧化行为和金属滴中 C 对（Fe_tO）的还原；炉渣的氧化性状况（包括（Fe_tO）活度和 Fe^{3+}/Fe^{2+} 比）；以及控制吹炼过程渣中（Fe_tO）含量的模型等。并鉴于正确表述（Fe_tO）活度和 Fe^{3+}/Fe^{2+} 比公式及建立控制（Fe_tO）含量模型的重要意义，如（Fe_tO）活度和 Fe^{3+}/Fe^{2+} 比与造渣和 L_P、L_S、L_{Mn} 等都有密切关系，同时 Fe^{3+}/Fe^{2+} 比公式的精度在一定程度上影响转炉的计算机静态控制模型的精度；故将作者通过大量工作的探索所提出的 γ_{FeO}、$\gamma_{Fe_2O_3}$ 和 Fe^{3+}/Fe^{2+} 公式写在本章，以供比较、参考。应当说"炼钢就是炼渣"，而炼渣就是炼（Fe_tO），炼（Fe_tO）则是炼氧流中的氧在炉渣和钢水中的合理分配，故在本章的最后一节专门论述了作者对创建控制吹炼过程渣中（Fe_tO）含量模型的想法。

1.1 炼钢反应的宏观结构（渣、金属液、气相的乳化与混合）

1.1.1 氧气转炉炼钢过程的基本特征

氧气转炉的冶炼时间很短，在 20min 左右的时间里，要通过供氧、供气和加入渣料，完成造渣、脱碳、脱硅、脱锰、脱磷、脱硫、去气、去夹杂和升温任务，并在吹炼过程中，特别是在吹炼终点时，使各反应能基本达到或接近平衡。而氧气转炉之所以能在短时间内完成这些任务，则是金属熔池在氧气射流和搅拌气体的作用下所造就的气-金乳化反应、快速成渣和熔池搅拌运动，并进而形成氧气转炉独具特色的气-金-渣三相乳化的泡沫渣操作的结果。

图 1-1-1 和图 1-1-2 所示为氧气转炉吹炼过程中金属和炉渣成分变化的大致形式。特点是硅最先氧化，生成铁硅酸盐进入初渣，随之锰氧化进入初渣，当硅降到很低和锰降到一定平衡点后，进入炉内的氧大致按图 1-1-3 那样分配。在此情况下，脱碳速度如图 1-1-4 所示。脱磷速度则主要取决于渣中的自由（CaO）和（FeO）含量，而石灰的溶解速度也取决于渣中的（FeO）含量和 FeO/SiO_2 的比值。当分配进入渣中的氧多时，则同时脱碳、脱磷甚至优先去磷。

氧的分配决定石灰的溶解速度、造渣路线、吹炼状况（溢渣和喷溅情况）、元素的氧化顺序和氧化程度。因此，根据原料和钢种的不同，对吹炼过程进入渣和金属中的氧作合理分配是十分重要的，而氧的分配是氧枪结构、底吹元件、供氧、供气制度和金属、炉渣成分的复杂函数。

氧气转炉在吹炼过程中，随着泡沫渣的生成，熔池上涨，有时泡沫渣会从炉口溢出。迈耶等[5]从 210t 氧气转炉的喷出物样品中看到：在开吹 6~7min 以后渣中的金属珠占

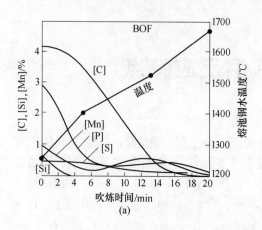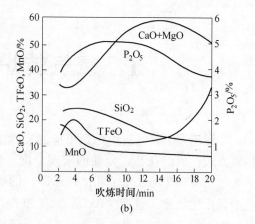

图 1-1-1　氧气顶吹转炉吹炼过程中成分随时间的变化[1]

（a）熔池钢水成分的变化；（b）炉渣成分的变化

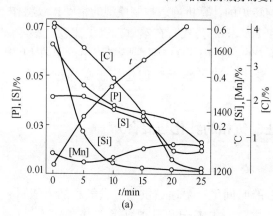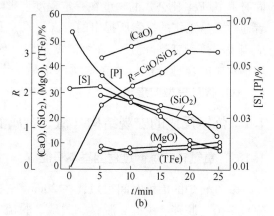

图 1-1-2　顶底复吹氧气转炉吹炼过程中成分随时间的变化[2]

（a）吹炼过程成分的变化；（b）吹炼过程金-渣中主要成分变化

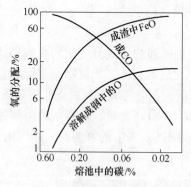
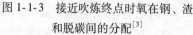

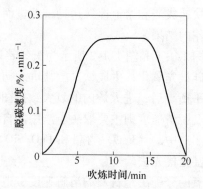

图 1-1-3　接近吹炼终点时氧在钢、渣　　　　图 1-1-4　顶吹转炉的脱碳速度曲线[4]

和脱碳间的分配[3]

45%～80%；10～12min 时占 40%～70%；15～17min 时占 30%～60%；典型的金属珠粒度列于表 1-1-1。

表 1-1-1　典型的金属珠粒度

筛孔/mm	比例/%
3.4	2~5
1.2	10~40
0.6	20~40
0.3	10~20
0.15	5~10
<0.15	2~5

图 1-1-5 表示氧气转炉吹炼过程中金属熔池乳化进入渣内铁粒量的变化，最高达 30%。图 1-1-6 表示各种粒度的铁粒和熔池的化学成分。由图 1-1-6 可见，渣中铁粒比熔池优先进行精炼，且铁粒越小，精炼越先进行。这说明有相当一部分精炼反应发生在渣内。因此，我们将首先讨论乳化液和泡沫渣的生成，然后讨论乳化液里发生的反应和乳化的金属量与表面积。

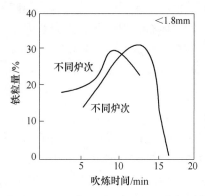

图 1-1-5　吹炼过程渣中铁粒量的变化[6]

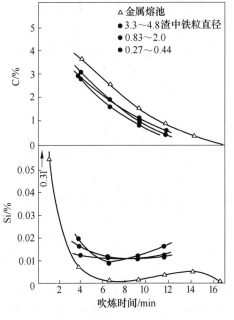
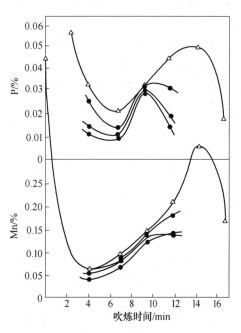

图 1-1-6　吹炼过程中金属熔池和渣中铁粒成分的变化[6]

1.1.2　泡沫渣的生成与乳化反应

1.1.2.1　泡沫渣的生成

人们把乳化液形成的时刻规定为吹炼主要阶段的开始。根据模型实验[7~11]：乳化液是由一股射流从上向下或从下向上穿透两层流体,将较重的液体以液滴的形式溅入(或带入)较轻的液体的结果。故氧气转炉要造就渣-金乳化液和泡沫渣就必须首先造好一层液态渣。文献[12]指出:工业转炉的炉渣仅在它的厚度大大超过100~150mm时才会乳化。应当说,开吹时几乎没有液态渣,上炉留下的氧化物已被装入的生铁和废钢所冻结,射流把它们和加入的固态渣料一起推向炉壁,并直接冲击金属液面,将金属粉碎并形成凹坑,氧流全部消耗在该处,生成铁、碳的氧化物,在那里形成2200~2500℃的高温"火点区",与此同时,从凹坑四周逸出的CO反射流把那些溅起的金属滴在射流区经过加热至高温,部分地被精炼成覆盖一层铁、锰、硅的氧化物带出,这样的高温氧化物开始溅向被射流推向炉壁的固体石灰块上时,先是被其吸收,并在渣中积聚起来,起初并不怎么参与反应,至渣温升至能形成SiO_2、FeO、MnO组成的液态渣后,石灰便在其中开始溶解,至渣温达1550℃左右时(注:吹炼初期渣温大于金属熔池温度大约100~200℃[13])则可能造好$FeO/SiO_2 = 1.0 \sim 2.0$,$CaO/SiO_2 = 1.2 \sim 2.0$和渣层厚度为100~200mm的液态渣,这样的渣便为泡沫渣,这种液态渣奠定了形成泡沫渣的物质基础,这时进入该渣的金属将发生脱碳、脱磷反应,由于界面传质使渣-金界面张力成百倍地降低[14],同时在熔池振荡的作用下,金属液将被破碎成更多更小的液滴,从而促进渣-金乳化,并视炉渣成分情况促进脱磷、脱碳反应。另外在小金属滴四周会形成一轮由CO-CO_2混合气组成的气晕圈(或气泡),从而进入渣-金-气三相乳化的泡沫渣操作阶段,使熔池上涨。一旦氧枪被泡沫渣淹没,氧流会抽吸泡沫渣将其粉碎,并使$CO \to CO_2$,$Fe \to FeO$,$FeO \to Fe_2O_3$,从而形成氧气和泡沫渣二次氧化物(CO_2、FeO、Fe_2O_3等)组成的混合流。该混合物把氧传给炉渣和金属,造成在渣池中以渣-金-气三相乳化的泡沫渣形式进行的精炼反应和在金属熔池中以氧气射流的最终混合物与金属液的气-金乳化形式进行的精炼反应。生产者的任务,就是根据不同原料、不同钢种和不同的吹炼阶段,适时地、合理地调控这两种精炼反应,最重要的是保持充足而又稳定的泡沫渣吹炼。因为泡沫渣操作在转炉炼钢的精炼中具有不可替代的地位,要做到这点,就必须保证有足量的液渣和与液渣数量、氧化性及表面性质(表面张力和表面韧性)相匹配的金属滴数量,以形成与生成CO速度和炉容积相匹配的泡沫渣体积和渣膜寿命,把CO气体在泡沫渣内的滞留时间控制在允许值内。而要达到这些条件,除了合理加入熔剂,调节液渣的表面性质外,关键是通过对供氧、供气制度的调节,使氧在炉渣和金属间的分配和进入渣中的金属滴量都恰到好处,这些我们将在后面的章节中作详细讨论。

1.1.2.2 渣金乳化反应的作用和意义

在氧气转炉炼钢中,乳化铁珠是对精炼效果起重要作用的因素之一。在1.1.1中已介绍了吹炼过程中进入炉渣的金属量(见图1-1-5)及乳化渣中铁珠粒度的分布(见表1-1-1),估计其铁珠的表面积为$0.7m^2/kg$左右,并在图1-1-6中介绍了吹炼过程中金属熔池和渣中铁珠成分的变化情况。下面再来看文献[15~17]中对同一时刻所取炉渣铁珠和熔池金属成分的分析对比,图1-1-7~图1-1-10分别示出铁珠和熔池的C、Mn、P、S含量的对比,表1-1-2列出了不同粒度的铁珠和熔池的平均成分。由图1-1-7~图1-1-10和表1-1-2可见:

(1)金属小滴比本体熔池脱碳、脱磷、脱锰都更快、更有效。如$[C]_{熔池}/[C]_{金属滴} \approx$

5，$[P]_{熔池}/[P]_{金属滴}\approx20$，$[Mn]_{熔池}/[Mn]_{金属滴}\approx2\sim10$。且液滴越小，脱除的碳、锰、磷越多。

（2）金属小滴中的$[C]/[P]\approx40$大于本体熔池中的$[C]/[P]\approx10$。

（3）吹炼前中期，金属小滴中的硫含量大多比熔池稍高。

金属滴在渣中的脱磷速度是十分快的，仅几秒钟。文献［18］也论及，在实验室中，1550℃下，一粒重2g的金属滴在碱性渣内，磷含量在不到1min内（注：原文为7min）从1.7%降到0.0025%，如图1-1-11所示。

表1-1-2　金属滴的平均成分　　　　　　　　　（%）

元素	炉号	>2.5mm 碎片	小滴尺寸/mm			金属熔池
			2.5~1.2	1.2~0.6	<0.6	
C	1	0.325	0.245	0.207	0.163	1.055
	2		0.260	0.152	0.152	0.610
P	1	0.028	0.006	0.005	0.004	0.100
	2		0.011	0.008	0.007	0.136
Mn	1	0.154	0.030	0.020	0.012	0.210
	2		0.134	0.104	0.066	0.270
S	1	0.028	0.012	0.014	0.016	0.009
	2		0.024	0.025	0.030	0.021

炉渣的平均成分/%

$CaO=52$　　$P_2O_5=23$　　$SiO_2=8$　　$Fe_tO=10$

$MnO=3$　　$MgO=2$　　$Al_2O_3=0.7$　　$S=0.1$

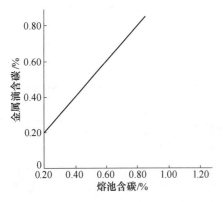

图1-1-7　金属滴和熔池碳含量的比较（喷石灰粉，顶吹转炉第一次倒炉时取样）[15~17]

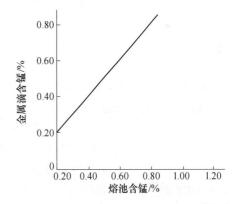

图1-1-8　金属滴和熔池锰含量的比较[15~17]

造成金属滴和熔池成分差异的主要原因看来是：

（1）金属滴的比表面积大。

（2）图1-1-12示出的顶吹转炉喷出物中所含金属滴的碳、氧含量，即使在$[C]=2\%$左右时，$[O]$也均在0.1%左右，甚至达到0.2%。这表明金属滴在乳化渣中进行脱碳反应时的氧过饱和度是很高的，相当于CO气泡在压力为30~120atm的条件下生核。而在

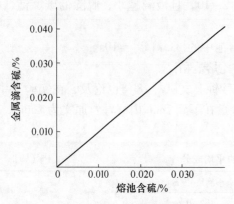

图 1-1-9 金属滴和熔池硫含量的比较[15~17]

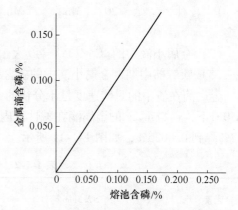

图 1-1-10 金属滴和熔池磷含量的比较[15~17]

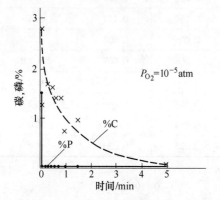

图 1-1-11 Fe-C-P 合金小滴与合成渣
反应时的脱碳和脱磷情况[18]

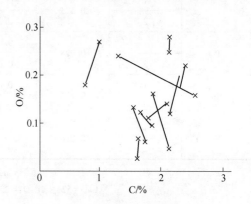

图 1-1-12 顶吹转炉喷溅物中所
含金属滴的碳、氧含量[19]
（每一对用直线连接的点代表同一
渣样中两个小滴的分析结果）

$P_{CO}=1atm$ 时，与 $[C]=1.0\%\sim2.0\%$ 相平衡的氧含量为 $[O]=0.0023\%\sim0.0012\%$，所以难怪金属滴在乳化渣中的下列反应：

$$[Mn]+[O]\Longrightarrow(MnO) \tag{1-1-1}$$

和

$$2[P]+5[O]+3(CaO)\Longrightarrow3CaO\cdot P_2O_5 \tag{1-1-2}$$

$$2[P]+5[O]+3(O^{2-})\Longrightarrow2(PO_4^{3-}) \tag{1-1-3}$$

可进行到更低的水平，而反应：

$$[O]+(S^{2-})\Longrightarrow[S]+(O^{2-}) \tag{1-1-4}$$

却使金属滴中的硫含量大于熔池。

由上可见：乳化液、泡沫渣操作对转炉精炼的重要性，转炉虽不是一个脱硫的好工具，但却是脱碳、脱磷的好工具。只要在保持吹炼平稳的前提下，大力发展乳化液泡沫渣操作，就能快速精炼和优先去磷保碳，满足冶炼不同钢种的要求。

参 考 文 献

[1] 三本木贡治,等著. 炼钢技术（钢铁冶金学讲座第三卷）[M]. 王舒黎,等译. 北京：冶金工业出版

社，1980：14.

[2] 鞍山钢铁公司．氧气转炉炼钢顶底复合吹炼技术（第一册）[M].1980~1990，冶金部复吹技术公关专家组．《复吹通讯》编辑部合编．1992：56-58.

[3] Gaines J M, et al. BOF Steelmaking, ISS-AIME, 1962 (1-2).

[4] 佩尔克，等著．氧气顶吹转炉炼钢（上册）[M]．邵象华，等译．北京：冶金工业出版社，1980：369.

[5] Meyer H W, et al. Journal of Metals, 1968（7）：35-42.

[6] 贺秀芳，译．日本专利 J59-43808，冶金部复吹技术公关专家组．《复吹通讯》编辑部合编．1992：430.

[7] Chedaille J. Congress Intern. Acieries, Oxygene Le Touguet, 1963：222-228.

[8] Koota T, Altegeld A. Thyssenforschung, 1970, 2 (4)：121-126.

[9] Porter H, et al. Heat and Mass Transfer in Process Metallurgy [M].London：Elsevier Publ Co, 1967：79-111.

[10] Poggi D, et al. J of Metals, 1969, 11 (21)：40-45.

[11] Larsen B M, Sordahi L O. Physical Chemistry of Process Metallurgy [M]. New York：Interscience Publ., 1961：1141-1179.

[12] 巴普基兹曼斯基，等著．氧气转炉炼钢过程理论 [M]．曹兆民，译．上海：上海科学技术出版社，1979：116.

[13] 巴普基兹曼斯基，等著．氧气转炉炼钢过程理论 [M]．曹兆民，译．上海：上海科学技术出版社，1979：51.

[14] 佩尔克，等著．氧气顶吹转炉炼钢（上册）[M]．邵象华，等译．北京：冶金工业出版社，1980：341.

[15] Mergat M. IRSID Thesis Maizie′res-Le′s-Metz（France），1967.

[16] Trentini B. Trans AIME, 1968, 242：277.

[17] Riboud P V, et al. Duseldorf Proceedings, 1969 (4)：1650.

[18] 佩尔克，等著．氧气顶吹转炉炼钢（上册）[M]．邵象华，等译．北京：冶金工业出版社，1980：389-390.

[19] Meyer H W. JISI, 1969, 207：781-789.

1.2　熔池的氧化

1.2.1　熔池氧化过程的机理

氧气转炉吹炼过程中元素的氧化机理，究竟是用一步还是二步氧化机构来表达，以及氧在发生氧化的元素之间如何分配，是本节要讨论的主要问题。

为了阐明转炉熔池中氧化过程的机理，首先需要了解前人[1~7]的以下研究结果：

（1）C·N·波佩尔[1]提出：在氧气贫乏的条件下，热力学（氧对元素的亲和力）对氧在被氧化元素之间的分配具有决定性的影响。即当流股的绝大部分被粉碎为微小的气泡时，气泡内的氧已不足以氧化气泡内壁上的所有原子，这时热力学的影响是存在的。

（2）据 B·И·雅沃依斯基等人[2,3]的计算，促使杂质发生直接氧化的贫氧状态，只有在气泡尺寸小于 0.01~0.1mm 时才可能出现。

（3）根据现代物理化学的概念，在转炉中任何杂质的氧化都是复杂的、多级反应的过程。包括化学反应、吸附、解吸和扩散等环节。为了使元素氧化，要保证一定的浓度梯度，将氧不断地输送到反应区，并将反应产物不断地输出。

（4）在通常高温炼钢熔池中，氧化过程的限制性环节，可能是元素通过相界面的转移及它在金属和炉渣中的传质。

（5）在具有现成生成物的界面时，许多反应能在较小的过饱和度下进行，而在缺乏这些界面时，即在均匀的溶液中，氧化反应需要在保证新相（如 SiO_2、MnO、FeO 等氧化膜或 CO 气泡）生成的极大过饱和度的条件下才可能进行。表 1-2-1 列举了从均匀金属熔体中析出各种氧化物所需要的过饱和度以及相应的金属含氧量。

表 1-2-1　金属中过饱和度和含氧量

所讨论的数值	FeO		MnO		SiO₂		CO₂ 未经氧化的钢
	铁	钢	铁	钢	铁	钢	
界面张力的可能数值/μJ·cm⁻²	15	20	35	75	65	100	120
过饱和度 ξ	1.4	1.45	4.0	20	700	3000	>100000
当元素的活度为1时氧的含量/%	0.07	0.33	0.014	1.4	0.005	0.33	>10

（6）С·И·菲利波夫和他的同事们[5,6]雄辩地证实：在 O_2 和 CO_2 运动速度很小的情况下，将它输送给含碳表面的限制性环节为气相内的传质，且只发生碳的直接氧化反应，即：

$$2[C]+\{O_2\}=\!=\!=2\{CO\} \tag{1-2-1}$$

$$[C]+O_{吸附}=\!=\!=\{CO\} \tag{1-2-2}$$

在过程达到稳态时，氧和碳向单位界面的扩散传质流应相等，即：

$$q_O=q_C=\beta_C\Delta[C]=\beta_C([C]-[C]_{表面}) \tag{1-2-3}$$

$$\Delta[C]=q_O/\beta_C \tag{1-2-4}$$

式中，β_C 为碳的传质系数；$\Delta[C]$ 为内层和表层之间碳的浓度梯度。

由式（1-2-4）可见，当氧气按较小速度运动时，q_O、$\Delta[C]$ 的值均不大，碳在表面附近的活度与金属内的活度几乎相等（$\Delta a_C=\Delta[C]\rightarrow0$）。在此条件下，金属的氧含量是由脱碳反应的平衡所决定的，即：

$$[C]+[O]=\!=\!=\{CO\} \tag{1-2-5}$$

$$[O]_{平衡}=\frac{p_{CO}}{k_C[C]f_Cf_O} \tag{1-2-6}$$

在此情况下，当吹炼的金属中剩余的碳含量较高时（大于 0.5%），溶解氧的含量一般在 0.005% 以下的水平。这样的氧含量对于新的凝聚相氧化物（SiO_2、MnO、FeO）的析出来说是不够的，因而也不会在金属的表面形成氧化膜（见表 1-2-1）。由此可得这样的结论：在很小的氧气运动速度下，当它的供给成为过程的限制性环节时，金属表面的脱碳会受到压制并阻碍其他氧化反应的进行。

随着氧气运动速度的提高和它向金属表面供给量（q_O）的增加或大幅度地减少 β_C 值（因金属温度和金属搅拌强度急剧下降）。从式（1-2-6）可见，$\Delta[C]$ 增大，从而碳在金属中的传质过程开始成为限制性环节[5,6]。这样会相应地减少金属表面层的碳含量，增加金属中的氧含量（见式（1-2-5））和金属表面附近的氧分压（P_{O_2}），当氧含量超过某一限度时[6]，将会引起碳的体积氧化（在有 CO 气泡种子的条件下），且随后在金属的表面上形成氧化膜。渣膜的出现及其厚度的增加，使碳和其他杂质的直接氧化反应的进行受到阻碍（CO 的析出必须冲破氧化膜）。这就是说，金属发生碳的体积氧化和形成氧化膜后，金属中的碳含量降低，析出 CO 所需的压力 P_{CO} 增大，从而使金属中余下的碳的氧化反应停止或推迟，金属中的氧含量和金属表面附近的氧分压（P_{O_2}）进一步增加，氧化膜进一步加厚。由此可以得这样的结论，当氧流运动速度增加，金属中碳的扩散成为过程的限制性环节时，金属表面将形成氧化膜，并阻止碳的氧化反应的进行。

（7）实验研究[5,6]表明：在高频炉内，氧化膜的形成是在与金属面相遇处氧流速度为 1~4m/s 时发生的。

（8）按拉普拉斯准数式[7]计算氧流冲击金属液面时被破碎的最小气泡尺寸。取 $\rho_{氧} = 0.127kg/m^3$，$\sigma = 0.1~0.15kg/m$，可得射流不同冲击熔池速度下被破碎的气泡和金属滴的最小尺寸，见表 1-2-2。

表 1-2-2 射流冲击下被破碎的气泡和金属滴的最小尺寸

$u_{冲}/m \cdot s^{-1}$	80	100	120	150	200	300	400	500
d_{gmin}/mm	0.369	0.236	0.164	0.105	0.025	0.011	0.006	0.004
d_{mmin}/mm		0.24			0.06	0.027	0.015	0.0096

从表 1-2-2 可以看出：当射流冲击熔池的速度 $u_{冲} \leqslant 300m/s$ 时，被破碎的气泡的最小尺寸 $d_{gmin} > 0.01mm$；而当 $u_{冲} > 300m/s$ 后，才有 $d_{gmin} < 0.01mm$。也就是说在 $u_{冲} \leqslant 300m/s$ 下所生成的气-金乳化液尚属非完全混合的富氧状态，这时气泡内的氧足以氧化气泡内壁上的所有原子。而当 $u_{冲} > 300m/s$ 时，所生成的气/金乳化液则属完全混合的贫氧状态，这时气泡内的氧只够氧化与氧亲和力大的元素。

在工业性转炉冶炼中，氧枪操作枪位一般为 $L_H/d_e = 30~50$。因此在暴露吹炼时，氧枪冲击金属液面的 $u_{冲}$ 大约为 300~100m/s（或 $(0.6~0.2)u_e$），这种速度既已大大超过上述氧化膜生成所需的氧气速度，其所生成的气-金乳化液又属非完全混合的富氧状态，故此时最可能的情况是被射流破碎的金属滴表面和凹坑表面层全部被氧化，且主要以氧化铁的形式将氧流完全消耗。当转炉处于泡沫渣淹没状态下吹炼时，在射流从出口超音速（如 $u = 500m/s$）到冲击熔池的驻点速度（如 100m/s）的沿程周围将不断吸入泡沫渣，并按吸入时的射流速度大小将其粉碎成不同尺寸的 CO 气泡、氧化铁（FeO）渣滴和金属滴，并随射流一起前进，与射流中富裕的氧反应而部分燃烧或全部燃烧，使 $CO \rightarrow CO_2$，$Fe \rightarrow FeO$，$FeO \rightarrow Fe_2O_3$，$C \rightarrow CO$，$Mn \rightarrow MnO$，最后形成一个高温的氧化物混合流冲入熔池。当直接冲击金属熔池的氧流驻速 $u_{冲} > 300m/s$ 时，则射流的尾气流将被破碎为小于 0.01mm 的气泡弥散在金属液中，这时的气泡当属贫氧状态，它们所携带的氧将在它们的运动中用于直接氧化与它（气泡）内壁接触的金属膜中的碳原子。

综上所述，氧气转炉氧化过程机理可能是这样：

在通常顶吹氧气的条件下，氧流进入熔池后，在反应区的初始段上，它主要是氧化金属滴、渣滴和凹坑表面，并主要生成氧化铁，故有许多液滴燃烧转变为浮氏体的熔体质点。由于液滴的总表面积比气泡大得多，故液滴是氧流传给熔池的主要传递者。

在液滴表面产生整块的宏观铁质渣膜后，碳的氧化反应还有可能在含有固体非金属夹杂微粒的液滴内发生，从而增大液滴尺寸和使部分液滴爆裂成更细小的微粒，急剧地增大与氧气接触的面积。计算表明，如果液滴中碳化铁全部被氧化，则液滴的体积会增加数百倍。而所有这些均有利于增大反应区的反应界面，加速氧化反应的进行，使氧流全部消耗于射流作用区。

由于射流作用区的强力氧化放热反应，使该区成为高温（2200～2600℃）一次反应区（或称"火点区"），因而氧在金属液中的溶解度是较高的（至 1.0%）[2]。这就是说氧气射流在火点区大部分转变为铁质渣的同时，还有一部分转变为过氧化的金属质点，当它们从"火点区"进入周围金属熔体时，就都以氧化铁的形式（因为金属中过饱和的氧的析出也是以悬浮氧化铁的形式析出的）把氧流中的氧转入熔池内部，在那里引起二次氧化反应，形成间接氧化的二次反应区。

与此同时，在熔池中那些气体氧化剂（包括 O_2、CO_2）运动速度很小的区段上（如冲击熔池的边沿、气泡内……）和低枪位操作以及高速射流直穿熔池，其尾气流在熔池深部破碎为小于 0.01mm 的气-金完全混合的、属贫氧状态的乳化区，则主要是碳的直接氧化反应，还可能有其他杂质的直接氧化反应。

因此，转炉吹炼时，既有直接的也有间接的（二步机构）元素氧化。在通常的吹炼条件下，射流中的氧能很快地被熔池所吸收，并且这种吸收主要发生在气体运动速度较大的接触段上，所以杂质的氧化主要是按二步机构进行的[2,8,9]。

从这一论断出发，我们可以认为，铁水中各组分的氧化是分布在熔池的各个部位上的：铁是在流股段上（一次反应区中）；碳主要在熔池体内（二次反应区中）和渣-金乳化的泡沫渣体内的 CO 气泡表面上；硅和锰主要是在一次反应区内非金属料块的表面上，以及二次反应区和渣池中的氧化铁渣滴表面上；磷则发生在钢-渣界面上（乳化液和泡沫渣中）。

在讨论氧化过程时，同时还需要考虑到吸附现象。表面活性物质（如硫等）在金属表面层上有较高的浓度，从而有利于它的直接氧化。

在今后的理论和实践的研究中，为了弄清直接氧化和间接氧化各自所占的比例及冶炼过程中各种元素的变化，就必须研究射流对周围介质的抽引，对冲击液体的破碎，液滴在射流中的氧化（燃烧），特别是氧流在炉渣和金属间的分配以及进入炉渣的氧化铁熔滴和金属滴之比。

1.2.2　熔池的传氧方式

在氧气转炉炼钢中，由于高压和高速的供氧及流股中高浓度氧气等条件的综合影响，使一次反应区的金属氧化强度达到十分高的程度，特别是铁的氧化程度达到很高水平。由于反应区的温度很高，使 Si、Mn 与氧的亲和力减弱，故这些元素在一次反应区的直接氧化受到一定的阻碍。

1.2.2.1　一次反应区的传氧（射流作用下的传氧）

（1）在高枪位下，暴露吹炼时，氧流抽引炉气和炉气中携带的铁珠（由反射流带出的），一边同行，一边氧化，一道进入熔池，将熔池冲击成浅凹坑，同时将部分金属液击碎并溅起，从而将射流中的氧消耗在冲击凹坑的表面和大量的一次破碎和二次破碎液滴的表面上。

1）在射流的有效冲击半径内，金属液的氧化是按以下反应式进行的：

$$2[Fe] + \{O_2\} = 2(FeO) \tag{1-2-7}$$

$$[Fe] + \{CO_2\} = (FeO) + \{CO\} \tag{1-2-8}$$

$$\{O_2\} = 2[O] \tag{1-2-9}$$

$$\{CO_2\} = [O] + \{CO\} \tag{1-2-10}$$

2）在射流冲击熔池有效半径外的外环流中所载的氧是用于氧化炉渣，其反应式是：

$$4(FeO) + \{O_2\} = 2(Fe_2O_3) \tag{1-2-11}$$

$$2(FeO) + \{CO_2\} = (Fe_2O_3) + \{CO\} \tag{1-2-12}$$

（2）在低枪位下，射流进入熔池时，像气泵一样抽引金属液，并将其粉碎和氧化，其反应式是：

$$2[Fe] + \{O_2\} = 2(FeO) \tag{1-2-7}$$

$$[Fe] + \{CO_2\} = (FeO) + \{CO\} \tag{1-2-8}$$

$$2[C] + \{O_2\} = 2\{CO\}（发生在氧气泡上或射流末端）\tag{1-2-1}$$

（3）氧枪在泡沫渣中埋吹时，射流抽吸周围泡沫渣（包括 CO，FeO 和 Fe 等），将其氧化一起进入金属熔池，其氧化反应式是：

$$2\{CO\} + \{O_2\} = 2\{CO_2\} \tag{1-2-13}$$

$$4(FeO) + \{O_2\} = 2(Fe_2O_3) \tag{1-2-11}$$

$$2[Fe] + \{O_2\} = 2(FeO) \tag{1-2-7}$$

$$[Fe] + \{CO_2\} = (FeO) + \{CO\} \tag{1-2-8}$$

1.2.2.2 二次反应区的传氧与二次氧化

在一次反应区所形成的高价氧化铁，因熔池循环而分散到熔池的各个部位，并引起那里的二次反应。

（1）传氧：

$$(Fe_2O_3) + [Fe] = 3(FeO) \tag{1-2-14}$$

$$(FeO) = [Fe] + [O] \tag{1-2-15}$$

（2）二次氧化：

在与金属液接触的非金属料及炉衬的表面上：

$$2[O] + [Si] = (SiO_2) \tag{1-2-16}$$

$$[O] + [Mn] = (MnO) \tag{1-1-1}$$

在气泡处：

$$[O] + [C] = \{CO\} \tag{1-2-17}$$

在与金属液接触的渣滴表面上：

$$[Si] + 2(FeO) = (SiO_2) + 2[Fe] \tag{1-2-18}$$

$$[Mn] + (FeO) = (MnO) + [Fe] \tag{1-2-19}$$

1.2.2.3 液态金属的吸氧速度

液态铁及铁基合金与含氧气体的反应动力学是了解和控制钢精炼过程所发生的氧化反应方式和程度的基础。

江见、博尔斯丁和皮勒克为代表的众多学者[10~15]在近似炼钢实际操作的实验室条件下，借助改进的恒容西瓦尔特（Sievert）法、液滴下落法和电磁悬浮液滴法，研究了液态铁和铁基合金中氧的溶解速度，测定了来自纯氧和含氧混合气体的氧的传质速度。

A　纯氧气体和液态铁及铁基合金的反应速度

实验确定液态铁吸收纯氧至少有两个明显的阶段：开始迅速放出化学热的阶段和熔体表面生成氧化膜以及氧化膜向熔体内部溶解的阶段。第一阶段时间很短，最多不过零点几秒，但这阶段液态铁吸收的氧很多，其氧的体积正比于熔体外露的表面积和熔体上面的初始氧压，而与熔体本身的体积无关。如图 1-2-1 所示。同时也看不出熔体的感应搅拌和初始温度（1560~1750℃）对这段时间的耗氧量有多大的影响。拉兹洛夫斯基[11]用液滴下落法测得这阶段的吸氧速度为 125mL/（cm² · s）（标态），接近用西瓦尔特法在 0.2s 内测出的结果。罗伯逊和詹金斯[12]也测得纯氧和 1g 悬浮液滴反应的第一阶段的吸氧速度为 95mL/（cm² · s）（标态）。

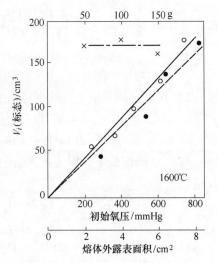

图 1-2-1　熔体表面积一定时，第一阶段液态铁吸收氧的体积和压力的关系（○——○）、初始压力一定时，吸收氧的体积和熔体表面积的关系（●— — —●）及熔体表面积和初始压力一定时，吸收氧的体积和熔体重量的关系（×—·—×）[10]

利用西瓦尔特法测定的反应第二阶段，开头 30s 内氧向熔体内部的溶解速度 $\mathrm{d}V/\mathrm{d}t$ 正比于瞬时氧压的平方根，即：

$$\frac{\mathrm{d}V}{\mathrm{d}t} = k_1\sqrt{P_{\mathrm{O}_2}} \qquad (1-2-20)$$

式中，k_1 为速度常数，1600℃下（标态），$k_1 = 1.5 \sim 1.99\mathrm{cm}^3/(\mathrm{cm}^2 \cdot \mathrm{s} \cdot \mathrm{atm}^{1/2})$。

随着熔体表面积的增加，反应第一、二阶段氧的溶解度将成比例地增加，见表 1-2-3。应当指出第二阶段的吸氧速度随反应进行逐步下降，到 10min 后几乎下降到零，这阶段的平均速度（标态）大约为 0.75mL/（cm² · s）。

表 1-2-3　反应的两个阶段液态铁吸收氧量的比较

第一阶段				
操作号	熔体温度 /℃	熔体重量 /g	表面积 /cm²	系统初始压力 /mmHg	熔体吸收氧的体积（标态） /cm³
092774	1600	111	8.1	756	1.59
K-16[①]	1560	100	7.9	896	1.72
K-19	1600	100	7.8	897	1.78
K-7	1600	100	8.0	902	1.80
第二阶段				
操作号	熔体温度 /℃	熔体重量 /g	表面积 /cm²	系统初始压力 /mmHg	速度常数 k_1（标态） /cm³ · (cm² · s · atm^{1/2})^{-1}
092774	1600	111	8.1	756	1.99
051375	1600	111	7.8	747	1.50
K-7	1600	100	8.0	902	1.64

操作号	熔体温度 /℃	熔体重量 /g	表面积 /cm²	系统初始压力 /mmHg	速度常数 k_1 （标态） /cm³·(cm²·s·atm$^{1/2}$)$^{-1}$
				第二阶段	
K-17	1600	50	6.3	883	1.92
K-13	1600	100	8.2	899	1.88
K-2	1600	100	8.5	143	1.79
K-8	1600	50	5.3	901	1.59

① 数据是江见等[10]用同样的西瓦尔特装置作出来的。

B　液态铁中合金元素的作用

图 1-2-2 是江见和皮勒兑[13]用西瓦尔特法实验研究 Fe-Al、Fe-Si 合金与纯氧反应的动力学所得的结果。图 1-2-3 是巴克[14]用硅含量 0.5% ~ 0.6% 的铁液所测得的结果。图 1-2-4 和图 1-2-5 是铁液和 Fe-Si 合金在西瓦尔装置上测得的第一阶段吸收氧量与液滴下落法测出的液体铁滴吸收氧量的对比。由上述诸图可见：

（1）含硅不大于 3% 的液态铁合金吸收氧量近似于 1600℃纯铁的吸收氧量，浓度再高吸氧速度明显下降。

（2）含硅不大于 3% 的液态铁合金中的硅有 90%±在第一阶段被氧化掉，但随着合金中硅含量的增大，其去除率明显降低，这可能是氧和铁、硅反应放热使熔体表面过热，并形成 FeO·SiO₂ 铁橄榄石类的氧化膜，阻碍对氧的吸收。

（3）液滴下落法测出液态铁合金的吸氧量比西瓦尔特法测出的稍低。

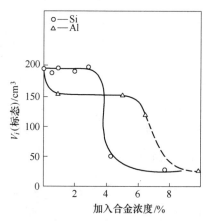

图 1-2-2　加入铝和硅对二元铁基合金
第一阶段吸收氧的体积的影响[13]

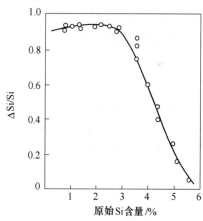

图 1-2-3　铁-硅二元合金中硅的去除[14]

C　液态铁从稀释气体中吸收氧

如图 1-2-6 所示[13]，当气体初始总压为 1atm 时，随着稀释气体浓度的增加，吸收的氧量急剧下降。这时，液态铁氧化速度的限制性环节是氧在气相中的扩散。吸氧速度可用下式描述：

$$V = a\exp(b/x) \qquad cm^3 （标态） \tag{1-2-21}$$

式中，a、b 为常数；x 为稀释气体的百分数，%。

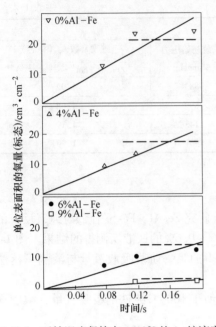

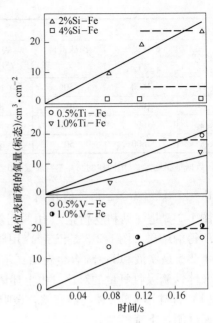

图 1-2-4　开始温度保持在 1600℃的 1g 熔滴穿过
纯氧下落时吸收的氧量与在恒容西瓦尔特装置中
第一阶段铁基合金吸收氧量体积的对比[15]
（合金熔体表面积为 8cm²）

图 1-2-5　开始温度保持在 1600℃的 1g 合金液
滴穿过纯氧下落时吸收的氧量与这些合金在西
瓦尔特装置内第一阶段吸收氧体积的对比[15]

另外，低碳普碳钢在稀释气体中的试验[15]表明
它的吸氧量和液态纯铁差不多。

1.2.2.4　凹坑表面的吸氧速度

浅井滋生和鞭严[16]为了编制数学模型，且便于
计算，把氧气射流中氧的吸收者设定为唯一的射流冲
击下的凹坑表面。他们将凹坑界面上所发生的直接氧
化反应机理简化处理如下：

$$\frac{1}{2}\{O_2\} === [O] \tag{1-2-22}$$

$$[C] + [O]_{sat} \xrightarrow{k_1} \{CO\} \tag{1-2-23}$$

$$[Si] + 2[O]_{sat} \xrightarrow{k_2} [SiO_2] \longrightarrow (SiO_2) \tag{1-2-24}$$

$$[Fe] + [O]_{sat} \xrightarrow{k_3} [FeO] \longrightarrow (FeO) \tag{1-2-25}$$

$$[Mn] + [O]_{sat} \xrightarrow{k_4} [MnO] \longrightarrow (MnO) \tag{1-2-26}$$

$$2[P] + 5[O]_{sat} \xrightarrow{k_5} [P_2O_5] \longrightarrow (P_2O_5) \tag{1-2-27}$$

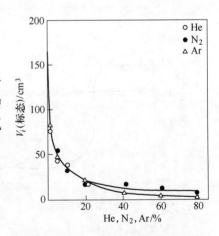

图 1-2-6　在西瓦尔特装置内液态
纯铁在二元混合气体中第一阶段
吸收氧的体积[13]
（熔体初始温度 1600℃，熔体表面积
为 8cm²，熔体重量 100g）

假设射流供给的是纯氧，则可忽略不计凹坑表面上气体的传质阻力，氧气被钢水的吸
收反应可用式（1-2-22）表示。$[O]_{sat}$ 是从气相向钢水表面解析的非活性氧原子，认为是

饱和浓度。脱碳反应在凹坑面上优先发生，可用式（1-2-23）表示，主要是直接氧化反应，式（1-2-24）是脱硅反应，式（1-2-25）是 FeO 生成反应，脱锰、脱磷反应如后所述，虽然渣和钢水之间主要是间接氧化反应，但可认为是像式（1-2-26）和式（1-2-27）所示的那样的直接氧化反应，即认为式（1-2-22）所吸收的氧同时与 C、Si、Fe、Mn、P 相反应。也就是说从钢水内部扩散至凹坑表面上的 C、Si、Fe、Mn、P 同时与凹坑表面吸收的氧起反应。如根据式（1-2-22）～式（1-2-27）取与氧气相接触的凹坑面上的钢水微小单元，分别对氧（用下标 A 表示）、碳（B）、硅（C）、铁（D）、锰（E）、磷（F）进行物料平衡，便得到式（1-2-28）～式（1-2-33）那样的基本方程式，并认为所有的反应都是不可逆反应，其反应速度与反应物的各自含量的一次方的乘积成比例（因为式（1-2-24）是三原子反应，所以式（1-2-30）右边的反应速度项，照理应为 $k_2 C_A^2 C_C$ 的形式，但是因为三级反应极为少见，且反应结果说法不一，为了简化起见式（1-2-30）右边的反应速度项就取 $k_2 C_A C_C$，对于脱磷反应也作同样的处理）。

$$\frac{\partial C_A}{\partial t} = D_A\left(\frac{\partial^2 C_A}{\partial n^2}\right) - k_1 C_A C_B - k_2 C_A C_C - k_3 C_A C_D - k_4 C_A C_E - k_5 C_A C_F \quad (1\text{-}2\text{-}28)$$

$$\frac{\partial C_B}{\partial t} = D_B\left(\frac{\partial^2 C_B}{\partial n^2}\right) - k_1 C_A C_B \quad (1\text{-}2\text{-}29)$$

$$\frac{\partial C_C}{\partial t} = D_C\left(\frac{\partial^2 C_C}{\partial n^2}\right) - k_2 C_A C_C \quad (1\text{-}2\text{-}30)$$

$$\frac{\partial C_D}{\partial t} = D_D\left(\frac{\partial^2 C_D}{\partial n^2}\right) - k_3 C_A C_D \quad (1\text{-}2\text{-}31)$$

$$\frac{\partial C_E}{\partial t} = D_E\left(\frac{\partial^2 C_E}{\partial n^2}\right) - k_4 C_A C_E \quad (1\text{-}2\text{-}32)$$

$$\frac{\partial C_F}{\partial t} = D_F\left(\frac{\partial^2 C_F}{\partial n^2}\right) - k_5 C_A C_F \quad (1\text{-}2\text{-}33)$$

式中 C_i——i 成分的含量（i=A，…，F），kmol(i)/kg(Fe)；

$\quad\quad k_j$——速度常数（j=1，2，…，5），kg(Fe)/(kmol(j)·s)；

$\quad\quad n$——朝钢水内方向，与凹坑面相垂直的距离，m；

$\quad\quad t$——钢水微元与氧的接触时间，s。

初始条件为式（1-2-34），边界条件为式（1-2-35）和式（1-2-36），即：

$$t = 0, \quad n > 0, \quad C_A = 0, \quad C_k = C_{kb}(k = B,\cdots,F) \quad (1\text{-}2\text{-}34)$$

$$n = 0, \quad t > 0 \text{ 时}, \quad C_j = C_{ji}(j = A, B, \cdots, F)$$

$$\frac{\partial C_A}{\partial n} = -\frac{N_A}{D_A}, \quad \frac{\partial C_k}{\partial n} = 0 \ (k = B, \cdots, F) \quad (1\text{-}2\text{-}35)$$

$$n = \infty, \quad t \geqslant 0, \quad C_A = 0, \quad C_k = C_{kb}(k = B, \cdots, F) \quad (1\text{-}2\text{-}36)$$

式（1-2-34）意味着钢水微元是以同熔池内各种成分含量相同的含量出现在凹坑表面上；式（1-2-35）表示在气体和钢水微元的接触界面上，各成分含量保持一定值（界面含量 C_{ji}），各 k 成分越过界面，不向气体方面扩散；式（1-2-36）意味着在钢水微元的中心部分仍保持在界面时各成分含量。

基本方程式（1-2-28）~式（1-2-33）是非线性的，不能求出其解析解。van Krevelen[17]对于发生二次不可逆反应的稳定气体吸收问题提出了近似解法，佐田[18]把它推广用来处理二次不可逆反应非稳定气体吸收问题。浅井滋生和鞭严[16]将该方法用来处理同时发生上述反应的非稳态气体吸收问题，并加以解析，得出在凹坑的单位面积上，对于接触时间 $t = 0 \sim t_e$ 按时间平均所吸收的氧摩尔流量 $\overline{N}_A$ 可用式（1-2-37）表示。

$$\overline{N}_A = 2\beta \sqrt{\frac{D}{\pi t_e}} C_{Ai} \qquad kmol(O)/(m^2 \cdot s) \qquad (1-2-37)$$

式中，C_{Ai} 为凹坑界面上氧的含量，$kmol[O]/kg(Fe)$；$D \equiv D_j$（$j = A$，B，$\cdots$，F）为分子扩散系数，m^2/s；β 为反应系数，可定义为化学吸收的液相传质系数与物理吸收的液相传质系数之比，即：

$$\beta = \left(\frac{r}{2} + \frac{\pi}{4r} \right) erf\left(\frac{r}{\sqrt{\pi}} \right) + \frac{1}{2} \exp\left(-\frac{r^2}{\pi} \right) \qquad (1-2-38)$$

其中　　　　　$r^2 = \pi k_1 t_e \left[(1 - \beta) C_{Ai}^{'} + C_{Bb} + \frac{k_2}{k_1} C_{Cb} + \frac{k_3}{k_1} C_{Db} + \frac{k_4}{k_1} C_{Eb} + \frac{k_5}{k_1} C_{Fb} \right]$

式（1-2-38）两边都含有 β，是 β 的超越方程，需用尝试法计算求 β，再由式（1-2-37）求 $\overline{N}_A$，式中的 C_{Ai} 可根据下面的反应平衡常数求得：

$$Fe + [O] \Longrightarrow FeO \qquad (1-2-39)$$

$$C_{Ai} = \frac{\exp\left\{ 2.303 \left[\frac{\Delta H_{FeO}}{R_1(t_w + 273)} - \frac{\Delta S}{R_1} \right] \right\}}{16 \times 100} \qquad (1-2-40)$$

假设在 1600℃ 和 2000℃ 附近 ΔH_{FeO}、ΔS_{FeO} 为常数，则式（1-2-40）可改写为：

$$C_{Ai} = \frac{\exp\left[2.303\left(\frac{-6320}{t_w + 273} + 2.734 \right) \right]}{1600} \qquad (1-2-41)$$

式中，t_w 为凹坑表面温度，℃。

从式（1-2-41）可以看出，C_{Ai} 是 t_w 的函数，C_{Ai} 随 t_w 的增大而增大。

按文献［19］，方程式（1-2-39）和式（1-2-40）中的 D、k_j（$j = 1$，2，$\cdots$，5）等常数可选用下列参数值。

$k_1 = 1 \times 10^{12}$ 　　　　　$kg(Fe)/(kmol(C) \cdot s)^{-1}$

$k_2/k_1 = 30$ 　　　　　$kmol(C)/(kmol(Si))^{-1}$（文献［16，20］中分别为 15、20）

$k_3 C_{Db}/k_1 = 1 \times 10^{-4}$ 　　　　　$kmol(C)/kg(Fe)$

$k_4/k_1 = 1$ 　　　　　$kmol(C)/(kmol(Mn))^{-1}$

$k_5/k_1 = 2$ 　　　　　$kmol(C)/(kmol(P))^{-1}$

$t_e = 1 \times 10^{-5} s$，$D = 5 \times 10^{-5} m^2/s$

1.2.3　氧流在炉渣和金属中的宏观分配

氧流在炉渣和金属间的分配是氧枪结构、底吹元件、供氧、供气制度和金属、炉渣成分的复杂函数。

1.2.3.1 氧气顶吹转炉中

（1）超软吹。氧气射流仅穿透乳化渣层，而不到达金属液面，或虽到达金属液面，但仅产生微小凹坑，而不破碎金属液。在这种情况下，射流主要氧化炉渣，使之积累起很高的氧化铁含量，并使 Fe^{3+}/Fe^{2+} 升高。如果这样的持续时间足够长，就会因为氧化铁与乳化液中大量的金属滴作用，产生大量的 CO 小气泡，使炉渣急剧泡沫化，熔池猛烈上涨，发生溢渣乃至危险的大喷。

（2）软吹（$n/n_0 < 0.4$）。随着枪位的降低，冲击熔池的凹坑深度增大，有效面积增大，冲击压力也增大，金属被破碎的数量增多，飞溅量也增多。当有效冲击面积未达最大值之前，射流中的氧在渣-金间的分配主要取决于射流冲击渣池和金属池面积之比，即（$A_{冲击} - A_{有效}$）与 $A_{有效}$ 之比。具体地说，就是冲击在 $A_{有效}$ 面积上的混合射流所包含的氧先是全部传给凹坑表面金属和溅起的金属滴，这些溅起后被氧化的金属滴大部分随射流回到"火点区"与凹坑被氧化的金属表层及气泡（包括 O_2、CO、CO_2、N_2）形成乳化液，通过熔池循环运动，它们由"火点区"进入二次反应区，把 CO_2、FeO、Fe_2O_3 所载的氧传给所经途中的金属。如它们所经过的路程短，则尚有部分未被金属溶解的 FeO 最后进入渣池。而冲击在有效面积 $A_{有效}$ 之外的外环（即 $A_{冲击} - A_{有效}$）渣层中的混合射流所包含的氧则全部进入渣中。除此之外，进入渣中的还有反射流从"火点区"带出的被氧化和未被氧化的金属滴以及从二次反应区上浮 CO 气泡所携带的金属滴或金属膜，如图 1-2-7 所示。由此可以想象，随着冲击熔池深度（n）和有效面积（$A_{有效}$）的增大，射流直接分配给金属熔池的氧增多，熔池的脱碳速度增大，造成的 CO 气泡增多，

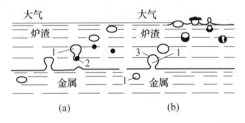

图 1-2-7 在相界面上气泡外壳的演变情况[21]

（a）带金属滴的气泡；（b）带金属外壳的气泡
1—气泡；2—金属液滴；3—气泡外壳

气泡上升代入渣池的金属滴增多，同时由于反射流带入渣池的飞溅金属滴（其中有完全被氧化的，或部分氧化的，或未被氧化的）也有所增加；而由射流外环直接分配给渣池的氧和由二次反应区进入渣池的剩余 FeO 则都减少。故使进入渣池的总氧量减少。

（3）过渡吹（$n/n_0 = 0.4 \sim 0.5$）。当枪位继续降低，射流有效冲击面积（$A_{有效}$）达到最大值后，再降枪时，则全部射流均穿透渣层进入金属熔池，反射流逸出凹坑速度趋于最大值，它所携金属飞溅物（包括氧化的、部分氧化的和未被氧化的金属滴）也趋于最大值，其中被氧化的金属滴可以说是炉渣从氧流获得氧的唯一来源。而此时由熔池沸腾上升的 CO 气泡带入渣池的金属滴则显著增加。故一般过渡吹吹炼时，易发生炉渣返干和金属喷溅。

（4）硬吹（$n/n_0 \geq 0.5$）。当枪位进一步降低时，射流像引射泵，搅动并抽引炉渣和金属，将其粉碎后全部投入"火点区"，直穿熔池深部，其反应生成的 CO 气泡也被抽引随之向下穿透熔池深处后破碎为气泡，从而形成"气-渣-金"乳化液，按硬吹时的熔池运动轨迹进行脱碳反应。这时脱碳生成的 CO 气体已主要不是从"火点区"逸出，而是从二次反应区分散逸出，因而金属喷溅大大减少，甚至可忽略不计。此时的炉渣已几乎不可能从射流中分得任何一种形式的氧，而通过 CO 气泡上浮带入渣中的金属滴却急剧增多。如硬吹时间长，则会破坏泡沫渣操作，使炉渣返干。

1.2.3.2　氧气顶底复吹转炉中

根据模型实验,可以认为,在氧气顶底复吹转炉中氧在炉渣和金属间的分配仍主要取决于氧枪枪位和氧流冲击熔池的状况,所不同的只是随着底部供气元件的结构和布置的不同,特别是底吹气量的变化,将不同程度地缩短熔池搅拌混匀时间和强化渣-金两相的混合(乳化)程度,从而使氧气转炉精炼进一步改善,如:

(1)克服了氧气顶吹转炉吹炼前期熔池搅拌强度的不足,使之即使在氧枪超软吹下,由于底气生成的惰性气泡群在穿过金属熔池上升至渣池时,不仅带入气泡的搅拌能,还带入气泡裹带的金属滴和金属膜,它们既从动力学方面加强熔池的传质,也从热力学上增加消耗渣中高 FeO_n 的新鲜物质,从而不仅化解了氧枪在超软吹或软吹时,因渣中 FeO_n 过分累积而发生溢渣和大喷的严重后果,同时将渣中充足的 FeO_n 含量与渣池的适当搅拌相结合,使复吹转炉比顶吹转炉具有更好的石灰渣化条件,而有利于提早造好初渣(见图 1-1-2)。

(2)能使氧气转炉的渣-金乳化泡沫渣型的精炼操作易于控制和保持吹炼平稳,以便在整个吹炼期中获得最大限度的泡沫渣精炼。

(3)由于底气对熔池的搅拌,使 C-O 反应脱碳机理转折点的 $[C]_{临}$ 值降低,使接近吹炼终点时,氧在钢、渣和脱碳间的分配,变得有利于脱碳的分配(见图 1-2-8),故复吹转炉能冶炼出比氧气顶吹转炉含 C、含 O 更低的终点钢水(见图 1-2-9)。

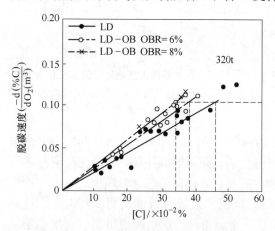

图 1-2-8　底吹气体比对 $[C]_{临}$ 的影响

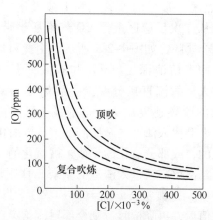

图 1-2-9　普通吹炼与复合吹炼 $[C]$ 与 $[O]$ 的关系

(4)也由于底气的搅拌使复吹转炉在吹炼过程中的各种反应能更快地进行和较好地接近或达到平衡(见图 1-2-10 和图 1-2-11)。

1.2.3.3　氧气双流复合顶吹转炉中

氧气双流复合顶吹转炉炼钢法,是我国 20 世纪 80 年代中期开发的一种新型炼钢法,由于其氧枪具有中心搅拌流和四周主氧流分别独立调节及互为伴随流的功能,因此它不像氧气顶吹转炉那样,说得极端点,要么超软吹把氧全部用来氧化炉渣,使炉子冷行和严重喷溅,要么硬吹或过渡吹,把氧全部用来氧化金属熔池,使炉渣返干,炉子热行和金属喷溅,而是把"硬吹"和"软吹"复合进行吹炼。根据模型实验,在同样枪位和供氧量下

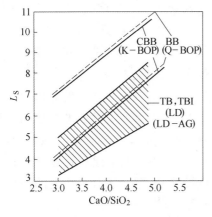

图 1-2-10 碱度相同时，各种炼钢法
脱硫分配比的比较

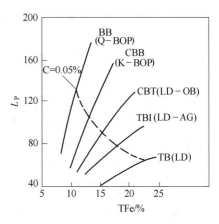

图 1-2-11 在（TFe）含量相同下各种炼钢法
脱磷分配比的比较

与一般顶吹转炉冲击熔池的情况相比，其四周流冲击凹坑的深度较浅，半径较大，而中心流冲击凹坑的深度显著加深。故四周流可充分发挥"软吹"氧化炉渣的作用，而中心流则可充分发挥硬吹氧化金属熔池，促进熔池脱碳、升温、沸腾搅拌和把一定的金属液送入渣池的作用。因此，该法可通过对枪位和中心流与四周流比例的调节，使氧流在炉渣和金属间的分配能作合理地分配和较好地控制，使渣-金乳化精炼得到充分发展和平稳进行。从而在工业性试验中获得吹炼平稳、起渣早、去磷好、终点钢水含氧量较低、金属收得率提高、原材料消耗低等不亚于底小气复吹转炉的冶金效果。

可以说渣/金乳化的泡沫渣操作是氧气转炉精炼的灵魂，但要保持良好的、充分的和吹炼平稳的泡沫渣操作，就必须保持炉渣合理的氧化性和泡沫稳定性，这就首先要控制射流分配给炉渣的氧与进入炉渣的金属滴所消耗的氧保持相对稳定。否则，如（O）≫（Fe），则发生溢渣或大喷；如（O）≪（Fe），则炉渣返干，并发生金属喷溅和金属蒸发。

1.2.4 炉渣的氧化性及其影响因素

上一节讨论了氧气射流进入熔池后除把一部分氧分配给渣池外，同时也将熔池内的金属以液滴的形式带入或溅入渣池。一般来说进入渣池的氧可能有以下三种途径。

（1）氧气射流的外环流直接分配给的氧（包括 O_2、CO_2 和 Fe_tO）；

（2）反射流溅入的氧化铁液滴；

（3）由熔池循环运动带入的二次反应区中未耗尽的氧化铁液滴中的氧。

而进入渣池的金属滴则可能有以下 4 种途径。

（1）由熔池生产的 CO 气泡在上浮中所裹带的液滴或液膜；

（2）由熔池生成的渣滴在上浮中所裹带的金属滴或液膜；

（3）由反射流飞溅带入的未氧化和未完全氧化的金属滴；

（4）由底吹惰性气体进入熔池后分散为小气泡上浮时所裹带的金属滴或金属膜。

上述这些氧化铁和金属滴进入渣池后，前者补充渣池的氧含量，提高炉渣的氧化性，后者则在渣池中氧化自身（脱锰、脱碳）的过程中消耗掉氧，降低炉渣的氧化性。我们所要讨论和企求控制的氧气转炉吹炼过程中的炉渣氧化铁含量（或活度），则正是金属滴在铁质渣中脱锰、脱碳等的氧化反应，或者说是金属滴对渣中 FeO 还原反应的即时物料动态准平衡的结果。因为过程渣中 FeO 含量的变化是由供氧、供气制度所造就的氧流分配给炉渣的氧量和进入炉渣中的金属滴相反应的结果，因此就既可从化学反应动力学的角度通过对渣中 FeO 还原动力学（或液滴在铁质渣中的脱碳等氧化反应动力学）的分析及氧流分配给炉渣的氧，固体氧化剂分配给炉渣的氧和进入炉渣的金属滴的总表面积的解析来对过程渣的氧化铁含量进行描述和估计；也可从宏观动力学和反应工程学的角度，通过对影响渣中氧化铁含量的因素（特别是工艺操作因素）的讨论，用它们来建立映射渣中 FeO 含量的函数式和多元回归方程式。这些就是本节着重讨论的问题，还有要讨论的是炉渣的 Fe^{3+}/Fe^{2+} 比和其影响因素，以及氧化铁活度的表达式等。

参 考 文 献

[1] Попець С N. Теория и практика метаццу ряяи, Сверааовся, Иза. упи, 1960（Научные трудыуии），91：C. 28-36.

[2] Явойекий В И. Теория процеесов производетвастац и м. Метаццургия, 1967, 791.

[3] Меажибожекий М Я. Йзв. вуз. цернася метаццургия, 1967（11）：C. 46-50.

[4] Баптизманский В N, Механизм и кинетика пропессовв конвертерной Ванне. м. метаццугизаат, 1960, 283.

[5] Фициппов С И. дунз . изв. вуз. цернася метаццургия, 1960（1）：C. 16-23；No. 5, C. 28-37.

[6] Гончаров И А, Фициппов си. изв. вуз. церная метаццургия, 1965（1）：C. 16-23；No. 5, C. 28-37.

[7] Ккнторович Б В, Цар. метаццургия, 1971, 486.

[8] Явойский В И. Стаьи, 1971（10）：C. 895-900.

[9] Баптизманский В N. Изв. вуз. цернася метаццургия, 1970（6）：C. 38-42.

[10] Emi T, et al. Met Trans, 1974, 5：1959-1966.

[11] Radzilowski R H, Ph. D. Thesis. The University of Michigan, 1977.

[12] Robertson D G C, Jenkins A E. Heterogeneous Knietics at Elevated Temperatures [M]. Belton G G, Worrell W I ed. New York：Plenum Press, 1970：393-408.

[13] Emi T, Pehlke R D. Met Trans, 1975（6B）：95-101.

[14] Baker R. J Iron Steel Inst, 1967, 205：537-541.

[15] 皮勒克（Pehlke）R D, 拉兹洛夫斯基（Radzilowski）R H. 物理化学和炼钢 [M]. 曲英, 等译. 北京：冶金工业出版社, 1984：125-128.

[16] 浅井滋生, 鞭严. 铁と钢, 1969（2）：22-32.

[17] Van Krevelen D. World Hoflijizer P J. Rec Trav Chim, 1948, 67：563.

[18] 恩田, 佐田. 化学工场, 1966, 10（3）：107.

[19] 三轮守, 浅井滋生, 鞭严. 铁と钢, 1970, 13：103-112.

[20] 三轮守, 浅井滋生, 鞭严. 铁と钢, 1971, 8：3-10.

[21] Гинков Г М, Шевцов Е. К. Изв. вув. черная метацчургия, 1971（6）：168-170.

1.3　金属滴在铁质渣中的氧化行为

本节拟通过金属滴在铁质渣中脱碳反应的实验室实验结果，了解金属滴在铁质渣中

（Fe^{2+}型和Fe^{3+}型）的脱碳机构、脱碳速度和元素氧化顺序，为下一步了解炉渣 FeO 的还原动力学，实验结果与生产结果的比较和对生产工艺（如 LD 法、顶底复吹法和双流复合顶吹法等）的评价，以及为对改进现在操作工艺的探讨作准备。

T. Gare 和 G. S. F. Hazeldean[1] 采用以 CaO-SiO_2-Al_2O_3 为基掺混 FeO 和 Fe_2O_3 的合成渣，进行了 Fe-C 和 Fe-C-X（Si，Mn，P，S）合金液滴在铁质渣（Fe^{3+}型和Fe^{2+}型）中的脱碳实验，其实验终点的炉渣成分控制在转炉炼钢渣的范围内，TFe 含量大约 13%，温度取 1773K 和 1813K，Fe-C 合金液滴的初始碳含量取 4.2%、3.68%、2.85% 和 1.92% 四个水平，Fe-C-X 合金液滴中的非金属含量 Mn 取 4.6% 和 0.99%，Si 取 1.0% 和 4.8%，P 取 0.44% 和 1.2%，S 取 0.5% 和 2%，它们的碳含量均为 4.0%。这说明该实验的炉渣基本成分和金属滴的碳含量是参照一般 BOF 炼钢的情况来确定的，只是其他非金属成分的含量较高，目的是夸大其对反应过程的影响，以便观测，然后在描述它们对一般转炉操作的影响时作适当地调整。

实验获得的各种 C-t 曲线示于图 1-3-1～图 1-3-16，按所有液滴在不同类型炉渣的 C-t 实验曲线的斜率计算出的脱碳速度列于表 1-3-1 和表 1-3-2，具有代表性的炉渣分析摘要也列在表中，实验前后的非金属成分列于表 1-3-3。

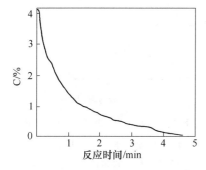

图 1-3-1 ［C］$_0$=4.2% 的金属滴在 Fe^{3+} 基的
炉渣中于 1773K 下 C 含量随时间的变化

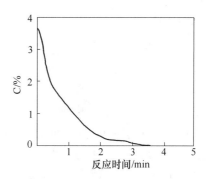

图 1-3-2 ［C］$_0$=3.68% 的金属滴在 Fe^{3+} 基的
炉渣中于 1813K 下 C 含量随时间的变化

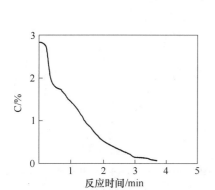

图 1-3-3 ［C］$_0$=2.85% 的金属滴在 Fe^{3+} 基的
炉渣中于 1813K 下 C 含量随时间的变化

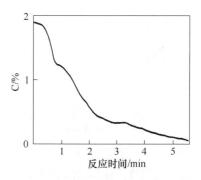

图 1-3-4 ［C］$_0$=1.92% 的金属滴在 Fe^{3+} 基的
炉渣中于 1813K 下 C 含量随时间的变化

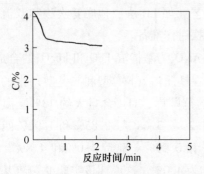

图 1-3-5　$[C]_0 = 4.2\%$ 的金属滴在 Fe^{2+} 基的
炉渣中于 1773K 下 C 含量随时间的变化

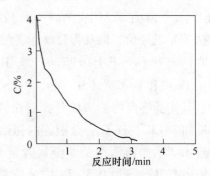

图 1-3-6　$[C]_0 = 4.0\%$ 和 $[Mn]_0 = 0.99\%$
的金属滴在 Fe^{3+} 基的炉渣中于
1773K 下 C 含量随时间的变化

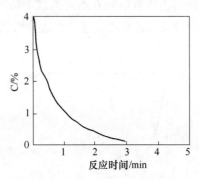

图 1-3-7　$[C]_0 = 4.0\%$ 和 $[Mn]_0 = 4.6\%$
的金属滴在 Fe^{3+} 基的炉渣中于
1773K 下 C 含量随时间的变化

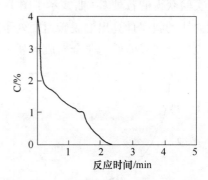

图 1-3-8　$[C]_0 = 4.0\%$ 和 $[Si]_0 = 1.0\%$
的金属滴在 Fe^{3+} 基的炉渣中于
1773K 下 C 含量随时间的变化

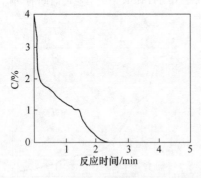

图 1-3-9　$[C]_0 = 3.8\%$ 和 $[Si]_0 = 4.8\%$
的金属滴在 Fe^{3+} 基的炉渣中于
1773K 下 C 含量随时间的变化

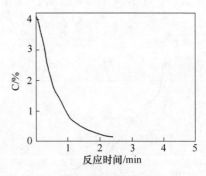

图 1-3-10　$[C]_0 = 4.1\%$ 和 $[P]_0 = 0.44\%$
的金属滴在 Fe^{3+} 基的炉渣中于
1773K 下 C 含量随时间的变化

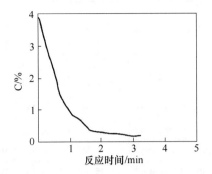

图 1-3-11 $[C]_0 = 3.9\%$ 和 $[P]_0 = 1.25\%$
的金属滴在 Fe^{3+} 基的炉渣中于
1773K 下 C 含量随时间的变化

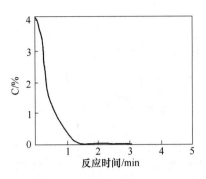

图 1-3-12 $[C]_0 = 4.1\%$ 和 $[S]_0 = 0.5\%$
的金属滴在 Fe^{3+} 基的炉渣中于
1773K 下 C 含量随时间的变化

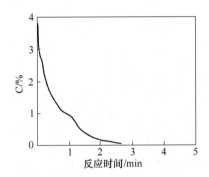

图 1-3-13 $[C]_0 = 3.8\%$ 和 $[S]_0 = 2.0\%$
的金属滴在 Fe^{3+} 基的炉渣中于
1773K 下 C 含量随时间的变化

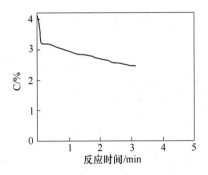

图 1-3-14 $[C]_0 = 4.2\%$ 和 $[Mn]_0 = 0.99\%$
的金属滴在 Fe^{2+} 基的炉渣中于
1773K 下 C 含量随时间的变化

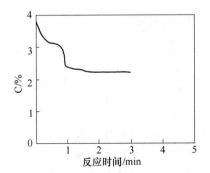

图 1-3-15 $[C]_0 = 3.8\%$ 和 $[Si]_0 = 4.8\%$
的金属滴在 Fe^{2+} 基的炉渣中于
1773K 下 C 含量随时间的变化

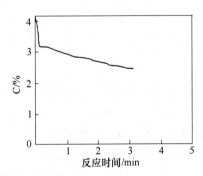

图 1-3-16 $[C]_0 = 3.8\%$ 和 $[S]_0 = 2.0\%$
的金属滴在 Fe^{2+} 基的炉渣中于
1773K 下 C 含量随时间的变化

表 1-3-1　含 C 金属滴在铁质渣中的脱碳速度和试验前后的炉渣分析

图	$[C]_0$ /%	温度 /K	渣型	脱碳速度/%C·min⁻¹				脱碳速度/10^4mol·s⁻¹·cm⁻²				炉渣分析 $i=\dfrac{Fe^{2+}}{Fe^{2+}+Fe^{3+}}$	
				(2)①	(4)①	全程	$\dfrac{全程速度}{初始速度 [C]_0}$	(2)①	(4)②	全程	$\dfrac{全程速度}{初始速度 [C]_0}$	前	后
1-3-1	4.2	1773	Fe^{3+}	7.50	1.54	1.39	0.33	0.98	0.20	0.18	55.23	0.18	0.41
1-3-2	3.68	1813	Fe^{3+}	7.14	1.21	1.14	0.31	0.93	0.16	0.15	52.17	0.21	0.49
1-3-3	2.85	1813	Fe^{3+}	6.00	1.10	0.91	0.32	0.78	0.14	0.12	53.37	0.28	0.56
1-3-4	1.92	1813	Fe^{3+}	3.00	0.71	0.55	0.29	0.40	0.09	0.07	45.83	0.15	0.42
1-3-5	4.2	1773	Fe^{2+}	1.30		0.38	0.09	0.17		0.05	15.23	0.51	0.67

① 反应期，说明见图 1-3-17。

表 1-3-2　合金液滴在铁质渣中的脱碳速度和试验前后的炉渣分析

图	$[C]_0$ /%	第三个元素初始含量	温度 /K	渣型	脱碳速度/%C·min⁻¹			脱碳速度 /10^4mol·s⁻¹·cm⁻²			炉渣分析 $i=\dfrac{Fe^{2+}}{Fe^{2+}+Fe^{3+}}$	
					(2)①	全程	$\dfrac{全程速度}{初始速度 [C]_0}$	(2)①	全程	$\dfrac{全程速度}{初始速度 [C]_0}$	前	后
1-3-6	4.2	0.99Mn	1773	Fe^{3+}	8.0	1.33	0.32	1.04	0.17	32		
1-3-7	4.0	4.60Mn	1773	Fe^{3+}	8.3	1.28	0.32	1.08	0.17	34		
1-3-8	4.0	1.00Si	1773	Fe^{3+}	12.2	1.64	0.41	1.58	0.21	42		
1-3-9	3.8	4.80Si	1773	Fe^{3+}	9.0	1.17	0.31	1.17	0.15	32		
1-3-10	4.1	0.44P	1773	Fe^{3+}	3.3	1.63	0.39	0.43	0.21	41		
1-3-11	3.9	1.25P	1773	Fe^{3+}	3.6	1.29	0.33	0.47	0.17	35		
1-3-12	4.1	0.50S	1773	Fe^{3+}	11.0	2.90	0.70	1.43	0.38	74		
1-3-13	3.8	2.00S	1773	Fe^{3+}	13.0	1.36	0.36	1.69	0.18	38		
1-3-14	4.2	0.99Mn	1773	Fe^{2+}	7.6	0.63	0.15	1.00	0.08	15		
1-3-15	3.8	4.80Si	1773	Fe^{2+}	1.8	0.51	0.14	0.23	0.06	13		
1-3-16	3.8	2.00S	1773	Fe^{2+}	1.2	0.55	0.14	0.16	0.07	15		

① 反应期，说明见图 1-3-17。

　　液滴在不同炉渣中的实验结果有显著差异：

● 在高浓度 Fe^{3+} 的渣中：当液滴在渣中经过一个过程时，其质量将大大减少，达 50% 之多，如停留在含 Fe_2O_3 的渣中 5min 后，由于液滴被炉渣氧化而完全消耗掉。但是为了计算脱碳速度，假设液滴经过实验仍保持原有的质量和球状，该液滴在反应温度为 1813K 时，被重新折算为平均 C 含量为 0.01% ~ 0.02% 的金属和 $Fe^{2+}/(Fe^{2+}+Fe^{3+})=1$ 的实验后渣，在 1773K 时，则为 C 含量 0.01% ~ 0.1% 的金属和 $Fe^{2+}/(Fe^{2+}+Fe^{3+})=0.75$ 的实验后渣。

　　当比较各个曲线时可见，含 Si（图 1-3-8、图 1-3-9）和含 S（图 1-3-12、图 1-3-13）液滴的初始脱碳速度最高，含 Mn 液滴（图 1-3-6、图 1-3-7）与 Fe-4.2C 液滴（图 1-3-1）

的初始脱碳速度相似，含 P 合金（图 1-3-10、图 1-3-11）的初始脱碳速度最慢。

按照全程的脱碳速度来比较，一般合金液滴之间的差别很小，只有 0.5% S 合金液滴的全程平均速度为双倍。该全程平均速度是按曲线的孕育期终点和脱碳速度降至 0.5%C/min 下的这点之间的平均速度来求取的。

● 在高浓度 Fe^{2+} 的渣中：当含 Fe^{2+} 超过 44%（$Fe^{2+} \times 100/(Fe^{2+}+Fe^{3+})$）渣中所得的曲线（图 1-3-5，图 1-3-14~图 1-3-16）与高氧化物所得的显著不同。虽然初始速度相近，但不多久反应就几乎停止。然后只在很慢的速度下继续进行。终点液滴的含碳量仍很高（如约 3%），液滴的质量也和它开始的质量相似，但从图 1-3-15 和图 1-3-16 中可见在反应进入滞止期之前脱碳反应重新开始，进一步降碳 0.5%。

根据 X 射线的观测，可把具有代表性的 C-t 曲线分为 5 个不同的反应阶段来描述，如图 1-3-17 所示。虽然不是每个实验曲线都显现出 5 个结点，但这是描述大多数复杂实验曲线所需的最少阶段数。

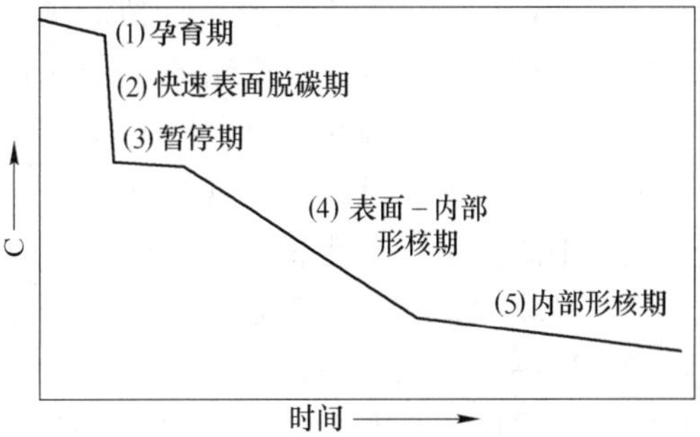

这五个阶段是：

（1）孕育期：液滴进入熔渣之初，仅生成一点点气体；

（2）快速表面脱碳期：反应速度加快，液滴周围有一圈气晕形成，且渣相泡沫化；

图 1-3-17　显示五个不同阶段的液滴脱碳曲线

（3）暂停期：反应出现暂停，环绕液滴的气晕显著减少，且泡沫化的渣层开始崩溃；

（4）表面-内部形核期：反应速度开始再次增大，这是由于金属滴内部产生的气体比例增加，并伴随着气晕的减少和渣相保留少量的泡沫化；

（5）内部形核期：泡沫渣已破灭，金属滴因内部生成气体而跳动，这时常能观察到充满气体的金属泡。

对金属滴在铁质渣中的氧化行为小结如下：

（1）实验表明 Fe-C 二元和 Fe-C-X 三元合金液滴在铁质渣中的脱 C 反应是复杂的，一般来说可把 C-t 曲线分为孕育期、快速表面脱碳期、暂停期、表面-内部形核期、内部形核期五个不同的反应阶段来描述。

（2）金属含碳量和炉渣的氧化性是决定脱碳反应各个阶段的速度和机理的重要因素。一般来说，增加金属含碳量和渣的氧化性会增加脱碳速度，同时增加整个反应的复杂性。

（3）添加合金元素 Si、Mn、P、S 会影响金属滴脱碳反应的速度和机理，但它们的影响程度和范围与碳和渣的氧化性相比较小。

（4）Si 对金属滴脱碳的影响是复杂的，在相对高温和渣-金交互作用下，C 在一个稍高的速度下先于 Si 氧化，然后，C 和 Si 同时氧化，重新获得一个强有力的脱碳速度，并一直持续到比 Fe-C 系统更低的 C 含量。这些行为，对不留渣操作的工业性 BOF 转炉来说是一厢情愿的，但对留渣操作和使用高温铁水的转炉则是有一定参考价值的。

（5）Mn 的存在对液滴在氧化性渣中脱碳行为的影响很小[2]，但能大大加快在弱氧化渣中的脱碳。

（6）液滴中的 P 在渣-金系统中，一开始的头几秒钟内就去除了[3]。而 BOF 转炉炼钢中，脱 P 一直持续到整个吹炼期。这说明目前的一般 BOF 转炉造好初渣的时间较长，金属滴在渣池和金属熔池之间的周转量较小，完成整个熔池的渣-金乳化所需时间较长。

（7）S 对金属滴脱碳的影响大致分两个方面：当 S>0.5%时，主要是通过它对 CO 形核的静力学和动力学表面活性的影响来发挥作用，促进脱碳，使其速度比其他情况下的快，并使脱碳持续到含碳量较低的水平，特别是在弱氧化性炉渣的情况下；当 S=0.01%~0.049%时，则由于 S 占据金属表面的反应空位而影响界面化学反应[4]，因此 S 含量愈高金属滴在渣中的脱碳速度愈慢。

（8）渣-金乳化精炼的最大优点就是极大地扩展渣-金界面积，加快反应和优先去 P；并视炉渣的碱度、氧化性和流动性，决定其金属滴滞留在渣池的时间和在渣池期间去 P、去 C、去 Mn、去 S，甚至去 Si（当留渣操作时）和氧化 Fe 的程度，以及对渣池温度的影响。应当说转炉软吹时，虽渣池的氧化性很高，但进入渣池的金属滴较少，滞留时间较长，这样，尽管金属滴在渣池中最先将 P 去除，但随后在它返回金属熔池之前，其他元素也都去除了，因而它对整个金属熔池而言，并未达到优先去 P 保 C 的目的；如滞留的时间再长些，则渣池中的活性氧将进一步把金属滴中的 Fe 也氧化掉一部分乃至全部。由此不难看出，过软吹，虽有利于提高渣中 FeO 含量，但不利于提高熔池温度，因单位氧化铁的发热量远远小于氧化碳和其他元素放出的热量。故也不能加快石灰渣化，更达不到去 P 保 C 的目标，同时还潜伏着大喷的危险。但若有这样一种方法，它既能造就高碱度、适当氧化性和流动性良好的炉渣，又能增大进入渣池的金属滴的循环量，缩短金属滴在渣池和金属熔池之间的循环时间（如 τ=1~2min），则金属滴将在渣池中脱 P 后只脱除部分 C 而不再氧化 Fe 和增大渣中 FeO 含量，这样既能快速精炼，优先去 P 保 C，又能使熔池稳步升温，不过氧化，不大喷。应当说符合这些条件的方法有双流复合顶吹炼钢法、顶底复吹法、中断吹氧法[5]和日本专利（顶底复吹转炉冶炼高 C 低 P 钢的方法）J59-43808[6]。

参 考 文 献

[1] Gore T, Hazeldean G S F. Ironmaking and Steelmaking, 1981（4）：167.

[2] Grieveson P, Turkdogan E T. Trans AIME, 1964, 230（12）：1609-1614.

[3] Riboud P Y. CDS Circ., 1973, 30（12）：2623-2630.

[4] Turkdogan E T, Goodwin D J. J Iron Steel Inst 1957, 185（1）：104.

[5] Nashiwa H, et al. Ironm and Steelm., 1981（1）：29-38.

[6] 赵荣玖，阎峰，张荣生，主编. 国外转炉顶底复合吹炼技术（二）［M］. 北京：冶金工业情报研究总所，1987：425-432.

1.4　金属滴中碳还原渣中氧化铁的动力学

很早以前，人们就知道渣-金乳化反应在氧气转炉炼钢中的重要地位。为了弄清乳化反应的机理和反应速度，许多学者曾做了大量实验研究，有些学者[1,2]就氧气转炉炉渣-金属滴之间的脱碳反应做了定性地讨论，但一般地说，金属滴的脱碳实验都是用的氧化性气体[3~6]。也做了渣-金属滴系统的非金属元素（如 P、S）的传输测量[7,8]，而 Fe-C 与炉渣间的脱碳测量[9~11]则宁可用整体金属而不用金属滴，因这样才能更好地从渣-金不同的几何位置看到乳化液的发生。Mulholland 等人[12]便是通过 X 射线透视对炼钢渣成分相同的炉渣-金属系统乳化反应的定性观察，为碱性氧气转炉炼钢的乳化精炼机理提供了依据，并证实当 Fe-C 液滴与炉渣反应时，在液滴周围有一轮气晕存在，Kozakevitch 等人[13]研究了 S 对 Fe-C 液滴在渣中脱 C 的影响，接着 Gaye 和 Riboud[14]进一步对 Fe-C、Fe-C-P 和 Fe-C-S 合金液滴在氧化性渣中的反应做了动力学测量，并发现 S 在金属中降低脱碳速度，Belton[15]解释了 Gaye 和 Riboud 的脱碳速率是受 CO_2 在铁液表面上的分解所控制，Gare 和 Hazelean[16]则进一步试验研究了 Fe-C-X（X=P、S、Mn、Si）合金液滴与氧气转炉钢渣成分贴近的铁质合成渣之间的反应，除用前人[17]用的 X 射线摄像技术[18]进行观察外，还测量了脱碳速度，定量分析了影响金属液脱 C 的各个因素，并发现金属滴在渣中的脱碳行为分为 5 个阶段，也可归纳为孕育期、快速期和慢速期，但遗憾的是他们仍未能建立渣-金乳化精炼的脱碳数学模型，不过他们的实验结果已经是至今为止对氧气转炉乳化精炼最好的描述了。故本书在 1.3 节中对 Gare 和 Hazelean 的实验结果做了全面介绍。

值得讨论的是，Gare 和 Hazelean 在他们的结论中，根据 Fe-C 液滴在渣中的脱碳速度比在氧化性气体中小一个数量级的理由，认为渣-金乳化精炼除了有优先去 P 的优势之外，在脱 Si、脱 C、防止泡沫渣溢出、渣喷、提高金属收得率和良好的终点控制等方面都不如气-金精炼。的确乳化精炼有这些问题存在，但它不是不能克服的，相反它的下述优点，如防止金属蒸发、金属喷溅，隔离大气中 N_2 对终期钢液的污染，吸收非金属夹杂，特别是包容气-金脱碳反应生成的 CO 气泡上浮时从熔池带出的金属滴（或膜）的胸怀，使之在渣池中进一步脱 P、脱 C 的双池互补的冶金效果，这却是气-金反应无法取代的，同时，我们还应看到乳化液中所包含的大量金属滴对金属熔池面的极大扩展，才使氧气转炉有快速精炼的勃勃生机。虽然乳化精炼在有些情况下会表现出桀骜不驯，但人们已从控制炉渣的氧化性、泡沫性和熔池上涨等方面积累了大量驯服乳化精炼的操作经验，只要我们从根本上控制其乳化液中合理的渣、金比和合理的炉渣量与氧化性，就能使乳化精炼从善如流。这不仅是保持吹炼平稳的需要，也是最佳化冶炼的需要，为此，继上一节金属滴在铁质渣中的脱碳和元素氧化之后，本节还将着重讨论渣中 FeO 的还原。

渣-金乳化精炼对金属来说是脱 C、脱 P、脱 S，净化金属液，对炉渣来说则是将 FeO 还原成铁。故不仅炼钢工作者重视它，研究它，炼铁和矿石熔融还原的工作者也重视它、研究它，而后者侧重研究的渣中 FeO 的还原部分，则正是前者过去不够重视的部分，因此，这里对渣中 FeO 还原的论述，将主要利用后者的研究成果。Sommerville 等人[18]按照高炉炼铁的情况把 FeO<5% 的渣与 Fe-C 合金放在一个特殊的坩埚中进行熔融还原反应，测定了 FeO 的还原速度，并提出了以气-金或气-渣界面化学反应为速度控制环节的 FeO 还原的动力学模型。随着 20 世纪 80 年代矿石熔融还原工艺技术的发展，学者们相继对 Fe-C 液滴对渣中 FeO 的还原和碳粒对渣中 FeO 的还原进行了大量实验研究。Octer[19]提出了液态 FeO 被 C 还原的微观动力学步骤，较好地表述了渣中 FeO 的还原机理，井山裕之等人[20]测量了 5t 和 100t 铁浴中 FeO 还原的表观速率常数，Bafghi 等人[20]试验研究了炉渣成分和泡沫渣对 FeO 还原的影响，并提出了泡沫渣系统的 FeO 还原动力学模型和计算泡沫渣系统表观速率系数的方法，Min 和 Fruehan[22]则联系浴熔还原法的实际情况，进行了以渣中 FeO，金属中 C、S 和液滴大小为函数的 FeO 还原速率的测试研究，并对 FeO 还原动力学模型进行了综合分析。本节拟主要依据 Sommerville[18]、Min 和 Fruchan[22] 及 Bafghi[20]实验研究结果对渣中 FeO 的还原速率作一综合论述。

1.4.1　金属滴中碳还原渣中 FeO 的动力学分析

基于诸多学者[16,18,22]用 X 射线摄像技术所观察到的渣-金属滴脱碳时，在金属滴四周有一轮 CO-CO₂ 气晕存在，且它们几乎每秒钟要在气-金和气-渣界面上做一次完全替换[18]，故应把金属滴中的 C 与渣中 FeO 的总反应：

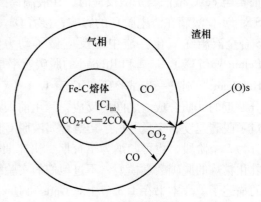

图 1-4-1　含 C 金属滴与渣中 FeO
反应的示意图

$$(FeO)+[C] \rightleftharpoons Fe+\{CO\} \quad (1-4-1)$$

分成两个反应发生，其反应机制如图 1-4-1 所示。CO-CO₂ 只作为渣-金反应的中间媒介。在渣-气界面上 CO 还原 FeO，如反应（1-4-2）所示：

$$\{CO\}+(FeO) \rightleftharpoons Fe+\{CO_2\} \quad (1-4-2)$$

紧跟着反应（1-4-3）在气-金界面上发生：

$$\{CO_2\}+[C] \rightleftharpoons 2\{CO\} \quad (1-4-3)$$

反应（1-4-2）还可进一步分成两步：

$$\square_{渣}+(FeO) \rightleftharpoons Fe+\square_{渣}O \quad (1-4-2a)$$

$$\square_{渣}O+\{CO\} \rightleftharpoons \{CO_2\}+\square_{渣} \quad (1-4-2b)$$

式中，$\square_{渣}$ 为渣表面吸附氧的有效空位，反应（1-4-3）也可再分成两步：

$$\square_{金属}+\{CO_2\} \rightleftharpoons \{CO\}+\square_{金属}O \quad (1-4-3a)$$

$$\square_{金属}O+[C] \rightleftharpoons \{CO\}+\square_{金属} \quad (1-4-3b)$$

式中，$\square_{金属}$ 为金属表面吸附氧的有效空位。Fruehan[23]证实用碳还原固体 FeO 的机理与用金属滴中的 C 还原渣中 FeO 的机理相似。根据上述机理，FeO 还原速度的限制步骤可能有五个：

(1) 渣中 FeO 传质（或 Fe²⁺ 和 O²⁻ 离子传质）；
(2) 气-渣界面上的化学反应速率；
(3) 气晕圈中气体的扩散；
(4) 金属中 C 的传质；
(5) 气-金界面上的化学反应速率。

一般来说，孕育期后，反应速率在大部分反应期内维持在一个相对快的恒速上，然后显著放慢。下面就只针对快速恒速期，还原速率限制步骤的几种可能情况先做一般的理论分析，建立综合型的混合模型，然后再根据实验室的实验结果建立具体的简化模型，或者将来根据生产试验结果建立生产控制模型。

1.4.1.1　渣中 FeO 传质

FeO 在渣中的实际传质是按 Fe²⁺ 和 O²⁻ 离子进行的，但为了数学计算，这里用 FeO 传输通量来表述：

$$J_{FeO} = k'_s(C_{FeO} - C^s_{FeO}) \quad (1-4-4)$$

$$J_{FeO} = \frac{k'_s \rho_s}{M_{FeO} \times 100}[(\%FeO) - (\%FeO)^s] \quad (1-4-5)$$

式中，J_{FeO} 为渣中 FeO 通过界面的传质通量，$mol/(cm^2 \cdot s)$；k'_s 为 FeO 在渣中的传质系数，cm/s；ρ_s 为渣的密度，g/cm^3，$\rho_s \approx 3.0 g/cm^3$；$M_{FeO}$ 为 FeO 的摩尔质量，g/mol；C_{FeO}、C^s_{FeO} 分别为 FeO 在渣体内和表面的分子含量，mol/cm^3；（FeO）、（FeO）^{s} 分别为 FeO 在渣体内和表面的质量分数，wt%。

按氧离子朝界面传递的渗透理论，Bafghi[21] 在原始渣碱度为 1~2.0，FeO 为 10%，石墨棒的旋转速度为 100r/min 和 1300℃下得出：

$$k'_s = 6.61 \left[(W_s/d_C^3)(-\Delta\%FeO/\Delta t)D \right]^{1/2} \tag{1-4-6}$$

式中，D 为 O^{2-} 在渣中的扩散系数，$D = 10^{-5} cm^2/s$[19]；d_C 为泡沫渣中的气泡直径，当 S = 0.03%~0.15% 时，$d_C = 5~10 mm$[24]；Δt 为表面更新或与气体接触的时间，也可视为气晕圈中气体的更新时间，据报道大约 1s[18]；W_s 为渣量，g；ΔFeO 为传质的驱动力，$\Delta FeO = FeO^s - FeO$。

当反应（1-4-1）在 $P_{CO} = 1atm$ 下达平衡时，（FeO）$^s \approx 0$，并定义：

$$\frac{k'_s \rho_s}{M_{FeO} \times 100} = k_s \tag{1-4-7}$$

则
$$J_{FeO} = k_s(\%FeO) \quad mol/(cm^2 \cdot s) \tag{1-4-8a}$$
$$R_s = A_s k_s(\%FeO) \quad mol/s \tag{1-4-8b}$$

式中，k_s 为反应速率受氧离子朝界面传递控制时的速率常数，单位为 $mol/(cm^2 \cdot s \cdot (\%FeO))$。

Bafghi[21] 取 $d_C = 0.5cm$，按式（1-4-5）算出：

$R = 1~1.5$ 时，$\quad k'_s = 1.94 \times 10^{-3} ~ 6.94 \times 10^{-3} \quad cm/s$

$R = 2.0$ 时，$\quad k'_s = 1.063 \times 10^{-2} ~ 1.658 \times 10^{-2} \quad cm/s$

据此由式（1-4-7）可估算出：

$R = 1~1.5$ 时，$\quad k_s = 8.08 \times 10^{-6} ~ 2.89 \times 10^{-5} \quad mol/(cm^2 \cdot s \cdot (\%FeO))$

$R = 2.0$ 时，$\quad k_s = 4.43 \times 10^{-5} ~ 6.91 \times 10^{-5} \quad mol/(cm^2 \cdot s \cdot (\%FeO))$

（注：Min 和 Fruechan[22] 给出的 k_s 值为 $4 \times 10^{-6} ~ 4 \times 10^{-7}$，似乎偏小。）

1.4.1.2 气-渣化学反应

气-渣反应可分解为下列步骤，按 Min 和 Fruehan[22] 的描述：

$$\{CO\} === CO \quad \text{（在渣面上）} \tag{1-4-9}$$
$$(FeO) === Fe^{2+} + O^{2-} \quad \text{（在渣面上）} \tag{1-4-10}$$
$$CO + O^{2-} === \{CO_2\} + 2e \tag{1-4-11}$$
$$Fe^{2+} + 2e === Fe \tag{1-4-12}$$

如气-渣反应的整体速率（R_{g-s}）受反应（1-4-11）控制，则可写出：

$$R_{g-s} = A_s k'_{g-s}(P_{CO} a_{FeO} - P_{CO}^{eq} a_{FeO}^{eq}) \tag{1-4-13}$$

式中，k'_{g-s} 为气-渣反应的速率常数，$mol/(cm^2 \cdot s \cdot atm)$；$a_{FeO}$ 为渣中 FeO 的活度；a_{FeO}^{eq} 为气-渣反应平衡时的 FeO 活度；P_{CO} 为气晕圈中的 CO 分压，atm；P_{CO}^{eq} 为气-渣反应平衡时的 CO 分压，atm。

假设 $P_{CO} \approx 1atm$，$a_{FeO}^{eq} \approx 0$，$a_{FeO} = C(\%FeO)$

并且
$$k_{g-s} = A_s k'_{g-s} P_{CO} C \tag{1-4-14}$$

则
$$R_{g-s} = A_s k_{g-s}(\%FeO) \tag{1-4-15}$$

按 Sun 和 Belton[25] 的实验结果，$k'_{g-s} = 2.6 \times 10^{-5}$ mol/(cm$^2 \cdot$ s $\cdot$ atm)，则 $R = 1 \sim 2$ 时，按 $C \approx 0.035 \sim 0.045$ 估算，$k_{g-s} \approx 9.1 \times 10^{-7} \sim 1.17 \times 10^{-6}$ mol/(cm$^2 \cdot$ s $\cdot$ atm)。

按 Bafghi[21] 的实验结果和由气-渣化学反应速率控制来表述的速率方程：
$$-d(\%FeO)/dt = k'_{ch}(A_s/V_s)(\%FeO) \tag{1-4-16}$$

将式（1-4-16）乘以 $W_s/(M_{FeO} \times 100)$，则得：
$$R_{g-s}^{ch} = \frac{k'_{ch}}{M_{FeO}} \frac{\rho_s}{100} A_s(\%FeO) \tag{1-4-17}$$

命
$$k_{g-s}^{ch} = k'_{ch}\rho_s/(100 M_{FeO})$$

则
$$R_{g-s}^{ch} = A_s k_{g-s}^{ch}(\%FeO) \tag{1-4-18}$$

式中，k'_{ch} 为表观化学速率常数，cm/s，根据 Bafghi[21] 的实验结果得到 $R \leqslant 1.5$ 时，k'_{ch} 与 a_{SiO_2} 的关系图（图1-4-2）和关系式（1-4-19）：
$$k'_{ch} = 8.589 \times 10^{-4} - 4.458 a_{SiO_2} \tag{1-4-19}$$

由图1-4-2和式（1-4-19）可见表观化学反应速率常数 k'_{ch} 随 a_{SiO_2} 的提高而减小。这是因为界面处 SiO_2 的化学吸附作用占据了反应表面空位使化学反应阻力提高的结果。

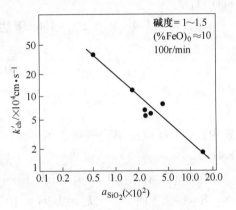

图 1-4-2 　表观化学反应速率常数 k'_{ch} 与 a_{SiO_2} 的关系[21]

为了进一步明确表面活性剂对反应速率的影响，Bafghi 等人[21] 在碱度为 2，FeO 含量为 10% 的渣中加入 P，图1-4-3示出 P 对表观速率常数（k_{BP}）的影响，由图可见加入少量 P，即可大大降低 k_{BP}，这表明界面吸收是降低界面化学反应速率的主要原因。故在加入表面活性剂的情况下，表观速率常数 k_a 由下式确定：
$$k_a = k/(1 + k_i a_i) \tag{1-4-20}$$

式中，k、k_i 和 a_i 分别为全裸面的反应速率常数、吸收平衡常数和表面活性剂的活度。

一般说来碱度小于 2 时，随着碱度的降低，SiO_2 的活度增大，表观化学反应速度常数 k'_{ch} 降低。当 $R \leqslant 1.5$ 时，$k'_{ch} \approx (1.86 \sim 11.55) \times 10^{-4}$ cm/s，则 $k_{g-s}^{ch} = 7.75 \times 10^{-7} \sim 6.81 \times 10^{-8}$ mol/(cm$^2 \cdot$ s $\cdot$ (%FeO))。与前面所述的 k_{g-s} 值基本相符。

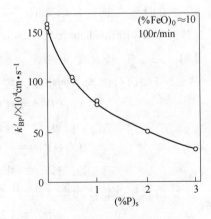

图 1-4-3 　磷含量对表观速率常数的影响[21]

1.4.1.3　气相扩散

气晕圈中 CO_2 的传输速率可表述如下[26]：

$$(CO_2)_{g-s} \longrightarrow (CO_2)_{g-m} \tag{1-4-21}$$

$$J_{CO_2} = \frac{m_g}{RT} \ln \frac{1 + P_{CO_2}^s}{1 + P_{CO_2}} \tag{1-4-22}$$

式中，$P_{CO_2}^s$ 为反应（1-4-2）的平衡压力；P_{CO_2} 为反应（1-4-3）的平衡压力，实质为零；m_g 为 CO-CO_2 的互传质系数：

$$m_g = \frac{D_{CO-CO_2}}{x} \tag{1-4-23}$$

式中，x 为气晕圈宽度，X 射线观测出 $x = 0.1 \sim 0.4cm$；D_{CO-CO_2} 为互扩散系数，取 $1 \sim 2cm^2/s$[19,27]。

因为 $P_{CO_2}^s$ 值小，如气相传质为反应速率控制步骤，则还原速率方程可简单表述为：

$$R_g = \left(\frac{A_s + A_m}{2}\right) \frac{m_g}{RT} P_{CO_2}^s \tag{1-4-24}$$

$$R_g = \left(\frac{A_s + A_m}{2}\right) \frac{m_g KC}{RT} P_{CO}(\%FeO) \tag{1-4-25}$$

式中，A_m、A_s 分别为金属和渣的表面积；K 为反应（1-4-2）的平衡常数；C 为 FeO 活度与 wt%FeO 的比值，即 $C = a_{FeO}/\%FeO$。

按照 Hirschfelder 等人[27]的方法，假设气晕圈中的气体除了对 CO_2 传质之外都是停滞的，并取 $D_{CO-CO_2} = 2cm^2/s$，得到相应的速率常数[27]k_g 大约为 $5 \times 10^{-7} \sim 10^{-5}$ mol/($cm^2 \cdot s \cdot$ (%FeO))。这代表气相传质控制还原速率时的最小值，而实际上据[18]报道气晕圈中的气相更替是很快的，几乎每秒钟就要做一次完全更换。故一般说来气晕圈中的气相传质可以不作反应速率的控制环节之一来考虑。

1.4.1.4 气-金化学反应

气-金反应可分解为两步：

$$\{CO_2\} \Longrightarrow \{CO\} + [O] \quad \text{（在金属面）} \tag{1-4-26}$$
$$[C] + [O] \Longrightarrow CO \tag{1-4-27}$$

如气-金反应的整体反应速率受反应（1-4-26）控制，则气-金反应的速率方程可表述如下：

$$R_{g-m} = A_m k_{CO_2}(P_{CO_2} - P_{CO_2}^{eq}) \tag{1-4-28}$$

式中，P_{CO_2} 是反应（1-4-2）的平衡压力，$P_{CO_2}^{eq}$ 是反应（1-4-3）的平衡压力，实质为零，其速率可用 %FeO 表述：

$$R_{g-m} = A_m k_{CO_2} K P_{CO} C(\%FeO) \tag{1-4-29}$$

式中，K 为反应（1-4-2）的平衡常数，$C = a_{FeO}/(\%FeO)$，命：

$$k_{g-m} = k_{CO_2} K P_{CO} C \tag{1-4-30}$$

则

$$R_{g-m} = k_{g-m} A_m(\%FeO) \tag{1-4-31}$$

前人[17,26]曾经对 CO 分解反应的速率常数 k_{CO_2} 作了测定，它取决于金属含 S 量，对于 S 含量小于 0.06% 和 0.08% 时的 k_{g-m} 值，Min 和 Fruechan 的实验结果分别为 10^{-6} 和 2.5×10^{-7} mol/($cm^2 \cdot s \cdot$ (%FeO))。并得出实验观测速率常数 k_0 与 $1/[\%S]$ 的关系图（见图 1-

4-4)。由图可见，k_{g-m} 与 $1/[\%S]$ 成良好的直线关系。这充分说明 S 高时，整体反应速率受 CO_2 在金属面上的解吸反应控制。

1.4.1.5　碳在金属中的扩散

碳在金属中的扩散速度是否是渣-金还原反应速率的控制步骤，和金属中碳含量是否对渣-金还原反应速率有影响的问题，实质上后者是包含在前者中的问题，因为元素的浓度差是其扩散速度的驱动力，金属中的碳也不例外，只是 $[C] > [C]_{临界}$ 时，金属表面的 C 含量等于体内的 C 含量，这时的脱碳速度取决于供氧速度，当 $[C] \leqslant [C]_{临界}$ 时，金属表面的 C 含量小于体内的 C 含量，且表面主要为氧占

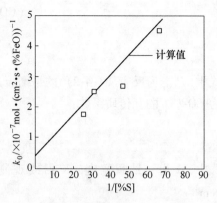

图 1-4-4　速率常数 k_0 与 $1/[\%S]$
的关系图

据，这时的脱碳速度则转变为受控于 C 在金属中的扩散速度了。基于脱碳机理的转变这一

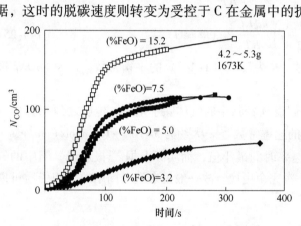

图 1-4-5　含碳量 4.2%，含硫量 0.001% 的
金属滴在不同氧化铁含量的炉渣中生成
CO 的体积（STP）与时间的关系

规律和金属滴在铁质渣中脱碳速度的变化过程这一实验结果[16]，可假设金属滴中的 C 对渣中 FeO 还原时的还原速率变化对应于脱碳速度的变化。事实上，它们同样具有孕育期和成线性关系的快速反应期及非线性关系的慢速期（见图 1-3-1~图 1-3-4 和图 1-4-5）。故可以认为 Min 和 Fruehan[22] 所讨论的 FeO 快速还原期的速率、控制步骤不论是在金属含 S 量高的情况下，还是低的情况下，都不应是 C 的扩散，所以 C 的含量也就不应影响 FeO 还原速率。除非 $[C] \leqslant$

$[C]_{临界}$；且实验表明，在金属含 S 量高的情况下，它受控于 CO_2 在金属面上的分解速率（间接地是受 S 含量控制），而在 S 含量低的情况下，则是受控于渣中 FeO 的传质，或者受 FeO 传质和气-渣界面化学反应两者共同控制，况且按 C 的扩散为控制步骤来计算的速率高于实际观测的速率。例如按 Namura 和 Mori[28] 的实验结果，在 $[C]<0.05\%$ 下，$k'_C = 0.036\mathrm{cm/s}$，则对于初始 FeO 含量为 10% 的渣，当 C 的扩散为其还原速率的控制步骤时，其速率常数 $k_C = 4.5 \times 10^{-5}\ \mathrm{mol/(cm^2 \cdot s \cdot (\%FeO))}$。但遗憾的是在 Upadhya 等人[29]（见图 1-4-6）、Min 和 Fruechan[22]（见图 1-4-7）的实验中都观测到 $[C]$ 含量的变化对还原速率的影响。只是前者只发现 $a_{[C]}<1\%$ 时，$[C]$ 的变化才对 FeO 的还原速率产生影响，而后者则是在整个含 C 范围内的变化都产生影响，这也许是低 $[S]$ 含量下，CO 在渣中形核时，需要 $[C][O]$ 乘积达到某一过饱和值的原因，或者是实验工艺的原因，或者其他原因都需作进一步的实验。

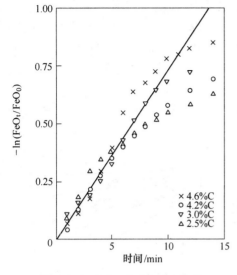

图 1-4-6 $FeO_0 = 2.5\%$ 时，速率
常数与时间的关系[29]

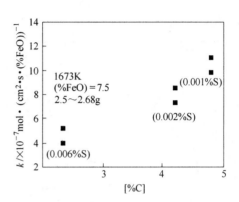

图 1-4-7 2.5g 金属滴在 1673K 时的速率
常数与 [C] 含量的函数关系[22]

另外通过用含 C 金属滴、煤炭、木炭和石墨等还原剂对渣中 FeO 进行的还原实验结果的比较，可以认为它们的还原机理是相同或相似的，作为还原剂的 C 的来源不是最重要的[18]。故有时我们可以把用石墨棒对渣中 FeO 进行还原实验的结果用于含 C 金属滴和炉渣系统。

1.4.1.6 渣的表面积估计

根据 X 射线的观测，假设气晕圈内的气体体积（V_g）与金属单位面积生成气体的速率成正比。

$$V_g = \beta \frac{1}{A_m} \frac{dV}{dt} \tag{1-4-32}$$

式中，β 为经验常数，按 Min 和 Fruechan 的观测估计 $\beta = 3.4\ cm^2 \cdot s$。

$$A_s = 4\pi \left(r_m^3 + \frac{3\beta}{4\pi A_m} \frac{dV}{dt} \right)^{2/3} \tag{1-4-33}$$

据 X 射线摄像对金属滴和气晕圈半径的测定，一般说来，较大的金属滴，其周围炉渣表面积与较小的金属滴相比成比例地增大，也就是说大的液滴其 A_s/A_m 比值较大，这也是较大的金属滴速率常数较大的原因。

1.4.1.7 液滴尺寸的影响

对于含 S 高的液滴，还原速率与金属表面积成简单的比例关系，因为在这种情况下，反应速率的控制步骤是发生在金属表面上的。对于含 S 低的液滴，还原速率与液滴表面积不是简单的比例关系，因为这时的速率常数主要取决于渣的表面积，且 k_s' 和 k_{ch}' 随气体发生量的增加而增加，同时，它们又随金属滴尺寸的增大而增大。

1.4.1.8 泡沫影响

如果说 Min 和 Fruehan 是通过 X 射线摄像揭示了金属含 S 量低时气晕圈的大小与金属

滴尺寸和渣的表面积的关系，从微观动力学的视野来描述它们对速率的影响，那么 Bafghi[21] 则从宏观动力学的视野用泡沫渣的气体占有率来表述对速率常数的影响。图 1-4-8 和图 1-4-9 示出，在渣中初始氧化铁为 10%，石墨棒（φ1cm×2cm）转速为 100r/min 和温度为 1300℃下，各种不同基础渣（其原始成分见表 1-4-1）的泡沫渣高度和 ln(%FeO) 随时间的变化。

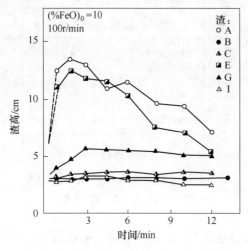

图 1-4-8　渣高随时间的变化情况[21]

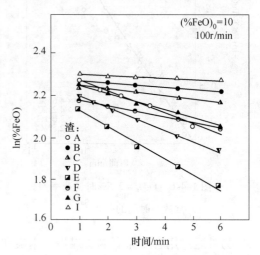

图 1-4-9　ln(%FeO) 与时间的关系[21]

表 1-4-1　原始渣的成分

基渣	成分（摩尔分数）/%				B
	SiO_2	CaO	Li_2O	Al_2O_3	
A	0.333	0.333	0.333	0.000	2.0
B	0.473	0.000	0.459	0.067	1.0
C	0.378	0.203	0.366	0.053	1.5
D	0.320	0.320	0.320	0.010	2.0
E	0.320	0.192	0.118	0.010	2.0
F	0.320	0.448	0.192	0.010	2.0
G	0.384	0.000	0.576	0.010	1.5
H	0.402	0.320	0.229	0.050	1.4
I	0.494	0.320	0.118	0.038	1.0
J	0.402	0.229	0.320	0.050	1.4

注：$B(碱度) = (N_{CaO} + N_{Li_2O})/N_{SiO_2}$，$N_i = i$ 成分的摩尔分数。

从图 1-4-8 与图 1-4-9 对应可见，泡沫渣高度愈高（即渣中含气量愈高）则 FeO 还原速率愈大。因此，如取界面 FeO 为零，可写出非泡沫渣系统（或不考虑泡沫影响的系统）的动力学方程为：

$$-\frac{\mathrm{dln}(\%\mathrm{FeO})}{\mathrm{d}t} = k_a \frac{A}{V_s} \tag{1-4-34}$$

泡沫渣系统的动力学方程为：

$$-\frac{\mathrm{dln}(\%\mathrm{FeO})}{\mathrm{d}t} = k_B \frac{A}{A_0 H_{av}} \tag{1-4-35}$$

因 $-\mathrm{dln}(\%\mathrm{FeO})/\mathrm{d}t$（式 1-4-35）$> -\mathrm{dln}(\%\mathrm{FeO})/\mathrm{d}t$（式 1-4-34），故：

$$k_B \frac{A}{A_0 H_{av}} > k_a \frac{A}{V_s} \tag{1-4-36}$$

$$k_B > k_a \frac{A_0 H_f}{V_s} \tag{1-4-37}$$

或　　　　　　$$k_B > k_a(1 + V_g/V_s) \tag{1-4-38}$$

命　　　　　　$$\varepsilon = (A_0 H_f - V_s)/A_0 H_f \tag{1-4-39}$$

即　　　　　　$$\varepsilon = 1 - W_s/(\rho_s A_0 H_f) = V_g/A_0 H_f \tag{1-4-40}$$

则　　　　　　$$1/(1 - \varepsilon) = 1 + V_g/V_s \tag{1-4-41}$$

$$k_B > k_a/(1 - \varepsilon) \tag{1-4-42}$$

$$k_B \frac{A}{V_s} > \frac{k_a}{1 - \varepsilon} \frac{A}{V_s} \tag{1-4-43}$$

所以　　　　　　$$k_B \gg k_a \tag{1-4-44}$$

上述式中，k_a、A、V_s 分别为非泡沫渣系统的表观速度常数、界面面积和渣的体积；k_B、A_0、H_f 分别为泡沫渣的表观速度常数、容器的截面面积和泡沫渣高度；V_g、W_s、ρ_s 分别为泡沫渣中包含的气体体积、渣的重量和渣的密度。

据 Ito 和 Fruehan[30] 对泡沫指数（Σ）的定义：

$$\Sigma = H_f/V_g \tag{1-4-45}$$

或　　　　　　$$\Sigma = V_f/Q \tag{1-4-46}$$

式中，V_g、V_f、Q 分别为气体体积、泡沫渣体积和气体通过渣层的流量。

对于铁浴式熔炼型炉渣，Jiang 和 Fruehan[31] 通过实验研究得出 Σ 与渣性质的关系式为：

$$\Sigma = 115 \frac{\mu_s}{(\rho_s g \sigma_s)^{1/2}} \tag{1-4-47}$$

式中，μ_s 为渣黏度；g 为重力常数；σ_s 为渣表面张力。

在这些实验中，气泡由通过 $\phi 5 \sim 10 \mathrm{mm}$ 的风嘴供气产生。Jiang 和 Fruehan[32] 实验发现泡沫指数与气泡直径成反比，如图 1-4-10 所示，故在应用式（1-4-47）时需注意这点。

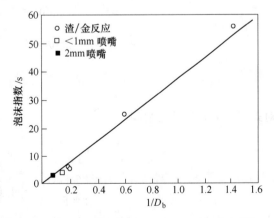

图 1-4-10　泡沫指数与气泡直径之间的关系[24]

可以认为泡沫渣还原速率常数随泡沫渣体积或气体占有体积的增大而增大的原因正是前面所述的金属滴或碳粒四周气晕圈增大炉渣表面积的结果，故凡是反应速率的控制环节与炉渣表面积有关的那些反应，如受渣相传质控制的，或受渣-气界面反应控制的，或受气泡内（或气晕圈内）扩散控制的，或受它们综合控制的反应，一般说来，都应发展泡沫渣操作，以加速反应的进行，但要防止产生稳定大气泡的闭锁型泡沫渣操作，因这时气泡内的气相传质 D_{CO-CO_2}/X 值将变得很小。

对于转炉炼钢渣的泡沫化特性，这里暂不论述，请参阅 8.6 节。

1.4.2　S>0.01%时的 FeO 还原模型

根据 Min 和 Fruechan[22]对 2.5g 重，$[S]_F=0.015\%\sim0.08\%$ 金属滴在 FeO=7.5%，$R=1.0$ 的渣中的观测结果，所得出的速率常数与 $1/[\%S]$ 的关系图（见图1-4-4），可进而得出 k_{g-m} 速率常数在 1673K 时的表达式如下：

$$k_{g-m} = (0.389 + 0.0673[\%S]) \times 10^{-7} \qquad mol/(cm^2 \cdot s \cdot (\%FeO)) \qquad (1-4-48)$$

由式（1-4-48）可估算出 $[S]_F=0.01\%$ 和 0.1% 时的 k_{g-m} 分别为 $7.12\times10^{-7}mol/(cm^2 \cdot s \cdot (\%FeO))$ 和 $1.06\times10^{-7}mol/(cm^2 \cdot s \cdot (\%FeO))$，把它与前面的各种可能的限制环节下的速率常数：$k_s=8.08\times10^{-6}\sim5.91\times10^{-5}mol/(cm^2 \cdot s \cdot (\%FeO))$，$k_{s-g}=7.75\times10^{-7}\sim6.81\times10^{-6}mol/(cm^2 \cdot s \cdot (\%FeO))$，$k_C\geq4.5\times10^{-5}mol/(cm^2 \cdot s \cdot (\%FeO))$ 相比较，可以清楚地看到 k_{g-m} 最小，而只有当 $[S]\leq0.001\%$ 时，k_{s-g} 常数值才不是最小，这就是说，一般情况下，在炼铁和炼钢生产中，其渣-金反应的 FeO 还原速率的控制步骤是气-金界面上的化学反应，即 CO_2 在金属面上的分解，其动力学模型可简单表述如下：

$$R_{g-m} = k_{CO_2}A_m(P_{CO_2}^{s-g} - P_{CO_2}^{g-m}) \qquad (1-4-49)$$

式中，R_{g-m} 为 FeO 的还原速率，mol/s，$R_{g-m}=-dn_{FeO}/dt$；k_{CO_2} 为 CO_2 在金属面上的分解速率，$mol/(cm^2 \cdot s)$；A_m 为金属表面积，cm^2；$P_{CO_2}^{s-g}$ 为渣-气反应平衡时 CO_2 的分压，atm；$P_{CO_2}^{g-m}$ 为气-金反应平衡时 CO_2 的分压，atm。

而

$$P_{CO_2}^{s-g} = Ka_{FeO}P_{CO} \qquad (1-4-50)$$

$$P_{CO_2}^{g-m} \approx 0$$

则

$$- dn_{FeO}/dt = A_m k_{CO_2}KP_{CO}a_{FeO} \qquad (1-4-51)$$

$$- dn_{FeO}/dt = A_m k_{CO_2}KP_{CO} \frac{n_{FeO}}{n_{tot}}\gamma_{FeO} \qquad (1-4-52)$$

$$- d\ln n_{FeO}/dt = A_m k_{CO_2}KP_{CO} \frac{\gamma_{FeO}}{n_{tot}} \qquad (1-4-53)$$

对式（1-4-53）积分后得：

$$\ln \frac{(n_{FeO})_0}{(n_{FeO})_t} = A_m k_{CO_2}KP_{CO} \frac{\gamma_{FeO}}{n_{tot}}t \qquad (1-4-54)$$

$$\ln \frac{(\%FeO)_0}{(\%FeO)_t} = A_m k_{CO_2}KP_{CO} \frac{\gamma_{FeO}}{n_{tot}}t \qquad (1-4-55)$$

式（1-4-50）~式（1-4-55）中，K、P_{CO}、a_{FeO} 分别为反应（1-4-2）的平衡常数，CO 平衡分压和渣-气界面上的 FeO 活度（并假定与炉渣体相中的相等）；n_{FeO}、γ_{FeO}、n_{tot} 分别为渣

中 FeO 的分子数、活度系数和总的氧化物分子数；t 为反应时间；$(\%FeO)_0$ 和 $(\%FeO)_t$ 分别为渣中初始 FeO 的含量和经过时间 t 后的渣中 FeO 的含量。

根据不同文献资料，式（1-4-2）的平衡常数可表述为：

$$\Delta G^{\ominus} = -22803 + 22.267T \qquad \text{J/mol} \qquad (1\text{-}4\text{-}56)$$

或

$$\Delta G^{\ominus} = -17489 + 21.004T \qquad \text{J/mol} \qquad (1\text{-}4\text{-}57)$$

$$\Delta G^{\ominus} = -49706 + 41.673T \qquad \text{J/mol} \qquad (1\text{-}4\text{-}58)$$

而

$$K = \frac{P_{CO_2}}{a_{FeO}P_{CO}} \qquad (1\text{-}4\text{-}59)$$

则

$$\lg K = \frac{1191}{T} - 1.267 \qquad (1\text{-}4\text{-}60)$$

或

$$\lg K = \frac{914}{T} - 1.097 \qquad (1\text{-}4\text{-}61)$$

$$\lg K = \frac{2596}{T} - 2.175 \qquad (1\text{-}4\text{-}62)$$

如通过实验，将实验结果按 $-\ln(\%FeO_t/\%FeO_0)$ 与 t 的关系作图，能得出不同含 [S] 量下的各种直线关系图（见图 1-4-11），且此直线关系不受（FeO）含量和 C 含量的影响时，则说明该反应为 CO_2 在金属面上的解吸反应控制，即受金属含 S 量控制。也就是说式（1-4-49）中的 k_{CO_2} 值随金属含 S 量的增大而减小。k_{CO_2} 与 [%S] 的关系可按式（1-4-63）：

$$k_{CO_2} = \frac{-\ln(\%FeO_0/\%FeO_t)/t}{A_m K P_{CO}\gamma_{FeO}/n_{tot}} \qquad (1\text{-}4\text{-}63)$$

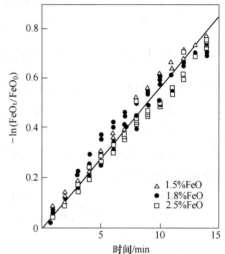

图 1-4-11　$-\ln(\%FeO_t/\%FeO_0)$ 与 t 的关系[18]

通过不同含 [S] 量的实验得出不同的 $-\ln(\%FeO_0/\%FeO_t)/t$ 斜率而获得。这里给出 Sain 和 Belton[17] 及 Manion 和 Fruehan[26] 在高 [S] 高 [C] 含量和 1723K 下实验所得的 k_{CO_2} 与 [%S] 的关系式：

$$k_{CO_2} = \frac{1.5 \times 10^{-6}}{[S]} + k'_{CO_2} \qquad (1\text{-}4\text{-}64)$$

式中，k'_{CO_2} 为高 [S] 含量的补偿速率常数，由于碳影响 S 的活度，故方程（1-4-64）只代表高碳时的情况，而不能直接用于低 C 的情况。

Min 和 Fruehan[22] 为了便于与各个不同控制步骤的速率常数比较，均采用（%FeO）表示的单位，即 $mol/(cm^2 \cdot s \cdot (\%FeO))$，则将式改写为：

$$-\frac{dn_{FeO}}{dt} = A_m k_{CO_2} K P_{CO} \frac{a_{FeO}}{(\%FeO)}(\%FeO) \qquad (1\text{-}4\text{-}65)$$

命

$$a_{FeO}/(\%FeO) = C$$

则

$$-\frac{d(\%FeO)}{(\%FeO)} = A_m k_{CO_2} K P_{CO} C \frac{M_{FeO}}{W_s}dt \qquad (1\text{-}4\text{-}66)$$

命

$$k_{CO_2} K P_{CO} C = K_{g\text{-}m} \ (mol/(cm^2 \cdot s \cdot (\%FeO)))$$

则
$$- \mathrm{d}\ln(\%\mathrm{FeO}) = A_{\mathrm{m}} k_{\mathrm{g-m}} \frac{M_{\mathrm{FeO}}}{W_{\mathrm{s}}} \mathrm{d}t \tag{1-4-67}$$

积分式（1-4-67）得：
$$\ln\left(\frac{\%\mathrm{FeO}_0}{\%\mathrm{FeO}_t}\right) = A_{\mathrm{m}} k_{\mathrm{g-m}} \frac{M_{\mathrm{FeO}}}{W_{\mathrm{s}}} t \tag{1-4-68}$$

式中，$k_{\mathrm{g-m}}$ 为气-金反应的速率常数，在金属含 S 量高的情况下，与［%S］值成反比。如式（1-4-68）所述，尽管它是在金属滴 2.5g 重和（FeO）= 7.5% 条件下得出的，但由于高［S］含量下只受 CO_2 在金属面上的解析反应控制，与液滴大小和（FeO）含量无关。故式（1-4-68）应当具有一定的普遍性。

为了进一步说明气-金界面反应和表面活性元素对界面反应的影响，在附录 1.9.1 中列出了式（1-4-55）的详细推导过程，请参阅。

1.4.3　低［S］含量下的 FeO 还原模型

当［S］≤0.001% 时，用式（1-4-48）估算，可得 $k_{\mathrm{g-m}} = 6.769 \times 10^{-6}\ \mathrm{mol}/(\mathrm{cm}^2 \cdot \mathrm{s} \cdot (\%\mathrm{FeO}))$。把它与 k_{s}、$k_{\mathrm{s-g}}^{\mathrm{ch}}$、$k_{\mathrm{s-g}}$ 和 k_{g} 相比，都是 $k_{\mathrm{g-m}}$ 值较大，故这时 FeO 还原速率的控制步骤，将由气-金界面上的化学反应转变为气-渣界面上的化学反应，或渣中 FeO 的传质，或气泡（气晕圈）中的气相传质，或三者综合控制的单独控制模型，或混合控制模型，该模型的全部反应顺序为：

$$(\mathrm{FeO}) \longrightarrow (\mathrm{FeO})_{\mathrm{s}} \tag{1-4-69}$$
$$(\mathrm{FeO})_{\mathrm{s}} + \{\mathrm{CO}\} \longrightarrow \{\mathrm{CO}_2\}_{\mathrm{s-g}} + \mathrm{Fe} \tag{1-4-70}$$
$$\{\mathrm{CO}_2\}_{\mathrm{s-g}} \longrightarrow \{\mathrm{CO}_2\}_{\mathrm{g-m}} \tag{1-4-71}$$

这 3 个反应相对较慢，主要取决于炉渣碱度、成分和黏度，以及泡沫渣状况（闭锁型或非闭锁型）。

包括反应（1-4-69）~（1-4-71）的混合控制模型是相似于方程（1-4-5）、（1-4-13）和（1-4-28）的发展，但这里用界面浓度代替了体相浓度，这三项速率通量均按表面浓度计算，总的速率用方程（1-4-72）表述：

$$R = -\frac{\mathrm{d}n_{\mathrm{FeO}}}{\mathrm{d}t} = k_0(\%\mathrm{FeO}) \tag{1-4-72}$$

$$k_0 = \frac{1}{\dfrac{100M_{\mathrm{FeO}}}{k_{\mathrm{s}}'\rho_{\mathrm{s}}A_{\mathrm{s}}} + \dfrac{100M_{\mathrm{FeO}}}{k_{\mathrm{ch}}'\rho_{\mathrm{s}}A_{\mathrm{s}}} + \dfrac{2RT}{k(A_{\mathrm{s}} + A_{\mathrm{m}})m_{\mathrm{g}}}} \tag{1-4-73}$$

现将 Bafghi 等人[21] 的实验研究结果列于表 1-4-2 和图 1-4-12。从表 1-4-2 和图 1-4-12 可见：碱度为 2 的还原速率由渣中 FeO 的质量传递控制；而碱度低时，由 FeO 的传质和气-渣界面化学反应综合控制，但以化学反应为主。这就是说，在低 S 含量和碱度不小于 2 时，总的速率方程可简写为：

$$-\frac{\mathrm{d}(\%\mathrm{FeO})}{\mathrm{d}t} = k_{\mathrm{s}}' \frac{A_{\mathrm{s}}}{V_{\mathrm{s}}}(\%\mathrm{FeO}) \tag{1-4-74}$$

式（1-4-74）积分后得：

$$-\ln \frac{(\%FeO)_0}{(\%FeO)_t} = k_s' \frac{A_s}{V_s} t \qquad (1\text{-}4\text{-}75)$$

表 1-4-2 氧化铁含量约 10%时各种不同基渣的动力学特性

基渣	二氧化硅活度①	$(\%FeO)_a$	ε	$k_B \times 10^4$ /cm·s^{-1}	$k_s' \times 10^4$ /cm·s^{-1}	$k_{ch}' \times 10^4$ /cm·s^{-1}	$M/\%$	$R/\%$
A	0.0052	9.17	0.76	160.0	123.0		②	
A	0.0052	9.11	0.77	115.0	119.8		②	
D	0.0091	9.30	0.75	132.2	119.0		②	
D	0.0091	9.14	0.76	112.4	106.3		②	
E	0.0036	9.24	0.75	137.9	165.8		②	
F	0.0175	8.75	0.73	51.7	58.0		②	
I	0.1521	9.95	~0	1.7	19.1	1.86	8.8	91.2
H	0.0427	9.90	0.12	7.1	36.0	8.81	19.7	80.3
B	0.0298	9.77	~0	4.8	40.9	5.41	11.7	88.3
B	0.0298	9.67	~0	5.2	41.5	5.91	12.5	87.5
J	0.0248	9.8	~0	4.9	42.3	5.51	11.6	88.4
J	0.0248	9.59	~0	5.7	39.7	6.65	14.4	85.6
C	0.0169	9.54	0.13	9.9	69.4	11.55	14.3	85.7
G	0.0051	9.6	0.43	30.3	158.3	37.47	19.1	80.9

① 二氧化硅活度的标准状态: 方英石 SiO_2; ② 质量传递控制。

当碱度小于 2 时, 则总的速率方程为:

$$-\frac{d(\%FeO)}{dt} = \frac{k_s' k_{ch}'}{k_s' + k_{ch}'} \frac{A_s}{V_s} (\%FeO) \qquad (1\text{-}4\text{-}76)$$

式 (1-4-76) 积分后得:

$$\ln \frac{(\%FeO)_0}{(\%FeO)_t} = \frac{k_s' k_{ch}'}{k_s' + k_{ch}'} \frac{A_s}{V_s} t \qquad (1\text{-}4\text{-}77)$$

图 1-4-9 示出按式 (1-4-75) 和式 (1-4-77) 计算得出的 $\ln(\%FeO)$ 对 t 的线性图和观测值。由图可见, 两者完全相符。这就说明, 金属含 S 低时, FeO 的还原速率取决于渣中 FeO 的传质, 或渣中传质与渣-气化学反应, 而渣-气化学反应的速率常数又取决于 SiO_2 的活度, 如式 (1-4-19) 所述, 传质也不仅取决于渣中 FeO 含量, 还取决于影响扩散系数的炉渣黏度和温度。值得一提的

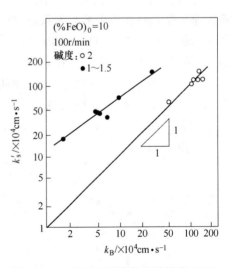

图 1-4-12 传质速度常数的计算值 (k_s') 与表观速度常数 (k_B) 的比较[88]

是 Sato 等人[33] 的实验发现: $CaO/SiO_2 = 1.5$ 时, FeO 的还原速率常数达到最大值, 其解释是 $CaO/SiO_2 = 1.2$ 时, 炉渣的黏度最小。现在看来, 人们对炉渣成分和温度等因素对 FeO 还原速率影响的实验研究还很不够, 还有大量的工作要做。

Min 和 Fruehan[22] 发现：在低 S 情况下，当气-渣化学反应速率快时，也就是说，碱度高，a_{SiO_2} 小，渣表面不被 SiO_2 表面活性物质堵塞时，还原速率受渣相传质和气晕圈中的传质综合控制，其总体速率常数表述为：

$$k_0 = \dfrac{1}{\dfrac{100M_{FeO}}{k'_s \rho_s A_s} + \dfrac{2RT}{k(A_s + A_m)m_g}} \tag{1-4-78}$$

鉴于从金属滴逸出的 CO 对气晕圈和渣相的搅动作用，Min 和 Fruehan[22] 设定 k'_s、m_g、A_s 均将随 CO 生成率的增大而增大，因而将低 S 含量下所观测到的表观速率常数 k_0 对 dV/dt 作图（见图 1-4-13）。由图可见，k_0 随 dV/dt 的增大而增大的关系成立。这就提示我们，当我们未从微观上得知 k'_s、m_g 和泡沫渣中的渣-气反应界面 A_s 值时，可以借助渣-气反应的炉气生成速率 cm^3/s 来估计 FeO 还原的表观速率常数 k_a，然后，借助"泡沫影响"中的论述，把非泡沫化的 k_a 转化为泡沫渣系统的 k_B，再用泡沫渣系统的动力学方程（1-4-34）预测 FeO 的还原速率和（% FeO）随时间的变化。

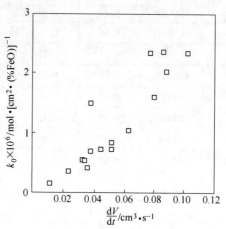

图 1-4-13　低 S 含量下的速率常数是 $[C]_0 = 4.7\%$ 金属滴单位面积产生气体速率的函数

应当指出，由于在低 S 情况下，FeO 还原速率受 FeO 在渣中的传质和渣-金反应生成 CO 气体速率的控制，而 FeO 含量是 FeO 传质的驱动力，$[C][O]$ 乘积的临界值则是渣-金反应中 CO 形核的必备条件，故低 $[S]$ 情况下的 FeO 还原速率随 FeO 含量的降低和 C 含量的降低而降低（见图 1-4-5～图 1-4-7，图 1-4-14），并随金属滴尺寸的增大而增大（见图 1-4-14，图 1-4-15），因金属滴大时 A_s/A_m 增大（详见"液滴尺寸的影响"）。

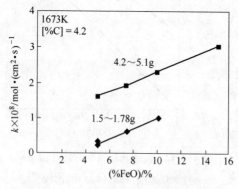

图 1-4-14　$[C]_0 = 4.2\%$ 和 $[S]_0 = 0.001\%$ 的不同大小的金属滴单位面积上的最大速率与渣中 FeO 含量的关系[22]

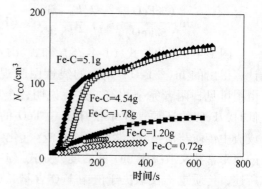

图 1-4-15　$[C]_0 = 4.2\%$ 和 $[S]_0 = 0.001\%$ 的不同大小的金属滴在 1673K 下，于含 FeO7.5% 的渣中生成的 CO 体积（STP）随时间的变化[22]

参 考 文 献

[1] Meyer H W, Porter W F, Smith G C, Szekely J. J Met, 1968, 20（7）: 35-42.

[2] Kozakevttch P. J Met, 1969, 21（7）: 57-68.

[3] Disttn P A, Hallett G D, Richardson F D. J Iron Steel Inst, 1968, 206（9）: 821-833.

[4] Baker L A, Ward R G. J Iron Steel Inst, 1967, 205（7）: 714-717.

[5] Ghosh D N. Ironmaking Steelmaking, 1975, 2（1）: 36-44.

[6] Ghosh D N. Ironmaking Steelmaking, 1975, 2（1）: 45-48.

[7] Riboud P V, Kozakevttch P, Berthet A. CDS Circ, 1970（4）: 987-998.（BISTTS translation 8990）.

[8] Bargeron W N, Trojan P K, Flinn R A. Trans AFS, 1969, 77: 303-310.

[9] Philbrook W O, Kirkbride L D. Trans AIME, 1956, 206: 351-356.

[10] Tarby S K, Philbrook W O. Trans AIME, 1967, 239（7）: 1005-1017.

[11] Lloyd G W, Yuong D R, Baker L A. Ironmaking Steelmaking, 1975, 2（1）: 49-55.

[12] Mulholland E W, Hazeldean G S F, Davies M W. J Iron Steel Inst, 1973, 211（9）: 632-639.

[13] Kozakevttch P, Urbain G, Sage M. Rev Metall, 1955, 52（2）: 161-172.

[14] Gaye H, Riboud P V. Metall Trans, 1977, 8B: 409-415.

[15] Belton G R. Metall Trans, 1979, 10B（1）: 118-120.

[16] Gore T, Hazeldean G S F. Ironmaking and Steelmaking, 1981（4）: 167.

[17] Sain D R, Belton G R. Metall Trans B, 1976, 7B: 235-244.

[18] Sommerville I D, Grieveson P, Taylor. J Ironmaking and Steelmaking, 1980（1）: 25.

[19] 唐山钢铁集团公司, 东北大学, 合编. 熔融还原炼铁新工艺 [M]. 1993: 211-232.

[20] 唐山钢铁集团公司, 东北大学, 合编. 熔融还原炼铁新工艺 [M]. 1993: 233-249-261.

[21] 唐山钢铁集团公司, 东北大学, 合编. 熔融还原炼铁新工艺 [M]. 1993: 273-279.

[22] Min D J, Fruehan R J. Metall Trans, 1992, 23B（1）: 28-37.

[23] Fruehan R J. Metall Trans, 1977, 8B: 279-286.

[24] 唐山钢铁集团公司, 东北大学, 合编. 熔融还原炼铁新工艺 [M]. 1993: 206.

[25] Sun S, Belton G R. Broken Hill Proprietary Laboratory, Neweastle, NSW, Australia, private communication, 1989.

[26] Mannion F J, Fruehan R J. Metall Trans B, 1989, 20B: 853~861.

[27] Hirschfelder J, Curtis C F, Bird R B. Molecular Theory of Gases and Liquid [M]. New York: John Wiley and Sons Inc. , 1964.

[28] Hiroyuki Nomura, Kazumi MORI. Trans ISIJ, 1973, 13: 325-332.

[29] Upadhya K, et al. Ironm and Steelm, 1980（1）: 33-36.

[30] Ito K, Fruehan R J. Metall Trans, 1989, 20B: 509-521.

[31] Jiang R, Fruehan R J. Metall Trans, 1991, 22B: 481-489.

[32] Zhang Y, Fruehan R J. Metall Trans, B: 1995.

[33] Sato A, et al. Trans ISIJ, 1984, 24: 808-815.

1.5 炉渣的氧化性状态

炉渣的氧化性对控制转炉造渣、脱磷、脱碳、脱硫、脱锰、脱氧、脱氮, 预报终点钢水成分, 减少喷溅, 延长炉龄和提高金属收得率都有重要意义。

生产实践中, 常用的表示炉渣氧化性的方法为渣中总的氧化亚铁含量（$\sum FeO\%$）, 可由渣中总铁含量（TFe%）或由渣中低价的和高价的铁换算而得：

$$(\sum FeO\%) = 1.27(TFe\%) \tag{1-5-1}$$

$$或 \qquad (\sum FeO\%) = (FeO\%) + 1.35(Fe_2O_3\%) \tag{1-5-2}$$

式中，1.27 是 Fe 换算为 FeO 的系数，1.35 是 Fe_2O_3 换算为 FeO 的系数。一般工厂倾向采用式（1-5-1）的方法，据说是渣样取出后受大气二次氧化而使 Fe_2O_3 含量比炉内的实际高，但其 TFe 含量则未变，故以 TFe 或以式（1-5-1）折合的 $\sum FeO$ 表示之。这就是说，如果式（1-5-2）所表述的炉渣氧化性高于炉内实际一些，那么式（1-5-1）所表述的则要低于实际不少。应当说 Fe_2O_3 比 FeO 具有更高的氧化能力，它在脱磷脱碳等方面的作用都远高于 $FeO^{[1,2]}$，实验研究表明 Fe_2O_3 的脱磷作用相当于 FeO 的 1.5 倍，且脱磷分配比随 $Fe^{3+}/(Fe^{2+}+Fe^{3+})$ 的增大而增大关系具有显著的相关性[2]，因此，不论从真实反应炉渣的氧化能力考虑，还是从研究炉渣与金属间的冶金反应考虑都应当重视 Fe_2O_3 的存在和它的重要作用，而不要忽视它才是。现不少学者用 $Fe_tO\%$ 或 X_{FeO_n} 表述炉渣的氧化性，即：

$$(Fe_tO\%) = (FeO\%) + (Fe_2O_3\%) \tag{1-5-3}$$

$$和 \qquad x_{FeO_n} = \frac{n_{FeO} + n_{FeO_{1.5}}}{n_{tot}} \tag{1-5-4}$$

式中，$n_{FeO_{1.5}} = 2n_{Fe_2O_3}$，$n_{FeO} = FeO\%/72$，$n_{Fe_2O_3} = Fe_2O_3\%/160$。

应当说式（1-5-3）和式（1-5-4）较式（1-5-1）更好地反映了炉渣的氧化性，但它们仍有缺点，这就是未考虑炉渣其他成分，特别是炉渣碱度对炉渣实际氧化能力的影响，故更好、更科学的方法是用炉渣中 FeO、Fe_tO、$FeO_{1.5}$ 的活度 a_{FeO}、a_{Fe_tO} 和 $a_{FeO_{1.5}}$ 来分别代替它们的浓度，以表示炉渣的实际氧化性。

1.5.1　氧化铁活度

表述氧化铁活度的公式很多，有用炉渣的分子理论表述，有用炉渣的离子理论表述，这些年来又有用正规溶液模型或近似规则溶液模型来表述的，下面做一简介，以供选用参考。

1.5.1.1　分子理论模型类

Suito 和 Inoue 根据它们自己和 Winkler 与 Chipman 先后所作的渣-金反应的实验结果[3~7]，对以液态为标准状态的 Fe_tO 活度系数做了计算，所采用的反应式和热力学函数为：

$$Fe_{(l)} + [O] \Longrightarrow Fe_tO_{(l)} \tag{1-5-5}$$

$$\Delta G^{\ominus}_{(1-5-5)} = -116100 + 48.79T \qquad (J/mol)^{[8]}$$

通过多元回归分析得出了以质量分数计的炉渣成分来表述的 Fe_tO 活度系数公式：

$$\lg\gamma_{Fe_tO} = -0.0202(\%CaO) + 0.93(\%MgO) + 1.07(\%Fe_tO) + 1.14(\%MnO) +$$
$$0.35(\%SiO_2) + 0.03(\%P_2O_5) + 1.01(\%Al_2O_3) + 2.053 \tag{1-5-6}$$

图 1-5-1 和图 1-5-2 示出了各实验结果与式（1-5-6）所绘直线的紧密关系。

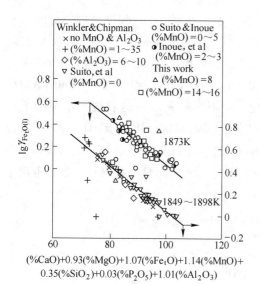

图 1-5-1 1849~1898K 时 Fe_tO 的
活度系数与炉渣成分的关系[3]

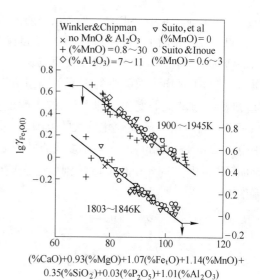

图 1-5-2 1803~1846K 和 1900~1945K 时 Fe_tO 的
活度系数与炉渣成分的关系[3]

由图可见:

(1) 式 (1-5-6) 可应用在包含 MnO (=0~30%)、P_2O_5,Al_2O_3(=0~11%) 和 CaF_2 一定限度或少量含量的 CaO-MgO_{sat}-SiO_2-Fe_tO 渣系中。

(2) 在 CaO 和各种氧化物折合 CaO 的当量值之和为 70%~100% 的范围内,$lg\gamma_{Fe_tO}$ 的实验值与计算值非常符合。

(3) 在 1803~1945K 范围内,温度对 $lg\gamma_{Fe_tO}$ 的影响不明显,可以不考虑。

应当说式 (1-5-6) 应用在 CaO/SiO_2 = 0~饱和的 CaO-MgO_{sat}-SiO_2-Fe_tO 渣系中都是较好的。详见后面对各种氧化铁活度系数公式的评估。

1.5.1.2 离子理论模型类

熔融金属中的氧和渣中氧化铁之间存在一种平衡状态,可用下述方程表述:

$$Fe+[O] \Longrightarrow (FeO) \tag{1-5-7}$$

$$2(FeO)+[O] \Longrightarrow (Fe_2O_3) \tag{1-5-8}$$

合并式 (1-5-7) 和式 (1-5-8) 为式 (1-5-9),其平衡常数 K_0 可写成式 (1-5-10)[9]:

$$tFe+[O] \Longrightarrow (Fe_tO) \tag{1-5-9}$$

$$lgK_0 = lg\frac{a_{Fe_tO}}{a_0} = lg\frac{a_{Fe_tO}}{f_0[\%O]} = \frac{6150}{T} - 2.604 \tag{1-5-10}$$

式中,$[\%O]$ 的活度系数 f_0 可采用下述相互作用系数[10]:

$$e_O^O = -\frac{1750}{T} + 0.76, \quad e_O^{Mn} = -0.021, \quad e_O^P = 0.07, \quad e_O^S = 0.133$$

借助上述公式,可根据渣金平衡反应实验结果测得的金属液中的溶解 $[\%O]$ 等成分和炉渣成分,计算出炉渣氧化铁的活度 a_{Fe_tO} 和活度系数 γ_{Fe_tO}。

Park 等人根据它们的实验结果[11]和 Suito 等人在 CaO-MgO_{sat}-SiO_2-Fe_tO-P_2O_5[6] 和 CaO-

MgO_{sat}-SiO_2-Fe_tO-MnO-P_2O_5[3,5] 渣系中所测的结果，按上述方法作数据处理后绘成图 1-5-3～图 1-5-7。在图 1-5-3 中可见 Fe_tO 活度随以 B''=（CaO+MgO+MnO）/（SiO_2+P_2O_5）表示的炉渣碱度（在 B''>2 时）的增大而减少，当 B''>7 时，呈现 Raoultian 行为。在图 1-5-4 中揭示了 MnO 只作为碱度中的一元，通过 B'' 来影响 a_{Fe_tO}，当 B'' 一定时，μ（= MnO/（CaO+MgO+MnO））的显著变化，即 MnO 的大幅度变化，也不影响 a_{Fe_tO}，这就进一步证明了式（1-5-6）可应用于 MnO 变化较大的范围内，并说明按（CaO+MgO+MnO）-Fe_tO-（SiO_2+P_2O_5）虚拟三元相图来绘制 Fe_tO 的等活度线的可行性和可应用性。在图 1-5-5 中揭示了 a_{Fe_tO} 随温度增高而轻微减少，Shim 和 Ban-ya[12] 则早就证实在 CaO-MgO_{sat}-SiO_2-Fe_tO 渣系中 a_{Fe_tO} 值不取决于温度。

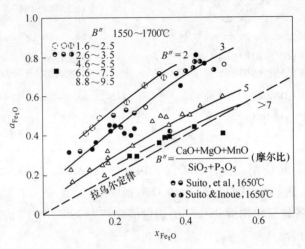

图 1-5-3　1823～1973K 时，CaO-MgO_{sat}-SiO_2-Fe_tO-MnO-$\sum M_xO_y$ 渣中 B'' 与 a_{Fe_tO} 的关系

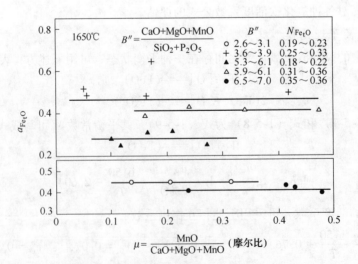

图 1-5-4　1923K 时，CaO-MgO_{sat}-SiO_2-Fe_tO-MnO-$\sum M_xO_y$ 渣中

μ=MnO/（CaO+MgO+MnO）与 a_{Fe_tO} 的关系

由图 1-5-6 和图 1-5-7 可见，用 Suito 的数据所作的虚拟三元相图中的等 a_{Fe_tO} 和 γ_{Fe_tO} 线都趋于 $B''=2$ 的直线呈对称形，这意味着在 $B''=2$ 处的 a_{Fe_tO} 为最大值。这种关系与 Shim 和 Ban-ya[12] 在 CaO-MgO$_{sat}$-SiO$_2$-Fe$_t$O 渣系中得出的 Fe$_t$O 等活度曲线沿 $B'=(CaO+MgO+MnO)/(SiO_2+P_2O_5+Al_2O_3)=2$ 的直线呈对称形是相似的。但 Turkdogan 和 Pearson[13] 根据 MgO 不饱和的 CaO-MgO-SiO$_2$-Fe$_t$O-MnO-P$_2$O$_5$ 渣系的数据按虚拟三元系所得的 Fe$_t$O 等活度曲线都是沿 $B''=2\sim3$ 呈对称形的。这种 MgO 饱和与不饱和的影响不仅表现在等 a_{Fe_tO} 线的对称上，还表现在对 a_{Fe_tO} 值的大小和下面讨论的 $\lg\gamma_{Fe_tO}$ 与 $N'_{O^{2-}}$ 不同关系上，故在应用时应予注意才是。

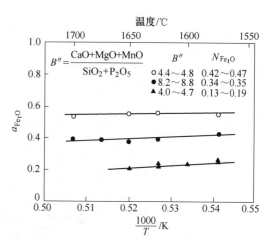

图 1-5-5　CaO-MgO$_{sat}$-SiO$_2$-Fe$_t$O-MnO-$\sum M_xO_y$ 渣中温度对 a_{Fe_tO} 的影响

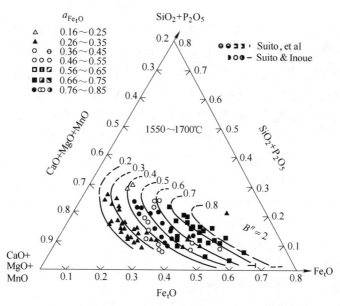

图 1-5-6　1550~1700℃时复杂渣系中等 a_{Fe_tO} 线

渣-金间的传氧，实际上是自由氧负离子 O^{2-} 的传递，故众多学者相继采用完全离子溶液理论把上述炉渣成分和炉渣碱度对 a_{Fe_tO} 的影响，首先表述为对自由 O^{2-} 的影响，然后用自由氧负离子的离子分数 $N_{O^{2-}}$ 或 Flood 提出的电当量离子分数 $N'_{O^{2-}}$ 来定量描述氧化铁的活度和活度系数：

$$a_{Fe_tO} = a_{Fe^{2+}}a_{O^{2-}} = \gamma_{Fe^{2+}}N'_{Fe^{2+}}\gamma_{O^{2-}}N'_{O^{2-}} = \gamma_{FeO}N'_{Fe^{2+}}N'_{O^{2-}} \qquad (1-5-11)$$

$$\gamma_{Fe_tO} = f(N'_{O^{2-}}) \qquad (1-5-12)$$

现以 Scimar[14]、Guo[15]、Ishiguro 和 Okubo[16] 及 Park[11] 等人的氧化铁活度系数模型为

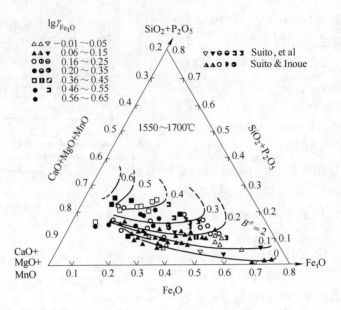

图 1-5-7　1550~1700℃时复杂渣系中等 γ_{Fe_tO} 线

完全离子溶液类的代表予以介绍。这里先说明一下，它们均假设炉渣熔体中有正离子 Fe^{2+}、Fe^{3+}、Ca^{2+}、Mg^{2+}、Mn^{2+}；负离子 SiO_4^{4-}、PO_3^{3-}、AlO_3^{3-}、O^{2-}；炉渣中出现的离子数按赫勒希门科和斯佩特[17]的方法计算，而离子分数则按弗鲁德[18]的方法，用电等价离子分数；氧化铁的活度和活度系数则按式（1-5-11）和式（1-5-12）定义。应当指出在其他一些学者和文献中往往是把 Fe_2O_3 作为酸性物质吸收氧负离子 O^{2-} 后，假设为 $FeO_2^{-[19]}$、$Fe_2O_5^{4-[20]}$、$FeO_3^{3-[21]}$、$FeO_4^{5-[18]}$，而赫勒希门科和斯佩特[17]都把 Fe_2O_3 作为碱性物质完全离解为 $2Fe^{3+}$ 和 $3O^{2-}$ 考虑。应当说这是符合实际的，因为它即使生成了复阴离子也是不稳定的。作者实验中[2]发现的 L_P（=(P)/[P]）随 $Fe_2O_3/(FeO+Fe_2O_3)$ 的增大而增大

的显著关系和 $Fe_2O_3\%$ 折合 $FeO\%$ 的当量值为 1.5 便是一个很好的佐证，如果 Fe_2O_3 是消耗氧负离子，则它在脱磷中的作用应与实验[2]的结果相反才是。故一般按上述方法处理后整理得到的实验数据较为集中，作图得到的曲线也较光滑。

　　A　西尔马（Scimar）[14]模型

　　西尔马将实验数据 $\gamma_{Fe^{2+}}\gamma_{O^{2-}}$-$N'_{O^{2-}}$ 作图，得到一条光滑曲线，如图 1-5-8 所示，实验数据点较为集中地分布在此光滑曲线的附近。为了慎重起见还就渣中 $SiO_2\%$、$TFe\%$、$N'_{Ca^{2+}}/N'_{Fe^{2+}}$ 及温度等因素

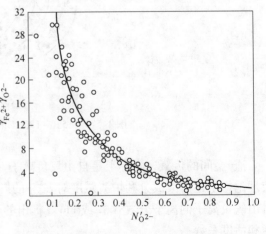

图 1-5-8　$\gamma_{Fe^{2+}}\gamma_{O^{2-}}$ 与 $N'_{O^{2-}}$ 的关系

对图 1-5-8 所示 $\gamma_{Fe^{2+}}\gamma_{O^{2-}}$-$N'_{O^{2-}}$ 关系的影响作了考察，发现这几项因素对结果都没有明显影响。另外还用启普曼[22]和温克尔[4]的实验资料对此关系进行了检验，尽管这些实验中所

用的渣同西尔马所用的炉渣成分大不相同（含有较多的 SiO_2、MnO 与 MgO、P_2O_5 在渣中没有或很少），但所得到的关系同图 1-5-8 完全一致。根据实验数据可回归分析得到

$$\gamma_{FeO} = \gamma_{Fe^{2+}} \gamma_{O^{2-}} = 1.413(N'_{O^{2-}})^{-1.5343} \qquad (1-5-13)$$

因此西马尔计算 γ_{FeO} 的方法被许多学者推荐作一般应用，并连同他计算金属中氧和磷的方法被氧气转炉计算机静态控制的 CRM 模型所采用。

鉴于图 1-5-8 与温克尔和启普曼的实验数据十分一致，故可以认为西马尔所得出的图 1-5-8 和本书作者给回归分析得出的式（1-5-13）都似乎以用于非 MgO 饱和的炼钢渣系为佳。

B 格敖（Guo）[15] 模型

据文献 [15] 介绍，Guo 的 γ_{FeO} 模型为：

$$\lg\gamma_{FeO} = 1.25(-\lg N'_{O^{2-}}) \qquad (1-5-14)$$

鞍钢 180t 氧气复吹转炉计算机控制系统在选用数学模型时，曾按 Scimar 和 Guo 完整的（包括先求 a_{FeO} 和 $a_{P_2O_5}$，最后求出 [P]）模型分别算出 [%P] 后，用统计方法确定各自的平衡偏离常数，用于 [%P] 的校正因子。与实测数据比较，Scimar 模型和 Guo 模型的标准误差分别为 0.0044% 和 0.0042%[15]。这说明两个模型的精度基本相符，但鞍钢在程序中仍采用了 Guo 模型。

C Ishiguro 模型和 Park 模型

图 1-5-9 示出两个模型的 $\lg\gamma_{FeO}$-$N'_{O^{2-}}$ 关系曲线。虚线是按 Ishiguro 和 Okubo[16] 提出的方程式（1-5-15）所作的曲线。

$$\lg\gamma_{FeO} = -4.452\lg N'_{O^{2-}} + 4.6970(N'_{O^{2-}})^2 - 2.0268(N'_{O^{2-}})^3 + 1.8776 \qquad (1-5-15)$$

Suito 等人[3,5,6] 在 MgO 饱和的 $CaO-MgO_{sat}-Fe_tO-SiO_2$ 渣系、$CaO-MgO_{sat}-Fe_tO-MnO-SiO_2$-$P_2O_5$ 渣系、$CaO-MgO_{sat}-Fe_tO-MnO-SiO_2$ 渣系的实验数据集中在虚线周围。这说明式（1-5-15）能较好地应用在 MgO 饱和的碱性渣（$B'' \geq 2$）中。

图 1-5-9 中的实线是按 Park 等人[11] 提出的方程式（1-5-16）（$r^2 = 0.898$，$\sigma_y = 0.067$）所作的曲线。

$$\lg\gamma_{FeO} = -9.609N'_{O^{2-}} + 12.58(N'_{O^{2-}})^2 - 6.062(N'_{O^{2-}})^3 + 2.935 \qquad (1-5-16)$$

由图 1-5-9 可见：

（1）当 $N'_{O^{2-}} < 0.4$ 时，实线高于虚线；

（2）当 $N'_{O^{2-}} > 0.4$ 时，实线与虚线基本重合；

（3）当 $N'_{O^{2-}} > 0.4$ 时，Suito 等人的数据偏于曲线上方，Park 的数据则相反；

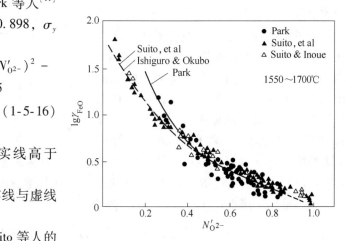

图 1-5-9 $\lg\gamma_{FeO}$-$N'_{O^{2-}}$ 的关系

（4）图中的实线与图 1-5-8 中的曲线较相似。

D 自由氧负离子分数 $N'_{O^{2-}}$ 和铁离子分数 $N'_{Fe^{2+}}$ 的计算

考虑到不仅本书中涉及离子数、离子分数的计算，在后面讨论的脱锰、脱磷等数学模

型中和紧接着 Gaye 提出的计算 γ_{FeO} 的模型中都有类似的计算问题，它们一般都大同小异，并主要区别在对 Fe_2O_3 离子化的不同假设上。故为了避免论述上的重复，而又便于相互比较，特将其因 Fe_2O_3 不同离解而产生的离子分数的不同计算过程综合另列。

1.5.1.3　正规溶液模型类

早在 1961 年 Lumsdem[23] 就曾提出了用聚合熔体的正规溶液模型来表述 $FeO\text{-}Fe_2O_3\text{-}SiO_2$ 渣系中各成分的活度，Sommerille 等人[24] 也曾用正规溶液模型来描述 $FeO\text{-}MnO\text{-}Al_2O_3\text{-}SiO_2$ 四元渣系中 FeO 和 MnO 的活度。Ban-ya 和他的同事们[25~30] 通过对多组很多种类的硅酸盐、磷酸盐和铝酸盐渣系的广泛研究，对计算活度系数的 Darken[31] 二次方形式的方程式作了修正，添加了正规溶液以纯液态为标准态与实际溶液的参考态之间（或者说假想的正规液与实际溶液之间）的转换因子，并补充修正了方程中 i、j 阳离子之间的交互作用系数 a_{ij}，从而使正规溶液模型发展到一个计算值接近实测值的新阶段。

Lumsdem[23] 提出了应用氧化物混合液规则行为的简化关系模型，假设各种阳离子，如 Cu^+、Ca^{2+}、Fe^{2+}、Fe^{3+}、Si^{4+} 和 P^{5+} 都任意分布在氧负离子的母体上，作为各种阳离子共用的阴离子存在于熔体中，成分用阳离子分数（x_i）表述，认为熔体由下列形式的氧化物组成，如 $CuO_{0.5}$、CaO、FeO、$FeO_{1.5}$、SiO_2、$PO_{2.5}$，在多组元正规溶液中，组元 i 的活度系数用下面的方程式表述：

$$\overline{G}_i^{E} = \Delta \overline{H}_i = RT\ln r_i \tag{1-5-17}$$

$$RT\ln r_i = \sum_j a_{ij}x_j^2 + \sum_j \sum_k (a_{ij} + a_{ik} - a_{jk})x_j x_k \tag{1-5-18}$$

式中，x_j 为阳离子分数，a_{ij} 为 i、j 阳离子间的交互作用能，即（i 阳离子）-O-（j 阳离子），在这里活度的参考态是取的具有正规性质的理想纯液态。该模型把硅酸盐阴离子的聚合与解聚合忽略不计是个不错的近似化，但假设硅酸盐中的阳离子任意分布在氧阴离子母体上，则是一个大致的相似。因为众所周知，氧离子上的阳离子配位数按阳离子半径来定，取 4、6 或 8。而在硅酸盐熔体中间成分的范围内，据 Waseda 等人[32] 的广泛研究，阳离子在氧离子的配位

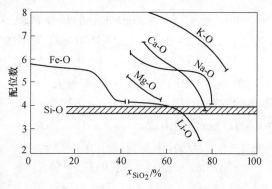

图 1-5-10　阳离子在二元硅酸盐熔体中的配位数

数大约为 4~8（见图 1-5-10），因此可以认为包含很多种阳离子的中间成分的硅酸盐熔体有着广泛的正规溶液性质。而对于那些非严格的正规溶液的熔体，Ban-ya 等人根据大量实验结果，提出了修正式（1-5-18）的下述方程：

$$RT\ln r_i = \sum_j a_{ij}x_j^2 + \sum_j \sum_k (a_{ij} + a_{ik} - a_{jk})x_j x_k + I' \tag{1-5-19}$$

式中，I' 是假想的正规溶液和实际溶液之间活度系数的转换因子。该方程可用来较好地估算氧化性炉渣中各组分的活度，即使方程中那些小于 5wt% 的次要组分略去不计，也影响不大，并能十分好地用于计算氧化性炉渣与金属间的 O、Mn、P 平衡分配比，其计算值与实测值在很大的成分变化范围内均符合较好[29,33,34]。

为了在硅酸盐熔体中应用正规溶液模型式（1-5-18），现将 Ban-ya[30] 提供的炼钢渣中主要成分的阳离子之间的交互作用能 a_{ij}，其他成分的阳离子间的交互作用能和活度的转换因子分别列于表 1-5-1～表 1-5-3。

表 1-5-1　炼钢渣中主要成分的阳离子间的交互作用能 a_{ij}　　　　　（J）

i	j							
	Fe^{2+}	Fe^{3+}	Mn^{2+}	Ca^{2+}	Mg^{2+}	Si^{4+}	P^{5+}	Al^{3+}
Fe^{2+}	—	−18660	7110	−31380	33470	−41840	−31380	−41000
Fe^{3+}	−18660	—	−56480	−95810	−2930	32640	14640	−161080
Mn^{2+}	7110	−56480	—	−92050	61920	−75310	−84940	−83680
Ca^{2+}	−31380	−95810	−92050	—	−100420	−133890	−251040	−154810
Mg^{2+}	33470	−2930	61920	−100420	—	−66940	−37660	−71130
Si^{4+}	−41840	32640	−75310	−133890	−66940	—	83680	−127610
P^{5+}	−31380	14640	−84940	−251040	−37660	83680	—	−261500
Al^{3+}	−41000	−161080	−83680	−154810	−71130	−127610	−261500	—

表 1-5-2　其他成分的阳离子间的交互作用能 a_{ij}

i 离子-j 离子	a_{ij}/J	i 离子-j 离子	a_{ij}/J
Li^+-Si^{4+}	−142130	H^+-Li^+	1500
Na^+-Fe^{2+}	19250	H^+-Na^+	9750
Na^+-Fe^{3+}	−74890	H^+-K^+	13520
Na^+-Si^{4+}	−111290	H^+-Mg^{2+}	15800
Na^+-P^{3+}	−50210	H^+-Ca^{2+}	15100
K^+-Si^{4+}	−81030	H^+-Mn^{2+}	−8230
Ti^{4+}-Ca^{2+}	−167360	H^+-Al^{3+}	−24400
Ti^{4+}-Mn^{2+}	−66940	H^+-Si^{4+}	30000
Ti^{4+}-Fe^{2+}	−37660	H^+-P^{3+}	7700
Ti^{4+}-Fe^{3+}	1260	Ti^{4+}-Si^{4+}	104600

表 1-5-3　活度的置换因子 I'（$=\Delta G^{\ominus}$）

反　　　应	自由能变化/J
$Fe_tO_{(1)}+(1-t)Fe_{(sol)}=FeO_{(R.S.)}$	$\Delta G^{\ominus}=-8540+7.142T$
$SiO_{2(\beta-tr)}=SiO_{2(R.S.)}$	$\Delta G^{\ominus}=27150-2.054T$
$SiO_{2(\beta-cr)}=SiO_{2(R.S.)}$	$\Delta G^{\ominus}=27030-1.983T$
$SiO_{2(1)}=SiO_{2(R.S.)}$	$\Delta G^{\ominus}=17450+2.820T$
$MnO_{(s)}=MnO_{(R.S.)}$	$\Delta G^{\ominus}=-32470+26.143T$
$MnO_{(1)}=MnO_{(R.S.)}$	$\Delta G^{\ominus}=-86860+51.465T$
$Na_2O_{(1)}=2NaO_{0.5(R.S.)}$	$\Delta G^{\ominus}=-185060+22.866T$
$CaO_{(s)}=CaO_{(R.S.)}$	$\Delta G^{\ominus}=18160-23.309T$
$CaO_{(1)}=CaO_{(R.S.)}$	$\Delta G^{\ominus}=-40880-4.703T$
$MgO_{(s)}=MgO_{(R.S.)}$	$\Delta G^{\ominus}=34350-16.736T$
$MgO_{(1)}=MgO_{(R.S.)}$	$\Delta G^{\ominus}=-23300+1.833T$
$P_2O_{5(1)}=2PO_{2.5(R.S.)}$	$\Delta G^{\ominus}=52720-230.706T$

式（1-5-19）中的 x 为阳离子的离子摩尔分数，按正规溶液简化关系模型设定的熔体氧化物形式和阳离子形式进行表述。其计算方法如下：

（1）先将炉渣的化学分析成分转化为模型设定的氧化物再写出其离子化反应。

炉渣分析的氧化物		模型设定的氧化物		离子化反应
CaO	$\rightarrow$	CaO	$\rightarrow$	$Ca^{2+}+O^{2-}$
MgO	$\rightarrow$	MgO	$\rightarrow$	$Mg^{2+}+O^{2-}$
MnO	$\rightarrow$	MnO	$\rightarrow$	$Mn^{2+}+O^{2-}$
FeO	$\rightarrow$	FeO	$\rightarrow$	$Fe^{2+}+O^{2-}$
Fe_2O_3	$\rightarrow$	$2FeO_{1.5}$	$\rightarrow$	$2Fe^{3+}+3O^{2-}$
SiO_2	$\rightarrow$	SiO_2	$\rightarrow$	$Si^{4+}+2O^{2-}$
Al_2O_3	$\rightarrow$	$2AlO_{1.5}$	$\rightarrow$	$2Al^{3+}+3O^{2-}$
P_2O_5	$\rightarrow$	$2PO_{2.5}$	$\rightarrow$	$2P^{5+}+5O^{2-}$

（2）模型各阳离子和各氧化物的摩尔数由上述氧化物转化和离子化反应不难看出：

$$n_{Ca^{2+}}=n_{CaO}, \quad n_{Mg^{2+}}=n_{MgO}, \quad n_{Mn^{2+}}=n_{MnO}, \quad n_{Fe^{2+}}=n_{FeO}, \quad n_{Fe^{3+}}=n_{FeO_{1.5}}=2n_{Fe_2O_3}$$

$$n_{Si^{4+}}=n_{SiO_2}, \quad n_{Al^{3+}}=n_{AlO_{1.5}}=2n_{Al_2O_3}, \quad n_{P^{5+}}=n_{PO_{2.5}}=2n_{P_2O_5}$$

如命 $\sum n_{AO}$ 为 AO 型氧化物的离子摩尔数或分子摩尔数之和；$\sum n_{AO_n}$ 为 AO_n 型氧化物的离子摩尔数或分子摩尔数之和。

则：

$$\sum n_{AO}=n_{CaO}+n_{MgO}+n_{MnO}+n_{FeO}+n_{SiO_2} \tag{1-5-20}$$

$$\sum n_{AO_n}=2(n_{Fe_2O_3}+n_{Al_2O_3}+n_{P_2O_5}) \tag{1-5-21}$$

（3）故正规溶液中的离子摩尔分数和化合物摩尔分数为：

AO 型氧化物为：
$$x_{A^{2+}}=x_{AO}=\frac{n_{A^{2+}}}{\sum n_{AO}+\sum n_{AO_n}}=\frac{n_{AO}}{\sum n_{AO}+\sum n_{AO_n}} \tag{1-5-22}$$

AO_n 型氧化物为：
$$x_{A^{2n+}}=x_{AO_n}=\frac{n_{A^{2n+}}}{\sum n_{AO}+\sum n_{AO_n}}=\frac{2n_{AO_n}}{\sum n_{AO}+\sum n_{AO_n}} \tag{1-5-23}$$

因此式（1-5-19）中的离子摩尔分数 x_{AK^+} 一般用 AO 型和 AO_n 型氧化物的摩尔分数 x_{AO} 和 x_{AO_n} 来表述。

现以代表炼钢渣主要成分的 FeO-Fe_2O_3-MnO-SiO_2-MgO-CaO 渣系与金属液中含氧量之间的平衡关系为例来阐述正规溶液模型在描述该平衡关系中的应用，其氧在渣-金间的平衡反应为[30]：

$$Fe_{(l)} + [O] \rule[0.5ex]{1.5em}{0.4pt} FeO_{(R.S.)} \tag{1-5-24}$$

$$RT\ln K_0 = RT\ln(x_{FeO}/a_O) + RT\ln\gamma_{FeO} \tag{1-5-25}$$

$$\Delta G^{\ominus} = 128100 - 57.99T \qquad J \tag{1-5-26}$$

依据表 1-5-1 中的交互作用能按式（1-5-19）可写出 $RT\ln\gamma_{FeO}$ 的表达式如下：

$$\begin{aligned}
RT\ln\gamma_{FeO(R.S.)} = & -18660x_{FeO_{1.5}}^2 + 7110x_{MnO}^2 - 41840x_{SiO_2}^2 + 33470x_{MgO}^2 - \\
& 31380x_{CaO}^2 + 44930x_{FeO_{1.5}}x_{MnO} - 93140x_{FeO_{1.5}}x_{SiO_2} + \\
& 17740x_{FeO_{1.5}}x_{MgO} + 45770x_{FeO_{1.5}}x_{CaO} + 40580x_{MnO}x_{SiO_2} - \\
& 21340x_{MnO}x_{MgO} + 67780x_{MnO}x_{CaO} + 58570x_{SiO_2}x_{MgO} + \\
& 60670x_{SiO_2}x_{CaO} + 102510x_{MgO}x_{CaO}
\end{aligned} \tag{1-5-27}$$

因为式（1-5-27）是二次方程，故对于近似计算，那些小于 5wt% 的次要组分可忽略不计。

图 1-5-11[33] 示出用上面的方程式计算的金属含氧量与前人实验研究测定的 [O] 的对比，从此可以认定该模型估算的与炉渣平衡的金属液含氧量其精度可在 ±10% 之内。

应当说明上述模型中 FeO 活度的参考态是取假想的化学计算的 FeO，以满足溶液的正规性质，但是工业生产的氧化铁活度的参考态是与金属铁平衡的纯氧化铁（Fe_tO）。现介绍这两种氧化铁活度的置换：

$$Fe_tO_{(l)} + (1-t)Fe_{(sol)} \rule[0.5ex]{1.5em}{0.4pt} FeO_{(R.S.)} \tag{1-5-28}$$

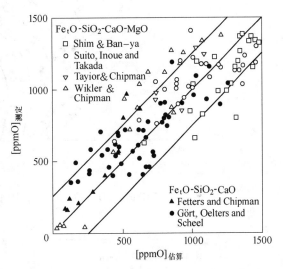

图 1-5-11　用正规溶液估算的氧含量和测定的与 Fe_tO-（CaO+MgO）-SiO_2 渣系平衡的金属液含氧量的对比

$$\Delta G^{\ominus} = -8540 + 7.142T \qquad J \tag{1-5-29}$$

$$RT\ln a_{Fe_tO(l)} = RT\ln a_{Fe_tO(R.S.)} - 8540 + 7.142T \qquad J \tag{1-5-30}$$

$$RT\ln\gamma_{Fe_tO(l)} = RT\ln\gamma_{Fe_tO(R.S.)} + RT\ln(x_{FeO}/x_{Fe_tO}) - 8540 + 7.142T \qquad J \tag{1-5-31}$$

式中

$$x_{Fe_tO} = \frac{n_{Fe_tO}}{\sum n_{AO} + \sum n_{AO_n}} = \frac{n_{FeO} + n_{Fe_{0.667}}}{\sum n_{AO} + \sum n_{AO_n}} = \frac{n_{FeO} + 2n_{Fe_2O_3}}{\sum n_{AO} + \sum n_{AO_n}}$$

图 1-5-12 示出了用模型，即式（1-5-31）估算的与金属液平衡的 Fe_tO-CaO-SiO_2 三元系中的氧化铁活度 a_{Fe_tO}，同许多前人的实验结果对照。由图中可见，除 Fe_tO 极富（$N_{Fe_tO} >$

0.7）的区域外，在炉渣成分从酸性一侧到碱性一侧的大范围内，计算值与实测值均十分一致。这在后面的评估中还将进一步证明这点。

尤其值得提出的是 Ban-ya（万谷）的公式用在新日铁八幡钢厂的 LD-OB 转炉上估算 [O] 和 P_{CO} 值，其计算结果与实测值都比较接近，见图 1-5-13 和图 1-5-14。这表明用 Ban-ya 的公式来估算转炉钢-渣反应平衡的自由氧 [O] 似乎较好。

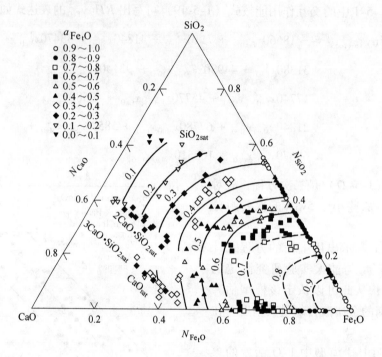

图 1-5-12　1873K 时 Fe_tO-CaO-SiO_2 渣系中用正规溶液模型计算的 a_{Fe_tO} 值和测定值

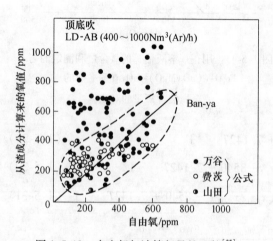

图 1-5-13　自由氧与计算氧量的比较[35]

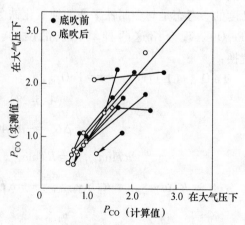

图 1-5-14　用万谷公式求得的 P_{CO}（计算值）和 P_{CO}（实测值）的比较[35]

（$P_{CO} = [C][O] \times 10^{\frac{1160}{T} + 2.003}$）

1.5.1.4 IRSID 模型

Gaye 在 1982 年[36]发表的法国钢铁研究院为分析转炉吹氧终点时炉渣-金属间平衡而研究的模型（包括氧、磷、锰、硫平衡分配的关系式），现已在欧洲受到广泛应用，它是最成功的热力学参数模型，也称为 Gaye 模型。据 1984 年发表的论文[21]，该模型已能处理包含 6 种氧化物的炉渣，1990 年又发表了 IRSID 与 NSC 合作研究的结果[37]，它已能扩展应用于多阴离子，如 O^{2-}、S^{2-} 和 F^- 共存的渣中。据介绍[36]，该模型的估算精度，氧 $\pm5\%$，锰和硫 $\pm10\%$，磷 $\pm15\%$，这里给出它估算氧化铁活度系数和活度的方程式：

$$\lg\gamma_{FeO} = 5.50 - 1.12S - 5600/T + (-16.07 + 2.85S + 20800/T)N_{O^{2-}} +$$
$$(10.97 - 1.62S - 16100/T)(N_{O^{2-}})^2 \qquad (1\text{-}5\text{-}32)$$

式中
$$S = N_{SiO_4^-}/(N_{SiO_4^{4-}} + N_{PO_4^{3-}})$$
$$\lg a_{FeO} = \lg(N_{O^{2-}} - N_{Fe^{2+}}) + \lg\gamma_{FeO} \qquad (1\text{-}5\text{-}33)$$

有关它的特征值和估算锰、磷、硫平衡分配的方程式，容后作较详细的介绍。

1.5.1.5 李远洲对氧化铁活度系数的探索

作者原只想向读者推荐前人的上述模型，并用 Winkler 和 Chipman[4]、Suito[5,6]及李远洲和孙亚琴[2]等人的试验数据[2,4~6]，以其实测金属液的平衡 [O] 含量和炉渣成分，计算出各模型所得的氧化铁的活度 a_{FeO} 和活度系数 γ_{FeO}、γ_{Fe_tO}。再用式 $\lg([O]/a_{FeO}) = -6320/T + 2734$ 和式 （1-5-10）[9] $\lg\dfrac{a_{Fe_tO}}{a_0} = \lg\dfrac{a_{Fe_tO}}{f_0[\%O]} = \dfrac{6150}{T} - 2.604$ 计算的 $\gamma_{FeO}^{[O]}$ 和 $\gamma_{Fe_tO}^{a_0}$ 值和按 Turkdogan 和 Pearson[13]的虚拟三元相图中的 γ_{FeO} 和 γ_{Fe_tO} 等活度线查得的值作为评估各模型计算结果的标准值，通过计算机计算得不同碱度区段内不同模型计算结果的方差分析和大小排序，以便在氧气转炉冶炼过程中，有选择地推荐应用。但资料[37]按 $\bar\varepsilon_{FeO} = \left[\dfrac{1}{n}\sum(\gamma_{Fe_tO\cdot i} - \bar\gamma_{Fe_tO}^{a_0})^2\right]^{1/2}$ 均方差公式的计算结果是：在 $R(=CaO/SiO_2) = 0\sim0.9$ 区间为 $1.82\sim13.0$，在 $R = 0.91\sim1.9$ 区间为 $0.725\sim10.38$，在 $R>1.9$ 区间为 $0.87\sim7.29$。虽然用这种均方差计算得出的结果，不像用 $\bar\varepsilon_{FeO} = \left[\dfrac{1}{n}\sum(\gamma_{Fe_tO\cdot i}^{a_0} - \gamma_{Fe_tO\cdot i})^2\right]^{1/2}$ 那样直接表述对比方差，但也能让人感到，如就这样把前人的上述公式用在氧气转炉的计算机控制程序中，势必造成较大偏差。为此作者在完成写作渣中 $\dfrac{Fe^{3+}}{Fe^{2+}}$ 比的变化和脱磷一节后，决定在研究它们的启迪下，再返回来探索渣中氧化铁活度系数的最佳化公式。

表 1-5-4 记述了作者探索表述 a_{FeO}、a_{Fe_tO}、γ_{FeO} 和 γ_{Fe_tO} 最佳化公式的历程。

鉴于 a_{FeO} 和 a_{Fe_tO} 在 $B\left(=\dfrac{CaO + MgO + MnO}{SiO_2 + Al_2O_3 + P_2O_5}\right) = 2.0$ 左右存在极大值的关系，故作者在有的回归方程中，加入了 B^2、B、$\lg B$ 及 TFe^2、TFe 等因子，并考虑到 Fe_tO 在各个碱度区间的炉渣中形成的盐类不同，从而对表述其活度和活度系数的回归方程，选择了 $B\leqslant0.9$、$0.91\sim1.9$、>1.9 三个区间进行，同时为了说明问题，也考虑了按 $(\%CaO) = 0\sim sat$

全域进行。对于描述氧化铁活度系数的决定性因子的选择，作者吸收了 Scimar 等[11,14~16]前人的观点，采用了按 Hersymenko[17] 法来划分阳离子、氧负离子、复阴离子和自由氧负离子，按 Flood[18] 的电当量学说来表述自由氧负离子分数（$N'_{O^{2-}}$）（作者谓之后 Flood 法）；并选择 Scimar 和 Guo 表述 $\lg\gamma_{FeO}$ 所用的决定性因子 $\lg(N'_{O^{2-}})$，Ishiguro 和 Park 采用的（$N'^{3}_{O^{2-}}$、$N'^{2}_{O^{2-}}$、$N'_{O^{2-}}$）因子组和作者新增的（$N'^{2}_{O^{2-}}$、$N'_{O^{2-}}$）因子组，及 Suito 按分子理论采用的 $iwt\%$ 表述法作为描述 $\lg\gamma_{FeO}$ 和 $\lg\gamma_{Fe_tO}$ 的四种基本模式，并在这些模式中分别添加了开头所说的 B^2、B、$\lg B$、$(\%TFe)^2$、$(\%TFe)$ 和 $1/T$ 等辅因子，以考察它们对提高 $\lg\gamma_{FeO}$ 和 $\lg\gamma_{Fe_tO}$ 模型精度的作用大小。

作者从一开始，为了直观和简便，在 $B=0\sim0.9$ 区间选择了直接表述 a_{FeO} 和 a_{Fe_tO} 的方程式，从表 1-5-4 中的序号 1~6 可见，它们的相关系数 r 均较大（为 0.92~0.957），且标准偏差 S 值均较小，尤其是添加了 $\lg a_0$ 因子的序号 6 的 a_{Fe_tO} 回归方程，其 r 高达 0.96，f 高达 130，S 小到 0.03，应当说，这种表述在 $B<0.9$ 区间是成功的；但这种直观表述法，用在 $B>0.9$ 区间和（%CaO）= 0~sat 区间时，却并不成功，如序号 18 和序号 39~序号 41 的 S 值均高达 0.3 以上，故作者以后均改为建立 $\lg\gamma_{FeO}$ 和 $\lg\gamma_{Fe_tO}$ 方程，并在 $B>0.9$ 区间较详细地探索了各因子群与辅助因子群之间是否具有一定程度的相关性或相得益彰。从表 1-5-4 中可见：

(1) 决定 $\lg\gamma_{FeO}$ 和 $\lg\gamma_{Fe_tO}$ 值的决定性因子是 $N'_{O^{2-}}$ 或全体氧化物的重量百分数 $i\%$。

(2) 在以 $N'_{O^{2-}}$ 和 $i\%$ 为代表的四种主因子群中，即 $f(N'^{3}_{O^{2-}}$，$N'^{2}_{O^{2-}}$，$N'_{O^{2-}})$，$f(N'^{2}_{O^{2-}}$，$N'_{O^{2-}})$，$f(\lg N'_{O^{2-}})$ 和 $f(i\%)$ 四种函数式中，如以回归时的 r、s、f 三个指标为判据，在 $B=0.91\sim1.9$ 区间，看来以 $f(i\%)$ 较佳，次为 $f(N'^{3}_{O^{2-}}$，$N'^{2}_{O^{2-}}$，$N'_{O^{2-}})$ 和 $f(N'^{2}_{O^{2-}}$，$N'_{O^{2-}})$，二者不相上下，再次为 $f(\lg N'_{O^{2-}})$；在 $B>1.9$ 区间，似以 $f(i\%)$ 和 $f(\lg N'_{O^{2-}})$ 较佳，次为 $f(N'^{3}_{O^{2-}}$，$N'^{2}_{O^{2-}}$，$N'_{O^{2-}})$，$f(N'^{2}_{O^{2-}}$，$N'_{O^{2-}})$；在（%CaO）= 0~sat 区间，则以 $f(\lg N'_{O^{2-}}$，$i\%)$ 为最佳，次为 $f(N'^{3}_{O^{2-}}$，$N'^{2}_{O^{2-}}$，$N'_{O^{2-}})$ 和 $f(N'^{2}_{O^{2-}}$，$N'_{O^{2-}})$。

(3) 在辅因子中，看来 $1/T$ 的影响不大，可略去；TFe^2 和 TFe 的影响比较显著，任一主因子群中，只要添加了它们，其回归方程中的 r、s 指标均有明显改善；而 B^2、B 和 $\lg B$ 的影响，通过（%CaO）= 0~sat 区间的逐步回归分析（如序号 52 和序号 53 及序号 59 和序号 60）说明在 $f(N'^{3}_{O^{2-}}$，$N'^{2}_{O^{2-}}$，$N'_{O^{2-}})$ 主因子群中，$\lg B$ 可以忽略，但在 $f(\lg N'_{O^{2-}})$ 主因子群中，$\lg B$ 则不宜忽略。

(4) 前人只用 $N'_{O^{2-}}$ 因子建立 $\lg\gamma_{FeO}$ 模型，作者则除了用它建立 $\lg\gamma_{FeO}$ 回归式外，还用它建立了 $\lg\gamma_{Fe_tO}$ 回归式，且发现 $\lg\gamma_{Fe_tO}$ 回归式的精度和可信度均较 $\lg\gamma_{FeO}$ 回归式高得多。这说明，用公式（1-5-9）表述的 $\lg a_{Fe_tO}$ 比用式 $\lg([O]/a_{FeO}) = -6320/T + 2734$ 表述的 $\lg a_{FeO}$ 更精确，以及 $N'_{O^{2-}}$ 及 $i\%$ 因子与 a_{Fe_tO} 的关系比与 a_{FeO} 的关系更密切，故今后宜重点介绍式（1-5-9）和 $\lg\gamma_{Fe_tO}$ 方程才是。

现从表 1-5-4 中，以回归式的 r、s、f 为判据，在各 B 区间选择各主因子群中具有代表性的方程和前人公式一起作方差分析，其计算结果列于表 1-5-5 中。

表 1-5-4 探索最优化 γ_{FeO} 和 γ_{Fe_tO} 模型的各种回归方程

序 号	CaO/SiO$_2$	回 归 方 程
1		$a_{FeO} = -0.0888 lg N'_{O^{2-}} - 1.8 \times 10^{-4}(\%TFe)^2 + 0.0251(\%TFe) +$ $0.0494 lgB + \dfrac{2382}{T} - 1.2853$ $(r = 0.927, \ s = 0.087, \ f = 88)$
2		$a_{FeO} = -0.0750 lg N'_{O^{2-}} - 1.85 \times 10^{-4}(\%TFe)^2 + 0.026(\%TFe) +$ $1.626B^2 - 0.014B + \dfrac{1862}{T} - 1.103$ $(r = 0.931, \ s = 0.085, \ f = 77)$
3	$R \leqslant 0.9$	$a_{FeO} = -0.0536 lg N'_{O^{2-}} + 0.2 lg a_O - 8.9 \times 10^{-5}(\%TFe)^2 + 0.0161(\%TFe) +$ $0.0409 lgB + \dfrac{2705}{T} - 1.0417$ $(r = 0.938, \ s = 0.081, \ f = 87)$
4		$a_{Fe_tO} = -0.0771 lg N'_{O^{2-}} - 1.45 \times 10^{-4}(\%TFe)^2 + 0.0160(\%TFe) +$ $0.0283 lgB + \dfrac{3385}{T} - 1.7964$ $(r = 0.92, \ s = 0.046, \ f = 79)$
5		$a_{Fe_tO} = -0.0682 lg N'_{O^{2-}} - 1.481 \times 10^{-3}(\%TFe)^2 + 0.0166(\%TFe) +$ $0.1068B^2 - 0.0161B + \dfrac{3066}{T} - 1.6827$ $(r = 0.93, \ s = 0.044, \ f = 72)$
6		$a_{Fe_tO} = -0.0445 lg N'_{O^{2-}} + 0.1850 lg a_O - 5.99 \times 10^{-5}(\%TFe)^2 +$ $0.0076(\%TFe) + 0.0205 lgB + \dfrac{3684}{T} - 1.5712$ $(r = 0.96, \ s = 0.034, \ f = 130)$
7		$lg\gamma_{Fe_tO} = 1.0284 N'^3_{O^{2-}} - 1.5253 N'^2_{O^{2-}} + 0.2416 N'_{O^{2-}} + 1.967 \times 10^{-4}(\%TFe)^2 -$ $0.0187(\%TFe) + \dfrac{3365}{T} - 1.2159$ $(r = 0.88, \ s = 0.103, \ f = 79)$
8		$lg\gamma_{Fe_tO} = 1.0563 N'^3_{O^{2-}} - 1.5261 N'^2_{O^{2-}} + 0.1854 N'_{O^{2-}} + 2.242 \times 10^{-4}(\%TFe)^2 -$ $0.0191(\%TFe) + 0.5874$ $(r = 0.87, \ s = 0.107, \ f = 86)$
9		$lg\gamma_{Fe_tO} = 2.5447 N'^3_{O^{2-}} - 2.7291 N'^2_{O^{2-}} - 0.1122 N'_{O^{2-}} + 0.4945$ $(r = 0.81, \ s = 0.127, \ f = 89)$
10	$0.9 \leqslant R \leqslant 1.9$	$lg\gamma_{Fe_tO} = -0.0756 lg N'_{O^{2-}} + 1.061 \times 10^{-4}(\%TFe)^2 - 0.0183(\%TFe) +$ $0.1403 lgB + \dfrac{3998}{T} - 1.6448$ $(r = 0.87, \ s = 0.108, \ f = 85)$
11		$lg\gamma_{Fe_tO} = -0.0772 lg N'_{O^{2-}} + 1.428 \times 10^{-4}(\%TFe)^2 - 0.0196(\%TFe) -$ $0.0156 lgB + 0.5210$ $(r = 0.85, \ s = 0.113, \ f = 93)$
12		$lg\gamma_{Fe_tO} = -0.3613 lg N'_{O^{2-}} + 0.067 \qquad (r = 0.4, \ s = 0.034, \ f = 130)$
13		$lg\gamma_{Fe_tO} = -0.8412 N'^2_{O^{2-}} + 0.2122 N'_{O^{2-}} + 2.84 \times 10^{-4}(\%TFe)^2 -$ $0.0223(\%TFe) + \dfrac{3377}{T} - 1.2141$ $(r = 0.88, \ s = 0.103, \ f = 95)$

序　号	CaO/SiO₂	回　归　方　程
14		$\lg\gamma_{Fe_tO} = -0.8233N'^2_{O^{2-}} + 0.1556N'_{O^{2-}} + 3.14\times10^{-4}(\%TFe)^2 -$ $0.0229(\%TFe) + 0.5964$ $(r = 0.87,\ s = 0.107,\ f = 107)$
15		$\lg\gamma_{Fe_tO} = -0.4902N'^2_{O^{2-}} - 0.452N'_{O^{2-}} + 0.465$ $(r = 0.79,\ s = 0.132,\ f = 117)$
16	$0.9 \leqslant R \leqslant 1.9$	$\lg\gamma_{Fe_tO} = -0.0463\lg N'_{O^{2-}} + 1.904\times10^{-4}(\%TFe)^2 - 0.0168(\%TFe) +$ $0.0032(\%CaO) - 0.0017(\%MgO) - 0.0016(\%MnO) - 0.0037(\%Al_2O_3)$ $+ 0.0063(\%SiO_2) + 0.0117(\%P_2O_5) + \dfrac{3237}{T} - 1.5201$ $(r = 0.90,\ s = 0.096,\ f = 58)$
17		$\lg\gamma_{Fe_tO} = -0.0094(\%TFe) + 0.0021(\%CaO) - 0.001(\%MgO) +$ $0.0002(\%MnO) - 0.0032(\%Al_2O_3) + 0.0051(\%SiO_2) +$ $0.0111(\%P_2O_5) + \dfrac{4024}{T} - 1.9107$ $(r = 0.89,\ s = 0.101,\ f = 63)$
18		$\gamma_{FeO} = -5.1803\lg N'_{O^{2-}} + 4.692\times10^{-4}(\%TFe)^2 - 0.0292(\%TFe) -$ $0.0813\lg B - \dfrac{2768}{T} - 2.6834$ $(r = 0.84,\ s = 0.368,\ f = 62)$
19		$\lg\gamma_{FeO} = -4.3065N'^3_{O^{2-}} + 8.4137N'^2_{O^{2-}} - 6.2408N'_{O^{2-}} +$ $1.175\times10^{-4}(\%TFe)^2 - 0.0039(\%TFe) -$ $\dfrac{1351}{T} + 2.6222$ $(r = 0.88,\ s = 0.08,\ f = 78)$
20		$\lg\gamma_{FeO} = -5.0721N'^3_{O^{2-}} + 10.6018N'^2_{O^{2-}} - 7.833N'_{O^{2-}} - \dfrac{413}{T} + 2.4406$ $(r = 0.81,\ s = 0.099,\ f = 64)$
21	$R \geqslant 1.9$	$\lg\gamma_{FeO} = -5.1803\lg N'_{O^{2-}} + 6.161\times10^{-5}(\%TFe)^2 - 0.0022(\%TFe) -$ $0.1359\lg B - \dfrac{1162}{T} + 0.6947$ $(r = 0.88,\ s = 0.08,\ f = 92)$
22		$\lg\gamma_{FeO} = -1.2513\lg N'_{O^{2-}} - 0.1359\lg B - \dfrac{159}{T} + 0.0689$ $(r = 0.79,\ s = 0.102,\ f = 113)$
23		$\lg\gamma_{FeO} = 0.2799N'^2_{O^{2-}} - 1.1457N'_{O^{2-}} + 7.768\times10^{-5}(\%TFe)^2 -$ $0.0031(\%TFe) - 0.1181\lg B - \dfrac{1237}{T} + 1.5731$ $(r = 0.88,\ s = 0.081,\ f = 76)$
24		$\lg\gamma_{FeO} = -0.7042N'^2_{O^{2-}} - 0.0947N'_{O^{2-}} + 1.3\times10^{-4}(\%TFe)^2 -$ $0.0049(\%TFe) - \dfrac{1400}{T} + 1.3581$ $(r = 0.87,\ s = 0.082,\ f = 86)$
25		$\lg\gamma_{FeO} = -0.0559N'^2_{O^{2-}} - 0.7141N'_{O^{2-}} - 0.1181\lg B - \dfrac{417}{T} + 0.9471$ $(r = 0.8,\ s = 0.101,\ f = 79)$

序 号	CaO/SiO$_2$	回 归 方 程
26		$\lg\gamma_{Fe_tO} = -4.1482N'^3_{O^{2-}} + 8.8231N'^2_{O^{2-}} - 7.0546N'_{O^{2-}} - 0.0002(\%TFe) +$ $0.0023(\%CaO) + 0.0044(\%MgO) + 0.0015(\%MnO) -$ $0.0093(\%SiO_2) + 0.0016(\%P_2O_5) + \dfrac{2774}{T} + 0.5533$ $(r = 0.94,\ s = 0.064,\ f = 93)$
27		$\lg\gamma_{Fe_tO} = -4.2869N'^3_{O^{2-}} + 8.8513N'^2_{O^{2-}} - 6.5846N'_{O^{2-}} + 1.25 \times 10^{-4}(\%TFe)^2 -$ $0.0113(\%TFe) - 0.0107\lg B + \dfrac{1910}{T} + 0.9390$ $(r = 0.94,\ s = 0.063,\ f = 136)$
28		$\lg\gamma_{Fe_tO} = -4.3578N'^3_{O^{2-}} + 8.9109N'^2_{O^{2-}} - 6.5887N'_{O^{2-}} + 1.29 \times 10^{-4}(\%TFe)^2 -$ $0.0114(\%TFe) + \dfrac{1885}{T} + 0.9455$ $(r = 0.94,\ s = 0.063,\ f = 160)$
29		$\lg\gamma_{Fe_tO} = -5.3397N'^3_{O^{2-}} + 11.7059N'^2_{O^{2-}} - 9.1576N'_{O^{2-}} + \dfrac{2203}{T} + 1.3123$ $(r = 0.92,\ s = 0.071,\ f = 180)$
30		$\lg\gamma_{Fe_tO} = 5.43 \times 10^{-6}B^2 - 0.0024B - 0.962\lg N'_{O^{2-}} + 8.28 \times 10^{-5}(\%TFe)^2 -$ $0.0097(\%TFe) + \dfrac{2295}{T} - 1.1596$ $(r = 0.94,\ s = 0.06,\ f = 178)$
31	$R \geqslant 1.9$	$\lg\gamma_{Fe_tO} = -0.8715\lg N'_{O^{2-}} + 1.015 \times 10^{-4}(\%TFe)^2 - 0.0109(\%TFe) -$ $0.0886\lg B + \dfrac{1966}{T} - 0.918$ $(r = 0.93,\ s = 0.064,\ f = 184)$
32		$\lg\gamma_{Fe_tO} = -1.5206\lg N'_{O^{2-}} + \dfrac{2296}{T} - 1.4812$ $(r = 0.91,\ s = 0.074,\ f = 321)$
33		$\lg\gamma_{Fe_tO} = 0.4954N'^2_{O^{2-}} - 1.3103N'_{O^{2-}} + 8.2 \times 10^{-5}(\%TFe)^2 - 0.0097(\%TFe) -$ $5.6 \times 10^{-6}B^2 - 0.0025B + \dfrac{2317}{T} - 0.3448$ $(r = 0.94,\ s = 0.06,\ f = 149)$
34		$\lg\gamma_{Fe_tO} = 0.5712N'^2_{O^{2-}} - 1.317N'_{O^{2-}} + 9.49 \times 10^{-5}(\%TFe)^2 - 0.0108(\%TFe) -$ $0.1063\lg B + \dfrac{1992}{T} - 0.1454$ $(r = 0.93,\ s = 0.065,\ f = 150)$
35		$\lg\gamma_{Fe_tO} = 0.4861N'^2_{O^{2-}} - 1.6632N'_{O^{2-}} + \dfrac{2200}{T} - 0.26$ $(r = 0.91,\ s = 0.075,\ f = 207)$
36		$\lg\gamma_{Fe_tO} = -0.5093\lg N'_{O^{2-}} + 1.61 \times 10^{-4}(\%TFe)^2 - 0.0122(\%TFe) + 0.0056(\%CaO) +$ $0.0098(\%MgO) + 0.0046(\%MnO) - 0.0107(\%Al_2O_3) +$ $0.0069(\%SiO_2) + 0.0115(\%P_2O_5) + \dfrac{3167}{T} - 1.9207$ $(r = 0.95,\ s = 0.059,\ f = 112)$

序　号	CaO/SiO$_2$	回　归　方　程
37	$R \geqslant 1.9$	$\lg\gamma_{Fe_tO} = 1.9 \times 10^{-4}(\%TFe)^2 - 0.015(\%TFe) + 0.0052(\%CaO) + 0.0095(\%MgO) +$ $0.0047(\%MnO) - 0.0051(\%Al_2O_3) + 0.0137(\%SiO_2) + 0.0177(\%P_2O_5) +$ $\dfrac{3260}{T} - 1.906$ $(r = 0.95,\ s = 0.059,\ f = 122)$
38		$\lg\gamma_{Fe_tO} = -3.78 \times 10^{-3}(\%TFe) - 4.87 \times 10^{-4}(\%CaO) + 0.0027(\%MgO) +$ $2.38 \times 10^{-5}(\%MnO) - 6.45 \times 10^{-4}(\%Al_2O_3) + 1.26 \times 10^{-2}(\%SiO_2) +$ $2.52 \times 10^{-2}(\%P_2O_5) + \dfrac{3235}{T} - 1.8076$ $(r = 0.92,\ s = 0.072,\ f = 87)$
39	$0 \sim sat$	$a_{FeO} = -0.3436\lg N'_{O^{2-}} - 1.11 \times 10^{-4}(\%TFe)^2 + 0.0204(\%TFe) -$ $0.0964\lg B - \dfrac{464}{T} + 0.174$ $(r = 0.53,\ s = 0.324,\ f = 24)$
40		$a_{FeO} = -0.3841\lg N'_{O^{2-}} - 1.0 \times 10^{-4}(\%TFe)^2 + 0.0208(\%TFe) +$ $5.95 \times 10^{-6}B^2 - 0.0027B - \dfrac{600}{T} + 0.2019$ $(r = 0.52,\ s = 0.328,\ f = 19)$
41		$a_{FeO} = -0.4171\lg N'_{O^{2-}} - 2.16 \times 10^{-4}(\%TFe)^2 + 0.0304(\%TFe) -$ $0.1043\lg B - 0.3554\lg a_O - \dfrac{812}{T} - 0.2509$ $(r = 0.55,\ s = 0.321,\ f = 22)$
42		$a_{Fe_tO} = -0.1664\lg N'_{O^{2-}} - 5.2 \times 10^{-5}(\%TFe)^2 + 9.75 \times 10^{-3}(\%TFe) -$ $0.0356\lg B + \dfrac{1190}{T} - 0.6109$ $(r = 0.67,\ s = 0.108,\ f = 49)$
43		$a_{Fe_tO} = -0.0182\lg N'_{O^{2-}} - 4.76 \times 10^{-5}(\%TFe)^2 + 9.89 \times 10^{-3}(\%TFe) +$ $2.33 \times 10^{-6}B^2 - 9.91 \times 10^{-4}B + \dfrac{1130}{T} - 0.596$ $(r = 0.66,\ s = 0.109,\ f = 38)$
44		$a_{Fe_tO} = -0.1406\lg N'_{O^{2-}} - 1.53 \times 10^{-5}(\%TFe)^2 + 6.24 \times 10^{-3}(\%TFe) -$ $0.0329\lg B + 0.1242\lg a_O + \dfrac{1310}{T} - 0.4624$ $(r = 0.68,\ s = 0.106,\ f = 43)$
45		$a_{Fe_tO} = -0.155\lg N'_{O^{2-}} - 4.8 \times 10^{-5}(\%TFe)^2 + 6.24 \times 10^{-3}(\%TFe) -$ $2.32 \times 10^{-3}(\%MgO) - 1.63 \times 10^{-3}(\%MnO) - 0.025(\%Al_2O_3) +$ $3.45 \times 10^{-3}(\%P_2O_5) - 0.0498\lg B + \dfrac{3260}{T} - 1.906$ $(r = 0.74,\ s = 0.098,\ f = 40)$
46		$a_{Fe_tO} = -0.0856\lg N'_{O^{2-}} - 5.32 \times 10^{-5}(\%TFe)^2 + 0.0105(\%TFe) -$ $0.0028(\%CaO) - 0.0059(\%MgO) - 0.0018(\%MnO) - 0.0154(\%Al_2O_3) +$ $0.0077(\%SiO_2) + 0.008(\%P_2O_5) - \dfrac{257}{T} + 0.1671$ $(r = 0.77,\ s = 0.093,\ f = 44)$

序 号	CaO/SiO$_2$	回 归 方 程
47		$\lg\gamma_{FeO} = -0.0733\lg N'_{O^{2-}} + 6.45\times10^{-5}(\%TFe)^2 - 3.65\times10^{-3}(\%TFe) -$ $0.0023(\%CaO) - 0.0055(\%MgO) - 0.0031(\%MnO) + 0.0034(\%Al_2O_3) +$ $0.018(\%SiO_2) + 0.0254(\%P_2O_5) - \dfrac{1000}{T} + 0.6031$ $(r = 0.86,\ s = 0.12,\ f = 75)$
48		$\lg\gamma_{FeO} = 7.1\times10^{-5}(\%TFe)^2 - 4.28\times10^{-3}(\%TFe) - 0.0022(\%CaO) -$ $0.0049(\%MgO) - 0.0029(\%MnO) + 0.0045(\%Al_2O_3) + 0.0189(\%SiO_2) +$ $0.0265(\%P_2O_5) - \dfrac{995}{T} + 0.606$ $(r = 0.86,\ s = 0.12,\ f = 83)$
49		$\lg\gamma_{FeO} = -9.37\times10^{-3}(\%TFe) + 0.0021(\%CaO) - 9.84\times10^{-4}(\%MgO) +$ $2.33\times10^{-4}(\%MnO) - 0.0032(\%Al_2O_3) + 0.0051(\%SiO_2) +$ $0.0111(\%P_2O_5) + \dfrac{4024}{T} - 1.9107$ $(r = 0.89,\ s = 0.101,\ f = 63)$
50	0 ~ sat	$\lg\gamma_{Fe_tO} = 0.0701N'^3_{O^{2-}} - 0.5971N'^2_{O^{2-}} + 0.0591N'_{O^{2-}} + 2\times10^{-4}(\%TFe)^2 -$ $0.018(\%TFe) + \dfrac{2320}{T} - 0.6759$ $(r = 0.94,\ s = 0.09,\ f = 322)$
51		$\lg\gamma_{Fe_tO} = 0.3005N'^3_{O^{2-}} - 0.7352N'^2_{O^{2-}} + 0.0308N'_{O^{2-}} + 1.72\times10^{-4}(\%TFe)^2 -$ $0.0167(\%TFe) + 5.26\times10^{-6}B^2 + 0.564$ $(r = 0.93,\ s = 0.091,\ f = 267)$
52		$\lg\gamma_{Fe_tO} = 0.2403N'^3_{O^{2-}} - 0.6742N'^2_{O^{2-}} + 0.0432N'_{O^{2-}} + 1.87\times10^{-4}(\%TFe)^2 -$ $0.0175(\%TFe) - 0.0587\lg B + 0.5732$ $(r = 0.93,\ s = 0.093,\ f = 300)$
53		$\lg\gamma_{Fe_tO} = -0.0363N'^3_{O^{2-}} - 0.468N'^2_{O^{2-}} + 0.0039N'_{O^{2-}} + 2.1\times10^{-4}(\%TFe)^2 -$ $0.0182(\%TFe) + 0.5653$ $(r = 0.93,\ s = 0.093,\ f = 359)$
54		$\lg\gamma_{Fe_tO} = 0.5276N'^3_{O^{2-}} - 0.8476N'^2_{O^{2-}} - 0.1557N'_{O^{2-}} - 0.005(\%TFe) + \dfrac{2775}{T} - 0.9903$ $(r = 0.92,\ s = 0.101,\ f = 292)$
55		$\lg\gamma_{Fe_tO} = 0.6041N'^3_{O^{2-}} - 1.0343N'^2_{O^{2-}} - 0.2843N'_{O^{2-}} + \dfrac{2046}{T} - 0.6303$ $(r = 0.90,\ s = 0.111,\ f = 292)$
56		$\lg\gamma_{Fe_tO} = 0.5219N'^3_{O^{2-}} - 0.9136N'^2_{O^{2-}} - 0.3349N'_{O^{2-}} + 0.4636$ $(r = 0.89,\ s = 0.113,\ f = 374)$

序　号	CaO/SiO₂	回　归　方　程
57		$\lg \gamma_{Fe_tO} = 8.96 \times 10^{-6} B^2 - 4.25 \times 10^{-3} N'^2_{O^{2-}} - 0.173 \lg N'_{O^{2-}} + 1.35 \times 10^{-4} (\%TFe)^2 -$ $0.0186(\%TFe) + \dfrac{3262}{T} - 1.2897$ $(r = 0.92,\ s = 0.097,\ f = 271)$
58		$\lg \gamma_{Fe_tO} = -0.1364 \lg N'_{O^{2-}} + 1.67 \times 10^{-4} (\%TFe)^2 - 0.0187(\%TFe) -$ $0.1693 \lg B + \dfrac{2458}{T} - 0.805$ $(r = 0.93,\ s = 0.095,\ f = 342)$
59		$\lg \gamma_{Fe_tO} = -0.1339 \lg N'_{O^{2-}} + 1.76 \times 10^{-4} (\%TFe)^2 - 0.02(\%TFe) - 0.1826 \lg B - 0.5104$ $(r = 0.92,\ s = 0.098,\ f = 395)$
60		$\lg \gamma_{Fe_tO} = -0.2384 \lg N'_{O^{2-}} + 1.38 \times 10^{-4} (\%TFe)^2 - 0.0186(\%TFe) + \dfrac{3515}{T} - 1.4691$ $(r = 0.90,\ s = 0.111,\ f = 289)$
61		$\lg \gamma_{Fe_tO} = -0.2551 \lg N'_{O^{2-}} - 9.73 \times 10^{-3} (\%TFe) + \dfrac{3818}{T} - 1.7384$ $(r = 0.88,\ s = 0.118,\ f = 328)$
62	0~sat	$\lg \gamma_{Fe_tO} = -0.6528 \lg N'_{O^{2-}} + \dfrac{3234}{T} - 1.8329$ $(r = 0.73,\ s = 0.171,\ f = 161)$
63		$\lg \gamma_{Fe_tO} = -0.6528 \lg N'_{O^{2-}} - 0.1139$ $(r = 0.72,\ s = 0.174,\ f = 300)$
64		$\lg \gamma_{Fe_tO} = -0.5041 N'^2_{O^{2-}} + 0.0325 N'_{O^{2-}} + 2.03 \times 10^{-4} (\%TFe)^2 - 0.081(\%TFe) +$ $\dfrac{2292}{T} - 0.6596$ $(r = 0.94,\ s = 0.09,\ f = 388)$
65		$\lg \gamma_{Fe_tO} = -0.5462 N'^2_{O^{2-}} + 0.0176 N'_{O^{2-}} + 2.09 \times 10^{-4} (\%TFe)^2 -$ $0.018(\%TFe) + 0.5644$ $(r = 0.93,\ s = 0.092,\ f = 450)$
66		$\lg \gamma_{Fe_tO} = -0.1909 N'^2_{O^{2-}} - 0.5641 N'_{O^{2-}} + \dfrac{1828}{T} + 0.5066$ $(r = 0.90,\ s = 0.112,\ f = 377)$
67		$\lg \gamma_{Fe_tO} = -0.1854 N'^2_{O^{2-}} - 0.5755 N'_{O^{2-}} + 0.47$ $(r = 0.89,\ s = 0.114,\ f = 548)$
68		$\lg \gamma_{Fe_tO} = -0.0263 \lg N'_{O^{2-}} + 1.48 \times 10^{-4} (\%TFe)^2 - 0.0143(\%TFe) +$ $2.88 \times 10^{-4} (\%CaO) - 0.0015(\%MgO) - 1.02 \times 10^{-4} (\%MnO) +$ $0.0017(\%Al_2O_3) + 0.0126(\%SiO_2) + 0.0188(\%P_2O_5) + \dfrac{2670}{T} - 1.3302$ $(r = 0.94,\ s = 0.086,\ f = 212)$

续表1-5-4

序　号	CaO/SiO$_2$	回　归　方　程
69	0～sat	$\lg\gamma_{Fe_tO} = -5.59\times10^{-3}(\%TFe) - 0.002(\%CaO) - 0.0048(\%MgO) -$ $0.0017(\%MnO) + 0.0042(\%Al_2O_3) + 0.0141(\%SiO_2) + 0.0217(\%P_2O_5) +$ $\dfrac{2780}{T} - 1.4062$ $(r = 0.93, \ s = 0.096, \ f = 206)$

表1-5-5　模型计算的 γ_{FeO}、γ_{Fe_tO} 值与由 [O]、a_O 计算的 $\gamma_{FeO}^{[O]}$、$\gamma_{Fe_tO}^{a_O}$ 之间的方差

B=0.91～1.9			B>1.9			(CaO)=0～sat		
模型	$\bar\varepsilon_{FeO}$	$\bar\varepsilon_{Fe_tO}$	模型	$\bar\varepsilon_{FeO}$	$\bar\varepsilon_{Fe_tO}$	模型	$\bar\varepsilon_{FeO}$	$\bar\varepsilon_{Fe_tO}$
Suito		0.7065	Suito		0.2091	Suito		0.4572
Scimar	2.6555		Scimar	0.4875		Scimar	1.5715	
Guo	3.5646		Guo	0.2058		Guo	1.8894	
Ishiguro	2.7344		Ishiguro	0.4206		Ishiguro	1.5780	
Park	3.0891		Park	0.2557		Park	1.6747	
Gaye	3.1246		Gaye	0.2470		Gaye	1.6883	
Ban-ya	0.9351	0.1520	Ban-ya	0.2479	0.2684	Ban-ya	2.1382	0.4455
序号8		0.1520	序号19	0.0595		序号49	1.4384	
序号10		0.1557	序号21	0.0626		序号50		0.0900
序号14		0.1545	序号24	0.0661		序号58		0.1074
序号16		0.0961	序号28		0.0261	序号64		0.0707
			序号30		0.0294	序号68		0.0729
			序号33		0.0295			
			序号37		0.0191			

表1-5-5中: $\bar\varepsilon_{FeO} = \sqrt{\dfrac{1}{n}\sum(\gamma_{FeO\cdot i}^{[O]} - \gamma_{FeO\cdot i})^2}$，$\bar\varepsilon_{Fe_tO} = \sqrt{\dfrac{1}{n}\sum(\gamma_{Fe_tO\cdot i}^{a_O} - \gamma_{Fe_tO\cdot i})^2}$。

从方差分析表中可见:

(1) 在 (%CaO)=0～sat 区间, 前人 γ_{FeO} 公式计算值的均方差 $\bar\varepsilon_{FeO} = 1.5715 ～ 2.1382$, 与作者回归式所得的 $\bar\varepsilon_{FeO} = 1.4384$ 基本相同, 按大小排序是:

$\bar\varepsilon_{FeO}(序号49) < \bar\varepsilon_{FeO}(Scimar, Ishiguro) < \bar\varepsilon_{FeO}(Park, Gaye) < \bar\varepsilon_{FeO}(Ban-ya)$

前人 γ_{Fe_tO} 公式计算值的均方差 $\bar\varepsilon_{Fe_tO} = 0.4455 ～ 0.4572$, 比作者回归式所得的 $\bar\varepsilon_{Fe_tO} = 0.0707 ～ 0.1073$ 大6倍左右, 按大小排序是:

$\bar\varepsilon_{Fe_tO}(序号64) < \bar\varepsilon_{Fe_tO}(序号68) < \bar\varepsilon_{Fe_tO}(序号50) < \bar\varepsilon_{Fe_tO}(序号58) < \bar\varepsilon_{Fe_tO}(Ban-ya, Suito)$

(2) 在 B>1.99 区间, 前人 γ_{FeO} 计算公式的均方差 $\bar\varepsilon_{FeO} = 0.247 ～ 0.4875$, 较作者回归式所得的 $\bar\varepsilon_{FeO} = 0.0595 ～ 0.0661$ 大4～8倍, 按大小排序是:

$\bar\varepsilon_{FeO}(序号19) < \bar\varepsilon_{FeO}(序号21) < \bar\varepsilon_{FeO}(序号24) \ll \bar\varepsilon_{FeO}(Gaye, Ban-ya, Park) <$

$\bar{\varepsilon}_{\mathrm{FeO}}$(Scimar, Ishiguro)

前人 $\gamma_{\mathrm{Fe_tO}}$ 公式计算值的均方差 $\bar{\varepsilon}_{\mathrm{Fe_tO}}$ = 0. 2091 ~ 0. 2684，较作者回归式所得的 $\bar{\varepsilon}_{\mathrm{Fe_tO}}$ = 0. 0191 ~ 0. 0295 约大 1 个数量级，按大小排序是：

$$\bar{\varepsilon}_{\mathrm{Fe_tO}}(\text{序号}37) < \bar{\varepsilon}_{\mathrm{Fe_tO}}(\text{序号}28) < \bar{\varepsilon}_{\mathrm{Fe_tO}}(\text{序号}31) \ll \bar{\varepsilon}_{\mathrm{Fe_tO}}(\text{Suito}) < \bar{\varepsilon}_{\mathrm{Fe_tO}}(\text{Ban-ya})$$

（3）在 $B = 0.91 \sim 1.9$ 区间，作者只作了 γ_{FeO} 回归式。前人 γ_{FeO} 计算公式的均方差 $\bar{\varepsilon}_{\mathrm{FeO}}$ = 0. 9351 ~ 3. 5646，其大小排序是：

$$\bar{\varepsilon}_{\mathrm{FeO}}(\text{Ban-ya}) \ll \bar{\varepsilon}_{\mathrm{FeO}}(\text{Scimar, Ishiguro}) < \bar{\varepsilon}_{\mathrm{FeO}}(\text{Park, Gaye}) < \bar{\varepsilon}_{\mathrm{FeO}}(\text{Guo})$$

前人 $\gamma_{\mathrm{Fe_tO}}$ 公式计算值的均方差 $\bar{\varepsilon}_{\mathrm{Fe_tO}}$ = 0. 1520 ~ 0. 7065，与作者回归式所得的 $\bar{\varepsilon}_{\mathrm{Fe_tO}}$ = 0. 0961 ~ 0. 1520 相当或大 6 倍，其大小排序是：

$$\bar{\varepsilon}_{\mathrm{Fe_tO}}(\text{序号}16) < \bar{\varepsilon}_{\mathrm{Fe_tO}}(\text{Ban-ya, 序号}8,10,14) \ll \bar{\varepsilon}_{\mathrm{Fe_tO}}(\text{Suito})$$

（4）在 $B = 0 \sim 0.9$ 区间，考虑到 γ_{FeO} 和 $\gamma_{\mathrm{Fe_tO}}$ 计算公式对转炉操作控制不太重要，未对其进行方差分析。

（5）关于 $\gamma_{\mathrm{Fe_tO}}$ 的计算公式，按方差分析，Ban-ya 和 Suito 两位学者提出的公式不相上下，但从转炉操作过程重在 $B > 1.9$ 的角度上，则是 Suito 的公式稍胜于 Ban-ya 公式。

（6）关于 γ_{FeO} 的计算公式，从对前人提出的诸多公式计算值的方差分析来看，除在 $B = 0.91 \sim 1.9$ 区间，Ban-ya 公式的 $\bar{\varepsilon}_{\mathrm{FeO}}$ 明显小于其他公式之外，在 B 的其他区间，诸多离子学说建立的 γ_{FeO} 公式的方差均大致相同，无本质差别。

（7）看来，各种 $\gamma_{\mathrm{Fe_tO}}$ 的计算公式，均是在 $B > 1.9$ 区间的 $\bar{\varepsilon}_{\mathrm{Fe_tO}}$ 最小，故若把（%CaO）= 0 ~ sat 区间的公式用在 B 的各个区间，特别是 $B > 1.9$ 区间时，势必增大计算误差。由此看来，一味追求建立（%CaO）= 0 ~ sat 区间统一的普遍公式，不仅在脱磷中不合适，就是在研究渣中氧化铁活度系数的变化规律中也是不合适的。

（8）作者的各种 γ_{FeO} 和 $\gamma_{\mathrm{Fe_tO}}$ 回归方程，其 r、s、$\bar{\varepsilon}$ 均比其他方程好，其根本原因，一是按不同碱度区间分别建立 γ_{FeO} 和 $\gamma_{\mathrm{Fe_tO}}$ 公式（当然这里的碱度区间划分，是从脱磷研究成果中借用的，是否正好，尚值得商榷）；二是除上述建模的决定性因子外，尚不同程度的添加了（TFe^2, TFe），（B^2, B），$\lg B$ 及 $\lg N'_{\mathrm{O}^{2-}}$ 等辅因子。

（9）不论在 B 的哪个区间，也不论前人和作者的 γ_{FeO} 和 $\gamma_{\mathrm{Fe_tO}}$ 公式，总是 $\bar{\varepsilon}_{\mathrm{Fe_tO}}$ $\ll \bar{\varepsilon}_{\mathrm{FeO}}$，这说明：一者是式（1-5-9）所表述的 $\lg \dfrac{a_{[\mathrm{O}]}}{a_{\mathrm{Fe_tO}}}$ 热力学公式较 $\lg([\mathrm{O}]/a_{\mathrm{FeO}}) = -6320/T + 2734$ 所表述的 $\lg([\mathrm{O}]/a_{\mathrm{FeO}})$ 热力学公式更符合实际；二者表明 $\mathrm{Fe_2O_3}$ 是提供氧负离子 O^{2-} 的，而不是消耗 O^{2-} 的，故我们应重视式（1-5-10）和 $\gamma_{\mathrm{Fe_tO}}$ 才是。

（10）炉渣理论的发展经历了分子理论、焦姆金离子学说、赫尔希门科离子学说、弗鲁德电当量离子学说、Gaye 的离子不完全分解学说，以及 Ban-ya 的正规溶液理论等。过去总以为它们一代更胜一代。这里我们所展示和讨论的 γ_{FeO} 和 $\gamma_{\mathrm{Fe_tO}}$ 模型中，几乎包括了各种炉渣理论的代表作，不论从方差分析来比较，还是从回归式的 r、s、f 指标来比较，都看不出它们之间有明显的伯仲之分，反之倒是一代更比一代理论的公式计算复杂，非计算机不能完成；而分子理论的计算公式，不仅直观和计算简便，且计算精度不比近代学说的差，故除了在学术殿堂之外，这些离子学说尚不到取代分子理论的时候。看来对炉渣不同碱度区间各种物质的离解状况，特别是正负离子和复阴离子的组成及自由氧负离子的计算法等都尚需进一步研究完善才是。

根据方差分析，现推荐计算 γ_{FeO} 和 γ_{Fe_tO} 的方程如下，并根据主因子群与前人公式的类同性，分别命名为 Scimar 和 Guo 修正式、Ishiguro 和 Park 修正式、Suito 修正式和补充模式。

A Scimar 和 Guo 修正式

在 $B \leqslant 0.9$ 区间：

$$a_{FeO} = -0.0536\lg N'_{O^{2-}} + 0.2\lg a_O - 8.9 \times 10^{-5}(\%TFe)^2 + 0.0161(\%TFe) +$$
$$0.0409\lg B + \frac{2705}{T} - 1.0417$$
$$(r = 0.938, \ s = 0.081, \ f = 87) \qquad (序号3)$$

$$a_{Fe_tO} = -0.0446\lg N'_{O^{2-}} + 0.185\lg a_O - 5.99 \times 10^{-5}(\%TFe)^2 + 7.64 \times 10^{-3}(\%TFe) +$$
$$0.0205\lg B + \frac{3684}{T} - 1.5712$$
$$(r = 0.957, \ s = 0.034, \ f = 130) \qquad (序号6)$$

在 $B = 0.91 \sim 1.9$ 区间：

$$\lg\gamma_{Fe_tO} = -0.0756\lg N'_{O^{2-}} + 1.06 \times 10^{-4}(\%TFe)^2 - 0.0183(\%TFe) +$$
$$0.1403\lg B + \frac{4000}{T} - 1.6448$$
$$(r = 0.87, \ s = 0.108, \ f = 85) \qquad (序号10)$$

在 $B > 1.9$ 区间：

$$\lg\gamma_{FeO} = -1.086\lg N'_{O^{2-}} + 6.16 \times 10^{-5}(\%TFe)^2 - 2.22 \times 10^{-3}(\%TFe) -$$
$$0.1359\lg B - \frac{1162}{T} + 0.6947$$
$$(r = 0.88, \ s = 0.08, \ f = 92) \qquad (序号21)$$

$$\lg\gamma_{Fe_tO} = -0.962\lg N'_{O^{2-}} + 8.28 \times 10^{-5}(\%TFe)^2 - 9.68 \times 10^{-3}(\%TFe) +$$
$$5.43 \times 10^{-6}B^2 - 2.42 \times 10^{-3}B + \frac{2295}{T} - 1.1596$$
$$(r = 0.943, \ s = 0.06, \ f = 178) \qquad (序号30)$$

在 （CaO） $= 0 \sim sat$ 区间：

$$\lg\gamma_{Fe_tO} = -0.6561\lg N'_{O^{2-}} - 0.1139（注：该式仅供比较用）$$
$$(r = 0.72, \ s = 0.174, \ f = 300) \qquad (序号63)$$

$$\lg\gamma_{Fe_tO} = -0.1339\lg N'_{O^{2-}} + 1.76 \times 10^{-4}(\%TFe)^2 - 0.02(\%TFe) - 0.1826\lg B + 0.5104$$
$$(r = 0.922, \ s = 0.0976, \ f = 395) \qquad (序号59)$$

B Ishiguro 和 Park 修正式

在 $B = 0.91 \sim 1.9$ 区间：

$$\lg\gamma_{Fe_tO} = 1.0564N'^3_{O^{2-}} - 1.5261N'^2_{O^{2-}} + 0.1854N'_{O^{2-}} + 2.24 \times 10^{-4}(\%TFe)^2 -$$
$$0.0191(\%TFe) + 0.5874$$
$$(r = 0.87, \ s = 0.107, \ f = 86) \qquad (序号8)$$

在 $B > 1.9$ 区间：

$$\lg\gamma_{FeO} = -4.3065N'^3_{O^{2-}} + 8.4137N'^2_{O^{2-}} - 6.2498N'_{O^{2-}} + 1.18 \times 10^{-4}(\%TFe)^2 -$$

$$0.0039(\%TFe) - \frac{1350}{T} + 2.6222$$

$$(r = 0.88, \ s = 0.08, \ f = 78) \qquad\qquad (\text{序号 } 19)$$

$$\lg\gamma_{Fe_tO} = -4.3578N'^3_{O^{2-}} + 8.9109N'^2_{O^{2-}} - 6.5887N'_{O^{2-}} + 1.29 \times 10^{-4}(\%TFe)^2 -$$

$$0.0114(\%TFe) + \frac{1885}{T} + 0.9445$$

$$(r = 0.937, \ s = 0.063, \ f = 160) \qquad\qquad (\text{序号 } 28)$$

在（CaO）= 0~sat 区间：

$$\lg\gamma_{Fe_tO} = 0.0701N'^3_{O^{2-}} - 0.5971N'^2_{O^{2-}} + 0.0591N'_{O^{2-}} + 2 \times 10^{-4}(\%TFe)^2 -$$

$$0.018(\%TFe) + \frac{2320}{T} - 0.6759$$

$$(r = 0.935, \ s = 0.09, \ f = 320) \qquad\qquad (\text{序号 } 50)$$

C　Suito 修正式

在 $B = 0.91 \sim 1.9$ 区间：

$$\lg\gamma_{Fe_tO} = 0.00315(\%CaO) - 0.00172(\%MgO) - 0.0016(\%MnO) - 0.00369(\%Al_2O_3) +$$

$$0.00629(\%SiO_2) + 0.0117(\%P_2O_5) + 1.9 \times 10^{-4}(\%TFe)^2 - 0.0168(\%TFe) +$$

$$\frac{3240}{T} - 0.0463\lg N'_{O^{2-}} - 1.5201$$

$$(r = 0.901, \ s = 0.096, \ f = 58) \qquad\qquad (\text{序号 } 16)$$

在 $B > 1.9$ 区间：

$$\lg\gamma_{Fe_tO} = 0.0052(\%CaO) + 0.00954(\%MgO) + 0.00446(\%MnO) - 0.0051(\%Al_2O_3) +$$

$$0.0137(\%SiO_2) + 0.0117(\%P_2O_5) + 1.9 \times 10^{-4}(\%TFe)^2 - 0.015(\%TFe) +$$

$$\frac{3260}{T} - 1.9060$$

$$(r = 0.946, \ s = 0.059, \ f = 128) \qquad\qquad (\text{序号 } 37)$$

在（CaO）= 0~sat 区间：

$$\lg\gamma_{FeO} = 0.00212(\%CaO) - 9.8 \times 10^{-4}(\%MgO) + 2.33 \times 10^{-4}(\%MnO) -$$

$$0.0032(\%Al_2O_3) + 0.00506(\%SiO_2) + 0.01106(\%P_2O_5) -$$

$$9.73 \times 10^{-3}(\%TFe) + \frac{4240}{T} - 1.9107$$

$$(r = 0.89, \ s = 0.10, \ f = 63) \qquad\qquad (\text{序号 } 49)$$

$$\lg\gamma_{Fe_tO} = 2.88 \times 10^{-4}(\%CaO) - 1.53 \times 10^{-3}(\%MgO) - 1.02 \times 10^{-4}(\%MnO) +$$

$$1.72 \times 10^{-3}(\%Al_2O_3) + 0.0126(\%SiO_2) + 0.0188(\%P_2O_5) +$$

$$1.9 \times 10^{-4}(\%TFe)^2 - 0.0143(\%TFe) + \frac{2670}{T} - 0.0263\lg N'_{O^{2-}} - 1.3302$$

$$(r = 0.941, \ s = 0.086, \ f = 212) \qquad\qquad (\text{序号 } 68)$$

D　补充模式

在 $B = 0.91 \sim 1.9$ 区间：

$$lg\gamma_{Fe_tO} = -0.8233N'^2_{O^{2-}} + 0.1556N'_{O^{2-}} + 3.14 \times 10^{-4}(\%TFe)^2 -$$

$$0.0229(\%TFe) + 0.5964$$

$$(r = 0.87, \ s = 0.107, \ f = 107) \tag{序号14}$$

在 $B>1.9$ 区间：

$$lg\gamma_{FeO} = -0.7042N'^2_{O^{2-}} - 0.0947N'_{O^{2-}} + 1.3 \times 10^{-4}(\%TFe)^2 -$$

$$0.00486(\%TFe) - \frac{1400}{T} + 1.3581$$

$$(r = 0.87, \ s = 0.082, \ f = 86) \tag{序号24}$$

$$lg\gamma_{Fe_tO} = 0.4954N'^2_{O^{2-}} - 1.3103N'_{O^{2-}} + 8.2 \times 10^{-5}(\%TFe)^2 - 0.00973(\%TFe) +$$

$$5.6 \times 10^{-6}B^2 - 2.52 \times 10^{-3}B + \frac{2320}{T} - 0.3448$$

$$(r = 0.942, \ s = 0.06, \ f = 149) \tag{序号33}$$

在 $(CaO) = 0 \sim sat$ 区间：

$$lg\gamma_{Fe_tO} = -0.5041N'^2_{O^{2-}} + 0.0325N'_{O^{2-}} + 2.03 \times 10^{-4}(\%TFe)^2 -$$

$$0.0181(\%TFe) + \frac{2290}{T} - 0.6596$$

$$(r = 0.94, \ s = 0.09, \ f = 388) \tag{序号64}$$

1.5.2 渣中 Fe^{3+}/Fe^{2+} 比及其变化规律

衡量炉渣氧化性的重要指标，工业上往往只考虑渣中的 $\sum FeO$ 含量或 TFe 含量，其实除总的氧化铁含量外，还必须包括 Fe^{3+}/Fe^{2+} 比，才能较完整地表述炉渣的氧化性，才能做出较精确的物料平衡和热平衡计算，也才能较精确地估算炉渣的氧化铁活度，从而提高计算机静态控制模型和预报终点成分的精度。为此，本节将着重讨论渣中的 Fe^{3+}/Fe^{2+} 比及其变化规律，也即炉渣中的氧化铁状态。

鉴于这一问题在工业上的重要性，前人曾对与氧化铁关联的熔盐（或熔渣）做了广泛的氧化还原反应研究，其平衡反应，按不同情况有两种表述形式[138]：

其一是：

$$2(M^{2+}) + 1/2O_2 === 2(M^{3+}) + (O^{2-}) \tag{1-5-34}$$

其二是：

$$2(M^{2+}) + (2x-1)(O^{2-}) + 1/2O_2 === 2(MO_x)^{(2x-3)-} \tag{1-5-35}$$

式中，M^{2+} 和 M^{3+} 分别表示一个金属阳离子的还原状态和氧化状态，$x \geq 2$，取决于 M-O 阴离子群的聚合程度。

一般来说属过渡族金属的铁在硅酸盐或磷酸盐的聚合熔体中的氧化状态，宜用式（1-5-34）的氧化还原平衡反应表述，对于氧分压低于 $10^{-4}atm$ 的情况，诸如 CO-CO_2 之类的气体混合物用来控制气体的氧位，对于等温反应，也可用式（1-5-34a）表述：

$$2(Fe^{2+}) + CO_2 === 2(Fe^{3+}) + (O^{2-}) + CO \tag{1-5-34a}$$

这是因为在聚合的硅酸盐或磷酸盐熔体中与过渡族金属形成的阴离子群是不稳定的。对于三元氧化物 MO-Na_2O-SiO_2、MO-CaO-SiO_2、MO-MgO-SiO_2 及 MO-MnO-SiO_2，当 $n_{CaO}/n_{SiO_2} < 2$ 时，金属阳离子 M^{2+} 在这些系统中的活度系数，随碱度的增高而增大，也即 M^{2+} 的

浓度降低，因而浓度比 M^{3+}/M^{2+} 增大。同理，硅酸盐中阳离子对 M^{3+}/M^{2+} 比的影响应按 Na >Ca>Mg 的顺序。

而随着碱度的进一步增加，氧离子活度增大，即自由氧负离子出现，阴离子群 $MO_x^{(2x-3)-}$ 开始形成。这时铁在硅酸盐或磷酸盐的解聚合熔体中的氧化状态，则宜用式（1-5-35）的氧化还原平衡反应来描述，它随着碱度的增大，即氧负离子活度的增大和氧分压的增大，而使浓度比 M^{3+}/M^{2+} 增高，同时也使 M^{3+} 聚合更多的 O^{2-}，如 $x=2$，3，4，5，则 $MO_x^{(2x-3)-} = MO_2^-$、MO_3^{3-}、MO_4^{5-}、$M_2O_5^{4-}$。据此，可以认为在 Fe-Ca-O 熔体中或 $n_{CaO}/n_{SiO_2}>$ 2 时的 $CaO-SiO_2-FeO-Fe_2O_3$ 熔体中 Fe^{3+} 将聚合形成铁酸根负离子，例如 $Fe_2O_4^{2-}$、$Fe_2O_5^{4-}$，并分别与 Ca^{2+} 离子形成铁酸钙 $CaFe_2O_4$ 和 $Ca_2Fe_2O_5$ 成为炉渣中的优质脱磷剂；而在 Fe-Mn-O 中则形成连续固溶体。

以上简述了熔盐（或熔渣）中阳离子价在氧化还原反应中变化的一般知识，特别是两种不同情况的反应平衡方程式。下面将进一步阐述与转炉渣有关的各个熔体中的 M^{3+}/M^{2+} 比及其反应平衡常数 K_{Fe}。

注[41]：据聚合物的简单理论，假设了聚合物由支链或直链组成，而这些链的基本单元为 SiO_4 或 PO_4。

1.5.2.1　Fe 在各种熔体中的氧化状态

A　$FeO-Fe_2O_3$ 系统

在总压为 1.013Pa 下，$FeO-Fe_2O_3$ 的温度-成分相图主要依据 Darken 和 Gurry 的数据[42]绘成图 1-5-15。

单相区内的虚线为氧等压线，恒定点的数据列于表 1-5-6。

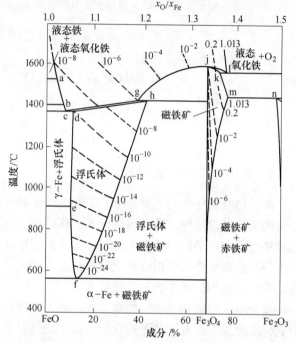

图 1-5-15　总压 $P=1bar$ 时，Fe-O 系统的温度-成分相图

表 1-5-6　$FeO-Fe_2O_3$ 系统的恒定点

点位	共存相	温度/℃	氧气		Fe^{3+}/Fe^{2+}	P_{O_2}/bar
			wt%	x_O		
a	液态铁+液态氧化铁	1523	22.60	0.5048	0.040	$1.61×10^{-9}$
b	δ-Fe+液态氧化铁	1390	22.84	0.5082	0.071	$1.26×10^{-10}$
c	γ-Fe+方铁矿+液态氧化铁	1371	22.91	0.5092	0.081	$9.06×10^{-11}$
d	γ-Fe+方铁矿	1371	23.15	0.5126	0.115	$9.06×10^{-11}$
e	α-Fe+方铁矿	910	23.10	0.5118	0.107	$2.52×10^{-17}$
f	α-Fe+方铁矿+磁铁矿	560	23.27	0.5142	0.133	$5.23×10^{-27}$
g	磁铁矿+液态氧化铁	1424	25.32	0.5420	0.579	$1.08×10^{-6}$
h	磁铁矿+方铁矿+液态氧化铁	1424	25.60	0.5457	0.673	$1.08×10^{-6}$
j	磁铁矿+液态氧化铁	1597	27.64	0.5714	2.000	$5.83×10^{-2}$

点位	共存相	温度/℃	氧气		Fe³⁺/Fe²⁺	P_{O_2}/bar
			wt%	x_0		
k	磁铁矿+液态氧化铁	1583	28.07	0.5766	2.618	1.01325
l	磁铁矿+液态氧化铁+氧气	1583	28.30	0.5794	3.085	1.01325
m	磁铁矿+氧气	1457	28.41	0.5802	3.211	1.01325
n	磁铁矿+赤铁矿+氧气	1457	29.90	0.5982	43.64	1.01325

描述 Fe-O 系统成分时，用了各种浓度单位，现将一种浓度转换为另一种浓度的方程式写于下面：

$$\%O = \frac{28.65 x_0}{1-0.713 x_0} \tag{1-5-36}$$

$$\frac{Fe^{3+}}{Fe^{2+}} = \frac{2(x_0/x_{Fe}-1)}{3-2x_0/x_{Fe}} = 0.9 \frac{\%Fe_2O_3}{\%FeO} \tag{1-5-37}$$

式中，x_0 和 x_{Fe} 是氧和铁的原子分数。

根据严格评定的测量氧位，Spencer 和 Kubaschewski[43] 推导出方铁矿、磁铁矿和赤铁矿的下列自由能方程式：

$$0.953 Fe_{(s)} + \frac{1}{2} O_{2(g)} = Fe_{0.953}O_{(s)} \tag{1-5-38}$$

$$\Delta G^{\ominus} = -261182 + 62.93T \qquad J/mol(1050\sim1550K)$$

$$3Fe_{(s)} + 2O_{2(g)} = Fe_3O_4 \tag{1-5-39}$$

$$\Delta G^{\ominus} = -1076625 + 289.95T \qquad J/mol(800\sim1600K)$$

$$2Fe_{(s)} + \frac{3}{2} O_{2(g)} = Fe_2O_{3(s)} \tag{1-5-40}$$

$$\Delta G^{\ominus} = -790660 + 231.15T \qquad J/mol(800\sim1730K)$$

在氧气为常压和温度为 1730K 时，成分为 $Fe_{0.4018}O_{0.5982}$ 的 α 赤铁矿分解为成分 $Fe_{0.4198}O_{0.5802}$ 的磁铁矿。上述 $\Delta G^{\ominus}$ 方程式是用于化学计量的赤铁矿成分和温度 1500K 以上。这与图 1-5-15 中所示的化学计量成分有轻度偏离，应作适当修正。

氧化铁熔化的热焓是：

方铁矿　$Fe_{0.947}O$（1371℃）　　$\Delta H_m = 31340 J/mol$

磁铁矿　Fe_3O_4（1597℃）　　$\Delta H_m = 20565 J/mol$

Spencer 和 Kubaschewski 还根据评定的有效热力学数据推导出 $x_0/x_{Fe} = 1.06\sim1.16$ 范围内，方铁矿熔化的热焓和形成液态氧化铁的热焓和熵，列于表 1-5-7。

表 1-5-7　液态氧化铁的热焓和熵

$(1-x)Fe_{(s)} + 1/2 O_{2(g)} = Fe_{1-x}O_{(l)}$

x_0/x_{Fe}	$-\Delta H^{\ominus}/J \cdot mol^{-1} \cdot K^{-1}$	$-\Delta S^{\ominus}/J \cdot mol^{-1} \cdot K^{-1}$	$\Delta H_m/J \cdot mol^{-1}$
1.06	118400	22.56	15960
1.07	119285	22.92	15675

x_O/x_{Fe}	$-\Delta H^{\ominus}/J \cdot mol^{-1} \cdot K^{-1}$	$-\Delta S^{\ominus}/J \cdot mol^{-1} \cdot K^{-1}$	$\Delta H_m/J \cdot mol^{-1}$
1.08	120190	23.24	15455
1.09		23.51	15265
1.10	121600	23.66	15060
1.11	122010	23.75	14890
1.12	122525	23.99	14760
1.13	123305	24.33	14630
1.14	124255	24.76	14515
1.15	125300	25.23	14395
1.16	126380	25.87	14290

B　CaO-FeO-Fe₂O₃ 系统

Learson 和 Chipman[44] 对 CaO-FeO-Fe₂O₃ 熔体中的氧化还原反应平衡做了较详细的研究，如该熔体在 1550℃ 下与空气 CO₂ 和 CO₂-CO 混合气（其 P_{CO_2}/P_{CO} = 11.4 和 2.5）所达到的平衡，这些平衡的测量结果汇总在图 1-5-16 中，它示出了 $Fe^{3+}/(Fe^{2+}+Fe^{3+})$ 比值随定义的氧活度，P_{CO_2}/P_{CO} 和 CaO 浓度的变化。那条磁铁矿饱和的液态氧化铁曲线是根据 Darken 和 Gurry[42] 的著作所得，那条与液态铁共存的熔体极限曲线则是根据 Fetter 和 Chipman[45] 测量的溶解于与铁酸钙熔体相平衡的铁液中的氧浓度的数据推导的。随后，Timucin 和 Morris[46] 在 1450℃ 和 1550℃ 下，Takeda 等人[47] 在 1200℃ 和 1300℃ 下对铁酸钙熔体也做了研究，所得的补充热力学数据与汇总在图 1-5-16 中的前人的研究结果是一致的。从图 1-5-16 可见，在 CaO-FeO-Fe₂O₃ 熔体中，$Fe^{3+}/(Fe^{2+}+Fe^{3+})$ 比值随氧分压 P_{O_2}（或 P_{CO_2}/P_{CO}）和 CaO 浓度的增大而增大。

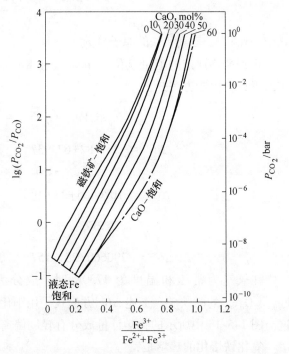

图 1-5-16　1550℃ 下，铁在 CaO-FeO-Fe₂O₃ 熔体中的氧化状态[44]

Takeda 等人[47] 根据 CaO-FeO-Fe₂O₃ 系统的有效平衡数据，提出了可用于温度为 1200～1600℃ 和 CaO 含量为 10%～35% 范围内的下述经验式：

$$lg(Fe^{3+}/Fe^{2+}) = 0.170lgP_{O_2} + 0.018(\%CaO) + 5500/T - 2.52 \qquad (1-5-41)$$

为了使用方便，也可将式（1-5-41）改写为：

由 $\frac{1}{2}O_2 \rightarrow [O]$，$\Delta G^{\ominus} = 117152 - 2.803T$ J/mol[48] 可推导得出：

$$0.17lgP_{O_2} = 0.34lga_{[O]} - 2080.5/T - 0.051 \tag{1-5-41b}$$

代入式（1-5-41）即可得到式（1-5-41a）：

$$lg(Fe^{3+}/Fe^{2+}) = 0.34lga_{[O]} + 0.018(\%CaO) + 3420/T - 2.572 \tag{1-5-41a}$$

C CaO-SiO_2-FeO-Fe_2O_3 系统、($CaO+MgO$)-SiO_2-FeO-Fe_2O_3 系统

Learson 和 Chipman[44] 还在 1550℃ 下，测量了铁在 CaO-SiO_2-FeO-Fe_2O_3 熔体中的氧化状态，其数据汇总在图 1-5-17。图中分别示出熔体中 $n_{CaO}/n_{SiO_2} = 0.54$、1.36、2.235 的氧分压等压线（$P_{O_2} = 10^{-8} \sim 10^{-2}$ atm）。由图 1-5-17 不难看出，Fe^{3+}/Fe^{2+} 随氧分压 P_{O_2}、$n_{CaO} + n_{SiO_2}$ 和 n_{CaO}/n_{SiO_2} 比值的增大而增大。如已知 P_{O_2}、$n_{CaO} + n_{SiO_2}$ 和 n_{CaO}/n_{SiO_2} 比的数值，则可由图 1-5-17 查出 FeO/Fe_2O_3 比值，从而得到 Fe^{3+}/Fe^{2+} 比值。Ban-ya 和 Shim[49] 测量了铁液与

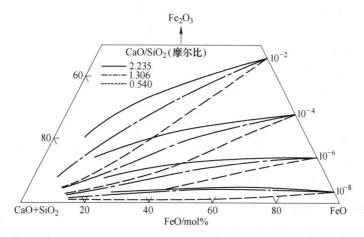

图 1-5-17 1550℃ 下，CaO-SiO_2-FeO-Fe_2O_3 系统中 n_{CaO}/n_{SiO_2} 比值的氧位等压线[44]

（$CaO+MgO$）-SiO_2-FeO-Fe_2O_3 熔体平衡状况下的氧化铁状态，其测量结果汇总在图 1-5-18。图中标明的 'FeO' 为熔体中的全铁用 FeO 成分表述的氧化物。由图 1-5-18 可见，Fe^{3+}/Fe^{2+} 随 ($n_{CaO} + n_{MgO}$)/n_{SiO_2} 比的增大而增大，随 'FeO' 的增大而减小。Ban-ya 和 Shim 还测量了 MgO-SiO_2-FeO-Fe_2O_3 熔体与固态铁（1400℃）和液态铁（1600℃）处于平衡下的氧化铁状态，并发现熔体中用 MgO 代替 CaO 时 Fe^{3+}/Fe^{2+} 比降低。

D M_xO_y-FeO-Fe_2O_3 系统

a M_xO_y-'FeO'

Ban-ya 和 Shim[49] 还测量了虚拟的 'FeO'-M_xO_y 二元系熔体在 1600℃ 下的平衡数据，其 'FeO' 为渣中全铁用 FeO 成分来表述的符号，M_xO_y 包括 CaO、Al_2O_3、TiO_2、SiO_2 和 P_2O_5。所测结果示于图 1-5-19。由图 1-5-19 可见在 'FeO'-M_xO_y 二元系中，Fe^{3+}/Fe^{2+} 随 mol%CaO 和 mol%Al_2O_3（<10mol% 时）的增大而增大，随 mol%TiO_2、mol%SiO_2 和 mol%P_2O_5 的增大而减小，

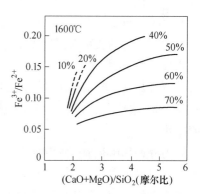

图 1-5-18 1600℃ 时，Fe 饱和的 CaO-MgO-SiO_2-'FeO' 熔体中炉渣成分对 Fe^{3+}/Fe^{2+} 的影响[49]

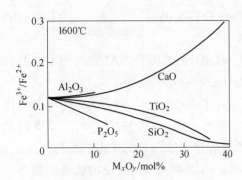

图 1-5-19　1600℃时，铁饱和的虚拟
'FeO'-M_xO_y熔体M_xO_y成分
对Fe^{3+}/Fe^{2+}的影响[49]

其影响程度的顺序为$TiO_2<SiO_2<P_2O_5$。从这里我们看到了Al_2O_3有增大Fe^{3+}/Fe^{2+}的作用，在别处我们还看到Al_2O_3有提高$\gamma_{\cdot FeO}$值[50]和降低炉渣熔点、扩大液相区[51]的作用。这就有力地解释了在后面脱磷一节中将在工业性试验的回归方程式中多次发现添加少量Al_2O_3可明显提高脱磷分配比和降低偏离平衡值的原因。

b　SiO_2-FeO-Fe_2O_3

许多研究者曾测量过温度、熔体成分和与气体平衡的氧有效压力对铁在硅酸铁熔体中的氧化状态的影响。Bowen 和 Schairer[52] 做了铁液饱和的硅酸铁熔体的测量；White[53] 做了 1558 ~ 1619℃下，氧分压为 0.05 ~ 1.013bar 下的硅酸铁熔体的测量；Schuhman 和 Ensio[54] 做了 1250 ~ 1350℃下，氧活度 $P_{CO_2}/P_{CO}=0.12 ~ 0.28$ 范围内的 γ 铁饱和的硅酸铁熔体的测量；Michal 和 Schuhmann[55] 做了 1250 ~ 1350℃下，$P_{CO_2}/P_{CO}=0.1 ~ 1.248$ 范围内的 SiO_2 饱和的硅酸铁熔体的测量；Turkdogan 和 Bills[56,57] 做了 1550℃下，$P_{CO_2}=1.13bar$ 和 $P_{CO_2}/P_{CO}=2.5$、11.4 和 75 下的硅酸铁熔体的测量。以上这些测量的平衡数据均汇集在图 1-5-20[58]。

对于 SiO_2 饱和的 SiO_2-FeO-Fe_2O_3 熔体，其 Fe^{3+}/Fe^{2+} 比值随以 P_{CO_2}/P_{CO} 表示的氧活度的增大而增大。它在温度为 1200 ~ 1600℃范围内，基本上与温度无关，这个特征与 Darken 和 Gurry 对液态氧化铁和 Learson 和 Chipman 对铁酸钙熔体的观测相类似。因此，图 1-5-20 中的数据可以用与 1550℃不同的数据。Fe^{3+}/Fe^{2+} 比随 P_{CO_2}/P_{CO} 比的变化而变化的关系对温度不敏感的原因，是两个相反影响作用的结果，其一是 P_{CO_2}/P_{CO} 一定时，氧分压 P_{O_2} 随温度的增加而增加；其二是 P_{O_2} 和 SiO_2 浓度一定时，Fe^{3+}/Fe^{2+} 随温度的增大而减小。

另外，Turkdogan 和 Bills[56] 还发现，SiO_2 饱和的（硅酸铁）熔体中，$lg(P_{CO_2}/P_{CO})$ 几乎是斜率为 2 的 $lg(Fe^{3+}/Fe^{2+})$ 的线性函数，因此可以根据氧化还原反应的下述平衡关系式预测观测值。

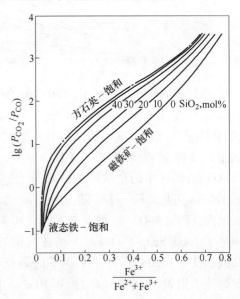

图 1-5-20　1550℃下，铁在SiO_2-FeO-Fe_2O_3
熔体中的氧化状态[58]

$$CO_2+2(Fe^{2+})\Longrightarrow 2(Fe^{3+})+(O^{2-})+CO \tag{1-5-42}$$

$$lg\frac{P_{CO_2}}{P_{CO}}=2lg\frac{Fe^{3+}}{Fe^{2+}}+2lg\frac{\gamma_{Fe^{3+}}}{\gamma_{Fe^{2+}}}+lga_{O^{2-}}-lgK \tag{1-5-43}$$

式中，K 为平衡常数，三价铁离子和二价铁离子的活度系数比 $\lg \dfrac{\gamma_{Fe^{3+}}}{\gamma_{Fe^{2+}}}$ 和氧离子活度 $\lg a_{O^{2-}}$ 等项之和，在 SiO_2 饱和的熔体中基本上保持常数。此外，根据在硅酸铁熔体中的观测结果，说明三价铁并不与 Si-O 阴离子群形成共聚合物，而是在熔体中基本上仍保持为 Fe^{3+} 阳离子。这与前面的分析是一致的。

c 磷酸铁和硅磷酸铁

Turkdogan 和 Bills[56,57] 测量的 Fe^{3+}/Fe^{2+} 比随氧分压和磷酸铁与硅磷酸铁熔体成分的变化示于图 1-5-21。对于一定的 P_{CO_2}/P_{CO} 比和 SiO_2 的摩尔浓度，P_2O_5 对铁在硅磷酸盐熔体中氧化状态的影响是用硅酸盐熔体中的 Fe^{3+}/Fe^{2+} 为基准示于图 1-5-21 中的比值 $\left[\dfrac{(Fe^{3+}/Fe^{2+})_{Si-P}}{(Fe^{3+}/Fe^{2+})_{Si}}\right]_{SiO_2,P_{CO_2}/P_{CO}}$ 来表述，它是含 SiO_2 达 48mol% 熔体中 P_2O_5 浓度的简单函数，其比值 Fe^{3+}/Fe^{2+} 随 P_2O_5 的增大而降低的程度较随 SiO_2 的增大而降低的程度更大，这与磷酸盐熔体比硅酸盐熔体更广泛地聚合是一致的。

E Al_2O_3-CaO-FeO_x-SiO_2 渣系

据 Pargamin 等人报道[59]：在 CaO-FeO_x-SiO_2 渣中添加 10% 和 20% Al_2O_3，会使 Fe^{3+}/Fe^{2+} 比值逐渐增大。对含 10%～20% 的 FeO_x 渣添加 20%

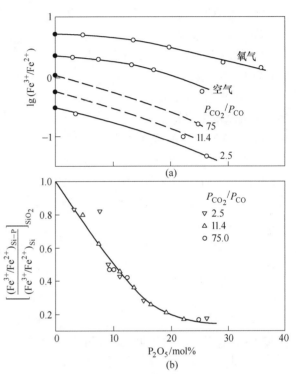

图 1-5-21 1550℃时，熔体成分和氧活度对铁在磷酸铁熔体中（a）[56,57] 和硅磷酸铁熔体中（b）[56] 的氧化状态的影响

Al_2O_3 时，则使 Fe^{3+}/Fe^{2+} 比值降低。Ban-ya 等人[60] 在他们对石灰饱和的 Al_2O_3-CaO-FeO_x 渣系的研究中也观测到类似的行为。Pargamin 等人对含 30%Al_2O_3 和 $CaO/SiO_2=1.2$ 的渣系的研究结果表明，在一定的氧位下，Fe^{3+}/Fe^{2+} 比随 FeO_x 含量从 10% 增大到 40% 而增大 2 倍。Paul 和 Douglas[61] 发现，添加 0～10%Al_2O_3 在含有小于 2%Fe 的碱金属硅酸盐玻璃中时，会使 Fe^{3+}/Fe^{2+} 比随 Al_2O_3 添加到 5% 时降到最小值，随后再进一步添加 Al_2O_3 时，Fe^{3+}/Fe^{2+} 比则逐渐增大。据 Arado 等人[62] 对低铁含量的 Al_2O_3-CaO-FeO_x-SiO_2 渣系的有限测量结果，在 a_{Fe_0}（用 EMF 技术测定）或 P_{O_2} 一定时，Fe^{3+}/Fe^{2+} 随渣中 TFe 含量从 2.2% 增大到 3.5% 而增大 40 倍。但 Goldman[63] 在比 Arado 等人研究的 Fe 含量还低的实验中发现，含有 15% Al_2O_3 的熔体中，Fe^{3+}/Fe^{2+} 比在 TFe>0.09%～0.35% 时与 TFe 无关。Schreiber 等人[64] 在 1500℃ 下，在含 0.2%～1.4%Fe，2%～10%Al_2O_3，27%～30%MgO 和 51%～54%SiO_2 的 Al_2O_3-CaO-FeO_x-MgO-SiO_2 渣系也未能探测出铁的浓度对 Fe^{3+}/Fe^{2+} 比平衡值的影响。

Jahanshahi S 和 Wright S[65]，通过对 Al_2O_3-CaO- FeO_x- SiO_2 渣系的气/渣平衡实验，得出 1400℃ 下，Fe^{3+}/Fe^{2+} 比随渣中 TFe 含量的变化曲线，示于图 1-5-22。由图可见，其 Fe^{3+}/Fe^{2+} 比值：

（1）随渣中氧位的增大而增大，$(Fe^{3+}/Fe^{2+}) \propto (P_{CO_2}/P_{CO})^{1/2}$；

（2）随渣中 TFe 由 0.75% 增加到大约 1% 而急剧降低；

（3）在熔体中 TFe 由大约 6% 升至 14% 范围内基本上保持常数；

（4）在低铁含量的炼铁渣中，碱度对 Fe^{3+}/Fe^{2+} 比基本上无影响。

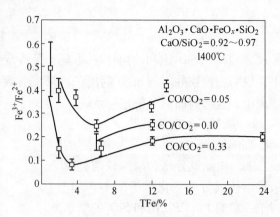

图 1-5-22　1400℃下，Fe^{3+}/Fe^{2+} 比值随炉渣 TFe 含量的变化[65]

Jahanshahi 和 Wright 还按照下述氧化还原反应方程式：

$$FeO_{(1)} + 1/2CO_2 \Longrightarrow FeO_{1.5(s)} + 1/2CO \qquad (1\text{-}5\text{-}44)$$

$$K_{(1\text{-}5\text{-}44)} = \frac{\gamma_{FeO_{1.5}} N_{FeO_{1.5}} P_{CO}^{1/2}}{\gamma_{FeO} N_{FeO} P_{CO_2}^{1/2}} \qquad (1\text{-}5\text{-}45)$$

故

$$\frac{\gamma_{FeO}}{\gamma_{FeO_{1.5}}} = \frac{N_{FeO_{1.5}} P_{CO}^{1/2}}{N_{FeO} P_{CO_2}^{1/2} K_{(1\text{-}5\text{-}44)}} \qquad (1\text{-}5\text{-}45a)$$

$$K_{(1\text{-}5\text{-}44)} = \exp(4.024 - 3916/T) \qquad (1\text{-}5\text{-}46)$$

根据给定的实验条件和炉渣分析成分得出了 Al_2O_3- CaO- FeO_x- SiO_2 渣系中 $\dfrac{\gamma_{FeO}}{\gamma_{FeO_{1.5}}}$ 比与 TFe 含量的关系曲线，示于图 1-5-23，由图可见：

（1）TFe≈3% 时，$\dfrac{\gamma_{FeO}}{\gamma_{FeO_{1.5}}}$ 达最小值；

（2）TFe>4% 时，$\dfrac{\gamma_{FeO}}{\gamma_{FeO_{1.5}}} \approx 0.5$，基本上保持常数；

（3）TFe=1%~2% 范围内，$\dfrac{\gamma_{FeO}}{\gamma_{FeO_{1.5}}} = 1~6$，该结果表明在高炉型 FeO_x 无限稀的熔渣中 $\dfrac{\gamma_{FeO}}{\gamma_{FeO_{1.5}}} \approx 10$。

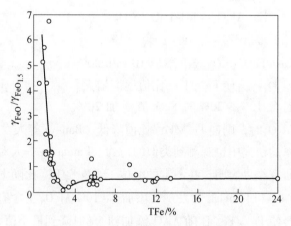

图 1-5-23　在 Al_2O_3-CaO-FeO_x-SiO_2 渣系中 $\dfrac{\gamma_{FeO}}{\gamma_{FeO_{1.5}}}$ 比与 TFe 含量的关系[65]

应当指出，本节除着重论述了低铁含量渣中 Fe^{3+}/Fe^{2+} 比的变化与 TFe 含量的关系外，更值得注意和感兴趣的是在较高的铁含量时，Al_2O_3 能改变对渣中氧化铁的价位和配位[59~63]，从而使 Fe^{3+}/Fe^{2+} 在 Al_2O_3-CaO-FeO_x-SiO_2 渣系中随 TFe 含量的增大而增大，而不

是像 $CaO\text{-}FeO_x\text{-}SiO_2$ 渣系中与此相反。这就充分说明炼钢渣中添加适当的 Al_2O_3 对加速渣和去磷、硫、碳等都是有利的。

1.5.2.2 氧化还原反应的平衡常数 K_{Fe}

含高氧化铁浓度的熔体中氧化还原反应的平衡常数 K_{Fe}，一般随氧化物的浓度的变化而变化。Turkdogan 和 Bills[57] 将反应式（1-5-42）在 1550℃时的 K_{Fe} 定义为：

$$K_{Fe} = \left(\frac{Fe^{3+}}{Fe^{2+}}\right)^2 \frac{P_{CO}}{P_{CO_2}} \tag{1-5-47}$$

一般来说，温度一定时，K_{Fe} 值随熔体解聚合作用的增大而增大。根据对有效平衡数据的研究得出了 $CaO\text{-}FeO\text{-}Fe_2O_3$ 和 $MnO\text{-}FeO\text{-}Fe_2O_3$ 熔体及 $SiO_2\text{-}FeO\text{-}Fe_2O_3$ 和 $P_2O_5\text{-}FeO\text{-}Fe_2O_3$ 熔体中的等 K_{Fe} 线，分别示于图 1-5-24 和图 1-5-25。由图 1-5-24 可见，在三元氧化物 $CaO\text{-}FeO\text{-}Fe_2O_3$ 和 $MnO\text{-}FeO\text{-}Fe_2O_3$ 熔体中，等 K_{Fe} 线与三元氧化物的成分成对称形；而在 $SiO_2\text{-}FeO\text{-}Fe_2O_3$ 和 $P_2O_5\text{-}FeO\text{-}Fe_2O_3$ 熔体的三元成分图 1-5-25 中，等 K_{Fe} 曲线具有极大和极小点，这与图 1-5-24 的等 K_{Fe} 曲线正好相反。

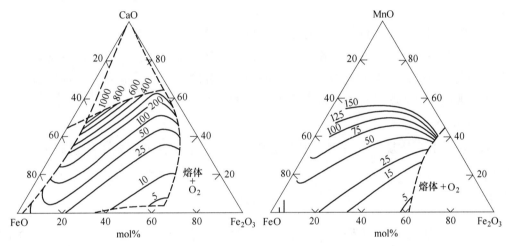

图 1-5-24　1550℃下，$CaO\text{-}FeO\text{-}Fe_2O_3$ 和 $MnO\text{-}FeO\text{-}Fe_2O_3$ 熔体的等 $K_{Fe} \times 10^3$ 曲线[57]

看来要在转炉炼钢渣中利用各种铁酸盐中的等 K_{Fe} 曲线来估算 Fe^{3+}/Fe^{2+} 比，至少还有以下工作要作：

（1）$MgO\text{-}FeO\text{-}Fe_2O_3$ 熔体中的等 K_{Fe} 曲线的三元成分图；

（2）$Al_2O_3\text{-}FeO\text{-}Fe_2O_3$ 熔体中的等 K_{Fe} 曲线的三元成分图；

（3）结合转炉渣实际情况，建立下列回归方程式：

$$K_{Fe} = \sum a_{MO} \frac{N_{MO}}{N'_{MO}} K'_{Fe(MO)} + R \tag{1-5-48}$$

式中，N_{MO}（MO = CaO、MgO、MnO、Al_2O_3、SiO_2 和 P_2O_5）和 N'_{MO} 分别为 MO 氧化物在转炉渣和 $MO\text{-}FeO\text{-}Fe_2O_3$ 熔体中，其 FeO 和 Fe_2O_3 含量均相同时的摩尔分数；$K'_{Fe(MO)}$ 为按已知 N'_{MO}、N'_{FeO}、$N'_{Fe_2O_3}$ 值从 $MO\text{-}FeO\text{-}Fe_2O_3$ 的等 K_{Fe} 曲线中查得的平衡常数；a_{MO} 为回归系数；R 为回归常数。

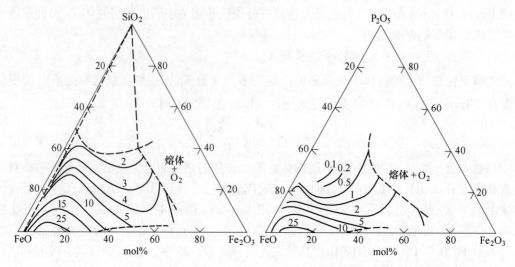

图 1-5-25　1550℃下，SiO_2-FeO-Fe_2O_3 和 P_2O_5-FeO-Fe_2O_3 熔体的等 $K_{Fe} \times 10^3$ 曲线[57]

1.5.2.3　估算 Fe^{3+}/Fe^{2+} 比值的数学模型和参考数据

炉渣的 Fe^{3+}/Fe^{2+} 平衡比值是衡量其氧化性的重要指标之一，但由于炉渣成分和温度的复杂变化，过去的许多研究者都未能根据炉渣成分的变化提出定量估算 Fe^{3+}/Fe^{2+} 变量的公式。现推荐两个近期由 Ban-ya[20] 和 Guo[15] 提出的公式。

A　Ban-ya 的模型

Ban-ya[20] 按照正规溶液模型，用下述氧化还原反应平衡方程式来描述渣中的 Fe^{3+}/Fe^{2+} 比：

$$FeO_{1.5(R.S.)} \Longrightarrow FeO_{(R.S.)} + \frac{1}{4}O_{2(g)} \tag{1-5-49}$$

$$RT\ln K_{(1-5-50)} = RT\ln(x_{FeO}/x_{FeO_{1.5}}) + 0.25\,RT\ln P_{O_2} + RT\ln(\gamma_{FeO}/\gamma_{FeO_{1.5}}) \tag{1-5-50}$$

$$\Delta G^{\ominus} = 126820 - 53.01T \quad J \tag{1-5-51}$$

$$\lg(Fe^{3+}/Fe^{2+}) = 6625/T - 2.77 + 0.25\lg P_{O_2} +$$
$$[RT\ln\gamma_{FeO(R.S.)} - RT\ln\gamma_{FeO_{1.5(R.S.)}}]/19.1T \tag{1-5-52}$$

式中，(Fe^{3+}/Fe^{2+}) 按式（1-5-37），P_{O_2} 按式（1-5-41b），$\gamma_{FeO(R.S.)}$ 按式（1-5-26）计算。$\gamma_{FeO_{1.5}}$ 按正规溶液规则写成方程式（1-5-53）：

$$RT\ln\gamma_{FeO_{1.5(R.S.)}} = -18660x_{FeO}^2 - 56480x_{MnO}^2 + 32640x_{SiO_2}^2 - 2930x_{MgO}^2 -$$
$$95810x_{CaO}^2 - 82250x_{FeO}x_{MnO} + 55820x_{FeO}x_{SiO_2} -$$
$$55060x_{FeO}x_{MgO} - 89090x_{FeO}x_{CaO} + 51470x_{MnO}x_{SiO_2} -$$
$$121330x_{MnO}x_{MgO} - 60240x_{MnO}x_{CaO} + 96650x_{SiO_2}x_{MgO} +$$
$$70720x_{SiO_2}x_{CaO} - 1680x_{MgO}x_{CaO} \tag{1-5-53}$$

由此可见式（1-5-52）系超越方程，需采用逼近法用计算机计算。

图 1-5-26 示出用式（1-5-52）估算的 Fe_tO-CaO 和 Fe_tO-CaO-SiO_2 渣系中的 Fe_2O_3 值。说明该模型在 $a_{Fe_tO} < 0.7$ 的范围内是有效的。Taylor 和 Chipman 的实验数据较模型的估算值

高。但其他 4 组数据的点都落在模型精度 ±10% 范围内。而且在 Fe_tO- Na_2O-(SiO_2 + P_2O_5)[17]、($FeO+MnO$)-($CaO+MgO$)-SiO_2[16] 和 Fe_tO-($CaO+MgO$)-($SiO_2+P_2O_5$)[66] 渣系中观测到的 FeO-Fe_2O_3 平衡值也同样与模型计算值相符。

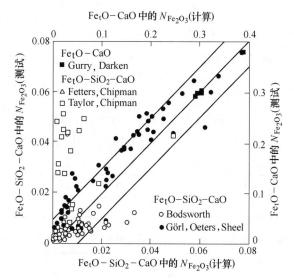

图 1-5-26　用式（1-5-52）估算的 $N_{Fe_2O_3}$ 值和 Fe_tO-CaO 渣与

P_{CO_2} = 1atm 平衡下及 Fe_tO-CaO-SiO_2 渣与铁平衡下测量的 $N_{Fe_2O_3}$ 值的对比

B　Guo 模型

$$1.33\times(\%TFe) = \%FeO+\%Fe_2O_3 \tag{1-5-54}$$

$$(\%Fe_2O_3)/(\%FeO) = A+B(I) \tag{1-5-55}$$

$$A = \frac{n_{Fe_2O_3}}{n_{FeO}}\times\frac{159.7}{71.85} \tag{1-5-56}$$

$$n_{Fe_2O_3}/n_{FeO} = \left(\frac{n_0}{n_{Fe}}-1\right)\Big/\left(3-2\frac{n_0}{n_{Fe}}\right) \tag{1-5-57}$$

$$n_0/n_{Fe} = 0.8541+296.7/T \tag{1-5-58}$$

$$B(I) = 0.0073(\%CaO)+0.0066(\%MgO)+0.001\%(\%MnO)-$$
$$0.007(\%SiO_2)-0.0074(\%P_2O_5) \tag{1-5-59}$$

若命 T = 1813K，$\%CaO$ = 45，$\%MgO$ = 8，$\%MnO$ = 5，$\%SiO_2$ = 12，$\%P_2O_5$ = 2，则按式（1-5-55）~式（1-5-59）可算出 n_0/n_{Fe} = 1.0125，A = 0.0285，$B(I)$ = 0.2875，$(\%Fe_2O_3)/(\%FeO)$ = 0.316，$(\%Fe_2O_3)/(\%Fe_2O_3+\%FeO)$ = 0.24。

从前面的图 1-5-15（Fe-O_2 系统的温度-成分图）中可知 n_0/n_{Fe} < 1.0125 时，P_{O_2} < 10^{-8} atm，而 A = 0.0285 则相当于式（1-5-41）中的 $0.17lgP_{O_2}$ 项在 P_{O_2} = 10^{-9} atm 时所得的 Fe^{3+}/Fe^{2+} 比值，由此分析，可以认为 Guo 模型中的 A 项实质上是表述它应用系统的氧位对 Fe^{3+}/Fe^{2+} 的影响，$B(I)$ 项则是表述的熔渣成分对 Fe^{3+}/Fe^{2+} 比值的影响，其各成分影响大小的顺序与前面的论述一致。而温度变化对 Guo 模型中 A 项的影响并不显著，且 A 值很小，说明该模型所属系统的氧分压较低，也较稳定，对 Fe^{3+}/Fe^{2+} 比值的影响不大，与

$B(I)$ 相比几乎可以忽略。再从上面设定值的计算结果 $(\%Fe_2O_3)/(\%Fe_2O_3+\%FeO)=$ 0.24 来看，它和转炉渣的情况不相符。但与平炉渣中的氧化铁状态则是十分相符，因此，不妨认为 Guo 模型只属于平炉而不属于转炉，不宜将 Guo 的 Fe_2O_3/FeO 模型用于转炉的计算机静态控制模型中。

C　氧气转炉中的 Fe_2O_3/FeO 比值

山本雅彦等人[67]根据氧气顶吹转炉终渣分析成分得出：

$$(\%FeO)=0.857(\%TFe)-0.95 \tag{1-5-60}$$

$$(\%Fe_2O_3)=0.471(\%TFe)+1.41 \tag{1-5-61}$$

$$\frac{(\%Fe_2O_3)}{(\%FeO)}=\frac{0.471(\%TFe)+1.41}{0.857(\%TFe)-0.95} \tag{1-5-62}$$

由式 (1-5-62) 可算出：

%TFe	5	8	10	15
$(\%Fe_2O_3)/(\%FeO)$	1.129	0.877	0.803	0.712

据文献[68]中的转炉过程渣分析成分 Fe_2O_3/FeO 与 CaO/SiO_2 和 TFe 呈下述关系：

CaO/SiO_2	1.17	1.35	1.75	1.35	1.5
%TFe	3.41	4.503	5.583	7.71	10.097
Fe_2O_3/FeO	很小	0.107	0.484	0.91	0.88

1.5.2.4　李远洲对氧气顶吹和顶底复吹转炉的 Fe_2O_3/FeO 模型的见解

作者鉴于目前尚无一个较全面反映氧气顶吹和顶底复吹转炉渣 Fe_2O_3/FeO 与 P_{O_2}、CaO、MgO、MnO、Al_2O_3、CaF_2、TFe、SiO_2、P_2O_5 的函数关系，为此，拟根据文献 [2~6，69~72] 探索新的 Fe^{3+}/Fe^{2+} 或 Fe_2O_3/FeO 函数式。

A　回归式形式

按 Fe 在 $CaO'-SiO_2'-Fe_tO'$ 渣系中的下述氧化还原表述形式：

$$2(Fe^{2+})+(2x-1)(O^{2-})+\frac{1}{2}O_2 = 2FeO_x^{(2x-3)-} \tag{1-5-63}$$

x	式 (1-5-63) 为	
1	$2Fe^{2+}+3O^{2-}+\dfrac{1}{2}O_2=2FeO_2^-$	(1-5-63a)
3	$2Fe^{2+}+5O^{2-}+\dfrac{1}{2}O_2=2FeO_3^{3-}$	(1-5-63b)
4	$2Fe^{2+}+7O^{2-}+\dfrac{1}{2}O_2=2FeO_4^{5-}$	(1-5-63c)

$$K_{(1-5-63)}=\frac{a^2_{FeO_x^{(2x-3)-}}}{a^2_{Fe^{2-}}a^{2x-1}_{O^{2-}}P^{1/2}_{O_2}} \tag{1-5-64}$$

$$P^{1/2}_{O_2}=\frac{a^2_{FeO_x^{(2x-3)-}}}{a^2_{Fe^{2+}}a^{(2x-3)-}_{O^{2-}}K_{(1-5-63)}}=\left(\frac{\%Fe^{3+}}{\%Fe^{2+}}\right)^2\left(\frac{\gamma_{Fe^{3+}}}{\gamma_{Fe^{2+}}}\right)^2(N_{O^{2-}}\gamma_{O^{2-}})^{-(2x-1)}K^{-1}_{(1-5-63)} \tag{1-5-65}$$

注：

$$N_{FeO_x^{(2x-3)-}}^2 = \frac{\left(\frac{\%FeO_x}{56+16x}\right)}{\sum(n_i+n_{i+})} = \frac{\%Fe^{3+}\left(\frac{92\sim120}{56}\right)\bigg/92\sim120}{\sum n_i} = \frac{(\%Fe^{3+}/56)}{\sum n_i}$$

$$N_{Fe^{2+}} = \frac{(\%Fe^{2+}/56)}{\sum n_i}$$

$$\frac{a_{FeO_x^{(2x-3)-}}^2}{a_{Fe^{2+}}^2} = \left(\frac{N_{Fe^{3+}}\gamma_{Fe^{3+}}}{N_{Fe^{2+}}\gamma_{Fe^{2+}}}\right)^2$$

$$\lg\left(\frac{\%Fe^{3+}}{\%Fe^{2+}}\right) = \frac{1}{4}\lg(P_{O_2}) + \left(x-\frac{1}{2}\right)\lg(N_{O^{2-}}) + \left(x-\frac{1}{2}\right)\lg\gamma_{O^{2-}} + \lg K_{(1\cdot5\cdot63)}^{-1}\lg\left(\frac{\gamma_{Fe^{3+}}}{\gamma_{Fe^{2+}}}\right)$$

$$(1\text{-}5\text{-}66)$$

一般来说：

$$\lg K_{(1\text{-}5\text{-}63)} = b_0 + \frac{b_1}{T}$$

$$\gamma_{Fe^{2+}}\gamma_{O^{2-}} = b_0'N_{O^{2-}}^{b_1'}$$

故式(1-5-66)可改写为下列待回归方程：

$$\lg\left(\frac{\%Fe^{3+}}{\%Fe^{2+}}\right) = \frac{1}{4}\lg(P_{O_2}) + a_1\lg(N_{O^{2-}}) + \frac{a_2}{T} + a_3 \qquad (1\text{-}5\text{-}67a)$$

因

$$\frac{1}{2}O_2 =\!=\!= [O]$$

$$\Delta G^\ominus = -117156 + 2.887T \qquad J/mol^{[48]}$$

则

$$\lg P_{O_2} = 2\lg a_{[O]} - \frac{12238}{T} - 0.302 \qquad (1\text{-}5\text{-}68a)$$

另据刘越生等人[73]对氧气复吹转炉一次倒炉时炉渣氧分压的测定结果：

$$\lg P_{O_2} = 23.191 - 7.745\times10^{-3}T \qquad (1\text{-}5\text{-}68b)$$

故在回归分析时，用$(P_{O_2})_1$代表式（1-5-68a）的计算值，$(P_{O_2})_2$代表式（1-5-68b）的计算值，甚至直接用$a_{[O]}$或［O］代替P_{O_2}作回归分析，对于自由氧离子分数，也取了后Flood（$N_{O^{2-}}'$）和Herasymeko（$N_{O^{2-}}$）两种算法作回归分析。

再来看看式（1-5-63）~式（1-5-66）：$K_{(1\cdot5\cdot63)}$取决于温度，温度一定则K也一定，P_{O_2}则既取决于温度和金属与炉渣成分，还受操作因素的影响（如炉气的CO_2/CO比等），而$(x-1)O^{2-}$则随炉渣碱度R（=CaO/SiO_2）的增大而增大，当$K_{(1\cdot5\cdot63)}$和P_{O_2}都一定时，在$(2x-1)O^{2-}$未达$3O^{2-}$之前，Fe^{3+}将随R的增大而增大，至R增大到使$(2x-1)O^{2-}\geqslant3O^{2-}$后，由式（1-5-63a）~式（1-5-63c）可知，这时，只是Fe^{3+}生成的复阴离子形式的改变，而Fe^{3+}并不增加，故当R大到一定值后，Fe^{3+}（或Fe_2O_3）便为定值，而不再增大，这一分析与文献［73］的实验结果相符。所以，这时再增大TFe，则只有使FeO（或Fe^{2+}）增大，Fe_2O_3/FeO（或Fe^{3+}/Fe^{2+}）和P_{O_2}降低；反之，当TFe未满足一定碱度下，生成一定极值的Fe^{3+}之前，则是增大TFe便增大Fe^{3+}和Fe^{3+}/Fe^{2+}，并增大P_{O_2}（见图1-5-27）。故此，可写出探索Fe^{3+}/Fe^{2+}比的另一类回归方程，如：

$$\lg\left(\frac{Fe^{3+}}{Fe^{2+}}\right) = a_0 + a_1/T + a_2\lg(P_{O_2}) + a_3\lg(N_{O^{2-}}) + a_4(\%TFe) + a_5(\%TFe)^2 \qquad (1\text{-}5\text{-}67b)$$

$$\lg\left(\frac{Fe^{3+}}{Fe^{2+}}\right) = a_0 + a_1/T + a_2\lg a_0 + a_3\lg(N_{O^{2-}}) \qquad (1\text{-}5\text{-}67c)$$

$$\lg\left(\frac{Fe^{3+}}{Fe^{2+}}\right) = a_0 + a_1/T + a_2\lg a_0 + a_3\lg(N_{O^{2-}}) + a_4(\%TFe) + a_5(\%TFe)^2 \qquad (1\text{-}5\text{-}67d)$$

$$\lg\left(\frac{Fe^{3+}}{Fe^{2+}}\right) = a_0 + a_1/T + a_2\lg a_0 + a_3R + a_4R^2 + a_5(\%TFe) + a_6(\%TFe)^2 \qquad (1\text{-}5\text{-}67e)$$

$$\lg\left(\frac{Fe^{3+}}{Fe^{2+}}\right) = a_0 + a_1/T + a_2\lg a_0 + a_3(\%TFe) + a_4(\%TFe)^2 + a_5(\%CaO) +$$

$$a_6(\%MgO) + a_7(\%MnO) + a_8(\%CaF_2) +$$

$$a_9(\%Al_2O_3) + a_{10}(\%SiO_2) + a_{11}(\%P_2O_5) \qquad (1\text{-}5\text{-}67f)$$

或
$$\frac{\%Fe_2O_3}{\%FeO} = A + B(I) \qquad (1\text{-}5\text{-}67g)$$

式中　　　　　　　　$A = a_0 + a_1/T, \qquad B(I) = f(M_xO_y)$

各种形式的回归方程 30 种，并分别按 $R = 0 \sim 0.9$，$0.91 \sim 1.9$，>1.9 和（CaO）$= 0 \sim$ sat 饱和进行回归分析。

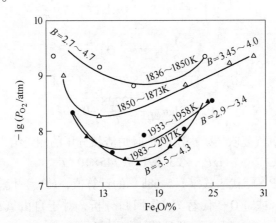

图 1-5-27　炉渣氧分压与氧化铁含量的关系[73]

B　回归分析结果

现将有讨论意义的 65 组多元回归方程汇集在附录表 A-1 中。

（1）由序号 1 和 2 比较可见，取 $\lg(P_{O_2})_1$ 比取 $\lg(P_{O_2})_2$ 好，前者 $r = 0.44$，后者 $r = 0.35$。

（2）凡增加 TFe 或 TFe 和 TFe^2 项的回归式，其 r 均明显增大，如序号 3 比序号 1 增大 0.21。

（3）凡具有 $1/T$、$\lg(P_{O_2})_1$、$\lg(N'_{O^{2-}})$、TFe、TFe^2 因素的回归式不论在 R 的哪个范围内，如序号 15、30、40 和 50 的 r 均在 0.65 以上。

（4）$N_{O^{2-}}$取后 Flood 算法和取 Hersymeko 算法的回归式，其 r 完全一致。

（5）用 $\lg a_0$ 代替 $\lg(P_{O_2})_1$，在 R 的最小区间，其 r 值降 0.03；在其他区间，r 值降低 $0 \sim 0.003$；故为使用方便计，推荐用 $\lg a_0$ 的回归式。

（6）全炉渣成分和温度因子的回归式，除 $R < 0.91$ 区间（序号 58）的物理模型不成立外，其他区间的回归式均成立，且相关系数 r 值均较高（见序号 $59 \sim 61$）。

（7）在所处理的实验数据中，除在 $R = 0 \sim 0.9$ 范围内的序号 13 中，发现 $R = 0.59$ 时，$\lg\dfrac{Fe^{3+}}{Fe^{2+}}$ 达极大值和在 $R = 0.901 \sim 1.9$ 范围内的序号 65 中发现 $R = 1.356$ 和 $\%TFe = 25.39$ 时，Fe_2O_3/FeO 达极大值外，其余回归式中，只表明在实验 R 和 TFe 范围内，Fe^{3+}/Fe^{2+} 和 Fe_2O_3/FeO 一般是随 R 的增大而减小。这是值得再研究的。

（8）序号 11、23、24、36、49 和 50 的相关系数 r 值均较高，尤其是序号 24 的 r 值高达 0.93，但其炉渣成分前的正负号似与物理意义不符。为辨明是非，作者根据式（1-5-66），分别以序号 10、21 和 35 为基准方程，把其计算值与实测值视为式（1-5-66）整理后的尾项——$\left(\dfrac{1}{2} - x\right)\lg\gamma_{Fe^{2+}}$，然后找出代表 $\left(\dfrac{1}{2} - x\right)\lg\gamma_{Fe^{2+}}$ 项的 $\Delta\lg\left(\dfrac{Fe^{3+}}{Fe^{2+}}\right)$ 值与炉渣成分的关系式，从而得到序号 12、25 和 51 的综合方程，它们的炉渣成分前的正负号，与前面所述具有 $\lg a_0$、$\lg N'_{O^{2-}}$ 因子的序号 11、23、24、36、37、49 和 50 方程中的相同。由此可见，这些方程中，炉渣成分所表述的物理意义只是 $-\lg\gamma_{Fe^{2+}}$ 的，而不是 $\lg\left(\dfrac{Fe^{3+}}{Fe^{2+}}\right)$ 的。这样就不难理解了。

通过以上讨论，选择 $R = 0 \sim 0.9$ 区间的序号 5、9、11、12、14、17；$R = 0.91 \sim 1.9$ 区间的序号 21、24、25、29、30、31、65、59；$R > 1.9$ 区间的序号 33、35、36、38、42、44、60、33、36、63；（CaO）$= 0 \sim sat$ 区间的序号 47、50、64、54、56、57、61、50、64 等诸式。对其计算值与实测值之差作方差分析，其结果列于表 1-5-8 中。

表 1-5-8　诸序号公式计算的均方差 ε

R	$\lg\left(\dfrac{Fe^{3+}}{Fe^{2+}}\right)$ 类公式					Fe_2O_3/FeO 类公式				
	公式	N	ε	n	ε	公式	N	ε	n	ε
<0.91	序号 5		0.0094			序号 14		0.0018		
	序号 9		0.0097			序号 17		0.002		
	序号 11	79	0.009				79			
	序号 12		0.0087							
	Ban-ya		0.2671			Guo		0.0041		
0.91~1.9	序号 21		0.0161			序号 29		0.001		
	序号 24		0.0203			序号 30		0.0015		
	序号 25	111	0.0153			序号 65	111	0.0013		
						序号 59		0.001		
	Ban-ya		0.241			Guo		0.0016		

R	$\lg\left(\dfrac{Fe^{3+}}{Fe^{2+}}\right)$ 类公式					Fe_2O_3/FeO 类公式				
	公式	N	ε	n	ε	公式	N	ε	n	ε
>1.9	序号 33		0.0310		0.0156	序号 42		0.228		0.7791
	序号 35		0.0285		0.0248	序号 44		0.0117		0.0164
	序号 36		0.0244		0.0143	序号 60		0.0108		0.0117
	序号 38	164	0.4548	21	0.1032	序号 33	164	0.0154	21	0.0315
						序号 36		0.0138		0.0449
						序号 63		0.0072		0.0066
	Ban-ya		0.8295		0.5228	Guo		0.0205		0.0688
(CaO) = 0~sat	序号 47		0.0272		0.0529	序号 54		0.0078		0.0225
	序号 50		0.0186		0.0082	序号 56		0.0102		0.0534
	序号 64		0.0190		0.006	序号 57		0.0104		0.0527
		317		21		序号 61	317	0.0079	21	0.0254
						序号 50		0.0057		0.0151
	Ban-ya		0.5228		1.1651	序号 64		0.0056		0.0104
						Guo		0.0111		0.0688

注: N 为实验炉数, n 为氧气转炉试验炉数。

由表 1-5-8 可见:

（1）Ban-ya 公式（1-5-52）计算的 $\lg\left(\dfrac{Fe^{3+}}{Fe^{2+}}\right)$ 值的方差，不论在哪个 R 区间，均为作者回归式的 20 倍左右，这显然不能推荐应用。

（2）Guo 公式（1-5-55）计算的（Fe_2O_3/FeO）值的方差，对实验室数据来说，只比作者回归式的最小者大 1.5~2 倍，且其计算值与平炉渣的基本相符；但对氧气转炉渣来说，其方差增大到 0.069，比作者的回归式大 6.5 倍。这是因为实验炉和平炉中的氧分压 P_{O_2}（或 a_O）都较低，所以略去了 $\lg P_{O_2}$（或 $\lg a_O$）项的 Guo 公式用在实验炉渣和平炉渣中，其计算方差尚不突显，而氧气转炉中的 P_{O_2} 比平炉大得多，此时，用 Guo 公式计算的方差便大了。由此可见，在氧气转炉的计算机控制系统中，选用 Guo 公式来计算（Fe_2O_3/FeO）值是值得商讨的。

（3）在 $R=0~0.9$ 区间，计算 $\lg\left(\dfrac{Fe^{3+}}{Fe^{2+}}\right)$ 值的方程推荐采用序号 11、12 的方程，计算（Fe_2O_3/FeO）值的方程可选序号 14。

（4）$R=0.91~1.9$ 区间，计算 $\lg\left(\dfrac{Fe^{3+}}{Fe^{2+}}\right)$ 值的方程推荐采用序号 21、24、25 的方程，计算（Fe_2O_3/FeO）值的方程可选序号 29、59、65。

（5）$R>1.9$ 区间，计算 $\lg\left(\dfrac{Fe^{3+}}{Fe^{2+}}\right)$ 值的方程推荐采用序号 36 的方程，计算（$Fe_2O_3/$

FeO）值的方程可选序号 44、60。

（6）（CaO）= 0 ~ sat 区间，计算 $\lg\left(\dfrac{Fe^{3+}}{Fe^{2+}}\right)$ 值的方程推荐采用序号 50 的方程，计算

（Fe_2O_3/FeO）值的方程可选序号 50、54、61。

但从表 1-5-9 中可以发现，序号 36 的计算值在 $R<3.4$ 前，与氧气转炉渣的实际值均符合较好，但 $R>3.4$ 后的 5 组计算值则比实际值大得多，如不考虑后 5 组，则序号 36 的 $\lg\left(\dfrac{Fe^{3+}}{Fe^{2+}}\right)$ 值的方差，由原来的 0.0143（见表 1-5-8）降为 0.0037（见表 1-5-9），（Fe_2O_3/FeO）值的方差，由 0.045（见表 1-5-9）降到 0.0089（见表 1-5-10）。于是作者想到前面的理论分析：R 大到一定程度后，Fe^{3+} 或 Fe_2O_3 便为定值，而不再增大。则这时若 TFe 变动不大，便可视为 Fe^{3+}/Fe^{2+}（或 Fe_2O_3/FeO）随 R 增大而增大到一定程度后便大致不变。按照这个考虑，作者便在回归方程中引入了 $\lg R$ 项，同时取消了 R、R^2 和 CaO、SiO_2 等项，经重新进行多元回归后得到附录表 A-1 中的最后 4 个回归方程（序号 62~65）。由表 1-5-8 可见，序号 63 和 64 分别在 $R>1.9$ 和 CaO = 0~sat 区间的计算方差，不论是 $\lg\left(\dfrac{Fe^{3+}}{Fe^{2+}}\right)$ 值，还是（Fe_2O_3/FeO）值的实验炉的或转炉渣的，它们的方差都是现有方程中最小的。尤其值得注意的是序号 63 的方程对 164 组 $R>1.9$ 区间的实验炉的（Fe_2O_3/FeO）值的计算方差只有 0.0072，它对转炉渣 $R = 1.91~3.3$ 范围的（Fe_2O_3/FeO）值的计算方差为 0.0063，对转炉渣 $R>1.9$ 全部数据的计算方差为 0.0066。这种计算误差的稳定性和方差值很小，说明在 $R>1.9$ 区间引进 $\lg R$ 项的回归方程（序号 63）较好地反映了客观实际，宜重点推荐用于实际。

表 1-5-9　诸公式计算 $R>1.9$ 范围内的氧气转炉渣的 $\lg\left(\dfrac{Fe^{3+}}{Fe^{2+}}\right)$ 值和

（Fe_2O_3/FeO）值，及其与实测值之间的均方差值

$\lg\left(\dfrac{Fe^{3+}}{Fe^{2+}}\right)$				（Fe_2O_3/FeO）						
转炉实测	Ban-ya	序号 36	序号 33	转炉实测	Guo	序号 63	序号 60	序号 44	序号 36	序号 33
-0.151	1.3066	-0.3509	-0.5854	0.785	0.2386	0.5989	0.5240	0.4425	0.4953	0.2886
-0.208	1.2284	-0.2225	-0.2585	0.689	0.2871	0.6391	0.6723	0.6214	0.6657	0.6127
-0.186	1.2363	-0.1333	-0.2251	0.724	0.2997	0.7713	0.6976	0.6310	0.8174	0.6617
-0.362	1.2677	-0.2774	-0.3584	0.483	0.2819	0.5363	0.6060	0.5629	0.5866	0.4868
-0.273	1.3615	-0.2038	-0.3670	0.593	0.2870	0.6627	0.5327	0.4743	0.6950	0.4773
-0.151	1.2677	-0.1362	-0.3093	0.785	0.2886	0.7468	0.5885	0.5317	0.8120	0.5451
-0.170	1.3380	-0.2172	-0.3907	0.751	0.2793	0.6479	0.5179	0.4718	0.6738	0.4519
-0.169	1.2677	-0.1695	-0.3108	0.753	0.2905	0.6939	0.5971	0.5445	0.7521	0.5432
-0.273	1.2832	-0.3318	-0.4765	0.592	0.2613	0.4390	0.4479	0.4406	0.5176	0.3709
-0.242	1.3301	-0.1278	-0.2236	0.636	0.3139	0.7177	0.6027	0.5437	0.8279	0.6640

| | $\lg\left(\dfrac{Fe^{3+}}{Fe^{2+}}\right)$ | | | | | | | (Fe_2O_3/FeO) | | |
转炉实测	Ban-ya	序号 36	序号 33	转炉实测	Guo	序号 63	序号 60	序号 44	序号 36	序号 33
-0.261	1.2284	-0.1016	-0.2179	0.609	0.3152	0.6544	0.6304	0.5858	0.8793	0.6728
-0.112	1.2598	-0.0629	-0.1739	0.859	0.3299	0.7350	0.6648	0.6102	0.9613	0.7445
-0.326	1.2677	-0.2732	-0.4769	0.525	0.2692	0.4398	0.4057	0.4036	0.5923	0.3706
-0.188	1.3301	-0.2926	-0.4505	0.721	0.2814	0.4914	0.4255	0.4118	0.5664	0.3938
-0.133	1.3459	-0.1581	-0.1916	0.818	0.3329	0.6519	0.6186	0.5535	0.7721	0.7148
-0.309	1.2363	-0.2498	-0.3418	0.545	0.2976	0.4497	0.5445	0.5145	0.6251	0.5058
-0.545	1.2754	-0.1057	-0.2826	0.317	0.3261	0.5326	0.5163	0.4751	0.8711	0.5796
-0.245	1.3459	-0.1391	-0.2729	0.498	0.3353	0.5738	0.5257	0.4694	0.8066	0.5927
-0.349	1.2520	-0.0339	-0.1195	0.632	0.3585	0.6337	0.6829	0.6152	1.0277	0.8438
-0.194	1.0955	0.1596	0.0886	0.711	0.3489	0.7754	0.7150	0.6661	1.6046	1.3626
-0.255	1.3459	-0.0255	-0.1388	0.617	0.3750	0.6377	0.6093	0.5197	1.0477	0.8072
均方差	0.5228	0.0143	0.0156	均方差	0.0688	0.0066	0.0117	0.0164	0.0449	0.0315

表 1-5-10　诸公式计算 1.9<R<3.4 范围内的氧气转炉渣的 $\lg\left(\dfrac{Fe^{3+}}{Fe^{2+}}\right)$ 值和 (Fe_2O_3/FeO) 值，及其与实测值之间的均方差值

| | $\lg\left(\dfrac{Fe^{3+}}{Fe^{2+}}\right)$ | | | | | | | (Fe_2O_3/FeO) | | |
转炉渣	Ban-ya	序号 36	序号 33	转炉渣	Guo	序号 63	序号 60	序号 44	序号 36	序号 33
-0.151	1.3066	-0.3509	-0.5854	0.785	0.2386	0.5989	0.5240	0.4425	0.4953	0.2886
-0.208	1.2284	-0.2225	-0.2585	0.689	0.2871	0.6391	0.6723	0.6214	0.6657	0.6127
-0.186	1.2363	-0.1333	-0.2251	0.724	0.2997	0.7713	0.6976	0.6310	0.8174	0.6617
-0.362	1.2677	-0.2774	-0.3584	0.483	0.2819	0.5363	0.6060	0.5629	0.5866	0.4868
-0.273	1.3615	-0.2038	-0.3670	0.593	0.2870	0.6627	0.5327	0.4743	0.6950	0.4773
-0.151	1.2677	-0.1362	-0.3093	0.785	0.2886	0.7468	0.5885	0.5317	0.8120	0.5451
-0.170	1.3380	-0.2172	-0.3907	0.751	0.2793	0.6479	0.5179	0.4718	0.6738	0.4519
-0.169	1.2677	-0.1695	-0.3108	0.753	0.2905	0.6939	0.5971	0.5445	0.7521	0.5432
-0.273	1.2832	-0.3318	-0.4765	0.592	0.2613	0.4390	0.4479	0.4406	0.5176	0.3709
-0.242	1.3301	-0.1278	-0.2236	0.636	0.3139	0.7177	0.6027	0.5437	0.8279	0.6640
-0.261	1.2284	-0.1016	-0.2179	0.609	0.3152	0.6544	0.6304	0.5858	0.8793	0.6728
-0.112	1.2598	-0.0629	-0.1739	0.859	0.3299	0.7350	0.6648	0.6102	0.9613	0.7445
-0.326	1.2677	-0.2732	-0.4769	0.525	0.2692	0.4398	0.4057	0.4036	0.5923	0.3706
-0.188	1.3301	-0.2926	-0.4505	0.721	0.2814	0.4914	0.4255	0.4118	0.5664	0.3938
-0.133	1.3459	-0.1581	-0.1916	0.818	0.3329	0.6519	0.6186	0.5535	0.7721	0.7148
-0.309	1.2363	-0.2498	-0.3418	0.545	0.2976	0.4497	0.5445	0.5145	0.6251	0.5058
均方差	1.1344	0.0037	0.0137	均方差	0.081	0.0063	0.0127	0.0191	0.0089	0.0137

现将各个区间推荐的回归方程写在下面:

在 $R=0\sim0.9$ 区间:

$$\lg\left(\frac{Fe^{3+}}{Fe^{2+}}\right)=-1.2983+517/T-0.2913\lg a_0+0.2809\lg(N'_{O^{2-}})-3.186\times10^{-3}(\%TFe)-$$

$$3.219\times10^{-3}(\%CaO)-0.01704(\%MgO)-0.0104(\%MnO)+0.1381(\%Al_2O_3)+$$

$$8.195\times10^{-3}(\%SiO_2)-2.325\times10^{-3}(\%P_2O_5)$$

$$(n=79,r=0.784,s=0.132,f=11) \qquad (1-5-69a) \text{ 序号 11}$$

$$\lg\left(\frac{Fe^{3+}}{Fe^{2+}}\right)=-2.4072+4518/T+0.0485\lg a_0+0.33\lg(N'_{O^{2-}})+0.0559R+$$

$$0.0178R^2-0.0274(\%TFe)+2.02\times10^{-4}(\%TFe)^2-5.45\times10^{-3}(\%CaO)-$$

$$9.346\times10^{-3}(\%MgO)-8.202\times10^{-3}(\%MnO)+0.0206(\%Al_2O_3)-$$

$$3.315\times10^{-3}(\%SiO_2)-0.0148(\%P_2O_5)$$

$$(n=79,\ r>0.72,\ s=0.139) \qquad (1-5-69b) \text{ 序号 12}$$

$$\text{（注：该式系方程 }\lg\left(\frac{Fe^{3+}}{Fe^{2+}}\right)+\Delta\lg\left(\frac{Fe^{3+}}{Fe^{2+}}\right)\text{ 方程而得）}$$

$$\frac{\%Fe_2O_3}{\%FeO}=-0.4507+1509/T-0.0212\lg a_0+0.1961\lg(N'_{O^{2-}})+0.0233R-$$

$$0.0199R^2-0.0108(\%TFe)+9.72\times10^{-5}(\%TFe)^2$$

$$(n=79,\ r=0.77,\ s=0.064,\ f=15) \qquad (1-5-70a) \text{ 序号 14}$$

$$\frac{\%Fe_2O_3}{\%FeO}=-0.0379+2.51/T-0.1888\lg a_0+0.1605\lg(N'_{O^{2-}})-3\times10^{-4}(\%TFe)-$$

$$2.99\times10^{-4}(\%CaO)-4.746\times10^{-3}(\%MgO)-2.486\times10^{-3}(\%MnO)+$$

$$0.0745(\%Al_2O_3)+3.916\times10^{-3}(\%SiO_2)+1.5375\times10^{-3}(\%P_2O_5)$$

$$(n=79,\ r=0.828,\ s=0.057,\ f=15) \qquad (1-5-70b) \text{ 序号 17}$$

在 $R=0.91\sim1.9$ 区间:

$$\lg\left(\frac{Fe^{3+}}{Fe^{2+}}\right)=-2.8643+4900/T+0.0409\lg a_0+0.5761\lg(N'_{O^{2-}})+0.3449R-$$

$$0.0443(\%TFe)+3.858\times10^{-4}(\%TFe)^2$$

$$(n=111,\ r=0.858,\ s=0.221,\ f=41) \qquad (1-5-71a) \text{ 序号 21}$$

$$\lg\left(\frac{Fe^{3+}}{Fe^{2+}}\right)=0.5265+806/T+0.4708\lg a_0+0.188\lg(N'_{O^{2-}})-0.02(\%TFe)-$$

$$3.905\times10^{-3}(\%CaO)-0.0478(\%MgO)-0.0126(\%MnO)+$$

$$0.0182(\%Al_2O_3)-2.31\times10^{-3}(\%SiO_2)-0.0191(\%P_2O_5)$$

$$(n=111,\ r=0.934,\ s=0.148,\ f=68) \qquad (1-5-71b) \text{ 序号 24}$$

$$\lg\left(\frac{Fe^{3+}}{Fe^{2+}}\right)=-2.6246+4900/T+0.0409\lg a_0+0.5761\lg(N'_{O^{2-}})+0.3449R-$$

$$0.0443(\%TFe)+3.858\times10^{-4}(\%TFe)^2-0.0185(\%MgO)-$$

$$0.0175(\%MnO)+0.0292(\%Al_2O_3)-8.85\times10^{-4}(\%P_2O_5)$$

（$n=111$，$s=0.19$，注：该式系方程 $\lg\left(\dfrac{Fe^{3+}}{Fe^{2+}}\right)+\Delta\lg\left(\dfrac{Fe^{3+}}{Fe^{2+}}\right)$ 方程而得）

$$\text{（1-5-71c）序号 25}$$

$$\frac{\%Fe_2O_3}{\%FeO}=-0.516+1000/T+1.168a_0+1.448\times10^{-3}(\%TFe)-5.5\times10^{-5}(\%TFe)^2+$$

$$2.917\times10^{-3}(\%CaO)+8.277\times10^{-3}(\%MgO)+5.997\times10^{-3}(\%MnO)+$$

$$0.0435(\%Al_2O_3)-3.859\times10^{-3}(\%SiO_2)-8.941\times10^{-3}(\%P_2O_5)$$

$$（n=111，r=0.857，s=0.049，f=28）\qquad\text{（1-5-72a）序号 29}$$

$$\frac{\%Fe_2O_3}{\%FeO}=-0.3083+531/T+4.18\times10^{-3}(\%TFe)-7.99\times10^{-5}(\%TFe)^2+$$

$$3.2\times10^{-3}(\%CaO)+8.85\times10^{-3}(\%MgO)+5.8\times10^{-3}(\%MnO)+$$

$$0.0312(\%Al_2O_3)-3.69\times10^{-3}(\%SiO_2)-8.5\times10^{-3}(\%P_2O_5)$$

$$（n=111，r=0.848，s=0.05，f=29）\qquad\text{（1-5-72b）序号 59}$$

$$\lg\left(\frac{Fe^{3+}}{Fe^{2+}}\right)=-0.4208+213/T+0.1834\lg a_0-0.0389\lg(N'_{O^{2-}})+0.8372R-0.3805R^2+$$

$$2.697\times10^{-3}(\%TFe)-5.206\times10^{-5}(\%TFe)^2+4.31\times10^{-3}(\%MgO)+$$

$$5.083\times10^{-3}(\%MnO)+0.0505(\%Al_2O_3)-7.11\times10^{-3}(\%P_2O_5)$$

$$（n=111，r\geqslant0.82，s\leqslant0.054，f=54）\qquad\text{（1-5-72c）序号 65}$$

在 $R>1.9$ 区间：

$$\lg\left(\frac{Fe^{3+}}{Fe^{2+}}\right)=0.6337-1140/T-0.0833\lg a_0-0.028(\%TFe)+1.85\times10^{-4}(\%TFe)^2+$$

$$0.0116(\%CaO)-7.28\times10^{-3}(\%MgO)-9.61\times10^{-3}(\%MnO)-$$

$$2.75\times10^{-3}(\%Al_2O_3)-0.0295(\%SiO_2)-0.0446(\%P_2O_5)$$

$$（n=164，r=0.83，s=0.214，f=34）\qquad\text{（1-5-73）序号 36}$$

$$\frac{\%Fe_2O_3}{\%FeO}=0.7145-2413/T-0.8231\lg a_0+0.3623\lg N'_{O^{2-}}+0.0027\lg R-$$

$$0.004(\%TFe)+0.0107(\%MgO)-0.0033(\%MnO)+$$

$$0.0145(\%Al_2O_3)-0.0093(\%P_2O_5)$$

$$（n=164，r=0.856，s=0.124，f=42）\qquad\text{（1-5-74a）序号 63}$$

注：式（1-5-74a）为重点推荐公式，既可以用来估算 $\%Fe_2O_3/\%FeO$ 值，也可以用来估算 $\lg Fe^{3+}/Fe^{2+}$ 的值。

$$\frac{\%Fe_2O_3}{\%FeO}=1.6843-3015/T+0.386\lg a_0+0.9984\lg N'_{O^{2-}}-0.0162(\%TFe)+$$

$$2.485\times10^{-4}(\%TFe)^2+5.96\times10^{-3}(\%CaO)+0.0167(\%MgO)+$$

$$0.0313(\%Al_2O_3)+0.0201(\%SiO_2)+5.03\times10^{-3}(\%P_2O_5)$$

$$（n=164，r=0.793，s=0.148，f=26）\qquad\text{（1-5-74b）序号 44}$$

在（CaO）$=0\sim sat$ 区间：

$$\lg\left(\frac{Fe^{3+}}{Fe^{2+}}\right)=-0.0351+727/T-0.0362\lg a_0+0.3441\lg N'_{O^{2-}}-0.0207(\%TFe)+$$

$$1.79\times10^{-3}(\%CaO)-0.0193(\%MgO)-0.0152(\%MnO)+0.0183(\%Al_2O_3)-$$

$$0.0155(\%SiO_2)-0.0374(\%P_2O_5)$$

$$(n=351,\ r=0.859,\ s=0.204,\ f=26) \qquad (1\text{-}5\text{-}75)\ 序号50$$

$$\lg\left(\frac{Fe^{3+}}{Fe^{2+}}\right)=0.0911-965/T-0.3639\lg a_O+0.4253\lg N'_{O^{2-}}+0.0404\lg R-$$

$$0.0123(\%TFe)-0.0277(\%MgO)-0.0146(\%MnO)+$$

$$0.03(\%Al_2O_3)-0.0232(\%P_2O_5)$$

$$(n=351,\ r=0.856,\ s=0.213,\ f=93) \qquad (1\text{-}5\text{-}76)\ 序号64$$

参 考 文 献

[1] 唐山钢铁集团公司，东北大学，编. 熔融还原炼铁新工艺 [M]. 1993：273-279.

[2] 李远洲，等. $CaO\text{-}MgO_{sat}\text{-}MnO\text{-}FeO_n\text{-}SiO_2\text{-}P_2O_5$ 渣系与金属液之间的磷平衡分配比的实验 [J]. 钢铁，1993（1）：15~21.

[3] Suito H, Inoue R. ISIJ International, 1995, 35（3）：257~265.

[4] Winker T B, Chipman J. Trans AIME, 1946, 167：111~133.

[5] Suito H, Inoue R. Trans Iron Steel Inst Jpn, 1984, 24：40~46.

[6] Suito H, et al. Trans Iron Steel Inst Jpn, 1981, 21：250~259.

[7] Inoue R, et al. Bull Res Inst Miner Dressing：Metal. Tohoku University, 1986, 42：25.

[8] Suito H, Inoue R. Trans Iron Steel Inst Jpn, 1984, 24：301.

[9] Shim J D, Ban-ya S. Tetsu-to-Hagane, 1981, 67：1735-1744.

[10] The 19th Comm. (Steelmaking). The Japan Soc. For the Promotion of Socience (JSPS). Selected Equilibrium Values for Steelmaking Reaction, Rep. 19-10588. Tokyo, Japan, 1984.

[11] Park J M, et al. Steelmaking Conf. Proc., 1994, 461-470.

[12] Shim J D, Ban-ya S. Tetsu-to-Hagane, 1981, 67：1745-1754.

[13] Turkdogan E T, Pearson J. J Iron Steel Inst, 1953, 173：217-223.

[14] Scimar R. Steel and Coal, 1962, 184：502, 559.

[15] 冶金部氧气转炉顶底复合吹炼技术攻关专家组与复吹通讯合编. 氧气转炉炼钢顶底复合吹炼技术（"七五"攻关资料汇编）1986-1990，第一册 [M]. 北京，1992：114-115.

[16] Ishiguro M, Okubo M. Tetsu-to-Hagane, 1977, 63：265-274.

[17] Herasymehko P, Speight G E. JISI, 1950, 166：169.

[18] Flood H, Grjotheim K. JISI, 1952, 171：64.

[19] 黄希祜. 钢铁冶金原理 [M]. 北京：冶金工业出版社, 1981：137.

[20] Темкин м. жфх, 1946, 20：105-110.

[21] Gaye H, Welfringer J. Proc of 2nd Intern. Symp On Metallurgical Slag and Fluxes, Lake Tahoe Nevads, 1984：257.

[22] Chipman J, Winker T B. Trans AIME, 1941, 39：110.

[23] Lumsden J. Physical Chemistry of Process Metallurgy, Part I [M]. New York：Interscience, 1961.

[24] Sommerville I D, et al. Chemical Metallurgy of Iron and Steel [M]. London：Iron Steel Inst, 1973.

[25] Bay-ya S, Hino M. Chemical Properties of Molten Slag [M]. ISIJ, Tokyo, 1991.

[26] Bay-ya S, Shim J D. Can Metall Q, 1983, 23：319, Tetsu-to-Hagane, 1981, 67：1735, 1745.

[27] Bay-ya S, et al. Trans Iron Steel Inst, Jpn., 1985, 25：1122.

[28] Nagabayashi R, et al. ISIJ Inst, 1989, 29：140.

[29] Hino M, et al. Proc 5th Int Iron and Steel Cong, ISIJ, Tokyo, 1990: 264.

[30] Bay-ya S. ISIJ Int., 1993, 33 (1): 2-11.

[31] Darken L S. Trans Metall Soc, AIME, 1967, 237: 80, 90.

[32] Waseda Y, et al. J Jpn Inst Met, 1979, 43: 1009.

[33] Bay-ya S, Hino M. Tetsu-to-Hagane, 1988, 74 (9): 1701.

[34] Nagabayashi R, et al. Proc of 3rd Int Conf on Molten Slags and Fluxes Glasgow, U. K., 1988, 6: 24.

[35] 大河平和男，等. 铁と钢, 1983, 69 (4): S245.

[36] Gaye H, Grosjean J C. Steelmaking Proc, 1982, 65: 202-209.

[37] Lehmann J, et al. Proc of 6th IISC, Vol. 1, ISIJ, Tokyoi, 1990, 256.

[38] 刘海兵. 对 γFeO, γCaO, γSiO_2 计算公式的热力学评估 [D]. 上海冶金高等专科学校冶05班毕业论文, 1997: 4.

[39] Richarsaon F D. Physical- Chemitry of Melts in Metallurgy [M]. London: Academic Press Inc., 1974: 116.

[40] Turkdogan E T. Physicochemical Propereties of Molten Slags and Glasses [M]. London: The Metals Society, 1983: 248.

[41] 特克道根，著. 高温工艺物理化学 [M]. 魏季和，傅杰，译. 北京: 冶金工业出版社, 1988: 194.

[42] Darken L S, Gurry R W. J Am Chem Soc, 1945, 67: 1398; 1946, 68: 798.

[43] Spencer P J, Kubaschewski O. Calpad, 1978, 2: 147.

[44] Learson H, Chipman J. Trans AIME, 1953, 197: 1087.

[45] Fetters K L , Chipman J. Trans. AIME, 1941, 145: 95.

[46] Timucin M, Morris A E. Metall Trans, 1970, 1: 3193.

[47] Takeda Y, et al. Can Metall Q, 1980, 19: 297.

[48] Elliott J F. Electric Furnace Proc, 1974: 62.

[49] Ban-ya S, Shim J D. Can Metall Q, 1980: 19.

[50] Hawkins R J, Davies M W. J Iron Steel Inst, 1971: 209, 226.

[51] Shigaki I, et al. Trans ISIJ, 1985, 25: 363-370.

[52] Bowen N L, Schairer J F. Am J Sci, 1932, 24: 177.

[53] White J. Carnegie Schol Mem (Iron Steel Inst), 1938, 27: 1.

[54] Schuhmann R, Ensio P J. Trans AIME, 1951, 191: 401.

[55] Michal E J, Schuhmann R. ibid, 1952, 194: 723.

[56] Turkdogan E T, Bills P M. J Iron Steel Inst, 1957, 186: 329.

[57] Turkdogan E T, Bills P M. Physical Chemistry of Process Metallurgy, Part Ⅰ [M]. St. Pierre G R, ed. New York: Interscience. 1961: 207.

[58] Turkdogan E T. Physicochemical Propereties of Molten Slags and Glasses [M]. London: The Metals Society, 1983: 224.

[59] Pargamin L, et al. Metall Trans, 1972, 3: 2093.

[60] Ban-ya S, et al. Tetsu-to-Hagane, 1991, 77: 361.

[61] Paul A, Douglas R W. Phys Chem Glasses, 1965, 6: 207.

[62] Arato T, et al. Tetsu-to-Hagane, 1982, 68: 2263.

[63] Goldman D S. J Am Ceram Soc, 1983, 66: 205.

[64] Schreiber H D, et al. J Non Cryst Solids, 1980, 38-39: 785.

[65] Jahanshahi S, Wright S. ISIJ Intern, 1993, 33 (1): 195-203.

[66] Nagabayashi R, et al. Tetsu-to-Hagane, 1988, 74: 1577.

[67] 甲斐干. 铁と钢, 1982: 1950.

[68] 特列恰柯夫, 等. 氧气转炉造渣制度 [M]. 北京: 冶金工业出版社, 1975: 12-13.

[69] Suito H, et al. Trans ISIJ, 1984, 24: 257-265.

[70] Suito H, et al. Trans ISIJ, 1995, 35 (3): 266-271.

[71] Meraikib M. Trans ISIJ, 1993, 33 (3): 352-360.

[72] Nakamura S, et al. Trans ISIJ, 1993, 33 (1): 53-58.

[73] 刘越生, 等. 钢铁研究学报, 1991, 3 (2): 70-76.

[74] 杨学民. 北京科技大学硕士论文, 1989: 102.

1.6 控制炉渣氧化性的因素和手段

炼钢工作者的一句名言是"炼钢就是炼渣!"而要炼好渣,首先就要选好造渣路线,是铁质造渣路线?钙质造渣路线?还是合理造渣路线?其实质就是确定转炉吹炼过程炉渣的形成是沿 $FeO/SiO_2 \geqslant 1.0$、$\leqslant 0.5$,还是 $1.0 \sim 1.5$ 的路线提高炉渣碱度,甚至按 $CaO/\sum FeO = 2.2$ 左右造就脱磷最佳状态的炉渣,也都离不开如何控制好炉渣的 Fe_tO 含量,尤其是保持吹炼平稳更是转炉操作者的第一任务,更需调节好脱碳速度 v_C 与炉渣 Fe_tO 含量之间的合理关系。另外,转炉终渣 Fe_tO 的控制水平直接关系着它的冶金效果和经济效益。故本节着重讨论影响炉渣氧化性的因素和控制手段。

吹炼过程炉渣的 Fe_tO 含量取决于当时进入炉渣的氧和氧化铁与渣中金属粒消耗的氧及传入金属熔池的氧的瞬时平衡关系,故可通过数学模型用计算机作数值解析来控制和预报吹炼过程中炉渣成分,特别是 Fe_tO 含量随时间的变化。鞭严等人[1]首先提出了解析转炉吹炼过程的方法,其基本观点是氧气射流的氧全部被射流冲击凹坑的表面吸收,并耗于凹坑表面上的 C、Si、Mn、P、Fe 元素,其所生成的 Fe_tO 以液滴的形式,通过熔池循环运动进入二次反应区,按渣钢间的化学反应将氧进一步耗于脱 Mn、脱磷和溶于金属液。其炉渣的氧化铁含量变化,便是据此建立的微分方程所作的数值解。但氧流供给熔池的氧并不都是也不主要是凹坑表面吸收,C 的氧化不只在一次反应区,也在二次反应区和渣池中,且渣-钢间的单位反应界面系数 Ap/W 也远比文献 [2] 中设定的 $1.14 m^{-1}$ 大许多[3],故本书拟根据近年来冶金反应方面研究的新进展,建立以射流-气泡-渣滴为基础的炼钢过程数值解的新概念,即使最后因某些数学模型尚不完善,某些参数还不齐备而不能进行实际运算,但至少可建立起一个新框架,并明了新模型中尚有多少工作要作。作者在 1.2.3 节中讨论了氧流在炉渣和金属中的宏观分配,在 1.4 节和 1.5 节中讨论了金属滴在铁质渣中的脱碳速度和渣中 FeO 的还原动力学,但还需对 C、Si、Mn、P 等元素的氧化反应,石灰的渣化和射流与熔池的相互作用进行讨论后,方能论及以射流-气泡-液滴为基础的转炉炼钢过程数值解析。

这里要讨论的只是:(1)影响炉渣氧化铁含量的因素;(2)人们试验研究所得的控制炉渣 TFe 含量的模型;从而为 1.7 节如何更好地创建(TFe)控制模型作准备。

1.6.1 影响炉渣氧化性的因素

1.6.1.1 枪位 (L_H)

如图 1-6-1[4]所示,在暴露吹炼状态下,(FeO) 随 L_H 的增大而增大。

1.6.1.2　动压头（h_x）和冲击深度（n）

L_H 越低，P_{O_2} 越大，则射流冲击熔池处的 h_x 愈大，n
愈深。由图 1-6-2[5] 可见，在通常吹炼的前期和后期，随
着 h_x 的减小，渣中氧化铁含量会逐渐增加，脱碳速度会
有所下降（如图中的 A-B 段），而在冶炼前期是硅的氧化
速度有所下降。但当氧枪转入埋吹状态时，枪位对炉渣
氧化性的影响减弱了，甚至发生质的变化（示于图的 B-
C 段）。其原因分析请参见文献［5］。鉴于 h_x 测定困难，
理论计算也复杂，巴普基兹曼斯基[6] 研究得出了由方程
式（1-6-1）导出的反应区的计算特性 $L_H/d^{0.6}$ 与前期渣中
氧化铁含量的关系（图 1-6-3[5]），由图 1-6-3 可见，在
较大的炉容量变化范围内，所讨论的数据之间，仍保持
有较明显关系。从方程式（1-6-1）可见 $L_H/d^{0.6}$ 值实际上是 h_x 的单值函数：

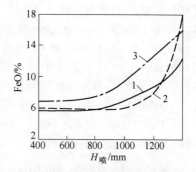

图 1-6-1　各冶炼时期喷枪离
静止液面的高度对炉渣
氧化性的影响（55t 转炉）

1—0～3min；2—3～7min；3—吹炼终点

$$\frac{L_H}{d^{0.6}} \approx \sqrt{\frac{\rho_{气}\, w_{气}}{g\rho}} = k\sqrt{h_x} \tag{1-6-1}$$

故吹炼前期对炉渣氧化铁起决定性影响作用的，正是流股与熔池相遇处的动压头值，
并可用（$L_H/d^{0.6}$）值作为模拟 h_x 值的决定性准数。

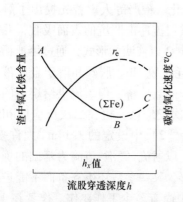

图 1-6-2　h_x 值对渣中氧化铁含量和碳的
氧化速度 v_C 影响的一般特征

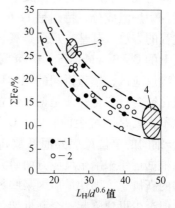

图 1-6-3　前期炉渣氧化铁含量与
$L_H/d^{0.6}$ 值之间的关系

1—15kg 炉子冶炼的；2—1t 转炉冶炼的；
3—彼得洛夫斯克冶金工厂的转炉生产的，喷孔直径 d=85mm；
4—其他厂工业生产转炉冶炼的

1.6.1.3　供氧强度 q_{O_2}

通常情况下，供氧强度的增加会引起炉渣和金属氧化性的某些减弱[7,8]（图 1-6-4 中
A-B 段），而当转入更高强度的吹炼（图 1-6-4 中 B-C 段）时，反而会引起渣中氧化铁增
加，这种关系是与熔池搅拌和传质特点相联系着的，按文献［5］的论述，图 1-6-4 中 B-
C 段是在 q_{O_2}>5～6m³/(t·min) 的情况下发生，而水力模型实验中则发现熔池搅拌混匀时
间的最小值是发生在 q_{O_2}=3.5～4.1m³/(t·min)（详见第 2 章气体射流与熔池的相互作用）

时，故吹炼前期采用超大供氧强度有利于石灰渣化和早期去 P。从图 1-6-5[10] 可见，在 $q_{O_2} = 3.8 m^3/(t \cdot min)$ 和 $5.0 m^3/(t \cdot min)$ 下显著不同的脱 P 曲线表明 $q_{O_2} = 5.0 m^3/(t \cdot min)$ 时已经发生了炉渣可用于脱 P 的 Fe_tO 含量比 $q_{O_2} = 3.8 m^3/(t \cdot min)$ 时显著增大了。

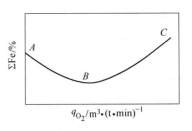

图 1-6-4　q_{O_2} 与 ΣFe 关系的一般特征

　　渣中 Fe_tO 含量与 q_{O_2} 存在极值关系的原因，据巴普基兹曼斯基的解释是[3]，当扩散是限制性环节时，氧化铁在金属中的溶解速度可由一般的传质方程来确定：

$$v_{(FeO)溶解} = \beta S_渣 \Delta (FeO) \approx \beta S_渣 (FeO) \quad (1-6-2)$$

$$\beta = K_1 N^m \approx K_1' q_{O_2}^m$$

$$S_渣 = K_2 N^m \approx K_2' q_{O_2}^n$$

而

$$v_{(FeO)收入} = K_3 q_{O_2}^r \quad (1-6-3)$$

当 $v_{(FeO)溶解} = v_{(FeO)收入}$ 时，

则

$$(FeO) \approx K_4 / q_{O_2}^{m+n-r} \quad (1-6-4)$$

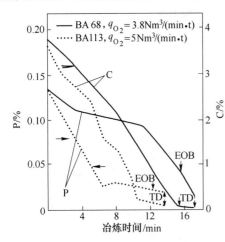

图 1-6-5　中间工厂试验的脱 P 脱 C 曲线与供氧强度的关系[10]

式中，N 为熔池搅拌比功率。按实验研究数据，在一般的供氧强度下，$r<1$，$m \approx 0.7$，$n \geqslant 0.4$，则 $d = m+n-r$ 为正值，即炉渣氧化性应随 q_{O_2} 的提高而下降（图 1-6-4 中的 A-B 段）。而在很高的供氧强度下，q_{O_2} 对传质系数 β 和钢渣接触面积 $S_渣$ 的影响减弱了，则 m、n 变小了，r 变大了，d 成为了负值，从而导致了渣中氧化铁含量随 q_{O_2} 的增大而积累。

　　这里要指出的是，以上 q_{O_2} 与 TFe 关系的论述，仅是对 [C] 大于临界值的吹炼阶段而言的，对于 [C] 小于临界值的吹炼阶段，不仅不能采用超大供氧强度，就是一般的大供氧强度（如 $q_{O_2} = 4.0 \pm m^3/(t \cdot min)$），即使是顶底复吹转炉也会极大地增加终点（TFe）和 [O] 含量（见图 1-6-6[11]）。故为了降低终点（TFe）和 [O] 含量，吹炼后期的供氧

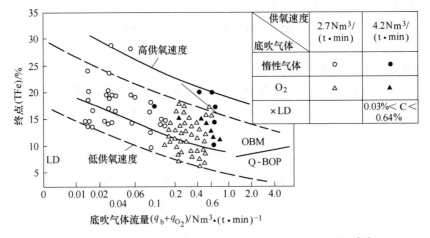

图 1-6-6　供氧速度对底吹气体流量与（TFe）关系的影响[11]

强度似以采用 2.2~2.7m^3/(t·min) 为宜。

1.6.1.4　底吹气量 q_b（m^3/(t·min)）

　　底吹气体不仅搅拌金属熔池和渣池，而且将金属滴带入渣池。故渣中氧化铁含量随 q_b 的增大而下降，当底氧比 $OBR \geqslant 6\%$ 时，下降趋势变缓，到 $OBR = 10\%$ 左右达稳定值，见图 1-6-7[12]（注：$OBR = 10\%$ 相当于 $q_{b(O_2)} = 0.2 \sim 0.3 m^3$/(t·min)）。如底吹惰性气体，则 $q_b \geqslant 0.1 m^3$/(t·min)，TFe 的下降便趋于平稳（见图 1-6-8（a）[13] 和图 1-6-8（b）[14]）。

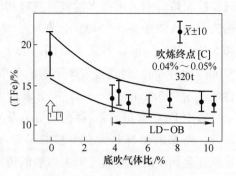

图 1-6-7　底吹气体比和渣中含 TFe 量的关系[12]

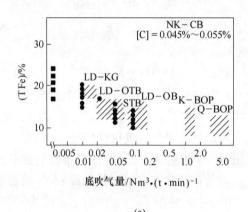

(a)

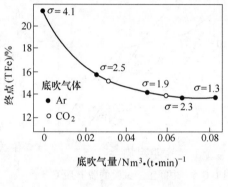

(b)

图 1-6-8　底吹气量和渣中 TFe 含量的关系（(a)[13]，(b)[14]）

1.6.1.5　氧流冲击熔池深度（n）和冲击深度比（n/n_0）

　　氧流冲击熔池深度（n）和冲击深度比（n/n_0）是综合了氧流出口速度、喷孔直径、喷孔倾角、喷孔分散度、喷孔数、喷枪高度、射流密度、射流冲量、炉气温度、钢液密度及熔池深度等诸多因素的结果，它与射流与金属的破碎、钢/渣的混合、熔池的循环运动和搅拌混匀时间以及氧流在渣/金间的分配都有着密切的关系。故一般来说，顶吹转炉渣的 TFe 含量往往与 n 或 n/n_0 具良好的单值函数关系。即使在顶底复吹转炉中，顶吹条件（n/n_0 或 L/L_0）仍对（TFe）起着决定性的影响，只有当 $q_b \geqslant 0.1 m^3$/(t·min) 时，（TFe）才不受 L/L_0 比值的影响，而只取决于 q_b 值（见图 1-6-9[11]）。详细论述请参阅第 2 章。

1.6.1.6　熔池搅拌混匀时间（τ）

　　τ 是具有类似 n 和 n/n_0 性质的参数，因此炉渣的氧化铁含量也往往是 τ 的单值函数（见图 1-6-10[15]）。

1.6.1.7　BOC 值

　　Okohira 等人[14]提出用 BOC 值来表述顶底复吹转炉渣中（TFe）、反应系统中氧势和操

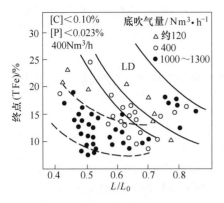

图 1-6-9　底吹气体流量对终点 L/L_0 与
(TFe) 关系的影响

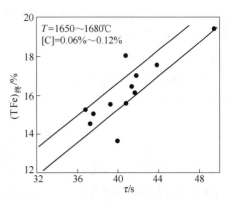

图 1-6-10　τ 与 (TFe)$_{终}$ 的关系曲线
（马钢 50t 复吹转炉）

作条件的关系，定义 BOC 为平衡供氧速度和供碳速度的操作指数，按式（1-6-5）确定：

$$BOC = \frac{Q_{O_2}}{(W/\tau)[\%C]} = q_{O_2}\tau[\%C] \tag{1-6-5}$$

式中，Q_{O_2} 为顶吹氧气流量与底吹氧气流量之和，m^3/min；W 为炉容量，t；q_{O_2} 为总的供氧强度，$m^3/(t \cdot min)$；τ 为 Okohira 等人[14] 提出的计算顶底复吹转炉熔池搅拌混匀时间公式（见第 2 章）所估算的值，s；[%C] 为钢水含碳量。因文献 [14] 分析认为，反应界面的供氧速度受氧化铁生成速度的影响，氧化铁生成速度取决于供氧速度，而碳是氧化铁的还原剂，供碳速度便相当于氧化铁还原速度，且它们与钢水熔池循环速度和钢水含碳量有关。故认为复吹转炉渣中（TFe）含量是 BOC 参数的单值函数，见图 1-6-11 和图 1-6-12[14]。由图可见，在图 1-6-11 中，TFe 与 BOC 之间的相关性尚不理想，但在图 1-6-12 中，TFe 与 BOC 之间的相关性则是较理想的，其原因可能是：

（1）BOC 参数中所采用的 τ 计算公式是按总的搅拌功率 $\varepsilon_\Sigma = \varepsilon_B + 0.1\varepsilon_T$ 考虑的。在一特定的顶、底吹条件下，这一考虑基本符合实际，但在一般底小气的顶底复吹转炉中，顶吹射流搅拌能 ε_T 对 ε_Σ 的贡献是随枪位和冲击熔池深度 n/n_0（或 L/L_0）而变化的，而不是常数 0.1，也不是 ε_T 总是随枪位的降低而增大，更不是 ε_Σ 总是 ε_B 与 $k\varepsilon_T$ 的加和关系，而有时由于风嘴布置或"硬吹"等原因往往是减和关系[16]。

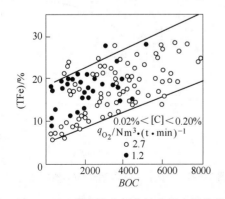

图 1-6-11　BOC 值和渣中氧化铁含量之间的关系

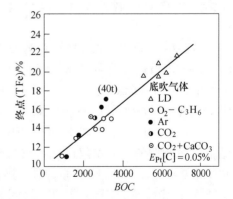

图1-6-12　BOC 值和渣中氧化铁含量之间的关系

（2）在底小气的复吹转炉中，τ_S的值只能映射熔池的传质系数β，而不能映射渣-钢的混合程度和反应界面（见第2章）。

1.6.1.8　ISCO 值

Nakanishi 等人[17]则建议用式（1-6-6）定义的参数 *ISCO* 来表述顶底复吹转炉渣中 TFe 与操作条件的关系：

$$ISCO = \left(\frac{2Q_{O_2}}{2Q_{O_2} + Q_d}\right)\left(\frac{Q_{O_2}}{W/\tau}\right) \tag{1-6-6}$$

式中，*ISCO* 为碳优先氧化参数；Q_{O_2} 为顶吹与底吹流量之和，Nm^3/min；Q_d 为 Ar、N_1、CO_1、C_3H_8 的流量，Nm^3/min；W 为熔池容量，t；τ 为熔池搅拌混匀时间，s。

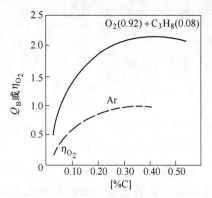

图 1-6-13　钢中含碳量，有效底吹气体
体积，以及与底吹气体种类有关
的氧的脱碳效率之间的关系

式（1-6-6）右边第一个括号内的项是假定氧100%与碳反应时的 CO 分压；第二个括号内的项是使元素氧化的氧气质量流向反应区的传递速度。但氧的脱碳效率并非100%，而是取决于钢水含碳量。根据底吹转炉获得的结果，氧的脱碳效率 η_{O_2} 与 ［%C］之间的关系接近于一条平滑曲线（见图 1-6-13[14]），故上述式（1-6-6）应考虑 η_{O_2} 的变化而修正为：

$$ISCO = \left(\frac{2\eta_{O_2}Q_{O_2}}{Q_B}\right)\left(\frac{Q_{O_2}}{W/\tau_C}\right) \tag{1-6-7}$$

$$Q_B = 2\eta_{O_2}Q_{O_2} + (1 + \eta_{O_2})Q_{CO_2} +$$
$$Q_{Ar} + Q_{N_2} + 4Q_{C_3H_8} \tag{1-6-7a}$$

在顶底复吹转炉中，总氧量的80%以上是顶吹的，故式（1-6-7）中右边的一项既不是与顶底吹有关的 CO 分压（$P_{CO(T+B)}$）的平均值，也不是与底吹有关的 CO 分压（$P_{CO(B)}$），而只是与钢水熔池中的 CO 分压（P_{CO}）有关。

式（1-6-6）中的 τ_C 值是用 Nakanishi 公式计算的（见第2章），其 $\varepsilon_\Sigma = \varepsilon_B + \varepsilon_T$，这与 Okohika 不同的只是一个 ε_T 前的系数为 1.0，另一个为 0.1，但 ε_B 与 ε_T 都是加和关系。我们在第2章已对此做了评述，这里就不再赘述。

由图 1-6-14 可见，由 LD 法变为 Q-BOP 法时，其 *ISCO* 值逐步降低，从宏观上反映出熔池的氧化性在降低。在 ［C］= 0.05% 时，渣中 TFe 含量随 *ISCO* 值的减小而减小，其递减顺序为 LD、LD-KG、K-BOP 和 Q-BOP，这点是很说明问题的。但如仅以 *ISCO* 参数作为控制顶底复吹转炉渣中 TFe 含量的唯一操作手段，则尚不够精确，因影响 TFe 的因素除

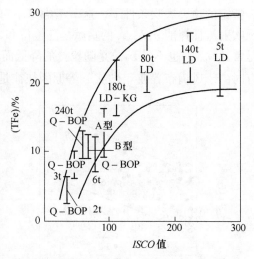

图 1-6-14　渣中 TFe 含量随 *ISCO* 值的变化[17]

BOC 和 *ISCO* 参数中所包括的外，尚有熔池温度、炉渣碱度和渣量等。

1.6.1.9　温度、钢水含碳量、炉渣碱度和渣量的影响

温度的降低和金属黏度 η_m 的提高会减慢熔池组成的传质过程及氧化铁的溶解过程，从而引起炉渣氧化性的提高[18,19]。

[C] 低时，钢中 [O] 高，（FeO）的溶解减慢，从而促使它在渣中的含量增加。而采用顶底复合吹炼法，则可把钢水吹炼到含碳低于 0.03%，而炉渣含 Fe 量不会过高（见图 1-6-15[20]）。

在钢中含碳量相同时，碱度升高会引起渣中铁含量升高（见图 1-6-16[20]）。当必须改变终渣碱度时，这一事实也是必须考虑的。另外，在同样的碱度下，则是渣量大者，渣中铁含量高（见图 1-6-17[20]）。因此，在作渣料配料计算时，应当用线性规划模型求出达到目标碱度时渣量最小的一组渣料。

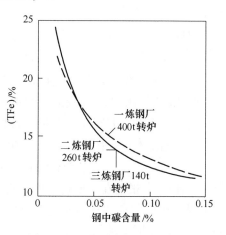

图 1-6-15　炉渣中的 TFe 含量与
钢的 C 含量的关系

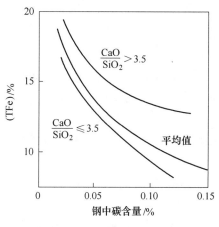

图 1-6-16　碱度对炉渣中铁含量与
钢的碳含量关系的影响

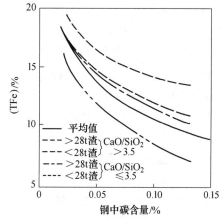

图 1-6-17　炉渣量和碱度对炉渣中铁含量与
钢中碳含量关系的影响

1.6.1.10　其他因素

影响渣中氧化铁含量的因素还有，矿石的加入会暂时增加炉渣的氧化性；冶炼过程中，a_{FeO} 变化较小，而 γ_{FeO} 则随石灰的溶解和炉渣碱度的增大而变化较大，至形成正硅酸盐渣时，γ_{FeO} 达最大值，再增大碱度时，γ_{FeO} 值反而减小，故吹炼初期和终期的渣中 FeO 较高，这表明，FeO 控制模型应按吹炼过程分阶段建立为是；此外熔池的径深比对炉渣的氧化性也有显著影响（见第 10 章），炉役后期由于熔池直径增大深度减小，炉渣氧化性通常有所增大，这也是建立控制模型时必须注意的事实。

1.6.2　炉渣（TFe）的控制模型

通过 1.6.1 节的讨论可见，炉渣的（TFe）含量是受多种因素影响的，既有热力学方

面的，也有动力学方面的，故生产转炉大都用多元函数来建立炉渣（TFe）含量的控制模型：

$$(\%TFe) = f(L_H, h_x, L_H/d, q_{O_2}, q_b, n/n_0, \tau, [C], t, R, W_{sl}, W_{ore}, \cdots) \qquad (1-6-8)$$

现将收集到的一些工厂转炉的炉渣（TFe）含量的控制模型介绍于下，以供借鉴。

1.6.2.1　吹炼前期的（TFe）控制模型

吹炼前期渣中 TFe 含量的控制水平以促进早期化渣、早期去磷、均匀升温和吹炼平稳为目的，而不在（TFe）含量的精确度，故可用 $L_H/d^{0.6}$ 或 n/n_0 等单值函数来控制。

按照图 1-6-3[6] 中的 $\sum Fe$ 与 $L_H/d^{0.6}$ 的关系曲线，可写成方程式（1-6-9）：

$$(\%\sum Fe) = 51.638\exp(-0.342L_H/d^{0.6}) \qquad (1-6-9)$$

薛桂诗[21] 根据在 10t 氧气顶吹转炉上的试验结果得出吹炼前期渣中（%$\sum FeO$）含量与熔池冲击深度比之间的关系式如下：

$$(\%\sum FeO) = 38.46 - 24.07(n/n_0) \qquad (1-6-10)$$

$$(n = 28, \quad r = 0.7)$$

式中，n 为射流冲击熔池深度，系采用鞭严公式[22] 计算，n_0 为熔池深度。由图 1-6-18 可见试验数据均落在公式线四周。

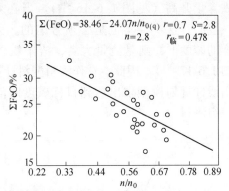

图 1-6-18　吹炼前期（$\sum FeO$）
与 n/n_0 的关系

1.6.2.2　吹炼中期的（TFe）控制模型

吹炼中期渣中 TFe 含量的控制水平，以促进石灰继续渣化，保持渣中 Fe_tO 与 v_C 之间的合理关系，既不发生炉渣喷溢，也不发生金属喷溅，炉渣不返干，不回磷，熔池均匀升温为目的。与吹炼前期一样，不在于（TFe）含量的控制精度，故也可用单值函数 n/n_0 或 τ 来控制。

Вемедин 和 Явоцекий[23] 根据 50t 氧气顶吹转炉的测试结果，得出碳吹期渣中（%TFe）含量与氧气射流特性的关系式：

$$(\%TFe) = 1.7\times10^5\exp(-4.97BZ^{1/2}) \qquad (1-6-11)$$

$$BZ = Q/d(n + L_H) \qquad (1-6-11a)$$

$$n = [0.64Q/(dL_H^{1/2})] - 3.6 \qquad (1-6-11b)$$

式中，BZ 为氧气射流特性指数；n 为射流冲击深度，cm；Q 为氧气流量，Nm^3/h；d 为喷孔直径，cm；L_H 为枪高，cm。

由图 1-6-19 可见，尽管金属含碳量、熔池温度和熔剂都影响碳吹期渣中的（TFe）含量，但（TFe）仍与 BZ 值具有良好的线性关系。

薛桂诗和谢宏荣[21] 根据 10t 氧气顶吹转炉中的测试结果，得出碳吹期（%FeO）与 n/n_0 的关系式是：

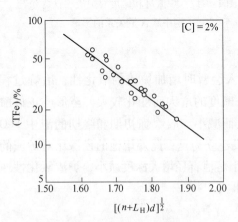

图 1-6-19　（TFe）与射流特性
参数 BZ 的关系[23]

$$(\%FeO) = 29.592-34.92n/n_0 \tag{1-6-12}$$
$$(n=18, \quad r=0.766)$$

其关系图略。

1.6.2.3 吹炼终点 (TFe) 和 [O] 的控制模型

吹炼终点 (TFe) 和 [O] 的控制水平,直接关系着转炉的冶金效果和经济效益,因此要求其模型的控制精度高。许多研究者都试图提出这方面的良好模型,现介绍于下。

A 氧气顶吹转炉

a 薛桂诗和谢宏荣[21]

根据 10t 顶吹氧气转炉冶炼低碳钢 ([C]$_F$ = 0.1% ~ 0.11%) 的数据,得出 $(\%\sum FeO)_F$ 与 n/n_0 和 [C] 的关系式 (1-6-13) 及关系图 1-6-20。

$$(\%\sum FeO)_F = 1.182+22.21n/n_0+0.936/[\%C] \tag{1-6-13}$$
$$(n=29, \quad R=0.84, \quad S=2.92, \quad t_1=4.68, \quad t_2=7.02)$$

尽管式 (1-6-13) 的复相关系数 R 值较高,但 n/n_0 项前面为正号这点似与它对 $(\sum FeO)$ 影响的物理意义不符,为此作者根据其水模实验 τ 与 n/n_0 具有极小值的关系[15],发现图 1-6-20 中的 $(\%\sum FeO)$ 与 n/n_0 也具有极小值关系。于是对图 1-6-20 重新作图 (见图 1-6-21),并按极小值函数关系重新回归得出式 (1-6-14):

$$(\%\sum FeO) = 0.354[\%C]^{-0.564}[46.74-24.23n_0/n+4.614(n/n_0)^2] \tag{1-6-14}$$
$$(n=29, \quad R=0.98)$$

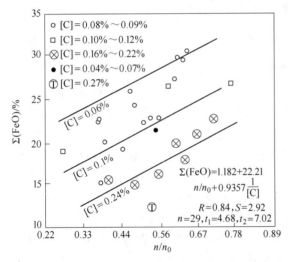

图 1-6-20 吹炼后期 $\sum FeO$ 与 n/n_0 和
[C] 的关系[21]

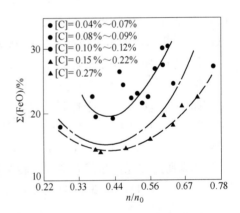

图 1-6-21 吹炼后期 $\sum FeO$ 与 n/n_0
的极值关系[15]

由图 1-6-21 可见,在 q_{O_2} = 3.4 ~ 3.8Nm^3/(t·min) 时,$\sum FeO$ 的极小值发生在 n/n_0 = 0.44 ~ 0.5 处,值得操作者注意。

b Kreijger 等人[24]

根据 80t 氧气顶吹转炉的大量冶炼数据,得出:

$$(\%TFe)_F = 17.5f(C·T)^{-0.571}(CaO/SiO_2)^{0.468} \tag{1-6-15}$$

$$f(C·T) = 1.77[C]^{0.434}\exp\left(-\frac{26500}{T}+13.125\right) \tag{1-6-15a}$$

式（1-6-15a）中的 $[C]$ 单位为 $10^{-2}\%$，即 0.1% 为 0.1×100（原著为 $10^{-3}\%$）。该模型与其说是控制模型，其实更是熔剂模型之一。

c　BOS 法推荐的熔剂模型

对终渣（TFe）含量的计算公式为[25]：

$$(\%TFe)_F = 16.693\exp(0.04-[C]/0.7869) + 4.059\exp(0.04-[C]/0.044)$$

$$(1-6-16)$$

d　CRM 静态模型

通过对 LD、LD-AC、Kaldo、碱性贝塞麦转炉和 OBM/Q-BOP 法终渣成分的研究，提出石灰在 $CaO\text{-}SiO_2\text{-}FeO$ 和 $CaO\text{-}P_2O_5\text{-}FeO$ 渣系中饱和时最合适的线性方程[26]是：

低磷铁水时　　　　　$(\%TFe)_F = 6.3(CaO/SiO_2) + 6.2$　　　　　$(1-6-17)$

高磷铁水时　　　$(\%TFe)_F = 0.8889(CaO) - 1.3956(\%P_2O_5) -$

$$1.6533(SiO_2) + 6$$

$$(1-6-18)$$

e　作者

根据上钢五厂氧气顶吹转炉的试验数据通过多元逐步回归，得到预拉碳的（TFe）控制模型：

$$(\%TFe) = 205434/T - 93.85 + 1.169R_2 - 5.702[\%C] - 1.179(\%Al_2O_3) -$$

$$0.548CaF_2(kg/t) + 3.367L_H$$

$$(1-6-19)$$

$$(n = 40, \quad R = 0.78, \quad s = 2.52)$$

该式适用于 $R_2\left[= \dfrac{(CaO)+0.7(MgO)}{(SiO_2)+0.85(P_2O_5)}\right] = 3 \sim 4.7$，$(Al_2O_3) = 0.55\% \sim 3.2\%$，$(MnO) =$
$1.61\% \sim 3.6\%$，$CaF_2 = 2 \sim 6kg/t$，$[C] = 0.07\% \sim 0.73\%$ 和 $L_H = 1 \sim 1.5m$ 条件下。它表明（TFe）随 R、L_H 的增大而增大，随 $T(K)$、$[C]$、(Al_2O_3) 和 (CaF_2) 的增大而降低。这主要是 Al_2O_3 和 CaF_2 可增大 γ_{FeO} 的缘故。因此在吹炼中期适当添加铁矾土、废高铝砖和萤石助熔时，不仅有助于石灰渣化，提高炉渣去磷去硫能力，也有利于降低（TFe）含量。

如以式（1-6-19）来控制（TFe），以获得与原上钢五厂转炉脱磷分配比 L_P 最大值相对应的（TFe）含量（$15.14\% \sim 15.73\%$），则可采用下列工艺参数：$R_1 = 3.5 \sim 4.0$，$T = 1933K$，$[C] = 0.15\%$，$(Al_2O_3) = 2\%$，$CaF_2 = 4kg/t$，$L_H = 1.2m$。

作者通过多元逐步回归得到该转炉的终点（TFe）含量控制模型。

$$(\%TFe)_F = 35.985 - 16.71L_H - 50.4[\%C] + 0.432R_2 - 0.703(\%Al_2O_3)　(1-6-20)$$

$$(n = 40, \quad R = 0.68, \quad S = 2.95)$$

显著性为：$L_H \to [C] \to Al_2O_3 \to R_1$。式（1-6-20）的相关系数较式（1-6-19）小 0.1，且式（1-6-20）中 L_H 前为负，与式（1-6-19）恰好相反。这是因为 τ 与 L_H 之间存在极小值。该厂的终点压枪操作已超过临界点（大部分，但不是全部），故才导致 L_H 参数前为负号，且回归相关系数 R 值减小。

f　Хариенко 等人[27]

为了研究 130t 氧气转炉，在不同供氧条件下吹炼钢丝绳钢，出钢前影响钢水氧化性的因素；终吹时耗氧量为 $100 \sim 450m^3/min$，吹炼用 5 孔喷枪，喷孔临界直径为 0.031m，喷孔倾角 10°，喷枪高度为 0.8~3m。

在研究的范围内（$[C] = 0.5\% \sim 1.4\%$）钢中含碳量对含氧量影响不大（见图 1-6-

22)。而主要取决于射流穿透熔池深度 n（见图1-6-23）。

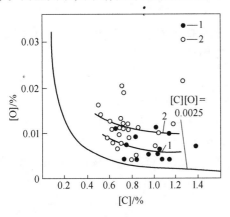

图 1-6-22 高碳钢第一次倒炉时（2）和后吹后（1）
含碳量和含氧量之间的关系[27]

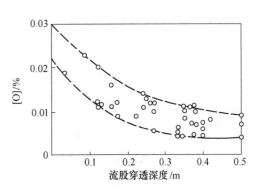

图 1-6-23 钢水氧化性和氧气流股在
钢水终吹透深度之间的关系[27]

经回归分析，得：

$$[\%O]=1/(37+240n) \qquad (r=0.92,\ f=37.4) \qquad (1\text{-}6\text{-}21)$$

$$n=\frac{v_j d_e}{m\sqrt{(2g\gamma_m/\gamma_{O_2})\cos\theta}}-L_H \qquad (1\text{-}6\text{-}21a)$$

式中，m 为紊流常数；γ_m 为钢水密度，kg/m^3；γ_{O_2} 为出口氧气密度，kg/m^3；θ 为喷孔倾角，（°）；g 为重力加速度，m/s^2；v_j 为氧气出口速度，m/s；d_e 为喷孔出口直径，m；L_H 为枪位，m。

紊流系数 m 按表1-6-1所示的氧流量与流股参数的关系选取。

表 1-6-1 紊流系数 m 的选取

$Q_{O_2}/m^3 \cdot min^{-1}$	500	450	400	350	300	150
$v_j/m \cdot s^{-1}$	611	608.9	604.8	600.5	598.1	588.7
d_j/m	48.5	47.3	45.6	44.0	41.7	40.3
m	0.08	0.087	0.094	0.101	0.108	0.115

g Хамзии С А 等人[28]

根据卡拉干达钢铁公司大型转炉的试验数据，得出渣中氧化铁含量随相对时间 t 比值的变化（见图1-6-24）。并考虑到这些数据分散的特点，使这些近似于三次幂多项式：

$$(\%FeO)^t=25.576-85.08t+106.05t^2-30.97t^3 \qquad (1\text{-}6\text{-}22a)$$

$$(R=0.54,\ S=5.04)$$

式中，t 为吹炼时间，它取决于停吹时氧耗量对吹炼一炉钢的整个氧耗量之比；$(\%FeO)^t$ 为渣中氧化铁含量的计算值，它取决于 t。

然后，按照下面的观点，即转炉熔池中氧化过程的特性，取决于过程的开始条件：Si、Mn、P、Fe 的氧化速度，而这又取决于铁水在废钢表面的凝固过程及随后的出铁与废钢的熔化。进而将按式（1-6-22）计算得出的 $(\%FeO)^t$ 值与实际值之间的偏差值 $\Delta(\%FeO)$ 同吹炼过程开始的参数联系起来分析，经多元回归，得出在 [C] = 0.11% ~

1.18%的范围内：

$$\Delta(\%FeO) = 7.036 - 1.44G + 0.666/[\%Mn] - 0.82[\%C] + 2.27[\%C]^2 \quad (1\text{-}6\text{-}22b)$$

$$(R = 0.84, \ S = 2.16)$$

结果得到渣中氧化铁含量的预测方程式如下：

$$(\%FeO)' = 25.576 - 85.08t + 106.05t^2 - 30.97t^3 +$$
$$(7.036 - 1.44G + 0.666/[\%Mn] - 0.82[\%C] + 2.27[\%C]^2) \quad (1\text{-}6\text{-}22)$$

$$(R = 0.82, \ S = 2.01)$$

式中，G 为生铁中的 Si、Mn、P 总重量，t_o 按式（1-6-22）算出的 $(\%FeO)'$ 值与实际的 $(\%FeO)'$ 值的比较见图 1-6-25。

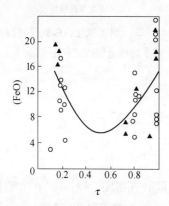

图 1-6-24　渣中氧化铁含量与第一炉（▲）
和第二炉（○）相对吹炼时间的变化

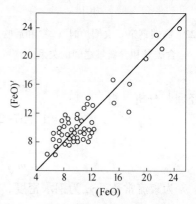

图 1-6-25　渣中氧化铁含量
计算值和实际值的比较

看来式（1-6-22）是在氧气转炉保持每炉供氧制度基本不变的条件下，一种预测 $[C] = 0.11\% \sim 1.3\%$ 范围内渣中氧化铁含量的可行性模型，如进一步采用灰色理论的数据处理方法和 $GM(1, N)$ 建模方法，该模型的预报精度还可以提高。

B　顶/底复吹转炉

a　片相望等人[29]

根据神户钢厂 90t 和 140t 复吹转炉上的试验数据得出：

$$(\%TFe) = \exp\left[\left(\frac{3087}{T} - 0.618T\log[\%C] + 0.9383\log R - 1.050\right) \times 2.303\right] -$$
$$4.0\log q_b - 6.9 \quad (1\text{-}6\text{-}23)$$

该厂底部喷枪两根位于 0.46D，两根位于 0.1D，使用环缝（SA）型喷嘴，供气强度为 $0.01 \sim 0.1 Nm^3/(t \cdot min)$。如式（1-6-23）中的 T、$[C]$ 和 R 一定，则可算得 $(\%TFe)$ 随 q_b 的增大而降低，当 $q_b > 0.08 Nm^3/(t \cdot min)$ 时，$(\%TFe)$ 的降低值甚微，这与底枪使用惰性气体的一般冶金性能相符。

b　本书作者

根据马钢 50t 顶吹转炉[15,16]试验数据和上钢五厂 15t 顶底复吹转炉试验数据得出，马钢 50t 复吹转炉：

$$(\%TFe) = 64.19 - 11.98[\%C] - 0.0382t(℃) + 1.23R - 0.53q_{O_2} + 1.09q_b + 0.59L_H/d_T$$

$$(n=38, R=0.714, S=1.515, F=5.703) \tag{1-6-24}$$

式中各元素对（TFe）的影响顺序为 $L_H/d_T(1) \rightarrow [\%C](1) \rightarrow R(3) \rightarrow t℃(4) \rightarrow q_{O_2}$ $(5) \rightarrow q_b(6)$。其显著性按此顺序为：$0.696:0.509:0.303:0.141:0.061:0.004$。这说明像马钢这样小气量（$q_b < 0.08 \text{Nm}^3/(\text{t·min})$）的复吹转炉中控制（TFe）$_F$ 的主要因素是 L_H 和 [C]，其次是 R 和 t，而 q_{O_2} 和 q_b 的影响不显著，故剔除后重新回归得：

$$(\%TFe) = 66.222 - 12.278[\%C] - 0.0404t(℃) + 1.225R + 0.6267L_H/d_T \tag{1-6-25}$$

式中，$d_T = \sqrt{nd_t^2}$（n 为喷孔数，d_t 为喷孔喉口直径）；$R = (\%CaO)/[(\%SiO_2) + (\%P_2O_5)]$。这说明在底吹小气量的复吹转炉中，顶吹条件在调控熔池氧化性方面仍占主导地位，而不能轻视它的作用。现我们再回头看看图 1-6-10，就不难明白为何马钢 50t 复吹转炉的终渣（TFe）含量不是与计算的复吹熔池搅拌混匀时间 $\tau_{C.S}$ 成良好关系，而是与计算的顶吹熔池搅拌混匀时间 $\tau_{T.S}$ 成良好关系。其深层方面的分析请参看文献[15，16]和第 2 章。经回归得：

$$(\%TFe)_F = 1.091 + 0.37\tau_{T.S} \tag{1-6-26}$$
$$(n=14, r=0.89, S=0.68)$$

式（1-6-26）中和图 1-6-10 中的 $\tau_{T.S}$ 和 $\tau_{C.S}$ 值是按文献[15，16]的公式（见第 2 章）计算的。

原上钢五厂底小气的 15t 顶底复吹转炉，从正交试验 $L_{18}(6^1 \times 3^6)$ 结果[31,32]可见，影响终点（TFe）的第一位因素为枪位制度，第二位是石灰用量，第 6 位才是 q_b（$0.02 \sim$ $0.06 \text{Nm}^3/(\text{t·min})$），经回归分析得：

$$(\%TFe) = -16.16 - 17100/T + 9.734q_{O_2} + 1.639L_H - 10.55[\%C] + 2.534R_2 \tag{1-6-27}$$
$$(n=31, R=0.6)$$

各因素对（TFe）的影响顺序是 $R(1) \rightarrow [C](2) \rightarrow q_{O_2}(3) \rightarrow L_H(4) \rightarrow T(K)(5)$。$q_b$ 等因素被逐步回归时自动剔除了。与马钢 50t 复吹转炉的情况基本一致。

c 底吹中等气量和底吹氧的顶底复吹转炉终点（TFe）含量的控制模型

很抱歉只收集到一例这方面的资料，底吹氧的顶底复吹转炉终渣（TFe）含量的控制模型[32]。看来这与底吹氧气比 $OBR > 10\%$ 和底吹惰性气体 $q_b > 0.15 \sim 0.2 \text{Nm}^3/(\text{t·min})$ 后，熔池的氧化性不仅不受顶吹条件影响，同时底气的继续增大也对其影响不大（见图 1-6-7~图 1-6-9），而只取决于一定的 [C][O] 乘积，像底吹转炉一样，C、O 反应达到平衡[17]，且终点 a_{FeO} 与 [O] 也达平衡，故既可用测定 [O] 来推算 a_{FeO}，也可由终渣成分来计算 [O]，因该测定 [O] 与计算 [O] 是一致的（见图 1-5-14）[33]。

但为了保证终点钢水目标磷要求的相应氧化铁含量，底吹氧气的复吹转炉在精炼末期，一般首先停止顶吹氧，随后再单独底吹氧几分钟，并加入一部分氧化铁来达到所要求的渣中（TFe）含量，藤山寿郎等人[32]，通过对 150t K-BOP 转炉数据的回归分析得出：

$$(\%TFe)_F = -0.68\Delta t_{O_2} + 0.035W_{ore} - 0.7\Delta t_{ore} + 6.67/[\%C]_F + 13.9 \tag{1-6-28}$$

式中，Δt_{O_2} 为单独底吹氧的时间，min；W_{ore} 为吹炼末期加入铁矿石的数量，kg/t；Δt_{ore} 为从铁矿石加完了到吹炼终点的时间，min；$[\%C]_F$ 为终点碳含量；13.9 为（d/Q_B），由底吹氧流量 $Q_B = 900 \text{Nm}^3/\text{min}$ 确定的常数。

K-BOP 复吹转炉通过按式（1-6-28）调节炉渣（TFe）后，其（TFe）-[O] 关系为[34]：

$$(\%TFe) = 7.4 + 0.018[O] \tag{1-6-29}$$
$$(n=44, \sigma=1.14)$$

式中，［O］的单位为 ppm，在［O］相同的情况下，由式（1-6-29）算得的（TFe）值，比由氧气顶吹转炉中得出的式（1-6-30）：

$$lg(\% \sum FeO) = 0.8476lga_{[O]} + 7737/T - 5.071 \qquad (1-6-30)$$

$$(n = 11, \ R = 0.814, \ S = 0.08)$$

算得的（TFe）值稍大些，故 K-BOP 法不仅能冶炼超低碳钢，不锈钢、也能很好地调节终渣（TFe）含量，获得良好的脱磷效果[17]。

参 考 文 献

[1] 鞭严，著. 冶金反应工程学［M］. 北京：冶金工业出版社，362-372.

[2] 三轮守，浅井滋生，鞭严. 铁と钢，1970（3）：101-112.

[3] 巴普基兹曼斯基，著. 氧气转炉炼钢过程理论［M］. 曹兆民，译. 上海：上海科学技术出版社，1979：104.

[4] 巴普基兹曼斯基，著. 氧气转炉炼钢过程理论［M］. 曹兆民，译. 上海：上海科学技术出版社，1979：86.

[5] 巴普基兹曼斯基，著. 氧气转炉炼钢过程理论［M］. 曹兆民，译. 上海：上海科学技术出版社，1979：88-91.

[6] Баптнзманский В Н. Метаццутизаат，1960，283，С. СИЦ.

[7] Явойский В И，uэр. Стаць，1970，（8）：С. 691-694，СИЦ.

[8] Коуцаков С В，uэр. Вюц. института черметин-формачия，1971，（5）：401-402，СИЦ.

[9] КИТаеВ А Т，uэр. 1971，（9）：С. 32-33，СИЦ.

[10] Baker R，et al. Ironm and Steelm，1980，（5）：227-238.

[11] 甲斐干，等. 铁と钢，1982（14）：1946-1954.

[12] KohTani T，et al. Steelmaking Proceeding，1982，65：211-220.

[13] Taguchi K，et al. Iron and Steel Engineer，1983，（4）：26-30.

[14] Okohira，等. 国外转炉顶底复合吹炼技术（上）［M］. 北京：钢铁编辑部出版，1985：271-279.

[15] 李远洲，等. 炼钢，1986（3）：27-37.

[16] 李远洲. 钢铁，1987（2）：13-19.

[17] Nakanishi K. Steelm Proc，1982，65：101-108.

[18] Еонларенко В Н，Фанасьевсг А. Стаць，1970，（6）：С. 43-47，СИЦ.

[19] Зарвии Е Я，uэр. Изв. Вуз. Чериияметаццугия，1971，（10）：С. 901-905，СИЦ.

[20] Höffken E，et al. Stahl und Eisen，1983，（4）：19-22.

[21] 薛桂诗，谢宏荣. 转炉通讯，1984（2）：53-65.

[22] 鞭严，著. 冶金反应工程学［M］. 北京：冶金工业出版社，352-355.

[23] Явоцекий В И，等. 国外氧气顶吹转炉炼钢文献（第十三辑）［M］. 首钢钢铁研究所，1977：64-65.

[24] Kreijger C，Crawford D. Steelmaking Proceedings，1983：373-383.

[25] Garlick C，Crawford D. Steelmaking Proc，1988：371-383.

[26] Dauby P H，Etienne A. The Role of Slag in Basic Oxygen Steelmaking Processes，Mc-Master Symposium，May，1978：12-1-24.

[27] Хариенко Б В，等著. 国外氧气转炉炼钢文献［M］. 麦积昌，译. 首钢钢研所，1980（14）：65-67.

[28] Хамзии С А，uэр. Изв. вуз. черния метаццугия，1989，（3）：41-42.

[29] Suito H，Inoue R. ISIJ International，1995，35（3）：257-265.

［30］张叔和．转炉顶底复合吹炼技术动态，1985（8）：2-17.

［31］李远洲，孙亚琴．钢铁，1990（7）：16-22.

［32］藤山寿郎，等．日本专利，昭57-143420.

［33］大河平和男，等．铁と钢，1983，69（4）：S245.

［34］永井润，等．川崎制铁技报，1973（2）.

［35］李景堂．转炉通讯，1984（2）：56-75.

1.7 如何更好地创建（TFe）控制模型

通过 1.6.2 节对一些工厂根据试验数据经回归分析得到的炉渣（TFe）含量控制模型的介绍，使我们对如何建立（TFe）控制模型有了新的启迪。

转炉冶炼过程中，决定熔池氧化性的因素，一是热力学的因素，另一是动力学的因素。反应平衡只在反应的终结，而不在反应的过程；当反应达到平衡时，决定平衡常数的只是热力学因素；而动力学因素在冶金中的重要作用只在于促进反应平衡和控制反应过程，适度偏离平衡。故在吹炼终点钢-渣反应达到平衡的某些复吹转炉（TFe）$_F$ 控制模型中只包含热力学因素。而在吹炼前、中期和终点钢-渣反应未达平衡时（TFe）控制模型中往往既有动力学因素也有热力学因素。特别是在钢-渣反应未达平衡的 LD 转炉中，其吹炼前、中、后期渣中（TFe）含量控制模型都成功地建立在单值参数 n/n_0（或 BZ）的基础上（相关系数在 0.7 以上）说明：在钢-渣反应非平衡的转炉熔池中，决定渣中（TFe）含量的决定性因素是 n/n_0（或 BZ），但不是唯一因素，还有影响各吹炼熔池氧化过程特性的 Si、Mn、P、Fe 的氧化速度。式（1-6-4）~式（1-6-6）和式（1-6-22）在建立各自决定性参数的第一回归方程后，再辅以减小误差的 $\lambda(\%TFe)$ 或 $\Delta(\%TFe)$ 回归方程的成功经验是值得借鉴的，尤其是式（1-6-22）把相对吹炼时间 t 作为主控因素，从而使模型的控制范围从一点扩展到另一段吹炼过程，也是很值得借鉴的。为此，本节拟重点讨论如何建立吹炼各期（TFe）含量的第一回归方程（或基本方程）和第二回归方程（或减小误差方程）乃至第三回归方程。

1.7.1 吹炼前、中期控制炉渣（TFe）含量的第一方程和第二方程如何建立

该问题的实质是选好顶吹操作条件或顶底吹操作条件的综合参数作为控制（TFe）含量的决定性因素和选好影响吹炼过程熔池氧化特性的主要冶金反应及其热力学因素，作为建立第二方程的参数。

前面已谈过吹炼前、中期炉渣（TFe）含量的控制水平在于促进石灰渣化、早期去磷、持续升温，而不在于熔池的氧化性达到反应平衡。故对吹炼前、中期熔池氧化性的控制原则应是保持合理的不平衡，1.6.1 节中的生产实践说明，控制这一合理的不平衡的可信手段是顶吹条件（n、n/n_0 或 BZ）和底吹条件（q_b 或 OBR）；但要进一步提高模型的可信度和控制精度，尚须辅以减小其控制误差的第二方程。

关于基本方程的建立：第一步是选用已证明了的 $L_H/d^{0.6}$、n、n/n_0 和 BZ 作为顶吹氧气转炉建立（TFe）控制模型基本方程的决定性参数；对于底小气的复吹转炉，则建议采用 n/n_0 和 q_b 二元回归方程，或取 τ，或取 ε，或取修正的（$ISCO$）参数。第二步是数据处理求出各炉次各时刻与（TFe）对应的 $L_H/d^{0.6}$、n、n/n_0、BZ、q_b、τ、ε 和 $ISCO$ 值，并分别

作 TFe-$L_H/d^{0.6}$、TFe-n/n_0、TFe-BZ、TFe-τ、TFe-ε、TFe-(n/n_0, q_b) 和 TFe-$ISCO$关系图，选取数据分散度小、相关性最好的一组或两组按曲线的形状作相应回归分析，如线性回归、对数回归、指数回归、幂回归、二次或三次式极值函数回归，择其一种或多种（当直观难以判断时）进行回归分析，然后选其相关系数大、显著性大、剩余误差小的回归方程作为基本方程，如：

$$(\%\text{TFe}) = a_0 \exp\left[-a_1(L_H/d^{0.6})\right] \tag{1-7-1a}$$

$$(\%\text{TFe}) = b_0 \exp\left[-b_1(n/n_0)\right] \tag{1-7-1b}$$

$$(\%\text{TFe}) = c_0 - c_1(n/n_0) \tag{1-7-1c}$$

$$(\%\text{TFe}) = d_0 \exp\left[-d_1(BZ)^{1/2}\right] \tag{1-7-1d}$$

$$(\%\text{TFe}) = e_0 \tau^{e_1} \tag{1-7-1e}$$

$$(\%\text{TFe}) = f_0 \exp(-f_1 \varepsilon) \tag{1-7-1f}$$

$$(\%\text{TFe}) = g_0\left\{\exp\left[-g_1(n/n_0)\right]\right\}(g_2 q_b^{g_3} + g_4) \tag{1-7-1g}$$

$$(\%\text{TFe}) = h_0 \exp\left[-h_1/(ISCO)\right] \tag{1-7-1h}$$

式（1-7-1a）~式（1-7-1h）中，大部分推荐用 $y = A\exp(-Bx)$ 指数回归形式是依据前人所得的这方面的曲线和公式[1~10]的经验，一般来说，它可能是合适的，但尚需结合实际来决定。再有式（1-7-1e）和式（1-7-1h）的 τ 值均采用文献 [6，11] 中的公式计算。

关于减小误差的修正方程，可取 ΔTFe 方程或 λTFe 方程。ΔTFe 方程是以 ΔTFe = (%TFe)$_{实际}$ - (%TFe)$_{计算}$（用基本方程）的差值来建立的，λTFe 方程则是以 λTFe = (%TFe)$_{实际}$/(%TFe)$_{计算}$ 的比值来建立的。分析产生基本方程误差的主要原因是它省略了影响熔池氧化性的下述氧化反应，如吹炼前期：

$$[Si] + 2(FeO) = (SiO_2) + 2Fe$$

$$[Mn] + (FeO) = (MnO) + Fe$$

$$2[P] + 5(FeO) + 3(CaO) = 3CaO \cdot P_2O_5 + 5Fe$$

$$[C] + \frac{1}{2}O_2 = CO$$

吹炼中期：

$$[C] + \frac{1}{2}O_2 = CO$$

$$[C] + FeO = CO + Fe$$

$$[C] + [O] = CO$$

$$[C] + (MnO) = CO + [Mn]$$

吹炼后期：

$$[C] + [O] = CO$$

$$[Mn] + [O] = (MnO)$$

$$Fe + [O] = (FeO)$$

$$[C] + (FeO) = CO + Fe$$

$$[Mn] + (FeO) = (MnO) + Fe$$

以及炉渣碱度、渣量、氧化剂和助熔剂加入量等。

故 ΔTFe 和 λTFe 方程可写成下列函数式：

$$\Delta(\%TFe) \text{ 或 } \lambda(\%TFe) = f(G, [Si], [Mn], [P], [C], T(K), W_{石灰}, W_{白云石},$$
$$W_{助熔剂}, W_{铁矿}, \Delta t_{铁矿}(min), \text{ 等}) \tag{1-7-2}$$

据此再酌情编制成各种形式的多元方程式，通过多元逐步回归找出最好的和最具代表性的 ΔTFe 或 λTFe 方程式。

1.7.2 吹炼后期和终点控制炉渣（TFe）含量的第一方程和第二方程如何建立

从 1.6.2 节的终点（TFe）控制模型中可见氧气顶吹转炉（见式（1-6-20））和底小气复吹转炉（见式（1-6-24））中影响（%TFe）$_F$ 的第一、第二位因素都是 L_H 和 [C]，其次是（Al_2O_3）和 R_1（或 R 或 t），但在终点操作较能使反应接近平衡的底小气复吹转炉（见式（1-6-27））中影响（TFe）$_F$ 的第一、第二位因素 R 和 [C] 都是热力学因素，其次才是动力学因素。而底吹中等气量和底吹氧的复吹转炉由于终点反应已达到平衡，故其（TFe）$_F$ 含量除非特殊目的用式（1-6-28）来调控外，均只取决于它的热力学因素 [C]、R、W_{Si} 和 t（℃）。

为此，建议该期（TFe）控制模型的基本方程，对于氧气转炉可采用以下形式：

$$(\%TFe) = a_0 [\%C]^{a_1} \exp[-a_2(L_H/d^{0.6})] R^{a_3} \tag{1-7-3a}$$

$$(\%TFe) = b_0 [\%C]^{b_1} [b_2 (d_T/L_H)^2 - b_3(d_T/L_H) + b_4] R^{b_5} \tag{1-7-3b}$$

$$(\%TFe) = c_0 [\%C]^{c_1} \{\exp[-c_2(n/n_0)]\} R^{c_3} \tag{1-7-3c}$$

$$(\%TFe) = d_0 [\%C]^{d_1} [d_2 (n_0/n)^2 - d_3(n_0/n) + d_4] R^{d_5} \tag{1-7-3d}$$

$$(\%TFe) = e_0 [\%C]^{e_1} \exp[-e_2 (BZ)^{\frac{1}{2}}] R^{e_3} \tag{1-7-3e}$$

$$(\%TFe) = f_0 [\%C]^{f_1} \lambda_{T \cdot S}^{f_2} R^{f_3} \tag{1-7-3f}$$

式（1-7-3a）～式（1-7-3f）诸式中的 $[\%C]^{a_1 \sim f_1}$ 项，也可按文献 [10] 中的 TFe-[C] 曲线选配 $m_0 \exp(m_1 [\%C]) + n_0 \exp(n_1 [\%C])$ 的形式，然后通过回归分析取其最佳者。

对于底小气的复吹转炉应通过多元逐步回归找出影响（TFe）的第一、第二位因素后，再确定建立基本方程的参数和形式，如是像式（1-6-23）中所表述的那样，则其基本方程可参照式（1-7-3a）～式（1-7-3f）以及下述形式：

$$(\%TFe) = g_0 [g_1 + g_2 (BOC)'] R^{g_3} \tag{1-7-3g}$$

$$(\%TFe) = h_0 [\%C]^{h_1} \{h_2 \exp[-h_3(n/n_0)] + h_4 \exp(-h_5 q_b)\} R^{h_6} \tag{1-7-3h}$$

$$(\%TFe) = I_0 [\%C]^{I_1} \{I_2 \exp[-I_3(L_H/d^{0.6})] + I_4 \exp(-I_5 q_b)\} R^{I_6} \tag{1-7-3i}$$

……

如是像式（1-6-27）所表述的那样，则其基本方程可选取：

$$(\%TFe) = J_0 R^{J_1} [\%C]^{J_2} \{J_3 \exp[-J_4(L_H/d^{0.6})] + J_5 \exp(-J_6 q_b)\} \tag{1-7-3j}$$

$$(\%TFe) = K_0 R^{K_1} [\%C]^{K_2} \{K_3 \exp[-K_4(n/n_0)] + K_5 \exp(-K_6 q_b)\} \tag{1-7-3k}$$

$$(\%TFe) = L_0 R^{L_1} [L_2 (BOC)' + L_3] \tag{1-7-3l}$$

……

该期（TFe）控制模型的第二方程，即 ΔTFe 和 λTFe 方程可按下述函数式：

$$\Delta(\%\mathrm{TFe})\ \text{或}\ \lambda(\%\mathrm{TFe}) = f(G,\ [\mathrm{Mn}],\ [\mathrm{P}],\ T(\mathrm{K}),\ W_{助溶剂},\ W_{氧化铁皮},\ \Delta t_{铁皮}\ (\min)\ \cdots)$$

$$(1\text{-}7\text{-}3)$$

酌情编制成各种形式的多元回归方程，经回归分析后，选取最佳者作为 ΔTFe 或 λTFe 方程，与基本方程组合成终点（TFe）控制模型。

对于底吹中等气体和底吹氧的复吹转炉，由于其终点钢-渣反应已基本平衡，渣中（TFe）含量取决于热力学因素：[C]、[Mn]、R、$(\mathrm{Al_2O_3})$、$(\mathrm{CaF_2})$、$W_渣$ 和 $T(\mathrm{K})$，其控制模型可从以下回归方程式寻找。基本方程为：

$$(\%\,\mathrm{TFe}) = m_0\,[\%\mathrm{C}]^{m_1} R^{m_2} \tag{1-7-3m}$$

$$(\%\,\mathrm{TFe}) = n_0\{n_1\,[\%\mathrm{C}]^{n_2} + n_3\} R^{n_4} \tag{1-7-3n}$$

$$(\%\,\mathrm{TFe}) = O_0\{O_1\exp(O_2[\%\mathrm{C}]) + O_3\exp(O_4[\%\mathrm{C}])\} R^{O_5} \tag{1-7-3o}$$

其 ΔTFe 和 λTFe 方程可取：

$$\Delta(\%\,\mathrm{TFe})\ \text{或}\ \lambda(\%\,\mathrm{TFe}) = A_1 + B_1 G + C_1/[\%\mathrm{Mn}] + D_1/T \tag{1-7-4a}$$

$$\Delta(\%\,\mathrm{TFe})\ \text{或}\ \lambda(\%\,\mathrm{TFe}) = A_2 + B_2 G + C_2/[\%\mathrm{Mn}] + D_2/T + E_2 W_{\mathrm{Al_2O_3}} + F_2 W_{\mathrm{CaF_2}}$$

$$(1\text{-}7\text{-}4\mathrm{b})$$

1.7.3 全程控制炉渣（TFe）含量的模型如何建立

根据 Хамзии 等人[12] 把相对吹炼时间 t 作为控制（TFe）含量的参数之一的成功实践，以及前人用 $L_\mathrm{H}/d^{0.6}$[3]、n/n_0[8]、BZ[9]、$ISCO$[7] 和 BOC[5] 等参数所建立的顶吹和顶底复吹转炉吹炼前、中、后期渣中（TFe）含量的关系曲线和方程式均存在较高相关性的客观事实，我们可对全程（TFe）含量的操作控制模型做如下形式的探索，基本方程取：

$$(\%\,\mathrm{FeO})_t = A f(t)\exp[-B(x)_t] \tag{1-7-5}$$

$$f(t) = a_0 + a_1 t + a_2 t^2 + a_3 t^3 \tag{1-7-5a}$$

$$(x)_t = (L_\mathrm{H}/d^{0.6})_t,\ (n/n_0)_t,\ (BZ)_t^{1/2},\ (BOC)_t',\ (ISCO)_t',\ [q_\mathrm{b}(n/n_0)]_t,\ \cdots$$

$$(1\text{-}7\text{-}5\mathrm{b})$$

误差修正方程取：

$$\Delta(\%\,\mathrm{FeO})_t = b_0 + b_1 G + b_2/[\mathrm{Si}] + b_3/[\mathrm{Mn}] + b_4\,[\mathrm{C}] + b_5\,[\mathrm{C}]^2 +$$

$$b_6 W_{助熔剂} + b_7 W_{铁皮} + b_8 \Delta t_{助熔剂} + b_9 \Delta t_{铁皮} + b_{10}/T \tag{1-7-6}$$

式中，$\Delta t_{助熔剂}$ 和 $\Delta t_{铁皮}$ 分别为助熔剂和氧化铁皮加完了到测试点（或吹炼过程相对时间点）的间隔时间，min；$W_{助熔剂}$ 和 $W_{铁皮}$ 分别为控制点 t 之前的一批料重，kg/t；$[i]$（i=Si、Mn、C）为 t 时金属中各元素的含量，%。

式（1-7-5）中 $\exp[-B(x)_t]$ 项的形式是从一般规律预设的，不妨先建立 $(\%\mathrm{TFe})_t = f(t)$ 的回归式，再求出误差比 $\lambda\%\mathrm{TFe}$，并作 $\lambda\mathrm{TFe}\text{-}(x)_t$ 关系图，视其图形再定 $(x)_t$ 与 $\lambda\mathrm{TFe}$ 的关系表述形式。式（1-7-6）中的因素较多，宜采用多元逐步回归分析，去其影响不大的次要因素，然后视其回归复相关系数的大小，决定是否对 $\Delta(\%\mathrm{TFe})_t$ 回归方程的函数表达形式做某些调整，以臻完善为止。

另外，在式（1-7-5）中的 $(x)_t$ 项中，是否还需考虑 x 参数在不同 t 时对（TFe）的不同影响，即 x 是否需要成为包含相对吹炼时间 t 值的组合参数，应通过试验研究来确定；同样，如能建立全程的通式当然好，如建立全程的不理想，则以分阶段建立为宜。关于钢液中元素 $[i]$ 值的估算请见第 7 章。

参 考 文 献

[1] 巴普基兹曼斯基，著．氧气转炉炼钢过程理论［M］．曹兆民，译．上海：上海科学技术出版社，1979：88-91.

[2] 甲斐干，等．铁と钢，1982（14）：1946-1954.

[3] Kohtani T, et al. Steelmaking Proceeding, 1982, 65：211-220.

[4] Taguchi K, et al. Iron and Steel Engineer, 1983（4）：26-30.

[5] Okohira，等．国外转炉顶底复合吹炼技术（上）［M］．北京：钢铁编辑部出版，1985：271-279.

[6] 李远洲．钢铁，1987（2）：13-19.

[7] Nakanishi K. Steelm Proc, 1982, 65：101-108.

[8] 薛桂诗，谢宏荣．转炉通讯，1984（2）：53-65.

[9] Явоцекий В И，等．国外氧气顶吹转炉炼钢文献（第十三辑）［M］．首钢钢铁研究所，1977：64-65.

[10] Nasluwa H, et al. Steelm Proc, 1982, 65：220-226.

[11] 李远洲，等．炼钢，1986（3）：27-37.

[12] Хамзии С А, иер. Изв. Вуз. Черния метаццугия, 1989,（3）：41-42.

[13] Еаптизманский Ъ И．Метаццугизаat, 1960：283, С. СИЦ.

1.8　炉渣氧分压、氧化铁活度和 TFe 含量的检测及新得出的 lgP_{O_2} 公式

本节主要讨论如何通过测定炉渣氧分压和钢水氧含量，推算氧化铁活度、TFe 和 Fe_tO 含量，为控制冶金反应和预报终点成分提供依据。

近年来国内外应用氧浓差电池直接测定熔渣的氧分压和钢水的氧活度来算出炉渣的氧化铁活度[1~5]。前一时期由于熔渣的导热性差，电池和测枪需在熔渣中停留较长时间（15~10s），因而测枪和测头需特殊设计，价格较贵，且倒炉时渣层较厚、波动较大，也使直接测定渣中氧分压发生困难，而应用氧浓差电池进行钢水直接定氧的技术则比较成熟，且测头已商品化，国内已在炼钢生产中应用，王淑黎[5]和李景堂[6]曾通过对氧气顶吹转炉的实验研究，得出用测定的钢水氧活度 $a_{[O]}$ 表述炉渣氧化铁活度 a_{FeO} 以及全铁法计的氧化铁 $\sum FeO_T$ 含量的回归方程：

$$lga_{FeO} = 0.9662lga_{[O]} + \frac{4474}{T} - 5.7818 \tag{1-8-1}$$

$$（n=21,\ r=0.905,\ s=0.051）$$

$$lg(\%\sum Fe_tO) = 0.8419lga_{[O]} + \frac{7660}{T} - 5.0857 \tag{1-8-2}$$

$$（n=21,\ r=0.805,\ s=0.082）$$

$$lg(\%\sum FeO_t) = 0.8476lga_{[O]} + \frac{7737}{T} - 5.0711 \tag{1-8-3}$$

$$（n=21,\ r=0.814,\ s=0.08）$$

因为氧气顶吹转炉的渣-钢反应一般未达平衡，故不能像氧气底吹转炉或底吹中等气量的复吹转炉那样，根据测定的 [O] 值，利用渣-钢间的氧分配比公式：

$$lg\frac{a_{FeO}}{[O]} = \frac{6320}{T} - 2.734$$

便可算出其炉渣 a_{FeO} 值，所以，王舒黎等人[5,6]，借助 Ishiguro 等人[7]提出的根据炉渣成分计算 a_{FeO} 的公式（1-5-15）先求出与顶吹转炉测定 [O] 值对应的 a_{FeO} 值，然后，通过回归分析得出上述的方程式，并在生产中应用，取得一定的效果，对预报 $a_{[O]}$ 值，如预报误差不大于 3%，其命中率为 90.5%，而对预报 $\sum(Fe_tO)$ 和 $\sum(FeO_t)$，如预报误差不大于 3%，其命中率均为 71.4%。据报道[6]：式（1-8-1）和式（1-8-2）的适用范围是 [C] ≤ 0.19%（最好在 0.1%~0.19%），$(CaO)/SiO_2 \geq 2.7$，$\sum(FeO) = 13\%~22\%$。这问题从前面 1.5.1.5 节和表 1-5-4 对各种 a_{FeO} 模型的评估中不难明白，根子在于他们建模采用的 a_{FeO} 值是用误差较大的 Ishiguro[8]公式算出的，看来不仅是式（1-8-1）和式（1-8-2）本身的误差，更主要的是它建模的 a_{FeO} 值是按计算误差很大的 Ishiguro 公式得出的。为此，这里按作者在 1.5.1.5 节中回归的方程式 No. 19 和 No. 37 来求取每炉炉渣的 a_{FeO} 和 a_{Fe_tO}，然后经回归分析得出：

$$\lg a_{FeO} = -0.406 - 0.4384\lg a_O + 340/T \qquad (1\text{-}8\text{-}4a)$$
$$(n=11,\ r=0.5,\ s=0.099)$$

$$\lg a_{Fe_tO} = -1.301 - 0.5532 g a_O + 880/T \qquad (1\text{-}8\text{-}4b)$$
$$(n=11,\ r=0.815,\ s=0.05)$$

以供参考。对于渣-钢反应未达平衡的底小气复吹转炉，也不妨按此方法，建立通过测定钢水 [O] 活度和温度来预报 a_{FeO} 值的公式。不过要指出的是，这种用测定钢水氧活度来预报氧化铁活度的命中率，还受渣-钢反应偏离平衡系数波动的影响。而通过直接测定炉渣氧分压来预报炉渣的 a_{Fe_tO} 值的命中率则不受此偏离平衡系数波动的影响，故理当开发直接测定炉渣氧分压的技术。

刘越生等人[1]按氧浓差电池：

$$Pt\ 炉渣\ |\ ZrO_2\text{-}MgO\ |\ Mo\text{-}MoO_2,\ Pt$$

来组装炉渣用定氧探头，电池两端的电动势用 Nernst 公式求出，即：

$$E = \frac{RT}{F}\ln\frac{P_{O_2}^{1/4}(Mo\text{-}MoO_2) + P_e^{1/4}}{P_{O_2}^{1/4} + P_e^{1/4}} \qquad (1\text{-}8\text{-}5)$$

式中　　　E——固体电解质 ZrO_2-MgO 两端的电位差，V；

R——气体常数，8.314J/(mol·K)；

F——Faraday 常数，96500C/mol；

T——绝对温度，K；

$P_{O_2}(Mo\text{-}MoO_2)$——参比电极中 Mo 和 MoO_2 相平衡的氧分压，atm；

P_{O_2}——炉渣中的氧分压，atm；

P_e——固体电解质电子电导和离子电导相等时的电子导电特征氧分压，atm。

因三氧化钼高温下不稳定，分解为二氧化钼，二氧化钼的生成自由能为：

$$\Delta G_{MoO_2}^{\ominus} = -509980 + 129.8T \qquad J/mol \qquad (1\text{-}8\text{-}6)$$

所以参比电极中的氧分压为：

$$RT\ln P_{O_2}(Mo\text{-}MoO_2) = -509980 + 129.8T \qquad J/mol \qquad (1\text{-}8\text{-}7)$$

一般 ZrO_2-MgO 固体电解质的电子导电特征氧分压由式（1-8-8）[8]求出：

$$\lg P_e = -\frac{74370}{T} + 24.42 \qquad (1\text{-}8\text{-}8)$$

在转炉 1873~2000K 温度范围内，P_e 为 $5.1 \times 10^{-16} \sim 1.7 \times 10^{-13}$ atm，远小于该温度范围内的炉渣氧分压（10^{-9} atm），因而式（1-8-5）可简化为：

$$E = \frac{RT}{4F} \ln \frac{P_{O_2}(\text{Mo-MoO}_2)}{P_{O_2}} \qquad (1\text{-}8\text{-}9)$$

根据[9]实验结果，$\text{Mo}/\text{MoO}_2 > 1$ 时，其比值的变化对测试结果影响不大，原作者[1]选用了 Mo/MoO_2 为 $7:3$ 的参比电极制作炉渣用定氧探头，经验证测试结果稳定。为了比较不同厂家生产的 ZrO_2 管抗渣侵蚀性能，用表 1-8-1 所示三种类型的 ZrO_2 管制作的定氧探头的固体电解质成分及尺寸。

表 1-8-1 三种 ZrO_2 管的成分及尺寸

定氧探头类型	成分/%		尺寸/mm		
	ZrO_2	MgO	外径	内径	长度
T- I	93	3.1	6	4	48
T- II	96.6	2.23	5.5	3.5	30
T- III	97.2	2.3	5	3	22.5

原作者们在公称容量 15t 顶底复吹转炉一次倒炉时，使用这新制作的炉渣定氧探头，测定了 36 炉的炉渣氧分压，并分析所取渣样的化学成分。图 1-8-1 示出测试响应曲线。表 1-8-2 列出探头测试的统计结果。

表 1-8-2 三种 ZrO_2 管的成分及尺寸定氧探头的测成率

定氧探头类型	测试/个	测试/个	测成率/%
T- I	3	3	100
T- II	14+3[①]	13+3[①]	91.6
T-III	14	11	78.57
Σ	41+3[①]	36+3[①]	88.6

① 3 个探头因测量表的量程打错而无法读出结果。

从图 1-8-1 可以看出，三种 ZrO_2 管定氧探头在 7~11s 之内都可得到稳定的电动势曲线，电动势平台稳定数据可靠，从而打破了过去所说的测枪需在熔渣中停留 15~10s 的记录，达到钢水定氧的响应时间，平均测成率为 88.6%。并得出了炉渣氧分压与温度和氧化铁（Fe_tO）含量的关系图（见图 1-5-27），揭示了炉渣氧分压 P_{O_2} 随温度的增大而增大，与 Fe_tO 有极值关系，在 $Fe_tO = 16\% \sim 19\%$ 时达到最大值。但原作者们只得出了炉渣氧分压和温度的线性回归方程式：

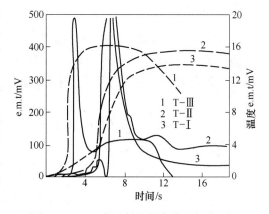

图 1-8-1 15t 复吹转炉测定炉渣氧分压和温度的响应曲线

$$\lg P_{O_2} = 23.191 - 7.745 \times 10^{-3} T \qquad (1\text{-}5\text{-}68b)$$

尽管其相关系数 $r=0.817$，仍不能认为该式是理想的，因氧化铁的平衡反应为：

$$tFe + [O] \Longrightarrow (Fe_tO) \qquad (1\text{-}8\text{-}10)$$

$$\Delta G^{\ominus} = -117749.4 + 49.8568T \qquad \text{J/mol} \qquad (1\text{-}8\text{-}10a)^{[10]}$$

又　　　　　　　　　　　$$\frac{1}{2}O_2 \Longrightarrow [O] \qquad (1\text{-}8\text{-}11)$$

$$\Delta G^{\ominus} = -117152 - 2.887T \qquad \text{J/mol} \qquad (1\text{-}8\text{-}11a)^{[11]}$$

或　　　　　　$$\Delta G^{\ominus} = -137026 + 7.7822T \qquad \text{J/mol} \qquad (1\text{-}8\text{-}11b)^{[8]}$$

故　　　　　　　　　$$tFe + \frac{1}{2}O_2 \Longrightarrow (Fe_tO) \qquad (1\text{-}8\text{-}12)$$

$$\Delta G^{\ominus} = -254775 + 46.9698T \qquad \text{J/mol} \qquad (1\text{-}8\text{-}12a)$$

或　　　　　　$$\Delta G^{\ominus} = -254775 + 57.639T \qquad \text{J/mol} \qquad (1\text{-}8\text{-}12b)$$

因此　　　　　　$$\lg P_{O_2} = 2\lg a_{Fe_tO} - 24538/T + 4.906 \qquad (1\text{-}8\text{-}13)$$

$$\lg a_{Fe_tO} = \frac{1}{2}\lg P_{O_2} + 12269/T - 2.453 \qquad (1\text{-}8\text{-}14)$$

或　　　　　　$$\lg P_{O_2} = 2\lg a_{Fe_tO} - 26614/T + 6.021 \qquad (1\text{-}8\text{-}13')$$

$$\lg a_{Fe_tO} = \frac{1}{2}\lg P_{O_2} + 13307/T - 3.0105 \qquad (1\text{-}8\text{-}14')$$

从式（1-8-13）和式（1-8-13′）不难看出，炉渣的氧分压不仅取决于熔渣温度，氧化铁活度的影响也是显著的，不能忽略的。故李远洲根据图 1-5-27 中所示曲线上的数据，经回归分析得出：

$$\lg P_{O_2} = 3.2574 e^{-5.9497T} \left[-13.281 + 0.7(\%Fe_tO) - 0.0208(\%Fe_tO)^2 \right] \qquad (1\text{-}8\text{-}15)$$

式（1-8-15）反映了炉渣氧分压 P_{O_2} 与（Fe_tO）含量之间存在极值关系，与图 1-5-27 一样揭示了脱磷分配比 L_P 与（Fe_tO）存在极值关系的内在原因。但人们测定炉渣氧分压的目的不仅仅在此，更重要的还在于得出炉渣氧化铁活度 a_{Fe_tO}，进而更好地控制终点成分。

从式（1-8-14）和式（1-8-14′）可见，只要通过炉渣定氧探头同时测出炉渣氧分压 P_{O_2} 和温度，就可得出 a_{Fe_tO} 值。

因纯氧化铁中 $a_{Fe_tO}=1$，则可写出纯氧化铁的氧分压方程式：

$$\lg P_{O_2}^{\ominus} = -24538/T + 4.906 \qquad (1\text{-}8\text{-}16)$$

或　　　　　　$$\lg P_{O_2}^{\ominus} = -26614/T + 6.021 \qquad (1\text{-}8\text{-}16')$$

联解式（1-8-13）和式（1-8-16）或式（1-8-13′）和式（1-8-16′）得：

$$a_{Fe_tO} = (P_{O_{2(炉渣)}}/P_{O_2}^{\ominus})^{1/2} \tag{1-8-17}$$

Hamm A 等人[9]采用与文献［1］结构相同的炉渣定氧探头，并借助式（1-8-16）测定出炉渣的 a_{Fe_tO} 值，同时根据锰在炉渣和金属液中的平衡分配反应：

$$[Mn]+(FeO) \Longrightarrow (MnO)+Fe \tag{1-8-18}$$

$$\lg \frac{(Mn)}{[Mn]} = \lg a_{FeO} \tag{1-8-19}$$

硫在炉渣和金属液中的分配平衡反应：

$$(CaO)+[S]+Fe \Longrightarrow (CaS)+(FeO) \tag{1-8-20}$$

$$\lg \frac{(S)}{[S]} = -\lg a_{FeO} + \lg a_{CaO} \tag{1-8-21}$$

得出（%Mn)/[%Mn] 与 a_{FeO} 的关系图（见图 1-8-2）和（%S)/[%S] 与 a_{FeO} 及 CaO/SiO$_2$的关系图（见图 1-8-3）。

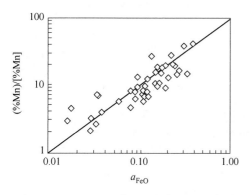

图 1-8-2 （%Mn)/[%Mn] 与 a_{FeO} 的关系

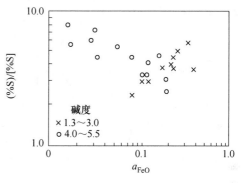

图 1-8-3 （%S)/[%S] 与 a_{FeO} 和 R 的关系

由图 1-8-2 和图 1-8-3 可见：a_{FeO} 与（%Mn)/[%Mn] 和（%S)/[%S] 均具有较好的线性关系（这问题在后面的章节中将进一步探讨）。因此，正确估算炉渣的 a_{FeO} 值，对控制冶金反应和预报终点成分都是十分必要的。

参 考 文 献

[1] 刘越生，等. 钢铁研究学报，1991，3（2）：70-76.

[2] Nagata K, et al. 铁と钢，1982，68（2）：277-283.

[3] Kawakami M, et al. Metal Trans B, 1980, 11B（3）：463-469.

[4] Janke D, Fisher W A. Archiv für das Eisenhüttenwesen, 1975, 46（12）：755-760.

[5] 王舒黎，等. 钢铁，1981（5）：1-5；1984（3）：14-17.

[6] 李景堂. 转炉通讯，1984（2）：56-75.

[7] Ishiguro M, Okubo M. Tetsu-to-Hagane, 1977, 63：265-274.

[8] Janke D, Fisher W A. Archiv für das Eisenhüttenwesen, 1975, 46（12）：755-760（209）.

[9] Hamm A, et al. Steelm Proc, 1994：153-156.

[10] Shim J D, Ban-ya S. Tetsu-to-Hagane, 1981, 67：1735-1744.

[11] Elliott J F. Electric Furnace Proc., 1974：62.

[12] Turkdogan E T, Pearson J. J Iron Steel Inst., 1953, 173：217-223.

附录　Fe^{3+}/Fe^{2+} 和 Fe_2O_3/FeO 的回归分析结果（表 A-1）

序号	R	回 归 方 程
1		$\lg\left(\dfrac{Fe^{3+}}{Fe^{2+}}\right) = -4.2058 + 6615/T + 6.849\times10^{-2}\lg(P_{O_2})_1 - 5.044\times10^{-2}\lg(N'_{O^{2-}})$ $(n=79, r=0.44, s=0.182, f=5.99)$
2		$\lg\left(\dfrac{Fe^{3+}}{Fe^{2+}}\right) = -2.9396 + 3.4\times10^{-7}/T - 0.211\lg(P_{O_2})_2 - 2.16\times10^{-2}\lg(N'_{O^{2-}})$ $(n=79, r=0.35, s=0.19, f=3.47)$
3		$\lg\left(\dfrac{Fe^{3+}}{Fe^{2+}}\right) = -3.2093 + 5250/T + 4.565\times10^{-2}\lg(P_{O_2})_1 + 8.396\times10^{-2}\lg(N'_{O^{2-}}) -$ $1.711\times10^{-2}(\%TFe) + 1.806\times10^{-4}(\%TFe)^2$ $(n=79, r=0.65, s=0.156, f=10.65)$
4	0～0.9	$\lg\left(\dfrac{Fe^{3+}}{Fe^{2+}}\right) = -3.1692 + 5171/T + 4.531\times10^{-2}\lg(P_{O_2})_1 + 7.713\times10^{-2}$ $\lg(N_{O^{2-}}) - 1.653\times10^{-2}(\%TFe) + 1.769\times10^{-4}(\%TFe)^2$ $(n=79, r=0.65, s=0.156, f=10.65)$
5		$\lg\left(\dfrac{Fe^{3+}}{Fe^{2+}}\right) = -3.0367 + 4896/T + 3.095\times10^{-2}\lg(P_{O_2})_1 + 0.2996\lg(N'_{O^{2-}}) +$ $7.792\times10^{-2}R - 1.905\times10^{-2}(\%TFe) - 1.919\times10^{-4}(\%TFe)^2$ $(n=79, r=0.726, s=0.142, f=13.4)$
6		$\lg\left(\dfrac{Fe^{3+}}{Fe^{2+}}\right) = -3.0017 + 4847/T + 3.17\times10^{-2}\lg(P_{O_2})_1 + 0.3008\lg(N'_{O^{2-}}) + 2.063\times10^{-2}R +$ $6.67\times10^{-2}R^2 - 1.895\times10^{-2}(\%TFe) - 1.81\times10^{-4}(\%TFe)^2$ $(n=79, r=0.726, s=0.143, f=11.3)$
7		$\lg\left(\dfrac{Fe^{3+}}{Fe^{2+}}\right) = -4.0386 + 5218/T - 0.1336\lg a_O + 1.703\times10^{-2}\lg(N'_{O^{2-}})$ $(n=79, r=0.41, s=0.185, f=4.95)$
8		$\lg\left(\dfrac{Fe^{3+}}{Fe^{2+}}\right) = -3.1127 + 4656/T + 0.0602\lg a_O + 11.045\times10^{-2}\lg(N'_{O^{2-}}) -$ $1.954\times10^{-2}(\%TFe) + 2.038\times10^{-4}(\%TFe)^2$ $(n=79, r=0.62, s=0.162, f=9.04)$

序号	R	回　归　方　程
9		$\lg\left(\dfrac{Fe^{3+}}{Fe^{2+}}\right)=-2.9634+4533/T+0.0481\lg a_0+32.926\times10^{-2}\lg(N'_{0^{2-}})+$ $7.122\times10^{-2}R-2.128\times10^{-2}(\%TFe)+2.022\times10^{-4}(\%TFe)^2$ $(n=79,\ r=0.72,\ s=0.144,\ f=12.6)$
10		$\lg\left(\dfrac{Fe^{3+}}{Fe^{2+}}\right)=-2.9536+4518/T+0.0485\lg a_0+32.977\times10^{-2}\lg(N'_{0^{2-}})+5.59\times10^{-2}R+$ $1.78\times10^{-2}R^2-2.127\times10^{-2}(\%TFe)+2.021\times10^{-4}(\%TFe)^2$ $(n=79,\ r=0.72,\ s=0.146,\ f=10.7)$
11		$\lg\left(\dfrac{Fe^{3+}}{Fe^{2+}}\right)=-1.2983+517/T-0.2913\lg a_0+0.2809\lg(N'_{0^{2-}})-3.186\times10^{-3}(\%TFe)-$ $3.219\times10^{-3}(\%CaO)-0.01704(\%MgO)-0.0104(\%MnO)+$ $0.1381(\%Al_2O_3)+8.195\times10^{-3}(\%SiO_2)-2.325\times10^{-3}(\%P_2O_5)$ $(n=79,\ r=0.784,\ s=0.132,\ f=11)$
12	$0\sim0.9$	$\lg\left(\dfrac{Fe^{3+}}{Fe^{2+}}\right)=-2.4072+4518/T+0.0485\lg a_0+0.33\lg(N'_{0^{2-}})+0.0559R+$ $0.0178R^2-0.0274(\%TFe)+2.02\times10^{-4}(\%TFe)^2-5.45\times10^{-3}(\%CaO)-$ $9.346\times10^{-3}(\%MgO)-8.202\times10^{-3}(\%MnO)+0.0206(\%Al_2O_3)-$ $3.315\times10^{-3}(\%SiO_2)-0.0148(\%P_2O_5)$ $(n=79,\ r=0.72,\ s=0.139)$
13		$\dfrac{\%Fe_2O_3}{\%FeO}=-0.4512+1525/T-0.0215\lg a_0+0.1956\lg(N'_{0^{2-}})+0.0233R-$ $0.0199R^2-0.0108(\%TFe)+9.72\times10^{-5}(\%TFe)^2$ $(n=79,\ r=0.77,\ s=0.064,\ f=15)$
14		$\dfrac{\%Fe_2O_3}{\%FeO}=-0.4407+1509/T-0.0212\lg a_0+0.1961\lg(N'_{0^{2-}})+$ $6.79\times10^{-3}R-0.0108(\%TFe)+9.71\times10^{-5}(\%TFe)^2$ $(n=79,\ r=0.77,\ s=0.063,\ f=17.4)$
15		$\dfrac{\%Fe_2O_3}{\%FeO}=0.1288+566/T-2.4267\lg a_0-1.247\times10^{-3}(\%TFe)-$ $9.94\times10^{-5}(\%CaO)-2.161\times10^{-3}(\%MgO)-2.517\times10^{-3}(\%MnO)-$ $2.506\times10^{-2}(\%Al_2O_3)-2.604\times10^{-3}(\%SiO_2)-6.739\times10^{-3}(\%P_2O_5)$ $(n=79,\ r=0.67,\ s=0.075,\ f=6.3)$
16		$\dfrac{\%Fe_2O_3}{\%FeO}=-0.0841+1029/T-1.6678\lg a_0-4.888\times10^{-3}(\%TFe)+3.24\times10^{-5}(\%TFe)^2-$ $3.05\times10^{-4}(\%CaO)-1.766\times10^{-3}(\%MgO)-2.339\times10^{-3}(\%MnO)-$ $2.677\times10^{-2}(\%Al_2O_3)-3.508\times10^{-3}(\%SiO_2)-7.658\times10^{-3}(\%P_2O_5)$ $(n=79,\ r=0.67,\ s=0.075,\ f=5.7)$

序号	R	回　归　方　程
17	0~0.9	$\dfrac{\%Fe_2O_3}{\%FeO}=-0.0379+2.51/T-0.1888\lg a_0+0.1605\lg(N'_{O^{2-}})-3\times10^{-4}(\%TFe)-$ $2.99\times10^{-4}(\%CaO)-4.746\times10^{-3}(\%MgO)-2.486\times10^{-3}(\%MnO)+$ $0.0745(\%Al_2O_3)+3.916\times10^{-3}(\%SiO_2)+1.5375\times10^{-3}(\%P_2O_5)$ $(n=79,\ r=0.828,\ s=0.057,\ f=15)$
18		$\dfrac{\%Fe_2O_3}{\%FeO}=-0.3344+211/T-0.1804\lg a_0+16.168\times10^{-2}\lg(N'_{O^{2-}})+1.941\times10^{-3}(\%TFe)+$ $1.5\times10^{-6}(\%TFe)^2+2.015\times10^{-3}(\%CaO)-1.731\times10^{-3}(\%MgO)-$ $7.499\times10^{-2}(\%Al_2O_3)+5.121\times10^{-3}(\%SiO_2)+5.382\times10^{-3}(\%P_2O_5)$ $(n=79,\ r=0.82,\ s=0.058,\ f=14.2)$
19	0.91~1.9	$\lg\left(\dfrac{Fe^{3+}}{Fe^{2+}}\right)=-2.3736+5152/T+0.0234\lg(P_{O_2})_1+0.6019\lg(N'_{O^{2-}})-$ $0.0455(\%TFe)+3.858\times10^{-4}(\%TFe)^2$ $(n=111,\ r=0.858,\ s=0.221,\ f=41)$
20		$\lg\left(\dfrac{Fe^{3+}}{Fe^{2+}}\right)=-2.3583+5136/T+0.1129\lg a_0+0.61421\lg(N'_{O^{2-}})-$ $0.0479(\%TFe)+4.139\times10^{-4}(\%TFe)^2$ $(n=111,\ r=0.83,\ s=0.227,\ f=45)$
21		$\lg\left(\dfrac{Fe^{3+}}{Fe^{2+}}\right)=-2.8643+4900/T+0.0409\lg a_0+0.5761\lg(N'_{O^{2-}})+0.3449R-$ $0.0443(\%TFe)+3.885\times10^{-4}(\%TFe)^2$ $(n=111,\ r=0.83,\ s=0.227,\ f=45)$
22		$\lg\left(\dfrac{Fe^{3+}}{Fe^{2+}}\right)=-2.3710+4963/T+0.0307\lg a_0+0.5930\lg(N'_{O^{2-}})-0.4536R+$ $0.2896R^2-0.0438(\%TFe)+3.7\times10^{-4}(\%TFe)^2$ $(n=111,\ r=0.84,\ s=0.221,\ f=35.1)$
23		$\lg\left(\dfrac{Fe^{3+}}{Fe^{2+}}\right)=0.5481+567/T+0.4341\lg a_0-0.0199(\%TFe)+4.095\times10^{-5}(\%TFe)^2-$ $4.585\times10^{-3}(\%CaO)-5.098\times10^{-2}(\%MgO)-1.434\times10^{-3}(\%MnO)+$ $3.506\times10^{-2}(\%Al_2O_3)-1.911\times10^{-3}(\%SiO_2)-0.0195(\%P_2O_5)$ $(n=111,\ r=0.93,\ s=0.151,\ f=64.2)$
24		$\lg\left(\dfrac{Fe^{3+}}{Fe^{2+}}\right)=0.5265+806/T+0.4708\lg a_0+0.188\lg(N'_{O^{2-}})-0.02(\%TFe)-$ $3.905\times10^{-3}(\%CaO)-0.0478(\%MgO)-0.0126(\%MnO)+0.0182(\%Al_2O_3)-$ $2.31\times10^{-3}(\%SiO_2)-0.0191(\%P_2O_5)$ $(n=111,\ r=0.934,\ s=0.148,\ f=68)$
25		$\lg\left(\dfrac{Fe^{3+}}{Fe^{2+}}\right)=-2.6426+4900/T+0.0409\lg a_0+0.5761\lg(N'_{O^{2-}})+0.3449R-$ $0.0443(\%TFe)+3.858\times10^{-4}(\%TFe)^2-0.0185(\%MgO)-0.0175(\%MnO)+$ $0.0292(\%Al_2O_3)-8.85\times10^{-4}(\%P_2O_5)$ $(n=111,\ s=0.19)$

序号	R	回　归　方　程
26		$\dfrac{\%Fe_2O_3}{\%FeO}=-0.3816+213/T+0.1834\lg a_0-0.0389\lg(N'_{0^{2-}})+0.8372R-$ $0.3085R^2+2.697\times10^{-3}(\%TFe)-5.206\times10^{-5}(\%TFe)^2$ $(n=111,\ r=0.674,\ s=0.069,\ f=12)$
27		$\dfrac{\%Fe_2O_3}{\%FeO}=0.1439+281/T+0.1725\lg a_0-0.0208\lg(N'_{0^{2-}})-0.0137R+$ $3.23\times10^{-3}(\%TFe)-6.9\times10^{-5}(\%TFe)^2$ $(n=111,\ r=0.64,\ s=0.072,\ f=12)$
28		$\dfrac{\%Fe_2O_3}{\%FeO}=-0.7434+1309/T+1.4961\lg a_0-1.864\times10^{-3}(\%TFe)+$ $3.306\times10^{-3}(\%CaO)+9.227\times10^{-3}(\%MgO)+5.49\times10^{-3}(\%MnO)+$ $0.043(\%Al_2O_3)-4.11\times10^{-3}(\%SiO_2)-8.09\times10^{-3}(\%P_2O_5)$ $(n=111,\ r=0.857,\ s=0.049,\ f=28)$
29	$0.91\sim1.9$	$\dfrac{\%Fe_2O_3}{\%FeO}=-0.576+999/T+1.168\lg a_0+1.448\times10^{-3}(\%TFe)-5.5\times10^{-5}(\%TFe)^2+$ $2.917\times10^{-3}(\%CaO)+8.277\times10^{-3}(\%MgO)+5.997\times10^{-3}(\%MnO)+$ $0.0435(\%Al_2O_3)-3.859\times10^{-3}(\%SiO_2)-8.941\times10^{-3}(\%P_2O_5)$ $(n=111,\ r=0.852,\ s=0.0495,\ f=29.6)$
30		$\dfrac{\%Fe_2O_3}{\%FeO}=-0.5968+720/T-0.1173\lg a_0+0.0137\lg(N'_{0^{2-}})+9.93\times10^{-4}(\%TFe)+$ $5.31\times10^{-3}(\%CaO)+1.171\times10^{-3}(\%MgO)+4.317\times10^{-3}(\%MnO)+$ $0.051(\%Al_2O_3)-4.718\times10^{-3}(\%SiO_2)-3.517\times10^{-3}(\%P_2O_5)$ $(n=111,\ r=0.85,\ s=0.051,\ f=25.2)$
31		$\dfrac{\%Fe_2O_3}{\%FeO}=-0.4507+243/T-0.184\lg a_0-0.0124\lg(N'_{0^{2-}})+6.474\times10^{-3}(\%TFe)-$ $8.927\times10^{-5}(\%TFe)^2+4.69\times10^{-3}(\%CaO)+9.26\times10^{-3}(\%MgO)+$ $0.0742(\%Al_2O_3)-4.624\times10^{-3}(\%SiO_2)-1.999\times10^{-3}(\%P_2O_5)$ $(n=111,\ r=0.85,\ s=0.05,\ f=26)$
32		$\lg\left(\dfrac{Fe^{3+}}{Fe^{2+}}\right)=0.9132-491/T-8.19\times10^{-3}\lg(P_{O_2})_1+1.7678\lg(N'_{0^{2-}})-$ $0.0468(\%TFe)+3.32\times10^{-4}(\%TFe)^2$ $(n=164,\ r=0.73,\ s=0.257,\ f=36)$
33	>1.9	$\lg\left(\dfrac{Fe^{3+}}{Fe^{2+}}\right)=0.995-680/T-0.0602\lg a_0+1.7538\lg(N'_{0^{2-}})-$ $0.0463(\%TFe)+3.29\times10^{-4}(\%TFe)^2$ $(n=164,\ r=0.73,\ s=0.257,\ f=36.4)$
34		$\lg\left(\dfrac{Fe^{3+}}{Fe^{2+}}\right)=1.0742-896/T-5.066\times10^{-4}\lg a_0+1.7173\lg(N'_{0^{2-}})+$ $1.4438\times10^{-3}R-0.0453(\%TFe)+3.39\times10^{-4}(\%TFe)^2$ $(n=164,\ r=0.74,\ s=0.254,\ f=31.6)$

序号	R	回　归　方　程
35		$\lg\left(\dfrac{Fe^{3+}}{Fe^{2+}}\right)=1.1145-1037/T+8.372\times10^{-3}\lg a_0+1.6605\lg(N'_{O^{2-}})+$ $3.621\times10^{-3}R-6.13\times10^{-6}R^2-0.0444(\%TFe)+3.3\times10^{-4}(\%TFe)^2$ $(n=164,\ r=0.744,\ s=0.253,\ f=27.6)$
36		$\lg\left(\dfrac{Fe^{3+}}{Fe^{2+}}\right)=0.6337-1140/T-0.0833\lg a_0-0.028(\%TFe)+1.85\times10^{-4}(\%TFe)^2+$ $0.0116(\%CaO)-7.28\times10^{-3}(\%MgO)-9.61\times10^{-3}(\%MnO)-$ $2.75\times10^{-3}(\%Al_2O_3)-0.0295(\%SiO_2)-0.0446(\%P_2O_5)$ $(n=164,\ r=0.83,\ s=0.214,\ f=34)$
37		$\lg\left(\dfrac{Fe^{3+}}{Fe^{2+}}\right)=1.2326-2216/T-0.0961\lg a_0+0.3089\lg(N'_{O^{2-}})-0.0188(\%TFe)+$ $7.579\times10^{-3}(\%CaO)-7.683\times10^{-3}(\%MgO)-0.0137(\%MnO)+$ $4.149\times10^{-3}(\%Al_2O_3)-0.0229(\%SiO_2)-0.039(\%P_2O_5)$ $(n=164,\ r=0.822,\ s=0.218,\ f=31.9)$
38		$\lg\left(\dfrac{Fe^{3+}}{Fe^{2+}}\right)=1.0166-1037/T+8.372\times10^{-3}\lg a_0+1.6605\lg(N'_{O^{2-}})+4.906\times10^{-3}(\%TFe)+$ $5.728\times10^{-4}(\%CaO)-0.024(\%MgO)-0.0137(\%MnO)+$ $0.0324(\%Al_2O_3)+0.0119(\%SiO_2)-7.879\times10^{-3}(\%P_2O_5)$ $(n=164,\ s=0.214)$
39	>1.9	$\dfrac{\%Fe_2O_3}{\%FeO}=2.9457-4206/T-0.1874\lg a_0+0.2827\lg N'_{O^{2-}}-9.88\times10^{-4}R+$ $1.615\times10^{-6}R^2-0.0162(\%TFe)+1.85\times10^{-4}(\%TFe)^2$ $(n=164,\ r=0.684,\ s=0.173,\ f=20.8)$
40		$\dfrac{\%Fe_2O_3}{\%FeO}=2.9563-4244/T-0.1897\lg a_0+0.2677\lg N'_{O^{2-}}-$ $4.145\times10^{-4}R-0.016(\%TFe)+1.83\times10^{-4}(\%TFe)^2$ $(n=164,\ r=0.694,\ s=0.173,\ f=24.3)$
41		$\dfrac{\%Fe_2O_3}{\%FeO}=1.6462-3827/T-0.8588a_0-3.158\times10^{-3}(\%TFe)+0.011(\%CaO)+$ $0.0297(\%MgO)+6.627\times10^{-3}(\%MnO)+0.0107(\%Al_2O_3)+$ $1.054\times10^{-3}(\%SiO_2)-0.0128(\%P_2O_5)$ $(n=164,\ r=0.765,\ s=0.156,\ f=24.1)$
42		$\dfrac{\%Fe_2O_3}{\%FeO}=1.0672-2743/T-0.8353\lg a_0-6.41\times10^{-3}(\%TFe)+1.785\times10^{-4}(\%TFe)^2+$ $0.0138(\%CaO)+0.0289(\%MgO)+9.6857\times10^{-3}(\%MnO)+$ $0.0108(\%Al_2O_3)+9.69\times10^{-4}(\%SiO_2)-0.0146(\%P_2O_5)$ $(n=164,\ r=0.765,\ s=0.156,\ f=24.4)$
43		$\dfrac{\%Fe_2O_3}{\%FeO}=1.5409-3384/T+0.0421\lg a_0+0.3161\lg N'_{O^{2-}}+8.51\times10^{-4}(\%TFe)+$ $9.28\times10^{-3}(\%CaO)+0.0264(\%MgO)+4.9\times10^{-3}(\%MnO)+$ $0.0171(\%Al_2O_3)+5.97\times10^{-3}(\%SiO_2)-7.455\times10^{-3}(\%P_2O_5)$ $(n=164,\ r=0.768,\ s=0.156,\ f=22)$

续表 A-1

序号	R	回　归　方　程
44	>1.9	$\dfrac{\%Fe_2O_3}{\%FeO}=1.6843-3015/T+0.0386\lg a_0+0.9984\lg N'_{O^{2-}}-0.0162(\%TFe)+$ $2.485\times10^{-4}(\%TFe)^2+5.96\times10^{-3}(\%CaO)+0.0167(\%MgO)+0.0313(\%Al_2O_3)+$ $0.0201(\%SiO_2)+5.03\times10^{-3}(\%P_2O_5)$ $(n=164,\ r=0.793,\ s=0.148,\ f=26)$
45		$\lg\!\left(\dfrac{Fe^{3+}}{Fe^{2+}}\right)=-0.5206+1286/T+0.0129\lg(P_{O_2})_1+0.7117\lg(N'_{O^{2-}})-$ $0.0327(\%TFe)+2.297\times10^{-4}(\%TFe)^2$ $(n=351,\ r=0.683,\ s=0.89,\ f=60)$
46		$\lg\!\left(\dfrac{Fe^{3+}}{Fe^{2+}}\right)=-0.4672+1194/T+0.0601\lg a_0+0.7273\lg(N'_{O^{2-}})-$ $0.0339(\%TFe)+2.39\times10^{-4}(\%TFe)^2$ $(n=351,\ r=0.68,\ s=0.29,\ f=59)$
47		$\lg\!\left(\dfrac{Fe^{3+}}{Fe^{2+}}\right)=-0.5305+1471/T+0.085\lg a_0+0.8478\lg(N'_{O^{2-}})+$ $2.57\times10^{-3}R-0.0372(\%TFe)+2.77\times10^{-4}(\%TFe)^2$ $(n=351,\ r=0.762,\ s=0.266,\ f=70)$
48		$\lg\!\left(\dfrac{Fe^{3+}}{Fe^{2+}}\right)=-0.522+1406/T+0.0924\lg a_0+0.8063\lg(N'_{O^{2-}})+$ $7.61\times10^{-3}R-1.46\times10^{-5}R^2-0.0371(\%TFe)+2.8\times10^{-4}(\%TFe)^2$ $(n=351,\ r=0.754,\ s=0.261,\ f=65)$
49	0~sat	$\lg\!\left(\dfrac{Fe^{3+}}{Fe^{2+}}\right)=-0.1915+1121/T-0.0148\lg a_0-0.0292(\%TFe)+1.57\times10^{-4}(\%TFe)^2+$ $3.3\times10^{-3}(\%CaO)-0.0182(\%MgO)-0.0143(\%MnO)+$ $9.1\times10^{-3}(\%Al_2O_3)-0.0216(\%SiO_2)-0.044(\%P_2O_5)$ $(n=351,\ r=0.855,\ s=0.206,\ f=93)$
50		$\lg\!\left(\dfrac{Fe^{3+}}{Fe^{2+}}\right)=-0.0351+727/T-0.0362\lg a_0+0.3441\lg(N'_{O^{2-}})-0.0207(\%TFe)+$ $1.79\times10^{-3}(\%CaO)-0.0193(\%MgO)-0.0152(\%MnO)+$ $0.0183(\%Al_2O_3)-0.0155(\%SiO_2)-0.0374(\%P_2O_5)$ $(n=351,\ r=0.859,\ s=0.204,\ f=96)$
51		$\lg\!\left(\dfrac{Fe^{3+}}{Fe^{2+}}\right)=-0.2529+1406/T+0.0924\lg a_0+0.8663\lg(N'_{O^{2-}})+$ $7.61\times10^{-3}R-1.46\times10^{-5}R^2-0.0371(\%TFe)+2.77\times10^{-4}(\%TFe)^2-$ $3.32\times10^{-3}(\%CaO)-0.0185(\%MgO)-0.0121(\%MnO)+$ $0.0124(\%Al_2O_3)+4.2\times10^{-4}(\%SiO_2)-0.021(\%P_2O_5)$ $(n=351,\ s=0.216)$
52		$\dfrac{\%Fe_2O_3}{\%FeO}=1.6096-1984/T+0.1926\lg a_0+0.1266\lg(N'_{O^{2-}})-$ $1.63\times10^{-4}R-3.53\times10^{-7}R^2-8.85\times10^{-3}(\%TFe)+8.148\times10^{-5}(\%TFe)^2$ $(n=351,\ r=0.65,\ s=0.144,\ f=36.6)$

序号	R	回　归　方　程
53		$\dfrac{\%\mathrm{Fe_2O_3}}{\%\mathrm{FeO}}=1.6094-1982/T+0.1924\lg a_0+0.1276\lg(N'_{0^{2-}})-$ $2.84\times10^{-4}R^2+8.85\times10^{-3}(\%\mathrm{TFe})+8.14\times10^{-5}(\%\mathrm{TFe})^2$ $(n=351,\ r=0.65,\ s=0.144,\ f=42.8)$
54		$\dfrac{\%\mathrm{Fe_2O_3}}{\%\mathrm{FeO}}=1.0891-2493/T-1.6752a_0+4.97\times10^{-3}(\%\mathrm{TFe})+$ $9.754\times10^{-3}(\%\mathrm{CaO})+0.0119(\%\mathrm{MgO})+4.56\times10^{-3}(\%\mathrm{MnO})+$ $0.0215(\%\mathrm{Al_2O_3})-1.7\times10^{-3}(\%\mathrm{SiO_2})-6.99\times10^{-3}(\%\mathrm{P_2O_5})$ $(n=351,\ r=0.724,\ s=0.132,\ f=41.7)$
55	0~sat	$\dfrac{\%\mathrm{Fe_2O_3}}{\%\mathrm{FeO}}=0.9693-2260/T-1.4218\lg a_0+4.84\times10^{-4}(\%\mathrm{TFe})+7.19\times10^{-5}(\%\mathrm{TFe})^2+$ $0.0108(\%\mathrm{CaO})+0.0132(\%\mathrm{MgO})+5.25\times10^{-3}(\%\mathrm{MnO})+$ $0.0204(\%\mathrm{Al_2O_3})-2.39\times10^{-3}(\%\mathrm{SiO_2})-7.88\times10^{-3}(\%\mathrm{P_2O_5})$ $(n=351,\ r=0.731,\ s=0.131,\ f=39)$
56		$\dfrac{\%\mathrm{Fe_2O_3}}{\%\mathrm{FeO}}=0.5917-1282/T+0.0924\lg a_0+0.1328\lg(N'_{0^{2-}})+1.26\times10^{-3}(\%\mathrm{TFe})+$ $9.26\times10^{-3}(\%\mathrm{CaO})+0.0119(\%\mathrm{MgO})+4.63\times10^{-3}(\%\mathrm{MnO})+$ $0.0187(\%\mathrm{Al_2O_3})-1.66\times10^{-3}(\%\mathrm{SiO_2})-7.56\times10^{-3}(\%\mathrm{P_2O_5})$ $(n=351,\ r=0.737,\ s=0.129,\ f=40.5)$
57		$\dfrac{\%\mathrm{Fe_2O_3}}{\%\mathrm{FeO}}=1.2085-2080/T+0.1051\lg a_0+0.1432\lg(N'_{0^{2-}})-5.95\times10^{-3}(\%\mathrm{TFe})+$ $10^{-4}(\%\mathrm{TFe})^2+7.32\times10^{-3}(\%\mathrm{CaO})+9.78\times10^{-3}(\%\mathrm{MgO})+$ $0.016(\%\mathrm{Al_2O_3})-1.55\times10^{-3}(\%\mathrm{SiO_2})-6.07\times10^{-3}(\%\mathrm{P_2O_5})$ $(n=351,\ r=0.74,\ s=0.129,\ f=41.2)$
58	<0.91	$\dfrac{\%\mathrm{Fe_2O_3}}{\%\mathrm{FeO}}=-0.6674+2164/T+0.0105(\%\mathrm{TFe})+7.57\times10^{-5}(\%\mathrm{TFe})^2-$ $5.6\times10^{-6}(\%\mathrm{CaO})-6.51\times10^{-4}(\%\mathrm{MgO})-1.72\times10^{-3}(\%\mathrm{MnO})+$ $0.0307(\%\mathrm{Al_2O_3})-5.75\times10^{-3}(\%\mathrm{SiO_2})-0.013(\%\mathrm{P_2O_5})$ $(n=79,\ r=0.666,\ s=0.076,\ f=6.1)$
59	0.91~1.9	$\dfrac{\%\mathrm{Fe_2O_3}}{\%\mathrm{FeO}}=-0.3083+531/T+4.18\times10^{-3}(\%\mathrm{TFe})-7.99\times10^{-5}(\%\mathrm{TFe})^2+$ $3.2\times10^{-3}(\%\mathrm{CaO})+8.85\times10^{-3}(\%\mathrm{MgO})+5.8\times10^{-3}(\%\mathrm{MnO})+$ $0.0312(\%\mathrm{Al_2O_3})-3.69\times10^{-3}(\%\mathrm{SiO_2})-8.5\times10^{-3}(\%\mathrm{P_2O_5})$ $(n=111,\ r=0.848,\ s=0.05,\ f=29)$
60	>1.9	$\dfrac{\%\mathrm{Fe_2O_3}}{\%\mathrm{FeO}}=0.8434-2400/T-7.54\times10^{-3}(\%\mathrm{TFe})+1.8\times10^{-4}(\%\mathrm{TFe})^2+0.0148(\%\mathrm{CaO})+$ $0.0307(\%\mathrm{MgO})+9.7\times10^{-3}(\%\mathrm{MnO})+0.0119(\%\mathrm{Al_2O_3})+$ $7.8\times10^{-5}(\%\mathrm{SiO_2})-0.017(\%\mathrm{P_2O_5})$ $(n=164,\ r=0.78,\ s=0.152,\ f=26.5)$

续表 A-1

序号	R	回　归　方　程
61	$0 \sim sat$	$$\frac{\%Fe_2O_3}{\%FeO} = 0.5843 - 1607/T - 2.92 \times 10^{-3}(\%TFe) + 9.72 \times 10^{-5}(\%TFe)^2 +$$ $$0.0126(\%CaO) + 0.0151(\%MgO) + 5.93 \times 10^{-3}(\%MnO) +$$ $$0.025(\%Al_2O_3) - 5.02 \times 10^{-3}(\%SiO_2) - 0.0119(\%P_2O_5)$$ $$(n = 351, r = 0.72, s = 0.133, f = 40)$$
62	>1.9	$$lg\left(\frac{Fe^{3+}}{Fe^{2+}}\right) = -0.0256 - 1818/T - 0.7062 lg a_O + 0.7881 lg N'_{O^{2-}} + 0.2605 lg R -$$ $$0.012(\%TFe) - 0.0133(\%MgO) - 0.0129(\%MnO) + 0.0151(\%Al_2O_3) -$$ $$0.0143(\%P_2O_5)$$ $$(n = 148, r = 0.818, s = 0.215, f = 31)$$
63	>1.9	$$\frac{\%Fe_2O_3}{\%FeO} = 0.7145 - 2413/T - 0.8231 lg a_O + 0.3623 lg N'_{O^{2-}} + 0.0027 lg R -$$ $$0.004(\%TFe) + 0.0107(\%MgO) - 0.0033(\%MnO) +$$ $$0.0145(\%Al_2O_3) - 0.0093(\%P_2O_5)$$ $$(n = 164, r = 0.856, s = 0.124, f = 42)$$
64	$0 \sim sat$	$$lg\left(\frac{Fe^{3+}}{Fe^{2+}}\right) = 0.0911 - 965/T - 0.3639 lg a_O + 0.4253 lg N'_{O^{2-}} + 0.0404 lg R -$$ $$0.0123(\%TFe) - 0.0277(\%MgO) - 0.0146(\%MnO) +$$ $$0.03(\%Al_2O_3) - 0.0232(\%P_2O_5)$$ $$(n = 317, r = 0.856, s = 0.213, f = 93)$$
65	$0.91 \sim 1.9$	$$lg\left(\frac{Fe^{3+}}{Fe^{2+}}\right) = -0.4208 + 213/T + 0.1834 lg a_O - 0.0389 lg N'_{O^{2-}} + 0.8372 R - 0.3805 R^2 +$$ $$2.697 \times 10^{-3}(\%TFe) - 5.206 \times 10^{-5}(\%TFe)^2 + 4.31 \times 10^{-3}(\%MgO) +$$ $$5.083 \times 10^{-3}(\%MnO) + 0.0505(\%Al_2O_3) - 7.11 \times 10^{-3}(\%P_2O_5)$$ $$(n = 111, r = 0.82, s = 0.054, f = 54)$$

2 射流、相似原理和射流与
熔池的相互作用

 本章是转炉炼钢学从解析转炉炼钢过程到控制炼钢过程的理论基础，它包括 2.1 射流，2.2 相似原理和 2.3 射流与熔池相互作用下的熔池运动动力学，应当说 2.1 节和 2.2 节是创造 2.3 节的基本理论，是他们为 2.3 节打造了一把把开启转炉炼钢工艺控制模型的金钥匙。

 如果说在 20 世纪 50 年代末出现氧气炼钢之前超音速射流与炼钢工作者关系不大的话，氧气转炉出现之后，炼钢学就离不开气体动力学了。记得还是 1956 年 3 月，我在北京钢铁设计研究总院炼钢科工作，第一次进行顶吹氧枪设计时，由于我们过去对气体动力学知之甚少，就去中科院力学研究所请老师来做气体动力学讲座。当时只觉得能请到一位副研究员就很满意了，没想到大科学家钱学森却穿着一身半新的蓝色中山装作为老师来给我们上课了……对我来说，从此炼钢学与气体动力学结缘了。

 应当指出，气体动力学中对炼钢工作者最有用的是：射流的流谱、射流的扩张角、射流的核心段长度、射流的速度衰减规律、射流的伴随流，特别是射流进入不同介质中的速度衰减规律……膨胀波、激波（包括斜激波和正激波），特别是斜激波与正激波转换点的临界压强 $\varepsilon_a = p_a / p_0$ 等，它们不仅是氧枪设计必备的知识，更是开发新型喷枪、创建熔池运动动力学中射流与熔池交互作用的一把把金钥匙的原料（金矿所在地）。

 举例来说：如果没有 Kapner 与 Laufer 等人研究的射流进入高温介质下的轴向温度衰减规律及伊东修三和鞭严等（即 Ito 与 Muchi 等）结合氧气射流在炉内的实际条件所作的射流冲击铁水深度方面的测试结果的启迪，就没有李远洲将水模实验结果转化为用于实际转炉的射流冲击熔池深度 n_0 公式；没有伴随流的理论指引，也就没有本书中提出的双流硬、软复合吹顶枪及其炼钢法；没有对外射流产生激波的认识，就不可能正确选择氧枪设计的非工况系数和正确设计使用埋吹喷枪，及提出正确描述喷吹冶金中从气泡流转变为流股流的临界压强准数和气泡后座的消亡准数。……总之射流是熔池运动动力学的理论基础，已成为助长冶金学的重要学科。同样的还有相似原理，过去人们把按照它来做的水模实验只当成某些现象相似的模拟试验而已，能复原到原型已就不错了，这是因为过去的相似原理推荐人们选择相似准数时，所用的量纲分析法，往往使实验研究者选错决定性相似准数，而使水模实验结果，尽管其回归方程的相关系数高达 1.0 仍不能复原到实际。本书推荐人们用流体力学解析流体流动的微分方程和符合流场力学的运动方程代替过去常用来确定模拟准数的量纲分析法，并提出了可使实验结果得到普遍应用而不受模拟比限制的方法。如本书提出的 n_0 公式、L_b 公式、H_w 公式……和在泛弗劳德数的帮助下的 τ 公式，都不仅复原到了实际转炉，而且不分炉子大小，所以我们说本书所推荐的相似原理是锻造熔池运动动力学中一把把金钥匙的工匠高手，本书作者发展了它、应用了它，读者们还可用它和发展它去打造更多更好的金钥匙。比如说作者提出的 n_0 公式是在 20 世纪 70 年代

Kapner 与 Laufer 等人研究的射流进入高温介质下的轴向温度衰减的规律的基础上发展的，也许 21 世纪有了比 Kapner 与 Laufer 等人更完整地描述喷射到比 1000℃ 更高温度下的射流特性的实验研究成果，那么本书提出的 n_0 公式就应做适当修正以进一步提高精度。总之，射流科学在发展，相似原理也还在发展，转炉熔池运动的动力学更需要发展，转炉炼钢过程的控制学也更待发展！

2.1 射流

为研究和了解顶吹射流与熔池的相互作用，本节首先介绍顶吹射流的特性，主要包括顶吹射流的属性，势流核心和超音速核心的长度，在喷射过程中的速度、温度、密度、边界、静压的分布，动量、热量和质量的传输，以及它所进入的空间的情况等。

在氧气顶吹转炉炼钢中，从单孔氧枪喷头中流出的氧气射流是一种具有反向流的非高温超音速轴对称湍流射流。从多孔氧枪喷头中流出的氧气射流则是一种外侧为具有反向流的非高温非轴对称的超音速湍流射流；这种多孔喷枪各流股间互为伴随流的特性，在具有中心孔的多孔喷枪、特别是双流复合顶吹喷枪的中心射流中表现尤为明显。

近年来，国内外对氧枪射流规律进行了大量地研究工作，川上公成[1]和 A. Chatterjee[2,3] 等人分别研究了单股超音速射流的速度衰减和流股展开的规律。Smith[4] 和 C. K. Lee[5] 等人对多孔喷头射流的汇交问题进行了研究。雅可夫列夫斯基[6]、兰迪斯[7] 与夏皮罗[8] 及阿尔拜森等[9] 对具有伴随流的轴对称湍流射流的速度衰减和流股展开的规律作了研究。Kapner 与 Laufer 等人研究了射流的轴向温度衰减的规律[10~12]。另外，伊东修三和鞭严等人[13,14] 结合氧气射流在炉内的实际条件从动量、热量和质量的传输方向以及射流冲击铁水深度方向进行了探索。国内蔡志鹏[15]、吴凤林[16]、万天骥[17] 等人对氧枪射流也进行过大量测定研究工作。

大多数有关射流特性的研究都是对吹向静止大气的射流作的。这种研究在射流特性的模式方面，以及在不同氧枪设计的差别方面可以提供有价值的见解，但用来说明实际转炉内的射流特性则显然有它的局限性。不过，这类射流的特性，却是研究炉内射流特性的基础。下面就此展开讨论。

2.1.1 亚音速湍流自由射流

2.1.1.1 亚音速自由射流的湍流属性

顶吹氧气射流乃是从喷嘴流出形成的氧气流股。当喷嘴出口的氧流速度为亚音速时则为亚音速射流。如射流流入静止的周围介质中，不受周围空间的限制，而自由地流动与扩散，则为自由射流。

从力学的观点来看，气体射流流动的特点是具有切向分界面。这些分界面包括流动的速度、温度、浓度、边界及静压分布等。一般来说，切向分界面是不稳定的，射流从氧枪流出后，边界上的气体速度比周围介质速度大，这种速度差的存在，使气体在边界产生涡旋，呈现出不规则的扰动。同时，由于射流在出口之前受到扰动等原因，流股内也存在着不规则的脉动。因此，射流通常都具有湍流的属性。

由于射流具有湍流的属性，因此处在射流边界上的气体质点有可能横向运动而跑到射流边界外附近的周围介质中去，并把动量传递给周围介质质点，把它们带动起来向前走。

一部分射流中的气体跑出去的地方，掺进来周围介质质点，而使得射流边界上的速度被滞缓下来，这样在射流边界上就出现了质量交换，结果使射流的质量逐渐增加，射流的横断面积加大，边界上的速度降低，从而射流的边界与周围介质发生动量交换。如果射流的初始温度与周围介质的温度不等，则射流边界上质量交换的结果还必然发生热量交换。所以，一般射流都具有传质、传热和传动量的特性。

2.1.1.2　亚音速湍流自由射流速度剖面特性

A　亚音速射流结构

一个亚音速射流可以分成 3 个区段，如图 2-1-1 所示。从射流出流的喷嘴出口 A—A 截至射流轴上速度仍保持出口速度的 B—B 截面间的流段叫射流初始段（或叫势流核心段）。该段的长度取决于喷嘴直径和射流初始速度，约为喷嘴直径的 3~7 倍。过了初始段不远，自 C—C 截面以后的射流叫射流主体段（或叫射流完全发展流段）。介于初始段和主体段之间的射流段，即 B—B 截面段到 C—C 截面间的区段叫过渡段。

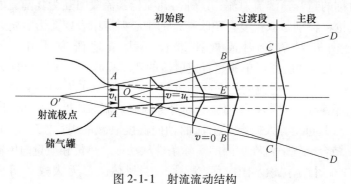

图 2-1-1　射流流动结构

许多试验表明，射流在喷嘴出口截面上的速度（u_t）是均匀分布的，其边界层厚度等于零。但射流进入静止的气氛中后，由于射流边界上的质量交换，使射流剖面产生了速度梯度和边界层逐渐变厚。如图所示，边界层的外边界为 ABCD，由射流轴向速度分量 $u_t = 0$ 的点构成，把未受扰动的周围介质与已被扰动的混入射流的介质分开；边界层的里边界为 AE，由轴向分量等于射流出口速度 u_t 之点构成，把未受掺混扰动的核心气流与已受扰动的气流分开。这个在射流里尚存在着一个未经扰动的 AEA 锥形区，定义为势流核心区。势流核心区的长度，直接关系着射流与熔池间的相互作用，故势流核心的长度将作为射流的主要特性之一来讨论。另外，射流速度衰减和扩展的规律也都是直接关系着射流与熔池相互作用的射流重要特性。在未讨论这些问题之前，必须明确的是，在亚音速射流的流体上，其动量守恒。这是因为射流的掺混过程都是发生在压力实际上为恒定的气氛中，所以，射流的基本属性之一就是整个射流区域中静压保持常数，也就是说射流下游两个不同位置之间没有不平衡的力使射流发生动量变化，也即在沿射流长度上动量通量保持不变。故未被掺混的势流核心区的速度仍等于射流出口速度，而掺混的区段，因射流总的质量流量随距离的增加而增加，则其平均速度必随之减小，断面必随之增大；当射流继续推移，至射流核心区的末端后，则轴心速度也开始下降，断面继续增大，从 C—C 截面开始，射流沿一定的扩散角发展，即沿直线 O′-A 的外边界延伸。O′点叫做射流极点。

从以上讨论可以看到，因动量通量不随距离而变化，而动量通量即冲击力，所以冲击力也不随压力而变化，则平均压力必随离喷口的距离增大而减小，在一湍射流中，速度从周围的零变到轴线上的最大值，因此，在射流轴上的冲击压力，通常要比射流的平均压力大得多。

B 亚音速射流横断面上速度分布的自模性

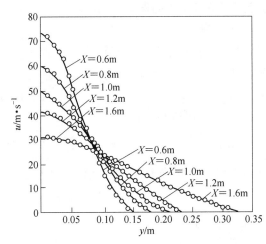

图 2-1-2 轴对称自由射流主体段不同截面处
速度剖面的特吕佩尔[18]实验结果

湍射流的一个重要特点是径向速度分量 v 与轴向速度分量 u 相比是一个小量，以致可以忽略不计。因而，射流横断面速度分布特性就是指横断面上沿射流轴线方向的速度分布。

对于轴对称自由射流，特吕佩尔[18]在射流主体段不同横断面处测得的速度剖面如图 2-1-2 所示。由图可见，随着射流距离的增大，轴心速度不断减小，射流横断面积不断扩大，速度剖面由陡变平坦。

如果用量纲为 1（下称无因次）参数作图，取纵坐标为 u/u_m，u_m 为横断面轴心线上的速度，u 是该断面上距轴心为 y 处的速度，取横坐标为 $y/y_{0.5u_m}$，$y_{0.5u_m}$ 是速度等于轴线上速度一半的点距轴心的距离。利用图 2-1-2 上的数据作得的图形如图 2-1-3 所示。由图 2-1-3 可知，不同断面上的无因次速度分布均具有相似的性质。这一特性就叫做自由射流的自模性。

阿勃拉莫维奇[19]的实验结果说明，在射流的初始段中，射流边界层的速度分布也是相似的。

根据对实验数据的分析，文献［25］给出射流横断面速度分布的无因次函数式为：

$$\frac{u}{u'_m} = \left[1 - \left(\frac{y}{R} \right)^{3/2} \right]^2 \quad (2\text{-}1\text{-}1)$$

式中，在主段里，$u'_m = u_m$，u_m 是射流轴线上最大速度；$R = 2.27 y_{0.5u_m}$，$y_{0.5u_m}$ 是速度等于轴线上最大速度一半处到射流轴线的距离；y 是截面上速度为 u 处一点到射流轴线的距离。在初始段里，$u'_m = u_o$，u_o 是射流出口截面上未经扰动的轴线上的速度；y 是由

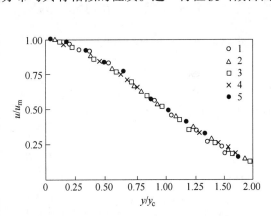

图 2-1-3 轴对称自由射流主段无因次
速度剖面的特吕佩尔实验结果
1—$x = 0.6$m；2—$x = 0.8$m；3—$x = 1.0$m；
4—$x = 1.2$m；5—$x = 1.4$m

射流出口边缘引一条平行射流轴线的直线为基准计量其至速度为 u 点的距离；R 是由出口到测量断面的距离 x。

R. B. Banks[20,21]，D. H. Wakelin[22] 及 A. Chatterjee[2,3] 对射流主体段里的横断面速度分布的无因次函数式则用正态分布函数来表示：

$$\frac{u}{u_{\mathrm{m}}} = \exp\left[-\lambda\left(\frac{y}{x}\right)^2\right] \tag{2-1-2}$$

式中，λ 为断面速度分布系数；取决于轴向速度的衰减系数 $\frac{1}{k_1}$，Albertson 等[9] 导出 $\lambda = 2k_1^2$。k_1 的数值在文献中的报道是出入很大的，为 5.13~7.7（见表 2-1-1）。

2.1.1.3　亚音速湍流自由射流轴线上速度衰减规律

前面已经论及，亚音速自由射流的基本属性之一就是整个射流区域中静压基本保持常数，因此在射流诸断面上，单位时间内单位质量的气体所具有的动量保持不变，即：

$$\rho u^2 \mathrm{d}F = 常数 \tag{2-1-3}$$

对于轴对称射流，其横断面为圆形，故式（2-1-3）可以写成：

$$\int_0^\infty 2\pi y \rho u^2 \mathrm{d}y = \pi R_0^2 \rho_0 u_0^2 \tag{2-1-4}$$

式中，R_0 是射流出口断面的半径，ρ_0 与 u_0 分别是射流在出口横截面上的气体密度和速度。用 $\pi R_0^2 \rho_0 u_0^2$ 除式（2-1-4）得无量纲形式：

$$2\int_0^\infty \left(\frac{u}{u_0}\right)^2 \left(\frac{y}{R_0}\right) \mathrm{d}\left(\frac{y}{R_0}\right) = 1$$

对该式作变换得到：

$$2\int_0^\infty \left(\frac{u}{u_{\mathrm{m}}}\right)^2 \left(\frac{u_{\mathrm{m}}}{u_0}\right)^2 \left(\frac{y}{R}\right)\left(\frac{R}{R_0}\right) \mathrm{d}\left(\frac{y}{R}\frac{R}{R_0}\right) = 1 \tag{2-1-5}$$

式中，u_{m} 是射流轴线上最大速度，它与该截面上的位置坐标 y 无关；R 在主体段里是射流外边界距射流轴线的距离，在初始段里是射流边界层的宽度，它取决于射流的极点到该断面的距离，而与 y 无关，因此积分符号下的 $\frac{u_{\mathrm{m}}}{u_0}$ 与 $\frac{R}{R_0}$ 项可以提到积分号外，于是：

$$\left(\frac{u_{\mathrm{m}}}{u_0}\right)^2 \left(\frac{R}{R_0}\right)^2 \times 2\int_0^\infty \left(\frac{u}{u_{\mathrm{m}}}\right)^2 \frac{y}{R} \mathrm{d}\left(\frac{y}{R}\right) = 1$$

利用式（2-1-1）可算得：

$$\int_0^\infty \left(\frac{u}{u_{\mathrm{m}}}\right)^2 \frac{y}{R} \mathrm{d}\left(\frac{y}{R}\right) = 0.0464$$

于是有：

$$\left(\frac{u_{\mathrm{m}}}{u_0}\right)^2 \left(\frac{R}{R_0}\right)^2 = \frac{1}{2 \times 0.0464}$$

$$3.3\frac{u_0}{u_{\mathrm{m}}} = \frac{R}{R_0} \tag{2-1-6}$$

由于亚音速自由射流外边界是一条直线，于是对 R 可写出如下关系式：

$$R = k'x \tag{2-1-7}$$

系数 k' 是表征射流混合属性的一个常数，它与射流的横截面形状、射流出口时的介质有关。如以系数 a 表示气流出口介质的影响，k 表示射流出口时横断面形状的影响，则有：

$$R = kax \tag{2-1-8}$$

对于轴对称射流，理论计算给出 $k = 3.4$，于是得到：

$$R = 3.4ax \tag{2-1-9}$$

把式 (2-1-9) 代入式 (2-1-6) 中, 经整理后得到:

$$\frac{u_m}{u_0} = 0.96 \frac{R_0}{ax} \tag{2-1-10}$$

即:

$$\frac{u_m}{u_0} = 0.48 \frac{d_j}{ax} \tag{2-1-11}$$

吴凤林等人的实验结果是[25]: 如果射流出口速度分布是均匀的, 即当 $\left|\dfrac{u_{max}}{u_{平均}}\right| = 1$ 时, $a = 0.066$。当出口速度分布中间稍突出, 即 $\left|\dfrac{u_{max}}{u_{平均}}\right| = 1.1$ 时, 则 $a = 0.07$。当出口速度分布更突出, 即 $\left|\dfrac{u_{max}}{u_{平均}}\right| = 1.25$ 时, $a = 0.076$。

也就是说, 射流主体段轴上的速度衰减为:

$a = 0.066$ 时

$$\frac{u_m}{u_0} = 7.27 \frac{d_j}{x} \tag{2-1-12}$$

$a = 0.070$ 时

$$\frac{u_m}{u_0} = 6.86 \frac{d_j}{x} \tag{2-1-13}$$

$a = 0.076$ 时

$$\frac{u_m}{u_0} = 6.32 \frac{d_j}{x} \tag{2-1-14}$$

R. B. Banks、D. H. Wakelin 及 A. Chatterjee 也导出射流主体段轴线上的速度衰减式:

$$\frac{u_m}{u_0} = k_1 \frac{d_j}{x} \tag{2-1-15}$$

式中, k_1 为由试验确定的动量传递系数; $\dfrac{1}{k_1}$ 叫做速度衰减系数。由于喷嘴结构和加工精度的不同, 各个研究者所测得的 k_1 值各不相同, 如表 2-1-1 所示。

表 2-1-1　不同研究者所测得的 k_1 值

k_1	研究者	资料来源
6.39	Hinze & Hegge Zijnen	[26]
5.13	Folson & Ferguson	[27]
6.6	Corrsin & Uberoi	[28]
6.2	Albertson et al.	[9]
6.4	Forstall & Gaylord	[29]
7.7	Porch & Cermak	[30]
6.5	J. Szekely	[31]

上述 k_1 值均系按不可压缩性射流求得, 故其适用范围为 $Ma \leqslant 0.3 \sim 0.4$。

不可压缩性自由射流的势流核心的无因次长度实际上与式 (2-1-12)~式 (2-1-15) 中的常数相同。这就是说势流核心区的长度为出口直径的 $5.13 \sim 7.7$ 倍。此外, 式 (2-1-12)~

式（2-1-15）仅适用于 $\dfrac{x}{d_j}>5.13\sim7.7$ 的情况。

2.1.1.4　亚音速湍流自由射流速度的扩张角

前面已经论及亚音速流湍流自由射流的外边界是一条直线，其 R 与 x 的关系式为：

$$R = kax$$

于是有：

$$\tan\alpha = \frac{R}{x} = ka \tag{2-1-16}$$

对于一般的出口气流介质 $a=0.07$，而轴对称射流的 $k=3.4$，则可求得：

$$\tan\alpha = 3.4 \times 0.07 = 0.238$$

故　　　　　　　　　　　　　　　$\alpha = 13°24'$

即轴对称射流的扩张角为 $13°24'$。

文献［9，32］从速度图测定，空气射流流入空气中时的射流扩张角在 $10°30'\sim13°30'$ 之间。在 $R = y_{0.5u_m}$ 处的夹角为 $5°30'$。

文献［33］则提出，射流的扩张角随喷射气体的动黏度系数（γ_g）的增加而增加，与周围介质无关，其 α 与 γ_g 的关系式为：

$$\tan\alpha = 0.238(\gamma_g)^{0.133} \tag{2-1-17}$$

上式对氧气射流也是适用的。

氧气　　　　　　　　　　$\mu = 1.91 \times 10^{-6}\ \mathrm{kgf \cdot s/m^2}$

$$\gamma = \frac{\mu g}{r} = \frac{1.91 \times 10^{-6} \times 9.808}{1.42}\ \mathrm{m^2/s} = \frac{1.91 \times 10^{-6} \times 9.808}{1.42} \times 10^4\ \mathrm{cm^2/s}$$

2.1.2　具有伴随流的亚音速湍流自由射流

2.1.2.1　伴随流中不可压缩流湍流射流横断面上速度分布的自模性

当周围介质流动的方向与射流的流动方向一致时，称流动的周围介质为伴随流，当周围介质流动的方向与射流流动的方向相反时，称流动的周围介质为反向流。

雅可夫列夫斯基[6]对轴对称射流在具有伴随流情况下进行试验后，得出其射流初始段内无因次剩余速度剖面具有相似性，表述如下：

$$\frac{u_0 - u}{u_0 - u_c} = f(n) = (1 - n^{\frac{3}{2}})^2 = \left[1 - \left(\frac{y_e - y}{y_e - y_i}\right)^{\frac{3}{2}}\right]^2 \tag{2-1-18}$$

式中　u_0——射流出口断面上的速度；

　　　u——射流边界层中 y 点处的速度；

　　　u_c——伴随流速度；

　　　y_e——射流边界层外边界上的坐标；

　　　y_i——射流边界层内边界上的坐标；

　　　y——射流边界层内由边界层厚度为零之点引出的平行射流轴线的线为基准量度的坐标。

福斯塔尔等人[34]对在伴随流中传播的空气轴对称射流进行测量后，得出射流主段中无因次剩余速度剖面的表达式如下：

$$\frac{\Delta u}{\Delta u_\mathrm{m}} = \frac{u - u_\mathrm{c}}{u_\mathrm{m} - u_\mathrm{c}} = \left[1 - \left(\frac{y}{b} \right)^{\frac{3}{2}} \right]^2 \tag{2-1-19}$$

式中　u_m——射流主段中轴心线上的速度；

　　　b——射流主段内射流厚度之半，也即射流主段横断面半径；

　　　y——射流主段内测定点横向坐标。

2.1.2.2　伴随流中不可压缩流湍流射流初始段的长度和射流扩张规律

A　伴随流或反向流中射流扩张的规律

伴随流中射流横断面的扩张，与自由射流一样都主要是靠横向脉动速度来实现。图2-1-4 表示伴随流中轴对称射流传播示意图。吴凤林等人[41]根据射流边界层的增长速度与横向速度脉动分量成正比的关系及无因次剩余速度剖面所具有的相似性推导出伴随流中射流初始段的扩张公式如下：

$$b = \pm C \frac{u_0 - u_\mathrm{c}}{u_0 + u_\mathrm{c}} x \tag{2-1-20}$$

或

$$b = \pm C \frac{1 - m}{1 + m} x \tag{2-1-21}$$

式中，$m = u_\mathrm{c}/u_0$，当 $m < 1$ 时取正号，当 $m > 1$ 时取负号。关于系数 C，根据热斯特科夫[53]等人的试验，在初段里 $C = 0.2 \sim 0.3$，一般取 0.27。

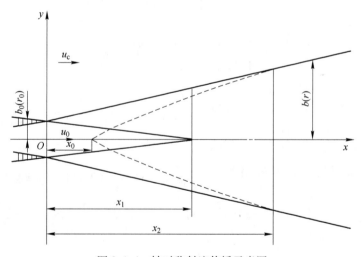

图 2-1-4　轴对称射流传播示意图

对于反向流中传播的射流：

$$b = C \frac{1 + m}{1 + m} x = Cx \tag{2-1-22}$$

以上说明，边界层厚度的增长率与射流初始速度 u_0 同伴随流速度 u_c 之差成比例。当射流出口速度一定时，随着伴随流速度的增加，射流厚度的增长率减小，故伴随流的存在将使射流的扩张角减小。对于在反向流中传播的射流，边界层变厚的规律则不受射流边界上逆向流的影响，就像在静止介质中传播的情况一样。

　　B　具有伴随流的湍射流初始段长度

　　对于轴对称射流，根据动量守恒原理有：

$$u_0(u_0 - u_c)\pi R_0^2 = u_0(u_0 - u_c)\pi y_i'^2 + \int_{y_i}^{y_e} u(u - u_c)2\pi y dy \tag{2-1-23}$$

以 $u_0(u_0 - u_c)b^2$ 除式（2-1-23）两边得：

$$\left(\frac{R_0}{b}\right)^2 - \left(\frac{y_i}{b}\right)^2 = 2\int_{y_i}^{y_e} \frac{u}{u_0}\left(\frac{u - u_c}{u_0 - u_c}\right)\frac{y}{b^2}dy \tag{2-1-24}$$

联解式（2-1-18）与式（2-1-24），经过运算后得到：

$$\left(\frac{y_i}{R_0}\right)^2 + 2\frac{y_i}{R_0}\frac{b}{R_0}(0.416 + 0.134m) + 2\left(\frac{b}{R_0}\right)^2(0.107 + 0.072m) - 1 = 0$$

$$\tag{2-1-25}$$

式（2-1-25）就是射流初始段边界层的边界方程。当 $y_i = 0$ 时，就得到了射流初始段终端的边界层厚度 b 与喷嘴出口半径 R_0 的关系式：

$$\left(\frac{b}{R_0}\right)^2 = \frac{1}{0.214 + 0.144m} \tag{2-1-26}$$

　　解式（2-1-21）与式（2-1-26）于是得到射流初始段无因次长度：

$$\frac{x_1}{R_0} = \pm\frac{1 + m}{C(1 - m)\sqrt{0.214 + 0.144m}} \tag{2-1-27}$$

式中负号是对于 $m>1$ 的情况。

　　取 $C = 0.27$，按式（2-1-27），对不同的 m 值算得的轴对称射流长度如图 2-1-5 所示。由图可见，具有伴随流的射流，当 $m = 0 \sim 2.5$ 之间时，射流初始段长度总是比 $m = 0$ 的大，当 $m = 1.0 \pm \varepsilon$ 时，x_1 达最大值。故具有伴随射流冲击熔池深度较大。可采用较高枪位操作。

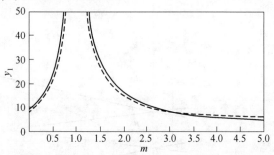

图 2-1-5　射流初始段长度随速度比的变化曲线

　　2.1.2.3　伴随流中不可压缩流湍流射流主段中轴线上速度衰减规律和射流扩张规律

　　A　射流主段的射流扩张规律

　　文献［41］利用射流扩张方程：

$$\frac{db}{dx} = \pm C\frac{u_m - u_c}{u_m + u_c} \tag{2-1-28}$$

经过推导得出射流主段厚度增长的方程。对于 $m\left(= \dfrac{u_m}{u_{om}}\right) < 1$ 的情况：

$$C(\bar{x} - \bar{x}_0) = \bar{R} + \frac{0.69}{p^2}(\bar{R}^2 + p^2)^{\frac{3}{2}} + \bar{R}^2 - p^3 \tag{2-1-29}$$

式中 C——常数，$C = 0.22$ 左右；

$\bar{x} = \dfrac{x}{R_0}$——无因次射流下游距离；

$\bar{x}_0 = \dfrac{x_0}{R_0}$——无因次射流极点的距离；

$\bar{R} = \dfrac{R}{R_0}$——射流下游距离 x 处的无因次射流厚度；

$p = \sqrt{\dfrac{8.1(n_{2u} - n_{1u} \cdot m)}{m^2}}$——参数；

n_{1u}，n_{2u}——射流出口截面流速分布不均匀性，当射流出口截面的速度分布均匀时，则 $n_{1u} = 1$，$n_{2u} = 1$；$m = \dfrac{u_c}{u_{om}}$。

图 2-1-6 按照式（2-1-29）给出了在不同 m 值下轴对称射流主段的边界 $\bar{R}$ 随 $\bar{x}$ 的变化曲线。

对于 $m > 1$ 的情况：

$$\pm C(\bar{x} - \bar{x}_b) = \bar{R} - \bar{R}_b + \frac{0.69}{p^2}(\bar{R}^2 + p^2)^{\frac{3}{2}} - (R_b^2 + p^2)^{\frac{3}{2}} + \bar{R}^3 - \bar{R}_b^3 = \frac{x_b}{R_0} \qquad (2\text{-}1\text{-}30)$$

式中 $\bar{x}_b$——无因次转折断面的距离；

$\bar{R}_b$——无因次转折断面的半径，$\bar{R}_b = \dfrac{R_b}{R_0}$。

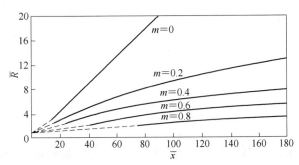

图 2-1-6 不同 m 值下轴对称射流主段的边界 $\bar{R}$ 随 $\bar{x}$ 的变化曲线
（$m < 1$ 的情况）

图 2-1-7 按照式（2-1-30）给出了在不同的 m 值下，轴对称射流主段边界 $\bar{R}$ 随 $\bar{x}$ 的变化曲线。

图 2-1-6 和图 2-1-7 说明，伴随流的存在使射流的扩张减缓了。减缓的程度随着伴随流速度的增大而变得厉害。

B 射流主段轴线上速度衰减规律

为了求得 $u_m(x)$，可利用动量守恒原理，并考虑到射流出口速度分布的不均匀性，则动量方程可写为如下形式：

$$\int_0^{R_0} \rho_0 u_o(u_0 - u_c)2\pi r_0 dr_0 = \int_0^R \rho u(u - u_c)2\pi r dr \qquad (2\text{-}1\text{-}31)$$

式中 R_0——射流出口断面半径；

ρ_0，u_o——分别为射流出口断面上距轴线 r_0 点上的气体密度与速度；

R——射流主段厚度，即射流主段横截面的半径；

ρ，u——分别为射流主段横断面上距轴线为 r 点上的气体密度和速度。

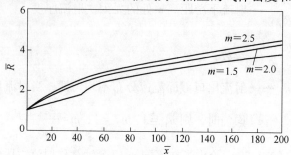

图 2-1-7 轴对称射流主段边界随 $\bar{x}$ 的变化曲线

（$m>1$ 的情况）

文献［41］经过对式（2-1-31）的演算得到，当 $m<1$ 时：

$$C(\bar{x} - \bar{x}_0)\sqrt{\frac{f_1(1-m)^2}{n_{2u} - mn_{1u}}} = \frac{[(3+4a)\Delta \bar{u}_m + 2u][\sqrt{a\Delta \bar{u}_m} + \sqrt{a\Delta \bar{u}_m + u}] - 8(a\Delta \bar{u}_m)^{\frac{3}{2}}}{3\bar{u}_m^{\frac{3}{2}}\sqrt{a\Delta \bar{u}_m + u}(\sqrt{a\Delta \bar{u}_m} + \sqrt{a\Delta \bar{u}_m + u})}$$

$$(2\text{-}1\text{-}32)$$

式中 $\Delta \bar{u}_m = \dfrac{u_m - u_c}{u_{om} - u_c}$；

$a = f_2/f_1 = 0.52$；

$f_1 = 0.258$；

$u = \dfrac{1-m}{m}$；

$m = u_c/u_{om}$。

根据式（2-1-32），对于不同的 m 值算得的 $\Delta \bar{u}_m(x)$ 曲线如图 2-1-8 所示。

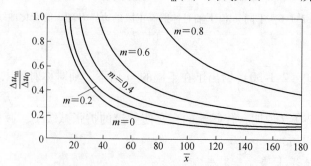

图 2-1-8 轴对称射流中无因次剩余中心速度的衰减曲线

（$m<1$ 的情况）

当 $m>1$ 时为：

$$\pm C(\bar{x}-\bar{x}_b)\left[\frac{m(1-m)f_1}{n_{2u}-mn_{1u}}\right]^{\frac{1}{2}}+\frac{2u}{3}\left[\frac{8\left(\frac{a}{\mu}\right)^4+20\left(\frac{a}{\mu}\right)^3+15\left(\frac{a}{\mu}\right)^2+\left(\frac{a}{\mu}\right)-1}{\left(\frac{a}{\mu}+1\right)^{\frac{3}{2}}}-\right.$$

$$\left.\frac{8\left(\frac{a\Delta\bar{u}_m}{\mu}\right)^4+20\left(\frac{a\Delta\bar{u}_m}{\mu}\right)^3+15\left(\frac{a\Delta\bar{u}_m}{\mu}\right)^2+2\frac{a\Delta\bar{u}_m}{\mu}-1}{\Delta\bar{u}_m^{\frac{1}{2}}\left(\frac{a\Delta\bar{u}_m}{\mu}+1\right)^{\frac{5}{2}}}\right]$$

$$=\frac{2a}{\mu}\left[\frac{1}{\left(\frac{a}{\mu}+1\right)^{\frac{1}{2}}}-\frac{(\Delta\bar{u}_m)^{\frac{1}{2}}}{\left(\frac{a\Delta\bar{u}_m}{\mu}+1\right)^{\frac{1}{2}}}\right]-(1+4a)\left[\frac{2\frac{a}{u}+1}{\left(\frac{a}{\mu}+1\right)^{\frac{1}{2}}}-\frac{2a\frac{\Delta\bar{u}_m}{\mu}+1}{\Delta\bar{u}_m^{\frac{1}{2}}\left(\frac{a\Delta\bar{u}_m}{\mu}+1\right)^{\frac{1}{2}}}\right]$$

$$(2\text{-}1\text{-}33)$$

注意，当 $m>1$ 时，$u=\dfrac{m}{1-m}<0$。

根据式（2-1-33），对于不同的 m 值算得的 $\Delta\bar{u}_m(x)$ 曲线如图 2-1-9 所示。实验结果表明，按式（2-1-32）和式（2-1-33）算得的值与实测值相符。因此，对于伴随流中轴对称射流轴线上速度衰减规律，当 $m>1$ 时，可用式（2-1-33）来估算。计算时常数 C 取 0.22。

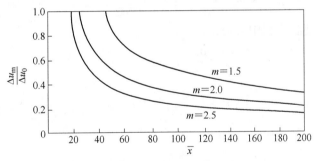

图 2-1-9　不同 m 值的 $\Delta\bar{u}_m(x)$ 曲线

（$m>1$ 的情况）

由上可知，对于伴随流中的轴对称射流，当 $m<1$ 时，射流轴线上速度的衰减随 m 值的增大而减缓。当 $m>1$ 时，射流轴上速度的衰减则随 m 值的增大而加剧。故为了使中心流起硬吹强化熔池搅拌的作用，设计双流复合顶吹氧枪时，只能是中心流的速度大于四周流，而不能是四周流的速度大于中心流。

2.1.3　超音速湍流自由射流

在不可压缩流湍流射流里，气流的密度被认为是常数，不考虑其影响。可是当射流的出口速度接近音速或者超过音速后，或者当射流的温度与周围介质的温度相差很大时，射流密度变化的影响就必须予以考虑。

　　关于超音速射流问题的理论分析和计算公式，大都比较冗繁，不便应用。本节从工程应用和研究射流与熔池相互作用的需要出发，主要介绍超音速射流的一般属性和半经验式。

2.1.3.1　超音速自由射流的湍流属性

　　在可压缩气体射流流动中，由于压力、密度的变化，使温度也发生变化，这时可用连续性方程、运动方程、能量方程和状态方程来描述。

连续性方程：
$$\nabla(\rho \boldsymbol{u}) = 0 \tag{2-1-34}$$

运动方程：
$$\rho(\boldsymbol{u}\nabla)\boldsymbol{u} = -\nabla P + \nabla(\mu\nabla\boldsymbol{u}) + \frac{1}{3}\mathrm{grad}(\mu\,\mathrm{div}\boldsymbol{u}) \tag{2-1-35}$$

能量方程：
$$\rho c_p(\boldsymbol{u}\nabla)T = (\boldsymbol{u}\nabla)P \tag{2-1-36}$$

状态方程：
$$\frac{P}{\rho} = gRT = \frac{a^2}{k} \tag{2-1-37}$$

式中，R 为气体常数；$k = c_p/c_V$ 为绝热指数；$a = \sqrt{kgRT}$ 为当地音速。方程（2-1-34）给不出相似准则，故不去研究。方程（2-1-35）左边为惯性力，右边第一项为压力，第二、三项为摩擦力（即黏性力）。方程（2-1-36）左边为气流热焓（温度）的变化，右边为压力变化。$\nabla = \dfrac{\partial}{\partial x} + \dfrac{\partial}{\partial y} + \dfrac{\partial}{\partial z}$ 为一阶微分算子，其积分类比用 $\dfrac{1}{a_e}$ 代替。

　　对上述诸方程中各变量进行无因次化，设轴向坐标为 $\bar{x} = \dfrac{x}{d_e}$，径向坐标为 $\bar{y} = \dfrac{y}{x}$，速度为 $\bar{u} = \dfrac{u}{u_e}$，压力 $\bar{P} = \dfrac{P}{P_e}$，密度 $\bar{\rho} = \dfrac{\rho}{\rho_e}$，黏性 $\bar{\mu} = \dfrac{\mu}{\mu_e}$，温度 $\bar{T} = \dfrac{T}{T_e}$，比热 $\bar{c}_p = \dfrac{c_p}{c_{pe}}$。把这些无因次变量代入上述各方程中可得：

$$\left(\frac{\rho_e u_e}{d_e}\right)\nabla(\bar{\rho}\,\boldsymbol{u}) = 0 \tag{2-1-38}$$

$$\left(\frac{\rho_e u_e^2}{d_e}\right)\bar{\rho}(\bar{u}\nabla)\bar{u} = \left(\frac{P_e}{d_e}\right)\nabla P + \left(\frac{\mu_e u_e}{\rho_e u_e d_e}\right)\nabla(\bar{\mu}\nabla\bar{u}) + \frac{1}{3}\left(\frac{\mu_e}{\rho_e u_e d_e}\right)\mathrm{grad}(\bar{\mu}\,\mathrm{div}\bar{u})$$
$$\tag{2-1-39}$$

$$\left(\frac{\rho_e u_e c_{pe} T_e}{d_e}\right)\bar{\rho}c_p(\bar{u}\nabla)\bar{T} = \left(\frac{u_e P_e}{d_e}\right)(\bar{u}\nabla)P \tag{2-1-40}$$

　　对式（2-1-39）两边各除以 $\left(\dfrac{\rho_e u_e^2}{d_e}\right)$，对式（2-1-40）两边除以 $\left(\dfrac{\rho_e u_e c_{pe} T_e}{d_e}\right)$，则得：

$$\bar{\rho}(\bar{u}\nabla)\bar{u} = \left(\frac{P_e}{\rho_e u_e^2}\right)\nabla P + \left(\frac{\mu_e}{\rho_e u_e d_e}\right)\nabla(\bar{\mu}\nabla\bar{u}) + \frac{1}{3}\left(\frac{\mu_e}{\rho_e u_e d_e}\right)\mathrm{grad}(\bar{\mu}\,\mathrm{div}\,\bar{u}) \tag{2-1-41}$$

$$\bar{\rho}c_p(\bar{u}\nabla)\bar{T} = \left(\frac{P_e}{\rho_e c_{pe} T_e}\right)(\bar{u}\nabla)P \tag{2-1-42}$$

由此可得下述方括号中几个不变的相似准则：

$$\left[\frac{P_e}{\rho_e u_e^2} = \frac{gRT}{u_e^2} = \frac{a^2}{ku_e^2} = \frac{1}{k(Ma^2)}\right] \tag{2-1-43}$$

（即出口马赫数准则）

$$\left[\frac{u_e}{\rho_e u_e d_e}\right] = \frac{1}{Re} \tag{2-1-44}$$

（即出口雷诺数准则）

$$\left[\frac{P_e}{\rho_e c_{pe} T_e}\right] = \frac{P_e u_e^2}{\rho_e u_e^2 c_{pe} T_e} = \frac{u_e^2 / c_{pe} T_e}{k(Ma^2)} \tag{2-1-45}$$

（即温度准则）

因 $\dfrac{a^2}{k-1} = c_{pe} T_e$，代入式（2-1-45），则：

$$\left[\frac{p_e}{\rho_e c_{pe} T_e}\right] = \frac{(k-1)Ma^2}{kMa^2} = \frac{k-1}{k} \tag{2-1-46}$$

故温度准则也可化为马赫数准则。

设 $\overline{W} = u\sqrt{\rho}$ 代表考虑了密度变化的流密度的综合速度，则根据方程式（2-1-39）和式（2-1-40）可写出超音速射流速度剖面的下列准数的函数关系：

$$\frac{\overline{W}_m}{\overline{W}_e} = f_1\left(Ma_e, Re, \frac{d_e}{x}\right) \tag{2-1-47}$$

$$\frac{\overline{W}}{\overline{W}_m} = f_2\left(Ma_e, Re, \frac{Y}{x}\right) \tag{2-1-48}$$

$$\frac{T_m}{T_e} = f_3\left(Ma_e, Re, \frac{d_e}{x}\right) \tag{2-1-49}$$

$$\frac{T}{T_m} = f_4\left(Ma_e, Re, \frac{Y}{x}\right) \tag{2-1-50}$$

$$\frac{P_m}{P_e} = f_5\left(Ma_e, Re, \frac{d_e}{x}\right) \tag{2-1-51}$$

$$\frac{P}{P_m} = f_6\left(Ma_e, Re, \frac{d_e}{x}\right) \tag{2-1-52}$$

因为湍流自由射流在很大范围内有不随雷诺数 Re 而变的自模性。另外，在相对足够大的空间内传播的自由射流，压力梯度很小，故其压力变化可忽略。因此，上述关系式可简化为：

$$\frac{\overline{W}_m}{\overline{W}_e} = f_1\left(Ma_e, \frac{d_e}{x}\right) \tag{2-1-53}$$

$$\frac{\overline{W}}{\overline{W}_m} = f_2\left(Ma_e, \frac{Y}{x}\right) \tag{2-1-54}$$

$$\frac{T_m}{T_e} = f_3\left(Ma_e, \frac{d_e}{x}\right) \tag{2-1-55}$$

$$\frac{T}{T_m} = f_4\left(Ma_e, \frac{Y}{x}\right) \tag{2-1-56}$$

式中，$\overline{W}$ 为综合速度；T 为射流温度；P 为射流静压；Ma 为射流马赫数；d_e 为喷嘴直径；x 为沿射流轴线距喷出口的距离；Y 为射流横断面上任一点至轴线的距离；角标 e 表示喷嘴出口处，m 表示射流轴线上。

由上分析可知，超音速射流的速度和温度分布均与 Ma_e 和几何参数 $\dfrac{d_e}{x}$ 或 $\dfrac{Y}{x}$ 有关。

2.1.3.2　超音速湍流自由射流速度剖面特性

A　超音速射流流股的结构

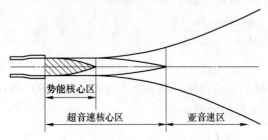

图 2-1-10　超音速射流的流股结构示意图

与亚音速射流相对照，超音速射流的股流结构示于图 2-1-10，也分 3 个区域。在靠近喷嘴出口处的锥形区域，各点速度均等于射流出口速度，即 $u=u_0>a$，这个区域叫做势能核心区，它与亚音速的势能核心相似，但在亚音速情况下，$u=u_0<a$。在势能核心区外面，射流边界上，由于黏性作用，射流与周围介质发生湍流混合，进行能量交换而使射流减速，并逐渐向轴线上扩展，使轴上速度逐渐下降，到某一距离后，恰好等于音速，连接此点与射流诸断面的音速点，则构成射流的超音速锥形区，在此区域内，各点速度大于音速，边界上等于音速，即在正个超音速区域中 $u \geqslant a$；在亚音速射流中，与之相对应的则只有过渡区。在超音速核心区以外，即为亚音速区，它与亚音速射流中充分发展的区段相同。

B　超音速流湍流自由射流横断面上速度分布的自模性

根据资料[41]如图 2-1-11 和图 2-1-12 所示，在静止的或运动的介质中传播的超音速射流其横断面上的无因次剩余速度剖面具有相似性，可用以下方程来描述：

对于射流初始段：

$$\Delta \overline{u}_0 = \frac{u_0 - u}{u_0 - u_c} = f(n) = (1 - n^{\frac{3}{2}})^2$$

$$(2\text{-}1\text{-}57)$$

对于射流主段：

$$\Delta \overline{u}_m = \frac{u - u_c}{u_m - u_c} = f(\xi) = (1 - \xi^{\frac{3}{2}})^2$$

$$(2\text{-}1\text{-}58)$$

其中　　　$n = \dfrac{y_e - y}{y_e - y_i} = \dfrac{y_e - y}{b}$　　$(2\text{-}1\text{-}59)$

$$\xi = \frac{y}{R} = \frac{y}{2.27 y_{0.5u_m}}$$　　$(2\text{-}1\text{-}60)$

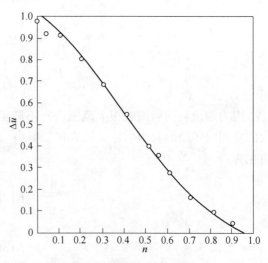

图 2-1-11　射流初始段横截面中
无因次剩余速度剖面
（雅可夫列夫斯基的实验数据，式（2-1-57））
〇—$\theta=1.0$, $m=0$, $x/r_0=2.0$

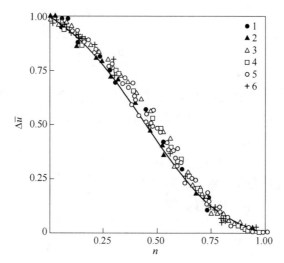

图 2-1-12 射流主段横截面中无因次剩余速度剖面

（热斯特科夫，马克西莫夫的实验数据，式（2-1-58））

1—$Ma_0 = 1.5$，$\theta = 1$，$x/r_0 = 4$；2—$Ma_0 = 1.5$，$\theta = 1$，$x/r_0 = 8$；3—$Ma_0 = 1.5$，$\theta = 2$，$x/r_0 = 4$；

4—$Ma_0 = 1.5$，$\theta = 2$，$x/r_0 = 8$；5—$Ma_0 = 3$，$\theta = 1$，$x/r_0 = 8$；6—$Ma_0 = 3$，$\theta = 2$，$x/r_0 = 14$

式中，y_e 与 y_i 分别为射流初始段边界层的外边界与内边界坐标（在初始段中，x 轴为自喷嘴出口边缘引出的一条平行射流轴线的线）；y 为射流主段内速度 u 处的坐标；$y_{0.5u_m}$ 为速度等于相应截面射流轴线上速度之半的点坐标（在主段内，x 取为射流轴线）。

蔡志鹏等人[15]实验得出不同 Ma 数值的不同断面速度分布均具有自模性，如图 2-1-13 所示，并对射流主段内的横断面速度分布用正态分布函数来表示：

$$\frac{u}{u_m} = \exp\left[-b\left(\frac{y}{y_{0.5u_m}}\right)^2 \right] \qquad (2\text{-}1\text{-}61)$$

实验得出 $b = 0.681$，与理论值 $b = 0.693$ 十

分相近（即当 $\dfrac{u}{u_m} = 0.5$ 时，根据式（2-1-61）求得的 b 值）。

因为
$$y_{0.5u_m} = Cx \qquad (2\text{-}1\text{-}62)$$

实验得出 C 随马赫数 Ma 的不同而不同，见表 2-1-2。

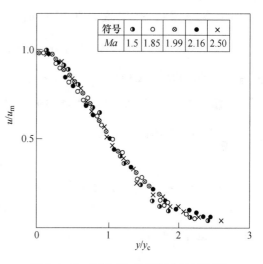

图 2-1-13 不同 Ma 的无因次速度剖面

表 2-1-2 斜率 C 与马赫数 Ma 的关系

Ma	1.50	1.99	2.02	2.50
C	0.11	0.10	0.10	0.08

从表 2-1-2 中可以看出随着 Ma 数值的增加，C 值减小。将式（2-1-62）代入式（2-1-61），并取 $b = 0.69$，则得出不同枪位下的横断面速度表达式为：

$$\frac{u}{u_\mathrm{m}} = \exp\left[-\frac{0.69}{C^2}\left(\frac{y}{x}\right)^2\right] \tag{2-1-63}$$

当研究射流轴线上速度衰减规律时，我们将用到式（2-1-57）和式（2-1-58），而当判明射流对熔池的冲击能量和冲击面积时，则以采用式（2-1-63）为便。

C　超音速自由射流的湍流特性

文献［15］实验测得，在射流主段内不同横截面上的脉动速度分布，如图 2-1-14 所示，以无因次坐标表示具有相似性，即

$$\frac{\sqrt{\overline{u^2}}}{\overline{u}_\mathrm{m}} = f\left(\frac{y}{y_{0.5u_\mathrm{m}}}\right) \tag{2-1-64}$$

式中，$\sqrt{\overline{u^2}}$ 为射流横断面上轴向脉动速度；$\overline{u}_\mathrm{m}$ 为射流轴心平均速度。

由图 2-1-14 中可以看到，射流轴向速度的最大波动值为 ±28%（与资料的报道值 ±30% 基本一致），并出现在距中心轴线 $\dfrac{y}{y_{0.5u_\mathrm{m}}} = 0.3 \sim 0.4$ 处。因此射流冲击熔池深度的最大波动值也将达 ±30%。

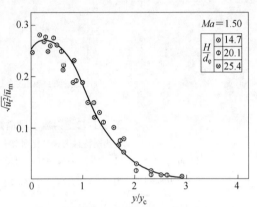

图 2-1-14　用热膜探针 R_{35} 测量的
断面脉动速度分布

实验表明[15]，在 $Re = 3 \times 10^4 \sim 6 \times 10^4$ 范围内，自由射流轴向脉速度 $\sqrt{\overline{u^2}}$ 与径向脉动速度 $\sqrt{\overline{w^2}}$ 之间有下述近似关系：

$$\sqrt{\overline{u^2}} = 1.25\sqrt{\overline{w^2}} \tag{2-1-65}$$

2.1.3.3　超音速湍流自由射流轴线上速度衰减规律

A　射流轴线上速度衰减规律

对于超音速射流：

$$\frac{\overline{w}_\mathrm{m}}{\overline{w}_\mathrm{e}} = k_\mathrm{j}\frac{d_\mathrm{e}}{L_\mathrm{S} + H} \tag{2-1-66}$$

因为，$\overline{w}_\mathrm{m} = u_\mathrm{m}\sqrt{\rho_\mathrm{m}}$，$\overline{w}_\mathrm{e} = u_\mathrm{e}\sqrt{\rho_\mathrm{e}}$，代入式（2-1-66）得：

$$\frac{u_\mathrm{m}}{u_\mathrm{e}} = k_\mathrm{j}\left(\frac{\rho_\mathrm{e}}{\rho_\mathrm{m}}\right)^{\frac{1}{2}} \cdot \frac{d_\mathrm{e}}{L_\mathrm{S} + H} \tag{2-1-67}$$

式中，L_S 表示超音速核心段长度，它是 d_e 和 Ma 的函数，可用式（2-1-61）～式（2-1-64）求得。变量 H 表示由射流音速点（即 L_S）算起至液面的距离。

实验求得[15]：

$$k_\mathrm{j} = \frac{5 + 1.878Ma_\mathrm{e}^{2.81}}{0.063 + 0.885Ma_\mathrm{e}^{2.81}} \tag{2-1-68}$$

式（2-1-68）表明 k_j 不是常数，而是随 Ma_e 值的增大而增大，即射流速度的衰减随 Ma_e 的增大而减缓。

实验证明射流轴线上的速度衰减可以用改进的 Laufer 半经验公式描述[27]

$$\frac{u_m}{u_e} = 6.8\left(\frac{\rho_e}{\rho_a}\right)^{\frac{1}{2}} \cdot \frac{d_e}{x - Z} \tag{2-1-69}$$

式中，ρ_e 为射流出口密度；ρ_a 为周围介质密度；x 为射流下游距喷嘴出口的距离；Z 为射流势能核心段长度（可由图 2-1-15 中查得）。

B　超音速射流势能核心段长度

Kapner 等人[10,11]实验得出马赫数 1.0~1.8 范围内 $\dfrac{Z}{d_e}$ 的变化数值，示于图 2-1-15。

C　超音速射流的超音速核心长度

实验表明，超音速核心无因次长度随 Ma 的增大而增大。国内外许多学者对这问题作过研究，但他们各自所得的试验结果不同，给出的超音速核心长度的表达式也不同，请参看图 2-1-16 和表 2-1-3。

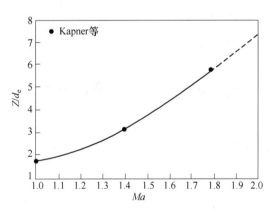

图 2-1-15　无因次势能核心段长度
$\dfrac{Z}{d_e}$ 与 Ma 的关系

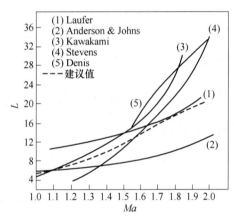

图 2-1-16　超音速核心流长度与
Ma 关系[12,35~38]

表 2-1-3　超音速核心流长度与 Ma 的关系式

关 系 式		作 者	资料来源
$L = \left[6.8Ma_e\left(\dfrac{\rho_e}{\rho_a}\right)^{\frac{1}{2}} + \dfrac{Z}{d_e} \right] d_e$	(2-1-70)	Chatterjee	[2]
$L = P_d Ma_e d_e / 0.404$	(2-1-71)	Kawakami	[36]
$L = 5.78(P_d - 2)$	(2-1-72)	Stevens	[37]
$L = (5 + 1.878 Ma_e^{2.81}) d_e$	(2-1-73)	蔡志鹏等	[15]

从图 2-1-16 中可见超音速核心区的长度的可选数值具有非常宽的变化范围，但图中的

曲线（2）是高温射流高于 1200℃[35]，（3）是等温射流的超音速核心区长度的合理表示。

超音速核心流长度不仅与 P_0（Ma_e）有关，还射流与周围环境的温差 ΔT_j 有关，而且与喷嘴出口的射流结构有关。虽然 P_0 相同，但在 $P_e = P_a$，$P_e > P_a$ 和 $P_e < P_a$ 以及 ΔT_j 不同这些情况下，核心流长度也是大不相同的。上述诸式和曲线则都是在 $P_e = P_a$ 的条件下得到的。

2.1.3.4　超音速湍流自由射流速度的边界层扩张

文献［41］利用射流扩张方程：

$$\frac{\mathrm{d}b}{\mathrm{d}x} \sim \frac{u_i - u_e}{u^*} \tag{2-1-74}$$

式中，u_i 与 u_e 分别为湍流边界层内外边界层上的速度；u^* 为湍流边界层中的特征速度：

$$u^* = \frac{\rho_i u_i + \rho_e u_e}{\rho_i + \rho_e} \tag{2-1-75}$$

ρ_e 与 ρ_i 分别为混合区内外边界上的气体密度。

解式（2-1-74）和式（2-1-75）得到：

$$\frac{\mathrm{d}b}{\mathrm{d}x} = \frac{C}{2}(1 + \bar{\rho})\left(\frac{1 - m}{1 + \bar{\rho}m}\right) \tag{2-1-76}$$

式中，$m = \dfrac{u_e}{u_i}$；$\bar{\rho} = \dfrac{\rho_e}{\rho_i}$。

需知，在射流初始段里 $u_e = u_c$，$u_i = u_o = u_m$，$m = \dfrac{u_c}{u_m}$，$\bar{\rho} = \dfrac{\rho_e}{\rho_m}$，都等于常数，因此，方程（2-1-76）可积分成：

$$\frac{b}{x} = \bar{b} = C\left(\frac{1 + \bar{\rho}}{\alpha}\right)\frac{1 - m}{1 + m\bar{\rho}} \tag{2-1-77}$$

式中的常数 C 若取亚音速流自由射流的试验值，即 $C = 0.27$，则：

$$\bar{b} = 0.27\left(\frac{1 + \bar{\rho}}{\alpha}\right)\frac{1 - m}{1 + m\bar{\rho}} \tag{2-1-78}$$

这样对于流动条件已定的射流流动，在初始段中 m、$\bar{\rho}$ 都是已知的，于是可用式（2-1-78）算出 $\bar{b}$。对于给定的横截面而言，距离 x 是已知的，从而就可算出边界层的厚度。

但在射流主段里，由于射流轴线上的速度 u_m 随射流传播距离 x 变化，即 $u_m = u_m(x)$，同样 $\rho_m = \rho_m(x)$，所以，$m = \dfrac{u_c}{u_m}$，$\bar{\rho} = \dfrac{\rho_e}{\rho_m}$ 也是随射流的传播距离 x 在变化。故超音速射流主段的外边界将是一条曲线而不是直线。同时试验得出，式（2-1-76）中的常数 C，对于射流主段 $C \approx 0.22$。

2.1.3.5　非等温下超音速湍流自由射流的特性

射流初始温度（不可压缩流时为静温，可压缩流时为滞止温度）与周围介质温度不相等的流动，根据气体状态方程和射流内静压保持常数的属性，倘若射流与周围介质成分一样，则射流与周围介质具有不同的密度。所以这种流动也叫做变密度射流。同时，超音速射流本来就与周围介质的密度不同，其密度比（p_e/p_a）随马赫数的增大而增大；如果超音速射流流入较高温度的介质中时，则密度比将进一步增大，从而使射流的势能核心段长度和超音速核心段长度增大，速度衰减减缓。

A　介质温度对超音速流核心段长度的影响

超音速核心段长度与马赫数和介质温度的关系，根据 Kapner 等[10,11]的实验结果列于表 2-1-4。根据近似计算公式（2-1-93）算得的结果如图 2-1-17 所示（图中 θ 表示 T_0/T_C）。由表 2-1-4 和图 2-1-17 可见超音速流核心段长度随周围环境温度的增高而增大。

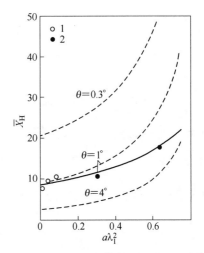

图 2-1-17　超音速气体射流初始段长度与
$a\lambda_1^2$ 和 θ（T_0/T_C）的关系曲线

1—根据文献［39］中劳伦斯实验；2—根据热斯特科夫试验；
——根据式（2-1-93）算得；------根据近似公式算得

表 2-1-4　超音速核心段长度与 Ma 和 ΔT 的关系

射流出口马赫数 Ma_e	超音速核心段长度 L	$\Delta T/℃$
1.0	$4.5d_e$	0
1.0	$4.5d_e$	50
1.0	$4.5d_e$	85
1.0	$5.0d_e$	150
1.4	$12.0d_e$	0
1.4	$12.0d_e$	80
1.4	$12.2d_e$	130
1.4	$12.3d_e$	200
1.8	$17.7d_e$	17
1.8	$17.7d_e$	120
1.8	$18.6d_e$	170
1.8	$19.3d_e$	250

B　Ma_e 和 ΔT_j 对吸入量 $\left(\dfrac{m-m_j}{m_j}\right)$ 的影响

图 2-1-18 是 Kapner[10,11] 等所做的 Ma_e 和 ΔT_j 对吸入量的影响。从图上可以看出，射流吸入周围介质的量随 Ma_e 的增大和 ΔT_j 的增大而减小。如果把图 2-1-15 中的结果以 $\dfrac{\dot{m}}{m_j}$ 对 $\left(\dfrac{\rho_a}{\rho_j}\right)^{\frac{1}{2}} \cdot \left(\dfrac{x-Z}{d_j}\right)$ 绘成曲线，并采用图 2-1-19 中的 Z 值，所有的结果均在一条直线上，如图 2-1-19 所示。从图可见超音速射流吸入周围的气体要比亚音速射流所吸入的少得多。

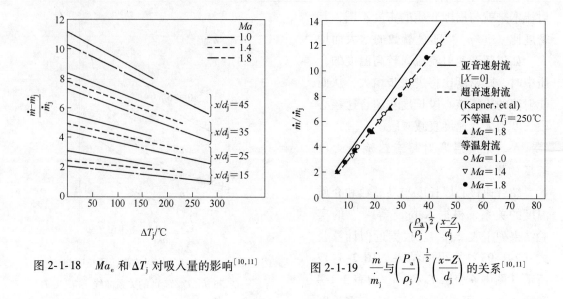

图 2-1-18　Ma_e 和 ΔT_j 对吸入量的影响[10,11]　　　图 2-1-19　$\dfrac{\dot{m}}{\dot{m}_j}$ 与 $\left(\dfrac{P_a}{\rho_j}\right)^{\frac{1}{2}}\left(\dfrac{x-Z}{d_j}\right)$ 的关系[10,11]

C　不等温喷射超音速射流轴线上温度变化的规律

为确定不等温射流轴线上速度衰减的规律，需要了解射流的温度在轴向距离上的变化。图 2-1-20 是根据 Kapner 等所得的结果绘制的射流轴向温度的变化曲线。图中 T_α 为射流离喷嘴口 x 处的轴心温度，T_a 为周围介质温度，T_j 为射流出口温度。Ma 为射流出口马赫数，d_j 为喷嘴出口直径。由图可见，$(T_\alpha - T_a)$ 随 $(T_j - T_a)$ 和 Ma_e 的增大而增大，随 $\dfrac{x}{d_j}$ 的增大而减小。

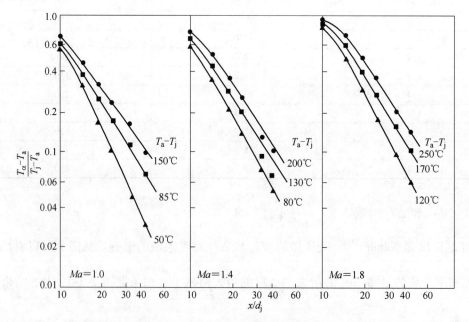

图 2-1-20　Ma 为 1.0、1.4 和 1.8 的超音速射流轴上温度衰减

虽然 Kapner 等人[10,11]所得的上述实验结果与 Laufer[12] 的理论分析并不符合，但它基

本上可以满足炼钢计算的要求。图 2-1-19 中的结果也可用方程（2-1-79）来描述：

$$\frac{T_\alpha - T_a}{T_j - T_a} = 5.61 \left(\frac{\rho_j}{\rho_a} \right)^{\frac{1}{2}} \frac{d_j}{x - Z} \tag{2-1-79}$$

2.1.4 具有伴随流的超音速湍流自由射流

2.1.4.1 具有伴随流的超音速射流初始段特性

A 具有伴随流的超音速射流初始段的边界层变化规律

图 2-1-21 示出具有伴随流的超音速射流流动示意图，脚注"1"表示射流流动参数，脚注"2"表示伴随流的流动参数。于是在射流边界层的外边界上，$u_e = u_2$，其他诸参数类同，在内边界上，$u_i = u_1$，其他也类同。

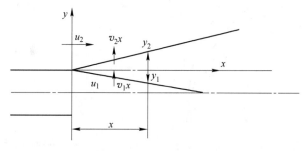

图 2-1-21 具有伴随流的超音速射流边界层上的混合区

对所讨论的边界层流动情形写出连续方程和动量方程在射流轴线方向上的投影，则有下式：

$$\int_{y_i}^{y_2} \rho u \, dy = \rho_1 (u_1 y_1 - v_1 x) + \rho_2 (-u_2 y_2 + v_2 x) \tag{2-1-80}$$

$$\int_{y_i}^{y_2} \rho u^2 \, dy = \rho_1 u_1 (u_1 y_1 - v_1 x) + \rho_2 u_2 (-u_2 y_2 + v_2 x) \tag{2-1-81}$$

在设计工况下，射流出口后的压力等于周围介质的压力，于是垂直于射流流动方向作用的合力等于零，则动量方程在垂直于射流流动方向的分量方程为：

$$\rho_1 (u_1 y_1 - v_1 x) = -\rho_2 (-u_2 y_2 + v_2 x) v_2 \tag{2-1-82}$$

为了使所确定的混合区流动参数的方程组封闭，应用射流边界层厚度增长规律表达式：

$$\bar{b} = \frac{b}{x} = 0.27 \frac{1 + \bar{\rho}}{\alpha} \frac{1 - m}{1 + \bar{\rho} m} \tag{2-1-83}$$

以及速度剖面公式：

$$\Delta \bar{u}_1 = \frac{u_1 - u}{u_1 - u_2} = f(n) = (1 - n^{\frac{3}{2}})^2 \tag{2-1-84}$$

和边界层厚度公式：

$$b = y_2 - y_1 \tag{2-1-85}$$

于是经过推导，由方程式（2-1-80）~式（2-1-85）得出内边界层坐标 y_1 的表达式：

$$\bar{y}_1 = A_0 - 2A_1 + A_2 + m(A_1 - A_2) \tag{2-1-86}$$

式中，$\bar{y}_1 = \dfrac{y_1}{b}$，$A_0$、$A_1$、$A_2$ 为阿勃拉莫维奇[40] 得出的积分值，可分别由图 2-1-22～图 2-1-24 中所示的曲线求得，图中 $m = \dfrac{u_2}{u_1}$，$a = \dfrac{k-1}{k+1}$，$\lambda_1 = u_1/a^*$，$a^* = \sqrt{\dfrac{\alpha k}{k+1}\overline{R}T}$ 为临界音速，对于氧气 $a^* = 17.4\sqrt{T_0}$。

图 2-1-25 为由方程式（2-1-86）所得的 $y_1(a\lambda_1^2, m)$ 曲线。

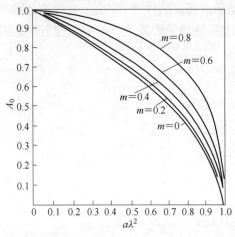

图 2-1-22　积分 A_0 曲线

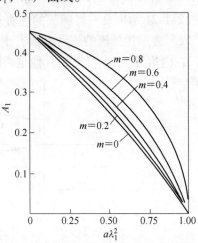

图 2-1-23　积分 A_1 曲线

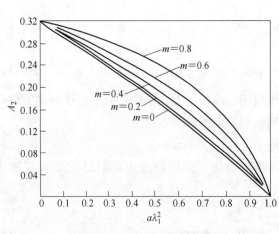

图 2-1-24　积分 A_2 曲线

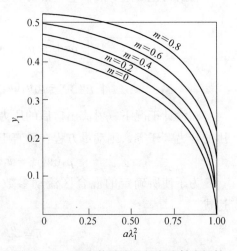

图 2-1-25　具有伴随流的超音速射流初始段边界层随参数 $a\lambda_1^2$ 与 m 的变化曲线

在算得了 $\bar{y}_1$ 后，利用公式：

$$\bar{y}_2 - \bar{y}_1 = 1 \tag{2-1-87}$$

可算出 $\bar{y}_2$ 来。但为了计算出 y_2 和 y_1 的绝对值，则要先算出混合区厚度 b。

当伴随流与射流的滞止温度相等，化学成分相同时由：

$$\bar{\rho} = \frac{\rho_1}{\rho_2} = \frac{1 - a\lambda_1^2}{1 - a\lambda_1^2 m^2} \qquad (2\text{-}1\text{-}88)$$

把式（2-1-88）代入式（2-1-83），得：

$$b = 0.135\left(1 + \frac{1 - a\lambda_1^2}{1 - a\lambda_1^2 m^2}\right)\left(\frac{1 - m}{1 + \frac{1 - a\lambda_1^2}{1 - a\lambda_1^2 m^2}}\right)x \qquad (2\text{-}1\text{-}89)$$

由图 2-1-24 和式（2-1-89）均可看到，在一定的伴随流条件下，随着 $a\lambda_1^2$ 的增大，内边界 $\bar{y}_1$ 值和边界层厚度 b 值均迅速减小，即 y_1 的绝对值减小。这说明射流混合区随着射流速度的增大而减小了，也就是意味着射流初始段增长了，衰减变慢了。另外由图 2-1-24 看到，在一定的射流出口速度条件下，伴随流速度的增加而使得边界层内边界 $\bar{y}_1$ 数值增大，但不能因此就得出结论说，随着 m 的增大，射流的初始段长度将要减小，衰减将要加剧，因为 $\bar{y}_1 = \dfrac{y_1}{b}$，从式（2-1-89）可知 b 是随 m 的增大而急剧减小的，且 b 的减小率比 $\bar{y}_1$ 的增大率大，如表 2-1-5 所示。所以，从 y_1 的绝对值看，它是随 m 的增大，即伴随流速度的增大而减小的，这就是说具有伴随流的超音速射流的初始段长度将要增加而不是减小，速度衰减将变慢而不是加剧。

表 2-1-5　$a\lambda_1^2 = 0.5$ 时，m 与 $\bar{y}_1$、b 和 y_1 的关系

m	$\bar{y}_1 = y_1/b$	b	y_1	备 注
0	0.339	$0.203x$	$0.0688x$	
0.2	0.371	$0.148x$	$0.0549x$	
0.4	0.400	$0.103x$	$0.0412x$	x 为射流下游距
0.6	0.436	$0.064x$	$0.0279x$	喷嘴出口距离
0.8	0.486	$0.030x$	$0.0146x$	

B　具有伴随流的超音速射流初始段长度 x_0

根据定义，当射流内边界到达射流轴线上时，该点距射流出口断面的距离 x_0 即为射流初始段长度。

设 b_0 是射流喷嘴宽度之半，令 $\bar{x}_0 = \dfrac{x_0}{b_0}$，于是：

$$\bar{x}_0 = \frac{1}{\dfrac{b_0}{x_0}} = \frac{1}{\dfrac{b_0}{b} \cdot \dfrac{b}{x_0}} \qquad (2\text{-}1\text{-}90)$$

在初始段末端

$$y_1 = b_0 \qquad (2\text{-}1\text{-}91)$$

把式（2-1-91）与 $\dfrac{b}{x_0}$ 的表达式（2-1-83）代入式（2-1-90）得到：

$$\bar{x}_0 = \frac{1}{\dfrac{y_1}{b} \times 0.27 \dfrac{1 + \bar{\rho}}{\alpha} \cdot \dfrac{1 - m}{1 + \bar{\rho}m}} \qquad (2\text{-}1\text{-}92)$$

显然，对于超音速自由射流，$m=0$，则射流初始段长度 $\bar{x}_0$ 为：

$$\bar{x}_0 = \cfrac{1}{\cfrac{y_1}{b} \times 0.27 \cfrac{1+\bar{\rho}}{2}} = \cfrac{1}{\bar{y}_1 \times 0.27\left(1 - a\lambda_1^2 \times \cfrac{1}{2}\right)} \tag{2-1-93}$$

由图 2-1-24 可以查得，若 $a\lambda_1^2 = 0.5$，当 $m=0$ 时，$\dfrac{y_1}{b} = 0.4$，将以上参数分别代入式 (2-1-88)、式 (2-1-92) 和式 (2-1-93) 则求得 $a\lambda_1^2 = 0.5$ 的超音速自由射流初始段长度：

$$\bar{x}_0 = \frac{1}{0.339 \times 0.27 \times (1 - 0.25)} = 14.567$$

具有伴随流（$m=0.4$）的超音速射流初始段长度：

$$\bar{x}_0 = \cfrac{1}{0.4 \times 0.27 \times \cfrac{1 + \cfrac{1-0.5}{1-0.5 \times 0.4^2}}{2} \times \cfrac{1-0.4}{1 + 0.4 \times \cfrac{1-0.5}{1-0.5 \times 0.4^2}}} = 24.34$$

由此可知，具有伴随流的超音速射流初始段长度随射流出口速度的增大而增大，并在 $m<1$ 的条件下，随伴随流速度的增大而增大。

2.1.4.2　具有伴随流的超音速射流主段

为了寻求射流沿轴线的速度衰减规律和厚度的增长规律，利用动量守恒原理，取射流出口截面和主段中任意横截面为控制面。写出动量守恒方程如下：

$$\int_0^M (u - u_c)\,\mathrm{d}M = \int_0^{M_0} (u_0 - u_c)\,\mathrm{d}M_0 \tag{2-1-94}$$

式中　　　u_0——射流出口横截面上的速度；

　　　　　u_c——伴随流速度；

　　　　　u——射流主段任意截面上的微元速度；

　　　　　M——通过射流主段任意横断面的秒质量流量在射流轴线方向的分量；

　　　　　M_0——在射流出口截面上单位时间通过的质量流量在射流轴线方向上的分量；

　　$\mathrm{d}M = \rho u\,\mathrm{d}F$——射流主段任意截面上的微元秒质量流量；

$\mathrm{d}M_0 = \rho_0 u_0\,\mathrm{d}F_0$——通过射流出口截面上的微元秒质量流量。

文献 [41] 通过对方程 (2-1-94) 进行无因次化和演算，得到射流横截面随距离变化的公式如下：

$$C\frac{\mathrm{d}\bar{x}}{\mathrm{d}\bar{R}} = \frac{2m}{(1-m)\Delta\bar{u}_\mathrm{m}} + \frac{1}{1 + S_1(a\lambda_0^2, m)\Delta\bar{u}_\mathrm{m} - S_2(a\lambda_0^2, m)\Delta\bar{u}_\mathrm{m}^2}$$

式中　　　C——常数，实验指出 $C \approx 0.22$；

$\bar{x} = \dfrac{x}{R_0}$，R_0——喷嘴口半径；

$\bar{R} = \dfrac{R}{R_0}$，R——离喷嘴口 x 距离处的射流横断面半径；

　　　　　$m = u_c / u_{0\mathrm{m}}$；

$$\Delta \bar{u}_m = \frac{u_m - u_c}{u_0 - u_c};$$

$$S_1(a\lambda_0^2, m) = -a\lambda_0^2(1-m)m/(1-a\lambda_0^2 m^2);$$

$$S_2(a\lambda_0^2, m) = \frac{1}{2}a\lambda_0^2(1-m)^2/(1-a\lambda_0^2 m^2)。$$

得到射流主段轴线上的速度衰减公式如下：

$$c(\bar{x} - \bar{x}_0) = \sqrt{\frac{1}{0.134(1-a\lambda_0^2)}}\left[F(Z)/\Delta\bar{u}_m - F(Z_0)\right] \tag{2-1-95}$$

式中 $Z = \sqrt{\dfrac{a\lambda_0^2}{2}\Delta\bar{u}_m};$

$\qquad Z_0 = \sqrt{\dfrac{a\lambda_0^2}{2}};$

$\qquad F(Z) = \dfrac{1}{(1-Z^2)\sqrt{1+0.896Z^2}} - \dfrac{0.528Z^2\sqrt{1+0.896Z^2}}{1-Z^2} - 1.072\ln\dfrac{\sqrt{1+0.896Z^2}+1.378Z}{\sqrt{1-Z^2}}。$

图 2-1-26 和图 2-1-27 上绘出了当 $C = 0.22$ 时，对于不同的 $a\lambda_0^2$，根据式（2-1-95）和式（2-1-94）算得的沿射流轴线轴向速度的衰减曲线和厚度扩张曲线。从这些曲线看到，如果射流的出口速度超过了音速，则轴线速度衰减就会缓慢下来。射流出口速度愈高，则轴向速度衰减愈慢。

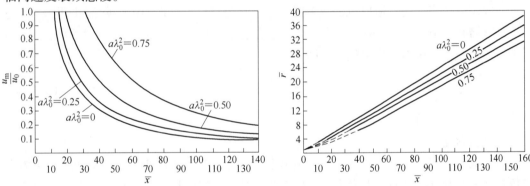

图 2-1-26 轴对称超音速自由射流沿轴线速度变化 图 2-1-27 轴对称超音速射流沿轴线厚度变化情况

超音速射流主体段的边界，由式（2-1-95）看到，它是一条曲线，但正如图 2-1-27 所示，这条曲线的曲率很小，可以忽略不计。因此，在离开转折截面某一距离之后的地方起，射流的实际边界就可以用一条与射流轴线倾斜成一定角度的直线来代替，但其扩张角不像亚音速流那样为一定值，而是随 $a\lambda_0^2$ 的增大而减小。

关于转换截面 $\bar{x}_0$ 的计算可用式（2-1-92）和式（2-1-93）来计算。

图 2-1-28 给出了用式（2-1-95）计算得到的曲线和实验数据的比较，由图看到理论计算与实验符合较好。

2.1.5 非工况下超音速湍流自由射流

前面所讨论的各种射流都是在设计工况条件下传播的，即射流出口压力等于周围环境

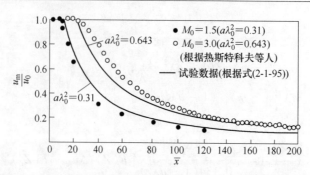

图 2-1-28　超音速轴对称射流轴向速度试验数值与理论计算的比较

压力，射流中不出现激波。但从氧气顶吹转炉炼钢的氧枪喷头中流出的射流，特别是从双流复合顶吹喷枪喷头中流出的射流，往往都不能保持射流出口压力等于周围环境压力这个等压条件，因而，射流是在非工况条件下流动的。

非工况射流分两种情况，即未完全膨胀射流和过膨胀射流。这两种情况下，喷嘴出口处的射流压力都不等于周围环境的压力，在将射流压力调整到与周围压力相等的过程中，通常就产生一系列激波。因而，在非工况条件下流动的射流又称有激波射流。激波就是气流属性的不连续面。气流通过激波时，压力、温度和密度增加，而气流速度减慢。一般，激波可能与气流成直角（正激波）或非 90° 的其他角度（斜激波）；角度随非工况程度而异。

一般用 n 来表征超音速射流的非工况程度，它是以射流气源中的实际滞止压力 $P_{o实}$ 与理论计算滞止压力 $P_{o理}$ 之比来确定的。这个比值也可以近似地用喷出口截面上的压力 P_e 与周围换进介质中的压力之比来代替，即：

$$n = \frac{P_{o实}}{P_{o理}} \approx \frac{P_e}{P_a} \tag{2-1-96}$$

显然，当 $n=1$ 时，射流为等压射流。当 $n<1$ 时，射流为过膨胀射流。当 $n>1$ 时，射流为未完全膨胀射流。

非工况下的超音速射流，在相当长距离上，压力落差伴随着冲击波现象和所有热力学参数在其横向和纵向横截面上发生周期性变化，其主要特点是流场不均匀；在流股里轴线上的速度可能比边缘的低。由于这样，所以按流股截面确定在流股里的任何点的数据是困难而复杂的。而为了计算流股与钢液的相互作用，必须找出流股的平均参数和激波所造成的能量损失。因这类问题的理论分析很少，为了工程实际的应用，下面我们介绍一些实验结果。

激波必定引起体系内有用功的损失。这种损失随马赫数增高而增大，也随激波角向 90° 增大而增大。要求喷出的超音速射流完全没有激波，实际上是不可能的。但如果将激波角度控制得比较小，则激波损失可能小到可以忽略。

一般来讲，射流的非工况程度愈大，激波损失就愈大。

图 2-1-29 和图 2-1-30 表示[42] 不同非工况程度下，空气射流中激波结构的阴影照片，各幅照片的参数和激波性质列于表 2-1-6。

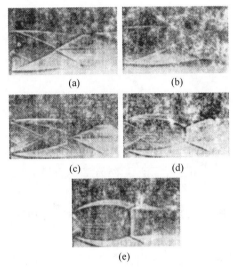 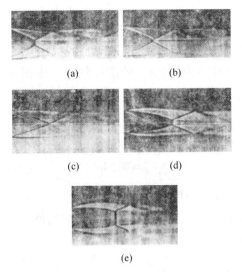

图 2-1-29 空气射流（向室内空气排气，
6.61kg/cm² 表压）的阴影照片

（a）$D_e = 5.49$cm；（b）$D_e = 5.03$cm；

（c）$D_e = 4.47$cm（对 $P_d = 6.61$kg/cm²，表压是正确的）；

（d）$D_e = 3.94$cm；（e）$D_e = 3.50$cm；

D^*—喉道直径 3.5cm；P_d—驱动压力 6.61kg/cm²，表压；

D_e—各种出口直径

图 2-1-30 空气射流（向室内空气排气，
10.55kg/cm² 表压）的阴影照片

（a）$D_e = 5.49$cm；（b）$D_e = 5.03$cm；

（c）$D_e = 4.47$cm（对 $P_d = 6.61$kg/cm²，表压是正确的）；

（d）$D_e = 3.94$cm；（e）$D_e = 3.50$cm；

D^*—喉道直径 3.5cm；P_d—驱动压力 6.61kg/cm²，表压；

D_e—各种出口直径

表 2-1-6 各幅照片的参数和激波性质

图号	Ma	$P_0/\text{kg} \cdot \text{cm}^{-2}$（绝对）		n	激波性质
		理论	实际		
2-1-29（a）	2.43	15.76	7.61	0.483	弱正激波
2-1-29（b）	2.23	11.53	7.61	0.660	斜激波
2-1-29（c）	1.96	7.60	7.61	1.0	弱斜激波
2-1-29（d）	1.62	4.50	7.61	1.689	弱正激波
2-1-29（e）	1.0	4.02	7.61	1.89	正激波
2-1-30（a）	2.43	15.76	11.55	0.73	斜激波
2-1-30（b）	2.23	11.53	11.55	1.0	弱斜激波
2-1-30（c）	1.96	7.60	11.55	1.52	斜激波
2-1-30（d）	1.62	4.50	11.55	2.56	正激波
2-1-30（e）	1.0	4.02	11.55	2.87	强正激波

从图和表中可看到，射流在 $n = 0.73 \sim 1.52$ 范围内，所产生的激波均属斜激波，大于 1.6 或小于 0.7 时，则为正激波，测量得出，在喷口下游 190.5cm 处（图 2-1-30（e））的最大冲击压力比图 2-1-30（b）的值低 40%。因此，喷枪的非工况范围应控制在 $n = 0.8 \sim 1.5$ 为宜。资料提出，非工况系数 $n = 1.1 \sim 1.4$ 时不影响气体流股的速度特性，且这时气流密度变化也是不显著的（为 5%~7%）。万天骥等[43]提出：喷枪的操作压力限制在 $n = 0.8 \sim 2.0$ 之间可以得到较高的压力转换效应，这和他们对出口流场作阴影观察的结论

一致：当 $n = 2.25$ 时，流场中只存在很微弱的一点正激波，当 $n = 2.0$ 时，流场中不存在正激波。图 2-1-31 给出不同出口马赫数的喷管在偏离设计压力时，P_m 的变化规律。由图可以看出，不同 Ma 的喷嘴，在偏离设计压力下工作时，P_m 的变化规律具有相似性，可用下述经验公式来描述：

$$\frac{P_m}{P_{设}} = 0.54 e^{-1.17n} \qquad (2\text{-}1\text{-}97)$$

还应当指出：激波损失只发生在射流的超音速段内。在射流主段内占支配地位的是掺混过程。

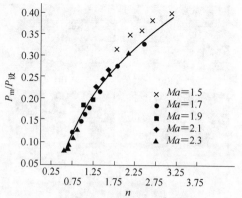

图 2-1-31　工作压力的偏差 n 对 $\dfrac{P_m}{P_{设}}$ 的影响

热斯特科夫等人[40]对非工况射流实验测得的轴线上速度变化如图 2-1-32 和图 2-1-33 所示。

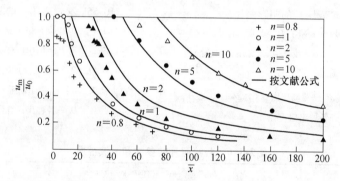

图 2-1-32　轴对称超音速射流在工况与非工况条件下轴向速度衰减变化曲线（$Ma_0 = 1.5$）

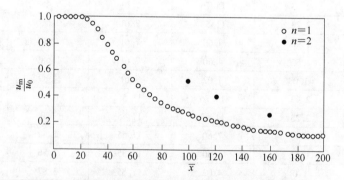

图 2-1-33　轴对称超音速射流在设计工况与非工况条件下
轴向速度衰减变化的比较（$Ma_0 = 3.0$）

图 2-1-34 与图 2-1-35 给出了非工况射流边界位置的测量结果。由图看到未完全膨胀射流比完全膨胀射流相应的横截面小，而过膨胀射流比完全膨胀射流的横截面大。射流的轴向速度分布和截面变化的规律都说明，在相同的出口马赫数下，未完全膨胀射流的衰减比完全膨胀射流的衰减缓慢，而完全膨胀射流的衰减比过膨胀射流的衰减缓慢。但是在同

一驱动压力下，达到 $P_e = P_a$ 条件下所得到的超音速区长度比在 $P_e > P_a$ 条件下所得到的超音速区域的长度大。

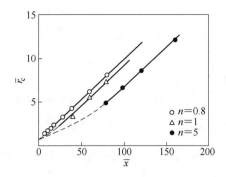

图 2-1-34 轴对称超音速射流在非工况
条件下的边界位置（$Ma_0 = 1.5$）

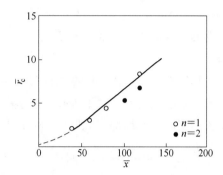

图 2-1-35 轴对称超音速射流在非工况
条件下的边界位置（$Ma_0 = 3.0$）

2.1.6 具有中心孔的四孔喷枪的射流特性

具有中心孔时，流股轴线与氧枪轴线相重合，并在中心形成核心流。中心流股与周围喷孔喷出的流股相汇合，这样就保证了总的流股具有"紧密的"结构。

如果中心孔的孔径比四周孔的孔径小，那么就形成中心喷射流速度小、四周喷射流速度大的射流速度分布剖面，其中心"软"，四周"硬"。用这样喷孔的喷枪有以下优点：（1）可增大冲击熔池面积；（2）可以提高渣中（FeO）含量，降低石灰和萤石耗量；（3）可促进熔池升温；（4）可以增大脱磷率。

如果中心孔的孔径比四周孔的孔径大，那就在总流股的中心存在"硬"核和以相对较低速度流动的"软"的周边气流。这样的喷枪可以把单孔喷枪和多孔喷枪的优点结合起来，加速脱碳过程，并为加速溶化石灰创造条件。

2.1.6.1 具有中心孔的氧枪射流特征

A 中心孔射流特征

中心流是具有四周流为其伴随流的超音速湍流射流。在伴流速度比 $m\left(=\dfrac{v_{伴}}{v}\right) = 0 \sim 2.5$ 范围内，其势能核心段长度总是比 $m = 0$ 的大。

当 $m < 1$，$\dfrac{v_{四}}{v_{中}} < 1$，也就是说中心流速度大于四周流速度时，中心流的特点是：势能核心段和超音速核心段的长度，不仅随其本身出口速度的增大而增大，还同时随伴流速度的增大，即 m 的增大而增大，至 $m = 1.0 \pm \varepsilon$ 时，中心流的初始段和主段长度达极大值；中心流轴上速度的衰减也将随 m 值的增大而减慢。

当 $m > 1$，也就是说中心流速度小于四周伴随流速度时，中心流轴上速度的衰减则随 m 值的增大而增大，至 $m = 2.5$ 时则降至与 $m = 0$ 时一样。

B 四周孔射流特征

$m < 1$ 时，随着 m 的增大，即中心流速的增大，四周流的轴线偏转量增大，从而使氧

枪射流的整体性和紧密性加强；反之则相反。

$m>1$ 时，随着 m 的增大，即四周流速的增大，则四周流轴线的偏转量减小，至 $m=2.5$ 时，其 Δx 值降至与 $m=0$ 时一样。

总的说，由于中心流的存在，使四周流的轴线偏转量 Δx 增大，氧枪射流的整体性加强。

2.1.6.2　具有中心孔的氧枪射流与熔池的相互作用

具有中心孔的氧枪属不等孔径的多孔喷枪，它比一般等径多孔喷枪的冲击面积大，这一现象的实质在于局部"软吹"。从而可实现某种程度的"硬"、"软"吹复合吹炼。

当 $\dfrac{d_c}{d_a}<1$（即中心孔小于四周孔），且 $v_c<v_a$（即 $m>1$）时，一般情况下，将是四周流首先掀开渣层，然后中心流在钢液无遮掩下，对其进行或"吊吹"，或"软吹"。这氧枪的冲击熔池面积增大率（$\eta/\%$）与 $R\left(=\dfrac{d_c}{d_a}\right)$ 具有极大值关系，当 $R=0.28$ 时，$\eta_{\max}=25\%$，故这样的氧枪一次反应区温度较高，渣中 FeO 高，石灰渣好，去磷效果佳。

若 $v_c>v_a$，$m=0.95$（即 $m<1$），则将进一步增大熔池冲击表面，且有利于强化熔池搅拌达到中心硬、四周软的射流特性，同时由于取 $R=0.3\sim0.4$ 时，在 A_t 一定的情况下，具有伴随流的四周三孔的孔径与三孔喷枪相比 $d_{四孔}>d_{三孔}$，故不致对 $n_{0.4}$ 有大的影响，乃至降低枪位影响喷头寿命。

$R>1$（即中心孔大于四周孔，但不能大得太多），且 $m=1+\varepsilon$（即 $v_a>v_c$，但不是很多），这相当于双流复吹的前、中期。这种枪在 $R<3$ 之前，η 随 R 的增大而急剧增大。当 $R=1.13$ 时，η 便达 $R<1$ 时的极大值 25%；当 $R=1.2$ 时，$\eta=35\%$；至 $R=5$ 时，η 达极大值（$1.8\sim2.2$）。故这类氧枪可在较高枪位下操作，既获得四周流较大冲击面积下的"软"吹，又获得中心流适当的"硬"吹。从而既有利于脱碳升温，又有利于保持渣中足够的 FeO，促进石灰渣化和快速去磷，但值得注意的是 R 如过大（注），将造成四周流过软，渣中氧化铁过高，而难以控制，且四周孔由于获得的射流膨胀冷却效果降低而导致喷头寿命降低，据文献报道苏联工厂，在采用 $d_c=\sqrt{6}d_{四}$ 的七孔喷枪时，便遇到上述问题。

注：$d_{中}\geqslant d_{四}$ 时，如孔数多，增加一个中心孔对 $d_{四}$ 影响较小，如 $n=3$，则 $d_{四}$ 将显著小于原氧枪。

当 $R=1\pm\varepsilon$ 且 $v_c>v_a$ 时：（1）如高枪位操作，则中心流"硬"，四周流"软"，且显著增大熔池冲击面；（2）如低枪位操作，则可形成更宽更深的"硬吹"流以更好地强化熔池搅拌，促进反应平衡。这就是双流复吹终期采用的吹炼模式，所以才获得了顶底复吹的冶金效果。

2.1.6.3　具有中心孔的氧枪射流冲击熔池的深度

A　单独四周流冲击熔池的深度

$$\frac{n_{0a}}{H}\left(1+\frac{n_{0a}}{H}\right)^2=\frac{2K_{1(T_a)}^{'2}}{\pi}\frac{\dot{M}_jC_aS^2\theta}{\rho gH^3} \tag{2-1-98}$$

式中

$$K'_{1(T_a)} = 14.67\left(1 - 0.0232\theta - 0.864\frac{L}{d_e}\right)\left(\frac{\rho_j}{\rho'_0}\right)^{\frac{1}{2}}\left(\frac{\rho''_0}{\rho_a}\right)^{0.75}\left(\frac{d_j}{H}\right)^{0.38} \quad (2\text{-}1\text{-}98a)$$

θ——喷孔倾角，（°）；

L/d_e——射流分散度，L 为小孔出口中心至枪轴线距离；

ρ_j——射流出口密度，kg/m^3；

ρ'_0——超音速射流在大气（常温）下到达熔池面时，轴心上的密度，kg/m^3；

ρ''_0——超音速射流通过高温的炉气后到达熔池面时轴心上的射流密度，kg/m^3；

ρ_a——射流周围介质的密度，kg/m^3；

$$\rho_a = \rho_{CO} = \frac{P}{(R_u/m)T_a} = \frac{(1.029 \sim 1.04) \times 1000 \times 28}{847.8 \times T_a} \quad (2\text{-}1\text{-}98b)$$

$$\rho_0 = \frac{P}{RT_E} = \frac{(1.029 \sim 1.04) \times 10000}{26.5 \times T_E} \quad (2\text{-}1\text{-}98c)$$

$$\frac{T_E - T_a}{T_b - T_a} = 5.61\left(\frac{\rho_j}{\rho_a}\right)^{\frac{1}{2}}\frac{d_j}{H} \quad (2\text{-}1\text{-}98d)$$

T_E——射流终端温度，K；

T_a——射流周围介质温度，K（当计算 ρ'_0 时 T_a 取 300K，计算 ρ''_0 时 T_a 取炉气温度，K）；

T_b——射流的始发点温度，$T_b = T_j$，K；

$\dot{M}_j$——射流冲量；

$$\dot{M}_j = mv_j = n\frac{\pi}{4}\rho_j v_j^2 d_j^2 \quad (2\text{-}1\text{-}98e)$$

B　单独中心流冲击熔池的深度

$$\frac{n_{0c}}{H}\left(1 + \frac{n_{0c}}{H}\right)^2 = \frac{2K_c'^2\dot{M}_{jc}}{\pi\rho gH^3} \quad (2\text{-}1\text{-}99)$$

$$\dot{M}_{jc} = \frac{\pi}{4}d_c^2 v_{cj}^2 \rho_{cj} \quad (2\text{-}1\text{-}99a)$$

$$K'_{c(T_a)} = 20\left(\frac{\rho_j}{\rho'_0}\right)^{\frac{1}{2}}\left(\frac{\rho''_0}{\rho_a}\right)^{0.75}\left(\frac{d_{cj}}{H}\right)^{0.38} \quad (2\text{-}1\text{-}99b)$$

其余参量求解与求 n_{oa} 同。

C　双流复吹射流冲击熔池的深度

$$\frac{n_{0d}}{H} = 1.1671\left(\frac{n_{0c}}{H}\right)^{0.4965}\left(\frac{n_{0a}}{H}\right)^{0.2525} \quad (2\text{-}1\text{-}100)$$

$$(r = 0.9819,\ f = 1895.53,\ s = 0.0404)$$

或

$$\frac{n_{0d}}{H} = 1.5576\left(\frac{M_j}{\rho gH^3}\right)_c^{0.0949}\left(\frac{n_{0c}}{H}\right)^{0.3964}\left(\frac{n_{0a}}{H}\right)^{0.2493} \quad (2\text{-}1\text{-}101)$$

$$(r = 0.9841,\ f = 1435.85,\ s = 0.038)$$

D   具有伴随流的中心流冲击熔池深度

$$\frac{n_{0c}}{H'}\left(1 + \frac{n_{0c}}{H'}\right)^2 = \frac{2K_{c(T_a)}'^2 \dot{M}_g}{\pi \rho g H'^3} \qquad (2\text{-}1\text{-}102)$$

式中 n_{0c}——中心流冲击熔池深度；

H'——射流产生质量交换（即扩张段）的长度，$H' = H - Z$；

H——枪位；

Z——势能核心段长度；

$$K_{c(T_a)}' = 20\left(\frac{\rho_j}{\rho_0'}\right)^{\frac{1}{2}}\left(\frac{\rho_0''}{\rho_a}\right)^{0.75}\left(\frac{d_{cj}}{H}\right)^{0.38} \qquad (2\text{-}1\text{-}102a)$$

$$\frac{T_E - T_a}{T_b - T_a} = 5.61\left(\frac{\rho_{jc}}{\rho_a}\right)^{\frac{1}{2}}\frac{d_{jc}}{H'} \qquad (2\text{-}1\text{-}102b)$$

$$\dot{M}_j = \frac{\pi}{4}d_{jc}^2 \rho_{jc} v_{jc}^2 \qquad (2\text{-}1\text{-}102c)$$

$$Z = \overline{X}_0 \frac{d_{jc}}{2} \qquad (2\text{-}1\text{-}102d)$$

$$\overline{X}_0 = \frac{1}{\overline{y_0} \times 0.27 \dfrac{1 + \overline{\rho}}{2} \dfrac{1 - m}{1 + m\overline{\rho}}} \qquad (2\text{-}1\text{-}102e)$$

$$m = \frac{\overline{v}_{ja}}{\overline{v}_{jc}} \qquad (2\text{-}1\text{-}102f)$$

$\overline{Y}_c$ 值

m	$\overline{Y}_c$	回归系数
0	$\overline{Y}_c = 0.434\exp(-9.8636\times10^{-2}\lambda_c^2)$	0.966
0.2	$\overline{Y}_c = 0.4621\exp(-9.3419\times10^{-2}\lambda_c^2)$	0.964
0.4	$\overline{Y}_c = 0.4849\exp(-8.085\times10^{-2}\lambda_c^2)$	0.962
0.6	$\overline{Y}_c = 0.511\exp(-6.638\times10^{-2}\lambda_c^2)$	0.957
0.8	$\overline{Y}_c = 0.539\exp(-4.811\times10^{-2}\lambda_c^2)$	0.939

$$\overline{\rho} = \frac{\rho_c}{\rho_a} = \frac{1 - a\lambda_c^2}{1 - a\lambda_c^2 m^2} \qquad (2\text{-}1\text{-}102g)$$

$$a = \frac{k - 1}{k + 1} \quad \text{当} k = 1.4 \text{ 时} \quad a = 0.1667 \qquad (2\text{-}1\text{-}102h)$$

$$\lambda_c = Ma_c \times \sqrt{\frac{T}{T_0}} \times \sqrt{\frac{k + 1}{2}} = 1.09545 Ma_c\sqrt{\frac{T}{T_0}} \qquad (2\text{-}1\text{-}102i)$$

（注：下标 c 表示中心流，Ma_c 为中心流的出口马赫数）

当 $H'(H\text{-}Z) \leqslant 0$ 时

$$K_{c(T_a)}' = 20$$

或
$$n_{0c} = \sqrt[3]{2K_{c(T_a)}'^2 \frac{\dot{M}_{jc}}{\pi \times 7000 \times 9.81}} \qquad (2\text{-}1\text{-}102\text{j})$$

2.1.7 喷头结构和操作参数对射流特性的影响

喷头结构和操作参数对射流特性、炼钢过程及其主要技术经济指标都有很大影响。前面我们主要讨论了单孔直筒型喷头出流的不可压缩性气体射流和单孔拉瓦尔型喷头出流的超音速射流，而且把射流周围环境介质的成分设定为与射流一样。而现在顶吹转炉都普遍采用拉瓦尔型多孔喷头；底吹转炉和顶/底复吹转炉的底吹喷枪虽是直筒型的，但其出流的射流是可压缩性气体射流；且射流进入的环境是含 CO 的高温炉气或钢渣乳化液。因这类问题的理论分析更少，实际上既不可能在真正的炉子上直接测定射流特性，也想不出一种实验方法，其结果可能外推到炉内的情况。下面我们只能介绍一些有关的实验结果，供分析问题参考。

2.1.7.1 直筒型喷孔出流的可压缩性射流

对于直筒型和收缩型的喷孔来说，即使 $\dfrac{P_a}{P_0} < 0.528$，喷出口处的射流速度也只能等于临界音速 a^*：

$$a^* = \sqrt{2g \frac{k}{k+1} RT_0} \qquad (2\text{-}1\text{-}103)$$

对于氧气：

$$a^* = 17.4 \sqrt{T_0} \qquad (2\text{-}1\text{-}104)$$

但压缩的气体由于在喷孔后的膨胀，会获得进一步的加速，其外射流的最大流速由式（2-1-105）表示：

$$\frac{u_{max}}{a^*} = \frac{1}{k} \left[1 - \left(\frac{k+1}{2} \right)^{\frac{k}{k-1}} \frac{P_a}{P_0} \right] + 1 = 1.715 - 1.353 \frac{P_a}{P_0} \qquad (2\text{-}1\text{-}105)$$

这说明等截面喷枪出口流的压缩流是可以超音速的。但由于激波的影响，射流的轴向压力衰减较快，其 $P_{冲}$ 的表达式如下：

$$P_{冲} = \frac{0.0131(P_0 - 0.21)}{\left(0.000352 \dfrac{x}{d_e} + 0.001 \right)^2} \qquad (2\text{-}1\text{-}106)$$

式中　$P_{冲}$——离喷出口 x 处的射流平均冲击压力，mmH_2O；

　　　P_0——喷嘴出口处的气流滞止压力，kg/cm^2（绝）；

　　　d_e——喷嘴直径。

2.1.7.2 多孔喷枪结构参数

早期氧气顶吹转炉都是采用单孔喷枪，现在一般都采用多孔喷枪了，因为它大大地改善了氧气顶吹转炉炼钢的主要经济指标（金属收得率、炉龄和造渣等）。

多孔喷枪的设计思想是分散流股，以增加它与熔池的接触面积，使气体的溢出更加均匀些，熔池内运动更规则些，吹炼过程更平稳些，供氧能力更大些。

　　虽然，所有前面关于射流特性的讨论，一般地也适用于多孔喷枪的每个单独射流，单孔喷头的设计理论可以移用于多孔喷头的设计；但如何确定最适宜的孔数、孔间距和喷孔与喷枪轴心线的夹角，至今还没有一个满意的理论。

　　多孔喷枪的使用效果取决于它的喷孔数目、射流间的间隔或夹角大小。喷孔数目愈多，愈有利于分散流股和强化吹炼。但是喷孔数目多了，不仅使喷头的结构复杂化，恶化冷却条件，降低喷头寿命，而且当它超过炉容量允许的一定数目后，还会造成射流过"软"等问题。因此，目前大多采用 3~4 孔喷枪。有些工厂也在推广采用 5~7 孔的喷枪。

　　从一个喷头流出几股射流的情况下，必须考虑射流之间相互作用的问题。对于三孔喷枪，每一股射流在靠近喷枪轴线的那一侧，都要从喷枪轴线的同一区域"抽吸"空气。这样就使三股射流之间的区域压力下降，从而趋向于使射流互相牵引。当射流间的间隔或夹角减小（或射流数目增多）时，这种倾斜就会增大。如果间隔或夹角减至足够小（$\alpha <$ 5°~6°）三股射流就会合并起来；这种流股的气体动力学接近于单孔喷枪的状况。但过分增大夹角 α 也是不妥的；因为这将减小流股的穿透深度，并且流股所形成的火焰及高温反应区将更靠近炉壁，以致引起炉衬的局部受蚀。

　　因此，夹角的大小对于不同尺寸（直径）的转炉而言，应该有个合理值。设计资料指出，对于 25~30t 的转炉来说，它为 5°~6°；而对于 50~100t 的转炉来说，则为 8°~10°或更大些。

　　流股的冷态模拟试验表明，合理的夹角 α 与喷孔数 n 有关，其关系如表 2-1-7 所示。

表 2-1-7　喷孔数 n 与夹角 α 的关系

喷孔数 n/个	3	4	6	8
喷孔夹角 α/(°)	8~10	12~15	20	25

　　由表 2-1-7 可以看出，随着 n 的增加，α 也增大。实际操作中，大多数多孔喷枪取 $\alpha =$ 10°~12°。

2.1.7.3　多孔喷枪的射流特性

　　A　射流横截面上轴向速度和压力分布的规律（或自模性）

　　姚锡仁等[44]根据冷态实测结果，用 u/u_m 为纵坐标，$\sqrt{s/s_m}$ 为横坐标作图，如图 2-1-36 所示，并得出多孔喷枪射流流场的普遍无因次速度剖面的表达式：

$$u/u_m = \exp\left(-0.69\frac{s}{s_{0.5}}\right) \tag{2-1-107}$$

式中　u——等速度线速度，m/s；

　　　u_m——射流轴心最大速度，m/s；

　　　s——某一剖面上速度为 u 的等速度线所包围的冲击面积；

　　　$s_{0.5}$——速度为 $u_m/2$ 的等速度线所包围的面积。

　　图 2-1-36 中的实线系按式（2-1-107）绘制的。各种喷枪的实测结果均落在它的线上或附近。说明多孔喷枪的不同边界条件（孔数、射流间的汇合程度、射流初始段的激波系、出口缺陷等）虽然影响射流的衰减和流场剖面的形状，但它们并不改变自由射流的湍流混合过程的基本特征，所以式（2-1-107）所表示的无因次速度剖面的自模性，适用于各种不同的多孔喷枪。

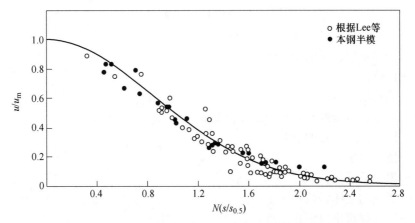

图 2-1-36 多孔喷枪射流的普遍无因次速度剖面

万天骥等[17]根据对各种三孔喷头的冷态测试结果，以 p/p_m 为纵坐标，以 $r/r_{0.5}$ 为横坐标作图，得到射流各截面上径向压力的分布，如图 2-1-37 所示。

从图 2-1-37 可以看出，射流不同截面上的压力分布具有自模性，可以表示为如下的经验公式：

$$\frac{p}{p_m} = 0.688R^* \exp\left[-1.697\left(\frac{1}{Ma} \cdot \frac{r}{r_{0.5}}\right)^2\right]$$

(2-1-108)

$$R^* = \exp\left(0.21\left|\ln\frac{r}{r_{0.5}}\right|\right) = 0.8 \sim 1.2$$

式中，R^* 为校正系数。

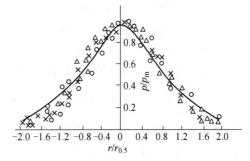

图 2-1-37　$Ma = 1.9$ 时，射流无因次压力剖面

B　射流轴线上的速度和压力的衰减规律

实验证明，射流轴线上速度衰减可以用改进的 Laufer 半经验式[12]描述：

$$\frac{u_m}{u_e} = A\rho_r^{\frac{1}{2}} \frac{1}{\dfrac{x}{d_e} - Z}$$

(2-1-109)

$$Z = \frac{C\rho_r^{1.338}}{1 + \rho_r} - A\rho_r^{\frac{1}{2}}$$

(2-1-110)

$$\rho_r = \frac{KP_0}{\left(1 + \dfrac{Ma^2}{5}\right)^{2.5}}$$

(2-1-111)

$$K = \frac{1}{RT_0\rho_a}$$

$$u_e = 19.1Ma\sqrt{T_0}\bigg/\sqrt{1 + \frac{Ma^2}{5}}$$

(2-1-112)

或 $\qquad\qquad\qquad\qquad u_e = (19.1\sqrt{T_e})Ma$

式中　A——经验常数，可取 6.8；

　　　C——经验常数，可取 14.35；

　　　x——枪位；

　　　d_e——喷孔出口直径；

　　　ρ_r——射流出口密度和环境介质密度比；

　　　Z——射流源点位置的参量；

　　　P_0——使用氧压；

　　　Ma——出口马赫数；

　　　R——氧气的气体常数；

　　　T_0——氧气射流出口滞止温度；

　　　ρ_a——环境介质密度。

射流轴线上动压 p_m 的衰减规律，万天骥等[17]通过冷态测试，得出：

$$p_m = 27.83\exp\left[14.357e^{-0.0665\left(\frac{x}{d_t}\right)} + 0.0042p_0^{2.533} - 0.00092\alpha^2\right] \qquad (2\text{-}1\text{-}113)$$

式中　d_t——喷孔喉口直径；

　　　p_0——工作压力，kg/cm^2（表压）；

　　　p_m——射流轴线上动压，mmHg；

　　　α——夹角。

由式（2-1-113）可以看到三孔喷枪的结构和操作参数对 p_m 的影响，以操作压力和枪位 $\dfrac{x}{d_t}$ 的作用最显著，喷孔夹角 α 次之。从三喉式喷头的实验结果看[17]，当 $\alpha = 10°$ 时，其 p_m 值最大，大于或小于 10° 者均较小；也就是说，它的射流轴线上速度衰减较慢。但从单三式喷头的测试结果[17]来看（图 2-1-38），则是 $\alpha = 10°$ 时的 p_m 值比 $\alpha = 9°$ 时的显著减小；

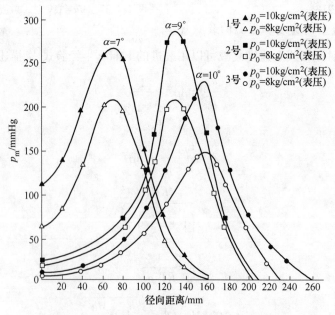

图 2-1-38　单三式喷头的 α 角对 p_m 值的影响

而 $\alpha = 9°$ 的与 $\alpha = 7°$ 的 p_m 在操作压力 p_0 低时基本相同, 当 p_0 高时, $\alpha = 9°$ 的 p_m 才稍微高些。究竟是三喉式喷头测试结果反映了 α-p_m 之间的真实变化规律, 还是单三式喷头的测试结果反映了真实规律; 或是由于结构的差异所引起的, 这里是很难确定的。但实验表明, α 角小的射流冲击熔池的深度较深, 则是可以肯定的。

C 三孔喷枪射流边界的扩张规律

实验表明[17], 三孔喷枪射流的半径随距离的增加而增大, 随 α 角度和 Ma 马赫数的增大而减小。可用下面的方程式来描述:

$$\frac{r_{0.5}}{d_t} = 0.035\left(\frac{x}{d_t}\right) - 0.0132\alpha + 4.4Ma^{-0.653} - 1.83 \tag{2-1-114}$$

D 三孔喷枪射流轴线的偏转和冲击半径

由于流股间的相互引射作用, 随着距离的延伸, 射流会偏离其轴线而逐渐地交汇起来。这种现象称为同源三股射流对其轴线的偏转。偏转的程度用偏转量 ΔX 来表示。定义为离喷出口 $\frac{x}{d_t}$ 截面上射流的理论轴心位置和实际轴心位置之差。

实验表明[17], 偏转量 ΔX 随距离 $\left(\frac{x}{d_t}\right)$ 的增加而线性增加; 随工作压力 p_0 的增大而减小, 当 $p_0 > 8\text{kg/cm}^2$ 时, p_0 对 ΔX 的影响趋于零; 当 $Ma = 1.9$ 时, 射流偏转最小, Ma 小时射流交汇的趋势较小; 夹角 α 和孔间距 m (= 小孔间距/小孔出口直径) 对 ΔX 的影响不大。可用下面的方程式来描述各因素对射流轴线偏转的影响:

$$\Delta X = 170.90336 - 13.816m + 0.84155\left(\frac{x}{d_t}\right) + 3.63\exp\left(\frac{9.82}{p_0}\right) -$$

$$195.7Ma + 49.56Ma^2 + 2.048\sin(51\alpha) \quad \text{mm} \tag{2-1-115}$$

多孔喷头射流的冲击半径 $R_冲$ 是指射流与熔池相互作用的最大冲击点和中心的距离, 表述如下:

$$R_冲 = H\tan\alpha + md_e - \Delta X \tag{2-1-116}$$

$R_冲/R_熔$ 对熔池循环运动有重要影响, 生产实践证明一般应为 0.15 左右, 必须大于 0.1 小于 0.2。

E 多孔喷枪射流的冲击面积

姚锡仁等[44]从他们提出的式 (2-1-93) 出发导出了对普通多孔和单孔喷枪都实用的冲击面积表达式:

$$S = \frac{\rho_r\left(1 - \dfrac{1}{\rho_r}\right)^2 S_e(\ln u_m - \ln u)}{\dfrac{u_m}{u_e}\left(\dfrac{1}{\rho_r} - 1\right) - \ln\left[1 - \dfrac{u_m}{u_e}\left(1 - \dfrac{1}{\rho_r}\right)\right]} \tag{2-1-117}$$

式中, S_e 为喷嘴出口总面积。

式 (2-1-117) 说明, 射流冲击面积主要取决于 p_0、T_0、Ma (因而 u_e、ρ_r)、u_m、u 和 S_e 等初始条件和边界条件, 与喷孔数 n、夹角 α 和孔间距 m 等实际无关。也就是说与多孔喷枪各射流间的汇合程度无关。完全不汇合和完全汇合 (成一单射流流场) 的 S/S_e 并无差别。因为完全不汇合的多射流流场是具有叠加性的。因此，前面所提出的 S/S_e 与射流汇合程度无关，无异于证明：多孔喷枪冲击面积的叠加性也不受射流汇合的影响。在初始条件相同的情况下，根据式（2-1-109），只要两种喷枪的枪位保持如下关系：

$$\frac{x_1}{d_{e1}} = \frac{x_n}{d_{en}} \qquad (2\text{-}1\text{-}118)$$

即

$$x_1 = n^{0.5} x_n \qquad (2\text{-}1\text{-}119)$$

则 n 孔喷枪和单孔喷枪的冲击面积相等。

为了更明晰地反映 Ma 对 S 的影响，按等熵流关系，可将式（2-1-117）改写为：

$$\frac{S}{S_*} = \frac{\rho_r \left(\frac{1}{\rho_r} - 1\right)^2 (\ln u_m - \ln u)}{\frac{u_m}{u_e}\left(\frac{1}{\rho_r} - 1\right) - \ln\left[1 + \frac{u_m}{u_e}\left(\frac{1}{\rho_r} - 1\right)\right]} \times \frac{1}{Ma}\left[0.8333\left(1 + \frac{Ma^2}{5}\right)\right]^3 \quad (2\text{-}1\text{-}120)$$

式中，S_* 为喉道面积。

由式（2-1-119）可见 $\dfrac{S}{S_*}$ 随 Ma、p_0 的增大而增大。如式中的 u 取掀开渣层与铁水接触所需动能的相应速度 $u_{有效}$，则可写出与铁水接触的有效冲击面积公式：

$$\frac{S_{有效}}{S_*} = \frac{\rho_r \left(\frac{1}{\rho_r} - 1\right)^2 (\ln u_m - \ln u_{有效})}{\frac{u_m}{u_e}\left(\frac{1}{\rho_r} - 1\right) - \ln\left[1 + \frac{u_m}{u_e}\left(\frac{1}{\rho_r} - 1\right)\right]} \times \frac{1}{Ma}\left[0.8333\left(1 + \frac{Ma^2}{5}\right)\right]^3 \qquad (2\text{-}1\text{-}121)$$

万天骥等根据他们实验得出的式（2-1-107）和式（2-1-114）推导出射流冲击面的表达式为：

$$r_{有效}^2 = 0.59 Ma^2 \left(0.035\frac{x}{d_t} + 4.4 Ma^{-0.653} - 1.98\right)^2 \cdot d_t^2 \left(14.354 e^{-0.065\frac{x}{d_t}} + \right.$$
$$\left. 0.0042 p_0^{2.533} - 0.00092\alpha^2 - \ln p_{有效} + 2.7\right) \qquad \text{mm} \qquad (2\text{-}1\text{-}122)$$

式中　$r_{有效}$——有效冲击面的半径；

　　　$p_{有效}$——射流掀开渣层所需的冲击压力。

以上所介绍的多孔喷枪射流的特性都是对各喷孔的出口直径和出口速度一致的情况而言的。对于不等孔径的多孔喷枪，据报道可以增大冲击面积，取得良好的化渣效果。

不等孔径的多孔喷枪比一般的冲击面积大。这一现象的实质在于局部软吹。因为一般多孔喷枪的每个射流在剖面上的中心最大速度 u_m 是相等的，各射流的比冲击面积 $\bar{S}(=\dfrac{S}{S_*})$ 也应相等。而不等孔径的多孔喷枪则不然，孔径小的射流在剖面上的中心速度较低，形成整个冲击区的局部软吹，相应的 $\bar{S}$ 比大孔径的射流大。迭加的结果就使这种喷枪比一般多孔喷枪的冲击面积有所增大

这种冲击面积的增大，完全可以根据理论来计算。图 2-1-39 和图 2-1-40 给出具有中心孔的四孔喷枪，在不同 ρ_r 下 η 随 R 的变化。η 表示四孔喷枪与三孔喷枪相比冲击面积的增大率（%）。D_c 为中心孔直径，D_0 为四周孔直径，$R = \dfrac{D_c}{D_0}$。从图上可见，$R = 0$ 时，$\eta =$

0，这是无疑的；$R=1$ 时，也有 $\eta=0$，这表明等孔径的四孔喷枪与三孔喷枪的冲击面积一样。值得注意的是，图 2-1-39 指出，R 在 0~1 之间有一最大值，大致在 $R=0.28$ 左右，相应的 η 为 25%。这和实验测定结果[44]很相符合。

图 2-1-40 是 $R>1$ 的情况，随 R 增大，η 急剧增大，这与四周三小孔的显著软吹有关。在 $R>1$ 时，η 随 R 的变化也有一最大值。大致在 $R=5\sim6$，这时四孔喷枪的冲击面积比三孔的增加 2 倍。如 $R=1.7$（相当于不等孔径的七孔喷枪，中心孔分担氧量的一半[44]），$\eta=60\%\sim80\%$。这说明采用不等孔径的多孔喷枪，或不等速的多孔喷枪时能造就"硬"、"软"吹相结合的复吹射流。如要造就中心流为硬吹，则中心孔的孔径比四周孔的大些，出口马赫数也稍大些；但中心孔过大（如 $R\geqslant1.7$）后，四周流必然过软，化渣速度快了，而渣中氧化铁也高了，终点无法控制，这就不好。因此，R 值必须适当。

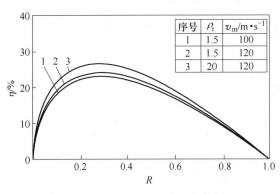

图 2-1-39 $R<1$ 时 η 随 R 的变化

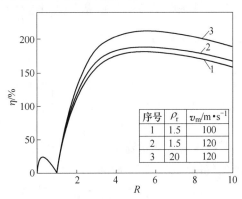

图 2-1-40 $R>1$ 时 η 随 R 的变化

2.1.8 氧气射流在实际转炉中的情况

转炉吹炼过程表明，在开吹一二分钟里，射流的情况与模型中的研究相似；但是，一旦炉口出现 CO 火焰，即炉子点着以后，炉气就成为燃气了，它被氧流抽引到流股的表面上时便燃烧成 CO_2，使流股的外表裹着一股高温的气体火焰，从这时起，射流在炉内的情况就和模型所取的条件有很大的差别；大约吹到第四五分钟时，泡沫渣开始形成，射流噪声逐渐消去，这时泡沫渣开始把喷枪枪头淹没；大约 6~8min 时，出钢口出现喷渣，这表明渣面已接近炉口，喷枪已深深地浸在泡沫渣下面，直至接近吹炼终点。以上说明，实际转炉里的情况要比模型试验的复杂得多。在大部分吹炼时间里，射流并非穿过单纯的炉气和冲击到一个具有明显表面的液相上。现针对以上情况，就有限的一些实验资料来讨论一下它们对射流的影响。

2.1.8.1 相遇炉气对射流运动的阻碍作用

试验研究表明[45]，相遇的炉气气流也会阻碍氧气流股的运动，减少它的射程，且服从于以下规律：

$$\frac{l}{d}=A\left(\frac{G_1}{G_2}\right)^{0.5} \tag{2-1-123}$$

式中，G_1、G_2 分别为流股和相遇气流的重量速度，kg/($m^2\cdot s$)；l 为流股延续长度（流股射程）。

计算表明，一般转炉当供氧强度为 $2.5Nm^3/(min \cdot t)$ 和 $5.0Nm^3/(min \cdot t)$ 时，在1500℃下的 CO 气体平均流速分别为 6m/s 和 10.5m/s。而氧气的流速高达每秒几百米，而且熔池逸出气体的密度还不到氧气初始密度的 1/7。因此。假如炉内 CO 气流是均匀分布的话，则 G_2 平均值并不大。按此推论，这股 CO 逆流不会显著地影响氧流的运动。但是，在实际上，由于熔池内的脱 C 反应的不均匀性，CO 气体逸出往往集中在喷嘴下面的一次反应区内，这里 CO 的气流速度可能是很大的，因而也增加了它对氧流的阻碍作用。而要减小 CO 逆流的这种阻碍作用，就必须使射流下面的一次反应区不断更新，因而出现了旋转喷枪和旋流氧枪。

2.1.8.2　炉气高温对射流运动的影响

炉气温度愈高，则 ρ_a 愈低，$\rho_r\left(=\dfrac{\rho_e}{\rho_a}\right)$ 愈大，由式（2-1-109）可知，ρ_r 增大时，射流轴心速度的衰减变慢。文献［45］给出了用射流非等温性描述的射流轴心速度衰减的方程式：

$$\left(\frac{u_m}{u_e}\right)\left(\frac{x}{d_e}\right)\left(\frac{T_0}{T_a}\right)^{0.5}=\text{常数} \tag{2-1-124}$$

2.1.8.3　高温 CO 气体对射流性质的影响

暴露流股在贯穿炉气的过程中，将吸入高温的 CO 气体，在它的表面燃烧形成一股高温的气体火焰，其反应为：

$$2CO + O_2 \longrightarrow 2CO_2$$
$$\Delta H_{298}^{\ominus}=-568.2kJ\ (135.2kcal)$$

为了分析这一过程，我们可借助[45]试验研究成果。这个试验是把氧流射进一个充满着高温（1500℃）CO 气体的空间（图 2-1-41），以观察其变化。

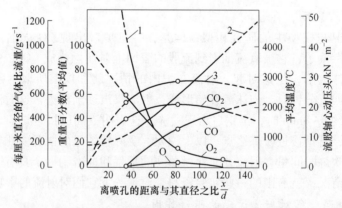

图 2-1-41　氧气射流进入 1500℃ 转炉炉气（90%CO 和 10%CO₂）时，
气体组成、温度、气体流和压头的变化（喷孔的剩余氧压为 9atm）
1—动压头；2—气体流量；3—温度

由图 2-1-41 可看到，由于燃烧反应的发生，随着流股远离喷孔，其气体的组成发生很大的变化；O₂ 含量减少和 CO₂ 含量增加；温度也逐渐升高。在离喷孔为 $15 \sim 20$ 倍 d_e 的距离时，温度可达 $1300 \sim 1600$℃，而距离为 $35 \sim 40$ 倍 d_e 时，更高达 $2150 \sim 2300$℃。

由此可见，氧气流股终究应看成是一股火焰。在暴露流股的火焰中主要是 CO 在燃烧。而在淹没流股的火焰中则主要是金属滴在燃烧。这种燃烧将促进流股的扩张，从而增加了多流股的汇合。因此，目前出现一种扩张喷头（$n \geqslant 4$）中流股夹角 15°~20° 的趋势。

2.1.8.4 泡沫渣对氧气射流的影响

Chatterjee 等人[46]在瑞典鲁勒冶金研究厂（Sweden Lulea MRP）的 6t 转炉上进行了 120 次吹炼试验。研究了吹炼时渣的重量、体积及整个吹炼过程中渣的形态。在整个吹炼时间的 25% 以后，喷枪便浸没在渣中，射流起一种埋吹的作用。在吹炼时间的 50%~60% 时渣面高度达最大值。吹炼中期渣密度为铁水的 1/40，吹炼末期为 1/25。H. W. Meyer 等人[47,48]发现，炉子上部的泡沫渣样中，含有 25%~85%（重量）的金属，以分散的金属滴形式存在。颗粒的线性尺寸从 3.4mm 到小于 0.15mm。以上说明，泡沫渣的生成和对喷枪的淹没，必然增大氧射流周围的"流体"密度和环境压力，从而使射流衰减得更快和由于 p_a 的改变而引起喷枪非工况系数 n（$= \dfrac{p_2}{p_a}$，p_2 为喷孔的实际出口压力）的变动。为了避免 $n < 1$ 时，流股脱离喷孔的内壁而造成喷孔内的负压，从而发生喷枪周围的金属炉渣乳状液被此负压所抽引，以致使流股变形和喷头被烧坏。因此，设计时，应考虑泡沫渣淹没的影响，使 p_2 始终比 p_a 大 0.05~0.1atm。

2.1.8.5 提高喷枪工作压力和出口马赫数的意义

A 喷孔前氧压 p_0 的变化对流股的流速和动压头的影响

由图 2-1-42[49]可看到，$p_0 = 5~8$atm 范围内，p_0 的变化对流股的流速和动压头的影响很大，这容易造成吹炼的不稳定，当 $p_0 \geqslant 10$atm 后，则减小了它的变化对动压头的影响，从而也可减少偏离设计氧压的程度和它造成的不良影响。

B 马赫数与压力能转换为动力能的关系

从表 2-1-8 可见 $\dot{m}_j \cdot u_e \neq p_0 A_t$，当 $Ma_e < 1.5$ 时，$p_0 A_t > \dot{m}_j \cdot u_e$，其压力能并未全部转变为动力能，而当 $Ma_e \geqslant 1.5$ 后，则 $\dot{m}_j \cdot u_e > p_0 A_t$，这时除压力能转变成了动力能外，由于射流绝热膨胀的结果，部分内能也转变成了动能。这说明采用高马赫数的超音速射流既有利于强化射流与熔池的相互作用，也有利于能量的转换和充分利用。

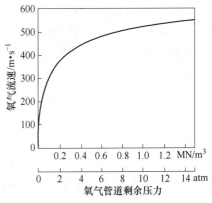

图 2-1-42 喷孔出口流速与压力 p_0 的关系

表 2-1-8 Ma_e 与压力能和动能之间的转换关系

Ma_e	1.0	1.2	1.4	1.5	1.6	1.8	2.0
$p_0/\text{kg} \cdot \text{cm}^{-2}$（绝）	1.96	2.51	3.29	3.79	4.39	5.94	8.08
$\dot{m}_j \cdot u_e/\text{dyne} \times 10^{-4}$	45.557	67.278	98.675	119.674	144.75	211	306.83
$p_0 A_t/\text{dyne} \times 10^{-4}$	60.4	77.3	101.3	116.8	135.2	183	248.9
$\dot{m}_j \cdot u_e/p_0 A_t$	0.754	0.87	0.974	1.025	1.0706	1.153	1.233

应当说，作者在多次氧气转炉炼钢试验中所以取得成功，也是与采用高喷枪工作压力和出口马赫数分不开。

2.1.9　底吹射流

底吹射流一般都是从等截面直筒型喷嘴流出的流股，它直接进入熔池，强烈、有效地影响着金属和炉渣的搅拌混合，使底吹转炉和顶/底复吹转炉获得良好的冶金效益，同时也带来对炉底的侵蚀和损坏。因此，如何提高底吹射流的冶金搅拌作用和减小它对炉底的危害，已成为冶金工作者所关注的问题。

由于底吹射流是直接进入金属熔池的，理论上既难作出准确的分析，实际上也难进行测试。所以，本节只能根据气体动力学和水力学模型试验结果来讨论底吹射流的特性，它虽然不是实际转炉中的射流特性，但对研究底吹射流特性的模式方面，底吹供气制度和底吹风嘴结构方面，可以提供有价值的见解。

2.1.9.1　等截面直筒型喷嘴流出的可压缩性单相自由射流流谱

了解等截面喷嘴在各种不同工作状况下的外射流流动情况（即射流流谱），对研究了解埋吹射流的特性具有实际意义。等截面喷嘴出口的最大速度只能等于音速，而不能超音速，这在理论上是无疑的。但如把这一论断扩展到它的外射流，认为外射流也不能超音速，高压喷吹耗能而无益，这就不恰当了。下面我们就来说明等截面喷出的外射流流动情况。

当喷嘴出口压差在临界值之前，喷嘴入口处和出口处条件有些变化，对于出口之后的射流形状影响不大。但压差超过了临界值之后（即 $\varepsilon_a < \varepsilon'_*$），气流就要在口外的自由射流中，从出口截面上的临界速度变成超音速射流。其外射流的最大速度可用式（2-1-125）表示：

$$\frac{u_{max}}{a_*} = \frac{1}{k}\left[1 - \left(\frac{k+1}{2}\right)^{\frac{k}{k-1}}\frac{p_a}{p_0}\right] + 1 = 1.715 - 1.353\frac{p_a}{p_0} \tag{2-1-125}$$

式中　a_*——临界音速，m/s；

p_a——环境压力，kg/cm^2（绝对）；

p_0——喷嘴前滞止压力，kg/cm^2（绝对）。

$$a_* = \sqrt{2g\frac{k}{k+1}RT_o} \tag{2-1-126}$$

式中，R 为气体常数；T_o 为喷嘴前气流滞止温度，K。

对于空气　　　　　　　　　　$a_* = 18.3\sqrt{T_o}$

对于 N$_2$ 气　　　　　　　　　$a_* = 18.57\sqrt{T_o}$

对于 Ar 气　　　　　　　　　$a_* = 16.13\sqrt{T_o}$

对于 CO$_2$ 气体　　　　　　　$a_* = 14.61\sqrt{T_o}$

这时出口截面的边缘 AA_1 就成了音速气流的扰动根源了。射流到了口外将遇到环境压强 $p_a(p_a < p_*)$，所以在 A 和 A_1（见图2-1-43）两点，气流的压力由 p_* 降到 p_a。结果这两个边缘点便展开了两膨胀波组 AA_1B_1 和 A_1AB。两膨胀波组的界限都是特性线。第一条界

限 AA_1 是一条 $\beta_1 = \dfrac{\pi}{2}$ 的特性线；第二条界限 AB_1 在自由射流里，其角度：

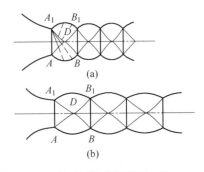

$$\beta_2 = \arcsin \sqrt{\dfrac{\dfrac{k-1}{2} \varepsilon_*^{\frac{k-1}{k}}}{1 - \varepsilon_*^{\frac{k-1}{k}}}} \qquad (2\text{-}1\text{-}127)$$

这两条界限之中有无数条特性线，各特性线的角度都在这两个界限角之间，即：

$$\dfrac{\pi}{2} \geqslant \beta_1 \geqslant \beta_2$$

图 2-1-43　在不同计算情况下，当 $\varepsilon_a > \varepsilon_1$ 时由收缩喷嘴出来的射流流谱[50]

但事实上，一切特性线，包括 AB_1 和 A_1B 在内，其特性角都是在变的，因而特性线都是弯曲的，这是由于从 A 和 A_1 两点出来的这些膨胀波在三角地带 AA_1D 中相交。此外这些特性线还要遇到自由边界 AB 和 A_1B_1 特性线在那里反射为相反的波，即膨胀波组 A_1AB 和 AA_1B_1 变成了压缩波组 ABB_1 和 A_1B_1B。

特性线这样相交的结果，是在射流里形成一个三角形的膨胀区 ADA_1，这个三角形的底边在喷嘴出口的截面上。在这个三角地带里，气流的压强有相当大的降落，致使该区中的压强 p_D 低于外界环境的压强 p_a。

由于膨胀波在自由边界上反射出来的压缩波在第二个三角 DBB_1 地带中相互交叉，在这个地带里，气流的压强便渐渐升高至 BB_1 截面，成为 p_*，这时膨胀三角地带变成了压缩三角地带。因此，在 B 和 B_1 两点上，压强又得由 p_* 变成 p_a，这两点又成了产生膨胀波的扰动根源，射流形状重复进行由 AA_1 至 BB_1 截面的变化。不难看到：AA_1 和 BB_1 两线段是等长的。气流在穿过膨胀三角地带时，射流的截面发胀。在反射的压缩波里，射流的截面缩小。射流的两边边界是与中心对称的，起伏呈波浪形。与此相对应，速度沿中心的变化特征也是周期性的。在 AA_1 和 BB_1 两截面上是临界速度。在这两个截面之间，速度是超音速的，而且 D 点的速度最大。因此，整个 ABB_1A_1 区域中射流都是超音速的。

应当指出：随着进气压力的升高，或是嘴外压强的降低，射流的形状逐渐改变（见图 2-1-44），AB_1 波和 A_1B 波的斜角渐小，ADA_1 和 BDB_1 两三角的高度渐增，三角锥的顶角渐小。AA_1 和 BB_1 两截面之间的距离渐增。但射流这样的逐渐变化是有一定限度的，压强比低到了某个值 ε_1，例如 $\varepsilon_1 = 0.263$[51] 时，则喷出口外的流谱图便根本不同了。这时，由于气流的压强在膨胀锥内有了很大的下降，膨胀锥的母线 AD 和 A_1D_1 都变成了弯曲的激波（或名冲波）AD 和 A_1D_1（见图 2-1-44），而在射流的中心部分，则形成正激波 DD_1，这道正激波和那两道曲线激波 AD 及 A_1D_1 相接。核心两边的气流则形成曲线激波 DB 和 D_1B_1，这两道激波直伸到自由边界上去，在自由边界上反射为两膨胀波组，膨胀波组后面又是曲线激波。

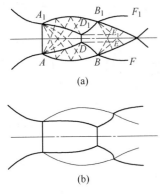

图 2-1-44　当 $\varepsilon_a < \varepsilon_1$ 时喷出口外的射流流谱[51]

应当指出：气流经过斜激波后，速度和压强均要发生变化：

$$Ma_2^2 = \frac{Ma_1^2 + \dfrac{2}{k-1}}{\dfrac{2k}{k-1}Ma_1^2\sin^2\beta - 1} + \frac{Ma_1^2\cos^2\beta}{\dfrac{k-1}{2}Ma_1^2\sin\beta + 1} \tag{2-1-128}$$

或

$$\lambda_2^2 = \lambda_1^2\cos^2\beta + \frac{1 - \dfrac{k-1}{k+1}\lambda_1^2\cos^2\beta}{\lambda_1^2\sin^2\beta} \tag{2-1-129}$$

$$\frac{p_1}{p_2} = \frac{k-1}{k+1}\left(\frac{2}{k-1}Ma_1^2\sin^2\beta - 1\right) \tag{2-1-130}$$

或

$$\frac{p_1}{p_2} = \frac{\dfrac{k-1}{k+1}\lambda_1^2\left(1 + \dfrac{2}{(k-1)^2}\sin^2\beta - 1\right)}{\dfrac{k-1}{k+1} - \lambda_1^2} \tag{2-1-131}$$

式中，β 为激波与原气流指向之间的夹角。

从方程式（2-1-128）~式（2-1-131）可见，气流通过激波后的流速 Ma_2 和压强 p_2 随 Ma_1 和 β 的变化而变化的关系。当 Ma_1 不变，增大 β 角，则 Ma_2 变小，p_2 增大；到了某个 $\beta = \beta_*$ 时，激波后的流速恰达音速（即 $Ma_2 = 1$），$p_2 = p_*$；当 β 再增大，激波后的气流便成亚音速了；到了 $\beta = \dfrac{\pi}{2}$ 的特殊场合，气流各参数的变量最大，而气流通过激波后的折角 $\delta = 0$。这种激波与未经扰动的气流指向垂直，称为正激波。气流经过正激波后的各参数变化如下：

$$\frac{p_2}{p_1} = \frac{k-1}{k+1}\left(\frac{2k}{k-1}Ma_1^2 - 1\right) = \frac{\lambda_1^2 - \dfrac{k-1}{k+1}}{1 - \dfrac{k-1}{k+1}\lambda_1^2} \tag{2-1-132}$$

$$\frac{\rho_2}{\rho_1} = \frac{\dfrac{k+1}{2}Ma_1^2}{1 + \dfrac{k-1}{2}Ma_1^2} = \lambda_1^2 \tag{2-1-133}$$

$$\frac{T_2}{T_1} = \left(\frac{k-1}{k+1}\right)^2\left(\frac{2k}{k-1}Ma_1^2 - 1\right)\left(\frac{2}{k-1}\cdot\frac{1}{Ma_1^2} + \frac{k-1}{k+1}\right) \tag{2-1-134}$$

$$Ma_2^2 = \frac{Ma_1^2 + \dfrac{2}{k-1}}{\dfrac{2k}{k-1}Ma_1^2 - 1} \tag{2-1-135}$$

$$\lambda_2^2 = \frac{1}{\lambda_1^2} \tag{2-1-136}$$

由此可见，正激波之后的气流是亚音速的，而斜激波之后的气流却是超音速的，所以，DE 和 D_1E_1 两线是不同流速的搭界线。核心的亚音速流在外层的超音速流作用之下速度加快起来，到后来整个截面上各点的流速都是超音速的了。压强继续增大下去，激波系渐渐变化下去（图2-1-44（b）），核心的正激波长度增大，作为核心部分过度膨胀的超音速流的边界的那两道曲线激波也渐渐变形。这里必须着重指出：只要 $\varepsilon_a < \varepsilon'_*$，射流的外层 $ABFEDA$ 和 $A_1B_1F_1E_1D_1A_1$，以及核心部分 ADD_1A_1 总是超音速的。亚音速只存在于射流的内部正激波 DD_1 之后很短的一段距离。

上面所说的这些气流外射情况，没有把黏性影响估计在内，尤其射流与外界环境交互作用都没有考虑。实际上气流从喷嘴喷出后，经与外界液体交互作用——射流带动外界的静止液体，外界液体拖慢射流的外层——的结果，使气流压力逐渐衰减，最后达到等于外界环境压力 p_a 的截面为止，以后即行扩散到外界气体中（或被液体压碎成极小的细胞），从而流股的外形消失。

2.1.9.2　埋吹气体射流的基本特性

水模试验表明：当气流由风嘴喷出后，沿射流的纵轴向熔池面伸展，这时射流四周的介质（水或钢液）由于受射流的扰动和射流流过的地方所造成的真空的影响，而沿射流束的径向流来，射流束的流速愈大，则介质（水、或金属液）流向射流束的速度也愈大。结果是射流带动钢水上举，钢水拖慢射流运动，并相互交混（同时发生化学反应）使射流逐渐扩大。但主射流仍保持着"气舌"的形状，直到到达一定高度后，方在主射流的顶部发生气-液交混，而形成气泡带向熔池面伸展。

A　埋吹气体射流的气体体积分数剖面[52]

a　实验装置

实验装置如图 2-1-45 所示，水槽深1m，用有机玻璃制成。压缩空气通过装于槽子侧样底部的风嘴吹入。埋吹气体射流中的气体比和压力分布分别用小型压力探针和电测探针来测定。

b　气体体积分数剖面

图 2-1-46 为三级电测探针机构图。两根漆包铜丝插入一根外径为1mm的不锈管中。漆包铜丝裸露的端作阴极。不锈钢管以环氧树脂来绝缘，但其端部裸露，以作阳极用。电路 A 和电路 B 的布置如图 2-1-46 所示。

当气穴破裂时，电路 A 和 B 均导电，但当水滴沉积在探头上时，则只有电路 B 导电。

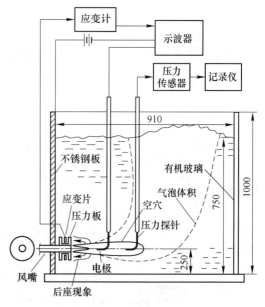

图 2-1-45　水熔池中埋吹射流实验装置示意图

用三级电测探针沿射流轴线（Z 轴）所测定的气体体积分数示于图 2-1-47，体积分数是把电磁示波记录仪所测定的时间代入方程式（2-1-137）算得出的：

$$气体体积分数 = \frac{A（或~B）电路非导通的总时间}{测量过程的时间} \times 100\% \qquad (2-1-137)$$

电路 A 探测气穴断裂带（探针触及气穴断裂带时，A 路导电，处于带水滴的气穴中时也不导电），电路 B 则既探测气穴断裂带，也探测气穴中的水滴（即它既对气穴断裂带敏感，也对气穴中的水滴敏感，在这两种情况下，B 路均不导电），因此，A、B 电路之间的示波电流差就意味着液滴的存在。从图 2-1-47 中可看到，A 与 B 之间相差很小，这就明显表明流谱的气体体积百分数中大部分是气穴破碎成的气泡。

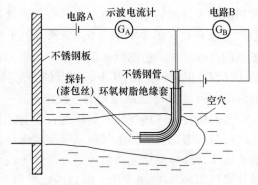

图 2-1-46　三级电测探针机构图

图 2-1-48 是仅用电路 A 测得的气体体积分数的纵剖面分布图。埋吹气体射流的气穴中心含 90% 或 90% 以上的气体，在气穴周围，离射流轴线愈远，气体体积分数愈小。在这区域内形成一层气泡，这对金属和气体之间的冶金反应有着重要意义。由于浮力作用，气体的尾部稍微向上倾斜。

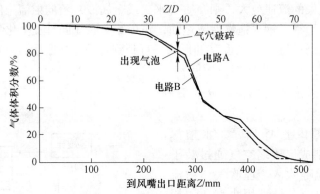

图 2-1-47　用三级探针测量的射流轴线上气体的体积分数的分布

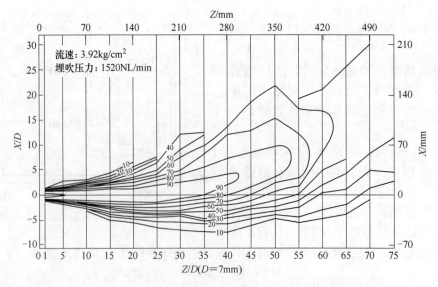

图 2-1-48　射流的纵剖面上气体的体积分数的分布

B 埋吹射流沿轴线上的压力和马赫数分布

图 2-1-49 示出沿 Z 轴线上静压和全压的分布，并示出气体百分数体积含量的分布。图 2-1-50 示出按图 2-1-49 中的压力分布值所计算出的马赫数分布，吹炼条件也示于图 2-1-50 中。由图 2-1-49 可看到埋吹射流的压力分布特征是：从风嘴端部至约风嘴内径 7 倍的距离处，总压和静压分布都是大起大落的，图 2-1-49 明显说明，这段区域为超音速核心段。在这段之后总压急剧下降，在气、液相混的倾斜段，总压和静压差不多相等，表明在这区域里，射流的力和液体的静压力处于静平衡，于是气泡产生。

图 2-1-50 示出射流喷向空气中和水中的马赫数分布状况。风嘴结构为直筒型的，示于图 2-1-51。射流离开风嘴后沿轴线上马赫数的变化，在水中与在空气中的相似。由于气穴很窄，埋吹气体射流比空气自由射流衰减更迅速。射流离开分口处的马赫数为 1，然后，离开喷出口后，射流速度增大，马赫数超过 1。

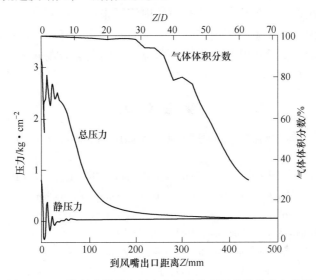

图 2-1-49 沿射流轴线上压力和气体体积百分数的分布状况

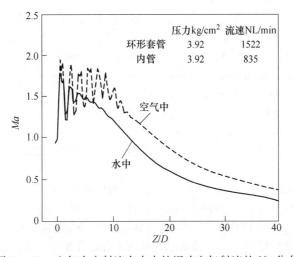

图 2-1-50 空气自由射流在水中的埋吹空气射流的 Ma 分布

C　埋吹射流的扩张角

　　射流进入熔池后的扩张角是表征射流进入熔池行为的重要参数之一。北京钢铁研究总院按模型实验测得的气体进入液体时的喷射角为 18°，我们在 $\varepsilon'_a \le 0.528$ 时测得的喷射角为 21°~25°。说明空气射流在水中的扩张规律也服从式（2-1-17），只与喷射气体

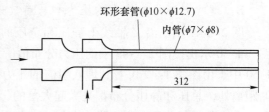

图 2-1-51　直筒型的风嘴结构图

的动黏度系数有关，与周围介质的物理性质无关。添氏等人也认为射流的扩张角与射流周围流体的物理性质没有关系。但资料认为射流的扩张角与射流周围流体的物理性质是有关系的。也有文献曾报道过奥利阿尔等人向水银中水平喷吹空气时，测得在喷入初期，激烈膨胀的射流扩张角可达 150°~155°，并由此认为液体的物理性质对喷射流的扩张角有极大的影响。这里要指出的是，奥氏等人所测得的射流扩张角是在 $\varepsilon' > 0.25$ 的情况下测定的，也就是说是在有气泡后座现象发生的情况下测定的。为此，有必要对射流的扩张角作出统一的定义。根据我们在实验中锥状流出现的情况，我们定义为在 $\varepsilon'_a \le 0.528$ 时，射流的流迹角度为射流的扩张角。

参 考 文 献

［1］川上公成，今井寮一郎，神保新一，伊達隆三郎. Model study on Design of Lance Nozzle ［J］. 鉄と鋼，1966（3）.

［2］Chatterjee A H. The dynamics and Thermodynamics of compressible fluid flow ［D］. A. V. Paper presented at the Kinetics of Metallurgical Processes in Steelmaking conference, Aachen, 1970. Chatterjee, A., PhD theis, London Univ, 1970.

［3］Chatterjee A, Bradshaw A V. J Iron Inst, 1960, 16：309.

［4］Equations tables and charts for compressible flow, Nat Adv Com for Aero Report 1135, 1953.

［5］Hrycak P, Lee D T, Gauntner J W, Livingswood J N B. NASA Tech Note D-5690, March, 1970.

［6］Абратович Г Н. Турды совещания ло лрнкладной газовой дина-Мике, Алма-Ата 1956.

［7］Laurence I C. NACA Report №1292, 1956.

［8］Shapiro A H. Dynamics and Thermodynamics of compressille Fluid Flow, The Ronald Press Company, 1953, Ⅰ. Ⅱ. 中译本：可压缩流的动力学和热学，上册. 北京：科学出版社，1966.

［9］Albertson M L, Dai B, Jansen R A, Rouse. Proceedings of the ASCE 74, 1948：1751.

［10］Kapner J D, Kun Li, Larson R H. Int J Heat and Mass Transfer, 1970, 13：932-937.

［11］Kapner J D, Kun Li. Mixing Phenomena of Turbulent Supersonic Jets ［M］. Carnegie Inst of Tech, 1967.

［12］Laufer J. RM-5549-ARPA, Rand Corp. California. USA 1968.

［13］Ito S, Muchi L. Tetsu-to-Hogane, 1969, 55：46-57.

［14］Ito S, Muchi L. 純酸素上吹転炉操業における超音速ジェット特性の効果. Tetsu -to-Hogane, 1969, 55：58-69.

［15］蔡志鹏. 氧气炼钢过程中射流对熔池的作用 ［R］. 中国科学院化工冶金研究所，1978：10；蔡志鹏，等. 氧气炼钢过程中射流与熔池作用的某些传递现象 ［R］. 中科院化冶所，1981：3.

［16］吴凤林，蔡扶时. 顶吹转炉氧枪设计 ［M］. 北京：冶金工业出版社，1982.

［17］万天骥，陈允恭，刘浏，等. 三孔喷头结构对射流性态及冶金工艺的影响 ［R］. 北京钢铁学院，1981.

［18］ Trüpel T. Zeitschrift für das gasammte Turbinenwesen Nr5-6, 1915.

［19］ Абрамович Г Н. Турбулентеные свободне струи жидкостей игазов, Госэнергоиздат, 1948.

［20］ Banks R B. J Fluid Mech, 1963, 15：13-34.

［21］ Banks R B, Bhavamai A. J Fluid Mech, 1965, 23：229-240.

［22］ Wakelin D H. PhD thesis, London Univ, 1966.

［23］ Davenport W G, Wakelin D H, Bradshew A V. Symposium on Heat and Mass Transfer in Process Mtallurgy (London), April 1966：221-240.

［24］ Davenport W G, Wakelin D H, Bradshew A V. Heat and Mass Transfer in Process Mtallurgy ［M］. London (April 1966) Elsevier Publ. Co. 1967：207-240.

［25］ 吴凤林, 蔡扶时. 顶吹转炉氧枪设计 ［M］. 北京：冶金工业出版社, 1982：60, 64.

［26］ Hinze J O, Van der Zijnen. Proc 7th Inst Cong for Appl Mech, 1948, 2（1）：286-299.

［27］ Folson R G, Ferguson E K. Trans Amer Soc Mech Engrs, 1949, 71.

［28］ Corrsin S, Uberoi M S. NACA. TN. No. 1865, 1949.

［29］ Forstall W, Gaylord E W. J of Appl Mech, 1955, 22：161-164.

［30］ Porch M, Cermak J E. Proc Sixth Midwest Conf, on Fluidmech Austion, 1959：198.

［31］ Szekely J, Themelis N J. Rate Phenomena in Process Metallurgy, 1971.

［32］ Abramovitch G G. Theory of Turbulent Jets ［M］. MIT Press, USA, 1963.

［33］ Donald M B, Singer H. Trans Inst Chem Eng, 1959, 37：255-267.

［34］ Fonstall W, Shapiro A H. J Appl Mech, 1950, 17（4）：1950.

［35］ Anderson A R, Johns F R. Jet Propulsion, 1955, 25：13-25.

［36］ Kawakami K. J Metals. , 1966, 18：836-845.

［37］ Stevens D T, Richard Thomas and Baldwins Ltd. (Now BSC). Tech Memo No. 20 Dec. , 1964.

［38］ Denis E. CNRM Reports, Sept. 1966（8）：17-27.

［39］ Laurence I C. NACA Report №1292, 1956.

［40］ Абрамович Г Н. Теориятурбулентныхструй, Государствен- ное издательство физико- математической литературы, москва, 1960.

［41］ 吴凤林, 蔡扶时. 顶吹转炉氧枪设计 ［M］. 北京：冶金工业出版社, 1982：75, 79, 84, 92-93, 107.

［42］ 佩尔克 R D, 等著. 氧气顶吹转炉炼钢, 上册 ［M］. 北京：冶金工业出版社, 1980：570-571.

［43］ 万天骥. 喷枪出口 P_m 的变化规律 ［R］. 北京钢铁学院炼钢教研室.

［44］ 姚锡仁. 射流横截面上轴向速度和压力分布的规律 ［R］. 北京钢铁研究总院.

［45］ ［苏］ 巴普基兹曼斯基 В И, 著. 氧气转炉炼钢过程理论 ［M］. 上海：上海科学技术出版社, 20~22.

［46］ Chatterjee A, Lindfors N O, Wester J A. Ironmaking and Steelmaking, 1976（1）：35-42.

［47］ Meyer H W, Porter W F, Smith G C, Szekely J. J Metals, 1968, 20（7）：35-42.

［48］ Meyer H W. JISI, 1969, 207：781~789.

［49］ ［苏］ 巴普基兹曼斯基 В И, 著. 氧气转炉炼钢过程理论 ［M］. 上海：上海科学技术出版社, 11.

［50］ ［苏］ M E 傑依奇, 著. 工程气体动力学, 上册 ［M］. 徐华舫, 译. 北京：电力工业出版社, 1955：210.

［51］ ［苏］ M E 傑依奇, 著. 工程气体动力学, 上册 ［M］. 徐华舫, 译. 北京：电力工业出版社, 1955：213-215.

［52］ Takeo Aoki, Seiichi Masusda, Akio Hatono, Masayuki Taga. Charateristics of submerged gas jets and a new type bottom blowing tuyere ［C］// 国际矿冶学术会议文集 Organising Committee. A1-A36.

［53］ Albertsion M L, et al. Proceedings of the ASCE 74 , 1948：1751.

2.2　相似原理

2.2.1　实验研究的任务和相似原理的价值

正确地布置实验研究对认识流体运动的规律具有重大价值，正确地总结实验结果同样具有不小的价值。流动的力学相似理论，对于如何布置实验以得到正确的结果，可以提供指导。研究表明，总结实验结果只有对力学相似的流动才是可能的。在运用力学相似理论时，整个实验研究的目的可以归结为解决下列三类问题：

（1）实验研究的第一类问题在于决定流动的基本规律。在这类问题中包括：切应力规律的建立；应力场与速度场关系的确定，及附面条件的建立。但是这些一般的规律只能在具体的对象及具体的条件下才能表现出来。这类流体力学基本理论的实验研究这里不准备详细阐述。

（2）实验研究的第二类问题在于决定包含在一些公式中的计算系数。研究的对象在这里是给定的。在这类问题，通常必须选择所研究对象的尺寸及在该情况下表现流体流动的一些基本参数的变化的限度。很多年的实践确立了：这类问题可以借助于在对象的模型中而不是在真实物体中进行相应的实验来解决。同时随问题性质的不同，模型可以比实物尺寸小几倍或大几倍。

在解决第二类问题时，会出现下面三个问题，模型尺寸应怎样，所研究流动的基本参数变化范围如何，应该用什么方法将模型系数换算到实物上去。相似理论将给出直接的答案。

（3）实验研究的第三类问题在于决定流动本身特征。研究的对象在这里也是给定的。在解决这类问题时，同样会出现上面的三个问题。因为在现今的知识水平下用理论来确定这些对象的流动特性本身，或是不可能或是很困难，所以，在这种情况下，相似理论不可能给出所述问题的直接解，但是它将有助于在解决所研究的问题时选定正确的道路。

相似理论对布置总结实验研究的作用与价值就是这样。

由上所述显而易见：（1）模型流动与实物流动的力学相似的要求对所有类型的实验研究是非常重要与合适的；（2）相似理论并不对各个单独的实用问题的流动特性的决定提供方法。

实现了模型流动与真实流动的力学相似，我们并非就从而解决了具体的实际问题，但是却创立了合理解决问题的可能性。因此可以这样说：相似理论决定了实现实验研究流动的综合条件，这种综合条件保证了合理总结实验结果的可能性。

2.2.2　相似的定义和概念

相似概念首先出现在几何学里。相似现象是指两个或两个以上的一组现象，它们彼此之间对应量的比为一定值。也就是说，在空间中相对应的各点和在时间上相对应的各瞬间第一个现象的任何一种量 φ' 与第二个现象同类的量 φ'' 成比例，即：

$$\frac{\varphi''_1}{\varphi'_1} = \frac{\varphi''_2}{\varphi'_2} = \frac{\varphi''_3}{\varphi'_3} = \cdots = \frac{\mathrm{d}\varphi''}{\mathrm{d}\varphi'} = C_\varphi \tag{2-2-1}$$

C_φ 称之为"相似倍数"，甚至可以随 φ 所代表的不同的量而异，但与坐标、方向、时间无关。为了解决问题的方便，现象的相似也可以分为以下几个方面。

2.2.2.1 几何相似

所谓几何相似，就是指相似现象的几何形状相似，也就是说相似现象对应的几何长度或线度彼此平行，且其比例为一常数。倘以 l 表示线度，则式（2-2-1）可写作：

$$\frac{l_1''}{l_1'} = \frac{l_2''}{l_2'} = \frac{l_3''}{l_3'} = \cdots = \frac{\mathrm{d}l''}{\mathrm{d}l'} = C_l \qquad (2\text{-}2\text{-}2)$$

如果以 A 和 V 表示面积和体积，则在相似现象中：

$$\frac{A_1''}{A_1'} = \frac{A_2''}{A_2'} = \frac{A_3''}{A_3'} = \cdots = \frac{\mathrm{d}A''}{\mathrm{d}A'} = C_A \qquad (2\text{-}2\text{-}3)$$

几何学已经指出：相似面积之比等于对应边的平方的比，即：

$$\frac{A_1''}{A_1'} = \frac{l_1''}{l_1'} = C_l^2$$

由此可知： $$C_A = C_l^2 \qquad (2\text{-}2\text{-}4)$$

同样还知道： $$\frac{\nabla_1''}{\nabla_1'} = \frac{\nabla_2''}{\nabla_2'} = \frac{\nabla_3''}{\nabla_3'} = \cdots = \frac{\mathrm{d}\nabla''}{\mathrm{d}\nabla'} = C_V \qquad (2\text{-}2\text{-}5)$$

以及 $$C_V = C_l^3 \qquad (2\text{-}2\text{-}6)$$

所有的球形在外形上都是几何相似的。所有的正立方体在外形上也都是几何相似的。

相似现象在内容方面也是几何相似的，例如相似的流体流动应当有相似的流线。

相似是建立在宏观的基础上的。因此并不要求分子之间的相似。

几何相似的基本内容是：相对应的线度平行而成比例，相对应的角则相等。

以上是表现几何相似的一般方法。此外，还可以用另外一种方法来表示，称为量度变化法。即在两个相似几何图形中，各取其中任一相对应的线段作为两个图形的度量单位。令 l_0'、l_0'' 为两相似图形中对应的边，则可写出下列的比例关系：

$$\frac{l_1'}{l_0'} = \frac{l_1''}{l_0''} = L_1$$

$$\frac{l_2'}{l_0'} = \frac{l_2''}{l_0''} = L_2$$

$$\frac{l_3'}{l_0'} = \frac{l_3''}{l_0''} = L_3$$

显然 $L_1' = L_1'' = L_1$，$L_2' = L_2'' = L_2$，这些比值是各对应边和对应量度单位的比值，称为"相似定数"。若有第三个相似图形，其相对应的比值 L_1''' 就必然与 L_1'、L_1'' 相等。但对于不同对应边的比值，L 之值则不等，即 $L_L' \neq L_2'$。

从以上分析可见，相似倍数 C 和相似定数 L 是两种表示相似图形的符号，都是同数量的比值，同是无因次量的常数。不同的是前者是相似图形对应边的比值，后者是在同一图形内以某一线段为量度单位与各边的比值。

在两个相似现象中，各个量的相似倍数是不变的，而相似准数或定数是可变的。对于两个以上的相似现象而言，相似倍数各不相同，而相对应的相似准数对于所有的相似现象都保持不变。

2.2.2.2　时间相似

时间相似是指同一瞬间开始算起，两个几何相似的现象中一切相对应的变化所经过的时间都成比例。以 τ 来表示时间，则式（2-2-1）可写作：

$$\frac{\tau_1''}{\tau_1'} = \frac{\tau_2''}{\tau_2'} = \frac{\tau_3''}{\tau_3'} = \cdots = \frac{\mathrm{d}\tau''}{\mathrm{d}\tau'} = C_\tau \tag{2-2-7}$$

一般来讲 C_τ 不等于1，因此两相似现象的相似瞬间是不在同一时间的。现象在时间上的相似叫类步。在特殊情况下，$C_\tau = 1$，这样就得到相似瞬间在实践上的重叠，也就是得到过程的同步进展。

2.2.2.3　物理相似

所谓物理相似是指在几何相似和时间相似的前提下，在相对应的点（或部位上）和在相对应的时间内，所有用来说明两个现象的一切物理量都成比例。也就是说式（2-2-1）中的 φ 可以是温度（t）、速度（$\overline{w}$）、密度（ρ）、黏度（μ）、导热系数（λ）、导温系数（α）等；φ 也可以是动力，例如压力、重力、黏性力、合力等，不仅大小成比例，而且相对应的力还有相同的方向。

物理相似实际上包括了几何相似和时间相似以外的一切量的相似。

2.2.2.4　开始和边界条件相似

开始和边界条件相似指的是现象之间在开始时和边界处具有几何相似、时间相似和物理相似。例如自由流动和外射流股的性状受制于喷口的形状、喷口处气体的压力和密度——开始处的几何条件和物理条件，同时也受制于外界其他（或液体）介质的种类和压力——边界上的物理条件；短管入口和出口的几何形状关系到流体在短管内流动的性状；底吹喷嘴的数目、直径和布置位置——开始的几何条件，及熔池的直径和深度——边界上的几何条件关系到射流进入熔池后的行为。我们在研究一个现象时，必须说明其开始条件和边界条件，才能完整地表述一个现象。而要使两个现象相似，就必须使两现象的开始条件和边界条件相似。

2.2.3　单值条件

为了描述某一种类型的现象（如黏性流体流动的现象或传热现象），根据一般的物理定律推导出来的微分方程式，它所描述的是这类现象共有的特征，或者说是一组（无数个）具有不同特点而属于同一类型的（共同的、普遍的）现象。而要描述和规定某一个特定的具体现象，则必须要以描述这一具体现象的附加条件来限制这一微分方程式，以得出最后单一的解（即特解）。这些附加条件就称为单值条件。单值条件包括以下几个方面：

（1）几何条件。所有具体现象都发生在一定的几何空间内，因此，参与过程的物体的几何形状和大小是应给出的单值条件。如研究熔池运动和气流进入熔池后的行为，应给出风嘴和熔池各部分尺寸。

（2）时间条件，说明现象在时间上进行的特点。

（3）物理条件，说明有关物质的物理性质。

（4）边界条件，所有具体现象都必然受到与其直接相邻的周围情况的影响。例如，射流进入熔池后的行为直接受液体介质的密度（ρ）、黏性（μ）、温度和静压等的影响。

（5）起始条件，任何过程的发展都直接受开始状态的影响。

当上述单值条件给定以后，流体的速度场、流动形态（层流或紊流）、压力分布规律（任意两点的压力差值）也就随之被确定下来。单值条件相似是现象相似应具备和遵守的条件之一。单值条件能够把服从同一自然规律的无数现象单一地划分为某一具体现象。因此，单值条件是将某一具体现象与其同类现象区分开来的全部条件，它的相似是现象相似的必要条件。

2.2.4　流动的力学相似

如果一个现象的量能够由另一现象在空间与时间的类似点处的相应量简单地乘以对各点均相同的同一因子（相似倍数 C）而得到的话，则这两个物理现象称为力学相似的现象。

两个流动是力学相似的，如果在这两流动中满足下列条件：

（1）在流动的类似点处的流体质点上作用着同名的（同一性质的）力。

（2）所有作用在流动中类似点处的单位流体容积计的同名力之间的比值都是相同的。

（3）这些流动的运动学及动力学的起始及边界条件是相同的，而只在给定量的比例尺度上有别。

上述的每一条件都是必要的，但并不充分。这几个条件综合在一起才构成了流动的力学相似的必要及充分条件。

同名力，即同一力学性质的力。

流动的类似点系指相对于边界条件来说处于同一位置的各点。

力学相似第一条件要求在某一流动中，处于某点处的流体质点上作用着重力（G），压力（P）及黏性力（F），那么在与它力学相似的流动里，在类似点处的流体质点上也应该作用着重力、压力和黏性力。

第二条件决定了力学相似流体中同名力之间的关系。按照这个条件，所有以单位容积计的同名力之间的比值应该是相同的，例如：

$$\frac{\dfrac{G_1}{\nabla_1}}{\dfrac{G_2}{\nabla_2}} = \frac{\dfrac{P_1}{\nabla_1}}{\dfrac{P_2}{\nabla_2}} = \frac{\dfrac{F_1}{\nabla_1}}{\dfrac{F_2}{\nabla_2}} = C \tag{2-2-8}$$

此处，∇_1 及 ∇_2 是包含类似点的区域的流体容积，脚注 1 及 2 标志第一及第二流动。

第一及第二相似条件并不决定作用力的大小。它们只决定力学相似的流动里作用力之间的比值。

只要明确了作用力的性质，就可以作出流体运动的微分方程式。对于力学相似的流动，这些方程式中相应于力的项目，按照第一相似条件应该是相同的。按照第二相似条件，第一流动的运动方程式的所有项目与它力学相似的第二流动运动方程式的相应项目之间的比值都是相同的。

这样，由第一及第二相似条件可见：在力学相似的流动类似点处，流体运动应该遵从同一微分方程式，而只是对所有各项均系同一的常数因子有别。例如，如果在第一流动的某一点处流体质点的运动遵从方程式：

$$\rho_1 \frac{\mathrm{d}v_1}{\mathrm{d}t_1} = \rho_1 G_{r1} - \frac{\partial P_1}{\partial S_1} - \frac{\partial \tau_1}{\partial n} \tag{2-2-9}$$

则与它力学相似的第二流动的类似点处，流体质点运动将遵从下列方程式：

$$A_1 \rho_2 \frac{\mathrm{d}v_2}{\mathrm{d}t_2} = A_1 \rho_2 G_{r2} - A_1 \frac{\partial P_2}{\partial S_2} - A_1 \frac{\partial \tau_2}{\partial n_2} \tag{2-2-10}$$

此处 S 与流线相重合，而 n 为流线的法线。

同一结构的方程有很多个解，因此满足第一及第二相似条件也还不能得出流动是力学相似的结论。我们只有在同一的起始及边界条件下，才有可能得到这些方程式的解答，这些解答只是跟基本量的比例尺度及泛常数的值有别。第三条件所要求的也就正是这个。

这样，满足上述的三个相似条件就保证了得到力学相似流动的同一解答，而这又使得保证了正确总结实验数据，并将力学相似流动的模型数据换算到实物上去。

还应当说：

（1）在上述的条件中，未明显提出关于流动的几何相似的要求是因为这个要求，事实上已包括在第三个相似条件里了。

（2）关于流动的运动相似（注：在所有类似点处流体质点的速度彼此间成比例的流动，称为是运动相似的流动）这个条件前面也没有特地把它提出来，因为它也是包含在流动的力学相似三个条件中了。事实上，由于在力学相似的流动里，流体的运动遵从同一个微分方程式，所以在实现流动的几何相似和满足同一运动边界条件的解答下，将得到这些流动中速度场的相似。

这样，流动的力学相似的上述三条件便决定了几何、运动及力（动力）相似。

（3）在实验研究的实际工作中，有时需要不满足模型流动与真实流动的精确的几何相似，而在所谓变形的模型上进行试验。例如在熔池直径上缩减 10 倍而熔池的深度只缩减了 5 倍。流动的力学相似的上述条件在这种情况下仍可适用，只要在作出运动方程式时及在边界条件中适当地考虑到这种变形。此时仅须在方程式及在边界条件中引入两个长度比例尺寸以代替一个长度比例尺寸。

（4）为使模型与真实流动是力学相似，应满足上述的三个相似条件。但要使这三个条件能满足，必须：第一，确立作用在流体上的力的力学性质，并能解析地表示它们的值；第二，作出流体运动的微分方程式；第三，决定并解析地表示出运动学和动力学的边界条件。

（5）至此，我们才只是拥有了正确布置实验的方法和数据，在一般情况下还不可能决定作用在真实流动或模型流动上的力的大小。只有在模型实验中，我们才可能将这些力测量出来。至于真实流动中的力比模型流动中的力大（或小）多少倍，还不能根据本节中所述的知识对这一问题给以回答，尚须将此处所述的相似条件化成可计算的相似准数的关系。

2.2.5 黏性流体流动的力学相似准数

上面我们已经确定了何种现象是相似现象，何种流动是力学相似的流动。现在要讨论的是如何得到现象相似准数和力学相似准数。

现象相似也好，力学相似也好，其单值条件都应相似，即在其系统的相应点上一切量各自互成比例，其比值是相似倍数。但是任何物理现象，都伴随着许多物理量的变化。对于这种具有许多物理量的变化的现象，现象相似是指表述这种现象的所有量在空间中相对应的各点及时间上相对应的各瞬间各自互成一定的比例关系，即各种量之间的比值（即"相似倍数"）之间不能是任意的，而应有彼此约束的一定关系存在。

对于描述各种物理本质的微分方程式，都可以得出各自的相似准数。例如，按照牛顿第二定律，对于任何物理受力运动，必须服从下面方程式：

$$f = m \frac{\mathrm{d}w}{\mathrm{d}\tau} \qquad (2\text{-}2\text{-}11)$$

若两个物体受力运动相似时，则其各个对应量必互成比例，即必然存在着以下之相似条件：

$$\frac{f''}{f'} = C_f, \qquad \frac{m''}{m'} = C_m, \qquad \frac{W''}{W'} = C_W, \qquad \frac{\tau''}{\tau'} = C_\tau \qquad (2\text{-}2\text{-}12)$$

将这些相似关系代入式（2-2-12）中，得：

$$\frac{C_f \cdot C_\tau}{C_m \cdot C_W} \cdot f' = m' \frac{\mathrm{d}w'}{\mathrm{d}\tau'} \qquad (2\text{-}2\text{-}13)$$

显然只有相似倍数之间符合下式：

$$\frac{C_f \cdot C_\tau}{C_m \cdot C_W} = 1 \qquad (2\text{-}2\text{-}14)$$

即：

$$\frac{f'\tau'}{m'W'} = \frac{f''\tau''}{m''W''} \quad \text{或} \quad \frac{f\tau}{mW} = Ne \qquad (2\text{-}2\text{-}15)$$

上面所得的运动准数 $\frac{f\tau}{mW}$ 称为牛顿数，用 Ne 表示之。当两个力学系统运动的情况相似时，其牛顿数的数值必然相同。

在力学相似的运动现象中将出现多种相似准数。相似准数的导出方法有很多，通常采用以下三种方法，即：（1）由描述现象的微分方程式，经过相似常数的转换而获得相似准数；（2）用两种力的对比导出相似准数；（3）将某些相似准数进行合理的组合派生出新的相似准数。

2.2.5.1　用描述力学相似运动现象的微分方程式导出相似准数

应用微分方程式导出相似准数时，首先列出描述现象的微分方程式；然后写出单值条件，即写出相似倍数的表示式代入该微分方程式进行相似转换，比较所得方程式，获得相似指标式，再以相似常数表示式代入，最后获得相似准数。下面我们将讨论 3 个方程组：黏性不可压缩流体运动的微分方程式，决定黏性流体时均紊流的雷诺方程式，气流进入黏性液体后产生双相受力运动的方程式。

A　遵从黏性不可压缩流体微分方程式的黏性流动运动的相似准数

假设两个流动（以后称它们为真实流动及模型流动）的任何对应点（或称类似点）处流体质点的运动遵从黏性流体运动的微分方程式，并设两个流动中的流体都是不可压缩的，按照黏性流体运动的微分方程式，对通过给定点的真实流动的任意流体质点有下面微分方程：

$$\rho_H\left(\frac{\partial v_{xH}}{\partial t_H} + v_{xH}\frac{\partial v_{xH}}{\partial x_H} + v_{yH}\frac{\partial v_{xH}}{\partial y_H} + v_{zH}\frac{\partial v_{xH}}{\partial z_H}\right) = \rho_H X_H - \frac{\partial P_H}{\partial x_H} + \mu_H \nabla^2 v_{xH} \qquad (2\text{-}2\text{-}16)$$

（注：$\nabla^2 v_{xH} = \dfrac{\partial^2 v_{xH}}{\partial x_H^2} + \dfrac{\partial^2 v_{xH}}{\partial y_H^2} + \dfrac{\partial^2 v_{xH}}{\partial z_H^2}$）

而通过模型流动中上述对应点处的任何流体质点，有下面微分方程：

$$\rho_M\left(\frac{\partial v_{xM}}{\partial t_M} + v_{xM}\frac{\partial v_{xM}}{\partial x_M} + v_{yM}\frac{\partial v_{xM}}{\partial y_M} + v_{zM}\frac{\partial v_{xM}}{\partial z_M}\right) = \rho_M X_M - \frac{\partial P_M}{\partial x_M} + \mu_M \nabla^2 v_{xM} \qquad (2\text{-}2\text{-}17)$$

下标 H 表示真实流动的基元，M 表示模型流动的基元。方程式（2-2-16）和式（2-2-17）中，投影在 oy 和 oz 轴的其余两个运动方程式未写出，因为对于相似准数的决定，只需投影在 ox 轴上的方程式就行了。

方程式（2-2-16）和式（2-2-17）中左边第一项，也即 $\rho\dfrac{\partial v_x}{\partial t}$，称为作用在流体上随时而变化的定点惯性力（或称就地惯性力），方程式左边后三项的和，也即 $\rho\left(v_x\dfrac{\partial v_x}{\partial t} + v_y\dfrac{\partial v_x}{\partial y} + v_z\dfrac{\partial v_x}{\partial z}\right)$，称为作用在流体上随坐标而变化的变位惯性力（或称换位惯性力，或称传递惯性力）；方程式右边的第一项 ρz（即 ρg）为流体的重力（又称体积力），第二项 $\dfrac{\partial P}{\partial x}$ 为流体的动压力或压差值，第三项 $u\nabla^2 v_x$ 为作用在流体上的黏性力（或叫摩擦力）。

因为上述两个流体流动的现象是相似的，可写出式（2-2-16）和式（2-2-17）中单值条件相似的如下关系式：

$$\frac{x_H}{x_M} = \frac{y_H}{y_M} = \frac{z_H}{z_M} = \frac{l_H}{l_M} = C_l$$

$$\frac{v_{xH}}{v_{xM}} = \frac{v_{yH}}{v_{yM}} = \frac{v_{zH}}{v_{zM}} = \frac{v_H}{v_M} = C_v = \frac{C_l}{C_t}$$

$$C_t = \frac{t_H}{t_M}, \qquad \frac{\rho_H}{\rho_M} = C_\rho, \qquad \frac{\mu_H}{\mu_M} = C_\mu \qquad\qquad (2\text{-}2\text{-}18)$$

$$\frac{X_H}{X_M} = \frac{Y_H}{Y_M} = \frac{Z_H}{Z_M} = \frac{g_H}{g_M} = C_g \cdot \frac{P_H}{P_M} = C_P$$

这样我们在讨论中引入了七个参数：C_l、C_v、C_t、C_ρ、C_μ、C_g、C_P。这些参数均与坐标及时间无关，它们的数值取决于所研究流动的起始条件与边界条件，及这些流动中流体的力学性质。

现在，我们利用这些关系，可将真实流动中各变数都用模型流动中的变数来表示，即：

$$x_H = C_l x_M, \quad y_H = C_l y_M, \quad z_H = C_l z_M, \quad l_H = C_l l_M$$

$$v_{xH} = C_v v_{xM}, \quad v_{yH} = C_v v_{yM}, \quad v_{zH} = C_v v_{zM}$$

$$t_H = C_t t_M, \quad \rho_H = C_\rho \rho_M, \quad P_H = C_P P_M \qquad\qquad (2\text{-}2\text{-}19)$$

$$g_H = C_g g_M, \, Z_H = C_g Z_M, \quad \mu_H = C_\mu \mu_M$$

并把以上各项代入式（2-2-16），则得：

$$\frac{C_\rho C_v}{C_t} \rho_M \frac{\partial v_{xM}}{\partial t_M} + \frac{C_\rho C_v^2}{C_1} \rho_M \left(v_{xM} \frac{\partial v_{xM}}{\partial x} + v_{yM} \frac{\partial v_{xM}}{\partial y} + v_{zM} \frac{\partial v_{xM}}{\partial z} \right)$$

$$= C_\rho \cdot C_g \cdot P_M \cdot X_M - \frac{C_P}{C_1} \frac{\partial P_M}{\partial x_M} + \frac{C_\mu C_v}{C_1} \mu_M \nabla^2 v_{xM} \qquad (2\text{-}2\text{-}20)$$

比较方程式（2-2-20）与式（2-2-17）可知，它们只与方程式（2-2-20）各项中由上述各相似倍数组成的系数有别。但按照相似的第二个条件，在力学相似的流动里，在流动的对应点处所作用的同名力的比值以单位容积计应该是相等的。为了在我们所研究的流动里实现这一条件，将式（2-2-20）的每一项除以方程式（2-2-20）的同名项，并将这样相除的结果相等起来。此时显然得：

$$\frac{C_\rho C_v}{C_t} = \frac{C_\rho C_v^2}{C_1} = C_\rho \cdot C_g = \frac{C_P}{C_1} = \frac{C_\mu C_v}{C_1^2} = \cdots \qquad (2\text{-}2\text{-}21)$$

这就是说，在微分方程式（2-2-20）各项中系数（即相似指数）的同一值下，我们所研讨的模型及真实流动将是力学相似的。

将式（2-2-21）各项用第二项遍除，得：

$$\frac{C_1}{C_v C_t} = 1 = \frac{C_g C_1}{C_v^2} = \frac{C_P}{C_\rho C_v^2} = \frac{C_\gamma}{C_1 C_v} \qquad (2\text{-}2\text{-}22)$$

由此，得：

$$\frac{C_v C_t}{C_1} = 1, \qquad \frac{C_v^2}{C_g C_1} = 1$$

$$\frac{C_P}{C_\rho C_v^2} = 1, \qquad \frac{C_1 C_v}{C_\gamma} = 1 \qquad (2\text{-}2\text{-}23)$$

将各相似倍数的关系代入整理后，得：

（1）
$$\frac{v_H \cdot t_H}{l_H} = \frac{v_M \cdot t_M}{l_M} \quad \text{或} \quad \frac{v \cdot t}{l} = Ho（或为 Sh） \qquad (2\text{-}2\text{-}24)$$

它是说明非恒定流动的流体的速度场随时间变化特性的准数，有的书上叫均时性准数，也有的叫线时数。

（2）
$$\frac{v_H^2}{g_H l_H} = \frac{v_M^2}{g_M l_M} \quad \text{或} \quad \frac{v^2}{gl} = Fr \qquad (2\text{-}2\text{-}25)$$

它是说明流体的惯性力和重力关系的弗鲁德（Froude）数，又称重力相似准数。

（3）
$$\frac{P_H}{\rho_H v_H^2} = \frac{P_M}{\rho_M v_M^2} \quad \text{或} \quad \frac{P}{\rho v^2} = Eu \qquad (2\text{-}2\text{-}26)$$

它是说明流体的惯性力和动压力关系的欧拉（Euler）数，又称压力相似准数。

（4）
$$\frac{v_H l_H}{\gamma_H} = \frac{v_M l_M}{\gamma_M} \quad \text{或} \quad \frac{vl}{\gamma} = Re \qquad (2\text{-}2\text{-}27)$$

它是说明流体的惯性力和黏性力（即摩擦力）关系的雷诺（Reynolds）数，又称黏性力相似准数，可用来判断流型。

这样我们可得出下列结论：如果在流动的对应点处，线时数、弗鲁德数、欧拉数和雷诺数相等，则切应力遵从牛顿定律的黏性不可压缩流体的几何相似的模型流动和真实流动也将是力学相似的，反之也真。

这里还应当说明一下：

问：在实际应用时，应对流动中的哪些点作出此处所得的四个相似准数？

答：（1）如果在模型与真实流动的所有类似点处流体运动遵从黏性流体的运动微分方程式，则只须对流动中所取的任一对类似点或有诸截面作出上述诸准数即可。也可以取不同的类似点来分别决定各个准数。这时因为在力学相似流动中，在一对应点实现上述"准则"，则必导致所有其他点也满足上述准数。

（2）如果在这一类型的实际问题中，起始与边界条件由已知（或已定）的量给出，而不是由欲求函数的不定值给出，则应选取它们作类似点，并用它们（即起始条件和边界条件）的给定量来表示相似准数。

（3）对于流体运动在一个区域，遵从一个方程式，而在另一个区域又遵从另一个方程式的哪些情况相似准数应对每一区域单独地作出，且仍取一对类似点即可。

问：应该用什么量的数值来表示上述这些相似准数？

答：这个问题，在一般情况下，不能给出直接答案。只可能给以一般的指示：即相似准数必须用所给流动所特有的量来表示。这些量应对每一问题个别地来选取。

B　不可压缩流体，紊流时均运动的相似准数（决定黏性流体时均紊流的雷诺方程式）

设模型和真实流动的任一类似点处，流体质点的时均运动取决于紊流运动状态中恒稳脉动运动的方程式，则可写出对真实流动的任意流体质点的微分方程式为：

$$\rho_H \left[\frac{\partial}{\partial x_H}(\bar{v}_{xH} \cdot \bar{v}_{xH}) + \frac{\partial}{\partial y_H}(\bar{v}_{xH} \cdot \bar{v}_{yH}) + \frac{\partial}{\partial z_H}(\bar{v}_{xH} \cdot \bar{v}_{zH}) \right]$$

$$= \rho_H \bar{X}_H - \frac{\partial \bar{P}_H}{\partial x_H} + \mu_H \nabla^2 \bar{v}_{xH} - \left[\frac{\partial}{\partial x_H}(\rho_H \overline{v'_{xH} v'_{xH}}) + \right.$$

$$\left. \frac{\partial}{\partial y_H}(\rho_H \overline{v'_{xH} v'_{yH}}) + \frac{\partial}{\partial z_H}(\rho_H \overline{v'_{xH} v'_{zH}}) \right] \tag{2-2-28} ❶$$

对模型流动的任一流体质点的微分方程式则为：

$$\rho_M \left[\frac{\partial}{\partial x_M}(\bar{v}_{xM} \cdot \bar{v}_{xM}) + \frac{\partial}{\partial y_M}(\bar{v}_{xM} \cdot \bar{v}_{yM}) + \frac{\partial}{\partial z_M}(\bar{v}_{xM} \cdot \bar{v}_{zM}) \right]$$

$$= \rho_M \bar{X}_M - \frac{\partial \bar{P}_M}{\partial x_M} + \mu_M \nabla^2 \bar{v}_{xM} - \left[\frac{\partial}{\partial x_M}(\rho_M \overline{v'_{xH} v'_{xH}}) + \right.$$

$$\left. \frac{\partial}{\partial y_M}(\rho_M \overline{v'_{xM} v'_{yM}}) + \frac{\partial}{\partial z_H}(\rho_M \overline{v'_{xM} v'_{zM}}) \right] \tag{2-2-29}$$

---

❶　紊流：$v_x = \bar{v}_x + v'_x$，$\bar{v}_x = \frac{1}{T_0} \int_0^{T_0} v_x \mathrm{d}t$，式中 v_x 为就地速度在 ox 轴上的投影，$\bar{v}_x$ 为时间速度，在恒稳脉动运动中，它与时间无关。v'_x 为速度的脉动增量。因此，$\rho v'^2_x$、$\rho v'^2_y$、$\rho v'^2_z$ 代表附加紊流正应力；$\rho \overline{v'_x v'_y}$、$\rho \overline{v'_y v'_z}$、$\rho \overline{v'_z v'_x}$ 代表附加紊流正应力。

其次假定所研究的模型与真实的时均流动是几何相似和运动相似的，而在这些流动的类似点处，时均的流动压力和体积力成比例。于是对流动的所有类似点来说，均有：

$$x_H = C_1 x_M, \quad g_H = C_1 g_M, \quad Z_H = C_1 Z_M, \quad l_H = C_1 l_M$$

$$\frac{\bar{v}_{xH}}{\bar{v}_{xM}} = \frac{\bar{v}_{yH}}{\bar{v}_{yM}} = \frac{\bar{v}_{zH}}{\bar{v}_{zM}} = \frac{\bar{v}_H}{\bar{v}_M} = C_v, \quad \frac{\bar{P}_H}{\bar{P}_M} = C_p, \quad \frac{g_H}{g_M} = C_g \tag{2-2-30}$$

此外，设在所研究流动的类似点处速度的脉动增量的时均乘积也是彼此成比例的，即在流动的所有类似点处有：

$$\frac{\overline{v'_{xH} v'_{xH}}}{\overline{v'_{xM} v'_{xM}}} = C_{xx}, \quad \frac{\overline{v'_{yH} v'_{yH}}}{\overline{v'_{yM} v'_{yM}}} = C_{yy}, \quad \frac{\overline{v'_{zH} v'_{zH}}}{\overline{v'_{zM} v'_{zM}}} = C_{zz}$$

$$\frac{\overline{v'_{xH} v'_{yH}}}{\overline{v'_{xM} v'_{yM}}} = C_{xy}, \quad \frac{\overline{v'_{xH} v'_{zH}}}{\overline{v'_{xM} v'_{zM}}} = C_{xz}, \quad \frac{\overline{v'_{yH} v'_{zH}}}{\overline{v'_{yM} v'_{zM}}} = C_{yz} \tag{2-2-31}$$

现在将方程式（2-2-28）中所包含的速度、压力及体积力用这里所述的相似倍数及在模型流动类似点处所取的同一些量来表示，得：

$$\frac{C_\rho C_v^2}{C_l} \rho_M \left[\frac{\partial}{\partial x_M}(\bar{v}_{xM} \cdot \bar{v}_{xM}) + \frac{\partial}{\partial y_M}(\bar{v}_{xM} \cdot \bar{v}_{yM}) + \frac{\partial}{\partial z_M}(\bar{v}_{xM} \cdot \bar{v}_{zM}) \right]$$

$$= C_\rho \cdot C_g \cdot \rho_M \bar{X}_M - \frac{C_\rho}{C_l} \frac{\partial \bar{P}_M}{\partial x_M} + \frac{C_\mu C_{\bar{v}}}{C_v^2} \mu_M \nabla^2 \bar{v}_{xM} - \frac{C_\rho C_{xx}}{C_l} \left[\frac{\partial}{\partial x_M}(\rho_M \overline{v'_{xM} v'_{xM}}) \right] -$$

$$\frac{C_\rho C_{xy}}{C_l} \left[\frac{\partial}{\partial y_M}(\rho_M \overline{v'_{xM} v'_{yM}}) \right] - \frac{C_\rho C_{xz}}{C_l} \left[\frac{\partial}{\partial z_M}(\rho_M \overline{v'_{xM} v'_{zM}}) \right] \tag{2-2-32}$$

将这方程式的每一项除以方程（2-2-29）的同名项，并实现流动的力学相似的第二条件，则得：

$$\frac{C_\rho C_{\bar{v}}^2}{C_l} = C_\rho C_g = \frac{C_{\bar{P}}}{C_l} = \frac{C_\mu C_{\bar{v}}}{C_l^2} = \frac{C_\rho C_{xx}}{C_l} = \frac{C_\rho C_{yy}}{C_l} = \frac{C_\rho C_{zz}}{C_l}$$

$$= \frac{C_\rho C_{xy}}{C_l} = \frac{C_\rho C_{xz}}{C_l} = \frac{C_\rho C_{yz}}{C_l} = \cdots \tag{2-2-33}$$

由此将有：

$$\frac{C_{\bar{v}}^2}{C_g C_l} = 1, \quad \frac{C_{\bar{P}}}{C_\rho C_{\bar{v}}^2} = 1, \quad \frac{C_{\bar{v}} C_l}{C_\gamma} = 1$$

$$\frac{C_{xx}}{C_{\bar{v}}^2} = 1, \quad \frac{C_{yy}}{C_{\bar{v}}^2} = 1, \quad \frac{C_{zz}}{C_{\bar{v}}^2} = 1$$

$$\frac{C_{xy}}{C_{\bar{v}}^2} = 1, \quad \frac{C_{yz}}{C_{\bar{v}}^2} = 1, \quad \frac{C_{xz}}{C_{\bar{v}}^2} = 1 \tag{2-2-34}$$

揭开此处所包含参数的值，得：

$$\frac{\bar{v}_H^2}{g_H l_H} = \frac{\bar{v}_M^2}{g_M l_M} = Fr, \quad \frac{\bar{P}}{\rho v^2} = Eu$$

$$\frac{\bar{v} l}{\gamma} = Re, \quad \frac{\overline{v'_{iH} v'_{jH}}}{\bar{v}_H^2} = \frac{\overline{v'_{iM} v'_{jM}}}{\bar{v}_M^2} = N_{ji} \tag{2-2-35}$$

此处的 6 个 N_{ji} 量称为紊流数。N_{ji} 包括 N_{xx}、N_{yy}、N_{zz}、N_{xy}、N_{yz}、N_{zx} 六个紊流数。

因此得出下列结论：如果在流动的类似点处，Fr、Eu、Re 及 N_{ji} 值相等，则模型与真实流动的几何相似，时均紊流也将是力学相似的。反之也真。

在导出方程式（2-2-35）时，我们需假定模型与真实流动中的运动是脉动稳定的。因此线时数在所考虑的情况并不进入相似准数的项目中。

如果流体运动遵从雷诺方程，则此处所述的相似准数，只须对任一对类似点作出即可。

同时还须指出：在所研究的情况下，实际决定相似准数比前一种流动困难得多。主要困难在决定紊流准数。在一般情况下，必须能作出 6 个紊流数。而且不可能用流动边界上的给定速度来直接表示速度脉动增量的时均乘积。因此。为了决定这些数就必须给出特殊条件，或者依据真实速度场的适当测量来找到它们。在一些特殊情况中，为了决定上述这些数只须给出某些流动截面上的时均速度场即可。

C　气流进入黏性液体后产生两相流动的受力运动方程式

气流进入黏性液体后产生的两相流动，是一个比上述两种流动情况都复杂得多的流体运动。它是可压缩性气体作用在不可压缩性液体上而产生的两相紊流运动。应当说气流进入熔池后，各个截面上（包括气体流股和熔池截面）的气体密度和速度以及液体速度都是不同的。从这个意义上来看，气流本身进入熔池后的运动是一种非恒稳的湍射流运动。但对一定截面上一定点来说，则可以认为经过该处的流体质点的时均脉动速度、密度和压力为常值，它随时间变化很小，也就是说可以对通过给定点的真实流动的任意流体质点的运动用时均紊流运动方程式来表述。

可以假定：作用于湍射流上的力有外质重力、法向力和切向力，具体的说有气体重力、流场内气体剩余压力、液体黏性力、液体作用在气体气股上的静压力、表面张力以及附加紊流正应力和附加紊流切应力。而这些合力应与引起流体质点流经该点的就地惯性力和变位惯性力相等。

因此可写出流股运动任一点上的力学平衡方程式：

$$F_L + F_C = F_g - F_P + F_\mu + F_{P'} + F_\sigma \tag{2-2-36}$$

或用微分方程描述于下：

$$\rho_{气}\left[\frac{\partial v_x}{\partial t} + \frac{\partial}{\partial x}(v_x v_x) + \frac{\partial}{\partial y}(v_x v_y) + \frac{\partial}{\partial z}(v_x v_z) - v_x\left(\frac{\partial v_x}{\partial x} + \frac{\partial v_y}{\partial y} + \frac{\partial v_z}{\partial z}\right)\right]$$

$$= \rho_{气} X - \frac{\partial \rho_g}{\partial x} + \mu \nabla^2 v_x + A\rho_{液} X + \frac{k\sigma}{r^2} \tag{2-2-37}$$

假定在定点处气体为不可压缩的，则：

$$\frac{\partial v_x}{\partial x} + \frac{\partial v_y}{\partial y} + \frac{\partial v_z}{\partial z} = 0$$

$$\rho_{气}\left[\frac{\partial v_x}{\partial t} + \frac{\partial}{\partial x}(v_x v_x) + \frac{\partial}{\partial y}(v_x v_y) + \frac{\partial}{\partial z}(v_x v_z)\right]$$

$$= (A\rho_{液} - \rho_{气})X - \frac{\partial P_G}{\partial x} + \mu \nabla^2 v_x + \frac{k\sigma}{r^2} \tag{2-2-38}$$

对气泡和气体流股实际为浮力，为 $\rho_{液}g\mathrm{d}v$。单位气体体积所承受的界面张力与 $\sigma_{液}$ 值成正比，与流股（或气泡）半径 r 成反比，即 $F \propto \dfrac{\sigma}{r^2}$。它表明 r 越小，单位体积的表面积越大，则需克服的表面张力愈大。

液体作用在单位体积的气体流股上的压力为 $\dfrac{\pi dl\left(P_0 + \rho_{液}g\dfrac{7}{9}h\right)}{\dfrac{\pi}{4}d^2 l} = \dfrac{4P_0}{d} + \dfrac{4\rho_{液}g\dfrac{7}{9}h}{d}$

（P_0，atm，h——熔池深度，l——流股高度，d——流股直径），$\dfrac{4P_0}{d}$ 可合并到 $\dfrac{\partial P}{\partial x}$ 项内，并命 $A = \dfrac{28h}{9d} \approx \dfrac{3h}{d} \approx k\dfrac{h}{d}$。

现将方程式（2-2-38）中的各项进行时期 T_0 内的时均化的运算，就得到：

$$\rho_{气}\frac{1}{T_0}\int_0^{T_0}\frac{\partial v_x}{\partial t}\mathrm{d}t + \rho_{气}\frac{1}{T_0}\int_0^{T_0}\left[\frac{\partial}{\partial x}(v_x v_x) + \frac{\partial}{\partial y}(v_x v_y) + \frac{\partial}{\partial z}(v_x v_z)\right]\mathrm{d}t$$

$$= (A\rho_{液} + \rho_{气})\frac{1}{T_0}\int_0^{T_0}X\mathrm{d}t - \frac{1}{T_0}\int_0^{T_0}\frac{\partial P}{\partial x}\mathrm{d}t + \frac{1}{T_0}\int_0^{T_0}\mu\,\nabla^2 v_x\mathrm{d}t + \frac{1}{T_0}\int_0^{T_0}\frac{k\sigma}{r^2}\mathrm{d}t \qquad (2\text{-}2\text{-}39)$$

因为在不可压缩气流中（或就一定点而言）：

$$\frac{1}{T_0}\int_0^{T_0}\frac{\partial P}{\partial x}\mathrm{d}t = \frac{1}{T_0}\frac{\partial}{\partial x}\int_0^{T_0}P\mathrm{d}t = \frac{1}{T_0}\frac{\partial}{\partial x}\int_0^{T_0}(\overline{P} + P')\mathrm{d}t$$

$$= \frac{1}{T_0}\frac{\partial \overline{P}}{\partial x} \qquad \left(\int_0^{T_0}P'\mathrm{d}t = 0，恒紊脉动\right)$$

$$\frac{1}{T_0}\int_0^{T_0}\mu\,\nabla^2 v_x = \frac{\mu}{T_0}\nabla^2\int_0^{T_0}v_x\mathrm{d}t = \frac{\mu}{T_0}\nabla^2\int_0^{T_0}(\overline{v_x} + v_x')\mathrm{d}t$$

$$= \mu\,\nabla^2\overline{v_x} \qquad \left(恒稳脉动流中\int_0^{T_0}v_x'\mathrm{d}t = 0\right)$$

$$\frac{1}{T_0}\int_0^{T_0}\frac{k\sigma}{r^2}\mathrm{d}t = \frac{k\sigma}{\overline{r^2}}$$

$$\frac{1}{T_0}\int_0^{T_0}(A\rho_{液} + \rho_{气})z\mathrm{d}t = (A\rho_{液} + \rho_{气})\overline{z}$$

则方程式（2-2-39）的右边就等于：

$$-\frac{1}{T_0}\int_0^{T_0}(A\rho_{液} + \rho_{气})z\mathrm{d}t - \frac{1}{T_0}\nabla^2\int_0^{T_0}\frac{\partial P}{\partial x}\mathrm{d}t + \frac{1}{T_0}\int_0^{T_0}\mu\,\nabla^2 v_x\mathrm{d}t + \frac{1}{T_0}\int_0^{T_0}\frac{k\sigma}{r^2}\mathrm{d}t$$

$$= + (A\rho_{液} + \rho_{气})\overline{z} - \frac{\partial \overline{P}}{\partial x} + \mu\,\nabla^2\overline{v_x} + \frac{k\sigma}{\overline{r^2}} \qquad (2\text{-}2\text{-}40)$$

按下列方法可求得方程式（2-2-39）左边的积分，显然：

$$\rho_{气}\frac{1}{T_0}\int_0^{T_0}\left[\frac{\partial}{\partial x}(v_x v_x) + \frac{\partial}{\partial y}(v_x v_y) + \frac{\partial}{\partial z}(v_x v_z)\right]\mathrm{d}t$$

$$= \rho_{气}\frac{\partial}{\partial x}\frac{1}{T_0}\int(v_x v_x)\mathrm{d}t + \rho_{气}\frac{\partial}{\partial x}\frac{1}{T_0}\int_0^{T_0}(v_x v_y)\mathrm{d}t + \rho_{气}\frac{\partial}{\partial x}\frac{1}{T_0}\int_0^{T_0}(v_x v_z)\mathrm{d}t \qquad (2\text{-}2\text{-}41)$$

其中　　　　　　　　　　$v_x = \bar{v}_x + v'_x,\ v_y = \bar{v}_y + v'_y,\ v_z = \bar{v}_z + v'_z$

式中，v'_x、v'_y、v'_z 为速度投影的脉动增量，把它们代入式（2-2-41）的第二积分中，得到：

$$\frac{1}{T_0}\int_0^{T_0}(v_x v_y)\mathrm{d}t = \frac{1}{T_0}\int_0^{T_0}(\bar{v}_x + v'_x)(\bar{v}_y + v'_y)\mathrm{d}t$$

$$= \frac{1}{T_0}\int_0^{T_0}\bar{v}_x\bar{v}_y\mathrm{d}t + \frac{1}{T_0}\int_0^{T_0}\bar{v}_x v'_y\mathrm{d}t + \frac{1}{T_0}\int_0^{T_0}v'_x\bar{v}_y\mathrm{d}t + \frac{1}{T_0}\int_0^{T_0}v'_x v'_y\mathrm{d}t \quad (2\text{-}2\text{-}42)$$

在我们所考虑的恒稳脉动运动的情况中，时均速度与时间无关。因此：

$$\frac{1}{T_0}\int_0^{T_0}\bar{v}_x\bar{v}_y\mathrm{d}t = \frac{\bar{v}_x\bar{v}_y}{T_0}\int_0^{T_0}\mathrm{d}t = \bar{v}_x\bar{v}_y$$

$$\frac{1}{T_0}\int_0^{T_0}\bar{v}_x v'_y\mathrm{d}t = \frac{\bar{v}_x}{T_0}\int_0^{T_0}v'_y\mathrm{d}t = 0$$

$$\frac{1}{T_0}\int_0^{T_0}\bar{v}_x\bar{v}_y\mathrm{d}t = \frac{\bar{v}_y}{T_0}\int_0^{T_0}v'_x\mathrm{d}t = 0 \quad\quad (2\text{-}2\text{-}43)$$

$$\frac{1}{T_0}\int_0^{T_0}v'_x v'_y\mathrm{d}t = \overline{v'_x v'_y}$$

再证：一个球的体积为 $\dfrac{\pi}{6}d^3$，故，$1\mathrm{m}^3$气体生成的气泡表面为 $\dfrac{6}{\pi d^3}\times \pi d^2 = \dfrac{6}{d} = \dfrac{3}{r}$，而

单位表面上所受的表面张力为 $\dfrac{6\sigma}{r^2}$，故单位体积所须克服的表面张力为 $\dfrac{6\sigma}{r^2}$。非球形则取

$F_\sigma = \dfrac{K\sigma}{r^2}$，或以流股半径计：$\dfrac{2\sigma}{r}\cdot 2\pi r\cdot l/\pi(r^2\cdot l) = \dfrac{4\sigma}{r^2}$。

这样就得到，积分 $\dfrac{1}{T_0}\displaystyle\int_0^{T_0}v_x v_y\mathrm{d}t$ 的下列结果：

$$\frac{1}{T_0}\int_0^{T_0}v_x v_y\mathrm{d}t = \bar{v}_x\cdot\bar{v}_y + \overline{v'_x v'_y}$$

同理可得：
$$\frac{1}{T_0}\int_0^{T_0}v_x v_x\mathrm{d}t = \bar{v}_x\cdot\bar{v}_x + \overline{v'_x v'_x} \quad\quad (2\text{-}2\text{-}44)$$

$$\frac{1}{T_0}\int_0^{T_0}v_x v_z\mathrm{d}t = \bar{v}_x\cdot\bar{v}_z + \overline{v'_x v'_z}$$

至于方程式（2-2-39）左边第一个积分，则不难证明在恒稳流中它等于 0，实际上：

$$\frac{1}{T_0}\int_0^{T_0}\frac{\partial v_x}{\partial t}\mathrm{d}t = \frac{1}{T_0}\int_0^{T_0}\frac{\partial(\bar{v}_x + v'_x)\mathrm{d}t}{\partial t} = \frac{1}{T_0}\int_0^{T_0}\frac{\partial\bar{v}_x}{\partial t}\mathrm{d}t + \frac{1}{T_0}\int_0^{T_0}\frac{\partial v'_x}{\partial t}\mathrm{d}t$$

但因在这情况中 $\dfrac{\partial\bar{v}_x}{\partial t} = 0$，而 $\displaystyle\int_0^{T_0}\frac{\partial v'_x}{\partial t}\mathrm{d}t = \frac{\partial}{\partial t}\int_0^{T_0}v'_x\mathrm{d}t = 0$，所以：

$$\frac{1}{T_0}\int_0^{T_0}\frac{\partial v_x}{\partial t}\mathrm{d}t = 0 \quad\quad (2\text{-}2\text{-}45)$$

现将由式（2-2-43）~式（2-2-45）求得的诸积分值代入式（2-2-41），得到方程式（2-2-39）的左边等于：

$$\rho_{气} \frac{1}{T_0} \int_0^{T_0} \frac{\partial v_x}{\partial t} \mathrm{d}t + \rho_{气} \frac{1}{T_0} \int_0^{T_0} \left[\frac{\partial}{\partial x}(v_x v_x) + \frac{\partial}{\partial y}(v_x v_y) + \frac{\partial}{\partial z}(v_x v_z) \right] \mathrm{d}t$$

$$= \rho_{气} \left[\frac{\partial}{\partial x}(\bar{v}_x \bar{v}_x) + \frac{\partial}{\partial y}(\bar{v}_y \bar{v}_x) + \frac{\partial}{\partial z}(\bar{v}_z \bar{v}_x) \right] + \rho_{气} \left[\frac{\partial}{\partial x}(\overline{v_x' v_x'}) + \right.$$

$$\left. \frac{\partial}{\partial y}(\overline{v_x' v_y'}) + \frac{\partial}{\partial z}(\overline{v_x' v_z'}) \right] \tag{2-2-46}$$

于是得到方程式（2-2-38）中 ox 投影形的时均化方程式：

$$\rho_{气} \left[\frac{\partial}{\partial x}(\bar{v}_x \bar{v}_x) + \frac{\partial}{\partial y}(\bar{v}_x \bar{v}_y) + \frac{\partial}{\partial z}(\bar{v}_x \bar{v}_z) \right]$$

$$= + (A\rho_{液} + \rho_{气})\bar{Z} - \frac{\partial \bar{P}}{\partial x} + \mu \nabla^2 \bar{v}_x + \frac{k\sigma}{\bar{r}^2} -$$

$$\rho_{气} \left[\frac{\partial}{\partial x}(\overline{v_x' v_x'}) + \frac{\partial}{\partial y}(\overline{v_x' v_y'}) + \frac{\partial}{\partial z}(\overline{v_x' v_z'}) \right] \cdots \tag{2-2-47}$$

按照流动的力学相似三条件和在第（2）项中求紊流时均运动相似准数的方法，可得气流进入熔池运动的真实流动与模型流动的相似倍数关系式：

$$\frac{C_{\rho_{气}} C_{\bar{v}}^2}{C_l} = (C_{\rho_{液}} + C_{\rho_{气}})C_g = \frac{C_{\bar{P}}}{C_l} = \frac{C_\mu C_{\bar{v}}}{C_l^2} = \frac{C_\sigma}{C_l^2} = \frac{C_{\rho_{气}} C_{xx}}{C_l}$$

$$= \frac{C_{\rho_{气}} C_{yy}}{C_l} = \frac{C_{\rho_{气}} C_{zz}}{C_l} = \frac{C_{\rho_{气}} C_{xy}}{C_l} = \frac{C_{\rho_{气}} C_{xz}}{C_l} = \frac{C_{\rho_{气}} C_{zy}}{C_l} \tag{2-2-48}$$

由此可得：

$$\frac{C_{\rho_{气}} C_{\bar{v}}^2}{(C_{\rho_{液}} + C_{\rho_{气}})C_g C_l} = 1, \quad \frac{C_{\bar{P}}}{C_\rho C_{\bar{v}}^2} = 1, \quad \frac{C_{\bar{v}} C_l}{C_\gamma} = 1$$

$$\frac{C_{\rho_{气}} C_{\bar{v}}^2 C_l}{C_\sigma} = 1, \quad \frac{C_{xx}}{C_{\bar{v}}^2} = 1, \quad \frac{C_{yy}}{C_{\bar{v}}^2} = 1, \quad \frac{C_{zz}}{C_{\bar{v}}^2} = 1$$

$$\frac{C_{xy}}{C_{\bar{v}}^2} = 1, \quad \frac{C_{yz}}{C_{\bar{v}}^2} = 1, \quad \frac{C_{zx}}{C_{\bar{v}}^2} = 1, \quad \frac{C_{\rho_{液}} C_g C_l^2}{C_\sigma} = 1$$

$$C_\mu^2 / (C_\sigma C_\rho C_l) = 1, \quad \frac{C_\rho C_\sigma^3}{C_\mu^4 C_g} = 1 \tag{2-2-49}$$

揭开此处所得相似倍数关系式之值，得：

$$\frac{\rho_{气H}}{\rho_{液H} + \rho_{气H}} \frac{C_{气H}^2}{g_H d_H} = \frac{\rho_{气M}}{\rho_{液M} + \rho_{气M}} \frac{C_{气M}^2}{g_M d_M} = \overline{Fr'}$$

（弗鲁德修正准数，它表示惯性力和浮力之间的关系（注：$C \equiv v$）） $\qquad$ (2-2-49a)

$$\frac{\bar{P}}{\rho \bar{v}^2} = \overline{Eu} \qquad （欧拉数，它表示惯性力和压力之间的关系） \tag{2-2-49b}$$

$$\frac{\bar{v} l}{\gamma} = \overline{Re} \qquad （雷诺数，它表示惯性力和摩擦力之间的关系） \tag{2-2-49c}$$

$$\frac{\rho_{气} \bar{v}_{气}^2 d}{\sigma_{液}} = \overline{Lap} \qquad （拉普拉斯数，又名破碎参数，它表示惯性力和表面张力的关系）$$

$$\tag{2-2-49d}$$

$$\frac{\overline{v_i' v_j'}}{\overline{v}^2} = N_{ji} \qquad （紊流数，它是表示紊流状态的准数）\qquad (2\text{-}2\text{-}49\text{e})$$

$$\frac{\rho_{液} g d^2}{\sigma_{液}} = We \qquad （韦伯数，又名泡沫化参数，它表示重力和表面张力的关系）$$

$$(2\text{-}2\text{-}49\text{f})$$

$$\frac{\mu_{液}^2}{\rho_{液} \sigma_{液} d} = M \qquad （M 准数，它是反映液体黏度和表面张力之比的状态准数）$$

$$(2\text{-}2\text{-}49\text{g})$$

$$\frac{\rho_{液} \sigma_{液}^3}{g \mu_{液}^4} = Z_{M} \qquad （Z_{M} 准数，又叫介质（液体或气体）性质准数，它是反映介质密度、$$

表面张力混入重力加速度、黏度之间存在一定关系的物理性质准数）$\qquad (2\text{-}2\text{-}49\text{h})$

注：上述诸准数，也可借助方程式（2-2-36）求得。

命

$$F_{L} = m \frac{\partial v}{\partial t}, \qquad F_{C} = mv \frac{\partial v}{\partial s}, \qquad F_{g} = \rho_{气} g l^3, \qquad F_{P'}^* = \rho_{液} g l^3$$

$$F_{P} = P l^2, \qquad F_{\mu} = \mu \frac{\mathrm{d}v}{\mathrm{d}l} l^2, \qquad F_{\sigma} = \frac{\sigma}{\gamma} A = \sigma l$$

设 C 为相似倍数，并用下标表示各物理量，则：

$$\frac{F_{PH}}{F_{PM}} = \frac{P_{H} l_{H}^2}{P_{M} l_{M}^2} = C_P C_l^2$$

$$\frac{F_{\sigma H}}{F_{\sigma M}} = \frac{\sigma_{H} l_{H}}{\sigma_{M} l_{M}} = C_\sigma C_l$$

$$\frac{F_{\mu H}}{F_{\mu M}} = \frac{\mu_{H} \dfrac{\mathrm{d}v_{H}}{\mathrm{d}l_{H}} l_{H}^2}{\mu_{M} \dfrac{\mathrm{d}v_{M}}{\mathrm{d}l_{M}} l_{M}^2} = C_\mu C_v C_l$$

$$\frac{F_{AH}}{F_{AM}} = \frac{(\rho_{液 H} + \rho_{气 H}) g_{H} l_{H}^3}{(\rho_{液 M} + \rho_{气 M}) g_{M} l_{M}^3} = (C_{\rho 液} + C_{\rho 气}) C_g C_l^3$$

$$\frac{F_{LH}}{F_{LM}} = \frac{\rho_{H} l_{H}^3 \dfrac{\partial v_{H}}{\partial T_{H}}}{\rho_{M} l_{M}^3 \dfrac{\partial v_{M}}{\partial T_{M}}} = C_\rho C_l^3 C_v C_t^{-1}$$

$$\frac{F_{CH}}{F_{CM}} = \frac{\rho_{H} l_{H}^3 v_{H} \dfrac{\partial v_{H}}{\partial l_{H}}}{\rho_{M} l_{M}^3 v_{M} \dfrac{\partial v_{M}}{\partial l_{M}}} = C_\rho C_l^2 C_v^2$$

代入式（2-2-36）得：

$$C_\rho C_v^3 C_v C_t^{-1} F_{ML} + C_\rho C_l^2 C_v^2 F_{MC}$$

$$= + (C_{\rho液} + C_{\rho气}) C_g C_l^3 F_{MA} - C_P C_l^2 F_{MP} + C_\mu C_v C_l F_{M\mu} + C_\sigma C_l F_{M\sigma} \tag{2-2-50}$$

根据两个流场力学相似的条件：

$$C_\rho C_l^2 C_v C_t^{-1} = C_\rho C_l^2 C_v^2 = (C_{\rho液} - C_{\rho气}) C_g C_l^3 = C_P C_l^2 = C_\mu C_v C_l = C_\sigma C_l$$

以 F_C 前的系数 $C_\rho C_l^2 C_v^2$ 除之得：

$$\frac{(C_{\rho液} + C_{\rho气}) C_g C_l}{C_{\rho气} C_v^2} = 1, \quad 即 \frac{(C_{\rho液} + C_{\rho气}) gd}{\rho_气 v^2} = \frac{1}{Fr'} \tag{2-2-50a}$$

$$\frac{C_P}{C_\rho C_v^2} = 1, \quad 即 \frac{P}{\rho v^2} = Eu \tag{2-2-50b}$$

$$\frac{C_\mu}{C_\rho C_l C_v} = 1, \quad 即 \frac{\mu}{\rho l v} = \frac{1}{Re} \tag{2-2-50c}$$

$$\frac{C_\sigma}{C_\rho C_v^2 C_l} = 1, \quad 即 \frac{\sigma}{\rho v^2 d} = \frac{1}{Lap} \tag{2-2-50d}$$

我们知道，声速 $c = \sqrt{\dfrac{\mathrm{d}p}{\mathrm{d}\rho}}$ 或 $c^2 = \dfrac{\mathrm{d}p}{\mathrm{d}\rho}$，如果两个流动场相似，则 $C_c^2 = \dfrac{C_P}{C_\rho}$，而 $\dfrac{C_P}{C_\rho C_v^2} = 1$，

所以：

$$\frac{C_v}{C_c} = 1, \quad 即 \frac{v_H}{c_H} = \frac{v_M}{c_M} = Ma（马赫数） \tag{2-2-50e}$$

2.2.5.2 用两种力的对比导出相似准数

对于流动场起作用的性质不同的力，可以是流体的总压力 P、重力 G、黏性力 T，以及对流体的流动产生决定性影响的合力 f（即流动质点惯性力）等。用对现象起主导作用的力和合力进行对比，就可能得到相应的动力相似准数。

（1）在黏性流体运动中，流体的黏性力是对运动起作用的力。由惯性力和黏性力的比，可获得雷诺数。按牛顿运动定律，惯性力可表示为：

$$f = ma = \rho l^3 \frac{v}{\dfrac{l}{v}} = \rho l^2 v^2$$

黏性力为：

$$T = \mu F \frac{v}{l} = \mu l v$$

两个力对比，则得：

$$\frac{f}{T} = \frac{\rho l^2 v^2}{\mu l v} = \frac{\rho l v}{\mu} = Re \tag{2-2-51a}$$

（2）如果上述两个相似的黏性流体流动是受迫的，则需考虑作用于流体的压力 $P = \Delta p l^2$ 与惯性力之比，从而可获得欧拉数：

$$\frac{P}{f} = \frac{\Delta p l^2}{\rho l^2 v^2} = \frac{\Delta p}{\rho v^2} = Eu \tag{2-2-51b}$$

（3）如果说流体属自由流动，对流动起决定性作用的力为流体的重力，由重力 $G = \rho g l^3$ 与惯性力之比可获得弗鲁德数：

$$\frac{G}{f} = \frac{\rho g l^3}{\rho l^2 v^2} = \frac{gl}{v^2} = \frac{1}{Fr} \tag{2-2-51c}$$

（4）如果液体被气体击碎，则流股中液滴的最小尺寸应由两种作用力的对比状况来确定，即流股的惯性力（动压头）作用和阻碍流体破碎的表面张力作用之比，可获得拉普拉斯数：

$$Lap = \frac{\rho_{气} v_{气}^2 d_{\min}}{\sigma_{液}} \tag{2-2-51d}$$

（5）液体泡沫化后的稳定性，则取决于维持气泡存在的表面张力和破坏气泡的重力之比，可获得韦伯数：

$$We = \frac{\rho g l^3}{\frac{\sigma}{r} l^2} = \frac{\rho g l^3}{\sigma} \tag{2-2-51e}$$

（6）ε_a' 准数为外射气流的出口滞止压强与外界压强之比，称为压强比，它是反映气体射流流谱性质和状态的射流流谱准数：

$$\varepsilon_a' = \frac{P_a}{P_{o*}} \tag{2-2-51f}$$

2.2.5.3　相似准数进行合理组合后，派生出新的相似准数

（1）例如：研究流体受热或冷却时，因各部分密度不同而引起的流动，不用量出速度 v，这时可将 Fr 与 Re 组合，而派生出伽利略（Galileo）数 Ga：

$$Fr \cdot Re^2 = \frac{gl}{v^2}\left(\frac{vl}{\gamma}\right)^2 = \frac{gl^3}{\gamma^2} = Ga \tag{2-2-52a}$$

（2）阿基米德（Archimedes）数 Ar。用浮力与重力的合力产生的加速度 $\frac{\rho_1 - \rho_2}{\rho_2} g$ 代替 Ga 中的重力加速度 g，就得到：

$$Ar = Ga \frac{\rho_1 - \rho_2}{\rho_2} g = \frac{gl^3}{\gamma^2} \cdot \frac{\rho_1 - \rho_2}{\rho_2} \tag{2-2-52b}$$

式中，ρ_1 和 ρ_2 各为冷热气体在 $t_1(℃)$ 和 $t_2(℃)$ 时的密度。

（3）格拉晓夫（Grashof）数 Gr。令 β 为 $t_1(℃)$ 与 $t_2(℃)$ 之间气体的体积膨胀系数，则：

$$\rho_1 = \rho_2(1 + \beta \Delta t) \quad \text{或} \quad \frac{\rho_1 - \rho_2}{\rho_2} = \beta \Delta t \tag{2-2-52c}$$

把这一数值代入 Ar，就得到：

$$Gr = \frac{gl^3}{\gamma^2} \beta \Delta t \tag{2-2-52d}$$

（4）M 准数。它是反映液体黏度和表面张力之比的状态准数，可以通过力的对比和组合而得：

$$M = \left(\frac{F_\mu}{F_\sigma}\right)^2 \frac{F_\sigma}{F_a} = \left(\frac{\mu l v}{\sigma l}\right)^2 \frac{\sigma l}{\rho l^2 v^2} = \frac{\mu_{液}^2}{\rho_{液} \sigma_{液} l} \tag{2-2-52e}$$

（5）Z_M 准数。它是反映介质物理性质的准数，我们也可通过力的对比和组合而得：

$$Z_M = \frac{F_\sigma^3 F_a}{F_\mu^4 F_g} = \frac{(\sigma l)^3 (\rho l^2 v^2)^2}{(\mu l v)^4 + \rho g l^3} = \frac{\rho_{液} \sigma_{液}^3}{g \mu_{液}^4} \qquad (2\text{-}2\text{-}52f)$$

2.2.5.4　相似准数分析和决定性相似准数

由上面所述，两个单相流体的流场完全相似的必要和充分条件是：边界条件、起始条件相似，雷诺数 Re、弗鲁德数 Fr、斯脱鲁哈数（或线时数 Ho）、欧拉数 Eu、马赫数 Ma 及紊流数 N_{ji} 等为同量。两个气—液双相流体的流场完全相似的必要和充分条件是：边界条件、起始条件相似，$\overline{Re}$、$\overline{Fr'}$、Lap、Ho、Eu、M 准数以及 N_{ji} 准数同量。

必须指出，要同时满足这些准数是很难办到的。例如在布置大多数实用上的实验研究时，同时使 Re 和 Fr 相同现在还不可能做到。因此，要满足相似的所有条件便是不可能做到的。但在解决实际冶金过程或工程问题时，我们可以根据具体情况和实验所要完成的任务，抓住主要矛盾，而忽略掉一些次要因素，例如：

（1）流动是恒稳的，则 Ho 可以不为同量。

（2）理想流体（或黏性很小的流体）或流动时 Re 很大（表明惯性力比黏性力大很多，前者起主导作用，后者可以忽略不计），可以认为进入了黏性影响很小的自模区，则 Re 可以不为同量。

（3）如果流场中压强为常数（或自由流动），则 Eu 可忽略，实际上 Eu 总是能满足的。

（4）如果流场中，重力和其他力比较起来是个小量（例如 $\rho_{气} g$），则 Fr 可不考虑。

（5）如果流场的压缩性很小，或流速较低则 Ma 可不考虑。

（6）在研究射流穿透熔池的长度和进入熔池后的行为时，ε_a' 准数是一个不可忽视的因素。对底吹来说：ε_a' 大于或小于 0.2~0.25，意味着两种不同性质的流谱，当 $\varepsilon_a' > 0.25$ 时，气流尾部出现气泡后座现象，则一者击碎液体而作的表面功增大，二者传送给液体的惯性力的动量转换加快，即本身惯性力衰减速度增快，而 $\varepsilon_a' < 0.25 \sim 0.2$ 时，无气泡后座现象，气流成柱状锥形流，则其击碎液体而作的表面功相对地较小，传送给液体的惯性力的动量转换也就变慢，也即本身惯性力的衰减变慢，因而穿透长度增加。

（7）如果流动中，气相流动的动能很大（如 $v = 450\text{m/s}$），则由于破碎液体生成新的表面的能量将是很小的（例如，对于钢水来说，约为惯性力的 1%~3%）。Lap 可不考虑。至于用 We 作为确定底吹气流穿透长度的决定性的准数就更不合适了。

为什么在模拟底吹气流流股穿透熔长度的模拟试验中，Lap 可以不考虑？这一问题将在后面较详论述。

（8）在工业的转炉上，当氧气流股进入熔池后，由于受到周围介质（金属和气体）的热作用及发生放热反应，它会迅速升温，从而引起气体的膨胀及密度的降低。这现象 Γ. Π. 伊万佐夫曾在蒸汽吹水（低气压）的模拟试验中进行模拟，但实验结果仍与正常气压的情况一样。故此试验证实这种看法，影响各种气体与液体相互作用的决定性因素是流股的气体动力学的各个特征。

2.2.6　量纲分析法

量纲分析，又名因次分析，它的用途可以分两方面来讲：

（1）它是指导实验的一种有力工具，它能将影响物理现象的各种变量加以合理的组合成为无量纲积，由于无量纲积的数量小于原来变量的数量，因此用无量纲积的数量来替代原来变量，就可使问题得到简化。同时还能将这些无量纲积进行合理组合而求得一个含有待定系数的通式。这个待定系数就需通过实验来确定。这样就使我们可以有针对性地进行实验。

（2）量纲分析也是一种整理实验数据的手段。它可以帮助我们理解相似原理。

应当指出：实验知识是量纲分析的基础；必须先从实验知道一个变量是另外那些变量的函数。也就是说首先需将问题中有关的物量，变量 a_1，a_2，$\cdots$，a_n（如几何尺寸、密度、速度、加速度、压强、流量、黏度等）列出，这些变量的量纲均用基本量纲来表示，见表2-2-1，并把这些变量 a_i 表示为函数关系，即

$$f(a_1,\ a_2,\ \cdots,\ a_m) = 0 \tag{2-2-53}$$

或

$$a_1 = f_2(a_2,\ a_3,\ \cdots,\ a_m) \tag{2-2-54}$$

表 2-2-1　常用物理量的量纲

物理量	量纲	物理量	量纲
面积 A	L^2	压强 P	$ML^{-1}T^{-2}$
体积 V	L^3	应力 τ、σ	$ML^{-1}T^{-2}$
速度 u，v，c	LT^{-1}	力 F	MLT^{-2}
加速度 a	LT^{-2}	黏度 μ	$ML^{-1}T^{-1}$
转速 n	T^{-1}	运动黏度 γ	L^2T^{-1}
热量 Q_H、q_H	H^*	流量 Q	L^3T^{-1}
比热 c_P、c_V、C	$HM^{-1}\theta^{-1}$	杨氏弹性模量 E	$ML^{-1}T^{-2}$
密度 ρ	ML^{-3}	体积弹性模量 K	$ML^{-1}T^{-2}$
能量 E	ML^2T^{-2}	切变弹性模量 G	$ML^{-1}T^{-2}$
气体常数 R	$L^2\theta^{-1}T^{-2}$	惯性矩 J	L^4

表2-2-1中，L为长度，T为时间，M为质量，θ为温度，H为热量，此为流体力学范围内5个基本量纲。

必须指出，热量是能量的一种，可以用能量的量纲 $[ML^2T^{-2}]$ 来表示，但把热量独立出来有不少方便之处。另外式（2-2-20）和式（2-2-21）中用变量 a 表示的关系式，也可用无量纲（量纲为1）积 π 来表示。

$$f_1(\pi_1,\ \pi_2,\ \pi_1,\ \cdots) = 0 \tag{2-2-55}$$

或

$$\pi_1 = f_2(\pi_2,\ \pi_3,\ \cdots) \tag{2-2-56}$$

无量纲积的通式，表示为：

$$\pi = a_1^{k_1} a_2^{k_2} a_3^{k_3} \cdots a_m^{k_m} \tag{2-2-57}$$

式（2-2-57）中的 k 为代定值，因 π 是无量纲积，它的量纲为1。式（2-2-56）中的

π_1 为已定的独立的无量纲积。各独立的无量纲积之间的关系可表示为：

$$\pi_1 = A\pi_2^{k_2}\pi_3^{k_3}\cdots\pi_{m-n}^{k_{m-n}} \tag{2-2-58}$$

式（2-2-58）便是我们要求的方程式，式中 π_i 无量纲积（相当于相似准数）可由无量纲运算求得，系数 k 则是通过实验和对实验数据的处理求得。

下面我们只阐述无量纲积 π 的求解方法。设式（2-2-53）中有 m 个变量 $a_1a_2a_3\cdots a_m$，如果用 n 个基本量纲（注 $n<m$）$D_1D_2\cdots D_n$（例如 M、L、T 等）来表示，则每个变量的量纲式为：

$$\begin{cases} [a_1] = D_1^{b_{11}}D_2^{b_{21}}D_3^{b_{31}}\cdots D_n^{b_{n1}} \\ [a_2] = D_1^{b_{12}}D_2^{b_{22}}D_3^{b_{32}}\cdots D_n^{b_{n2}} \\ \qquad\qquad\vdots \\ [a_m] = D_1^{b_{1m}}D_2^{b_{2m}}D_3^{b_{3m}}\cdots D_n^{b_{nm}} \end{cases} \tag{2-2-59}$$

式（2-2-59）中的指数 b 是已知的，例如变量 a_1 为压强时 $[P] = M^1L^{-1}T^{-2}$，$b_{11} = 1$，$b_{21} = -1$，$b_{31} = -2$；变量 a_2 为速度时，$[v] = L^1T^{-1}$，则 $b_{12} = 0$，$b_{22} = 1$，$b_{23} = -1$，$\cdots$。

把式（2-2-59）代入式（2-2-57），因 π 为无量纲积，它的量纲为 0，故得：

$$\begin{aligned} &D_1^0 D_2^0 D_3^0 \cdots D_n^0 \\ &= (D_1^{b_{11}}D_2^{b_{21}}\cdots D_n^{b_{n1}})^{k_1}(D_1^{b_{12}}D_2^{b_{22}}\cdots D_n^{b_{n2}})^{k_2}\cdots(D_1^{b_{1m}}D_2^{b_{2m}}\cdots D_n^{b_{nm}})^{k_m} \\ &= D_1^{(b_{11}k_1+b_{12}k_2+\cdots+b_{1m}k_m)}D_2^{(b_{21}k_1+b_{22}k_2+\cdots+b_{2m}k_m)}\cdots D_n^{(b_{n1}k_1+b_{n2}k_2+\cdots+b_{nm}k_m)} \end{aligned} \tag{2-2-60}$$

等式两边相同量纲的指数相等，由此可得：

$$\left.\begin{aligned} b_{11}k_1 + b_{12}k_2 + \cdots + b_{1m}k_m = 0 \\ b_{21}k_1 + b_{22}k_2 + \cdots + b_{2m}k_m = 0 \\ \vdots \\ b_{n1}k_1 + b_{n2}k_2 + \cdots + b_{nm}k_m = 0 \end{aligned}\right\} \tag{2-2-61}$$

式（2-2-61）是一个齐次线性方程组，有 m 个待定值 $k_1k_2\cdots k_m$，但却只有 n 个方程，由于 $m>n$，我们只能任意假定 $m-n$ 个 k 值，然后从 n 个方程中求出其余 n 个 k 值。这样就使满足上列线性方程组的 k 值有无穷数，也就是 m 个变量可以组成无穷多个无量纲积 π。但它们并不都是独立的。显然我们所要解的方程式（2-2-55）和式（2-2-56）中是不应该包括可用非独立性的无量纲积来表示 π。因此，问题归结为 m 个变量可以组成几个独立的无量纲积，即由线性方程组能获得几个线性无关非零解。根据线性代数知，方程组的系数矩阵为：

$$\begin{vmatrix} b_{11} & b_{12} & \cdots & b_{1m} \\ b_{21} & b_{22} & \cdots & b_{2m} \\ \vdots & \vdots & & \vdots \\ b_{n1} & b_{n2} & \cdots & b_{nm} \end{vmatrix} \tag{2-2-62}$$

如果这个矩阵的秩（rank）为 r，则 m 个变数的方程组的线性相关零解为 $m-r$ 个，所谓矩阵的秩，即为矩阵中不等于 0 的子行列式的最高阶数。

实际上不必列出线性方程组即可写出系数矩阵的行和列，采用表 2-2-2 的形式来计算是很简便的。

表 2-2-2　系数矩阵

基本量纲	变量 a_i 的量纲系数				
	a_1	a_2	a_3	$\cdots$	a_m
D_1	b_{11}	b_{12}	b_{13}		b_{1m}
D_2	b_{21}	b_{22}	b_{23}		b_{2m}
$\vdots$	$\vdots$	$\vdots$	$\vdots$		$\vdots$
D_n	b_{n1}	b_{n2}	b_{n3}		b_{nm}

即 $|B|$ 中有 r 个列线性无关（其 r 及子式不等于 0），即变量组 a_1，a_2，$\cdots$，a_m 中（或 ΔP、μ、$\cdots$）有 r 个独立的因次，$m-r$ 个非独立的因次，则无因次量的数目为 $m-r$。

独立的无量纲积 π 的组成可选定 r 个 a 变量，它们的任何组合都不能形成无量纲数，然后在 $m-r$ 个变量中依次各取一个与它们组成 $m-r$ 个无量纲积 π。

例如，已知流体在水平直管中流动时，影响压力降 ΔP 的因素为流体的黏度 μ、密度 ρ、流速 v 以及管道长度 l、直径 D 和管壁粗糙度 R，求 ΔP 与各变量之间合理的组合关系。

解：

$$f_1(\Delta P,\ \mu,\ \rho,\ v,\ D,\ L,\ R) = 0 \tag{2-2-63}$$

各物理量的量纲为 $[\Delta P] = \mathrm{ML^{-1}T^{-2}}$，$[\mu] = \mathrm{ML^{-1}T^{-1}}$，$[\rho] = \mathrm{ML^{-3}}$，$[v] = \mathrm{LT^{-1}}$，$[D] = \mathrm{L}$，$[L] = \mathrm{L}$，$[R] = \mathrm{L}$，它们中的基本量纲的因次如表 2-2-3 所示。

表 2-2-3　各物理量基本量纲的因次

基本纲量	ΔP	μ	ρ	v	D	L	R
M	1	1	1	0	0	0	0
L	-1	-1	-3	1	1	1	1
T	2	-1	0	-1	0	0	0

系数矩阵的秩为 $r=3$，独立无量纲积 $m-r=7-3=4$，选取 D、ρ、v 为不能组的变量，则：

$$\pi_1 = D^{k_1}\rho^{k_2}v^{k_3}L$$

$$\mathrm{M} \qquad 0 + k_2 + 0 + 0 = 0$$

$$\mathrm{L} \qquad k_1 - 3k_2 + k_3 + 1 = 0$$

$$\mathrm{T} \qquad 0 + 0 - k_3 + 0 = 0$$

解方程式得

$$k_1 = -1,\ k_2 = 0,\ k_3 = 0,\ \text{所以}\ \pi_1 = \frac{D}{L}$$

同理

$$\pi_2 = \frac{D}{R}$$

又

$$\pi_3 = D^{k_1}\rho^{k_2}v^{k_3}P$$

$$\mathrm{M} \qquad 0 + k_2 + 0 + 1 = 0$$

$$\text{L} \qquad k_1 - 3k_2 + k_3 - 1 = 0$$
$$\text{T} \qquad 0 + 0 - k_3 - 2 = 0$$

解方程式得

$$k_1 = 0, \ k_2 = -1, \ k_3 = -2, \ \text{所以} \ \pi_3 = \frac{P}{\rho v^2}$$

又

$$\pi_4 = D^{k_1} \rho^{k_2} v^{k_3} \mu$$
$$\text{M} \qquad 0 + k_2 + 0 + 1 = 0$$
$$\text{L} \qquad k_1 - 3k_2 + k_3 - 1 = 0$$
$$\text{T} \qquad 0 + 0 - k_3 - 1 = 0$$

解方程式得

$$k_1 = -1, \ k_2 = -1, \ k_3 = -1, \ \text{所以} \ \pi_4 = \frac{\mu}{D\rho v}$$

由此得

$$f_1\left(\frac{L}{D}, \ \frac{R}{D}, \ \frac{\Delta P}{\rho v^2}, \ \frac{\mu}{\rho v D}\right) = 0$$

$$\frac{\Delta P}{\rho v^2} = f_2\left(\frac{L}{D}, \ \frac{R}{D}, \ \frac{1}{Re}\right)$$

则

$$\frac{\Delta P}{\rho v^2} = k\left(\frac{R}{D}\right)^a \left(\frac{L}{D}\right)^b Re^{-c}$$

$$\Delta P = 2k\left(\frac{R}{D}\right)^a Re^{-c} \left(\frac{L}{D}\right)^b \frac{v^2}{2g} r$$

实验知道 $b = 1$，倘令 $A = 2k\left(\dfrac{R}{D}\right)^a$，则上式可化简为：

$$\Delta P = A Re^{-c} \frac{v^2}{2g} r \qquad (2\text{-}2\text{-}64)$$

由此可见 A 是管壁相对粗糙度 $\left(\dfrac{R}{D}\right)$ 的函数。层流时，A 与管壁的相对粗糙度无关，并且从理论及实验知道 A 的值为 64。

值得注意的是：量纲分析一开始就要根据实验知识知道一些变量是哪些其他变量的函数；如果实验知识不充分，独立变量不齐全，例如上例中忽略了管壁粗糙度对于 ΔP 的影响，则在量纲分析的结果中便不会有相对粗糙度存在。而相似原理则是根据对现象的分析，从微分方程式找出相似准数。但无论是由相似原理或因次分析得到的准数方程式，最后都要通过实验方法测定必要的实验常数。量纲分析本身比较简单，而便于理解，它自然地给出了各个准数，可惜，这样得到的准数说不出其物理意义。在应用准数方程式时无论其来自相似原理或因次分析，都必须记住它们只适用于用实验方法得到该准数方程式的现象相似的各个现象中。因此，在应用准数方程式时，相似的概念是必不可少的。

2.2.7　相似准数在实验研究中的应用

2.2.7.1　在布置实验时，不能同时满足 Fr 和 Re

Fr 和 Re 这两个准数具有重大的实用价值。但要模型与真实流动中满足这两个准数，由上节可知应保证下列 4 个力的相似：传递力、体积力、压力和黏性力。在大多数实际问题中，在体积力方面作用在运动流体上的只有重力。如此，可令 $G_H = G_M = g$ ，因此：

$$\frac{v_H l_H}{\gamma_H} = \frac{v_M l_M}{\gamma_M} \quad 及 \quad \frac{v_H^2}{g l_H} = \frac{v_M^2}{g l_M}$$

$$v_M = v_H C_l \frac{\gamma_M}{\gamma_H} \quad 及 \quad v_M = v_H \sqrt{\frac{1}{C_l}}$$

则得同时满足 Re 相同及 Fr 相同的条件为：

$$C_l^{\frac{3}{2}} = \frac{\gamma_H}{\gamma_M}$$

因为通常 $C_l > 1$ ，则 $\dfrac{\gamma_H}{\gamma_M}$ 也应该大于 1 。这就是说为了实现 Re 和 Fr 同时相同，模型流体的 γ_M 应小于 γ_H ，而且 $\gamma_M \ll \gamma_H$（例如，当 $C_l = 6$ 时，则 $C_\gamma = 14.7$，则模拟钢水的介质的黏度应为 $7.14 \times 10^{-6}/14.7 = 0, 0.05 \times 10^{-5}$ s·m，$20℃$时为 1.0×10^{-5} s·m）。

若选取水为介质，则：$C_\gamma = 7.14 \times 10^{-6}/1.0 \times 10^{-5} = 7.14 \times 10^{-1}$；如 $C_l \neq 1$，要满足 $Re_H = Re_M$，则 $\dfrac{v_M}{v_H} = \dfrac{l_H}{l_M}$。而要满足 $(Fr)_H = (Fr)_M$ 时，则要求 $\dfrac{v_M}{v_H} = \sqrt{\dfrac{l_M}{l_H}}$，这显然是相互矛盾的。

2.2.7.2　Eu

对不可压缩流体在管道和水槽的运动问题中通常需要决定的是压力降而非压力本身。在这类问题中，运动的条件将是给定的，则 Eu 准数不可能在得到问题解前应用，因为压力降的值在这些流动边界上是欲求的函数。

2.2.7.3　什么准数是独立的和决定性的

（1）在不可压缩流体的流动中，线时数（Ho）和雷诺数（Re）是独立的相似准数。但当运动是恒稳的时，则 Ho 不再存在（因为就地惯性力在这种情况下不存在）。

（2）在时均紊流中紊流准数 N_{ji} 也是独立的相似准数。

（3）在不可压缩的非黏性流体的流动里，当运动边界条件系给定时，在一般情况下，独立的和决定性的相似准数是 Ho、Fr、Re 和 N_{ji}。Eu 则取决于这几个准数。因此，有

$$Eu = f(Ho, Fr, Re, N_{ji})$$

也就是说，满足上述各独立准数就一定使得满足压力降低场的相似。

还必须着重指出：只有当这些准数可以用起始和边界条件所给定的量来表示时，这些准数才是决定性的相似准数。在相反的情况中，每个决定性准数将变成非决定性准数或非独立准数。例 Lap 中的气泡或液滴直径是流动边界上欲求的函数，所以它不能成为决定性相似准数。

2.2.7.4 决定性准数的数目的确定

在实际问题中，通常决定性的准数的数目不超过两个，它们实际上是可以同时满足的。当然决定性的准数愈少，则进行研究及安排实验就愈容易。

而怎样能选取一个（最多两个）决定性准数来安排实验呢？这是因为在不同的实验问题中我们在前面流体运动的力学方程式中所描述的几种力具有不同的大小，甚至有不同的数量级。这样，我们就可以将影响小很多的力忽略掉，而只考虑作用或附加在运动流体上的主要的力，从而既使实验手段简化，又对研究的准确度及所得结果的可靠性来说不致有重大的误差。大多数近代的实验研究就是这样建立起来的。下面引入一些问题作为这点的说明。

（1）在剧烈的非恒稳流动中，黏性力和紊流力，相对于压力降落和惯性力是可以略去的。至于重力（外加质量力），则它们相对给出的力或者是小量，或者可以考虑在压力项之内。这样，运动方程式可简化为：

$$\frac{\partial v_x}{\partial t} + v_x \frac{\partial v_x}{\partial x} + v_y \frac{\partial v_x}{\partial y} + v_z \frac{\partial v_x}{\partial z} = -\frac{1}{\rho} \frac{\partial P}{\partial x} \qquad (2\text{-}2\text{-}65)$$

在这种情况下，欲求的准数为：

$$Ho = \frac{vt}{l} = 同量 \qquad Eu = \frac{\Delta P}{\rho v^2} = 同量$$

如在考虑的问题中，除给出起始和边界条件外，并给出借以得出时间和速度的相似倍数的那些条件，这时 $Eu = f(Ho)$。

于是可得出下述结论：两个不可压缩流体的剧烈不恒稳的几何相似流动，在给定了流动的起始条件和边界条件时，当其线时数相等时，则流动为力学相似。

（2）假定在我们研究的不可压缩流体恒稳流动中，作用在流体微团上的重力不能包含在压力项内，且其值和黏性力相比较是足够大的。这时黏性力及紊流切应力和重力及传递惯性力相比较可忽略不计。流动方程式可简化为：

$$v_x \frac{\partial v_x}{\partial x} + v_y \frac{\partial v_x}{\partial y} + v_z \frac{\partial v_x}{\partial z} = -g - \frac{1}{\rho} \frac{\partial P}{\partial x} \qquad (2\text{-}2\text{-}66)$$

在流动满足几何相似的情况下，得出下列欲求的准数：

$$Fr = \frac{v^2}{gl} = 同量 \qquad Eu = \frac{\Delta P}{\rho v^2} = 同量$$

假定给出了这类流动的运动边界条件，并给出借以定出速度的相似倍数的那些条件，则它的决定性相似准数为 Fr，并有：

$$Eu = f(Fr)$$

于是可得出下述结论：两个几何相似的不可压缩黏性流体的恒稳流动，当其作用在流体微团上的重力不可能包含在压力项内，且其值和黏性力及紊流切应力相比较是足够大时，则在给定运动边界条件下，且弗鲁德数相等时，该流动为力学相似。

物体半沉浸于小黏性的流体中，作等速移动时所形成的运动，可以作为这类流动的特性例子。这种物体移动在流体表面上时就引起了波。这时随淹深的压力是按不同于流体静力规律来分布的。因此，也就不能将重力包含在压力项内。这时，所述波的形成也是在仅有重力作用下确定的。因此在这类运动中黏性力可以忽略不计，重力则既不能略去，也不能合并。但这种物体移动时，即使在小黏性的流体中，它也将受到阻力（包括摩擦阻力、涡流阻力及波阻）。波阻力的产生是由于在任何给定的瞬间，流动在移动物体前部和后部上作用有不同大小的流体动力压力，且在前部的压力大于后部的。

（3）假定在不可压缩性流体的时均化恒稳流动中，体积力或者完全不存在，或者在分析时可以包括在压力项内。在此情况下，在运动的流体上作用有流体动压力、黏性力及紊流切应力。在建立运动方程式时尚应把传递惯性力加到 3 个力中去，则：

$$\bar{v}_x \frac{\partial \bar{v}_x}{\partial x} + \bar{v}_y \frac{\partial \bar{v}_x}{\partial y} + \bar{v}_z \frac{\partial \bar{v}_x}{\partial z}$$

$$= -\frac{1}{\rho} \frac{\partial \bar{P}}{\partial x} + \gamma \nabla^2 \bar{v}_x - \left[\frac{\partial}{\partial x}(\bar{v}_x \bar{v}_x) + \frac{\partial}{\partial y}(\bar{v}_x \bar{v}_y) + \frac{\partial}{\partial z}(\bar{v}_x \bar{v}_z) \right] \tag{2-2-67}$$

在流动满足力学相似的条件下，得到下列欲求相似准数：

$$\overline{Eu} = \frac{\Delta \bar{P}}{\rho \bar{v}^2} = 同量 \qquad \overline{Re} = \frac{\bar{v}l}{\gamma} = 同量 \qquad N_{ji} = \frac{\overline{v_j' v_i'}}{\bar{v}^2} = 同量$$

假定给出了这类运动的边界条件，并给出了 $\overline{Re}$ 相同和 N_{ji} 相同的那些条件，则有 $\overline{Eu}$ 也相同。

$$\overline{Eu} = f(\overline{Re}, N_{ji})$$

这样相似的必要条件和充分条件就满足了。

本问题中，目的在于确定 $f(\overline{Re}, N_{ji})$。故在实验中应侧重时均压力降落、时均速度，并在一般情况下测定真实的速度值。需要测定真实的速度是为了得出时均的脉动附加速度值。

许多实际流动是属于这种类型的流动，例如在圆管中的不可压缩黏性流体的有压流动；绕完全沉浸于不可压缩黏性流体中的物体的流动（如沉浸的物体具有很好的流线型时，物体所引起的阻力可只考虑摩擦阻力，如物体具有不好的流线形，则物体所引起的阻力将包括摩擦阻力和涡流阻力。涡阻力是由于物体后的集中的大旋涡的形成而引起的。其旋涡的分离出来可认为是周期性进行的，并认为是时均的恒稳流体运动）。

（4）底吹流股在惯性力推动下向熔池穿透，可以假定这种流动是准恒稳的紊流时均运动。在射流向前运动时，边界层上必然会出现涡层、表面波（由于射流脉动或熔池内液体运动的紊流旋涡性质所决定），同时流股边界上的压力也不单纯取决于液体的静压力，而是还取决于作用在弯曲界面层上的附加压力（$\dfrac{\sigma}{\gamma}$）和气流的剩余压力共同作用的合力。因此，气流穿透所遇的阻力不仅有摩擦阻力，而且还有涡流阻力和波阻力。因而以静压力作用表示的液体重力不能合并到压力项内，作用在流股周围的液体黏性力，在此情况下和重力相比较是较大的，因此，所考虑的流体运动，将流股从下列方程式：

$$\rho_{\text{气}}\left(\bar{v}_x\frac{\partial\bar{v}_x}{\partial x}+\bar{v}_y\frac{\partial\bar{v}_x}{\partial y}+\bar{v}_z\frac{\partial\bar{v}_x}{\partial z}\right)$$

$$=\rho_{\text{气}}\,g-\frac{\partial\overline{P}}{\partial x}+\mu\,\nabla^2\bar{v}-\rho_{\text{g}}\left[\frac{\partial}{\partial x}(\overline{v_x'v_x'})+\frac{\partial}{\partial y}+(\overline{v_x'v_y'})+\frac{\partial}{\partial z}(\overline{v_x'v_z'})\right]$$

$$(2\text{-}2\text{-}68)$$

引入所需相似倍数, 得下列相似准数:

$$\overline{Fr'}=\frac{\rho_{\text{气}}}{\rho_{\text{液}}}\frac{\bar{v}^2}{gd}=\text{同量}\qquad \overline{Eu}=\frac{\Delta\overline{P}}{\rho\bar{v}^2}=\text{同量}$$

$$\overline{Re}=\frac{\bar{v}l}{\gamma}=\text{同量}\qquad N_{ji}=\frac{\overline{v_j'v_i'}}{\bar{v}^2}=\text{同量}$$

其决定性相似准数将为 $\overline{Fr}$、$\overline{Re}$ 和 N_{ji}

而

$$\overline{Eu}=f(\overline{Fr'},\ \overline{Re},\ N_{ji})$$

$$\overline{Eu}=C_{\text{f}}+C_{\Phi}+C_{\text{B}}=f(Fr',\ Re,\ N_{ji})$$

$$\text{摩}\qquad\text{涡}\qquad\text{波阻力系数}$$

前面已经讨论过, 同时满足 Fr' 同量和 $\overline{Re}$ 同量是困难的。但实验指出, 当 $\overline{Re}>Re_{\text{临 I}}$ 后, 表面光滑的模型摩擦阻力系数及涡流阻力系数在实际上是变化不大的; 当 $\overline{Re}>Re_{\text{临 II}}$ $>Re_{\text{临 I}}$ 时, $C_{\text{f}}=f(\overline{Re},\ N_{ji})=$ 常数, $C_{\Phi}=f'(\overline{Re},\ N_{ji})=$ 常数, 即进入了自模区, 这时我们只需考虑 Fr' 和 N_{ji} 同时相同即可满足相似条件。

（5）假定在黏性流体恒稳流中, 惯性力或者没有或者很小, 当把它和黏性力相比较时可略去不计, 除此以外设体积力也很小, 或者包含在压力项内。这种流动将服从下列方程式:

$$\frac{1}{\rho}\frac{\partial P}{\partial x}+\gamma\,\nabla^2 v_x=0 \qquad (2\text{-}2\text{-}69)$$

其相似准数为:

$$\frac{\Delta Pl}{\mu v}=\text{同量} \qquad (2\text{-}2\text{-}69')$$

仅有一个准数。不难证明这个准数不是决定性的准数。现证题如下: 将式（2-2-69）的第一投影（ox 轴）对 y 进行微分; 第二投影（oy 轴）对 x 进行微分, 并由前者减去后者, 在 $\rho'=$ 常数时, 得:

$$\gamma\left[\frac{\partial}{\partial y}(\nabla^2 v_x)-\frac{\partial}{\partial x}(\nabla^2 v_y)\right]=0 \qquad (2\text{-}2\text{-}69\text{a})$$

将相似倍数代入式（2-2-69a）, 得:

$$\frac{C_\gamma C_v}{C_l^3}\gamma_{\text{M}}\left[\frac{\partial}{\partial y_{\text{M}}}(\nabla^2 v_{x\text{M}})-\frac{\partial}{\partial x}(\nabla^2 v_{y\text{M}})\right]=0 \qquad (2\text{-}2\text{-}69\text{b})$$

由此可知, 在乘积 $\dfrac{C_\gamma C_v}{C_l^3}$ 为任何数值时, 模型流动都能满足这一方程式（2-2-69）的黏性流体流动, 决定性的相似准数一个也不存在。保证这种流动为力学相似的唯一条件就是满足同样的边界条件。所以准数 $\dfrac{\Delta Pl}{\mu v}$ =同量不是力学相似的条件，而是它的几何相似和运动相似的结果。因此在适当选择公式（2-2-69′）中的各量时，对所述的真实流动和模型流动中有 $\dfrac{\Delta Pl}{\mu v}$ =常数。

由上所述，可清楚地知道，这里所讨论的流动是属于自动模型化的液体流动。

（6）设在黏性流体恒稳流动中，惯性力或者没有或者很小，以致当它和黏性力、表面张力和外质重力（即浮力）相比较时可以略去不计。除此之外，设流场中的压力差 ΔP 始终为常数（如气泡上浮时所受的 ΔP），本身的体积力也很小，或者可包含在外质重力项内。这种流动（如钢包喷粉和吹氩）将服从下列方程式：

$$- (\rho_{液} - \rho_{气})g + \mu \nabla^2 v_x + \frac{k\sigma}{r} = 0 \tag{2-2-70}$$

在这条件下，欲求的准数为：

$$\frac{\rho g l^2}{\sigma} = We = 同量 \tag{2-2-70a}$$

$$\frac{\rho g l^2}{\mu v} = 同量（命名为 F_1 准数） \tag{2-2-70b}$$

还可写出：
$$\frac{\mu v}{\sigma} = 同量（命名为 F_2 准数） \tag{2-2-70c}$$

式中，v 为气泡上浮速度，欲求的函数。故式（2-2-70b）和式（2-2-70c）两准数均为非决定性准数，而只有韦伯数 We 是决定性准数，它们之间的关系可写成：

$$F_1 = f_1(We)$$
$$F_2 = f_2(We)$$

另外，如再考虑几何相似条件和起始条件与边界条件，即吹气氩制度和机构的无因次参数，如：

$$\nabla_g = \frac{v_g^{(喷气重)}}{\sqrt{g d_{喷孔}^5}}$$

$$D = \frac{d}{d_c} = \frac{气泡直径}{喷嘴孔直径}$$

$$\overline{U} = \frac{v}{\sqrt{g d_c}}$$

这样我们便能布置实验了。

（7）如恒稳流动中黏性力很小，此外，设体积力或者没有或者很小，或者可包含在压力项内，则这种流体服从下列方程式：

$$v_x \frac{\partial v_x}{\partial x} + v_y \frac{\partial v_x}{\partial y} + v_z \frac{\partial v_x}{\partial z} = -\frac{1}{\rho}\frac{\partial P}{\partial x} \tag{2-2-71}$$

将式（2-2-71）第一式对 y 微分，第二式对 x 微分，并由后者减去前者，得：

$$\frac{\partial}{\partial x}\left[v_x\frac{\partial v_y}{\partial x}+v_y\frac{\partial v_y}{\partial y}+v_z\frac{\partial v_y}{\partial z}\right]-\frac{\partial}{\partial y}\left[v_x\frac{\partial v_x}{\partial x}+v_y\frac{\partial v_x}{\partial y}+v_z\frac{\partial v_x}{\partial z}\right]=0 \qquad (2\text{-}2\text{-}71a)$$

引入速度和长度的相似倍数，则有：

$$\frac{C_v^2}{C_l^2}\left\{\frac{\partial}{\partial x_M}\left[v_{xM}\frac{\partial v_{yM}}{\partial x_M}+v_{yM}\frac{\partial v_{yM}}{\partial y_M}+v_{zM}\frac{\partial v_{yM}}{\partial z_M}\right]-\frac{\partial}{\partial y_M}\left[v_{xM}\frac{\partial v_{xM}}{\partial x}+v_{yM}\frac{\partial v_{xM}}{\partial y_M}+v_{zM}\frac{\partial v_{xM}}{\partial z_M}\right]\right\}=0$$

$$(2\text{-}2\text{-}71b)$$

比较式（2-2-71a）和式（2-2-71b），可以看到，$\dfrac{C_v^2}{C_l^2}$ 为任何值下，模型流动都满足这一方程式。这就是说在这种情况下决定性的相似准数一个也不存在，只要满足流动的几何相似和运动相似就足够了。

由于运动相似和几何相似，正如式（2-2-71）所表明，在此情况下，将有：

$$\frac{\Delta P}{\rho v^2}=Eu=常数$$

因而在此讨论的流动的运动和几何相似时，Eu 是一个不变的常数。说明该流动也是自动模型化的流动。

最后指出，以上讨论的仅为最常遇见的流动模型化的问题。在实践中会有其他的模型化的问题。但在解它们时仍应运用这里所详细论述过的方法。

参 考 文 献

[1] 巴特勒雪夫 A H . 流体力学 ［M］. 北京：机械工业出版社.
[2] ［美］怀特 F M，著. 黏性流体动力学 ［M］. 北京：机械工业出版社，1982.
[3] 陈克城，主编. 流体力学实验技术 ［M］. 北京：机械工业出版社，1983.
[4] 邹滋祥，编著. 相似理论在叶轮机械模型研究中的应用 ［M］. 北京：科学出版社.
[5] Реэняков Л Б. 相似方法 ［M］. 北京：科学出版社，1963.

2.3　射流与熔池相互作用下的熔池运动动力学

炼钢控制模型的建立都与射流与熔池的相互作用有关，所以说，熔池动力学是我们可用来促进冶金过程向好的方向、可控的方向发展和促使反应达到平衡、减小偏离平衡值的一串金钥匙。应当说，射流与熔池相互作用还在不断发展。

氧流与熔池相互作用是产生炼钢过程中各种复杂现象的首要因素和决定性环节。

当离喷孔 x 距离处氧气流股轴心的动压头 h_x 很小时（在生产中是少有的），流股会在液面形成表面光滑的浅坑，并沿其表面反射、流散开来。在这种情况下，反射流仅仅是以摩擦的作用引起流体的运动。

当 h_x 逐步增加，起初是引起沿凹坑四周的波浪运动。待 h_x 达到某一临界之后，开始发生液体的飞溅，反射的流股会引起液滴向四周喷溅。这一临界值是取决于气体的惯性力（即动压力）和液体的表面张力的相互作用状况。进一步提高 h_x 会加剧这种喷溅。

当喷枪接近熔池表面或埋吹时，流股的边缘部分会发生反射及明显的液体飞溅，而流股的主要部分则如火炬般深深地穿透在熔池之中，同时抽引液体，并把它破碎成小液滴。随后，这些液滴又被气体的流股所驱赶，继续往下运动，最后这些液滴随流股逐渐减慢速度，直至 $v=v_{驻点}$ 时方停止向下穿透。这时不溶和尚未溶于液体的气体（O_2、CO_2、CO、N_2 等）流股将全部被被压碎成气泡，液滴将发生聚合，而形成新的乳化液。它们在气泡浮力的作用下，按与吹炼方式（硬吹、软吹或过渡吹）相对应的熔池循环运动轨迹向上、向四周流去，并带动它们周围的液体运动。当达到液面后，这些在运动中发生过反应的乳化液中的渣滴和气泡，便分别带着附着在它们身上的尚未精炼好的金属膜或金属滴进入渣池，而已精炼好的金属液则转而沿熔池四周向下运动。

金属吹氧时在凹坑四周还有一股向上的层流（包括在坑周围生成的 CO 逆流），但这股逆流并不妨害凹坑内部的流股对流体的抽引和破碎作用。

在冷热模试验中均能看到以下现象：在吹炼过程中凹坑的形状和大小是变化的，有垂直的和水平的脉动出现，凹坑里逸出的气体被向侧面抛出。

热模拟实验研究发现，中心流股抽引和破碎液体的基本原因是一种波，它连续不断地产生，并在凹坑的内表面运动着。凹坑脉动及其表面波的产生，可能是与熔池内液体运动的紊流旋涡性质（和超音速射流的湍流特性）有关。

试验表明，气体流股（它是部分溶解的）在它穿透熔池的运动中，虽然大部分气体溶于液体，但仍有一部分气体被破碎成气泡，这些气泡的上浮又带动了液体的运动。

本节值得讨论的内容非常丰富，但由于作者健康原因，已无力定稿，仅选择三小节内容来说明。

2.3.1　顶吹氧气射流冲击熔池深度的实验研究

顶吹氧枪喷出的高速氧气射流冲击在熔池面上引起液体环流、振荡、搅拌、喷溅和形成冲击凹坑。凹坑的形状、直径、深度和有效表面积，直接影响熔池的环流图形和强弱、振荡强度、搅拌混匀时间、钢—渣混合状况以及喷溅大小等。因而，它既是影响炼钢过程的传质、传热和传动量的重要因素，又是影响吹炼时间，钢水质量、吹损、炉龄、枪龄、原材料消耗乃至某些重大事故（如大喷和炉底击穿）的重要因素。炼钢工作者一般都把冲击熔池深度比作硬吹、软吹和吹炼最佳状态的判据。所以，准确估计顶吹氧气射流冲击熔池深度具有重要的理论和实践意义。

自 1952 年 LD 转炉在奥地利投入工业生产以来，许多学者曾对射流冲击凹坑的形状和尺寸进行了大量试验研究，并提出了许多计算公式，其中有着重理论方面的公式（如 W. Dahl 公式和 В. И. Баптизманский 公式），有理论与常温模拟实验结合的半经验式（如鞭严公式和 Chatterjee 公式），以及热模试验得出的 R. A. Flinn 公式。应当说，他们在发展顶吹氧气转炉炼钢理论和改进操作方面都起了重要作用，并还将继续发挥作用，同时也为后续的研究奠定了基础。但它们大多是属于对单股射流的研究结果，还有一些虽是属于对多股射流的研究结果，又或只是考虑了喷孔的夹角（如 Kiyomi Taguch 公式），或只是喷孔分散度（如东工炼钢教研室曾提出过的），显然它们对计算顶吹多股射流的冲击深度会有很大的局限性。特别是，这些公式在同一条件下的计算结果相差很大，而研究者又多谓自己提出的公式比其他的公式的计算精度高，使人一时难以确定选用哪个公式为好。为此，本实验研究主要是想通过单孔、三孔、四孔喷头，在常温模拟条件下所进行的射流冲击熔池深度试验，并借助 Kapner 与 Laufer 等人研究的射流进入高温介质下的轴向温度衰减的规律及伊东修三和鞭严等（即 Ito 与 Muchi 等）结合氧气射流在炉内的实际条件所做的射流冲击铁水深度方面的测试结果，找出表述三孔喷头射流冲击熔池深度更具有广泛性的半经验式，并进而去理解和评论以下问题：

（1）由常温下的氧枪湍射流特征，所推导的单股射流冲击熔池深度的理论公式中的动量传递系数与常温模拟条件下所得的半经验式中的系数 k 值的异同。

（2）N、θ 和 $\dfrac{l}{d_e}$ 对多股射流冲击熔池深度的影响。

（3）计算单股射流冲击熔池深度的公式，与多股射流的公式是否在一定程度上可以公用（或互用），根据和条件是什么？

（4）如何将常温模拟条件下所得的半经验式较比正确地用于实际转炉，以及如何看待前人公式的差异。

2.3.1.1 理论分析

顶吹射流冲击熔池的深度，在给定的熔池成分下，主要受射流轴向速度和在熔池面上的射流密度（ρ_0）的影响。按照射流在熔池驻点处的冲力与凹坑的水力学压头相等，而方向相反的分析，可得：

$$\frac{1}{2}\rho_0 v_0^2 = \rho_1 g n_0 \tag{2-3-1}$$

式中，ρ_0 为射流接近驻点前的密度，kg/m^3；v_0 为射流接近驻点前的速度，m/s；ρ_1 为液体密度，kg/m^3；g 为重力加速度。

射流离开喷头出口后，随着轴向距离的增大，其轴向速度发生衰减。在无激波的情况下，由于射流各横断面边缘上的压力总是等于四周介质的压力，根据牛顿第二定律动量守恒的原理，射流任意断面的总动量 M 都应等于喷头出口处的初始总动量 M_j，即：

$$\frac{M}{M_j} = 1 \tag{2-3-2}$$

其中：
$$M = 2\pi \int_0^\infty \rho v^2 r \mathrm{d}r, \quad M_j = \frac{\pi}{4}\rho_j v_j^2 d_j^2$$

因此，R. B. Banks、D. H. Wakelin 及 A. Chatterjee[1~4] 提出：对于亚音速射流，当喷射到相同密度的介质中时，如果把黏性力忽略，则其射流完全展开的流动区域内的速度分布可表示为：

$$\frac{v}{v_0} = f\left(\frac{r}{x}\right) \tag{2-3-3}$$

从式（2-3-2）和式（2-3-3）可导出轴向速度的衰减：

$$\frac{v_0}{v_j} = k_1 \frac{d_j}{x} \tag{2-3-4}$$

径向速度的分布：

$$\frac{v_{\mathrm{r}}}{v_0} = \exp\left[-\lambda_1\left(\frac{r}{x}\right)^2\right] \tag{2-3-5}$$

解式（2-3-1）和式（2-3-4），得：

$$\frac{2k_1^2}{\pi} \cdot \frac{M_{\mathrm{j}}}{x^2} \cdot \frac{\rho_0}{\rho_{\mathrm{j}}} = \rho_1 g n_0 \tag{2-3-6}$$

这里：

$$x = H + n_0$$

故式（2-3-6）可写成：

$$\frac{n_0}{H}\left(1 + \frac{n_0}{H}\right)^2 = \frac{2k_1^2}{\pi} \cdot \frac{M_{\mathrm{j}}}{\rho_1 g H^3} \cdot \frac{\rho_0}{\rho_{\mathrm{j}}} \tag{2-3-7}$$

因式（2-3-7）系按不可压缩性射流求得的，即 $\rho_0 \approx \rho_{\mathrm{j}}$，于是可将式（2-3-7）简化为：

$$\frac{n_0}{H}\left(1 + \frac{n_0}{H}\right)^2 = \frac{2k_1^2}{\pi} \cdot \frac{M_{\mathrm{j}}}{\rho_1 g H^3} \tag{2-3-8}$$

故式（2-3-8）只适用于 $Ma \leqslant 0.3 \sim 0.4$（注：这时，其密度的相对变化远小于1。如设 $a = 300\mathrm{m/s}$，则 $v = (0.3 \sim 0.4) \times 300 = 90 \sim 120\mathrm{m/s}$；又 $\Delta P = \frac{1}{2}\rho v^2$，取 $P_{\mathrm{O}_2} = 0.14\mathrm{kg} \cdot \mathrm{s}^2/\mathrm{m}^4$，则 $\Delta P = 567 \sim 1008\mathrm{kg/m}^2$；故 $\frac{\Delta\rho}{\rho} = \frac{\Delta P}{Pk} = \frac{567 \sim 1008}{1.4 \times 10332} = 0.039 \sim 0.07$）。

但超音速射流是可压缩性的变密流，其射流流场上各点的速度和密度都是同时变化的。根据 Л. А. Фрис 提出的普遍冲量（ρv^2）流密场相似的研究方法，设 $v\sqrt{\rho} = w$ 表示考虑了密度变化的流密场综合速度[5]，则：

$$\frac{w_0}{w_{\mathrm{j}}} = k_1'\frac{d_{\mathrm{j}}}{x} \quad \text{或} \quad \frac{v_0}{v_{\mathrm{j}}} = k_1'\left(\frac{\rho_{\mathrm{j}}}{\rho_0}\right)^{\frac{1}{2}} \cdot \frac{d_{\mathrm{j}}}{x} \tag{2-3-9}$$

$$\frac{w}{w_0} = \exp\left[-\lambda_1\left(\frac{r}{x}\right)^2\right]$$

或

$$\frac{v_0}{v_{\mathrm{r}}} = \exp\left[-\lambda_1\left(\frac{r}{x}\right)^2\right]\left(\frac{\rho_0}{\rho_{\mathrm{j}}}\right)^{\frac{1}{2}} \tag{2-3-10}$$

这里 $\qquad\qquad x = H + n_0 - z$

解式（2-3-1）和式（2-3-9），得：

$$\frac{n_0}{H}\left(1 + \frac{n_0 - z}{H}\right)^2 = \frac{2k_1^2}{\pi} \cdot \frac{M_{\mathrm{j}}}{\rho_1 g H^3} \tag{2-3-11}$$

式中，z 为超音速势能核心区段长度。Kapner 等[6,7]给出了马赫数为 $0.1 \sim 1.8$ 的范围内 $\dfrac{z}{d_j}$ 的变化数值，如图 2-3-1 所示。

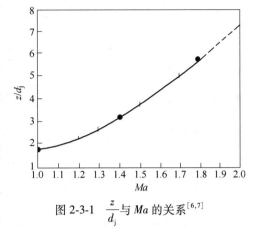

图 2-3-1 $\dfrac{z}{d_j}$ 与 Ma 的关系[6,7]

应当指出：超音速势能核心段只有在拉瓦尔喷嘴（注：其出口前有一直匀段）喷出的超音速射流中才存在[8]。对于无直匀段的收缩—扩张型喷嘴喷出的超音速射流，则不存在该势能核心段，可取 $z=0$。

比较式（2-3-8）和式（2-3-11）可以看出：两者的形式是一样的，但两者的动量传递系数的表示符号不同，含义也不同。前者的 k_1 值各研究者所测得的结果不同，大致在 $5 \sim 6.6$ 之间（见表 2-3-1），但在常温条件下，对于某一定的喷嘴条件下，其值是大体相同的；可值得注意的是文献［9，10］中说 k_1 随喷射的动量和轴向距离的改变而改变，Ricou 和 Spalding 也发现雷诺数大于 $2.5×10^4$ 时 k_1 值是变化的，并给出 $k_1 = 6.285\left(\dfrac{\rho_j}{\rho_a}\right)^{\frac{1}{2}}$ 的计算公式[11]，Ito 和 Muchi[12,13]对超音速射流特征的研究结果，更证实了这点。至于超音速射流的 k_1 值各研究者所测得的结果也不相同，特别是直接射向大气的超音速自由射流测得者与通过射流与熔池相互作用的冷态模拟实验所测得者有较大差别（见表 2-3-2），这主要是模型实验中的模拟供气量所产生的射流不是实际的可压缩性的超音速变密流之故，所以其 k_1' 值仍基本上保持常数性质，而实际的超音速变密流的 k_1' 值是随射流的马赫数 Ma 而变化的[14]。

表 2-3-1 不同研究者所测得式（2-3-8）的 k_1 值

作 者	k_1
Albertson et al.（1950）[9]	6.2
Porch & Cermak（1959）[15]	7.7
Forstall & Gaylord（1955）[10]	6.4
Corrsin & Uberoi（1949）[16]	6.6
Folsom & Forguson（1949）[17]	5.13
Hinze & Hegge Zijnen（1948）[18]	6.39
J. Szekely（1971）[19]	6.5
В. И. Баптизманский（1979）[20]	6.39

表 2-3-2 不同研究者通过射流与熔池相互作用的冷态模拟实验所测得的 k_1' 值

作 者	k_1'	
	由射流冲击熔池深度试验中所得	由射流轴向速度衰减中得出
Kapner（1970）[6]	6.8	
Chatterjee（1972）[3]	7.1 ~ 7.25	

作　者	k_1'	
	由射流冲击熔池深度试验中所得	由射流轴向速度衰减中得出
W. Dahl[21]	7.2	
蔡志鹏等（1978）[22]（1981）[14]	8.7	$\dfrac{5+1.818Ma^{2.81}}{0.063+0.885Ma}$
В. И. Баптизманский（1975）[23]	8.77	
李远洲（单孔）（1985）	7.1~7.9	$k_1'=20\left(\dfrac{\rho_j'}{\rho_0'}\right)^{\frac{1}{2}}\left(\dfrac{d_j}{H}\right)^{0.38}$ 或　$k_1'=f\left(\dfrac{M_j}{\rho_1 gH^3}\right)$
李远洲（三孔）（1985）	$5.5006\left(1-0.0232\theta-0.0846\dfrac{l}{d_e}\right)^{\frac{1}{2}}$①	$14.67\left(1-0.02320\theta-0.0846\dfrac{l}{d}\right)^{\frac{1}{2}}\times$ $\left(\dfrac{\rho_j}{\rho_0'}\right)^{\frac{1}{2}}\left(\dfrac{d_j}{H}\right)^{0.38}$①

① 系对三孔总的 M_j 而言的。

我们在总结一些研究者[12,13]的数据后，提出 $k_1'=20.0\left(\dfrac{\rho_j}{\rho_0'}\right)^{\frac{1}{2}}\left(\dfrac{d_j}{H}\right)^{0.38}$ $\left[或 k_1'=f\left(\dfrac{M_j}{\rho_1 gH^3}\right)\right]$ 的关系式。所以方程式（2-3-11）用表 2-3-2 中由冲击熔池深度的冷态模拟试验所得的 k_1' 值代入时，不能复原到实际转炉，但就是按由射向大气的超音速自由射流给出的 k_1' 值代入方程式（2-3-1）时，它也还不能复原到实际转炉，因为仅考虑超音速流射向大气时的变密性对速度衰减的影响还是不够的，它即使在 $Ma=2.0$ 时，其最大变密比 $\left(\dfrac{\rho_j}{\rho_a}\right)$ 也才等于 $1.88\left(=\dfrac{2.428}{1.29}\right)$，而实际转炉中由于高温的影响一般都在 10 或 10 以上。因此，在研究超音速射流冲击熔池的深度的时候，必须综合考虑超音速的高密流射向高温条件下的低密介质中时的速度衰减和密度衰减的规律。Laufer[24] 在分析射流充分发展区段里紊乱的动量的转变和热的转变的相同的理论下给出了超音速射流射向高温气氛中时的轴向速度衰减方程：

$$\frac{v_0}{v_j}=6.8\left(\frac{\rho_j}{\rho_a}\right)^{\frac{1}{2}}\frac{d_j}{H+n_0-z} \tag{2-3-12}$$

其 $\dfrac{v_0}{v_j}$ 与 $\dfrac{\rho_j}{\rho_a}$ 和 $\dfrac{x}{d_j}$ 的关系曲线如图 2-3-2[25] 所示。由图中可见，当 $\dfrac{\rho_j}{\rho_a}=10$，$\dfrac{x}{d_j}=25$ 时，$\dfrac{v_0}{v_j}=0.86$。这比按式（2-3-4）或式（2-3-9）的结果都大得多，但它比实际值还小了些。

鞭严[26] 在他提出的冲击熔池深度的公式中则是把射流轴向速度的衰减表述为：

$$\frac{v_0}{v_j}=\left(\frac{P_0}{0.404}\right)\left(\frac{\rho_j}{\rho_0'}\right)^{\frac{1}{2}}\left(\frac{d_j}{x}\right) \tag{2-3-13}$$

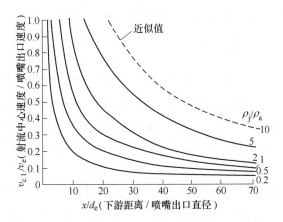

图 2-3-2 $\dfrac{\rho_j}{\rho_a}$ 对射流中心速度随轴线距离变化的影响[25]

当 $Ma = 2.0$，$\dfrac{x}{d_j} = 25$ 和环境温度为 1800K 时，可求得 $\dfrac{v_0}{v_j}$

$= 1.511\left(=\dfrac{8.05}{0.404}\times\left(\dfrac{2.428}{0.676}\right)^{\frac{1}{2}}\times\dfrac{1}{25}\right)$，这显然是偏大了。

应当说，为确定不等温喷射的超音速核心区段的长度，需要允许射流的温度在轴向距离上的变化，Kapner[6,7]等给出了典型的轴向温度衰减变化曲线（见图 2-3-3）和公式：

$$\frac{T_\alpha - T_a}{T_j - T_a} = 5.61\left(\frac{\rho_j}{\rho_a}\right)^{\frac{1}{2}}\left(\frac{d_j}{x - z}\right) \tag{2-3-14}$$

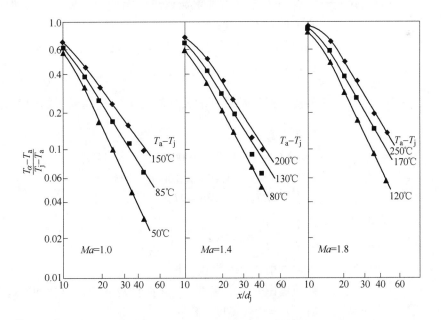

图 2-3-3 $Ma = 1.0$、1.4 和 1.8 的超音速射流轴上温度衰减

　　虽然 Kapner 等所得的结果与 Laufer 的理论分析并不相符，但对射流由通过常温下的大气转变为通过高温下的炉气时的变密系数 $\dfrac{\rho_j}{\rho_a}$ 如何修正，却是很有用的。

　　李远洲借助式（2-3-14）及 Ito 与 Muchi 根据试验结果所做的对 $Ma = 2$ 的射流（$T_a = 1273K$ 和 $d_j = 1.30d_t$）冲击深度 n_0 随枪高 h 和喷嘴临界直径 d_t 的变化曲线[13]（见图 2-3-4）和根据班克斯[27,28]和阿尔邦[29]试验结果所做的射流冲击不同介质的深度曲线[30]（见图 2-3-5）提出了超音速氧气射流喷入高温炉气中的射流轴向速度衰减式为：

$$\frac{v_0}{v_j} = k_1' \left(\frac{\rho_0''}{\rho_a} \right)^{0.75} \left(\frac{\rho_j}{\rho_0'} \right)^{1/2} \left(\frac{d_j}{x} \right) \tag{2-3-15}$$

式中　　　　$k_1' \left(\dfrac{\rho_j}{\rho_0'} \right)^{\frac{1}{2}}$——超音速自由射流射入常温大气时的动量传递综合系数（包括动量交换产生的变密和热交换产生的变密）；

　　　　$k_1' \left(\dfrac{\rho_0''}{\rho_a} \right)^{0.75} \left(\dfrac{\rho_j}{\rho_0'} \right)^{\frac{1}{2}}$——超音速自由射流射入高温炉气中时的动量传递综合系数；

　　　　$k_1' = 20 \left(\dfrac{\rho_j}{\rho_0'} \right)^{\frac{1}{2}} \left(\dfrac{d_j}{H} \right)^{0.38}$——单孔喷枪超音速自由射流射入常温（取 300K）大气中时的动量传递主位系数；

　　　　ρ_0'——膨胀冷却后的低温超音速射流通过常温（300K）下的大气后到达熔池面时轴心上的密度；

　　　　ρ_0''——温度为 T_j 的超音速射流通过高温的炉气后到达熔池面时，轴心上的射流密度；

　　　　ρ_a——射流周围介质的密度（如求 ρ_0' 时，式（2-3-15）中的 $\rho_a = 1.174kg/m^3$；求 ρ_0'' 时，$\rho_a = \rho_{CO}$）；

　　　　$\left(\dfrac{\rho_0''}{\rho_a} \right)^{0.75}$——射流由通过常温下的大气转变为通过高温下的炉气时的变密修正系数；

　　　　$\rho_a = \rho_{a0} = P/(R_u/m)T_a = (1.029 \times 10000 \times 28)/(847.8 \times T_a)$

$$\rho_0 = \frac{P}{RT_E} = \frac{1.029 \times 10000}{26.49T_E}$$

$$\frac{T_E - T_a}{T_b - T_a} = 5.61 \left(\frac{\rho_j}{\rho_a} \right)^{\frac{1}{2}} \left(\frac{d_j}{H} \right) \tag{2-3-16}$$

　　　　T_E——求取的射流终端温度，K；

　　　　T_a——射流周围介质的温度，K（如计算 ρ_0' 时，$T_a = 300K$；计算 ρ_0'' 时，$T_a =$ 炉气温度，K）；

　　　　T_b——计算射流的始发点温度，K（不论计算 ρ_0' 或计算 ρ_0'' 时，T_b 均为 T_j，K）。

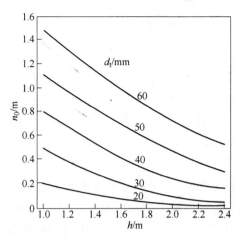

图 2-3-4　对 $Ma=2$ 的射流（$T_a=1273K$ 和 $d_j=1.30d_t$）的
冲击深度 n_0 随枪高 h 和喷嘴临界直径 d_t 的变化[13,31]

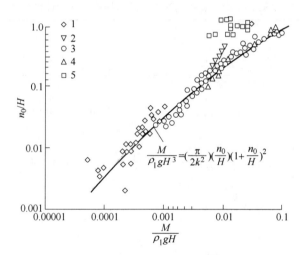

图 2-3-5　射流冲击不同介质的深度曲线[30]
1—班克斯 1963 年试验结果[27,28]；2—水银；3—水泥；4—水；5—熔融的铁（氧气）

于是解式（2-3-1）和式（2-3-12）便可得出 Chatterjee 的射流冲击熔池的深度的公式
（2-3-17）[3]：

$$\frac{n_0}{H}\left(1+\frac{n_0-z}{H}\right)^2 = \frac{93\sim100}{\pi}\cdot\frac{M_j}{\rho_1 g H^3}\cdot\frac{\rho_0}{\rho_a} \tag{2-3-17}$$

值得指出的，是有的作者在引用 Chatterjee 的这个公式时，常把这射流接近凹坑驻点
前的密度 ρ_0 误写为喷嘴出口处的射流密度 ρ_j，这是违背原作的，并将使 n_0 的计算值比实
际值大。

解式（2-3-1）和式（2-3-13），则可得出鞭严的射流冲击熔池深度公式（2-3-18）[26]：

$$H(n_0+H)^2 = \frac{2}{\pi}k_1'^2\cdot\frac{M_j}{\rho_1 g} \tag{2-3-18}$$

$$k_1' = \frac{P_0}{0.404}$$

解式（2-3-1）和式（2-3-15），则得出作者的射流冲击熔池深度的公式（2-3-19）：

$$\frac{n_0}{H}\left(1 + \frac{n_0 - z}{H}\right)^2 = \frac{2k_1'^2}{\pi} \cdot \frac{M_j}{\rho_1 g H^3} \cdot \left(\frac{\rho_0''}{\rho_a}\right)^{1.5} \qquad (2\text{-}3\text{-}19)$$

还有其他许多冶金学者提出的射流冲击熔池深度的公式（见表 2-3-3），也基本上都是把射流的动量传递系数定常化，从各自不同试验条件给出不同的定常值，而不考虑温度变化和冲量准数 $\left(\dfrac{M_j}{\rho_1 g H^3}\right)$ 变化的影响。尽管有的研究者也注意到了这个问题，在他们提出的公式中，给出了常数的变化范围，如表 2-3-3 中 W. Dahl 给出 $n_0 = 6.36 \sim 8.77$，但它们一般来说不是偏大就是只适用于低枪位操作，或吹炼初期的枪位操作。作者提出的式（2-3-19），则对各种情况都比较符合（见表 2-3-4），因此，这里以式（2-3-19）的原则来指导冷态实验和总结冷态、热态的试验数据。

表 2-3-3　不同学者提出的射流冲击熔池深度的计算公式

序号	公 式	作 者	文献
1	$n_0 = \left(\dfrac{\rho_g v^2}{g \rho_1}\right)^{\frac{1}{2}} \cdot d_j^{\frac{1}{2}}$	Л. м. Ефимов	[32]
2	$n_0 = k \dfrac{P_0^{0.5} d_0^{0.6}}{\rho_1^{0.4}\left(1 + \dfrac{H}{d_j B}\right)}$ $K = 40,\ B = 40$	В. И. Баптизманский	[33]
3	$n_0 = 34 \dfrac{P_0' d_t}{H^{\frac{1}{2}}} - 3.81$	R. A. Flinn	[34]
4	$\dfrac{n_0}{H}\left(1 + \dfrac{n_0 - z}{H}\right)^2 = \dfrac{2k_1'^2}{\pi} \cdot \dfrac{n M_j}{\rho_1 g H^3}$ $k' = 7.22,\ n = 1 \sim 2$	W. Dahl	[21]
5	$n_0 (H + n_0 - z)^2 = \dfrac{2k_1'^2}{\pi} \cdot \dfrac{M_j}{\rho_1 g H^3}$ $k' = 6.36 \sim 8.77$	В. И. Баптизманский	[20, 23]
6	$n_0 = 63 \left(\dfrac{kQ}{n d_t}\right)^{\frac{2}{3}} \exp\left[-\dfrac{0.78H}{63\left(\dfrac{kQ}{n d_t}\right)^{\frac{2}{3}}}\right]$ <table><tr><td>θ</td><td>0°</td><td>6°</td><td>8°</td><td>10°</td><td>12°</td></tr><tr><td>k</td><td>1.73</td><td>1.49</td><td>1.27</td><td>1.08</td><td>1.00</td></tr></table>		[35]

表 2-3-4　不同射流冲击熔池深度计算公式的结果比较

喷吹条件	马赫数			2.0				
	d_t/mm		5.0				30	
	d_j/mm		65				39	
	H/mm		1600		1000	1200	1600	2000	2400
	T_a/K	1273	1400	1800			1273		

n_0/m	实测值	0.689	0.75	0.9	0.49	0.378	0.200	0.089	0.044
	弗林公式	1040	1040	1040	0.86	0.788	0.678	0.619	0.568
	鞭严公式	1.016	1.016	1.016	0.78	0.696	0.544	0.43	0.334
	В. И. Баптизманский	0.395	0.395	0.395	0.286	0.265	0.232	0.206	0.185
	Chatterjee	0.544	0.584	0.72					
	李远洲	0.688	0.728	0.984	0.52	0.36	0.176	0.09	0.055

2.3.1.2 冷态模拟实验

A 实验的相似准则

a 量纲分析法

气体射流冲击液面诸参数如图 2-3-6 所示。

影响射流冲击熔池深度 n_0 的主要因素是射流的初始总动量 M_j，喷枪高度 H，环境介质密度 ρ_a，射流接近驻点前的密度 ρ_0 和液体密度 ρ_1；其次是液体表面张力 σ 和黏性力。但后者的影响较小，可忽略去不计，于是可将 n_0 和其他几个独立变量的关系写成：

$$n_0 = f(M_j,\ H,\ \rho_1,\ \rho_a,\ \rho_0) \qquad (2\text{-}3\text{-}20)$$

基本量纲采用 M、L、T，应用相似原理的 π 定理进行无量纲化后，可得：

$$\frac{n_0}{H} = f\left(\frac{M_j}{\rho_1 g H^3},\ \frac{\rho_0}{\rho_a}\right) \qquad (2\text{-}3\text{-}21)$$

或

$$\frac{n_0}{H} = k\left(\frac{M_j}{\rho_1 g H^3}\right)^a \left(\frac{\rho_0}{\rho_a}\right)^b \qquad (2\text{-}3\text{-}22)$$

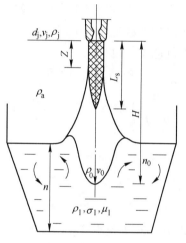

图 2-3-6 气体射流冲击液面诸参数示意图

冲量准数可改写成：

$$\frac{M_j}{\rho_1 g H^3} = \frac{\frac{\pi}{4}\rho_j v_j^2 d_j^2}{\rho_1 g H^3} = \frac{\pi}{4} Fr'_{(H)}\left(\frac{d_j}{H}\right)^2 \qquad (2\text{-}3\text{-}23)$$

于是式（2-3-22）也可写成：

$$\frac{n_0}{H} = k\left[Fr'_{(H)}\left(\frac{d_j}{H}\right)^2\right]^a \left(\frac{\rho_0}{\rho_a}\right)^b \qquad (2\text{-}3\text{-}24)$$

式（2-3-22）和式（2-3-24）中，k、a、b 为待求常数；$Fr'_{(H)}$ 为枪高，为长度量纲的弗鲁德修正准数，预示着射流冲击液面的问题是惯性力和重力之比的问题。实验可用式（2-3-22）也可用式（2-3-24）来布置和总结。

方程分析法详见 2.3.1.1 节。

b 用式（2-3-19）、式（2-3-22）或式（2-3-24）来布置和总结实验

由于水模实验是在亚音速射流下进行的，故其 $z=0$，且 $\left(\dfrac{\rho_0}{\rho_a}\right)_{模} \approx 1$；而实际转炉中，氧

气射流是超音速的，但一般转炉所用的喷头都是收缩—扩张型的，不是拉瓦尔型的，故 Z 仍等于零。可是，在水模中，射流周围的介质为与它等密度的大气，即 $\frac{\rho_0}{\rho_a} \approx 1$；而实际转炉中，氧流周围的介质为含 CO85%、$CO_2$10%、$N_2$5% 和温度为 1200~1800℃ 的炉气或泡沫渣，其 $\left(\frac{\rho_0}{\rho_a}\right)_实$ 不仅与 $\left(\frac{\rho_0}{\rho_a}\right)_模$ 不相同，就是转炉本身在吹炼过程中也是变化的。Chatterjee[36] 等人在瑞典鲁勒冶金研究厂（Sweden Lula MRP）的 6t 转炉上进行了 120 次吹炼试验后指出：在正个吹炼时间的 25% 以后，喷枪便浸没在渣中，射流起一种注入作用；在吹炼时间的 50%~60% 时，渣面高度达最大值，其中期渣密度为铁水的 1/40，末期为 1/25。李迪生等人[8] 针对这一情况进行了射流在小密度渣中的模拟实验，其结果表明：在渣密度约为射流密度的 75 倍时，渣浸没对超音速射流特征的影响不大，可以忽略。故本实验采取近似模拟的方法，先按式（2-3-19）和式（2-3-22）进行水模实验和总结，找出喷吹参数和喷头结构参数与 n_0 间的水模关系式，然后再转化为实际情况，下面还有几个模拟实验的重要问题需要讨论：

（1）模型供气量的确定。从式（2-3-19）、式（2-3-22）和式（2-3-24）可见，冲量准数 $\left(\frac{M_j}{\rho_1 g H^3}\right)$ 是本实验的决定性准数，所以模型供气量应按冲量准数同量来确定，即：

$$\left(\frac{M_j}{\rho_1 g H^3}\right)_模 = \left(\frac{M_j}{\rho_1 g H^3}\right)_实 \tag{2-3-25}$$

简化后得：

$$Q_a = 0.3058 d_模 M^{-\frac{3}{2}} \sqrt{M_{j(实)}} \tag{2-3-26}$$

式中，Q_a 为每个喷孔的模型供气量，Nm^3/s；$d_模$ 为模型的喷枪小孔出口直径，m；M 为模型比；M_j 为实际转炉每股射流的初始冲量，$M_j = m_j v_j = m_j Maa$；Ma 为射流的初始马赫数；a 为当地音速。

这说明，计算模型供气量时，冲量 M_j 中的 v_j 值应是气动速度而不是名义速度。

另外，根据式（2-3-24），模型供气量也可按 $Fr'_{(H)}$ 同量来确定，即：

$$\left(\frac{\rho_g v_g^2}{\rho_1 g H}\right)_模 = \left(\frac{\rho_g v_g^2}{\rho_1 g H}\right)_实 \tag{2-3-27}$$

简化后得：

$$Q_a = 0.2709 d_模^2 v_j \sqrt{\rho_j} M^{-\frac{1}{2}} \tag{2-3-28}$$

式中，v_j 为出口射流速度，$v_j = Maa$；ρ_j 为出口射流密度，kg/m^3。

但冲量准数中除包含 $Fr'_{(H)}$ 项外，还包含有 $\left(\frac{d_j}{H}\right)^2$ 项，故用式（2-3-26）来计算模型供气量应比式（2-3-28）更恰当些。

（2）原型的 Ma 值。一般来说，喷嘴出口面积和喉口面积确定之后，喷出口的马赫数便确定了。但当工作压力偏离设计条件时，射流出口后将继续膨胀或被压缩。测试表明[37]：当操作压力接近设计压力时，压力能转换为动力能的效应最高；当 $\dfrac{P_0}{P_设} = \gamma^* = 0.8 \sim$

2.0 时，也可得到较高的压力转换效应（当 $\gamma^* = 2.0$ 时，流场中不存在正激波）。武钢喷头的测试[8]也说明，流场中不存在正激波）；$\gamma^* > 1.0$ 时，压力能的转换效应是高的（见表 2-3-5）。

表 2-3-5　武钢喷头的测试结果

γ^*	Ma	实测超音速核心长度/mm	无量纲长度 L/d	$L = 120\text{mm}$ 处气流 Ma
1.0	2.12	78	21.4	0.63
1.2	2.12	94.5	25.9	0.75
0.8	2.12	62	17.0	0.50

实际生产中，三孔喷枪的压力调节范围大约在 $\gamma^* = 0.8 \sim 1.5$ 范围内，双流复合顶吹喷枪的压力调节范围更大，$\gamma^* = 0.8 \sim 2.0$；Ma 值如按 $\dfrac{A_出}{A_喉}$ 来确定显然不太适合。故本实验决定按 $\dfrac{P_a}{P_0}$ 来确定原型的 Ma，并以此来设计模型供气量。这样得出的模型供气量尽管稍大了点，但在近似模拟的允许误差范围内，同时，可在实际应用时，对 γ^* 大于或小于 1 时的计算 n_0 值加以修正即可。

（3）式（2-3-19）和式（2-3-22）中的 M_j 能否用 $P_0 d^2$ 代换。因 $M_j = m_j v_j = m_j Ma a_j$，而 $m_j = 0.3266 P_0 d_t^2 / \sqrt{T_0}$，故 $M_j = 0.3266 P_0 d_t^2 Ma a_j / \sqrt{T_0}$。

由此可见 $M_j \neq 0.785 P_0 d_t^2$，因此，既不能用 $P_0 d_t^2$ 代替 M_j 来布置实验，也不能用 $P_0 d_t^2$ 代替 M_j 来总结实验。从表 2-3-6 中可更清楚地看到，$m_j v_j \neq P_0 A_t$。当 $Ma < 1.5$ 时，$P_0 A_t > m_j v_j$，其压力能并未全部转换为动能；而当 $Ma \geqslant 1.5$ 后，则 $m_j v_j > P_0 A_t$，这时除压力能转变成了动能外，由于射流绝热膨胀的结果，部分内能也转变成了动能。这说明采用 $Ma > 1.5$ 的超音速射流，既有利于强化射流与熔池的相互作用，也有利于能量的转化和充分利用。同时，也说明实验不能用 $P_0 A_t$ 值代替 $m_j v_j$ 值，否则，如用 $P_0 A_t$ 来布置和总结实验，将与实际情况偏离。

表 2-3-6　$m_j v_j$ 和 $P_0 A_t$ 的比较

当地马赫数 Ma	1.0	1.2	1.4	1.5	1.6	1.8	2.0
压强比 $\dfrac{P_a}{P_0}$	0.5283	0.4124	0.3142	0.2724	0.2353	0.1740	0.1278
滞止压力 $P_0/\text{kg} \cdot \text{cm}^{-2}$（绝对）	1.96	2.51	3.29	3.79	4.39	5.94	8.08
$a_j / \text{m} \cdot \text{s}^{-1}$	302	291	279	274	268	257	246
$v_j / \text{m} \cdot \text{s}^{-1}$	302	349	391	411	428	463	492
M_j（$d_t = 20\text{mm}$）	148	189.3	248.0	286.0	331.5	448.0	611.0
$m_j v_j$	44.7	66.0	86.8	117.4	142.0	207	301
$P_0 A_t$	60.4	77.3	101.3	116.8	135.2	183	248.9
$\dfrac{m_j v_j}{P_0 A_t}$	0.74	0.85	0.96	1.01	1.05	1.13	1.21

B　实验条件和测试方法

实验条件见表 2-3-7。

表 2-3-7　实验条件

			炉容量/t			30		
			50			DF-WⅠ (13号)	DF-WⅡ (29号)	LD
实际转炉参数	喷头结构参数	四周孔 N	3			3	3	3
		d_t/mm	28.5			22.0	23.6	24.5
		d_e/mm	36.0			26.0	28.0	30.0
		β/(°)	—			20	20	—
		θ/(°)	9	10	12	12	12	11
	中心孔	$\dfrac{l}{d_e}$	0.69 / 0.98 / 1.96	0.69 / 0.94 / 1.96	0.69 / 0.98 / 1.96	1.56 / 0.608①	1.45 / 0.503①	0.9
		d_t/mm	—			20.0	21.0	
		d_e/mm	—			24.5	26.0	
	枪高 H/mm		600~1500			600~1400		
	供氧强度 q /Nm³·(min·t)⁻¹	四周流	2.0~4.5			2.0~4.0		
		中心流	—			0.6~1.5		
模型参数	模型缩小比 M		11.2			6.5		
	模拟氧气介质		空气			空气		
	模拟钢水介质		水			水		
	供气量 Q /Nm³·h⁻¹	四周流	5.9~13.3			11.6~18.7		
		中心流	—			3.52~6.31		

① 中心流与四周孔之间的喷孔的分散度。

C　实验结果和讨论

a　三孔喷枪射流冲击液体深度（n_0）

从图 2-3-7~图 2-3-16 可见，冲击深度（n_0）随 q 值的增大和 H 值的减小而增大。且在 q 和 H 相同时，带有中心孔的四孔喷枪的 n_0 值比三孔喷枪的 n_0 值大。说明中心孔的射流具有核心整流作用。

从图 2-3-7~图 2-3-15 可见，n_0 值随 θ 的增大或 $\dfrac{l}{d_e}$ 的增大而减小。

按照准数方程（2-3-19）对 n_0 回归得出：

$$\frac{n_0}{H}\left(1+\frac{n_0}{H}\right)^2 = \frac{2k_1'^2}{\pi} \cdot \frac{M_j \cos^2\theta}{\rho_1 g H^3} \cdot \left(\frac{\rho''_0}{\rho_a}\right)^{1.5} \tag{2-3-19}$$

$$k_1' = k\left(1 - 0.0232\theta - 0.0846\frac{l}{d_e}\right)^{\frac{1}{2}} \tag{2-3-29}$$

$$\left(R = 0.814,\ S = 0.92,\ \frac{|B_2|}{|B_1|} = 1.605\right)$$

式中，k 为常数；当 M_j 按三孔总量计时，$k = 5.501$；当 M_j 按一个小孔计时，$k = 9.5273$。

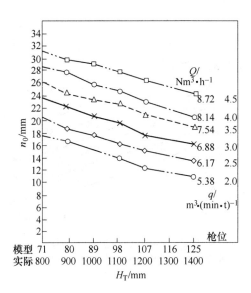

图 2-3-7 冲击深度（n_0）随枪位（H_T）
的变化曲线
（$\theta=9°$，$l=4.5$）

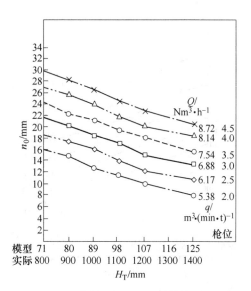

图 2-3-8 冲击深度（n_0）随枪位（H_T）
的变化曲线
（$\theta=9°$，$l=6.4$）

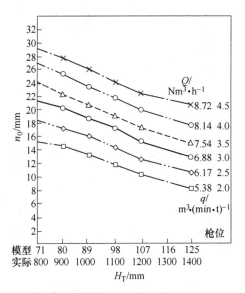

图 2-3-9 冲击深度（n_0）随枪位（H_T）
的变化曲线
（$\theta=9°$，$l=12.8$）

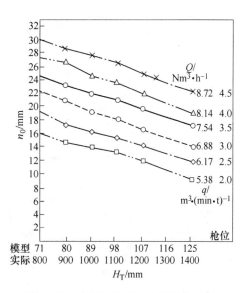

图 2-3-10 冲击深度（n_0）随枪位（H_T）
的变化曲线
（$\theta=10°$，$l=4.5$）

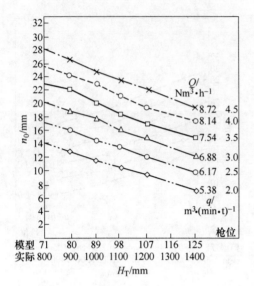

图 2-3-11　冲击深度（n_0）随枪位（H_T）
的变化曲线
（$\theta=10°$，$l=6.1$）

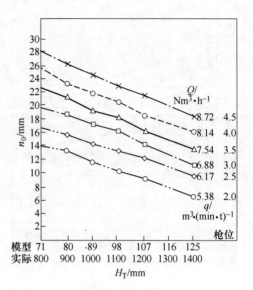

图 2-3-12　冲击深度（n_0）随枪位（H_T）
的变化曲线
（$\theta=10°$，$l=12.8$）

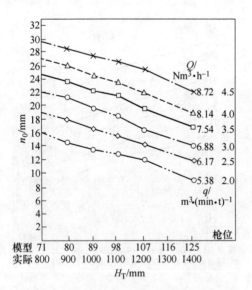

图 2-3-13　冲击深度（n_0）随枪位（H_T）
的变化曲线
（$\theta=12°$，$l=4.5$）

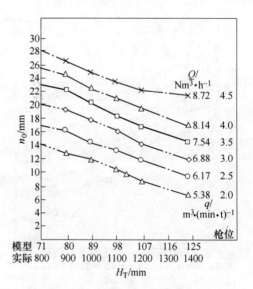

图 2-3-14　冲击深度（n_0）随枪位（H_T）
的变化曲线
（$\theta=12°$，$l=6.4$）

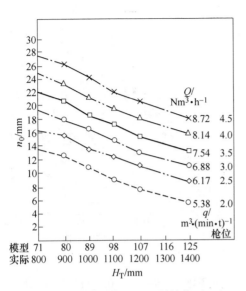

图 2-3-15　冲击深度（n_0）随枪位（H_T）
的变化曲线
（$\theta = 12°$，$l = 12.8$）

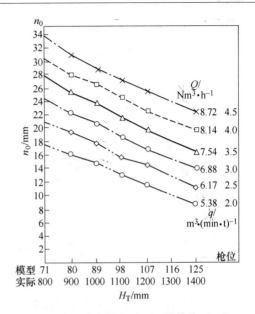

图 2-3-16　冲击深度（n_0）随枪位（H_T）
的变化曲线
（四孔）

按准数方程（2-3-22）对 n_0 回归得出：

$$\frac{n_0}{H} = k\theta^{-0.2931}\left(\frac{l}{d_e}\right)^{-0.1316}\left(\frac{M_j\cos^2\theta}{\rho_1 gH^3}\right)^{0.659}\left(\frac{\rho_0''}{\rho_a}\right) \tag{2-3-30}$$

$$\left(R = 0.879,\ S = 0.0445,\ \frac{|B_2|}{|B_1|} = 1.642\right)$$

式中，k 为常数；当 M_j 按三孔总量计时，$k = 5.647$；当 M_j 按一个小孔计时，$k = 9.78$。

式（2-3-30）和图 2-3-17~图 2-3-19 表明：$\dfrac{n_0}{H}$ 与 $\dfrac{M_j\cos^2\theta}{\rho_1 gH^3}$ 之间有较好的相关性，$\dfrac{n_0}{H}$ 随

$\dfrac{M_j\cos^2\theta}{\rho_1 gH^3}$ 值的增大而增大，随 $\dfrac{l}{d_e}$ 的增大而减小，随 θ 的减小而增大。

另外，从式（2-3-29）和式（2-3-30）还可看到，影响 $\dfrac{n_0}{H}$ 的第一位因素是 $\dfrac{M_j\cos^2\theta}{\rho_1 gH^3}$，

第二、第三位是 $\dfrac{l}{d_e}$ 和 θ；且第二、第三位因素的标准回归系数比 $\dfrac{B_2}{B_1} = 1.6$，说明 $\dfrac{l}{d_e}$ 和 θ 对
n_0 的影响哪一个因素都不能忽略（不考虑）。

　　b　双流复合顶吹喷枪射流冲击液体深度（n_0）

　　从图 2-3-20~图 2-3-29 可见，双流喷枪和 LD 喷枪的 n_0 值均随 q 的增大而增大和 H 的
减小而增大。并随着中心流 $q_{中心}$ 的增大，$n_{0(双)} - n_{0(LD)}$ 的差值明显增大；说明中心流对 n_0
的影响较大。

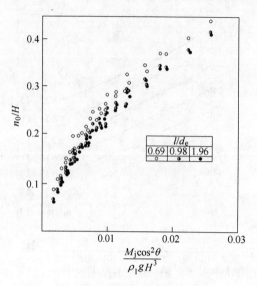

图 2-3-17　当 $\theta=9°$，在不同 l/d_e 情况下，n_0/H 与 $\dfrac{M_j\cos^2\theta}{\rho_1 gH^3}$ 的关系

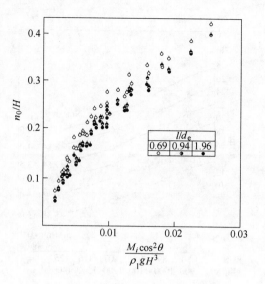

图 2-3-18　当 $\theta=10°$，在不同 l/d_e 情况下，n_0/H 与 $\dfrac{M_j\cos^2\theta}{\rho_1 gH^3}$ 的关系

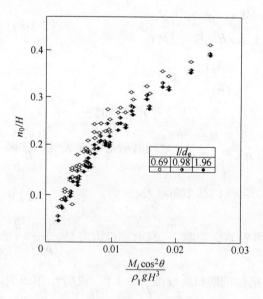

图 2-3-19　当 $\theta=12°$，在不同 l/d_e 情况下，n_0/H 与 $\dfrac{M_j\cos^2\theta}{\rho_1 gH^3}$ 的关系

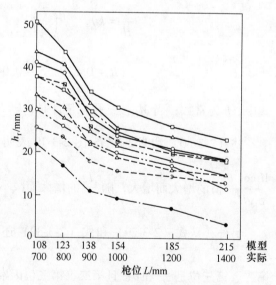

图 2-3-20　穿透深度 h_r 与枪位 L 的关系（13 号，$q_{中心}=0.6$）

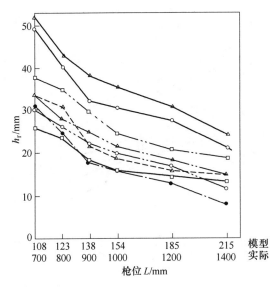

图 2-3-21 穿透深度 h_r 与枪位 L 的关系

（13 号，$q_{中心} = 0.8$）

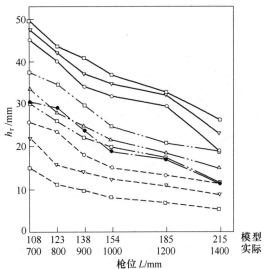

图 2-3-22 穿透深度 h_r 与枪位 L 的关系

（13 号，$q_{中心} = 1.0$）

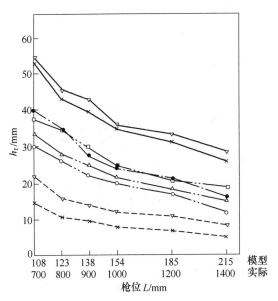

图 2-3-23 穿透深度 h_r 与枪位 L 的关系

（13 号，$q_{中心} = 1.2$）

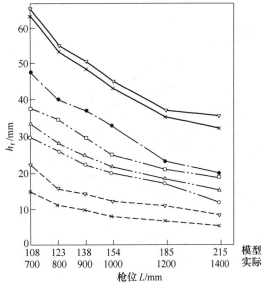

图 2-3-24 穿透深度 h_r 与枪位 L 的关系

（13 号，$q_{中心} = 1.5$）

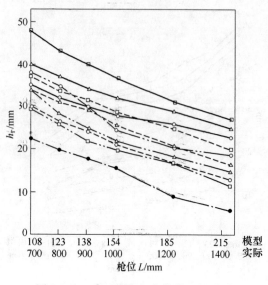

图 2-3-25　穿透深度 h_r 与枪位 L 的关系

（29 号，$q_{中心} = 0.6$）

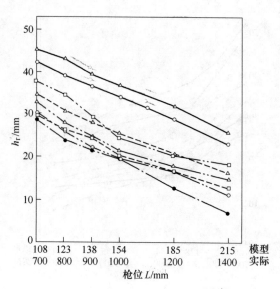

图 2-3-26　穿透深度 h_r 与枪位 L 的关系

（29 号，$q_{中心} = 0.8$）

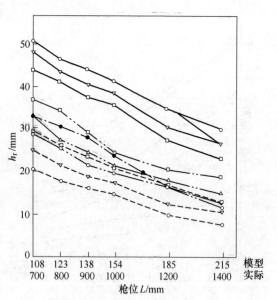

图 2-3-27　穿透深度 h_r 与枪位 L 的关系

（29 号，$q_{中心} = 1.0$）

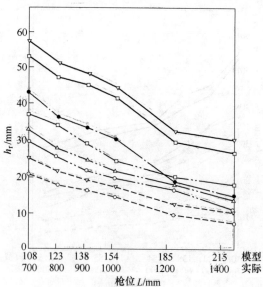

图 2-3-28　穿透深度 h_r 与枪位 L 的关系

（29 号，$q_{中心} = 1.2$）

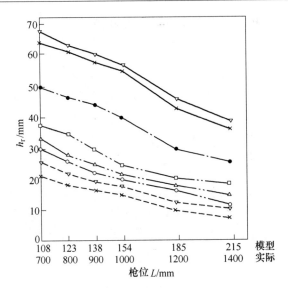

图 2-3-29 穿透深度 h_r 与枪位 L 的关系

（29 号，$q_{中心} = 1.5$）

从图 2-3-20 ~ 图 2-3-29 可见，当 q、H 相同时：

（1）$n_{0(双流)} > n_{0(LD)} > n_{0(四周流)}$；

（2）$n_{0(四周流)(DF-WⅡ)} > n_{0(四周流)(DF-WⅠ)}$；

（3）当 $q_{中心} < 1.0\mathrm{Nm}^3/(\mathrm{min} \cdot \mathrm{t})$ 时，$n_{0(中心流)(DF-WⅠ)} > n_{0(中心流)(DF-WⅡ)}$，$n_{0(双流)(DF-WⅠ)} > n_{0(双流)(DF-WⅡ)}$；

（4）当 $q_{中心} \geqslant 1.0\ \mathrm{Nm}^3/(\mathrm{min} \cdot \mathrm{t})$ 时，$n_{0(中心流)(DF-WⅠ)} < n_{0(中心流)(DF-WⅡ)}$，$n_{0(双流)(DF-WⅠ)} < n_{0(双流)(DF-WⅡ)}$。

这说明：

（1）双流喷枪的四周流具有"软吹"的性质，中心流则具有"硬吹"的性质。因此，使它具有"硬"、"软"吹复合炼的特性，而兼有单孔和多孔喷枪的优点。

（2）在吹炼前、中期，DF-WⅠ型（13 号）双流喷头可能比 DF-WⅡ型（29号）双流喷头的吹炼性更好。吹炼终期，则相反。

n_0 的回归方程如图 2-3-30 ~ 图 2-3-33 所示。

按准数方程（2-3-19）得出方程中的常数 k_1'，列于表 2-3-8。表 2-3-8 中的

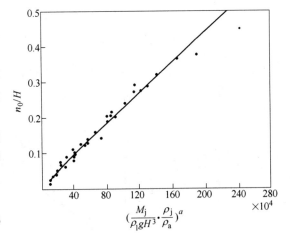

图 2-3-30　13 号喷头中心流冲击深度的回归方程曲线

k_1' 值与文献上的 k_1' 值基本一致，并与 50t 转炉三孔喷枪所得出的式（2-3-29）所表述的关系基本符合。但这里需要说明一下，DF-WⅠ型喷头测试时，熔池中装有浪高仪用的弓架，

使其气体射流受到一些干扰，测得的 n_0 值可能偏小点。

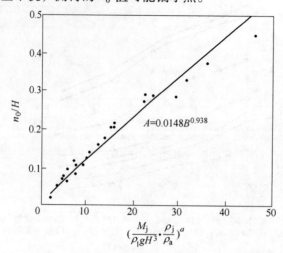

图 2-3-31　13 号喷头四周流冲击深度的回归方程曲线

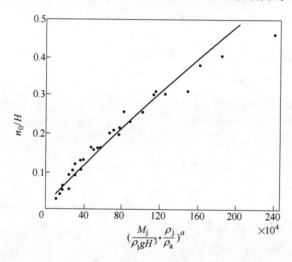

图 2-3-32　29 号喷头中心流冲击深度的回归方程曲线

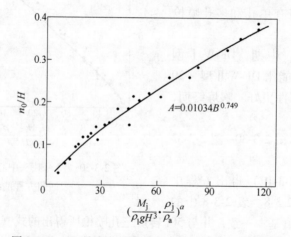

图 2-3-33　29 号喷头四周流冲击深度的回归方程曲线

表 2-3-8　k_1' 的平均值

喷头名称		DF-W I （13 号）	DF-W II （29 号）	LD
中心流，$\overline{k_1'}$		7.128	7.92	—
四周流或三孔喷头	$\overline{k_1'}$（M_j 按一孔计）	6.625	7.549	7.498
	$\overline{k_1'}$（M_j 按三孔计）	3.825	4.421	4.349

按准数方程（2-3-22）得出的 $\dfrac{n_0}{H}$ 实验式列于表 2-3-9 中。

表 2-3-9　准数方程（2-3-22）得出的 $\dfrac{n_0}{H}$ 实验式

喷头，射流		实 验 式		n	r	s
DF-W I	中心流	$\dfrac{n_0}{H} = 17.467\left(\dfrac{M_j\cos^2\theta}{\rho_1 gH^3}\right)^{0.939}\left(\dfrac{\rho_0''}{\rho_a}\right)$	（2-3-31）	30	0.98	0.025
	四周流	$\dfrac{n_0}{H} = 3.378\left(\dfrac{M_j\cos^2\theta}{\rho_1 gH^3}\right)^{0.82}\left(\dfrac{\rho_0''}{\rho_a}\right)$	（2-3-32）	30	0.96	0.033
DF-W II	中心流	$\dfrac{n_0}{H} = 15.443\left(\dfrac{M_j\cos^2\theta}{\rho_1 gH^3}\right)^{0.884}\left(\dfrac{\rho_0''}{\rho_a}\right)$	（2-3-33）	30	0.98	0.019
	四周流	$\dfrac{n_0}{H} = 3.19\left(\dfrac{M_j\cos^2\theta}{\rho_1 gH^3}\right)^{0.746}\left(\dfrac{\rho_0''}{\rho_a}\right)$	（2-3-34）	30	0.99	0.006

表 2-3-8 中的 k_1' 值和表 2-3-9 中的实验式表明：

（1）当 M_j 值相同时，$n_{0(中)} > n_{0(四)}$ ；$n_{0(\text{DF-W II})} > n_{0(\text{DF-W I})}$ 。

（2）式（2-3-31）~式（2-3-34）的相关系数 r 均在 0.96 以上，且实验点均落在回归曲线的附近（见图 2-3-30~图 2-3-33），表明不论喷头结构，也不论中心流或四周流，其 $\dfrac{n_0}{H}$ 与 $\dfrac{M_j}{\rho_1 gH^3}$ 间的相关性均很好。

（3）双流复吹的冲击深度（n_{0D}）与单独中心流的冲击深度（n_{0C}）和单独四周流的冲击深度（n_{0A}）之间有一定关系，如：

$$n_{0D} = a + bn_{0S} + cn_{0A}$$

或

$$\frac{n_{0D}}{H} = a\left(\frac{n_{0C}}{H}\right)^b\left(\frac{n_{0A}}{H}\right)^c \tag{2-3-35}$$

根据实验结果，经回归分析得：

$$n_{0D} = 10.777 \times 10^{-2} + 0.862 n_{0C} + 0.455 n_{0A} \tag{2-3-36}$$

$$(n = 72, \ r = 0.972)$$

$$\frac{n_{0D}}{H} = 1.1671\left(\frac{n_{0C}}{H}\right)^{0.4965}\left(\frac{n_{0A}}{H}\right)^{0.2525} \tag{2-3-37}$$

$$(n = 144, \ r = 0.9819, \ f = 1895.53, \ s = 0.0404)$$

显著性：

$$\frac{n_{0C}}{H} \to \frac{n_{0A}}{H}$$

$$\frac{n_{0D}}{H} = 1.5576 \left(\frac{M_j}{\rho g H^3}\right)^{0.0949} \left(\frac{n_{0C}}{H}\right)^{0.3964} \left(\frac{n_{0A}}{H}\right)^{0.2493} \qquad (2\text{-}3\text{-}38)$$

$$(n = 144, \ r = 0.9819, \ f = 1895.53, \ s = 0.0404)$$

显著性：　　　　　　$\dfrac{n_{0C}}{H} \rightarrow \dfrac{n_{0A}}{H} \rightarrow \dfrac{M_j}{\rho g H^3}$

复原到实际转炉时，

$$n_{0DS} = n_{0DW} \left(\frac{\rho_0''}{\rho_a}\right) \qquad (2\text{-}3\text{-}39)$$

式（2-3-36）和式（2-3-38）表明：

(1) n_{0D} 与 n_{0C} 和 n_{0A} 之间有较好的线性关系。

(2) 中心流是影响 n_{0D} 值的第一位因素，具有"硬吹"和强化熔池搅拌的特性。

(3) 四周流是影响 n_{0D} 值的第二位因素，具有"软吹"和化渣的特性。

c　冷态与热态试验结果比较

根据文献 [30]，将班克斯[27,28]、阿尔邦[29]、Ito 和 Much[12,13] 等人用空气射流冲击水、水泥和水银，及用氧气射流冲击铁水的试验结果绘于图 2-3-35 中，从图 2-3-5 中可见，凡冷态试验，不论是冲击水、水泥或水银，其冲击深度的测试结果、均落在等密度射流冲击液体的理论公式线上或紧邻，说明它们服从方程式（2-3-8），且式中的 k_1 值为定常数；这与我们的水模实验结果是一致的。但氧气射流冲击铁水深度的测试结果，则只在 $\dfrac{M_j}{\rho_1 g H^3}$ >0.0006 时与冷态试验结果相符，当 $\dfrac{M_j}{\rho_1 g H^3}$ >0.0006 后与冷态试验结果的差别逐渐增大；这说明，当 $-\dfrac{M_j}{\rho_1 g H^3}$ >0.0006 后，热态试验不再遵守等密度射流的速度衰减规律，也就是说式（2-3-7）中的 ρ_0、ρ_j 不再相等，k_1 值也不再是定常数。故按等密度公式（2-3-8）总结的冷态试验公式不能直接用于实际转炉中，还必须对 k_1 值加以修正才可。

d　单孔喷枪和多孔喷枪的射流冲击深度公式如何互相借用

鉴于冷、热态试验结果的差异可能大于单孔与多孔喷枪互相借用的误差，及获得一恰当热态试验公式之不易，因此，有必要讨论单孔喷枪和多孔喷枪的射流冲击深度公式如何互相借用的问题。

对于多孔喷枪借用单孔喷枪的 n_0 公式，方法一为：从式（2-3-29）可知，当取多孔喷枪一个小孔的 M_j 计时，在 $\theta = 9° \sim 12°$，$\dfrac{l}{d_e} = 0.7 \sim 1.5$ 的情况下，$k_1' = 8.15 \sim 7.35$，这与单孔喷枪的 k_1' 值（7.8 ~ 7.13）基本一致，故在没有计算多孔喷枪射流冲击深度的恰当公式时，可借用单孔喷枪的热态试验公式来估算多孔喷枪的 n_0 值和修正多孔喷枪的冷态实验公式，但一定要将单孔喷枪公式中的 M_j 值按一个小孔计。

方法二为：先求出多孔喷枪的当量总喉口直径 d_T，再按 d_T 求出 M_j 和 $n_{0(单)}$，则：

$$n_{0(多)} = n_{0(单)} / \sqrt[3]{N} \qquad (2\text{-}3\text{-}40)$$

式中，N 为喷孔数目。

对于单孔喷枪借用多孔喷枪的公式，先按多孔总 M_j 值求出 $n_{0(多)}$，则：

$$n_{0(单)} = \sqrt[3]{N} n_{0(多)} \qquad (2\text{-}3\text{-}41)$$

2.3.1.3　热态试验

气体射流冲击液面的冷态模拟实验研究结果，虽然在一定程度上揭示了氧气顶吹转炉内氧气射流对铁水熔池的冲击作用和其产生的熔池运动规律。但由于冷态模拟射流的衰减规律与氧气射流在炉内的衰减规律不同。因此，冷态模拟实验研究结果如不借助热态试验结果来加以修正的话，则不能直接用来准确估计氧气射流对铁水熔池冲击所产生的凹坑深度、凹坑直径等。当然，冷态试验研究结果作为相对尺度，用以估计转炉内的工作状况仍是十分有意义的。但如要借助射流冲击液体深度公式来防止冲击过深而击穿炉底和避免冲击过浅而发生大喷，和要比较准确地了解射流冲击深度与转炉冶金特性的关系，则寻求一种计算氧气射流在炉内的实际冲击深度的方法和公式是十分必要的。

弗林（Flinn）[34] 通过在 45.4kg、136kg 和 2t 的炉子上用四种方法（氮气气泡探针法、炉底记号法、射流击穿炉底的目视观测法及借助装置在氧枪内的光学系统的观察）对氧气射流冲击铁水深度的广泛试验研究后，提出了氧气射流冲击金属液深度（cm）的著名公式：

$$n_0 = 34 \frac{P_0 d_t}{\sqrt{H}} - 3.81 \qquad (2\text{-}3\text{-}42)$$

式中，P_0 为喷嘴上游的氧气滞止压力，kg/cm^2（绝对）；d_t 为喷嘴喉口直径，cm；H 为喷头端面距熔池铁水表面的高度，cm。

其冲击深度的试验结果如图 2-3-34 所示。因为弗林公式主要是在 45kg 和 136kg 的试验炉上用氮气气泡探针法进行试验研究后提出的，所以气泡探针的测试结果均落在式（2-3-42）直线附近，而对于中间试验炉的测试结果则显得大了些。同时，弗林公式比其他学者提出的公式的计算值都大，一种解释是，认为 Flinn 公式是取的测定压力下的最大深度值，而 Chatterjee 公式（2-3-17）则是取的平均深度值。而围绕平均值的竖向波动是很容易达到 30% 或者更高些。另一种解释是，Molloy[38] 认为是在硬吹情况下，金属液面被吸入气体射流再次喷入熔池的结果，因这些液滴像活塞一样作用在熔池面上，使得冲击深度周期的变深。我们认为主要是忽视了无因次枪高 $\dfrac{H}{d}$ 和冲量 M_j 对射流速度衰减系数 k_1' 的影响的结果。因弗林等人在 45kg 和 136kg 实验炉上采用的喷吹参数，与实际转炉并不相

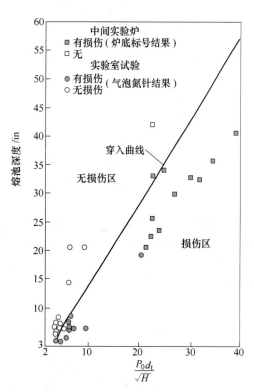

图 2-3-34　弗林等人关于冲击深度的试验研究

同（如 $\dfrac{H}{d}$ 较小，且为"硬吹"）故其 k_1' 较大。而弗林等人在总结试验结果时，却把它当成普遍现象来总结了，所以弗林公式的计算值一般都偏大。下面根据 Ito 和 Muchi 的数据对氧气射流在炉内冲击铁水深度的问题做进一步探讨。

A　Ito 和 Muchi 的实验研究结果[12,13]

Ito 和 Muchi 的实验研究结果示于图 2-3-35 和图 2-3-36。图 2-3-35 表示马赫数为 2.0 的氧气射流，通过温度为 1000℃，成分为 85%CO，10%CO$_2$ 和 5%N$_2$ 的炉气，射到铁水面上，其冲击深度随喷枪高度和喉口直径而变化；图 2-3-36 表示喷枪高度为 1.6m 和喉口直径为 50mm 时，射流冲击凹坑的深度随周围介质温度的变化而变化。这说明顶吹转炉中氧气射流冲击熔池的深度，不仅随喷吹条件的变化而变化，而且随吹炼过程中炉气温度的变化而变化，这后一情况是弗林公式没有考虑到的。

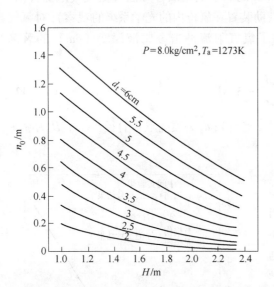

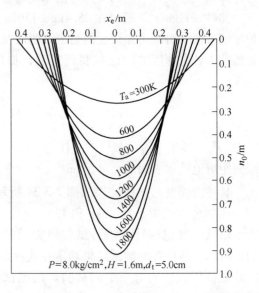

图 2-3-35　Ma = 2.0 的射流，在 T_a = 1273K 和　　　图 2-3-36　Ma = 2.0 的射流，在 H = 1.6m 和
D_j = 1.3d_t 情况下，其熔池冲击深度 n_0　　　　d_t = 50mm，d_j = 65mm 时，其冲击凹坑的剖面
随枪高 H 和喷嘴喉口直径而变化的情况[13]　　　　　　随炉气温度而变化的情况[13]

如把图 2-3-35 和图 2-3-36 的结果按方程（2-3-8）进行加工整理，求出不同喷吹条件下的射流速度衰减系数 k_1 列于表 2-3-10 和表 2-3-11。

表 2-3-10　Ma = 2.0 和 T_a = 1273K 时，n_0 和 k_1' 与 d_t 和 H 的关系

$\dfrac{n_0/m}{k_1}$	d_t /mm	20	30	40	50	60
H/m	M_j /kg·m·s^{-1}	301.32	678.25	1205.77	1884.02	2713
1.0		$\dfrac{0.2}{10.15}$	$\dfrac{0.49}{13.153}$	$\dfrac{0.8}{15.22}$	$\dfrac{1.11}{16.82}$	$\dfrac{1.465}{18.8}$
1.2		$\dfrac{0.156}{10.133}$	$\dfrac{0.378}{12.235}$	$\dfrac{0.667}{14.422}$	$\dfrac{0.966}{16.108}$	$\dfrac{1.31}{18.115}$

续表 2-3-10

$\dfrac{n_0/m}{k_1}$	d_t/mm	20	30	40	50	60
H/m	$M_j/kg \cdot m \cdot s^{-1}$	301.32	678.25	1205.77	1884.02	2713
1.4		$\dfrac{0.111}{9.525}$	$\dfrac{0.289}{11.45}$	$\dfrac{0.522}{13.134}$	$\dfrac{0.81}{15.05}$	$\dfrac{1.132}{16.986}$
1.6		$\dfrac{0.067}{8.164}$	$\dfrac{0.20}{10.15}$	$\dfrac{0.422}{12.42}$	$\dfrac{0.688}{14.377}$	$\dfrac{1.0}{16.394}$
1.8		$\dfrac{0.044}{7.318}$	$\dfrac{0.133}{8.89}$	$\dfrac{0.322}{11.389}$	$\dfrac{0.578}{13.68}$	$\dfrac{0.844}{15.316}$
2.0		$\dfrac{0.033}{6.988}$	$\dfrac{0.089}{7.859}$	$\dfrac{0.244}{10.484}$	$\dfrac{0.466}{12.738}$	$\dfrac{0.722}{14.584}$
2.2		$\dfrac{0.022}{6.236}$	$\dfrac{0.067}{7.4}$	$\dfrac{0.189}{9.823}$	$\dfrac{0.378}{11.993}$	$\dfrac{0.611}{13.855}$
2.4		$\dfrac{0.018}{6.138}$	$\dfrac{0.044}{6.465}$	$\dfrac{0.156}{9.549}$	$\dfrac{0.289}{10.938}$	$\dfrac{0.525}{13.36}$

表 2-3-11 $Ma=2.0$，$d_t=50mm$ 和 $H=1.6m$ 时，n_0 和 k_1' 与 T_a 的关系

M_j	\multicolumn{6}{c}{$1884.02kg \cdot m/s$}					
T_a/K	300	600	1000	1273	1400	1800
n_0/m	0.275	0.41	0.57	0.689	0.75	0.90
k_1'	7.44	9.738	12.379	14.377	15.399	17.946

从表 2-3-10 和表 2-3-11 可见，k_1' 值不是定常数，而是随 M_j、H 和 T_a 值的不同而不同。分析认为，常温下冷态模拟实验时 k_1 基本上为常数，高温时 k_1' 不仅随 T_a 的变化而变化，而且随 $\dfrac{M_j}{\rho_1 gH^3}$ 的增大而增大，前者的原因是不言而喻的，后者的原因则主要是 $\dfrac{M_j}{\rho_1 gH^3}$ 大时，射流到达熔池面时的温度 T_E 小，密度 ρ_E 大的结果。另外，冷态模拟实验的气流是亚音速流，近似于等密度射流，而实际转炉的氧气射流是超音速射流，其 T_E、ρ_E 值是随 $\dfrac{M_j}{\rho_1 gH^3}$ 的变化而变化的。所以实际转炉中氧气射流的速度衰减系数 k_1' 不是定常数，而是随 T_a 值的增大、或 $\dfrac{M_j}{\rho_1 gH^3}$ 值的增大而增大的。

B Ito 和 Muchi 数据的回归方程

a 在 $T_a=1273K$ 时，$\dfrac{n_0}{H}$、$\dfrac{n_0}{H}\left(1+\dfrac{n_0}{H}\right)^2$ 和 k_1' 与 $\dfrac{M_j}{\rho_1 gH^3}$ 的关系

按式（2-3-22）和式（2-3-24）对全部 40 组数据进行回归，图 2-3-37 表示 $\dfrac{n_0}{H}$ 与 $\dfrac{M_j}{\rho_1 gH^3}$ 的关系，其回归方程为：

$$\frac{n_0}{H} = 102.5 \left(\frac{M_j}{\rho_1 gH^3}\right)^{1.129} \qquad (n=40, \ r=0.98, \ S=0.027) \qquad (2\text{-}3\text{-}43)$$

从图 2-3-37 和式（2-3-43）的相关系数 r 值较大来看，式（2-3-43）似乎是够理想的

了，但仔细分析就会发现剩余偏差 $S=0.0273$ 对 $\dfrac{M_j}{\rho_1 g H^3}$ 大者，即 $\dfrac{n_0}{H}$ 大者是不算大的，但对

于 $\dfrac{M_j}{\rho_1 g H^3} < 0.01$ 者则不小。故为了提高计算的准确性，将 40 组数据分三档进行回归：

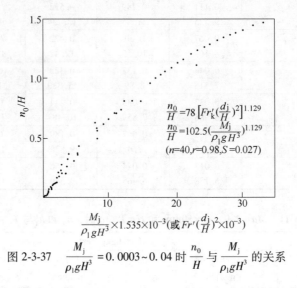

图 2-3-37 $\dfrac{M_j}{\rho_1 g H^3} = 0.0003 \sim 0.04$ 时 $\dfrac{n_0}{H}$ 与 $\dfrac{M_j}{\rho_1 g H^3}$ 的关系

（1）$\dfrac{M_j}{\rho_1 g H^3} < 0.0017$ 时：

1）按方程（2-3-8）求 k_1。k_1 与 $\dfrac{M_j}{\rho_1 g H^3}$（或 $Fr'\left(\dfrac{d_j}{H}\right)^2$）的关系如图 2-3-38 所示。其回归

方程如下：

$$k_1 = 2564\left(\frac{M_j}{\rho_1 g H^3}\right) + 5.2577 \qquad (2\text{-}3\text{-}44)$$

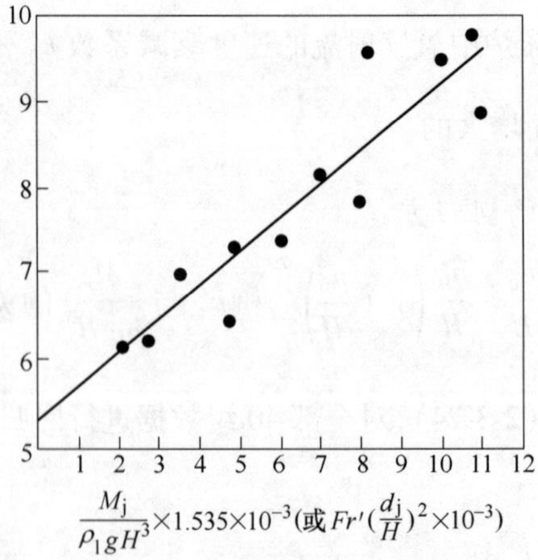

图 2-3-38 $\dfrac{M_j}{\rho_1 g H^3} < 0.0017$ 时，k_1 与 $\dfrac{M_j}{\rho_1 g H^3}$ 的关系

或 $\qquad k_1 = 2013\left[Fr'\cdot\left(\dfrac{d_j}{H}\right)^2\right] + 5.2577 \qquad (n=12,\ r=0.93,\ S=0.0098)$ （2-3-45）

从式（2-3-44）可见，在 $\dfrac{M_j}{\rho_1 gH^3} < 0.0017$ 时，k_1 与 $\dfrac{M_j}{\rho_1 gH^3}$ 之间有较好的线性关系，在实际转炉中 k_1 值不是定常数，而是随 $\dfrac{M_j}{\rho_1 gH^3}$ 值的增大而增大的，或者说随氧气射流初始冲量的增大或枪位的降低而增大，随冲量的减小和枪位的增高而减小，当 M_j 趋于极小，H 趋于极大时，$k_1 \to 5.26$。

2）按方程（2-3-22）进行回归分析。$\dfrac{n_0}{H}\left(1+\dfrac{n_0}{H}\right)^2$ 与 $\dfrac{M_j}{\rho_1 gH^3}$ 的关系如图 2-3-39 所示。其回归方程如下：

$$\frac{n_0}{H} = 890.364\left(\frac{M_j}{\rho_1 gH^3}\right)^{1.4593} \qquad (n=12,\ r=0.9893,\ S=0.009) \qquad (2\text{-}3\text{-}46)$$

$$\frac{n_0}{H}\left(1+\frac{n_0}{H}\right)^2 = 1973\left(\frac{M_j}{\rho_1 gH^3}\right)^{1.5616} \qquad (n=12,\ r=0.989,\ S=0.01) \qquad (2\text{-}3\text{-}47)$$

或 $$\frac{n_0}{H}\left(1+\frac{n_0}{H}\right)^2 = 1346.6\left(\frac{M_j}{\rho_1 gH^3}\right)^{1.5} \qquad (2\text{-}3\text{-}48)$$

从图 2-3-39 和式（2-3-47）中可见，在实际转炉中，当 $\dfrac{M_j}{\rho_1 gH^3} < 0.0017$ 时，$\dfrac{n_0}{H} \times \left(1+\dfrac{n_0}{H}\right)^2$ 与 $\dfrac{M_j}{\rho_1 gH^3}$ 之间的关系已经不再是方程（2-3-8）那样的线性关系，而是半立方抛物线关系。且不同于式（2-3-43）的抛物线关系；同时式（2-3-43）的 $S=0.027$，而式（2-3-46）的 $S=0.009$。可见分档回归对提高计算精度是十分必要的。

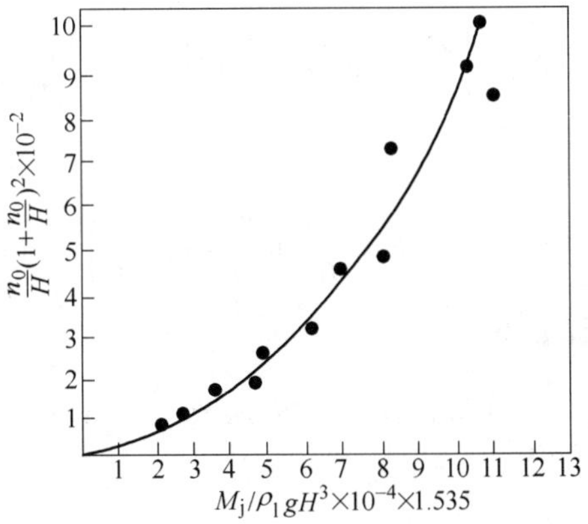

图 2-3-39　$\dfrac{M_j}{\rho_1 gH^3} < 0.0017$ 时，$\dfrac{n_0}{H}\left(1+\dfrac{n_0}{H}\right)^2$ 与 $\dfrac{M_j}{\rho_1 gH^3}$ 的关系

（2）$\dfrac{M_j}{\rho_1 gH^3} = 0.0017 \sim 0.01$ 时：

1) 按方程 (2-3-8) 求 k_1。k_1 与 $\dfrac{M_j}{\rho_1 g H^3}$ 的关系如图 2-3-40 所示。其回归方程如下：

$$k_1 = 555.2\left(\frac{M_j}{\rho_1 g H^3}\right) + 10.19 \qquad (2\text{-}3\text{-}49)$$

或 $\qquad k_1 = 435.8\left[Fr'_h\left(\frac{d_j}{H}\right)^2\right] + 10.19 \qquad (n = 20,\ r = 0.81,\ S = 0.36) \qquad (2\text{-}3\text{-}50)$

从图 2-3-40 和式 (2-3-49) 可见，当 $\dfrac{M_j}{\rho_1 g H^3} = 0.002 \sim 0.01$ 时，k_1 与 $\dfrac{M_j}{\rho_1 g H^3}$ 之间的关系仍是线性关系，随 $\dfrac{M_j}{\rho_1 g H^3}$ 值的增大而增大，同时，其常数项也较 $\dfrac{M_j}{\rho_1 g H^3} < 0.0017$ 者的式 (2-3-44) 中的大，进一步体现了 k_1 随 $\dfrac{M_j}{\rho_1 g H^3}$ 的增大而增大的规律性。

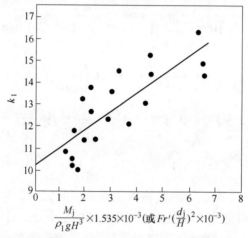

图 2-3-40 $\quad \dfrac{M_j}{\rho_1 g H^3} = 0.002 \sim 0.01$ 时，k_1 与 $\dfrac{M_j}{\rho_1 g H^3}$ 的关系

2) 按方程 (2-3-22) 进行回归分析。$\dfrac{n_0}{H}$ 和 $\dfrac{n_0}{H}\left(1 + \dfrac{n_0}{H}\right)^2$ 与 $\dfrac{M_j}{\rho_1 g H^3}$ 的关系如图 2-3-41 和图 2-3-42 所示。其回归方程如下：

$$\frac{n_0}{H} = 65.111\left(\frac{M_j}{\rho_1 g H^3}\right) - 0.01 \qquad (n = 18,\ r = 0.948,\ S = 0.0057) \qquad (2\text{-}3\text{-}51)$$

$$\frac{n_0}{H}\left(1 + \frac{n_0}{H}\right)^2 = 154.173\left(\frac{M_j}{\rho_1 g H^3}\right) - 0.195 \qquad (n = 18,\ r = 0.943,\ S = 0.0153)$$

$$(2\text{-}3\text{-}52)$$

从图 2-3-41、图 2-3-42 和式 (2-3-51)、式 (2-3-52) 可见，当 $\dfrac{M_j}{\rho_1 g H^3} = 0.002 \sim 0.007$

时，$\dfrac{n_0}{H}$ 和 $\dfrac{n_0}{H}\left(1+\dfrac{n_0}{H}\right)^2$ 与 $\dfrac{M_j}{\rho_1 gH^3}$ 之间的关系是线性关系，不同于式（2-3-43）的抛物线关

系，且式（2-3-43）的 $S=0.027$，而式（2-3-52）的 $S=0.015$，说明式（2-3-52）对 $\dfrac{M_j}{\rho_1 gH^3}$

$=0.002\sim0.007$ 更合适。

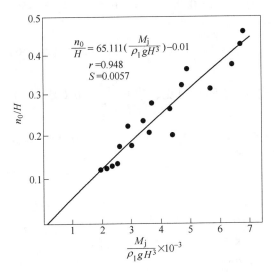

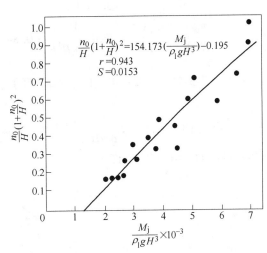

图 2-3-41　$\dfrac{M_j}{\rho_1 gH^3}=0.002\sim0.007$ 时，$\dfrac{n_0}{H}$

与 $\dfrac{M_j}{\rho_1 gH^3}$ 的关系

图 2-3-42　$\dfrac{M_j}{\rho_1 gH^3}=0.002\sim0.007$ 时，$\dfrac{n_0}{H}\left(1+\dfrac{n_0}{H}\right)^2$

与 $\dfrac{M_j}{\rho_1 gH^3}$ 的关系

（3）$\dfrac{M_j}{\rho_1 gH^3}=0.005\sim0.04$ 时：

1）按方程（2-3-8）求 k_1。k_1 与 $\dfrac{M_j}{\rho_1 gH^3}$ 的关

系如图 2-3-43 所示。其回归方程如下：

$$k_1 = 134.7\left(\dfrac{M_j}{\rho_1 gH^3}\right) + 13.72 \quad (2\text{-}3\text{-}53)$$

或　　$$k_1 = 105.7\left[Fr'\cdot\left(\dfrac{d_j}{H}\right)^2\right] + 13.72$$

$$(n=10,\ r=0.77,\ S=0.416)\quad(2\text{-}3\text{-}54)$$

从图 2-3-43 和式（2-3-53）可见，当 $\dfrac{M_j}{\rho_1 gH^3}=$

$0.01\sim0.04$ 时，k_1 与 $\dfrac{M_j}{\rho_1 gH^3}$ 之间的关系为线性关

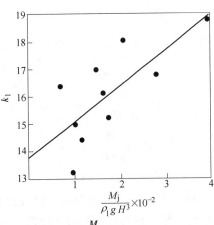

图 2-3-43　$\dfrac{M_j}{\rho_1 gH^3}=0.01\sim0.04$ 时，

k_1 与 $\dfrac{M_j}{\rho_1 gH^3}$ 的关系

系，其常数项比式（2-3-48）又有增加。

2）按方程（2-3-22）回归分析。图 2-3-44 和图 2-3-45 表示 $\dfrac{n_0}{H}$ 和 $\dfrac{n_0}{H}\left(1+\dfrac{n_0}{H}\right)^2$ 与 $\dfrac{M_j}{\rho_1 g H^3}$ 之间的关系。其回归方程如下：

$$\frac{n_0}{H} = 32.752\left(\frac{M_j}{\rho_1 g H^3}\right) + 0.239 \qquad (n=14,\ r=0.983,\ S=0.0056) \qquad (2\text{-}3\text{-}55)$$

$$\frac{n_0}{H}\left(1+\frac{n_0}{H}\right)^2 = 233\left(\frac{M_j}{\rho_1 g H^3}\right) - 0.845 \qquad (n=14,\ r=0.988,\ S=0.029) \quad (2\text{-}3\text{-}56)$$

从图 2-3-44、图 2-3-45 和式（2-3-55）、式（2-3-56）可见，当 $\dfrac{M_j}{\rho_1 g H^3}=0.005\sim 0.04$ 时，$\dfrac{n_0}{H}$ 和 $\dfrac{n_0}{H}\left(1+\dfrac{n_0}{H}\right)^2$ 与 $\dfrac{M_j}{\rho_1 g H^3}$ 之间的关系为线性关系，且式（2-3-55）的 $S=0.0056$ 比式（2-3-43）的 $S=0.027$ 小许多。

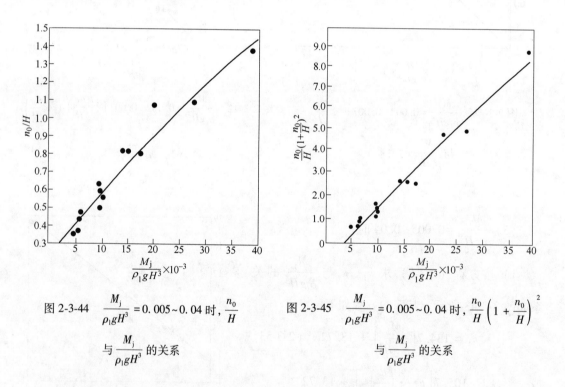

图 2-3-44　$\dfrac{M_j}{\rho_1 g H^3}=0.005\sim 0.04$ 时，$\dfrac{n_0}{H}$ 与 $\dfrac{M_j}{\rho_1 g H^3}$ 的关系

图 2-3-45　$\dfrac{M_j}{\rho_1 g H^3}=0.005\sim 0.04$ 时，$\dfrac{n_0}{H}\left(1+\dfrac{n_0}{H}\right)^2$ 与 $\dfrac{M_j}{\rho_1 g H^3}$ 的关系

由上可见，分档回归后，每档回归方程的剩余偏差值 S 均比总回归方程的小。说明分档回归方程比总回归方程的计算精度高。

综合上述回归分析结果，将各种条件下的回归方程列于表 2-3-12。

由表 2-3-12 可见：

（1）在高温条件下，氧气射流的速度衰减系数 k_1 不再是定常数，而是随 M_j 值的增大和 H 值的减小而增大（即速度衰减减小）。

表 2-3-12　$T_a = 1273K$ 时，氧气射流冲击熔池深度的回归方程

序号	回归条件		回归分析				
	$\dfrac{M_j}{\rho_1 gH^3}$	T_a/K	回归方程	组数 n	相关系数 r	剩余偏差 S	曲线性质
1	$0.0003 \sim 0.04$	1273	$\dfrac{n_0}{H} = 102.5\left(\dfrac{M_j}{\rho_1 gH^3}\right)^{1.129}$　(2-3-43)	40	0.98	0.027	半抛物线
2	<0.0017	1273	$\dfrac{n_0}{H}\left(1 + \dfrac{n_0}{H}\right)^2 = \dfrac{2k_1^2}{\pi}\left(\dfrac{M_j}{\rho_1 gH^3}\right)$　(2-3-8) $k_1 = 2564\left(\dfrac{M_j}{\rho_1 gH^3}\right) + 5.2577$　(2-3-44)	12	0.93	0.098	直线
3	<0.0017	1273	$\dfrac{n_0}{H} = 890.364\left(\dfrac{M_j}{\rho_1 gH^3}\right)^{1.4593}$　(2-3-46)	12	0.9893	0.009	半立方抛物线
4	<0.0017	1273	$\dfrac{n_0}{H}\left(1 + \dfrac{n_0}{H}\right)^2 = 1973\left(\dfrac{M_j}{\rho_1 gH^3}\right)^{1.5616}$　(2-3-47)	12	0.989	0.01	半立方抛物线
5	$0.0017 \sim 0.01$	1273	$k_1 = 555.2\left(\dfrac{M_j}{\rho_1 gH^3}\right) + 10.19$　(2-3-49)	20	0.81	0.36	直线
6	$0.002 \sim 0.007$	1273	$\dfrac{n_0}{H} = 65.111\left(\dfrac{M_j}{\rho_1 gH^3}\right) - 0.01$　(2-3-51)	18	0.948	0.0057	直线
7	$0.002 \sim 0.007$	1273	$\dfrac{n_0}{H}\left(1 + \dfrac{n_0}{H}\right)^2 = 154.173\left(\dfrac{M_j}{\rho_1 gH^3}\right) - 0.195$　(2-3-52)	18	0.943	0.0153	直线
8	$0.01 \sim 0.04$	1273	$k_1 = 134.7\left(\dfrac{M_j}{\rho_1 gH^3}\right) + 13.72$　(2-3-53)	10	0.77	0.416	直线
9	$0.005 \sim 0.04$	1273	$\dfrac{n_0}{H} = 32.752\left(\dfrac{M_j}{\rho_1 gH^3}\right) + 0.239$　(2-3-55)	14	0.983	0.0056	直线
10	$0.005 \sim 0.04$	1273	$\dfrac{n_0}{H}\left(1 + \dfrac{n_0}{H}\right)^2 = 233\left(\dfrac{M_j}{\rho_1 gH^3}\right) - 0.845$　(2-3-56)	14	0.988	0.029	直线

（2）高温气氛下的 k_1 值比常温下的大。

（3）分档回归有利于提高回归方程的准确性。

（4）按 $\dfrac{n_0}{H}$ 与 $\dfrac{M_j}{\rho_1 gH^3}$ 关系回归方程应用较方便，r 值也稍大些。

b　环境温度（T_a）对 $\dfrac{n_0}{H}$、$\dfrac{n_0}{H}\left(1 + \dfrac{n_0}{H}\right)^2$ 和 k_1 的影响

关于 T_a 对 $\dfrac{n_0}{H}$ 和 $\dfrac{n_0}{H}\left(1 + \dfrac{n_0}{H}\right)^2$ 的修正

根据表 2-3-11 可写出表 2-3-13。其冲量准数 $\dfrac{M_j}{\rho_1 gH^3} = 0.0067$，$Ma = 2.0$，$d_t = 50mm$ 和 $H = 1.6m$ 时，故，它在 $T_a = 1273K$ 时的适用方程为式（2-3-51）和式（2-3-52）。按式（2-3-

51）求得 $\dfrac{n_0}{H}$（1273K）= 0.4161，按（2-3-52）求得 $\dfrac{n_0}{H}\left(1+\dfrac{n_0}{H}\right)^2 = 0.838$，与表 2-3-13 中

T_a =1273K 时的对应值基本相符。因此，可借助表 2-3-13 中所列的 T_a 与 $\dfrac{n_0}{H}$ 和 $\dfrac{n_0}{H}\left(1+\dfrac{n_0}{H}\right)^2$

的关系，对方程（2-3-43）~（2-3-56）进行温度修正，使之不仅可用于 T_a = 1273K 情况下
的实际转炉，而且可用于其他环境温度下。

表 2-3-13　$\dfrac{n_0}{H}$ 和 $\dfrac{n_0}{H}\left(1+\dfrac{n_0}{H}\right)^2$ 与 T_a 的关系

T_a /K	300	600	1000	1273	1400	1800
$\dfrac{n_0}{H}$	0.1719	0.2563	0.3563	0.4306	0.4688	0.5625
$\dfrac{n_0}{H}\left(1+\dfrac{n_0}{H}\right)^2$	0.2361	0.4044	0.6553	0.8813	1.0113	1.3733

　　以 T_a = 300K 为基底的温度修正系数：设 $T_R = \dfrac{T_a}{300K}$，$n_{R1} = \dfrac{\left(\dfrac{n_0}{H}\right)}{0.1719}$，$n_{R2} =$

$\dfrac{\dfrac{n_0}{H}\left(1+\dfrac{n_0}{H}\right)^2}{0.2361}$，则由表 2-3-13 可得出表 2-3-14。其 n_{R1} 和 n_{R2} 与 T_R 的关系示于图 2-3-46 和

图 2-3-47。其回归方程为：

$$n_{R1} = 0.4563 T_R + 0.5626 \qquad (n=6,\ r=0.9995,\ S=0.00048) \qquad (2\text{-}3\text{-}57)$$

或
$$\left(\frac{n_0}{H}\right)_{T_a} = (1.521 \times 10^{-3} T_a + 0.5626)\left(\frac{n_0}{H}\right)_{300K} \qquad (2\text{-}3\text{-}58)$$

式中　$\left(\dfrac{n_0}{H}\right)_{T_a}$ ——炉气温度为 T_a（K）时氧气射流的无因次冲击金属液深度；

　　　$\left(\dfrac{n_0}{H}\right)_{300K}$ ——常温下氧气射流的无因次冲击金属液深度，可借助冷态模拟实验结果得

　　　　　出的公式求取。

$$n_{R2} = 0.959 T_R - 0.175 \qquad (n=6,\ r=0.994,\ S=0.0122) \qquad (2\text{-}3\text{-}59)$$

或
$$\left[\frac{n_0}{H}\left(1+\frac{n_0}{H}\right)^2\right]_{T_a} = (3.197 \times 10^{-3} T_a - 0.175)\left[\frac{n_0}{H}\left(1+\frac{n_0}{H}\right)^2\right]_{300K} \qquad (2\text{-}3\text{-}60)$$

表 2-3-14　$T_R = \dfrac{T_a}{300K}$ 时 T_R、n_{R1} 和 n_{R2} 值

T_R	1.0	2.0	3.3333	4.2433	4.6666	6.00
n_{R1}	1.0	1.491	2.073	2.505	2.7272	3.2723
n_{R2}	1.0	1.7128	2.7755	3.7327	4.2834	5.8166

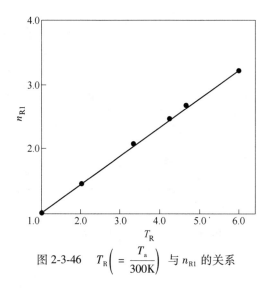

图 2-3-46 $T_R \left(= \dfrac{T_a}{300K} \right)$ 与 n_{R1} 的关系

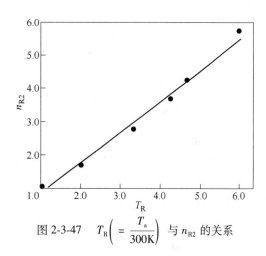

图 2-3-47 $T_R \left(= \dfrac{T_a}{300K} \right)$ 与 n_{R2} 的关系

以 $T_a = 1273K$ 为基底的温度修正系数：设 $T_R = \dfrac{T_a}{300K}$，$n_{R1} = \dfrac{\left(\dfrac{n_0}{H}\right)}{0.4306}$，$n_{R2} = \dfrac{\dfrac{n_0}{H}\left(1 + \dfrac{n_0}{H}\right)^2}{0.8813}$，

则由表 2-3-13 得出表 2-3-15。其 n_{R1} 和 n_{R2} 与 T_R 的关系示于图 2-3-48 和图 2-3-49。其回归方程式为：

$$n_{R1} = 0.7761T_R + 0.2241 \qquad (n=6, \ r=1.0, \ S=0) \qquad (2\text{-}3\text{-}61)$$

或 $$\left(\frac{n_0}{H}\right)_{T_a} = (6.0966 \times 10^{-4} T_a + 0.2241) \left(\frac{n_0}{H}\right)_{1273K} \qquad (2\text{-}3\text{-}62)$$

式中，$\left(\dfrac{n_0}{H}\right)_{1273K}$ 为在炉气温度为 1273K 条件下的 $\dfrac{n_0}{H}$ 值，可借助表 2-3-12 中的有关公式估计。

$$n_{R2} = 1.0897T_R - 0.0411 \qquad (n=6, \ r=0.9954, \ S=0.0024) \qquad (2\text{-}3\text{-}63)$$

或 $$\left[\frac{n_0}{H}\left(1 + \frac{n_0}{H}\right)^2\right]_{T_a} = (8.56 \times 10^{-4} T_a - 0.0411) \left[\frac{n_0}{H}\left(1 + \frac{n_0}{H}\right)^2\right]_{1273K} \qquad (2\text{-}3\text{-}64)$$

式中，$\left[\dfrac{n_0}{H}\left(1 + \dfrac{n_0}{H}\right)^2\right]_{1273K}$ 为 $T_a = 1273K$ 时的 $\dfrac{n_0}{H}\left(1 + \dfrac{n_0}{H}\right)^2$ 值，可借助表 2-3-12 中的有关公式计算。

表 2-3-15 $T_R = \dfrac{T_a}{1273}$ 时 T_R、n_{R1} 和 n_{R2} 值

T_R	0.2357	0.4713	0.7556	1.000	1.1	1.414
n_{R1}	0.3992	0.5952	0.8275	1.000	1.0887	1.3063
n_{R2}	0.2679	0.4589	0.7436	1.000	1.1475	1.5583

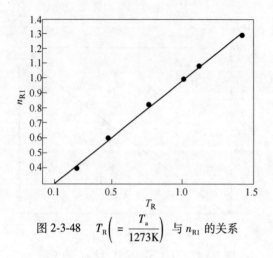

图 2-3-48　$T_R\left(=\dfrac{T_a}{1273K}\right)$ 与 n_{R1} 的关系

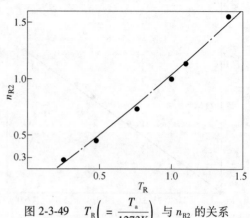

图 2-3-49　$T_R\left(=\dfrac{T_a}{1273K}\right)$ 与 n_{R2} 的关系

关于环境温度 T_a 对射流速度衰减系数 k_1 值的修正

以 $T_a=300K$ 为基底的温度修正系数：设 $T_R=\dfrac{T_a}{300K}$，$k_R=\dfrac{k_1}{7.44}$，则由表 2-3-11 可得出表 2-3-16。其 T_R 与 k_R 的关系示于图 2-3-50。其回归方程为：

$$k_R = 0.2829T_R + 0.7302$$
$$(n=6,\ r=0.9995,\ S=0.00029)$$
$$(2\text{-}3\text{-}65)$$

或 $(k_1)_{T_a}=(9.43\times10^{-4}T_a+0.7302)(k_1)_{300K}$

$$(2\text{-}3\text{-}66)$$

式中，$(k_1)_{300K}$ 为在常温环境中，氧气射流的

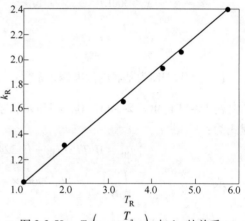

图 2-3-50　$T_R\left(=\dfrac{T_a}{1273K}\right)$ 与 k_R 的关系

速度衰减系数。如要求计算比较准确，该值应是随 $\dfrac{M_j}{\rho_1 gH^3}$ 而变化的，应是从超音速变密流的测试结果中选择，而不是水模测试的该值。

表 2-3-16　以环境温度 300K 为底的 T_R、k_R 值

T_R	1.0	2.0	3.3333	4.2433	4.6666	6.00
k_R	1.0	1.3089	1.6663	1.9324	2.0698	2.4121

以 $T_a=1273K$ 为基底的温度修正系数：设 $T_R=\dfrac{T_a}{1273K}$，$k_R=\dfrac{k_1}{14.377}$，则由表 2-3-11 可得出表 2-3-17，其 T_R 与 k_R 的关系示于图 2-3-51。其回归方程为：

$$k_R = 0.6198T_R + 0.3819 \qquad (n=6,\ r=0.9994,\ S=0.00019) \qquad (2\text{-}3\text{-}67)$$

或 　　　　$(k_1)_{T_a}=(4.8688\times10^{-4}T_a+0.3819)(k_1)_{1273K}$ 　　　　　　　　$(2\text{-}3\text{-}68)$

式中，$(k_1)_{1273K}$ 为在 $T_a = 1273K$ 时氧气射流的速度衰减速度，可用表 2-3-12 中的有关公式来估算。

表 2-3-17　　以环境温度 1273K 为底的 T_R、k_R 值

T_R	0.2357	0.4713	0.7556	1.00	1.1	1.414
k_R	0.5175	0.6773	0.8623	1.00	1.0711	1.2482

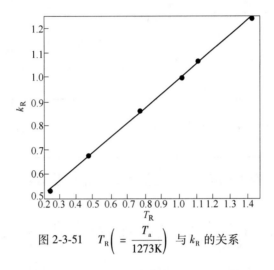

图 2-3-51　　$T_R \left(= \dfrac{T_a}{1273K} \right)$ 与 k_R 的关系

综合上述回归分析结果，将各种条件下的温度修正方程及配用方程列于表 2-3-18。

表 2-3-18　　温度修正方程式及配用方程式

序号	回归条件 T_a /K	回归方程	n	r	S	配用方程
1	300	$\left(\dfrac{n_0}{H} \right)_{T_a} = (1.521 \times 10^{-3} T_a + 0.5626) \left(\dfrac{n_0}{H} \right)_{300K}$ （2-3-58）	6	0.9995	0.0005	式（2-3-31）~ 式（2-3-36）及式（2-3-38）
2	300	$\left[\dfrac{n_0}{H} \left(1 + \dfrac{n_0}{H} \right)^2 \right]_{T_a} = (3.197 \times 10^{-3} T_a - 0.175) \left[\dfrac{n_0}{H} \left(1 + \dfrac{n_0}{H} \right)^2 \right]_{300K}$ （2-3-60）	6	0.994	0.0122	（1）式（2-3-8）与（2-3-30）；（2）式（2-3-8）与表 2-3-9；（3）式（2-3-38）
3	300	$(k_1)_{T_a} = (9.43 \times 10^{-4} T_a + 0.7302)(k_1)_{300K}$ （2-3-66）	6	0.9995	0.0003	（1）式（2-3-30）；（2）表 2-3-9；（3）式（2-3-34）
4	1273	$\left(\dfrac{n_0}{H} \right)_{T_a} = (6.0966 \times 10^{-4} T_a + 0.2241) \left(\dfrac{n_0}{H} \right)_{1273K}$ （2-3-62）	6	1.0	0	（1）式（2-3-46）；（2）式（2-3-51）；（3）式（2-3-55）

序号	回归条件 T_a/K	回 归 方 程	n	r	S	配用方程
5	1273	$\left[\dfrac{n_0}{H}\left(1+\dfrac{n_0}{H}\right)^2\right]_{T_a} = (8.56 \times 10^{-4}T_a - 0.0411)\left[\dfrac{n_0}{H}\left(1+\dfrac{n_0}{H}\right)^2\right]_{1273K}$　(2-3-64)	6	0.9954	0.0024	(1) 式 (2-3-8) 与式 (2-3-44)；(2) 式 (2-3-8) 与式 (2-3-49)；(3) 式 (2-3-8) 与式 (2-3-53)；(4) 式 (2-3-47)；(5) 式 (2-3-52)；(6) 式 (2-3-56)
6	1273	$(k_1)_{T_a} = (4.8688 \times 10^{-4}T_a + 0.3819)(k_1)_{1273K}$　(2-3-68)	6	0.9994	0.0002	(1) 式 (2-3-44)；(2) 式 (2-3-49)；(3) 式 (2-3-53)

c 常温气氛下的超音速射流冲击深度如何借助射流的密度变化转换为高温气氛下的冲击深度

前面讨论研究的温度对 $\dfrac{n_0}{H}$、$\dfrac{n_0}{H}\left(1+\dfrac{n_0}{H}\right)^2$ 和 k_1 值的影响和修正，实质上就是由于在高温气氛中，射流的起始密度和终端密度之比 $\left(\dfrac{\rho_j}{\rho_E}\right)_{T_a}$ 大于常温气氛中的 $\left(\dfrac{\rho_j}{\rho_E}\right)_{300K}$ 的缘故。故可设：

$$\left(\frac{n_0}{H}\right)_{T_a} = \left(\frac{n_0}{H}\right)_{300K}\left(\frac{\rho_E}{\rho_a}\right)^a \tag{2-3-69}$$

$$\left[\frac{n_0}{H}\left(1+\frac{n_0}{H}\right)^2\right]_{T_a} = \left[\frac{n_0}{H}\left(1+\frac{n_0}{H}\right)^2\right]_{300K}\left(\frac{\rho_E}{\rho_a}\right)^b \tag{2-3-70}$$

$$(k_1)_{T_a} = (k_1)_{300K}\left(\frac{\rho_E}{\rho_a}\right)^c \tag{2-3-71}$$

式中，ρ_E 为炉气温度 T_a 时，射流到达熔池面轴心处的密度，kg/m³；ρ_a 为炉气密度，kg/m³。

$$\rho_E = \frac{P_a}{R \cdot T_E} = \frac{1.029 \times 1000}{2.65 \times T_E} \tag{2-3-72}$$

$$\rho_a = \frac{P_a}{(R_u/m) \cdot T_a} = \frac{1.029 \times 1000}{(847.8/28) \times T_a} \tag{2-3-73}$$

而

$$\frac{T_E - T_a}{T_b - T_a} = 5.61\left(\frac{\rho_j}{\rho_a}\right)^{\frac{1}{2}}\left(\frac{d_j}{H}\right) \tag{2-3-74}$$

式中，T_b 为计算射流的始发点温度，这里 $T_b = 300K$；T_a 为射流周围的环境温度，K；ρ_j 为喷出口射流密度，kg/m³；T_E 为射流通过炉气到达熔池面轴心处的温度，K；d_j 为喷出口直径，m；H 为枪高，m。

于是根据表 2-3-11 中的数据可得表 2-3-19，通过回归分析得出：

$$n_{R1} = \rho_R \qquad (2\text{-}3\text{-}75)$$

$$n_{R2} = \rho_R^{1.5} \qquad (2\text{-}3\text{-}76)$$

$$k_R = \rho_R^{0.75} \qquad (2\text{-}3\text{-}77)$$

即：

$$\left(\frac{n_0}{H}\right)_{T_a} = \left(\frac{\rho_E}{\rho_a}\right)\left(\frac{n_0}{H}\right)_{300K} \qquad (2\text{-}3\text{-}78)$$

$$\left[\frac{n_0}{H}\left(1 + \frac{n_0}{H}\right)^2\right]_{T_a} = \left(\frac{\rho_E}{\rho_a}\right)^{1.5}\left[\frac{n_0}{H}\left(1 + \frac{n_0}{H}\right)^2\right]_{300K} \qquad (2\text{-}3\text{-}79)$$

$$(k_1)_{T_a} = \left(\frac{\rho_E}{\rho_a}\right)^{0.75} \qquad (2\text{-}3\text{-}80)$$

表 2-3-19 $Ma = 2.0$，$d_t = 50mm$ 和 $H = 1.6m$ 时，T_a 与 $\rho_R\left(= \dfrac{\rho_E}{\rho_a}\right)$、$n_{R1}$、$n_{R2}$ 和 k_R 的关系

T_a/K	300	600	1000	1273	1400	1800
ρ_R	1.0	1.492	1.993	2.388	2.537	3.58
n_{R1}	1.0	1.491	2.073	2.505	2.7272	3.2723
n_{R2}	1.0	1.7128	2.7755	3.7327	4.2834	5.8166
k_R	1.0	1.3089	1.6663	1.9324	2.0698	2.4121

现将 n_{R1}、n_{R2} 和 k_R 的实测值和按式（2-3-75）～式（2-3-77）的计算值列于表 2-3-20。

表 2-3-20 n_{R1}、n_{R2} 和 k_R 的实测值与计算值

	T_a /K	300	600	1000	1273	1400	1800
n_{R1}	实测值	1.0	1.491	2.093	2.505	2.727	3.272
	按式（2-3-75）	1.0	1.492	1.993	2.388	2.537	3.580
n_{R2}	实测值	1.0	1.713	2.776	3.733	4.283	5.817
	按式（2-3-76）	1.0	1.723	2.814	3.690	4.041	6.783
k_R	实测值	1.0	1.3089	1.666	1.934	2.070	2.412
	按式（2-3-77）	1.0	1.3502	1.677	1.921	2.010	2.604

从表 2-3-20 中可见，当 $T_a \leqslant 1400K$ 时，计算值与实测值非常一致；当 $T_a = 1800K$ 时，n_0 的计算值比实测值约大 9.4%（从表 2-3-4 中可见，这时弗林公式的 n_0 计算值，尚比实测值大 16%）。这主要是方程（2-3-77）是在 600K 条件下得出的，所以外延太大之后，偏差增大，不过，即使在高温下其误差也在允许的范围之内。

同理，超音速流在常温气氛下，也还有因射流起点和终点温度的不同而导致变密比增大的影响，故可设：

$$k_1' = k\left(\frac{\rho_j}{\rho_0'}\right)^a\left(\frac{d_j}{H}\right)^b \qquad (2\text{-}3\text{-}81)$$

将表 2-3-10 中的全部 k_1 值转换为 $T_a = 300K$ 时的 k_1 值。然后按式（2-3-81）进行回归分析，得出（单孔或小孔计 M_j 的）：

$$k_1' = 20 \left(\frac{\rho_j}{\rho_0'}\right)^{\frac{1}{2}} \left(\frac{d_j}{H}\right)^{0.38} \tag{2-3-82}$$

式中，k_1' 为超音速流通过常温气氛时的动量传递主位系数（包括温度变化导致变密比增大的影响），即 $(k_1)_{300K}$；ρ_0' 为低温超音速射流通过常温（300K）下的大气后到达熔池面时，轴心上的密度，kg/m^3。

这里，ρ_0' 可按式（2-3-72）求取，式（2-3-72）中的 T_E 按式（2-3-74）求取，而式（2-3-74）中的 $T_b = T_j$，$T_a = 300K$，$\rho_a = 1.174kg/m^3$（即 300K 时的空气密度）。

对于三孔喷头来说，解析比较式（2-3-82）和式（2-3-29）后，得：

$$k_1'' = 14.67\left(1 - 0.0232\theta - 0.0846\,\frac{l}{d_e}\right)^{\frac{1}{2}} \left(\frac{\rho_j}{\rho_0'}\right)^{\frac{1}{2}} \left(\frac{d_j}{H}\right)^{0.38} \tag{2-3-83}$$

其中，$k_1'' = (k_1'/7.5) \times k$（多孔水模的），$k_1'/7.5$ 为水模的亚音速流转换为 $T_a = 300K$ 的超音速流的系数。

2.3.1.4　相关学者对射流冲击熔池深度的研究

文献［39］：

$$\left[\frac{v_{出口}d_j}{m'(h+L)}\right]^2 = \frac{\rho_l}{\rho_g}gL \tag{2-3-84}$$

（1）在气体流量相同的条件下，在压力为 $6kg/cm^2$（绝对）之前 L 随压力增大而增大，在压力为 $6kg/cm^2$ 时 L 值达到极限。

（2）对适合的喷嘴，常压下的气流速度为 600m/s 左右，对于特大喷嘴，压头损失和冲击波会减小 $v_{击}$。

（3）在工业条件下，L 通常为 100~300mm。资料[40]认为，太大的穿透深度是不必要的，因为氧在与金属面相遇处即被吸收。

（4）凹坑的容积与喷射气流冲量成比例，很少随喷枪高度而变化。

文献［41］：

$$dv_j = 1.24\sqrt{L(L+h)} \tag{2-3-85}$$

$$dv_j = 1.24\sqrt{L(L+h)} + 13.3h \tag{2-3-86}$$

式（2-3-85）用于单孔喷枪，式（2-3-86）用于三孔喷枪。

中国科学院化冶所提出的计算公式：

$$\frac{H+n}{H} = \frac{0.825 \times 10^{-2}d_1 P_0 Ma}{L(\gamma_1\gamma_g n)^{\frac{1}{2}}\left(1 + \dfrac{Ma^2}{5}\right)^{\frac{7}{4}}} + 0.325\cdots \tag{2-3-87}$$

式中，H 为喷枪距离液面高度，mm；n 为穿透深度；d_1 为喷嘴出口直径；P_0 为供氧压力；Ma 为马赫数；γ_1，γ_g 分别为液体、气体比重。

文献［31］提出的公式：

$$\left(1 + \frac{n_0 - z}{H}\right)^2 \cdot \frac{n_0}{H} = \frac{93}{\pi} \cdot \frac{M_j}{\rho_l g H^3} \cdot \frac{\rho_g}{\rho_a} \tag{2-3-88}$$

式中，n_0 为穿透深度；z 为势能核心段长度；H 为枪高；ρ_L，ρ_g，ρ_a 分别为液体、射流及周围介质的密度；M_j 为喷射冲量，$M_j = \dfrac{\pi}{4}\rho_g v_j^2 d_j^2$。

式（2-3-87）、式（2-3-88）均适用于超音速喷射。

文献［33］提出的一系列计算公式：

（1）根据亚音速实验数据及理论上的推测，气体气体流股对液体的穿透是两相的密度，流股速度和直径，即与确定 Ar 准数的诸参数和作用于流股的各种力有关。

$$h = n \frac{\rho_气}{\rho_液} \cdot \frac{w_{x_1}^2}{2g} = 0.5nArd_{x_1} \tag{2-3-89}$$

$$h = \sqrt{\frac{\rho_气}{g\rho_液}} \cdot \sqrt{d_{x_1}} \cdot w_{x_1}^2 \tag{2-3-90}$$

其中：
$$Ar = \frac{F_惯}{F_阿} = \frac{\rho_气 w_{x_1}^2}{g\rho_液 d_{x_1}}$$

式中，h 为流股对熔池的穿透深度；w_{x_1} 为流股与熔池相遇处的气体轴心速度；$\rho_气$，$\rho_液$ 分别为相遇处的气体和液体的密度；d_{x_1} 为与熔池表面相遇处的直径；n 为穿透系数，它也是 Ar 的函数，$n = \dfrac{2}{Ar}$。

注：$h\gamma_1 = n \dfrac{\gamma_g w_{x_1}^2}{2g}$ ；$h = n\gamma_1 = nd_x \dfrac{1}{2}\left(\dfrac{\gamma_1}{\gamma_g} \dfrac{w_{x_1}^2}{gd_{x_1}}\right)$ ；$h = \dfrac{1}{2}nd_x Ar = \sqrt{Ar}\, d_{x_1} = \sqrt{\dfrac{\rho_气}{g\rho_液}}\sqrt{d_{x_1}}\, w_{x_1}$。

当 $\dfrac{x_1}{d}$ 很大，气流与液体作用力很小时（$Ar < 1$），即气流与熔池相遇处的动压力（h_{x_1}）很低，而不发生液滴的破碎现象时，在这种情况下，h_{x_1} 实际上全部用于克服往上浮的阻力。此时，$n = 1$，则式（2-3-89）可写为：

$$h = 0.5 Ar_{x_1} d_{x_1} \tag{2-3-91}$$

（2）伊万单夫（Г. П. Иванцов）根据超音速股（$P_1 > 100\text{kPa}$）的研究提出了较准确的 h 公式：

$$h = k\,(Ar)^{0.36} d_{x_1} \left(\frac{w_{x_1}}{w_临}\right)^{0.13} \tag{2-3-92}$$

（3）文献［42］从理论上和实验上探讨了流股冲量 i 对 h 的影响，并提出了以下确定流股穿透的公式：

$$h = 3.5 \left(\frac{i}{\rho_液 g}\right)^{\frac{1}{3}} \tag{2-3-93}$$

或：
$$h = 3.0\,(Ar_{x_1})^{\frac{1}{3}} d_{x_1} \tag{2-3-94}$$

（4）若需对穿透深度进行估算，可按下述近似的经验公式（根据模拟的试验结果）进行：

$$h = k \frac{P^{0.5} d_0^{0.6}}{\rho_液^{0.4}\left(1 + \dfrac{x_1}{d_0 B}\right)} \tag{2-3-95}$$

式中，P 为喷嘴前氧压；d_0 为喷孔直径，m；$\rho_{液}$ 为密度，kg/m^3；x_1 为喷头至熔池表面的距离，m；B 为常数，对于低黏度的液体 $B = 40$；k 为常数，$k = 40$（与使用的单位有关）。

当淹没吹炼（$x_1 = 0$）时，穿透深度达到最大值：

$$h_{max} = k \frac{P^{0.5} d_0^{0.6}}{\rho_{液}^{0.4}} \approx 18.1 P^{0.5} d_0^{0.6} \qquad (2\text{-}3\text{-}96)$$

式中，P 为压力，atu；d_0 为直径，mm。

按式（2-3-96）计算的喷嘴直径和压力对最大穿透深度的影响见表 2-3-21。

表 2-3-21　喷嘴直径和压力对最大穿透深度的影响（按式（2-3-96））

d_0/mm	不同压力下的最大穿透深度/mm		
	5atu	10atu	15atu
20	245	345	420
30	315	445	545
40	370	520	640
50	425	600	735

根据文献［43］提出的公式，顶吹氧气流所产生的钢水凹坑深度可用下式计算：

$$L = A \exp\left(-\frac{0.8h}{A} \right) \qquad (2\text{-}3\text{-}97)$$

$$A = 63.0 \left(\frac{K F_{O_2}}{nd} \right)^3 \qquad (2\text{-}3\text{-}98)$$

式中，h 为氧枪喷头与熔池静止液面间的距离，即氧枪高度，mm；A 相当于 $h = 0$ 时的 L，用式（2-3-98）求出，mm；F_{O_2} 为供氧流量，Nm^3/h；n 为顶吹氧枪的喷孔数；d 为喷孔直径，mm；K 为由喷孔角度 θ 决定的常数，见表 2-3-22。

表 2-3-22　K 值

θ/(°)	0	6	8	10	12
K	1.73	1.44	1.27	1.08	1.00

2.3.1.5　说明

作者在文献［44］中只简单扼要地发表了本实验研究的主要结果，而未做理论分析和所提出公式与其他学者公式用于实际的比较，特别是未对获得本实验研究公式的探索做任何说明和论证，也未做专题发表，故未引起广泛注意，仅有作者自我应用，相信在此全文发布出后一定会受到广泛注意。

2.3.2　底吹氧气转炉的熔池运动动力学

氧气底吹转炉熔池的运动是喷入氧气的结果。氧气射流由喷嘴喷出后，沿射流的纵轴向熔池面伸展，这时射流四周的钢水沿射流束的径向流来。射流束的流速越大，钢水流向射流束的速度也越大。射流带动钢水向上运动，钢水则减缓射流的运动，互相运动的同时并发生化学反应，射流则逐渐扩大。但主射流仍保持着"气舌"的形状，直到达到一定高度后，方在主射流的顶部发生气—液交混，而形成气泡带向熔池面伸展。气体到达熔池面时便逸出，液体则再向下流动形成回流。这个熔池不断循环的过程，便是氧气不断地把能量传送给熔池的过程。但气液上升速度达一定值后便不再增加，只是随着氧压的增高使熔池的震荡和喷溅加剧，并在风嘴端部出现"气泡后坐"现象。因此，如何防止流股"气泡后坐"现象和使氧气射流带入的能量主要用于熔池作良好的循环运动，而不造成熔池振荡和喷溅便是要探讨的问题。

　　本节假设金属熔池中各元素的氧化反应均衡，用水力学模型实验来研究氧气底吹转炉的熔池运动情况。

2.3.2.1　氧流进入熔池后的状况与供氧压力的关系

　　氧气由底吹风嘴喷入熔池后所产生的"气泡后坐"现象，随着供氧压力由低变高而由弱到强，并经过一个稳定阶段后突然消失。

　　A　低压底吹模拟实验

　　攀枝花钢铁研究院在 8t 和 12t 氧气底吹转炉的水力学模型实验中发现，喷枪前气体压力为 $0.23 \sim 3.29 kg/(cm^2 \cdot h)$，气流从喷枪喷出均产生涡旋流股和"气泡后坐"（图 2-3-52～图 2-3-54），甚至在炉底中心出现一种如龙卷风一样流股而严重侵蚀炉底，并随着气体压力的增高而加剧。

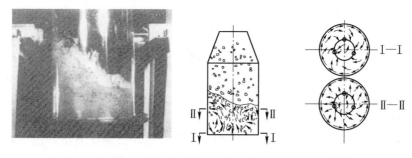

图 2-3-52　三支喷枪成等腰三角形布置时的熔池运动图像

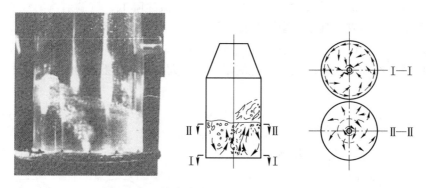

图 2-3-53　单支喷枪吹炼时熔池运动的现象

　　B　高压喷吹模拟实验[45,46]

　　水深 500mm，喷嘴直径 10mm（见图 2-3-55 和图 2-3-56），底吹。实验发现：

　　（1）喷吹气体的压力低于 0.4MPa 时，在喷嘴端部形成气泡带并敲打和冲击炉底，成为损坏炉底的重要原因，被称为"气泡后坐"现象。

图 2-3-54　12t 氧气底吹转炉模型实验照片

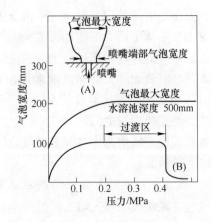

图 2-3-55　气体压力与气泡带宽度的关系

（2）喷吹气体压力低于 0.1MPa 时，气泡带直径随气体压力的增大而逐渐增大，约至 0.1MPa，气泡带便稳定在 10 倍于喷嘴直径的范围。超过 0.4MPa 后，喷嘴端部不再形成气泡和气泡带，而形成接近于喷嘴直径的柱状射流束穿向熔池，在气流束的顶部气液交混形成稳定的气泡带。

图 2-3-56　熔池喷吹
气体示意图

C　实验情况分析

取无因次压强比 ε_a'（$= P_a/P_0$，P_a 为外界压强，P_0 为喷嘴出口处的滞止压强，即扣除了管道摩擦损失等的压强）作为相似准数，由实验结果得出喷嘴端部形成"气泡后坐"现象的临界值为 $\varepsilon_a' = 0.25$。

因底吹喷管是等截面形，当 $\varepsilon_a' > 0.25$ 时，外射流谱均属膨胀波组（图 2-1-43），在第 1 个三角膨胀锥里，由于过分膨胀，射流膨胀锥边界上的压强 P_D 往往低于 P_a，故周围溶液被强烈地吸入（图 2-3-57），使射流的体积胀大，流速降低，按湍射流的性质做周期变化，在喷嘴出口处形成"气泡后坐"现象。至于涡旋流（图 2-3-58）则是从炉底径向流来的流体作用于射流束边界上的结果。当 $\varepsilon_a' > 0.528$ 时，喷嘴出口处的流速随出口处的滞止压强（扣除管道摩擦损失等的压强）P_0 的增大而增大，吸入到射流液体也随之增多，直到

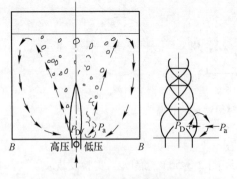

图 2-3-57　熔池喷吹机理构想图

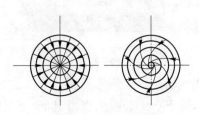

图 2-3-58　涡旋流

出口压强 P_2 等于临界压强 P_* 时，气体流出喷嘴的外射速度 $C_1 = a_*$，达到一个恒定的最大值。故"气泡后坐"现象随 P_0 的增大而加剧到 $\varepsilon'_a = 0.528$ 为止保持恒定。当 $\varepsilon'_a \leqslant 0.25$ 时，射流中出现以"桶形波"为主的流谱（图 2-1-44），因它是由超音速气流边界的两道曲线激波和离喷嘴有一段距离的正激波组成的波形，而不论斜激波或正激波，其波后的压力均大于 P_a，构成两种液体在相界面上不相混的条件，故喷嘴端部没有气泡和"气泡后坐"现象。

所以，提出选择供氧压力的参数为：

$$\varepsilon'_a \leqslant 0.25 \qquad (2\text{-}3\text{-}99)$$

这样，便能抬高熔池的反应区，防止"气泡后坐"现象，强化氧流对喷嘴的对流热交换和膨胀冷却作用（表 2-3-23），同时避免因过早引起冷却油燃烧而削弱其保护底的作用。生产实践也说明，采用 $\varepsilon'_a < 0.25$ 的供氧制度有利于促进冶金反应和提高炉底寿命。

表 2-3-23　压强比 ε'_a 与射流膨胀温度 t 的关系

ε'_a	0.47	0.41	0.36	0.31	0.28	0.24	0.20
$t/℃$	−33	−41	−50	−59	−67	−75	−84

2.3.2.2　射流进入熔池后的速度变化

在射流横截面上速度的纵向分量随着离开射流轴渐远而迅速的减低；速度的横向分量在射流区的边界上为负值，依靠这个横向分量，液体得以进入射流区；同时，射流中心的速度也随离开喷嘴距离的增加而递减。这种射流速度递减的规律也就是能量转移的规律。如果忽略不计射流内摩擦损耗的能量，通过动量守恒原理演算可得出：

$$C = \frac{C_2}{C_1} = \frac{1}{0.16\left(\dfrac{h}{d}\right)^2 + 0.8\left(\dfrac{h}{d}\right) + 1} \qquad (2\text{-}3\text{-}100)$$

式中　C——射流到达熔池面的速度递减率速度比；

　　　C_1——气流出喷嘴的外射速度，m/s；

　　　C_2——气液混合流股到达熔池面上的速度，m/s；

　　　h——熔池深度，m；

　　　d——风嘴直径，m。

从图 2-3-59 中可以看到，$h/d < 40$ 时，C 随 h/d 增大而递减的梯度很大；$h/d > 50$ 后，C 的递减梯度趋于平缓。

设 $C_2 = 1000\text{mm/s}^{[47]}$，对保持吹炼平稳和良好的熔池循环运动都是合理值，当采用的喷出口射流速度为 450m/s（相当于喷枪入口处的压强 $P_{01} = 0.1\text{MPa}$），则应选取 $h/d \geqslant 50$。若 h/d 选小了，一般情况下，虽然 C_2 仍为 1000mm/s，但却会出现有害的剩余能，加剧熔池晃动，甚至造成喷溅。故要使氧气送入熔池

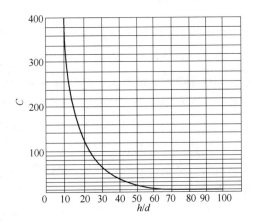

图 2-3-59　C_2/C_1 与 h/d 的关系曲线

的能量做有用的循环运动，C_1 与 h/d 之间就应保持一定的关系。取 $C_2 = 1.0 \mathrm{m/s}$ 代入式 （2-3-100），得：

$$C_1 = 0.16\,(h/d)^2 + 0.8(h/d) + 1 \qquad (2\text{-}3\text{-}101)$$

从而得出对应的允许出口射流速度：

h/d	50	60
$C_1/\mathrm{m \cdot s^{-1}}$	450	624

就是说，在通常的吹炼情况下，选取 $h/d = 50 \sim 60$ 就不会因采用高氧压而发生喷溅。

2.3.2.3　射流进入熔池后的穿透高度

水力学模型实验[47,48] 和 $200 \sim 300 \mathrm{kg}$ 氧气底吹试验炉中发生的击穿熔池的事例，为解决这一问题提供了重要资料。按照流体力学的相似原理得出：

$$L_{穿}/d = 3.0(Fr')^{1/3} \qquad (2\text{-}3\text{-}102)$$

式中　Fr'——修正弗鲁德数，$Fr' = \dfrac{\rho_g}{\rho_w} \cdot \dfrac{C_1^2}{gd}$。

从图 2-3-60 可以看出，不仅水力学模型中各种情况下的 $L_{穿}$ 均较准确地遵守式（2-3-102）的关系，$200 \sim 300 \mathrm{kg}$ 氧气底吹试验炉也基本遵守式（2-3-102）的关系。这不是偶然的。从侧吹水模和热模所得数据的对比[47]（图 2-3-61）中，看出二者也是相当符合的，这便旁证了式（2-3-102）可以用于生产。

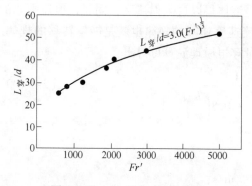

图 2-3-60　$L_{穿}/d$ 与 Fr' 的关系

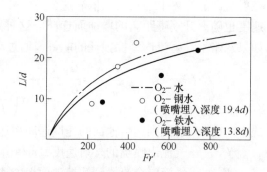

图 2-3-61　铁水、钢水及水中气流最大水平流程对比

2.3.2.4　保持吹炼平稳的条件

取氧流穿透熔池的高度 $L_{穿}$ 作为判断熔池运动状况的尺度，$L_{穿}$ 值应合理，以保持吹炼平稳和熔池良好的循环为条件。$L_{穿}$ 值过大会破坏熔池正常循环，造成熔池强烈晃动，严重喷溅，甚至被击穿；$L_{穿}$ 过小会造成熔池循环不良，"气泡后坐"现象严重，反应区太低。

假设 $L_{穿} \leqslant k'h$ 时吹炼平稳，称这时的供氧制度为"气泡制度"。当 $L_{穿} > k'h$ 时，吹炼不平稳，称这时的供氧制度为"流股制度"。将国内外各种氧气底吹转炉在沸腾期中不发生喷溅的数据整理后代入"气泡制度"的关系式中，求得 $k' = 1/2$。故保持吹炼平稳的条件式为：

$$h/d \geqslant 6.0(Fr')^{1/3} \qquad (2\text{-}3\text{-}103)$$

条件式（2-3-103）所阐述的原则是：选取的 h/d 大时，允许采用的 Fr' 大；选取的 h/d 小时，允许采用的 Fr' 小，即要采用较大的 Fr' 值，就应采用较大的 h/d 值，否则喷溅是不可避免的。生产中应按条件式（2-3-103）来进行调整，直到基本满足其平衡条件为止。从表 2-3-24 中可见，生产中的 h/d 与 Fr' 的关系跟计算的 h/d 与 Fr' 的关系是一致的，凡不一致者（如隆巴厂之二）便发生喷溅[49]。式（2-3-103）的作用是：

（1）设计新炉子可按式（2-3-99）和式（2-3-104）所确定的 Fr' 值和 d 值代入条件式（2-3-103）求出 h。旧炉子的参数不合理时，可按式（2-3-99）、式（2-3-104）和式（2-3-103）联立解出 d 值，便能在吹炼平稳的前提下达到规定的供氧压力，消除"气泡后坐"现象，获得良好的熔池循环，从而算出合理的 h/d 值。

（2）从理论上加深对采用小风嘴和非圆形风嘴的作用和意义的认识。

（3）可以证明，当熔池深度和原料条件确定后，单个风嘴的最大供氧量相对守常。

表 2-3-24　计算的和生产中的 h/d 与 Fr' 的关系比较

生产中使用的 Fr'			200	300	400	500	600	800	1000
按式（2-3-103）计算出的与 Fr' 对应的 h/d 值			35	41.6	42.2	47.7	50	55.7	60
各种炉型实际的 h/d 值	马钢 12t（底吹）	$d=23mm$	32.5						
	马钢 12t（底吹）	$d=19mm$		39.5					
	唐钢 5t（底吹）	$d=16mm$			40.7				
	马钢 8t（底吹）	$d=16mm$				44			
	隆巴 30t LWS	$d=28mm$				34			
	隆巴 30t LWS	$d=20mm$					48		
	西埃 19t LWS	$d=21mm$					约50		
	瓦朗贤 70t OBM	$d=18mm$					61.2		
	马克西米立安 30t OBM	$d=17mm$					73		
	马克西米立安 30t OBM	$d=12mm$							100
	模型实验						50~62.5	83	

2.3.2.5　熔池良好循环运动的条件

Fr'、ε'_a 和风嘴的布置形式都直接影响熔池的循环运动。一般来说，随 Fr' 增大，气液混合流的上升速度应增高，但模型实验[47]说明，在水深 $83.3d$，$Fr'=800\sim2000$ 时，气液流股的上升速度均为 1015mm/s，而熔池面流体动压的分布和峰高 h' 却随 Fr' 增大而明显增大（表 2-3-25）。

表 2-3-25　h' 与 Fr' 的关系

Fr'	400	800	1000	1500	3000	5000
h' (d)	2.77	8.33	12.5	15.27	20.83	36.11

可以看出，为了获得最大的传质速度，应取 $Fr'=500\sim800$，最大不超过 1000；Fr' 小了，熔池循环运动的速度太小，相界反应面也小，对冶金反应不不利。但 Fr' 太大也无助于加速加速熔池循环，反而加强熔池晃动，影响炉衬寿命和造成喷溅。同时，生产较好的炉子都是 $Fr'=600$ 左右，故这里提出熔池良好循环运动的条件和扩大反应界面的条件：

$$500\sim600\leqslant Fr'\leqslant800 \tag{2-3-104}$$

2.3.2.6　确定炉子容积的因素

这里着重讨论熔池深度和单个风嘴的供氧量与炉子容积的关系，然后再把铁水成分等因素考虑进去。

吹炼过程中直接影响炉子容积的是熔池面上升水平和喷溅高度。熔池面上涨高度取决于多种因素，如熔池内气泡数目、大小、分布情况和逸出速度，炉渣和金属的膨胀度以及脱碳速度等。

根据熔池起泡试验得出的熔池面显著上涨时（ $Fr' > 0.04$ ）的公式[50]：

$$\frac{H-h}{h} = Fr^a We^b (\rho_g / \rho_w)^e \tag{2-3-105}$$

可见：

（1）铁水含硅高时，熔渣表面张力减小，泡沫稳定性增大，因而泡沫渣容易生成，导致熔池面上涨高度增大。

（2）喷石灰粉，或前期加石灰石和白云石时，由于能抑制生成高硅泡沫渣，并促进早期去磷和"体内"沸腾的发展，使降碳速度均匀，有利于降低熔池面上涨高度。

（3）熔池温度越高，则熔液的表面张力 σ 和泡沫稳定性越小，熔池的可吹性越好。

（4）熔池内生成的气体越多，熔池面上升高度越大。

假定原料条件、造渣制度和温度制度全相同，则熔池面上涨高度主要取决于炉子供氧强度。已经确定式（2-3-106）中 $a \gg b$ ， $b \gg c$ ，则其后两项影响很小，且 ρ_g 、 ρ_w 和 σ 值实际上变化不大。由 $Fr = w^2 / (gh)$ ，可将式（2-3-106）写成：

$$H/h - 1 = K_2 (w/\sqrt{gh})^f \tag{2-3-106}$$

实际上，氧气转炉中 $w = w_{CO}$ ，而：

$$w_{CO} = V_{CO}/S = K_3 v_c \tag{2-3-107}$$

需要说明：

（1）供氧量大时，脱碳速度也大。

（2）风嘴数目少时，降碳曲线的坡度大，降碳速度不稳定。特别当风嘴个数少，单个风嘴的供氧量又相对增大，使氧流穿透熔池深度一半以上，"渣下"沸腾发达，容易造成突发喷溅。

（3）风嘴数目多可使供氧均匀，碳、磷氧化反应提早，降碳速度平稳，生成的 CO 气泡易及时逸出，并把"渣下"沸腾减小到最小，可防止突发和局部喷溅。

（4）适当增加熔池深度可以增大金属和炉衬的单位接触面积，易促进"底部"沸腾的发展和使熔池体积内的 CO 均匀析出，使"渣下"沸腾减弱。同时，还可通过吸收氧气的动能来降低喷溅量和喷溅高度。

通过以上分析可得：

$$v_c = K_4 \frac{Q}{n} h^{-i} \tag{2-3-108}$$

解式（2-3-106）~式（2-3-108），得到：

$$\frac{H-h}{h} = K_5 \left(\frac{Q}{n}\right)^f h^{-i} \tag{2-3-109}$$

因 $h = k'd$ ，故得到：

$$\frac{H-h}{h} = K_6 \left(\frac{Q}{n}\right)^f D^{-j} \tag{2-3-110}$$

设定熔池升高比为1时，熔池内因生成气泡所增加的体积为 $K_7 D^3$，于是熔池增高的总体积可由下面公式求得：

$$V' = \frac{H-h}{h} K_7 D^3 = K_6 K_7 \left(\frac{Q}{n}\right)^f D^{3-j}$$

即

$$V' = K \left(\frac{Q}{n}\right)^f D^m \tag{2-3-111}$$

故满足熔池气泡时所需炉子容积的公式为：

$$V = k \left(\frac{Q}{n}\right)^f D^m + \frac{T}{7} \tag{2-3-112}$$

熔池气泡主要发生在初渣生成后的熔池沸腾期，故取吹炼前期熔池强烈沸腾期中不发生喷溅的数据代入式（2-3-112）后，求得 $f=1/2$，$m=1$，同时 $k=k_1 k_2 k_3 k_4 k_5$，因此得到确定炉子容积的公式：

$$V = k_1 k_2 k_3 k_4 k_5 D \sqrt{\frac{Q}{n}} + \frac{T}{7} \tag{2-3-113}$$

式中　　V——炉子有效容积，m^3；

　　　　D——熔池直径，m；

　　　　Q——供氧量，Nm^3/min；

　　　　n——风嘴数目，个；

　　　　T——金属装入量，t；

　　　　k_1——炉子容积系数，$10 \sim 60t$ 时 $k_1 = 0.23 T^{0.55}$，$60 \sim 300t$ 时 $k_1 = 0.64 T^{0.30}$；

　　　　k_2——铁水成分系数，高磷铁水含 Si>0.6%、平炉铁水含 Si>0.9%时，$k_2 = 1.05 \sim 1.10$；高磷铁水含 Si<0.6%、平炉铁水含 Si<0.9%时，$k_2 = 1.0$；

　　　　k_3——铁水配比系数，采用矿石法时 $k_3 = 1.05 \sim 1.10$；采用废钢矿石法时 $k_3 = 1.0$；采用废钢法时，$k_3 = 0.9 \sim 0.95$；

　　　　k_4——造渣制度系数，当采用石灰块法并于头批料中配加石灰石和白云石时，$k_4 = 1.0$；采用喷石灰粉时，$k_4 = 0.9 \sim 0.95$；

　　　　k_5——炉帽形状系数，正口时 $k_5 = 1.0$；偏口时 $k_5 = 0.9 \sim 0.95$。

从表2-3-26看到，各种不同吨位的氧气底吹转炉按式（2-3-113）计算出的炉容比值与实际的炉容比值基本相符。如 $\left(\frac{V}{T}\right)_{\text{计}} > \left(\frac{V}{T}\right)_{\text{实}}$，则不能保证原定的供氧量，不然将会产生喷溅。说明式（2-3-113）反映了各种炉子的供氧量、风嘴数目和熔池直径与炉容积之间的内在联系，可以用它来确定供氧量和炉型参数。式（2-3-113）还反映出：（1）炉型确定之后，单个风嘴的最大供氧量也就定了，要再提高供氧量，需增加风嘴数目。（2）在同样的供氧量下，分嘴数目多时，允许采用较小的炉容比，风嘴数目少时则需采用较大的炉容比。在炉容比相同的条件下，风嘴数目多时允许采用的供氧量大，风嘴数目少时允许采用的供氧量小。

表 2-3-26　供氧量风嘴数目熔池直径与炉容比的关系

厂　名	炉容量 T /t	供氧量 Q /Nm³·min⁻¹	风嘴数 n /个	熔池直径 D /m	炉容比 V/T 计算值	炉容比 V/T 实际值	备注
蒂马西内塞尔	150	720	18	5.58	0.9	0.91	
索拉克	64	300	9	3.80	0.9	0.91	
隆巴	30	165	3	2.70	1.15	0.87	喷溅
隆巴	30	165	6	2.70	0.87	0.87	
马克西米利安	30	165	12	2.40	0.60	0.60	
马钢	25	110~120	6	2.52	0.80	—	
捷尔仁斯基	24	154	5	2.60	1.0	1.0	
马钢	12	40	3	1.80	0.56	0.56	

2.3.2.7　结论

本节从多方面探讨了氧气底吹转炉熔池运动的动力学，受到国内外广泛关注，被认为是发现了该领域的金矿所在地[51]。并提出了下述参数和公式：（1）选择供氧压力的参数，即喷嘴出口处的压强比值 $\varepsilon_a' \leqslant 0.25$；（2）保持吹炼平稳的条件式，该式指明在风嘴直径、熔池深度和氧气压力之间必须服从一定的关系，以免使喷入熔池的氧流从"气泡化"过渡到"流股化"；（3）熔池良好循环运动的条件式，该式表明 Fr' 值应具有一定数值；（4）确定炉子容积的公式，该式揭示出在熔池直径、氧气流量、风嘴数目、装入量和炉子容积之间必须保持一定的关系，以便防止喷溅。

底吹转炉的关键是风嘴。一般国外的工厂都把合理的风嘴参数作为专利。用本节提出的选择供氧压力的原则、保持吹炼平稳的条件式、熔池良好循环运动的条件式以及确定炉子容积的方程式，可以求出接近合理的风嘴参数和主要炉型尺寸。并指出按"风嘴直径与熔池深度之比为 1/35，风嘴的单位面积为 1cm²/t"来设计炉子，只能做到 $Fr' = 200$，$\varepsilon_a' = 0.4～0.45$，流股的"气泡后坐"现象不能消除，供氧强度不能提高，熔池循环运动不能良好进行，故这样的数据似以不采用为宜。

2.3.3　顶吹、底吹和复吹转炉熔池搅拌强度的实验研究

顶底复吹转炉的核心技术之一是如何对熔池搅拌强度进行有效地调节和控制。中西恭二等人[52]于 1975 年首先提出了埋吹熔池搅拌功和搅拌混匀时间的公式，它是一种"全浮"型供气制度的搅拌强度公式，并不反映"强制"型供气制度下，因风嘴数目、直径和布置对熔池运动流象的影响而造成对搅拌混匀时间的影响。而中西恭二等人[53]在 1980 年又提出了顶底复吹转炉熔池搅拌功和搅拌混匀时间公式，它是一种按底吹搅拌功和顶吹搅拌功相加来表述的经验式，在一定情况下对超软吹的复吹转炉是适用的；但对于非超软吹的复吹转炉，顶吹射流所造成的熔池运动流向并不总是与底吹射流所造成的流向一致，且顶吹射流的动能既非全部，也非定常比地用作熔池搅拌，而是随枪位等变化，所以它不宜用于非超软吹的复吹转炉。国内提出的一些经验式只适用于特定的转炉。本节通过 0.05t、14t 和 50t 转炉的水模实验，初步研究了各种顶、底吹参数对纯顶吹、纯底吹和顶

底复吹熔池搅拌强度的影响，并提出了它们的半经验式和特性参数，以供制定顶底复吹转炉合理的供氧、供气制度参考。

2.3.3.1 实验相似准则

A 顶吹转炉熔池搅拌强度的相似准则

顶吹转炉的熔池搅拌混匀时间（t_T）主要决定于熔池运动的特征和强度，不同的喷头结构、枪位（L_T）和供氧强度（q_T）能形成不同的流场，从而影响金属液的混合过程。实验表明，单孔喷头的射流和多孔喷头具有整体性射流者，其熔池冲击深度较大，流场都较规则；而多孔喷头不具有整体性射流者，其熔池冲击深度较浅，流场较不规则。针对上述情况，通过相似条件分析[54]，本实验采用的顶吹转炉熔池搅拌强度的近似模拟方程为：

$$T_{0 \cdot T} = K \left(\frac{u}{\sqrt{g d_e}} \right)^a (We_B)^b \tag{2-3-114}$$

式中　$T_{0 \cdot T}$——搅拌混匀时间准数，$T_{0 \cdot T} = t_T g^{\frac{3}{4}} \dfrac{(\rho_g^2 \rho_1)^{\frac{1}{12}}}{\sigma^{\frac{1}{4}}}$；

　　　　We_B——气泡韦伯数，$We_B = \dfrac{\rho_1 g d_B^2}{\sigma} = \left(\dfrac{\rho_1}{\rho_g} \right)^{\frac{2}{3}}$；

　　　　$\dfrac{u}{\sqrt{g d_e}}$——熔池循环运动的弗鲁德数。

对于单孔喷头：

$$\frac{u}{\sqrt{g d_e}} = K_T (Fr'_0)^{\frac{1}{2}} \cos^c 2\theta \left[a_1 \left(\frac{d}{L_T} \right)^2 - a_2 \left(\frac{d}{L_T} \right) + a_3 \right]^{-\frac{1}{2}} \tag{2-3-115}$$

对于多孔喷头：

$$\frac{u}{\sqrt{g d_e}} = K'_T (Fr'_0)^{\frac{1}{2}} \cos^{c'} 2\theta \left[a_1 \left(\frac{d_T}{L_T} \right)^2 - a_2 \left(\frac{d_T}{L_T} \right) + a_3 \right]^{-\frac{1}{2}} \tag{2-3-116}$$

式（2-3-115）、式（2-3-116）中的 Fr'_0 为转换原始弗鲁德修正准数，即

$$Fr'_0 = m Fr' \tag{2-3-117}$$

式（2-3-117）中，Fr' 为计算对象的弗鲁德修正准数，$Fr' = \dfrac{\rho_g v_g^2}{\rho_1 g d_e}$；$m$ 为转换系数。

若实验式是根据标准状态下的模型供气量计算的 Fr'_0 值而得出的，则：

$$m = \left(\frac{T_0}{T} \right)^2 \left(\frac{N}{N_0} \right)^2 \left(\frac{d_e}{d_{e \cdot 0}} \right)^5 \tag{2-3-118}$$

若实验式是根据实际状态下的模型供气量计算的 Fr'_0 值而得出的，则：

$$m = (1.2 / \rho_{a0(\text{工况})}) \left(\frac{T_0}{T} \right)^2 \left(\frac{N}{N_0} \right)^2 \left(\frac{d_e}{d_{e \cdot 0}} \right)^5 \tag{2-3-119}$$

式（2-3-118）、式（2-3-119）中有角标"0"者系半经验式原始转炉的，无"0"者系计算转炉的。又式（2-3-114）～式（2-3-116）中 $d = d_e$ 或 d_T；$d_T = \sqrt{N d_t^2}$；K，K_T，K'_T，a，a_1，a_2，a_3，b，c，c' 为待求常数；本节所用的符号说明如下：

d——喷孔直径，m；

h——喷头离熔池面高度，m；

H——熔池深度，m；

N——喷孔数目；

Q——模型供气量，m^3/h 或 Nm^3/h；

q——转炉供氧强度，$Nm^3/(min \cdot t)$；

u——射流作用区的环流速度，m/s；

v——截止流速，m/s；

θ——喷孔中心线与喷枪轴线间夹角，（°）；

σ——物质表面张力，N/m；

ε——搅拌比功率，W/t；

W——炉子容量，kg。

下角标：

a——空气；

b——底吹；

c——顶/底复吹；

e——出口；

m——混合；

o——原型；

p——压缩态；

s——标准态或喷枪的总喉口（为小喉口面积之和；

t——喉口；

w——水。

B　底吹转炉熔池搅拌强度的相似准则

在"强制"型的底部供气制度下，底吹转炉的熔池搅拌混匀时间（t_b）不单决定于底气所作的熔池搅拌比功率，还决定于熔池环流运动的特征。实验表明：不同的风嘴结构、数目（N_b）、直径（d_b）和布置，以及熔池深度（H）和底气量（q_b），将形成不同的流象和速度的流场，从而给出不同的熔池搅拌混匀时间。按照能量守恒原理，先求得熔池环流量 $G_s(kg/s)$ 的近似解方程，然后做 $t_b = f(W/G_s)$ 的相似条件分析，可写出描述 t_b 的近似模拟方程为：

$$T_{0 \cdot b} = K_b \left(We_B \right)^a N_b^b \left(\frac{d_b}{H} \right)^c \left(Fr'_b \right)^{-d} \tag{2-3-120}$$

式中　$T_{0 \cdot b}$——搅拌混匀时间准数，$T_{0 \cdot b} = t_b g^{\frac{3}{4}} \dfrac{(\rho_g^2 \rho_1)^{\frac{1}{12}}}{\sigma^{\frac{1}{4}}}$；

　　　　K_b——综合系数（包括回归系数和风嘴布置系数）；

　　　　Fr'_b——弗鲁德修正准数，$Fr'_b = \dfrac{\rho_g v_g^2}{\rho_1 g d_b}$。

C　复吹转炉熔池搅拌强度的相似准则

复吹转炉的熔池搅拌比功率 $\dot{\varepsilon}$ 与顶吹的 $\dot{\varepsilon}_T$ 和底吹的 $\dot{\varepsilon}_b$ 之间的关系是：

$$\dot{\varepsilon} = \dot{\varepsilon}_b + k\dot{\varepsilon}_T \tag{2-3-121}$$

式中，k 不等于 1.0，也不是常分数，而是随喷头结构和枪位不同而异，一般在 0.1 ~ 0.4 之间。且复吹熔池搅拌混匀时间（t_c），不单决定于 $\dot{\varepsilon}$，还决定于顶吹、底吹射流所造成的金属液流向是否一致。所以，t_c 并不总是与 $\dot{\varepsilon}$ 成定常的反比关系，因而也就不总是 $t_c < t_b$ 和 $t_c \ll t_T$，而是当 q_T 大、L_T 小和 q_b 小时，t_c 反而比 t_T 长，如图 2-3-62 和图 2-3-63 所示。当 q_b 大到一定程度后，如底气比 OBR ≥ 10% 时，随风嘴布置的不同，有的 $t_c < t_b$，也有的 $t_c > t_b$[55]。在其他实验中也有上述情况发现。为此，本实验取复吹熔池搅拌强度的近似模拟方程为：

$$T_{0\cdot c} = K_c T_{0\cdot T}^{a} T_{0\cdot b}^{b} \tag{2-3-122}$$

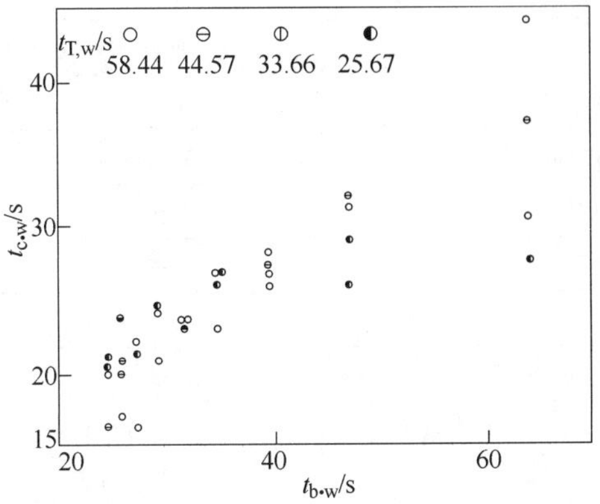

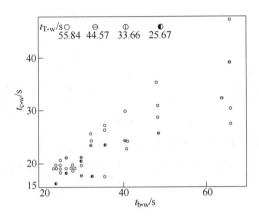

图 2-3-62　风嘴为 3×φ1mm 时 14t 复吹转炉水模中 $t_{c\cdot w}$ 与 $t_{b\cdot w}$ 和 $t_{T\cdot w}$ 的关系

图 2-3-63　风嘴为 3×φ2mm 时 14t 复吹转炉水模中 $t_{c\cdot w}$ 与 $t_{b\cdot w}$ 和 $t_{T\cdot w}$ 的关系

2.3.3.2　实验装置和条件

熔池搅拌强度按熔池中加入少量溶质的对流扩散均匀时间来度量。实验装置如图 2-3-64 所示，用 KCl 溶液作示踪介质，用电导仪和自动记录仪测定水溶液的搅拌混匀时间。实验条件见表 2-3-27。

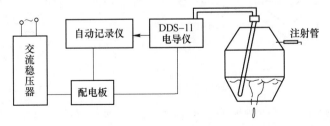

图 2-3-64　混匀时间测试示意图

表 2-3-27　实验条件

炉容量/t		0.05	14	50
冶炼方法		顶吹、底吹或复吹	顶吹、底吹或复吹	顶吹
模型比例		1∶1	1∶6	1∶11.4
熔池直径×深度/mm		250×200	327×145	300×97
模拟钢水介质		水	水	水
模拟炉渣介质		—	液态石蜡	—
顶吹条件	气体	空气	空气	空气
	流量/m³·h⁻¹	2.5~4.55	10.13	6.76~11.6
	喷孔 $N_T×\phi$/mm	1×ϕ2.5　　6×ϕ1.1	3×ϕ3.2	3×ϕ3.2
	喷孔夹角 θ/(°)	—　　　10	10	9，10，12
	枪高 L_T/m	0.030~0.150	0.180~0.300	0.070~0.123
底吹条件	气体	空气	空气	—
	流量/m³·h⁻¹	0.1~1.2	0.1~5.3	—
	风嘴个数 N_b	1，2，3	1，2，3	—
	风嘴内径 d_b/mm	1，2，2.5，3.0	1，2，3	—
	风嘴布置	距台锥形熔池的炉底边 1/3R、1/2R、2/3R、1R		—

2.3.3.3　顶吹转炉熔池搅拌强度的半经验式

首先按 0.05t 转炉单孔喷枪和六孔喷枪的测试数据计算出式（2-3-114）中各项参数（见图 2-3-65），然后进行多元逐步回归分析，得出以 Fr'_0 表述的实验式，再通过各种容量转炉测试数据的验证后，提出顶吹熔池搅拌强度的半经验式。

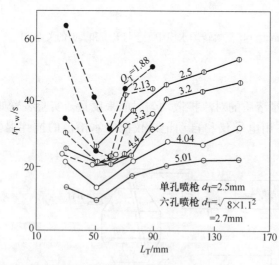

图例	Q_a/m³·h⁻¹	
	单孔喷枪	六孔喷枪
●	2.786	2.0
◑	3.300	2.5
○	3.874	3.0
⊖	4.448	3.5

图 2-3-65　0.05t 顶吹转炉模型熔池搅拌混匀时间（$t_{T·w}$）与枪位（L_T）及供气量（Q_T）之间的关系

对于单孔喷枪和射流具有整体性（或高枪位操作）的多孔喷枪：

（1）通式：

$$T_{0\cdot T} = 2799.12\left(\frac{\rho_l}{\rho_g}\right)^{0.2905} k_T\left\{(Fr_0')^{-1.0367}\cos^{-3.0}2\theta\left[19233\left(\frac{d}{L_T}\right)^2 - 2178.29\frac{d}{L_T} + 85.83\right]\right\}^{1.002}$$

$$(2\text{-}3\text{-}123)$$

式中，k_T 为干扰因子，$k_T = N_T^b$；b 为干扰指数，对于单孔或射流具有整体性的三孔喷枪（或高枪位操作时），$b = 0$；对于射流分散的三孔喷枪，同时 $L_T/d_T < 30$ 时，$b = 1/3$；d 对于单孔，$d = d_e$；对于多孔，$d = d_T$。

$$Fr_0' = 2.31 \times 10^{10}\left(\frac{N_T^2 d_e^5}{T^2}\right)Fr'$$

$$(2\text{-}3\text{-}124)$$

（2）适用于水模的：

$$t_{T\cdot w} = 1735.84k_T\left\{(Fr_0')^{-1.0367}\cos^{-3.0}2\theta\left[19233\left(\frac{d}{L_T}\right)^2 - 2178.29\frac{d}{L_T} + 85.83\right]\right\}^{1.002}$$

$$(2\text{-}3\text{-}125)$$

（3）适用于实际转炉的：

$$t_{T\cdot s} = 2852.26k_T\left\{(Fr_0')^{-1.0367}\cos^{-3.0}2\theta\left[19233\left(\frac{d}{L_T}\right)^2 - 2178.29\frac{d}{L_T} + 85.83\right]\right\}^{1.002}$$

$$(2\text{-}3\text{-}126)$$

对于符合下述条件的多孔喷枪，即尽管喷枪的分散度（l/d_e）和夹角 θ 较大，其射流不具有整体性，但 $t_T - Fr' - L_T/d_T$ 之间仍存在函数关系时：

（1）通式：

$$T_{0\cdot T} = 82.756\left(\frac{\rho_l}{\rho_g}\right)^{0.2905} k_T'(Fr_0')^{-0.54}\cos^{-3.0}2\theta\left[19233\left(\frac{d}{L_T}\right)^2 - 2178.29\frac{d}{L_T} + 85.83\right]$$

$$(2\text{-}3\text{-}127)$$

式中，k_T' 为干扰因子，对于六孔喷枪，$k_T' = 1.0$；对于三孔喷枪，当 $L_T/d_T \geq 50$，$k_T' \approx 1.0$；当 $L_T/d_T = 50\sim20$ 时，则：

$$k_T' = 4.279q_T^{0.04}\left(\frac{L_T}{d_T}\right)^{-0.347}$$

$$(2\text{-}3\text{-}128)$$

当 $L_T/d_T < 20$ 时，则：

$$k_T' = 1.513 q_T^{-0.04}$$

$$(2\text{-}3\text{-}129)$$

$$Fr_0' = 4.096 \times 10^{10}\left(\frac{N_T^2 d_e^5}{T^2}\right)Fr'$$

$$(2\text{-}3\text{-}130)$$

（2）适用于水模的：

$$t_{T\cdot w} = 51.32k_T'\left\{(Fr_0')^{-0.54}\cos^{-3.0}2\theta\left[19233\left(\frac{d}{L_T}\right)^2 - 2178.29\frac{d}{L_T} + 85.83\right]\right\}$$

$$(2\text{-}3\text{-}131)$$

（3）适用于实际转炉的：

$$t_{T\cdot s} = 84.32k_T'\left\{(Fr_0')^{-0.54}\cos^{-3.0}2\theta\left[19233\left(\frac{d}{L_T}\right)^2 - 2178.29\frac{d}{L_T} + 85.83\right]\right\}$$

$$(2\text{-}3\text{-}132)$$

　　从图 2-3-66 和图 2-3-67 可见，在 0.05t 转炉水模中，实测的单孔和六孔喷枪的 $t_{T·w}$ 值均落在式（2-3-125）和式（2-3-131）的直线附近。同时，用式（2-3-125）和式（2-3-131）计算的 6.5t、14t、50t、70t 和 300t 转炉水模的 $t_{T·w}$ 值，以及用式（2-3-126）和式（2-3-132）计算的 14t、50t、70t、300t 转炉的 $t_{T·s}$ 值，也都与实测值或中西恭二公式[53]的计算值基本一致。其计算值与实测值的对比表，参见文献［56］。

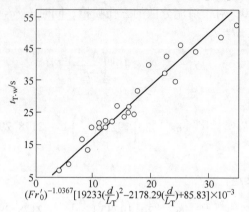

图 2-3-66　0.05t 转炉模型使用单孔喷枪时 $t_{T·w}$ 与组合准数的关系

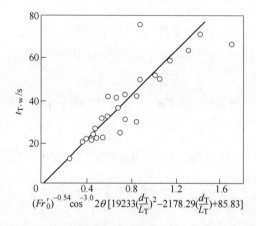

图 2-3-67　0.05t 转炉模型使用六孔喷枪时 $t_{T·w}$ 与组合准数的关系

2.3.3.4　底吹转炉熔池搅拌强度的半经验式

首先对 14t 转炉 57 组试验数据进行数学处理，得出了 $T_{0·b}$ 的表达式为：

$$T_{0·b} = 1.447 \left(\frac{\rho_1}{\rho_g}\right)^{0.2905} k_b N_b^{-0.3595} \left(\frac{d_b}{H}\right)^{-1.0629} Fr_b'^{-0.2211} \quad (2\text{-}3\text{-}133)$$

复相关系数 $R = 0.992$。然后作普遍化应用处理。

取 $Fr_b' = \dfrac{\rho_{O_2} v_{O_2}^2}{\rho_s g d_b}$，$\rho_{O_2}(20℃) = 1.332 \mathrm{kg/m^3}$，$\rho_s = 7000 \mathrm{kg/m^3}$，$v_{O_2} = \dfrac{q_{O_2} T}{60 N_b 0.785 d_b^2} \mathrm{m/s}$，$g = 9.81 \mathrm{m/s^2}$ 代入式（2-3-118），得：

$$T_{0·b} = 87.524486 T^{-0.4422} H^{1.1055} k_b \left(\frac{\rho_1}{\rho_g}\right)^{0.2905} N_b^{0.0827} \left(\frac{d_b}{H}\right)^{0.0426} q_{O_2}^{-0.4422} \quad (2\text{-}3\text{-}134)$$

相似原理和实验结果均说明，式（2-3-133）和式（2-3-134）只适用于产生它的 14t 转炉，而不能广泛应用。这主要是存在于式（2-3-133）和式（2-3-134）中的 T 和 H 是定量，如果把它们直接广泛应用，则是把 T 和 H 作为定量了。故应将式（2-3-134）中的 T 和 H 变成实验的固有值后方可广泛应用。

另外，本实验和资料[57,58]表明，炉容量和熔池尺寸（在 $H/D = 0.4 \sim 0.8$ 范围内）对 t_b 的影响不大，而主要是 q_b。故将 $T = 14t$，$H = 0.87m$ 代入式（2-3-134）后，初步得出适用于各种容量转炉的 $T_{0 \cdot b}$ 半经验式如下：

（1）通式：

$$T_{0 \cdot b} = 23.359 k_b \left(\frac{\rho_1}{\rho_g}\right)^{0.2905} q_b^{-0.4422} N_b^{0.0827} \left(\frac{d_b}{H}\right)^{0.0426} \qquad (2\text{-}3\text{-}135)$$

式中，23.359 为具有量纲 $(m^3/(min \cdot t))^{-0.4422}$ 的系数；k_b 为风嘴布置影响系数；若熔池为台锥形，则：

$$k_b = 1.142 \left(\frac{l_b}{R_b}\right)^{0.361} \qquad (2\text{-}3\text{-}136)$$

l_b 为风嘴名义位置，以炉底半径 R_b 为度量单位来计算其离炉底边的最小距离；各种风嘴布置的 l_b 值见表 2-3-28。若熔池为直筒形或球缺底形，则：

$$k'_b = 1.16 \left(\frac{l'_b}{R'_b}\right)^{0.588} \qquad (2\text{-}3\text{-}137)$$

l'_b 也为风嘴名义位置，以炉底半径 R'_b 为度量单位来计算其离炉池边的最小距离。各种风嘴布置下的 l'_b 值见表 2-3-29。

表 2-3-28　各种风嘴布置下的 l_b 值（熔池为台锥形）

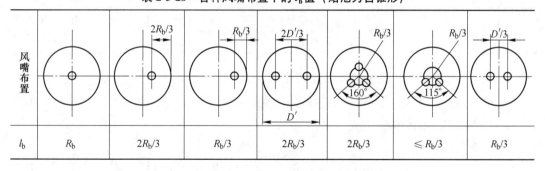

风嘴布置						
l_b	R_b	$2R_b/3$	$R_b/3$	$2R_b/3$	$2R_b/3$	$\leqslant R_b/3$	$R_b/3$

表 2-3-29　各种风嘴布置下的 l'_b 值（熔池为直筒形或球缺底形）

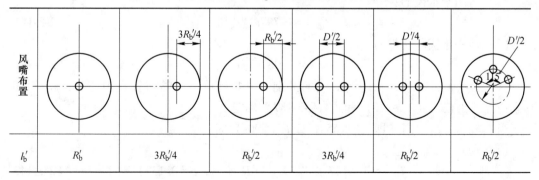

风嘴布置					
l'_b	R'_b	$3R'_b/4$	$R'_b/2$	$3R'_b/4$	$R'_b/2$	$R'_b/2$

（2）适用于水模的：

$$t_{b \cdot w} = 14.4812 k_b q_b^{-0.4422} N_b^{0.0827} \left(\frac{d_b}{H}\right)^{0.0426} \qquad (2\text{-}3\text{-}138)$$

（3）适用于实际转炉的：

$$t_{b \cdot s} = 23.793 k_b q_b^{-0.4422} N_b^{0.0827} \left(\frac{d_b}{H}\right)^{0.0426} \qquad (2\text{-}3\text{-}139)$$

作者用式（2-3-138）来计算 0.05t 和 6.5t 转炉的 $t_{b \cdot w}$ 值和用式（2-3-139）来计算的 12t、180t 和 230t 转炉的 $t_{b \cdot s}$ 值结果（见表 2-3-30）均基本上与实际符合。

表 2-3-30　计算的 $t_{b \cdot s}$ 值

炉容量 /t	q_b /Nm³·(min·t)⁻¹	H /mm	$N_b \times \phi d_b$ /个×mm	$t_{b \cdot s}$/s		备注
				式（2-3-139）	文献数据	
12	3.75/2.5	750	2×φ18	11.98/14.33	—/15[57]	风嘴布置按 L_{WS} 法
			3×φ18	12.38/13.82		
			4×φ18	12.69/15.18		
			3×φ21	12.47/14.92		
180	5.08	1500	16×φ32	12.38/9.52	9~14[58,59]	分子为风嘴按 L_{WS} 法布置，分母为风嘴按 OBM 法布置
			16×φ27	12.62/9.69		
		1600	16×φ32	12.35/9.5		
			22×φ27	12.51/9.68		
230	3.58	1500	18×φ40	14.73/11.33	10~16[58,59]	分子为风嘴按 L_{WS} 法布置，分母为风嘴按 OBM 法布置
			22×φ35	14.88/11.45		
		1700	18×φ40	14.65/11.27		
			22×φ35	14.81/11.39		

2.3.3.5　复吹转炉熔池搅拌强度的半经验式

对 14t 转炉的 155 组实验数据进行数学处理，得出 $T_{0 \cdot C}$ 的表达式。当 q_T 较大、L_T 较低（即 $t_{T \cdot w} < 55s$，或 $t_{T \cdot s} < 90s$）时：

（1）通式：

$$T_{0 \cdot C} = 4.134 T_{0 \cdot T}^{0.17} T_{0 \cdot b}^{0.55} \qquad (R = 0.79,\ S = 0.135) \qquad (2\text{-}3\text{-}140)$$

（2）适用于水模的：

$$t_{C \cdot w} = 1.797 t_{T \cdot w}^{0.17} t_{b \cdot w}^{0.55} \qquad (2\text{-}3\text{-}141)$$

（3）适用于实际转炉的：

$$t_{C \cdot s} = 2.067 t_{T \cdot s}^{0.17} t_{b \cdot s}^{0.55} \qquad (2\text{-}3\text{-}142)$$

这里的风嘴布置系数 k_b 与纯底吹的区别，主要是单个风嘴布置在中心时，$k_b \approx 1.0$，其余情况下仍按式（2-3-136）和式（2-3-137）确定。

当 q_T 较小、L_T 较高（即 $t_{T \cdot w} > 55s$，或 $t_{T \cdot s} > 90s$）时：

（1）通式：

$$T_{0 \cdot C} = 1.315 T_{0 \cdot T}^{0.13} T_{0 \cdot b}^{0.778} \qquad (R = 0.8,\ S = 0.133) \qquad (2\text{-}3\text{-}143)$$

（2）适用于水模的：

$$t_{C \cdot w} = 1.0 t_{T \cdot w}^{0.13} t_{b \cdot w}^{0.778} \qquad (2\text{-}3\text{-}144)$$

（3）适用于实际转炉的：

$$t_{C \cdot s} = 1.048 t_{T \cdot s}^{0.13} t_{b \cdot s}^{0.778} \qquad (2\text{-}3\text{-}145)$$

这里的 k_b 值，在 $t_{T \cdot w} \leqslant 68s$，或 $t_{T \cdot s} \leqslant 112s$ 时，与式（2-3-140）～式（2-3-142）中的规定相同，而在 $t_{T \cdot w} > 68s$，或 $t_{T \cdot s} > 112s$ 时，由于底吹熔池搅拌特征更加显著，则 k_b 按纯底吹的规定选取。

用上述 t_C 的半经验式计算 0.05t 和 6.5t 转炉的 $t_{T \cdot w}$ 值，与实测值基本相符。用它们计算 14t 复吹转炉的 $t_{C \cdot s}$ 值，与文献［57，60，61］的数据也基本一致（见表 2-3-31）。

表 2-3-31　计算的 14t 复吹转炉的 $t_{C \cdot s}$ 值

$q_b / Nm^3 \cdot (min \cdot t)^{-1}$	$t_{C \cdot s}/s$			
	$t_{T \cdot s} = 82s$（$t_{T \cdot w} = 50s$）		$t_{T \cdot s} = 98.6s$（$t_{T \cdot w} = 60s$）	
	按式（2-3-142）	［60，61］	按式（2-3-145）	［57～59］
0.026	56.8		71.6	72
0.031	54.4		67.4	65.6～68
0.05	48.4	50	57.2	56
0.079	43.3		48.8	48
0.096	41.3		56.7	46
0.158	36.6		38.5	40
0.206	34.3		35.1	34～34.4
0.34	30.4		29.6	29.5～31.3

注：$t_{b \cdot s}$ 的计算条件为 $N_b = 3$，风嘴按 L_{WS} 法布置，$d_b/H = 1/145$。

本节较广泛地研究了顶吹、底吹和顶底复吹转炉的熔池搅拌强度[62]，提出了与前人不同的熔池搅拌混匀时间半经验式，可供实际应用参考。

参 考 文 献

［1］Banks R B, Chandrasekhara D V. Journal of Fluid Mech., 1963, 15（13）：561.

［2］Wakelin D H. PhD Thesis, Imperrial College University of Lodon, 1966.

［3］Chatterjee A. Iron and Steel, 1972, 6.

［4］Ibid, 1973, 46：1.

［5］Резняков Л Б. 相似方法［M］. 北京：科学出版社，1963：26-42.

［6］Kapner J D. Kun Li, Larson R. H. Int. J. Heat and Mass Transfer. 1970, 13：932-937.

［7］Kapner J D, Kun Li, Larson R N. An experimental study of mixing phenomenna of turbulent supersonic jets［R］. Carnegie-Mellon University, 1968.

［8］李迪生，等. 武钢技术，1978（1）：1-13.

［9］Albertson M L, Dai Y B, Jenson R A, Rouse H. Trans. Amer. Soc. Civil Engrs., 1950, 115：630-697.

［10］Forstall W, Goylord E W. J. Appl. Mech., 1955, 22：161.

［11］Ricou F P, Spalding D K. J Fluid Mech., 1961, 11：21-32.

［12］Ito S, Muchi I. Tetsu-to-Hogane, 1969, 55：46-57.

[13] Ito S, Muchi I. ibid: 58-69.

[14] 蔡志鹏，等. 氧气炼钢过程中射流与熔池作用的某些传递现象 [R]. 中科院化冶所，1981.

[15] Porch M, Cermak J E. Proc. Sixth Midwest Conf. on Fluid Mech. , Astin, 1959: 198.

[16] Corrsin S, Uberoi M S. NACA. TN. NO. 1865, 1949.

[17] Folsom R G, Forguson C K. Trans. Amer. Soc. Mech. Engrs. , 1949, 71: 73.

[18] Hinze J O, Van der Hegge, Zijnen B G. Seventh Intern. Congr. Appl. Mech. , 1948: 286.

[19] Szekely J, Themelis N J. Rate Phenomena in Process Metallurgy [M]. New York: Wiley-Interscience, 1971.

[20] Известия　Вуз. Черноиметаллур гий, 1979, (6), 32-36.

[21] Kinetik metallurgischer Vorgange beider stahlher stallung, S339.

[22] 蔡志鹏. 氧气炼钢过程中射流对熔池的作用 [R]. 中国科学院化工冶金研究所，1978.

[23] CTaЛb, 1975 (5) .

[24] Laufer J. RM-5549-ARPA, Rand Corp. California, USA, 1968.

[25] 佩尔克 R D. 氧气顶吹转炉炼钢，上册 [M]. 北京：冶金工业出版社，1980：567.

[26] 鉄と鋼, 1979 (12): S1812.

[27] Banks R B. J. Fluid. Mech., 1963, 15: 13-34.

[28] Banks R B, Bhavamai A. J. Fluid. Mech., 1965, 23: 229-240.

[29] Michigan A A. J. Fluid. Mech., 1969, 36.

[30] 吴凤林，蔡扶时. 顶吹转炉氧枪设计 [M]. 北京：冶金工业出版社，1982：132.

[31] 北京钢铁设计院炼钢科译. 氧气顶吹炼钢的超音速射流 [J]. Iron and Steel, 1972 (12), 1973 (2): 1-32.

[32] Физики—химические основы стадв пда—выдбнбых про цесов и. и. борнацкий м. Метамургия, 1974: C156.

[33] 巴普基兹曼斯基 В И. 氧气转炉炼钢过程理论 [M]. 上海：上海科学技术出版社，1979：37-39（或 Cmaлб，转炉熔池的氧化过程及机理）.

[34] Flinn R A, Pehlke R D, Glass D R, Hays P O. Trans. AIME, 1967, 239: 1776-1791.

[35] Kiyomi Taguchi, et al. Iron and steel Engineer, 1983 (April): 27.

[36] Chatterjee A. Ironmaking and Steelmaking, 1976, 3 (1): 27.

[37] 万天骥，陈允恭，刘浏，等. 三孔喷头结构对射流性态及冶金工艺的影响 [R]. 北京钢铁学院，1981.

[38] Molloy N A. Iron Steel Inst., 1976, 208: 943-950.

[39] 皮埃尔·高厄尔，阿尔弗莱·德盖尔. 氧气顶吹炼钢的物理化学和流体动力学 [R].（国际氧气转炉炼钢会议资料）. 国外纯氧顶吹转炉炼钢文献，第七辑：31-42.

[40] 哈梅尔 R，古兹 T，锡太特 J. 关于顶吹冶炼的力学 [J]. Stahl and Eisen, 1957, 77 (19): 1303-1318（国外纯氧顶吹转炉炼钢文献，第三辑：103-113）.

[41] 岩村英郎. 多用喷嘴喷枪改善转炉操作 [J]. 鉄と鋼, 1963, 49 (10): 1380-1384.

[42] Марковъ Л. Кирсановаа. в. у. з. Черноиметаллур гий. Метамур гияргия, 1970 (8): 42-47.

[43] 公开特许公报，昭 56-25916（新日铁）.

[44] 李远洲，黄永兴，张萍. 50 吨转炉顶底复合吹炼水力学模型实验研究之二 [J]. 华东冶金学院学报，1987 (3): 1-10.

[45] 叶文龙. 钢铁情报，1976 (4): 20-62.

[46] 石桥政，白石唯光，山本里见，岛田道彦. 鉄と鋼, 1975 (4): S111.

[47] 北京钢铁研究院炼钢室. 钢铁，1976 (1): 42-49.

［48］北京钢铁研究院炼钢室．钢铁，1976（3）：48-51.

［49］上海科学技术情报研究所．国外氧气底吹转炉发展概况．1976：76.

［50］Собакий М П. Сб. Металлурзия, 1967（4）：101-103.

［51］李远洲．氧气底吹转炉熔池运动动力学的探讨．钢铁，1980，15（3）：1-9.

［52］Nakanishi K, Fujii T, Szekely J. Ironmaking and Steelmaking, 1975, 13: 193.

［53］Nakanishi K, et al. Stirring Intensity and Metallurgical Reaction in Combined Blowing, Japan Society for the Promotion of Science, 19th Committee for Steelmaking, 1980: 19-10303.

［54］李远洲．马鞍山钢铁学院学报，1985（4）：8-17.

［55］Tomokatsu Kohtani, Kazuya Kudou, et al. Steelmaking Proceedings, 1982, 65: 211-220.

［56］李远洲，黄永兴，等．华东冶金学院学报，1986，3（1）：1-15.

［57］Anon. Stahl und Eisen, 1980（17）：998-1011.

［58］张荣生等．钢铁研究总院学报，1983（1）：14.

［59］江见俊彦，等．钢铁，1982（3）：46-52.

［60］三枝诚，等．鉄と鋼，1980（4）：S236.

［61］三枝诚，等．鉄と鋼，1980（4）：S237.

［62］李远洲，等．顶吹、底吹和复吹转炉熔池搅拌强度的实验研究［J］．钢铁，1987（2）：13-19.

3 硅、锰的氧化反应

3.1 硅和锰在熔池中的氧化

炼钢金属料——铁水和废钢中，均有一定量的硅和锰。

硅和锰在铁液中均有无限的溶解度。硅和铁的稳定化合物为 FeSi，在炼钢温度下氧化为 SiO_2。锰在铁液中溶解时无化学作用，并可成为 MnO、MnS、Mn_3C 等化合物。在炼钢温度下，Mn 的蒸气压比铁低得多（相差约十几倍），所以应注意防止锰的蒸发。

硅在铁液中不成为理想溶液，对亨利定律有很强的负偏差。f_{Si} 也受铁液中存在的其他元素的影响。在碱性渣中 a_{SiO_2} 很小，在酸性渣中 $a_{SiO_2} \approx 1$。SiO_2 在碱性渣中存在的形式是 SiO_4^{4-}。

锰在铁液中构成理想溶液，除了 C 以外，其他元素对锰在铁液中的活度系数 f_{Mn} 无影响，因此，一般取 $\lg f_{Mn} = e_{Mn}^C [\%C] = -0.07[\%C]$，甚至取 $a_{Mn} = [\%Mn]$。(MnO) 在渣中的存在形式一般可写为 Mn^{2+}，但当金属含 [O] 量高和渣中 O^{2-} 含量高时，也即炉渣 Fe_tO 含量高和碱度高时，(MnO) 也可能像 Fe_tO 一样以复阴离子（MnO_{m+n}^{2m-}）的形式存在[1]，a_{MnO} 与温度和炉渣成分都有关，对理想溶液有正的偏差。

硅和锰对氧均有很强的亲和力，并在氧化时放出大量的热。

在氧气转炉炼钢中，硅和锰的激烈氧化是发生在吹炼的前期（见图 1-1-1 和图 1-1-2）。这两个元素的氧化反应以及磷的氧化反应，按现代的观点，均是典型的多相反应，它是靠金属中溶解氧及炉渣中氧化铁，在钢-渣界面上进行反应的。硅和锰在金属粒（在流股段上形成的）中的氧化机理已在前面讨论过了。但是，因为转炉中一次氧化产物的主要组成是氧化铁，如前面所述，熔池中大部分杂质是采取间接方式进行氧化，且是在一次反应区之外——循环区内，按二次反应进行的（但大多数是发生在一次反应区的附近）。同时必须指出，在远离氧气流股的地方，自发地出现含 SiO_2、MnO 及其他氧化物新质点的几率是很小的。因为在均匀的金属相中，元素氧化反应需要在保证新相（如 SiO_2、MnO、FeO 等氧化膜或气泡）生成的极大过饱和度的条件下才能进行。

生成稳定的新相的种子强度（此强度与多相的波动现象有关），可写成以下方程式[2]：

$$J = A\exp\left(\frac{-\Delta Z_{临界} + \Delta u}{kT}\right) \approx A\exp(-\Delta Z_{临界}/kT) \tag{3-1-1}$$

式中，A 为常数；Δu 为扩散过程的活化能；$\Delta Z_{临界}$ 为过饱和的溶液中，生成具有临界尺寸的新相种子物质时所发生的体系自由能的变化；k 为玻耳兹曼（Boltzmann）常数；T 为温度。

$$\Delta Z_{临界} = \frac{16\pi}{3} \frac{\sigma^3 M^2}{\rho^2 R^2 T^3 (\ln \xi)^2} \tag{3-1-2}$$

式中，σ 为界面张力；M 为析出物质的分子量；ρ 为物质的密度；R 为气体常数；ξ 为熔体过饱和程度。

在前面的表 1-2-1 中列举了从均匀金属熔体中析出各种氧化物所必须的过饱和度的计算值，以及与此相应的金属含氧量（$J \geqslant 10^9$ 种子/（$cm^3 \cdot s$））。

因表 1-2-1 中的计算值是假设析出物为纯氧化物，但在生成渣相的初始阶段里可能生成复杂的氧化物，其 $\sigma < \sigma_{纯}$，所需的过饱和度也小些，氧化膜的生成也容易些。根据资料[3]，钢中析 FeO-MnO 溶液（$\sigma = 18\mu J/cm^2$）在 $\xi < 1.5$ 时已有可能，而 SiO_2（$\sigma = 70\mu J/cm^2$）需在它的渣在 $\xi = 10$ 时才出现，显然，在熔池中是不可能达到 Si、Mn 在均相中氧化所需的氧浓度和析出 SiO_2、MnO 所必须的过饱和度。

因此转炉吹炼一开始，如不采用留渣法时，硅和锰的氧化主要是发生在一次反应区内、非金属料块（石灰、矿石）和炉衬的表面上，以及从一次反应区带到金属中的氧化铁渣滴表面上（因 Si、Mn 是表面活性物质，使界面张力降低，在界面上成核容易），其反应如下。

在非金属料及炉衬表面上：

$$[Si] + 2[O] \Longrightarrow (SiO_2) \tag{3-1-3}$$

$$[Mn] + [O] \Longrightarrow (MnO) \tag{3-1-4}$$

在渣滴的表面上：

$$[Si] + 2[FeO] \Longrightarrow (SiO_2) + 2[Fe] \tag{3-1-5}$$

$$[Mn] + [FeO] \Longrightarrow (MnO) + [Fe] \tag{3-1-6}$$

这些产物为硅酸铁和硅酸锰，从而也改变了一次渣滴的组成。

在熔池的上部由这些渣滴所形成的液相炉渣在吹炼的前期是呈酸性的（见图 1-1-1 和图 1-1-2），且能与碱性炉衬发生作用。在吹炼前期通常金属中硅和锰含量的条件下，所形成的硅酸盐通常是被 SiO_2 所饱和的或接近饱和的。

以上反应的平衡常数及温度式为[4]：

$$\lg K_{(3-1-3)} = \lg \frac{a_{SiO_2}}{[\%Si]f_{Si}[\%O]^2 f_O^2} = \frac{31000}{T} - 12.15 \tag{3-1-7}$$

$$\lg K_{(3-1-4)} = \lg \frac{a_{MnO}}{[\%Mn]f_{Mn}[\%O]f_O} = \frac{12760}{T} - 5.68 \tag{3-1-8}$$

$$\lg K_{(3-1-5)} = \lg \frac{a_{SiO_2}}{[\%Si]f_{Si}a_{FeO}^2} = \frac{18360}{T} - 6.68 \tag{3-1-9}$$

$$\lg K_{(3-1-6)} = \lg \frac{a_{MnO}}{[\%Mn]f_{Mn}a_{FeO}} = \frac{6440}{T} - 2.95 \tag{3-1-10}$$

众所周知，金属中的氧含量是受到能保证最低氧含量水平的元素的调节，即此元素在给定条件下氧化反应的 ΔZ 值是最大的。在通常的条件下，在碱性和酸性转炉的前期，此元素应为硅，因而金属中溶解氧是取决于反应（3-1-3）的平衡条件的。由于硅和锰氧化反应发生的地点，即使在冶炼初期也是相当之多，故从一次反应区出来的氧以及金属中溶解的氧，会很迅速地被消耗掉，来不及积累，不会出现显著超过平衡值的现象。

根据方程式（3-1-7），在冶炼前期，由于氧化产物中二氧化硅含量很高，因而溶解氧的平衡含量应是金属中硅含量及温度的函数：

$$[\%O]_{Si} = \sqrt{\frac{a_{SiO_2}}{K_{(3-1-3)}[\%Si]f_{Si}f_0^2}} \approx \sqrt{\frac{1}{K_{(3-1-3)}[\%Si]}} \tag{3-1-11}$$

随着硅的氧化及硅含量的降低，金属中溶解氧的含量将有所增长，从而促进反应（3-1-4）往右进行，促进锰的氧化，使金属中锰含量下降（见式（3-1-8））。

而随着石灰的加入和溶解，以下成渣反应得到了发展：

$$\begin{cases} (Fe \cdot Mn)_2SiO_2 + 2CaO = Ca_2SiO_4 + 2(FeO \cdot MnO) \\ 2(Ca^{2+}) + 2(O^{2-}) + (SiO_2) = (SiO_4^{4-}) + 2(Ca^{2+}) \end{cases} \tag{3-1-12}$$

从而 a_{SiO_2} 和 a_{MnO} 值降低。所有这些条件都使硅锰优先氧化，其总的反应式为：

$$\begin{cases} [Si] + 2(FeO) + 2CaO = (Ca_2SiO_4) + 2[FeO] \\ [Si] + 2(Fe^{2+}) + 2(Ca^{2+}) + 4(O^{2-}) = 2(Ca^{2+}) + (SiO_4^{4-}) + 2[Fe] \end{cases} \tag{3-1-13}$$

$$\begin{cases} [Mn] + (FeO) = (MnO) + [Fe] \\ [Mn] + (Fe^{2+}) = (Mn^{2+}) + [Fe] \end{cases} \tag{3-1-14}$$

在冶炼过程中，随着渣量的增加，这些反应的作用也增大。反应（3-1-13）和反应（3-1-6）的平衡常数为：

$$K_{(3-1-13)} = \lg\frac{a_{Ca_2SiO_4}}{[\%Si]f_{Si}a_{FeO}^2a_{CaO}^2} \tag{3-1-15}$$

$$K_{(3-1-6)} = \frac{a_{MnO}}{[\%Mn]f_{Mn}a_{FeO}} \tag{3-1-10}$$

由式（3-1-15）不难得出：

$$[\%Si] = \frac{a_{Ca_2SiO_4}}{K_{(3-1-13)}f_{Si}a_{FeO}^2a_{CaO}^2} \tag{3-1-16}$$

由于吹炼前期熔池中 $[C]$ 高，使 f_{Si} 增大，另外在碱性渣下，a_{FeO}、a_{CaO} 高，γ_{SiO_2} 小，所以在开吹后 3~5min 内，Si 实际上已被氧化至微量了（几个 ppm）。

在开吹后 3~6min，锰含量通常已降到该炉次的最低点。有的学者认为[5]：该最低点的锰含量已接近反应（3-1-6）的平衡常数方程式中导出的数值：

$$[\%Mn] = \frac{a_{MnO}}{K_{(3-1-6)}f_{Mn}a_{FeO}} \tag{3-1-17}$$

由式（3-1-17）不难得到：

$$L_{Mn} = \frac{(\%MnO)}{[\%Mn]} = K_{(3-1-6)}(\%FeO)\left(\frac{\gamma_{FeO}}{\gamma_{MnO}}\right)f_{Mn} \tag{3-1-18}$$

但作者在处理 15t 顶吹转炉和 50t 顶底复吹转炉吹炼过程数据时，不论是用 Turkdogan 的 L_{Mn} 公式（3-2-1），还是 Suito 的 L_{Mn} 公式（3-2-22c）计算得到的 L_{Mn} 值都远大于实际值，即 $L_{Mn(实)}/L_{Mn(3-2-1)}$ 或 $(3-2-22c) < 1$。这是否就证明吹炼前期的锰氧化反应远离平衡呢？看来还不能就此定论，因为这时含 $[C]$ 高达 3.0% 左右的金属液，尤其是在从 Si、Mn 氧化期转变为 C 氧化期的时候仅仅用式（3-1-6）来描述 Mn 的平衡反应显然是不够的。如果对建立在式（3-1-6）基础上的 L_{Mn} 公式做些修改，或将这时 Mn 的氧化与还原两个反应都同时考虑到，则可看到这时渣-金间的锰分配比虽低于平衡值，但还是接近平衡值的。这问题

将在后面作详细讨论。

应当指出，在硅和锰激烈氧化期结束之后，金属中这些元素含量的变化就变得很小了，并且它们含量的变化主要取决于反应平衡条件的变动，即取决于炉渣组成，金属组成（因与 γ_{SiO_2}、γ_{FeO}、γ_{MnO} 和 f_{Mn}、f_{Si} 的变化有关）和温度的变化等，因温度决定了 $K_{(3-1-5)}$、$K_{(3-1-6)}$、$K_{(3-1-13)}$ 的平衡值。

在平衡的条件下，从式（3-1-17）和式（3-1-18）得知，促进锰更完全地氧化和转入炉渣的条件是：熔池温度的降低，渣中氧化铁的提高和碱度的降低，后者决定了 $\gamma_{FeO}/\gamma_{MnO}$ 比值的增大（见式（3-1-18）），故锰在吹炼前期迅速被氧化掉，而在冶炼的后半期在金属含碳量为 1.5%~0.5% 时，特别是在热行的情况下，通常可发现一些锰从炉渣中还原的现象。这主要是与熔池温度的提高有关，同时也与渣中氧化铁的降低及炉渣碱度的提高有关（见图 1-1-1 和图 1-1-2）。应当指出：在炉渣返干的情况下，可发生锰、硅、磷明显还原的现象。

在冶炼低碳钢的终点，当碳含量极低，炉渣和金属氧化性提高的情况下，锰会重新被氧化，形成"锰"的驼峰。众所周知，渣中（FeO）的活度在炉渣碱度变化较小的情况下，是与渣中氧化亚铁含量成正比的。

在吹炼终点，金属中的残锰量取决于铁水中的锰含量、金属料中的铁水配比、炉料中的锰矿加入量、炉渣的氧化性、碱度和渣量（如双渣操作，还包括中间放渣量），以及金属温度和其碳含量。氧气转炉与平炉相比，金属中有较高的残锰量，除了由于金属料中有较高的铁水比和通常不放中间渣之外，还由于它的金属和炉渣氧化性较低，炉渣碱度较高的缘故。而顶底复吹转炉的钢水残锰量又比顶吹氧气转炉的高，甚至能冶炼高锰钢，则是它的金属和炉渣氧化性进一步显著降低的结果，特别是它在冶炼高锰钢时，还采取了铁水预处理、少渣操作的措施。

为了对氧气转炉过程进行正确的数学描述，很需要了解在冶炼的大部分时间里，由于发生了化学反应，分配于钢、渣中元素的浓度接近于平衡值的程度如何。关于这问题，曾有不同的意见。

过去许多氧气顶吹转炉的炼钢研究者都认为，在氧气顶吹转炉的大部分吹炼时期里，特别是在硅、锰、磷含量处于缓慢变化的时期里（冶炼的中期和后期），金属中的硅、锰、磷含量是接近于平衡值的，或相应于钢-渣的平衡状态[6,7]。若以特克道根的锰、磷平衡分配比公式（3-2-1）和式（3-2-18）为标准量度，按式（3-2-1）和式（3-2-18）计算的 Q-BOP 转炉吹炼终点的（%MnO）/[%Mn] 和（%P$_2$O$_5$）/[%P] 值一般都大于实测值，而 BOP 转炉的计算值与实测值则大都一致，这似乎是转炉炼钢过程接近或达到平衡论的有力支持和证明。但许多工作者也曾指出过，在冶炼的初、中期，金属中的 Si、Mn、P 的实际浓度与计算平衡值（与渣平衡的）之间存在着较大的偏差，而在冶炼终点，这些元素的计算值和实际含量将趋于接近[5]。但除了空气底吹转炉，Q-BOP 和 K-BOP 法之外，不仅 BOP 转炉，就是一般的顶底复吹转炉，也存在一定的偏离平衡值，这是底吹氧气转炉炼钢法问世后 BOP 工作者不得不承认的事实，从而不仅促进了 LD 法向顶底复吹转炉的方向发展，并推进了人们对冶金平衡反应的进一步研究，以寻求更符合实际的平衡反应方程。

参 考 文 献

[1] Inoue R, Suito H. Trans Trans ISIJ, 1984, 24: 816-821.

[2] РостовцеВ С Т. Теория Метаццургических дроцессовм. Метаццургиздат, 1956, 515С. СИЦ.

[3] Лопець С Н. Изв. вуз. черния метаццугия [J]. 1962, (4): С. 5-13, СИЦ.

[4] 巴普基兹曼斯基, 等. 氧气转炉炼钢过程理论 [M]. 曹兆民, 译. 上海: 上海科学技术出版社, 1979: 187-188.

[5] 巴普基兹曼斯基, 等. 氧气转炉炼钢过程理论 [M]. 曹兆民, 译. 上海: 上海科学技术出版社, 1979: 195-196.

[6] Баптизманский В N. Механизм и кинетика процессовв Конвертерной ванне. М., Метаццугизаат, 1960, 283С. СИЦ.

[7] Јевин С Ц. Стацепгавицьные процессы. киев, гостехизаат, 1963, 403 С. СИЦ.

3.2　锰氧化反应平衡研究

　　锰在金属和炼钢型炉渣之间平衡分配比的研究可追溯到 20 世纪 20 年代中期，详细报道可参阅文献 [1]。

　　炼钢书籍上介绍和推荐的锰平衡分配比公式一般都是 Turkdogan[2] 提出的下述方程：

$$\frac{(MnO)}{[Mn]} = 6(\Sigma FeO)/[(CaO)/(SiO_2)] \tag{3-2-1}$$

　　该式的优点是简单，因而应用方便，故在计算机未普及时，易为炼钢工作者所接受和采用；但其缺点是精度不够高，计算值也未必是平衡值。为此本书拟推荐近年来一些学者对锰平衡分配比的最新研究成果以供读者比较选用。同时，为了让读者清楚地了解各种锰平衡分配公式的由来，以及表观锰平衡常数和氧化铁与氧化锰的活度系数比 ($\gamma_{FeO}/\gamma_{MnO}$) 的渐近研究方法，以便正确掌握和使用各种锰平衡分配比公式，并进而结合自己工厂的具体情况，开发符合本厂的锰平衡公式，本节拟对锰在铁液和炉渣间反应平衡常数 (K_{Mn}) 的热力学方程，在铁液与二元渣系、三元渣系和多元渣系间的表观平衡常数 (K'_{Mn})、分配比 (L_{Mn}) 和氧化锰活度系数 (γ_{MnO}) 等方程式逐一讨论。

3.2.1　锰在铁液和 Fe_tO-MnO 渣系间的平衡分配

3.2.1.1　平衡常数 K_{Mn-Fe}

　　先是 Korber 和 Oelsen[3]，随后 Chipman 等人[4] 曾在 1550 ~ 1750℃ 下测量了与纯 'FeO'-MnO 熔渣共存下的铁液中的锰平衡浓度，这两个独立实验研究按反应式 (3-1-6) 得到的平衡常数 $K_{(3-1-6)}$，其差别因子（即两者的比值）仅大约为 1.5，Chipman 等人的值较高。前面所写的 $K_{(3-1-6)}$ 的温度关系式 (3-1-10) 便是根据 Chipman 的实验数据[4] 得出的。

$$K^{\ominus}_{(3-1-6)} = \frac{a_{MnO}}{[Mn] f_{Mn} a_{FeO}}$$

$$\lg K^{\ominus}_{(3-1-6)} = \frac{6440}{T} - 2.95 \tag{3-1-10}$$

应当指出在不少书籍[2,5~7]和文章[8,9]中把式（3-1-10）的温度表达式作为反应（3-1-6）的反应平衡常数与温度的关系式。因为按 Turkdogan[2]的解释：由自由能的数据推导出的 $K_{(3-1-6)}$ 值刚好是 Chipman 实验数据的平均值。但也有不少书籍和文章中由自由能推导出的反应（3-1-6）的平衡常数温度式与式（3-1-10）有显著差别，因而把式（3-1-10）作为反应（3-1-6）的表观平衡常数（$K'_{(3-1-6)}$）的温度式。

现将 Bodsworth[10]，Suito 和 Inoue[11~13]及佩尔克[14]等学者所用的反应（3-1-4）的平衡常数温度式，并由此推导出反应（3-1-6）的表观平衡常数温度式以及他们所用的反应（3-1-6）的表观平衡常数的温度式写在下面。

直接表述反应（3-1-4）的平衡常数的有：

$$\lg K^{\ominus}_{(3-1-4)} = \frac{12996}{T} - 5.647 \quad [11] \tag{3-1-4a}$$

$$\lg K^{\ominus}_{(3-1-4)} = \frac{12440}{T} - 5.33 \quad [10] \tag{3-1-4b}$$

现通过文献中反应（3-2-2）和反应（3-2-4）的自由能方程推导其 $K_{(3-1-6)}$ 方程于下：

$$[\text{Mn}] + [\text{O}] \Longrightarrow \text{MnO}_{(s)} \tag{3-2-2}$$

$$\Delta G^{\ominus} = -287943 + 125.31T \quad \text{J/mol}[12] \tag{3-2-2a}$$

$$\Delta G^{\ominus} = -288100 + 128.3T \quad \text{J/mol}[13] \tag{3-2-2b}$$

$$\text{MnO}_{(s)} \Longrightarrow \text{MnO}_{(1)} \tag{3-2-3}$$

$$\Delta G^{\ominus} = 43765 - 20.376T \quad \text{J/mol}[11] \tag{3-2-3a}$$

$$\Delta G^{\ominus} = 44769 - 21.757T \quad \text{J/mol}[4] \tag{3-2-3b}$$

通过式（3-2-2a）分别与式（3-2-3a）和式（3-2-3b）可得：

$$\lg K_{(3-1-4)} = \frac{12753}{T} - 5.481 \tag{3-1-4c}$$

$$\lg K_{(3-1-4)} = \frac{12700}{T} - 5.41 \tag{3-1-4d}$$

通过式（3-2-2b）分别与式（3-1-3a）和式（3-1-3b）可得：

$$\lg K_{(3-1-4)} = \frac{12762}{T} - 5.637 \tag{3-1-4e}$$

$$\lg K_{(3-1-4)} = \frac{12709}{T} - 5.565 \tag{3-1-4f}$$

而

$$\text{Fe}_{(1)} + [\text{O}] \Longrightarrow \text{FeO}_{(1)} \tag{3-2-4}$$

$$\Delta G^{\ominus} = -116064 + 48.785T \quad \text{J/mol}[11] \tag{3-2-4a}$$

$$\lg K_{(3-2-4)} = \lg \frac{a_{\text{FeO(1)}}}{a_{[\text{O}]}} = \frac{6062}{T} - 2.548 \tag{3-2-4b}$$

且

$$\lg K_{(3-1-4)} - \lg K_{(3-2-4)} = \lg \frac{a_{\text{MnO(1)}}}{a_{\text{Mn}} a_{\text{FeO(1)}}} = \lg K_{(3-1-6)}$$

故联立式（3-1-4a）~式（3-1-4f）和式（3-2-4b）得：

$$\lg K_{(3\text{-}1\text{-}6a)} = \frac{6934}{T} - 3.099^{[11]} \qquad (3\text{-}1\text{-}10a)$$

$$\lg K_{(3\text{-}1\text{-}6b)} = \frac{6378}{T} - 2.872 \qquad (3\text{-}1\text{-}10b)$$

$$\lg K_{(3\text{-}1\text{-}6c)} = \frac{6691}{T} - 3.023 \qquad (3\text{-}1\text{-}10c)$$

$$\lg K_{(3\text{-}1\text{-}6d)} = \frac{6638}{T} - 2.951 \qquad (3\text{-}1\text{-}10d)$$

$$\lg K_{(3\text{-}1\text{-}6e)} = \frac{6700}{T} - 3.179 \qquad (3\text{-}1\text{-}10e)$$

$$\lg K_{(3\text{-}1\text{-}6f)} = \frac{6647}{T} - 3.107 \qquad (3\text{-}1\text{-}10f)$$

另据文献[14]对锰氧化反应的表述：

$$[Mn] + FeO \rightleftharpoons Fe + MnO_{(s)} \qquad (3\text{-}2\text{-}5)$$

$$\Delta G^{\ominus} = -166477 + 75.245T \qquad (3\text{-}2\text{-}5a)$$

通过对式（3-2-3）和式（3-2-5）联立求解可得：

$$\lg K_{(3\text{-}1\text{-}6g)} = \frac{6409}{T} - 2.866 \qquad (3\text{-}1\text{-}10g)$$

$$\lg K_{(3\text{-}1\text{-}6h)} = \frac{6357}{T} - 2.794 \qquad (3\text{-}1\text{-}10h)$$

3.2.1.2　表观平衡常数 $K'_{Mn\text{-}Fe}$

在文献[11]中，采用式（3-1-4a）为 $K_{Mn\text{-}O}$ 与温度的关系式的同时，并对表观平衡常数 $K'_{Mn\text{-}Fe}$（$= \dfrac{N_{MnO(1)}}{[\%Mn]N_{Fe_tO(1)}} = \dfrac{(\%MnO)}{[\%Mn](\%Fe_tO)}$）进行了讨论研究。根据 Chipman 等人[2]用 MgO 坩埚在 1568~1743℃下，炉渣成分为（CaO+SiO$_2$+MgO）<6% 的 12 组试验数据计算出的 $K'_{Mn\text{-}Fe}$ 值，得出：

$$\lg K'_{(3\text{-}1\text{-}6a)} = \lg K'_{Mn\text{-}Fe} = \frac{6551}{T} - 3.008 \qquad (3\text{-}1\text{-}10a')$$

$$(n=12, \ r=0.897)$$

根据 Caryll 和 Ward[15]在 1650~1870℃实验所得的 16 组数据，取其 14 组的 $K'_{Mn\text{-}Fe}$ 值得出：

$$\lg K'_{(3\text{-}1\text{-}6b)} = \frac{4640}{T} - 2.046 \qquad (3\text{-}1\text{-}10b')$$

$$(n=14, \ r=0.865)$$

并根据 Fischer 和 Fleischer[16,17]及 Fischer 和 Bardenheur[18,19]用 MnO 坩埚作实验得出的 65 组 $K'_{Mn\text{-}Fe}$ 值，与 $1/T$ 的关系绘于图 3-2-1 中，并回归得出：

$$\lg K'_{(3\text{-}1\text{-}6c)} = \frac{7572}{T} - 3.599 \qquad (3\text{-}1\text{-}10c')$$

$$(n=65, \ r=0.957)$$

式（3-1-10c′）所依据数据的炉渣成分范围和原实验者所得的 $\lg K'_{Mn\text{-}Fe}$ 的温度式见表 3-2-1。

表 3-2-1　Fe$_t$O-MnO 渣系的 $\lg K'_{Mn\text{-}Fe}$

研究者	炉渣成分	$\lg K'_{Mn\text{-}Fe}$	n	r	参考文献
Fischer，Fleischer	$SiO_2 \leqslant 1.7\%$	$7050/T - 3.346$	18	0.980	[16]
	$CaO + SiO_2 < 4\%$	$9231/T - 4.507$	9	0.938	[17]
Fischer，Bardenheuer	$SiO_2 \leqslant 2.5\%$	$7317/T - 3.435$	35	0.964	[18]
	$Al_2O_3 \leqslant 4\%$	$7480/T - 3.538$	13	0.978	[19]

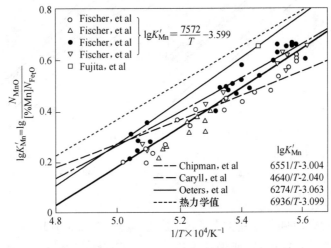

图 3-2-1　$\lg K'_{Mn}$ 与 $(1/T) \times 10^4$（K^{-1}）的关系

图 3-2-1 中的粗实线代表式（3-1-10c′），并给出了方程（3-1-10a′）式（3-1-10b′）和 Oeters 等人[20]最近得出的式（3-1-10d′）：

$$\lg K'_{(3\text{-}1\text{-}10d)} = \frac{8274}{T} - 3.863 \qquad (3\text{-}1\text{-}10d')$$

以及热力学方程式（3-1-10a）的关系线，由图可见，所有的 $\lg K'_{Mn\text{-}Fe}$ 值均小于 $\lg K_{Mn\text{-}Fe}$ 值，尤其是 Caryll 和 Ward[15]所得的 $\lg K'_{Mn\text{-}Fe}$ 值较其他的都小。但它们都显著地小于 Korber 和 Oelsen[21]早期在 FeO-MnO-SiO$_2$ 渣中得出的 $\lg K'_{Mn\text{-}Fe} = 7940/T - 3.166$ 方程式的计算值。

而在文献 [10] 中，采用式（3-1-4b）为 $\lg K_{Mn\text{-}O}$ 的热力学方程式的同时，并列出了当时发表的某些表观平衡常数方程：

$$\lg K'_{(3\text{-}1\text{-}6e)} = \frac{6234}{T} - 3.03^{[22]} \qquad (3\text{-}1\text{-}10e')$$

$$\lg K'_{(3\text{-}1\text{-}6f)} = \frac{6440}{T} - 2.95^{[4]} \qquad (3\text{-}1\text{-}10f')$$

$$\lg K'_{(3\text{-}1\text{-}6g)} = \frac{6350}{T} - 3.03^{[23]} \qquad (3\text{-}1\text{-}10g')$$

$$\lg K'_{(3\text{-}1\text{-}6h)} = \frac{6350}{T} - 2.99^{[24]} \qquad (3\text{-}1\text{-}10h')$$

现将上述 $\lg K_{(3\text{-}1\text{-}6i)}$（$i$=a，b，c，d，e，f，g，h）的各个温度表达式（3-1-10i）和 $\lg K'_{(3\text{-}1\text{-}6i)}$ 的各个温度表达式（3-1-10i）′按 $\lg K_{(3\text{-}1\text{-}6)}$-1/$T$ 和 $\lg K'_{(3\text{-}1\text{-}6)}$-1/$T$ 关系线绘于图 3-2-2。

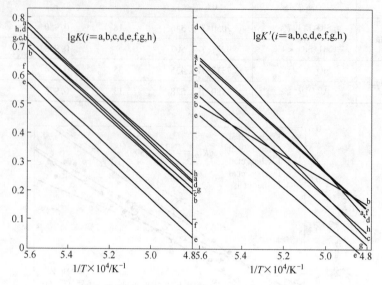

图 3-2-2 $\lg K_{(3\text{-}1\text{-}6i)}$ 和 $\lg K'_{(3\text{-}1\text{-}6i)}$ 与 1/T 的关系

由图 3-2-2 可见：

（1）由 Suito[11,12] 1984 年采用的 $\lg K_{(3\text{-}1\text{-}6)}$ 热力学方程式（3-1-10a）、式（3-1-10d）和佩尔克[14] 采用的式（3-1-10h）所做的 $\lg K_{(3\text{-}1\text{-}6)}$-1/$T$ 直线基本重合；式（3-1-10b）、式（3-1-10c）、式（3-1-10g）则构成另一直线组，应当说这两组直线是比较靠近的，其差别主要是反应：$MnO_{(s)} \rightarrow MnO_{(l)}$ 的自由能数据选用不同所致。

（2）由 Suito[13] 1995 年采用 Gaye[25] 1987 年提出的热力学数据得出的式（3-1-10e）、式（3-1-10f）所做的直线显著低于上述两组直线，其 $K_{(3\text{-}1\text{-}6a,d,h)}/K_{(3\text{-}1\text{-}6e,f)} \approx 1.5$。应当说，这种差别对热力学数据来讲是不算大的。不过值得提醒读者注意的是，当你是通过某氧化反应平衡常数和其氧化物活度系数来求取其被氧化元素在金属和炉渣间的平衡分配比时，不仅要考虑你选用的氧化物活度系数公式的炉渣成分和温度适用范围要符合你的使用情况，同时要配套采用建立该活度系数所依托的反应平衡常数的热力学方程，尤其是在各学者的平衡常数方程差异较大时，更不可张冠李戴。

（3）各学者得出的 $\lg K'_{(3\text{-}1\text{-}6a\sim h)}$ 值比较分散，以 Oeters[20] 得出的 $\lg K'_{(3\text{-}1\text{-}6d)}$ 最大，Chipman[4] 得出的 $\lg K'_{(3\text{-}1\text{-}6a,f)}$ 次之，Hilty[22] 得出的 $\lg K'_{(3\text{-}1\text{-}6e)}$ 最小。前面曾提到有的学者和书上把 Chipman 得出的表观平衡常数 $\lg K'_{(3\text{-}1\text{-}6f)}$ 作为反应（3-1-6）的平衡常数 $\lg K_{(3\text{-}1\text{-}6)}$ 来推荐和应用，如从图 3-2-1 两图比较来看：其一，$K'_{(3\text{-}1\text{-}6f)}$ 与 $K'_{(3\text{-}1\text{-}6b)}$ 相近，并大于 $K_{(3\text{-}1\text{-}6e,f)}$；其二，$K'_{(3\text{-}1\text{-}6f)} = K_{(3\text{-}1\text{-}6)} > K'_{(3\text{-}1\text{-}6a,b,c,d,e,g,h)}$；其三，由自由能直接推导出的 $K_{(3\text{-}1\text{-}6a\sim h)}$ 的热力学方程也是有差别的，因此，把表观平衡常数 $K'_{(3\text{-}1\text{-}6f)}$ 视为平衡常数 $K_{(3\text{-}1\text{-}6)}$ 也未尝不可；但 Bodsworth[10] 等学者把 $\lg K_{(3\text{-}1\text{-}6)}$ 作为 $\lg K'_{(3\text{-}1\text{-}6f)}$ 来处理，似更确当，因实验本身只有 Fe_tO-MnO 熔渣的相对纯度，而没有绝对纯度。

应当指出，各 $\lg K'_{(3\text{-}1\text{-}6i)}$ 值不同的原因，主要是各 Fe_tO-MnO 二元系渣中，尚含有其他

氧化物所致。因此在选用求取锰脱氧回收率的计算公式时，应选用与 Mn 脱氧生成的 MnO-FeO 二元系渣中尚含的其他氧化物含量相近的炉渣得出的表观平衡常数热力学方程式才是。

3.2.1.3 氧化锰的活度系数 γ_{MnO}

反应（3-1-6）的平衡常数方程式（3-1-10a）~式（3-1-10h）不仅是求取 MnO-FeO 二元渣系 γ_{MnO} 值的基本方程，同时，也是求取三元渣系和多元渣系 γ_{MnO} 值的基本方程。一般求取 γ_{MnO} 的方程式可表述如下：

$$\lg\gamma_{MnO} = \lg K_{Mn\text{-}Fe} - \lg K'_{Mn\text{-}Fe} + \lg\gamma_{FeO} \tag{3-2-6}$$

由于二元系渣中的 $\lg K'_{(3\text{-}1\text{-}6)}$ 与 $1/T$ 具有良好的线性关系，因而二元系渣中的 $\lg\gamma_{MnO}/\gamma_{FeO}$ 也可用温度函数表述，如：

$$\lg\left(\frac{\gamma_{MnO}}{\gamma_{FeO}}\right)_{(3\text{-}1\text{-}6a)} = \frac{383}{T} - 0.094 \tag{3-2-6a}$$

对于某些多组元炉渣，如其渣中酸、碱性氧化物在一定范围内的变化对锰的表观平衡常数 K'_{Mn} 的影响是此消彼长，相互抵消时，则其 $\lg K'_{Mn}$ 也可用温度函数表述。如 Meraikib[26] 的试验结果便属这种情况，其 $\lg\gamma_{MnO}$ 可用简单的温度函数表述，而无大的误差。但一般来讲，多元渣系中的 $\lg K'_{Mn}$ 值并不是简单的温度函数，而是包括炉渣成分和温度等因素的复杂函数，如 Turkdogan[2] 和 Suito 等人[12,13] 的实验研究结果便是这类的代表，在这类炉渣成分中，其 γ_{MnO} 只能是先按：

$$\gamma_{MnO} = \frac{K_{Mn\text{-}O}}{K'_{Mn\text{-}O}} \tag{3-2-7}$$

求出每个炉次的 γ_{MnO}，再通过回归分析得出 γ_{MnO} 与炉渣成分和 $1/T$ 的关系式（详见后面多元系炉渣中的论述）。所以，当用 $\lg K_{Mn}$ 的热力学方程式与 $\lg\gamma_{MnO}$ 的函数方程式来求解锰在渣/金间的平衡分配比时，其 $\lg K_{Mn}$ 热力学方程式必是建立 $\lg\gamma_{MnO}$ 函数式时所依托的方程式。

3.2.2 锰在铁液与 FeO-MnO-MO$_x$（MO$_x$=PO$_{2.5}$，SiO$_2$，Al$_2$O$_3$，MgO，CaO）三元熔渣间的平衡分配

3.2.2.1 $\lg K'_{Mn\text{-}Fe}$ 与 N_{MO_x} 的关系

研讨 $\lg K'_{Mn\text{-}Fe}\left(= \lg\dfrac{N_{MnO}}{[Mn]N_{FeO}}\right)$ 与 N_{MO_x} 的关系，目的在于为后面深入了解和正确判断 MO$_x$ 组元对锰在铁液与多元系炉渣间平衡分配的影响。

Suito 和 Inoue[11] 根据前人对锰在铁液与 Fe$_t$O-MnO-MO$_x$（MO$_x$=PO$_{2.5}$、SiO$_2$、AlO$_{1.5}$、MgO、CaO）三元渣[17~19,21,27~32] 间的分配实验，计算了 1550~1570℃、1580~1630℃ 和 1640~1710℃ 温度范围内的 $\lg K'_{Mn\text{-}Fe}$ 值，并以 $\lg K'_{Mn\text{-}Fe}$ 为纵坐标，N_{MO_x} 为横坐标作图示于图 3-2-3~图 3-2-5 中。图中 $N_{MO_x}=0$ 时的 $\lg K'_{Mn\text{-}Fe}$ 值，即 Fe$_t$O-MnO 二元渣中的 $\lg K'_{Mn\text{-}Fe}$ 值，由式（3-1-10c'）计算得出，用箭头表示。由图 3-2-3~图 3-2-5 可清楚地看到：$\lg K'_{Mn\text{-}Fe}$ 值随 AlO$_{1.5}$、SiO$_2$、PO$_{2.5}$ 含量的增大而增大，随 CaO 和 MgO 的增大而减小。

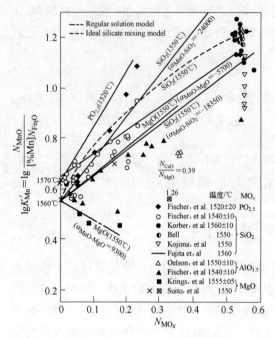

图 3-2-3　$\lg K'_{\text{Mn}}$ 与 N_{MO_x}（$PO_{2.5}$，SiO_2，$AlO_{1.5}$，

　　　MgO）的关系（1500~1570℃）

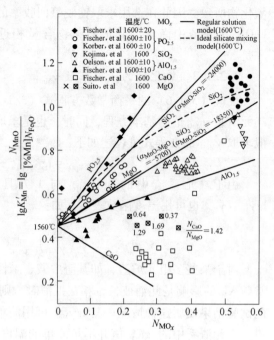

图 3-2-4　$\lg K'_{\text{Mn}}$ 与 N_{MO_x}（$PO_{2.5}$，SiO_2，$AlO_{1.5}$，

　　　CaO，MgO）的关系（1600℃±）

假设 Mn 的活度等于 Mn 的重量百分数，则可推导出 $K'_{\text{Mn-Fe}}$ 与 $K_{\text{Mn-Fe}}$ 和 $\gamma_{\text{Fe}_t\text{O}}/\gamma_{\text{MnO}}$ 的关系式如下：

$$\lg K'_{\text{Mn-Fe}} = \lg K_{\text{Mn-Fe}} + \lg\left(\frac{\gamma_{\text{Fe}_t\text{O}}}{\gamma_{\text{MnO}}}\right)$$

$$(3\text{-}2\text{-}8)$$

因为 MnO 是比 Fe_tO 更碱性的氧化物，故 MnO 与酸性氧化物 $PO_{2.5}$、SiO_2 和 $AlO_{1.5}$ 的相互作用较 Fe_tO 更强，从而使 MnO 的活度系数较 Fe_tO 的低，并如图 3-2-3~图 3-2-5 所示，$\lg K'_{\text{Mn-Fe}}$ 值随 MO_x 的酸性增强而增大；反之，在 MO_x 为 CaO 时，因 CaO 比 Fe_tO 和 MnO 都更碱性，从而使 $\lg K'_{\text{Mn-Fe}}$ 值减小。而 MgO 对 $\lg K'_{\text{Mn-Fe}}$ 的影响，按 Krings 和 Schackman[32] 在 Fe_tO-MnO-MgO 渣中 1550℃下所得的结果，其 MgO-MnO 间的交互作用能 $\alpha_{i\text{-}j} = 38911J$，其 N_{MgO} 对 $\lg K'_{\text{Mn-Fe}}$ 的影响如图 3-2-3 中的标记■所示，随 N_{MgO} 的增大而减小。但 Suito 和 Inoue[12] 早期在 MgO_{sat}-Fe_tO-MnO 渣系中的实验结果（用标记×

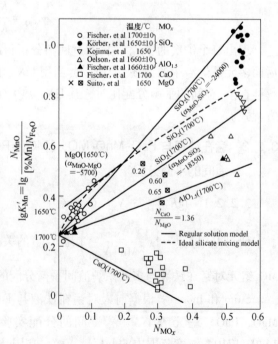

图 3-2-5　$\lg K'_{\text{Mn}}$ 与 N_{MO_x}（SiO_2，$AlO_{1.5}$，CaO，

　　　MgO）的关系（1640~1710℃）

表示）和在 MgO_{sat}-CaO-Fe_tO-MnO 渣系中的实验结果（用标记 ☒ 表示 N_{CaO}/N_{MgO}）却与文献[32]的迥然不同，其 MnO-MgO 间的交互作用能 $\alpha_{i\text{-}j}=-23849J$，其 N_{MgO} 的增大像 N_{SiO_2} 的增大一样使 $\lg K'_{Mn\text{-}Fe}$ 增大，表现出 MgO 比 Fe_tO 和 MnO 更为酸性的行为，同时他们[12]在 MgO_{sat}-CaO-Fe_tO-SiO_2-MnO 渣中得出的 $\lg K'_{Mn\text{-}Fe}$ 与炉渣成分和温度的关系中，MgO 也有类似的作用。应当说 Suito 等人早先得出的这个结果是违背一般氧化物的碱性度的。氧化物的碱性度按下述降序排列：$Na_2O>CaO>MgO>MnO>Fe_tO$。其实 Suito 和 Inoue[13] 最近发表的锰在铁水和钢水与 MgO_{sat}-CaO-SiO_2-Fe_tO-MnO-P_2O_5 炉渣间分配的论文中所提出的 $\lg K'_{Mn\text{-}Fe}$ 表达式也反映了 $\lg K'_{Mn\text{-}Fe}$ 随 CaO、MgO 的增大而减小的结果，详见后述。同时 Ban-ya[33] 最新发表的 MnO-MgO 的 $\alpha_{i\text{-}j}$ 值为 61920J，也表明 MgO 是起增大 $\lg \gamma_{MnO}$ 的作用的，也就是起减小 $\lg K'_{Mn\text{-}Fe}$ 值的作用的。

Bell 等人[34] 根据铁液与 Fe_tO-MnO-SiO_2-MgO_{sat} 炉渣之间的锰平衡分配实验结果，对 $K'_{Mn\text{-}Fe}$ 与（%SiO_2）作图后，发现当（SiO_2）>20%时，$K'_{Mn\text{-}Fe}$ 达饱和值。

虽然上面的讨论是定性的，但它可使我们了解到 MO_x 含量对 $K'_{Mn\text{-}Fe}$ 值的影响。

3.2.2.2 MnO 和 Fe_tO 在 Fe_tO-MnO-MO_x 三元渣中的活度系数

Suito[11] 按照正规溶液模型[36]，建立了 Fe_tO 和 MnO 在 Fe_tO-MnO-MO_x 三元渣中的活度系数表达式：

$$RT\ln\gamma_{Fe_tO} = a_{Fe_tO\text{-}MnO}x_{MnO}^2 + a_{Fe_tO\text{-}MO_x}x_{MO_x}^2 +$$
$$(a_{Fe_tO\text{-}MnO} + a_{Fe_tO\text{-}MO_x} + a_{MnO\text{-}MO_x})x_{MnO}x_{MO_x} \tag{3-2-9}$$

$$RT\ln\gamma_{MnO} = a_{Fe_tO\text{-}MnO}x_{Fe_tO}^2 + a_{MnO\text{-}MO_x}x_{MO_x}^2 +$$
$$(a_{Fe_tO\text{-}MnO} + a_{MnO\text{-}MO_x} + a_{Fe_tO\text{-}MO_x})x_{Fe_tO}x_{MO_x} \tag{3-2-10}$$

式中，$a_{i\text{-}j}$ 为 i-j 二元系正规溶液中两组元间的相互作用能参数，并认为 Fe_tO-MnO 熔渣近似理想溶液，取 $a_{Fe_tO\text{-}MnO}=0$，式（3-2-9）减去式（3-2-10）得到：

$$RT\ln(\gamma_{Fe_tO}/\gamma_{MnO}) = (a_{Fe_tO\text{-}MO_x} - a_{MnO\text{-}MO_x})x_{MO_x} \tag{3-2-11}$$

为了从锰在铁液和 Fe_tO-MnO-SiO_2 炉渣间 1550℃下的分配数据（$K_{Mn\text{-}Fe}$ 和 $K'_{Mn\text{-}Fe}$）得到正规溶液模型的交互作用能参数 $a_{i\text{-}j}$，Fujita 和 Maruhashi[27] 由式（3-2-8）和式（3-2-11）求得 $(a_{Fe_tO\text{-}MO_x} - a_{MnO\text{-}MO_x}) = 37028J$，并通过联立式（3-2-5a）和式（3-2-10）得：

$$RT\ln(a_{[O]}/x_{Fe_tO}) - (a_{Fe_tO\text{-}MO_x} - a_{MnO\text{-}MO_x})x_{MnO}x_{MO_x}$$
$$= a_{Fe_tO\text{-}MO_x}x_{MO_x}^2 - RT\ln K_{(3\text{-}2\text{-}7)} \tag{3-2-12}$$

Fujita 和 Maruhashi 借助式（3-2-12）的左边数值对 $x_{MO_x}^2$ 作图得到 $a_{Fe_tO\text{-}SiO_2} = -28033J$，然后从 $(a_{Fe_tO\text{-}SiO_2} - a_{MnO\text{-}SiO_2}) = 37028J$，计算出 $a_{MnO\text{-}SiO_2} = -65060J$。

因为图 3-2-3～图 3-2-5 中所示各个学者得到的 $\lg K'_{Mn\text{-}Fe}$ 值相当分散。用上述同样的方法，不可能准确获得式（3-2-9）和式（3-2-10）中相应的交互作用能参数。图 3-2-3～图 3-2-5 中按正规溶液模型用细实线表述的 $K'_{Mn\text{-}Fe}$ 与 N_{MO_x} 的函数关系是采用的表 3-2-2 中所列的前人确定的 Fe_tO 和 MnO 与 MO_x 之间的相互作用能参数 $a_{i\text{-}j}$，然后通过式（3-1-10a）、式（3-2-8）和式（3-2-11）得出不同 N_{MO_x} 时的 $\lg K'_{Mn\text{-}Fe}$ 值而作出的。

表 3-2-2　交互作用能参数

二元系	a_{i-j}/J	参考文献
FeO-PO$_{2.5}$	-31380	[35]
FeO-SiO$_2$	-41840	[36~38]
FeO-AlO$_{1.5}$	-1760	[37]
FeO-MgO	128450	[38]
FeO-CaO	-50200	[38]
	-48120	[39]
MnO-PO$_{2.5}$	-108780（估计值）	[40]
MnO-SiO$_2$	-76780	[37]
	-100420	[38]
MnO-AlO$_{1.5}$	-20920	[37, 38]
MnO-MgO	-23850（估计值）	[12]
	38910（估计值）	[32]
	61920	[33]
MnO-CaO	-16736	[38]
	-92050	[33]

3.2.2.3　对 Fe$_t$O-MnO-MO$_x$ 三元渣系与铁液间表观平衡常数 lgK'_{Mn-Fe} 与 x_{MO_x} 关系的评估

Suito 和 Inoue[11]企图通过图 3-2-3~图 3-2-5 和简化的正规溶液模型来描述锰在铁液和 Fe$_t$O-MnO-MO$_x$三元系炉渣间表观平衡常数 lgK'_{Mn-Fe} 与 X_{MO_x} 的定型定量关系。从图 3-2-3~图 3-2-5 中可分别观察到各种酸性、碱性氧化物单独对 lgK'_{Mn-Fe} 值的显著影响，这从定性分析来看是成功的，对定性分析多元系渣中各氧化物对 lgK'_{Mn-Fe} 的影响具有定向的意义。但图中一定温度，一定 x_{MO_x} 值下的 lgK'_{Mn-Fe} 值不仅各个调研者得出的数值有较大差异，就是同一调研者的该数值也相当分散。这不仅仅是测量误差的问题，更重要的是，在一定温度下，即使是像 Fe$_t$O-MnO-MO$_x$这样的三元系炉渣，lgK'_{Mn-Fe} 也不是 x_{MO_x} 的简单函数。从方程式（3-2-9）和式（3-2-10）可知，当求解 $RT\ln(\gamma_{Fe_tO}/\gamma_{MnO})$ 时，若不像 Suito 和 Inoue[11]那样取 $a_{Fe_tO-MnO}=0$，而是按 Ban-ya[33]的推荐参数取 $a_{Fe_tO-MnO}=7110J$，$a_{FeO_{1.5}-MnO}=-56480J$，则得到的将不是式（3-2-11）那样 $RT\ln(\gamma_{Fe_tO}/\gamma_{MnO})$ 为 x_{MO_x} 的单值函数，而是 x_{Fe_tO}、x_{MnO} 和 x_{MO_x} 的综合函数，所以图 3-2-3~图 3-2-5 中的数据才那样分散，这同时也说明取 $a_{Fe_tO-MnO}=0$ 来定量描述 lgK'_{Mn-Fe}-x_{MO_x} 关系的简化模型是难以成立的，也是十分不精确的，它只能供定性参考。

在使用正规溶液模型时，必须注意，它虽是一个较好模型，但尚在发展和完善中，在采用其交互作用能参数 a_{i-j} 时，应选取学者们近期发表的最新数据和被公认的数据。另外，从 Fujita 和 Maruhashi[29]求取 a_{i-j} 值的方法中可知，a_{i-j} 值的精度不仅依赖于元素 i 在铁液与 iO_x 和 jO_x 二元系熔渣间平衡常数的热力学方程也取决于测试得出的表观平衡常数的温度方程。因此，在应用正规溶液模型来求取某元素 i 在铁液和二元或多元渣系之间的平衡分配比时，除了要认真选用 a_{i-j} 参数外，还必须采用与 a_{i-j} 配套的，即产生它的平衡常数 K_i 的热力学方程，或者说，在采用某权威学者推荐的 a_{i-j} 参数的同时，也应采用他推荐的平衡常数 K_i 的热力学方程。

3.2.3 锰在铁液和多元渣系间的平衡分配

先是 Elliott 和 Luerssen[41] 利用 Winkler 和 Chipman[42] 的试验数据和生产操作数据算得的 $\gamma_{MnO(1)}$ 值对（CaO+MgO+MnO）/（SiO$_2$+P$_2$O$_5$+Al$_2$O$_3$）摩尔比作图，发现在该碱度比为 2.5 时，$\gamma_{MnO(1)}$ 达最大值（≈3）。随后，Bishop 等人[43] 根据他们的实验数据在虚拟三元相图中，标绘了 MnO 的等 $\gamma_{MnO(1)}$ 线（见图 3-2-6），其实验温度为 1530~1700℃，炉渣成分为 FeO、MnO（=1%~10%）、MgO、CaO、SiO$_2$、P$_2$O$_5$。沿 MnO 顶点与 2CaO·SiO$_2$ 的连线周围存在着 $\gamma_{MnO(1)}$ 最大值，在连线的上方，$\gamma_{MnO(1)}$ 随浓度的增大而减小得比 γ_{Fe_tO} 更迅速；在连线的下方，则与此相反。或者说 $\gamma_{MnO(1)}$ 随（CaO+MgO+MnO）/（SiO$_2$+P$_2$O$_5$+Al$_2$O$_3$）摩尔比增大到 2.3 时达最大值，随后碱度比再增大时，$\gamma_{MnO(1)}$ 开始减小。

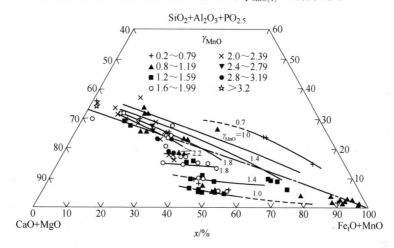

图 3-2-6　在 1530~1700℃下，铁液与平炉型炉渣间平衡时 MnO 的等活度系数线

根据 Elliott[41] 和 Bishop[43] 等人的上述实验研究结果不难得出 K'_{Mn-Fe} 与碱度 B 具有极小值关系，并在 $B = 2.3 ~ 2.5$ 时达极小值的结论。但 Turkdogan[44] 根据 Winkler 和 Chipman[42]，Bell 等人[34] 及 Knuppel 等人[45] 的数据，在温度为 1550~1700℃ 和碱度 $B=1~5$ 的范围绘制的表观平衡常数 K'_{Mn-Fe} 为炉渣碱度 B 的单值函数关系图 3-2-7 中，只见到 K'_{Mn-Fe} 随 B 的增大而降低的双曲线关系。当 $B<1.5$ 时，K'_{Mn-Fe} 随 B 的增大而急剧减小；当 $B>1.5$ 后这种趋势逐渐趋缓；至 $B>2$ 之后，$K'_{Mn-Fe} \approx 2$，近似为常数。Turkdogan[44] 将图 3-2-7 中的 K'_{Mn-Fe}-B 关系用式（3-2-13）表述：

$$BK'_{Mn-Fe} = 7 \tag{3-2-13}$$

随后 Turkdogan[46] 又通过转炉生产数据与平衡数据的比较（见图 3-2-8），得出转炉炼钢中锰在铁液和炉渣间平衡分配比的下述方程式：

$$\frac{(\%MnO)}{[\%Mn]} = 6\left(\frac{\%SiO_2}{\%CaO}\right) \times (\%FeO') \tag{3-2-14}$$

Turkdogan 在图 3-2-7 中所描述的 $B>2$ 时（%MnO）/[%Mn] = 2（%'FeO'）和转炉炼

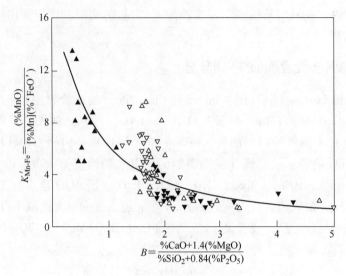

图 3-2-7　$K'_{\text{Mn-Fe}}$ 随 B 而变化的关系图

钢中的锰平衡分配公式（3-2-1）至今仍被不少炼钢书籍所推荐和炼钢工作者的广泛使用。Plockinger[46] 和 Tesche[47] 曾报道：$\lg K'_{\text{Mn}}$ 随 CaO/SiO_2 增大而减小，至 $\text{CaO/SiO}_2 \geqslant 2$ 后，$\lg K'_{\text{Mn}} =$ 常数。Meraickib[28] 在 70tUHP 电弧炉试验中也得出，在 $1.38 \leqslant B \leqslant 3.85$ 范围内，B 对 $\gamma_{\text{MnO(1)}}$ 的影响只有 1.98% 的结果。

　　Suito 和 Inoue[13] 根据他们先后的实验数据得出的 $\lg K'_{\text{Mn-Fe}}$ 方程式（3-2-22b）属 $K'_{\text{Mn-Fe}}$ 值随碱度的增大开始急剧减小，随后减小趋缓；再后来一般情况下也非常数。而 Suito 和 Inoue 在较早的低 MnO 渣实验中[12] 所得到的虚拟三元相图中的等 $f_{(\text{MnO})}$ 和等 $K'_{\text{Mn-Fe}}$ 线，则都未发现它们与碱度存在极值函数关系（见图 3-2-9）。

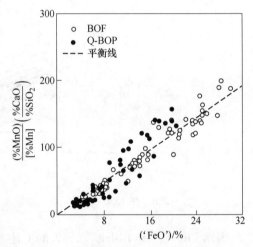

图 3-2-8　顶吹和底吹氧气转炉出钢的钢水含 Mn 量与渣中 'FeO' 含量的实际关系与锰反应平衡时的关系线的比较

　　在其 $\gamma_{\text{MnO(1)}}$ 与 B 的关系图 3-2-10 中，则看到的是 $B<3$ 时，$\gamma_{\text{MnO(1)}}$ 随 B 的增大而增大，$B>3$ 后，则不仅 $\gamma_{\text{MnO(1)}}$ 减小，而且很分散。而在 Park 等人[9] 的近期实验中所得到的 $\lg \gamma_{\text{MnO}}$ 与光学碱度 $\Lambda(2)$ 的关系图中则明显看出：$\Lambda(2)<0.7$ 时，$\lg \gamma_{\text{MnO}}$ 随 $\Lambda(2)$ 的增大而增大至 $\lg \gamma_{\text{MnO}} = 0$，当 $\Lambda(2)>0.7$ 后，$\lg \gamma_{\text{MnO}}$ 在 $-0.2 \sim +0.4$ 范围内波动。

　　由上可见锰在铁液和多元渣系间的表观平衡常数 $K'_{\text{Mn-Fe}}$ 和 MnO 的活度系数 $\gamma_{\text{MnO(1)}}$ 与炉渣碱度的关系呈现三种类型。一种是在虚拟三元相图中，$\gamma_{\text{MnO(1)}}$ 值沿 $2\text{CaO} \cdot \text{SiO}_2\text{-MnO}$ 连线周围最大，其上方随 SiO_2 浓度的增大而减小，其下方则随 SiO_2 浓度的减小而减小，与 B 存在极大值的关系（见图 3-2-6）；另一种是如式（3-2-13）所示的那样 $K'_{\text{Mn-Fe}}$ 与 B 之间具有双曲线函数关系；再一种便是如图 3-2-10 所示的那样，在 $B<3$ 时，$\gamma_{\text{MnO(1)}}$ 随 B 的增大而

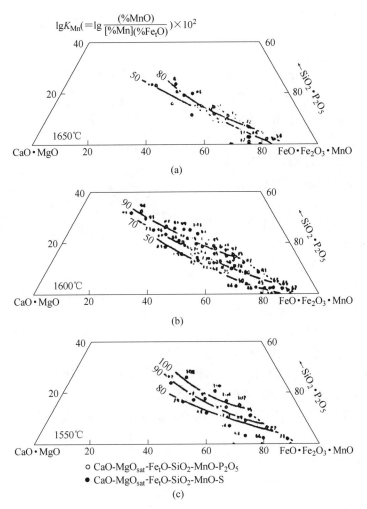

图 3-2-9 （CaO+MgO）–（FeO+Fe$_2$O$_3$+MnO）–（SiO$_2$+P$_2$O$_5$） 虚拟三元系中的等 K'_{Mn-Fe} 线

增大，之后 $\gamma_{MnO(1)}$ 便呈不规则的波动。出现上述三种不同结果的原因也许有的实验在高碱度渣中发生了 Mn 的如下反应：

$$[\,Mn\,] + n\,[\,O\,] + m\,(\,O^{2-}\,) \Longrightarrow (\,MnO^{2m-}_{m+n}\,)$$

但其真正原因目前尚不清楚，因而也很难说上述三种类型哪种更符合具体的生产实际，故只有通过个人的实践来比较和选用。

关于温度对多元渣系中 $\gamma_{MnO(1)}$ 的影响，各实验研究者得出的结果也是不同的，如 Bishop[43]，Park[9] 和 Turkdogan[44,50] 等人分别在 1550~1750℃ 范围内所作的研究中均未发现温度变化对 $\gamma_{MnO(1)}$ 有明显影响。而 Suito 和 Inoue[12] 得出的结果则是 $\gamma_{MnO(1)}$ （MnO=2%~5.3%） 随温度的增高而明显增大 （见图 3-2-10）。反之，Meraikib[28] 在 70tUHP 电弧炉中 （MnO=1.35%~7.1%） 却得出 $\gamma_{MnO(1)}$ 随温度的增高而减小的结果。造成上述温度对 $\gamma_{MnO(1)}$ 影响不同的原因，目前尚不清楚，但在选用 $\gamma_{MnO(1)}$ 的计算公式时，应选用与它配套的平衡常数 K_{Mn-Fe} 的热力学方程。

应当说上面所介绍的虚拟三元相图中的等 $\gamma_{MnO(1)}$ 线 （见图 3-2-6）、等 K'_{Mn-Fe} 线 （见图

3-2-9）和代表图 3-2-7 中 $K'_{Mn-Fe}-B$ 关系曲线的式（3-2-13），前人是将其作为与炉渣成分的定量关系来描述的，过去人们也把它们作为估算 $\gamma_{MnO(1)}$ 和 K'_{Mn-Fe} 的工具来使用。但如仔细观察，便可发现这些虚拟三元相图中的等 $\gamma_{MnO(1)}$ 线和等 K'_{Mn-Fe} 线，其实只是某一组分散值的平均值，有的误差也不小。图 3-2-7 中数据的极大分散是一目了然的，可见代表它的式（3-2-13）也不可能是精确的，用虚拟三元相图表述不当的原因是把炉渣各组元对 $\gamma_{MnO(1)}$ 和 K'_{Mn-Fe} 的影响等量齐观了。因从图 3-2-3～图 3-2-5 可见，各个氧化物对 K'_{Mn-Fe} 值的影响程度是不同的。而图 3-2-9 和式（3-2-13）表述不当则是：其一，K'_{Mn-Fe} 并非 B 的单值函数；

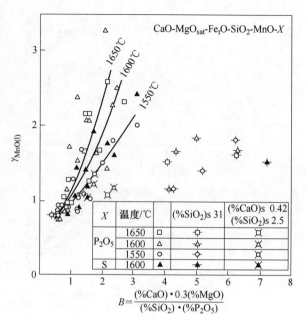

图 3-2-10　　$\gamma_{MnO(1)}$ 与 B 的关系

其二，表述 B 的各组元间的当量比——MgO 为 CaO 的 1.4，P_2O_5 为 SiO_2 的 0.84，这对脱磷来说也许是合适的，但对 $\gamma_{MnO(1)}$ 和 K'_{Mn-Fe} 的影响未必恰当。

　　为了更好地估算锰在铁液和炼钢渣之间的平衡分配，下面介绍几个最新的锰平衡分配模型。

3.2.3.1　Gaye 模型[49]

　　Gaye 模型包括炉渣/金属之间，磷、锰、硫和氧平衡分配等关系式。它是 20 世纪 80 年代法国钢铁研究院针对氧气转炉顶底复吹技术问世后，对前人提出的炉渣-金属间磷、锰、硫和氧平衡分配公式的一系列质疑问题，通过对离子溶液模型设定的离子为理想状态分布的修正，并对大量文献资料和他们的实验数据进行处理后提出的，这里只介绍它的锰平衡分配关系式：

$$\lg\frac{N_{Mn^{2+}}}{N_{Fe^{2+}}a_{Mn}} = N'_{SiO_4^{4-}}\lg K_{SiO_4^{4-}} + N'_{PO_4^{3-}}\lg K_{PO_4^{3-}} + N'_{FeO_3^{3-}}\lg K_{FeO_3^{3-}} +$$

$$N'_{S^{2-}}\lg K_{S^{2-}} + N'_{F^-}\lg k_{F^-} + N'_{O^{2-}}\lg K_{O^{2-}} + g_{Mn} \qquad (3-2-15)$$

式中，N_i 和 N'_i 为离子分数和当量电子分数；a_{Mn} 为钢液中锰的活度；K_i 为元素置换反应的平衡常数；g_{Mn} 为计算离子熔体中非理想混合物的关系式。

$$\lg K_{SiO_4^{4-}} = 8780/T - 3.93 \qquad (3-2-15a)$$

$$\lg K_{PO_4^{3-}} = 7930/T - 2.87 \qquad (3-2-15b)$$

$$\lg K_{FeO_3^{3-}} = 7930/T - 2.87 \qquad (3-2-15c)$$

$$\lg K_{S^{2-}} = 7240/T - 2.71 \qquad (3-2-15d)$$

$$\lg K_{F^-} = 5900/T - 2.81 \qquad (3-2-15e)$$

$$\lg K_{O^{2-}} = 6240/T - 2.70 \qquad (3-2-15f)$$

$$g_{Mn} = -1.06 + 0.61S + (0.87 - 0.65S)N_{O^{2-}} \tag{3-2-15g}$$

$$S = N_{SiO_4^{4-}}/(N_{SiO_4^{4-}} + N_{PO_4^{3-}}) \tag{3-2-15h}$$

该模型适用于钢水含碳小于 0.1% 的情况，其估算精度据报道[49]为 ±10%。

3.2.3.2 Ban-ya 模型

Ban-ya 模型的基本情况已在 1.5.2.3 节中作了论述，下面只介绍按正规溶液模型描述的锰在铁液和 FeO-Fe_2O_3-MnO-SiO_2-MgO-CaO 炉渣间的平衡分配方程[50]：

$$FeO_{(R.S.)} + [Mn] = Fe_{(1)} + MnO_{(R.S.)} \tag{3-2-16}$$

$$RTlnK_{(3-2-16)} = RTln[x_{MnO}/(x_{FeO}a_{Mn})] + RTln(\gamma_{MnO(R.S.)}/\gamma_{FeO(R.S.)}) \tag{3-2-16a}$$

$$\Delta G^{\ominus} = -141400 + 66.28T \quad J \tag{3-2-16b}$$

$$RTlnK_{(3-2-16)} = 141400 - 66.28T \quad J \tag{3-2-16c}$$

$$RTln\gamma_{MnO(R.S.)} = 7110x_{FeO}^2 - 56480x_{FeO_{1.5}}^2 - 75310x_{SiO_2}^2 +$$
$$61920x_{MgO}^2 - 92050x_{CaO}^2 - 30710x_{FeO}x_{FeO_{1.5}} - 26360x_{FeO}x_{SiO_2} +$$
$$35560x_{FeO}x_{MgO} - 53560x_{FeO}x_{CaO} - 164430x_{FeO_{1.5}}x_{SiO_2} +$$
$$8370x_{FeO_{1.5}}x_{MgO} - 52720x_{FeO_{1.5}}x_{CaO} + 53550x_{SiO_2}x_{MgO} -$$
$$33470x_{SiO_2}x_{CaO} + 70290x_{MgO}x_{CaO} \tag{3-2-16d}$$

而

$$MnO_{(1)} = MnO_{(R.S.)} \tag{3-2-17}$$

$$\Delta G_{(3-2-17)}^{\ominus} = -86860 + 51.465T \quad J \tag{3-2-17a}$$

$$RTln\gamma_{MnO(1)} = RTln\gamma_{MnO(R.S.)} + RTln(x_{MnO(R.S.)}/x_{MnO(1)}) - 86860 + 1.465T$$
$$= RTln\gamma_{MnO(R.S.)} - 86860 + 51.465T \quad J \tag{3-2-17b}$$

对于

$$Fe_tO_{(1)} + [Mn] = tFe_{(1)} + MnO_{(1)} \tag{3-2-18}$$

可得

$$\Delta G_{(3-2-19)}^{\ominus} = -63080 + 21.957T \quad J \tag{3-2-18a}$$

$$RTlnK_{(3-2-19)} = RTln[x_{MnO}/(x_{Fe_tO}a_{Mn})] + RTln(\gamma_{MnO(1)}/\gamma_{Fe_tO}) \tag{3-2-18b}$$

$$RTlnK_{(3-2-19)} = 63080 - 21.957T \quad J \tag{3-2-18c}$$

则由式 (3-2-16a) 和 (3-2-18b) 可分别得出：

$$L_{Mn(3-2-17)} = \frac{(\%MnO)}{[\%Mn]} = K_{(3-2-17)}(\%FeO)\frac{\gamma_{FeO(R.S.)}}{\gamma_{MnO(R.S.)}}f_{Mn} \tag{3-2-16e}$$

$$L_{Mn(3-2-19)} = \frac{(\%MnO)}{[\%Mn]} = K_{(3-2-19)}(\%Fe_tO)\frac{\gamma_{Fe_tO(1)}}{\gamma_{MnO(1)}}f_{Mn} \tag{3-2-18d}$$

解式 (1-5-30) 和 (3-2-17b) 可得：

$$RTln\frac{\gamma_{Fe_tO}}{\gamma_{MnO(1)}} = RTln\frac{\gamma_{FeO(R.S.)}}{\gamma_{MnO(R.S.)}} + RTln\left(\frac{x_{FeO}}{x_{Fe_tO}}\right) + 78320 - 44.323T \quad J \tag{3-2-19}$$

$$RTln\frac{\gamma_{FeO(R.S.)}}{\gamma_{MnO(R.S.)}} = 37820x_{FeO_{1.5}}^2 - 7110x_{FeO}^2 + 7110x_{MnO}^2 + 33470x_{SiO_2}^2 -$$
$$28450x_{MgO}^2 + 69040x_{CaO}^2 + 30710x_{FeO}x_{FeO_{1.5}} + 44930x_{FeO_{1.5}}x_{MnO} +$$
$$71250x_{FeO_{1.5}}x_{SiO_2} + 9370x_{FeO_{1.5}}x_{MgO} + 98490x_{FeO_{1.5}}x_{CaO} +$$

$$26360x_{FeO}x_{SiO_2} - 35560x_{FeO}x_{MgO} + 53560x_{FeO}x_{CaO} +$$

$$40580x_{SiO_2}x_{MnO} + 5020x_{SiO_2}x_{MgO} + 94140x_{SiO_2}x_{CaO} -$$

$$21340x_{MnO}x_{MgO} + 67780x_{MnO}x_{CaO} + 32220x_{MgO}x_{CaO} \qquad (3\text{-}2\text{-}20)$$

应当指出，由式（3-2-18d）计算出的 $L_{Mn(3\text{-}2\text{-}18)}$ 和由式（3-2-16e）计算出 $L_{Mn(3\text{-}2\text{-}16)}$ 的是相等的。这里推导出式（3-2-18d）的目的也在于此，使读者放心使用式（3-2-16e）。

为了检验 Ban-ya 模型的正确性，图 3-2-11 绘制了四组硅酸锰渣和铁液间的锰平衡常数 $\lg K_{(3\text{-}2\text{-}17)}$ 与 N_{SiO_2} 的关系图。这四组渣的成分都在 $N_{Fe_tO} < 0.5$ 和 $N_{SiO_2} < 0.5$ 范围内，$\lg K_{(3\text{-}2\text{-}16)}$ 是用式（3-2-16a）计算的。由图 3-2-11 可见式（3-2-16a）计算的 $\lg K_{(3\text{-}2\text{-}16)}$ 值在很大的炉渣成分范围内几乎都保持常数。而这些同样的实验数据在用其他方法（见图 3-2-3～图 3-2-6）表述时，则不是像图 3-2-11 所示的那样一致。

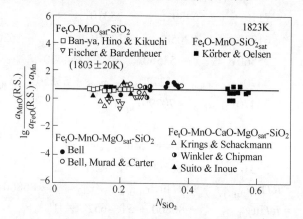

图 3-2-11　在 1833K 下，按正规溶液模型计算的平衡常数与 N_{SiO_2} 的关系

温度对 $\lg K_{(3\text{-}2\text{-}16)}$ 的影响如图 3-2-12 所示。由图 3-2-12 可见：由不同种类炉渣和不同研究者得出的数据，用式（3-2-16a）算出的 $\lg K_{(3\text{-}2\text{-}16)}$ 与 $1/T$ 的关系是十分一致的。特别是，它们都落在用式（3-2-16c）得出的 $\lg K_{(3\text{-}2\text{-}16)}$ 与 $1/T$ 的关系线上。

3.2.3.3　Suito 和 Inoue 模型

锰、磷分配比和 Fe_tO 活度都是控制渣/钢反应最重要的参数之一。在过去平炉和顶吹氧气转炉炼钢占统治地位的时期，大多是用 Winkler 和 Chipman[42] 在 20 世纪 40 年代所作实验数据推导出的这些公式来分析或控制炼钢操作。利用这些公式来分析平炉和顶吹氧气转炉炼钢操作的最重要的结论就是它们的渣/钢反应都基本达到平衡。但自 70 年代后期，铁水预处理技术和顶底复吹技术问世后，实践表明顶底复吹转炉和顶吹氧气转炉相比，其炉渣的渣化程度提高，渣量减少，渣/钢反应显著接近平衡。看来过去的磷、锰公式对顶底复吹转炉已不太适用，因而 Suito 和 Inoue 先对磷平衡分配比、Fe^{3+}/Fe^{2+} 比和 MgO 溶解度等进行了实验研究，并发现它们在恒温下保持 3～4h 后取样测得的结果与 Winkler 和 Chipman 在恒温下只保持 40min 后取样测得的结果有显著区别，故接着又对一般炼钢中锰在铁液和 MgO 饱和的 CaO-SiO$_2$-MnO（=0.6%～5%）渣（包含少量 P_2O_5 和 S）之间与温度 1550～1650℃下的平衡分配比进行了实验研究[12]，也发现与前人的实验结果有较大差别。最近为了顶底复吹转炉冶炼高锰钢技术发展的需要，又在 1600℃ 下作了锰在高 MnO

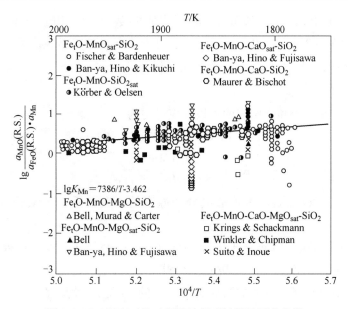

图 3-2-12 温度对按正规溶液模型计算的平衡常数

含量（8%～16%）的 $CaO\text{-}MgO_{sat}\text{-}MnO\text{-}SiO_2\text{-}Fe_tO$ 炉渣与钢水和含 C 铁水之间的平衡分配实验[13]。这里主要介绍 Suito 和 Inoue 将他们两次实验数据合在一起进行回归分析后得到的 $lg\gamma_{MnO(s)}$、$lgK'_{Mn\text{-}Fe}$ 和 lgC_{Mn} 方程式及他们对自己实验结果与生产数据所作的比较。

A MnO 的活度系数 γ_{MnO}

Suito 和 Inoue 按下述反应式及其 $\Delta G^{\ominus}$、$K_{Mn\text{-}O}$ 方程式推导出求取 MnO 以固态为标准态的活度系数 $\gamma_{MnO(s)}$ 方程式。

$$[Mn] + [O] \Longrightarrow MnO_{(s)} \tag{3-2-21}$$

$$\Delta G^{\ominus}_{(3\text{-}2\text{-}22)} = -288100 + 128.3T \qquad J/mol^{[25]} \tag{3-2-21a}$$

$$K_{Mn\text{-}O(3\text{-}2\text{-}22)} = \frac{\gamma_{MnO(s)}N_{MnO(s)}}{f_{Mn}[\%Mn]f_O[\%O]} \tag{3-2-21b}$$

$$lgK_{Mn\text{-}O(3\text{-}2\text{-}22)} = \frac{15047}{T} - 6.701 \tag{3-2-21c}$$

$$lg\gamma_{MnO(S)} = \frac{15047}{T} - 6.701 - lgN_{MnO} + lgf_{Mn} + lg[\%Mn] + lgf_O + lg[\%O] \tag{3-2-21d}$$

式中
$$\begin{cases} lgf_{Mn} = e_{Mn}^O[\%O] + e_{Mn}^{Mn}[\%Mn] + e_{Mn}^P[\%P] + e_{Mn}^S[\%S] \\ lgf_O = e_O^O[\%O] + e_O^{Mn}[\%Mn] + e_O^P[\%P] + e_O^S[\%S] \end{cases} \tag{3-2-21e}$$

$$\begin{cases} e_O^O = -1750/T + 0.734, \quad e_O^{Mn} = -0.021, \quad e_O^P = 0.07, \quad e_O^S = -0.133 \\ e_{Mn}^O = -0.083, \quad e_{Mn}^{Mn} = 0, \quad e_{Mn}^P = -0.0035, \quad e_{Mn}^S = -0.048, \quad e_{Mn}^C = -0.07 \end{cases}$$
$$\tag{3-2-21f}^{[51]}$$

借助式（3-2-22d）求出每炉次的 $\gamma_{MnO(s)}$ 值后，经回归分析得到：

$$lg\gamma_{MnO(s)} = 0.0415[(\%CaO) + 0.45(\%SiO_2) + 0.60(\%MgO) + 0.66(\%Fe_tO) + $$
$$0.45(\%MnO) + 0.95(\%P_2O_5)] + 803/T - 3.075 \tag{3-2-21g}$$

图 3-2-13 示出根据 Suito 和 Inoue 的两次实验数据[12,13]用式（3-2-21d）算出的 $\lg\gamma_{MnO(s)}$ 值对式（3-2-21g）右边方括弧内数值的关系点，它们都落在用 1823K、1873K 和 1923K 标注的表达式（3-2-21g）的三条实线周围。

B 锰的平衡商 $K'_{Mn\text{-}Fe}$

关于 Mn 和 Fe 在炉渣和金属间的置换反应可写为：

$$[Mn] + Fe_tO_{(1)} \Longrightarrow MnO_{(s)} + Fe_{(1)} \tag{3-2-22}$$

$$K'_{Mn\text{-}Fe} = \frac{(\%MnO)_{(s)}}{[\%Mn](\%TFe)} \tag{3-2-22a}$$

按 $\lg K'_{(3\text{-}2\text{-}22)}$（$= \lg K'_{Mn\text{-}Fe}$）为炉渣成分和温度的函数关系，对试验数据进行回归分析后得：

$$\lg K'_{(3\text{-}2\text{-}22)} = -0.0180[(\%CaO) + 0.23(\%MgO) + 0.28(\%Fe_tO) - 0.98(\%SiO_2) -$$
$$0.08(\%P_2O_5)] + 7300/T - 2.697 \tag{3-2-22b}$$

图 3-2-14 示出 Suito 和 Inoue 的两次实验[12,13]的 $\lg K'_{Mn\text{-}Fe}$ 值均落在表达式（3-2-22b）的实线上。

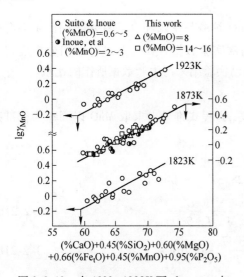
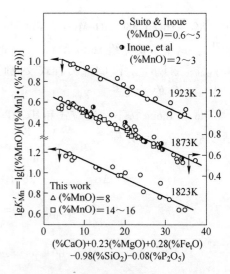

图 3-2-13 在 1833~1933K 下，$\lg\gamma_{MnO(s)}$ 与炉渣成分间的函数关系

图 3-2-14 在 1833~1933K 下，$\lg K'_{Mn}$ 与炉渣成分间的函数关系

C 锰容量 C_{Mn}

锰容量 $C_{Mn} = \dfrac{(\%MnO)}{a_{Mn}a_O}$ 也按其为炉渣成分和温度的函数关系，通过对实验数据的处理和回归分析得出：

$$\lg C_{Mn} = -0.0188[(\%CaO) - 0.21(\%SiO_2) + 0.12(\%MgO) + 0.31(\%Fe_tO) -$$
$$1.65(\%P_2O_5)] + 14200/T - 3.685 \tag{3-2-23}$$

D 锰在含碳铁水和钢水与炉渣间的分配比 L_{Mn}

由式（3-2-22a）、式（3-2-22b）和式（3-2-23）可分别得到：

$$L_{Mn(3-2-22)} = K_{(3-2-21)} \frac{71\Sigma n_i f_{Mn} f_0 [\%O]}{\gamma_{MnO(s)}} \tag{3-2-21h}$$

$$\lg L_{Mn(3-2-22b)} = -0.0180[(\%CaO) + 0.23(\%MgO) + 0.28(\%Fe_tO) - 0.98(\%SiO_2) - 0.08(\%P_2O_5)] + \lg(\%TFe) + 7300/T - 2.697 \tag{3-2-22c}$$

$$\lg L_{Mn(3-2-23)} = -0.0188[(\%CaO) - 0.21(\%SiO_2) + 0.12(\%MgO) + 0.31(\%Fe_tO) + 1.65(\%P_2O_5)] + \lg f_{Mn} + \lg f_0 + \lg[\%O] + 14200/T - 3.685 \tag{3-2-23a}$$

含 C 铁水的锰平衡分配比用 L_{Mn}^h 表示，由修正 L_{Mn} 值的方程式表述[13]：

$$\lg L_{Mn}^h = \lg L_{Mn} + e_{Mn}^C [\%C] + \gamma_{Mn}^C [\%C]^2 \tag{3-2-24}$$

式中，e_{Mn}^C 为一级相互作用系数，为 -0.012；γ_{Mn}^C 为二级相互作用系数，为 -0.023。

按典型 BOP 炉渣成分 $(\%CaO)/(\%SiO_2) = 3.5$，$(\%MgO) = 5$，$(\%Al_2O_3) = 2$，$(\%P_2O_5) = 3$，可将式 (3-2-22c) 改写为：

$$\lg L_{Mn} = \lg(\%TFe) + 0.0039(\%TFe) + 0.0101(\%MnO) + 7300/T - 3.62 \tag{3-2-22d}$$

图 3-2-15 示出了炉渣成分为 $(\%CaO)/(\%SiO_2)$ = 3.5，$(\%MgO) = 5$，$(\%Al_2O_3) = 2$ 和 $(\%P_2O_5) = 3$ 时，按式 (3-2-22d) 描述的 $\lg L_{Mn}$ 与 $(\%TFe)$、$(\%MnO)$ 和 T 的关系曲线，沿线上的阴影区和斧头形区代表生产数据，其 $(\%CaO)/(\%SiO_2)$ 比分别为 $2 \sim 3.5$[52] 和 $3 \sim 4$[53]。由图可见：L_{Mn} 值受 TFe 含量的影响更强烈，而不是 MnO 含量。并且实验结果与生产数据十分一致。这意味着生产操作中的锰平衡分配比，在一定炉渣成分和温度下，似乎是受 Fe/Fe$_t$O 平衡所控制。

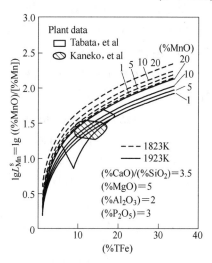

图 3-2-15　在 1833 和 1933K 时，L_{Mn}^S 与 $(\%TFe)$ 和 $(\%MnO)$ 间的函数关系

L_{Mn} 也可用式 (3-2-23a) 通过氧活度 a_0 来表述，但生产中高含碳范围内的 a_0 值比由 Fe/Fe$_t$O 平衡估算的高，故由生产中所得的 a_0 值通过式 (3-2-23a) 估算的 L_{Mn} 值比按式 (3-2-22c) 算出的值大。

图 3-2-16 示出了铁水预脱磷时，其氧位决定于 Fe/Fe$_t$O 平衡或 C/CO 平衡的情况下，锰在含碳铁水与炉渣之间的分配比 L_{Mn}^h 与 $(\%TFe)$、$(\%MnO)$ 和 $(\%CaO)/(\%SiO_2)$ 比间的关系。其典型的熔渣成分为 $(\%CaO)/(\%SiO_2) =$ 1 和 2，$(\%MgO) = 3$，$(\%Al_2O_3) = 1$ 和 $(\%P_2O_5) = 6$；铁水碳含量为 3.5%，温度为 1623K。图中由 Fe/Fe$_t$O 平衡决定的 L_{Mn}^h 是直接由式 (3-2-22c) 和式 (3-2-24) 联解求出的，或由 Fe/Fe$_t$O 平衡反应先求出 a_0：

$$Fe_{(l)} + [O] \Longrightarrow Fe_tO_{(l)} \quad \Delta G^\ominus = -116100 + 48.79T \quad J/mol \quad \lg a_0 = \lg a_{Fe_tO} = \frac{6064}{T} + 2.548$$

然后由式 (3-2-24) 和式 (3-2-22c) 求出的。图中由 C/CO 平衡决定的 L_{Mn}^h 值，则是由 C/CO $(P_{CO} = 1atm)$ 平衡反应求出 a_0 后：

$$[C] + [O] \Longrightarrow CO \quad \Delta G^\ominus = -17200 - 42.15T \quad J/mol \quad \lg a_0 = -\frac{900}{T} - 2.2015$$

再用式（3-2-24）和式（3-2-22c）求出的。

由图 3-2-16 可见：用 Fe/Fe_tO 平衡求出的 L_{Mn}^h 值相当于最高氧位下的值；而用 C/CO（$P_{CO} =$ 1atm）平衡求出的 L_{Mn}^h 值则相当于最低氧位下的值。而用阴影区标示的 6t 转炉的生产数据[54] 则是位于用实验结果由 Fe/Fe_tO 平衡算出曲线的紧下方。这与 Suito 和 Inoue[55] 在磷的分配比中所观察到的偏离平衡的情况是一致的。这意味着在铁水预处理或转炉吹炼前期，锰在含碳铁水和炉渣间的分配比也主要受 Fe/Fe_tO 平衡的氧位控制，而不是受 C/CO 平衡控制，只是这时的 L_{Mn}^h 稍低于平衡值。

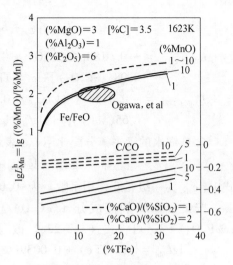

图 3-2-16　在 1633 K 时，L_{Mn}^h 与（%TFe）、（%MnO）和（%CaO）/（%SiO$_2$）间的函数关系

图 3-2-17 示出了 lgL_{Mn} 和 lgL_{Mn}^h 与（%CaO）/（%SiO$_2$）、（%TFe）和温度的关系曲线。其图 3-2-17（a）是按典型的 BOP 炉渣成分：（%MgO）= 5，（%MnO）= 4，（%Al$_2$O$_3$）= 2 和（%P$_2$O$_5$）= 3 代入式（3-2-22b）后得到的方程式（3-2-22e）：

$$lgL_{Mn} = -0.0180[80 - 1.286(\%TFe)][1 - 1.98/(R+1)] + [lg(\%TFe) - 0.0065(\%TFe)] + 7300/T - 2.713 \quad (3\text{-}2\text{-}22e)$$

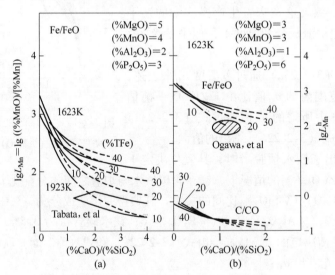

图 3-2-17　温度和氧位对锰分配比的影响

绘制的 lgL_{Mn} 与（%CaO）/（%SiO$_2$）、（%TFe）和 T 的关系曲线。图 3-2-17（b）是按铁水预脱磷的熔渣成分：（%MgO）= 3，（%MnO）= 3，（%Al$_2$O$_3$）= 1 和（%P$_2$O$_5$）= 6 代入式（3-2-22c）和式（3-2-23a）后，再与式（3-2-24）联解得出：

$$\lg L_{Mn}^h = -0.018[87 - 1.286(\%TFe)][1 - 1.98/(R + 1)] + [\lg(\%TFe) -$$
$$0.0065(\%TFe)] + 7300/T - 2.701 - 0.012[\%C] - 0.023[\%C]^2$$

$$(3\text{-}2\text{-}24a)$$

$$\lg L_{Mn}^h = -0.0188[87 - 1.285(\%TFe)][1 - 1.21/(R + 1)] +$$
$$\lg f_{Mn} + \lg a_O - 0.0075(\%TFe) + 14200/T -$$
$$3.878 - 0.012[\%C] - 0.023[\%C]^2$$

$$(3\text{-}2\text{-}24b)$$

在铁水温度为1623K和[C]=4.77%下，分别按Fe/Fe$_t$O平衡或C/CO平衡得到的不同（%CaO）/（%SiO$_2$）和（%TFe）时的$\lg L_{Mn}^h$值来绘制的它们之间的关系曲线。曲线中的实线部分代表按CaO-SiO$_2$-Fe$_t$O相图预告的液相区。炼钢脱磷期的数据用斧头形区域（%TFe=12~15）标示[52]，它与实验结果的方程式曲线基本吻合。而用阴影区（%TFe=10~19）[54]标示的铁水预脱磷时的数据则稍低于按Fe/Fe$_t$O平衡由实验结果的方程式得出的曲线。由图3-2-17可见：

图3-2-17和图3-2-16一样再次表明生产操作中的L_{Mn}和$\lg L_{Mn}^h$值是受Fe/Fe$_t$O平衡的氧位控制：

（1）L_{Mn}随（%CaO）/（%SiO$_2$）和T(K)的增大和（%TFe）的减小而减小。在T=1923K，TFe=10%和R=3~4时，$L_{Mn} \approx 19$。

（2）在炼钢渣的碱度和（TFe）含量范围内，未见$R \geq 2$时，L_{Mn}保持常数，只是当TFe$\geq$40%时，$R \geq 4$后，R的增大对$L_{Mn} \times$（%TFe）（$= K_{Mn\text{-}Fe}'$）值的影响很小，可忽略不计。

（3）L_{Mn}^h也随TFe的减小，R和T的增大而减小。在铁水预处理：T=1623K，（TFe）=12%~15%和（%CaO）/（%SiO$_2$）=1.0~1.5时，$L_{Mn}^h \approx 100$。

故复吹转炉冶炼高锰钢时，锰矿在碳吹期加入比在铁水预处理时加入更有效。另外要指出的是，钢中的Mn含量，在很大程度上还受渣量的影响，因此转炉冶炼高锰钢时，还必须采用少渣操作才行。如是用含磷的高锰铁水，冶炼低磷、高锰钢而必须采用双渣操作时，则扒渣点应选在碳吹期，TFe$\leq$8%，R=3.5~4.0（通过加萤石来达到）和T=1873~1923K的情况下。

参 考 文 献

[1] Schenck H. Physical Chemistry of Steelmaking London：British Iron and Steel Research Association. 1945.

[2] Turkdogan E T. Physicochemical Properities of Molten Slags and Glasses, London：The Metals Society, 1983：280-281, 410-411.

[3] Korber F, Oelsen W. Mitt. Kaiser-Wilhelm Inst. Eisenforsch. , 1932：14, 181.

[4] Chipman J, et al. Trans. AIME, 1950：188, 341.

[5] 巴普基兹曼斯基, 等. 氧气转炉炼钢过程理论 [M]. 曹兆民, 译. 上海：上海科学技术出版社, 1979：187-188.

[6] 黄希祜. 钢铁冶金原理 [M]. 北京：冶金工业出版社, 1981：180.

[7] 曲英, 主编. 炼钢学原理 [M]. 北京：冶金工业出版社, 1980：159, 156.

[8] The 19th comm (Steelmaking). The Japan Soc. For the Promotion of Soience (JSPS). Selected Equilibrium Values for Steelmaking Reaction, Rep. 19-10588. Tokyo, Japan, 1984.

[9] Park J M, et al. Steelmaking Conf Proc. 1994：461-470.

[10] Badsworth C. Physical Chemistry of Iron and Steel Manufacture [M]. Spottiswoode, Ballantyne Co. , Ltd. , London and Colchester, 1963: 396-398.

[11] Suito H, Inoue R. Trans Iron Steel Inst Jpn, 1984, 24: 301.

[12] Suito H, et al. Trans ISIJ, 1984, 24: 257-265.

[13] Suito H, et al. Trans ISIJ, 1995, 35 (3): 266-271.

[14] 佩尔克, 等. 氧气顶吹转炉炼钢（上册）[M]. 邵象华, 等译. 北京: 冶金工业出版社, 1980: 252-254.

[15] Caryll D B, Ward R G. JISI, 1967, 203: 28.

[16] Fischer W A, Fleischer H J. Arch Eisenhüttenw, 1961, 32: 1.

[17] Fischer W A, Fleischer H J. Arch Eisenhüttenw, 1961, 32: 305.

[18] Fischer W A, Bardenheuer. Arch Eisenhüttenw, 1961, 32: 1.

[19] Fischer W A, Bardenheuer. Arch Eisenhüttenw, 1961, 32: 637.

[20] Oeters F, et al. Arch Eisenhüttenw, 1977, 48: 475.

[21] Körber F, Oelsen W. Mitt Kais-wilh-Inst, 1933, 15: 271.

[22] Hilty D C, Crafts W. Trans AIME, 1950, 188: 425.

[23] Bell H B, et al. Trans AIME, 1952, 194: 1173.

[24] Schenck H, et al. Aech Eisenhuttenw, 1957, 28: 517.

[25] Gaye H, et al. Rev Metall Cah Inf Tech, 1987 (11): 759.

[26] Meraikib M. ISIJ Intern, 1993, 33 (3): 352-360.

[27] Fujita H, Maruhashi S. Tetsu-to-Hagane, 1970, 56: 830.

[28] Fischer W A, Fleischer H J. Arch Eisenhüttenw, 1965, 36: 791.

[29] Bell H B. JISI, 1963, 201: 116.

[30] Kojima Y, Sano K. Tetsu-to-Hagane, 1965, 51: 1122.

[31] Oelsen W, Heynert G. Arch Eisenhüttenw, 1955, 26: 567.

[32] Krings W, Schackmann H. Z Anorg U Allg Chen, 1931, 202: 99; 1932, 206: 337.

[33] Bay-ya S. ISIJ Int, 1993, 33 (1): 2-11.

[34] Bell H B, et al. Trans AIME, 1952, 194: 718.

[35] Ban-Ya S, Watanabe T. Tetsu-to-Hagane, 1977, 63: 1809.

[36] Lumsden J. Physical Chemistry of Process Metallurgy, Part I [M]. New York: Interscience, 1961.

[37] Sommerville I D , et al. Chemical Metallurgy of Iron and Steel [C]//, Symposium. Sheffield: Iron and Steel Inst. 1971: 23.

[38] Ban-ya S, Shim J D. Can. Merall. Q. , 1983, 23: 319; Fetsu-to-Hagane, 1981, 67: 1735, 1745; Ban-Ya S, et al. Tetsu-to-Hagane, 1980, 66: 1484.

[39] Sommerville I D, Bell H B. Can Met Quarterly, 1982, 21 (2): 145.

[40] Fischer W A, Fleischer H J. Arch Eisenhüttenw, 1965, 36: 791.

[41] Elliott J F, Luerssen F W. Open Hearth Proc [J]. AIME, 1954, 37: 193; Trans AIME, 1955, 203: 1129.

[42] Winker T B, Chipman J. Trans AIME, 1946, 167: 111-133.

[43] Bishop H L, Grant N J, Chipman J. Trans AIME, 1958, 206: 862.

[44] Turkdogan E T. Physicochemical Properities of Molten Slags and Glasses [M]. London: The Metals Society, 1983: 280-281.

[45] Knuppel H, et al. Arch Eisenhüttenw, 1959, 30: 253.

[46] Plockinger E. Arch Eisenhüttenw, 1951, 22: 283.

[47] Tesche K. Arch Eisenhüttenw, 1961, 32: 503.

[48] Turkdogan E T. Physicochemical Properities of Molten Slags and Glasses [M]. London: The Metals Society, 1983: 410-411

[49] Gaye H, Grosjean J C. Steelmaking Proc, 1982, 65: 202-209.

[50] Hino M, et al. Proc 5th Int Iron and Steel Cong, ISIJ, Tokyo, 1990: 264.

[51] Sigworth G K Elliott J F. Met Sci, 1974, 8: 298.

[52] Tabata Y, et al. Tetsu-to-Hagane, 1990, 76: 1916.

[53] Kaneko K, et al. Tetsu-to-Hagane, 1993, 79: 941.

[54] Ogawa Y, et al. CAMP-ISIJ, 1993, 6: 1074.

[55] Suito H, Inoue R. ISIJ Int, 1995, 35: 266-271.

3.3 硅、锰氧化还原动力学

3.3.1 锰的氧化反应动力学

锰通常是在炉渣与钢液的界面上氧化，由于在炼钢的温度下，Mn 的蒸气压力较大，当其浓度高时，能在气化状态下被氧化。

硅和锰的氧化均是多相反应，按一般多相反应的动力学特点，它至少应包括三个环节，即：

(1) 硅和锰在金属渣相渣-金属界面扩散；

(2) 硅和锰在渣-金属界面上进行氧化反应；

(3) 硅和锰的氧化物离开界面向渣内扩散。

按炉渣的离子理论，Si 和 Mn 的氧化反应是简单的 O^{2-} 逐步与 [Si] 和 [Mn] 原子结合的过程，可用下式表示：

$$[Si] + (O^{2-}) \longrightarrow (SiO) + (O^{2-}) \longrightarrow (SiO_2) + (O^{2-}) \longrightarrow$$
$$(SiO_3^{2-}) + (O^{2-}) \longrightarrow SiO_4^{4-} + e \tag{3-3-1}$$

$$[Mn] + Fe^{2+} = (Mn^{2+}) + Fe \tag{3-3-2}$$

因为界面上的化学反应是金属离子简单地放出电子与获得电子，在炼钢的高温下必然是很快的，所以硅、锰的氧化速度最可能是受扩散环节的限制，也就是在渣中或金属中传质的限制。如以锰为例用下式表述：

$$J_{Mn} = F \frac{D_{Mn1}}{\delta_1} (C_{Mn1} - C_{Mn1}^*) \qquad mol/s \tag{3-3-3}$$

$$J_{Mn} = F \frac{D_{Mn2}}{\delta_2} (C_{Mn2}^* - C_{Mn2}) \qquad mol/s \tag{3-3-4}$$

为了便于应用把浓度 $C(mol/cm^3)$ 换算为重量百分数：

$$C_{Mn1} = \frac{\rho_m}{55} [\%Mn] \qquad mol/cm^3$$

$$C_{Mn2} = \frac{\rho_s}{55} (\%Mn) = \frac{\rho_s}{71} (\%MnO) \qquad mol/cm^3$$

当过程稳态进行时：

$$J_{Mn} = -\frac{dn_{[Mn]}}{dt} = -\frac{d(C_{Mn1}V_m)}{dt} = -V_m\frac{\rho_m}{55}\frac{d[\%Mn]}{dt}$$

所以：

$$-\frac{d[\%Mn]}{dt} = \frac{F}{V_m}\frac{D_{Mn1}}{\delta_1}([\%Mn] - [\%Mn^*]) \tag{3-3-5}$$

$$-\frac{d[\%Mn]}{dt} = \frac{F}{V_m}\frac{55}{71}\frac{\rho_S}{\rho_m}\frac{D_{Mn2}}{\delta_2}[(\%MnO)^* - (\%MnO)]$$

$$= \frac{F}{V_m}\frac{\rho_S}{1.29\rho_m}\frac{D_{Mn2}}{\delta_2}[(\%MnO)^* - (\%MnO)] \tag{3-3-6}$$

该界面反应达到平衡时，则：

$$K_{Mn-Fe} = \frac{\gamma_{MnO}(\%MnO)^*}{f_{Mn}[\%Mn]^*\gamma_{FeO}(\%FeO)}$$

$$\frac{(\%MnO)^*}{[\%Mn]^*} = K_{Mn-Fe}\frac{\gamma_{FeO}(\%FeO)f_{Mn}}{\gamma_{MnO}} = L_{Mn}$$

$$(\%MnO)^* = L_{Mn}[\%Mn]^* \tag{3-3-7}$$

将式 (3-3-7) 代入式 (3-3-6)，得：

$$-\frac{d[\%Mn]}{dt} = \frac{F}{V_m}\frac{\rho_S}{1.29\rho_m}\frac{D_{Mn2}}{\delta_2}([\%Mn]^*L_{Mn} - (\%MnO)) \tag{3-3-8}$$

联立式 (3-3-5) 和式 (3-3-8)，得：

$$-\frac{d[\%Mn]}{dt} = \frac{k_1 L_{Mn}}{\dfrac{k_1}{k_2} + L_{Mn}}\left\{[\%Mn] - \frac{(\%MnO)}{L_{Mn}}\right\} \tag{3-3-9}$$

式中

$$k_1 = \frac{F}{V_m}\frac{D_{Mn1}}{\delta_1}, \quad k_2 = \frac{D_{Mn2}}{\delta_2}\frac{F}{1.29}\frac{\rho_S}{V_m\rho_m} \tag{3-3-9a}$$

式 (3-3-9) 是过程同时为金属及渣中扩散所限制时，计算 v_{Mn} 的普遍公式。在原则上可以出现两种极端情况：

(1) $L_{Mn} \gg k_1/k_2$，因而式 (3-3-9) 变为：

$$v_{Mn} = k_1\left\{[\%Mn] - \frac{(\%MnO)}{L_{Mn}}\right\} \tag{3-3-10}$$

这时，过程的限制环节是金属中 Mn 扩散。

(2) $L_{Mn} \ll k_1/k_2$ (当渣的黏度很高时)，式 (3-3-9) 变为：

$$v_{Mn} = k_2\{[\%Mn]L_{Mn} - (\%MnO)\} \tag{3-3-11}$$

这时，过程的限制环节是渣中 MnO 的扩散。

一般情况下，k_1/k_2 和 L_{Mn} 经常是同一数量级。因此，反应同时为金属和渣内扩散所限制，故 v_{Mn} 应由式 (3-3-9) 确定。为了解此三变量方程，必须从中消去一个未知量。根据锰的质量平衡得出：

$$(\%MnO) = \frac{\{[\%Mn]_0 - [\%Mn]\} \times 1.29}{W_S/W_m} \tag{3-3-12}$$

式中，$[\%Mn]_0$ 为金属原始含锰量；W_S/W_m 为渣量对金属量之比。

将式（3-3-12）代入式（3-3-9）分离变量后，在初始条件 $t=0$，$[\%Mn]=[\%Mn]_0$ 下，积分得：

$$\ln\frac{[\%Mn]-b/a}{[\%Mn]_0-b/a}=-at \tag{3-3-13}$$

式中

$$a=\left[k_1\left(L_{Mn}\frac{W_S}{W_m}+1.29\right)\right]\bigg/\left[\left(\frac{k_1}{k_2}+L_{Mn}\right)\frac{W_S}{W_m}\right] \tag{3-3-13a}$$

$$b=\left[1.29k_1[\%Mn]_0\right]\bigg/\left[\left(\frac{k_1}{k_2}+L_{Mn}\right)\frac{W_S}{W_m}\right] \tag{3-3-13b}$$

当式（3-3-13）中的 a 及 b 不随时间改变时，即炉渣成分、渣量和渣-金属界面不随时间改变时，在反应时间 t 足够长的情况下，反应达到平衡，故：

$$[\%Mn]_e=\frac{b}{a}=\frac{[\%Mn]_0}{1+W_SL_{Mn}/1.29W_m}$$

$$=\frac{[\%Mn]_0}{1+0.78K_{Mn-Fe}(\%FeO)(W_S/W_m)(\gamma_{FeO}/\gamma_{MnO})} \tag{3-3-14}$$

如 $[\%Mn]_0$ 是炉料的 Mn 量减去扒出渣内的 Mn 量之差，则式（3-3-14）是锰氧化达到平衡时的残锰量。

将 $[\%Mn]_e=b/a$ 代入式（3-3-13），则可得：

$$-\ln\frac{[\%Mn]_t-[\%Mn]_e}{[\%Mn]_0-[\%Mn]_e}=at \tag{3-3-15}$$

所以：

$$[\%Mn]_t=[\%Mn]_e+([\%Mn]_0-[\%Mn]_e)e^{-at} \tag{3-3-16}$$

如用 θ 表示经过时间 t 的残余锰量（分数）：

$$\theta=\frac{[\%Mn]_t-[\%Mn]_e}{[\%Mn]_0-[\%Mn]_e}$$

则由式（3-3-15），可得：

$$t=-(2.303\lg\theta)/a \tag{3-3-17}$$

式中，t 为锰氧化 θ 所需时间。

同理当锰跨过金属界面层的扩散是锰氧化速度的限制环节时，将式（3-3-12）代入式（3-3-10）整理后，可积分得：

$$\ln\frac{[\%Mn]_t-[\%Mn]_e}{[\%Mn]_0-[\%Mn]_e}=-a_mt \tag{3-3-18}$$

$$a_m=k_1\left(\frac{1.29W_m}{L_{Mn}W_{SL}}+1\right) \tag{3-3-19}$$

如果界面反应生成的 MnO 向渣内的扩散是 Mn 氧化速度的限制环节，则将式（3-3-12）代入（3-3-11）整理后，可积分得：

$$\ln\frac{[\%\mathrm{Mn}]_t - [\%\mathrm{Mn}]_e}{[\%\mathrm{Mn}]_0 - [\%\mathrm{Mn}]_e} = -a_{\mathrm{SL}}t \tag{3-3-20}$$

$$a_{\mathrm{SL}} = k_2\left(1.29\frac{W_{\mathrm{m}}}{W_{\mathrm{SL}}} + L_{\mathrm{Mn}}\right) \tag{3-3-21}$$

从式（3-3-20）、式（3-3-20）或式（3-3-15）可见：不论锰的氧化速度是受金属侧的传质，还是炉渣侧的传质，或是受两侧的传质共同控制，若要准确预报从始态到 t 时间的过程 [Mn] 含量变化和到 t 时的 [Mn] 含量，则必须知道过程的渣、金侧的传质系数 $\beta_{(\mathrm{MnO})}$、$\beta_{[\mathrm{Mn}]}$、渣量 W_{SL} 变化、L_{Mn} 变化、反应界面积变化和反应机理的变化，因此，这是一个十分复杂的数值解析问题。若以开吹为始点来预报终点，显然是很难精确的。所以计算机动态控制模型一般都取吹炼后期较短的一段时间作为模型的控制期，即适用期，以副枪取样时的渣金成分、渣量、金属量和温度为初始态，从这时到终点，金属量和渣量变化很小，炉渣成分也基本稳定，则 L_{Mn} 值也变化不大。这样，由式（3-3-18）、式（3-3-20）或式（3-3-15）预报的 [Mn] 才误差不大。但在应用这些公式前，必须结合各自工厂的情况，进行实验室和中间工厂试验（或大生产试验），首先得出 [Mn]-t(min) 氧化（还原）曲线，找出 [Mn] 的氧化（还原）机理的变化和反映各反应机理的 [Mn] 氧化（还原）速度的方程式，并求出这些动力学方程式中的相关参数，如 $\beta_{(\mathrm{MnO})}$、$\beta_{[\mathrm{Mn}]}$、a、F/V 和 W_{SL} 等。

3.3.1.1　反应速度系数 k

反应速度系数 k 简单地说为：$\dfrac{D}{\delta}\cdot\dfrac{F}{V}$ 或 $\beta\dfrac{F}{V}$，其中，D 为炉渣或金属中组元的扩散系数，可从物理化学数据库中查得，δ 为反应界面层厚度，F/V 为单位体积金属熔体与炉渣接触的反应界面。如果是平静的或纯沸腾式的（平炉或电炉）熔池，可参照化学反应工程的经验和法则来求 β，而对于强搅拌的冶金熔池和容器来说，由于其单位熔体的反应界面受射流（或搅拌气体）和熔池尺寸的影响，则应采用与搅拌比功率或搅拌混匀时间类比的方法来建立实际生产转炉的 $\beta\dfrac{F}{V}$ 与 $\varepsilon^a L^b$ 或 $\tau^{a'}L^{b'}$ 的关系式。

A　按化学反应工程的法则求 β

根据化学反应工程的法则，对于完全发展的层流往往用式（3-3-22）和式（3-3-22a）来处理在液膜和气体接触时间长的情况下，式（3-3-22）适用：

$$\frac{\beta_{(\mathrm{m})}\delta}{D_i} = Sh \approx 3.42 \tag{3-3-22}$$

该式在 Re（$=\Gamma/\eta$）$\leqslant 35$ 的情况下适用，这里的 Γ 为单位液膜宽度上的物质流速率。

在金属滴悬浮于熔渣中游动的情况下，式（3-3-22a）适用：

$$\frac{\beta_{(\mathrm{m})}r}{D_i} = Sh \approx 2.0 \tag{3-3-22a}$$

式中，r 为传质距离，即金属滴半径。

对于平面上具有强制层流对流的传质，往往用式（3-3-23）来处理：

$$Sh = 0.646\,Re^{1/2}Sc^{1/3} \tag{3-3-23}$$

式中，Sh 为舍伍德（Sherwood）数，$Sh = \beta_{(m)} L/D_i$；Re 为雷诺数，$Re = vl/\nu$；Sc 为施密特数，$Sc = \nu/D_i$；β 为组元 i 在熔体中的传质系数，cm/s；L 为长度，cm；D_i 为组元 i 的本征扩散系数，cm^3/s；v 为平均速度；ν 为运动黏度，m^2/s。

对于气泡-液体界面处液体侧的传质，往往用式（3-3-24）处理：

$$\frac{\beta d}{D} = 2 + a \, (Re^{0.48} Sc^{0.339} Gr^{0.024})^b \tag{3-3-24}$$

式中，$Gr = gd^3/\nu^2$；d 为气泡直径；a、b 为与气泡单个地起作用还是成群地起作用有关的常数。

对于绕流固体（或液滴的）液体流，则往往用式（3-3-25）处理：

$$Sh = 2 + 0.64 \, Re^{1/2} Sc^{1/3} \tag{3-3-25}$$

例如，求 LD 转炉中 Mn 氧化速度方程中，Mn 在金属侧的传质系数时，若用式（3-3-22a）来计算，设渣滴半径 $r = 0.2$mm，$D_{[Mn]} = 10^{-4}$cm^3/s，则 $\beta_{[Mn]} = 2D/r = 0.01$cm/s。

如求渣侧的传质系数 $\beta_{(MnO)}$ 或 $\beta_{(FeO)}$，设熔渣绕金属滴流动，则可采用式（3-3-25）来计算，设金属滴的沉降速度为：

$$u = g(\rho_{Fe} - \rho_S) r^2/18\eta_S$$

$$\rho_{Fe} = 7.0\text{g/cm}^3, \quad g = 9.81\text{cm/s}^2, \quad \rho_S = 3.5\text{g/cm}^3, \quad \eta_S = 1\text{g/(cm·s)}$$

$$D = 5 \times 10^{-6}\text{cm}^2/\text{s}, \quad \nu = 0.28\text{cm}^2/\text{s}$$

则：　　　$u = 0.08$cm/s，$Re = 1.14 \times 10^{-2}$，$Sc = 5.6 \times 10^4$，$Sh = 4.62$

即：　　　　　　　　$\beta r/D = 4.62$

故：　　　　　$\beta_{(MnO)}$ 或 $\beta_{(FeO)} = 5.78 \times 10^{-4}$ cm/s

B　用搅拌能和尺寸因素确定 β 和 k

为使反应在短时间内结束，对于受传质决定的反应速度，不仅要提高传质系数 β 值，还应提高反应界面比，这就需要强化熔池搅拌才能做到。这种用氧气射流和搅拌气体强制熔池运动，在对流和紊流黏度支配下的反应速度系数 k，用前面所述的化学反应工程的经验法则来处理看来都是不适用的。菊地良辉等[1]提出，在物性值一定时，可用式（3-3-26）处理：

$$\beta L = C_1 \, (vL)^a \tag{3-3-26}$$

浅井等[2]提出用气体喷射时，下式成立：

$$vL \propto \varepsilon^{1/3} L^{4/3} \tag{3-3-27}$$

对于这一关系，已通过水模型试验得以确定。

菊地良辉等[1]进而应用式（3-3-26）和式（3-3-27），并根据有效反应界面积率（$\gamma = $ 反应界面积/容器横断面积），用试验数据得到的 $\gamma\beta$、ε 和 L 值，经回归分析得到：

$$\lg(\gamma\beta L) = a\lg(\varepsilon^{1/3} L^{4/3}) + \lg\gamma + \lg C \tag{3-3-28}$$

以上诸式中：L 为长度，m，如熔池直径或深度；v 为液流速度，m/s；ε 为搅拌比功率，W/kg；γ 为有效反应界面积率；C，C_1，a 为常数。

图 3-3-1 是铁水脱磷脱硫时，根据各种规模的反应速度数据求得的 $\varepsilon^{1/3} L^{4/3}$ 和 $\gamma\beta L$ 之间的关系，由图可见，不论装置大小，各反应的反应速度常数和搅拌能的关系都可客观地用式（3-3-28）来很好地处理。

C　如何建立氧气转炉的 β 和 k 模型

一般学者在求取各元素的氧化反应速率受控于金属侧或渣侧的单独传质，或两侧混合传质时的金属侧传质系数 β_i 和渣侧传质系数 β_{io} 都是简单地假设为纯粹取决于金属侧或纯粹取决于渣侧来处理，对锰氧化反应来说，则是采用式（3-3-10）或式（3-3-18）来求 $\beta_{[Mn]}$ 和 $k_{[Mn]}$，用式（3-3-11）或式（3-3-20）来求 $\beta_{(MnO)}$ 和 $k_{(MnO)}$。这样所求得的 $\beta_{[Mn]}$、$\beta_{(MnO)}$，$k_{[Mn]}$ 和 $k_{(MnO)}$，如以 L_{Mn} 和 $k_{[Mn]}/k_{(MnO)}$ 或 $L_{Mn}/\rho_m\,\beta_{[Mn]}$ 和 $1/\rho_{SL}\,\beta_{(MnO)}$ 来判断 $v_{[Mn]}$（$=\mathrm{d}[\%Mn]/\mathrm{d}t$）的限制性环节时，则发现均是 $L_{Mn}=k_{[Mn]}/k_{(MnO)}$ 和 $L_{Mn}/\rho_m\beta_{[Mn]}=1/\rho_{SL}\beta_{(MnO)}$，即 $v_{[Mn]}$ 的限制环节为 Mn 在渣金两侧的传质阻力共同控制，这说明它们的立论和结论相左。这种假定阻力在渣侧求 β_{SL} 和阻力在金属侧求 β_m 的方法不能成

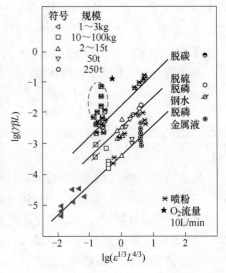

图 3-3-1　（$\varepsilon^{1/3}L^{4/3}$）为（$\gamma\beta L$）的函数

立。（作者将在脱磷动力学部分根据实验数据的计算结果作详细讨论）故作者建议采用式（3-3-9）或式（3-3-15）来处理。

a　用式（3-3-9）来处理试验结果

（1）按 $[\%Mn]$-$t(\min)$ 关系作图。

（2）用同一反应机理区间-（$[\%Mn]$-t）内各测试点（t_1，t_2，t_3，…）所取得的金属、炉渣成分和数量以及温度，可得到 $\Delta[\%Mn]/\Delta t$ 值和相应的 $[\%Mn]$、$(\%MnO)$ 和 L_{Mn} 值，这样只要建立两组下述方程：

$$\frac{a_1 L_{Mn1} k_{[Mn]}}{k_{[Mn]}/k_{(MnO)} + L_{Mn}} = C_1 \tag{3-3-29}$$

$$\frac{a_2 L_{Mn2} k_{[Mn]}}{k_{[Mn]}/k_{(MnO)} + L_{Mn}} = C_2 \tag{3-3-30}$$

则可求得每试验炉次相似反应机理区间的 $k_{[Mn]i}$，$k_{(MnO)i}$（$i=1$，2，…，n），然后再根据与 k_i 相对应的搅拌能 ε 和尺寸 L，按 $kL^3 \propto \varepsilon^{1/3}L^{4/3}$ 作图或回归分析，便可建立找取各反应区间（或不同初始锰含量及不同典型炉渣成分和温度下）k 值的方程式。

应当说明，这里的 $k_{[Mn]}$、$k_{(MnO)}$ 即前面方程中的 k_1、k_2 反应速度常数，都包含了单位金属体积反应界面积这个参数 F/V_m（$=A\gamma/V_m$，A 为金属熔池横断面，V_m 金属体积，γ 为反应界面扩大系数）。如要分别求取 $\beta_{[Mn]}$、$\beta_{(MnO)}$ 和 γ 值，并建立 $r\beta L \propto \varepsilon^{1/3}L^{4/3}$ 的关系式，则可将式（3-3-9）先改写为：

$$-\frac{\mathrm{d}[\%Mn]}{\mathrm{d}t} = \frac{\gamma\dfrac{A}{V_m}}{\dfrac{1.29\rho_m}{\rho_S}\dfrac{1}{\beta_{(MnO)}} + \dfrac{L_{Mn}}{\beta_{[Mn]}}}\left\{L_{Mn}[\%Mn] - (\%MnO)\right\} \tag{3-3-31}$$

然后根据试验数据照上述用式（3-3-9）来处理的方法改用式（3-3-31）来建立三组方程式，即可求得各试验炉次的 $\beta_{[Mn]}$、$\beta_{(MnO)}$ 和 γ 值，进而建立它们与 ε、L 和 $T(K)$ 的

关系式。

b　用式（3-3-15）来处理试验结果

（1）按 $-\ln\dfrac{[\%Mn]_t - [\%Mn]_e}{[\%Mn]_0 - [\%Mn]_e} - t(\min)$

关系作图，得不同 $[\%Mn]_0$ 的若干直线，如图 3-3-2 所示，每条线都有它的斜率，它就是方程（3-3-15）中的常数 a。

（2）式（3-3-15）中的 $[\%Mn]_e$ 值，由式（3-3-15）求，在 W_s 和 W_m 一定的情况下，它取决于 $[\%Mn]_0$、L_{Mn} 或 $[\%Mn]$、$K_{Mn\text{-}Fe}$、$(\%FeO)$ 和 $(\gamma_{FeO}/\gamma_{MnO})$，换句话说，是取决于 $[\%Mn]_0$、$T(K)$ 和炉渣成分，故每试验炉次中，只要在一定时刻 t_1, t_2, …, t_n（min）

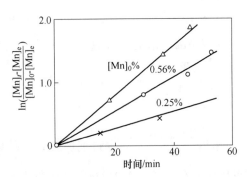

图 3-3-2　用两个不同的初始 Mn 浓度，按式（3-3-15）来确定 $\beta_{Mn}\alpha$ 值

测温，取金属样，渣样分析成分，便能获得每一时刻 $-\ln\dfrac{[\%Mn]_t - [\%Mn]_e}{[\%Mn]_0 - [\%Mn]_e}$ 值，然后通过作图或回归分析得出 a 值。

（3）如只是求 k_1（即 $k_{[Mn]}$）和 k_2（即 k_{MnO}），则只要在一定搅拌能下，作两炉试验得两条 $-\ln\theta\text{-}t$ 直线和两个 a 值，建立下面两组方程：

$$a_1 = \left[k_{[Mn]}\left(L_{Mn1}\frac{W_{S1}}{W_{m1}} + 1.29 \right) \right] \Big/ \left[\left(\frac{k_{[Mn]}}{k_{(MnO)}} + L_{Mn1} \right) \frac{W_{S1}}{W_{m1}} \right] \tag{3-3-32a}$$

$$a_2 = \left[k_{[Mn]}\left(L_{Mn2}\frac{W_{S2}}{W_{m2}} + 1.29 \right) \right] \Big/ \left[\left(\frac{k_{[Mn]}}{k_{(MnO)}} + L_{Mn2} \right) \frac{W_{S2}}{W_{m2}} \right] \tag{3-3-32b}$$

便可求得 $k_{[Mn]}$ 和 k_{MnO}。

（4）在不同搅拌能下，如（3）所述得出与 ε_i 相应的 $k_{[Mn]i}$ 和 k_{MnOi}，然后按 $kL^2 \propto \varepsilon^{1/3}L^{4/3}$ 关系，建立求取 k 的方程式。

（5）如是求 $\beta_{[Mn]}$、$\beta_{(MnO)}$ 和 γ，则需在每种搅拌能下作三炉不同 $[\%Mn]_0$ 条件下的试验，得出式（3-3-15）中 a 的三个值，建立下述三组方程：

$$a_1 = \frac{\left(L_{Mn1} + 1.29\dfrac{W_{m1}}{W_{S1}} \right)}{\dfrac{1.29\rho_m}{\rho_{S1}}\dfrac{1}{\beta_{(MnO)}} + L_{Mn1}\dfrac{1}{\beta_{[Mn]}}} \frac{A}{V_{m1}}\gamma \tag{3-3-33a}$$

$$a_2 = \frac{\left(L_{Mn2} + 1.29\dfrac{W_{m2}}{W_{S2}} \right)}{\dfrac{1.29\rho_m}{\rho_{S2}}\dfrac{1}{\beta_{(MnO)}} + L_{Mn2}\dfrac{1}{\beta_{[Mn]}}} \frac{A}{V_{m2}}\gamma \tag{3-3-33b}$$

$$a_3 = \frac{\left(L_{Mn3} + 1.29\dfrac{W_{m3}}{W_{S3}} \right)}{\dfrac{1.29\rho_m}{\rho_{S3}}\dfrac{1}{\beta_{(MnO)}} + L_{Mn3}\dfrac{1}{\beta_{[Mn]}}} \frac{A}{V_{m3}}\gamma \tag{3-3-33c}$$

然后联解得出 $\beta_{[Mn]}$、$\beta_{(MnO)}$ 和 γ。进而找出 ε_i 对应的若干组 $\beta_{[Mn]i}$、$\beta_{(MnO)i}$ 和 γ_i 值,最后建立求取 $r\beta$ 的 $r\beta L \propto \varepsilon^{1/3} L^{4/3}$ 普遍式,供放大或缩小应用。

3.3.1.2 L_{Mn}、W_{SL}、$[Mn]_E$ 和 $[Mn]^*$ 的求取

首先用副枪测温,定锰($[Mn]_E^S$),然后按物质平衡公式(3-3-34):

$$\frac{(W_{MnO})_E^S}{W_{St}} = ([Mn]_{HM} - [Mn]_E^S) \times \frac{1000}{100} \times \frac{71}{55} = 12.9([Mn]_{HM} - [Mn]_E^S)$$

$$(3-3-34)$$

求出 $\dfrac{(W_{MnO})_E^S}{W_{St}}$,再通过把炉渣的下列参数 $(\%CaO)/(\%SiO_2)$、$(\%MgO)$、$(\%Al_2O_3)$、$(\%P_2O_5)$ 代入式(3-2-22c)后改写成的式(3-3-35):

$$\lg \frac{(W_{MnO})_E^S / W_{St}}{[\%Mn]_E^S W_{TFe}^S / W_{St}} = \frac{W_{St}}{W_S}\left(a_1 \frac{W_{TFe}^S}{W_{St}} + a_2 \frac{W_{MnO}^S}{W_{St}}\right) + \frac{7300}{T_S} - 362 \qquad (3-3-35)$$

式中,a_1,a_2 为常数,如以 $(\%CaO)/(\%SiO_2) = 3.5$, $(\%MgO) = 5$, $(\%Al_2O_3) = 2$,$(\%P_2O_5) = 3$ 代入式(3-2-22c),则 $a_1 = 0.0039$,$a_2 = 0.0101$。W_S 由式(3-3-36)求得:

$$W_S = \frac{100 W_{Si}}{b_1 - b_2 \ln(CaO/SiO_2)} \qquad (3-3-36)$$

式中,b_1 和 b_2 为常数,可通过生产数据得出。

把 $[Mn]_E^S$、$(W_{MnO})_E^S / W_{St}$、W_S、W_{St} 和 T 代入式(3-3-35)后,用逼近法可求得 W_{TFe}^S / W_{St}。

对于遵守式(3-2-6f′)的转炉,也可用式(3-3-37)求解 W_{TFe}^S / W_{St}:

$$W_{TFe}^S / W_{St} = \left[\frac{(W_{MnO})_E^S}{W_{St}}\right] \Big/ [\%Mn]_E^S \times 10^{\frac{6440}{T} - 2.95} \qquad (3-3-37)$$

然后借助由生产数据得出的式(3-3-38)和式(3-3-39):

$$\Delta(W_{FeO}) = (W_{FeO})_E - (W_{FeO})_S \qquad (3-3-38)$$

$$\frac{\Delta(W_{FeO})}{W_{St}} = C_i \frac{\Delta Q_{O_2}}{W_{St}} + C_2 \qquad (3-3-39)$$

求解补吹氧(ΔQ_{O_2})之后的 $(W_{FeO})_E$。然后把 $(W_{FeO})_E$ 值和预报的 T_E 值代回式(3-3-35)或式(3-3-39)便可求得 $L_{Mn \cdot E}$,最后按物质守恒定律,把 $[Mn]_0 = [Mn]_{HM}$,$L_{Mn} = L_{MnE}$ 代入式(3-3-14)便可求出 $[Mn]_e$。据报道[2]该种方法估算的顶底复吹转炉吹炼终点 $[Mn]_e$ 含量与实测值的误差约为 0.03%。

另外,也可通过副枪直接测定炉渣的 $(Fe_tO)_S$ 含量,或把副枪测定的 $a_{[O] \cdot S}$、T 或 $P_{O_2(炉渣) \cdot S}$ 值通过 (Fe_tO)-$a_{[O]}$ 或 (Fe_tO)-$P_{O_2(炉渣) \cdot S}$ 关系式(见第 1.8 节中的式(1-8-2)和式(1-8-15))得出 $(Fe_tO)_S$ 含量,再把 $(W_{FeO})_S = W_{SL}(Fe_tO)_S$ 代入式(3-3-38)和式(3-3-39)求出终点的 $(W_{FeO})_E$,然后把 $(W_{FeO})_E$ 和推算的 T_E 值代入式(3-3-35)或式(3-3-37)求出 $L_{Mn \cdot E}$,最后借助式(3-3-14)求出 $[Mn]_E$。

还有一种在停吹氧后,用副枪测定终点 $(a_{FeO})_E$ 值或 $(Fe_tO)_E$ 含量,或测定 $a_{[O] \cdot E}$ 值后再换算为 Fe/Fe_tO 平衡时的 $(a_{Fe_tO})_E$ 值或 $(Fe_tO)_E$ 含量,以及 T_E 和 R 值代入式(3-2-

22e）或式（3-2-22a）~式（3-2-22h）之一（按实际情况选定）或式（3-2-6a）~式（3-2-6h′）之一（按实际情况选定）求出 $L_{Mn \cdot E}$，然后借助式（3-3-14）求出停吹时的 $[Mn]_E$。

应当指出，上述三种控制终点 $[Mn]_E$ 含量的方法中，前两者可预报刚停吹时的 $[Mn]_E$ 含量，后者则需在停吹后 30~60s 才能报出 $[Mn]_E$ 含量。它们与实测值的误差，除测试设备和元件的因素外，就是偏离反应平衡所致。一般来说[3] 在成渣期不论顶吹转炉还是顶底复吹转炉都离平衡较远，但在强烈的脱碳期，顶吹时金属中的 $[Mn]$ 含量达不到与渣平衡，而复吹时则很接近平衡（见图 3-3-3）。故如果说复吹法采用上述预报吹炼终点 $[Mn]_E$ 含量时，可忽略偏离平衡的影响，而顶吹法则必须考虑偏离平衡的影响。

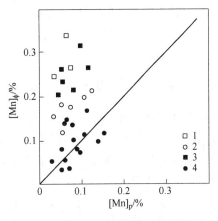

图 3-3-3 熔融金属中的实际锰含量 $[Mn]_\phi$ 和与渣平衡的锰含量 $[Mn]_P$

关于金属界面上的 $[Mn]^*$ 含量，可通过副枪直接测定炉渣的 a_{Fe_tO} 值或 (Fe_tO) 含量，或把副枪测定的 $a_{[O]}$、$P_{O_2(炉渣)}$ 以及 $[C]$ 和 T，通过 $a_{Fe_tO \cdot 平} - a_{[O] \cdot 测}$（参见式（1-8-4b））或 $(FeO)_平 - a_{[O] \cdot 测}$（参见式（1-8-2））及 $a_{Fe_tO} \cdot - P_{O_2(炉渣)} - T$（参见式（1-8-15）~式（1-8-17））关系式求出的 a_{Fe_tO} 或 $(Fe_tO)_平$ 与结合生产实际建立的式（3-3-40）：

$$a_{[Mn]} = C_1[\%Mn], \qquad a_{[Mn]} = 10^{-0.07[\%C]}[\%Mn] \qquad (3-3-40)$$

以及按文献 [4]，$a_{(MnO)} = \dfrac{K_{Mn}}{K'_{Mn}}(MnO)$ 关系式建立的式（3-3-41）：

$$a_{(MnO)} = f(T)(\%MnO) \qquad (3-3-41)$$

求出的 $a_{[Mn]}$ 和 $a_{(MnO)}$ 值，一起代入求取平衡常数 $K_{Mn-Fe}\left(= \dfrac{a_{(MnO)}}{a_{[Mn]}a_{Fe_tO}}\right)$ 的热力学方程式（3-1-10a）~式（3-1-10h）之一，或求取表观平衡常数 $K'_{Mn-Fe}\left(= \dfrac{(\%MnO)}{[\%Mn](Fe_tO)}\right)$ 的温度式（3-1-10a′）~式（3-1-10h′）之一，或把上面所得的 T 和 Fe_tO（换算为 TFe）和按生产经验估算的 R 值代入式（3-2-22e）求出 $L_{Mn \cdot E}$，然后借助式（3-3-14）求下副枪时的 $[Mn]_E$ 值，以供选用动力学方程（3-3-18）或（3-3-20）之用。

3.3.1.3 $[Mn]_t$ 模型的应用

虽然顶底复吹转炉吹炼终点时的 $[Mn]_t$ 已接近与渣平衡时的 $[Mn]_E$，但不等于二者完全相等。特别是顶吹转炉吹炼终点时的 $[Mn]_t$ 尚达不到与渣平衡。故 $[Mn]_t$ 模型尚有用武之地。

通过 3.3.1.1 节的讨论，已知如何求取反应速度取决于金属侧的速度常数 k_1（即 $k_{[Mn]}$），取决于渣侧的速度常数 k_2（即 $k_{(MnO)}$），或取决于渣-金两侧的反应速度常数 a 所需的全部参数（$L_{Mn \cdot E}$、W_{St}、W_{SL}、ρ_m、ρ_S、$\beta_{[Mn]}$、$\beta_{(MnO)}$、A、V_m 和 γ）。若这些参数已获

得，则把它们代入式（3-3-9a）和式（3-3-33），即可求得 K_1、K_3 和 a 值。这时便可根据 L_{Mn} 与 K_1/K_2 的比较，或 $\dfrac{L_{Mn}}{\beta_{[Mn]}}$ 与 $\dfrac{1.29\rho_m}{\rho_S\beta_{(MnO)}}$ 的比较，判定反应速度的限制性环节，并确定计算副枪测温取样后 t 时的 $[Mn]_t$ 值的公式究竟是式（3-3-15）还是式（3-3-18），或是式（3-3-20），然后给 $[Mn]_t$ 模型输入有关参数（如 $[Mn]_E$ 或 $[Mn]^*$，a 或 a_m 或 a_{SL}，以及 t（min）），即可预报副枪取样测温后 t 时的 $[Mn]_t$ 含量。

3.3.2　锰的还原反应动力学

随着铁水预处理的发展和工业化，使顶底复吹转炉可以实现少渣操作和高碳停吹，因而可向转炉加入锰矿还原，以减少锰合金消耗和降低生产成本，甚至用复吹转炉对锰矿石进行熔融还原生产高碳锰铁和中低碳锰铁。对于这样的工艺，高的锰收得率和精确地控制锰含量就变得十分重要了。

影响锰收得率的因素是：氧位、渣成分、渣容积、焦炭量、温度、顶部供氧制度和底部供气制度等，其中氧位（P_{O_2}）扮演了决定吹炼终点锰分配比的重要角色。

一般来说决定锰分配比的氧位（P_{O_2}）有以下六种：

（1）用浓差定氧探头测定的金属液中的 $P_{O_2(1)}$；

（2）金属液中 $[C]$-$[O]$ 平衡的 $P_{O_2(2)}$；

（3）金属液中 $[Mn]$-$[O]$ 平衡的 $P_{O_2(3)}$；

（4）用 Ban-ya 正规溶液模型计算的渣中 $P_{O_2(4)}$；

（5）渣、金间 Fe_tO/Fe 平衡的 $P_{O_2(5)}$；

（6）由碳粒、渣、金三相（C-(MnO)-[C]）平衡决定的 $P_{O_2(6)}$。

在前面讨论锰的氧化反应平衡分配比中，文献[5]已明确回答：炼钢生产中的 L_{Mn}^S 取决于由 Fe/Fe_tO 平衡的氧位 P_{O_2}，而不是定氧探头测定的 $a_{[O]}$（或 P_{O_2}）；而且铁水预处理中的 L_{Mn}^h 也取决于由 Fe/Fe_tO 平衡决定的 P_{O_2}，而不是 $[C]$-$[O]$（即 $[C]/CO$）平衡的 P_{O_2}。对于锰在渣/金还原反应中的平衡分配比，Tabata 等人[6]通过对 $P_{O_2(1)}$、$P_{O_2(2)}$、$P_{O_2(3)}$、$P_{O_2(4)}$、$P_{O_2(5)}$ 的比较也得出 L_{Mn} 取决于由 Fe/Fe_tO 平衡的氧位 $P_{O_2(5)}$。

森王直德等[7]根据八幡钢厂在 350tLD-OB 复吹转炉中，采用预脱硅或预脱磷铁水，用炭料进行热补偿和在吹炼中期开始连续加入 40~45kg/t 锰矿（Mn=33%）的冶炼工艺生产高锰钢（$[Mn]$>1.0%）的数据，经回归分析得到锰在吹炼终点渣/钢间的分配比公式（3-3-42）：

$$\lg L_{Mn} = \frac{4056}{T} - 0.076\frac{(\%CaO)}{(\%SiO_2)} + 0.038(\%TFe) - 0.886 \qquad (3\text{-}3\text{-}42)$$

并在图 3-3-4 中示出。不论使用脱 Si 铁水，还是脱 P 铁水，也不论冶炼 $[C]$ =0.05%~0.08% 的高锰钢，还是 $[C]$=0.4%~0.6% 的高锰钢，式（3-3-42）均适用。这充分说明：复吹转炉中，用锰矿直接还原生产高锰钢时，其吹炼终点的 Mn（还原）分配比 L_{Mn} 也是取决于由 Fe/Fe_tO 平衡的氧位 $P_{O_2(5)}$。特别值得指出的是：它与实验室实验得出的 Mn（氧化）平衡分配比 L_{Mn}（式（3-2-22e））一样，都随（TFe）的减小，T（K）和 R 的增大而减小，其锰收得率也随 L_{Mn} 或（TFe）的减小而增大（见图 3-3-5）；并在

T、(TFe) 和 R 相同的条件下，用式（3-3-42）估算的 L_{Mn} 值与用式（3-2-22e）估算的
几乎完全相同。

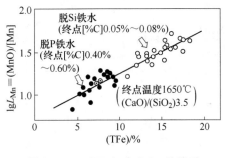

图 3-3-4 （TFe）与 $\lg L_{Mn}$ 的关系

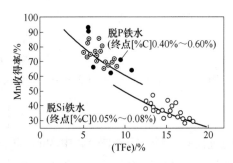

图 3-3-5 （TFe）与 Mn 收得率的关系

而如何控制复吹转炉的终点（%TFe）含量呢？从图 3-3-6[8] 可见，在 [C] ≥0.3%
时，(TFe) 基本保持为约 8%，当 [C]<0.2%后，(TFe) 随 [C] 的降低而迅速增高，但
在 [C] ≤0.2%后将顶部供氧强度 q_{O_2} 由 1.7 降为 1.1Nm³/（min·t），底部供气强度 q_b 由
0.06 增到 0.15Nm³/（min·t）时，其（TFe）的增幅显著降低。故为了提高 Mn 的收得率，
应选择 [C] ≥0.2%的高 C 区停止吹氧。若必须吹炼到低碳为止，则建议采用如图 3-3-
7[9]所示的高—低—再低的供氧量和枪位模式以及低—高—再高的底气量模式；或向转炉
渣吹入固体还原剂（焦炭），以形成不依赖金属熔池中 C 的反应循环[10]。

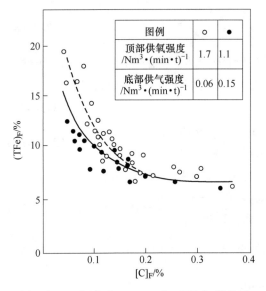

图 3-3-6 $[C]_F$ 和 q_{O_2}、q_b 与（TFe）$_F$ 的关系

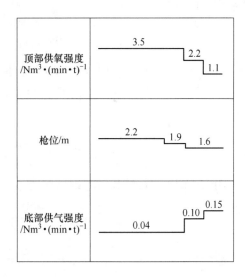

图 3-3-7 改造型的顶底吹制度

下面接着讨论和了解吹炼过程中锰的行为和含量变化，从而达到精确控制锰含量的
目的。

在前面的讨论中，曾按文献[6，7]的研究结果阐述过，在少渣操作的复吹转炉中用锰
矿石直接还原生产高锰钢时，锰在金属液中的行为主要取决于 Fe/Fe$_t$O 平衡的氧位，这就
意味着锰矿在复吹熔池中的还原反应可表述为：

$$(MnO) + Fe \Longrightarrow [Mn] + (FeO) \tag{3-3-43}$$

设还原速度受炉渣和金属侧的传质控制，参照推导锰氧化动力学模型的方法可推导出锰的还原速度方程（3-3-44）：

$$\frac{d[\%Mn]}{dt} = \frac{k_1 L_{Mn}}{k_1/k_2 + L_{Mn}} \left\{ \frac{(\%MnO)}{L_{Mn}} - [\%Mn] \right\} \tag{3-3-44}$$

当 $L_{Mn} \gg k_1/k_3$ 时，式（3-3-44）变为：

$$\frac{d[\%Mn]}{dt} = k_1 \left\{ \frac{(\%MnO)}{L_{Mn}} - [\%Mn] \right\} \tag{3-3-45}$$

这时过程的限制性环节是金属中 Mn 的扩散。

当 $L_{Mn} \ll k_1/k_3$ 时，式（3-3-44）变为：

$$\frac{d[\%Mn]}{dt} = k_2 L_{Mn} \left\{ \frac{(\%MnO)}{L_{Mn}} - [\%Mn] \right\} \tag{3-3-46}$$

这时过程的限制性环节是渣中（MnO）的扩散。

根据锰的质量平衡：

$$(\%MnO) = \frac{\left\{ (\%Mn)_{Mn矿} G_{Mn矿}/1000 + [\%Mn]_0 - [\%Mn] \right\} \times 1.29}{W_{SL}/W_m} \tag{3-3-47}$$

将式（3-3-47）代入式（3-3-44）分离变量后，在初始条件 $t = 0$，$[\%Mn] = [\%Mn]_0$ 下，积分得：

$$\ln \frac{[\%Mn]_t - B/A}{[\%Mn]_0 - B/A} = -At \tag{3-3-48}$$

$$A = [k_1(1.29 + L_{Mn} W_{SL}/W_m)] / [(k_1/k_2 + L_{Mn}) W_{SL}/W_m] \tag{3-3-48a}$$

$$B = 1.29 k_1 \left\{ (\%Mn)_{Mn矿} G_{Mn矿}/1000 + [\%Mn]_0 \right\} / [(k_1/k_2 + L_{Mn}) W_{SL}/W_m] \tag{3-3-48b}$$

$$\frac{B}{A} = \frac{(\%Mn)_{Mn矿} G_{Mn矿}/1000 + [\%Mn]_0}{1 + L_{Mn} W_{SL}/1.29 W_m} \tag{3-3-48c}$$

当反应时间 t 足够长时，则反应达到平衡，由式（3-3-47）可得：

$$[\%Mn]_e = \frac{(\%Mn)_{Mn矿} G_{Mn矿}/1000 + [\%Mn]_0}{1 + L_{Mn} W_{SL}/1.29 W_m} \tag{3-3-47a}$$

故　　　　　　　　　$$\frac{B}{A} = [\%Mn]_e$$

$$\ln \frac{[\%Mn]_t - [\%Mn]_e}{[\%Mn]_0 - [\%Mn]_e} = -At \tag{3-3-49}$$

$$[\%Mn]_t = [\%Mn]_e - ([\%Mn]_e - [\%Mn]_0) \exp(-At) \tag{3-3-50}$$

同理，当 MnO 的还原速度取决于金属中 Mn 的扩散时，将式（3-3-47）代入式（3-3-45）整理后，可积分得：

$$\ln \frac{[\%Mn]_t - [\%Mn]_e}{[\%Mn]_0 - [\%Mn]_e} = -A_m t \tag{3-3-51}$$

$$A_m = k_1\left(\frac{1.29W_m}{L_{Mn}W_{SL}} + 1\right) \tag{3-3-51a}$$

当 MnO 的还原速度取决于渣中 MnO 的扩散时，将式（3-3-47）代入式（3-3-46）整理后，可积分得：

$$\ln\frac{[\%Mn]_t - [\%Mn]_e}{[\%Mn]_0 - [\%Mn]_e} = -A_{SL}t \tag{3-3-52}$$

$$A_{SL} = k_2(1.29W_m/W_{SL} + L_{Mn}) \tag{3-3-52a}$$

式（3-3-44）~式（3-3-52）中：$(\%Mn)_{Mn矿}$ 为锰矿中的锰含量；$G_{Mn矿}$ 为每吨钢加入的锰矿，kg/t；其余符号的意义与氧化反应动力学中所述的相同。

至此，我们已得出了描述吹炼过程中锰还原行为和含量变化以及精确控制吹炼终点 Mn 含量的数学模型，而如何把它们具体地应用到生产实际的计算机控制中，可参考锰的氧化动力学中这方面的描述。只是在选用计算 L_{Mn} 的公式时，须首先对决定 L_{Mn} 的氧位做出判断，也可以说首先是对 Mn 的氧化、还原机理做出判断，以决定描述其氧化、还原的反应方程式及其平衡分配比方程。如 Mn 的还原反应在渣/钢间的平衡分配比 L_{Mn} 像文献[7, 9]所述的取决于 Fe/Fe_tO 平衡的 P_{O_2}，则 L_{Mn} 可采用式（3-3-42），或式（3-3-22e）或由反应（3-1-6）式（3-3-43）的反应平衡常数 K_{Mn-Fe} 或表观反应平衡常数 K'_{Mn-Fe} 得出的 L_{Mn} 公式。

而冈田刚等人[10]在 160tSTB 复吹转炉中，采用预脱磷的高锰铁水，并加入锰矿（最大量为 30kg/t）直接还原冶炼高锰钢，用焦炭进行热补偿，为了得到高的锰收得率，一直到低碳区均采用硬吹操作。它们通过对数据的分析，认为在装入铁水 Mn 为 1.0%的情况下，停吹碳基本在 0.2%以上的高 C 区，Mn 的行为取决于（TFe），而在 0.2%以下的低 C 区，随着 C 的降低，Mn 的行为取决于钢中的氧，也就是取决于反应（3-1-4）（见图 3-3-8）。也就是说，按冈田

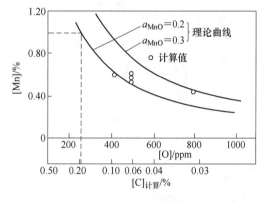

图 3-3-8　在 1665℃时的 [Mn]-[O] 平衡

刚[10]的结论，当 $[C]_F \geq 0.2\%$ 时，L_{Mn} 的公式可选用如上[6,7]所述由 Fe/Fe_tO 平衡决定的公式，而当 $[C]_F < 0.2\%$ 时，则应采用由 [O] 含量决定的反应（3-1-4）的 L_{Mn} 公式。

但 Takaoko 等人[11]根据在 50kg 和 350t 复吹转炉中的试验结果（其试验条件如表 3-3-1 所述，试验装置和反应机制示于图 3-3-9 和图 3-3-10。其 50kg 和 350t 复吹转炉中的试验结果分别示于图 3-3-11 和图 3-3-12），按锰在少渣转炉中存在的下述反应，如（MnO）被 [C] 和 [Fe] 还原的反应，以及 [Mn] 被（FeO）和 O_2 氧化的反应：

$$(MnO) + [C] \Longrightarrow [Mn] + CO \tag{3-3-53}$$

$$(MnO) + Fe \Longrightarrow [Mn] + (FeO) \tag{3-3-54}$$

$$[Mn] + 1/2O_2 \Longrightarrow (MnO) \tag{3-3-55}$$

表 3-3-1　试验条件

炉　子	50kgLD
耐火材料	MgO
金属	40~60kg
O_2	40~150NL/min（1.0~2.5Nm^3/(min·t)）
Ar	5~50NL/min（0.1~1.2Nm^3/(min·t)）
MnO_{re}	2000~3200g
CaO	500~600g
SiO_2	0~100g
温度/℃	1350~1750

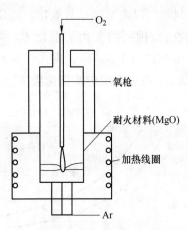

图 3-3-9　50kg 试验转炉装置

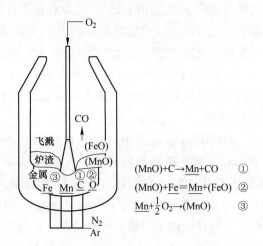

$$(MnO)+C \rightarrow \underline{Mn}+CO \qquad ①$$
$$(MnO)+Fe = \underline{Mn}+(FeO) \qquad ②$$
$$\underline{Mn}+\frac{1}{2}O_2 \rightarrow (MnO) \qquad ③$$

图 3-3-10　转炉中 Mn 的反应示意图

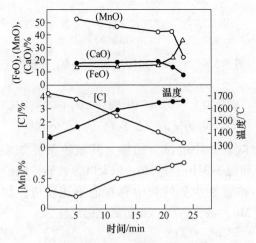

图 3-3-11　试验炉吹炼过程中，
金属和炉渣成分的变化

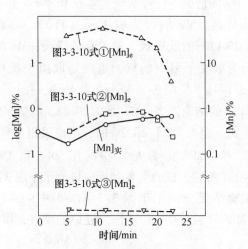

图 3-3-12　实测的和平衡估算的
Mn 在转炉中的行为

分别对各种氧化还原反应达到平衡时的钢中锰含量 $[Mn]_e$ 做了计算，并将各反应的计算值与实测值随吹炼过程的变化绘于图 3-3-12 中，可见：$[Mn]_{e(3-3-53)}/[Mn]_{实测} = 10 \sim 100$，$[Mn]_{e(3-3-55)}/[Mn]_{实测} = 10^{-5}$，而 $[Mn]_{e(3-3-54)}/[Mn]_{实测}$ 则在吹炼的大部分时间里稍大于 1，这意味着文献[6,7,10]所说的 Mn 的行为取决于 Fe/Fe_tO 平衡的 P_{O_2} 的结论对 Takaoko 试验的 $[C] > 0.2\%$ 区域也是适用的。但 Takaoko 鉴于从吹炼的第 22min 到第 25min 期间实际的 $[Mn]$ 值仍在平稳增大（见图 3-3-11 和图 3-3-12），而按反应（3-3-54）计算的 $[Mn]_e$ 值却急剧降低的情况，从而按照图 3-3-10 所示 Mn 的几种反应机制，认为吹炼时 Mn 的还原反应（3-3-53）和氧化反应（3-3-55）总是同时发生的，钢中的 Mn 含量应是受控于这两种反应的质量平衡，并提出描述复吹转炉吹炼过程中 $[Mn]$ 含量增长的动力学方程如下：

$$\dot{N}_{Mn} = k_R \{(MnO) - (MnO)^*\} - k_O V_{O_2} \tag{3-3-56}$$

式中，$\dot{N}_{Mn}$ 为金属中 Mn 的积累速度，kg/min；k_R 为还原速度系数，kg/(% · min)；k_O 为氧化速度系数，kg · t/Nm³；$(MnO)^*$ 为与金属平衡的 (MnO) 含量，%；V_{O_2} 为供氧速率，Nm³/(min · t)。

式（3-3-56）中右边第一项是由还原进入金属中的锰，第二项是从金属中氧化掉的锰。假定 (MnO) 的还原受控于渣中 (MnO) 的传质，根据 Shinozaki 等[12]的研究，其还原速度如式（3-3-56）等号右边的第一项所述；假定氧化速度受控于供氧速率如式（3-3-56）等号右边的第二项所述。当式（3-3-56）两边均除以金属重量 W_m 并乘以 100 后，则可得式（3-3-57）：

$$\frac{d[\%Mn]}{dt} = k'_R \{(MnO) - (MnO)^*\} - k'_O V_{O_2} \tag{3-3-57}$$

式中，k'_R 为还原速度系数，1/min；k'_O 为氧化速度系数，t · %/Nm³。

式（3-3-57）描述了顶底复吹转炉用锰矿直接还原生产高锰钢时，金属中 Mn 含量的增大速度，至于 Mn 在少渣复吹转炉中的行为或吹炼过程中 $[Mn]$ 含量的变化的描述和对其吹炼终点锰含量的控制，则尚需对文献[12]提出的式（3-3-57）进行积分。

现将式（3-3-7）和式（3-3-47）代入式（3-3-57），整理后得：

$$-\frac{d[\%Mn]}{dt} = A_R \left\{ [\%Mn] - \left([\%Mn]_e - \frac{k'_O V_{O_2}}{A_R} \right) \right\} \tag{3-3-58}$$

式中，$[\%Mn]_e$ 为终点反应平衡的锰含量，可由式（3-3-47）计算：

$$A_R = k'_R \left(\frac{1.29 W_m}{W_{SL}} + L_{Mn} \right) \tag{3-3-58a}$$

命

$$[\%Mn]'_e = [\%Mn]_e - \frac{k'_O V_{O_2}}{A_R} \tag{3-3-58b}$$

然后对式（3-3-58）积分得：

$$\ln \frac{[\%Mn]_t - [\%Mn]'_e}{[\%Mn]_0 - [\%Mn]'_e} = -A_R t \tag{3-3-59}$$

或

$$[\%Mn]_t = [\%Mn]'_e + ([\%Mn]_0 - [\%Mn]'_e) \exp(-A_R t) \tag{3-3-60}$$

下面讨论如何求取式（3-3-57）~式（3-3-60）中的氧化还原速度系数 k'_O、k'_R 和平衡

分配比 L_{Mn}。

3.3.2.1 计算 k_O' 和 k_R' 值的数模的建立

建立 k_O' 和 k_R' 数模的方法和步骤如下：

（1）取复吹转炉吹炼过程的金属和炉渣样，分析其化学成分；并测量取样时的熔池温度。

（2）记录好金属料、锰矿和造渣材料的加入量和加入时刻，及顶部供氧和底部供气制度的时刻变化。

（3）作不同炉次（即不同炉渣和金属反应）的 [Mn]-t（min）关系图，得出 $\Delta[Mn]/\Delta t$ 值和相应的（MnO）、（MnO）* 和 Δt 时间内的平均供氧速度 V_O，这样，只要建立两组下述方程：

$$a_1 k_R' - b_1 k_O' = C_1 \tag{3-3-61a}$$

$$a_2 k_R' - b_2 k_O' = C_2 \tag{3-3-61b}$$

则可求出一组某一熔池搅拌强度 $\dot{\varepsilon}$ 下的 k_O' 和 k_R' 值。

（4）待获得若干组不同 $\dot{\varepsilon}_i$（$i=1, 2, \cdots, n$）下的 $k_{O\cdot i}'$ 和 $k_{R\cdot i}'$（$i=1, 2, \cdots, n$）值后，按式（3-3-62a）、式（3-3-62b）：

$$k_{R\cdot i}' = \frac{A}{V_m}(\gamma \beta_R)_i \tag{3-3-62a}$$

$$k_{O\cdot i}' = \frac{A}{V_m}(\gamma \beta_O)_i \tag{3-3-62b}$$

求出 $(\gamma\beta_R)_i$ 和 $(\gamma\beta_O)_i$（$i=1, 3, \cdots, n$），然后按式（3-3-28）：

$$\lg(\gamma\beta L) = a\lg(\dot{\varepsilon}^{1/3}L^{4/3}) + \lg\gamma + \lg C \tag{3-3-28}$$

或按 Takahashi 等[13] 提出的式（3-3-63）：

$$\gamma\beta L = a(\dot{\varepsilon}^{1/3}L^{4/3}) + C \tag{3-3-63}$$

进行回归，得出系数 a 和 C，这样便建成了求取有效反应界面率（γ）和传质系数 β_O' 或 β_R' 乘积的数模，从而也就建立了计算 k_R' 和 k_O' 的数模。

（5）式（3-3-62）和式（3-3-63）中的长度 L 可取熔池直径 D 或深度 h；$\dot{\varepsilon}$ 计算方法详见"熔池运动动力学"内容。

Takaoko 等[11] 根据在 50kg 和 350t 复吹转炉的试验数据得出如图 3-3-13 和图 3-3-14 所示的 k_R' 与 q_b 和 $\gamma\beta_R L$ 与 $\dot{\varepsilon}^{1/3}L^{4/3}$ 的关系和 k_O' 几乎为常数值（小转炉中，$k_O' = 0.017$t · %/Nm^3；350t 复吹转炉中 $k_O' = 0.09$t · %/Nm^3）。

3.3.2.2 计算（%MnO）* 和 L_{Mn} 的公式

按照反应（3-3-55）可写出[14]：

$$K_{MnO-C(3-3-55)} = \frac{f_{Mn}[\%Mn]P_{CO}}{\gamma_{MnO}N_{MnO}f_C[\%C]} \tag{3-3-64}$$

$$\lg K_{(3-3-55)} = -\frac{11600}{T} + 7.625 \qquad (3-3-65)$$

根据 $CaO\text{-}FeO\text{-}Al_2O_3^{[15]}$ 与 $CaO\text{-}MgO_{sat}\text{-}SiO_2\text{-}Fe_tO\text{-}MnO\text{-}P_2O_5$ 渣系中两条相的（MnO）等活度系数线，其 $\gamma_{MnO} = 0.013 \sim 0.023$，若取 $\gamma_{MnO} = 0.018$，$P_{CO} = 1atm$，则可得：

$$\lg L_{Mn} = \frac{11600}{T} - 5.8803 + \lg f_{Mn} - \lg f_C - \lg [\%C] \qquad (3-3-66)$$

$$\lg (\%MnO)^* = \frac{11600}{T} - 5.88 + \lg f_{Mn} + \lg [\%Mn]_e - \lg f_C - \lg [\%C] \qquad (3-3-67)$$

式中，$[\%Mn]_e$ 可用式（3-3-47a）估算。

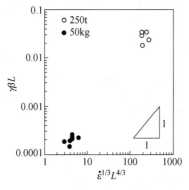

图 3-3-13 k'_R 与 q_b 的关系

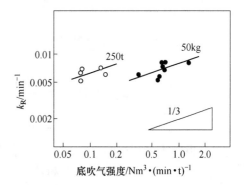

图 3-3-14 $\gamma \beta_R L$ 与 $\dot{\varepsilon}^{1/3} L^{4/3}$ 的关系

3.3.2.3 锰的还原动力学模型的应用

至此便可借助式（3-3-60）来预报吹炼终点的锰含量。其运算流程示于图 3-3-15。

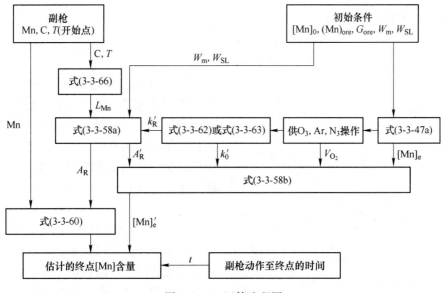

图 3-3-15 运算流程图

350t 转炉取 $k'_R = \dfrac{1}{3}q_b(0.15\mathrm{Nm}^3/(\mathrm{min}\cdot\mathrm{t}))$，1/min 和 $k'_O = 0.090(\mathrm{t}\cdot\%/\mathrm{Nm}^3)$，按上述模型估算的终点［Mn］与实测的［Mn］的比较如图 3-3-16 所示，由图可见 ［Mn］$_计$/［Mn］$_实$ = 1，说明该模型可用于实际生产中。

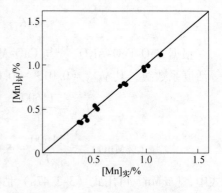

图 3-3-16　　［Mn］$_计$与［Mn］$_实$的比较[11]

关于锰在整个吹炼过程中的行为，也即［Mn］含量的变化，可先得出下述一阶微分方程：

$$\frac{\mathrm{d}[\%\mathrm{Mn}]}{\mathrm{d}t} = k'_R\{(\%\mathrm{MnO}) - L_{\mathrm{Mn}}[\%\mathrm{Mn}]_e\}k'_O V_{O_2} \tag{3-3-68}$$

$$-\frac{\mathrm{d}(\%\mathrm{MnO})}{\mathrm{d}t} = k''_R\{(\%\mathrm{MnO}) - L_{\mathrm{Mn}}[\%\mathrm{Mn}]_e\} \tag{3-3-69}$$

$$L_{\mathrm{Mn}}[\%\mathrm{Mn}]_e = \frac{(\%\mathrm{Mn})_{\mathrm{Mn}矿}G_{\mathrm{Mn}矿}/1000 + [\%\mathrm{Mn}]_0}{W_{\mathrm{SL}}/1.29W_m + 1/L_{\mathrm{Mn}}} \tag{3-3-70}$$

$$L_{\mathrm{Mn}} = 10^{\left(\frac{11600}{T} - 0.588 - 0.25[\%\mathrm{C}] - \lg[\%\mathrm{C}]\right)} \tag{3-3-71}$$

以及根据生产数据回归分析得出的下述微分方程式：

$$-\frac{\mathrm{d}[\%\mathrm{C}]}{\mathrm{d}t} = k \qquad ([\mathrm{C}]>[\mathrm{C}]_T\text{时}) \tag{3-3-72}$$

$$-\frac{\mathrm{d}[\%\mathrm{C}]}{\mathrm{d}t} = a_0\exp[-(a_1 + a_2 t)] \qquad ([\mathrm{C}]<[\mathrm{C}]_T\text{时}) \tag{3-3-73}$$

$$\frac{\mathrm{d}T}{\mathrm{d}t} = f(q_i)/(C_{\mathrm{P\cdot SL}}W_{\mathrm{SL}} + C_{\mathrm{P\cdot m}}W_m) \tag{3-3-74}$$

式中，q_i 为收入和支出的各种热量，该式的详细描述见"转炉吹炼过程解析"。

$$\frac{\mathrm{d}T}{\mathrm{d}t} = \frac{\mathrm{d}[\mathrm{C}]}{\mathrm{d}t}\left(b_0 + \frac{b_1}{[\mathrm{C}]}\right) \qquad (\text{副枪测温后}) \tag{3-3-75}$$

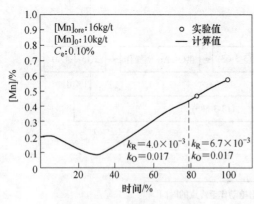

图 3-3-17　锰的行为估算

然后用龙格-库塔法解这些微分方程组，取金属料的锰含量为锰的开始点，即 $t = 0$ 时，［Mn］=［Mn］$_{\mathrm{HM}}$…为起始条件，小时间步长，便可算出吹炼过程中［Mn］含量的变化，其计算结果如图 3-3-17[11]所示。取样分析的［Mn］含量也标于图中，两者十分一致。

通过以上讨论研究，不难看出，在顶底复吹转炉中用预处理铁水，少渣操作，加锰矿石直接还原生产高锰钢是完全可行的。其锰含量可利用计算机，按各自转炉中的锰的行为是受控于 Fe/Fe$_t$O 平衡的 P_{O_2}，还是［Mn］-［O］平衡的 P_{O_2}，或是受［C］的还原和

O_2 的氧化联合控制，而选用其相应的数学模型进行精确控制；其高的锰回收率可采取以下措施来获得：

(1) 采用较大的底部供气强度，以获得较大的 k'_R 值；

(2) 锰矿石在吹炼早期加入，以提高初期渣的（MnO）含量；

(3) 顶部供氧采用硬吹操作，尤其是吹炼后期采用低枪位和低氧量的供氧制度。

据报道[11] q_b 全程为 $0.15Nm^3/(min \cdot t)$，[C] < 0.5% 后供氧强度降为 $V_{O_2} = 1.5Nm^3/(min \cdot t)$；锰矿于开吹后 5min 内全部加完时，其锰的回收率达 80% 以上。

3.3.3 硅的氧化反应动力学

硅的氧化反应是扩散动力学和热力学相互作用的明显例子。硅和氧的亲和力大，保证了边界层的浓度差很大。

要建立和解出金属中硅及渣中 SiO_2 的对流扩散方程是很复杂的，因为 SiO_2 的数量是随金属中 Si 的氧化及矿石和造渣材料在渣中的溶解而变化的。且 SiO_2 是表面活性物质，其 a_{SiO_2} 又受炉渣的其他成分影响，所以，要确定 SiO_2 的表面浓度也是很复杂的。

对于硅的氧化，硅在金属中或 SiO_2 和 FeO 在渣中的扩散所限制时，Si 的氧化速度可表示为：

$$v_{Si} = \frac{d[\%Si]}{dt} = \beta_{[Si]} [\%Si] \frac{F}{V} \tag{3-3-76}$$

$$v_{Si} = \frac{28}{60} \beta_{(SiO_2)} (\%SiO_2) \frac{F}{V} \frac{\rho_{(S)}}{\rho_{(m)}} \tag{3-3-77}$$

$$v_{Si} = \frac{28}{144} \beta_{(FeO)} (\%FeO) \frac{F}{V} \frac{\rho_{(S)}}{\rho_{(m)}} \tag{3-3-78}$$

式中，F/V 为金属-渣界面对金属体积之比，对于转炉大约为 $200m^2/m^3$[16]。

上述诸方程中是假定硅的氧化为金属中的硅，渣中的 SiO_2 及 FeO 的扩散所限制，因而

$$[\%Si]_{\Psi(S)} \approx 0, \qquad (\%SiO_2)_{\Psi(m)} \approx 0, \qquad (\%FeO)_{\Psi(m)} \approx 0$$

计算指出，当 [%Si] 很高时，反应为渣中 FeO 的扩散所限制，即为氧向反应点的供给所限制；而 [%Si] < 0.1% 时，则为 Si 向金-渣界面的扩散所限制，如果假定 $\beta_{(SiO_2)}$ 及 $\beta_{(FeO)}$ 比 $\beta_{[Si]}$ 小一个数量级，也可得到同样的结果。

[%Si] 高时，计算的和实际的 v_{Si}，在碱性炉内比 v_C 高一个数量级，而在酸性炉内，随温度的上升，v_{Si} 急剧减小，变得比 v_C 小。在碱性炉内，甚至硅的浓度低到 0.1% 而温度高时，v_{Si} 也超过 v_C。

硅的表面活性对硅氧化的动力有很大的作用，在吸附层内 [%Si] 的浓度远超过 [%C]，这就保证了熔炼初期硅大量的氧化，特别是在碱性炉内。因为反应前沿位于金属-渣界面上，所以硅的氧化对氧向金属相内的扩散形成了能障，从而使熔炼之初，C、P 的氧化受阻、减慢或停止，但一旦温度高达 1450℃时，碳与氧的亲和力就会超过硅，且比硅氧化快。

图 3-3-18[17] 示出 100t 铁水罐吹氧脱硅，吹 N_2 加氧化铁皮脱硅和 130t 顶吹转炉吹炼初期的脱硅曲线。由图可见，在吹氧法中，Si 基本上呈直线下降到 [Si] ≈ 0.1% 的低 Si 范围，且其斜率随供氧强度的增大而增大；而在低 Si 范围内，则是 Si 呈指数函数下降。由

此可以推测，在氧气转炉中，Si 的氧化反应为：

$$2[O]+[Si]=\!\!=\!\!=(SiO_2) \qquad (3\text{-}1\text{-}3)$$

其快速脱硅期的脱硅速度受供氧速度控制，可写为：

$$-W\frac{d[Si]}{dt}=\frac{100\gamma_{Si}k_L AC_A^*}{G}\frac{dQ_2}{dt} \qquad (3\text{-}3\text{-}79)$$

对式 (3-3-79) 积分得：

$$-\frac{Q_{O_2\cdot total}}{W}=\frac{G}{100\gamma_{Si}k_L a_L C_A^* V}([Si]_0-[Si]_t) \qquad (3\text{-}3\text{-}80)$$

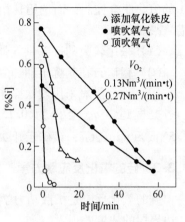

图 3-3-18　脱硅特性的比较

式中　　W——金属量，t；

　　　　γ_{Si}——脱硅的化学计量系数，$28/32=0.875$；

　　　　k_L——气/金界面处的传质系数，m/min；

　　　　A——气/液反应界面积，m^2；

　　　　C_A^*——氧在钢中的溶解度，t/m^3，一般取 $C_A^*=0.0156t_{O_2}/m^3$（或 $C_A^*=0.22\%$）；

　　　　G——氧气流量，t/min；

　　$Q_{O_2\cdot total}$——总耗氧量，t；

　　　　a_L——单位钢水体积的气/金反应界面，即 $a_L=A/V$，m^{-1}；

　　　　V——金属体积，m^3；

　　　　t——时间，min。

下角标：0——初始；

　　　　C——脱硅反应机理转变的临界点；

　　　　L——钢液相。

上角标：*——界面上。

对式 (3-3-80) 整理后，可写为：

$$[Si]_0-[Si]_t=\frac{100\gamma_{Si}k_L a_L C_A^* Vt}{W} \qquad (3\text{-}3\text{-}81)$$

这样便可借助式 (3-3-80)，根据生产数据求出一定供氧速度下的反应速度系数 $k_L a_L$（min^{-1}），然后借助式 (3-3-81) 求出在某一供氧速度下脱除 $\Delta[Si]$ 所需的时间，或者脱硅到 $[Si]_t=[Si]_C$（$\approx0.1\%$）时所需的时间或者脱硅所耗的氧量 Q_{O_2}。

当 $[Si]\leqslant[Si]_C$ 后，脱 Si 速度减慢，这时的脱 Si 速度受 Si 在金属侧的传质速度控制，可写为：

$$-\frac{d[Si]}{dt}=k_{Si}\frac{A}{V}([\%Si]-[Si]^*) \qquad (3\text{-}3\text{-}82)$$

式 (3-3-82) 积分后得：

$$-\ln\frac{[Si]_t-[Si]^*}{[Si]_C-[Si]^*}=k_{Si}\frac{A}{V}t \qquad (3\text{-}3\text{-}83)$$

式中，$[Si]_C$ 为脱 Si 速度由受控于供氧速度转变为受控于金属中 $[Si]$ 的扩散速度时，$[Si]$ 的临界点含量，%，；$[Si]_t$ 为以 $[Si]_C=[Si]_0$ 为起始点，经过 t（min）时间后金属中的 Si 含量,%;$[Si]^*$ 为 t 时界面上的 Si 含量,%;k_{Si} 为金属中 Si 的传质系数,m/min。

一般来说,硅的临界值 $[Si]_C \approx 0.1\%$,$[Si] > [Si]_C$ 时,金属界面上溶解的氧 C_A^* 基本上全部用于脱 Si,但 $[Si] < [Si]_C$ 后,C_A^* 除用于脱 Si 外,还用于脱 Mn 和脱 C,最后随着熔池温度的升高而进入 C 的化学反应期,这时的 $[Si]$ 或已降至痕迹,或保持在某一低含量上(如 $0.05\%\pm$)而停止脱 Si。作者目前尚未见专门讨论 $[Si]_C$ 值的资料,只能试做分析。

不妨认为,吹炼初期钢/渣之间存在着 Si 与 Mn、P 和 C 的选择性耦合反应:

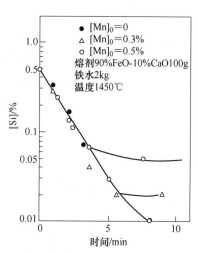

图 3-3-19 初始 $[Mn]_0$ 对 Si 氧化速度的影响

$$\frac{1}{2}(SiO_2) + [Mn] = (MnO) + \frac{1}{2}[Si] \quad (3\text{-}3\text{-}84)$$

$$\frac{5}{2}(SiO_2) + 2[P] = (P_2O_5) + \frac{5}{2}[Si] \quad (3\text{-}3\text{-}85)$$

$$(SiO_2) + 2[C] = 2CO + [Si] \quad (3\text{-}3\text{-}86)$$

由图 3-3-19[18] 可见 $[Mn]$ 对 $[Si]_C$ 值的影响。它说明 $[Si] > [Si]_C$ 时,全部渣、金中的氧均用于脱 Si,这时锰不耗氧,也不氧化。反之 $[Si] < [Si]_C$ 后,Mn 与 Si 同时氧化(见图 3-3-20(a)),故 Si 的氧化速度从 $[Si] = [Si]_C$ 起减小。Si、Mn 开始同时氧化时的 $[Si]$ 含量便可能是 $[Si]_C$,或是影响 $[Si]_C$ 值的重要因素之一。

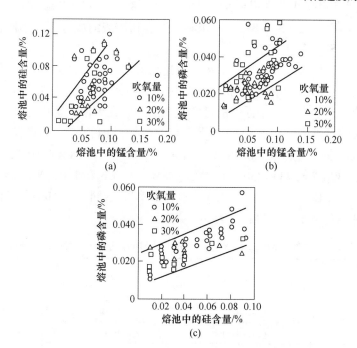

图 3-3-20 吹炼前期熔池中硅、锰和磷含量之间的关系

图中特殊点:1—泡沫渣炉号;2—铁水硅含量 ≥1%;3—减少石灰添加量的炉号

现先对 Si、Mn 的耦合反应（3-3-84）做热力学分析：

由：
$$[Si] + 2[O] \Longrightarrow (SiO_2) \tag{3-3-62}$$
$$\Delta G^{\ominus} = -582830 + 224.05T \quad J/mol \tag{3-3-62a}$$
$$\Delta G^{\ominus} = -565340 + 215.35T \quad J/mol \tag{3-3-62b}$$
$$[Mn] + [O] \Longrightarrow [MnO] \tag{3-3-63}$$
$$\Delta G^{\ominus} = -244350 + 108.70T \quad J/mol \tag{3-3-63a}$$
$$\Delta G^{\ominus} = -238110 + 102.09T \quad J/mol \tag{3-3-63b}$$

得：
$$2[Mn] + (SiO_2) \Longrightarrow [Si] + 2(MnO) \tag{3-3-84}$$
$$\Delta G^{\ominus} = 94130 - 6.65T \quad J/mol \tag{3-3-84a}$$
$$\Delta G^{\ominus} = 89120 - 11.17T \quad J/mol \tag{3-3-84b}$$
$$\lg K_{(3-3-84)} = -4917/T + 0.35 \tag{3-3-84c}$$
$$\lg K_{(3-3-84)} = -4655/T + 0.58 \tag{3-3-84d}$$

而
$$K_{(3-3-84)} = \frac{a_{[Si]} a_{(MnO)}^2}{a_{[Mn]}^2 a_{(SiO_2)}} \tag{3-3-84e}$$

将式（3-3-84e）代入式（3-3-84c）和式（3-3-84d）后得出：

$$\lg[\%Si] = \sum A - \frac{4917}{T} + 0.35 \tag{3-3-84f}$$

$$\lg[Si] = \sum A - \frac{4655}{T} + 0.58 \tag{3-3-84g}$$

$$\sum A = 2\lg[Mn] + 2\lg f_{[Mn]} + \lg a_{(SiO_2)} - \lg f_{[Si]} - 2\lg(\gamma_{(MnO)} N_{(MnO)}) \tag{3-3-84h}$$

由式（3-3-84f）、式（3-3-84g）可求某一温度和炉渣的成分下，不同初始 $[Mn]_0$ 含量开始氧化时的 $[Si]$ 含量。

按前面所述，转炉吹炼一开始，如果不采用留渣法，硅和锰的氧化主要是发生在一次反应区及从一次反应区带到金属中的氧化铁滴的表面上，生成硅酸铁和硅酸锰，从而改变一次渣滴的组成，这些在熔池中浮着的硅酸盐渣滴，和在熔池上部由这些渣滴组成的液渣在吹炼初期总是酸性的，并通常被 SiO_2 所饱和的或接近饱和的。由此假设 $a_{(SiO_2)} \approx 1.0$，$\lg f_{[Mn]} \approx e_{Mn}^C[\%C] \approx 0.12 \times 4 = 0.48$，$\lg f_{[Si]} \approx e_{Si}^C[\%C] \approx 0.18 \times 4 = 0.72$；并按图 3-2-10 取 $\gamma_{(MnO)} = 0.7$，现取 $T = 273 + 1350 = 1623K$，$[\%Mn]_0 = 0.5$ 和 1.0，$N_{(MnO)} = 0.1$ 或 0.2。将它们代入式（3-3-84f）、式（3-3-84g），则可以算出不同的 $[MnO]_0$ 和 $N_{(MnO)}$ 成分下 $[Mn]_0$ 开始氧化时的 $[Si]$ 含量，见表 3-3-2。

表 3-3-2　不同的 $[Mn]_0$ 和 $N_{(MnO)}$ 成分下 $[Mn]_0$ 开始氧化时的 $[\%Si]$ 含量

$[\%Mn]_0$	公式	$N_{(MnO)}$	
		0.1	0.2
0.5	(3-3-84f)	0.19	0.05
	(3-3-84g)	0.47	0.11
1.0	(3-3-84f)	0.76	0.19
	(3-3-84g)	1.83	0.46

这说明:

(1) Si 优先于 Mn 氧化。

(2) $[Mn]_0$ 愈高,则 Mn 开始氧化时的 $[Si]$ 含量愈高。

(3) $N_{(MnO)}$ 愈高,则 $[Mn]_0$ 开始氧化时的 $[Si]$ 含量愈低,这证明前面论述的在一次反应区带到二次反应区的硅酸锰中的 MnO 将在上浮过程中逐步被 $[Si]$ 还原。

(4) 如渣滴中保持 MnO 和 SiO_2 平衡的摩尔浓度,据文献[19],钢中析出 FeO-MnO 溶液,在其过饱和度小于 1.5 已有可能,而 SiO_2 需在它的渣相过饱和达 10 时才出现的情况,可假设 $N_{(MnO)}=0.1$,则可得 $[Mn]_0=0.5\%$,在 1623K 下,开始氧化时的 $[Si]$ 含量为 0.19%~0.47%,与实际情况基本相符,但这里值得一提的是 MnO 在渣滴中的平衡浓度 $N_{(MnO)}$ 值,尚希读者做进一步研究为是。

(5) $[Mn]_0$ 开始氧化时的硅含量随熔池的开吹温度变化而变化。

(6) 应当说 $[Si]_0$ 降到 $[Mn]_0$ 开始氧化时的含量 $[Si]_{Mn}$ 时起,Si、Mn 便开始同时按比例进行氧化,直至 $[Si]$ 降到 $[C]_0$ 开始氧化时的含量 $[Si]_C$ 时,才进入 C、Si、Mn 同时氧化期。

下面再对式 (3-3-86) 的 Si-C 选择性氧化成分做热力学分析:

$$\Delta G^{\ominus}_{(3-3-86)} = 131100 - 73.87T \qquad (3-3-87)^{[20]}$$

$$K_{(3-3-86)} = \frac{P_{CO}^2 f_{Si}[Si]}{a_{SiO_2}[C]^2 f_C^2} \qquad (3-3-88)$$

$$\lg K_{(3-3-86)} = -\frac{28600}{T} + 15.6 \qquad (3-3-89)$$

由式 (3-3-88) 得出脱 C 反应进行的条件应当使 CO 气泡生成的压力大于 1atm,即:

$$P_{CO} = \sqrt{K_{(3-3-86)}}[C]f_C\sqrt{\frac{a_{SiO_2}}{[Si]f_{Si}}} > 1atm \qquad (3-3-90)$$

取吹炼初期[21]碱度 ≈ 1,FeO $\approx 20\%$,由 $CaO'-SiO_2'-FeO'$ 三元相图中的等 a_{SiO_2} 线,查得 $a_{SiO_2} \approx 0.1$,并取 $[C]=4\%$,$[Si]=0.1\%$ 和 $T=1673K$,若忽略 Mn、P 对 f_{Si} 和 f_C 的影响,则可按下式先求出 f_{Si} 和 f_C:

$$\lg f_{Si} = e_{Si}^{Si}[\%Si] + e_{Si}^C[\%C] = 0.11 \times 0.1 + 0.18 \times 4 = 0.731$$

$$f_{Si} = 5.383$$

$$\lg f_{Ci} = e_{Ci}^{Si}[\%Si] + e_C^C[\%C] = 0.08 \times 0.1 + 0.14 \times 4 = 0.568$$

$$f_C = 3.698$$

然后一并代入式 (3-3-90) 便可求得这时的 P_{CO} 值为:

$$P_{CO} = \sqrt{0.032} \times 4 \times 3.698 \sqrt{\frac{0.1}{0.1 \times 5.383}} = 1.14atm$$

也就是说这时 C 开始与 Si 同时氧化。由式 (3-3-89) 和式 (3-3-90) 不难看出:

(1) 采用钙质造渣路线操作时,由于吹炼前期炉渣碱度低,a_{SiO_2} 大,故 $[Si]_C$ 大,且残硅量较大,从而影响转炉的脱磷能力。反之采用合理的造渣路线,使初渣碱度达 2.0 左右,则 a_{SiO_2} 小,$[Si]_C$ 便小,残硅量也可降至痕迹。

(2) 前期采用大供氧强度既有助于熔池升温,也有助于石灰渣化,故一般来说,大供氧操作时，[Si]$_c$ 较小，残硅量也很小。

　　另一种求取 [Si]$_c$ 值的方法就是脱碳模型中的 $(K_L a_L)_c$ = 脱硅模型中的 $(K_L a_L)_{Si}$.

　　关于 [Si]* 值：当反应（3-1-3）的脱硅速度受制于 [Si] 的扩散速度时，则 [Si]* 应当为 0。按照 1450℃下，与 CaO-SiO$_2$-FeO 三元相图中的 a_{FeO} 值平衡的金属界面上的 $a_{[O]}$ 值，用式（3-3-91）来计算不同（FeO）含量和不同炉渣碱度下，即使（FeO）= 10%，[Si] 的平衡浓度 [Si]$_e$ 已极小（0.0055～4×10^{-8}%），详见表 3-3-3[18]。

$$\lg \frac{a_{SiO_2}}{f_{Si}[Si]a_{[O]}^2} = \frac{30712}{T} - 11.755 \qquad (3-3-91)$$

表 3-3-3　1450℃时与 CaO-SiO$_2$-FeO 系渣平衡的 Si 浓度计算值

FeO	CaO/SiO$_2$				
	0	0.5	1.0	1.5	3.0
5	0.015	0.0086	0.0030	1.9×10^{-4}	1.0×10^{-7}
10	0.0055	0.0038	4.6×10^{-4}	3.1×10^{-5}	4.0×10^{-8}
30	6.1×10^{-4}	5.3×10^{-4}	3.1×10^{-6}	6.9×10^{-6}	1.9×10^{-8}

　　这就是说脱硅的第二阶段速率如受制于金属中 [Si] 的传质，则吹炼初期可把 Si 脱至痕迹。但有时初渣未造好（碱度低，流动性差，（FeO）含量低），[Si] < [Si]$_c$ 后，由于 C、Mn 与 Si 争夺氧，使脱 Si 的第二阶段速率受金属中 Si 的传质和渣中（FeO）或（SiO$_2$）的传质同时控制。这时渣/金界面上的 [Si]* 将不再为零，脱 Si 反应也就只能进行到 [Si] = [Si]* 为止。这就是吹炼前期末有时 [Si] = 0.05%± 的原因和有的铁水预脱硅法中终点 [Si]$_f$ 较高的原因之一。

　　但也有资料[16]说，顶吹转炉冶炼初期的氧脱硅率在 $V_{O_2} \leq 2.5 Nm^3/(min \cdot t)$ 时，只有 35%～45%，认为吹炼初期的整个脱 Si 速率均取决于 Si 在金属中的扩散速度。Masui 等[22] 根据 40kg 和 50t 顶吹转炉的试验结果，提出其脱 Si 速率的表达式为：

$$\frac{d[Si]}{dt} = -0.76[Si] \qquad (3-3-92)$$

$$[Si]_t = [Si]_0 \exp(-0.76t) \qquad (3-3-93)$$

　　图 3-3-21 示出 50t 顶吹转炉中，按式（3-3-92）所作的脱 Si 速率曲线和实测的 d[Si]/dt 值（注：0 ≤ t ≤ 5min 期间的 d[C]/dt 曲线系按式：d[C]/dt = -0.034t$^{1.7}$ 作出）。这种脱 Si 速率表达式与成田贵一等[18] 所提出的铁水预脱硅的速率表达式是一致的。分析发现后一种脱硅机理和速率表达式的原因，主要是熔池搅拌强度不足，气-金和渣-金反应界面未随供氧强度（包括气态氧和固态氧化铁中的氧）的增大而增大，故其脱 Si 的氧利用率低，渣中的 FeO 含量高，脱 Si 速度

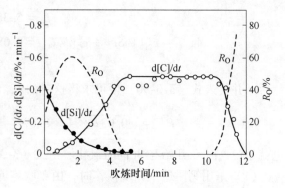

图 3-3-21　d[Si]/dt、d[C]/dt 和 R_0（耗于脱 C 之外的耗氧率,%）与吹炼时间的关系曲线

第一阶段受金属中的 Si 的传质控制，第二阶段随着脱 C 开始，从而（FeO）降低，脱 Si 速度受金属中 Si 的传质和渣中（FeO）的传质共同控制，乃至最终（FeO）降到某一极值时，完全受（FeO）传质控制，直至 [Si] = [Si]* 时，脱 Si 停止。这也说明：凡弱搅拌的脱 Si 法，例如在铁水沟直接加氧化铁皮的脱 Si 法，在低 Si 和低（FeO）范围内有一个脱 Si 极值，它就是 [Si] ≈0.2%。反之如采用强搅拌的顶吹氧法，喷粉法或顶底复吹法，虽渣中的（FeO）降至 5%，脱 Si 速率仍处于受供氧速率控制的状态中[17,18]，这种脱硅法的脱 Si 氧效率达 70%~90%，并可将 Si 脱到 0.1% 以下乃至痕迹。

参 考 文 献

[1] 菊地良辉，等. 铁と钢，1984（10）.

[2] 高轮武志，等. 铁と钢，1988（4）：74-81.

[3] Комаров，С В И Д Р. ИЗВ. ВУЗ. ЦеРНаЯ МеТацуГИЯ，1980，7.

[4] MeraikiB M. ISIJ Intern，1993，33（3）：352.

[5] Suito H，et al. Trans ISIJ，1995，35（3）：266-271.

[6] Tabata Y，et al. Tetsu-to-Hagane，1990，76：1916.

[7] 森王直德，等. 国外转炉顶底复合吹炼技术（二），冶金工业部情报研究总所，北京，1987，269-270（译自铁と钢，1985，12）.

[8] 竹岛康志等，国外转炉顶底复合吹炼技术（二），冶金工业部情报研究总所，北京，1988，157-158（译自铁と钢，1986，12）.

[9] Ishizaka A，et al. Steelm Conf Proc，1989：249-255.

[10] 冈田刚，等. 国外转炉顶底复合吹炼技术（二），冶金工业部情报研究总所，北京，1988，184-185（译自铁と钢，1986，12）

[11] Takaoka T，et al. ISIJ Intern，1993，33（1）：98-103.

[12] Shinozak N，et al. Tetau-to-Hagane，1982，68：72；1984，70：74.

[13] Takahashi K，et al. Tetau-to-Hagane，1983，69：S961.

[14] 藤田正树，等. 铁と钢，1988（5）：49-56.

[15] Suito H，Inoue R. 铁と钢，1984，70：533.

[16] 巴普基兹曼斯基，等. 氧气转炉炼钢过程理论 [M]. 曹兆民，译. 上海：上海科学技术出版社，1979：104.

[17] Fuwa T，et al. Steelm Proc. 1984：257-268.

[18] 成田贵一，等. 铁水处理的发展 [M]. 何林潮，等译. 武钢科技情报所，1985：30-31.

[19] 巴普基兹曼斯基，等. 氧气转炉炼钢过程理论 [M]. 曹兆民，译. 上海：上海科学技术出版社，1979：77.

[20] 曲英，主编. 炼钢学原理 [M]. 北京：冶金工业出版社，1980：159，156.

[21] Florin W，等. 国外转炉顶底复合吹炼技术（三）（赵荣玖等编），北京：中国金属学会，1988：185-197.

[22] Masui A，et al. The Role of Slag in Basic Oxgen Steelmaking Processes [A]. McMaster Symposium，1978，3-1-3-31.

3.4 硅、锰在氧气转炉中对冶金特性的影响

在研究硅、锰氧化、还原反应的基础上，了解和掌握硅、锰氧化反应在氧气转炉中的

反应平衡程度或偏离平衡系数，以及它们与造渣、脱 P、脱 S 和终点钢水氧含量的关系，对确定铁水预脱硅的最佳值和预脱硅的方法，转炉冶炼的 Mn 制度和精确控制终点 Mn 含量都是十分重要的。

3.4.1　铁水硅含量对脱磷的影响

3.4.1.1　初始硅含量与脱磷速度、脱磷率、石灰消耗及终点磷含量的关系

由图 3-4-1[1] 所示在石灰基材料造渣的复吹转炉中和文献 [2] 报道的同时脱 P 脱 S 实验中，均可见脱磷是在 [Si] 降到约 0.1% 时才开始。这与前面讨论的 Si 氧化反应机理转变点的硅含量是一致的。这种一致应当说是必然的。因为只有脱 Si 不耗尽供给熔池的氧时，其他元素（包括 P）才可能开始与 Si 同时氧化，对于脱磷来说，除了具备这一必要的氧化条件之外，还需造好能吸收和固溶 P_2O_5 的碱性炉渣，而按理说，氧气转炉这时已初步具有了这样的碱性渣，否则即使 [Si]<0.1% 脱磷也不能开始。对于比石灰碱性更强的苏打灰渣系则一般是在 [Si] 降至约 0.05% 时，脱磷才开始[3,4]，并发现在 [%P]/[%Si] ≥1.0 时，Δ[%P]/Δ[%Si] 比急剧增大。故要早去磷，快去磷，铁水的硅含量均不能高。

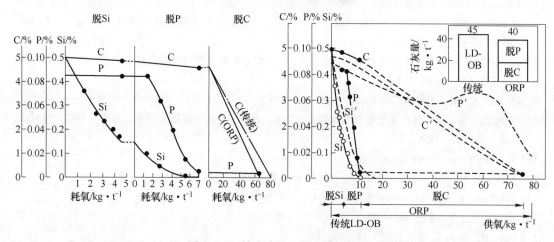

图 3-4-1　铁水中硅、磷、碳的变化

铁水的初始硅含量或终点硅含量愈高，则终点磷含量愈高，如图 3-4-2[284] 和图 3-3-20 所示。故要生产低磷和极低磷钢水，必须铁水预脱硅。

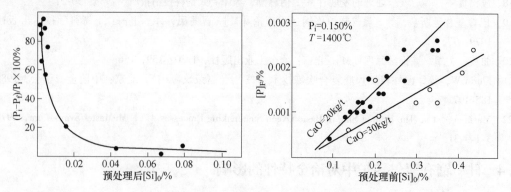

图 3-4-2　[Si]$_0$ 与 [P]$_F$ 的关系

另外从图3-4-3[6]可见，为了获得高的脱磷率，必须使硅全部氧化。

3.4.1.2 （SiO₂）与L_P和C_P的关系

李远洲等[7]在1600℃下CaO-MgO$_{sat}$-MnO-FeO$_n$-SiO₂-P₂O₅渣系与铁液之间的磷平衡分配实验中，观测到lg（%P)/[%P]随lg（%SiO₂）的增大成比例地下降，可用式（3-4-1）来表述：

$$\lg \frac{(\%P)}{[\%P]} = 3.757 - 1.335\lg(\%SiO_2)$$

$$(n = 34，r = 0.714，F = 33，S = 0.31)$$

$$(3-4-1)$$

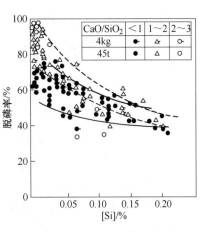

图3-4-3　铁水预处理期间硅的氧化和脱磷率之间的关系

这与文献[8]在$t = 1600℃$和$P_{O_2} = 2.53 \times 10^{-10}$atm条件下磷在CaO$_{sat}$-Fe$_t$O-SiO₂-P₂O₅渣系与铁水之间的$L_P$和$C_{PO_4^{3-}}$值与（SiO₂）间的关系的实验结果相符（见图3-4-4）。故在冶炼中磷铁水时应采取一切措施来控制渣中（SiO₂）含量约5%（≤10%），以利于造就CaO$_{sat}$直接与石灰相平衡的炉渣，从而提高CaO活度和去P能力，降低石灰和金属消耗。

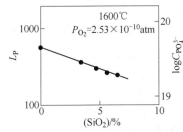

图3-4-4　（SiO₂）含量对CaO饱和的Fe$_t$O-SiO₂-P₂O₅系液-铁之间磷分配比的影响

通过以上讨论可以看出：不论是金属中的[Si]含量还是渣中的（SiO₂）含量对去P似乎都是不利的。但这是否应把（SiO₂）降到0和把铁水中的Si全部脱光，还值得研究，因硅虽有降低CaO活度和阻碍脱磷的不利方面，但它和碳又是现行转炉操作的主要发热元素，且适当的硅有助于降低CaO和其他氧化物的熔点，以促进早期造渣，同时其渣化生成的3CaO·SiO₂能固溶更多的P₂O₅。故转炉的铁水含硅量应视转炉的操作条件和冶炼钢种的不同而择其最佳值。

3.4.1.3 铁水合理含硅量的确定

确定铁水合理含硅量的原则是：（1）满足去磷要求；（2）满足热工要求；（3）保持吹炼平稳。

A　作者用去磷对泡沫渣的要求来确定

转炉去磷是通过一定数量的泡沫渣来完成的。SiO₂既是炉渣的重要组成之一，也是影响炉渣泡沫化指数的重要因素。根据质量守恒定律可写出满足转炉去磷任务的下列方程：

$$[\%P]_F = \frac{a[\%P]_{pig} + b[\%P]_{SC}}{100c + W_{SL}L_{P.理}/n_P} \times 100 \qquad (3-4-2)$$

$$W_{SL} = \frac{(R+1)\{2.14[a[\%Si]_{pig} + b[\%Si]_{SC}] + 0.1 + 0.02W_{Li}\}}{k - 1.286(\%TFe)} \times 100 \qquad (3-4-3)$$

$$\lg \frac{(\%P)}{[\%P]} = \frac{22350}{T} - 16 + 0.08(\%CaO) + 2.5\lg(\%Fe) \qquad (3-4-4)$$

式中　a，b，c——分别为铁水、废钢和钢水与总的钢铁料之比值；

W_{SL}，W_{Li}——分别为渣量和石灰加入量，kg/100kg（钢铁料）；

n_P——实际去磷分配比偏离平衡系数$\left(=\dfrac{L_{P(理)}}{L_{P(实)}}\right)$；

0.1——矿石、炉衬、白云石和萤石等带入的SiO_2量，kg/100kg（钢铁料）；

R——炉渣碱度$\left(=\dfrac{\%CaO}{\%SiO_2}\right)$；

k——$(\%CaO)+(\%SiO_2)+(\%FeO_n)$ 之和，对于低 Mn 和低 P 铁水的 MgO 饱和碱性氧化渣，$k\approx 85\%$，对于低 Mn 中 P 的铁水，$k\approx 80\%$。

求解 $(\%Si)_{pig}$步骤如下：

第一步：根据生产实践，设定吹炼各阶段炉渣可能达到的合理参量，见表 3-4-1。

表 3-4-1　吹炼各阶段炉渣可能达到的合理参量

吹炼时间	7min		一倒		终　　点			
温度/K	1823		1873		1923		1973	
%CaO/%SiO$_2$	2.0	2.5	3.0	3.5	3.5	4.0	4.0	4.5
TFe/%	8.0	10.0	14.0	16.0	16.0	18.0	18.0	20.0
CaO[①]/%	46.45	49.79	46.51	48.22	46.22	47.54	45.48	46.52
	44.76	47.96	44.58	46.22	44.22	45.48	43.42	44.42

① $\%CaO=\dfrac{k-1.286(\%TFe)}{1+\dfrac{1}{R}}$，设 $k=80$。

第二步：将炉渣的上述参量代入式（3-4-4）求 L_P，得出表 3-4-2。

表 3-4-2　计算 L_P

时间	T/K	%CaO	%TFe	L_P	备注
7min	1823	46.45	8.0	171.3	$R=2.0$
		44.76	10.0	219.2	2.0
		49.79	8.0	316.9	2.5
		47.96	10.0	395.2	2.5
一倒	1873	46.51	14.0	330.3	3.0
		44.58	16.0	323.2	3.0
		48.22	14.0	452.5	3.5
		46.22	16.0	437.2	3.5
终点	1923	46.22	16.0	214.0	3.5
		44.22	18.0	199.0	3.5
		47.54	16.0	272.9	4.0
		45.48	18.0	250.6	4.0
	1973	45.48	18.0	127.2	4.0
		43.42	20.0	113.3	4.0
		46.52	18.0	154.1	4.5
		44.42	20.0	136.2	4.5

第三步：将式（3-4-2）改写为：

$$W_{SL} \cdot L_{P \cdot I} \approx 100 n_P a \frac{[\%P]_b}{[\%P]_t} \quad \text{kg/100kg（钢铁料）} \qquad (3\text{-}4\text{-}5)$$

式中　　$[\%P]_b$——起始含磷量；

　　　　$[\%P]_t$——t 时含磷量；

　　　　n_P——7min 时取 $n_P = 2 \sim 3.0$，因此时（TFe）较低，否则难以倒炉出渣，若前期加入合理量萤石则可取 n_P 的下限值，乃至取 $n_P = 1.5$。一倒和终点则可视炉渣碱度、（TFe）和渣量大小，取 $n_P = 1.2 \sim 3.0$；如 $R = 3 \sim 3.5$，（TFe）$= 16\% \sim 18\%$，（CaF_2）$= 3\% \sim 4\%$，且渣量不大时可取 $n_P = 1.0 \sim 1.5$。

设铁水比 $a = 0.9$；吹氧 7min 时 $n_P = 2.0$，一倒时 $n_P = 1.5 \sim 2$，终点时 $n_P = 1.5$（单渣法）~ 1.2（双渣法）。试求将 $[\%P]_{pig} = 0.2$、0.15、0.1 的铁水吹炼成 $[\%P]_F = 0.02$、0.015、0.01 的钢水，分别采用单渣法和双渣法时所需的渣量。

a　单渣法所需的渣量

1923K 出钢时，取 $R = 3.5$，（CaO）$= 46.2\%$，（TFe）$= 16\%$，$L_P = 214$；1973K 出钢时，取 $R = 4.0$，（CaO）$= 45.5\%$，（TFe）$= 18\%$，$L_P = 127$。现将计算结果列于表 3-4-3 中。

表 3-4-3　单渣法所需渣量的计算

$W_{SL}/$ kg·(100kg)$^{-1}$ 　 $[\%P]_F$	$[\%P]_{pig}$ 　 $T/℃$	0.2		0.15		0.1	
		1700	1650	1700	1650	1700	1650
0.02		10.63	6.3	7.97	4.73	5.32	3.15
0.015		14.17	8.4	10.63	7.09	7.09	4.2
0.01		21.25	12.62	15.94	9.46	10.63	6.32

由表 3-4-3 可见：

（1）当 $[\%P]_{pig} = 0.2$，若要在 1700℃ 下吹炼成 $[\%P]_F = 0.015 \sim 0.01$ 的钢水，则需渣量 $W_{SL} \geqslant 142 \sim 213$kg/t。这对 $V/T \leqslant 0.9$m^3/t 的中小转炉来说，因其允许的最大泡沫渣量必须小于 132kg/t。故其采用单渣法是难以保持吹炼平稳的。

（2）若采用挡渣出钢，将目前的出钢 $[\%P]_F = 0.01 \sim 0.015$ 提高为 0.02，则即使吹炼 $[\%P]_{pig} = 0.2$ 的铁水，出钢温度为 1700℃，其所需渣量尚不妨吹炼平稳。

（3）若能将出钢温度限制在 $1620 \sim 1650℃$，则去磷所需渣量将比 1700℃ 出钢时减少约 $40\% \sim 50\%$，这样一般转炉在采用合理造渣工艺（$n_P \leqslant 1.5$）下，其 $[\%P]_{pig} \leqslant 0.2$ 时，均可采用单渣法。

（4）从降低渣耗就是降低铁损和石灰消耗来看，应坚决把当前 1700℃ 的规定出钢温度降到 $1620 \sim 1650℃$ 才是，至于与连铸配合的问题，则应从红包出钢和钢水保温等方面去采取措施。

b　双渣法所需渣量

当扒渣时刻及其一次渣的去磷参数确定后，可借助式（3-4-5）求出所需一次渣量。

二次渣量（即包括剩下的一次渣的终渣量）可按下面的质量守恒方程求出：

$$dW_{S1(I)}(\%P)_I + 100\,[\%P]_I = W_{S1(F)}(\%P)_F + 100(\%P)_F$$

$$(dW_{S1(I)}L_{P(I)} + 100)\,[\%P]_I - 100\,[\%P]_F = W_{S1(F)}L_{P(F)}[\%P]_F$$

故　　　　　$$W_{S1(F)} = \dfrac{(dW_{S1(I)}L_{P(I)} + 100)\dfrac{[\%P]_I}{[\%P]_F} - 100}{L_{P(F)}}$$

$$W_{S1(F)} = \dfrac{n_{P(F)}\left\{(dW_{SL}L_{P(I)}i/n_{P(I)} + 100)\dfrac{[\%P]_I}{[\%P]_F} - 100\right\}}{L_{P(F)i}} \qquad (3\text{-}4\text{-}6)$$

式中，下角标（I）表示一次扒渣时刻，（F）表示终点，i 表示理论；d 表示一次渣的剩余分数。

若一次扒渣（或倒渣）时间取 7min 或者一倒（1600℃）时，其未倒尽渣量为 1/4。现将 $[\%P]_{pig} = 0.2$、0.3，终点分别取 $t = 1650$℃ 和 1700℃，$[\%P]_{pig} = 0.01$、0.015 和 0.02，用不同的双渣法操作时所需的一次渣量、二次渣量和总渣量，按式（3-4-5）和式（3-4-6）的计算结果列于表 3-4-4（注：7min 时的炉渣（CaO）= 44.76%，（TFe）= 10%，$t = 1550$，$L_{p.i} = 219$，$n_P = 2.0$；一倒时，（CaO）= 46.51%，（TFe）= 14%，$t = 1600$℃，$L_{p.i} = 330$，$n_P = 2.0$）。

表 3-4-4　双渣法所需渣量的计算

$[\%P]_{pig}$		0.2		0.15	
扒渣点		7min	一倒（1600℃）	7min	一倒（1600℃）
$[\%P]_I$		0.05	0.03	0.06	0.04
$W_{S1(I)}$ (kg/100kg)		3.3	3.64	4.11	4.1
$[\%P]_F$	T_F/℃				
0.020	1650 ($R=3.5$)[1]	2.62	1.93	3.76	3.07
	1700 ($R=4.0$)[2]	4.43	3.25	6.35	5.18
0.015	1650 ($R=3.5$)[1]	3.73	2.81	5.26	4.33
	1700 ($R=4.0$)[2]	6.30	4.73	8.85	7.30
0.010	1650 ($R=3.5$)[1]	5.96	4.56	8.24	6.84
	1700 ($R=4.0$)[2]	10.04	7.68	13.87	11.53
0.005	1650 ($R=3.5$)[1]	12.6	9.82	17.17	14.39
	1700 ($R=4.0$)[2]	21.26	16.55	28.94	24.25

表头左上：$W_{S1(F)}$/kg·(100kg)$^{-1}$

①$L_{p.i} = 214$，②$L_{p.i} = 127$。

由表 3-4-4 可见：

（1）扒渣时刻选在 1600℃，将渣碱度选到 3.0，（TFe）= 14%时，较 7min 时所需的总渣量少，但从造好二次渣的时间看，则是 7min 时扒渣有利。

（2）在 $[\%P]_{pig}$、t_F 和 $[\%P]_F$ 相同时，双渣法比单渣法所需渣量约低 35%~40%。

（3）双渣法使用的过程渣量小，故易保持吹炼平稳。

（4）冶炼 $[\%P]\geqslant 0.2$ 的铁水，或冶炼超低磷（$[\%P]<0.01$）钢时，采用双渣法是必要的，合理的。

第四步：设 $a=0.9$，$b=0.1$，$[\%Si]_{SC}=0.35$，则式（3-4-3）可化简为：

$$[\%Si]_{pig} = \frac{W_{SL}[80 - 1.286(\%TF)]}{193(R + 1)} - 0.14 \tag{3-4-7}$$

按照表 3-4-3 中的 $t_F=1700$℃时，$R_F=4.0$，$(TFe)_F=18\%$ 和 $t_F=1650$℃时，$R_F=3.5$，$(TFe)_F=16\%$，将所得渣量分别代入式（3-4-7），求出不同 $[\%P]_{pig}$ 在不同的温度下炼成不同 $[\%P]_F$ 的钢水时，所需 $[\%Si]_{pig}$，见表 3-4-5。

表 3-4-5　计算 $[\%Si]_{pig}$

$[\%Si]_{pig}$　　$[\%P]_{pig}$　　T_F/℃　$[\%P]_F$	0.20		0.15		0.10	
	1700	1650	1700	1650	1700	1650
0.020	0.49	0.29	0.33	0.184	0.174	0.08
0.015	0.70	0.44	0.49	0.35	0.28	0.15
0.010	1.25	0.72	0.80	0.51	0.49	0.29

表 3-4-5 中，所列的计算结果与文献的估算值基本一致。如无冶炼的热工问题，则表中所列的 $[\%Si]$ 即为相应 $[\%P]_{pig}$、$[\%P]_F$ 和 t_F 下的铁水合理 Si 含量。由表 3-4-4 和表 3-4-5 可见，铁水的最佳硅浓度随铁水磷浓度的上升而上升，随出钢温度的升高而升高，随出钢钢水的磷浓度的下降而上升；铁水硅浓度大则渣量大，喷溅的几率随之增大。应当指出，通常的单渣冶炼有一个范围较窄的渣量上限；或者说有一个较窄的铁水含磷量上限，但是，低温出钢（出钢温度为 1610~1650℃），因能提高磷分配比，所以即使铁水 $[P]=0.15\%\sim0.2\%$ 时，也能进行稳定吹炼。

B　野见山宽等人的最佳硅含量

野见山宽等人按表 3-4-6 所列条件，对采用矿石冷却法的 300t 复吹转炉入炉铁水的最佳硅含量进行了计算和讨论。

表 3-4-6　计算条件

项目	铁水温度 /℃	铁水比率 /%	铁水含磷 /%	炉渣 CaO/SiO₂	出钢温度 /℃	钢水成分/%	
						[C]	[P]
低温出钢	1350	90	0.11	3.8	1610±10	<0.1	<0.015
高温出钢				4.9	1700±10		

如图 3-4-5 所示，随着铁水硅含量的增加，矿石和石灰加入量的增加，其费用也增加，但在 $[Si]_{pig}<0.4\%$ 时，由于铁矿石增加钢水收得率的利益较大，故其总成本基本不变，或增加有限。而 $[Si]_{pig}>0.4\%$ 时就要用大渣量去磷，并随着渣量的增大，喷溅增大，铁损增加，使成本迅速增加。以 $[Si]_{pig}=0.5\%$ 的冶炼成本为标准，得出高温出钢时最佳 $[Si]_{pig}=0.5\%$，如图 3-4-6 所示。低温出钢时的最佳 $[Si]_{pig}=0.2\%$，如图 3-4-7 所示。

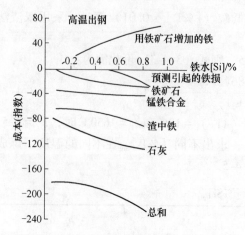

图 3-4-5　铁水中硅含量变化的经济效益

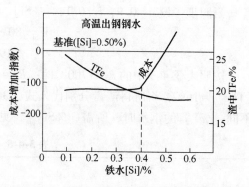

图 3-4-6　高温出钢钢水的最佳铁水硅浓度

Coessens C. 等人根据 C·R·M 的装料计算模型计算出底吹氧 2% ~ 10% 的 LD-HC 法，在废钢与生铁的价格比为 0.7 的情况下，在出钢温度为 1650℃，[P]$_F$ = 0.015% 时，不同铁水磷含量的最佳铁水硅含量（注：这时生产成本最低）如图 3-4-8 所示。

君津厂在冶炼低磷铁水（C 5.04%，Si 0.5%，Mn 0.3%，S 0.025%，P 0.12%）的 O·R·P 法的实践中得出，在用粉剂——FeO 55%，CaO 35%，CaF$_2$ 5%，CaCl$_2$ 5%——进行预脱 P、S 之前，铁水的最佳含硅量为 0.15%，如图 3-4-9 所示，这时的脱 P、S 剂耗量最小。

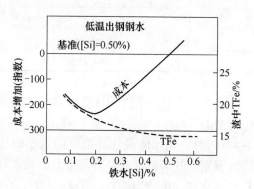

图 3-4-7　低温出钢钢水的
最佳铁水硅浓度

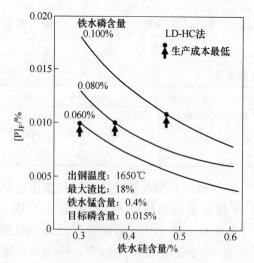

图 3-4-8　不同铁水磷含量对应的最佳铁水硅含量

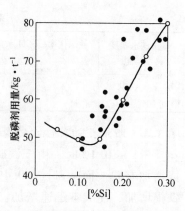

图 3-4-9　脱磷剂耗量与处理前含硅量的关系

3.4.2　铁水含锰量对造渣的影响

据研究[9,10]，在 $t \leqslant 1873K$ 时，MnO 起增大 MgO 饱和值的作用，从而有助于白云石渣化。这样不仅 MnO 本身在 CaO-FeO_n-SiO_2-MnO 四元系相图中有缩小 C_2S 固相区的一定作用，尤其是 MgO 在 CaO-FeO_n-SiO_2-MgO 四元系相图中有缩小 C_2S 固相区的显著作用[11]。这种 MnO 和 MgO 对缩小 C_2S 固相区的综合影响无疑是十分显著的（见图 3-4-10）[12]。加之（MnO）有降低炉渣熔点的作用，尤其是在碱度大于 2.6 之后[13]。据文献[14] 报道，在炼钢温度下，当炉渣碱度为 3.0 时，渣中的固体氧化物随（MnO）的增大而减小，由（MnO）= 0 的 15% 而降至（MnO）= 20% 的 5%，熔点由高于 1500℃ 降至约 1400℃；再增大（MnO）时，则适得其反（见图 3-4-11 和图 3-4-12）。故要求铁水中具有一定的含 Mn 量，或控制渣中有一定的（MnO）含量，对加速石灰、白云石渣化，提高石灰渣化率，造好初渣和终渣，以及降低终渣 FeO 含量，提高脱 P 脱 S 率都是十分有用的。据 Глазов 等人[15] 的试验研究结果（见表 3-4-7），当铁水含锰量只有 0.2% 时，初渣和终渣碱度分别只有 1.01 和 2.63，脱 S、脱 P 率只有 28.2% 和 83.1%；石灰利用率只有 81.7%；而铁水含 Mn 量增到 0.5% 后，初渣和终渣碱度分别达 1.47 和 3.1，脱 S、脱 P 率分别达 36.1% 和 89.7%，石灰利用率也达 87.1%。因此，国外一般规定炼钢用铁水的锰含量大于 0.7%，美国有些厂规定为 0.6%~0.9%，英国钢铁公司规定为 0.75~0.8%。但 Глазов 等人[15] 的试验还指出，由于 FeO 的补偿作用，使用 [Mn]=1.2%、0.8% 和 0.5% 的铁水时，成渣条件区别不大，只是在使用 [Mn]<0.4%~0.5% 的铁水时，成渣条件才急剧恶化，并导致金属喷溅。我国锰矿资源不多，已取消了锰制度的规定，但有的钢厂采用铁水增锰，或用贫锰矿和锰铁炉渣作熔剂的办法提高炉龄，取得了明显的效果。不过，如片面强调 MnO 造好早期渣的作用，而采用高锰铁水（[Mn] >1.1%），高锰渣（（MnO）>10%）制度操作也未必合理，因为，一者在初渣形成和 $2CaO \cdot SiO_2$ 由初渣相变的第一产物（$2CaO \cdot SiO_2$，$2MnO \cdot SiO_2$）分解出后，最终渣的形成则取决于石灰的直接溶解[15]；二者，对于低 C 钢而言，终点钢水的含 Mn 量几乎与铁水中的初始含锰量无关[15]；三者，金属含 Mn 量和渣中 MnO 含量过高对去磷不利，因为 MnO 与 FeO、CaO 结合成 RO 相，降低 FeO 和 CaO 活度；四者，Mn 含量高会使炉渣转变为强氧化渣而产生严重喷溅[16]。因此，应结合我国的情况，制定合理的转炉炼钢锰制度。

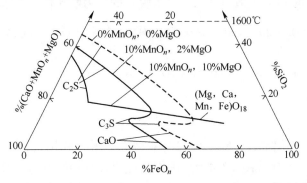

图 3-4-10　Fe-CaO-FeO_n-SiO_2 系中 MnO 和 MgO 对渣平衡综合影响

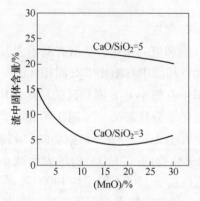

图 3-4-11　（MnO）对渣中固体含量的影响

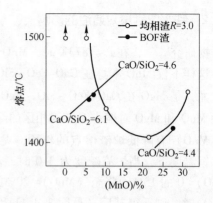

图 3-4-12　（MnO）对炉渣熔点的影响

表 3-4-7　铁水含锰量对炉渣特性的影响

铁水中[Mn]/%	渣中（MnO）/%	初渣中（FeO）/%	终渣中（FeO）/%	初渣碱度	终渣碱度	脱硫率/%	脱磷率/%	石灰利用率/%
0.2	2.23	15.73	12.1	1.01	2.63	28.2	83.1	81.7
0.5	6.73	14.23	9.03	1.47	3.10	36.1	89.7	87.1

3.4.3　铁水含锰量和渣中 MnO 含量对脱磷的影响

3.4.3.1　（MnO）对磷分配比的影响

早在 20 世纪 40 年代，Balajava 等人[17]便从实验中得出，（P_2O_5）/[P] 值随（MnO）的增加而下降（见图 3-4-13），并认为这说明 MnO 在渣中对脱磷反应是一种惰性组分，对渣中脱磷的有效组分起稀释作用。Suito 和 Inoue 通过对 MgO 饱和的 CaO-FeO-SiO_2-P_2O_5-MnO 渣系与铁液间磷平衡分配比的实验[18]得出：

$$\lg \frac{(P)}{[P]} = 0.0720[(CaO) + 0.3(MgO) + 0.6(P_2O_5) +$$

$$0.6(MnO)] + \frac{115700}{T} - 10.52 \tag{3-4-8}$$

并在对含 MnO 的 BOF 炉渣对铁水和钢水脱 P 的热力学评估中[19]提出，对于钢水：

$$\lg \frac{(P)}{[P]} = 0.0720[(CaO) + 0.3(MgO) + 0.6(P_2O_5) + 0.2(MnO) +$$

$$1.2(CaF_2) - 0.5(Al_2O_3)] + \frac{115700}{T} - 10.52 \tag{3-4-9}$$

对于含 C 铁水：

$$\lg L_P^h = \lg L_P + e_P^C[C] + \gamma_P^C[C]^2 \tag{3-4-10}$$

式中，e_P^C 为一级相互作用系数，等于 0.126；γ_P^C 为二级相互作用系数，取 0.014。

从式（3-4-8），尤其是式（3-4-9）进一步说明（MnO）与（CaO）比只是一个弱脱磷剂，故当它增大而降低 CaO 含量时，它便会起降低 L_P 的作用（见按式（3-4-9）作的图 3-4-14）。同样从 Turkdogen[20]的 P_2O_5 活度系数公式中：

$$\lg\gamma_{P_2O_5} = -1.02(23N_{CaO} + 17N_{MgO} + 13N_{MnO} + 8N_{Fe_tO} - 26N_{P_2O_5}) - \frac{22990}{T} + 9.49$$

$$(3\text{-}4\text{-}11)$$

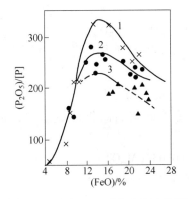

图 3-4-13　渣中 MnO 对磷分配比的影响
1—MnO=1.5%；2—MnO=5.5%；3—MnO=11%

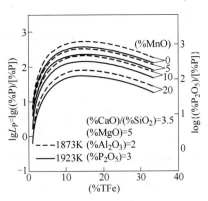

图 3-4-14　（MnO）对 L_P 的影响[101]

可见（MnO）降低 $\gamma_{P_2O_5}$ 的能力比 CaO 小 10 个数量级，故增大（MnO）含量而降低 CaO 含量和高碱度下 CaO 的饱和度[21]时，$\gamma_{P_2O_5}$ 将显著增大（见图 3-4-15），从而降低脱磷能力。

Nakashima 等人[14]的实验则得出：（MnO）=3%~6%时，对 L_P 的影响可不计，这与作者等人[7]的实验结果一致；只是在（MnO）=18%~22%时，$\lg(P_2O_5)/[P]$ 值约降低 0.2。而真目熏等人[21]在用 MnO_2 的石灰系熔剂进行铁水脱磷时，发现 L_P 与（MnO）具有极大值关系（见图 3-4-16）。当（MnO）=8%~10%时，L_P 达到极大值。

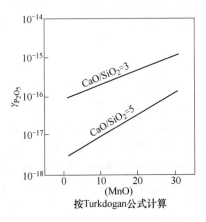

图 3-4-15　（MnO）对 $\gamma_{P_2O_5}$ 的影响

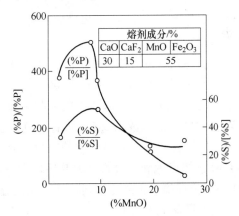

图 3-4-16　渣中（MnO）含量对 L_P、L_S 的影响

在实际转炉生产中，一般前期渣碱度大约为 1.5~2.0，终渣碱度大约为 3.0~4.0（但也有高达 5~6 的）。故转炉渣中的（MnO）含量对 L_P 的影响不仅随铁水 Mn 量不同而不同，而且在初渣和终渣中的影响也不同，例如在铁水含 [Mn]=0.4%~0.5%的氧气转炉最佳化造渣试验中得到[22,23]：

吹炼前期：

$$L_P = 55.093P_{O_2}(MPa) + 1.0955[(CaO) + 0.7(MgO)] + 1.2876(\sum FeO) + 1.9378(Al_2O_3) +$$
$$1.5138CaF_2(kg/t) + 1.9203(MnO) + 2.4535(P_2O_5) - 121.5497$$
$$(n = 16, R = 0.95, F = 11, S = 4.1) \tag{3-4-12}$$

吹炼终点：

$$\lg L_P = 11958/T - 9.422 + 0.0642(CaO/(SiO_2)) + 2.5\lg(\sum FeO) +$$
$$0.5\lg(P_2O_5) + 0.192(MnO) + 0.105(Al_2O_3) + 0.0389CaF_2(kg/t) +$$
$$3.056[C] + 0.765L_H + 0.017P_{O_2}(MPa \times 10)$$
$$(n = 40, R = 0.82, F = 7.95, S = 0.167) \tag{3-4-13}$$

在铁水含 [Mn] = 0.89% ~ 1.09% 的 50t 氧气转炉冶炼高碳钢的试验中，在控制 (MgO) = ±4% 下，得到吹炼终点[24]：

$$\lg L_P = 7930/T - 4.522 - 0.311\lg[C] - 0.0021(CaO) + 0.034(MgO) +$$
$$0.204(MnO) + 0.015\lg(\sum FeO) + 0.015(CaF_2) - 0.237\lg(P_2O_5) +$$
$$0.138P_{O_2} - 0.051L_H \tag{3-4-14}$$

在 [Mn]$_{HM}$ = 1.4%±，初渣 (MnO) = 14% ~ 15% 和终渣 R = 4 ~ 6，(MnO) = 8% ~ 10%，MgO = ±8% 下得到[24]：

$$L_{P(4min)} = 131.48 - 0.295(TFe) - 5.689[C] + 0.691(MnO) + 1.435R -$$
$$0.095t + 3.446q_{O_2} + 0.933L_H/d_T \tag{3-4-15}$$

$$L_{P(9min)} = 92.589 + 1.226(TFe) + 4.469[C] - 1.145(MnO) + 0.789R -$$
$$0.055t - 3.637q_{O_2} + 0.494L_H/d_T \tag{3-4-16}$$

$$L_{P(终点)} = 253.441 + 2.418(TFe) - 11.874[C] - 2.088(MnO) - 2.502R -$$
$$0.153t + 7.3116q_{O_2} + 0.884L_H/d_T \tag{3-4-17}$$

式中，R 为炉渣碱度（R = (CaO)/(SiO$_2$)）；t 为熔池温度，℃；q_{O_2} 为供氧强度，Nm^3/(min·t)；L_H 为枪位，m；d_T 为当量喉口直径，$d_T = \sqrt{3d_t^2}$，m；d_t 为喷孔喉口直径，m；P_{O_2} 为供氧压力，0.1MPa。

从上述式（3-4-12）~ 式（3-4-17）的比较中不难看出：

（1）在 [Mn]$_{HM}$ = 0.4% ~ 0.6% 和 (MnO) = 4% ~ 7% 的情况下，(MnO) 在初期渣去 P 分配比的回归式（3-4-12）中的回归系数为 1.92，大于 $\sum$FeO 的系数 1.288 和 [(CaO) + 0.7(MgO)] 的系数 1.096；随着炉渣碱度的升高，(MnO) 在终渣中的去 P 作用虽有所下降，但它在式（3-4-13）中的回归系数 0.1923 仍大于炉渣碱度的系数 0.064，因其终渣的 CaO 已接近饱和，故式（3-4-13）中各因素与 L_P 之间的相关显著性，$\sum$FeO 名列第一，(MnO) 位居第二，碱度排列第八。这充分说明在铁水含 Mn 低的条件下，渣中的 (MnO) 含量是促进化渣去磷的。

（2）如取 15t 氧气转炉吹炼前期的操作条件如下：P_{O_2} = 1.0MPa（10kg/cm^2 表压），L_H = 1.4m，[(CaO) + 0.7(MgO)] = 40% ~ 45%，CaO/SiO$_2$ ≥ 1.8，(MgO) = 6% ~ 8%，($\sum$FeO) = 20% ~ 25%，CaF$_2$ = 2kg/t，(Al$_2$O$_3$) = 2.0%，(MnO) = 2% ~ 4%，(P$_2$O$_5$) = 2.5%。把它们代入式（3-4-12）后可得 L_P ≥ 20。把吹炼后期的操作条件：P_{O_2} = 0.8MPa（10kg/cm^2 表压），L_H = 0.8m，[(CaO) + 0.7(MgO)] = 48%，($\sum$FeO) = 24%，(MgO) = 6.5%，(MnO) = 2.0%，(Al$_2$O$_3$) = 1.0%，CaF$_2$ = 4.0kg/t（全炉），(P$_2$O$_5$) = 3.0%，T = 1953K，

$[C] = 0.1\%$，$R = 3.5$ 代入式（3-4-13）后则可得 $L_P = 133$（注：实际平均值为 100），$[P] = 0.01\%$。这说明低 Mn 铁水脱磷是不成问题的。

（3）但在 $[Mn]_{HM} = 0.89\% \sim 1.09\%$ 的高碳试验中，前期渣的碱度为 $2.12 \sim 2.95$，$(MnO) = 4.4\% \sim 11\%$，$(TFe) = 4.7\% \sim 7.26\%$ 时，$L_P = 4.16 \sim 13.12$（平均 8.08）；终渣 $R = 3.02 \sim 4.63$，$(MnO) = 4.26\% \sim 6.71\%$，$(TFe) = 5.82\% \sim 11.38\%$ 时，$L_P = 19.89 \sim 46.11$（平均 28.95）；从式（3-4-14）看，该终渣的 CaO 已有些过饱和，故 (MnO) 在式中仍起着一定的脱 P 作用。但由于终点 $[Mn]$ 较高（$0.4\% \sim 0.6\%$），(TFe) 较低，而锰与磷具有选择性氧化性质，或者说它们间存在耦合反应，（详见下一节讨论）故中锰铁水较前面的低锰铁水脱磷困难，尤其是中锰铁水冶炼高碳钢脱 P 更难。如以下列终期冶炼条件：$T = 1923K$，$[C] = 0.7\%$，$(CaO) = 50\%$，$(MgO) = 4\%$，$(MnO) = 5.5\%$，$(\sum FeO) = 10\%$，$(CaF_2) = 14\%$，$(P_2O_5) = 1\%$，$q_{O_2} = 3.5 Nm^3/(min \cdot t)$，$L_H = 1.1m$ 代入式（3-4-14）则可得 $L_P = 36.3$，大大小于低锰铁水冶炼低碳钢的 133。

（4）当 $[Mn]_{HM} = 1.4\% \pm$，而又未采用合理的萤石和白云石制度时，如式（3-4-15）所示，在吹炼初期（MnO）仍起重要的去 P 作用，其 L_P 实际约为 12。按式（3-4-15）用初期操作条件：$(TFe) = 10\%$，$[C] = 3.6\%$，$(MnO) = 12\%$，$R = 2$，$t = 1480℃$，$q_{O_2} = 3.0 Nm^3/(min \cdot t)$，$L_H/d_T = 1200/46 = 26$ 代入后算得 $L_P = 13.2$。这个值虽小于最佳化造渣制度试验的吹炼初期所得的 L_P 值（约 20），但大于一般转炉的该值。这说明，不论低锰还是高锰铁水，（MnO）在转炉初渣中总是促进脱磷的；但它在吹炼高锰铁水的中、后期，当 $R \geqslant 3.0$ 后，由于高（MnO）含量既有与 CaO 形成 RO 相而降低 a_{CaO} 的作用，又有降低 CaO 在渣中的饱和浓度[21]而使渣中 CaO 过饱和，因而在吹炼第 9min 的 L_P 回归方程（3-4-16）中，（MnO）的回归系数由 4min 时的 +0.691 变为 -1.145，R 前的系数 4min 时的 1.435 变为 0.789；至终点时 L_P 方程（3-4-17）中（MnO）前负值系数更增大为 -2.088，R 前的系数也由正数变为负数 -2.502。难怪它在冶炼高碳钢时的 L_P 仅为 13.5[301]。如以终期吹炼条件：$(TFe) = 5\%$，$[C] = 0.7\%$，$(MnO) = 10\%$，$R = 4$，$t = 1650℃$，$q_{O_2} = 3.0 Nm^3/(min \cdot t)$，$L_H/d_T = 20$ 代入式（3-4-17）后则得 L_P 为 13.5，与实际相同，比中锰铁水冶炼高 C 钢终点的 L_P 值（平均为 28.95）又大大降低了。这里虽然有操作工艺的因素，但铁水含 $[Mn]$ 量更高，渣中（MnO）也更高的影响，则应是主要原因，下一段将对此作进一步论述。

3.4.3.2 锰、磷的耦合反应和选择性氧化

A 锰、磷的耦合反应

磷和锰在渣/金间的耦合平衡反应可表述于下：

$$2[P] + 5(MnO) \Longrightarrow (P_2O_5) + 5[Mn] \tag{3-4-18}$$

$$\Delta G^{\ominus} = 517352 + 15.69T \quad J/mol \tag{3-4-18a}$$

$$\lg K_{Mn\text{-}P} = -27018/T - 0.819 \tag{3-4-19}$$

$$K_{Mn\text{-}P} = \frac{71 f_{Mn}^5 \gamma_{P_2O_5} [\%Mn]^5 (\%P_2O_5)}{142 f_P^2 \gamma_{MnO}^5 [\%P]^2 (\%MnO)^5} \tag{3-4-19a}$$

命

$$L_P' = \frac{(\%P_2O_5)}{[\%P]^2} \qquad L_{Mn} = \frac{(\%MnO)}{[\%Mn]} \tag{3-4-19b}$$

则

$$\lg K_{Mn\text{-}P}' = \lg(L_P'/L_{Mn}^5) = -27018/T - 0.518 + \lg \frac{f_P^5 \gamma_{MnO}^5}{f_{Mn}^5 \gamma_{P_2O_5}} \tag{3-4-20}$$

Suito 和 Inoue[26]通过实验得出：

$$\lg K'_{Mn\text{-}P} = \lg(L'_P/L^5_{Mn}) = 0.123[(\%CaO) - 0.40(\%MgO) - 0.64(\%Fe_tO) -$$
$$0.07(\%MnO) - 1.5(\%SiO_2) - 2.10(\%P_2O_5)] - 14780/T + 4.564$$

(3-4-21)

式（3-4-21）说明：

（1）在一定炉渣成分和温度下，L'_P/L^5_{Mn} 值一定，也就是说脱磷和脱锰按此分配比的比例关系同时进行锰降、磷降，只有彻底脱锰才能彻底脱磷（见图 3-4-17），这就是高锰铁水脱磷难和脱磷难保锰的原因。

（2）提高渣中 CaO 含量，降低 SiO_2 含量和升高熔池温度有利于增大 L'_P/L^5_{Mn} 值，而优先去磷。这与转炉的实际情况是一致的，而增大（Fe_tO）含量将降低 L'_P/L^5_{Mn} 值，这点既与热力学不符，也与生产实际不符，如图 3-4-18 所示。

（3）低（MgO）含量有利于提高 L'_P/L^5_{Mn}。作者在中锰铁水冶炼高碳钢的试验中，采用不饱和 MgO 含量的低 MgO 制度时，便获得了 MgO 促进脱 P 的效果[24]。

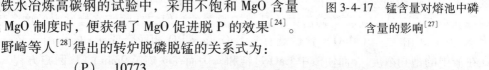

图 3-4-17　锰含量对熔池中磷
含量的影响[27]

野崎等人[28]得出的转炉脱磷脱锰的关系式为：

$$\lg\frac{(P)}{[P]} = \frac{10773}{T} - 11.362 + 0.655\lg(TFe) + 3.273\lg(CaO) +$$
$$1.133\lg(MnO) - 0.822\lg[Mn]$$

(3-4-22)

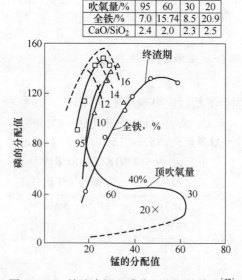

图 3-4-18　熔池中锰和磷分配之间的关系[27]

式（3-4-22）可改写为：

$$\lg L_{\mathrm{P}}/L_{\mathrm{Mn}}^{1.133} = \frac{10773}{T} - 11.362 + 0.655\lg(\mathrm{TFe}) + 3.273\lg(\mathrm{CaO}) - 0.311\lg[\mathrm{Mn}]$$

$$(3\text{-}4\text{-}23)$$

应当说式（3-4-22）和式（3-4-23）中除温度这项所表述的情况（即 $L_{\mathrm{P}}/L_{\mathrm{Mn}}^{1.133}$ 随温度升高而降低）与实际不符外（见图 3-4-18），其余各项的物理意义都是符合实际的（见图 3-4-18 和图 3-4-19）。由此进一步说明金属中的余锰量愈高，L_{P} 和 $L_{\mathrm{P}}/L_{\mathrm{Mn}}$ 愈小，对去 P 愈不利。提高碱度虽可增大 $L_{\mathrm{P}}/L_{\mathrm{Mn}}$，即增大 L_{P} 减小 L_{Mn}，但减小 L_{Mn} 的同时又会增大 ［Mn］，故 CaO/SiO$_2$ 增大到 3 以后便不再增大 $L_{\mathrm{P}}/L_{\mathrm{Mn}}$。

以上说明高锰铁水在转炉冶炼中脱磷是既困难又不经济，也不太可能真正做到脱磷保锰，而只有较彻底地脱锰，才能较彻底地脱磷。如要保锰去磷似以铁水预脱硅然后预脱磷为是，详见下面的讨论。

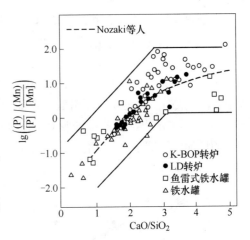

图 3-4-19　磷分配比与锰分配比与渣碱度的函数关系[28]

B　锰、磷的选择性氧化和铁水脱磷保锰工艺的探讨

a　氧化反应方式的影响

斋藤健志等[28]在进行铁水罐喷吹脱磷试验时，熔剂的代表成分为铁矿石 42%、CaO 42%、CaF$_2$16%、粒度 200μm，用 N$_2$ 作为载体把熔剂喷入 200t 铁水罐，富氧时用氧气作载体。试验结果见表 3-4-8，当不富氧，而只用 N$_2$ 气喷送熔剂时，固体氧化剂中的氧 50% 耗于脱 C，24%~27% 耗于脱 Si，2.2%~2.3% 耗于脱 Mn，20%~21.3% 耗于脱 P。富氧时，即用 O$_2$ 喷送熔剂时，其总氧量随着富氧比率（吹入氧气量×100/总氧量）从 0 增加到 32%，耗于脱 Mn 的氧增大到 6.6%，而耗于脱 P 的氧则降到 10.8%。这说明，氧气和铁矿石等相比，氧气有助于优先脱锰，而抑制脱磷；反之，铁矿石则更有助于优先去磷而抑制去锰。其原因分析如下。

表 3-4-8　铁水化学成分和氧耗比率的变化[28]

编　号	C/% 处理 前/后	Si/% 处理 前/后	Mn/% 处理 前/后	P/% 处理 前/后	Ti/% 处理 前/后	富氧比率/%
1	4.50/4.48 50.2%	0.13/0 24.2%	0.36/0.31 2.3%	0.129/0.034 20.0%	0.03/0 3.3%	0
2	4.48/4.34 50.3%	0.15/0 27.0%	0.31/0.26 2.2%	0.142/0.037 21.3%	0.03/0.01 2.1%	0
3	4.50/4.13 59.5%	0.14/0 19.3%	0.32/0.22 3.4%	0.115/0.028 13.6%	0.04/0 3.3%	24
4	4.48/4.32 37.3%	0.17/0 34.0%	0.36/0.23 6.6%	0.112/0.064 10.8%	0.03/0.01 2.4%	32

在喷吹氧的情况下，生成钙-铁氧体（铁酸钙）的同时，锰可直接氧化去除，而磷则须经氧化和被炉渣固结两步反应去除。但在喷吹铁矿石等熔剂的情况下，能直接形成钙-铁氧体，并将磷氧化、固结一步去除；锰的氧化则被随后碳间接氧化反应时形成的气晕圈阻隔了它与铁氧体的接触而被抑制。

下面再从两种氧化方式的反应热力学和动力学来分析。图 3-4-20 所示为铁水处理时的磷、锰反应[28]，据此可写出脱磷和脱锰速度的表达式：

$$d[\%P]/dt = -k_P[\%P] \tag{3-4-24}$$

$$d[\%Mn]/dt = -k_{Mn}[\%Mn] \tag{3-4-25}$$

式中，k_i 为成分 i 的表观速度常数，1/min。

图 3-4-21 示出富氧比率和脱 P、脱 Mn 反应的表观速度常数 k_P、k_{Mn} 的关系。随着富氧比率的增加，k_P 减小，k_{Mn} 增大。

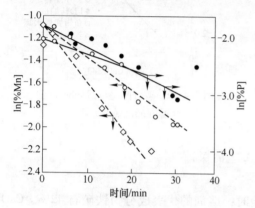

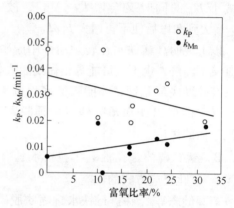

图 3-4-20　处理时间与 P、Mn　　　　图 3-4-21　表观速度常数（k_P、k_{Mn}）和
　　　　　含量对数值的关系　　　　　　　　　　　　富氧比率的关系

在此，假定脱 P、脱 Mn 反应的表观速度常数与它们的自由能变化成正比：

$$k_P \propto \exp\left(\frac{-\Delta G_P^\ominus}{RT}\right) \tag{3-4-26}$$

$$k_{Mn} \propto \exp\left(\frac{-\Delta G_{Mn}^\ominus}{RT}\right) \tag{3-4-27}$$

磷、锰和氧、FeO（液态）的反应自由能变化由下列公式给出：

（1）与氧反应时：

$$[P] + \frac{5}{4}O_2 + 2(CaO) = \frac{1}{2}(Ca_4P_2O_9) \tag{3-4-28}$$

$$\Delta G_P^\ominus = -1023200 + 311.5T \tag{3-4-28a}$$

$$\frac{5}{2}[Mn] + \frac{5}{4}O_2 = \frac{5}{2}(MnO) \tag{3-4-29}$$

$$\Delta G_{Mn}^\ominus = -1020370 + 317.252T \tag{3-4-29a}$$

（2）与（FeO）$_{(1)}$ 反应时：

$$[P] + \frac{5}{2}(FeO)_{(1)} + 2(CaO) = \frac{1}{2}(Ca_4P_2O_9) + \frac{5}{2}Fe \tag{3-4-30}$$

$$\Delta G_P^\ominus = -428020 + 1731.218T \tag{3-4-30a}$$

$$\frac{5}{2}[Mn] + \frac{5}{2}(FeO)_{(1)} = \frac{5}{2}(MnO) + \frac{5}{2}Fe \tag{3-4-31}$$

$$\Delta G_{Mn}^\ominus = -213990 + 97.069T \tag{3-4-31a}$$

用式（3-4-26）和式（3-4-27）计算 1600K 和 1800K 时的脱磷、脱锰速度系数比，得出结果见表 3-4-9。

表 3-4-9 脱磷、脱锰速度系数比

T/K	$\ln k_P / \ln k_{Mn}$	
	与氧反应时	与 $(FeO)_{(1)}$ 反应时
1600	1.023	2.598
1800	1.029	2.960

这表明与（FeO）反应时的 k_P/k_{Mn} 值比与氧气反应时的大，可定性解释图 3-4-21 所示的关系。

b 炉渣碱度的影响

如式（3-4-21）和式（3-4-22）及图 3-4-18 和图 3-4-19 所示，L_P/L_{Mn} 随 CaO/SiO_2 值的增大而增大，但 $CaO/SiO_2 \geq 3$ 后，从图 3-4-19 看：L_P/L_{Mn} 值似乎保持在一个极大值水平上而不再增。故脱 P 保 Mn 的炉渣碱度宜取 3.0～3.5。

c 处理工艺和搅拌能 $\dot{\varepsilon}$ 的影响

据斋藤等人[28]的调查，铁水罐用惰性气体喷吹熔剂的 $\Delta[Mn]/\Delta P$ 最小（小于 1.0），其次为氧气喷粉的底吹转炉 Q-BOP 法和顶底复吹转炉 K-BOP 法，氧气顶吹转炉的 LD 法的 $\Delta[Mn]/\Delta P$ 则最大（约 3.3），见图 3-4-22。分析 LD 法的 $\Delta[Mn]/\Delta P$ 最大的原因，一是纯吹氧造渣，加氧化铁皮甚少；二是熔池搅拌能小。而 Q-BOP 法和 K-BOP 法则不仅搅拌能大，且是底吹氧喷粉造渣，大大增加了渣/钢反应界面，故有利于表面活性元素 P 的优先氧化。如仅仅采用一般顶底复吹转炉法预脱磷，其 $\Delta[Mn]/\Delta P$ 比值未必比 LD 法小多少。据包钢高锰中磷铁水预脱磷的复吹热模试验报道[29]：熔剂配比为石灰 55%～70%，氧化铁皮 30%～40%，萤石 10%～15%，用量为 8.28kg/t（铁

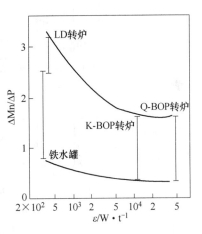

图 3-4-22 $\Delta[Mn]/\Delta P$ 与处理工艺和搅拌能的关系

水），顶部供氧强度为 0.7～1.1Nm³/(min·t)，底部供气强度为 0.07～0.81Nm³/(min·t)，处理 15～20min 后，其结果见表 3-4-10，$\Delta[Mn]/\Delta P = 4.03$，$\eta_P = 77.5\%$，$\eta_{Mn} = 70.75\%$。这说明不结合喷粉造渣的复吹法，仅靠增大熔池搅拌强度是难以获得低 $\Delta[Mn]/\Delta P$ 比值的，当然包钢的铁水含 Mn 量高，也是 $\Delta[Mn]/\Delta P$ 值较高的原因之一。

表 3-4-10　31 炉平均试验结果

成分/%	C	Si	Mn	P	S	$T/℃$
处理前	4.19	0.38	1.06	0.24	0.025	1315
处理后	3.56	—	0.31	0.054	0.016	1336

　　d　Na_2O、BaO 和 CaF_2 的影响

　　图 3-4-23 所示为含 1% P、1% Mn、0.1% Si 和 0.1% Nb 的饱和碳铁水分批添加 Na_2CO_3 时，脱 Nb、脱 P 和脱 Mn 量的顺序[30]。图 3-4-24 所示为含 4%~4.5% C，0.6% Si，0.6% Mn，0.1% P 和 0.04% S 铁水时的成分变化[31]。由图 3-4-23 和图 3-4-24 可见，用苏打粉预脱磷时，锰基本不氧化，即便用 Na_2CO_3+FeO_n 组合熔剂，开始阶段锰也被大量氧化，但在纯吹 Ar 阶段将被还原。这是因为用纯苏打粉去 P 时是在低氧势（$P_{O_2} \approx 10^{-15} \sim 10^{-16}$atm）下进行的，所以铁水中 Mn 不下降。这说明用苏打粉熔剂预脱 P 比用 CaO 基氧化剂脱 P 更有利于保锰。

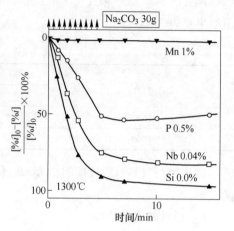

图 3-4-23　添加 Na_2CO_3 熔剂时 Si、P、Mn 和 Nb 的氧化率大小顺序[30]

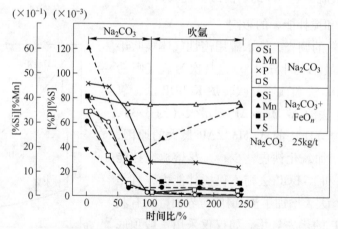

图 3-4-24　喷吹 Na_2CO_3 和 Na_2CO_3+FeO_n 时，铁水成分的变化[31]

　　另外，BaO 和 CaF_2 也都具有促进脱 P、抑制脱锰的性质。据 Simeonov 和 Sano[32,33] 对含 BaO、Na_2O、CaF_2 和 MnO 的 CaO 基炉渣与 C 饱和铁水之间的磷、锰平衡分配比实验研究，L_P 随 BaO、Na_2O 含量的增大而增大，而 L_{Mn} 却随 BaO、Na_2O 和 CaF_2 含量的增大而减小。有的工厂[34]在冶炼高锰钢时用 $BaCO_3$+$BaCl_2$ 造渣也取得去 P 保 Mn 的良好效果。

　　综上所述，对于本来含 Mn 量高的，或因用锰矿石预脱 Si 而锰含量增高的铁水，若不再进一步预脱 P 而把脱 P 任务交转炉进行，则不仅如前面所述高 Mn 含量将极大地降低脱 P 分配比，造成脱 P 的极大困难，且因需造高碱度高氧化性的大渣量去 P，而使 Mn 的烧

损增大。故为了合理利用资源，对于高锰铁水，宜在铁水预脱 Si 后，再用惰性气体喷吹苏打粉和苏打粉+FeO$_n$ 粉或石灰+铁精矿+萤石混合粉剂法预脱 P，然后进入顶底复吹转炉少渣操作冶炼含 Mn 量高，或含 C 量高，或含 C 含 Mn 量均较高的钢种，以获较佳效益。

参 考 文 献

[1] Sasaki K, et al. Steelm Proc, 1983：285-291.

[2] Ohguchi S, et al. Ironm and Steelm, 1984；11（4）：202-213.

[3] Nakajima Y, Moriya T. Steelm Proc, 1984：201-301.

[4] Hiokosaka A, et al. Steelm Proc, 1985：285-292.

[5] Morishita H, et al. Steelm Proc, 1983：187-193.

[6] Ikeda T, Matsuo T. Trans ISIJ, 1982, 22：495-503.

[7] 李远洲，等. 钢铁，1993（1）：15-21.

[8] Normanton A S, brimble B. Steelmaking with bath agitation at Llanwern ［J］. Ironmaking and Steelmaking, 1986, V.13（4）：213-222.

[9] 李远洲. 江西冶金，1995, 15：201-205.

[10] Otterman B A, et al. Steelm Proc, 1984, 67：199-207.

[11] 张圣弼，李道子，编. 相图 ［M］ 北京：冶金工业出版社，1986：276-277.

[12] Koch K, et al. 炉渣相图和热力学活度 ［M］//曲英，万天骥，等译. 物理化学和炼钢，北京：冶金工业出版社，1984：42.

[13] 李远洲. 转炉渣熔点的实验研究（鉴定资料之十）［M］. 上海：上海冶金职工大学，1992：10.

[14] NaKashima J, et al. Steelm Proc, 1993：63.

[15] ГЛазов А Н，ЮГов П Н. СтацЪ, 1978（9）：796：800.

[16] Hambly L E, et al. Steelm Proc, 1982, 65：272-279.

[17] Balajiva K, et al. JISI, 1946, 153：115；1947, 155：563；1948, 158：494.

[18] Suito H, Inoue R. Trans Iron Steel Inst Jpn, 1984, 24：40-46.

[19] Suito H, Inoue R. ISIJ International, 1995, 35（3）：257-265.

[20] Turkdogan E T, et al. JISI, 1953, 173：393；1953, 175：398.

[21] 真木薰，等. 铁と钢，1984, 70：101-109.

[22] Li Yuanzhou. Selected Papers of Engineering Chenistry and Metallurgy（China）［M］. Beijing：Science Press, 1995, 45-51；化工冶金，1994, 15（2）：100-103.

[23] 李远洲. 15 吨氧气转炉最佳化脱磷工艺控制模型探讨之三（鉴定资料之七）［M］. 上海：上海冶金职工大学，1992：10.

[24] 李远洲，龙腾春，等. 酒钢高锰铁水冶炼高碳钢的最佳化工艺探讨 ［R］. 酒钢科技部，1996：8.

[25] 鲁开凝，梁淑华. 酒钢 30 吨顶吹转炉工艺参数测定报告 ［R］. 西安冶金建筑学院，1994：3.

[26] Suito H, Inoue R. Trans ISIJ, 1984, 24：257-265.

[27] Florin W, 等. 国外转炉顶底复合吹炼技术（三）（赵荣玖等编）［M］. 北京：中国金属学会，1988：185-197.

[28] 斋藤健志，等. 铁と鋼，1984, 70：117-124.

[29] 佟傅翘，周应彬，等. 第八届全国炼钢学术会议论文集 ［C］ 攀枝花：中国金属学会，1994, 11：330-334.

[30] 井上亮，等. 铁と鋼，1982, 11：289.

[31] None. Transactions of the Institute of Japan, 1981（3）：B-117.

[32] Simeonov S R, Sano N. Trans ISIJ, 1985, 25：1031-1035.

[33] Simeonov S R, Sano N. Trans ISIJ, 1985, 25：1116-1121.

[34] 王承尧. 炼钢钡系渣脱磷新工艺研究 [C]. 第四届全国炼钢学术会议资料, 1994：10.

3.5　元素的同时氧化和反应偏离平衡程度

3.5.1　元素的同时氧化条件和炉渣一次氧化产物中的氧在元素之间的分配

　　元素的同时氧化条件和炉渣一次氧化产物中的氧在元素之间的分配是转炉炼钢过程中对各个元素成分变化作数值解时, 必须回答的问题。

　　在熔池氧化过程的机理一节中已明确：氧气射流中的氧主要不是按氧化物的分解压 (P_{O_2}) 和反应自由能的变化数值 ($\Delta G^{\ominus}$) 的大小比例分配给熔池中的各个元素, 而是在高速作用下, 将氧首先用于氧化 Fe 原子, 生成 Fe_tO; 然后一部分溶于一次反应区的金属液中, 以溶解氧 [O] 的形式在一次或二次反应区中对其他元素进行氧化; 另一部分则以 Fe_tO 液滴的形式在一次或二次反应区对其他元素进行氧化, 最后以含有 SiO_2、MnO 和 FeO 的渣滴形式进入渣池, 再进行渣-金反应; 只在那些氧流运动速度很小的地方 (如高枪位下, 冲击熔池的外沿流; "完全混合流" 中残留于 "贫氧" 气泡中的氧, 硬吹时, 散逸在熔池中、下部的驻流气泡中的氧或 "非完全混合流" 中残留于 "富氧" 气泡中的氧), 它们才有可能发生碳或其他元素的直接氧化。从而确定了熔池中杂质的氧化主要是按二步机构进行的以及射流中的氧主要是先传给 Fe, 而不是同时按比例传给各个元素。而现在这里须进一步回答的问题是, 溶于金属熔池中的氧 [O] 和渣池中氧化铁所含的氧 (O) 是否是按某一比例关系用于氧化各被氧化元素。有的学者[1] 曾试图把一般冶金反应速度决定传质速度方程中的速度常数 $k(\mathrm{s}^{-1})$ 表述为与反应自由能变化具有一定比例关系, 如 $\ln k_{(i)} \propto \Delta G^{\ominus}_{(i)}/(RT)$, 从而达到比较各元素氧化速度和确定各元素同时氧化时氧分配于各元素的比值。也有的学者[2] 试图用各元素氧化的化学反应速度来确定溶于金属熔池中的氧 [O] 耗于各元素氧化的分配比。他们假定氧气射流全部被冲击凹坑表面吸收和溶解, 然后按各元素氧化的化学反应速度大小, 把 [O] 按比例同时分配给各元素, 其分配比率 σ_i 用式 (3-5-1) 表示：

$$\sigma_i = \frac{k_i C_{ib}}{\sum\limits_{j} k_j C_{jb}} \qquad i, j = \mathrm{C, Si, Fe, Mn, P} \qquad (3\text{-}5\text{-}1)$$

式中, C_{ib}, C_{jb} 为钢水中 i、j 成分的含量, kmol (i, j)/kg (Fe); k_i, k_j 为速度常数, kg (Fe)/(kmol (i, j) ·s); 按文献 [3]：

$$k_C = 1 \times 10^{12} \mathrm{kg(Fe)/(kmol(C) \cdot s)} \qquad k_{Si}/k_C = 30 \mathrm{kmol(C)/kmol(Si)}$$

$$k_{Fe} C_{Feb}/k_C = 1 \times 10^{-4} \mathrm{kmol(C)/kg(Fe)} \qquad k_{Mn}/k_C = 1 \mathrm{kmol(C)/kmol(Mn)}$$

$$k_P/k_C = 2 \mathrm{kmol(C)/kmol(P)}$$

如开吹时的金属成分：

$$C_C = \left(\frac{4}{12}\right)/100 \mathrm{kmol(C)/kg(Fe)} \qquad C_{Si} = \left(\frac{0.7}{32}\right)/100 \mathrm{kmol(Si)/kg(Fe)}$$

$$C_{Mn} = \left(\frac{0.6}{55}\right)/100 \mathrm{kmol(Mn)/kg(Fe)} \qquad C_P = \left(\frac{0.15}{32}\right)/100 \mathrm{kmol(P)/kg(Fe)}$$

则开吹时的 $\sum_{j} k_j C_{jb} = 1.01898 \times 10^{10}/\text{s}$；$\sigma_{\text{Si}}(0.6440) > \sigma_{\text{C}}(0.3271) >$，$\sigma_{\text{Fe}}(0.0098)$ 和 $\sigma_{\text{Mn}}(0.0098) > \sigma_{\text{P}}(0.0092)$。这种分配结果与按金属温度为 1200~1300℃ 时，用氧化物分解压 P_{O_2} 所作的排序相符，$P_{\text{O}_2(\text{SiO}_2)} < P_{\text{O}_2(\text{CO})} < P_{\text{O}_2(\text{MnO})} < P_{\text{O}_2(\text{FeO})}$[4]。但转炉吹炼初期，除非硬吹，碳一般是不氧化或很少氧化的，而锰和铁却发生剧烈的氧化。这说明转炉熔池中氧化反应的相对速度和氧被熔池吸收后它在元素之间的分配，不仅与热力学条件有关，而且还与其他因素有关。

根据现代的概念，在转炉熔池中，任何杂质的氧化都是复杂的多级反应的过程，包括动力学的化学反应、吸附、解吸和扩散等环节。为了元素的氧化，要保证一定的浓度梯度，需要将氧不断地输送到反应区域，并将反应产物不断地输出。

在前面讨论硅、锰氧化反应时曾指出，金属中的氧含量总是受到能保证最低氧含量水平元素的调节。在通常的情况下，吹炼前期此元素应为硅，吹炼中后期，此元素则为碳。因而在吹炼初期从一次反应区流出的一次氧化产物主要乃至全部耗于硅的氧化反应，这时熔池中的溶解氧 [O] 是取决于反应（3-1-3）的平衡条件的，当 [Si] >0.1% 时，[C][O]$_{\text{Si}}$ 乘积是不可能产生 CO 气泡核心的，只有当 [Si]< [Si]$_\text{c}$，脱 Si 速度受供 [O] 速度决定转变为受 [Si] 的扩散速度控制时，随着硅含量的降低，从一次反应区流出的一次氧化产物才除了氧化硅外，还有多余的氧溶于金属中，从而促进锰的氧化反应（3-1-4）向右进行，使金属中的含 [Mn] 量下降，至 [Si]、[Mn] 同时下降至 [Si] ≤0.1%，碳开始氧化，随之，才进入 C、Si、Mn 及 P 的同时氧化期，但不久随着温度的升高和碱性渣的形成，Si 氧化结束，Mn 氧化接近平衡后则进入全部氧耗于脱 C 的碳吹期。

须进一步说明的是，上面说的吹炼初期从一次反应区所流出的一次氧化产物，主要乃至全部耗于硅的氧化反应，而不是说全部氧气射流和固体氧化剂的氧都全部耗于硅的氧化。换句话说，吹炼初期射流分配给金属熔池中的氧，也就是金属液吸收氧，可能全部用于脱硅，而分配给渣池的氧，在熔池搅拌强度不足的情况下，则除了部分耗于脱硅外，还有一部分用于脱 Mn、脱 P 和渣中 Fe$_t$O 的积累。故吹炼前期的脱 Si 速度和脱 Si 的氧耗比，实际是受脱 Si 的氧效率控制，而脱 Si 氧效率则受顶吹和顶/低复吹转炉的供氧、供气制度决定。据报道[5]，当顶吹转炉的供氧强度 $V_{\text{O}_2} < 2.5\text{Nm}^3/(\text{min} \cdot \text{t})$ 时，脱 Si 的氧效率 α_{Si} 只有 35%~45%，当 V_{O_2} 大、P_{O_2} 高、枪位低时，α_{Si} 可达 80% 以上；在顶底复吹转炉中甚至可达 100%。

据实验测定[5]，进入火点区的氧首先与 Fe 反应，生成 Fe$_t$O，并在火点区内与 Si、Mn 和 C 发生氧化反应，然后这些氧化产物（Fe$_t$O、SiO$_2$ 和 MnO）在上浮和向二次反应区转移的过程中，其 Fe$_t$O 继续进行脱 Si，其 MnO 或被 Fe 还原生成 FeO 后，重新进行脱 Si，或 MnO 直接进行脱 Si。若一次反应区生成的一次氧化物液滴大，途经的二次反应区短，有剩余的 Fe$_t$O 进入渣池，则脱 Si 的氧效率低；反之射流冲击熔池的压力大，穿透熔池深，生成的一次氧化物液滴小，经过的二次反应区路径长，则脱 Si 的氧效率高，进入渣池的 Fe$_t$O 少。如果说一次反应区氧化的 Mn 还不能保证就是脱 Mn，那么渣池中的氧通过渣/金界面反应脱除的 Mn 则是可以兑现的。

描述进入渣池中的氧和渣中 Fe$_t$O 含量的方法有以下几种，一是按 1.6 节"控制炉渣氧化性的因素和手段"中的方法建模；二是按 1.7 节"如何更好地建立氧化铁（TFe）控制模型"中的方法建模;三是按建立脱 Si 脱 C 氧效率的方法来建立吹炼前期炉渣 Fe_tO 含量变化的方程式。这样,只要建立了吹炼前期渣中 Fe_tO 含量变化的方程式,根据前面对 Mn 的氧化行为取决于 Fe/Fe_tO 平衡的氧的结论,则可按式 (3-3-9) 和式 (3-3-13) 来描述吹炼前期的脱 Mn 速率、[Mn] 含量变化,进而写出脱 Mn 的耗氧量和耗氧分配比。脱磷也是渣/金界面反应,只是脱磷不仅要求渣中 Fe_tO 含量高,还要求 CaO 含量高,故还必须建立石灰渣化速度和渣中 (CaO) 含量变化的方程式后,方能解析脱磷速度,[P] 含量变化,脱 P 的氧耗和氧耗配比。

现把熔池中所有杂质都可能发生氧化的情况概括于下:当 [Si] < [Si]$_c$ 时,来自渣滴(一次氧化产物)和炉渣中间层的氧化铁,其中一部分与相界面上的硅、锰、磷发生反应,另一部分则溶解于钢液,并在相界面上发生碳的氧化反应。在熔体中硅、锰含量减少和钢液温度升高的情况下,根据反应 (3-1-3) 和 (3-1-4) 平衡式,渣滴和炉渣表层上 (FeO) 浓度将会得到增加。这种 (FeO) 浓度的增加会加速氧向金属迁移的过程,并增大单位时间里供于氧化碳的数量的比例。在此情况下,氧向渣面的输送迟缓下来。因此,随着金属中硅、锰、磷含量的减少及这些元素氧化速度的减慢,碳的氧化速度会逐渐增大。

从物理方面进行简化,可将以上的论述用下列方程来表述:

[Si] > [Si]$_c$ 时:

$$v_{Si} = \frac{d[\%Si]}{dt} = \frac{28}{32} \frac{1.43}{10} V_{O_2} \alpha_{Si} \qquad \%/min \qquad (3-5-2)$$

$$v_{Mn} = \frac{d[\%Mn]}{dt} = \frac{k_1 L_{Mn}}{\dfrac{k_1}{k_2} + L_{Mn}} \left([\%Mn] - \frac{(\%MnO)}{L_{Mn}} \right) \qquad (3-5-3)$$

$$v_{FeO} = \frac{d(\%FeO)}{dt} = \frac{72}{16} \left[(1 - \alpha_{Si}) V_{O_2} \times \frac{1.43}{10} - \frac{16}{55} v_{Mn} \right] / R_{S-m} \qquad (3-5-4)$$

[Si] < [Si]$_c$ 时:

$$v_{Si} = \frac{d[\%Si]}{dt} = -\beta_{Si} \frac{F}{V_m} [\%Si] \qquad (3-5-5)$$

$$v_C = \frac{d[\%C]}{dt} = \frac{12}{16} V_{O_2}$$

$$= \frac{12}{16} \beta_O \frac{F}{V_m} \{ [\%O_{Si}] - [\%O]_{\text{实}} \}$$

$$= \frac{12}{16} \beta_O \frac{F}{V_m} \left\{ \sqrt{\frac{a_{SiO_2(S)}}{K_{Si} [\%Si] f_{Si} f_O^2}} - [O]_{\text{实}} \right\} \qquad (3-5-6)$$

$$v_{Mn} = \frac{k_1 L_{Mn}}{\dfrac{k_1}{k_2} + L_{Mn}} \left([\%Mn] - \frac{(\%MnO)}{L_{Mn}} \right) \qquad (3-5-7)$$

$$v_P = \frac{k_{1 \cdot P} L_P}{\dfrac{k_{1 \cdot P}}{k_{2 \cdot P}} + L_P} \left\{ [\%P] - \frac{(\%P_2O_5)}{L_P} \right\} \qquad (3-5-8)$$

$$v_{FeO} = \frac{72}{16} \left\{ \frac{1.43}{10} V_{O_2} \eta_{O_2} - \frac{16}{12} v_C - \frac{32}{28} v_{Si} - \frac{16}{55} v_{Mn} - \frac{80}{64} v_P \right\} \qquad (3-5-9)$$

式中　　V_{O_2}——供氧速度，$Nm^3/(min \cdot t)$；

$\quad\quad\alpha_{Si}$——氧的脱 Si 效率，分数；

$\quad k_1，k_2$——分别为脱 Mn 的金属侧和渣侧的传质速率常数；

$\quad\quad L_{Mn}$——主要取决于炉渣碱度和（FeO）含量，可利用式（3-2-22e）和式（3-2-24a）、式（3-2-24b）求解；

$\quad (\%MnO)$——可借助式（3-3-12）求解；

$\quad \beta_{Si}，\beta_O$——分别为 Si 和 O_2 在金属中的传质系数，m/s；

$\quad\quad F，V_m$——分别为反应界面积和金属体积；

$\quad\quad [O]_{实}$——金属中实际的平均含氧量，它是受脱碳过程所支配的；

$\quad\quad v_P$——脱磷速度，取决于炉渣成分、温度和动力学条件，详见第 4 章；

$\quad\quad \eta_{O_2}$——熔池吸收氧的效率；

$\quad\quad R_{S-m}$——渣、金比，R_{S-m}=渣量/金属量。

3.5.2　元素 i 的氧化过程偏离平衡的程度

已知，氧气转炉中元素的氧化程度受扩散环节控制，即受渣中或钢中传质的控制，这些环节的速度为[3]：

$$v_{扩散(炉渣)} = \beta_渣 S_渣 \Delta(C) \qquad (3-5-10)$$

$$v_{扩散(金属)} = \beta_金 S_渣 \Delta[C] \qquad (3-5-11)$$

综合速度为：

$$v_\Sigma = \cfrac{1}{\cfrac{1}{v_{扩散(炉渣)}} + \cfrac{1}{v_{扩散(金属)}}} \qquad (3-5-12)$$

式中，$\beta_渣$，$\beta_金$ 分别为渣中和金属中组分的传质系数，cm/s；$S_渣$ 为钢/渣的接触面积，cm^2；（C）和 [C] 分别为渣中和金属中组分浓度，$g/cm^3(mol/cm^3)$。

最可能的限制环节可由各组成环节可能速度的对比值来确定。在所讨论的情况下：

$$a = \frac{v_{渣(max)}}{v_{金(max)}} = \frac{\beta_渣 S_渣 \Delta(C)_{max}}{\beta_金 S_渣 \Delta[C]_{max}} \approx \frac{\beta_渣 \Delta(C)}{\beta_金 \Delta[C]} \qquad (3-5-13)$$

根据研究[3]：

$$\frac{\beta_渣}{\beta_金} \approx \sqrt{\frac{D_渣}{D_金}} \qquad (3-5-14)$$

式中，D 为组分的扩散系数。

由此可得：

$$a = \frac{v_{渣(max)}}{v_{金(max)}} \approx \frac{(C)}{[C]} \left(\frac{D_渣}{D_金} \right)^n \qquad (3-5-15)$$

式中，$n=0.5 \sim 0.67$。

据各研究者的数据分析[3]，在通常的炼钢过程中，Si、Mn 和 P 的扩散系数值在金属

中很可能是 $10^{-5} \sim 10^{-4} \mathrm{cm}^3/\mathrm{s}$，在渣中则是 $10^{-7} \sim 10^{-6} \mathrm{cm}^3/\mathrm{s}$。

因此：

$$\frac{\beta_{金}}{\beta_{渣}} \approx \left(\frac{D_{金}}{D_{渣}}\right)^n > 10 \tag{3-5-16}$$

Oeters[3] 也曾作过类似的定性结论，据其数据，物质在金属中的传质系数要比渣中的大 15~700 倍。

在通常的氧气顶吹转炉炼钢中，在硅、锰和磷的激烈氧化初期，根据计算对于这些杂质而言[3]：

$$\frac{(C)}{[C]} < 10$$

则　　　　　　　　　　　　　$a < 1.0$ 　　　　　　　　　　　　(3-5-17)

因此，在所讨论的吹炼初期，渣中的扩散极可能是杂质的氧化的主要限制环节，但随着杂质（Si、Mn、P）浓度的降低，a 值会趋于 1，从而为炉渣和金属两侧的传质共同控制；对于磷而言，在吹炼后期，a 甚至超过 1，这时金属中的传质变成主要的限制环节。

而顶吹转炉熔池中，不仅传质系数 β 取决于搅拌比功率 N_{CO}，而且渣/金界面 $S_{渣}$ 也取决于它：

$$\beta = k_1 N_{CO}^m \approx k_1' q_{O_2}^m \tag{3-5-18}$$

$$S_{渣} = k_2 N_{CO}^n \approx k_2' q_{O_2}^n \tag{3-5-19}$$

式中，N_{CO} 为 CO 气泡产生的熔池搅拌比功率（见第 1 章）。

由式 (3-5-10)、式 (3-5-11)、式 (3-5-18) 和式 (3-5-19) 可得：

$$\Delta[i] = k_3 \frac{v_{扩散}}{N_{CO}^{(m+n)}} \approx k_4 \frac{v_{扩散}}{q_{O_2}^d} \approx \frac{k}{N_{co}^d} \tag{3-5-20}$$

式中　$\Delta[i]$——金属中杂质的实际浓度 $[i]_{实}$ 和与炉渣相平衡的浓度之间的差值；

　　　　d——指数，$d = m + n = 1.1 \sim 1.5$[4]，对于氧气顶吹转炉而言[4]，最可能的 m 值为 0.7；

　　　　k——常数，取决于物性。

由式 (3-5-20) 不难看出，过程偏离平衡的状况总的来说取决于杂质的氧化速度、液相黏度及熔池搅拌功率。反应时间愈长，μ 愈小，N_{CO} 愈大，则 $\Delta[i]$ 愈小（见图 3-5-1）。故一般来讲吹炼初期反应偏离平衡的程度较大，脱 C 期和吹炼终期，反应偏离平衡的程度减小，乃至接近或达到平衡，而顶吹氧气转炉，由于前后期熔池搅拌强度较弱，尤其是吹炼前期，故反应偏离平衡的程度较大。复吹转炉由于熔池搅拌强度较好，故一般吹炼终点时反应都基本

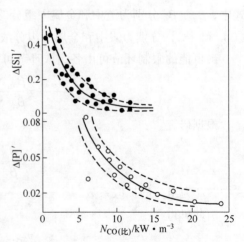

图 3-5-1　CO 气泡产生的熔池搅拌比功率 $[N_{CO(比)}]$ 对脱 Si 脱 P 过程偏离平衡程度的影响[6]

达到或接近平衡（见图3-3-3）。

根据公称15t氧气顶吹转炉的试验数据作者得出，吹炼初期：

$$L_{Mn}^{初} = \frac{(\%MnO)}{[\%Mn]} = -85.747 + 0.136(\sum FeO) - 23.04R + 270278/T$$

$$(r = 0.856) \tag{3-5-21}$$

$$L_{Mn}^{终} = 5.608 + 0.8208(\sum FeO) + 2.625R + 8426/T$$

$$(r = 0.79) \tag{3-5-22}$$

$$n_{Mn}^{初} = L_{Mn}^{初}/L_{Mn}^{Suito} = 0.555 - 0.0174(\sum FeO)$$

$$(r = 0.95) \tag{3-5-23}$$

$$n_{Mn}^{终} = 1.1296 - 0.0242(\sum FeO)$$

$$(r = 0.65) \tag{3-5-24}$$

$$\lg L_{Mn}^{Suito} = 0.0044\{(CaO) + 3.6[(FeO) + (MnO)] + 4.4(MgO) +$$

$$8.4[(SiO_2) + (P_2O_5)]\} + \lg(\sum FeO) + 7517/T - 5.014 \tag{3-5-25}$$

式中，$R = \dfrac{(CaO) + 0.7(MgO)}{(SiO_2) + 0.85(P_2O_5)}$。

若以（$\sum FeO$）= 20%代入式（3-5-23）和式（3-5-24），则可算出15t氧气转炉吹炼前期的 $n_{Mn}^{初} = 0.207$，吹炼后期的 $n_{Mn}^{终} = 0.646$，说明其吹炼前期的脱锰反应远离平衡，吹炼终点虽偏离平衡程度大大减小，但仍离平衡较远，不能对此忽略不计，这与前面文献得出的情况是相似的，文献［7］报道的 Mn、P、S 的 FLOOD 分配比与实际分配比的关系图（见图3-5-2～图3-5-4）也说明实际生产中的脱磷脱硫反应偏离平衡，故在建立氧气顶吹转炉的计算机静态控制模型前必须首先根据各自转炉的情况建立其各个元素反应偏离平衡的数学模型。

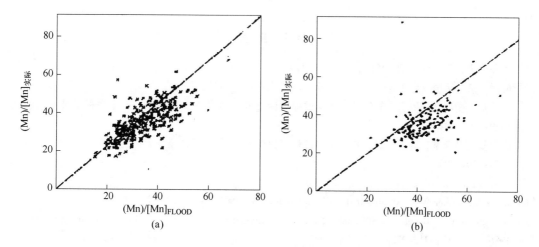

图 3-5-2　Mn 的 FLOOD 分配比与实际分配比的关系

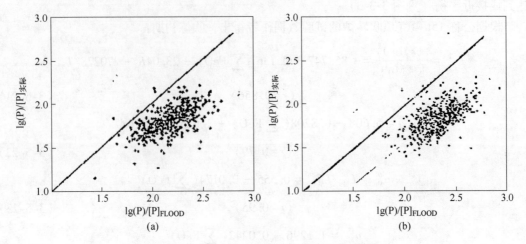

图 3-5-3　P 的 FLOOD 分配比与实际分配比的关系

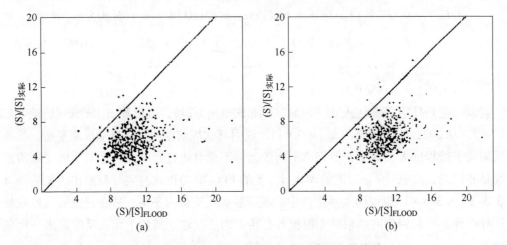

图 3-5-4　S 的 FLOOD 分配比与实际分配比的关系

参 考 文 献

［1］斎藤健志，等．铁と钢，1984，70：117-124.

［2］鞭严，著．冶金反应工程学［M］．北京：科学出版社，1981.

［3］巴普基兹曼斯基，等著．氧气转炉炼钢过程理论［M］．曹兆民，译．上海：上海科学技术出版社，1979：201-202.

［4］巴普基兹曼斯基，等著．氧气转炉炼钢过程理论［M］．曹兆民，译．上海：上海科学技术出版社，1979：204-205.

［5］Fuwa T, et al. Steelm Proc, 1984：257-268.

［6］Janke D, Fisher W A. Archiv für das Eisenhüttenwesen, 1975, 46（12）：755-760.

［7］Normanton A S, Brimble B. Steelmaking with bath agitation at Llanwern［J］. Ironmaking and Steelmaking, 1986, 13（4）：213-222.

4 脱 磷 反 应

磷是钢中的有害元素，必须在炼钢过程中设法去除。

铁水中含有一定数量的磷，随各地的资源条件而异，一般含量在 0.06% ~ 0.2% 之间，特别情况下可达 1.2% ~ 2.0%，甚至更高。而为了保证钢的质量，要求普通钢 P<0.045%，优质钢 P<0.03% 及高质量钢 P≤0.02%。只有易切削钢和一些特殊性能的钢允许较高的含磷量。为此，需根据具体情况制定去磷的操作工艺。

在铁水中，磷可以元素 P 的形式存在，也能生成磷化物——Fe_3P 和 Fe_2P 等。但在 1600℃ 时会分解，较稳定的化合物为 Fe_2P。在磷化物中，P 仍具有单质磷的化学性质，同时不论 Fe_2P 或 Fe_3P 中均只有一个 P 原子。故通常用 [P] 表示液体铁中溶解 P 的浓度。

磷在铁液中浓度（质量分数）至少达 1.0% 时都服从亨利定律，其活度接近理想状态[1]；活度系数 f_P 随铁液中 C、Si、O、N 和 S 含量的增大而增大，Ti、Nb、V 和 Cr 使 f_P 减小，Mn 和 Ni 对 f_P 影响不明显。但在高浓度下会严重偏离理想状态，对亨利定律有很强的正偏差[1]，如在 1600℃ 下，磷的摩尔分数由 0.117 增至 0.177 时，f_P 由 1.9 增至 4.67。

本章首先通过对氧气转炉磷氧化条件和 P、C 耦合氧化条件进行分析，进而广泛研究它们的平衡常数 K，炉渣的磷容量 $C_{PO_4^{3-}}$（或 C_P），五氧化二磷 P_2O_5 和磷酸盐 $nMO \cdot P_2O_5$ 在渣中的活度系数（$\gamma_{P_2O_5}$ 和 $\gamma_{nMO \cdot P_2O_5}$），磷在渣/钢间的分配比 $L_P(= (P)/[P]，(P_2O_5)/[P]^2)$，以及这些参数与磷在金属中的活度系数 f_P 和系统中的氧分压 P_{O_2} 之间的关系。从而从多个视角分析氧气转炉炼钢过程中，各个阶段，不同吹炼制度、不同炉渣成分（或脱磷剂）可能达到的平衡系数和分配比，以及 C-P 耦合反应的选择性氧化成分，选择性氧化温度和保 C 脱 P 的热力学条件，以打破过去 Turkdogan[2] 的公式独占炼钢脱 P 研究领域多年的沉寂局面，使读者可从多角度分析炼钢中的脱 P 氧化反应，C-P 选择性氧化温度，氧气喷石灰粉直接生成磷酸盐的直接氧化脱 P 和瞬时炉渣脱 P 反应等。然后，在此热力学分析讨论的基础上，继而讨论脱 P 的冶金反应动力学和反应工程学，最后讨论氧气转炉的最佳化脱 P 工艺模型和冶炼特种钢的脱 P 控制模型。

4.1 磷的氧化反应热力学

4.1.1 磷的氧化条件

P_2O_5 的沸点只有 864K，但不能依靠金属中 [O] 氧化生成 $P_2O_{5(g)}$ 而去除，因它们的氧化方程是：

$$2[P]+5[O] \Longrightarrow P_2O_{5(g)} \tag{4-1-1}$$

$$\Delta_r G_m^\ominus = -632516+555.38T \qquad J/mol \tag{4-1-1a}$$

$$\lg K^\ominus = \lg \frac{P_{P_2O_5}}{[a_P]^2 [a_O]^5} = \frac{33050}{T} - 27.0 \tag{4-1-1b}$$

在一般炼钢条件下，如选取 $T=1873\mathrm{K}$，$a_P=0.1$，$a_O=0.1$，则 $P_{P_2O_5}=4.42\times10^{-17}\mathrm{atm}$，即使其估算误差为几个数量级，其 P_2O_5 分压也是非常低的，故金属中的磷不能通过与金属中的 [O] 间接氧化生成 P_2O_5 气体而去除。

那么 [P] 能否通过与氧流中 O_2 的直接氧化生成 P_2O_5 气体而去除呢? 按 [P] 与 O_2 直接氧化的方程式:

$$2[P]+5/2\{O_2\}\Longrightarrow P_{2}O_{5(g)} \tag{4-1-2}$$

$$\Delta_r G_m^{\ominus}=-1213880+501.20T \qquad \mathrm{J/mol}^{[3]} \tag{4-1-2a}$$

$$\lg K^{\ominus}=\lg\frac{P_{P_2O_5}}{[a_P]^2 P_{O_2}^{5/2}}=\frac{63400}{T}-26.18 \tag{4-1-2b}$$

在炼钢温度 1873K 下，[P] 与 O_2 生成的 $\Delta_r G_m^{\ominus}=-275130\mathrm{J/mol}$，$K_{(4-1-2)}^{\ominus}=4.67\times10^7$。这样看来，反应 (4-1-2) 是能够进行的，但如从元素的氧化顺序看，[P] 的直接氧化顺序排在铁的氧化之后[4]。不过从表面化学看，在气/金非完全混合的气泡中，气泡壁上所有元素都能同时氧化。问题是在富氧气泡中生成的 $P_2O_{5(g)}$ 在上升过程中，将被金属熔池中的 C、Si、Mn、Fe 等元素还原。所以钢水脱 P 不仅要具备氧化条件，还要具备牢牢吸收 P_2O_5 的炉渣条件; 也就是说: 间接氧化脱 P 必须在熔池具有一定氧化性和碱性的炉渣后，通过钢渣界面反应进行，其反应方程式可表述为:

$$3CaO_{(s)}+2[P]+5[O]\Longrightarrow Ca_3P_2O_8 \tag{4-1-3}$$

$$\Delta_r G_m^{\ominus}=-1486150+640.0T \qquad \mathrm{J/mol}^{[4]} \tag{4-1-3a}$$

或 $\qquad\qquad \Delta_r G_m^{\ominus}=-1489090+531.37.0T \qquad \mathrm{J/mol}^{[1]} \tag{4-1-3b}$

作者依据一个反应中自由能的变化是:

$$\Delta_r G_m^{\ominus}=\Delta_r H_m^{\ominus}-T\Delta_r S_m^{\ominus}$$

先从文献 [3，5，6] 查出反应式 (4-1-4) 中的反应物和反应产物的 $\Delta_r H_m^{\ominus}$ (298K) 和 $S_m^{\ominus}$ (298K) 的热力学数据，然后得出式 (4-1-4) 的 $\Delta_r G_m^{\ominus}$:

$$3CaO_{(s)}+P_{2(g)}+\frac{5}{2}O_{2(g)}\Longrightarrow Ca_3P_2O_{8(s)} \tag{4-1-4}$$

$$\Delta_r G_m^{\ominus}=-2356010+614.0T \tag{4-1-4a}$$

而 P_2 溶于金属液的反应是:

$$P_{2(g)}\Longrightarrow 2[P] \tag{4-1-5}$$

$$\Delta_r G_m^{\ominus}=-244764-38.07T \qquad \mathrm{J/mol}^{[1]} \tag{4-1-5a}$$

氧气溶于金属液中的反应是:

$$5/2 O_2\Longrightarrow 5[O] \tag{4-1-6}$$

$$\Delta_r G_m^{\ominus}=-585760-14.447T \qquad \mathrm{J/mol}^{[7]} \tag{4-1-6a}$$

由此，通过式 (4-1-4a)、式 (4-1-5a)、式 (4-1-6a)，得出反应式 (4-1-3) 的 $\Delta_r G_m^{\ominus}$ 为:

$$\Delta_r G_m^{\ominus}=-1525490+666.5T \qquad \mathrm{J/mol} \tag{4-1-3c}$$

这与式 (4-1-3a) 基本一致。

而铁元素的氧化反应为:

$$5Fe+5[O]\Longrightarrow 5FeO_{(1)} \tag{4-1-7}$$

$$\Delta_r G_m^{\ominus} = -604590 + 261.50T \qquad J/mol \qquad (4-1-7a)$$

在 1873K 下可分别求得：

$$\Delta_r G_{m\,(4-1-3a)}^{\ominus} = -287440 \qquad J/mol$$

$$\Delta_r G_{m\,(4-1-3b)}^{\ominus} = -493830 \qquad J/mol$$

$$\Delta_r G_{m\,(4-1-3c)}^{\ominus} = -277120 \qquad J/mol$$

$$\Delta_r G_{m\,(4-1-7a)}^{\ominus} = -114800 \qquad J/mol$$

故知：$\Delta_r G_{m(4-1-3b)}^{\ominus} < \Delta_r G_{m(4-1-3a)}^{\ominus} < \Delta_r G_{m(4-1-3c)}^{\ominus} < \Delta_r G_{m(4-1-7a)}^{\ominus}$，这说明反应（4-1-3）比反应（4-1-7）优先进行。

如用直接氧化去磷，也必须是氧气喷石灰粉或氧流抽吸造好的炉渣后冲入金属熔池时才发生，这时 [P] 与 O_2 生成 P_2O_5 后，便立即与 CaO 结合成 $3CaO \cdot P_2O_5$ 或 $4CaO \cdot P_2O_5$，其反应式可表述为：

$$3CaO_{(s)} + 2[P] + 5/2O_2 \Longrightarrow Ca_3P_2O_8 \qquad (4-1-8)$$

$$\Delta_r G_m^{\ominus} = -2071920 + 621.53T \qquad J/mol[3] \qquad (4-1-8a)$$

$$\Delta_r G_m^{\ominus} = -2074850 + 516.93T \qquad J/mol[1] \qquad (4-1-8b)$$

$$\Delta_r G_m^{\ominus} = -2111250 + 652.03T \qquad J/mol \qquad (4-1-8c)$$

而铁的直接氧化反应是：

$$5Fe + 5/2O_2 \Longrightarrow 5FeO \qquad (4-1-9)$$

$$\Delta_r G_m^{\ominus} = -1190350 + 247.27T \qquad J/mol \qquad (4-1-9a)$$

在 1873K 下，反应（4-1-8）和反应（4-1-9）的 $\Delta_r G_m^{\ominus}$ 分别为：

$$\Delta_r G_{m\,(4-1-8a)}^{\ominus} = -1106640 \sim -890000 \qquad J/mol$$

$$\Delta_r G_{m(4-1-9a)}^{\ominus} = -727210 \qquad J/mol$$

由此可见，直接氧化去磷的反应式（4-1-8）的 $\Delta_r G_m^{\ominus}$ 不仅小于直接氧化铁的反应式（4-1-9）的 $\Delta_r G_m^{\ominus}$，故式（4-1-8）比式（4-1-9）优先进行；同时 $\Delta_r G_{m\,(4-1-8)}^{\ominus}$ 远小于 $\Delta_r G_{m\,(4-1-3)}^{\ominus}$，不难预料直接氧化脱磷速度将远大于间接氧化脱磷速度。

4.1.2 磷与硅、锰的耦合氧化

磷和锰的耦合氧化已在上一章中谈过了，这里只就磷与硅的耦合氧化做一讨论，随后再就 Si、Mn、P 的同时氧化做一分析。

Si、P 选择耦合氧化的问题，生产中有在 [Si] = 0.3% ~ 0.6% 时，[P] 便开始与 [Si] 同时氧化的[3,8]；有在 [Si] = 0.1% ~ 0.3% 时，[P] 才开始与 [Si] 同时氧化的[5,16]；也有在 [Si] 氧化结束后，脱 [P] 反应才开始的。而企图从理论上来解析这一现象的则不多。鞭严提出了按氧流冲击凹坑面上吸收的 [O]，分配于 C、Si、Fe、Mn、P 等元素的各氧化反应式的 [O] 的比率来进行各元素不同程度的同时氧化反应；文献 [1] 则试图用 Si、P 耦合反应的热力学方程式和文献 [4] 提出的计算电渣重熔的金属界面上 Si 浓度对 P 浓度影响的关系式，来解析氧气顶吹转炉吹炼初期的 Si、P 同时氧化；文献 [8] 则根据顶底复吹转炉在吹炼初期所出现的 Si、P 耦合氧化的事实，设想其是形成了一种比一般磷酸盐更稳定的硅磷酸盐而吸收在炉渣中的缘故，它并不受渣中 FeO 含量的影响，也不像顶吹转炉那样在 C 的激烈氧化期产生回 P 反应。

鞭严解析 C、Si、Mn、P 同时氧化的方法已在 3.5.1 节中做了评述，这里就不再赘述。下面拟就文献［1］和文献［4］提出的方法，先从热力学上对 Si、P 选择性氧化作一分析。

现写出金属熔池和渣池界面处的 Si、P 氧化反应于下：

$$2[P]+5[O] \longrightarrow (P_2O_5) \tag{4-1-10}$$

$$\Delta_r G_m^{\ominus} = -686910+580.03T \qquad J/mol^{[6]} \tag{4-1-10a}$$

$$\Delta_r G_m^{\ominus} = -704380+559.19T \qquad J/mol^{[10]} \tag{4-1-10b}$$

$$\Delta_r G_m^{\ominus} = -705550+556.60T \qquad J/mol^{[11]} \tag{4-1-10c}$$

$$[Si]+2[O] \longrightarrow SiO_{2(cris)} \tag{4-1-11}$$

$$\Delta_r G_m^{\ominus} = -580400+222.882T \qquad J/mol^{[12]} \tag{4-1-11a}$$

$$SiO_{2(s)} \longrightarrow SiO_{2(l)} \tag{4-1-12}$$

$$\Delta_r G_m^{\ominus} = 15060-7.53T \qquad J/mol^{[13]} \tag{4-1-12a}$$

$$SiO_{2(l)} \longrightarrow (SiO_2) \tag{4-1-13}$$

$$\Delta_r G_m^{\ominus} = 0 \tag{4-1-13a}$$

于是式（4-1-11）+式（4-1-12）+式（4-1-13）得：

$$[Si]+2[O] \longrightarrow (SiO_2) \tag{4-1-14}$$

式（4-1-11a）+式（4-1-12a）+式（4-1-13a）得：

$$\Delta_r G_m^{\ominus} = -565340+215.35T \qquad J/mol \tag{4-1-14a}$$

又文献上给出的 $\Delta_r G_{m(4-1-14)}^{\ominus}$ 为：

$$\Delta_r G_m^{\ominus} = -582830+224.05T \qquad J/mol^{[14]} \tag{4-1-14b}$$

$$\Delta_r G_m^{\ominus} = -556890+208.66T \qquad J/mol^{[15]} \tag{4-1-14c}$$

现可写出 P 与 Si 的选择性耦合氧化反应于下：由式（4-1-10）-式（4-1-14）×5/2 得：

$$2[P]+\frac{5}{2}(SiO_2) \longrightarrow \frac{5}{2}[Si]+(P_2O_5) \tag{4-1-15}$$

由式（4-1-10a）-式（4-1-14a）×5/2 得：

$$\Delta_r G_m^{\ominus} = 726450+41.65T \qquad J/mol \tag{4-1-15a}$$

由式（4-1-10b）-式（4-1-14b）×5/2 得：

$$\Delta_r G_m^{\ominus} = 752700-0.941T \qquad J/mol \tag{4-1-15b}$$

由式（4-1-10c）-式（4-1-14c）×5/2 得：

$$\Delta_r G_m^{\ominus} = 686680+34.96T \qquad J/mol \tag{4-1-15c}$$

又文献［1］给出的 $\Delta G_{(4-1-15)}^{\ominus}$ 为：

$$\Delta_r G_m^{\ominus} = 778100-34.96T \qquad J/mol^{[14]} \tag{4-1-15d}$$

所以：

$$\lg K_{(4-1-15)}^{\ominus} = -\frac{37940}{T}-2.175 \tag{4-1-15a'}$$

或

$$\lg K_{(4-1-15)}^{\ominus} = -\frac{39310}{T}+0.049 \tag{4-1-15b'}$$

或

$$\lg K_{(4-1-15)}^{\ominus} = -\frac{35865}{T}-1.826 \tag{4-1-15c'}$$

或
$$\lg K_{(4\text{-}1\text{-}15)}^{\ominus} = -\frac{40640}{T} + 1.306 \qquad (4\text{-}1\text{-}15d')$$

而
$$\lg K_{(4\text{-}1\text{-}15)}^{\ominus} = \lg \frac{a_{P_2O_5} a_{[Si]}^{5/2}}{a_{(SiO_2)}^{5/2} a_{[P]}^2} \qquad (4\text{-}1\text{-}15e)$$

命
$$A = 0.8\lg[P] + 0.8\lg f_{[P]} + \lg a_{SiO_2} - \lg f_{[Si]} - 0.4\lg(\gamma_{P_2O_5} N_{P_2O_5}) \qquad (4\text{-}1\text{-}15f)$$

又
$$\lg f_{[P]} = e_P^{Si}[\%Si] + e_P^C[\%C] \qquad (4\text{-}1\text{-}15g)$$

$$\lg f_{[Si]} = e_{Si}^{Si}[Si] + e_{Si}^P[P] + e_{Si}^C[C] \qquad (4\text{-}1\text{-}15h)$$

从文献 [9] 可查得：

$$e_P^{Si} = 0.12, \qquad e_P^C = 0.13, \qquad e_{Si}^{Si} = 0.11, \qquad e_{Si}^P = 0.11, \qquad e_{Si}^C = 0.18$$

从而得到：

$$\lg[Si] = A - \frac{15176}{T} - 0.87 \qquad (4\text{-}1\text{-}15a'')$$

或
$$\lg[Si] = A - \frac{15724}{T} + 0.02 \qquad (4\text{-}1\text{-}15b'')$$

$$\lg[Si] = A - \frac{14346}{T} - 0.73 \qquad (4\text{-}1\text{-}15c'')$$

$$\lg[Si] = A - \frac{16256}{T} + 0.522 \qquad (4\text{-}1\text{-}15d'')$$

在吹炼初期，当 $T = 1673K$，$[C] = 3.5\%$，$[P] = 0.15\%$，$[Si] = 0.1\%$ 以及 CaO/SO$_2$ = 2.0 时，由式（4-1-15g）、式（4-1-15h）可算出 $\lg f_P = 0.467$，$\lg f_{Si} = 0.6575$，由 CaO-FeO-SiO$_2$ 三元相图的等 a_{SiO_2} 线可查得 $a_{SiO_2} = 0.01 \sim 0.001$（在（FeO）= 5% ~ 20% 范围内，随 FeO 的增大而减小）。现取吹炼初期的炉渣成分（CaO）= 46%，（SiO$_2$）= 24%，（FeO）= 15%，（FeO$_{1.5}$）= 5%，（MgO）= 5%，（MnO）= 5%，按正规溶液模型写出的渣系 CaO-MgO-MnO-Fe$_t$O-SiO$_2$ 中的 γ_{SiO_2} 公式算出的 $\gamma_{SiO_2} = 0.1336$，$a_{SiO_2} = 0.0317$，按 Turkdogan 公式求得的 $\gamma_{P_2O_5} = 1.399 \times 10^{-17}$，而按作者公式（详见后面的章节）求得的 $\gamma_{P_2O_5} = 1.355 \times 10^{-20}$。若设 [P] 开始氧化时，渣中的初始 P$_2O_5$ 摩尔分数为 $N_{P_2O_5} = 10^{-5}$、10^{-6}、10^{-7}。以 $a_{SiO_2} = 0.0317$，$\gamma_{P_2O_5} = 1.355 \times 10^{-20}$ 及上述有关数据代入式（4-1-15c''）、式（4-1-15d''）和式（4-1-15f），可估算出 $[P]_0 = 0.15\%$ 时，其开始氧化时的 [%Si] 含量（见表 4-1-1）。

表 4-1-1 磷开始氧化时的硅含量估算值

$N_{P_2O_5}$		10^{-5}	10^{-6}	10^{-7}
$\sum A$		7.5053	7.7639	8.1639
[Si]	(4-1-15c'')	0.016	0.0288	0.0723
	(4-1-15d'')	0.02	0.037	0.093

由表 4-1-1 可见，在造就初渣的过程中，即使取最有利于脱磷的计算数据和假设渣中 P$_2$O$_5$ 的原始摩尔分数为 $10^{-6} \sim 10^{-7}$，也要 [Si] 降到大约 0.03% ~ 0.093% 时，[P] 才开始与 [Si] 同时氧化。这说明，如仅仅是渣池与金属池的界面反应，则只能是 [Si] 氧化完

之后，[P] 才开始氧化。

而如果是金属滴进入渣池的反应，按 1.2 节中所述，应是金属滴中各元素在渣中停留的过程中均有相当程度的氧化，其生成氧化物的成渣反应，可做下述简要描述。

当 $CaO/SiO_2 \leqslant 0.47$ 时：

$$4(MeO \cdot SiO_2) + MeO \cdot P_2O_5 = 5Me^{2+} + 2Si_2PO_9^{5-} \quad （为四面体的环状结构）$$

或　　　　　　$$6(MeO \cdot SiO_2) + MeO \cdot P_2O_5 = 7Me^{2+} + 2Si_3PO_{12}^{7-} \quad （为四环结构）$$

当 $CaO/SiO_2 = 0.93$ 时：

$$4(CaO \cdot SiO_2) + CaO \cdot P_2O_5 = 5Ca^{2+} + 2Si_2PO_9^{5-} \quad （为三环结构）$$

或　　　　　　$$6(CaO \cdot SiO_2) + CaO \cdot P_2O_5 = 7Ca^{2+} + 2Si_3PO_{12}^{7-} \quad （四环结构）$$

当 $CaO/SiO_2 = 1.09$ 时：

$$7CaO \cdot 6SiO_2 + 2CaO \cdot P_2O_5 = 9Ca^{2+} + 2Si_3PO_{13}^{9-} \quad （四链结构）$$

当 $CaO/SiO_2 = 1.17$ 时：

$$5CaO \cdot 4SiO_2 + 2CaO \cdot P_2O_5 = 7Ca^{2+} + 2Si_2PO_{10}^{7-} \quad （三链结构）$$

当 $CaO/SiO_2 = 1.4$ 时：

$$3CaO \cdot 2SiO_2 + 2CaO \cdot P_2O_5 = 5Ca^{2+} + 2SiPO_7^{5-} \quad （双链结构）$$

当 $CaO/SiO_2 \geqslant 1.87$ 时：

$$2CaO \cdot SiO_2 + 3CaO \cdot P_2O_5 = 5Ca^{2+} + SiP_2O_{12}^{10-}$$

或　　　　　　$$2(2CaO \cdot SiO_2) + 3CaO \cdot P_2O_5 = 7Ca^{2+} + 2SiPO_8^{7-}$$

若真是这样，金属滴中的 Si、P 在渣中被氧化生成 SiO_2 和 P_2O_5 的同时，先与 Mn 氧化生成的 MnO，或渣中的其他金属氧化物 MeO（$=FeO$、MgO、CaO 等）生成较稳定的复合氧化物 $MeO \cdot SiO_2$ 和 $MeO \cdot P_2O_5$，进而随着造渣进程的发展，在不同炉渣碱度下形成更稳定的不同类型的硅磷酸盐，使之硅、磷的氧化反应相得益彰。从而不难理解顶底复吹转炉中，在 [Si] 含量较高的情况下，也能 Si、P 同时氧化。但应当指出，这种 Si、P 同时氧化的前提条件应是，在吹炼前期金属液以液滴的形式进入渣池的比率应是充分高的，而不是像顶吹转炉那样最高只有 10%[16]。反之，如不作这样的解释，那又应作何种解析呢？当然，这种解析是否恰当，还须通过对炉渣结构的岩相研究证明才是。

至于 [Si] $\leqslant 0.1\%$ 后 Si、P 同时氧化的问题，则可通过反应动力学来分析，因 [Si] $\leqslant 0.1\%$ 后，[Si] 的氧化速度取决于 [Si] 的传质速度，这时钢/渣界面的 [Si] 含量 ≈ 0，而 [P] 是表面活性元素，若这时 [Si] 的传质速度较慢，且炉渣有较好的脱 P 条件，则 [Si] $\leqslant 0.1\%$ 后，Si、P 同时氧化应是顺理成章的。

关于 Si、Mn、P、C 的同时氧化问题，为避免重复，就留在氧气转炉炼钢过程的数学模型解析中专门讨论。

4.1.3　碳和磷的选择性氧化

在氧气转炉中，脱磷和脱碳是同时进行的。脱碳沸腾能促进钢渣间的传质过程，但磷和碳又同时争夺氧。在冶炼低磷高碳钢时，要求优先脱磷或保碳脱磷，由碳、磷氧化机理的转变和碳、磷、氧间的平衡关系，可以确定优先脱磷和碳、磷同时氧化的动力学条件和热力学条件。这里，先对碳、磷同时氧化和优先脱磷的热力学条件做一初步讨论。

在氧气转炉中，碳和磷的氧化反应有三个区域：

在一次反应区，由氧流喷粉，或由氧流抽吸炉渣所形成的渣－气混合流冲击的凹坑面上：

$$2[P]+5/2O_2 =\!=\!= (P_2O_5)_{(1)} \tag{4-1-16a}$$

$$5[C]+5/2O_2 =\!=\!= 5CO \tag{4-1-16b}$$

在二次反应区，由一次反应区带到金属中的富含氧化铁的渣滴上：

$$2[P]+5[O] =\!=\!= (P_2O_5)_{(1)} \tag{4-1-17a}$$

$$5[C]+5[O] =\!=\!= 5CO \tag{4-1-17b}$$

在渣池中，由进入渣池的金属滴与炉渣接触的表面上：

$$2[P]+5(FeO) =\!=\!= (P_2O_5)_{(1)} +5Fe \tag{4-1-18a}$$

$$5[C]+5(FeO) =\!=\!= 5CO+5Fe \tag{4-1-18b}$$

但无论如何，在同一反应区内，碳、磷氧化的氧位（或 P_{O_2}，或 $a_{[O]}$，或 a_{FeO}）总是相等的，故无论连接哪个反应区 C、P 氧化反应方程，均可得下式：

$$2[P]+5CO =\!=\!= (P_2O_5)_{(1)} +5[C] \tag{4-1-19}$$

$$K^{\ominus}_{(4-1-19)} = \frac{\gamma_{P_2O_5} N_{P_2O_5} f_C^5 [\%C]^5}{f_P^2 [\%P]^2 P_{CO}^5} \tag{4-1-19a}$$

对式（4-1-19a）取对数得：

$$\lg[P] = 2.5\lg[\%C]+2.5\lg f_C+\frac{1}{2}\lg a_{P_2O_5}-\lg f_P-2.5\lg P_{CO}-\lg K^{\ominus}_{(4-1-19)} \tag{4-1-20}$$

由式（4-1-20）可见：增大 P_{CO} 就是增大脱碳反应的阻力，有利于磷的优先氧化。在实际操作中，如顶吹采用超软吹和底吹采用偏中等气量，以造就金属滴在渣池中的脱磷脱碳反应，就能达到增大 P_{CO} 的目的。另外，不同的造渣方法可使 $a_{P_2O_5}$ 和 $K^{\ominus}_{(4-1-19)}$ 有较大的差别；如采用留渣法，或使用活性石灰、合成渣料提高造渣速度都有利于降低 $a_{P_2O_5}$ 值和增大 C-P 耦合反应的平衡常数 $K^{\ominus}_{(4-1-19)}$，尤其是氧气喷石灰粉法，更能大大降低 $a_{P_2O_5}$ 值和提高 $K^{\ominus}_{(4-1-19)}$ 值，从而达到优先去磷和保碳去磷的作用。故氧气转炉不同的操作工艺，将有不同的碳、磷氧化行为，详细留在 4.8 节讨论。

参 考 文 献

[1] Bodsworth C. Physical Chemistry of Iron and Steel Manufacture [M]. Longmans, 1963：450.

[2] Turkdogan E T, et al. JISI, 1953, 173：393；1953, 175：398.

[3] Bodsworth C. Physical Chemistry of Iron and Steel Manufacture [M]. Longmans, 1963：446.

[4] 特克道根 E T, 著. 高温工艺物理化学 [M]. 魏季和，傅杰，译. 北京：冶金工业出版社，1988.

[5] 曲英，编著. 炼钢学原理 [M]. 北京：冶金工业出版社，1980：147.

[6] Bodsworth C. Physical Chemistry of Iron and Steel Manufacture [M]. Longmans, 1963：447.

[7] Elliott J F. Electric Furnace Proc, 1974：62.

[8] Fuwa T, et al. Steelm. Proc, 1984：257-268.

[9] Elliott . The Chemistry of Electric Furnace Steelmaking, Electric Furnace Proceeding [M]. 1974：62-74；
 陈家祥. 炼钢常用图表数据手册 [M]. 北京：冶金工业出版社，1984：11-521.

[10] 曲英，编著. 炼钢学原理 [M]. 北京：冶金工业出版社，1980：163.

[11] 佩尔克，等著. 氧气顶吹转炉炼钢（上册）［M］. 邵象华，等校译. 北京：冶金工业出版社，1980：252-254.

[12] Badsworth C. Physical Chemistry of Iron and Steel Manufacture［M］. Made and Printed in Great Britain by Spottiswoode，Ballantyne Co. Ltd London and Colchester，1963：396-398.

[13] 黄希祐，主编. 钢铁冶金原理［M］. 北京：冶金工业出版社，1981：156.

[14] 曲英，主编. 炼钢学原理［M］. 北京：冶金工业出版社，1980：159，156.

[15] 佩尔克 R D，等著. 氧气顶吹转炉炼钢（上册）［M］. 邵象华，等校译. 北京：冶金工业出版社，1980：50-157.

[16] Nashiwa H，et al. Ironm. and Steelm. 1981（1）：29-38.

4.2　磷容量及其在脱磷中的地位

过去人们对 CaO 基炉渣与无碳金属间氧化脱磷反应的平衡分配比 L_P 和 P_2O_5 在渣中的活度系数 $\gamma_{P_2O_5}$ 做了大量实验研究。它们对控制炼钢脱磷所需的终渣成分无疑有着一定的指导意义，但它们却不具有指导早期去磷和定义最佳化初渣和终渣成分的作用，对实际生产中所发现的一些问题，如脱磷分配比 L_P 随供氧强度 q_{O_2} 或供氧压力 P_{O_2} 或炉气中的 CO_2/CO 比的增大而增大，以及前期采用大供氧强度有利于优先脱磷等更难以说清。

自 20 世纪 70 年代铁水预脱磷和钢包脱磷技术发展以来，人们在研制脱磷剂时，提出了判断其脱磷能力大小的判别值，即磷酸盐容量 $C_{PO_4^{3-}}$ 或磷容量 C_P。并在研究铁/渣间的磷平衡分配比时，除仍有用炉渣成分的函数表达式外，还提出了一种包括磷酸盐容量 $C_{PO_4^{3-}}$、磷活度系数 f_P 和体系的氧分压 P_{O_2} 来共同表达的函数式，即：

$$L_P = C_{PO_4^{3-}} f_P P_{O_2}^{5/4} \frac{M_P}{M_{PO_4^{3-}}} K \qquad (4\text{-}2\text{-}1)$$

该式说明，L_P 不仅是随炉渣成分的变化而变化，还随金属成分的变化、体系内氧分压和反应温度的变化而变化。式（4-2-1）不仅对铁水预脱磷具有重要意义，同样对研究氧气转炉的过程脱磷具有重要意义。故在讨论氧化脱磷反应的表观平衡常数 K'_P 和平衡分配比 L_P 和 P_2O_5 在渣中的活度系数 $\gamma_{P_2O_5}$ 之前，先讨论磷酸盐容量及其与它们的关系。

4.2.1　磷容量

磷容量最早由 Wagner[1] 按脱磷反应方程（4-2-2）：

$$\frac{1}{2}P_2 + \frac{3}{2}O^{2-} + \frac{5}{4}O_2 \Longrightarrow PO_4^{3-} \qquad (4\text{-}2\text{-}2)$$

定义磷酸盐容量 $C_{PO_4^{3-}}$，如方程（4-2-3）所示：

$$C_{PO_4^{3-}} = \frac{(PO_4^{3-})}{P_P^{1/2} P_{O_2}^{5/4}} = K_{PO_4^{3-}} \frac{a_{O^{2-}}}{\gamma_{PO_4^{3-}}} \qquad (4\text{-}2\text{-}3)$$

式中，$K_{PO_4^{3-}} = K'_{PO_4^{3-}} \frac{(PO_4^{3-})}{N_{PO_4^{3-}}}$；$K'_{PO_4^{3-}}$ 是方程（4-2-2）的表观平衡常数，并设 $\frac{(PO_4^{3-})}{N_{PO_4^{3-}}}$ 在一定温度下不随炉渣成分而变；$\gamma_{PO_4^{3-}}$ 为磷酸盐离子的活度系数；$a_{O^{2-}}$ 为氧离子活度。

该式说明，磷酸盐容量 $C_{PO_4^{3-}}$ 是表示在每单位磷分压、单位氧分压的渣中吸磷的能力。它取决于炉渣成分和反应平衡常数，在给定温度下，则仅是炉渣成分的函数。所以，它是反映脱磷剂本身或炉渣本身脱磷能力大小的判据。

为了使磷酸盐容量 $C_{PO_4^{3-}}$ 更方便地用于生产实际，R. Inoue 和 H. Suito[2] 建议用磷容量 C_P 代替 $C_{PO_4^{3-}}$。他是按脱磷反应方程（4-2-4）：

$$[P]+\frac{5}{2}[O]=\!\!=\!\!=PO_{2.5} \tag{4-2-4}$$

定义磷容量 C_P，如方程（4-2-5）所示：

$$C_P=\frac{(P)}{a_{[P]}a_{[O]}^{5/2}}=\frac{K'_{PO_{2.5}}(P)}{\gamma_{PO_{2.5}}N_{PO_{2.5}}}=\frac{K_{PO_{2.5}}}{\gamma_{PO_{2.5}}} \tag{4-2-5}$$

对式（4-2-5）取对数得：

$$\lg C_P=\lg K'_{PO_{2.5}}+\lg(P)-\lg\gamma_{PO_{2.5}}-\lg N_{PO_{2.5}} \tag{4-2-6}$$

由式（4-1-10）和式（4-2-4）可得：

$$\lg K_{P_2O_5(4\text{-}1\text{-}10)}=\lg\frac{\gamma_{P_2O_5}N_{P_2O_5}}{a_{[P]}^2 a_{[O]}^5}=\frac{-\Delta G^{\ominus}}{2.303RT}=\frac{36780}{T}-25.204 \tag{4-2-6a}$$

$$\lg K_{PO_{2.5}(4\text{-}2\text{-}4)}=\lg\frac{\gamma_{PO_{2.5}}N_{PO_{2.5}}}{a_{[P]}a_{[O]}^{5/2}}=\frac{-\frac{1}{2}\Delta G^{\ominus}}{2.303RT}=\frac{18390}{T}-12.602 \tag{4-2-6b}$$

因此

$$\left.\begin{array}{l}\lg K_{P_2O_5(4\text{-}1\text{-}10)}=2\lg K_{PO_{2.5}(4\text{-}2\text{-}4)}\\ \lg\gamma_{P_2O_5}N_{P_2O_5}=\lg\gamma_{PO_{2.5}}^2 N_{PO_{2.5}}^2\end{array}\right\} \tag{4-2-6c}$$

$$\lg\gamma_{P_2O_5}+\lg N_{P_2O_5}=2\lg\gamma_{PO_{2.5}}+2\lg N_{PO_{2.5}}$$

而

$$n_{PO_{2.5}}=2n_{P_2O_5},\qquad N_{PO_{2.5}}\approx 2N_{P_2O_5} \tag{4-2-6d}$$

则

$$\lg\gamma_{PO_{2.5}}=\frac{1}{2}\lg\gamma_{PO_{2.5}}-\frac{1}{2}N_{PO_{2.5}}-0.301 \tag{4-2-6e}$$

将式（4-2-6b），式（4-2-6d），式（4-2-6e）代入式（4-2-6）得：

$$\lg C_P=-\frac{1}{2}\lg\gamma_{P_2O_5}+\lg(\%P)-\frac{1}{2}\lg N_{P_2O_5}+\frac{18390}{T}-14.602 \tag{4-2-7}$$

式（4-2-7）右边第二、三项，即 $\lg(\%P)/N_{P_2O_5}^{1/2}$，据研究[3]，$\lg(\%P)/N_{P_2O_5}^{1/2}$ 取决于渣的成分，特别是取决于 P_2O_5 的含量，如图 4-2-1 所示。从磷在铁液和 MgO 饱和的 CaO-Fe_tO-SiO_2-P_2O_5 渣之间的分配系数计算的 $\lg(\%P)/N_{P_2O_5}^{1/2}$ 与 $N_{P_2O_5}$ 的函数关系，在图中用阴影线区域表示。图中一条曲线为 $CaO/SiO_2=3$ 和 $Fe_tO=20\%$ 的 CaO-Fe_tO-SiO_2-P_2O_5 渣；另一条曲线为 $CaO/CaF_2=1$ 和 $Fe_tO=20\%$ 的渣。上述渣的 $\lg(\%P)/N_{P_2O_5}^{1/2}$ 值分别由下式表示：

$$\lg\frac{(\%P)}{N_{P_2O_5}^{\frac{1}{2}}}=0.478\lg N_{P_2O_5}+1.955\quad(r=0.9996)$$

和

$$\lg\frac{(\%P)}{N_{P_2O_5}^{\frac{1}{2}}}=0.479\lg N_{P_2O_5}+1.813\quad(r=0.9999)$$

从图 4-2-1 可以看出，在渣中 P_2O_5 含量不变的条件下，可以认为 $\lg\dfrac{(\%P)}{N_{P_2O_5}^{\frac{1}{2}}}$ 近似常数，

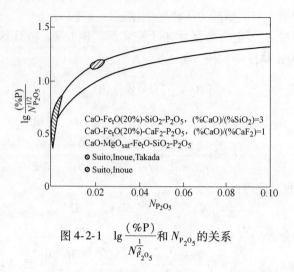

$$图4\text{-}2\text{-}1\quad \lg\frac{(\%\mathrm{P})}{N_{\mathrm{P_2O_5}}^{\frac{1}{2}}}和N_{\mathrm{P_2O_5}}的关系$$

式（4-2-7）中的 $\lg C_{\mathrm{P}}$ 与 $\lg\gamma_{\mathrm{P_2O_5}}$ 具有线性关系，而 $\gamma_{\mathrm{P_2O_5}}$ 取决于炉渣成分和温度，故 C_{P} 也取决于炉渣成分和温度，只要有了 $\gamma_{\mathrm{P_2O_5}}$ 公式，便可根据炉渣（或熔剂）成分算出他的 C_{P} 值。换句话说，计算 $\gamma_{\mathrm{P_2O_5}}$ 值的公式精度高，计算 C_{P} 值的式（4-2-7）的精度高。

而
$$\lg K'_{\mathrm{PO_{2.5}}}=-\Delta_{\mathrm{r}}G_{\mathrm{m(4\text{-}1\text{-}10b)}}^{\ominus}/(2\times2.303RT)=18393/T-14.6$$

$$\lg\gamma_{\mathrm{PO_{2.5}}}=\frac{1}{2}\lg\gamma_{\mathrm{P_2O_5}}=-0.51(23N_{\mathrm{CaO}}+17N_{\mathrm{MgO}}+8N_{\mathrm{Fe_tO}}+33N_{\mathrm{Na_2O}}+42N_{\mathrm{BaO}}+$$
$$20N_{\mathrm{CaF_2}}+13N_{\mathrm{MnO}}-26N_{\mathrm{P_2O_5}})-\frac{11495}{T}+4.754^{[4]}$$

或
$$\lg\gamma_{\mathrm{PO_{2.5}}}=-0.51(23N_{\mathrm{CaO}}+18N_{\mathrm{CaF_2}}+8N_{\mathrm{FeO}}+17N_{\mathrm{MgO}}+13N_{\mathrm{MnO}}-26N_{\mathrm{P_2O_5}}-$$
$$11N_{\mathrm{Al_2O_3}}+35N_{\mathrm{SrO}}+45N_{\mathrm{BaO}})-\frac{11495}{T}+4.754^{[5]}$$

又
$$\lg N_{\mathrm{PO_{2.5}}}=\frac{1}{2}\lg N_{\mathrm{P_2O_5}}$$

所以：
$$\lg C_{\mathrm{P}}=-0.51(23N_{\mathrm{CaO}}+18N_{\mathrm{CaF_2}}+8N_{\mathrm{FeO}}+17N_{\mathrm{MgO}}+13N_{\mathrm{MnO}}-26N_{\mathrm{P_2O_5}}-$$
$$11N_{\mathrm{Al_2O_3}}+35N_{\mathrm{SrO}}+45N_{\mathrm{BaO}})+\frac{29890}{T}-19.345+\lg(\mathrm{P})-\frac{1}{2}\lg N_{\mathrm{P_2O_5}}\qquad(4\text{-}2\text{-}7\mathrm{a})$$

或
$$\lg C_{\mathrm{P}}=-0.51(23N_{\mathrm{CaO}}+17N_{\mathrm{MgO}}+8N_{\mathrm{Fe_tO}}+33N_{\mathrm{Na_2O}}+42N_{\mathrm{BaO}}+20N_{\mathrm{CaF_2}}+13N_{\mathrm{MnO}}-26N_{\mathrm{P_2O_5}})+$$
$$\frac{29890}{T}-19.345+\lg(\mathrm{P})-\frac{1}{2}\lg N_{\mathrm{P_2O_5}}\qquad(4\text{-}2\text{-}7\mathrm{b})$$

应当指出：Turkdogan[6] 最先提出了用炉渣成分表达的 $\gamma_{\mathrm{P_2O_5}}$ 公式，但其计算值偏大，后来 Suito 等人[7] 根据 MgO 饱和的 CaO-MgO-SiO-FeO-$\mathrm{P_2O_5}$ 渣系及其添加 MnO、$\mathrm{CaF_2}$、$\mathrm{Na_2O}$、BaO、SrO 和 $\mathrm{Al_2O_3}$ 的实验结果，提出了对 Turkdogan 公式修正的相应公式。而李远洲又提出了修正 $\gamma_{\mathrm{P_2O_5}}$ 公式的新见解。

由上可见，式（4-2-5）说明，磷容量 C_P 是表示在每单位磷活度 $a_{[P]}$ 和单位氧活度 $a_{[O]}$ 下炉渣吸磷的能力。式（4-2-7）则更具体地表述了 C_P 是炉渣成分和温度的函数，可更方便地用于指导生产实践，研制磷容量较大的脱磷剂和炉渣。

4.2.2 L_P 与 C_P（或 $C_{PO_4^{3-}}$）等因素的关系

由于：

$$(\%PO_4^{3-}) = (\%P) \frac{M_{PO_4^{3-}}}{M_P} \tag{4-2-8}$$

$$\frac{1}{2}P_2 \Longrightarrow [P] \tag{4-2-9}$$

$$\Delta_r G_m^{\ominus} = -122173 - 19.25T \qquad J/mol \tag{4-2-9a}$$

$$\lg K_P^{\ominus} = \frac{6381}{T} + 1.008 \qquad J/mol \tag{4-2-9b}$$

$$K_P^{\ominus} = \frac{f_P[P]}{P_{P_2}^{1/2}} \tag{4-2-9c}$$

$$P_{P_2}^{1/2} = \frac{f_P[P]}{K_P^{\ominus}} \tag{4-2-9d}$$

将式（4-2-8）、式（4-2-9d）代入式（4-2-3），可得：

$$L_P = C_{PO_4^{3-}} P_{O_2}^{5/4} f_{[P]} M_P / (M_{PO_4^{3-}} K_P^{\ominus}) \tag{4-2-10}$$

对式（4-2-10）取对数，得：

$$\lg L_P = \lg C_{PO_4^{3-}} + \frac{5}{4}\lg P_{O_2} + \lg f_P - \lg K_P^{\ominus} + \lg(M_P / M_{PO_4^{3-}}) \tag{4-2-11}$$

而

$$\lg(M_P / M_{PO_4^{3-}}) = \lg(31/95) = -0.486 \tag{4-2-11a}$$

故，将式（4-2-9b）和式（4-2-11a）代入式（4-2-11）后，得：

$$\lg L_P = \lg C_{PO_4^{3-}} + \frac{5}{4}\lg P_{O_2} + \lg f_P - \frac{6381}{T} - 1.494 \tag{4-2-12}$$

又对式（4-2-5）取对数，可得：

$$\lg L_P = \lg C_P + \frac{5}{2}\lg a_{[O]} + \lg f_P \tag{4-2-13}$$

按反应式（4-2-14）

$$\frac{1}{2}O_2 \Longrightarrow [O] \tag{4-2-14}$$

$$\Delta_r G_m^{\ominus} = -117152 - 2.887T \tag{4-2-14a}$$

$$\lg K_O^{\ominus} = \frac{6119}{T} + 0.151 \tag{4-2-14b}$$

$$K_O^{\ominus} = \frac{a_{[O]}}{P_{O_2}^{1/2}} \tag{4-2-14c}$$

$$\lg a_{[O]} = \lg K_O + \frac{1}{2}\lg P_{O_2} = \frac{6119}{T} + 0.151 + \frac{1}{2}\lg P_{O_2} \tag{4-2-14d}$$

将式（4-2-14d）代入式（4-2-13），则得：

$$\lg L_P = \lg C_P + \frac{5}{4}\lg P_{O_2} + \lg f_P + \frac{15300}{T} + 0.378 \tag{4-2-15}$$

又由式（4-2-3）、式（4-2-9d）和式（4-2-14c）可得：

$$C_{PO_4^{3-}} = \frac{w(P) \times 3.065}{\dfrac{f_P[P]}{K_P^{\ominus}}\left(\dfrac{f_O[O]}{K_O^{\ominus}}\right)^{2.5}} = \frac{(P)}{a_{[P]}a_{[O]}^{2.5}} \times 3.065 \times K_P^{\ominus}(K_O^{\ominus})^{2.5} = C_P \times 3.065 K_P^{\ominus}(K_O^{\ominus})^{2.5} \tag{4-2-16}$$

对式（4-2-16）取对数后与式（4-2-9b）和式（4-2-14b）联解，得 $C_{PO_4^{3-}}$ 与 C_P 的转换方程（4-2-17）：

$$\lg C_{PO_4^{3-}} = \lg C_P + \frac{21679}{T} + 1.869 \tag{4-2-17}$$

将式（4-2-17）代入式（4-2-12），同样可得式（4-2-15）。

由式（4-2-12）、式（4-2-13）和式（4-2-15）可见 L_P 既取决于炉渣的 C_P（或 $C_{PO_4^{3-}}$），也取决于熔池温度和金属液中的 f_P 值、$a_{[O]}$ 值或体系的氧分压 P_{O_2}。换句话说，L_P 不仅随 C_P 的增大而增大，也随 f_P、P_{O_2}（或 $a_{[O]}$）的增大而增大，故不仅要重视对炉渣磷容量的研究，以采取最佳的造渣制度和温度制度；还应注意金属成分对 f_P 的影响，选择合适的脱磷工艺；同时要重视体系氧分压 P_{O_2} 对 L_P 的影响，力求采用较大的供氧强度和双变供氧制度。

参 考 文 献

［1］Wagner C. Met. Trans. ，1975（6B）：405.

［2］Inoue R，Suito H. 磷在苏打和石灰基熔剂与碳饱和铁水之间的分配［J］. 何玉平，译 . Trans. ISIJ 1985，25：118-126，《铁水预处理和炉外精炼译文专集》，华东冶金学院科技情报室，1986：22-38.

［3］Suito，Inoue. Effects of Na₂O and BaO Additions on Phosphorus Distribution beween CaO-MgO-FeₜO-SiO₂ Slags and Liquid Iron［J］. Transactions ISIJ，1984，24：47-53.

［4］郭上型，等 . 磷在含 Al₂O₃、SrO、BaO 的石灰基渣系和铁水间的分配［C］//第五届全国炼钢学术会议论文集（上册）. 重庆：中国金属学会炼钢学会编，1988：13-21.

［5］Simeonov R，Sano N. Phosphorus Equilibrium Distribution beween Slags Containing MnO，BaO and Na₂O and Carbon-saturated Iron for Hot Metal Pretreatment［J］. Transations ISIJ，V1985，25：1031-1035.

［6］Turkdogan E T. Physical Chemistry of High Temperate Techology［M］. New York：Academic Press，1980：5-24.

［7］Suito，Inoue，Takada. Phosphorus Distribution between Liquid Iron and MgO Saturate Slags of the System CaO-MgO-FeOₓ-SiO₂［J］. Transactions ISII，1981，21：250-259.

4.3　磷酸盐容量 $C_{PO_4^{3-}}$ 的实验研究

近年来许多学者对不同碱基炉渣的磷容量作了大量研究，发现 CaO 和 Na₂O 基炉渣均具有高的磷酸盐容量，见图 4-3-1。因炼钢都用 CaO 基炉渣，故本节只讨论 CaO 基炉渣的 C_P。首先应当指出：纯 CaO+氧化剂的脱磷剂，即 CaO-SiO₂-FeO 形成的渣系是不会有效脱磷的，只有加入一定量的助剂 CaF₂、CaCl₂ 或 Na₂O 后，它才能有效地进行脱磷。

4.3.1　熔剂成分对 $C_{PO_4^{3-}}$ 的影响

4.3.1.1　渣系 $CaO\text{-}SiO_2\text{-}FeO$

图 4-3-2[2] 示出了 $CaO\text{-}SiO_2\text{-}FeO$ 渣在 1300℃下，FeO 含量对其 $C_{PO_4^{3-}}$ 值的影响。如图所示，一方面，当 $CaO/SiO_2 = 0.7$、0.8 时，$\lg C_{PO_4^{3-}}$ 值随 FeO 的增大由 19 增加到 20.5；另一方面，$2CaO \cdot SiO_2$ 饱和渣（$CaO/SiO_2 = 2.1 \sim 2.2$）的 $\lg C_{PO_4^{3-}}$ 接近 22，并随 FeO 的增大而略有减小，这说明在碱度比较高的范围内，FeO 有降低 $C_{PO_4^{3-}}$ 的作用，与后面图 4-2-8 中所示的情况相同。对此原因，可作如下解释，在式（4-1-18a）中，FeO 是两性氧化物，它在低碱度渣中可使 $a_{O^{2-}}$ 增加，而在高碱度渣中则不仅使 $a_{O^{2-}}$ 减小，还与 PO_4^{3-} 离子相互排斥，使 $f_{PO_4^{3-}}$ 增大，故在高碱度渣中 FeO 使 $C_{PO_4^{3-}}$ 减小，并呈平缓趋势。

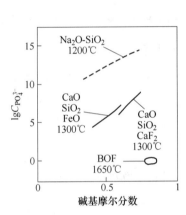

图 4-3-1　石灰和苏打基炉渣的 $C_{PO_4^{3-}}$[1]

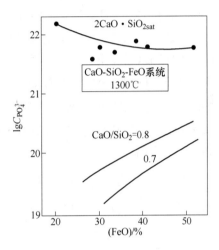

图 4-3-2　$CaO\text{-}SiO_2\text{-}FeO$ 渣在 1300℃下，
FeO 含量对其 $C_{PO_4^{3-}}$ 值的影响[2]

4.3.1.2　CaO 饱和基的 $Fe_tO\text{-}SiO_2\text{-}P_2O_5$ 系

图 4-3-3[3] 示出在 $t = 1600℃$ 和 $P_{O_2} = 2.53 \times 10^{-10}$ atm 条件下，磷在 CaO 饱和线上的平衡

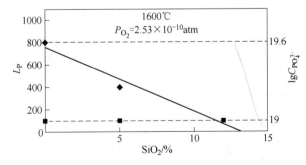

图 4-3-3　1600℃ 和 $P_{O_2} = 2.53 \times 10^{-10}$ atm 时，CaO 饱和线上磷

平衡分配比 L_P 和 $C_{PO_4^{3-}}$ 与 SiO_2 浓度的关系[3]

分配比 L_P 和 $C_{PO_4^{3-}}$ 随 SiO_2 浓度的增加而降低。当（SiO_2）= 0% 时，L_P = 800；（SiO_2）= 5% 时，L_P = 400；（SiO_2）= 12%（延线）时，L_P = 100；这与一般转炉操作，（SiO_2）= 10% ~ 20%，L_P = 30~140 的情况相符，故欲提高转炉渣的脱磷能力，采用双渣留渣法是十分合理的。尤其是铁水预处理采用石灰+矿石+萤石为脱磷剂时，预脱硅是十分必要的，至少处理后的渣中的 SiO_2 含量应控制在不大于 15% 的范围才好。同时，当（SiO_2）= 0% 时，$\lg C_{PO_4^{3-}}$ = 19.6（注：$N_{PO_{2.5}}$ = 0.018）；当（SiO_2）= 5% 时，$\lg C_{PO_4^{3-}}$ = 19.2。

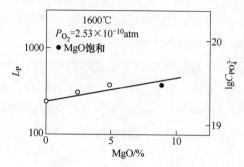

图 4-3-4　添加 MgO 对 CaO 饱和的（Fe_tO-SiO_2-P_2O_5）渣系的 L_P 和 $C_{PO_4^{3-}}$ 的影响[3]

图 4-3-4[3] 示出在 t = 1600℃ 和 P_{O_2} = 2.53×10^{-10} atm 条件下，向 CaO 饱和渣系（50%CaO-41.5%Fe_tO-6.5%SiO_2-2%P_2O_5）中添加 MgO 时对 L_P 及 $C_{PO_4^{3-}}$ 的影响。当 MgO 浓度增加到 8.8% 处于饱和状态时，渣的脱磷能力比未添加时约强 1.6 倍，$\lg C_{PO_4^{3-}}$ = 19.5。

4.3.1.3　Fe_tO-CaO-P_2O_5 与 Fe_tO-CaO-CaF_2-P_2O_5 渣系

Shirota 等人[4] 用悬熔法测定了 FeO-Fe_2O_3-CaO-P_2O_5 和 FeO-Fe_2O_3-CaO-CaF_2-P_2O_5 渣系的磷酸盐容量，在炉渣成分为 27%<CaO<52%，3%<P_2O_5<29%，1%<FeO<48% 和 4%<Fe_2O_3<22% 条件下，得出：

$$\lg C_{PO_4^{3-}} = 14.9 \ (x_{CaO})_{eq} - 3.63 \qquad （当 t = 1650℃ 时） \qquad (4\text{-}3\text{-}1a)$$

$$\lg C_{PO_4^{3-}} = 14.9 \ (x_{CaO})_{eq} - 4.57 \qquad （当 t = 1700℃ 时） \qquad (4\text{-}3\text{-}1b)$$

式中，$(x_{CaO})_{eq} = x_{CaO} + 0.8 x_{CaF_2}$。

并发现，当温度为 1650℃ 时，在 Fe_tO-CaO-P_2O_5 渣系中，金属中的 P 含量只从 0.07% 降到 0.01%，而在 Fe_tO-CaO-CaF_2-P_2O_5 渣系中，金属中的 P 则可降到更低，如 0.005%±。

4.3.1.4　CaO-CaF_2-SiO_2 渣系

图 4-3-5[5] 示出，在 CaO-CaF_2-SiO_2 渣系中，于 t = 1300℃ 和 P_{O_2} = 2.76×10^{-17} atm 条件下，$\lg C_{PO_4^{3-}}$ 和 $\lg L_P$ 随（CaO）含量的增大而增大，当炉渣达到 CaO 和 3CaO·SiO_2 双饱和时，$C_{PO_4^{3-}}$ 达最大值（约 $10^{25.7}$）。

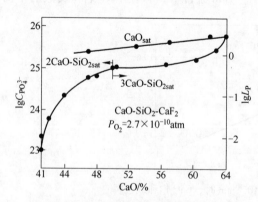

图 4-3-5　CaO-CaF_2-SiO_2 渣系中，t = 1300℃ 时与（%CaO）含量之间的关系[5]

图 4-3-6[2] 示出在含 FeO<5% 的 CaO-CaF_2-SiO_2 渣系中，于 t = 1300℃ 条件下，$\lg C_{PO_4^{3-}}$ 与 CaF_2 和 CaO/SiO_2 的关系。由图可见 $C_{PO_4^{3-}}$ 随 w(CaO)/w(SiO_2) 的增大而增大，随 CaF_2 的增大而减小。对于 CaO 饱和渣，其 $\lg C_{PO_4^{3-}}$ 值随 CaF_2 的增大从 25.8 降到 25.4。就是 CaO/SiO_2 = 4.0 的渣，其 $\lg C_{PO_4^{3-}}$ 也在 24~25 之间。

4.3.1.5　CaO-Na₂O-SiO₂-CaF₂渣系

图 4-3-7[5] 示出 CaO 和 3CaO·SiO₂ 双饱和的 CaO-CaF₂-SiO₂ 渣中加入 Na₂O 时对 L_P 和 $C_{PO_4^{3-}}$ 的影响。由图可见，只需加入 2% Na₂O，L_P 和 $C_{PO_4^{3-}}$ 便增大 10 倍。这就是说，含有 2.3% Na₂O 的 CaO 饱和渣有与 50%Na₂O-SiO₂ 渣中同样的 a_{Na_2O}，由此指出，价格昂贵的苏打可以大幅度地用廉价的 CaO 代替，而不降低其精炼能力。

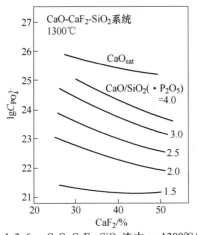 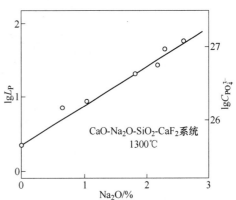

图 4-3-6　CaO-CaF₂-SiO₂渣中 t = 1300℃时 $\lg C_{PO_4^{3-}}$ 与 CaF₂ 和 CaO/SiO₂ 的关系[2]

图 4-3-7　添加 Na₂O 到 CaO-CaF₂-SiO₂ 系中对 L_P 和 $C_{PO_4^{3-}}$ 的影响[5]

4.3.1.6　CaO-MgO_sat-MnO(0~16%)-SiO₂-Fe_tO-P₂O₅(<5%)渣系

Suito[6] 根据他和同事们先后九次的实验数据[7~9]，通过多元回归分析，得出用炉渣成分表述的 CaO-MgO_sat-MnO-Fe_tO-SiO₂-P₂O₅ 渣系的磷容量公式：

$$C_P = \frac{(\%P)}{a_{[P]} a_{[O]}^{5/2}} \tag{4-2-5}$$

$$\lg C_P = 0.0938[(\%CaO) + 0.5(\%MgO) + 0.3(\%Fe_tO) + 0.35(\%P_2O_5) + 0.46(\%MnO)] + 32500/T - 17.74 \tag{4-3-1c}$$

图 4-3-8 示出了 $\lg C_P$ 与炉渣成分的函数关系。由图可见，在 (%CaO)+(0.5%MgO)+0.3(%Fe_tO)+0.35(%P₂O₅)+0.45(%MnO)≥33 时，实验数据较好地落在直线上，说明式 (4-3-1c) 在 (%CaO)+(0.5%MgO)+0.3(%Fe_tO)+0.35(%P₂O₅)+0.45(%MnO)≥33 时可用于估算该渣系的 C_P 值。

4.3.1.7　各种 CaO 基熔剂的 $C_{PO_4^{3-}}$ 比较

由图 4-3-9 和图 4-3-10 可见[5,10]：

（1）含 CaF₂ 或 CaCl₂ 而不含有 FeO 的熔剂具有较大的 $C_{PO_4^{3-}}$ 值，如 CaO-CaF₂-SiO₂ 系和 CaO-CaCl₂-SiO₂ 系的 $C_{PO_4^{3-}}$ 值就比 CaO-SiO₂-FeO 系和 CaO-CaF₂-FeO 系的大许多。虽然 MnO 有降低 $C_{PO_4^{3-}}$ 的作用，但 CaO-CaF₂-SiO₂-MnO 系仍具有较高的 $C_{PO_4^{3-}}$ 值，在 CaO 饱和时，其 $C_{PO_4^{3-}}$ 值与 CaO-CaF₂-SiO₂ 系的接近，达 $\lg C_{PO_4^{3-}}$ = 25.26~25.6。

（2）在 CaO-CaF₂-SiO₂ 系或 CaO-CaF₂-SiO₂-MnO 系中，添加一些 Na₂O，或用 BaO 代替部分 CaO 都将显著增加其 $C_{PO_4^{3-}}$ 值。据郭上型[11] 等的实验研究，用 SrO 代替部分 CaO 也可显著增加其 $C_{PO_4^{3-}}$ 值。

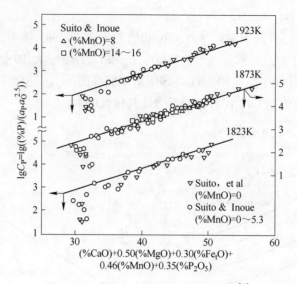

图 4-3-8 $\lg C_P$ 与炉渣成分的函数关系[6]

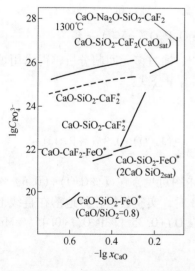

图 4-3-9   CaO 基熔剂的 $C_{PO_4^{3-}}$ 比较[5]

（＊引自文献）

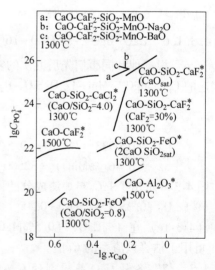

图 4-3-10   各种渣系的 $C_{PO_4^{3-}}$ 比较[10]

（＊引自文献）

（3）所有 CaO 基熔剂的碱度，必须能在反应温度下，造就 $2CaO \cdot SiO_2$ 饱和型以上的炉渣，最好是 $3CaO \cdot SiO_2$ 和 CaO 饱和型且具有一定流动性的炉渣。其次就是要控制熔剂中的 SiO_2 和金属中的 Si 含量，以使渣中有较高的 x_{CaO} 含量；还有就是要在保证脱磷所需的 Fe_tO 含量下，尽量降低渣中的 FeO 含量。这样的熔剂才能具有较高的 $C_{PO_4^{3-}}$ 值。

（4）要研制出（3）所要求的熔剂，看来使用适量的 CaF_2 或 $CaCl_2$ 作熔剂是必不可少的。因 CaF_2 对提高 $C_{PO_4^{3-}}$ 的影响，不仅是改善渣的流动性，而且在铁水温度下，可提高

CaO 的溶解度，帮助造好高碱度渣；同时 CaF_2 还可提高 FeO 和 P_2O_5 的活度系数[12]，降低 FeO 在渣中的含量。但过多地添加 CaF_2 或 $CaCl_2$ 也是不利的，因为它们本身对增大炉渣碱度并无影响，反而降低 $C_{PO_4^{3-}}$ 值。因此，添加 CaF_2 或 $CaCl_2$ 的数量应适度。

4.3.2　氧分压对 $C_{PO_4^{3-}}$ 的影响

由式（4-2-3）和式（4-2-9）可得式（4-3-2）：

$$\frac{1}{2}P_2 \Longrightarrow [P] \qquad (4-2-9)$$

$$C_{PO_4^{3-}} = 4.18 \times 10^4 L_P P_{O_2}^{-5/4} \qquad (4-3-2)$$

Iwasaki 等人[13]在 1300~1380℃下，用 Ar 气保护，研究了 CaO-SiO_2-Fe_tO 渣对碳饱和铁水的脱磷，结果表明，渣-金界面的氧位是由渣中 FeO 含量所控制，而不是由铁液中的 [C] 所控制。故文献将 CaO-SiO_2-Fe_tO 渣在 1300℃下的 P_{O_2} 表述为：

$$P_{O_2} = 1.75 \times 10^{-11} \times (a_{FeO})^2 \qquad atm （1300℃） \qquad (4-3-3)$$

由式（4-3-1）和式（4-3-2）不难看出，$C_{PO_4^{3-}}$ 随 P_{O_2} 的增大而减小，而 P_{O_2} 是随 a_{FeO} 的增大而增大的，故从图 4-3-2 可见，对于 C_2S 饱和渣，其 $C_{PO_4^{3-}}$ 值随 FeO 含量的增大而减小。

但应当指出，大生产中的铁水预处理，其渣-金界面处的平衡氧分压，则比用式（4-3-2）估算的低，估计 CaO 基渣的 P_{O_2} 为 10^{-14}~10^{-15}atm，而 Na_2O 渣为 10^{-15}~10^{-16}atm，它们取决于 $Fe + 1/2O_2 \Longrightarrow FeO$ 和 $C + 1/2O_2 \Longrightarrow CO$ 两个反应。

4.3.3　温度对 $C_{PO_4^{3-}}$ 的影响

4.3.3.1　CaO-SiO_2-CaF_2 渣系

图 4-3-11[5]示出 CaO 和 $3CaO \cdot SiO_2$ 双饱和的 CaO-SiO_2-CaF_2 渣系中 $C_{PO_4^{3-}}$ 与温度的关系。由图可见，在 1200~1400℃范围内，温度升高 50℃时，$C_{PO_4^{3-}}$ 降低 4 倍。按照图上的直线斜率可计算出式（4-3-4）的反应热 $\Delta_r H_m^{\ominus}$ 为 -117kcal/mol。

$$\frac{1}{2}P_2 + \frac{5}{4}O_2 + \frac{3}{2}CaO \Longrightarrow Ca_{1.5}PO_4 \qquad (4-3-4)$$

4.3.3.2　MgO 饱和的 Na_2O 基渣

图 4-3-12 示出 MgO 饱和的 Na_2O-Fe_tO-SiO_2-P_2O_5 渣系中温度对 $C_{PO_4^{3-}}$ 的影响。由图可见，在 $t = 1550$~1650℃，$P_{CO}/P_{CO_2} = 19$ 和 $x_{Na_2O}/(x_{SiO_2} + x_{PO_{2.5}}) = 0.353$~0.389 的条件下，温度下降 100℃时，$C_{PO_4^{3-}}$ 上升两个数量级。从直线斜率可算出用式（4-3-5）表示的反应热 $\Delta_r H_m^{\ominus}$ 为 -295kcal/mol，这比 CaO 基渣大得多。由此可见：Na_2O 基渣比 CaO 基渣的脱磷能力对温度的依赖性大，随温度的降低两者脱磷能力之差增大。

$$\frac{1}{2}P_2 + \frac{5}{4}O_2 + \frac{3}{2}(Na_2O) \Longrightarrow Na_3PO_4 \qquad (4-3-5)$$

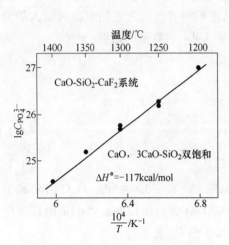

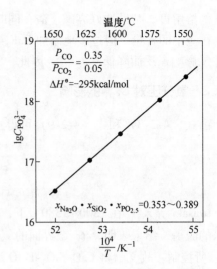

图 4-3-11　CaO 和 3CaO · SiO₂ 双饱和的
CaO-SiO₂-CaF₂ 渣系中 $C_{PO_4^{3-}}$
与温度的关系[5]

图 4-3-12　温度对 MgO 饱和的 Na₂O-Fe$_t$O-
SiO₂-P₂O₅ 渣系 $C_{PO_4^{3-}}$ 的影响

参 考 文 献

[1] Edström J O, Werme A, Dephosphorization of hot metal with medium phosphorus content [C] //Steelmaking Proceedings 1984: 309-310.

[2] Ito K, Sano N. Phosphorus distribution between basic slags and carbon-saturated iron at hot-metal temperatures [J]. Transations ISIJ, 1985, 25: 355-362.

[3] Normanton A S, Brimble B. Steelmaking with bath agitation at Llanwern [J]. Ironmaking and Steelmaking, 1986 13 (4): 213-222.

[4] Shirota Y, Katohgi K, et al. Phosphate capacity of FeO-Fe₂O₃-CaO-P₂O₅ and FeO-Fe₂O₃-CaO-CaF₂-P₂O₅ slags by levitation melting [J]. Transations ISIJ, 1985, 25: 1132-1040.

[5] Muraki M, Fukushima H, Sano N. Phosphorus distribution beween CaO-CaF₂-SiO₂ melts and carbon-saturated iron [J]. Transations ISIJ, 1985, 25: 1025-1030.

[6] Suito H, Inoue R. ISIJ International , 1995, 35 (3): 257-265.

[7] Suito H, Inoue R. Trans Iron Steel Inst Jpn, 1984, 24: 40-46.

[8] Suito H, et al. Trans Iron Steel Inst Jpn, 1981, 21: 250-259.

[9] Inoue R, et al. Bull Res Inst Miner Dressing: Metal. Tohoku University, 1986, 42: 25.

[10] Simeonov R, Sano N. Phosphorus equilibrium distribution beween slags containing MnO, BaO and Na₂O and carbon-saturated iron for hot metal pretreatment [J]. Transations ISIJ, 1985, 25: 1031-1035.

[11] 郭上型, 等. 磷在含 Al₂O₃、SrO、BaO 的石灰基渣系和铁水间的分配 [C] //第五届全国炼钢学术会议论文集（上册）. 重庆: 中国金属学会炼钢学会编, 1988: 13-21.

[12] Ohnishi Y, Komai T, et al. New steelmaking system for super clean steel [C]. Steelmaking Proceedings, 1984: 215-220.

[13] Iwasaki K, Sano N, Matsushita Y. Phosphorus distribution between slag and metal at hot metal temperatures [J]. Tetsu-to-Hagane, 1981, 67 (3): 536-540.

[14] Elliott J F. Electric Furnace Proc, 1974: 62.

4.4 磷的活度系数 f_P

金属中磷的活度系数主要取决于金属成分和温度，众所周知：

$$\lg f_P = \sum e_P^i [i] \tag{4-4-1}$$

对于碳饱和的铁水，在 1350℃ 时取 $e_P^C = 0.32$。再根据文献 ［1］ 中的 e_P^i 值，可写出铁水中 f_P 估算式：

$$\lg f_P = 0.12[Si] + 0.062[P] + 0.028[S] + 0.094[N] +$$
$$0.13[C] - 0.024[V] - 0.012[Nb] \tag{4-4-2}$$

因铁水含 C 高，故式（4-4-2）可简化为：

$$\lg f_P = 0.13[C] \tag{4-4-3}$$

D. Janke[2] 通过对铁水预处理过程的热力学研究得出脱磷产物为 $4CaO \cdot P_2O_5$ 的氧-磷平衡关系图（图 4-4-1）和 1600℃ 下 Fe-P-C 合金中的 a_P-C 关系图（图 4-4-2）。它表明，当温度从 1600℃ 降至 1350℃，铁水中的碳由 0 增至 4% 时，铁水脱磷将更加有效；金属中磷的活度随碳含量的增加而显著增加，其活度系数 f_P 可表述如下：

$$\lg f_P = 0.062[P] + 0.13[C] \tag{4-4-4}$$

由上可见，铁水预脱磷，或在吹炼前期脱磷应是最合理的。特别是吹炼前期如何充分脱磷和抑制脱碳的问题，是十分值得研究的。

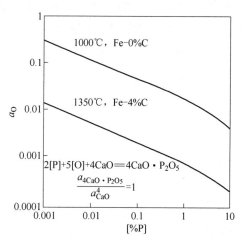

图 4-4-1　1300℃ Fe-4%C 熔体中和 1600℃
纯铁熔体中氧-磷平衡关系图[2]

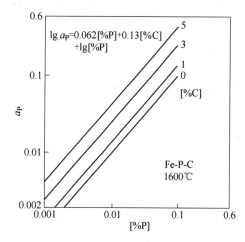

图 4-4-2　1600℃ 下 Fe-P-C
合金中的 a_P-C 关系图[2]

参 考 文 献

［1］ Elliott J E. Electric Furnace Proc，1974：62.

［2］ Janke D. Fundamental studies on the removal of Si，P，S and other trace elements from hot metal.

4.5 脱磷的氧分压 P_{O_2}

严格地说，脱磷氧分压应包括：脱磷反应系统的氧分压 $P_{O_2(P\text{-}S)}$ 和脱磷反应界面上的平

衡氧分压 $P_{O_2(P\text{-}O)}$。若它们之间的差值愈大，则脱磷速度愈快，脱磷分配比也愈大。

根据前面介绍的脱磷知识可知：

（1）脱磷反应只能在渣-金界面上进行；

（2）溶渣的碱度愈高（或磷容量愈大），反应温度愈低，则脱磷反应的平衡氧分压愈低；

（3）对含 C 金属脱磷，不仅要求 $P_{O_2(P\text{-}S)} > P_{O_2(P\text{-}O)}$，还要求脱 C 的氧分压要大于脱 P 的氧分压，即 $P_{O_2(C\cdot O)} > P_{O_2(P\cdot O)}$；也就是说渣-金界面上的氧分压不受控于 $w[C]$，而受控于 $w[P]$；

（4）氧气转炉中存在渣-金反应的场合，一是渣池与金属熔池的接触面，二是金属滴在渣池中的接触面；前者的接触面积是很有限的，后者则可发展为非常大。

尤其值得重视的是，在"金属滴在铁质渣中的脱碳"一节中曾论及，悬浮在氧化渣中的金属滴 C 所需 CO 形核压力大约为 $1 \sim 2\text{MPa}$，而在金属熔池中则只要 $P_{CO} \approx 0.2 \sim 0.25\text{MPa}$。这说明，如把金属熔池与渣池接触面上的反应定义为常压反应，则渣池中的金属滴的乳化反应，相当于高压下的反应。因此，不难明白金属滴在渣池中脱 C 所需的 [O] 含量（或 P_{O_2}）远远高于金属熔池与渣池界面上脱 C 所需的 [O] 含量（或 P_{O_2}）。故金属熔池中杂质的氧化顺序一般是：Si-Mn-C-P，除非对铁水进行预处理，才能优先脱磷；因只有在低温下，用 CaO 饱和渣脱磷时，其渣-金界面上所需的 [O] 含量才低于常压下 [C]-[O] 反应所需的 [O] 含量（见图 4-5-1）。而金属滴在渣池中的乳化反应相当于高压下的反应，即使在 $1500 \sim 1550℃$，乃至再高些的温度下，只要造好了 C_2S 饱和型的泡沫渣，也能做到 $[O]_{(P\text{-}O)} < [O]_{(C\text{-}O\text{-}P_{CO}=1\sim2\text{MPa})}$ 或 $P_{O_2(P\text{-}O)} < P_{O_2(C\text{-}O\text{-}P_{CO}=1\sim2\text{MPa})}$，从而使金属滴在渣池中能优先脱 P。

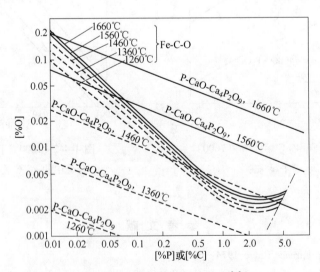

图 4-5-1　磷和碳的脱氧能力[1]

而如何在吹炼过程中保持 $P_{O_2(P\text{-}O)} < P_{O_2(C\text{-}O\text{-}P_{CO}=1\sim2\text{MPa})}$ 这一关系，这里暂时不讨论，一则因计算 $w[O]_{(P\text{-}O)}$ 时要用到 P_2O_5 在渣中的活度系数 $\gamma_{P_2O_5}$ 这个参数，而该参数我们目前尚未

讨论；二则，把这部分留在吹炼过程的数值解析中去讨论将更合适。

那么，这里剩下的问题，就只有 $P_{O_2(P\text{-}S)}$ 了。我们在前面已经明确，转炉脱磷的主要场合是在渣池中的众多金属滴表面上，故脱磷的系统氧分压 $P_{O_2(P\text{-}S)}$ 无疑就是由渣池控制的 P_{O_2}。

由反应式（4-5-1）：

$$tFe + \frac{1}{2}O_2 \Longrightarrow (Fe_tO) \tag{4-5-1}$$

的热力学函数式得出的式（4-5-2）和式（4-5-2'）：

$$\lg P_{O_2} = 2\lg a_{Fe_tO} - \frac{24538}{T} + 4.906 \tag{4-5-2}$$

$$\lg P_{O_2} = 2\lg a_{Fe_tO} - \frac{26614}{T} + 6.021 \tag{4-5-2'}$$

可知，炉渣的氧分压随渣中 FeO 的活度和温度的增大而增大。

按文献［2］报道的 15t 氧气顶底复吹转炉一倒时测定的熔渣氧分压与 Fe_tO 含量和温度的有关数据，得出的方程式（4-5-3）：

$$\lg P_{O_2} = 3.25 e^{-59497T} [-13.281 + 0.7(Fe_tO) - 0.0208(Fe_tO)^2] - 5.9497T \tag{4-5-3}$$

可看到，炉渣的 $\lg P_{O_2}$ 与 $\lg a_{Fe_tO}$ 之间的关系不是简单的线性关系，而是 $\lg P_{O_2}$ 与 (Fe_tO) 含量之间存在极大值关系。故从最佳化脱磷考虑，应控制 (Fe_tO) = 最佳值，以获取 P_{O_2} 的最大值。

总之，增大炉渣的 Fe_tO 含量和 Fe_tO 活度是提高炉渣 P_{O_2} 的灵魂。如何计算 a_{Fe_tO} 和增大 a_{Fe_tO}，我们已在"炉渣的氧化性"一节中作了详细论述，但这里，我们不妨把提高 a_{Fe_tO} 的途径再归纳一下：

（1）添加适量的 CaF_2，可增大 a_{Fe_tO}；

（2）增大 $Fe^{3+}/(Fe^{3+}+Fe^{2+})$，可增大 a_{Fe_tO}；

（3）添加适量的 Al_2O_3，可适量增大 $Fe^{3+}/(Fe^{3+}+Fe^{2+})$；

（4）增大 TFe 时，也有助于增大 Fe^{3+}/Fe^{2+}；但 Fe^{3+}/Fe^{2+} 与 TFe 存在极大值关系；

（5）增大炉气的 P_{CO_2}/P_{CO} 和炉渣的 CaO 含量，可增大 Fe^{3+}/Fe^{2+} 和 $a_{O^{2-}}$；

（6）超大供氧强度和高枪位操作，可增大 P_{CO_2}/P_{CO}，Fe^{3+}/Fe^{2+} 和 Fe_tO。

至于如何控制转炉过程渣中的 Fe_tO 含量的问题，我们已在前面"控制炉渣氧化性的因素和手段"一节中做了详细讨论，这里就不再赘述了。

参 考 文 献

［1］不破祐. 铁水处理的物理化学概论［J］. 马鞍山钢铁学院学报，1984（3）：11.

［2］刘越生，等. 钢铁研究学报，1991，3（2）：70-76.

4.6 磷在渣和碳饱和的铁液间的平衡分配比（L_P）

4.6.1 炉渣成分的影响

4.6.1.1 CaO、FeO 和 SiO_2 的影响

A CaO-SiO_2-FeO 渣系

Ito 和 Sano［1］用 CaO-SiO_2-FeO 三元相图标绘出了实际铁水处理（1250~1380℃）的炉

渣成分（如实心小方块所示），见图 4-6-1。图 4-6-2 中为所研究的（1300℃）炉渣成分（实心圆点表示 $2CaO \cdot SiO_2$ 饱和渣，空心圆点表示 $2CaO \cdot SiO_2$ 未饱和渣）；并用点划线标绘出了 Iwasaki 和 Sano[2] 在 1300℃ 下测定的等 L_P 线。

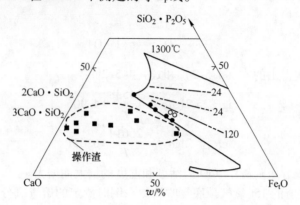

图 4-6-1　L_P 与 $2CaO \cdot SiO_2$ 饱和和非饱和渣与 Fe_tO 间的关系[1]

由图 4-6-1 及图 4-6-2 可见：

（1）L_P 随（CaO）和（Fe_tO）的增大而增大。

（2）实际铁水处理的炉渣都不是单一的液相，而是与 $2CaO \cdot SiO_2$ 和 $3CaO \cdot SiO_2$ 固相共存的混合相，其 L_P 均大于 200。

（3）文献中的 L_P 的平衡数据与具有 $2CaO \cdot SiO_2$ 和 $3CaO \cdot SiO_2$ 饱和渣的铁水处理中所获得的高 L_P 值是不相符的；或者说，它对含有 C_2S 或 C_3S 饱和渣的铁水处理是不适用的。

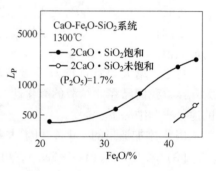

图 4-6-2　L_P 与 Fe_tO 的关系[3]

（4）L_P 随（Fe_tO）的增大而增大，但在（Fe_tO）相同的条件下，尽管 $2CaO \cdot SiO_2$ 饱和渣的含 CaO 量只比 C_2S 非饱和渣大 3%，而 L_P 值却大 2.8 倍。据研究，这是因为炉渣临近 $2CaO \cdot SiO_2$ 液相区时，其 CaO 活度显著增大的结果；而其实是，悬浮在熔渣中的 C_2S 中的磷含量为母体渣中的 3~5 倍，碳饱和铁水与 C_2S 间的 L_P 高达 5000~8000 的原因。故为了更好地脱磷，造好 $2CaO \cdot SiO_2$ 饱和渣是十分重要的。

图 4-6-3[4] 示出渣中（TFe）含量与 L_P 值的关系。由图可见 $L_P(=(\%P)/[\%P])$ 与（TFe）之间存在极大值函数关系。这与巴拉耶瓦在 1550~1635℃ 和（CaO）/（SiO_2）= 1.0~4.0 条件下，所得出的炉渣与钢水之间的磷分配比（P_2O_5）/[P] 与（FeO）之间存在的极值关系基本上是一致的。从它们可以看到（L_P）max 值从（CaO）/（SiO_2）由 0.7~1.4、1.4~2.0 和 3.0~4.0 时均有较大的增加，而（CaO）/（SiO_2）由 2.0 增加

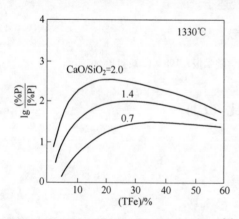

图 4-6-3　炉渣的（TFe）与 L_P 之间的关系[4]

到 3.0 时，$(L_P)_{max}$ 却增大有限。有趣的是，与一定（CaO）/（SiO_2）值相应的最佳化（TFe）含量，在（CaO）/（SiO_2）≥2.0 时，（TFe）最佳值随（CaO）/（SiO_2）的增大而增大，在（CaO）/（SiO_2）≤2.0 时，则随（CaO）/（SiO_2）的减小而增大，这说明高碱度或低碱度下去磷均需较大的（TFe）最佳值。另外，值得注意的是：$R=3.0$ 时，其 $(L_P)_{max}$ 受（TFe）最佳值波动的影响较 $R=2.0$ 和 4.0 的小，这对操作控制是有利的。

图 4-3-3 示出了（SiO_2）对 L_P 的影响，L_P 随（SiO_2）的增大而降低，当（SiO_2）=6.5% 时，L_P 只有（SiO_2）=0% 时的 1/2 不到。但 SiO_2 在某些情况下，由于其生成的 C_2S 有较大的脱磷能力（见图 4-6-2）并有增大 γ_{FeO} 的作用（见图 4-6-4）所以，有时少量的（SiO_2）含量往往有利于降低脱磷剂的耗量（见图 4-6-5），同时能提高 L_P（见图 4-6-2）。

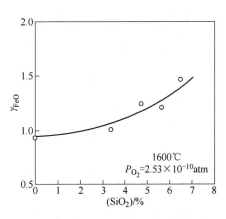

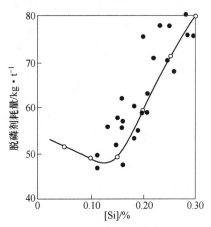

图 4-6-4 （SiO_2）含量与 γ_{FeO} 之间的关系　　　　图 4-6-5 ［Si］含量与脱磷剂耗量之间的关系[5]

B　$CaO\text{-}SiO_2\text{-}CaF_2\text{-}FeO$ 渣系

因铁水预处理终渣的（FeO）浓度小于 5%，故以 $CaO\text{-}SiO_2\text{-}CaF_2$ 三元相图来绘出 $t=1300℃$ 和 $P_{O_2}=1.32×10^{-13} atm$（$a_{FeO}=0.090$）时用 $CaO\text{-}SiO_2\text{-}CaF_2\text{-}FeO$ 渣系对铁水处理时的等 L_P 曲线，见图 4-6-6。并用图 4-6-7 示出在不同（SiO_2）含量下，L_P 与（CaF_2）含量的关系，图中的箭头符号表示铁水中的［P］含量小于 1ppm 和 $L_P>3000$。

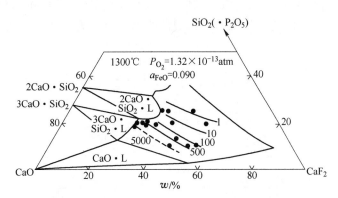

图 4-6-6　$CaO\text{-}SiO_2\text{-}CaF_2\text{-}FeO$ 渣系的等 L_P 曲线[1]

由图 4-6-6 和图 4-6-7 可见，用 $CaO\text{-}SiO_2\text{-}CaF_2\text{-}FeO$ 渣系处理铁水时，L_P 随炉渣成分接

近 CaO 液相区而迅速增大；随（SiO$_2$）含量的增大而急剧降低；随（SiO$_2$）被（CaF$_2$）取代而显著增大；但在（SiO$_2$+P$_2$O$_5$）＝常数时，L_P 随 CaO 被取代而降低；故用 CaO-SiO$_2$-CaF$_2$-FeO（≤5%）渣系对铁水进行预脱磷时，其一，铁水要先预脱硅；其二，（CaF$_2$）用量应以在低 FeO 含量下，以获得液相中最大 CaO 含量为限度。

这里还要指出的是，不能因为铁水预处理渣系的终渣（FeO）小于 5%，而忽略了它对 L_P 平衡值的影响。如图 4-6-8[6] 所示，在一定温度下，当渣的主要成分基本不变时，$L_{P \cdot eq}$ 取决于体系氧位的变化，即 $L_{P \cdot eq} \propto$（TFe）$^{5/2}$。看来，其（TFe）$_F$ 不能小于 1%。

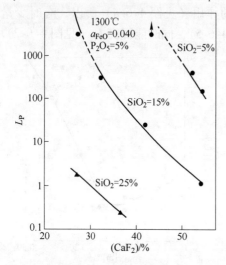

图 4-6-7　在 1300℃下 L_P 与渣中（SiO$_2$）和
（CaF$_2$）含量的关系[1]

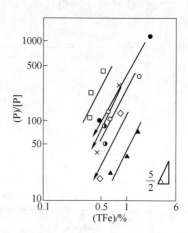

图 4-6-8　L_P 和（TFe）的关系[6]

C　CaO-CaF$_2$-FeO 渣系

图 4-6-9 示出 1300℃下标绘在 CaO-CaF$_2$-FeO 三元相上的 L_P 值。图中虚线范围内为双液相区，实线表示 CaO 液相线，圆点为（P$_2$O$_5$）保持在 2%~3% 时的各种实验渣的成分所在位置，其旁边所注数字表示该渣的 L_P 值；在液相区内（CaF$_2$）／（FeO+Fe$_2$O$_3$+P$_2$O$_5$+CaF$_2$）＝48% 时，L_P＝1650 达最大值。该值比 CaO-SiO$_2$-Fe$_t$O 渣系和 CaO-SiO$_2$-CaF$_2$-FeO 渣系的 L_P 值均大得多。这进一步说明，预脱磷与预脱硅的密切关系，为了提高预脱磷效果，必须预脱硅。

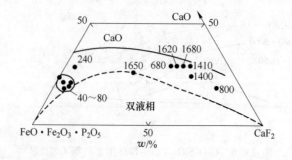

图 4-6-9　在 1300℃下 CaO-CaF$_2$-FeO 三元相上的 L_P 值[1]

4.6.1.2　CaF₂、Na₂O 和 BaO 的影响

A　CaO-SiO₂-CaF₂-FeₜO 渣系

Ito 和 Sano[1] 在该渣系和 $P_{O_2} = 1.32 \times 10^{-13}$ atm（$a_{FeO} = 0.090$）下，实验得出 L_P 在（CaF₂）>30%时，随（CaF₂）的增大而减小（见图 4-6-6）。河井良彦和中村英夫等人[6]，用该渣系分别在 1kg、3kg 实验炉和 250t 铁水包中进行了铁水脱磷试验，并根据试验炉在 $t =$ 1328~1376℃下，试验结束的渣成分：（CaO）= 26.4%~56.1%，（CaF₂）= 12.3%~49.4%，（SiO₂）= 8.2%~21.2%，（FeO）= 0.43%~15.6%，（P₂O₅）= 1.64%~7.88%，得出了适用于其 1kg、3kg 和 250t 容量实验条件下的磷平衡分配式和（CaF₂）对 a_{FeO} 的影响方程式：

$$a_{FeO} = \gamma_{FeO} N'_{Fe^{2+}} N'_{O^{2-}} \tag{4-6-1}$$

$$\lg\gamma_{FeO} = 1.04\lg(CaF_2) + 0.014(CaF_2) - \lg N'_{O^{2-}} - 2.85 \tag{4-6-2}$$

可见，（CaF₂）有显著增大 a_{FeO} 和 L_P 的作用。这与 Ito 和 Sano 的结果迥然相反，是否也是如 CaO-SiO₂-CaF₂ 渣系，在（SiO₂）= 20% 和（CaO+CaF₂）= 80% 条件下[5]，L_P 与（CaF₂）存在极大值关系的缘故，值得进一步实验研究。

B　CaO-SiO₂-CaF₂-MnO 渣系

Simeonov 和 Sano[7] 实验得出，L_P 随（CaF₂）的增大而降低（见图 4-6-10）；随（Na₂O）和（BaO）的增大而增大（见图 4-6-11 和图 4-6-12）。

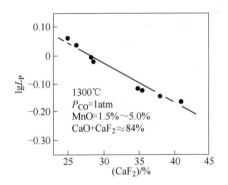

图 4-6-10　在 1300℃下 CaO-SiO₂-CaF₂-MnO 渣系中 L_P 与（CaF₂）的关系[7]

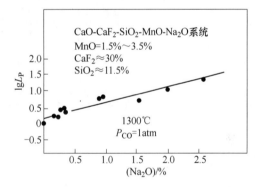

图 4-6-11　在 1300℃下 CaO-SiO₂-CaF₂-MnO-Na₂O 渣系中 L_P 与（Na₂O）的关系[7]

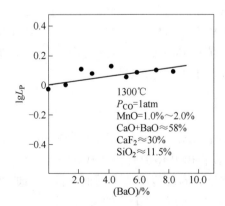

图 4-6-12　在 1300℃下 CaO-SiO₂-CaF₂-MnO-BaO 渣系中 L_P 与（BaO）的关系[7]

4.6.1.3　MnO、MgO 和 Al₂O₃ 的影响

由图 4-6-13[8]可见，在 CaO-CaF₂-SiO₂-MnO 渣系中，L_P 随（MnO）含量的增大而降低。

（MgO）对 L_P 的影响已在图 4-3-4 中示出，这里就不重复了。

（Al₂O₃）对脱磷的影响如图 4-6-14 所示，在 CaO- SiO₂- CaF₂ 渣系中，加入少量 Al₂O₃，如 $x_{Al_2O_3} = 0.075\%$（或（Al₂O₃）= 6.1%）时，可最大限度地降低 $\gamma_{P_2O_5}$ 值。作者在氧气转炉炼钢中也发现，在转炉渣中，添加适量的 Al₂O₃ 可增大 L_P，详见后面论述。

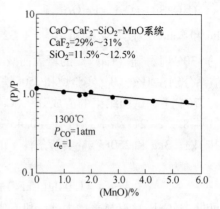

图 4-6-13　在 1300℃ 下 CaO- CaF₂- SiO₂- MnO 渣系中 L_P 与（MnO）的关系[8]

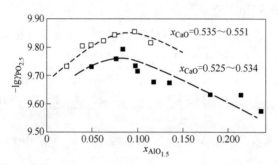

图 4-6-14　当 Al₂O₃ 代替 SiO₂ 时 $\gamma_{P_2O_5}$ 随 $x_{AlO_{1.5}}$ 的变化

4.6.2　P_{O_2} 的影响

图 4-6-15[9]示出在 1300℃ 下，当 $\dfrac{x_{Na_2O}}{x_{SiO_2}} = \dfrac{x_{CaO}}{x_{SiO_2}} = 1.5$ 时，Na₂O 基渣系在 $P_{O_2} = 10^{-19} \sim 10^{-15}$ atm 范围内和 CaO 基渣系在 $P_{O_2} = 10^{-14} \sim 10^{-10}$ atm 范围内，它们的 L_P 值与 P_{O_2} 之间的关系。由图可见：（1）无论 Na₂O 基还是 CaO 基渣系的 L_P 值均随 P_{O_2} 的增大而增大；（2）在 L_P 相等时，Na₂O 渣系所需的 P_{O_2} 值比 CaO 基渣系的要小约 5 个数量级。所以，用苏打粉预脱磷比用 CaO 基更有利于使 Mn 基本不氧化，见图 3-4-24。

4.6.3　温度的影响

Inoue 和 Suito[10]将诸多学者实验所得的铁水预处理用的各种熔剂的 L_P 和温度的关系绘于图 4-6-16 中，图中还包括了 BOP 型炉渣和高温范围内所得的关系。由图可见，L_P 与 $1/T$ 关系的直线斜率随炉渣成分和温度范围的不同而不同。如炉渣 57%Na₂O- 24%SiO₂- 18% PO₂.₅- 1%FeₜO 与碳饱和铁水之间的 L_P 与 $1/T$ 的关系式为：

$$\lg L_P = 21500/T - 11.93 \tag{4-6-3}$$

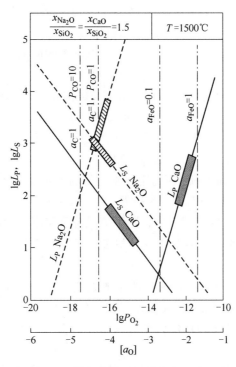

图 4-6-15 在 1300℃ 下 Na$_2$O 基渣系和 CaO 基渣中 L_P 和 L_S 与 P_{O_2} 之间的关系[9]

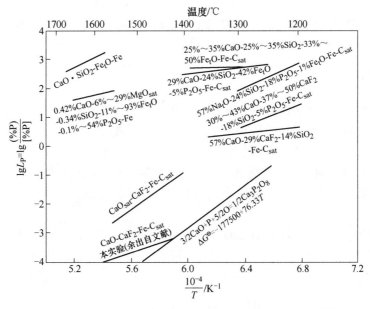

图 4-6-16 铁水预处理用的各种熔剂的 L_P 和温度的关系[10]

炉渣 53.5%CaO-31%CaF$_2$-12.5%SiO$_2$-3%MnO 与碳饱和铁水之间的 L_P 与 $1/T$ 的关系式为：

$$\lg L_P = 13300/T - 8.48 \qquad (4\text{-}6\text{-}4)$$

又如渣系 CaO-SiO_2-CaF_2-FeO（小于 4%）与碳饱和铁水间的 L_P 与 $1/T$ 的关系为：

$$\lg L_P \propto 23440/T$$

渣系 CaO-SiO_2-$CaCl_2$-Fe_tO（小于 4%）与碳饱和铁水间的 L_P 与 $1/T$ 的关系为：

$$\lg L_P \propto 30090/T$$

再如渣系 CaO-SiO_2-Fe_tO 在 1250~1400℃ 下与碳饱和铁水间的 L_P 与 $1/T$ 的关系为：

$$\lg L_P \propto 6670/T - 10$$

而炼钢温度下的 CaO'-SiO_2'-Fe_tO' 渣系与钢铁水之间的 L_P 与 $1/T$ 的关系为：

$$\lg L_P \propto 22350/T$$

另外渣系 CaO'-MgO_{sat}-SiO_2'-Fe_tO' 与钢铁水之间的 L_P 与 $1/T$ 的关系为：

$$\lg L_P \propto 11570/T \quad 或 \quad 11240/T$$

上述这些 L_P 与 $1/T$ 关系的直线斜率，随炉渣成分和温度范围的不同而不同的特征，可以认为是由于各种渣系和炉渣中主要成分参与脱磷反应时，各自不同的 $\Delta_r G_m^{\ominus}$ 变化的不同影响所致，故一般来说：

（1）不能随意将 CaO 基渣系与 Na_2O 渣系的 L_P 与 $1/T$ 的关系互换使用；

（2）不能把各种渣系和炉渣在不同温度范围内所得的 L_P 与 $1/T$ 的关系随意延伸；

（3）不能把 CaO'-SiO_2'-Fe_tO' 渣系的 L_P 与 $1/T$ 的关系强加给 CaO'-MgO_{sat}-SiO_2'-Fe_tO' 渣系；

（4）在自己实验渣系中，不能因实验温度有限，不能得出自己实验渣系的 L_P 与 $1/T$ 的关系，而随意套用其他渣系的，或渣系虽同但主要成分的浓度范围南辕北辙者的 L_P 与 $1/T$ 的关系；

（5）在分析生产试验结果时，应根据生产试验的炉渣成分和温度范围，慎重选择合适的 L_P 公式。

4.6.4　L_P 的半经验式

关于碳饱和铁水与炉渣间的磷分配比已如前述，许多学者作了大量研究。但由于脱磷剂的多样性，大都在一种特定的脱磷剂和一定的温度下做的实验。尤其是，由于实验时渣与铁水界面处于剧烈地析出 C，几乎完全不能确定渣与铁水间的平衡状态；故往往只得出某种条件下的 L_P 值。而不像研究炼钢渣与金属液间磷平衡分配比那样，诸多学者都直述用炉渣成分和温度（$1/T$）来描述的磷平衡分配比表达式。在此只就几个有限的报道作一介绍。

河井良彦等人[6] 根据对 CaO-SiO_2-CaF_2-FeO 渣系，在 $2 < CaO/SiO_2 < 5$，（FeO）= 0.43%~15.6% 和 t = 1328~1459℃ 条件下，对碳饱和铁水脱磷之后保持 1~5h 的实验结果，首先得出当脱磷反应以式（4-6-5）表达时，在一定温度下，渣的主要成分基本不变：

$$[P] + \frac{5}{4}O_2 + \frac{3}{2}O^{2-} \rightleftharpoons PO_4^{3-} \tag{4-6-5}$$

并且离子的活度系数被看成一定时，$\dfrac{(P)}{[P]} \propto (FeO)^{2.5}$ 关系成立，如图 4-6-7 所示。并得出 L_P 与 $1/T$ 的关系为：$\lg L_P \propto \dfrac{23400}{T}$，从而选取 Healy 修正式：

$$\lg\frac{(P)}{[P]}=\frac{22350}{T}-20.54+5.6\lg(CaO)+2.5\lg(FeO)-CFI \qquad (4\text{-}6\text{-}6)$$

作为描述 CaO-CaF$_2$-SiO$_2$-Fe$_t$O 渣系与碳饱和铁水间磷平衡分配比表达式的雏形。考虑到本渣系中 CaF$_2$ 的作用，将式（4-6-6）的第三项改成 5.6 lg(CaO +0.72CaF$_2$)，最末项 CFI 按[9]:

$$CFI=a\lg N'_{O^{2-}}+b\lg K'_{CaOsat}+2.5\lg K'_{FeO}-c\lg\sum\pm \qquad (4\text{-}6\text{-}7)$$

来估算。

式中，$N'_{O^{2-}}$ 为自由氧负离子的电当量离子分数；K'_{CaOsat} 为 $a_{CaO}=1$ 时，CaO 的离子活度系数或 CaO 分解为 Ca^{2+} 和 O^{2-} 的表观平衡常数，可根据 $N'_{O^{2-}}$ 值由资料[11,12]中的图查得；K'_{FeO} 为 FeO 分解为 Fe^{2+} 和 O^{2-} 的表观平衡常数或离子活度系数，$K'_{FeO}=\gamma_{Fe^{2+}}\gamma_{O^{2-}}=1.413N'^{1.543}_{O^{2-}}$，或由资料[11,12]中的图查得；$\sum\pm$ 为每 100g 渣中总的正离子或负离子的电荷数。另外，在含 CaF$_2$ 的渣系中，用式（4-6-8）计算 N'_{Ca}:

$$N'_{Ca^{2+}}=\left[2\times\frac{(CaO)}{56}+\frac{(CaF_2)}{78}\right]\Big/\sum\pm \qquad (4\text{-}6\text{-}8)$$

河井良彦借助式（4-6-7）求出各实验炉次的 CFI 值后，得出了 CFI 与（CaF$_2$）含量的关系图，见图 4-6-17 和关系式：

$$CFI=5.8-2.6\lg(CaF_2) \qquad (4\text{-}6\text{-}9)$$

河井良彦还取［C］对 lgL_P 的影响值为 0.32［C］。将它们代入式（4-6-6）后，得：

$$\lg\frac{(P)}{[P]}=-26.34+0.32[C]+\frac{22350}{T}+5.6\lg[(CaO)+0.72(CaF_2)]+$$
$$2.6\lg(CaF_2)+2.5\lg(FeO) \qquad (4\text{-}6\text{-}10)$$

图 4-6-18 示出 1kg、3kg、50t、250t 试验的 L_P 实验值和对应的式（4-6-10）计算值。由图可见式（4-6-10）是 CaO-CaF$_2$-SiO$_2$-FeO 实验渣系与含碳铁水间磷平衡分配比的有效式。

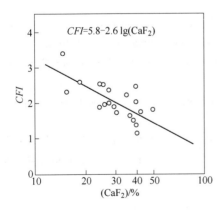

图 4-6-17 CaF$_2$ 和修正系数 CFI 之间的关系[6]

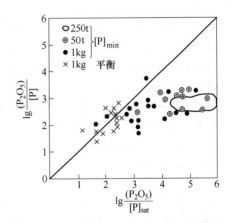

图 4-6-18 实验和计算的 L_P 之间的关系[6]

郭上型等人[13]在实验室内 Al$_2$O$_3$ 坩埚中 1350℃ 下，研究了 24.13% ~ 53.75% CaO-

18.09% ~ 56.63%CaF₂-1.33% ~ 5.25%FeO-7.83% ~ 11.33%P₂O₅-6.59% ~ 17.81%Al₂O₃系熔渣和含碳（约4%）铁液之间磷的分配比。实验结果表明，该渣系具有很好的脱磷效果，当采用(CaO)：(CaF₂)：(FeO)= 5：4：1 熔剂处理中磷铁水（[P] = 0.3 ~ 0.7）时，L_P 达 310。根据 10 炉实验结果，得出了该渣系与铁液间磷平衡分配比的表达式：

$$\lg \frac{(P)}{[P]} = 1.79 + 0.087R - 0.35N_{CaF_2} + 2N_{FeO} \tag{4-6-11}$$

$$R = N_{CaO}/(1.13N_{P_2O_5} + 0.48N_{Al_2O_3}) \tag{4-6-12}$$

L_P 随 R（3.5 ~ 7.6）和 N_{FeO}（0.014 ~ 0.051）的增大而增大，随 N_{CaF_2}（0.16 ~ 0.56）的增大而减小。

Suito 和 Inoue 对含 MnO 的 BOF 炉渣对铁水和钢水脱磷的热力学评估中提出用式（3-4-9）表述钢水的 lg(P)/[P]，用式（3-4-10）表述含 C 铁水的 lg(P)/[P]（详见 3.4.3.1 节）。

参 考 文 献

[1] Ito K, Sano N. Phosphorus distribution between CaO-containing slag and carbon-saturated iron at hot metal temperatures. [J] Tetsu-to-Hagane, 1983, 69 (15): 1747-1754.

[2] Iwasaki K, Sano N, Matsushita Y, Phosphorus distribution between slag and metal at hot metal temperatures [J]. Tetsu-to-Hagane, 1981, 67 (3): 536-540.

[3] Ito K, Sano N. Phosphorus distribution between solid 2CaO · SiO₂ and molten CaO-SiO₂-FeO-Fe₂O₃ slag [J]. Tetsu-to-Hagane, 1982, 69 (2): 342-344.

[4] IKEDA T, MATSUO T. The dephosphorization of hot metal outsaide the steelmaking furnace [J]. Transations ISIJ, 1982, 22: 495-503.

[5] Sasaki K, Nakashima H, et al. A newly developed hot metal treatment has changed the idea of mass production of pure steel [C]. Steelmaking Proceedings 1983: 285-291.

[6] 河井良彦，中村英夫等．石灰-萤石系渣铁水脱磷反应的热力学和反应速度 [J]．邓美珍译．铁と钢，1983，69（15）：1755；《铁水预处理和炉外精炼译文专集》，华东冶金学院科技情报室，1986：68-78.

[7] Simeonov R, Sano N. Phosphorus equilibrium distribution beween slags containing MnO, BaO and Na₂O and carbon-saturated iron for hot metal pretreatment [J]. Transations ISIJ, 1985, 25: 1031-1035.

[8] Ohnishi, Y. Komai, T. et al. New steelmaking system for super clean steel [C] //Steelmaking Proceedings, 1984: 215-220.

[9] Edström J O, Werme A. Dephosphorization of hot metal with medium phosphorus content [C] // Steelmaking Proceedings, 1984: 317.

[10] Inoue R, Suito H. 磷在苏打和石灰基熔剂与碳饱和铁水之间的分配 [J]．何玉平译 Trans. ISIJ, 1985, 125 (2): 118-126，《铁水预处理和炉外精炼译文专集》，华东冶金学院科技情报室，1986：22-38.

[11] Scimar R. Steel and Coal, 1962, 184: 502, 559.

[12] Healy G W. A new look at phosphorus distribution [J]. Jornal of The Iron and Steel Insitute, 1970: 664-668.

[13] 郭上型，董元篪，等．CaO-CaF₂-P₂O₅-Al₂O₃-FeₜO 系熔渣和含碳铁液之间磷的分配 [J]．华东冶金学院学报，1987，4（2）：20-29.

4.7 钢液氧化脱磷的平衡研究

4.7.1 脱磷平衡经验公式

碱性炉渣与金属液之间的磷平衡商和分配比是指导冶炼后期操作的重要理论之一。众多化学家和冶金学家相继对钢水的脱磷平衡进行了大量实验研究，直到今天，这一研究尚未停止。

1935 年，H. Schenck 等人[1]根据碱性平炉、酸性平炉精炼末期的工厂数据并同实验室数据相结合，经解析后得出：

$$\lg(K_P^{\ominus})' = \lg \frac{[\sum P](FeO)^5(CaO)^4}{(\sum P_2O_5)} + 0.06(\sum P_2O_5) = -\frac{51800}{T} + 35.05 \quad (4\text{-}7\text{-}1)$$

$$\lg(K_P^{\ominus})'' = \lg \frac{[\sum P](FeO)^5(CaO)^3}{(\sum P_2O_5)} + 0.045(\sum P_2O_5) = -\frac{49400}{T} + 32.39 \quad (4\text{-}7\text{-}2)$$

申克-瑞斯经验式适用于 1527 ~ 1627℃ 的温度范围。(FeO)、(CaO) 表示炉渣中 FeO 和 CaO 的自由浓度（认为是同活度等价的）。

4.7.2 温克勒-启普曼经验式

Winkler 和 Chipman[2] 在碱性平炉渣中考虑了 CaO、MgO、SiO₂、FeO、Fe₂O₃、P₂O₅、MnO、Al₂O₃ 及 CaF₂ 九个主要成分，得出：

$$\lg K_P^{\ominus} = \frac{71667}{T} - 28.73 \quad (4\text{-}7\text{-}3)$$

$$\lg(K_P^{\ominus})'' = \lg \frac{x_{4CaO \cdot P_2O_5}}{[P]^2 x_{FeO}^5 x_{CaO'}^4} = \frac{40067}{T} - 15.06 \quad (4\text{-}7\text{-}4)$$

式中，CaO′ 表示自由氧化钙；x_i 表示炉渣中组元 i 的摩尔分数。

温克勒-启普曼经验式研究非 CaO 和 Ca₃P₂O₈（或 Ca₄P₂O₉）饱和的多元炉渣与金属液之间的平衡关系是可行的，用于估算含有少量 CaF₂ 和中等碱度（1<CaO/SiO₂≤2.5）的平炉渣（或多元渣）与金属液间的平衡商值，与平炉实践数据相符甚好[3]。

对于 CaO 和 Ca₄P₂O₉ 饱和的炉渣与金属液之间的磷平衡常数，Ban-Ya 和 Matoba[4] 提出用下式表述：

$$4CaO_{(sat)} + 2[P] + 5[O] \Longrightarrow Ca_4P_2O_9 \quad (4\text{-}7\text{-}5)$$

$$K_{C_4P}^{\ominus} = \frac{1}{[P]^2[O]^5} \quad (4\text{-}7\text{-}6)$$

$$K_{C_4P}^{\ominus}(1530 \sim 1585℃) = \frac{75660}{T} - 31.77 \quad (4\text{-}7\text{-}7)$$

对于 CaO 和 Ca₄P₂O₉ 饱和的炉渣，Fischer 和 Von Ende 提出用下式表述：

$$3CaO_{(sat)} + 2[P] + 5[O] \Longrightarrow Ca_3P_2O_{8(sat)} \tag{4-7-8}$$

$$K_{C_3P}^{\ominus} = \frac{1}{[P]^2[O]^5} \tag{4-7-9}$$

$$K_{C_3P}^{\ominus}(1530 \sim 1700℃) = \frac{53000}{T} - 19.4 \tag{4-7-10}$$

4.7.3　巴拉耶瓦经验式

Balajiva 等人[5~7]用小型试验电弧炉，研究的炉渣成分为：$CaO 30\% \sim 57\%$、$SiO_2 10\% \sim 25\%$、$FeO 4\% \sim 32\%$、$Fe_2O_3 1.0\% \sim 7.5\%$（一般 $4\% \sim 5\%$）、$MnO 1.0\% \sim 1.5\%$（个别配至 5%、6%、11%）、$P_2O_5 8\% \sim 12\%$（个别为 $5\% \sim 6\%$）、$Al_2O_3 2\% \sim 5\%$（个别配至 8%）、$MgO 3.0\% \sim 12.3\%$（注：无 CaF_2）。实验温度先后取 1585℃、1550℃、1635℃。得出：

$$2[P] + 5FeO \Longrightarrow (P_2O_5) + 5Fe \tag{4-7-11}$$

$$K_P^{\ominus} = \frac{(P_2O_5)}{[P]^2(\sum FeO)^5} \tag{4-7-12}$$

$$\lg K_P^{\ominus} = 10.78\lg(CaO) + \frac{31936}{T} - 37.6 \tag{4-7-13}$$

巴拉耶瓦经验式说明，在其实验的正常成分范围内，熔池中磷含量主要由温度和炉渣中的（CaO）、（$\sum FeO$）与（P_2O_5）所控制，而与其他成分无关。对每一个（CaO）/（SiO_2）比有一最佳的（FeO）值使（P_2O_5）/[P] 达最大值，见图 4-7-1；此最佳（FeO）值随（CaO）/（SiO_2）比的增加而增大（注：对于铁水预脱磷的低碱度（$R < 2.0$）渣，此最佳（FeO）值则是随（CaO）/（SiO_2）比的减小而增大）；此（P_2O_5）/[P] 极大值随（CaO）/（SiO_2）的增加而增加，且变得更加突出。这一极值现象具有理论和实际意义，故图 4-7-1 迄今还被各国的冶金书籍所引用。

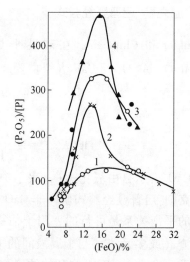

图 4-7-1　不同（CaO）/（SiO_2）时（P_2O_5）/[P] 与（FeO）的关系

P. Herasymenko 和 G. E. Speight[8]假设碱性炼钢炉中有下列离子存在：Fe^{2+}、Fe^{3+}、Mn^{2+}、Ca^{2+}、Mg^{2+}、SiO_4^{4-}、PO_4^{3-}、AlO_3^{3-}、O^{2-}、S^{2-} 和 F^-。为了便于由炉渣分析计算脱磷平衡，考虑下列反应：

$$[P] + \frac{5}{2}Fe^{2+} + 4O^{2-} \Longrightarrow PO_4^{3-} + \frac{5}{2}Fe \tag{4-7-14}$$

$$K_{P\text{-}Fe}^{\ominus} = \frac{(PO_4^{3-})}{[P][Fe]^{5/2}(O^{2-})^4} \tag{4-7-15}$$

赫勒希门科利用温克勒和启普曼的数据[2]，得出 $\lg K_{P\text{-}O}^{\ominus}$ 与 $\lg K_{P\text{-}Fe}^{\ominus}$ 同炉渣 Ca^{2+} 的离子分数之间有直线关系：

$$\lg K_{P\text{-}Fe}^{\ominus} = 7(Ca^{2+}) + \frac{14600}{T} - 7.44 \tag{4-7-16}$$

H. Flood、K. Grjotheim[9]认为，熔渣是阳离子 Fe^{2+}、Ca^{2+}、Mg^{2+}、Mn^{2+} 等同阴离子 SiO_4^{4-}、O^{2-}、PO_4^{3-} 等的混合物。因此，弗勒德认为赫勒希门科计算离子分数的方法是不合理的，他推荐采用电当量离子分数代替渣中离子活度。对于脱磷反应：

$$2[P] + 5[O] + 3O^{2-} \Longrightarrow 2PO_4^{3-} \tag{4-7-17}$$

$$(K^{\ominus})' = \frac{(N_{PO_4^{3-}})^2}{[P]^2[O]^5(N_{O^{2-}})^3} \tag{4-7-18}$$

式中，$(K^{\ominus})'$ 为实际复杂碱性渣中的反应平衡比。

$$\lg(K^{\ominus})' = 21N'_{Ca^{2+}} + 12N'_{Fe^{2+}} + 18N'_{Mn^{2+}} + 13N'_{Mg^{2+}} \tag{4-7-19}$$

弗勒德离子经验式的计算值与温克勒-启普曼的实验数据相符甚好。

E. T. Turkdogan 和 J. Pearson[10]考虑脱磷反应最简单的形式为：

$$2[P] + 5[O] \Longrightarrow P_2O_5(1) \tag{4-7-20}$$

$$\Delta_r G_m^{\ominus} = -168600 + 133T \tag{4-7-21}$$

$$\lg K_P^{\ominus} = \frac{36850}{T} - 29.07 \tag{4-7-22}$$

$$K_P^{\ominus} = \frac{\gamma_{P_2O_5} N_{P_2O_5}}{[P]^2[O]^5}$$

式中，$\gamma_{P_2O_5}$ 与 $N_{P_2O_5}$ 分别为在炉渣中拉乌尔基准的活度系数和摩尔分数。

受弗鲁德等理论处理方式的启发，他们将脱磷反应 A_iN_i 的平衡常数写成：

$$\lg K^{\ominus} = \sum N_i \lg K_i^{\ominus} \tag{4-7-23}$$

其中，$K_i^{\ominus}$ 为只有指定的某种碱性氧化物 i 存在时，脱磷反应的平衡常数；N_i 为 i 氧化物在复杂炉渣中的摩尔分数。于是：

$$K_P^{\ominus} = \frac{\gamma_{P_2O_5} N_{P_2O_5}}{[P]^2[O]^5} = \gamma_{P_2O_5} K^{\ominus} \tag{4-7-24}$$

其中：

$$\sum A_i N_i = 22N_{CaO} + 15N_{MgO} + 13N_{MnO} + 12N_{FeO} - 2N_{SiO_2} \tag{4-7-25}$$

$$\lg \gamma_{P_2O_5} = -1.12 \sum A_i N_i - \frac{42000}{T} + 23.58 \tag{4-7-26}$$

式（4-7-25）和式（4-7-26）就是特克道根推荐的根据炉渣的分析成分和温度来计算金属中的平衡磷含量的著名公式。

R. Scimar[11]将脱磷平衡写为：

$$2[P] + 5[O] \Longrightarrow (P_2O_5) \tag{4-7-27}$$

$$K_{\mathrm{P}}^{\ominus} = \frac{a_{\mathrm{P}_2\mathrm{O}_5}}{[\mathrm{P}]^2[\mathrm{O}]^5} \tag{4-7-28}$$

$$\lg K_{\mathrm{P}}^{\ominus} = \lg a_{\mathrm{P}_2\mathrm{O}_5} - 5\lg[\mathrm{O}] - 2\lg[\mathrm{P}] \tag{4-7-29}$$

$$2\lg[\mathrm{P}] = \lg a_{\mathrm{P}_2\mathrm{O}_5} - 5\lg[\mathrm{O}] - \lg K_{\mathrm{P}}^{\ominus} \tag{4-7-30}$$

西马尔经验式考虑了 CaO 饱和、不饱和以及渣中杂质对 P_2O_5 的稀释影响,但其计算平衡 [P] 含量的公式比较复杂,不被常人喜用,但常被转炉炼钢的静态控制模型采用。

Healy[12] 比 Scimar 进一步贯彻了离子学说,并把他的发展建立在牢固的热力学基础上;他应用了 Schwertfeger[13] 对 CaO-P_2O_5 渣系中 P_2O_5 活度的论著,Trömel[14] 对 FeO-P_2O_5 渣系中 P_2O_5 活度的论著,以及 Bookey,Richardson 和 Welch 对熔融金属中氧和磷含量与固体石灰和磷酸钙之间的平衡的基础研究。

他为 P_2O_5 活度选择了一种实际上可以实现的标准态,即在熔渣内与固体石灰和 $4CaO \cdot P_2O_5$ 同时保持平衡的 P_2O_5 活度。并根据 Ban-ya 和 Matoba[4] 等的脱磷平衡研究,取脱磷反应的热力学方程为:

$$2[\mathrm{P}] + 5(\mathrm{FeO}) + 4\mathrm{CaO} =\!=\!= \mathrm{Ca}_4\mathrm{P}_2\mathrm{O}_9 \tag{4-7-31}$$

$$\Delta_r G_m^{\ominus} = -204450 + 83.55T \tag{4-7-32}$$

$$K_3^{\ominus} = \frac{a_{\mathrm{Ca}_4\mathrm{P}_2\mathrm{O}_9}}{[\mathrm{P}]^2 a_{\mathrm{CaO}}^4 a_{\mathrm{FeO}}^5} \tag{4-7-33}$$

希利将磷分配的修正方程式变为:

$$\lg\frac{(\mathrm{P})}{[\mathrm{P}]} = \frac{22350}{T} - 16.0 + 0.08(\mathrm{CaO}) + 2.5\lg(\mathrm{TFe}) \pm 0.4 \tag{4-7-34}$$

水渡等人[15,16] 对 MgO 饱和 CaO-MgO-SiO_2-Fe_tO 渣系同铁液的脱磷平衡进行了研究。水渡的实验数据同先前得到的经验式(4-7-13)、式(4-7-19)、式(4-7-26)、式(4-7-34)相比较都相符不好,其原因一是巴拉耶瓦的试验结果并未达到平衡;二是水渡用的炉渣中 MgO 和 Fe_2O_3 含量与先前的实验大不相同,且 CaO≤40.8%;三是考虑了 (MgO)、(P_2O_5) 和 (MnO) 以及碱性氧化物活度系数的影响,而先前的研究把它们忽略了。

(P_2O_5)≤1% 时,水渡对巴拉耶瓦经验式校正后为:

$$\lg K_1^{\ominus} = \lg\frac{(\mathrm{P}_2\mathrm{O}_5)}{[\mathrm{P}]^2(\mathrm{FeO})^5} = 8.42\lg[(\mathrm{CaO}) + 0.3(\mathrm{MgO})] -$$

$$0.05(\mathrm{FeO}) + \frac{22740}{T} - 28.0 \tag{4-7-35}[16]$$

$$\lg K_2^{\ominus} = \lg\frac{(\mathrm{P}_2\mathrm{O}_5)}{[\mathrm{P}]^2(\mathrm{Fe}_t\mathrm{O})^5} = 7.93\lg[(\mathrm{CaO}) + 0.3(\mathrm{MgO})] -$$

$$0.05(\mathrm{Fe}_t\mathrm{O}) + \frac{21660}{T} - 26.929 \tag{4-7-36}[15]$$

或

$$\lg K_2^{\ominus} = 0.141[(\mathrm{CaO}) + 0.3(\mathrm{MgO})] + \frac{21110}{T} - 19.546 \tag{4-7-37}[15]$$

（P_2O_5）＝4%～5%时，水渡对巴拉耶瓦经验式校正为：

$$\lg K^{\ominus} = 0.145[(CaO)+0.3(MgO)-0.5(P_2O_5)]+\frac{22810}{T}-20.506 \quad (4\text{-}7\text{-}38)^{[15]}$$

和

$$\lg K^{\ominus} = 7.87\lg[(CaO)+0.3(MgO)-0.05(Fe_tO)-0.5(P_2O_5)]+\frac{22240}{T}-27.124$$

$$(4\text{-}7\text{-}39)^{[15]}$$

水渡用（P_2O_5）≤1%的实验结果对特克道根经验式修正为：

$$\lg\gamma_{P_2O_5} = -1.01\ (23N_{CaO}+17N_{MgO}+8N_{FeO})\ -\frac{26300}{T}+11.2 \quad (4\text{-}7\text{-}40)$$

或

$$\lg\gamma_{P_2O_5} = -0.98\ (23N_{CaO}+17N_{MgO}+8N_{Fe_tO})\ -\frac{22270}{T}+8.818 \quad (4\text{-}7\text{-}41)$$

水渡等人[15]用（P_2O_5）＝4.22%～5.21%的实验结果对特克道根经验式修正为：

$$\lg\gamma_{P_2O_5} = -1.02\ (23N_{CaO}+17N_{MgO}+8N_{Fe_tO}-26N_{P_2O_5})\ -\frac{22990}{T}+9.499 \quad (4\text{-}7\text{-}42)$$

水渡等人用先后多次实验结果[2,15~18]，得出[19]：

$$\lg\gamma_{P_2O_5} = -1.02\ (23N_{CaO}+17N_{MgO}+8N_{FeO}-26N_{P_2O_5}+$$
$$20N_{CaF_2}-3N_{Al_2O_3})-\frac{23000}{T}+9.49 \quad (4\text{-}7\text{-}43)$$

Suito 和 Inoue[20]添加 Na_2O 和 BaO 的实验结果得：

$$\lg\gamma_{P_2O_5} = -1.02\ (23N_{CaO}+17N_{MgO}+13N_{MnO}+8N_{Fe_tO}-26N_{P_2O_5}+$$
$$20N_{CaF_2}+33N_{Na_2O}+42N_{BaO})-\frac{22990}{T}+9.49 \quad (4\text{-}7\text{-}44)$$

郭上型[21]添加 SrO 和 BaO 的实验结果为：

$$\lg\gamma_{P_2O_5} = -1.02\ (23N_{CaO}+17N_{MgO}+13N_{MnO}+8N_{Fe_tO}+18N_{CaF_2}-$$
$$26N_{P_2O_5}-11N_{Al_2O_3}+35N_{SrO}+45N_{BaO})-\frac{22990}{T}+9.49 \quad (4\text{-}7\text{-}45)$$

Park 等人[22]用水渡等人[15~17]和自己的实验结果得出 $\lg\gamma_{P_2O_5}$ 和 $\sum A_iN_i$ 的二次关系式：

$$\lg\gamma_{P_2O_5} = -3.361\sum A_iN_i+0.0949\ (\sum A_iN_i)^2-\frac{18160}{T}+21.43 \quad (4\text{-}7\text{-}46)$$

$$\sum A_iN_i = 23N_{CaO}+17N_{MgO}+13N_{MnO}+8N_{Fe_tO}-26N_{P_2O_5}$$

而水渡对弗勒德离子经验式的修正为：

$$\lg\frac{N_{PO_4^{3-}}^2}{[P]^2[O]^5N_{O^{2-}}^3} = \left(\frac{53400}{T}-17\right)N'_{Ca^{2+}}+a_{Mg^{2+}}N'_{Mg^{2+}}+\left(\frac{31900}{T}-16.1\right)N'_{Fe^{2+}} \quad (4\text{-}7\text{-}47)$$

水渡等人[16]根据在 CaO≤41%和（P_2O_5）≤1%时 CaO-MgO_{sat}-SiO_2-FeO-Fe_2O_3系的实

验结果将希利公式修正为：

对于 $(P_2O_5) \leqslant 1\%$：

$$\lg \frac{(P)}{[P]} = 0.072[(CaO)+0.3(MgO)]+2.5\lg(TFe)+\frac{11690}{T}-10.554 \tag{4-7-48}$$

对于 $(P_2O_5) = 0.118\% \sim 5.4\%$：

$$\lg \frac{(P)}{[P]} = 0.072[(CaO)+0.3(MgO)+0.6(P_2O_5)]+2.5\lg(TFe)+\frac{11570}{T}-10.520$$
$$\tag{4-7-49}$$

或 　　　$$\lg \frac{(P)}{[P]} = 0.0727[(CaO)+0.3(MgO)-0.5(P_2O_5)]+0.5\lg(P_2O_5)+$$

$$2.5\lg(TFe)+\frac{11570}{T}-10.520 \tag{4-7-50}$$

水渡等人[15,19]通过对 $CaO\text{-}MgO_{sat}\text{-}Fe_tO\text{-}P_2O_5\text{-}MnO$（2%~16%）炉渣的实验研究得出在 1550~1650℃温度条件下的四种脱磷商值的表达式：

(1)　$$\lg \frac{(P_2O_5)}{[P]^2(Fe_tO)^5} = 0.145[(CaO)+0.3(MgO)-0.5(P_2O_5)+$$

$$0.6(MnO)]+\frac{22810}{T}-20.506 \tag{4-7-51}$$

(2)　$$\lg \frac{(P_2O_5)}{[P]^2(Fe_tO)^5} = 0.145[(CaO)+0.3(MgO)-0.2(Al_2O_3)-0.5(P_2O_5)+$$

$$0.3(MnO)+1.2(CaF_2)]+\frac{22810}{T}-20.51 \tag{4-7-52}$$

(3)　$$\lg \frac{(P)}{[P]} = 0.072[(CaO)+0.3(MgO)+0.6(P_2O_5)+$$

$$0.6(MnO)]+2.5\lg(TFe)+\frac{11570}{T}-10.520 \tag{4-7-53}$$

(4)　$$\lg \frac{(P)}{[P]} = 0.072[(CaO)+0.3(MgO)+0.6(P_2O_5)+0.2(MnO)+$$

$$1.2(CaF_2)-0.5(Al_2O_3)]+\frac{11570}{T}-10.520 \tag{4-7-54}$$

此外，还有法国钢铁研究院建立的炉渣-金属平衡模型[23]、特克道根的相律处理法[24]和正规溶液模型[25]。

综上所述，早在 20 世纪 30~40 年代平炉炼钢占统治地位时，以申瑞克[1]、温克勒-启普曼[2]、特克道根[26]和巴拉耶瓦[5~7]为代表，按照熔渣的分子理论所描述的脱磷反应式：

$$2[P]+5(FeO)+3CaO \Longrightarrow 3CaO \cdot P_2O_5+5Fe \tag{4-7-55}$$

或 　　　$$2[P]+5(FeO)+4CaO \Longrightarrow 4CaO \cdot P_2O_5+5Fe \tag{4-7-56}$$

针对平炉出钢渣的成分范围，研究提出的脱磷表观平衡常数（$K_P'^{\ominus}$）和分配比（L_P）公式，对指导像平炉这样有充分时间使出钢时脱磷反应达到平衡，而无需考虑过程脱磷对终点的影响的炼钢法来说，应是合适的。

问题是 20 世纪 50 年代初，随着 LD 转炉炼钢法的问世，人们发现 Turkdogan 经验式所估算的钢水磷含量，通常都低于 Q-BOP 转炉的钢水磷含量[27]；且随着溶渣离子理论的出现，人们开始注意到强化前期和过程脱磷对转炉炼钢的重要性，于是试图借助熔渣离子理论，建立用于计算同（CaO）＝0~饱和的炉渣相平衡的［P］含量的普遍式，以指导转炉炼钢的脱磷全过程。其中最有代表性的：一个是 60 年代初的西马尔经验式[11]，另一个是 70 年代中著名的希利半经验式[12]。虽然他们的形式各样，但都是建立在熔渣离子模型（视 P_2O_5 均形成 PO_4^{3-}）及 $N_{O^{2-}} \geqslant 0.15$ 和 $a_{CaO} \geqslant 0.1 \sim 0.35$ 的实验数据基础上而作的推导和演算。也就是说，从理论上讲，即使推演过程中无任何不当，它也只能适用于（RO）/（SiO_2）＝2~（CaO）$_{饱和}$。但希利却把他们的公式外推到（CaO）＝0~饱和，实则是把 P_2O_5 在（RO）/（SiO_2）<2 的熔渣中也当成是主要形成 PO_4^{3-}，故希利公式中看不出（RO）/（SiO_2）< >2 时，$\lg L_P$ 与 $1/T$，（CaO）和 $\lg(TFe)$ 之间的关系有何本质差异。这不仅严重影响希利公式精度（$\lg L_P$ 的误差高达±0.4），还掩盖了硅酸盐成渣过程对脱磷，特别是对吹炼前期和中期脱磷的影响，致使其不能真正起到强化转炉吹炼前期、中期和全程脱磷的指导作用。欲顾（CaO）＝0 而难为，反倒又增大了（RO）/（SiO_2）＝2~CaO 饱和区间的误差；同时希利及其之前的大多公式均未考虑 MgO 含量的影响，而转炉渣基本上都是 MgO 饱和的硅酸盐渣，用希利公式估算的值要比 MgO＝6%的炉渣大 0.2lg 值[7]。而 Suito 等人[15,16]所做的 MgO 饱和的 CaO-MgO$_{sat}$-SiO$_2$-FeO$_n$炉渣与铁液之间的磷平衡分配比试验是在 CaO＝0.2%~40.8%的条件下进行的，所得公式外延到转炉炼钢终渣时，其估算的平衡［P］含量偏高，且其 MgO 与 CaO 相比的脱磷当量比值 0.3 用于转炉渣中也未必妥当。法国钢铁研究院[23]采用 Elliott 等研究者建议的描述炉渣非理想特性所得出的磷平衡分配比的经验式，计算精度为±15%，但该模型比较复杂，使用不便。

4.7.4 李远洲对脱磷分配比表达式的见解

本节拟通过对 MgO 饱和的硅酸盐渣的形成规律，及 P_2O_5 在硅酸盐渣中的复杂化合物和矿相结构的实验研究，弄清硅酸盐炉渣的脱磷机理，以便为建立符合客观的 L_P 普遍公式，和如何强化转炉前、中期脱磷提供依据。再有，目前，很多人都按 Balajiva、Turkdogan 和 Healy 的脱磷表观平衡常数或分配比公式来确定脱磷的热力学条件和工艺操作，认为炉渣碱度愈高、FeO 愈高、渣量愈大、温度愈低愈有利于去磷。实则它们与 L_P 之间的关系是极值函数关系，这种极值关系既存在于实际生产中，也存在于热力学平衡关系式中，只有当它们处于最佳值时，L_P 才能获最大值；否则，炉渣碱度和 FeO 含量大于最佳值愈多，愈适得其反。故本节拟在研究建立转炉炼钢过程脱磷热力学模型时，特别重视获得 L_P 最大值的热力学模型，并将其转化为最佳化初渣和终渣成分的控制模型及相应的渣料装入模型。然后，在后面的章节中，通过对脱磷过程动力学模型的研究，明确阶段性脱磷目标，并建立分阶段强化脱磷的工艺控制模型，以使吹炼进入终点时脱磷反应达到或接近平衡。简而言之，就是要研究开发脱磷的最佳热力学条件和动力学条件，并将其模型化后而加以人工的或自动化的调控，使之达到或接近最大的热力学平衡常数值或分配比值。

4.7.4.1　渣中磷酸盐和矿物相与碱度的关系

现一般书上都说，在硅酸盐熔渣中，由于有大量的 SiO_2 和少量的 P_2O_5，因而在碱性熔渣中，P_2O_5 主要形成 PO_4^{3-}。如他们定义的碱性熔渣是（RO）/（SiO_2）>2，或 Si/O ≤0.25，这无疑是正确的。但如说，因 SiO_2 是大量的，而 P_2O_5 是少量的，且 P_2O_5 的离子静电引力 $I_{(P_2O_5)}$（$=2Z_+/a^2=3.31$）大于 SiO_2 的离子静电引力 $I_{(SiO_2)}$（$=2.81$），便只要（RO）/（P_2O_5）≥3 或 P/O≤0.25，P_2O_5 就主要形成 PO_4^{3-} 的话，那就值得商榷了。据文献［28］，$3CaO \cdot P_2O_5$（注：以下简写为 C_3P）只在 R（$=CaO/SiO_2$）=1.75 和钙镁橄榄石几乎均变为 $2CaO \cdot SiO_2$（注：以下简写为 C_2S）后才明显出现。李远洲、俞盛义和金淑筠通过对不同碱度下的转炉过程渣的模拟实验，每只坩埚装纯铁 10g，磷铁（含磷27.1%）0.2g，渣料10g，根据转炉过程渣成分的变化，设计了 15 种不同的炉渣成分，为保证在实验温度下炉渣完全熔化，配加了适量 CaF_2，炉渣配料见表 4-7-1，并对其炉渣进行显微观察和 EPMA 分析。

表 4-7-1　炉渣配料

编　号	CaO/g	SiO$_2$/g	Fe$_2$O$_3$/g	CaF$_2$/g	实验温度/℃
1	0.1	2	7.7	0.2	1550
2	0.2	4	5.6	0.2	1550
3	0.4	4	5.4	0.2	1550
4	1.0	3	5.8	0.2	1550
5	2.0	4	3.8	0.2	1550
6	3.0	3.3	3.5	0.2	1550
7	3.0	3	3.8	0.2	1550
8	3.6	3	3.2	0.2	1550
9	4.2	3	2.6	0.2	1550
10	4.0	2.5	3.3	0.2	1550
11	4.3	2.5	3.0	0.2	1550
12	4.8	2.5	2.5	0.2	1550
13	5.0	2.0	2.6	0.4	1600
14	5.1	1.7	2.8	0.4	1600
15	5.2	1.3	3.1	0.4	1600

注：坩埚为镁质。

由分析结果可知：

（1）硅酸盐的矿相变化基本符合键化学的规律，$R \leqslant 0.3$ 时，主要为铁橄榄石（$2FeO \cdot SiO_2$），不具有脱磷能力；$R = 0.9 \sim 1.0$ 时，主要为钙镁橄榄石 $2(Ca、Mg、Fe)O \cdot SiO_2$；$R = 1.2$ 时，主要为硅灰石（$CaO \cdot SiO_2$）和焦硅灰石（$1.5CaO \cdot SiO_2$）及少量正硅酸盐（$2CaO \cdot SiO_2$）；$R = 1.4$ 时，主要为 $1.5CaO \cdot SiO_2$，部分为 $CaO \cdot SiO_2$ 和 $2CaO \cdot SiO_2$；$R = 1.6$ 时，主要为 $1.5CaO \cdot SiO_2$ 和 $2CaO \cdot SiO_2$；$R = 1.7$ 时，几乎均为 $2CaO \cdot SiO_2$；$R = 1.9$ 时，全部形成健全的 $2CaO \cdot SiO_2$；并有少量 $CaO \cdot FeO$ 出现；$R = 2.5$ 时，除 $2CaO \cdot SiO_2$ 外并有相当数量 RO 相和 $2CaO \cdot FeO$（和 $CaO \cdot FeO$）；$R = 3.0$ 时，$2CaO \cdot SiO_2$ 和 $3CaO \cdot SiO_2$ 各半，并有 RO、$nCaO \cdot FeO$。按键化学，$0.93 > (CaO)/(SiO_2) \geqslant 0.47$ 时，硅酸盐和磷酸盐应主要为 $CaO \cdot 2SiO_2$ 和 $CaO \cdot 2P_2O_5$，但分析结果显示，在碱度低时似乎更应遵循（MeO）（$= CaO + MgO)/(SiO_2) \approx 1.0$ 时，即形成钙镁橄榄石（$Ca \cdot Mg)O \cdot SiO_2$ 时便形成 $CaO \cdot P_2O_5$ 或 $MeO \cdot P_2O_5$。

（2）不同的炉渣矿物中固溶不同的磷钙酸，如 $1.5(Mg \cdot Fe)O \cdot SiO_2$ 中固溶 $3FeO \cdot P_2O_5$，$CaO \cdot SiO_2$ 中固溶 $CaO \cdot P_2O_5$，$1.5CaO \cdot SiO_2$ 中固溶 $2CaO \cdot P_2O_5$，$2CaO \cdot SiO_2$ 和 $3CaO \cdot SiO_2$ 中固溶 $3CaO \cdot P_2O_5$，RO 和 $nCaO \cdot FeO$ 中也固溶 $3CaO \cdot P_2O_5$，但很少，其固溶磷的能力为 $RO < CF < CS < C_{1.5}S < C_2S = C_3S$。这说明在硅酸盐渣中，磷酸盐的形成过程受制于硅酸盐的形成过程，从这点讲，我们的观测结果符合键化学的规律，但它未遵守键化学的下述规律：当 CS 完全转变为 C_3S_2 后才有 C_2P，和 C_3S_2 完全转变为 C_2S 后才有 C_3P。其原因究竟是炉渣本身的不均匀性所造成，还是炉渣急冷产生，或者说固溶于硅酸盐中的磷酸钙的转变是同步进行的更符合规律，需进一步研究。

（3）为了提高炉渣的脱磷能力和形成稳定的正磷酸钙 $3CaO \cdot P_2O_5$，造就 $R \geqslant 1.6$ 的 C_2S 渣是十分必要的。碱度太高，如 $R = 4.0$ 时，形成的 RO 相和 $2CaO \cdot FeO$ 对脱磷并无补益。

4.7.4.2 过程渣的脱磷反应

A 磷的氧化反应随炉渣碱度的不同具有以下几种典型的反应式

根据上述磷酸钙的形成过程，及键化学理论[29]和相关文献[30~32]对炉渣矿相组成及硅磷酸盐的观测，可以看出：磷的氧化反应不仅是：

$$3(CaO) + 5(FeO) + 2[P] = 3CaO \cdot P_2O_5 + 5Fe$$

一种反应模式，而是随炉渣碱度的不同具有以下几种典型的反应式：

（1）当 $R = (CaO)/(SiO_2) = 0.47$ 时

$$CaO + 2SiO_2 = CaO \cdot 2SiO_2 \tag{4-7-57}$$

$$CaO + 2P_2O_5 = CaO \cdot 2P_2O_5 \tag{4-7-58}$$

$$CaO \cdot 2SiO_2 + P_2O_5 = Ca(SiPO_5)_2 = Ca^{2+} + 2SiPO_5^- \tag{4-7-59}$$

$$2(CaO \cdot 2SiO_2) + CaO \cdot 2P_2O_5 = Ca_3(Si_2P_2O_8)_2 = 3Ca^{2+} + 2Si_2P_2O_8^{3-} \tag{4-7-60}$$

（2）当 $R = 0.93$ 时

$$CaO + 2SiO_2 = CaO \cdot 2SiO_2 \text{（偏硅灰石）} \tag{4-7-61}$$

$$3(CaO \cdot 2SiO_2) = 3Ca^{2+} + Si_3O_9^{6-} \text{（三环）} \tag{4-7-62}$$

$$CaO + P_2O_5 = CaO \cdot P_2O_5 \text{（偏磷酸盐）} \tag{4-7-63}$$

$$4(CaO \cdot SiO_2) + CaO \cdot P_2O_5 \Longrightarrow 5Ca^{2+} + 2Si_2PO_9^{5-} \text{（三环）} \qquad (4\text{-}7\text{-}64)$$

或 $$4(CaO \cdot SiO_2) \Longrightarrow 4Ca^{2+} + 2Si_4O_{12}^{8-} \text{（四环）} \qquad (4\text{-}7\text{-}65)$$

$$6(CaO \cdot SiO_2) + CaO \cdot P_2O_5 \Longrightarrow 7Ca^{2+} + Si_3PO_{12}^{7-} \text{（四环）} \qquad (4\text{-}7\text{-}66)$$

（3）当 $R = 1.17$ 时

$$5CaO + 4SiO_2 \Longrightarrow 5CaO \cdot 4SiO_2 \qquad (4\text{-}7\text{-}67)$$

$$5CaO + 4SiO_2 \Longrightarrow 5Ca^{2+} + Si_4O_{13}^{10-} \text{（四链）} \qquad (4\text{-}7\text{-}68)$$

$$2CaO + P_2O_5 \Longrightarrow 2CaO \cdot P_2O_5 \qquad (4\text{-}7\text{-}69)$$

$$7CaO \cdot 6SiO_2 \text{（六链）} + 2CaO \cdot P_2O_5 \Longrightarrow 9Ca^{2+} + 2Si_3PO_{13}^{9-} \text{（四链）} \qquad (4\text{-}7\text{-}70)$$

（4）当 $R = 1.24$ 时

$$4CaO + 3SiO_2 \Longrightarrow 4CaO \cdot 3SiO_2 \qquad (4\text{-}7\text{-}71)$$

$$4CaO + 3SiO_2 \Longrightarrow 4Ca^{2+} + Si_3O_{10}^{8-} \text{（三链）} \qquad (4\text{-}7\text{-}72)$$

$$2CaO + P_2O_5 \Longrightarrow 2CaO \cdot P_2O_5 \qquad (4\text{-}7\text{-}73)$$

$$5CaO \cdot 4SiO_2 + 2CaO \cdot P_2O_5 \Longrightarrow 7Ca^{2+} 2Si_2PO_{10}^{7-} \text{（三链）} \qquad (4\text{-}7\text{-}74)$$

（5）当 $R = 1.4$ 时

$$3CaO + 2SiO_2 \Longrightarrow 3CaO \cdot 2SiO_2 \text{（焦硅灰石）} \qquad (4\text{-}7\text{-}75)$$

$$3CaO \cdot 2SiO_2 \Longrightarrow 3Ca^{2+} + Si_2O_7^{6-} \text{（双链）} \qquad (4\text{-}7\text{-}76)$$

$$2CaO + P_2O_5 \Longrightarrow 2CaO \cdot P_2O_5 \qquad (4\text{-}7\text{-}77)$$

$$3CaO \cdot 2SiO_2 + 2CaO \cdot P_2O_5 \Longrightarrow 5Ca^{2+} + 2Si_3PO_7^{5-} \text{（双链）} \qquad (4\text{-}7\text{-}78)$$

（6）当 $R > 1.87$ 时

$$2CaO + SiO_2 \Longrightarrow 2CaO \cdot SiO_2 \text{（正硅酸盐）} \qquad (4\text{-}7\text{-}79)$$

$$2CaO \cdot SiO_2 \Longrightarrow 2Ca^{2+} + SiO_4^{4-} \text{（简单四面体）} \qquad (4\text{-}7\text{-}80)$$

$$3CaO + P_2O_5 \Longrightarrow 3CaO \cdot P_2O_5 \qquad (4\text{-}7\text{-}81)$$

$$3CaO \cdot P_2O_5 \Longrightarrow 3Ca^{2+} + 2PO_4^{3-} \text{（简单四面体）} \qquad (4\text{-}7\text{-}82)$$

$$2CaO \cdot SiO_2 + 3CaO \cdot P_2O_5 \Longrightarrow 5Ca^{2+} + SiP_2O_{12}^{10-} \text{（磷硅酸根）} \qquad (4\text{-}7\text{-}83)$$

$$2(2CaO \cdot SiO_2) + 3CaO \cdot P_2O_5 \Longrightarrow 7Ca^{2+} + 2SiPO_8^{7-} \qquad (4\text{-}7\text{-}84)$$

碱性炼钢渣中的离子和矿物组成变化见表 4-7-2。

B　值得生产和理论都需注意的几个问题

（1）当炉渣形成 $2CaO \cdot SiO_2$ 和 $3CaO \cdot P_2O_5$ 后，再提高碱度时，虽然炉渣将形成 $3CaO \cdot SiO_2$，$2CaO \cdot FeO$ 及 RO 相，但 P_2O_5 的稳定化合物仍为 C_3P，它主要固溶于 C_2S 和 C_3S[55]，而固溶于 $2CaO \cdot FeO$、$CaO \cdot FeO$ 和 RO 中的则很少，几乎可忽略不计；即使在 $R = 4.7$ 的平炉渣中 PO_4^{3-} 也仅有 36%，其余 64% 为硅磷酸盐[51]。

（2）如从形成磷酸盐的发展过程分，当 $R \leqslant 0.93$ 时，基本为 $MgO \cdot P_2O_5$ 和 $CaO \cdot P_2O_5$；当 $R = 1.0 \sim 1.4$ 时，基本上为 $CaO \cdot P_2O_5$ 和 $2CaO \cdot P_2O_5$；当 $R = 1.4 \sim 1.87$ 时，基本上为 $2CaO \cdot P_2O_5$ 和 $3CaO \cdot P_2O_5$ 的互为消长；当 $R > 1.9$ 时为 $3CaO \cdot P_2O_5$。而 $\Delta_r G_m^\ominus (CaO \cdot P_2O_5) > \Delta_r G_m^\ominus (2CaO \cdot P_2O_5) > \Delta_r G_m^\ominus (3CaO \cdot P_2O_5)$。

（3）如从形成硅磷酸盐离子晶体结构的发展过程分，$R \leqslant 0.93$ 时为环状离子结构，

表 4-7-2　碱性炼钢渣中的离子和矿物组成变化

R		≥1.9	1.4	1.24	1.17	0.93	0.47
O/Si O/P O/(Si+P)		≥4	3.5	3.3	3.25	3.0	2.5
离子结构形状		简单四面体	双链四面体	三链四面体	四链四面体	三环四面体 四环四面体	无限多个四面体构成的环状结构
硅酸盐	离子种类	SiO_4^{4-}	$Si_2O_7^{6-}$	$Si_3O_{10}^{8-}$	$Si_4O_{13}^{10-}$	$Si_3O_9^{6-}$ $Si_4O_{12}^{8-}$	$(Si_2O_5^{2-})_n$
	矿物名称	正硅酸盐	焦硅酸盐				云母
	分子式	$2MO \cdot SiO_2$	$3MO \cdot 2SiO_2$	$4MO \cdot 2SiO_2$	$5MO \cdot 2SiO_2$	$3(MO \cdot SiO_2)$ $4(MO \cdot SiO_2)$	$MO \cdot 2SiO_2$
磷酸盐	离子种类	PO_4^{3-}	$P_2O_7^{4-}$				
	矿物名称	正磷酸盐	焦磷酸盐				
	分子式	$3MO \cdot P_2O_5$	$2MO \cdot P_2O_5$				
硅磷酸盐	离子种类	$SiP_2O_{12}^{10-}$ $SiPO_8^{7-}$	$SiPO_7^{5-}$	$Si_2PO_{10}^{7-}$	$Si_3PO_{13}^{9-}$	$Si_2PO_9^{5-}$ $Si_3PO_{12}^{7-}$	
	矿物名称	磷硅灰石 纳格尔-施密特石					
	分子式	$5MO \cdot P_2O_5 \cdot SiO_2$ $7MO \cdot P_2O_5 \cdot 2SiO_2$	$5MO \cdot P_2O_5 \cdot 2SiO_2$	$7MO \cdot P_2O_5 \cdot 2SiO_2$	$9MO \cdot P_2O_5 \cdot 2SiO_2$	$5MO \cdot P_2O_5 \cdot 2SiO_2$ $7MO \cdot P_2O_5 \cdot 2SiO_2$	

$R > 0.93$ 后则为链状离子结构。链状结构的硅磷酸盐的结合力明显大于环状的，而磷硅酸盐的结合力又大于硅磷酸盐。

（4）如果说（2）和（3）较好地解释了实验结果：$n_{CP}/n_{CS} < n_{C_2P}/n_{C_{1\sim1.5}S} < n_{C_3P}/n_{C_2S}$ 的原因，不如说该结果证明了对过程渣脱 P 反应式随碱度而变化的上述论断基本成立。

（5）故炼钢过程渣的脱 P 反应式不应是一种模式，而应按炉渣碱度的变化，不同的碱度区段，分 $R \leqslant 0.9$，$0.91 \sim 1.9$ 和 >1.9 三段，或 $R \leqslant 0.1$，$0.1 \sim 0.9$，$0.91 \sim 1.4$，$1.41 \sim 1.9$ 和 >1.9 五段来取不同的反应式，并以此来建立磷的表现平衡常数和平衡分配比公式。

4.7.4.3　$CaO\text{-}MgO_{sat}\text{-}MnO\text{-}FeO_n\text{-}SiO_2\text{-}P_2O_5$ 渣系与铁液之间的磷平衡分配比实验研究

实验研究[33]的主要目的，一是探索在脱磷中（MgO）和（CaO）相比的当量值，（Fe_2O_3）和（FeO）相比的当量值，以及（P_2O_5）对 L_P 的影响；二是探索 L_P 与（TFe）的极值函数关系；三是研究少量组分（MnO）、（Al_2O_3）和（SiO_2）对 L_P 的影响；同时，从某种意义上说，它也是对 Suito[14,15]实验研究的补充。

A　理论依据和数据处理方法

磷分配比与脱磷平衡反应密切相关。脱磷反应的表观平衡常数 K_P 可用方程式（4-7-

85）或方程式（4-7-87）来描述：

$$2[P]+5(FeO)_n \Longrightarrow (P_2O_5)+5Fe_{(1)} \tag{4-7-85}$$

$$K^{\ominus}_{P(FeO)} = (P_2O_5)/([P]^2(FeO_n)^5) \tag{4-7-86}$$

$$2[P]+5[O] \Longrightarrow (P_2O_5) \tag{4-7-87}$$

$$K^{\ominus}_{P[O]} = (P_2O_5)/([P]^2[O]^5) \tag{4-7-88}$$

实验系按方程式（4-7-85）和式（4-7-87）来设计。

a　$K_P^{\ominus}$ 和 $(P)/[P]$

（1）$K_P^{\ominus}$。在 CaO 基的炉渣中 Balajiva 等人发现，$\lg L_P$ 与 $\lg(CaO)$ 之间存在线性关系：

$$\lg K_P^{\ominus} = 11.8\lg(CaO) - c \tag{4-7-89}$$

c 值在 1550℃、1580℃ 和 1635℃ 时分别为 21.13、21.51 和 21.92。实验除了拟考查 CaO 基多元系渣中的 CaO 与 $K_P^{\ominus}$ 的关系外，还拟进一步考察 (CaO)、(MgO)、(MnO)、(SiO_2)、(Al_2O_3) 等与 $K_P^{\ominus}$ 的综合关系，故设计了下列回归方程：

$$\lg K_P^{\ominus} = a\lg(CaO) - c \tag{4-7-90}$$

$$\lg K_P^{\ominus} = a(CaO) - c \tag{4-7-91}$$

$$\lg K_P^{\ominus} = a\lg[(CaO)+a_{MgO}(MgO)+a_{MnO}(MnO)+\cdots] - c \tag{4-7-92}$$

$$\lg K_P^{\ominus} = a[(CaO)+a_{MgO}(MgO)+a_{MnO}(MnO)+\cdots] - c \tag{4-7-93}$$

式中，a_{MgO}，a_{MnO}，$\cdots$ 分别为 MgO 和 MnO 的 CaO 当量值，它们是通过多元逐步回归后，先得出方程式（4-7-94）：

$$\lg K_P^{\ominus} = [a_1\lg(CaO)+a_2\lg(MgO)+a_3\lg(MnO)+\cdots] - c \tag{4-7-94}$$

然后命：　　　　　$a\lg[(CaO)+a_{MgO}(MgO)+a_{MnO}(MnO)+\cdots]$

$$= a_1\lg(CaO)+a_2\lg(MgO)+a_3\lg(MnO)+\cdots \tag{4-7-95}$$

再通过逐步逼近法解方程式（4-7-95），求出 a_{MgO}、a_{MnO}。

（2）磷分配比 L_P（$=(P)/[P]$）：

1）通过 $K_P^{\ominus}$ 求 L_P

式（4-7-86）乘以 $(P_2O_5)/[P_2O_5]$ 得：

$$\lg L_P = 0.5\lg K_P' + 2.5\lg(\textstyle\sum FeO) + 0.5\lg(P_2O_5) - 0.36 \tag{4-7-96}$$

若　　　　　　　　$K_P' = (P_2O_5)/([P]^2(TFe)^5)$

则　　　　　$\lg L_P = 0.5\lg K_P' + 2.5\lg(TFe) + 0.5\lg(P_2O_5) - 0.36 \tag{4-7-97}$

2）由实验数据直接求 L_P

在 CaO 基的多元炼钢炉渣中，Healy 发现，$\lg L_P$ 与 $[0.08(CaO)+2.5\lg(TFe)]$ 或 $[7\lg(CaO)+2.5\lg(TFe)]$ 之间存在线性关系：

$$\lg L_P = 0.08(CaO) + 2.5\lg(TFe) + \frac{22350}{T} - 16.0 \pm 0.4 \qquad (当(CaO)=0\sim饱和)$$

$$\tag{4-7-98}$$

$$\lg L_P = 7\lg(CaO) + 2.5\lg(TFe) + \frac{22350}{T} - 24.0 \pm 0.4 \qquad (当(CaO) \geqslant 24\%) \tag{4-7-99}$$

本节设计了以下几种回归方程：

①按方程（4-7-100），作多元逐步回归：

$$\lg L_P = a_1 \lg(\text{CaO}) + a_2 \lg(\text{SiO}_2) + a_3 \lg(\text{FeO}) + a_4 \lg(\text{Fe}_2\text{O}_3) +$$
$$a_5 \lg(\text{MgO}) + a_6 \lg(\text{MnO}) + a_7 \lg(\text{Al}_2\text{O}_3) + a_8 \qquad (4\text{-}7\text{-}100)$$

②由方程（4-7-100）逐步回归后得方程（4-7-101）：

$$\lg L_P = a_1 \lg(\text{CaO}) + a_3 \lg(\text{FeO}) + a_4 \lg(\text{Fe}_2\text{O}_3) + a_5 \lg(\text{MgO}) + a_8 \qquad (4\text{-}7\text{-}101)$$

③由逼近法解方程（4-7-102）：

$$a\lg[(\text{CaO}) + a_{\text{MgO}}(\text{MgO}) + \cdots] = a_1 \lg(\text{CaO}) + a_2 \lg(\text{MgO}) \qquad (4\text{-}7\text{-}102\text{a})$$

$$b\lg[(\text{FeO}) + a_{\text{Fe}_2\text{O}_3}(\text{Fe}_2\text{O}_3) + \cdots] = a_3 \lg(\text{FeO}) + a_4 \lg(\text{Fe}_2\text{O}_3) \qquad (4\text{-}7\text{-}102\text{b})$$

④最终回归出下列方程以做比较：

$$* \qquad \lg L_P = a\lg[(\text{CaO}) + a_{\text{MgO}}(\text{MgO}) + a_{\text{MnO}}(\text{MnO})] +$$
$$b\lg[(\text{FeO}) + a_{\text{Fe}_2\text{O}_3}\lg(\text{Fe}_2\text{O}_3)] - c \qquad (4\text{-}7\text{-}103)$$

$$* \qquad \lg L_P = a\lg[(\text{CaO}) + a_{\text{MgO}}(\text{MgO}) + a_{\text{MnO}}(\text{MnO})] + b\lg(\text{TFe}) - c \qquad (4\text{-}7\text{-}104)$$

$$* \qquad \lg L_P = a[(\text{CaO}) + a_{\text{MgO}}(\text{MgO}) + a_{\text{MnO}}(\text{MnO})] +$$
$$b\lg[(\text{FeO}) + a_{\text{Fe}_2\text{O}_3}\lg(\text{Fe}_2\text{O}_3)] - c \qquad (4\text{-}7\text{-}105)$$

$$* \qquad \lg L_P = a[(\text{CaO}) + a_{\text{MgO}}(\text{MgO}) + a_{\text{MnO}}(\text{MnO})] + b\lg(\text{TFe}) - c \qquad (4\text{-}7\text{-}106)$$

$$* \qquad \lg L_P = a\lg(\text{CaO}) + b\lg(\text{TFe}) - c \qquad (4\text{-}7\text{-}107)$$

$$* \qquad \lg L_P = a(\text{CaO}) + b\lg(\text{TFe}) - c \qquad (4\text{-}7\text{-}108)$$

b Chipman 和 Taylor 给出的方程式（4-7-86）的 $\gamma_{\text{FeO}}/\gamma_{\text{P}_2\text{O}_5}$ 与 $K_P^{\ominus}$ 平衡常数方程

$$\lg K_P^{\ominus} = -\frac{5253}{T} - 15.40 \qquad (4\text{-}7\text{-}109)$$

$$K_P^{\ominus} = \frac{N_{\text{P}_2\text{O}_5}\gamma_{\text{P}_2\text{O}_5}}{[\text{P}]^2 N_{\text{FeO}}^5 \gamma_{\text{FeO}}^5} \qquad (4\text{-}7\text{-}110)$$

$$K_P^{\ominus} = \frac{(\text{P}_2\text{O}_5)}{[\text{P}]^2(\text{FeO})^5} \times \left[\sum \frac{(i)}{M_i}\right]^4 \times \frac{\gamma_{\text{P}_2\text{O}_5}}{\gamma_{\text{FeO}}^5} \times \frac{725}{142} \qquad (4\text{-}7\text{-}111)$$

$$\lg K_P^{\ominus} = \lg K_P' + 4\lg \sum \frac{(i)}{M_i} + \lg \frac{\gamma_{\text{P}_2\text{O}_5}}{\gamma_{\text{FeO}}^5} + 7.13 \qquad (4\text{-}7\text{-}112)$$

$$\lg K_P' = \lg \frac{\gamma_{\text{FeO}}^5}{\gamma_{\text{P}_2\text{O}_5}} + \frac{5253}{T} - 22.53 - 4\lg \sum \frac{(i)}{M_i} \qquad (4\text{-}7\text{-}113)$$

$$\lg \frac{\gamma_{\text{FeO}}^5}{\gamma_{\text{P}_2\text{O}_5}} = \lg K_P' - \frac{5253}{T} + 22.53 + 4\lg \sum \frac{(i)}{M_i} \qquad (4\text{-}7\text{-}114)$$

式中，$\sum \dfrac{(i)}{M_i}$ 为炉渣氧化物的摩尔系数，本实验中 $4\lg \sum \dfrac{(i)}{M_i} = 0.67 \sim 0.92$，取平均值 0.8，$T = 273 + 1600 = 1873\text{K}$，因此：

$$\lg \frac{\gamma_{\text{FeO}}^5}{\gamma_{\text{P}_2\text{O}_5}} = \lg K_P' - c \qquad (4\text{-}7\text{-}115)$$

由方程（4-7-115）可求出每组实验的 $\lg \dfrac{\gamma_{\text{FeO}}^5}{\gamma_{\text{P}_2\text{O}_5}}$ 值，然后按下列方程对实验数据进行回归：

$$\lg \frac{\gamma_{FeO}^5}{\gamma_{P_2O_5}} = a\lg(CaO) - c \tag{4-7-116}$$

$$\lg \frac{\gamma_{FeO}^5}{\gamma_{P_2O_5}} = a(CaO) - c \tag{4-7-117}$$

$$\lg \frac{\gamma_{FeO}^5}{\gamma_{P_2O_5}} = a\lg[(CaO) + a_{MgO}(MgO)] - c \tag{4-7-118}$$

$$\lg \frac{\gamma_{FeO}^5}{\gamma_{P_2O_5}} = a[(CaO) + a_{MgO}(MgO)] - c \tag{4-7-119}$$

B 实验方法

实验采用井式硅化钼炉；坩埚为电熔镁质，一种内径为 14mm、深 20mm，另一种内径为 29mm、深 40mm，校温用 PtRh6/PtRh30 热电偶；控温用 JWT-702 型精密控温仪自动控制，其误差小于±2℃；高纯度 Ar 气（O_2<1ppm，3～4mL/s）经 P_2O_5 和硅胶干燥塔后，由炉子下部通入。

a 金属成分和炉渣成分的配制

金属磷含量为 0.3%～0.5%，用纯铁和磷铁（[P] = 17%）配制而成。初始炉渣用 CaO、SiO_2、Fe_2O_3、Fe、Al_2O_3、MnO、CaF_2 和 MgO，化学纯粉末配制而成，其中 CaF_2 含量均按 2% 配取，Fe 粉的比例随 Fe_2O_3/Fe 比值的不同而异，MgO 含量按估算的 MgO 饱和含量的 70% 配取。

为了确定本实验条件下脱磷反应达到平衡必须保持的恒温时间，按本实验的两级炉渣成分，进行了在 1600℃下，金属中的磷含量随时间变化的测试。如图 4-7-2 所示，本实验条件下的脱磷反应在 45min 后便达到了平衡。

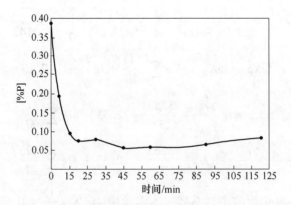

图 4-7-2 钢中磷含量与时间的关系

b 实验过程

用精密天平将称好的金属料和渣料（拌匀）装入镁质坩埚内捣实后放入石墨坩埚里，待炉温升到 800℃时，打开 Ar 气及冷却水，再将石墨坩埚掯入炉内，升温至 1600℃后，保持恒温 1h，然后取出石墨坩埚，置于密封的金属模内速冷。金属和炉渣试样的平衡成分均采用化学分析法分析。

C 实验结果

含 1.43% ~ 8.25% P_2O_5，2.22% ~ 6.21% MnO，0.74 ~ 3.88% Al_2O_3 和约 0.2% CaF_2 的 CaO-MgO_{sat}-SiO_2-Fe_tO-SiO_2 炉渣与金属的平衡成分列于表4-7-3。由于 MgO 坩埚的溶解，平衡炉渣中有相当高的 MgO 含量，估算说明它们都达到了 MgO 的饱和浓度。lgK_P、$lgK_P{}'$、$lg\dfrac{(P)}{[P]}$ 及 $lg\dfrac{\gamma_{FeO}^5}{\gamma_{P_2O_5}}$ 的各种回归方程列于表 4-7-4 中。

表 4-7-3 炉渣和金属平衡成分

炉号	CaO	SiO₂	FeO	Fe₂O₃	MgO	P₂O₅	MnO	Al₂O₃	CaO+MgO+MnO	SiO₂+P₂O₅+MnO	FeO+Fe₂O₃	P
1	36.72	15.67	26.55	4.14	8.52	4.56	2.57	1.28	47.80	21.50	30.69	0.013
2	36.51	14.24	27.23	4.09	9.98	4.98	2.47	1.24	48.96	19.84	31.20	0.008
3	32.73	15.20	29.64	3.17	10.41	4.62	2.82	1.41	45.96	21.23	32.81	0.008
4	30.89	14.31	32.32	3.52	10.04	4.69	2.83	1.41	43.76	20.41	35.83	0.0082
5	25.83	12.83	38.32	4.59	10.00	4.40	2.70	1.35	38.53	18.57	42.90	0.0082
6	43.12	22.23	11.11	0.10	9.70	7.30	4.29	2.15	57.11	31.67	11.22	0.049
7	41.77	22.03	13.75	0.00	8.46	7.24	4.50	2.25	54.73	31.52	13.75	0.046
8	41.14	21.36	11.06	0.38	11.02	8.01	4.70	2.35	56.85	31.71	11.44	0.051
9	38.95	19.66	14.77	0.59	10.88	8.13	4.67	2.34	54.50	30.13	15.37	0.047
10	47.52	21.13	15.02	0.00	4.50	4.34	5.00	2.50	57.01	27.97	15.02	0.019
11	45.96	20.08	18.49	0.38	5.60	6.32	5.34	2.67	56.91	24.22	18.87	0.014
12	35.06	20.00	18.01	0.00	10.93	6.63	6.21	3.10	52.19	29.79	18.02	0.057
13	48.54	13.00	14.58	2.30	9.30	6.43	3.90	1.95	61.74	21.38	16.88	0.012
14	49.40	12.72	14.09	2.88	7.96	6.84	4.08	2.03	61.43	21.60	16.97	0.014
15	45.52	12.38	15.90	3.84	8.95	7.36	4.23	2.12	58.40	21.86	19.74	0.0062
16	43.40	10.46	19.67	5.00	7.57	7.68	4.15	2.07	55.12	20.21	24.67	0.0069
17	41.97	10.48	15.14	13.61	6.20	7.66	3.70	1.85	51.86	19.39	28.75	0.012
18	46.52	12.01	13.84	3.54	8.76	8.35	4.59	2.30	59.88	22.75	17.37	0.011
19	43.21	10.51	20.35	3.55	7.85	8.18	4.24	2.12	55.29	20.81	23.90	0.018
20	36.31	13.39	26.81	4.82	9.30	1.43	4.96	2.98	50.57	17.80	31.63	0.0039
21	38.07	11.30	25.37	6.65	8.09	3.00	4.70	2.82	50.87	17.11	32.02	0.0056
22	37.75	10.88	25.65	4.08	8.06	5.28	5.18	3.11	50.99	19.27	29.74	0.0087
23	34.52	7.27	29.76	9.62	4.89	6.18	4.85	2.91	44.26	16.36	39.38	0.0087
24	32.89	8.73	31.60	7.84	6.67	5.37	4.36	2.62	43.90	16.72	39.38	0.0096
25	32.59	8.81	34.20	6.04	6.68	4.64	4.40	2.64	43.66	16.09	40.25	0.0088

炉号	CaO	SiO$_2$	FeO	Fe$_2$O$_3$	MgO	P$_2$O$_5$	MnO	Al$_2$O$_3$	CaO+MgO+MnO	SiO$_2$+P$_2$O$_5$+MnO	FeO+Fe$_2$O$_3$	P
26	29.73	8.49	34.75	6.35	9.98	3.92	4.25	2.54	43.95	14.95	41.10	0.0088
27	28.33	8.50	34.63	4.01	13.52	4.19	4.25	2.56	46.10	15.26	38.64	0.012
28	30.94	8.18	27.67	5.04	17.36	4.27	4.08	2.46	52.39	14.91	32.70	0.0072
29	48.04	9.31	18.96	5.45	5.91	4.87	4.65	2.80	58.61	16.98	24.41	0.0072
30	45.52	8.95	22.18	6.64	6.79	4.22	3.80	1.90	56.11	15.07	28.82	0.007
31	33.02	6.87	39.20	10.84	4.34	2.78	2.22	0.74	39.58	10.38	50.04	0.0053
32	43.29	9.69	20.07	7.03	5.90	4.38	4.85	3.88	54.04	17.96	28.00	0.0062
33	34.72	7.56	35.14	9.14	4.96	3.19	3.78	1.51	43.46	12.26	44.28	0.0046
34	35.70	7.81	33.93	10.01	5.21	3.42	2.34	1.56	43.25	12.80	43.95	0.0041

表 4-7-4 $\lg K_P^{\ominus}$、$\lg K_P'$、$\lg L_P$ 及 $\lg \dfrac{\gamma_{FeO}^5}{\gamma_{P_2O_5}}$ 的各种回归方程（1600℃）

回 归 方 程		备 注
$\lg K_P^{\ominus} = 0.0863(CaO) - 5.9847$ $(N=34, R=0.857)$	(1)	
$\lg K_P^{\ominus} = 0.0987[(CaO)+0.7(MgO)] - 7.0396$ $(N=34, R=0.919)$	(2)	
$\lg K_P^{\ominus} = 7.86\lg(CaO) - 15.047$ $(N=34, R=0.838, S=0.378)$	(3)	
$\lg K_P^{\ominus} = 9.907\lg[(CaO)+0.7(MgO)] - 18.94$ $(N=34, R=0.914, S=0.25)$	(4)	
$\lg K_P' = 0.0875(CaO) - 5.3031$ $(N=34, R=0.893)$	(5)	
$\lg K_P' = 0.1054[(CaO) + 0.7(MgO)] - 6.5797$ $(N=34, R=0.937, S=0.237)$	(6)	
$\lg K_P' = 7.4931\lg(CaO) - 13.78$ $(N=34, R=0.868, S=0.31)$	(7)	
$\lg K_P' = 9.8488\lg[(CaO) + 0.7(MgO)] - 18.1166$ $(N=34, R=0.934, S=0.24)$	(8)	
$\lg L_P = 0.0432(CaO) + 2.5\lg[(FeO) + 1.5(Fe_2O_3)] + 0.5\lg(P_2O_5) - 3.352$ $(N=34, R=0.857)$	(9)	由(1)转化
$\lg L_P = 0.0405(CaO) + 2.24\lg[(FeO) + 1.5(Fe_2O_3)] + 0.583\lg(P_2O_5) - 2.582$ $(N=34, R=0.829, S=0.17)$	(10)	
$\lg L_P = 0.0494[(CaO) + 0.7(MgO)] + 2.5\lg[(FeO) + 1.5(Fe_2O_3)] + 0.5\lg(P_2O_5) - 3.88$ $(N=34, R=0.919)$	(11)	由(2)转化
$\lg L_P = 0.0575[(CaO) + 0.7(MgO)] + 2.63\lg[(FeO) + 1.5(Fe_2O_3)] + 0.505\lg(P_2O_5) - 4.022$ $(N=34, R=0.908, S=0.127)$	(12)	
$\lg L_P = 3.93\lg(CaO) + 2.5\lg[(FeO) + 1.5(Fe_2O_3)] + 0.5\lg(P_2O_5) - 7.884$ $(N=34, R=0.838, S=0.125)$	(13)	由(3)转化

续表 4-7-4

回 归 方 程	备 注
$\lg L_P = 4.953\lg[(CaO)+0.7(MgO)]+2.5\lg[(FeO)+1.5(Fe_2O_3)]+0.5\lg(P_2O_5)-9.83$ $(N=34, R=0.914, S=0.125)$ (14)	由(4)转化
$\lg L_P = 5.562\lg[(CaO)+0.7(MgO)]+2.5\lg[(FeO)+1.5(Fe_2O_3)]+0.564\lg(P_2O_5)-10.896$ $(N=34, R=0.867, S=0.152)$ (15)	
$\lg L_P = 0.0438(CaO)+2.5\lg(TFe)+0.5\lg(P_2O_5)-3.012$ $(N=34, R=0.893)$ (16)	由(5)转化
$\lg L_P = 0.0443(CaO)+2.5\lg(TFe)+0.5\lg(P_2O_5)-3.028$ $(N=34, R=0.887, S=0.148)$ (17)	
$\lg L_P = 0.0501(CaO)+2.5\lg(TFe)-2.899$ $(N=34, R=0.874, S=0.151)$ (18)	
$\lg L_P = 0.0323(CaO)+1.662\lg(TFe)-1.123$ $(N=34, R=0.76, S=0.2)$ (19)	
$\lg L_P = 0.0527[(CaO)+0.7(MgO)]+2.5\lg(TFe)+0.5\lg(P_2O_5)-3.650$ $(N=34, R=0.937, S=0.119)$ (20)	由(6)转化
$\lg L_P = 0.050[(CaO)+0.7(MgO)]+2.5\lg(TFe)+0.5\lg(P_2O_5)-3.535$ $(N=34, R=0.936, S=0.12)$ (21)	
$\lg L_P = 0.0567[(CaO)+0.7(MgO)]+2.5\lg(TFe)-3.484$ $(N=34, R=0.928, S=0.123)$ (22)	
$\lg L_P = 3.747\lg(CaO)+2.5\lg(TFe)+0.5\lg(P_2O_5)-7.250$ $(N=34, R=0.868, S=0.155)$ (23)	由(7)转化
$\lg L_P = 3.824\lg(CaO)+2.5\lg(TFe)+0.5\lg(P_2O_5)-7.362$ $(N=34, R=0.88, S=0.149)$ (24)	
$\lg L_P = 4.348\lg(CaO)+2.5\lg(TFe)-7.844$ $(N=34, R=0.853, S=0.176)$ (25)	
$\lg L_P = 4.925\lg[(CaO)+0.7(MgO)]+2.5\lg(TFe)+0.5\lg(P_2O_5)-9.418$ $(N=34, R=0.934, S=0.121)$ (26)	由(8)转化
$\lg L_P = 4.996\lg[(CaO)+0.7(MgO)]+2.5\lg(TFe)+0.5\lg(P_2O_2)-9.531$ $(N=34, R=0.929, S=0.123)$ (27)	
$\lg L_P = 5.428\lg[(CaO)+0.7(MgO)]+2.654\lg(TFe)+0.579\lg(P_2O_5)-10.494$ $(N=34, R=0.868, S=0.154)$ (28)	
$\lg L_P = 5.433\lg[(CaO)+0.7(MgO)-0.1(MnO)]+2.638\lg(TFe)+0.577\lg(P_2O_5)-10.449$ $(N=34, R=0.868, S=0.154)$ (29)	
$\lg L_P = 5.675\lg[(CaO)+0.7(MgO)]+2.5\lg(TFe)-10.295$ $(N=34, R=0.921, S=0.125)$ (30)	
$\lg L_P = 1.0648\lg(CaO)+0.4986\lg(Fe_2O_3)+0.3683$ $(N=34, R=0.786, S=0.185)$ (31)	
$\lg L_P = 3.757-1.335\lg(SiO_2)$ $(N=34, R=0.714, S=0.21)$ (32)	
$\lg \dfrac{\gamma_{FeO}^5}{\gamma_{P_2O_5}} = 0.09[(CaO)+0.7(MgO)]-1.283\lg(TFe)-0.338\lg(P_2O_5)+16.488$ $(N=34, R=0.91, S=0.338)$ (33)	
$\lg \dfrac{\gamma_{FeO}^5}{\gamma_{P_2O_5}} = 0.089[(CaO)+0.7(MgO)]-1.114\lg(TFe)+16.069$ $(N=34, R=0.909, S=0.335)$ (34)	
$\lg \dfrac{\gamma_{FeO}^5}{\gamma_{P_2O_5}} = 0.118[(CaO)+0.7(MgO)]+13.342$ $(N=34, R=0.896, S=0.351)$ (35)	

D　讨论

a　各种炉渣成分对磷分配比的作用和地位

根据实验数据，经多元逐步回归得出：

$$\lg\frac{(P)}{[P]} = 3.325\lg(CaO) - 0.279\lg(SiO_2) + 1.532\lg(FeO) + 0.295\lg(Fe_2O_3) +$$

$$0.570\lg(MgO) + 0.557\lg(P_2O_5) - 0.119\lg(MnO) - 5.708 \qquad (4-7-120)$$

该式的统计组数 $N = 34$，复相关系数 $R = 0.863$，剩余标准偏差 $S = 0.159$，显著性 $F = 12$。其显著性：

$$|B_1| : |B_2| : |B_3| : |B_4| : |B_5| : |B_6| : |B_7|$$

$$= 0.865 : 0.166 : 0.896 : 0.507 : 0.495 : 0.352 : 0.05$$

从上面可以看出：（CaO）和（FeO）是影响（P）/[P] 的主要因素，其次是（Fe_2O_3）和（MgO），再其次是（P_2O_5），而（Al_2O_3）在逐步回归中被计算机剔除了。（MnO）的影响看来也可忽略不计。

b　CaO、MgO 和 P_2O_5 的影响

由图 4-7-3 ~ 图 4-7-5 和表 4-7-4 中的式（18）、（22）、（20）可见：

（1）$\lg L_P - 2.5\lg(TFe)'$ 和 $\lg L_P - 2.5\lg(TFe) - 0.5\lg(P_2O_5)$ 分别与（CaO）和 [（CaO）+ 0.7（MgO）] 成线性关系，并随（CaO）或 [（CaO）+ 0.7（MgO）] 的增大而增大，但图 4-7-3 的实验点比较分散，图 4-7-4 次之，图 4-7-5 分散度最小。

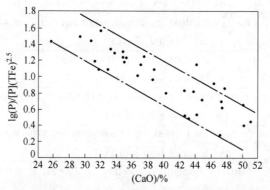

图 4-7-3　$\lg(P)/[P]$ $(TFe)^{2.5}$ 与（CaO）的关系

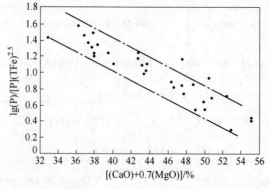

图 4-7-4　$\lg(P)/[P]$ $(TFe)^{2.5}$ 与 [（CaO）+ 0.7（MgO）] 的关系

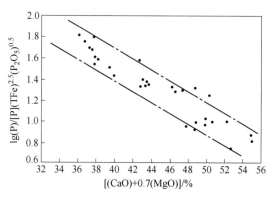

图 4-7-5　$\lg(P)/[P]$ $(TFe)^{2.5}$ $(P_2O_5)^{0.5}$ 与 (CaO) $+0.7$ (MgO) 的关系

（2）表 4-7-4 中式（18）的相关系数 $R=0.874$，剩余偏差 $S=0.151$，式（22）的 $R=0.928$，$S=0.123$，式（20）的 $R=0.937$，$S=0.119$，这说明对于 $(P_2O_5)=1.43\%\sim8.35\%$ 的 $CaO\text{-}MgO_{sat}\text{-}Fe_tO\text{-}SiO_2$ 炉渣，不论是 (MgO)，还是 (P_2O_5) 对 $(P)/[P]$ 的影响均不能忽略不计，否则将显著降低估算精度；

（3）(MgO) 的脱磷作用相当于 0.7 (CaO)，这与 Turkdogan 和 Pearson[26] 的实验研究结果[10] 一致。

表 4-7-4 中式（21）为 $\lg\dfrac{(P)}{[P]}=f\{[(CaO)+0.7(MgO)],\lg(TFe),\lg(P_2O_5)\}$ 直接回归得出的，把它与由 $\lg K'_P$ 转化得出的式（20）比较时，可以看出，两个方程同类项的系数值是十分一致的。这说明本实验结果是可信的，(P_2O_5) 对 $(P)/[P]$ 的影响，在冶炼中、高磷铁水时，确实是显著的和不能忽略的。

c　FeO、Fe_2O_3 和 TFe 的影响

通过对实验结果按方程（4-7-100）做全元逐步回归时，发现当取 $F_1=F_2=2$ 输入时，式（4-7-100）的右边只剩下 $\lg(CaO)$ 和 $\lg(Fe_2O_3)$ 两项变量，即：

$$\lg\frac{(P)}{[P]}=1.0648\lg(CaO)+0.4986\lg(Fe_2O_3)+0.3683$$

$$(N=34,\ R=0.786,\ S=0.185)\tag{4-7-121}$$

这说明，除 (CaO) 外，(Fe_2O_3) 对 $(P)/[P]$ 的影响较其余诸因素（包括 FeO 在内）都显著。于是，我们进而做了 $(P)/[P]$ 与 $100(Fe_2O_3)/[(FeO)+(Fe_2O_3)]$ 的关系图，见图 4-7-6 和回归方程：

$$\lg\frac{(P)}{[P]}=81.677+9.473\frac{100(Fe_2O_3)}{(FeO)+(Fe_2O_3)}\qquad(N=34,R=0.84)\tag{4-7-122}$$

由此可见，$(P)/[P]$ 与 $100(Fe_2O_3)/[(FeO)+(Fe_2O_3)]$ 之间存在较好的线性关系（$R=0.84$），$(P)/[P]$ 值随 $100(Fe_2O_3)/[(FeO)+(Fe_2O_3)]$ 的增大而增大。另外，我们通过由方程（4-7-101）得到的方程（4-7-102）解得：

$$b\lg[(FeO)+1.5(Fe_2O_3)]=a_3\lg(FeO)+a_4\lg(Fe_2O_3)\tag{4-7-123}$$

这进一步说明 1 个 (Fe_2O_3) 含量相当于 1.5 个 (FeO) 含量对 $(P)/[P]$ 的影响。因此增

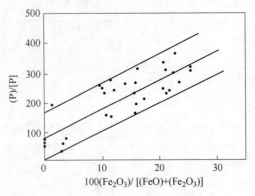

图 4-7-6　(P)/[P] 与 100(Fe₂O₃)/[(FeO)+(Fe₂O₃)] 的关系

大渣中（Fe_2O_3）在（$\sum FeO$）中的比例，将不仅有利于提高去磷分配比，并有利于降低铁损。

至于 Fe_2O_3 对（P）/[P] 值的影响的显著性为什么较大和 1 个 Fe_2O_3 为什么相当于 1.5 个（FeO），理论上作何解释？我们认为，这主要是因为脱磷是氧化反应：

$$2[P]+5(Fe_tO) = (P_2O_5)+5Fe$$

在（Fe_2O_3）中，$O/Fe=3/2=1.5$，而 FeO 中 $O/Fe=1$，且从 CaO-FeO-Fe_2O_3 等活度图中可见 $a_{Fe_2O_3}$ 显著大于 a_{FeO} 之故。

另外通过对表 4-7-4 中的式（27）偏导后可得 $[(CaO)+0.7(MgO)]/(TFe)=5.00/2.5=2.0$ 时，（P）/[P] 达最大值，见图 4-7-7。该最佳化氧化铁特性参数比由 Turkdogan and Pearson 法计算得的 $[(CaO)/(FeO)]_{最佳化}=2.8$ 要小些；而与由 Suito 等人[14]在 CaO-MgO_{sat}-Fe_tO-SiO_2 渣中所得的公式偏导得出的 $\left[\dfrac{(CaO)+0.3(MgO)-0.05(FeO)}{(Fe_tO)}\right]_{最佳化}=\dfrac{4.21}{2.5}=1.68$

基本相近。它们之所以相同或不相同，分析认为，主要是 Turkdogan 公式和 Healy 公式是在非 MgO 饱和的 CaO 基渣中得出的，而本实验的公式和 Suito 的公式则都是在 MgO 饱和的 CaO 基渣中得出的。据文献［34］报道，MgO 代替 CaO 时，将增大渣中 Fe_tO 活度，故在 CaO-MgO_{sat}-SiO_2-Fe_tO 渣中的最佳化（$\sum FeO$）值有所增大。实践也表明造 MgO 饱和渣的 LD 转炉的最佳化（$\sum FeO$）值一般也是出现在 28%~30%[35]。

d　MnO、Al_2O_3 和 SiO_2 的影响

通过对实验结果按方程（4-7-100）做全元逐步回归时发现，当取 $F_1=F_2=0.01$ 输入计算机时，其（MnO）、（Al_2O_3）和（SiO_2）均被剔除，即使把（MnO）强制纳入回归方程，发现前后方程的 R 值不变，但后者的 S

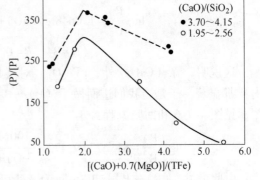

图 4-7-7　(P)/[P] 与 [(CaO)+0.7(MgO)]/
(TFe) 的关系

值稍有些增大，且 MnO 在不同方程中的回归系数相差较大，如下列方程所示：

$$\lg K'_p = 0.1054[(CaO) + 0.7(MgO)] - 6.58 \quad (N=34, R=0.937, S=0.237)$$

表 4-7-4 之（6）

$$\lg K'_p = 0.1069 \ [(CaO) + 0.7(MgO) - 0.3(MnO)] - 6.53$$
$$(N=34, \ R=0.937, \ S=0.2397) \tag{4-7-124}$$

$$\lg \frac{(P)}{[P]} = 0.0494[(CaO) + 0.7(MgO)] + 2.5\lg[(FeO) + 1.5(Fe_2O_3)] +$$
$$0.5049\lg(P_2O_5) - 3.88$$
$$(N=34, R=0.919, S=0.124)$$

表 4-7-4 之（11）

$$\lg \frac{(P)}{[P]} = 0.0576[(CaO) + 0.7(MgO) - 0.032(MnO)] +$$
$$2.267\lg[(FeO) + 1.5(Fe_2O_3)] + 0.505\lg(P_2O_5) - 4.018$$
$$(N=34, R=0.909, S=0.129) \tag{4-7-125}$$

故在本实验的炉渣范围内将 MnO 对 L_p 的影响略去是恰当的。另外，从图 4-7-8 和表 4-7-4 中式（6）、式（11）与式（4-7-124）、式（4-7-125）中还可以看到，当（FeO）≥16%时，增大渣中的 MnO 含量时，（P）/[P] 值将有所降低，这与 Balajiva 等人的实验结果[5~7]原则上是相同的；而在 Turkdogan[26] 和 Suito[14] 的公式中，则是（P）/[P] 值随（MnO）含量的增大而增大，且一个（MnO）相当于 0.6 个（CaO）。产生这两种不同效果的原因，看来可能是前者渣中的（CaO）含量较高，增大（MnO）含量时，则（CaO）含量相对降低；而后者渣中的（CaO）< 40.8%，故 MnO 在渣中能充分发挥碱性成分作用的结果。

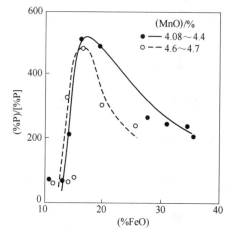

图 4-7-8 $\lg(P)/[P]$ 与（FeO）和（MnO）的关系

当取（$F_1 = F_2$）= 4.1 输入计算机时，表 4-7-4 中方程（16）的（CaO）等项均被剔除，而只剩下（SiO_2），即表 4-7-4 中的式（32）：

$$\lg \frac{(P)}{[P]} = 3.757 - 1.335\lg(SiO_2) \quad (N=34, \ R=0.714, \ F=33, \ S=0.21)$$

由此可见 $\lg(P)/[P]$ 与 $\lg(SiO_2)$ 之间存在线性关系，在 [(CaO) + 0.7(MgO)] 和（TFe）含量一定时，（P）/[P] 随（SiO_2）的减小，即（CaO）/（SiO_2）的增大而增大，见图 4-7-9 和图 4-7-10。这就是说，降低（SiO_2）含量可显著提高（P）/[P]值。如在 1600℃下：

(SiO_2)	(P)/[P]
30	60.96
20	104.74
15	153.79
10	264.24

故在冶炼中磷铁水时，宜采用一切措施来控制渣中的 SiO_2 含量小于或等于 10%，以提

高炉渣的去磷能力，降低石灰和金属消耗。这里所说的一切措施，包括铁水预脱 Si，扒除高炉渣和倒出初期酸性渣等。而不能认为单渣操作天然先进，而双渣操作则天然落后。

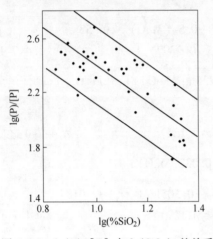

图 4-7-9　lg(P)/[P] 与 lg(SiO₂) 的关系

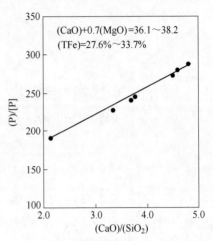

图 4-7-10　(P)/[P] 与 (CaO)/(SiO₂) 的关系

e　$\sum \dfrac{(i)}{M_i}$ 的影响

由式（4-7-113）可见，$\sum \dfrac{(i)}{M_i}$ 对 $\lg \dfrac{(P)}{[P]}$ 的影响值为 $2\lg \sum \dfrac{(i)}{M}$，而在本实验条件下，$2\lg \sum \dfrac{(i)}{M_i} = 0.335 \sim 0.46$，如取 $2\lg \sum \dfrac{(i)}{M_i}$ 的平均值 0.40 代入式（4-7-113），则取 $4\lg \sum \dfrac{(i)}{M_i}$ 为常数而造成的最大误差为 ±0.063。

f　磷平衡分配比表达式的选定

从表 4-7-4 中可见，在诸多 L_P 的回归方程中，以式（20）和式（21）的复相关系数最高（$R = 0.936 \sim 0.937$），剩余标准偏差最小（$S = 0.119 \sim 0.12$），故推荐本实验条件下的 L_P 表达式为表 4-7-4 中式（20）和式（21）

$$\lg L_P = 0.0527[(CaO)+0.7(MgO)]+2.5\lg(TFe)+0.5\lg(P_2O_5)-3.650 \tag{20}$$

或　　　$$\lg L_P = 0.050[(CaO)+0.7(MgO)]+2.5\lg(TFe)+0.5\lg(P_2O_5)-3.535 \tag{21}$$

g　$\lg \dfrac{(P)}{[P]}$ 计算值与实测值比较

图 4-7-11 示出本实验的 $\lg \dfrac{(P)}{[P]}$ 实测值与不同研究者的公式计算值的对比情况。由图可以看出作者的公式计算值与实验值符合得较好，水渡等人[14]的公式计算值一般要小 0.2lg，Healy[12]公式的计算值则波动较大，一般为 (0.2～0.4)lg，甚至有的达 ±0.6lg。

h　结论

现将实验结果和分析讨论总结如下：

（1）磷平衡分配比 L_P 随 $[(CaO)+0.7(MgO)]$、(TFe) 和 (P_2O_5) 含量的增大而增大。虽然 (CaO) 和 (TFe) 对 L_P 的影响占主导地位，但 (MgO) 和 (P_2O_5)（注：对中、

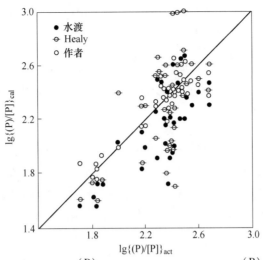

图 4-7-11 实际的 $\lg\dfrac{(P)}{[P]}$ 值与不同作者公式计算的 $\lg\dfrac{(P)}{[P]}$ 的对比

高磷铁水）的影响不能忽略，否则将增大公式的计算误差。

（2）在 C_2S 和 MgO 饱和的渣与金属的磷平衡反应中，(Fe_2O_3) 含量对 L_P 的影响非常显著，式（4-7-122）表明，L_P 与 $\dfrac{(Fe_2O_3)}{(FeO)+(Fe_2O_3)}$ 之间具有一元线性方程关系，其相关系数达 0.84，故如何提高渣中的 $Fe^{3+}/(Fe^{2+}+Fe^{3+})$ 比是值得重视和研究的。

（3）L_P 与 $[(CaO)+0.7(MgO)]/(TFe)$ 之间具有极值函数关系，在碱度一定的条件下，$[(CaO)+0.7(MgO)]/(TFe)=2.0$ 时，L_P 达极大值。

（4）在 C_2S 饱和渣与金属的磷平衡中，(SiO_2) 对 L_P 的影响也十分显著，如表 4-7-4 中的式（32）所示，$\lg L_P$ 与 $\lg(SiO_2)$ 之间具有一元线性关系，$\lg L_P$ 随 $\lg(SiO_2)$ 的减小而增大。故降低铁水含 Si 量对提高炉渣的脱磷具有重要意义。

（5）在炉渣含 $(Al_2O_3)=1.5\%\sim3.2\%$，$(MnO)=2.5\%\sim6.2\%$ 范围内，它们对 L_P 的影响可忽略不计。

（6）Healy 和 Suito 等人的 L_P 经验式对 MgO 饱和的转炉终渣与金属间的磷平衡分配比不适用，前者估计误差太大，后者估算值偏小。

4.7.4.4 $CaO\text{-}MgO_{sat}\text{-}FeO_n\text{-}SiO_2$ 渣系与铁液间磷平衡分配比在不同碱度区间的优化模型

本节是根据 4.7.4.1、4.7.4.2 两节对 P_2O_5 在炉渣中的矿物组成的变化特点的实验研究结果，把 L_P 与炉渣成分的关系，按 $(CaO)/(SiO_2)$ 为 <0.1，0.1～0.9，0.91～1.4，1.41～1.9 和 >1.9 分为五个区间；并在 4.7.4.3 节所得 L_P 表达式的模式基础上，对水渡[14,15] 和作者[33] 的实验结果进行再分析和数据处理，从而对磷平衡分配比表达式提出按不同碱度区间分段表述的模型，以用来观察分析和改善转炉过程渣的脱磷。

A 理论依据

a 磷酸盐在渣中矿物相变化与碱度的关系（见 4.7.4.1 节）

b Gibbs 相律法——L_P（$=(P)/[P]$）决定性变量的确定

X 元素在渣-铁液间的平衡分配比，主要取决于平衡状态下的炉渣性质。也就是说，X

元素在渣-铁液间的平衡分配比表达式不仅应反映炉渣化学组分变化的影响，还应反映炉渣矿相组分变化的影响。之所以前人[1,2,5,6,8~11,13~15]建立在炉渣化学成分基础上的磷在渣-铁液间的平衡分配比表达式有时存在显著差异，常常是由于它们所表述的平衡状态下的炉渣矿相组分不同所致。一个正确反映客观规律的 X 元素在渣-铁液间的平衡分配比表达式，首先在于根据系统的相数和组分数选定影响它的决定性变量，该省略的省略，不该省略的决不省略。本节采用 Gibbs 相律：

$$P + f = C + 2 \tag{4-7-126}$$

来确定表述磷在渣-铁液间平衡分配比的独立变量。式中，P 为相数；f 为自由度；C 为系统的组分数；2 代表温度和压力两个变量。对于文献［14，15，33］的炉渣和铁液反应系统，由下述六个组分，即［P］、(P_2O_5)（注：$(P_2O_5) \leqslant 2\%$ 时可略去而变为 5 个组分）、(CaO)、(FeO_n)、(SiO_2) 和 MO 来描述。MO 代表其余炉渣成分，如 MgO、MnO、Al_2O_3、CaF_2 等。在等温等压条件下：$P+f=6$，在等压条件下 $P+f=7$。故在铁液中磷稀少的条件下，根据 Healy 定律，可假定渣-铁液间的磷平衡分配比按存在相的数目不同，取下列不同的函数式描述。

两相——炉渣和铁液：

$$\left[\frac{(P)}{[P]}\right]_{P\cdot T} = f\left\{(FeO)_n, [(CaO)+0.7(MgO)], (P_2O_5), R\right\} \tag{4-7-127}$$

$$\left[\frac{(P)}{[P]}\right]_{P\cdot T} = f\left\{(FeO)_n, [1+(SiO_2)], (P_2O_5), R\right\} \tag{4-7-128}$$

或　　$$\left[\frac{(P)}{[P]}\right]_{P\cdot T} = f\left\{(FeO)_n, [1+(SiO_2)], R\right\} \tag{4-7-129}$$

$$\left[\frac{(P)}{[P]}\right]_{P\cdot T} = f\left\{(FeO)_n, [(CaO)+0.7(MgO)], (P_2O_5), R, \frac{1}{T}\right\} \tag{4-7-130}$$

$$\left[\frac{(P)}{[P]}\right]_{P} = f\left\{(FeO)_n, [1+(SiO_2)], (P_2O_5), R, \frac{1}{T}\right\} \tag{4-7-131}$$

或　　$$\left[\frac{(P)}{[P]}\right]_{P} = f\left\{(FeO)_n, [1+(SiO_2)], R, \frac{1}{T}\right\} \tag{4-7-132}$$

三相——饱和渣和铁液：

$$\left[\frac{(P)}{[P]}\right]_{P\cdot T} = f\left\{(FeO)_n, [(CaO)+0.7(MgO)], (P_2O_5)\right\} \tag{4-7-133}$$

$$\left[\frac{(P)}{[P]}\right]_{P\cdot T} = f\left\{(FeO)_n, [1+(SiO_2)], (P_2O_5)\right\} \tag{4-7-134}$$

或　　$$\left[\frac{(P)}{[P]}\right]_{P\cdot T} = f\left\{(FeO)_n, [1+(SiO_2)]\right\} \tag{4-7-135}$$

$$\left[\frac{(P)}{[P]}\right]_{P} = f\left\{(FeO)_n, [(CaO)+0.7(MgO)], (P_2O_5), \frac{1}{T}\right\} \tag{4-7-136}$$

$$\left[\frac{(P)}{[P]}\right]_{P} = f\left\{(FeO)_n, [1+(SiO_2)], (P_2O_5), \frac{1}{T}\right\} \tag{4-7-137}$$

或　　$$\left[\frac{(P)}{[P]}\right]_{P} = f\left\{(FeO)_n, [1+(SiO_2)], \frac{1}{T}\right\} \tag{4-7-138}$$

四相——双饱和渣和铁液:

$$\left[\frac{(P)}{[P]}\right]_{P \cdot T} = f\{(FeO)_n, (P_2O_5)\} \tag{4-7-139}$$

或

$$\left[\frac{(P)}{[P]}\right]_{P \cdot T} = f\{(FeO)_n\} \tag{4-7-140}$$

$$\left[\frac{(P)}{[P]}\right]_P = f\left\{(FeO)_n, (P_2O_5), \frac{1}{T}\right\} \tag{4-7-141}$$

或

$$\left[\frac{(P)}{[P]}\right]_P = f\left\{(FeO)_n, \frac{1}{T}\right\} \tag{4-7-142}$$

B 线性优化模型[36]

a $\lg K_P^{\ominus}$ 与 $[(CaO)+0.7(MgO)]$、T 和 R 间的关系

图 4-7-12 和图 4-7-13 分别表示 $K_P^{\ominus}$ 与 $[(CaO)+0.7(MgO)]$、R 和温度的关系。其 $K_P^{\ominus}$，$(\sum FeO)[=(FeO)+1.5(Fe_2O_3)]$ 和 $[(CaO)+0.7(MgO)]$ 根据文献[33]的研究结果确定。由图可见：图 4-7-12 和图 4-7-13 所描述的 $\lg \dfrac{(P)}{[P](TFe)^{2.5}(P_2O_5)^{0.5}}$ 和

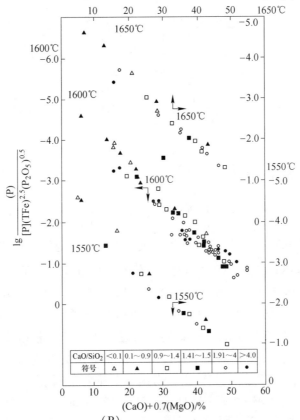

CaO/SiO$_2$	<0.1	0.1~0.9	0.9~1.4	1.41~1.5	1.91~4	>4.0
符号	△	▲	□	■	○	●

图 4-7-12 $\lg \dfrac{(P)}{[P](TFe)^{2.5}(P_2O_5)^{0.5}}$ 与 $(CaO)+0.7(MgO)$ 的关系

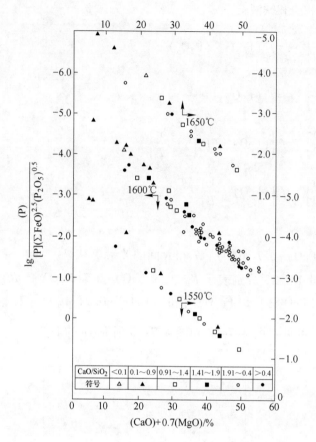

图 4-7-13 $\lg \dfrac{(P)}{[P](\sum FeO)^{2.5}(P_2O_5)^{0.5}}$ 与 $(CaO)+0.7(MgO)$ 的关系

$\lg \dfrac{(P)}{[P](\sum FeO)^{2.5}(P_2O_5)^{0.5}}$ 与 $[(CaO)+0.7(MgO)]$ 之间在 $t=1550\sim1650℃$ 下的线性关系，较水渡[14] 设计的图 4-7-14 所描述的 $\lg \dfrac{(P)}{[P](TFe)^{2.5}}$ 与 $[(CaO)+0.3(MgO)]$ 或 $[(CaO)+0.3(MgO)+0.6(P_2O_5)]$ 之间的线性关系更能概括全部试验结果；特别是图 4-7-12 和图 4-7-13 还反映出了炉渣的矿相组成对 $K_P^{\ominus}$ 值的影响。如图中所示，所有实验结果按 $R=0\sim0.9$，$0.91\sim1.9$ 和 >1.9 分为三层。在 $[(CaO)+0.7(MgO)]<30$ 时，尤为明显。这就充分说明，前人提出的磷平衡商和平衡分配比公式之所以误差太大，主要是他们只考虑了炉渣化学成分的影响，而忽视了炉渣矿相组成的影响；另外就是所选取的化学组分既不宜过多，也不宜过简，其当量比更需适当。

通过对实验数据[14,15,33]的回归分析，得出本节推荐的磷在 MgO 饱和的 CaO-MgO$_{sat}$-FeO$_n$-SiO$_2$-P$_2$O$_5$-MnO-($=2\%\sim5\%$)-Al$_2$O$_3$($=2\%\sim3\%$)-CaF$_2$($=2\%$)系炉渣与铁液间的平衡分配比表达式，如表 4-7-5 所示（并附上 Healy、Suito 公式和本节未考虑 R 时的公式，以兹比较）。

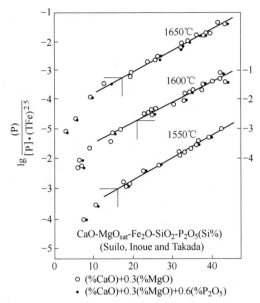

图 4-7-14　$\lg \dfrac{(P)}{[P](TFe)^{2.5}}$ 与 $[(CaO)+0.3(MgO)]$ 或 $[(CaO)+0.3(MgO)+0.6(P_2O_5)]$ 的关系

b　用 $[(CaO)+0.7(MgO)]$，(TFe)，(P_2O_5)，$1/T$ 描述的 L_P 公式

表 4-7-5　用 $[(CaO)+0.7(MgO)]$ 描述的 L_P 公式

$R=\dfrac{(CaO)}{(SiO_2)}$	公　式		备　注
<0.9	$\lg L_P = \dfrac{6925}{T} - 8.794 + 0.081[(CaO)+0.7(MgO)] +$ $2.5\lg(TFe) + 0.5\lg(P_2O_5)$	(1)	$N=21$ $R=0.093$ $S=0.12$
	$\lg L_P = \dfrac{6924}{T} - 9.142 + 0.081[(CaO)+0.7(MgO)] +$ $2.5\lg(\sum FeO) + 0.5\lg(P_2O_5)$	(2)	$N=21$ $R=0.093$ $S=0.117$
0.91~1.9	$\lg L_P = \dfrac{10637}{T} - 10.365 + 0.074[(CaO)+0.7(MgO)] +$ $2.5\lg(TFe) + 0.5\lg(P_2O_5)$	(3)	$N=31$ $R=0.990$ $S=0.094$
	$\lg L_P = \dfrac{10584}{T} - 10.688 + 0.075[(CaO)+0.7(MgO)] +$ $2.5\lg(\sum FeO) + 0.5\lg(P_2O_5)$	(4)	$N=31$ $R=0.989$ $S=0.098$
>1.9	$\lg L_P = \dfrac{11200}{T} - 10.248 + 0.067[(CaO)+0.7(MgO)] +$ $2.5\lg(TFe) + 0.5\lg(P_2O_5)$	(5)	$N=55$ $R=0.972$ $S=0.16$
	$\lg L_P = \dfrac{11191}{T} - 10.642 + 0.067[(CaO)+0.7(MgO)] +$ $2.5\lg(\sum FeO) + 0.5\lg(P_2O_5)$	(6)	$N=55$ $R=0.975$ $S=0.15$

$R=\dfrac{(CaO)}{(SiO_2)}$	公　式	备　注
CaO = 0~50%	$\lg L_P=\dfrac{10830}{T}-10.739+0.081[(CaO)+0.7(MgO)]+0.0159R+$ $2.5\lg(TFe)+0.5\lg(P_2O_5)$　　　　　　　　　(7)	$N=107$ $R=0.985$ $S=0.17$
	$\lg L_P=\dfrac{10800}{T}-10.977+0.078[(CaO)+0.7(MgO)]+0.0115R+$ $2.5\lg(\sum FeO)+0.5\lg(P_2O_5)$　　　　　　　(8)	$N=107$ $R=0.98$ $S=0.194$
CaO = 0~50%	$\lg L_P=\dfrac{10567}{T}-10.506+0.079[(CaO)+0.7(MgO)]+$ $2.5\lg(TFe)+0.5\lg(P_2O_5)$　　　　　　　　(9)	$N=107$ $R=0.982$ $S=0.186$
	$\lg L_P=\dfrac{10500}{T}-10.747+0.077[(CaO)+0.7(MgO)]+$ $2.5\lg(\sum FeO)+0.5\lg(P_2O_5)$　　　　　　(10)	$N=107$ $R=0.978$ $S=0.201$
CaO = 0~饱和	$\lg L_P=\dfrac{11191}{T}-10.642+0.067[(CaO)+0.7(MgO)]+$ $2.5\lg(\sum FeO)+0.5\lg(P_2O_5)$　　　　　　(11)	Healy[12] $S=\pm0.4$
CaO = 0~4.08%	$\lg L_P=\dfrac{11570}{T}-10.52+0.072[(CaO)+0.3(MgO)+0.6(P_2O_5)]+$ $2.5\lg(TFe)$　　　　　　　　　　　　　(12)	水渡[15]

注：式（1）和式（2）只适用于（CaO）+0.7（MgO）<50；N—统计组数；R—复相关系数；S—剩余标准偏差。

　　表中各回归方程式的 S 值反映了图 4-7-12 和图 4-7-13 中不同情况下的分散度，它说明：（1）按炉渣矿相组分的变化，以 $R=0\sim0.9$，$0.91\sim1.9$ 和>1.9 三个区间回归的方程，其 S 值最小（如式（1）~（6）），其次是按（CaO）= 0~50%并考虑了 R 的影响后所得的全体回归方程（如式（7）~（8）），再次则是不考虑 R 的全体回归方程（如式（9）~（10）），最差的则是 Healy 公式（11）。

　　图 4-7-15 进一步说明全部实验结果均落在式（7）所划的直线附近，它与图 4-7-16 相比，在 $R<1.9$ 时，其分散度显著减小，但它与图 4-7-17 中 R 分三个区间的分散度相比仍显得大些。这说明去磷平衡分配比的表达式，严格地讲应按 P_2O_5 在渣中的矿物组成的变化，至少分 $R=0\sim0.9$，$0.91\sim1.9$ 和>1.9 三个区间考虑，否则，即使把 R 作为变量而求得（CaO）= 0~饱和的回归方程，虽表面上 S 值不大，而实际上却是较大的。

　　值得注意的是：$\left(\dfrac{a}{T}-c\right)_{(R>1.9)}>\left(\dfrac{a}{T}-c\right)_{(R=0.91\sim1.9)}>\left(\dfrac{a}{T}-c\right)_{(R<0.9)}$，$a_{(R>1.9)}>a_{(R=0.91\sim1.9)}>a_{(R<0.9)}$，而 $b[(CaO)+0.7(MgO)]$ 项中的系数 b 则是 $b_{(R>1.9)}>b_{(R=0.91\sim1.9)}>b_{(R<0.9)}$，这充分反映了前述磷酸盐在渣中矿物组成的变化，即碱度不同形成的磷酸盐不同，反应式不同，所需的自由 CaO 不同，反应生成的自由能也不同的变化规律。这就说明了该种分段表述的正确性。

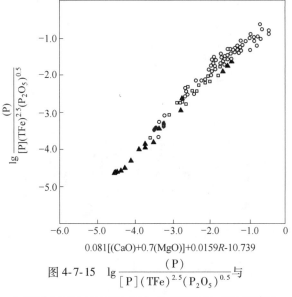

图 4-7-15 $\lg\dfrac{(P)}{[P](TFe)^{2.5}(P_2O_5)^{0.5}}$ 与

$0.081[(CaO)+0.7(MgO)]+0.0159R-10.739$ 的关系

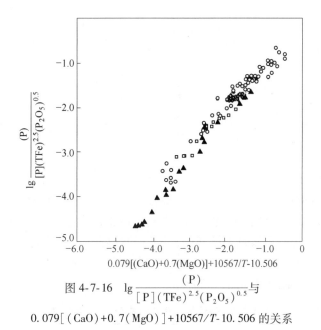

图 4-7-16 $\lg\dfrac{(P)}{[P](TFe)^{2.5}(P_2O_5)^{0.5}}$ 与

$0.079[(CaO)+0.7(MgO)]+10567/T-10.506$ 的关系

c 在 $[(CaO)+0.7(MgO)]$、(TFe) 和 (P_2O_5) 相同下，不同 R 时的 $L_{P.E}$

由表 4-7-6 可见：

（1）当 $[(CaO)+0.7(MgO)]$，(TFe) 和 (P_2O_5) 相同时，$R>1.9$ 的 L_P 值总是大于 $R<1.9$ 的。

（2）当 $t\leqslant1450℃$ 时，L_P（$R>1.9$）$>L_P$（$R=0.9\sim1.9$）$>L_P$（$R<0.9$）的关系非常显

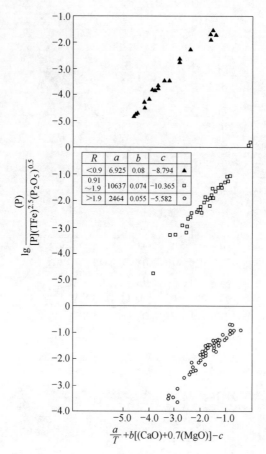

图 4-7-17　$\lg \dfrac{(P)}{[P](TFe)^{2.5}(P_2O_5)^{0.5}}$ 与 $\dfrac{a}{T}+b[(CaO)+0.7(MgO)]-c$ 的关系

著；而在 $t \geqslant 1650℃$ 和 $[(CaO)+0.7(MgO)] \geqslant 50$ 时，这种关系就不显著了。

（3）故在 $t \leqslant 1450℃$ 时，造好 $R>1.0$（最好大于 1.9）和 $[(CaO)+0.7(MgO)] \geqslant 40$ 和 $(TFe)=25$ 的炉渣来完成去磷任务最好。考虑到反应平衡需要时间和动力学条件，把转炉吹炼滞留在不大于 1450℃ 显然是不合理的，可行的最好办法只能是铁水预脱硅后预脱磷；或者将转炉的倒渣时间控制在开吹后 7~8min，反应按近平衡时进行。

（4）出钢温度应控制在不大于 1650℃。

表 4-7-6　假设的过程炉渣成分和 L_P 平衡值

吹炼时间 /min	温度 /℃	R	$[(CaO)+0.7(MgO)]$ /%	(TFe) /%	(P_2O_5) /%	L_P	计算公式
4	1450	<0.9	40	25	2	129	(1)
		0.9~1.9	40	25	2	259	(3)
		>1.9	40	25	2	378	(5)
7	1520	<0.9	46	16	4	128	(1)
		0.9~1.9	46	16	4	192	(3)
		>1.9	46	16	4	247	(5)

吹炼时间 /min	温度 /℃	R	[(CaO)+0.7(MgO)] /%	(TFe) /%	(P$_2$O$_5$) /%	L_P	计算公式
8	1550	<0.9	46	16	4	110	(1)
		0.9~1.9	46	16	4	153	(3)
		>1.9	46	16	4	195	(5)
14	1650	0.9~1.9	50	18	3	202	(3)
		>1.9	50	18	3	232	(5)
16	1700	0.9~1.9	50	18	3	127	(3)
		>1.9	50	18	3	143	(5)

d 结论

(1) CaO-MgO$_{sat}$-FeO$_n$-SiO$_2$渣系与铁液间的L_P线性优化模型，以取[(CaO)+0.7(MgO)]、($\sum$FeO)、(P$_2$O$_5$)和$1/T$四个变量，按$R=0\sim0.9$，$0.91\sim1.9$和>1.9三个区段分别回归分析所得者（表4-7-5中式(2)、式(4)、式(6)）的精度最高（$S=0.098\sim0.15$）；其次是添上R变量后，按(CaO)=0~50%的全部数据回归分析所得者（表4-7-5中式(7)）（$S=0.17$）；再次则是以上述四个变量，按(CaO)=0~50%的全部数据回归分析所得者（表4-7-5中式(9)（$S=0.186$）），最差的则是取(CaO)，(TFe)，和$1/T$三个变量表述的，用于(CaO)=0~饱和值的Healy公式（$S=\pm0.4$）。

(2) 表4-7-5中提出的L_P模型（式(1)~式(6)）可供指导炼钢之用。在计算炼钢过程中可能达到的L_P最大值（即平衡值）时，应根据过程渣的碱度范围采取适当的L_P模型。

(3) 优化炼钢早期脱磷的最佳化初渣理论碱度为$R\geqslant1.9$。

C 极值模型[37,38]

a 引言

早在Balajiva等人[5,7]的实验（$R=2.4\sim4.1$）中便发现$L'_P\left(=\dfrac{(P_2O_5)}{[P]}\right)$与(FeO)之间存在极大值关系：当(FeO)=最佳值时，L'_P=极大值；(FeO)>/<最佳值时，L'_P值均减小；且L'_P极大值和(FeO)最佳值均随R的增大而增大。魏寿昆先生[39]借助Turkdogan公式[10]，通过在$N_{CaO}/N_{SiO_2}=3.0$，$T=1873K$和不同N_{FeO}下，对$\dfrac{N_{P_2O_5}}{[P]^2}$的计算，从理论上解释了$N_{FeO}=0.2$处，$\dfrac{N_{P_2O_5}}{[P]^2}$有高峰值的原因。作者的实验室试验[33]和大量生产试验[40,41]也都表明L_P与($\sum$FeO)之间确实存在极大值关系；只是当$R<2.6$时[42]，L_P=极大值时的($\sum$FeO)最佳值却是随R的减小而增大。但遗憾的是Balajiva等人提出的L'_P实验模型仅是一个用(CaO)、(FeO)两个变量表述的一次方程，而未反映L'_P与(FeO)之间存在的极值关系。可以说，至今尚未见一个直接描述L_P与($\sum$FeO)之间确实存在极大值关系的模型；而这一重要关系的模型化和准数化，对指导炼钢实践，优化炼钢脱磷工艺均有重要意义。可喜的是魏寿昆先生已从理论上阐明了L'_P在(FeO)最佳值处有一极大值的原因，

同时李远洲已通过对 Healy 公式（适用于（CaO）≥24% 者）的偏导解和按魏寿昆的计算方法对不同 N_{CaO}/N_{SiO_2}、不同 N_{FeO} 和不同 T（℃）下的 $\dfrac{N_{P_2O_5}}{[P]^2}$ 的计算，得出描述 CFS 渣系与铁液间的 L_P 与 $\sum FeO$ 之间存在有一个极大值特征准数（%CaO）/（%FeO）= 2.18~2.33，它准确地反映了 Balajina 实验结果中 L'_p 极大值与（CaO）、（$\sum FeO$）三者间的内在关系。本节拟通过对 CMFS 渣系与铁液间的磷平衡分配比实验结果[14,15,33]，按"前面"提出的 Gibbs 相律法和磷酸盐在渣中的矿物组成变化规律，选定从不同侧面描述 L_P 极值模型的决定性变量和其模型领辖的合理的（CaO）含量范围。然后借助多元逐步回归分析探索最优化的 L_P 极大值模型和极值特性准数，并对其进行评估。

　　b　L_P 与（TFe）或（$\sum FeO$）间的极大值关系

　　图 4-7-18 和图 4-7-19 分别表示 $\lg \dfrac{(P)}{[P]}[1+(SiO_2)]$ 与（TFe）或（$\sum FeO$），R 和温度的关系。如图中所示，所有实验结果，按 $R<0.1$，0.1~0.9，0.91~1.4，1.4~1.9 和 >1.9 分为五层。这就雄辩地说明，作者对磷酸盐在渣中的矿物组成的变化所做的五种不同的碱度范围内出现五种不同的磷酸盐矿的分析[43]是符合实际的。同时图中还清楚地反

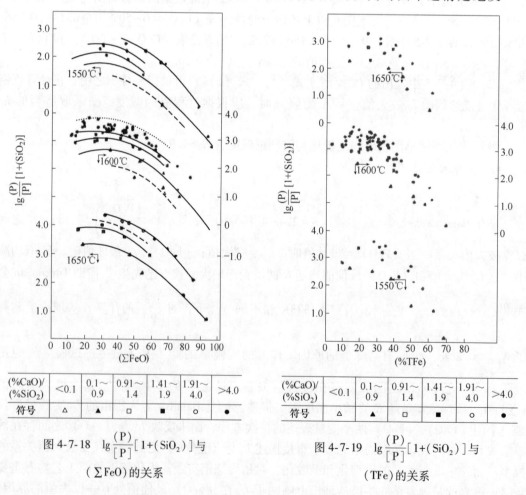

(%CaO)/(%SiO₂)	<0.1	0.1~0.9	0.91~1.4	1.41~1.9	1.91~4.0	>4.0
符号	△	▲	□	■	○	●

(%CaO)/(%SiO₂)	<0.1	0.1~0.9	0.91~1.4	1.41~1.9	1.91~4.0	>4.0
符号	△	▲	□	■	○	●

图 4-7-18　$\lg \dfrac{(P)}{[P]}[1+(SiO_2)]$ 与（$\sum FeO$）的关系

图 4-7-19　$\lg \dfrac{(P)}{[P]}[1+(SiO_2)]$ 与（TFe）的关系

映出 $\lg\dfrac{(P)}{[P]}[1+(SiO_2)]$ 与 $(\sum FeO)$（或（TFe））之间在各个碱度区间均存在极值关系。经回归分析得出用（TFe）和 $(\sum FeO)$ 二次方程描述的 L_P 公式，见表4-7-7。

表4-7-7 用（TFe）和 $(\sum FeO)$ 二次方程描述的 L_P 公式

R	公 式	备 注
<0.1	$\lg L_P = \dfrac{85598}{T} - 83.81 + 1.429\,(\sum FeO) -$ $0.0125\,(\sum FeO)^2 - \lg[1+(SiO_2)]$ (1)	$N=5$ $R=0.91$ $S=0.145$
	$\lg L_P = \dfrac{6849}{T} + 7.044 - 0.394\,(TFe) +$ $4.098\times10^{-3}\,(TFe)^2 - \lg[1+(SiO_2)]$ (2)	$N=5$ $R=0.93$ $S=0.143$
0.1~0.9	$\lg L_P = \dfrac{1694}{T} + 1.0679 + 0.0426\,(\sum FeO) -$ $6.97\times10^{-4}\,(\sum FeO)^2 - \lg[1+(SiO_2)]$ (3)	$N=17$ $R=0.96$ $S=0.357$
	$\lg L_P = \dfrac{4040.9}{T} - 0.605 + 0.0806\,(TFe) -$ $1.517\times10^{-3}\,(TFe)^2 - \lg[1+(SiO_2)]$ (4)	$N=13$ $R=0.959$ $S=0.37$
0.91~1.4	$\lg L_P = \dfrac{7610}{T} + 1.2285 + 0.01896\,(\sum FeO) -$ $4.45\times10^{-4}\,(\sum FeO)^2 - \lg[1+(SiO_2)]$ (5)	$N=18$ $R=0.88$ $S=0.2$
	$\lg L_P = \dfrac{3504.5}{T} + 0.506 + 0.0586\,(TFe) -$ $1.384\times10^{-3}\,(TFe)^2 - \lg[1+(SiO_2)]$ (6)	$N=20$ $R=0.975$ $S=0.18$
1.41~1.9	$\lg L_P = \dfrac{8610}{T} - 1.7569 + 0.03224\,(\sum FeO) -$ $5.974\times10^{-4}\,(\sum FeO)^2 - \lg[1+(SiO_2)]$ (7)	$N=12$ $R=0.92$ $S=0.17$
	$\lg L_P = \dfrac{9219.8}{T} - 2.255 + 0.07\,(TFe) -$ $1.823\times10^{-3}\,(TFe)^2 - \lg[1+(SiO_2)]$ (8)	$N=12$ $R=0.89$ $S=0.18$
>1.9	$\lg L_P = \dfrac{9618}{T} - 2.151 + 0.041\,(\sum FeO) -$ $7.2\times10^{-4}\,(\sum FeO)^2 - \lg[1+(SiO_2)]$ (9)	$N=55$ $R=0.98$ $S=0.134$
	$\lg L_P = \dfrac{4.223\times10^{-3}}{T} + 3.096 + 0.045\,(TFe) -$ $1.2\times10^{-3}\,(TFe)^2 - \lg(1+SiO_2)$ (10)	$N=5$ $R=0.972$ $S=0.157$
CaO=0~50%	$\lg L_P = -\dfrac{0.01}{T} + 2.693 + 0.0533\,(TFe) + 0.0427R -$ $1.416\times10^{-3}\,(TFe)^2 - \lg[1+(SiO_2)]$ (11)	$N=105$ $R=0.92$ $S=0.36$

通过对表 4-7-7 中式（1）~式（10）求导，得出不同碱度下，L_P 达极大值时的（$\sum FeO$）值和（TFe）值，见表 4-7-8。

表 4-7-8　L_P 为极大值时的（$\sum FeO$）值和（TFe）值

R	（$\sum FeO$）=（FeO）+1.5（Fe_2O_3）/%	（TFe）/%
<0.1	57.2	48
0.1~0.9	30.56	26.5
0.91~1.4	21.60	21.17
1.41~1.9	26.98	19.2
>1.9	28.54	18.57

由图 4-7-18~图 4-7-20 和表 4-7-7、表 4-7-8 可见：

（1）由（$\sum FeO$）表述的 L_P 极值图较（TFe）表述的层次分明，且其各碱度区段的回归式的 S 值也较小。故 L_P 的极值模型以采用（$\sum FeO$）表述的表 4-7-7 中式（1）、式（3）、式（5）、式（7）和式（9）为宜。

（2）L_P 达最大值时的（$\sum FeO$）最佳值在 $R = 0.91~1.4$ 区间最小。在 $R<1.4$ 时，（$\sum FeO$）最佳值随 R 的减小而增大，与 T. Ikeda[42] 所得的结果基本相符。在 $R>1.4$ 时，此最佳（$\sum FeO$）值则是随 R 的增大而增大的，与 Balajiva[5,6] 所得的结果一致。

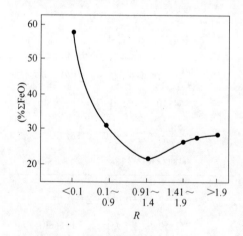

图 4-7-20　不同碱度下 L_P 达极大值时，（$\sum FeO$）与 R 的关系

c　L_P 的极大值特征准数

图 4-7-21 和图 4-7-22 分别表示 $\lg \dfrac{(P)}{[P](TFe)^{2.5}(P_2O_5)^{0.5}}$ 和 $\lg \dfrac{(P)}{[P](\sum FeO)^{2.5}(P_2O_5)^{0.5}}$ 与 $\lg[(CaO)+0.7(MgO)]$，T 和 R 之间的关系。经回归分析得出用 $\lg[(CaO)+0.7(MgO)]$ 一次方程描述的 L_P 公式，见表 4-7-9。

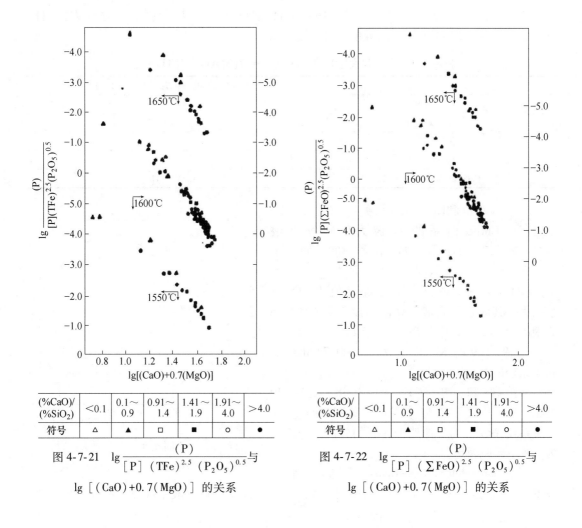

(%CaO)/(%SiO₂)	<0.1	0.1~0.9	0.91~1.4	1.41~1.9	1.91~4.0	>4.0
符号	△	▲	□	■	○	●

图 4-7-21 $\lg \dfrac{(P)}{[P](TFe)^{2.5}(P_2O_5)^{0.5}}$ 与 $\lg[(CaO)+0.7(MgO)]$ 的关系

(%CaO)/(%SiO₂)	<0.1	0.1~0.9	0.91~1.4	1.41~1.9	1.91~4.0	>4.0
符号	△	▲	□	■	○	●

图 4-7-22 $\lg \dfrac{(P)}{[P](\sum FeO)^{2.5}(P_2O_5)^{0.5}}$ 与 $\lg[(CaO)+0.7(MgO)]$ 的关系

表 4-7-9 用 $\lg[(CaO)+0.7(MgO)]$ 一次方程描述的 L_P 公式

R	公　式	备　注
<0.9	$\lg L_P = \dfrac{12162}{T} - 14.18 + 3.44\lg[(CaO)+0.7(MgO)] +$ $2.5\lg(TFe) + 0.5\lg(P_2O_5)$ 　　(12)	$R=0.95$ $S=0.35$
0.9~1.9	$\lg L_P = \dfrac{20945}{T} - 22.096 + 5.663\lg[(CaO)+0.7(MgO)] +$ $2.5\lg(TFe) + 0.5\lg(P_2O_5)$ 　　(13)	$R=0.98$ $S=0.2$
>1.9	$\lg L_P = \dfrac{13961}{T} - 16.94 + 5.0\lg[(CaO)+(MgO)] +$ $2.5\lg(TFe) + 0.5\lg(P_2O_5)$ 　　(14)	$R=0.968$ $S=0.3$
CaO=0~50%	$\lg L_P = \dfrac{11243}{T} - 14.99 + 4.566\lg[(CaO)+(MgO)] +$ $2.5\lg(TFe) + 0.5\lg(P_2O_5) + 8.129 \times 10^{-3}R$ 　　(15)	$R=0.963$ $S=0.265$
CaO≥24%	$\lg L_P = \dfrac{22350}{T} - 124 + 7\lg(CaO) + 2.5\lg(TFe)$ 　　(16)	$S = \pm0.4$

通过对表 4-7-9 中式（12）、式（16）进行偏导,得出不同碱度下 L_P 达极大值时的 [（CaO）+0.7（MgO）]/（TFe）准数值,见表 4-7-10。

表 4-7-10　L_P 为极大值时的 [（CaO）+0.7（MgO）] /（TFe） 值

R	[（CaO）+0.7（MgO）]/（TFe）
<0.9	1.38
0.9~1.9	2.27
>1.9	2.0
CaO=0~50%	1.83
（CaO）≥24%（Healy 公式）	（CaO）/（TFe）= 2.8

由表 4-7-10 和图 4-7-23 可见:

（1） CMFS 渣系的 L_P 极大值特征准数 [（CaO）+0.7（MgO）]/（TFe）在各碱度区间为定值。在 R=0.9~1.9 区间的准数值最大。

（2） CMFS 渣系的（TFe）最佳值比 CFS 渣系的大,其原因可能是 FeO 的活度系数在 CMFS 渣中的较 CFS 渣系中的高[44,45]所致。

d　$R>1.9$ 时 $K_P^\ominus$ 与 [（CaO）+0.7（MgO）] 间关系松散的原因

从图 4-7-12、图 4-7-13、图 4-7-18、图 4-7-19 可见,$R>1.9$ 时,$K_P^\ominus$ 与 [（CaO）+0.7（MgO）] 间的关系较 $R<1.9$ 的其他四个区间的分散。分析认为,其主要原因是:

（1） Bardenhuer 和 Oberhauser[46] 通过对转炉终点钢样和渣样的一系列平衡试验得出:如图 4-7-24 所示,在（液相+C_2S）和（液相+C_3S）

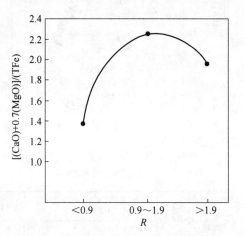

图 4-7-23　不同碱度下 L_P 达极大值时, [（CaO）+0.7（MgO）]/（TFe）与 R 的关系

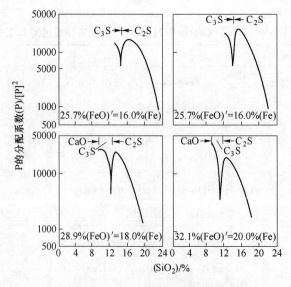

图 4-7-24　1600℃时磷的平衡分配系数

（四个图是在（CaO）'-（FeO）'-（SiO₂）'三元相图中不同（FeO）'含量时的断面图,C_2S—硅酸二钙,C_3S—硅酸三钙）

两个成分区可得到最大的去磷分配指数 (P)/[P]^2；而在两个成分区之间，即两个相区的交接处，(P)/[P]^{2}则较低。

（2）作者在 MgO 饱和渣与铁液间的磷平衡实验中也发现，(P)/[P] 与 R 之间（见图 4-7-25）和 (P)/[P] 与 (TFe) 之间均存在极值关系。文献［47］也有报道 (P$_2$O$_5$)/[P] 在 (CaO) = 40%~50%时最大。

（3）H. Ono et al[34]通过对 LD 转炉渣的显微结构观察和 EPMA 试验，发现炉渣中的磷主要存在于 C$_2$S 相中，而存在于 C$_3$S 相中者仅占总量的 1/5 左右，存在 C$_2$F 和 CaO 中的则更少（约 7%）。

e　结论

通过 4.7.2.4 节的讨论，可对 MgO 饱和的 CMFS 炉渣与铁液间的磷平衡分配比 L$_P$ 最优化模型作以下讨论：

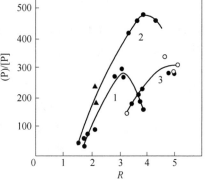

图 4-7-25　(P)/［P］与 R 关系图
1——(FeO) = 13%~15%；
2——(FeO) = 16%~20%；
3——(FeO) = 30%~35%

（1）L$_P$ 模型不应仅用 (CaO)、(TFe) 和 1/T 三个变量表述和按 (CaO) = 0~饱和值的通式处理。否则势必像 Healy 公式那样误差太大，而失去对生产的指导意义。

（2）L$_P$ 的最优化线性模型，系用 [(CaO)+0.7(MgO)]、(TFe)、(P$_2$O$_5$) 和 1/T 四个变量表述和按 R=0~0.9，0.91~1.9 和 >1.9 三个区段处理所得者。他们均提高了模型精度，较好地反映了客观规律。

（3）L$_P$ 与 (∑FeO) 间的极值关系最优化模型，系用 1/T、(∑FeO)、(∑FeO)^{2}和 lg[1+(SiO$_2$)] 三元四项非齐次表述和按 R=<0.1，0.1~0.9，0.91~1.4，1.41~1.9 和 >1.9 五个区段处理所得者。

（4）有一个与 L$_P$ 极大值对应存在的特征准数 [(CaO)+0.7(MgO)]/(TFe) 值和 (∑FeO) 最佳值，它们在一定的渣系和一定的碱度区间为定值。表 4-7-16 和表 4-7-18 中列出了它们在 CMFS 渣系中的定值，可供生产者参考。

（5）在应用 L$_P$ 平衡分配比模型来指导生产时，需要掌握 L$_P$ 的最优化极值模型和极值特征准数，以及 L$_P$ 与硅酸盐矿相和碱度间的极值关系。只有这样才能以较少的原材料消耗获得最佳的脱磷效果。而不总是碱度愈高，(TFe) 愈高便 L$_P$ 愈大。

4.7.5　李远洲对 P$_2$O$_5$ 活度系数 $\gamma_{P_2O_5}$ 表达式的见解

炉渣的 P$_2$O$_5$ 活度系数 $\gamma_{P_2O_5}$ 是指导氧气转炉炼钢过程脱 P 操作的重要理论之一。如果说研究低碳钢的脱磷既可用 L$_P$ 公式，也可用 $\gamma_{P_2O_5}$ 公式；而研究冶炼高碳钢的脱 P，决定 C-P 选择性氧化的关键因素之一的 P_{CO} 值，及研究熔渣（或熔剂）脱 P 能力的磷容量 $C_{PO_4^{3-}}$（或 C_P）值，则只有用 $\gamma_{P_2O_5}$ 公式。可见 $\gamma_{P_2O_5}$ 公式的精确度既关系到所确定的熔剂或熔渣 $C_{PO_4^{3-}}$值的精确度，也关系到冶炼高碳钢时所需控制的 P_{CO} 值和相应的供氧制度（包括复吹的顶、底吹关系）的准确性。但从前面的讨论来看，已有的 $\gamma_{P_2O_5}$ 公式[10,22,48]似乎都有一定问题。为此，本节拟效法作者前面所确认的渣中磷酸盐和矿物相随碱度而变化的关系，选取渣-金反应达到平衡的和渣中（CaO）= 0～饱和广阔范围的实验数据[2,14,15,33]，按不同碱度区间来表述 $\gamma_{P_2O_5}$。

4.7.5.1　求渣-金反应平衡时的 $\gamma_{P_2O_5}$

（1）当实验测试数据，除一般的炉渣和金属成分外，还有金属［O］含量时，可用下述反应式和方程式表述：

$$2[P]+5[O] \Longrightarrow (P_2O_5)_{(1)} \tag{4-1-10}$$

$$\Delta_r G_m^\ominus = -686910+580.03T \qquad J/mol^{[6]} \tag{4-1-10a}$$

$$\Delta_r G_m^\ominus = -704380+559.19T \qquad J/mol^{[10]} \tag{4-1-10b}$$

$$\Delta_r G_m^\ominus = -705550+556.60T \qquad J/mol^{[11]} \tag{4-1-10c}$$

$$\lg K_{(4-1-10a)}^\ominus = \frac{35875}{T}-30.29 \tag{4-1-10d}$$

$$\lg K_{(4-1-10b)}^\ominus = \frac{36785}{T}-29.20 \tag{4-1-10e}$$

$$\lg K_{(4-1-10c)}^\ominus = \frac{36847}{T}-29.07 \tag{4-1-10f}$$

$$K_P^\ominus = \frac{\gamma_{P_2O_5} N_{P_2O_5}}{f_{[P]}^2 [P]^2 f_{[O]}^5 [O]^5} \tag{4-1-10g}$$

$$\lg\gamma_{P_2O_5} = \frac{35875}{T}-28.14-\lg(P_2O_5)+\lg\sum(N_i)+2\lg f_{[P]}+$$
$$2\lg[P]+5\lg f_{[O]}+5\lg[O] \tag{4-7-143}$$

（2）当实验测试数据，只有一般的炉渣和金属成分，而无金属［O］含量时，则用下述反应式和方程式表述：

$$(FeO) \longrightarrow [O] \tag{4-7-144}$$

$$K^\ominus = \frac{a_{[O]}}{a_{(FeO)}} \tag{4-7-145}$$

$$\lg K^\ominus = -\frac{6320}{T}+2.734 \tag{4-7-146}^{[2]}$$

$$\Delta_r G_m^\ominus = 121017-52.35T \qquad J/mol \tag{4-7-147}$$

解式（4-1-10）+5×（4-7-147），得：

$$2[P]+5(FeO) \longrightarrow (P_2O_5)_{(1)} \tag{4-7-148}$$

$$\Delta_r G_m^\ominus = -81825+318.28T \qquad J/mol \tag{4-7-149}$$

$$\Delta_r G_m^\ominus = -99295+298.44T \qquad J/mol \tag{4-7-150}$$

$$\Delta_r G_m^\ominus = -100465+294.85T \qquad J/mol \tag{4-7-151}$$

$$\lg K^\ominus = \frac{4273}{T}-16.62 \tag{4-7-152}$$

$$\lg K^{\ominus} = \frac{5186}{T} - 15.59 \qquad (4\text{-}7\text{-}153)$$

$$\lg K^{\ominus} = \frac{5247}{T} - 15.4 \qquad (4\text{-}7\text{-}154)$$

$$K^{\ominus} = \frac{\gamma_{P_2O_5} N_{P_2O_5}}{f_{[P]}^2 [P]^2 \gamma_{FeO}^5 N_{FeO}^5} = \gamma_{P_2O_5} \frac{72^5}{142} \sum N_i^4 \frac{(P_2O_5)}{f_{[P]}^2 [P]^2 \gamma_{FeO}^5 (FeO)^5}$$

$$\lg\gamma_{P_2O_5} = \lg K^{\ominus} - \lg\left(\frac{72^5}{142}\right) - 4\lg\sum(N_i) - \lg(P_2O_5) + 2\lg f_{[P]} +$$

$$2\lg[P] + 5\lg(FeO) + 5\lg\gamma_{FeO} \qquad (4\text{-}7\text{-}155)$$

式中的 γ_{FeO} 由式（1-5-27）和式（1-5-31）来取。

4.7.5.2 回归模式及结果

（1）$\lg\gamma_{P_2O_5} = \sum a_i N_i + b/T + c$ 见表 4-7-11。

表 4-7-11 $\sum a_i N_i + b/T + c$ 模式的回归结果

R	回归方程	回归分析
$\leqslant 0.9$	$\lg\gamma_{P_2O_5} = 13.14N_{CaO} - 22.978N_{MgO} - 46.784N_{MnO} - 2.92N_{FeO} +$ $216.85N_{Fe_2O_3} - 27.395N_{SiO_2} - 1336N_{P_2O_5} - 14193/T + 7.214$ (1)	$N=7$ $R=1.0$ $S=0.011$ 组元素 8
	$\lg\gamma_{P_2O_5} = 6.295N_{CaO} + 9.842N_{MgO} + 2\times10^{-6}N_{MnO} + 8.495N_{\sum FeO} +$ $13.167N_{SiO_2} - 1.62\times10^{-7}N_{P_2O_5} + 4013/T - 29.26$ (2)	$N=7$ $R=1.0$ $S=0.011$ 组元素 7
$0.91 \sim 1.9$	$\lg\gamma_{P_2O_5} = -30.428N_{CaO} - 15.972N_{MgO} - 21.446N_{MnO} - 21.965N_{FeO} -$ $7.3N_{Fe_2O_3} - 24.14N_{SiO_2} - 12.082N_{P_2O_5} + 8831/T + 2.46$ (3)	$N=27$ $R=0.972$ $S=0.251$ 组元素 8
	$\lg\gamma_{P_2O_5} = -9.68N_{CaO} + 4.98N_{MgO} - 2.5N_{MnO} - 1.48N_{\sum FeO} -$ $6.4N_{SiO_2} + 6.0N_{P_2O_5} + 12795/T - 19.33$ (4)	$N=27$ $R=0.972$ $S=0.247$ 组元素 7
$\geqslant 1.90$	$\lg\gamma_{P_2O_5} = -21.743N_{CaO} - 20.82N_{MgO} - 8.683N_{MnO} - 8.56N_{FeO} +$ $9.606N_{SiO_2} + 25.165N_{P_2O_5} - 35815/T + 12.753$ (5) 系用多元逐步回归，其 $N_{Fe_2O_3}$ 被删了	$N=61$ $R=0.83$ $S=0.73$ 组元素 7
	$\lg\gamma_{P_2O_5} = -19.205N_{CaO} - 19.452N_{MgO} - 7.744N_{MnO} - 6.18N_{\sum FeO} +$ $8.686N_{SiO_2} + 25.832N_{P_2O_5} - 34944/T + 10.837$ (6)	$N=61$ $R=0.83$ $S=0.755$ 组元素 7
	$\lg\gamma_{P_2O_5} = -3.985N_{CaO} - 17.544N_{CaF_2} + 2.943N_{\sum FeO} +$ $16.15N_{P_2O_5} + 13980/T - 22.553$ (7) 系用 8 元逐步回归，其 N_{MgO}、N_{MnO}、N_{SiO_2} 均被删除了	$N=7$ $R=1.0$ $S=0.016$ 组元素 5

R	回　归　方　程	回归分析
	$\lg\gamma_{P_2O_5} = -6.302N_{CaO} - 0.05N_{MgO} + 3.899N_{FeO} - 15.66N_{Fe_2O_3} +$ $2.954N_{SiO_2} + 23.877N_{P_2O_5} - 4139/T - 13.965$　　(8)	$N=187$ $R=0.84$ $S=0.74$ 组元素 7
CaO = 0 ~ 饱和	$\lg\gamma_{P_2O_5} = 9.357N_{CaO} + 13.506N_{MgO} + 11.853N_{MnO} + 17.231N_{FeO} -$ $5.087N_{Fe_2O_3} + 11.943N_{SiO_2} + 24.501N_{P_2O_5} + 14306/T - 36.216$　　(9)	$N=101$ $R=0.76$ $S=0.73$ 组元素 8
	$\lg\gamma_{P_2O_5} = 226.178N_{CaO} + 227.244N_{MgO} + 210.045N_{MnO} +$ $231.936N_{FeO} + 254.625N_{Fe_2O_3} + 242.005N_{Al_2O_3} + 246.064N_{SiO_2} +$ $210.743N_{P_2O_5} - 4032/T - 244.161$　　(10)	$N=42$ $R=0.69$ $S=0.84$ 组元素 9

（2）$\lg\gamma_{P_2O_5} = \sum a_i N_i + \sum b_k N_i N_j + c/T + d$ 见表 4-7-12。

表 4-7-12　$\lg\gamma_{P_2O_5} = \sum a_i N_i + \sum b_k N_i N_j + c/T + d$ 模式的回归结果

R	回　归　方　程	补充回归分析
≤0.9	$\lg\gamma_{P_2O_5} = 式（5） -52.376N_{CaO}N_{SiO_2} - 21.846N_{MgO}N_{SiO_2} +$ $72.312N_{MnO}N_{SiO_2} + 1.723N_{Fe_tO}N_{SiO_2} + 48.962N_{CaO}N_{MgO} +$ $179.943N_{CaO}N_{MnO} - 33.986N_{CaO}N_{Fe_tO} - 285.883N_{MgO}N_{MnO} +$ $0.684N_{MgO}N_{Fe_2O_3} - 1.576N_{MnO}N_{Fe_tO} + 3.586$　　(4-7-156)	$N=28$ $r=0.98$ $S=0.39$
	$\lg\gamma_{P_2O_5} = 式（4-7-26） -48.48N_{CaO}N_{SiO_2} - 49.864N_{MgO}N_{SiO_2} +$ $211.615N_{MnO}N_{SiO_2} + 13.512N_{Fe_tO}N_{SiO_2} + 37.864N_{CaO}N_{MgO} +$ $67.471N_{CaO}N_{MnO} - 38.699N_{CaO}N_{Fe_tO} - 326.01N_{MgO}N_{MnO} -$ $16.784N_{MgO}N_{Fe_2O_3} - 2.9756N_{MnO}N_{Fe_tO} + 1.558$　　(4-7-157)	$N=28$ $r=0.98$ $S=0.44$
0.91 ~ 1.9	$\lg\gamma_{P_2O_5} = 式（5） -7.751N_{CaO}N_{SiO_2} - 3.448N_{MgO}N_{SiO_2} -$ $59.592N_{MnO}N_{SiO_2} - 21.891N_{FeO}N_{SiO_2} + 10.783N_{CaO}N_{MgO} +$ $9.908N_{CaO}N_{MnO} + 5.973N_{CaO}N_{Fe_tO} - 33.429N_{MgO}N_{MnO} +$ $19.989N_{MgO}N_{Fe_2O_3} + 1.475N_{MnO}N_{Fe_tO} + 0.024$　　(4-7-158)	$N=62$ $r=0.86$ $S=0.47$
	$\lg\gamma_{P_2O_5} = 式（4-7-26） -19302N_{CaO}N_{SiO_2} + 5.284N_{MgO}N_{SiO_2} -$ $112.589N_{MnO}N_{SiO_2} - 21.372N_{Fe_tO}N_{SiO_2} - 21.463N_{CaO}N_{MgO} +$ $69.02N_{CaO}N_{MnO} + 3.271N_{CaO}N_{Fe_tO} - 28.054N_{MgO}N_{MnO} -$ $4.605N_{MgO}N_{Fe_2O_3} - 0.057N_{MnO}N_{Fe_tO} + 0.8$　　(4-7-159)	$N=62$ $r=0.85$ $S=0.53$

R	回　归　方　程	补充回归分析
$\geqslant 1.91$	$\lg\gamma_{P_2O_5} =$式（5）$+2.966N_{CaO}N_{SiO_2}+33.931N_{MgO}N_{SiO_2}+$ $88.884N_{MnO}N_{SiO_2}-32.828N_{Fe_tO}N_{SiO_2}-5.969N_{CaO}N_{MgO}-$ $12.514N_{CaO}N_{MnO}+5.827N_{CaO}N_{Fe_tO}-231.29N_{MgO}N_{MnO}+$ $18.932N_{MgO}N_{Fe_2O_3}+17.925N_{MnO}N_{Fe_tO}+0.166$ （4-7-160）	$N=91$ $r=0.77$ $S=0.6$
	$\lg\gamma_{P_2O_5} =$式（4-7-26）$+2.89N_{CaO}N_{SiO_2}+60.491N_{MgO}N_{SiO_2}+$ $74.191N_{MnO}N_{SiO_2}-33.292N_{Fe_tO}N_{SiO_2}-33.228N_{CaO}N_{MgO}+$ $10.863N_{CaO}N_{MnO}-0.891N_{CaO}N_{Fe_tO}-268.038N_{MgO}N_{MnO}+$ $11.281N_{MgO}N_{Fe_2O_3}+17.762N_{MnO}N_{Fe_tO}-2.141$ （4-7-161）	$N=91$ $r=0.65$ $S=0.73$
CaO=0~饱和	$\lg\gamma_{P_2O_5} =$式（5）$-2.215N_{CaO}N_{SiO_2}-4.914N_{MgO}N_{SiO_2}+$ $62.708N_{MnO}N_{SiO_2}-21.41N_{Fe_tO}N_{SiO_2}+1.422N_{CaO}N_{MgO}-$ $17.953N_{CaO}N_{MnO}+0.331N_{CaO}N_{Fe_tO}-97.208N_{MgO}N_{MnO}+$ $21.316N_{MgO}N_{Fe_2O_3}+3.512N_{MnO}N_{Fe_tO}+0.625$ （4-7-162）	$N=171$ $r=0.85$ $S=0.59$
	$\lg\gamma_{P_2O_5} =$式（4-7-26）$-1.624N_{CaO}N_{SiO_2}-22.92N_{MgO}N_{SiO_2}+$ $71.608N_{MnO}N_{SiO_2}-13.137N_{Fe_tO}N_{SiO_2}-10.872N_{CaO}N_{MgO}-$ $9.05N_{CaO}N_{MnO}-5.52N_{CaO}N_{Fe_tO}-119.526N_{MgO}N_{MnO}+$ $6.998N_{MgO}N_{Fe_2O_3}+4.531N_{MnO}N_{Fe_tO}-1.851$ （4-7-163）	$N=171$ $r=0.79$ $S=0.7$

（3）$\lg\gamma_{P_2O_5} = \sum a_i X_i^2 + \sum b_k X_i X_j + c/T + d$ 见表 4-7-13。

表 4-7-13　$\sum a_i X_i^2 + \sum b_k X_i X_j + c/T + d$ 模式的回归结果

R	$\lg\gamma_{P_2O_5}=A$ 和 $\lg\gamma_{P_2O_5}=A+B$	回归分析
$\leqslant 0.91$	$A=-8.953+839.7/T-1.38X_{FeO}^2+1033.866X_{FeO_{1.5}}^2-27.367X_{CaO}^2-$ $26.546X_{MgO}^2-41.143X_{MnO}^2-31.915X_{SiO_2}^2+128.215X_{PO_{2.5}}^2-$ $147.619X_{FeO}X_{FeO_{1.5}}-41.152X_{FeO}X_{CaO}$ （4-7-164） $B=0.5903+17.869X_{FeO}X_{MgO}-11.73X_{FeO}X_{MnO}+\cdots+X_{SiO_2}X_{PO_{2.5}}$	$N=31$ $r=0.938$ $S=0.69$ $N=31$ $r=0.71$ $S=0.66$
0.91~1.9	$A=-8.538+10670/T+2.058X_{FeO}^2+105.668X_{FeO_{1.5}}^2-19.906X_{CaO}^2-$ $9.196X_{MgO}^2+1.143X_{MnO}^2+3.089X_{SiO_2}^2+115.934X_{PO_{2.5}}^2-$ $41.141X_{FeO}X_{FeO_{1.5}}-4.454X_{FeO}X_{CaO}$ （4-7-165） $B=1.174+16.288X_{FeO}X_{MgO}+67.271X_{FeO}X_{MnO}+\cdots+X_{SiO_2}X_{PO_{2.5}}$	$N=62$ $r=0.912$ $S=0.46$ $N=62$ $r=0.81$ $S=0.4$

R	$\lg\gamma_{P_2O_5}=A$ 和 $\lg\gamma_{P_2O_5}=A+B$	回归分析
>1.9	$A=-4.537-24930/T+8.063X^2_{\mathrm{FeO}}-62.683X^2_{\mathrm{FeO}_{1.5}}-6.194X^2_{\mathrm{CaO}}-$ $32.235X^2_{\mathrm{MgO}}+8.284X^2_{\mathrm{MnO}}+48.223X^2_{\mathrm{SiO}_2}+66.911X^2_{\mathrm{PO}_{2.5}}+$ $12.396X_{\mathrm{FeO}}X_{\mathrm{FeO}_{1.5}}-3.886X_{\mathrm{FeO}}X_{\mathrm{CaO}}$　　　　　　(4-7-166) $B=0.623+6.081X_{\mathrm{FeO}}X_{\mathrm{MgO}}+18.900X_{\mathrm{FeO}}X_{\mathrm{MnO}}+\cdots+X_{\mathrm{SiO}_2}X_{\mathrm{PO}_{2.5}}$	$N=83$ $r=0.85$ $S=0.68$ $N=83$ $r=0.25$ $S=0.66$
CaO=0~饱和	$A=-7.255-11050/T+0.634X^2_{\mathrm{FeO}}-118.158X^2_{\mathrm{FeO}_{1.5}}-15.06X^2_{\mathrm{CaO}}-$ $10.848X^2_{\mathrm{MgO}}-17.558X^2_{\mathrm{MnO}}-9.333X^2_{\mathrm{SiO}_2}+16.49X^2_{\mathrm{PO}_{2.5}}+$ $16.163X_{\mathrm{FeO}}X_{\mathrm{FeO}_{1.5}}-21.225X_{\mathrm{FeO}}X_{\mathrm{CaO}}$　　　　　(4-7-167) $B=-11.221-1.882X_{\mathrm{FeO}}X_{\mathrm{MgO}}+11.299X_{\mathrm{FeO}}X_{\mathrm{MnO}}+\cdots+X_{\mathrm{SiO}_2}X_{\mathrm{PO}_{2.5}}$	$N=175$ $r=0.89$ $S=0.71$ $N=175$ $r=0.33$ $S=0.7$

4.7.5.3　$\gamma_{P_2O_5}$ 优化模型的探讨

A　对 $\lg\gamma_{P_2O_5}=\sum a_iN_i+b/T+c$ 模型的分析

由表 4-7-11 可见，不论在 $R\leqslant0.9$ 和 $0.91\sim1.9$，还是（CaO）= 0~饱和区间，均出现各因子（N_i）的回归系数（a_i）的正、负号与其物理意义不符，以及相关系数 $r\approx1.0$ 和标准偏差值 S 异常小的不正常情况。而只有 $R>1.9$ 区间的回归系数（a_i）的正、负号才符合实际。这说明，$\sum a_iN_i$ 模式，即 Turkdogan 模式只适用于 $R>1.9$ 区间，而当 $R\leqslant1.9$，乃至在（CaO）= 0~饱和范围内，$\lg\gamma_{P_2O_5}$ 与 N_i 的关系，则不是简单的线性关系。

B　对 $\lg\gamma_{P_2O_5}=\sum a_iN_i+\sum b_kN_iN_j+c/T+d$ 模式的分析

鉴于 $\sum a_iN_i$ 模式回归结果所反映出的问题，自其发表[35]以来，作者便考虑对其进行修改，一是以表 4-7-12 $R>1.9$ 区间所得的方程式（5）和 Turkdogan 公式（4-7-26）为基础，来建立不同 R 区间的 $\sum b_kN_iN_j$ 补充式；二是按 $\lg\gamma_{P_2O_5}=\sum a_iN_i+\sum b_kN_iN_j+c/T+d$ 模式，分段回归，得出不同 R 区间的正规溶液模式的方程。由表 4-7-12 可见：

（1）不论以表 4-7-11 式（5）为基，还是以式（4-7-26）为基所得补充式（$\Delta\lg\gamma_{P_2O_5}$），在相同 R 区间，其交互作用因子 N_iN_j 前的回归系数 b_k 的正、负号均基本相同。这说明，在两式的补充式中，各因子交互作用的物理性质是基本一致的。

（2）在表 4-7-11 式（5）的 $S=0.73$ 的基础上，补充交互作用因子的函数式 $\Delta\lg\gamma_{P_2O_5}=f(b_kN_iN_j)$ 后，各个 R 区间的 S 值均有不同程度的减小，分别为 0.39、0.47、0.6 和 0.59。

（3）在式（4-7-26）的基础上，补充交互作用因子函数式后，各 R 区间的 S 值分别为 0.44、0.53、0.73 和 0.7，均较表 4-7-11 式（5）补充式的大些。

（4）不同 R 区间采用相应的 $\lg\gamma_{P_2O_5}=\sum a_iN_i+\sum b_kN_iN_j+c/T+d$ 公式比采用（CaO）= 0~饱和的通式偏差小。

（5）把表 4-7-11 $R>1.9$ 时所得的式（5）用于 $R\leqslant0.9$ 时，其计算值比实测值平均小 -1.383（$=\lg\gamma_{P_2O_5}$），在 $R=0.91\sim1.9$ 时平均小 -0.209；而把 Turkdogan 公式用于 $R\leqslant0.9$ 时，计算值却比实测值平均大 3.681，$R=0.91\sim1.9$ 时更增大为平均 4.296，$R>1.9$ 时为 3.575，这说明 Turkdogan 公式的确是把大大的短尺。

C 对 $\lg\gamma_{P_2O_5}=\sum a_iX_i^2+\sum b_kX_iX_j+c/T+d$ 模式的分析

由表 4-7-13 可见：

（1）按正规溶液模式回归的方程，在 $R\leqslant0.9$ 区间的 $\lg\gamma_{P_2O_5}=A$ 方程的 S 值为 0.69，$A+B$ 方程的 S 仅稍有减小（$S=0.66$），比 $\lg\gamma_{P_2O_5}=\sum a_iN_i+\sum b_kN_iN_j+c/T+d$ 模式的最终 S 值（0.39）大。

（2）在 $R=0.91\sim1.9$ 区间，$\lg\gamma_{P_2O_5}$ 的正规溶液模式方程的 $\lg\gamma_{P_2O_5}=A$ 的首次十元回归式的 S 值便小到 0.46，$\lg\gamma_{P_2O_5}=A+B$ 回归式的终点 S 值只降到 0.4。

（3）在 $R>0.9$ 区间，$\lg\gamma_{P_2O_5}=A$ 回归式的 S 也是较小的（0.68），而 $\lg\gamma_{P_2O_5}=A+B$ 回归式的终点 S 值则只小了一点（0.66）。

（4）按（CaO）$=0\sim$ 饱和范围所得的 $\lg\gamma_{P_2O_5}=A$ 回归式的 $S=0.71$，$\lg\gamma_{P_2O_5}=A+B$ 回归式的最终 S 值为 0.70。它们均比 $R=0.91\sim1.9$ 和 $R>1.9$ 所得回归式的 S 值大。

D 小结

通过以上分析，特慎重推荐估算炉渣 $\gamma_{P_2O_5}$ 值的优化方程如下：

（1）在 $R<0.9$ 区间，宜采用式（4-7-156）。

（2）在 $R=0.91\sim1.9$ 区间，可采用式（4-7-165）或式（4-7-158）。

（3）在 $R>1.9$ 区间，可采用式（4-7-166），也可采用式（4-7-160）或表 4-7-11 的（5）。

现将推荐公式和 Turkdogan 等公式计算的 $\lg\gamma_{P_2O_5}$ 值与实际热力学平衡的 $\lg\gamma_{P_2O_5}$ 之间的方差分析结果列于表 4-7-14 中。表中，$\sum i$ 为统计记录数，方差的计算公式为：

$$\varepsilon=\sqrt{\frac{\sum\left[(\lg\gamma_{P_2O_5})_{i\cdot热平衡}-(\lg\gamma_{P_2O_5})_{i\cdot计算}\right]^2}{\sum i}}$$

表 4-7-14 各公式的 $\lg\gamma_{P_2O_5}$ 计算值与平衡值间的方差

R	$\sum i$	ε			
		Turkdogan (4-7-26)	Park (4-7-46)	Ban-ya[①]	作者公式
<0.91	31	22.484	4.130	7.794	3.239（按 (4-7-156)）
0.91~1.9	61	23.798	3.444	6.946	0.344（按 (4-7-165)）
>1.9	83	17.412	3.717	6.678	1.614（按 (4-7-166)）
CaO=0~饱和	175	20.526	3.691	6.963	2.534（按 (4-7-167)）

① Ban-ya 公式：$RT\ln_{\gamma P_2O_5(1)}=2RT\ln_{\gamma PO_{2.5(R\cdot S)}}+52720-230.706T$。

由表 4-7-14 可见，作者公式估算的 $\lg\gamma_{P_2O_5}$ 值的方差最小，其次为 Park 公式，再次为 Ban-ya 公式，而 Turkdogan 公式则最大。

4.7.5.4　$\gamma_{P_2O_5}$ 模型在制定冶炼中、高碳钢脱磷工艺中的作用

根据 $\gamma_{P_2O_5}$ 模型可算出炉渣具有的 $a_{P_2O_5}$ 值，及其脱磷所需的最小 $a_{[O]}$ 值（或 a_{FeO} 值）和 C-P 选择性氧化的临界 $P_{CO} > P_{CO临}$ 时，则去 P 保 C，并据此建立控制 $a_{[O]}$、a_{FeO} 和 P_{CO} 的操作工艺。作者便曾这样来开发和建立氧气转炉冶炼中、高碳钢的工艺控制模型[52]。

根据渣—金界面处的氧化脱磷反应：

$$2[P] + 5[O] \Longrightarrow (P_2O_5) \tag{4-1-10}$$

$$\Delta_r G_m^\ominus = -704380 + 559.19T \qquad J/mol \tag{4-1-10b}$$

$$\lg \frac{a_{P_2O_5}}{a_{[P]}^2 a_{[O]}^5} = \frac{36800}{T} - 29.20 \tag{4-1-10e}$$

$$\lg a_{[O]} = \frac{1}{5}\left[\lg\gamma_{P_2O_5} + \lg N_{P_2O_5} - 2\lg f_{[P]} - 2\lg [P] - \frac{36800}{T} + 29.2\right] \tag{4-7-143a}$$

而金属侧的氧化脱磷反应为：

$$[C] + [O] \Longrightarrow CO \tag{4-7-168}$$

$$\lg \frac{P_{CO}}{a_{[O]} a_{[C]}} = \frac{1160}{T} - 2.002 \tag{4-7-169}$$

$$\lg P_{CO} = \frac{1160}{T} + 2.002 + \lg f_{[C]} + \lg [C] + \lg a_{[O]} \tag{4-7-170}$$

由式（4-1-10）和式（4-7-168）不难看出，在相同 $a_{[O]}$ 条件下，如 P_{CO} 大于式（4-7-170）的 $P_{CO计}$ 值，则脱 C 受阻，脱 P 优先。

现仅以一般中磷铁水吹炼过程的金属、炉渣成分和温度建立数据库，然后通过计算机程序运算，求出不同温度、不同金属、炉渣成分的 C-P 关系下，各个记录中的 $\lg\gamma_{P_2O_5}$ 平衡值、$a_{[O]}$ 平衡值和 P_{CO} 平衡值。这里仅将前面推算的公式和 Turkdogan 公式的主要计算条件和结果写在表 4-7-15～表 4-7-18 中，并按表中数据做成 $R = 0.867$，[C] $= 4\% \sim 5\%$ 和 $t = 1300 \sim 1350$℃ 条件下的 [P]-$P_{CO \cdot a}$ 关系图（见图 4-7-26）；$R = 1.5$，[C] $= 3.5\% \sim 4.0\%$ 和 $t = 1350 \sim 1400$℃ 条件下的 [P]-$P_{CO \cdot b}$ 关系图（见图 4-7-27）；$R = 1.917$，[C] $= 3\% \sim 3.5\%$ 和 $t = 1400 \sim 1450$℃ 条件下的 [P]-$P_{CO \cdot c}$，$P_{CO \cdot d}$ 关系图（见图 4-7-28）；$R = 3.0$，[C] $= 1.5\% \sim 2.0\%$ 和 $t = 1500 \sim 1550$℃ 条件下的 [P]-$P_{CO \cdot d}$ 关系图（见图 4-7-29）；$R = 4.0$，[C] $= 0.05\% \sim 1.0\%$ 和 $t = 1600 \sim 1650$℃ 条件下的 [P]-$P_{CO \cdot d}$ 关系图（见图 4-7-30）；以及在 $R = 4.0$，[P] $= 0.01\% \sim 0.05\%$ 和 $t = 1600 \sim 1650$℃ 条件下的 [C]-$P_{CO \cdot d}$ 关系图（见图 4-7-31）。

表 4-7-15　$R = 0.867$ 时，作者公式和 Turkdogan 公式的主要计算条件和结果

序号	[C] /%	[P] /%	T /℃	R	$\lg\gamma_{P_2O_5}$		$P_{CO \cdot t}$, $P_{CO \cdot a}$/atm		$a_{[O]} \times 10^3$/%	
					式(4-7-26)	式(4-7-156)	Turkdogan	作者	Turkdogan	作者
1	4.5	0.20	1300	0.867	−15.248	−18.405	38.397	8.981	3.57	0.84
2	4.5	0.15	1300	0.867	−15.223	−18.376	43.421	10.179	4.06	0.95
3	4.5	0.10	1300	0.867	−15.225	−18.322	63.416	15.248	5.97	1.44
4	4.0	0.20	1300	0.867	−15.248	−18.405	30.839	7.213	3.79	0.89
5	4.0	0.15	1300	0.867	−15.223	−18.376	34.882	8.177	4.32	1.01

序号	[C]/%	[P]/%	T/℃	R	$\lg\gamma_{P_2O_5}$ 式(4-7-26)	$\lg\gamma_{P_2O_5}$ 式(4-7-156)	$P_{CO·t}, P_{CO·a}$/atm Turkdogan	$P_{CO·t}, P_{CO·a}$/atm 作者	$a_{[O]}\times10^3$/% Turkdogan	$a_{[O]}\times10^3$/% 作者
6	4.0	0.10	1300	0.867	-15.225	-18.321	50.945	12.249	6.34	1.52
7	4.5	0.20	1350	0.867	-14.425	-17.103	73.587	16.248	7.28	1.61
8	4.5	0.15	1350	0.867	-14.400	-17.164	83.215	18.416	8.28	1.83
9	4.5	0.10	1350	0.867	-14.402	-17.620	121.53	27.587	12.16	2.76
10	4.0	0.20	1350	0.867	-14.425	-17.703	59.334	13.101	7.73	1.71
11	4.0	0.15	1350	0.867	-14.400	-17.674	67.097	14.849	8.79	1.95
12	4.0	0.10	1350	0.867	-14.402	-17.620	97.994	22.243	12.91	2.93

表 4-7-16 $R=1.5$ 时，作者公式和 Turkdogan 公式的主要计算条件和结果

序号	[C]/%	[P]/%	t/℃	R	$\lg\gamma_{P_2O_5}$ 式(4-7-26)	$\lg\gamma_{P_2O_5}$ 式(4-7-156)	$P_{CO·t}, P_{CO·b}$/atm Turkdogan	$P_{CO·t}, P_{CO·b}$/atm 作者	$a_{[O]}\times10^3$/% Turkdogan	$a_{[O]}\times10^3$/% 作者
1	4.0	0.20	1350	1.5	-16.693	-19.260	27.708	8.504	3.58	1.10
2	4.0	0.15	1350	1.5	-16.668	-19.238	32.810	10.046	4.27	1.31
3	4.0	0.10	1350	1.5	-16.632	-19.210	41.629	12.717	5.47	1.67
4	3.5	0.20	1350	1.5	-16.693	-19.260	21.908	6.724	3.80	1.17
5	3.5	0.15	1350	1.5	-16.668	-19.238	25.948	7.945	4.53	1.39
6	3.5	0.10	1350	1.5	-16.632	-19.210	32.976	10.074	5.81	1.77
7	4.0	0.20	1400	1.5	-15.919	-19.064	51.180	12.053	6.98	1.64
8	4.0	0.15	1400	1.5	-15.895	-19.041	60.604	14.240	8.32	1.95
9	4.0	0.10	1400	1.5	-15.859	-19.013	76.895	17.985	10.67	2.49
10	3.5	0.20	1400	1.5	-15.920	-19.064	40.551	9.550	7.41	1.75
11	3.5	0.15	1400	1.5	-15.895	-19.041	48.029	11.285	8.83	2.07
12	3.5	0.10	1400	1.5	-15.859	-19.013	61.038	14.276	11.32	2.65

表 4-7-17 $R=1.917\sim4.5$ 时，作者公式和 Turkdogan 公式的主要计算条件和结果

序号	[C]/%	[P]/%	t/℃	R	$\lg\gamma_{P_2O_5}$ 式(4-7-26)	$\lg\gamma_{P_2O_5}$ 式(4-7-166)	$P_{CO·t}, P_{CO·c}, P_{CO·d}$/atm Turkdogan	$P_{CO·t}, P_{CO·c}, P_{CO·d}$/atm 作者	$a_{[O]}\times10^3$/% Turkdogan	$a_{[O]}\times10^3$/% 作者
1	3.5	0.15	1400	1.917	-16.931	-19.829	31.827	8.3907	5.86	1.55
2	3.5	0.10	1400	1.917	-16.917	-19.769	39.564	10.624	7.33	1.97
3	3.5	0.05	1400	1.917	-16.867	-19.674	55.259	15.150	10.33	2.83
4	3.0	0.15	1400	1.917	-16.931	-19.829	24.689	6.5088	6.22	1.64
5	3.0	0.10	1400	1.917	-16.917	-19.769	30.683	8.2395	7.78	2.09
6	3.0	0.05	1400	1.917	-16.867	-19.674	42.914	11.765	10.96	3.01
7	3.5	0.15	1450	1.917	-16.205	-19.209	56.820	14.240	10.99	2.75
8	3.5	0.10	1450	1.917	-16.190	-19.149	70.243	17.972	13.71	3.51
9	3.5	0.05	1450	1.917	-16.140	-19.054	98.130	25.692	19.32	5.06

序号	[C]/%	[P]/%	$t/℃$	R	$\lg\gamma_{P_2O_5}$		$P_{CO·t}, P_{CO·c}, P_{CO·d}/atm$		$a_{[O]}\times10^3/\%$	
					式(4-7-26)	式(4-7-166)	Turkdogan	作者	Turkdogan	作者
10	3.0	0.15	1450	1.917	−16.205	−19.209	44.146	11.056	11.67	2.92
11	3.0	0.10	1450	1.917	−16.190	−19.149	54.601	13.970	14.55	3.72
12	3.0	0.05	1450	1.917	−16.140	−19.054	76.366	19.994	20.51	5.37
13	2.0	0.1	1500	3.0	−16.984	−20.508	26.134	5.1547	15.07	2.97
14	2.0	0.05	1500	3.0	−16.943	−20.413	36.433	7.3706	21.13	4.28
15	2.0	0.02	1500	3.0	−16.918	−20.342	54.727	11.303	31.92	6.59
16	1.5	0.1	1500	3.0	−16.984	−20.508	17.734	3.4978	16.00	3.16
17	1.5	0.05	1500	3.0	−16.943	−20.413	24.723	5.0015	22.44	4.54
18	1.5	0.02	1500	3.0	−16.918	−20.342	37.154	7.6913	33.88	7.01
19	2.0	0.1	1550	3.0	−16.333	−19.953	43.883	8.2851	26.42	4.99
20	2.0	0.05	1550	3.0	−16.292	−19.858	61.080	11.828	37.07	7.18
21	2.0	0.02	1550	3.0	−16.267	−19.786	91.559	18.143	55.98	11.09
22	1.5	0.1	1550	3.0	−16.333	−19.953	29.806	5.6273	28.05	5.30
23	1.5	0.05	1550	3.0	−16.292	−19.858	41.505	8.0371	39.36	7.62
24	1.5	0.02	1550	3.0	−16.267	−19.786	62.431	12.342	59.57	11.78
25	1.0	0.05	1600	4.0	−16.654	−20.746	26.020	3.9564	45.29	6.89
26	1.0	0.03	1600	4.0	−16.613	−20.651	33.574	5.2360	58.61	9.14
27	1.0	0.01	1600	4.0	−16.590	−20.593	54.013	8.5408	94.84	15.00
28	0.5	0.05	1630	4.0	−16.301	−20.445	15.621	2.3158	65.31	9.68
29	0.5	0.03	1630	4.0	−16.260	−20.350	20.147	3.0634	84.53	12.85
30	0.5	0.01	1630	4.0	−16.237	−20.292	32.359	5.0003	36.46	21.09
31	0.3	0.05	1650	4.0	−16.070	−20.248	10.827	1.5794	81.66	11.91
32	0.3	0.03	1650	4.0	−16.029	−20.153	13.957	2.0888	105.66	15.81
33	0.3	0.01	1650	4.0	−16.006	−20.095	22.428	3.4088	170.69	25.94
34	0.1	0.04	1650	4.0	−16.070	−20.248	3.7827	0.5531	91.41	13.37
35	0.1	0.02	1650	4.0	−16.028	−20.153	5.2493	0.7854	127.35	19.05
36	0.1	0.008	1650	4.0	−16.006	−20.095	7.8487	1.1951	191.16	29.11
37	0.05	0.035	1650	4.0	−16.070	−20.248	1.9747	0.2887	97.05	14.19
38	0.05	0.015	1650	4.0	−16.029	−20.153	2.9141	0.4363	143.78	21.53
39	0.05	0.005	1650	4.0	−16.006	−20.095	4.686	0.7129	232.17	35.32
40	0.3	0.05	1650	4.5	−16.460	−20.811	9.3648	1.2604	70.63	9.51
41	0.3	0.03	1650	4.5	−16.399	−20.722	12.103	1.6554	91.62	12.53
42	0.3	0.01	1650	4.5	−16.358	−20.629	19.579	2.7416	148.87	20.84
43	0.1	0.03	1650	4.5	−16.460	−20.811	3.6669	0.4947	88.72	11.97
44	0.1	0.01	1650	4.5	−16.399	−20.722	6.0007	0.8207	145.88	19.95
45	0.1	0.005	1650	4.5	−16.358	−20.629	8.2528	1.1558	201.23	28.18
46	0.05	0.03	1700	4.5	−15.905	−20.338	2.8197	0.3660	144.11	18.71
47	0.05	0.01	1700	4.5	−15.845	−20.249	4.6079	0.6066	236.92	31.19
48	0.05	0.005	1700	4.5	−15.804	−20.156	6.3241	0.8525	326.81	44.06

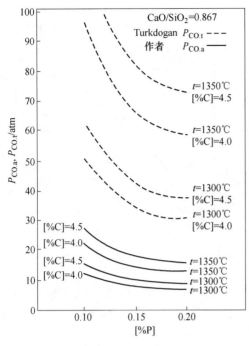

图 4-7-26　$R=0.867$ 时的 t-[C]-[P]-P_{CO} 关系

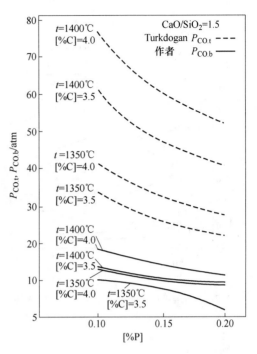

图 4-7-27　$R=1.5$ 时的 t-[C]-[P]-P_{CO} 关系

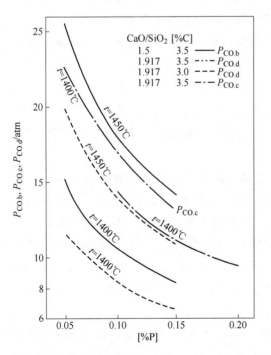

图 4-7-28　$R=1.917$ 时的 t-[C]-[P]-P_{CO} 关系

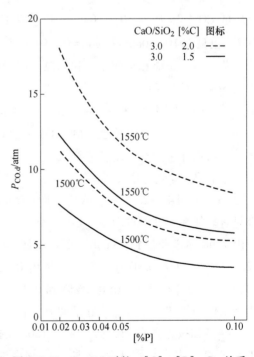

图 4-7-29　$R=3.0$ 时的 t-[C]-[P]-P_{CO} 关系

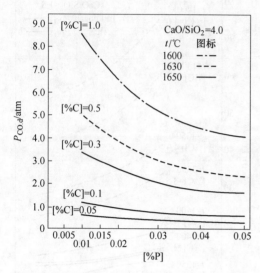

图 4-7-30　$R = 4.0$ 时的 t-[C]-[P]-P_{CO} 关系

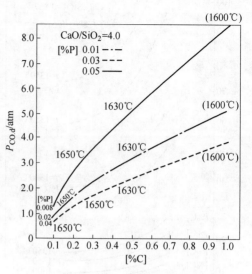

图 4-7-31　$R = 4.0$ 和 t 一定时的
[C]-[P]-P_{CO} 关系

从表 4-7-15～表 4-7-17 和图 4-7-28～图 4-7-31 不难看出:

（1）如由 Turkdogan 公式所得的 $\lg\gamma_{P_2O_5}$ 值估算的 $P_{CO \cdot t}$ 值是正确的话，则氧气转炉要在吹炼前期脱磷和用拉碳法冶炼中、高碳钢便是不可能的，因为在氧气转炉中，要控制 C-O 反应的 CO 分压 $P_{CO} = 50 \sim 120$ atm，几乎是不可能的，即便是发展金属滴在渣池中的反应，其 P_{CO} 也只有 $10 \sim 40$ atm（1atm = 0.1MPa）[53~56]。而事实上，氧气转炉在它可以调控的 P_{CO} 分压范围内，是能够早期去磷和用拉碳法冶炼 [C] = 0.5% ~ 0.8% 的中、高碳钢的。这就说明表 4-7-15～表 4-7-17 和图 4-7-28～图 4-7-31 中的 $\lg\gamma_{P_2O_5}$ 和 $P_{CO \cdot t}$ 都是不正确的和不可取的。故后面的图 4-7-28～图 4-7-31 中，只示出用作者公式所得 $\lg\gamma_{P_2O_5}$ 值算出的 $P_{CO \cdot i}$（$i = $ a，b，c，d）值，从其所展示的 [C]-[P]-t-$P_{CO \cdot i}$ 关系来看，应当说是基本符合转炉实际的，对指导生产有一定参考意义。

（2）$P_{CO \cdot \text{临}}$ 随 [C]、温度的增大和 [P] 的减小而增大，随 R 的增大而减小。

（3）由图 4-7-28 可见，吹炼初期，$R = 0.867$ 时，温度对 $P_{CO \cdot a}$ 的影响比 [C] 和 [P] 都显著。如在 $t = 1300$℃ 下，[C] = 4% 时，将 [P] 从 0.2% 降到 0.1%，则只需把 $P_{CO \cdot a}$ 值由 7atm 逐步调控到 15atm 即可；而如 $t = 1350$℃，则需将 $P_{CO \cdot a}$ 值由 12atm 逐步调控到 22atm 方可；而如 t 仍为 1350℃，R 由 0.867 升到 1.5，则 $P_{CO \cdot b}$ 值只需由 8atm 调控到 12.5atm，便可将 [P] 由 0.2% 降到 0.1%，见图 4-7-27。由此说明，在前期低温下，采用高枪位操作和千方百计造好早期渣，就能实现早期保碳去磷。

（4）如按方差分析，式（4-7-166）的方差比式（4-7-159）小，而采用其所得的 $P_{CO \cdot c}$，则会出现如图 4-7-28 所示的物理性质错误，即在 [C] = 3.5% 和 $t = 1400$℃ 时，$P_{CO \cdot c}$（$R = 1.917$）> $P_{CO \cdot b}$（$R = 1.5$），故此，以后 $R > 1.9$ 的 P_{CO} 均采用 $P_{CO \cdot d}$ 值绘于图中。由图 4-7-28 可见，如在 1400℃ 下，C 降到 3.5% 时便造好 $R = 1.917$ 的炉渣，则只要把

$P_{CO \cdot d}$ 调控到 11～15.5atm，便可把［P］降到 0.1%～0.05%，而如果是在 $t=1450℃$ 和
［C］降到 3.0% 时才造好 $R=1.917$ 的炉渣，则需将 $P_{CO \cdot d}$ 调控到 15～20atm，才能将［P］
降到 0.1%～0.05%；如这时的［C］＝3.5%，则还需把 $P_{CO \cdot d}$ 调控到更高（如 $P_{CO \cdot d}=18～$
26atm），这就势必发展金属滴在渣池反应的工艺或中断吹氧法方可。

（5）由图 4-7-29 可见，如在 $t=1550℃$ 下造好 $R=3.0$ 的炉渣，则在［C］＝1.5% 状况
下，调控 $P_{CO \cdot d}=8～13atm$，便可将［P］降到 0.05%～0.02%。

（6）由图 4-7-30 可见，如在 1600℃ 下造好 $R=4$ 的炉渣，则在［C］＝1% 状况下，调
控 $P_{CO \cdot d}=5.5～8.5atm$，便可将［P］降到 0.03%～0.01%；如在 1630℃ 下造好 $R=4$ 的炉
渣，则在［C］＝0.5% 状况下，调控 $P_{CO \cdot d}=3～5atm$，便可将［P］降到 0.03%～0.01%；
如在 1650℃ 下造好 $R=4$ 的炉渣，则在［C］＝0.3% 时，调控 $P_{CO \cdot d}=2.5～3.5atm$，便可将
［P］降到 0.03%～0.01%。但如冶炼在 $P_{CO}=1atm$ 左右进行，则只能在［C］≤0.1% 时，
才将［P］降到～0.03% 以下。

（7）由图 4-7-31 可见，在造好 $R=4$ 的条件下，要获得［C］高、［P］低的钢水，则
需控制较高的 P_{CO} 值，同时该图也说明，只要操作工艺合理，氧气转炉是可以用拉 C 法生
产［C］＝0.5%～0.8% 和［P］＝0.03%～0.01% 的中、高碳钢的，作者在酒钢的生产试
验[52] 曾证明了这点。

前面已证明了新的 $\lg\gamma_{P_2O_5}$ 公式较 Turkdogan 公式估算的 $\gamma_{P_2O_5}$ 值符合实际，且其所推算
的 P_{CO} 值也较接近实际。这里就简单谈谈如何用它来开发冶炼中、高碳钢的工艺控制模型。

根据 C-P 选择性氧化反应的热力学方程：

$$2[P]+5CO \rightleftharpoons (P_2O_5)+5[C] \tag{4-7-171}$$

$$\Delta_r G_m^{\ominus} = -569756+776.05T \qquad J/mol \tag{4-7-172}^{[57,58]}$$

可写出冶炼中、高碳钢的 C、P 关系初步控制模型为：

$$\lg[P] = 0.5[C]-0.02[C]^2+2.5\lg[C]-\lg f_P-2.5\lg P_{CO}+$$
$$0.5\lg\gamma_{P_2O_5}+0.5\lg N_{P_2O_5}-\frac{14880}{T}+20.27 \tag{4-7-173}$$

式（4-7-173）中的 $\lg P_{CO}$ 值系根据冶炼高碳钢加萤石造渣的特点，采用前面推荐的表
4-7-11 中的式（7）和式（4-7-173）本身，求出冶炼中、高碳钢建模试验各炉次的 P_{CO}
值；然后将 P_{CO} 值与诸多工艺因素进行多元逐步回归分析，得出 P_{CO} 控制模型：

$$\lg P_{CO} = a_1[C]+a_2\lg[C]+a_3\lg\gamma_{FeO}+a_4\lg N_{FeO}+a_5 q_{O_2}+a_6 L_H+a_7/T+a_8 \tag{4-7-174}$$

式（4-7-173）中的 $\lg\gamma_{P_2O_5}$ 值可以直接按表 4-7-11 中的式（7）求取，但最好按下式
求取：

$$\lg\gamma_{P_2O_5} = n_{r \cdot p}\lg\gamma_{P_2O_5(理)} \tag{4-7-175}$$

其中：
$$n_{r \cdot p} = \lg\gamma_{P_2O_5(实)}/\lg\gamma_{P_2O_5(理)}$$

$$\lg\gamma_{P_2O_5(实)} = 0.04[C]^2-[C]+2\lg[P]_{实}+2\lg f_{[P]}+$$

$$5\lg\gamma_{FeO}+5\lg N_{FeO(实)}+\frac{4277}{T}-16.625 \qquad (4\text{-}7\text{-}176)$$

另外也可通过用非 CaF_2 型的 $\lg\gamma_{P_2O_5(理)}$ 公式来求取 $\gamma_{P_2O_5}$ 值和建立 P_{CO} 控制模型来估算 [P] 值。但酒钢的生产试验说明，它们都不如在上述方法基础上所建立的冶炼中、高碳钢的工艺控制模型。

参 考 文 献

［1］ Schenck H, et al. Arch Eisenhütt, 1935, 19：589.

［2］ Winkler T B, Chipman J. Trans AIME, 1946, 167：111-133.

［3］ 三本木贡治, 等著. 炼钢技术（钢铁冶金学讲座第三卷）［M］. 王舒黎, 等译. 北京：冶金工业出版社, 1980：14.

［4］ Ban-ya S, Matoba S. Tetsu-to-Hagane, 1963, 3：309.

［5］ Balajiva K, Quarral A G. Vajragupta P. JISI, 1946, 153：115.

［6］ Balajiva K, Vajragupta P. JISI, 1947, 155：563.

［7］ Vajragupta P. JISI, 1948, 158：494.

［8］ Herasymenko P, Speight G E, JISI, 1950, 166：169.

［9］ Flood H, Grjotheim K. JISI, 1952, 171：64.

［10］ Turkdogan E T, et al. JISI, 1953, 173：393；1953, 175：398.

［11］ Scimar R. Steel and Coal, 1962, 184：502, 559.

［12］ Healy G W. A new look at phosphorus distribution ［J］. Jornal of The Iron and Steel Insitute, 1970：664-668.

［13］ Schwertfeger K, Engell J H. Arch Eisen, 1963, 34：55, 59.

［14］ Trömel G, Schwerteeger K. Arch Eisen, 1963, 34：101.

［15］ Suito H, Inoue R. Trans Iron Steel Inst Jpn, 1984, 24：40-46, 301.

［16］ Suito H, et al. Trans Iron Steel Inst Jpn, 1981, 21：250-259.

［17］ Suito H, et al. Trans ISIJ, 1984, 24：257-265.

［18］ Suito H, et al. Trans. ISIJ, 1995, 35 (3)：266-271.

［19］ Suito H, Inoue R, ISIJ International , 1995, 35 (3)：257-265.

［20］ Suito H, Inoue R. Effects of Na_2O and BaO additions on phosphorus distribution between CaO-MgO-Fe$_t$O-SiO_2 slags and liquid iron ［J］. Transactions ISIJ, 1984, 24：47-53.

［21］ Muraki M. Fukushima H, Sano N. Phosphorus distribution beween CaO-CaF_2-SiO_2 melts and carbon-saturated iron ［J］. Transations ISIJ, 1985, 25：1025-1030.

［22］ Park J M, et al, Steelmaking Conf Proc, 1994：461-470.

［23］ Gaye H, Grosjean J C. Steelmaking Proc, 1982, 65：202-209.

［24］ Turkdogan E T. Physicochemical properties of molten slags and glasses ［M］. London：The Metals Society 1983：282-288.

［25］ Ban-ya. Mathematical expression of slag-Metal reactions in steelmaking process by quadratic formalism based on the regular solution model ［J］. ISIJ International, 1933, 33 (1) .

［26］ Turkdogan E T, Pearson J J. Iron Steel Inst, 1953, 173：217-223.

［27］ 中国金属学会编译组. 化学冶金进展评论 ［M］. 北京：冶金工业出版社, 1985：94.

[28] 特列恰柯夫, 等. 氧气转炉造渣制度 [M]. 北京: 冶金工业出版社, 1975: 12-13.

[29] 陈念贻. 键参数函数及其应用 [M]. 北京: 科学出版社, 1976.

[30] 特列恰柯夫 E B, 等. 氧气转炉造渣制度 [M]. 北京: 冶金工业出版社, 1975: 10-20.

[31] Ono H, Inagaki. Removal of phosphorous from LD converter slag by floating separation of dicalcium silicate during solidification [J]. Trans ISIJ, 1981, 21.

[32] Masson C R, et al. Ionic constitution of metallurgical slag [C] //. Phys Chem of Process Metallurgy. The Richardson Conference, 223, Inst. Min. Metallurgy, London, 1974.

[33] 李远洲, 等. 钢铁, 1993 (1): 15-21.

[34] Ono H, et al. Trans ISIJ, 1981, 21: 135.

[35] 李远洲, 孙亚琴. CaO-MgO-Fe$_t$O-SiO$_2$ 渣系与铁液间磷平衡分配比和 P$_2$O$_5$ 平衡活度系数线性模型探讨 [C] //. 第九届全国炼钢学术会议论文集, 241.

[36] 李远洲, 孙亚琴, 李晓红. CMFS 渣系与铁液间平衡分配比的最优化线性模型探讨 [J]. 江西冶金, 1993, 13 (6): 11.

[37] 李远洲, 孙亚琴, 李晓红. CaO-MgO$_{sat}$-FeO$_n$-SiO$_2$ 渣系与铁液间磷平衡分配比的极大值研究 [J]. 钢铁, 1995, 30 (4).

[38] 李远洲, 孙亚琴, 李晓红. CaO-MgO$_{sat}$-FeO$_n$-SiO$_2$ 渣系与铁液间磷平衡分配比的极大值模型探讨 [J]. 江西冶金, 1993, 13 (2).

[39] 魏寿昆. 冶金过程热力学 [M]. 上海: 上海科技出版社, 1980: 271.

[40] 李远洲. 钢铁, 1989 (2): 12-18.

[41] 李远洲, 孙亚琴. 钢铁, 1990 (7): 16-22.

[42] Ikeda T, Matsua T, Trans ISIJ, 1982, 22: 495-503.

[43] 李远洲, 等. 江西冶金, 1994, 13 (6): 11-18.

[44] 沈载东, 万谷志郎. 铁と钢, 1981 (10): 1745.

[45] Turkdogan E T. Physicochemical Properties of Molten Slags and Glasses [M]. London: The Metals Society, 1983: 124.

[46] 首钢钢研所. 炼钢文献 (九), 1977: 13~38 (译自 Iron and Steel, 1972 (3~5)).

[47] 关启德. 电弧炉喷粉脱磷过程动力学的实验研究与应用 [C] //第二届冶金反应动力学学术会议论文集〈下册〉. 中国鞍山, 1984: 286-302.

[48] Ban-ya. Mathematical expression of slag-metal reactions in steelmaking process by quadratic formalism based on the regular solution model [J]. ISIJ International, 1993, 33 (1): 2-11.

[49] Bodsworth C. Physical Chemistry of Iron and Steel Manufacture [M]. Longmans, 1963: 447.

[50] 曲英, 编著. 炼钢学原理 [M]. 北京: 冶金工业出版社, 1980: 163.

[51] 佩尔克, 等著. 氧气顶吹转炉炼钢 (上册) [M]. 邵象华, 等译. 北京: 冶金工业出版社, 1980: 252-254.

[52] 李远洲, 龙腾春, 等. 酒钢高锰铁水冶炼高碳钢的最佳化工艺探讨 [R]. 酒钢科技部, 1996: 8.

[53] Elliott J F, Gleiser M, Ramakrishna V. Thermochemistry for steelmaking [M]. Reading, Mass: Addison-Wesley, 1962, 2.

[54] Elkaddah N H, Robertson D G C. J Colloid Interface Sci, 1977, 60 (2): 349-360.

[55] Darken L S, Gurry R W. J Am Chem Soc, 1946, 68: 798-816.

[56] Seshadri V, Schwerdtfeger K. Ironmaking Steelmaking, 1975, 2 (1): 56-60.

[57] Elliott J F. Electric Furnace Proc, 1974: 62.

[58] Bodsworth C. Physical Chemistry of Iron and Steel Manufacture [M]. Longmans, 1963: 446.

4.8　脱磷反应动力学

4.8.1　磷氧化反应动力学

4.8.1.1　磷氧化的速度

磷不能依靠与金属中 [O] 和氧流中 O_2 氧化生成 P_2O_5（g）而去除，且在碳氧化期，当 [C] > [C]$_T$ 时，[O] 常低于与 [P] 平衡的值，故在描述脱磷速度时，一般均按磷在渣-钢界面上反应考虑。

根据渣-金反应原理，假设渣-金界面存在双重边界层（即双膜理论），磷通过界面的质量通常可表示为：

$$J = k_P^m \left(C_{[P]} - C'_{[P]} \right) = k_P^S \left(C'_{(P)} - C_{(P)} \right) \qquad \mathrm{mol/(m^2 \cdot min)} \qquad (4\text{-}8\text{-}1)$$

和

$$J = -\frac{1}{F_{S \cdot m}} \cdot \frac{\mathrm{d}n_P}{\mathrm{d}t} \quad \mathrm{mol/(m^2 \cdot min)} \qquad (4\text{-}8\text{-}2)$$

式中，C 为组元浓度，$\mathrm{mol/m^3}$；$C_{[P]} = \dfrac{W_m[P]}{V_m \times 31} = \dfrac{\rho_m}{31}[P]$；$C_{(P)} = \dfrac{W_S(P)}{V_S \times 31} = \dfrac{\rho_S}{31}(P)$；$n_P$ 为磷分子数，$n_P = C_{[P]} V_m = \dfrac{[P]W_m}{31}$，或 $n_P = C_{(P)} V_S = \dfrac{(P)W_S}{31}$；$k_P^m$，$k_P^S$ 分别为磷在金属与炉渣中的传质系数，$\mathrm{m/s}$；$F_{S \cdot m}$ 为渣-金界面积，$\mathrm{m^2}$。

假定磷在渣-金界面平衡，则平衡系数：

$$L'_P = \frac{C'_{(P)}}{C'_{[P]}} = \frac{\rho_S(P)'}{\rho_m[P]'} = \frac{\rho_S}{\rho_m} L_P \qquad (4\text{-}8\text{-}3)$$

解式（4-8-1）和式（4-8-3）得：

$$k_P^m C_{[P]} - k_P^m C'_{[P]} = k_P^S L'_P C'_{[P]} - k_P^S C_{(P)}$$

则

$$C'_{[P]} = \frac{k_P^m C_{[P]} + k_P^S C_{(P)}}{k_P^m + k_P^S L'_P}$$

$$J = k_P^m \left[C_{[P]} - \frac{k_P^m C_{[P]} + k_P^S C_{(P)}}{k_P^m + L'_P k_P^S} \right]$$

$$= k_P^m \left[k_P^S \frac{L'_P C_{[P]} - C_{(P)}}{k_P^m + L'_P k_P^S} \right]$$

$$= \frac{C_{[P]} - \dfrac{C_{(P)}}{L'_P}}{\dfrac{1}{k_P^m} + \dfrac{k_P^S}{L'_P}}$$

故

$$J=\frac{\dfrac{\rho_{\mathrm{m}}}{31}[\mathrm{P}]-\dfrac{\rho_{\mathrm{S}}}{31}(\mathrm{P})\Big/\dfrac{\rho_{\mathrm{S}}}{\rho_{\mathrm{m}}}L_{\mathrm{P}}}{\dfrac{1}{k_{\mathrm{P}}^{\mathrm{m}}}+\dfrac{1}{k_{\mathrm{P}}^{\mathrm{S}}\dfrac{\rho_{\mathrm{S}}}{\rho_{\mathrm{m}}}L_{\mathrm{P}}}}=\frac{\rho_{\mathrm{m}}\Big([\mathrm{P}]-\dfrac{(\mathrm{P})}{L_{\mathrm{P}}}\Big)}{31\Big(\dfrac{1}{k_{\mathrm{P}}^{\mathrm{m}}}+\dfrac{\rho_{\mathrm{m}}}{\rho_{\mathrm{S}}}\dfrac{1}{k_{\mathrm{P}}^{\mathrm{S}}L_{\mathrm{P}}}\Big)} \tag{4-8-4}$$

又由式（4-8-2）得：

$$J=-\frac{1}{F_{\mathrm{S\cdot m}}}\cdot\frac{\mathrm{d}n_{\mathrm{P}}}{\mathrm{d}t}=-\frac{W_{\mathrm{m}}}{F_{\mathrm{S\cdot m}}}\cdot\frac{\mathrm{d}[\mathrm{P}]}{\mathrm{d}t} \tag{4-8-5}$$

解式（4-8-4）和式（4-8-5）则可得：

$$-\frac{\mathrm{d}[\mathrm{P}]}{\mathrm{d}t}=\frac{F_{\mathrm{S\cdot m}}K_{\mathrm{P}}}{W_{\mathrm{m}}}\cdot\Big\{[\mathrm{P}]-\frac{(\mathrm{P})}{L_{\mathrm{P}}}\Big\} \tag{4-8-6}$$

式中，K_{P} 为脱磷总的传质系数：

$$K_{\mathrm{P}}=\frac{L_{\mathrm{P}}}{\dfrac{L_{\mathrm{P}}}{k_{\mathrm{P}}^{\mathrm{m}}\rho_{\mathrm{m}}}+\dfrac{1}{k_{\mathrm{P}}^{\mathrm{S}}\rho_{\mathrm{S}}}} \tag{4-8-6a}$$

或

$$\frac{1}{K_{\mathrm{P}}}=\frac{1}{k_{\mathrm{P}}^{\mathrm{m}}\rho_{\mathrm{m}}}+\frac{1}{L_{\mathrm{P}}k_{\mathrm{P}}^{\mathrm{S}}\rho_{\mathrm{S}}} \tag{4-8-6b}$$

式（4-8-6）即为一般表述脱磷速度的普遍式。

4.8.1.2 讨论

A 磷氧化速度的限制性环节

渣-金反应的脱磷过程是一个复杂的过程，可假设为：

（1）由铁水相到反应界面传质的过程；

（2）界面上的化学反应；

（3）由反应界面向渣相内传质的过程。

由此可以把式（4-8-6b）改写为：

$$\frac{1}{K_{\mathrm{P}}}=\frac{1}{k_{\mathrm{P}}^{\mathrm{m}}}+\frac{1}{k_{\mathrm{P}}^{\mathrm{f}}}+\frac{\rho_{\mathrm{m}}}{L_{\mathrm{P}}k_{\mathrm{P}}^{\mathrm{S}}\rho_{\mathrm{S}}} \tag{4-8-6c}$$

在讨论确定脱磷速度的限制性环节时，我们可以这样来分析。

a 若铁水中的 P 向界面传质是限制环节

则由式（4-8-6）得：

$$-\frac{\mathrm{d}[\mathrm{P}]}{\mathrm{d}t}=\frac{F_{\mathrm{S\cdot m}}\rho_{\mathrm{m}}k_{\mathrm{P}}^{\mathrm{m}}}{W_{\mathrm{m}}}\cdot\{[\mathrm{P}]-[\mathrm{P}]_i\}$$

因这时

$$[\mathrm{P}]_i\rightarrow0$$

所以

$$-\frac{\mathrm{d}[\mathrm{P}]}{\mathrm{d}t}=\frac{F_{\mathrm{S\cdot m}}\rho_{\mathrm{m}}k_{\mathrm{P}}^{\mathrm{m}}}{W_{\mathrm{m}}}[\mathrm{P}]$$

$$\ln[\mathrm{P}]_t=\ln[\mathrm{P}]_0-\frac{F_{\mathrm{S\cdot m}}\rho_{\mathrm{m}}k_{\mathrm{P}}^{\mathrm{m}}}{W_{\mathrm{m}}}t$$

$$[P]_t = [P]_0 + \exp\left(-\frac{F_{S \cdot m} \rho_m k_P^m}{W_m} t\right) \tag{4-8-7}$$

b　若 P 由铁水-渣界面向渣中传质是限制环节

则由式（4-8-6）得：

$$-\frac{d[P]}{dt} = \frac{F_{S \cdot m} \rho_S k_P^S}{W_m} \cdot L_P \left\{[P]_i - \frac{(P)_b}{L_P}\right\}$$

因这时　　　　　　　　　　$[P]_i \approx [P]_b, \qquad \frac{[P]_b}{L_P} \rightarrow 0$

故　　　　　　　　　　$-\frac{d[P]}{dt} = \frac{F_{S \cdot m} \rho_S k_P^S}{W_m} L_P [P]$

$$\ln[P]_t = \ln[P]_0 - \frac{F_{S \cdot m} \rho_S k_P^m}{W_m} t$$

$$[P]_t = [P]_0 - \exp\left(-\frac{F_{S \cdot m} \rho_S k_P^S}{W_m} L_P t\right) \tag{4-8-8}$$

c　若界面反应是限制环节

则由式（4-8-6）和（4-8-6c）得：

$$-\frac{d[P]}{dt} = \frac{F_{S \cdot m}}{W_m} \cdot k_P^f \cdot [P]$$

故　　　　　　　　　　$$[P]_t = [P]_0 + \exp\left(-\frac{F_{S \cdot m}}{W_m} k_P^f t\right) \tag{4-8-9}$$

由上可见 v_P 的限制性环节不论是哪个都受 $[P]_0$ 的影响，即随 $[P]$ 的降低而减慢。但

（1）若 v_P 既与温度无关，又与 L_P 无关，而只受 $[P]_0$ 的影响，则取决于 a；

（2）若 v_P 还受温度的影响，则取决于 b；

（3）若 v_P 虽与温度无关，但还受 L_P 的影响则取决于 c；

（4）若 v_P 与 $[P]_0$、温度和 L_P 均无关，则很可能受供氧速度的影响，这种情况一般只在铁水预处理和 $[C] \leqslant [C]_T$ 时才有发现。

d　转炉炼钢过程中 v_P 受控环节的变化

应当说，以上讨论虽有一定道理，但未免太过绝对，因在一般精炼过程中，k_P^m、k_P^S、L_P 均在变化中，故在成渣初期由于 L_P 低，v_P 的限制环节往往在渣侧，而在 L_P 大到一定程度后，v_P 则受渣-金两侧的传质共同控制。只有当 L_P 相当大时，v_P 才主要受金属侧控制，但也还要受渣侧的影响，而只有当 L_P 十分大时，v_P 才可说完全受金属侧的传质控制。因此，我们在这里推荐分析 v_P 限制性环节的另一种较实用的方法是，根据式（4-8-6c），命：

$$\frac{1}{k_P^m} = A, \qquad \frac{\rho_m}{L_P k_P^S \rho_S} = B \tag{4-8-10}$$

然后将不同冶炼工艺和过程变化的 k_P^m、k_P^S、L_P 值代入式（4-8-10）算出 A、B 值和 A/B 值并列入表 4-8-1 中。

表 4-8-1 不同冶炼工艺和过程的 A、B 值和 A/B 值

L_P	$A=\dfrac{1}{k_P^m}$		$B=\dfrac{\rho_m}{L_P k_P^S \rho_S}$		A/B		v_P 的限制环节：渣侧为 S，铁水侧为 M	
	喷粉冶炼	一般冶炼	喷粉冶炼	一般冶炼	喷粉冶炼	一般冶炼	喷粉冶炼	一般冶炼
1	21.3	139		2270	$\dfrac{1}{107}$	$\dfrac{1}{16}$	S	S
3.3				6880	$\dfrac{1}{32.3}$	$\dfrac{1}{5}$	S	S
10				2270	$\dfrac{1}{11}$	$\dfrac{1}{1.6}$	S	S+M
50				45.4	$\dfrac{1}{2.13}$	$\dfrac{1}{0.33}$	S+M	S+M
100				22.7	$\dfrac{1}{1.07}$	$\dfrac{1}{0.16}$	S+M	(S)+M
260				8.73	$\dfrac{1}{0.41}$	$\dfrac{1}{0.06}$	S+M	M
500				4.54	$\dfrac{1}{0.21}$	$\dfrac{1}{0.03}$	S+M	M
10^3				2.27	$\dfrac{1}{0.11}$	$\dfrac{1}{0.016}$	S+M	M
10^4				0.23	$\dfrac{1}{0.011}$	$\dfrac{1}{0.002}$	M	M

注：根据文献 [2]，喷粉冶炼，当粉粒 $a=0.0025$cm 时，$k_P^m=0.047$cm/s，$k_P^S=8.8\times10^{-4}$cm/s。一般冶炼时，$k_P^m=$
0.0072cm/s；$k_P^S=8.82\times10^{-4}$cm/s。

应当说明，A、B 分别表述金属侧和渣侧的表观传质阻力，其值越大，则传质阻力越大。当 $A\gg B$ 时，则 v_P 的限制环节受金属侧控制，当 $A\approx B$ 时，则 v_P 受金属和炉渣两侧控制，反之若 $A\ll B$ 则 v_P 受渣侧控制。故由表可见，若按一般冶炼来分析：

（1）当 $L_P=1\sim3.3$ 阶段，v_P 的限制环节在渣侧；

（2）当 $L_P=10\sim100$ 阶段，v_P 受渣-金两侧的传质共同控制；

（3）当 $L_P=100$ 时，v_P 主要受金侧控制，其次是渣侧；

（4）当 $L_P=260\sim300$ 时，v_P 完全受金属侧的传质控制。

这说明一般造渣时，由于造渣有一个过程，即渣碱度 R 是随石灰的逐渐溶解而逐渐升高的，其脱磷能力（L_P 值）也就是随 R 的增大而增大的。故造渣初期 v_P 受 k_P^S 控制，直到 $L_P=50$ 时，v_P 还受渣-金两侧控制，即使 $L_P=100$，v_P 虽主要受 k_P^m 控制，但仍不能忽略 k_P^S 的影响（作用），只有 $L_P=260\sim300$ 时，v_P 才完全取决于 k_P^m。应当说一般造渣，能使 L_P 达 100 就很不错了，故一般造渣时，v_P 是受 k_P^S 和 k_P^m 控制。而当喷粉脱磷时，由于其瞬时渣的 L_P 一般为 $10^3\sim10^4$，从表 4-8-1 可见，其 v_P 一开始便是受金属侧的传质控制。且喷粉脱磷时的 k_P^m 较一般冶炼时的大许多，故喷粉脱磷时的 v_P 较一般冶炼时的大许多。

B L_P

a 渣-金反应的 L_P（包括铁水预处理和炼钢过程的 L_P）

L_P 值可参考 4.7.13 节介绍的各种计算公式，按所用冶炼工艺酌情选用。

b　喷粉脱磷的 L_P、（P）$_i$ 或 ［P］$_i$ 的求解

（1）方法一：

L_P 直接通过铁粒含［P］和与此铁粒相平衡的渣中（P）来求；L_P 是随处理的进行而增加（是熔剂耗量 m 的函数）；（P）$_i$ = L_P［P］$_i$，但考虑到脱 P 生成物为 $3CaO \cdot P_2O_5$，存在（P）$_i$ = 20% 的上限值。故求 Ⅱ 期的 v_P 时，可以取石灰渣粒的（P）$_i$ = 20%。

（2）方法二：

用使用的熔剂做不同温度，不同 P_{O_2} 下的 $\lg C_{P \cdot G}$ 与 $\lg N'_{CaO}$ 关系的平衡实验，得出不同温度和 P_{O_2} 下的 $\lg C_{P \cdot G}$ 与 $\lg N'_{CaO}$ 关系图或通过喷粉测试数据，利用式（4-8-11）、式（4-8-12）：

$$\frac{1}{2}P_2 + \frac{5}{4}O_2 + \frac{3}{2}O^{2-} = PO_4^{3-} \tag{4-8-11}$$

$$\lg C_{P \cdot G} = \lg L_P - \frac{5}{4}\lg P_{O_2} - \lg f_P + \lg K_P + 0.486 \tag{4-8-12}$$

来建立该试剂下的 $\lg C_{P \cdot G}$-$\lg N'_{CaO}$ 关系曲线图。式中 K_P 是 $\frac{1}{2}P_2$ = ［P］的平衡常数，L_P 是通过渣粒不同 N'_{CaO} 下的铁粒［P］和渣粒（P）来求；P_{O_2} 则由：

$$Fe + \frac{1}{2}O_2 = (FeO) \tag{4-8-13}$$

$$\Delta_r G_m^\ominus = -56900 + 11.82T \qquad cal/mol \tag{4-8-14}$$

来计算，这里的（FeO）为顶渣的 FeO 含量，其 a_{FeO} 按 $a_{FeO} = N_{FeO}$ 计。然后根据不同喷粉期，渣粒的碱度变化曲线，得出相应的 $\lg N'_{CaO}$-t 变化曲线，再利用前面刚建立的 $\lg C_{P \cdot G}$-$\lg N'_{CaO}$ 曲线图，得出 t 时渣粒的 $C_{P \cdot G}$，这时再把 $C_{P \cdot G}$、P_{O_2}、f_P、K_P 等数据代入式（4-8-12）便可求出喷粉时间为 t 时的 L_P。从而按［P］$_i \approx 20$ 得出喷粉 Ⅱ 期的 ［P］$_i$。

（3）方法三：

用式（4-8-15）求 $\gamma_{P_2O_5}$：

$$\lg \gamma_{P_2O_5} = a\sum b_i N_i - \frac{c}{T} + K \tag{4-8-15}$$

其中 N_i 由粉料成分数据求得。然后按式（4-8-16）～式（4-8-20）：

$$2[P] + 5[O] = (P_2O_5) \tag{4-8-16}$$

$$\Delta_r G_m^\ominus = -151200 + 123.74T \tag{4-8-17}$$

$$K_P = \frac{\gamma_{P_2O_5} N_{P_2O_5}}{f_P^2 [P]^2 f_O^2 [O]^5} \tag{4-8-18}$$

$$K_P = \frac{33050}{T} - 27.0 \tag{4-8-19}$$

$$[P]_{eq} = \sqrt{\frac{\gamma_{P_2O_5} N_{P_2O_5}}{K_P f_P^2 f_O^2 [O]^5}} \tag{4-8-20}$$

求喷粉 II 期的 $[P]_{eq}$。

C　脱磷速度分两期（v_P 和 $[P]$ 的变化曲线及 $[P]_{临}$ 值）

过去一般都以为脱磷速度的限制性环节确定之后，其反应速度常数便确定了，并一直保持常数，其反应速度则随 $[P]$ 含量的降低成比例的降低，但实际上并非如此，由图 4-8-1[1] 可见，在 250t 转炉中，磷由 0.1% 降到 0.035%（吹炼第 10 分钟）之前，脱磷速度是很快的，之后则显著降低。另外据文献 [2] 报道，喷粉（石灰基）试验中也发现，脱磷速度分两个阶段，由图 4-8-2 可见，在用 ln[P] 处理曲线时，得到曲线转折点处 $[P]$ 的平均值为 0.04%，其第 1 期的脱磷传质系数 k_P 为 1.6×10^{-4} cm/s，第 2 期的 k_P 为 1.2×10^{-1} cm/s。作者在 C、P 同时氧化反应的实验中也发现，脱磷速度分为两个阶段，其转折点也是发生在 $[P]$ =0.04% 左右。另外我们从许多转炉吹炼过程的金属成分变化曲线中也常看见脱磷速度呈现两个阶段的情况，详见第 8 章对脱磷速度的实验研究（证明脱磷速度分两期）。只是过去的许多学者在对磷的氧化反应动力学研究中忽视了这一情况，以致将脱磷过程的脱磷传质系数误判为定值。

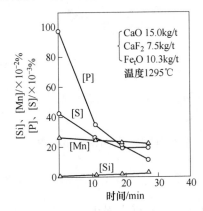　　　　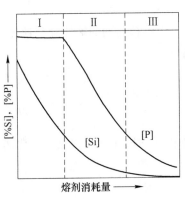

图 4-8-1　在 250t 设备上试验时铁水成分的变化　　　图 4-8-2　脱磷熔剂处理 $[P]$ 和 $[Si]$ 变化曲线图

D　脱磷传质系数 k_P

a　按化学反应工程法则讨论连续相流体与分散相间的质量传递

（1）分散相（颗粒、液滴、气泡）外的流体传质

1）颗粒外的流体传质

层流中
$$Sh_L = 0.664 Re_L^{\frac{1}{2}} Sc^{\frac{1}{3}} \qquad (4\text{-}8\text{-}21)^{[3]}$$

湍流中
$$Sh_L = 0.037 Re_L^{\frac{8}{10}} Sc^{\frac{1}{3}} \qquad (4\text{-}8\text{-}22)$$

对于自由下落的单一球体，在 $1 < Re < 10^3$ 范围内，可用 Ranz-Marshall 公式计算：
$$Sh_L = 2 + 0.64 Re^{\frac{1}{2}} Sc^{\frac{1}{3}} \qquad (4\text{-}8\text{-}23)^{[3]}$$

对于流体绕过颗粒流动时：

当 $Re = 1$ 时：
$$Sh_L = 2 + 0.6 Re^{\frac{1}{2}} Sc^{\frac{1}{3}} \qquad (4\text{-}8\text{-}24)^{[2]}$$

当 $Re = 2 \sim 2000$ 时：
$$Sh_L = 2 + 0.95 Re^{\frac{1}{2}} Sc^{\frac{1}{3}} \qquad (4\text{-}8\text{-}25)^{[4]}$$

当 $Re = 2000 \sim 17000$ 时：
$$Sh_L = 0.34 Re^{0.62} Sc^{\frac{1}{3}} \qquad (4\text{-}8\text{-}26)$$

式中，$Sh = \dfrac{k_C^0 d_P}{D_{AB}}$ 为舍伍德数；$Re = \dfrac{d_P \rho v_b}{\mu}$ 为雷诺数；$Sc = \dfrac{\mu}{\rho D_{AB}}$ 为施密特数；d_P 为球径；D_{AB} 为组分 A 在滴外流体 B 中的扩散系数；k_C^0 为球体外的传质系数；v_b 为流体 B 的速度；ρ，μ 分别为球体处流体的密度和黏度。

对于湍流中的颗粒群球体 Sano Yamaguchi、Adachi[5] 给出 0.06~1.10mm 的颗粒和液体间的传质施密特数：

$$Sh_L = 2 + 0.4 \left(\frac{\varepsilon_m d_P^4}{\nu_m^2} \right)^{\frac{1}{4}} Sc^{\frac{1}{3}} \tag{4-8-27}$$

式中，d_P 为颗粒直径，m；ν_m 为液体动黏度，m^2/s；ε_m 为液体的搅拌比功率，W/kg。

应当指出搅拌液体的能量 ε_m 是由脉动而耗散的，按 Davies[6] 关于搅拌釜中悬浮颗粒和液体间的传质理论，功率耗散和脉动速度间的关系为：

$$\varepsilon_m = \frac{(\tilde{v}')^3}{L_e} \tag{4-8-28}$$

式中，$\tilde{v}'$ 为颗粒周围的液体脉动速度。

$$\tilde{v}' = Re_S \frac{\nu_m}{d_P} \tag{4-8-29}$$

$$Re_S = \frac{(\varepsilon_m d_P)^{\frac{1}{3}} d_P}{\nu_m} = \frac{\varepsilon_m^{\frac{1}{3}} d_P^{\frac{4}{3}}}{\nu_m} \tag{4-8-30}$$

L_e 为中等涡的尺寸，当颗粒尺寸比涡大时，速度脉动才能对颗粒表面传质起作用

$$L_e = \left(\frac{\eta^3}{\rho^2 \varepsilon_m} \right)^{\frac{1}{4}} \tag{4-8-31}$$

由此可见涡的大小随 ε_m 的增大而减小，过小的颗粒可能进入涡内，成为与湍动无关的粒子，故颗粒表面的传质系数 k 随 ε_m 的增大而增大，并随 d_P 的减少而增大，至 $d_P = L_e$ 时达极大值，当 $d_P < L_e$ 后，则 k 将随 d_P 的减少而减少，直至式（4-8-27）收缩为 $Sh = 2$ 的直线。同时值得注意的是 L_e 随 ε_m 的增大而减少，即随着 ε_m 的增大，k 与 d_P 的极值关系所定义的粉粒 d_P 最佳值将有所减少，也就是说在采用喷粉工艺时，应根据 ε_m 的大小来设计 d_P 最佳值才是。

2）液滴外的流体传质[5]

在 $Re < 1$，$Sc \gg 1$ 时

$$Sh_L = 0.461 Re^{\frac{1}{2}} Sc^{\frac{1}{2}} \left(\frac{\mu_c}{\mu_c + \mu_d} \right) \tag{4-8-32}$$

该式可用于求泡沫渣操作下金属滴外炉渣的 k_S。式中，μ_c 为连续液体相的黏度；μ_d 为分散相液体的黏度。

用该式与固体颗粒的传质公式比较可知，其 Sc 的方次较高，在同样 Re 下，预计向液滴方向的传质速率也较大，这是由于液滴表面属于可动界面，表面附近的混合情况较好。但当液滴内液体静止时，则连续相与液滴之间的传质与固体颗粒时的传质完全相同。

（2）分散相内（颗粒内、滴内、气泡内）的传质[4]

如果分散相是固体颗粒或球体内部静止的液滴、气泡，则分散相内的传递机理是分子扩散 $k_C = \dfrac{D}{\delta}$。

当分散相是低黏度液体的液滴，其尺寸也不太小（为 $d_P \geqslant 1 \sim 2\text{mm}$），滴内液体可能不是静止的，有所谓滴内环流，如图4-8-3所示。其环流速度是液滴和连续相摩擦产生的剪应力引起的。环流速度正比于液滴直径及连续相的黏度，但与液滴黏度成反比。对一定系统液滴，须 Re_d 达一定值时才有环流出现，若低于此值，滴内则无环流。但如有表面活性物质存在，它虽能降低表面张力，但却抑制液滴表面的活动及内部环流，将使液滴完全像固体颗粒的行为一样。

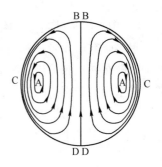

图4-8-3　上升液滴或气泡内的循环形式

液滴内部液体产生环流时，滴内传质情况还与环流的流型有关，当环流的流型为层流，且其流线为图4-8-3所示，则滴内质量传递的机理可以认为是垂直于流线方向所进行的非稳态分子扩散，所得非稳态恒定分子扩散方程的解可用图4-8-4中的虚线表示，但应注意这个解是在连续相传质阻力可以忽略的情况下得到的。该图中还给出了关于静止液滴的解。

图中 C_{A0} 为分数相（球体内）组元 A 的初始浓度，C_A^* 为分散相和连续相（液体）中 A 的浓度 C_A^C 平衡时的浓度，$C_A^* = mC_A^C$，m 为平衡分配系数。C_{Ab} 为扩散后，球体内 A 的主体浓度；D_{AB} 为球体内的扩散系数，d_P 为球体直径，θ 为分散液滴与连续液滴的接触时间；$\dfrac{k_C^0 d_P}{D_{AB}}$ 为毕渥数（Biot Number），k_C^0 为连续相传质系数，可用前面 a 中的方程估算。而当连续相中的传质阻力不可忽略时，则上述毕渥数中的参数 D_{AB} 需改为 D_{AC}，即应用溶质（液滴）在连续相中的扩散系数，这样毕渥数便是受连续相（液体流）的传质阻力决定了。

由图4-8-4可见，作环流的小滴线，仅适用于连续相中没有阻力的情况。而图中一组静止圆球线中最下面的一条线也适用于连续相中没有阻力存在的情况。

当液滴雷诺数较高（如 $Re \approx 2000$），滴内呈湍流状态，液滴会发生变形，并产生摆动，在不计滴外传质阻力时，传质系数的计算可近似地采用如下公式：

$$k_C = \frac{3.75 \times 10^{-5} v_0}{1 + \dfrac{\mu_d}{\mu_c}} \qquad (4\text{-}8\text{-}33)$$

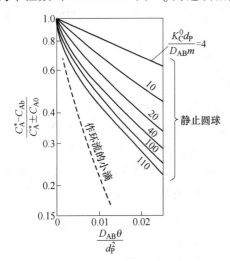

图4-8-4　在静止圆球和作环流的小滴中主体浓度的变化

式中，v_0 为液滴相对于连续相的运动速度，m/s；μ_d、μ_c 分别为液滴和连续相的黏度，kg/(m·s)。

对于上浮的渣粒的 k_P^S，文献 [2] 推荐，可以用 $t=0\sim\tilde{\tau}$ 上浮过程的边界层平均传质系数的形式给出：

$$k_P^S = -\frac{a}{3\tau}\ln\left[\frac{6}{\pi^2}\sum_{n=1}^{\infty}\frac{1}{n^2}\exp\left(-\frac{n^2\pi^2 D_P^S\tau}{a^2}\right)\right] \tag{4-8-34}$$

式中，τ 为渣粒上浮的时间，s；D_P^S 为 P 在渣中的扩散系数，cm^2/s；a 为渣粒直径；n 为渣粒数目。

b　用高温炉试验方法确定 β

很多研究工作者（如川合保治[7]、竹内秀次[2]、关启德[8]），曾通过高温试验炉和工业炉对磷在铁水和炉渣之间的脱磷反应（和回磷反应）动力学进行了研究。并分别得出了磷在铁水相和渣相中的物质传递系数，但他们都是按磷在金属一侧或渣一侧的传质为限制环节来求取 β_P^m 和 β_P^S 值，从前面的讨论可知，这显然是不恰当的，故这里拟按不同试验条件（主要是其 L_P 值的大小）酌情按单侧决定或双侧共同决定来求取更符合实际的 β_P^m 和 β_P^S 值。

川合保治等人[7]用高频感应炉和 SiC 电阻炉内分别用内径 40mm 的氧化镁坩埚盛 250g 铁液、40g 渣和用内径 30mm 的坩埚盛 180g 铁液、20g 渣。其铁液含 [P] 0.4%，渣碱度为 0.57~1.76。于 1570~1680℃ 时测试了磷在铁水相中的传质系数 k_P^m 为 0.33~1.09×10^{-2} cm/s，而渣相中 k_P^S 为 0.49~4.3×10^{-3}cm/s。从其试验的原料条件和试验结果可见：（1）由于渣碱度低，铁水初始磷含量高，故脱磷在第一速度范围内便停止，终点磷含量一般均大于临界值（0.04%），也就是说这样的实验炉次，脱磷速度始终保持一致，其传质系数只代表终点 $[P]_F\geqslant[P]_{临}$ 的熔炼炉次；（2）k_P^S 随 L_P 的增大而减少，但随熔池搅拌强度的增大而增大（如高频感应炉次的 k_P^S 便比电阻炉次的大）；（3）k_P^m 似乎不受他们的影响（如克莱因等人在塔曼炉中测定的 Si、Al、Mn 在铁水中的 k_P^m 值也为 0.2~1.4×10^{-2}cm/s）。这里应当指出的是，川合保治所得的数据均是按 Healy 公式求取的 L_P 值和分别假设为渣侧或铁水侧单侧控制时，用计算机作数值计算得出的 k_P^S 值和 k_P^m 值。

作者等人[9]采用硅钼棒为加热元件的高温炉和内径为 45mm 的镁质坩埚盛金属料 250g、渣 40g，考察炼钢后期，金属不同 C、P 含量时，在不同炉渣碱度、FeO 含量下，C、P 的氧化机理和速度，取初始金属成分为：C 0.05%~0.3%，P 0.05%~0.15%，炉渣成分为：$CaO/SiO_2=1.0\sim3.0$，Fe_2O_3 20%~40%，MgO 8%，MnO 3%，Al_2O_3 2%，CaF_2 2%，按表设 $L_9(3^4)$ 正交表设计试验方案进行实验，但因为某种原因，只获得了 2 号、3 号、6 号炉次的化验结果，见表 4-8-2 和图 4-8-5、图 4-8-6。

表 4-8-2　2 号、3 号、6 号炉次的实验结果

炉次	成分/%	时间/min							
		0	2	4	6	10	20	30	40
2 号	[P]	0.129	0.101	0.080	0.059	0.045	0.028	0.018	0.016
	[C]	0.115	0.098	0.083	0.072	0.056	0.056	0.056	0.056

续表 4-8-2

炉次	成分/%	时间/min							
		0	2	4	6	10	20	30	40
3 号	[P]	0.15	0.122	0.107	0.075	0.044	0.026	0.022	0.015
	[C]	0.10	0.079	0.063	0.050	0.038	0.038	0.038	0.038
6 号	[P]	0.07	0.054	0.045	0.033	0.026	0.022	0.018	0.015
	[C]	0.094	0.080	0.072	0.063	0.052	0.052	0.052	0.052

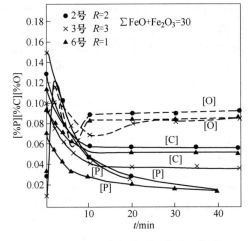

图 4-8-5　溶铁中 [P]、[C]、[O] 含量随时间变化的关系

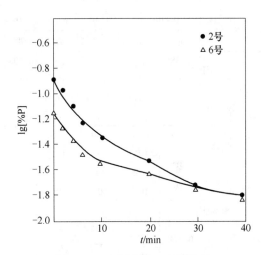

图 4-8-6　lg[P] 与 t 之间关系

从表 4-8-2 和图 4-8-5、图 4-8-6 可见：在熔炼第 10min 之前，脱磷速度较快，之后脱磷速度显著变慢。

现将依脱磷速度限制性环节，按单侧计和双侧计，L_P 按 Healy 公式和 Li 公式计，求取的 2 号、6 号样在不同熔炼时间下的 β_P^m 和 β_P^S 值列于表 4-8-3。

表 4-8-3　不同熔炼时间下的 β_P^m 和 β_P^S 值

6 号样 (R=1)		Healy						Li					
		0~10min		10~30min		30~40min		0~10min		10~30min		30~40min	
		β_P^m	β_P^S	β_P^m	β_P^S	β_P^m	β_P^S	β_P^m	β_P^S	β_P^m	β_P^S	β_P^m	β_P^S
方法一	单侧计	4.85×10^{-3}	2.95×10^{-4}	1.48×10^{-3}	1.04×10^{-4}			6.75×10^{-3}	1.83×10^{-3}	1.87×10^{-3}	2.2×10^{-4}	0.62×10^{-3}	6.5×10^{-5}
	双侧计	2.91×10^{-3}	5.4×10^{-4}	2.11×10^{-4}	1.78×10^{-5}			2.27×10^{-3}	9.3×10^{-4}	1.18×10^{-3}	$(1.99 \sim 4.83) \times 10^{-4}$		
方法二	单侧计	4.34×10^{-3}	2.9×10^{-4}					4.34×10^{-3}	1.22×10^{-3}				
	双侧计	5.44×10^{-4}	4.18×10^{-5}	2.06×10^{-4}	1.79×10^{-5}			1.41×10^{-2}	3.19×10^{-3}	1.90×10^{-2}	4.12×10^{-4}		

6号样 ($R=1$)		Healy						Li					
		0~10min		10~30min		30~40min		0~10min		10~30min		30~40min	
		β_P^m	β_P^S	β_P^m	β_P^S	β_P^m	β_P^S	β_P^m	β_P^S	β_P^m	β_P^S	β_P^m	β_P^S
方法三	单侧计												
	双侧计	6.07×10^{-3}	6.87×10^{-3}					3.88×10^{-2}	6.44×10^{-3}				

2号样 ($R=2$)		Healy						Li					
		0~10min		10~30min		30~40min		0~10min		10~30min		30~40min	
		β_P^m	β_P^S	β_P^m	β_P^S	β_P^m	β_P^S	β_P^m	β_P^S	β_P^m	β_P^S	β_P^m	β_P^S
方法一	单侧计	5.538×10^{-3}	6.7×10^{-5}	2.16×10^{-3}	2.67×10^{-5}	0.79×10^{-3}	1.3×10^{-5}	5.76×10^{-3}	2.0×10^{-4}	2.19×10^{-3}	4.43×10^{-3}	0.74×10^{-3}	1.2×10^{-5}
	双侧计	1.91×10^{-3}	1.72×10^{-5}	4.43×10^{-4}	4.61×10^{-6}			1.48×10^{-2}	6.62×10^{-3}	0.96×10^{-2}	2.57×10^{-5}		
方法二	单侧计	5.3×10^{-3}	6.68×10^{-5}	1.49×10^{-3}	1.93×10^{-5}			5.3×10^{-3}	2.06×10^{-4}	1.49×10^{-3}	3.1×10^{-5}		
	双侧计	4.9×10^{-2}	7.84×10^{-5}	9×10^{-4}	2.44×10^{-5}			5.66×10^{-3}	1×10^{-5}	2.49×10^{-5}	1.54×10^{-5}		
方法三	单侧计												
	双侧计	6.37×10^{-3}	6.22×10^{-4}	$(0.61\sim4.27)\times10^{-4}$	$(0.8\sim6.68)\times10^{-6}$			6.08×10^{-3}	3.85×10^{-2}	$0.14\sim2.05\times10^{-2}$	$0.55\sim6.43\times10^{-4}$		

注：方法一系按 Romborg 法求取；方法二系按 $\dfrac{\mathrm{d}[P]}{\mathrm{d}\tau}$ 式求取；方法三系按 $[P]=Ae^{-k\tau}$ 方程求取。

由表可见：

（1）在 $[P]\geqslant[P]_临$ 区间 k_P^m 和 k_P^S 较大，基本上为定值，只是 k_P^S 受炉渣碱度的影响随 R 的增大和 L_P 计算值（如 Healy 公式计算的 L_P 值较 Li 公式计算的大）的增大而减少，不过 k_P^m 与 R 值无关。

（2）用单侧计的 k_P^m 和 k_P^S 值较双侧计的大。

（3）由于脱磷速度以 $[P]_临$ 值为界，当 $[P]\geqslant[P]_临$ 时，在一定的吹炼条件下，β_P^m、β_P^S 值保持最大常数；但当 $[P]<[P]_临$ 后、β_P^m，β_P^S 随着 $[P]$ 的减少而减少。

由此可以认为，任何脱磷过程动力学计算都不应随意选用参考文献的 β_P^m 和 β_P^S 值，必须采用符合实际的模拟实验得出的数据，用较为准确的 L_P 公式来求取 L_P 值，并分阶段按金属和炉渣单侧或双侧的传质阻力决定 v_P 的原则，来处理实验数据，以获取用于实际脱磷过程动力学的 β_P^m、β_P^S 值。

4.8.2　冶金过程的弥散相（金属滴和渣滴或粉粒）与熔体（渣池和金属熔池）间的宏观动力学

本节系根据曲英[3]对冶金过程宏观动力学的论述而写成，特此感谢。

为了描述冶金过程中，泡沫渣操作生成的金属滴进入熔渣后又回到金属熔池，更新后再进入渣池，如此往复循环的冶金反应；及喷粉冶金中生成的瞬时渣，穿过金属熔池时的瞬时反应；或者说为了描述这些金属-熔渣系统的组成随时间的变化，我们需要知道：

（1）描述弥散相的颗粒尺寸和停留时间等的分布函数；

（2）描述颗粒与提取时间的反应过程的微观动力学；

（3）由界面上的物质衡算把单个颗粒的微观动力学方程和提取的数量相关联，以得到宏观体系中的质浓度变化。

假定由钢渣中去除的杂质组元全部为熔渣所吸收，由物质守恒原理得：

$$\frac{\mathrm{d}C_i^{\mathrm{II}}}{\mathrm{d}t} = k_{\Sigma}\left(\frac{A}{V}\right)_{\mathrm{P}}\left(C_i^{\mathrm{II}} - \frac{C_i^{\mathrm{I}}}{k}\right) \tag{4-8-35}$$

因为

$$C_i^{\mathrm{II}} \to C_i^{\mathrm{I}}; \quad \frac{C_i^{\mathrm{I}}}{k} = C_{i\cdot\mathrm{eq}}^{\mathrm{II}}$$

$$t = 0: \; C_i^{\mathrm{II}} = C_{i\cdot 0}^{\mathrm{II}}; \qquad t = t_{\mathrm{v}}: \; C_i^{\mathrm{II}} = C_{i\cdot\mathrm{z}}^{\mathrm{II}};$$

$$\frac{\mathrm{d}C_i^{\mathrm{II}}}{\mathrm{d}t} = k_{\Sigma}\left(\frac{A}{V}\right)_{\mathrm{P}}(C_i^{\mathrm{II}} - C_{i\cdot\mathrm{eq}}^{\mathrm{II}}) \tag{4-8-36}$$

式中　C_i^{I}——渣相的界面浓度，$\mathrm{mol/cm^3}$；

$\quad\quad C_i^{\mathrm{II}}$——金属滴内的浓度，$\mathrm{mol/cm^3}$；

$\quad\quad C_{i\cdot\mathrm{eq}}^{\mathrm{II}}$——金属界面与渣相平衡的浓度，$\mathrm{mol/cm^3}$；

$\quad\quad \left(\dfrac{A}{V}\right)_{\mathrm{P}}$——单个金属滴的体积表面。

在传质系数已知的情况下，不难解出乳化的颗粒（金属滴）停留于被提取相（熔渣）中时，其浓度随时间的变化。对球形颗粒：$\left(\dfrac{A}{V}\right)_{\mathrm{P}} = \dfrac{3}{\bar{r}_{\mathrm{P}}}$，式（4-8-36）积分可得：

$$\frac{C_{i\cdot\mathrm{z}}^{\mathrm{II}} - C_{i\cdot\mathrm{q}}^{\mathrm{II}}}{C_{i\cdot 0}^{\mathrm{II}} - C_{i\cdot\mathrm{eq}}^{\mathrm{II}}} = \exp\left[-k_{\Sigma}\left(\frac{A}{V}\right)_{\mathrm{P}}\bar{t}_{\mathrm{V}}\right] \tag{4-8-37}$$

当熔池的绝大部分杂质元素基本上是通过乳化相而被提取时，按物质守恒原理：

$$V_{\mathrm{b}}^{\mathrm{m}}\frac{\mathrm{d}C_{\mathrm{b}}^{\mathrm{m}}}{\mathrm{d}t} = (C_{i\cdot\mathrm{z}}^{\mathrm{II}} - C_{i\cdot 0}^{\mathrm{II}})\frac{\sum V_{\mathrm{P}}^{\mathrm{II}}}{\bar{t}_{\mathrm{V}}} \tag{4-8-38}$$

式中　$\sum V_{\mathrm{P}}^{\mathrm{II}}$——弥散于被提取相中各种尺寸颗粒物的总体积；

$\quad\quad C_{i\cdot\mathrm{z}}^{\mathrm{II}}$——颗粒离开被提取相时的杂质浓度，$C_{i\cdot\mathrm{z}}^{\mathrm{II}}$可由式（4-8-37）求出；

$\quad\quad \bar{t}_{\mathrm{V}}$——颗粒的平均停留时间。

将 $C_{i\cdot\mathrm{z}}^{\mathrm{II}} = C_{i\cdot\mathrm{eq}}^{\mathrm{II}} + (C_{i\cdot 0}^{\mathrm{II}} - C_{i\cdot\mathrm{eq}}^{\mathrm{II}})\exp\left[-k_{\Sigma}\left(\dfrac{A}{V}\right)_{\mathrm{P}}\bar{t}_{\mathrm{V}}\right]$ 代入式（4-8-38）可得：

$$\frac{\mathrm{d}C_{\mathrm{b}}^{\mathrm{m}}}{\mathrm{d}t} = k_{\mathrm{T}}(C_{i\cdot 0}^{\mathrm{II}} - C_{i\cdot\mathrm{eq}}^{\mathrm{II}}) \tag{4-8-39}$$

$$k_{\mathrm{T}} = \frac{\sum V_{\mathrm{P}}^{\mathrm{II}}}{V_{\mathrm{b}}^{\mathrm{m}}\bar{t}_{\mathrm{V}}}\left[1 - \exp k_{\Sigma}\left(\frac{A}{V}\right)_{\mathrm{P}}\bar{t}_{\mathrm{V}}\right] \tag{4-8-40}$$

形成金属粒的初始浓度 $C_{i\cdot 0}^{\mathrm{II}}$，即为该时间熔池的浓度 C^{m}，则式（4-8-39）中的 $C_{i\cdot 0}^{\mathrm{II}}$ 可用

C^m 代入，分离变量积分可得熔池 C^m 的变化：

$$\frac{C^m - C_{eq}^{II}}{C_0^m - C_{eq}^{II}} = \exp\left(-\frac{\sum \bar{V}_P^{II}}{V_m \bar{t}_V}\left\{1 - \exp\left[-k_i\left(\frac{A}{V}\right)_P \bar{t}_V\right]t\right\}\right) \tag{4-8-41}$$

式中，C^m 为金属熔池内组元的浓度；V^m 为金属液总体积。

4.8.3　钢渣乳化的去磷动力学

$$2[P] + 5(FeO) + 3(CaO) \longrightarrow 3CaO \cdot P_2O_5$$

$$\frac{d[P]}{dt} = k_\Sigma\left(\frac{A}{V}\right)_P([P] - [P]_{eq}) \tag{4-8-42}$$

对于球形金属滴
$$\left(\frac{A}{V}\right)_P = \frac{3}{r_P}$$

边界条件：　　　　　　$t = 0$，$[P] = [P]_0$；　　　　　$t = \bar{t}_V$，$[P] = [P]_Z$

式 (4-8-42) 分离变量积分可得：

$$\frac{[P]_Z - [P]_{eq}}{[P]_0 - [P]_{eq}} = \exp\left(-k_\Sigma\frac{3}{\bar{t}_V}t\right) \tag{4-8-43}$$

式中，$[P]_Z$ 为金属滴在渣中滞留时间 $\bar{t}_V$ 之后的磷含量，%；$[P]_{eq}$ 为金属滴与渣反应平衡时的磷含量。

当熔池中的 $[P]$ 含量均为乳化相所去除时：

$$-W_m\frac{d[P]}{dt} = \frac{[P]_0 - [P]_Z}{\bar{t}_V}W_{act} \tag{4-8-44}$$

形成金属滴的初始浓度 $[P]_0$ 即为该时刻熔池的 $[P]$，故式 (4-8-44) 中金属滴的 $[P]_0$ 可用 $[P]$ 代入，再进行分离变量积分后，便得：

$$\frac{[P] - [P]_{eq}}{[P]_0 - [P]_{eq}} = \exp\left\{-\frac{W_{act}}{W_m}\frac{1}{\bar{t}_V}\left[1 - \exp\left(-k_\Sigma\frac{3}{\bar{t}_V}t\right)\right]t\right\} \tag{4-8-45}$$

式中，$[P]$ 为熔池吹炼 t 时间后的磷含量，%；$[P]_0$ 为熔池开始时的磷含量，%；W_m 为金属液总重量，kg；W_{act} 为乳化金属液的循环速度，kg/min。

$$k_\Sigma = \frac{1}{\dfrac{1}{k_{金}} + \dfrac{1}{k_{渣}}\dfrac{1}{L_P}\dfrac{\rho_{金}}{\rho_{渣}}} \tag{4-8-45a}$$

$$W_{act} = 0.063L_C - 9.38\lg L_C + 26.5 \qquad t/min \tag{4-8-45b}$$

式中　L_C——冲击熔池凹坑深度，mm；

L_P——脱 P 分配比，$[P] = \dfrac{[P]_{eq}}{L_P}$。

用式 (4-8-43) 和式 (4-8-45) 可分析平衡分配比、总的传质系数、液滴尺寸、液滴停留时间、液滴相应量（或说乳化金属量的相应循环率）及吹炼时间等对脱 P 反应的影响。如：

（1）利用式（4-8-43）可知在一定 L_P 和 k_Σ 下，金属滴与渣反应达平衡时所需在渣中滞留的时间 $\bar{t}_V$ 随 $\bar{r}_P$ 的减小而减小，并算出在不同 k_Σ 和不同 $\bar{r}_P$ 下所需的 $\bar{t}_V$ 值，从而有助于设计研究与乳化反应（即液滴大小）相匹配的供氧制度及与 $\bar{t}_V$ 相匹配的泡沫渣（既非流动性十分良好的炉渣，也非稳定型泡沫渣）。

（2）利用式（4-8-45）可在造好脱 P 渣及金属滴在 $\bar{t}_V$ 时与渣已反应平衡的条件下，求出不同乳化金属液循环速度比 W_{act}/W_m 时，钢渣反应达到或接近平衡所需的时间，从而有助于设计制定与 k_Σ、$\bar{t}_V$、$\bar{r}_P$、W_{act} 和 t 相对应的供氧造渣制度。

4.8.4 喷粉去磷的动力学

4.8.4.1 喷石灰粉去磷机理的探讨

A 单晶体石灰侵入铁水中 60s 后的反应层断面浓度

根据单晶体石灰侵入铁水中 60s 后，在 EPMA 上得到的反应层断面浓度图（图 4-8-7）和各断层中的 P 相和 F 相的成分（见表 4-8-4）[10]可以认为：

表 4-8-4 在 1350℃时，脱磷期间反应层 I ~ IV 中的相态和成分

反应层	矿物相	成分/%					由相图计算的温度		相态
		CaO	SiO$_2$	FeO	MnO	P$_2$O$_5$	T_{LL}/℃	T_{SL}/℃	（1350℃）
I	F-1	53.5	4.2	3.1	8.3	2.9	1750	1570	固
	F-2	32.1	1.0	33.3	30.4	3.2	1400	1210	固+液
II	P	65.5	17.0	1.1	1.5	14.8	2028	1960	固
	F	20.6	2.0	41.8	34.5	1.1	1380	1220	固+液
III	P	59.1	6.2	0.5	1.5	32.7	1810	1450	固
	F	50.3	6.1	15.4	8.9	21.0	1830	1280	固+液
IV	P	51.2	13.2	11.5	6.8	17.3	1280	1250	固+液
	F	6.0	0.9	48.6	44.5	0	1320	1200	固

注：P—含氧化磷相；F—含氧化铁相；第Ⅲ层的 P 相为 $7CaO \cdot 2SiO_2 \cdot P_2O_5$ 和 $5CaO \cdot 2SiO_2 \cdot P_2O_5$。

（1）首先是在喷嘴前 O_2 与铁水中的 Fe、Mn、Si、C 发生氧化反应：

$$[Fe] + \frac{n}{2}O_2 = FeO_n \tag{4-8-46}$$

$$[Mn] + \frac{n}{2}O_2 = MnO_n \tag{4-8-47}$$

$$[Si] + O_2 = SiO_2 \tag{4-8-48}$$

$$[C] + \frac{1}{2}O_2 = CO \tag{4-8-49}$$

（2）然后，FeO 和 MnO 大举向石灰（注：这里是单晶体的）扩散，使之渣化，形成 CaO-Fe(Mn)$_t$O，直达 180μm 的深处；随后铁水与石灰接触面上，CaO-Fe(Mn)$_t$O 与 [P] 作用生成 CaO-Fe(Mn)$_t$O- P$_2$O$_5$；这时 SiO$_2$ 也向石灰的渣层扩散，至渣层 Ⅱ 达最大值；当 SiO$_2$ 进入渣层 Ⅳ 后，则 CaO-Fe(Mn)$_t$O-P$_2$O$_5$ 形成 CaO-SiO$_2$-Fe(Mn)$_t$O-P$_2$O$_5$ 固–液混合相。

（3）随着 [P] 不断向渣层深处扩散，反应（4-8-50）在各渣层中逐步展开，使各渣层中的 Fe(Mn)$_t$O 降低，P$_2$O$_5$ 增高；这时，渣层中的 P$_2$O$_5$ 也在向更深的渣层扩散。

$$\left.\begin{array}{l} CaO \cdot Fe_2O_3 \\ 2(CaO \cdot MnO) \end{array}\right\} \rightarrow 3CaO\text{-}(FeMn)_2O_5$$
$$+2[P]$$
$$\rightarrow 3CaO \cdot P_2O_5 + 2[Fe] + 2[Mn] \quad (4\text{-}8\text{-}50)$$

（4）可以认为 [P] 只扩散到了渣化层 Ⅱ，理由是，渣层 Ⅱ 中的 Fe(Mn)$_t$O 未因反应（4-8-50）耗尽；分析造成这一现象的原因可能是 [P] 充分扩散到渣层 Ⅲ 后，使那里的 Fe(Mn)$_t$O 因反应（4-8-50）而耗尽（见表 4-8-4），从而使该渣层变成了以固态 CaO-SiO$_2$-P$_2$O$_5$ 相为主的渣层，于是 [P] 便难以再通过渣层 Ⅲ 向渣层 Ⅱ 扩散。因此造成渣层 Ⅲ 中的 P$_2$O$_5$ 浓度最高，FeO 和 MnO 浓度最低，渣层 Ⅱ 和 Ⅲ 中的 P$_2$O$_5$ 浓度次之，渣层 Ⅰ 中 P$_2$O$_5$ 浓度最低。鉴于渣化层 Ⅰ 中的 FeO、MnO 和 SiO$_2$ 浓度似乎仍保持在他们扩散进入时的水平，故不妨认为这层的 P$_2$O$_5$ 含量主要是由渣层 Ⅱ 扩散进来的，而不是发生了反应的结果。

（5）由上分析，不难得出结论：为了充分发挥石灰粉的脱磷作用，并降低 FeO 和 MnO 损失，对于单晶体石灰来说，如上浮时间为 60s 时，石灰粒的大小，宜取渣层 Ⅲ-Ⅳ 的厚度即 100~120μm，最多取 Ⅱ-Ⅲ，即 150μm。

B　喷石灰粉喷管上黏附渣的测定结果[7]

（1）氧气喷嘴上方 90mm 处，黏附在 Al$_2$O$_3$ 管上的渣，经 EPMA 鉴定为 4 个相，即金属铁、CaS、Ca(Mn)O 固溶体和 CaO-SiO$_2$-P$_2$O$_5$ 固溶体。

（2）喷嘴上方 45mm 处的黏附渣中，只见 CaO-SiO$_2$-P$_2$O$_5$ 和 CaO-Fe(Mn)$_t$O 固溶体，未见 MFe。

（3）喷嘴上方的浮渣成分见表 4-8-5。

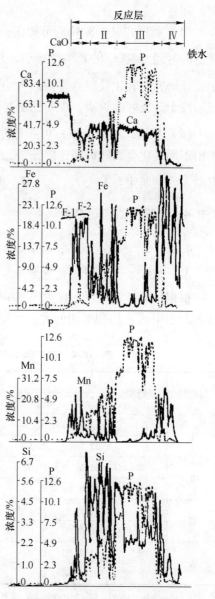

图 4-8-7　反应层断面浓度图

表 4-8-5 喷嘴上方的浮渣成分

位置	FeO	CaO	P_2O_5	SiO_2
10mm 处	16.28~30	5.74~31.11	0.98~12.05	5~25
80mm 处	6.87~8.44	3.58~43.85	9.78~22.2	2.42~17.25

C 氧气喷石灰粉的脱磷机理

根据上述试验结果，可以认为氧气喷石灰粉的脱磷机理是：

在喷嘴前 O_2 首先与铁水中的 Fe、Mn、Si、C 发生氧化作用，如上述反应（4-8-46）~（4-8-49）。其 SiO_2 立即与 CaO 作用，生成 C_2S 化合物，黏附在石灰粒表面上，如铁水中的 Si 含量少，则生成的 C_2S 少，这样石灰粒上的 C_2S 便不会形成连续、坚实、封闭的外壳，FeO、MnO 便会通过石灰粒未被 C_2S 遮盖的表面与 CaO 作用，使之渣化，即：

$$\left.\begin{array}{l} CaO+Fe_tO \\ CaO+Mn_tO \end{array}\right\} \longrightarrow \{CaO\text{-}Fe(Mn)_t\}_{(1)} \qquad (4\text{-}8\text{-}51)$$

当石灰粒子一旦渣化，则渣粒与铁水交界的面上便开始进行脱磷反应，即：

$$3CaO \cdot Fe(Mn)_tO+2[P] \longrightarrow 3CaO \cdot P_2O_5+tFe+t[Mn] \qquad (4\text{-}8\text{-}52)$$

或

$$\left\{\begin{array}{l} CaO \cdot Fe_2O_3+2(CaO \cdot MnO) \longrightarrow 3CaO \cdot (FeMn)_2O_5 \\ 3CaO \cdot (FeMn)_2O_5+2[P] \longrightarrow 3CaO \cdot P_2O_5+2[Fe]+2[Mn] \end{array}\right. \qquad (4\text{-}8\text{-}53)$$

当反应（4-8-50）的 C_3P 聚集到一定程度，将与渣中的 C_2S 进一步反应，生成固态的硅磷酸盐，即：

$$\left\{\begin{array}{l} 3CaO \cdot P_2O_5+2(2CaO \cdot SiO_2) \longrightarrow 7CaO \cdot 2SiO_2 \cdot P_2O_5 \\ 3CaO \cdot P_2O_5+2CaO \cdot SiO_2 \longrightarrow 5CaO \cdot SiO_2 \cdot P_2O_5 \end{array}\right. \qquad (4\text{-}8\text{-}54)$$

这里反应（4-8-50）释放的 $[Fe]_{(s)}$、$[Mn]_{(s)}$ 与 $[C]$ 作用后，使熔点降低，并熔入铁水中：

$$[Fe]_{(s)}+[Mn]_{(s)}+[C] \longrightarrow [Fe\text{-}Mn\text{-}C]_{(1)} \qquad (4\text{-}8\text{-}55)$$

应当说，石灰粒在氧气喷嘴出口处主要是渣化，其次才是脱磷，故这时的渣中虽有部分含硅磷酸盐的固-液态混合相（$CaO\text{-}SiO_2\text{-}P_2O_5\text{-}Fe(Mn)_tO$），然而更多的是含金属氧化物（$CaO\text{-}Fe(Mn)_tO$）为主的液态相。

a 石灰渣化粒上浮初期

随着石灰粒的上浮，一方面外层丰富的 $Fe(Mn)_tO$ 向石灰粒内部渗透，使 CaO 渣化和 CaO 由内向外扩散；另一方面，在渣粒/铁水界面上进行瞬间脱磷反应，并同时脱 Si、脱 C：

（1）当铁水中存在 C、Si 时（如吹炼初期），石灰渣粒在上浮过程中与铁水的瞬时反应是：

$$\left.\begin{array}{l} 5(CaO \cdot 2FeO)+2[P]+[Si]+3[C]\!=\!\!=\!\!5CaO \cdot SiO_2 \cdot P_2O_5+10Fe_{(s)}+3CO \\ 5(CaO \cdot Fe_2O_3)+2[P]+[Si]+8[C]\!=\!\!=\!\!5CaO \cdot SiO_2 \cdot P_2O_5+10Fe_{(s)}+8CO \\ 7(CaO \cdot Fe_2O_3)+4[P]+4[Si]+3[C]\!=\!\!=\!\!2(7CaO \cdot SiO_2 \cdot P_2O_5)+14Fe_{(s)}+3CO \end{array}\right\}$$

$$(4\text{-}8\text{-}56)$$

这时　　　　　　　　　　　　　　$[Fe]_{(s)}+[C] \longrightarrow [Fe-C]_{(l)}$　　　　　　　　　　　(4-8-57)

（2）当铁水中只有 C、P 时（如吹炼中后期），石灰渣粒在上浮过程中与铁水的瞬时反应是：

$$3(CaO \cdot 2FeO)+2[P]+[C] = 3CaO \cdot P_2O_5+6Fe_{(s)}+CO$$

$$3(CaO \cdot Fe_2O_3)+2[P]+4[C] = 3CaO \cdot P_2O_5+6Fe_{(s)}+4CO \qquad (4-8-58)$$

$$2(2CaO \cdot Fe_2O_3)+2[P]+[C] = 4CaO \cdot SiO_2 \cdot P_2O_5+4Fe_{(s)}+CO$$

$$[Fe]_{(s)}+[C] \longrightarrow [Fe-C]_{(l)} \qquad (4-8-59)$$

b　石灰渣化粒上浮后期

随着石灰渣粒中的 $Fe(Mn)_tO$ 在上浮过程中，被铁水中的 C、Si 消耗而减少（即渣/铁界面上 $CaO-Fe(Mn)_tO$ 的减少），脱 P 反应将变得难以进行，相反回 P 反应发生。

（1）当铁水中 Si、C 均存在时：

$$3CaO \cdot P_2O_5+Ca(FeMn)_tO+2[Si]+[C] \longrightarrow 2(2CaO \cdot SiO_2)+2[P]+[Fe-Mn-C]_{(s)}$$
$$(4-8-60)$$

（2）当铁水中只含有 C 时：

$$3CaO \cdot P_2O_5+Ca(FeMn)_tO+[C] \longrightarrow 3CaO_{(s)}+2CaMnO_{(s)}+[Fe-Mn-C]_{(s)}+5CO$$
$$(4-8-61)$$

4.8.4.2　喷石灰粉去 P 数学模型的探讨

CaO 和 O_2 一起喷入熔池时：

$$\left. \begin{array}{l} [Si]+O_2 \longrightarrow SiO_2 \\[6pt] [Mn]+\dfrac{n}{2}O_2 \longrightarrow MnO_n \\[6pt] [Fe]+\dfrac{n}{2}O_2 \longrightarrow FeO_n \\[6pt] [C]+\dfrac{1}{2}O_2 \longrightarrow CO \end{array} \right\} \qquad (4-8-62)$$

$$\left. \begin{array}{l} CaO+Fe_tO \\[6pt] CaO+Mn_tO \end{array} \right\} \longrightarrow CaO-[(FeMn)_tO]_{(l)} \qquad (4-8-63)$$

$$3CaO \cdot (FeMn)_tO+2[P] \longrightarrow 3CaO \cdot P_2O_5+t[Fe]_{(s)}+t[Mn]_{(s)} \qquad (4-8-64)$$

$$3CaO \cdot P_2O_5+2(2CaO \cdot SiO_2) \longrightarrow 7CaO \cdot 2SiO_2 \cdot P_2O_5 \qquad (4-8-65)$$

$$3CaO \cdot P_2O_5+2CaO \cdot SiO_2 \longrightarrow CaO \cdot 2SiO_2 \cdot P_2O_5 \qquad (4-8-66)$$

$$\frac{d[P]}{dt}=\left(\frac{A}{V}\right)_P k_\Sigma [(P)-(P)^i] \qquad (4-8-67)$$

$$(P)^i=(P)_{eq}=L_P[P]^i=L_P[P]_{eq}$$

故：

$$\frac{d[P]}{dt}=\left(\frac{3}{\bar{r}_P}\right)k_\Sigma[(P)-L_P(P)^i]=\left(\frac{3}{\bar{r}_P}\right)k_\Sigma L_P\left[\frac{(P)}{L_P}-(P)^i\right] \qquad (4-8-68)$$

对式（4-8-68）作分离变量积分后得：

$$\ln \frac{(P) - L_P [P]^i}{(P)_0 - L_P [P]^i} = -\left(\frac{3}{\bar{r}_P}\right) k_{\Sigma} \bar{t}_V \tag{4-8-69}$$

$$(P) = (P)^i \left\{ 1 - \exp\left[-\left(\frac{3}{\bar{r}_P}\right) k_{\Sigma} \bar{t}_V \right] L_P \right\} \tag{4-8-70}$$

式中　　　(P)——$(P)^S$ 石灰渣粒内的磷含量；

$[P]^i = [P]_{eq}$——石灰渣界面金属侧的磷含量；

$(P)_0$——$(P)_0^S$ 石灰渣中的初始磷含量，$(P)_0^S = 0$；

$\bar{r}_P$——石灰渣粒的平均半径；

k_{Σ}——总的反应速度系数，cm/s，$\dfrac{1}{k_{\Sigma}} = \dfrac{1}{k_m} + \dfrac{\rho_m}{\rho_S k_P^S L_P}$；

$\bar{t}_V$——石灰渣粒经过熔池的平均时间；

$L_P = \dfrac{(P)^i}{[P]^i}$——磷在石灰渣粒和金属液之间的平衡分配比。

当熔池的绝大部分磷均是靠喷石灰粉去除时，按物质守恒定理：

$$\frac{d[P]}{dt} W_m = \frac{(P) W_{lime}}{\bar{t}_V} \tag{4-8-71}$$

则

$$\frac{d[P]}{dt} = \frac{W_{lime}}{W_m \bar{t}_V} L_P \left[1 - \exp\left(-k_{\Sigma} \frac{3}{\bar{r}_P} \bar{t}_V \right) \right] [P]^i \tag{4-8-71a}$$

因为与石灰渣粒接触的金属侧的界面浓度即为喷粉进入熔池的浓度 $[P]$，故式（4-8-71a）可改为：

$$\frac{d[P]}{[P]} = \frac{G_{lime}}{\bar{t}_V} L_P \left[1 - \exp\left(-k_i \frac{3}{\bar{r}_P} \bar{t}_V \right) \right] dt \tag{4-8-72}$$

积分得：

$$[P] = [P]_0 \exp\left\{ \frac{G_{lime}}{\bar{t}_V} L_P \left[1 - \exp\left(-k_i \frac{3}{\bar{r}_P} \bar{t}_V \right) \right] t \right\} \tag{4-8-73}$$

式中　　$[P]$——喷石灰粉 t（min）时的熔池含 P 量；

$[P]_0$——熔池的初始含磷量，%；

G_{lime}——单位金属液在单位时间内喷吹的石灰粉量，kg/(t·min)，$G_{lime} = \dfrac{W_{lime}}{W_m}$；

t——喷粉时间，min。

应当说这里讨论的喷粉去 P 动力学模型既适用于铁水在铁水罐中进行的喷粉预脱磷，也适用于转炉和电炉的氧气喷粉去磷。只是在用式（4-8-73）来解析粉剂渣粒经过金属熔池后到达渣池时其含磷量（%）达到平衡的程度，将随 $\bar{r}_P$ 的减小，k_{Σ} 和 $\bar{t}_V$ 的增大而增大；这里应当说铁水罐中喷粉只要喷枪埋入深度适当，其 $\bar{t}_V$ 还是较长的，故一般情况下，当粉剂成分合理，粒度合适，渣粒到达渣池时的 (P) 应当是接近平衡的。这样便可按全程为瞬时渣喷粉去 P 法来计算。反之，如粉剂成渣后进入渣池时，其 $(P) < (P)_{eq}$，或部分粉剂未冲入金属液，而是随载气的逸出而进入渣池和炉气，或在氧气顶吹转炉喷石灰粉炼钢

法中（即 OLP 法），由于喷粉浓度过大，部分石灰粉末与氧化物成渣便进入渣池和炉气，或当载粉的氧气流股冲击熔池的深度不够大（注：对于 Q-BOP 法则是穿透高度太大），则石灰粉随氧气流股破碎后而弥散在金属熔池中，再上浮至渣池中的高度就小，瞬时反应的时间就短，也就可能使瞬时渣在上浮的过程中达不到反应平衡。当喷粉冶金中发生上述任一情况，便会使瞬时渣粒达不到平衡，甚至粉剂直接进入渣池，则这时的喷粉脱磷将是渣滴与覆盖渣（或瞬时相与永久相）同时进行的脱 P 反应。

当确定冶炼的炉次为全程喷粉的瞬时相去磷反应，则可用式（4-8-73）求出金属中的磷含量［P］随粉剂耗量 kg/t 的增加而降低的变化曲线，从而预测获得目标［P］含量所需的粉剂耗量和喷粉时间。

这里要指出的是：正确的计算应分为［P］~［P］$_{终点}$ 和［P］$_{终点}$~［P］$_{终}$ 两个阶段。在［P］>［P］$_{终点}$（≈0.04%）之前，式（4-8-72）中的 k_Σ 基本上为定值，可用前面介绍的不同方法求取；而［P］<［P］$_{终点}$ 后的 k_Σ 值则是随［P］的减小而减小的，则只能通过实验求得，按 $\lg\dfrac{[P]-[P]_{eq}}{0.04-[P]_{eq}}=\dfrac{k}{2.303}t$ 公式，根据实验结果作 $\lg\dfrac{[P]-[P]_{eq}}{0.04-[P]_{eq}}-t$ 曲线，便可求出一定喷粉强度下的表观速度常数，进而由：

$$k=\frac{G_{lime}}{\bar{t}_V}L_P\left\{1-\exp\left[-k_\Sigma\left(\frac{3}{\bar{r}_P}\right)\bar{t}_V\right]\right\} \tag{4-8-74}$$

求出［P］$_{临}$ 至［P］$_{终点}$ 阶段的 k_Σ。当然也可以用式 $\lg\dfrac{[P]-[P]_{eq}}{[P]_0-[P]_{eq}}=\dfrac{k}{2.303}t$ 作［P］由［P］$_{临}$ 降至［P］$_{终点}$（约 0.04%）的 $\lg\dfrac{[P]-[P]_{eq}}{0.04-[P]_{eq}}-t$ 曲线，从而求得［P］>［P］$_{终点}$ 阶段的 k_Σ。

实践表明[2,9]一般喷粉去磷时：

（1）其 $L_P=\dfrac{(P)}{[P]}$ 均在 260 以上，脱磷速度为金属侧的限制性环节。

（2）渣粒的脱磷生成物为 C_3P，存在 $(P)_{eq}=20\%$ 的上限值，故在求取第 Ⅱ 期脱 P 速度时可用公式：

$$-\frac{d[P]}{dm}=\frac{3\times10^{-3}}{a}k_P^S\tau(\%P)^i=k^S(\%P)^i \tag{4-8-75}$$

式中，m 为熔剂消耗量，kg/t；$(P)^i=(P)_{eq}$；a 为 渣粒半径，cm；τ 为渣粒上浮时间，s；k_P^S 为上浮渣粒的平均传质系数，cm/s。可用本章前面的相关公式求取。

这里还要说一点的是，当喷粉已经不全是瞬时相反应时，则应按式（4-8-76）作渣滴与覆盖渣同时进行脱 P 处理：

$$-\frac{d[P]}{dt}=\left(\frac{3}{\bar{r}_P}\frac{\alpha_1 I\rho_m\bar{t}_V}{\rho_S}k_m^i+\frac{\alpha_2\pi R^2\rho_m}{4W_m}k_m^f\right)([P]-[P]_{eq}) \tag{4-8-76}$$

式中　$\bar{r}_P$——渣滴平均有效半径，cm；

　　　α_1——粉料中可穿入钢水的比例；

　　　I——喷粉强度，$I=\dfrac{W_P}{W_m}$，kg/(t·cm)；

　　W_P——单位时间喷入粉料重量，kg/min；

　　W_m——金属重量，t；

　　ρ_m——金属密度；

　　$\bar{t}_V$——渣粒在金属中停留的时间，s；

　　ρ_S——炉渣的密度；

　　k_i——瞬时反应相的传质系数，$k_i = k_m$；

　　α_2——覆盖渣-钢水界面扩大系数；

　　R——熔池平均直径，cm；

　　k_f——永久相反应的传质系数，$k_f = k_m$。

这样可以在已知 α_1、α_2、$\bar{r}_P$、$\bar{t}_V$〔注：$\bar{t}_V$ 可参考文献资料设定，更宜选择适当公式计算

确定，如：$V_S = \dfrac{2}{9}\left(g \cdot r^2 \cdot \dfrac{\rho_m}{\mu_m}\right)$〕、$L_P$，$k_f$ 的情况下，将式（4-8-76）简化为：

$$\frac{\mathrm{d}[P]}{\mathrm{d}t} = k([P] - [P]_0) \tag{4-8-77}$$

$$\lg \frac{[P] - [P]_{eq}}{[P]_0 - [P]_{eq}} = -\frac{k}{2.303}t \tag{4-8-78}$$

$$k = aIk_{\Sigma}^{i} + b \tag{4-8-79}$$

　　然后根据生产结果做出 $\lg \dfrac{[P] - [P]_{eq}}{[P]_0 - [P]_{eq}}$-$t$ 曲线，便可求出不同喷粉强度下的表观速度

常数 k；继而借助式（4-8-79）、式（4-8-80），便可求出不同 I 下的瞬时相传质系数 k_{Σ}^{i}。

如某厂[9]的电炉喷粉脱磷试验，取 $\alpha_1 = 85\%$，$\alpha_2 = 2$，$\bar{r}_P = 0.03\mathrm{cm}$，$\bar{t}_V = 4.5\mathrm{s}$，$L_P = 260$，

$k_{\Sigma}^{f} = 0.0069\mathrm{cm/s}$，$R = 270\mathrm{cm}$，代入式（4-8-77）得式（4-8-80）：

$$k = 0.01275Ik_{\Sigma}^{i} + 0.00322 \tag{4-8-80}$$

　　从而根据试验结果可得到 k 与 k_i 和 I 的关系，见图 4-8-8 和表 4-8-6。

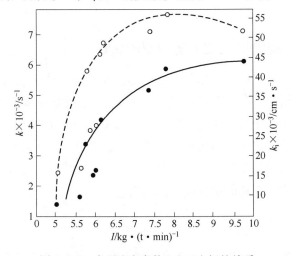

图 4-8-8　表观速度常数 k 和 I 之间的关系

表 4-8-6　表观速度常数 k 与 k_i 和 I 的关系

图中曲线号	1	2	3	4	5	6	7	8	9	10
$I/\mathrm{kg \cdot (t \cdot min)^{-1}}$	5.05	5.58	5.99	6.05	5.76	6.08	6.18	7.37	7.78	9.81
$k/10^{-3}\mathrm{s^{-1}}$	1.38	1.61	2.4	2.5	3.4	3.9	4.1	5.1	5.8	6.8
$k_i/10^{-3}\mathrm{cm \cdot s^{-1}}$	16.46	18.13	27.23	28.26	41.94	46.18	47.97	50.87	51	51.8

参 考 文 献

[1] 河井良彦，中村英夫，等. 石灰-萤石系渣铁水脱磷反应的热力学和反应速度 [J]. 邓美珍译. 铁と钢，1983，69（15）：1755；铁水预处理和炉外精炼译文专集. 华东冶金学院科技情报室，1986：68-78.

[2] 竹内秀次，等. 氧位对铁水喷吹石灰系熔剂同时脱离脱硫的影响 [J]. 邓美珍译. 铁と钢，1983，69：1771；铁水预处理和炉外精炼译文专集. 华东冶金学院科技情报室，1986：136-146.

[3] 曲英，Octers F. 冶金熔池搅拌操作下的流动和传质 [C]// 第五届冶金过程动力学学术会议论文集，1991：31.

[4] 天津大学，等合编. 化工传递过程 [M]. 北京：化学工业出版社，1980：283-285.

[5] Sano Y，Yamaguchi N，Adachi T. J Chem Eng Japan，1974，7：255-261.

[6] Davies J T. Turbulence Phenomena [M]. Academic Press，1972：148-150.

[7] 川合保治. 金属和渣之间磷的传递速度 [C]//. 国外钢铁，北京：科学技术文献出版社，1979：35-44；刘富贵译. Trans. of the Iron & Steel Inst. of Japan，1978（5）：261-268.

[8] 关启德. 电弧炉喷粉脱磷过程动力学的实验研究与应用 [C]// 第二届冶金反应动力学学术会议论文集（下册）. 1984：286-302.

[9] 李晓红. 脱磷动力学实验研究 [D]. 马鞍山：华东冶金学院，1989.

[10] Ono H，Masui T，等. 铁水中喷射氧载石灰时的脱磷动力学和反应区域 [J]. 何玉平译. Tansaction ISIJ，1985，25（2）：133-140；铁水预处理和炉外精炼译文专集，华东冶金学院科技情报室，1986：79-89.

4.9　顶底复吹转炉脱磷最佳化工艺模型的探讨

如何使顶底复吹转炉脱磷工艺最佳化和模型化是冶金工作者所关心和感兴趣的问题。前人对此曾做过不少研究[1,2]，但所提出的模型中包含了许多未知的和不可控的因子。因而，它们只能说明各个因子对脱磷的作用，而不能用作控制依据。本节利用马钢 50t 转炉复合吹炼中磷铁水的第 5 炉役试验数据，经回归分析得出了多元线性方程后，再借助水力学模型试验结果[3]和对脱磷最佳化工艺的研究，将方程中的不可控因子转换为可控因子，从而提出了用操作因素来表述的脱磷最佳化工艺模型。

4.9.1　试验条件

试验的主要设备列于表 4-9-1，主要原料列于表 4-9-2，主要冶金工艺列于表 4-9-3。

表 4-9-1 主要设备

转 炉	顶 枪	底 枪
公称容量 50t	喷头为三孔拉瓦尔式	单环缝管式喷枪（缝宽 0.9~1.15mm，出口面积 0.568~1.07cm²）两支，可布置在耳轴方向的炉底中心线上对称开设的 4 个孔（2 内孔间距为 0.25D，2 外孔为 0.6D）中的任意 2 孔内
最大装入量 77t	$\dfrac{出口直径\ d_e}{喉口直径\ d_t} = \dfrac{36.5}{28.5}\,mm$	
炉容比 0.97m³/t	喷孔倾角 θ = 10°	
熔池深度 1.1m	喷孔分散度 $l/d_e = 0.94$	
	马赫数 $Ma = 1.98$	

表 4-9-2 主要原料

铁水	C：4.0%~4.5%, Si：0.4%~0.5%, Mn：<0.2%, P：0.3%~0.5%, S：0.2%~0.3%
混烧石灰	CaO：82.04%, MgO：5.58%, 活性炭：210mL

表 4-9-3 主要冶炼工艺

冶炼钢种		低、中、高碳钢	气体		N₂-Ar
造渣制度		单渣不留法碱度 R = 3.5~5	底部供氧	供气曲线 $q_b/m^3 \cdot (min \cdot t)^{-1}$	0.03~0.04 ⌐ 0.05~0.06 0.05 ⌐ 0.03 0.05~0.08 0.03~0.04
出钢温度/℃		1640~1690			
顶部供氧	枪位/m	1.2~1.4 0.9~1.0 1.2~1.4 1.0~1.1 1.0~1.1		底枪布置	0.6D 0.6R 0.25R 0.25D
	q_{O_2} /m³·(min·t)⁻¹	2.4~3.7			
	P_{O_2}/MPa	0.8~1.3			

4.9.2 试验结果和讨论

试验结果（参见文献[4]）表明（见表 4-9-4、表 4-9-5），马钢 50t 转炉顶底复吹中磷铁水冶炼低、中、高碳钢的工艺是成功的。

表 4-9-4 复吹与顶吹原材料消耗比较

增减量 项目 钢种	低碳钢	高中碳钢
原材料消耗钢铁料/kg·t⁻¹	10	-8
石灰/kg·t⁻¹	-14.2	-18
萤石/kg·t⁻¹	-1.16	-0.8
Mn-Fe/kg·t⁻¹	-0.32	-0.3
Si-Fe/kg·t⁻¹	0	-0.11

增减量　钢种　项目	低碳钢	高中碳钢
Al/kg·t⁻¹	-0.02	-0.05
氧气/Nm³·t⁻¹	-1.09	-1.0
氮气/Nm³·t⁻¹	+10	+0.8
氩气/Nm³·t⁻¹	0	+0.4
炉衬/kg·t⁻¹	-0.37	-0.37
成本的增减/元·t⁻¹	-3.11	-2.417

表 4-9-5　复吹与顶吹的冶金特性比较

项　目	低碳钢		中高碳钢 [C]=0.35%~0.45%	
	LD	复吹	LD	复吹
熔池深度 n/m	1.68	1.41		1.2~1.4
(TFe)/%	12~13.3	15~18	14~15	11~12
[P]/%	0.0171	0.0146		<0.015
(P)/[P]	72	98.1		40~200
前期脱磷率				±85%
[O]/ppm				q_b=0.06 时 160~280
				q_b=0.08 时 150~220

其工艺的关键在于去磷，故此，仅就去磷的最佳工艺进行讨论。

4.9.2.1　终点去磷分配比 $L_P(=(P)/[P])$ 的控制

A　底枪布置的影响

由图 4-9-1 和图 4-9-2 可见，底枪布置对 L_P 的影响是：L_P(2内) $>$ L_P(1内1外) $>$ L_P(2外)。且各自达到各自 L_P(max) 值时的渣中 (TFe) 则是相反，即 (TFe)(2内) $<$ (TFe)(1内1外) $<$ (TFe)(2外)。这与水模试验中所得的 τ(2内) $<$ τ(1内1外) $<$ τ(2外) 结果

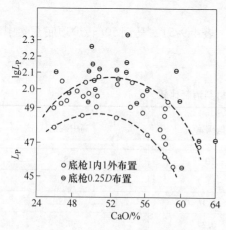

图 4-9-1　(CaO) 对 lgL_P 的影响

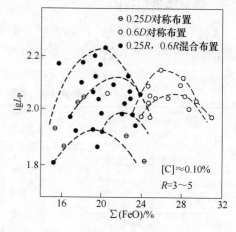

图 4-9-2　不同底枪布置的 $\sum$(FeO) 与 lgL_P 关系

是一致的。故马钢 50t 转炉的底枪布置取 0.25D 是最佳的。

B　过程操作的优化

a　顶部供氧制度

从表 4-9-6 可见，当 q_b（$m^3/(\min\cdot t)$）为先 0.03~0.04 后 0.04~0.05 时，在三种枪位制度中，高（1.35~1.4m）-高（1.35~1.4m）-低（1.0~1.2m）型的去磷效果最好（$L_P=144$，$n_P=1.26$）。其前、中期的 $n_0/n=0.3$，终期的为 0.6。

表 4-9-6　L_H 和 n_0/n、L_P、n_P 和（TFe）的关系

枪位 L_H/m	凹坑深度/熔池深度 n_0/n	底部供气曲线	L_P	n_P	(TFe) /%	[C]/%
1.35~1.4　1.0~1.2	0.29~0.33　0.31　0.5~0.73　0.61	0.04~0.05　0.03~0.04	$\dfrac{128\sim165}{144}$	$\dfrac{1.2\sim1.36}{1.26}$	16.97	0.06~0.12
1.15~1.2	0.48~0.47	0.04~0.05　0.03~0.04	$\dfrac{40\sim78}{58}$	$\dfrac{1.45\sim1.92}{1.75}$	15.8	0.06~0.21
1.3~1.4　1.0~1.1　1.0~1.1	0.3　0.45　0.69	0.04~0.05　0.03~0.04	50~54	1.45~1.79	19.28	0.03~0.06

K-BOP 法，当 $CaO/SiO_2=4.0\pm0.5$，$t=(1640\pm10)$℃，（TFe）$=16\%\sim18\%$ 时，$L_P=120\sim140$。

b　底部供气制度

从图 4-9-3 可见，前期 q_b 大些，不仅抑喷性好，而且前期的去磷效果也好，故底气曲线取前期稍高、中期低、后期高是较好的。

C　终点操作模型

根据底枪 1 内 1 外布置的第 5 炉役试验数据，经多元回归后得出：

$$L_P=-104.8-15.12[\%C]+0.036t-$$
$$6.5R+33.6q_{O_2}-13.1q_b+$$
$$2.05(L_H/d_\tau)+2.471(\%TFe)$$

$$(4\text{-}9\text{-}1)$$

$$(N=45,\ R=0.604,\ S=5.378,\ F=3.835)$$

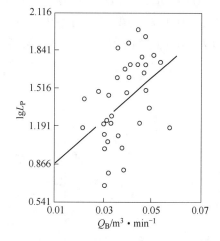

图 4-9-3　第一次倒炉时 Q_B 与 $\lg L_P$ 的关系

式中，7 个因素对 L_P 的影响顺序是①q_{O_2}→②TFe→③L_H/d_τ→④R→⑤[C]→⑥t(℃)→⑦q_b；其显著性 $|B_1|:|B_2|:|B_3|:|B_4|:|B_5|:|B_6|:|B_7|=0.297:0.186:0.183:0.121:0.029:0.017:0.0045$。根据文献 [5]，$N=45$，$\alpha=1\%$ 时，若 $[R]>0.372$，则回归方程有意义，故上述回归方程可供参考。

以上说明：q_{O_2}、TFe、L_H/d_τ、R 是影响 L_P 的主要因素，[C]、t(℃) 和 q_b 是次要的，

故剔除 t 和 q_b 重新回归后得：

$$L_P = -51.26 - 19.2[\%C] - 5.96R + 34.08q_{O_2} + 2.09(L_H/d_\tau) + 2.49(\%TFe)$$

$$(4-9-2)$$

当钢种确定后，[C] 就定了。在冶炼低碳钢时，可设定 [C] = 0.1%，代入（4-9-2）后得：

$$L_P = -53.19 + 34.08q_{O_2} + 2.49(\%TFe) + 2.09(L_H/d_\tau) - 5.96R \qquad (4-9-3)$$

将式（4-9-14）代入式（4-9-3），则得：

$$L_P = -58.35 + 34.08q_{O_2} + 3.58(L_H/d_\tau) - 2.9R \qquad (4-9-4)$$

由图 4-9-1 和图 4-9-4 可见，$R \approx 4.2$ 时，L_P 达到最大值。再增大 R 时，L_P 反而减小，故取 $R = 4.0$，并将 $d_\tau = \sqrt{3 \times 0.0285^2} = 0.0494\text{m}$ 代入式（4-9-4），则：

$$L_P = -69.962 + 34.08q_{O_2} + 72.45L_H \qquad (4-9-5)$$

根据方程可做出 L_P 与 q_{O_2} 和 L_H 的关系，如图 4-9-5 所示。

由式（4-9-5）可见调节 q_{O_2} 和 L_H 是控制 L_P 的有力手段。从图 4-9-6 和表 4-9-7、表 4-9-8 也可看到，提高 P_{O_2}（即提高 q_{O_2}）时，可显著增大 L_P 值；而增大 L_H 时，不仅 L_P 增大，（TFe）也增大，且（TFe）> 15% ~ 16% 后反而使 L_P 降低（见图 4-9-6 和图 4-9-7），故用调节 L_H 调节 L_P 时受式（4-9-14）制约。

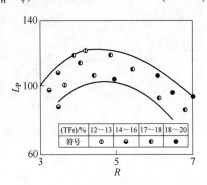

图 4-9-4　L_P 和终渣碱度 $R\left(=\dfrac{CaO}{SiO_2 + P_2O_5}\right)$ 的关系

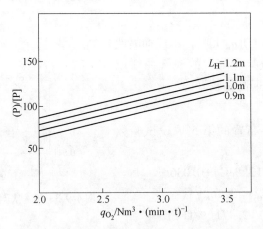

图 4-9-5　式（4-9-5）中 L_P 与 q_{O_2} 和 L_H 的关系

表 4-9-7　供氧压力 P_{O_2} 对 L_P 和 n_P 的影响

P_{O_2}/MPa	$q_{O_2}/\text{m}^3 \cdot (\text{min} \cdot \text{t})^{-1}$	$L_P\left(\dfrac{(\%P)}{[\%P]}\right)$	$n_P\left(\dfrac{\lg L_P\ (\text{Healy})}{\lg L_P\ (\text{Real})}\right)$	统计炉数
1.08 ~ 1.18	> 2.9	112.5	1.365	29
0.98 ~ 1.07	2.6 ~ 2.8	92.3	1.49	26
0.88 ~ 0.97	2.3 ~ 2.5	68.4	1.67	9

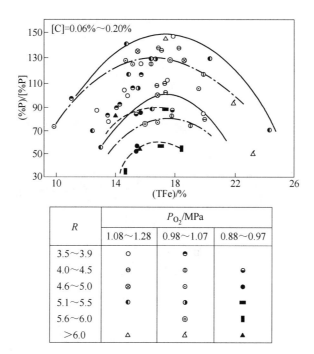

图 4-9-6 L_P 与 R、（TFe）的关系

表 4-9-8　供氧强度对 L_P 和 n_P 的影响

$q_{O_2}/m^3 \cdot (min \cdot t)^{-1}$	$\left(\dfrac{(\%P)}{[\%P]}\right)_{实}$	n_P	统计炉数
72.9	113.3	1.41	24
2.6~2.8	97.0	1.44	21
2.4~2.5	83.0	1.60	8

4.9.2.2　去磷偏离平衡常数 n_P 的控制

$n_P = \left(\dfrac{\lg L_P(\text{Healy})}{\lg L_P(\text{Real})}\right)$，$n_P$ 是衡量去磷平衡反应的重要判据。将试验结果回归分析得到：

$$n_P = 8.86 - 0.43[\%C] - 0.0045t + 0.224R - 0.198q_{O_2} - 0.027q_b +$$
$$9.1 \times 10^{-4} \times (L_H/d_\tau) - 0.028(\%TFe) \tag{4-9-6}$$

$$(N = 38,\ R = 0.696,\ S = 0.135,\ F = 4.024)$$

式中，7 个因素对 n_P 的影响顺序是：①$R \to$②t（℃）$\to$③TFe$\to$④$q_{O_2} \to$⑤[C]$\to$⑥$L_H/d_\tau \to$⑦q_b；其显著性 $|B_1| : |B_2| : |B_3| : |B_4| : |B_5| : |B_6| : |B_7| = 0.687 : 0.352 : 0.344 : 0.288 : 0.227 : 0.013 : 0.0013$。

由式（4-9-6）可见，影响 n_P 的前三位因素都是热力学因素。从图 4-9-8、图 4-9-9 可看到：n_P 随 R 的减小和 TFe 的增大而显著降低，当 $R = 3.5~4.0$ 时或 TFe = 18% 时达到最低值。且当 $R = 3.48~4.14$ 时，即使 TFe = 13% 也能获得 $n_P = 1.3$ 的良好结果，足见 R 值的确是影响 n_P 的决定性因素。

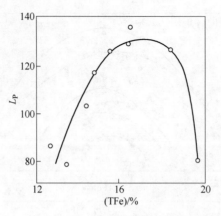

图 4-9-7　L_P 与终渣 TFe 的关系

（$t = 1640 \sim 1670℃$，（CaO）$= 50\% \sim 54.9\%$，

[C] $= 0.11\% \sim 0.2\%$）

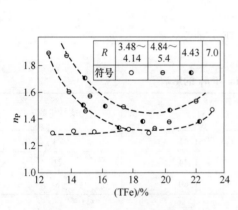

图 4-9-8　n_P 与（TFe）的关系

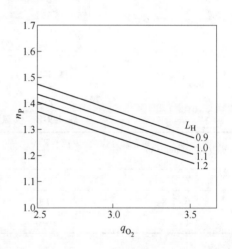

图 4-9-9　式（4-9-9）中，n_P 与 q_{O_2} 和 L_H 的关系

故剔除 q_b 重新回归后得：

$$n_P = 8.86 - 0.43[\%C] - 0.0045t + 0.225R - 0.198q_{O_2} +$$

$$8.4 \times 10^{-4} \times \left(\frac{L_H}{d_\tau}\right) - 0.0275(\%TFe) \tag{4-9-7}$$

再将式（4-9-14）代入式（4-9-7），得：

$$n_P = 8.92 - 0.43[\%C] - 0.0045t + 0.191R - 0.198q_{O_2} - 0.0162\left(\frac{L_H}{d_\tau}\right) \tag{4-9-8}$$

式中各因素的影响顺序是①$R \rightarrow$②$t（℃）\rightarrow$③$q_{O_2} \rightarrow$④$L_H/d_\tau \rightarrow$⑤[C]；其显著性 $|B_1|$：$|B_2|$：$|B_3|$：$|B_4|$：$|B_5| = 0.587 : 0.352 : 0.288 : 0.228 : 0.227$。

当冶炼低碳钢时，可设定 [C] $= 0.1\%$，$t = 1660℃$，并选取脱磷最佳化的炉渣碱度 $R = 4.0$，将它们代入式（4-9-8），得：

$$n_P = 1.43 + 0.225R - 0.198q_{O_2} + 8.4 \times 10^{-4} \times \left(\frac{L_H}{d_\tau}\right) - 0.0275(\%TFe) \qquad (4\text{-}9\text{-}9)$$

从式（4-9-9）所作的图4-9-9中可见，增大q_{O_2}时，n_P的减小比较显著，对（TFe）的影响则可不计，见式（4-9-12）；而增大L_H时，n_P的减小有限，（TFe）明显增大，见式（4-9-14），所以为了减小n_P而又不使（TFe）过大，宜取$q_{O_2} = 3.5\text{m}^3/(\text{min} \cdot \text{t})$和$L_H = 1.0\text{m}$。

马钢复吹试验组根据冶炼中高碳钢的数据经回归得出：

$$[O]_F = -154.8 - 833.76[C]_F + 32.48(FeO)_F + 11.88/q_b \qquad (R = 0.773) \quad (4\text{-}9\text{-}10)$$

由式（4-9-10）可知，在冶炼中高碳钢时，当q_b由$0.06\text{Nm}^3/(\text{min} \cdot \text{t})$提高到$0.08\text{Nm}^3/(\text{min} \cdot \text{t})$时，则[O]可降低50ppm。

4.9.2.3 终渣全铁（TFe）的控制

转炉终渣（TFe）含量的控制水平，直接关系着它的冶金效果和经济效益。因此其终点控制除了[%C]和$t(℃)$外，（TFe）的大小也是重要的控制指标。

因（TFe）低，则金属收得率高，[O]含量低，[Mn]含量高，铁合金消耗低，炉衬寿命长；但（TFe）太低对去磷不利。

实践表明：在冶炼低碳钢的一般条件下（$CaO/SiO_2 = 3.5\sim4.0$，$t = 1650℃$），不论是马钢50t顶底复吹转炉（见图4-9-6、图4-9-7、图4-9-10），还是LD-AB[6]、NK-CB[7]、STB[8]、LD-OB[9]和K-BOP[10]法，它们在冶炼低碳钢时，均以控制(TFe)$_F$为15%左右去磷效果最佳，再大就不明显了，乃至下降。

住友金属公司[8]则提出，可使生产率和脱磷效果都令人满意的（TFe）值为12%，马钢50t顶底复吹转炉在冶炼中高碳钢时，则达到了[P]<0.015%，（TFe）= 10.67%的水平。以上说明，终渣（TFe）含量保持在12%~15%为宜。借助文献[11]提出的在$t = 1650℃$下估算冶炼中磷铁水时终渣液相组成的公式：

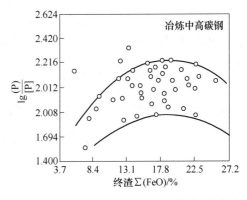

图4-9-10 终渣$\sum$FeO与lg(P)/[P]的关系

$$L(\%) = 4.58(FeO')^{0.9} \qquad (N = 51, \ r = 0.84, \ S = 10.52) \qquad (4\text{-}9\text{-}11)$$

式中，L为冶炼不加萤石时，出钢渣中的液相数量，%；（FeO'）为虚拟的$CaO' + FeO' + SiO_2'$三组元之和为100%时的（FeO）百分含量。按式（4-9-11）把终渣在不同（TFe）含量下的液相组成作一估算，见表4-9-9。

表4-9-9 不同（TFe）含量下的终渣液相组成

(TFe)/%	$\sum$(FeO)/%	$\sum$(FeO')/%	按式（4-9-11）计算的 L（1650时）/%
12	15.4	19.25	65.6
15.6	20.0	25	83.0
19.1	24.6	30.75	100.0

注：$\sum$(FeO) $\approx 0.8\sum$(FeO')。

在 $t=1650℃$ 的条件下，只要造渣材料中加入少量萤石，将 $(TFe)_F$ 控制在 $15\%\sim16\%$ 时便能获得的全液相的炉渣。同时，表 4-9-9 中，按式（4-9-11）计算结果还解释了一个事实，就是当（TFe）<$15\%\sim16\%$ 时，随着渣中（TFe）含量的增加，钢水中含磷量急速下降（或磷的分配系数急剧增大），但是（TFe）增大到 $15\%\sim16\%$ 后再增大（TFe）含量时，则磷的下降趋于缓慢。L_P 的增大也同样趋于缓慢。其原因就是：（TFe）<$15\%\sim16\%$（加入一定萤石）或（TFe）$=19\%$（不加或加很少萤石）时，基本上都是液相了。所以，将 $(TFe)_F$ 控制在 15% 是经济合理的；若熔池搅拌能充足，将 $(TFe)_F$ 控制在 $12\%\sim13\%$ 也应是经济合理的；而 $(TFe)_F>20\%$ 则是不经济不合理的。当 $(TFe)_F$ 的合理值选定后，操作者的任务便是如何使 $(TFe)_F$ 达到或接近预定值。

将试验数据回归，得出：

$$(\%TFe) = 64.19-11.98[\%C]-0.038t+1.23R-0.53q_{O_2}+1.09q_b+0.59\left(\frac{L_H}{d_\tau}\right) \quad (4\text{-}9\text{-}12)$$

$$(N = 38,\ R = 0.724,\ S = 1.525,\ F = 5.703)$$

式中，各因素对（TFe）的影响顺序是：①L_H/d_τ→②［C］→③R→④$t(℃)$→⑤q_{O_2}→⑥q_b；其显著性 $|B_1|:|B_2|:|B_3|:|B_4|:|B_5|:|B_6| = 0.696:0.509:0.303:0.244:0.062:0.0040$。

由式（4-9-12）可见，影响（TFe）的主要因素是 L_H/d_τ 和［C］，其次是 R 和 $t(℃)$，而 q_{O_2} 和 q_b 的影响不显著，可略去。故剔除 q_{O_2} 和 q_b 重新回归后，得：

$$(\%TFe) = 66.22-12.28[\%C]-0.04t+1.225R+0.627\left(\frac{L_H}{d_\tau}\right) \quad (4\text{-}9\text{-}13)$$

当冶炼低碳钢时，可设定［C］$=0.1\%$，$t=1660℃$，代入式（4-9-13），得：

$$(\%TFe) = -2.07+1.225R+0.627\left(\frac{L_H}{d_\tau}\right) \quad (4\text{-}9\text{-}14)$$

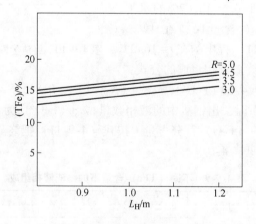

图 4-9-11　式（4-9-14）中（%TFe）与 L_H 和 R 的关系

由图 4-9-11 可见，调节 L_H 和 R 是控制（TFe）的有力手段。这从图 4-9-12、图 4-9-13 中也可看到：通过降低枪位增大 n_0/n（或缩短 τ_T）可显著降低（TFe）。

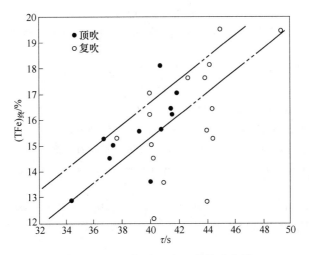

图 4-9-12 τ 与 $(TFe)_{终}$ 的关系曲线

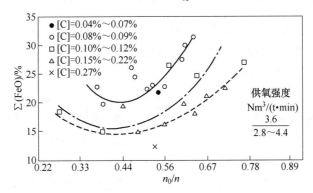

图 4-9-13 $\sum FeO$ 与 n_0/n 的关系

4.9.3 小结[12]

顶底复吹转炉脱磷的最佳化工艺为:

(1) 喷头宜采用偏软吹型（$\theta = 10°$, $l/d_e = 0.94$），顶部枪位曲线宜采用高（$L_H = (24 \sim 28.5) d_\tau$）、高（$L_H = (24 \sim 28.5) d_\tau$）、低（$L_H = 20 d_\tau$），供氧压力 $P_{O_2} = 3.0 \sim 3.5 m^3/(min \cdot t)$。

(2) 底部喷枪布置为 $0.25D$，供气曲线为:

高 [$q_b = 0.05 m^3/(min \cdot t)$] → 低 [$q_b = 0.03 m^3/(min \cdot t)$] → 高 [$q_b = 0.06 \sim 0.08 m^3/(min \cdot t)$]

(3) 终渣宜控制 $R = 4.0$, $(TFe) = 12\% \sim 15\%$。

(4) 本节所提供的的三个操作控制模型可供生产操作参考。

参 考 文 献

[1] 曲英，主编. 炼钢学原理 [M]. 北京：冶金工业出版社，1980：169.

[2] 张叔和. 第三届中日钢铁学术会议论文 [C]. 1985：301-311.

[3] 李远洲. 转炉顶底复合吹炼技术动态 [R]. 1986 (12): 1-9; (13): 2-16.

[4] 宋超, 等. 转炉复合吹炼技术 (1981~1985), 复吹专家组和《钢铁》编辑部, 北京, 1986: 156~172.

[5] 数学手册编写组. 数学手册 [M]. 北京: 人民教育出版社, 1979: 837.

[6] Nilles P E. Steelmaking Proceedings, 1982 年, 65: 85-94.

[7] 田口喜代美, 等. 日本钢管技报, 1982 (7): 13-20.

[8] Hajime Nashiwa, et al. Steelmaking Proceedings, 1982, 65: 208-286.

[9] Tomokatsu Kohtanl, et al. Steelmaking Proceedings, 1982, 65: 211-220.

[10] Takuo Imai, et al. The Third China- Japan Symposium on Science and Technology of Iron and Steel, 1985: 268.

[11] 殷瑞钰, 张耀辉. FeO_n 对转炉型终渣性质的影响 [R], 唐钢钢研所, 1980.

[12] 李远洲. 顶底复吹转炉脱磷最佳化工艺模型的探讨[J]. 钢铁, 1989, 24 (2): 12-18.

4.10　氧气转炉最佳化脱磷工艺模型的探讨

脱磷是氧气转炉炼钢的重要任务, 一般都采用 $L_{P \cdot F}$ 和 $n_{P \cdot F}$ 作为衡量转炉冶炼工艺水平的判据, 我国不少氧气转炉使用 0.2%±中磷铁水炼钢, 一般 $L_{P \cdot F} = 20 \sim 80$, $n_{P \cdot F} = 1.4 \sim 2.2$, 说明其工艺操作的技术经济指标方面均存在一些问题, 故如何优化转炉冶炼工艺, 特别是脱磷工艺, 使 $L_{P \cdot F}$ 达到最大值和 $n_{P \cdot F}$ 达到 1.0 是至关重要的, 过去不少冶金学者曾通过对转炉吹炼终点的现场数据的一次多元回归分析, 提出了 $L_{P \cdot F}$ 和 $n_{P \cdot F}$ 控制模型, 对改进转炉的终期操作、提高 $L_{P \cdot F}$ 和减小 $n_{P \cdot F}$ 值起了一定作用, 但由于实际生产中, 脱磷反应不可能在瞬时间达到平衡, 如某厂 300t 氧气转炉的 $n_{P \cdot F}$ 仍高于 1.53~1.68, 甚至 15t 顶底复吹转炉的 $n_{P \cdot F}$ 也高达 1.5~2.2。我们在上钢五厂 15t 氧气顶吹转炉试验中, 根据 V_P 在 [P] < [P]* (≈0.06%) 时变小, [P] 由 [P]* 降到 0.04% 需要 20min 的实验结果[3] (作者的实验 [P] 由 0.06% 降到 0.015% 为 34min), 采取全程化渣去磷, 分段实施的工艺方针, 从而获得了 "一倒" (预拉碳) 和终点时 $L_P = 100$ 和 $n_{P \cdot F} \approx 1.0$, 及一倒时便基本完成脱磷任务 ([P] = 0.01%~0.035%) 的显著冶金效果, 并使吨钢成本显著降低, 这说明该方针是正确的。进一步验证该结果和使该工艺规范化, 以便推广应用, 是十分必要的。但采用什么模式为当呢? 前人大多采用多元线性方程, 但它仅适用于因变量与自变量之间只有线性关系, 而没有极值关系的情况。在实际冶炼中, 往往是当自变量未达饱和值或最佳值时, 它们对因变量起好的作用; 反之, 当它们超过饱和值或最佳值时, 则起不好的作用。故用多元线性回归分析法来处理试验数据时, 不仅回归方程的相关性小, 偏差值大, 而且不能反映出关键自控变量的最佳值供操作者参考。所以本 "脱磷工艺模型" 作者通过对吹炼前期、"一倒" 和终点实验数据的一次和二次多元逐步回归分析, 找出了以吹炼各期的 L_P 和 n_P 单元控制模型为核心的转炉最佳脱磷工艺模型, 它映射了各吹炼期的主要工艺因素, 可以通过对各期工艺因素的调控, 完成其脱磷任务, 实现 $L_{P \cdot F} \rightarrow$ 最大值和 $n_{P \cdot F} \rightarrow 1.0$ 的最终目标, 并为建立脱磷最佳化工艺的微机智能系统奠定基础。

应当指出, 脱磷最佳化工艺控制模型的核心是: 控制脱磷偏离平衡值 $n_P \rightarrow 1.0$。不论脱磷或脱硫都应是转炉吹炼全过程的事, 不应以一些不切实际的实验室试验结果而误以为脱磷脱硫反应速度很快, 只需在吹炼后期造好炉渣, 脱磷脱硫反应就能达到平衡。

4.10.1　吹炼前期最佳化脱磷工艺模型

本节着重探讨前期的 L_P 和 n_P 的控制模型和使 $[P]$ $(t \approx 7\text{min}) = 0.05\% \sim 0.07\%$ 的技术措施。

4.10.1.1　吹炼过程的 L_P 和 n_P

吹炼过程中 L_P 和 n_P 值变化

图 4-10-1 示出吹炼过程中 L_P 和 n_P 的变化。n_P 系分别按下列不同的 $L_{P \cdot E}$ 公式算出的 $\lg L_{P \cdot E}$ 值除以 $\lg L_{P \cdot A}$ 值而得。

作者的公式：

$$R = 0.91 \sim 1.9 \text{ 时} \quad \lg L_P = \frac{10637}{T} - 10.365 + 0.074[(\text{CaO}) + 0.7(\text{MgO})] +$$

$$2.5\lg(\text{TFe}) + 0.5\lg(\text{P}_2\text{O}_5) \tag{4-10-1}$$

$$R > 1.9 \text{ 时} \quad \lg L_P = \frac{11200}{T} - 10.248 + 0.067[(\text{CaO}) + 0.7(\text{MgO})] +$$

$$2.5\lg(\text{TFe}) + 0.5\lg(\text{P}_2\text{O}_5) \tag{4-10-2}$$

Healy 公式 $[(\text{CaO}) = 0 \sim \text{饱和}]$

$$\lg L_P = \frac{22350}{T} - 16.0 + 0.08(\text{CaO}) + 2.5\lg(\text{TFe}) \tag{4-10-3}$$

由图 4-10-1 可见：

（1）L_P 值随着吹炼的进行逐步递增，至"一倒"时便基本上达到了平衡值；与此相反，n_P 值逐步递减，至"一倒"时，不论是 $n_{P(H \cdot)}$，还是 n_P 都达到了 1.0，这说明本实验工艺是成功的。

（2）在吹炼大约 4min 和 7min 时，$n_{P(H)}$ 的平均值很大，波动范围也很大；而 n_P 的平均值和波动范围均较小，且"一倒"和终点的 $n_{P(H)}$ 频率分布为非正太分布，这说明文献[5]对 Healy 公式的批评是正确的。

（3）n_P $(t = 4\text{min})$ 值也较大是因为冶炼时间短，动力学差所致；而波动值大则不能不说与操作尚未规范化和主动进行调控有关。

（4）值得注意的是 $n_{P(t = 7\text{min})}$ 值已接近 1.0 和 $[P] = 0.05\%\pm$，只是尚有波动。

应当说，控制 $n_{P(t = 7\text{min})} \approx 1.0$ 和 $[P]_{(t = 7\text{min})} \approx 0.05\%\pm$，是决定 $n_{P \cdot 1}$ 和 $n_{P \cdot F}$ 达到 1.0 的关键，而控制 $n_{P(t = 7\text{min})} \approx$ 1.0，特别是 $[P]_{(t = 7\text{min})} \approx 0.05\% \sim 0.06\%$ 的手段，则在造好初期渣 $R_{(t = 4\text{min})} \geqslant 1.6$ 和 $R_{(t = 7\text{min})} \geqslant 2.0$ 及控制 $n_{P(t = 4\text{min})} \leqslant 1.6$。

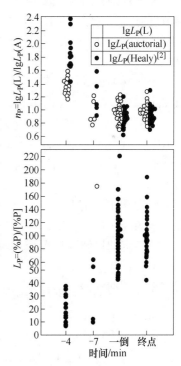

图 4-10-1　吹炼过程中 L_P 和 n_P 值的变化

4.10.1.2　L_P 前期控制模型

根据所取得的 16 炉数据，按函数式：

$$L_P = f\left\{\frac{1}{T}, P_{O_2}, L_T, (CaO) + 0.7(MgO)\left[\text{或}\frac{(CaO)}{(SiO_2)}, (MgO)\right], (\sum FeO), (Al_2O_3), (CaF_2),\right.$$
$$\left.(MnO), (P_2O_5)\right\}$$

经多元逐步回归分析，取 $F_1 = F_2 = 0.5$ 时得：

$$L_P = 5.5093 P_{O_2}(kg/cm^2) + 1.095[(CaO) + 0.7(MgO)] + 1.2876(\sum FeO) + 1.9378$$
$$(Al_2O_3) + 1.5139 CaF_2(kg/t) + 1.9203(MnO) + 2.4535(P_2O_5) - 121.5497$$
$$(n = 16, R = 0.95, F = 11, S = 4.1) \tag{4-10-4}$$

$$L_P = 9.3465 L_T(m) + 5.6899\frac{(CaO)}{(SiO_2)} + 1.6903(MgO) +$$
$$4.8411(Al_2O_3) + 3.0061(P_2O_5) - 31.9728$$
$$(n = 16, R = 0.951, F = 19, S = 3.66) \tag{4-10-5}$$

式 (4-10-5) 中各因素与 L_P 的相关显著性按下列顺序递减：$(P_2O_5) \rightarrow (\sum FeO) \rightarrow [(CaO + 0.7(MgO)] \rightarrow (Al_2O_3) \rightarrow P_{O_2} \rightarrow CaF_2 \rightarrow (MnO)$。式 (4-10-5) 中为：$(CaO)/(SiO_2) \rightarrow (MgO) \rightarrow (Al_2O_3) \rightarrow (P_2O_5) \rightarrow L_T$。

如按各因素对 L_P 值影响程度的大小来分析，由式 (4-10-4) 可得，吹炼前期各因数的调节度对 L_P 影响大小的当量比为：$1(P_{O_2}0.2MPa) : 0.584[(\sum FeO)5\%] : 0.495([(CaO) + 0.7(MgO)]5\%) : 0.223[(P_2O_5)1\%] : 0.176[(Al_2O_3)1\%] : 0.175[(MnO)1\%] : 0.183(CaF_2 1kg/t)$。

由式 (4-10-5) 则得：$1[(Al_2O_3)1\%] : 0.386(L_T 0.2m) : 0.353(R0.3) : 0.349[(MgO)1\%] : 0.31[(P_2O_5)0.5\%]$。

由上可见：吹炼前期的 L_P 值随 P_{O_2}、L_T、$(\sum FeO)$、$(CaO) + 0.7(MgO)$、R、(Al_2O_3)、(MnO) 和 CaF_2 的增大而增大；而温度对 L_P 的影响则可以忽略不计，因温度高虽从热力学看对去 P 不利，但从动力学和石灰渣化来看则又对去 P 有利，故就正负相消了。

作为操作控制模型，既要调节因素的灵敏度高（即对因变量的影响程度大），又要被控因素的变化量再现性好（即自变量与因变量间的相关性显著）。故获得吹炼前期 L_P 值较高、较稳定的措施（即调控手段）如下。

A　采用高枪位大供氧强度

实践[7~10] 表明：前期采用大氧压（$P_{O_2}(前) = (1.2 \sim 1.4)P_{O_2}(平均)$），高枪位（$L_T(前) = (1.2 \sim 1.4)L_T(基本)$）操作，是大幅度提高吹炼前期的脱磷能力和优先去磷及促进全程吹炼平稳的决定性措施。这是因为该措施既增大前期脱 C 速度，加快熔池升温和强化熔池搅拌[11]，又增大 $(\sum FeO)$ 和促进石灰渣化[12] 的结果。式 (4-10-4) 和式 (4-10-5) 初步反映了吹炼前期 P_{O_2} 和 L_T 对 L_P 值的显著影响，只是由于试验中操作者对新工艺尚不熟练，有的炉次只取了一大（P_{O_2} 或 L_T 大），故它们对 L_P 值大小的影响虽各列一、二，但其相关显著性却名列第五。

B　提高初渣碱度 R 及 $(CaO) + 0.7(MgO)$ 和 $(\sum FeO)$ 含量

由式 (4-10-4) 和式 (4-10-5) 的回归分析可见：R、(CaO)、(MgO) 和 $(\sum FeO)$

不仅与 L_P 的相关性显著，而且对 L_P 值的影响也大。这说明 L_P 的前期控制模型中，其热力学因素起着影响模型的灵敏度和再现性的重要作用，应在可能的条件下提高其 R 值，（CaO）、（MgO）和（$\sum$FeO）含量：

（1）根据前期成渣的可行性[13]、C_3P 的形成条件[14]和图 4-10-2 所示本实验中的 $L_{P（前期）}$ 与 $R_{（前期）}$ 的关系曲线，宜控制 $R_{（前）}$ = 1.8~2.0，最小不小于 1.6。

（2）根据（MgO）≤（MgO）$_{sat}$ 时有促进化渣的作用[15]，宜按文献［10］估算（MgO）$_{sat}$ 值的公式，控制（MgO）=（MgO）$_{sat}$（1450℃）。

（3）在吹炼前期，（$\sum$FeO）与 L_P 的关系，不论在相关性还是在影响大小上均紧靠在（CaO）+0.7（MgO）前面。故提高吹炼前期的（$\sum$FeO）含量，对增大 $L_{P（前期）}$ 值有着重大作用。据文献[16]报道，在开吹 0~30% 期间，宜控制（TFe）=50%~30%，一者可促进石灰渣化；二者可降低

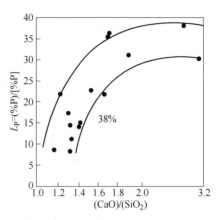

图 4-10-2　吹炼前期 L_P 与（CaO）/（SiO$_2$）的关系

（MgO）$_{sat}$ 值，以防止 R 小时，（MgO）$_{sat}$ 太大，至 R 大时便析出 MgO 使炉渣提早返干；三者可增大 L_P。作者[17]则进一步发现，在 R≤0.1，0.1~0.9，0.91~1.4，1.41~1.9 和 >1.9 的五个区间内，与 L_P 最大值对应存在的（$\sum$FeO）［=（FeO）+1.5（Fe$_2$O$_3$）］最佳值分别为 57.2、30.56、21.6、26.98 和 28.54；或在 R=0~0.9，0.91~1.9 和 >1.9 三个区间内与 L_P 最大值对应存在的［（CaO）+0.7（MgO）］/（$\sum$FeO）特征比分别为 1.38、2.27 和 2.0。本试验中的（$\sum$FeO）$_{（前）}$ 含量尚偏低（其中 63% 的炉次（$\sum$FeO）<14.5%），如控制（$\sum$FeO）$_{（前）}$ = 20%，定将使 $I_{P（前）}$ 值进一步提高。

C　添加适量萤石、废高铝砖或铁矾土

目前，一般人往往过分看中 CaF$_2$ 侵蚀炉衬和 Al$_2$O$_3$ 降低炉渣碱度的不利作用，吹炼前期几乎均取消了加萤石、废高铝砖或铁矾土，并把吹炼全程均不加萤石的工艺视为先进。其实，若前期不加任何助熔剂，从 CaO′-SiO$_2$′-FeO′ 三元相图中不难看出，要在（$\sum$FeO）/（SiO$_2$）<2.0 和 1500℃ 下造就 R≥1.8 的最佳化初渣几乎是不可能的。且实践表明[18~20]，加少量萤石（当（CaF$_2$）≤3%）不仅不会加剧炉衬侵蚀，反而会显著提高炉渣的脱磷脱硫能力。另外实践还表明[21,22]，添加少量 Al$_2$O$_3$（5%±），不仅降低硅酸盐渣的熔点、黏度，缩小 C$_2$S 区，还可提高 a_{FeO}、（CaO）、（CaO）$_{sat}$ 和 a_{CaO} 值，从而降低 $\gamma_{P_2O_5}$ 值。故在本试验的回归方程（4-10-4）和（4-10-5）中，均反映出了 CaF$_2$ 和 Al$_2$O$_3$ 对增大 $L_{P（前）}$ 的显著作用，特别是 Al$_2$O$_3$ 对 L_P 的作用在式（4-10-5）中名列前茅。鉴于试验中的 Al$_2$O$_3$ 大多在 1% 左右，故不妨提高到 2%~3% 和对其最佳值作进一步试验研究。

由上讨论，可得 15t 顶吹氧气转炉吹炼前期的 L_P 合理控制参数初步定为：P_{O_2} = 1.0 MPa（10 kg/cm^2 表压），L_T = 1.4m，（CaO）+0.7（MgO）= 40%~45%，R≥1.8，（MgO）= 6%~8%，（$\sum$FeO）= 20%~25%，CaF$_2$ = 2kg/t，（Al$_2$O$_3$）= 2.0%，（MnO）= 2.0%，（P$_2$O$_5$）= 2.5%，把它们代入式（4-10-4）和式（4-10-5）可算出 L_P≥20，［P］≤0.06%，说明

按上述控制参数操作时，便能达到预定的吹炼前期的 L_P 和 [P] 目标值。

4.10.1.3　n_P 前期控制模型

通过对 16 炉数据，按函数式：

$$n_P = f\left\{\frac{1}{T}, \ (CaO), \ (MgO), \ (\sum FeO), \ (Al_2O_3), \ (MnO), \ (P_2O_5), \ P_{O_2}, \ L_T\right\}$$

进行多元逐步回归分析，取 $F_1 = F_2 = 0.5$ 时得：

$$n_{P(L)} = \frac{6724.6}{T} - 3.9681 + 3.454 \times 10^{-2} (CaO) + 3.236 \times 10^{-2} (\sum FeO) -$$
$$0.101 (Al_2O_3) - 2.521 \times 10^{-2} (P_2O_5)$$
$$(n = 16, \ R = 0.94, \ F = 14.9, \ S = 0.102) \tag{4-10-6}$$

$$n_{P(H)} = \frac{20505}{T} - 8.606 + 2.533 \times 10^{-2} (CaO) - 5.28 \times 10^{-2} (MgO) -$$
$$0.135 (Al_2O_3) - 4.420 \times 10^{-2} (MnO) -$$
$$0.088 (P_2O_5) - 0.109 P_{O_2} (kg/cm^2)$$
$$(n = 16, R = 0.927, F = 9.99, S = 0.152) \tag{4-10-7}$$

取 $F_1 = F_2 = 2$ 时，则得：

$$n_{P(L)} = 1.254 + 2.701 \times 10^{-2} (CaO) + 4.101 \times 10^{-2} (\sum FeO) - 0.153 P_{O_2} (kg/cm^2)$$
$$(n = 16, \ R = 0.921, \ F = 19.7, \ S = 0.112) \tag{4-10-8}$$

$$n_{P(H)} = \frac{17429}{T} + 2.202 \times 10^{-2} (CaO) - 8.044 \times 10^{-2} (P_2O_5) -$$
$$0.289 P_{O_2} (kg/cm^2) - 5.913$$
$$(n = 16, \ R = 0.89, \ F = 11, \ S = 0.181) \tag{4-10-9}$$

各因素与 n_P 间的相关显著性按下列顺序递减，

在式 (4-10-6) 中为：$(\sum FeO) \rightarrow (CaO) \rightarrow P_{O_2} \rightarrow (Al_2O_3) \rightarrow 1/T \rightarrow (P_2O_5)$。

在式 (4-10-7) 中为：$1/T \rightarrow (P_2O_5) \rightarrow P_{O_2} \rightarrow (CaO) \rightarrow (MgO) \rightarrow (Al_2O_3) \rightarrow (MnO)$。

在式 (4-10-8) 中为：$(\sum FeO) \rightarrow (CaO) \rightarrow P_{O_2}$。

在式 (4-10-9) 中为：$1/T \rightarrow (P_2O_5) \rightarrow P_{O_2} \rightarrow (CaO)$。

由上可见：

(1) 式 (4-10-6) 和式 (4-10-8) 的 R 和 F 值较式 (4-10-7) 和式 (4-10-9) 的大，而 S 值则较小，这说明用 $n_{P(L)}$ 表述的 n_P 前期控制模型较用 $n_{P(H)}$ 表述的精度高，与 4.9.1.1 节中的分析结果相同，故 n_P 的前期控制模型宜取式 (4-10-6) 和式 (4-10-8)。

(2) 降低吹炼前期 n_P 值的主要措施和控制手段是：采用大氧压 P_{O_2} 和添加适量 Al_2O_3，其次则是提高炉温。

(3) 如选定吹炼前期的 $n_{P(L)}$ 控制参数为：$T = 1470 + 273$ (K)，$(CaO) \approx 35\%$，$(\sum FeO) = 20\%$，$(Al_2O_3) = 2\%$，$(P_2O_5) = 2.5\%$，$P_{O_2} = 1MPa$，则由式 (4-10-6) 和式 (4-10-8) 可算出 $n_{P(L)} \approx 1.48$。说明它们不仅能获得吹炼前期预定的 L_P 和 [P] 目标值，也能获得 $n_{P(L)} < 1.6$ 的目标值。

4.10.1.4　结论

(1) 实现转炉"一倒"或终点 $n_P = 1.0$ 的关键，在于控制吹炼前期达到下列目标：

$L_{P \cdot b}$，$n_{P \cdot b} < 1.6$ 和 $[P]_b \leqslant 0.07\%$。

（2）达到（1）中规定的 $L_{P \cdot b}$、$n_{P \cdot b}$ 和 $[P]_b$ 的目标值的手段在于造好下列成分的初渣：$R \geqslant 1.8$，$(CaO) \geqslant 35\%$，$(MgO) = (MgO)_{sat}$（$t = 1470℃$）$\approx 6\% \sim 8\%$，$[(CaO) + 0.7(MgO)] \geqslant 40\%$，$(\sum FeO) = 20\% \sim 25\%$，$(CaF_2) = 2\%$，$(Al_2O_3) \geqslant 2\%$，$(MnO) \approx 2\%$ 和 $(P_2O_5) \approx 2.5\%$；采用大氧压（$P_{O_2} = 1MPa$）和高枪位（$L_H = 1.4m$）的供氧制度，以及 $t = 4min$ 时 $T = 1470℃$ 的温度制度。

（3）作者的 L_P 模型较 Healy 的 L_P 模型更符合实际，故推荐取式（4-10-4）、式（4-10-5）、式（4-10-6）和式（4-10-8）供吹炼前期控制 $L_{P \cdot b}$、$n_{P \cdot b}$ 值，以及选定工艺控制参数参考之用。

4.10.2 拉碳脱磷的控制模型

本节通过对一倒预拉碳时所取 40 炉数据的一次和二次多元逐步回归分析，得出了一倒的 $L_{P \cdot 1}$、$n_{P \cdot 1}$ 和 $(\sum FeO)_1$ 控制模型，尤其是首次得出了工业上的 L_P 极值控制模型（其理论极值模型已在文献 [17] 中提出）及其相应的 $(MgO)_1$ 和 $(\sum FeO)_1$ 最佳值控制模型；发现影响 L_P 值的决定性因素已不是 a_{CaO} 而是 a_{FeO}；并提出和应用了借助回归式中映射因素前的系数大小和正负性来判断该因素对被控因素的作用大小和好坏，以及该自控因素的操作值是远离、或接近、或超过最佳值（或饱和浓度的新观点）；探讨了实现拉碳去磷，$n_{P \cdot 1} = 1.0$ 和 $L_{P \cdot 1}$ 获极大值的工艺控制参数。

4.10.2.1 $L_{P \cdot 1}$ 的多元一次方程

通过对 40 炉数据的逐步回归分析，得出：

$$L_{P \cdot 1} = \frac{119860}{T} - 352.1 - 4.44 P_{O_2} \ (kg/cm^2) + 61.76 L_T \ (m) + 4.922 t \ (min) -$$

$$35.51 [C] + 11.381 \frac{(CaO)}{(SiO_2)} + 4.966 (\sum FeO) + 13.912 (P_2O_5) +$$

$$15.328 CaF_2 \ (kg/t) + 39.57 (MnO) - 4.941 (MgO) + 15.776 (Al_2O_3)$$

$$(n = 40, \ R = 0.827, \ F = 4.86, \ S = 25.6) \tag{4-10-10}$$

其各因素与 $L_{P \cdot 1}$ 之间的相关显著性按下列顺序递减：$(\sum FeO) \rightarrow (MgO) \rightarrow (P_2O_5) \rightarrow 1/T \rightarrow (Al_2O_3) \rightarrow (MnO) \rightarrow (CaF_2) \rightarrow L_T \rightarrow P_{O_2} \rightarrow (CaO)/(SiO_2) \rightarrow [C]$。各因素的调节度对 $L_{P \cdot 1}$ 影响大小的当量比为：$1 (MnO1\%) : 0.628 (\sum FeO5\%) : 0.399 (Al_2O_31\%) : 0.387 (CaF_21kg/t) : 0.352 (P_2O_51\%) - 0.2 (T10℃) : 0.156 (L_T0.1m) : 0.144 (R_10.5) : -0.125 (MgO1\%) : 0.124 (t1min) : -0.112 (P_{O_2}0.1MPa) : 0.09 ([C]0.1\%)$。

由此可见：

（1）$L_{P \cdot 1}$ 随 (MnO)、$(\sum FeO)$、(Al_2O_3)、(CaF_2)、(P_2O_5)、L_T、$(CaO)/(SiO_2)$ 和 t 的增大而增大，随 T、(MgO)、P_{O_2} 和 $[C]$ 的增大而减小。

（2）对 $L_{P \cdot 1}$ 起主要影响的为 $(\sum FeO)$ 和 (MgO)，其次为 (Al_2O_3) 和 (CaF_2)；而 L_T、t、P_{O_2} 和 $[C]$ 等动力学因素及 T、$(CaO)/(SiO_2)$ 和 (MgO) 这样重要的热力学因素很次要，乃至可忽略不计了。

以上说明：

（1）本实验一倒时的脱磷反应已接近平衡，故动力学因素对 $L_{P \cdot 1}$ 值的影响变得很小。

(2) 一倒时渣中的 (CaO) 含量已接近饱和值, 而 (MgO) 含量则已有的过饱和了; 根据 Gibbs 相律理论, 这时 $a_{CaO} \approx 1.0$, 于是决定脱磷平衡商 K'_p 值大小的仅是 a_{FeO} 值了, 而 MnO、Al_2O_3 和 CaF_2 等添加剂对增大 $L_{P.1}$ 的显著作用, 都是它们增大 FeO 活度系数 γ_{FeO} 的缘故。故在此情况之下, 调控 $L_{P.1}$ 值的核心在于调控 ($\sum$ FeO), 使 [(CaO)+0.7(MgO)]/[(FeO)+1.5(Fe_2O_3)]=2.0 和添加适量的 Al_2O_3 和 CaF_2, 以求 $L_{P.1}$ 达较大值。

4.10.2.2 $L_{P.1}$ 的多元二次方程

A　与 ($\sum$ FeO) 最佳值相对应的 $L_{P.1}$ 极大值模型

通过多元二次逐步回归分析, 得:

$$\lg \frac{(P)}{[P]}[1+(SiO_2)] = \frac{4074}{T}+0.091(MnO)+0.045CaF_2(kg/t)+0.0466(Al_2O_3)+$$
$$0.0841(\sum FeO)-0.00167(\sum FeO)^2-$$
$$0.0335\frac{(CaO)}{(SiO_2)}-0.2156$$
$$(n=40,\ R=0.622,\ F=2.89,\ S=0.143) \tag{4-10-11}$$

$$\lg \frac{(P)}{[P]}[1+(SiO_2)] = \frac{4000}{T}-0.102\frac{(CaO)+0.7(MgO)}{(SiO_2)+0.85(P_2O_5)}+$$
$$0.06391(MnO)+0.0439CaF_2(kg/t)+0.0992(\sum FeO)-$$
$$0.003(\sum FeO)^2+0.0451(Al_2O_3)-0.0728$$
$$(n=40,R=0.664,F=3.6,S=0.137) \tag{4-10-12}$$

式 (4-10-11) 和式 (4-10-12) 中各因素与 $L_{P.1}$ 之间的相关显著性, 按方程式右边的顺序递减。

从式 (4-10-11) 和式 (4-10-12) 可见:

(1) 降低 (SiO_2) 含量可显著增大 $L_{P.1}$。

(2) 在式 (4-10-11) 中, 不论 (CaO)/(SiO_2) 与 $L_{P.1}$ 的相关性, 还是对 $L_{P.1}$ 值的影响均名列末位; (CaO)/(SiO_2) 增大时 $L_{P.1}$ 稍有减小。这说明一倒时已有相当炉次的 (CaO) 稍有过饱和了。

(3) 在式 (4-10-12) 中, [(CaO)+0.7(MgO)]/[(SiO_2)+0.85(P_2O_5)] 与 $L_{P.1}$ 的相关性名列第二, 它对 $L_{P.1}$ 的负作用也显著大于式 (4-10-11) 中的 (CaO)/(SiO_2)。这说明一倒时渣中的 (MgO) 含量已超过饱和浓度多了。

(4) 如式 (4-10-10) 中所反映的那样, MnO、CaF_2 和 Al_2O_3 具有增大 $L_{P.1}$ 的显著作用。

(5) $L_{P.1}$ [1+(SiO_2)] 与 ($\sum$ FeO) 间有极值关系, 与 $L_{P.1}$ [1+(SiO_2)] 极大值相对应的 ($\sum$ FeO) 最佳值, 在本实验所得的式 (4-10-11) 中为 25.18%, 式 (4-10-12) 中为 16.5%。根据文献 [17] 提出的获 L_p 极大值的特征准数 ([(CaO)+0.7(MgO)]/[(FeO)+1.5(Fe_2O_3)]) 在 (CaO)/(SiO_2)>1.9 时等于 2.0 来判断, 本实验条件下的 ($\sum$ FeO)_1 最佳值以取 20%~25% 为当, 与式 (4-10-11) 的结果相符。

B　与 (MgO) 最佳值相对应的 $L_{P.1}$ 极大值模型

通过多元二次逐步回归分析, 得:

$$L_{P.1} = 3.8552(\sum FeO)-2.2715(MgO)^2+44.96(MgO)+\frac{1549601}{T}+$$

$$16.79 \frac{(CaO)}{(SiO_2)} - 1.034 \frac{(CaO)}{(SiO_2)}(MgO) - 0.1248(\sum FeO)(MgO) - 987.3$$

$$(n = 40, R = 0.7, F = 4.3, S = 30) \tag{4-10-13}$$

通过对式（4-8-10）偏导，得（MgO）的最佳值，见式（4-10-11）：

$$(MgO) = 9.87 - 0.228 \frac{(CaO)}{(SiO_2)} - 0.0275(\sum FeO) \tag{4-10-14}$$

将式（4-10-14）所得的（MgO）最佳值再代入式（4-10-13），即可得出 L_P 随（MgO）变化的极大值。

表 4-10-1 列出按式（4-10-14）估算的不同 $R_1 = (CaO)/(SiO_2)$ 和（$\sum FeO$）下的（MgO）$_1$ 最佳值。由表 4-10-1 可见，为了获得一倒时较大的 $L_{P \cdot 1}$ 值，宜控制（MgO）$_1 = 8\% \sim 8.5\%$。

表 4-10-1 不同（CaO）/（SiO₂）和（∑FeO）₁下的（MgO）₁最佳值

（MgO）₁ R_1	（∑FeO）₁				
	1.5	20	25	30	35
3.0	8.79	8.66	8.52	8.38	8.24
3.5	8.68	8.54	8.41	8.27	8.13
4.0	8.56	8.43	8.29	8.15	8.0
4.5	8.45	8.31	8.18	8.04	7.9

由上讨论，从操作可行和最佳化考虑，可暂定 15t 顶吹氧气转炉吹炼中期的 $L_{P \cdot 1}$ 工艺控制参数为：$P_{O_2} = 0.8MPa$（8kg/cm² 表压），$L_T = 1.2m$，（CaO）+ 0.7（MgO）= 50%，（$\sum FeO$）= 20%，（MgO）= 8.5%，（MnO）= 2.0%，（Al₂O₃）= 2.0%，$CaF_2 = 4.0kg/t$（全程），（P₂O₅）= 3.5%，$R_1 = 3.5$，$T = 1933K$，$t = 15min$，[C] = 0.15。把它们代入式（4-10-10）得 $L_{P \cdot 1} = 105$，则 [P]₁ = [62（P₂O₅）/142] / $L_{P \cdot 1}$ = 0.015%。

4.10.2.3 n_P 一倒控制模型

通过对 40 炉数据的多元逐步回归分析，得式（4-10-15）~式（4-10-19）（注：按各因素与 $n_{P \cdot 1}$ 之间的相关显著性递减排列）：

$$n_{P(L)} = 0.0378[(CaO) + 0.7(MgO)] + 0.0179(\sum FeO) -$$
$$0.0268CaF_2(kg/t) + 0.098[C] - 0.0257(Al_2O_3) + \frac{2197.5}{T} -$$
$$0.032(MnO) - 0.0099(P_2O_5) - 0.0031t(min) + 0.00255P_{O_2} - 0.0153L_T$$
$$(n = 40, R = 0.895, F = 10.2, S = 0.069) \tag{4-10-15}$$

$$n_{P(L)} = 0.0374[(CaO) + 0.7(MgO)] + 0.0166(\sum FeO) - 0.0225CaF_2(kg/t) +$$
$$\frac{2512}{T} - 0.0247(Al_2O_3) - 0.0243(MnO) - 2.327$$
$$(n = 40, R = 0.885, F = 19.77, S = 0.066) \tag{4-10-16}$$

$$n_{P(L)} = -0.0513(Al_2O_3) - 0.041(MnO) + 0.02(CaO) + 0.01(\sum FeO)$$
$$-0.017CaF_2(kg/t) + \frac{1632}{T} - 0.7168$$

$$(n = 40,\ R = 0.66,\ F = 4.3,\ S = 0.107) \tag{4-10-17}$$

$$n_{P(H)} = -0.057(Al_2O_3) + \frac{9533}{T} + 0.03[(CaO) + 0.7(MgO)] -$$

$$0.0794(MnO) - 0.0212CaF_2(kg/t) - 0.03(P_2O_5) - 0.143L_T +$$

$$0.0076(\textstyle\sum FeO) + 0.067[C] - 0.003P_{O_2} - 0.0032t(min) - 4.938$$

$$(n = 40, R = 0.89, F = 9.72, S = 0.07) \tag{4-10-18}$$

$$n_{P(H)} = -0.0504(Al_2O_3) + \frac{9349}{T} + 0.0245[(CaO) + 0.7(MgO)] -$$

$$0.0482(MnO) - 0.0184CaF_2(kg/t) + 0.00283(\textstyle\sum FeO) - 4.9075$$

$$(n = 40, R = 0.847, F = 14, S = 0.071) \tag{4-10-19}$$

由式（4-10-15）~式（4-10-19）可见：

（1）比较式（4-10-16）和式（4-10-17）可见，在 n_P 模型的自变量因素中，不宜用 (CaO) 取代 [(CaO)+0.7(MgO)] 因素；否则 n_P 回归式的 R 值将由 0.89 降低到 0.66，S 值由 0.066 增大到 0.107，也就是说 n_P 模型的控制精度将显著降低。

（2）比较式（4-10-15）和式（4-10-16）及式（4-10-18）和式（4-10-19）可见，删去 P_{O_2}、L_T、t、[C] 和 (P_2O_5) 后，n_P 回归式的 R 和 F 值反而增大，S 值反而减小。这不只在工程数学上表明，本实验条件下的 $n_{P \cdot 1}$ 一倒控制模型中，不应纳入动力学因素对它的影响；更在物理意义上表明，本实验一倒时，脱磷反应已基本达到平衡，故其动力学因素的作用才可以忽略了。从而也证明了本实验的 $n_{P \cdot 1} = 1.0$ 符合实际。让我们不妨参阅文献 [9]，在马钢 50t 顶底复吹转炉的实验中，$n_{P(H)} = 1.3 \sim 2.0$，其 L_P 和 $n_{P \cdot 1}$ 的多元回归式中，P_{O_2}（q_{O_2}）、L_T 和 [C] 的作用不仅不能忽略，而且位居前列，L_P 随 P_{O_2} 和 L_T 的增大而显著增大，与本试验结果形成鲜明的反差。

（3）$n_{P \cdot 1}$ 一倒控制模型以选取式（4-10-16）$n_{P(L)}$ 模型为佳。因一者 $R_{(L)}$ （= 0.885）$> R_{(H)}$ （= 0.847），$F_{(L)}$ （= 19.8）$> F_{(H)}$ （= 14），$S_{(L)}$ （= 0.066）$< S_{(H)}$ （= 0.071）；二者在 $n_{P(L)}$ 的式（4-10-16）中，(CaO)+0.7(MgO) 对增大 $n_{P(L)}$ 的相关显著性名列第一，与 $L_{P \cdot 1}$ 的式（4-10-10）中，(MgO) 降低 $L_{P \cdot 1}$ 的相关显著性名列第二和 R_1 增大 $L_{P \cdot 1}$ 的作用名列第十的物理意义是一致的，且在式（4-10-16）中，(Al_2O_3) 降低 $n_{P(L)}$ 的相关显著性地位与它在式（4-10-10）中增大 $L_{P \cdot 1}$ 的地位也是一致的；而在 $n_{P(H)}$ 的式（4-10-19）中，(Al_2O_3) 降低 $n_{P(H)}$ 的相关显著性却反常地名列第一，同时增高温度对降低 $n_{P(L)}$ 的作用，与它在式（4-10-20）中降低 $L_{P \cdot 1}$ 的作用相当，而降低 $n_{P(H)}$ 的作用则过大些。故推荐 $n_{P \cdot 1}$ 控制模型取 $n_{P(L)}$ 的式（4-10-16）。

将 4.10.2.2 节暂定的工艺控制参数代入式（4-10-16）时，可算出 $n_{P \cdot 1} = 0.99$，这说明该工艺控制参数是积极的、先进的，也是最优化的。

4.10.2.4　($\textstyle\sum FeO$) 一倒控制模型

通过多元逐步回归分析得：

$$(TFe)_1 = \frac{205434}{T} - 93.85 + 1.169R_2 - 5.702[C] - 1.179(Al_2O_3) -$$

$$0.548CaF_2(kg/t) + 3.367L_T$$

$$(n = 40,\ R = 0.78,\ F = 8.4,\ S = 2.52) \tag{4-10-20}$$

该式适用于一倒时：$R_2\left(=\dfrac{[(CaO)+0.7(MgO)]}{[(SiO_2)+0.85(P_2O_5)]}\right)=3\sim4.7$，$(Al_2O_3)=0.55\%\sim$
3.2%，$(MnO)=1.61\%\sim3.6\%$，$CaF_2=2\sim6kg/t$，$[C]=0.07\%\sim0.73\%$ 和 $L_T=1\sim5m$ 的
条件下。它表明 (TFe) 随 R_2、L_T 的增大而增大，随 $T(℃)$，$[C]$，(Al_2O_3) 和 CaF_2 的
增大而降低，与文献 [24，25] 的报道相同，这主要是 Al_2O_3 和 CaF_2 可增大 γ_{FeO} 的缘故。
因此，在吹炼中期适当添加铁矾土废高铝砖和萤石助熔，不仅有助于石灰渣化，提高炉渣
去磷去硫能力，也有利于降低 $(\sum FeO)$。

将 4.10.2.2 节暂定的下列工艺控制参数：$R_2=3.5\sim4.0$，$T=1933K$，$[C]=0.15\%$，
$(Al_2O_3)=2\%$，$CaF_2=4kg/t$，$L_T=1.2m$ 代入式 （4-10-20） 时，可算出 $(TFe)=15.14\%\sim$
15.73%，即 $(\sum FeO)=19.5\%\sim20.22\%$，与 4.10.2.2 节规定工艺控制参数下，获得 L_P
最大值时相对应的 $(\sum FeO)$ 最佳值一致。说明 4.10.2.2 节规定的 $(\sum FeO)_1$ 含量可以
控制。

4.10.2.5 小结

通过以上讨论，可得出以下结论：

（1）$L_{P.1}$ 和 $n_{P.1}$ 模型的多元逐步回归分析说明，本实验一倒时的实际 n_P 平均值为 1.0
是可信的。

（2）本节首次得出了工业上的 L_P 极大值控制模型及其相应的 $(MgO)_1$ 和 $(\sum FeO)_1$ 最
佳值控制模型，可供估算一倒时控制 (MgO) 和 $(\sum FeO)$ 的最佳含量之用。

（3）不仅 Li 的 L_P 模型被证明在吹炼前期较 Healy 的 L_P 模型更符合实际[23]，本节进一
步表明以 Li 的 L_P 模型为标尺的 $n_{P(L).1}$ 回归式较以 Healy 的 L_P 模型为标尺的 $n_{P(H).1}$ 回归式
精度更高，相关性更好，且其映射的工艺因素的作用与 $L_{P.1}$ 回归式中映射的相关因素的作
用能互为折射。

（4）本节提出的下列控制模型：

式 （4-10-10）——$L_{P.1}$ 工艺控制模型；

式 （4-10-11）——求取 $(\sum FeO)_1$ 最佳值的 $L_{P.1}$ 极值模型；

式 （4-10-14）——$(MgO)_1$ 最佳值模型；

式 （4-10-16）——$n_{P(L).1}$ 工艺控制模型；

式 （4-10-20）——$(TFe)_1$ 工艺控制模型；

可供 15t 顶吹氧气转炉继吹炼前期的最佳化操作工艺[23]之后至一倒期间，使脱磷操作规范
化、最佳化和 （主动） 调控化之用。其方法适用于一切冶金的优化工艺。

（5）$L_{P.1}$ 和 $n_{P.1}$ 模型的回归分析表明，在本试验一倒时，$T=1650\sim1680℃$，$(CaO)+$
$0.7(MgO)=47\%\sim58\%$，$(\sum FeO)=15\%\sim25\%$ 和 $R_1\approx R_2=3.5\sim4.2$ 的条件下，(CaO)
含量已接近或约为超过饱和值，（注：与 CaO'-SiO_2'-FeO_n' 相图所示相符），故此时再增大石
灰用量时，式 （4-10-10） 中的 $L_{P.1}$ 增大很有限，式 （4-10-11） 和式 （4-10-12） 中的
$L_{P.1}$ 却有所下降，式 （4-10-16） 中的 $n_{P(L)}$ 则明显增大。这说明石灰高消耗，炉渣过高碱
度 （大于 4.0） 和 (CaO) 大于饱和浓度的造渣工艺只能是降低炉渣的脱磷能力和增大原
材料消耗。

（6）一倒条件下 (MgO) 最佳控制值约为 $8\%\sim8.5\%$。

（7）一倒时决定 $L_{P.1}$ 值大小的主要控制因素已不是 (CaO)，而是 a_{FeO}。故工艺操作

上应建立（$\sum$FeO）₁的工艺控制模型，以控制（$\sum$FeO）₁=最佳值，从而获取 $L_{P \cdot 1}$ 最大值。

（8）助剂对提高 $L_{P \cdot 1}$ 值和促进 $n_{P \cdot 1} \to 1.0$ 的作用不能低估。

（9）本节通过对式（4-10-10），式（4-10-11），式（4-10-14），式（4-10-16）和式（4-10-20）的讨论，所提出的 15t 顶吹氧气转炉，实现一倒拉碳去磷，$n_{P(L) \cdot 1} = 1.0$，$L_{P \cdot 1} = 105$ 和 ［P］=0.015% 的工艺控制参数，再现了本实验的一倒基本操作，并说明在此操作下，可以较小的石灰消耗和渣重达到转炉脱磷的目的。

4.10.3　冶炼低碳钢的终点脱磷控制模型

本节通过对吹炼终点所取的 40 炉试验数据进行一次和二次多元逐步回归分析，找出终点的 $L_{P \cdot F}$、$n_{P \cdot F}$ 和（TFe）$_F$ 控制模型，及 $L_{P \cdot F}$ 的极值模型和相应的（MgO）$_F$、（$\sum$FeO）$_F$ 最佳值控制模型；并说明本实验所获终点优良脱磷冶金效果的客观存在性。然后，在完成建立 15t 顶吹氧气转炉映射各种工艺因素的、分阶段的（MgO）、（$\sum$FeO）最佳值控制模型及 L_P、n_P 和（TFe）控制模型的基础上，按照优化工艺控制论的新方法[26,27]，探讨建立最佳化脱磷工艺的微机智能控制系统雏形，以便该工艺能更好地推广应用。

4.10.3.1　L_P 终点控制模型

A　$L_{P \cdot F}$ 的多元线性方程

通过多元逐步回归分析，得：

$$L_{P \cdot F} = \frac{11958}{T} - 9.422 + 0.0642R_1 \left[= \frac{(CaO)}{(SiO_2)} \right] + 2.5\lg(\sum FeO) + 0.5\lg(P_2O_5) +$$

$$0.192(MnO) + 0.105(Al_2O_3) + 0.0389CaF_2(kg/t) + 3.065[C] +$$

$$0.765L_T - 0.017P_{O_2}(kg/cm^2)$$

$$(n = 40, R = 0.82, F = 7.95, S = 0.167) \tag{4-10-21}$$

各因素与 $L_{P \cdot F}$ 之间的相关显著性按下述顺序递减：（$\sum$FeO）$\to$（MnO）$\to L_T \to$［C］$\to 1/T \to$（Al_2O_3）$\to$（P_2O_5）$\to R_1 \to P_{O_2} \to$（CaF_2）。

$$L_{P \cdot F} = \frac{14561}{T} - 11.76 + 0.047[(CaO) + 0.7(MgO)] + 2.5\lg(\sum FeO) +$$

$$0.5\lg(P_2O_5) + 0.132(MnO) + 0.073(Al_2O_3) + 0.033CaF_2(kg/t)$$

$$(n = 40, R = 0.808, F = 12.8, S = 0.164) \tag{4-10-22}$$

式（4-8-19）中各因素与 $L_{P \cdot F}$ 之间的相关显著性按下述顺序递减：（$\sum$FeO）$\to$（CaO）+0.7（MgO）$\to$（MnO）$\to 1/T \to$（Al_2O_3）$\to$（CaF_2）。

$$L_{P \cdot F} = \frac{13215}{T} - 10.378 + 0.0467(CaO) + 2.5\lg(\sum FeO) + 0.5\lg(P_2O_5)$$

$$(n = 40, R = 0.791, F = 31, S = 0.163) \tag{4-10-23}$$

式（4-8-20）中各因素与 $L_{P \cdot F}$ 之间的相关显著性按下述顺序递减：（$\sum$FeO）$\to$（CaO）$\to 1/T \to$（P_2O_5）。

由式（4-10-21）～式（4-10-23）可见：

（1）增大（$\sum$FeO）、（CaO）或（CaO）+0.7（MgO）或 R_1、（MnO）、（Al_2O_3）、（CaF_2）、（P_2O_5）、［C］和 L_T 及减小 T 和 P_{O_2} 时，有助于提高 $L_{P \cdot F}$。

（2）在式（4-10-21）中，（MnO）、L_T、[C]分别名列诸因素与$L_{P.F}$间相关显著性的二、三、四位，且均成正比关系。这说明本实验的（$\sum FeO$）$_F$含量（12.64%~35.50%）中已有相当多的炉次超过最佳值（约23.7%）；故凡有助于降低（$\sum FeO$）$_F$至其最佳值的热力学动力学措施，均有助于提高$L_{P.F}$值。分析认为：1）因（$\sum FeO$）$_F$与[C]$_F$成反比，并与熔池搅拌混匀时间τ成正比，而τ在L_T=最佳值（$20\sim22\sqrt{3d_t^2}$）时最小，在L_T大于小于最佳值时均增大，按此估算本试验的L_T最佳值约为0.8m；并据文献[8]报道，$L_{P.F}$在[C]$_F$=0.1%~0.12%时最大，在[C]$_F$大于或小于0.1%~0.2%时均减小；故在本实验的实际终期操作枪位（绝对）为0.6~1.0m和[C]$_F$=0.03%~0.15%的条件下，得出的$L_{P.F}$多元一次回归返程中，表现出$L_{P.F}$随L_T和[C]$_F$的增大而增大。但应当指出这不是无限的。2）因（MnO）和（Al_2O_3）在含量少（不大于5%）的条件下有增大a_{FeO}、降低（$\sum FeO$），从而又有降低特征准数（CaO）/（$\sum FeO$）的作用，故在本实验（MnO）$_F$=0.5%~2.62%和（Al_2O_3）$_F$=0.32%~2.71%的条件下，$L_{P.F}$随它们的增大而显著增大；在实际操作中也不妨取其控制值为2%~3%，但也不宜过高，否则将适得其反[28]。

（3）式（4-8-20）尽管删去了影响的一切动力学因素：P_{O_2}、L_T、（MnO）、（Al_2O_3）、（CaF_2）等，但其R值仅从0.82降到0.79，而F值却从8增到31，S由0.167降到0.163。说明本实验的脱磷反应已基本达到平衡，$n_{P.F}$的平均值为1.0是可信的，故这时的$L_{P.F}$只取决于热力学因素（CaO）、（$\sum FeO$）和T。且由于终渣的（CaO）和（MgO）含量已趋近饱和，对$L_{P.F}$起第一位作用的，在式（4-10-21）~式（4-10-23）中均为（$\sum FeO$）。故在某种条件下，可以说对终点$L_{P.F}$值的控制，主要是对（$\sum FeO$）的控制，使（$\sum FeO$）$_F$=最佳值。

B　$L_{P.F}$的多元二次方程

a　与（$\sum FeO$）$_F$最佳值相对应的$L_{P.F}$极大值模型

$$\lg\frac{(P)}{[P]}[1+(SiO_2)]=\frac{6568}{T}-0.547+0.0368(\sum FeO)-7.76\times10^{-4}(\sum FeO)^2-$$

$$0.112R_2[=\frac{(CaO)+0.7(MgO)}{(SiO_2)+0.85(P_2O_5)}]+0.0256CaF_2(kg/t)+$$

$$0.0831(MnO)-0.007(Al_2O_3)$$

$$(n=40,\ R=0.791,\ F=7.6,\ S=0.116) \tag{4-10-24}$$

式（4-8-21）中各因素与$L_P[1+(SiO_2)]$之间的相关显著性，按下列顺序递减：

$$R_2\rightarrow(\sum FeO)\rightarrow(MnO)\rightarrow1/T\rightarrow(CaF_2)\rightarrow(\sum FeO)^2\rightarrow(Al_2O_3)$$

$$L_{P.F}=\frac{13747}{T}-18.62+5.922\lg(CaO)+0.7(MgO)+$$

$$2.5\lg(\sum FeO)+0.5\lg(P_2O_5)$$

$$(n=40,\ R=0.734,\ F=21.6,\ S=0.181) \tag{4-10-25}$$

通过对式（4-10-24）和式（4-10-25）求偏导和解，可分别得$L_{P.F}$最大时的（$\sum FeO$）$_{最佳值}$=23.71%，极值特征准数[（CaO）+0.7（MgO）]/（$\sum FeO$）=2.37。

b　与（MgO）$_F$最佳值相对应的$L_{P.F}$极大值模型

$$L_{P \cdot F} = \frac{2511211}{T} - 1193 - 1.977R_1 - 2.386(\sum FeO) + 14.378(MgO) -$$

$$1.6845(MgO)^2 + 0.657R_1(MgO) + 0.289(\sum FeO)(MgO)$$

$$(n = 40, R = 0.62, F = 2.9, S = 26.9) \qquad (4\text{-}10\text{-}26)$$

式 (4-10-26) 中各因素与 $L_{P \cdot F}$ 间的相关显著性，按下列顺序递减：$(MgO)^2 \rightarrow 1/T \rightarrow (MgO) \rightarrow R_1(MgO) \rightarrow (\sum FeO)(MgO) \rightarrow (\sum FeO) \rightarrow R_1$。

通过对式 (4-10-26) 偏导，可得 $L_{P \cdot F} =$ 最大值时的 $(MgO)_F$ 最佳值控制模型：

$$(MgO)_F = 4.268 + 0.058R_1 + 0.086 (\sum FeO) \qquad (4\text{-}10\text{-}27)$$

故当 $R_1 = 3.5 \sim 4.5$，$(\sum FeO) = 20\% \sim 25\%$ 时，宜控制 $(MgO)_F = 6.2\% \sim 6.7\%$，它比一倒时的 (MgO) 最佳值小，但比脱硫要求的 $(MgO)_F$ 最佳值（约 4%）高。

由上讨论，从操作可行和最佳化考虑，可暂定 15t 顶吹氧气转炉吹炼后期的 $L_{P \cdot F}$ 补吹工艺控制参数为：$P_{O_2} = 0.8MPa$，$L_T = 0.8m$，$(CaO) + 0.7 (MgO) = 48\%$，$(\sum FeO) = 24\%$，$(MgO) = 6.5\%$，$(MnO) = 1.8\%$，$(Al_2O_3) = 1.0\%$，$(CaF_2) = 4.0kg/t$（全炉），$(P_2O_5) = 3.0\%$，$T = 1953K$，$[C] = 0.10\%$，$R_1 = 3.5$，把它们代入式 (4-10-18) 得 $L_{P \cdot F} = 133.0$，$[P]_F = 0.01\%$；代入式 (4-10-23) 则 $L_{P \cdot F} = 128.5$，$[P]_F = 0.01\%$。

4.10.3.2　n_P 终点控制模型

通过对所取 40 炉终点试验数据的多元逐步回归分析，以及对回归方程进行优选后，得：

$$n_{P(L) \cdot F} = \frac{2416.5}{T} - 2.381 + 0.0362[(CaO) + 0.7(MgO)] + 0.0207(\sum FeO) -$$

$$0.0109CaF_2(kg/t) - 0.0307(MnO) + 0.0172(Al_2O_3)$$

$$(n = 40, R = 0.85, F = 14, S = 0.059) \qquad (4\text{-}10\text{-}28)$$

式 (4-10-28) 中各因素与 $n_{P(1)}$ 之间的相关显著性按下列顺序递减：

$$(\sum FeO) \rightarrow [(CaO) + (MgO)] \rightarrow (MnO) \rightarrow (CaF_2) \rightarrow 1/T \rightarrow (Al_2O_3)$$

$$n_{P(H) \cdot F} = \frac{7562.8}{T} - 4.672 + 0.35(CaO) + 0.0177(\sum FeO) -$$

$$0.0135CaF_2(kg/t) - 0.0536(MnO) + 0.0253(Al_2O_3)$$

$$(n = 40, R = 0.88, F = 18, S = 0.062) \qquad (4\text{-}10\text{-}29)$$

式 (4-10-29) 中各因素与 $n_{P(H)}$ 之间的相关显著性按下列顺序递减：$(CaO) \rightarrow (\sum FeO) \rightarrow 1/T \rightarrow (MnO) \rightarrow (Al_2O_3) \rightarrow (CaF_2)$。

如仅从式 (4-10-28)~式 (4-10-29) 的 R、F 和 S 值的大小来判断，似难确定哪式更好。但如把两式的各因素的相关显著性顺序与 $L_{P \cdot F}$ 的式 (4-10-21)~式 (4-10-23) 中各因素的相关显著性顺序做一比较，可见，式 (4-10-28) 比式 (4-10-29) 对应关系较好。另外，式 (4-10-21)~式 (4-10-23) 中影响 $L_{P \cdot F}$ 的温度项为 $11960/T \sim 14561/T$，与 Li 公式中的温度项 $11200/T$ 相近似，而与 Healy 公式中的温度项 $22350/t$ 却相差较大。故 $n_{P \cdot F}$ 终点控制模型以取 $n_{P(1) \cdot F}$ 的式 (4-10-28) 为当。

将 4.10.3.1 中暂定的工艺控制参数代入式（4-10-28）时，可算出 $n_{P.F}=1.009$，说明 4.10.3.1 中所定的脱磷工艺参数是积极的、先进的和最佳的。

4.10.3.3 （$\sum FeO$）终点控制模型

通过对 40 炉数据，按 $(TFe)=f\left\{\dfrac{1}{T}, P_{O_2}, L_T, t(\min), [C], R_2, CaF_2, (Al_2O_3)\right\}$ 函数式进行多元逐步回归分析，取 $F_1=F_2=0.5$ 时，得：

$$(TFe)=35.985-16.71L_T-50.4[C]+0.432R_2-0.703(Al_2O_3)$$
$$(n=40, \ R=0.68, \ F=7.5, \ S=2.95) \tag{4-10-30}$$

当取 $F_1=F_2=1.0$ 时，则得：

$$(TFe)=38.45-17.204L_T-50[C]-0.88(Al_2O_3)$$
$$(n=40, \ R=0.673, \ F=10, \ S=2.93) \tag{4-10-31}$$

各因素与（TFe）间的相关显著性按下列顺序递减：

式（4-10-30）中：$L_T \rightarrow [C] \rightarrow (Al_2O_3) \rightarrow R_2$。

式（4-10-31）中：$L_T \rightarrow [C] \rightarrow (Al_2O_3)$。

由式（4-10-30）和式（4-10-31）可见：

（1）$(TFe)_F$ 主要受控于 L_T 和 $[C]$。

（2）$(TFe)_F$ 随 L_T 的增大而减小，与一般情况反常，其原因见前。

（3）$(TFe)_F$ 还随 R_2 的增大和 $[C]$、(Al_2O_3) 的减小而增大。

前面已经指出，对 $L_{P.F}$ 的控制，主要是对（$\sum FeO$）$_F$ 的控制，使（$\sum FeO$）$_F$ = 最佳（21%~24%），将 4.10.2.2 节暂定的工艺控制参数代入式（4-10-31）时，可算出 $(TFe)_F$ = 18.807%，说明 4.10.2.2 节中讨论规定的（$\sum FeO$）$_F$ 含量可以控制。

4.10.3.4 小结

（1）从式（4-10-23）和式（4-10-28）可见，$L_{P.F}$ 和 $n_{P.F}$ 均主要取决于热力学因素，P_{O_2}、L_T、$t(\min)$ 和 $[C]$ 等因素在逐步回归过程中都被删去了。这说明本实验的终点脱磷反应已基本达到平衡，其 $n_{P.F}$ 实际平均值为 1.0 是可信的。

（2）本实验的式（4-10-23）$\lg L_{P.F}$ 与 Li 公式的 $\lg L_P$（$R>1.9$）模型相近，而与 Healy 的 $\lg L_P$[（CaO）= 0~饱和] 模型相差较大。故 $n_{P(L).F}$ 控制模型也较 $n_{P(H).F}$ 控制模型更有规律性。

（3）本节推出的下列控制模型

式（4-10-21）~式（4-10-23）——$L_{P.F}$ 工艺控制模型；

　　　　式（4-10-24）——求（$\sum FeO$）最佳值的 $L_{P.F}$ 极大值模型；

　　　　式（4-10-25）——$L_{P.F}$ 达极大值的特征准数；

　　　　式（4-10-27）——$(MgO)_1$ 最佳值模型；

　　　　式（4-10-28）——$n_{P(L).F}$ 工艺控制模型；

　　　　式（4-10-31）——$(TFe)_{P.F}$ 工艺控制模型；

可供 15t 顶吹氧气转炉低碳脱磷或补吹脱磷的操作规范化、最佳化和调控之参考。

（4）终点（MgO）的最佳值约为 6.5%±。

（5）决定 $L_{P \cdot F}$ 值大小的主要因素为 a_{FeO}，应按 $[(CaO)+0.7(MgO)]/(\sum FeO)=2\sim$ 2.37 控制 $(\sum FeO)_F$ 含量。

（6）$(MnO)(CaF_2)$ 对提高 $L_{P \cdot F}$ 和促进 $n_{P \cdot F} \rightarrow 1.0$ 的作用应加以充分利用。

（7）通过对式（4-10-21）、式（4-10-23）、式（4-10-28）、式（4-10-31）的讨论，提出实现低碳脱去磷的下列指标：$n_{P \cdot F}=1.0$，$L_{P \cdot F} \approx 130$ 和 $[P]_F \leqslant 0.01\%$ 的目标所应采用的工艺参数，再现了实验的终期基本操作，可供参考。

4.10.4 优化炼钢工艺的微机智能系统初步方案

根据对转炉熔池运动动力学[29~31]，石灰在 CMFS 渣系中的溶解热力学和动力学[12]，以及磷在 CMFS 渣系与铁液间的反应平衡分配比和反应动力学的研究中所得到的新认识，和据之在 15t 顶底复吹转炉上进行的 $L(1^6 \times 6^3)$ 正交试验，孵化了新的转炉最佳化冶炼工艺[32]，然后，照此在 15t 顶吹转炉上进行了最佳化造渣工艺试验，获得了出乎意料的良好冶金效果（L_P 平均值达 100，n_P 平均值 = 1.0）和经济效益（钢铁料消耗降低 15kg/t 钢，石灰消耗降低 11.47kg/t），并通过大生产对比试验验明了该法的经济效益。通过对试验数据的多元逐步回归验明了该法的脱磷反应已基本达到平衡的事实。故可以说，该工艺成功了，它以不逊于顶底复吹法的身价出现了，不仅给顶吹氧气转炉开辟了一条技术进步的新路，也给顶底复吹转炉提供了一种可兹借鉴的优化工艺方法。因此，如何把该法的试验结果总结好是十分重要的。鉴于过去不少新工艺新技术按常规方法总结的鉴定资料，往往不能保证其顺利推广、应用的原因，主要是：（1）简单地把新工艺归纳在"基本操作要点"之内，而没有用反应工程学的观点去总结，去再创造，去建立映射工艺操作因素等的受控要素的控制模型和调节受控要素偏离平衡程度的控制模型，并把新的先进的操作工艺固化和量化在这两个模型内，以使新工艺规范化、科学化和数学化，从而较好地以变应变，主动地积极地干预和调整冶金过程，使 $n_x \rightarrow 1.0$ 和 L_x 达最大值，因为它们才是最佳化工艺的最终和最高的体现。（2）没有严密地科学地进行物料衡算和热量衡算，而常用简单计算代之，致使反应过程失衡；但复杂、庞大的衡算又是人工短时不能完成的。故此，结合"转炉脱磷最佳化工艺模型的研究"课题，根据反应工程控制论的新方法，通过对试验数据的再处理，在 4.9.1~4.9.3 节中相继建立了吹炼各阶段的 L_P、n_P 和（TFe）控制模型后，在此并结合开发"优化转炉炼钢工艺的微机专家系统"科研课题的任务，特提出使转炉吹炼平稳，反应达到或接近平衡，和技术经济指标优良的最优化炼钢工艺微机智能系统的初步方案，它包括：原材料现在化学成分数据库，最佳化初渣和终渣系列（按碱度变化）的数据库，分阶段的基本供氧制度和基本熔剂制度的数据库，分阶段的 W_{SL}、L_P、L_S、L_{Mn}、n_P、n_S、n_{Mn}、$[C]$、$[Si]$、$[Mn]$、$[P]$、$[S]$ 等的目标值和控制值的软件包（即计算程序），分阶段的 $(MgO)_{sat}$ 值、(MgO) 最佳值和 $(\sum FeO)$ 最价值的软件包，分阶段的物料平衡和热平衡的软件包，分阶段的加料控制模型和氧耗控制模型，以及推荐的优化工艺控制参数的荧屏显示模型和指令打印模型等，现将其运行流程图示于图 4-10-3 和图 4-10-4 中。

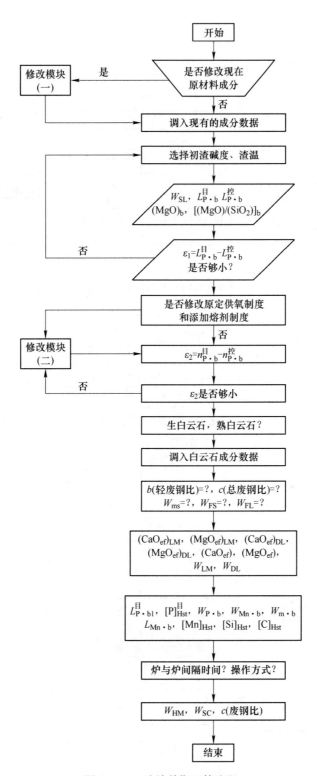

图 4-10-3 吹炼前期运算流程

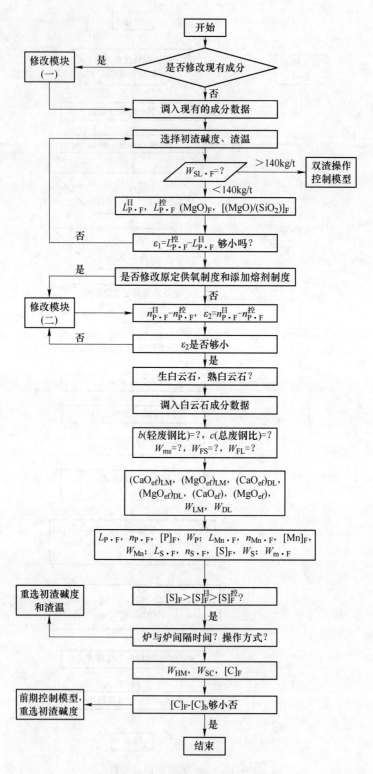

图 4-10-4　全炉终期运算流程

4.10.5　小结

对上面的讨论，总结如下：

（1）Li 的 L_P 最优化模型是指导转炉脱磷和建立 n_P 控制模型的理论基础，实践表明，它较 Healy 公式更可信赖。

（2）本节开发的建立 L_{Me} 和 n_{Me} 控制模型的新方法，为理论与实际的结合架起了桥，为冶金反应工程的控制论添了新的一页。其特点是：

1）把一切工艺因素，包括供氧制度、造渣制度、温度制度、炉渣成分乃至炉型尺寸等均送入计算机进行回归分析；

2）采用一次和二次多元逐步回归分析的方法去获取映射主要工艺因素的 L_{Me} 和 n_{Me}，线性控制模型和 L_{Me} 极大值控制模型；

3）利用回归式中映射因素的属性（是热力学性质，抑动力学性质），及因素前的系数大小和正负符号来判断反应接近平衡与否，化合物浓度未饱和、饱和和过饱和的远近。

（3）本节开发了独具特色的最佳化冶金工艺静态控制模型，为创立最优化炼钢工艺的危机智能系统奠定了基础，为冶金反应工程构思了一种新的模式。它是以 L_{Me} 和 n_{Me} 单元控制模型作基本手段的决策模型为主干，集多种数据库，分阶段物料和热量综合衡算模型，金属料控制模型，分阶段渣料控制模型以及氧耗模型和分阶段供氧制度控制模型于一体，以达到 $L_{Me} \to$ 最大值，$n_{Me} \to 1.0$ 为目标的一种新型物理化学控制模型。

（4）通过一倒和终点的 L_P 和 n_P 多元逐步回归分析，验明了本工艺所达到的 n_P 平均值为 1.0 是客观属实的。

（5）全程化渣去磷是实现转炉脱磷反应达到平衡的根本措施。

（6）造好 $R \geqslant 1.8$ 的初渣是实现全程去磷的必要条件。

（7）吹炼前期采用大氧压、高枪位和添加适量的助剂是造好最佳化初渣和达到 $[P]_{(t=7min)} = 0.05\% \sim 0.07\%$ 目标值、进而达到 $n_{M \cdot Fe} \to 1.0$ 的基本保证。

（8）$L_{P \cdot F}$ 在 $(MgO)_F =$ 最佳值和 $(\sum FeO)_F =$ 最佳值处存在极大值。

（9）本工艺的一倒和终点时的 L_P 值主要取决于 a_{FeO} 值，故控制 $(\sum FeO) =$ 最佳值和加入适量有助于增大 γ_{FeO} 值的助剂是十分重要的。

（10）本节提出的吹炼各阶段的 L_P、n_P 线性控制模型，极大值控制模型以及 (MgO) 和 $(\sum FeO)_F$ 最佳值模型等可供生产者参考。

参 考 文 献

［1］李远洲，邵维裘，等. 氧气转炉的最佳化脱磷工艺冶金效果研究［J］. 江西冶金，1993，13（4）：6.

［2］李远洲，等. $CaO\text{-}MgO_{sat}\text{-}CaF_2\text{-}FeO_n\text{-}SiO_2$ 渣系后期脱磷动力学研究（见 4.8 节）.

［3］Ikeda T，Matsuo T. Trans ISIJ，1982，22：495-503.

［4］Kunisada K，Iwai H. Trans. ISIJ，1986，26：121.

［5］Gaye H. 牟慧妍译. 炼钢过程平衡和动力学，见：国外转炉顶底复合吹炼技术（上），1985：236-245.

［6］李远洲. CMFS 渣系与铁液间磷平衡分配比最优化线性模型探讨［J］. 江西冶金，1993，13（6）：11.

[7] Baker R，et al. Ironmaking and Steelmaking，1980（5）：230.

[8] 李远洲，史荣贵，等. 钢铁，1988（1）.

[9] 李远洲. 钢铁，1989（2）：12.

[10] 李远洲，等. 钢铁，1990（7）：6.

[11] 在规定的供氧强度下研究转炉炼钢过程，见：国外氧气转炉炼钢文献（第十三辑），首钢钢研所，1977：60.

[12] 李远洲，等. 钢铁，1989（11）：22.

[13] Masui A，et al. The role of slag in basic oxygen steelmaking processes［C］//McMaster Symposium，1976：3-1.

[14] 特列恰柯夫 E B，等. 氧气转炉造渣制度［M］. 北京：冶金工业出版社，1975：12-13.

[15] 巴普基兹曼斯基 B И，著. 氧气转炉炼钢过程理论［M］. 曹兆民，译. 上海：上海科技出版社，1999：150.

[16] 曲英，等译. 物理化学和炼钢［M］. 北京：冶金工业出版社，1984：264.

[17] 李远洲，等. CMFS 渣系与铁液间磷平衡分配比的极值模型探讨［J］. 钢铁，1995（4）：14；江西冶金，1993，13（2）：14.

[18] Otterman B A，et al. Steelmaking Proceedings，1984：198-207.

[19] 汪大洲. 钢铁生产中的脱磷［M］. 北京：冶金工业出版社，1986：107.

[20] Coessens C，et al. Steelmaking Conference Proceedings，1987，70：375.

[21] Shigaki I，et al. Trans. ISIJ，1985，25：363.

[22] Turkdogan E T. Physicochimical Properties of Molten Slags and Glasses［M］. London：The Metals Society，1983：124.

[23] 李远洲. 氧气转炉吹炼前期的最佳化脱磷工艺基础［J］. 化工冶金，1994，15（2）：103.

[24] Nozaki T，et al. Trans. ISIJ，1983，23：513.

[25] 李远洲. 改进氧气转炉选渣工艺探讨之三（如何选配熔剂）（见 8.5 节）.

[26] 李远洲. 钢铁，1992（4）：14.

[27] 李远洲. 顶吹氧气转炉脱硫研究（第三部分：15t 顶吹氧气转炉的脱硫最佳化工艺静态控制模型的探讨）.

[28] 汪大洲. 钢铁生产中的脱磷［M］. 北京：冶金工业出版社，1986：101.

[29] 李远洲，等. 钢铁，1987（2）：16.

[30] 李远洲. 转炉顶底复合吹炼技术动态，1986（12）：1；（13）：2.

[31] 李远洲. 华东冶金学院学报，1987（4）：6.

[32] 李远洲，等. 转炉顶底复合吹炼技术动态，1989（49）：5.

5 脱 硫 反 应

目前一般氧气转炉中，通过炉渣脱硫的分配比 L_S 约为 5，气化脱硫率 $\eta_{S \cdot g}$ 约占总脱硫量的 10%，总脱硫率 $\sum \eta_S$ 约为 40%。这很难满足铁水含硫较高时（如 $[S] \geqslant 0.06\%$）对转炉脱硫的要求。特别是铁水磷、硫含量均较高时，转炉难以冶炼，因在一般情况下（$\sum$ FeO）高利于脱磷，而（$\sum$ FeO）低利于脱硫，很难做到两全，且脱硫必须在其他氧化物与 CaO 形成稳定化合物后才开始，所以它要求比脱磷更高的碱度，故大多主张炉外脱硫。但氧气转炉中能否有同时肩负脱磷脱硫的切合点呢？即在某个 R 和（FeO）下能兼顾脱磷脱硫，譬如充分挖掘氧气转炉气化脱硫的能力，从而提高 $\sum \eta_S$，当然不是无限的，要以经济合理为度。这就是本章 5.2 节要探讨的问题。

5.1 顶吹氧气转炉的脱硫行为

目前顶吹氧气转炉大多同时承担脱磷脱硫任务。但脱磷为氧化反应，脱硫为还原反应，当 $[P]_{pig} \leqslant 0.2\%$ 和 $[S]_{pig} > 0.05\%$ 时，其冶炼困难往往不在脱磷，而在脱硫。故转炉同时肩负脱磷脱硫是否经济合理值得研究。这里[1,2]根据原上钢五厂 15t 顶吹氧气转炉最佳化造渣工艺的试验数据，分析了顶吹转炉的脱硫行为，并通过一次和二次多元逐步回归，得到了表达预拉碳点（以下简称"一倒"）脱硫分配比 $L_{S \cdot 1}$ 和偏离平衡系数 $n_{S \cdot 1}$ 的最佳方程式，反映了各因素与 $L_{S \cdot 1}$ 和 $n_{S \cdot 1}$ 间的相关性和作用大小；揭示了在顶吹氧气转炉中存在：一个 $L_{S \cdot 1}$ 起跃点与相应的炉渣碱度 R 值，一个 $L_{S \cdot 1}$ 极大值与相应的（MgO）最佳值及 $n_{S \cdot 1}$ 较小的原因。为设计顶吹氧气转炉的最佳化脱硫工艺和限制其脱硫任务提供参数和依据。

5.1.1 试验装置和条件

实验主要设备见表 5-1-1，主要原材料见表 5-1-2。

表 5-1-1 主要设备

设备	规格和性能			
转炉	公称容量/t	15	炉容比/m³·t⁻¹	0.87
	实际出钢量/t	20		2.5
氧枪	喷头为三喉式，$d_t = 21mm$，$d_e = 28mm$，$\theta = 8°$，$l/d_e = 1.07$			

表 5-1-2 主要材料

铁水/%					石灰/%	
C	Si	Mn	P	S	CaO	SiO₂
3.5~4.5	$\dfrac{0.3 \sim 1.3}{0.67}$	$\dfrac{0.29 \sim 0.66}{0.38}$	$\dfrac{0.1 \sim 0.25}{0.16}$	$\dfrac{0.035 \sim 0.082}{0.053}$	约 90	约 2

5.1.2 试验结果和讨论

5.1.2.1 脱硫行为

A 吹炼过程的金属含硫量变化

典型炉次吹炼过程的金属和炉渣成分的变化曲线如图 5-1-1 所示。

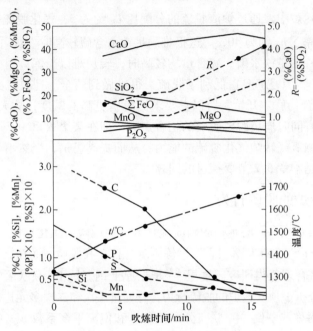

图 5-1-1 典型炉次吹炼过程的金属和炉渣成分的变化曲线

由图中可见：

（1）在吹炼前期，Si、P 迅速氧化降低，而 S 不仅不降低反而有所升高。这主要是前期渣 $R \leqslant 2.0$，使上一炉炉壁挂渣和铁水带入渣中的 S 产生回硫的结果。

（2）直到 Si 氧化毕，炉渣 $R > 2.0$ 和 P 大部分氧化后，S 才开始降低；至一倒和终点时，其 R 和 ［S］值如直方图（图 5-1-2、图 5-1-3）所示。由图可见：一倒时，$R < 4$ 者占 52.5%，［S］$> 0.04\%$ 者占 47.5%；终点时，$R > 4$ 者达 87.5%，［S］$> 0.04\%$ 者尚占 19%；然而一倒时［P］$\leqslant 0.03\%$ 者已达 92.5%。

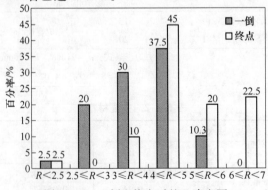

图 5-1-2 一倒和终点时的 R 直方图

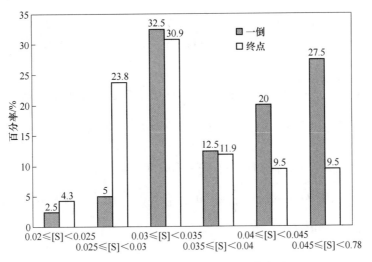

图 5-1-3 一倒和终点时的 [S] 直方图

B 一倒和终点时的 L_S 和 n_S

由图 5-1-4、图 5-1-5 中可见:

(1) 一倒时的 $L_{S·1} = \dfrac{1.45 \sim 7.83}{4.52}$,$L_{S·1} < 6$ 者占 85%,$6 \sim 8$ 者占 15%;终点的 $L_{S·F} = \dfrac{1.41 \sim 9.45}{5.13}$,$L_{S·F} < 6$ 者占 57.6%,$6 \sim 9.5$ 者占 37.5%。

(2) $n_{S·1} = \dfrac{0.34 \sim 0.75}{0.5}$,$n_{S·F} = \dfrac{0.39 \sim 0.90}{0.65}$,均小于 1.0。

以上说明:

(1) 在转炉中脱硫任务难以和脱磷任务在一倒时同时完成,即无法同时达 [P] ≤ 0.03% 和 [S] ≤ 0.035%。

(2) 碱性氧气转炉的脱磷能力强,$L_{P·1}$ 可达 100 以上,又反应早,一倒时便 $n_{P·1} \approx 1.0$;而其脱硫能力既小,$L_{S·1} = 4.52$,且又反应晚,远离平衡,$n_{S·1} = 0.5$。

(3) 故转炉同时肩负脱磷脱硫时,势必延长吹炼时间,增大石灰和钢铁料的消耗。

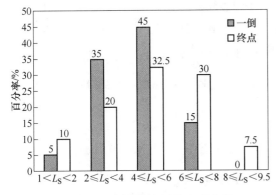

图 5-1-4 一倒和终点时的 L_S 直方图

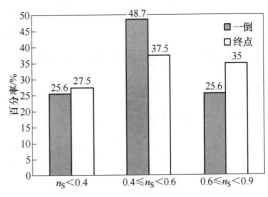

图 5-1-5 一倒和终点时的 n_S 直方图

5.1.2.2 影响 $L_{S \cdot 1}$ 的因素及其作用和地位

先按试验数据建立数据库，再用计算机进行一次和二次多元逐步回归，经优选后获得一倒的下列 $L_{S \cdot 1}$ 方程式：

$$L_{S \cdot 1} = 12.545 - \frac{29593}{T} + 1.345R - 0.0869(\sum FeO) + 0.237CaF_2(kg/t) + 0.525(Al_2O_3) +$$

$$0.432(MnO) - 0.966[C] - 0.131P_{O_2}(kg/cm^2) + 2.55L_H(m)$$

$$(N = 30, R = 0.868, F = 6.8, S = 0.693) \tag{5-1-1}$$

式（5-1-1）中各因素与 $L_{S \cdot 1}$ 间的相关性按下列顺序递减：

$$R \rightarrow (\sum FeO) \rightarrow (Al_2O_3) \rightarrow P_{O_2} \rightarrow \frac{1}{T} \rightarrow CaF_2 \rightarrow (MnO) \rightarrow [C]。\text{图 5-1-6 示出式(5-1-1)的}$$

$L_{S \cdot 1}$ 计算值与 $L_{S \cdot 1}$ 实测值基本一致。

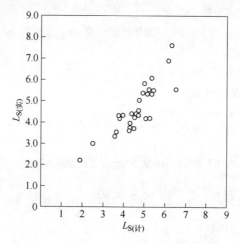

图 5-1-6   式（5-1-1）的 $L_{S \cdot 1}$ 计算值与 $L_{S \cdot 1}$ 实测值的对比图

$$L_{S \cdot 1} = 14.61 - \frac{10949}{T} - 3.358R - 0.277(MgO) + 0.474R^2 - 0.0056(\sum FeO)^2 -$$

$$0.032(MgO)^2 - 0.0222(\sum FeO)R + 0.133R(MgO) + 0.0161(\sum FeO)$$

$$(MgO) - 1.214[C] - 0.0215P_{O_2}(kg/cm^2) + 2.93L_H(m)$$

$$(N = 30, R = 0.89, F = 5.3, S = 0.698) \tag{5-1-2}$$

式（5-1-2）中各因素与 $L_{S \cdot 1}$ 间的相关性按下列顺序递减：

$$R \rightarrow (\sum FeO)^2 \rightarrow L_H \rightarrow P_{O_2} \rightarrow [C] \rightarrow R^2 \rightarrow \frac{1}{T} \rightarrow (MgO)^2 \rightarrow (\sum FeO)(MgO) \rightarrow R(MgO) \rightarrow (MgO) \rightarrow$$

$R(\sum FeO)$。图 5-1-7 示出式(5-1-2)的 $L_{S \cdot 1}$ 计算值与 $L_{S \cdot 1}$ 实测值基本一致。

$$L_{S \cdot 1} = 8.874 - \frac{17057}{T} + 1.491R - 0.32(\sum FeO) + 0.572(MgO) - 0.0433(MgO)^2 -$$

$$0.345R(MgO) + 0.0178(\sum FeO)(MgO) - 1.42[C] -$$

$$0.069P_{O_2}(kg/cm^2) + 2.12L_H(m)$$

$$(N = 30, R = 0.844, F = 4.7, S = 0.768) \tag{5-1-3}$$

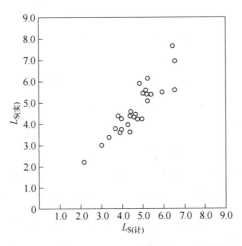

图 5-1-7 式（5-1-2）的 L_S 计算值与 L_S 实测值对比图

式（5-1-3）中各因素与 $L_{S.1}$ 间的相关性按下列顺序递减：

$$R \rightarrow (\sum FeO) \rightarrow L_H \rightarrow P_{O_2} \rightarrow \frac{1}{T} \rightarrow [C] \rightarrow (MgO)^2 \rightarrow (\sum FeO)(MgO) \rightarrow (MgO) \rightarrow R(MgO)$$

现就方程式（5-1-1）~式（5-1-3）所反映的一倒时各因素对 $L_{S.1}$ 的影响讨论如下。

A R 和（$\sum FeO$）的影响

R 和（$\sum FeO$）与 L_S 的相关性列第一、第二。不仅从式（5-1-1）可见 $L_{S.1}$ 随 R 的增大或（$\sum FeO$）的减小而明显增大。尤其是通过式（5-2-1）作的 L_S 与 R 和（$\sum FeO$）的关系曲线，如图 5-1-8 所示，由图中可见：

（1）$L_{S.1}$ 起跃点的 $R = 2.89$，$L'_{S.1}$ 起跃值随（$\sum FeO$）增大而减小，当（$\sum FeO$）$\geqslant$ 30% 时，$L'_{S.1} < 2$。这既说明了吹炼前期未脱硫的原因，也证明了脱硫反应在渣中 CaO 与其他氧化物形成稳定化合物后，尚有富余的 CaO（或 O^{2-}）存在时才开始的论断，故转炉剩下的脱硫时间短，难以达到反应平衡，并揭示了一倒拉碳脱硫必须 $R > 4.0$。

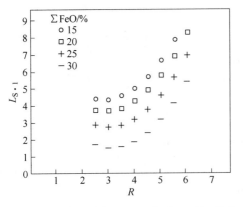
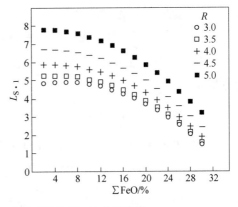

图 5-1-8 式（5-1-2）的 L_S 与 R 和（$\sum FeO$）的关系曲线

（$T = 1933K$，$P_{O_2} = 8kg/cm^2$（表压），$L_H = 1.0m$，$[C] = 0.1\%$，$(MgO) = 8\%$）

（2）$L_{S\cdot1}$随（$\sum$FeO）的增大而减小的趋势，在（$\sum$FeO）$\leqslant 16\%$时比较平缓，当（$\sum$FeO）$>20\%$时则比较显著。故从加速石灰渣化考虑，（$\sum$FeO）宜控制在$16\%\sim20\%$。

B　L_H、P_{O_2}和［C］的影响

L_H、P_{O_2}和［C］与$L_{S\cdot1}$的相关性列第3~9位（或第3~5位）。式（5-1-1）~式（5-1-3）均反映出增大L_H，减小P_{O_2}和［C］可增大$L_{S\cdot1}$。如果说这是它们有助于石灰渣化的结果，不如说这是它们延长了吹炼时间（即脱硫反应时间）的结果。这也说明一倒前如不及早造好$R\geqslant4$的炉渣，脱硫反应势必远离平衡。

C　（Al_2O_3）、（CaF_2）和（MnO）的影响

（Al_2O_3）、（CaF_2）和（MnO）与$L_{S\cdot1}$的相关性名列第4、第7和第8位。$L_{S\cdot1}$随它们的增大而明显的增大。这是因为它们增大时，Mn本身脱硫，又γ_{CaO}增大[3,4]，渣黏度降低和及早达$R\geqslant4$的结果。故添加适量废高铝砖块、萤石和锰矿（或锰铁渣）造渣对促进脱硫是很有用的。

D　$T(℃)$的影响

$T(℃)$与$L_{S\cdot1}$的相关性名列第5或第6~7位。$L_{S\cdot1}$随T的增大而增大。

E　（MgO）的影响

（MgO）与$L_{S\cdot1}$的相关性名列第7位。$L_{S\cdot1}$与（MgO）有极值关系。由（5-1-3）可得，当：

$$（MgO）= 6.605-0.398R+0.207(\sum FeO) \tag{5-1-4}$$

时，$L_{S\cdot1}$有极大值。图5-1-9示出按式（5-1-3）绘制的不同R下，$L_{S\cdot1}$与（MgO）的关系曲线。由式（5-1-4）和图5-1-9可见：不同的R和（$\sum$FeO）有不同的最佳（MgO）含量，当（MgO）<最佳值时，$L_{S\cdot1}$随（MgO）的增大而增大，至（MgO）= 最佳值时，$L_{S\cdot1}$达极大值，（MgO）再增大时$L_{S\cdot1}$变小。故应控制（MgO）= 最佳值，一倒时一般为$8\%\sim9\%$。

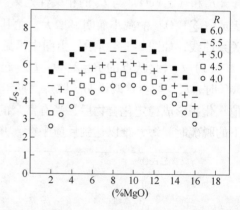

图5-1-9　$L_{S\cdot1}$与R和（MgO）的关系曲线

5.1.2.3　影响$n_{S\cdot1}$的因素及其作用和地位

经一次多元逐步回归分析，得出$n_{S\cdot1}$的最佳化方程为：

$$n_{S\cdot1} = 2.35-\frac{4120}{T}+0.076R-0.0034(\sum FeO)-0.0142(MgO)+$$

$$0.008CaF_2(kg/t)+0.074(Al_2O_3)+0.17L_H-0.02P_{O_2}+0.152[C]$$

$$(N=30, R=0.832, F=4.5, S=0.073) \tag{5-1-5}$$

式中：

$$n_{S\cdot1} = \frac{L_{S\cdot1(实)}}{L_{S\cdot1(理论)}}$$

$$L_{S\cdot1(理论)} = 17.33EB + 1.23 \tag{5-1-6}[5]$$

$$EB = (n_{CaO} + n_{MgO} + n_{MnO}) - (2n_{SiO_2} + 4n_{P_2O_5} + 2n_{Al_2O_3} + n_{Fe_2O_3}) \tag{5-1-7}[6]$$

式（5-1-5）中各因素与 $n_{S\cdot1}$ 间的相关性按下列顺序递减：

$$(MgO) \rightarrow P_{O_2} \rightarrow R \rightarrow (\sum FeO) \rightarrow L_H \rightarrow$$

$(Al_2O_3) \rightarrow \dfrac{1}{T} \rightarrow [C] \rightarrow (CaF_2)$。图 5-1-10

示出式（5-1-5）的 $n_{S\cdot1}$ 计算值与 $n_{S\cdot1}$ 实测值基本一致。

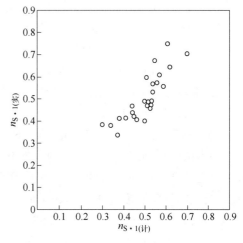

图 5-1-10　$n_{S\cdot1}$ 计算值与 $n_{S\cdot1}$ 实测值
的关系曲线

现就式（5-1-5）反映出的因素对 $n_{S\cdot1}$ 的影响讨论如下。

A　R 和（$\sum FeO$）的影响

R 和（$\sum FeO$）与 $n_{S\cdot1}$ 的相关性列第三、四位。$n_{S\cdot1}$ 随 R 的增大和（$\sum FeO$）的减小而增大。说明试验炉次中一倒时的炉渣对脱硫而言 R 大多偏小。而（$\sum FeO$）大多偏大，若使 $\Delta R = 1.5$，$\Delta (\sum FeO) = -5.0\%$，则 $\Delta n_{S\cdot1} = 0.131$。

B　（MgO）的影响

（MgO）与 $n_{S\cdot1}$ 的相关性列第一位。$n_{S\cdot1}$ 随的增大而减小，说明试验炉次中（MgO）>饱和值者已占主导地位。若使 $\Delta(MgO) = -3.0\%$，则 $\Delta n_{S\cdot1} = 0.042$。

C　P_{O_2} 和 L_H 的影响

P_{O_2} 和 L_H 与 $n_{S\cdot1}$ 的相关性列第二~五位。$n_{S\cdot1}$ 随 P_{O_2} 的减小和 L_H 的增大而增大。其原因与前面分析的相同。如使 $\Delta P_{O_2} = 2kg/cm^2$，$\Delta L_H = 0.2m$，则 $\Delta n_{S\cdot1} = 0.074$。

D　（Al_2O_3）、（CaF_2）的影响

（Al_2O_3）和（CaF_2）与 $n_{S\cdot1}$ 的相关性名列第六、第九位。$n_{S\cdot1}$ 随（Al_2O_3）和（CaF_2）的增大而明显的增大。若使 $\Delta(Al_2O_3) = +2\%$，$\Delta(CaF_2) = 2kg/t$，则 $\Delta n_{S\cdot1} = 0.164$。

E　T（℃）和 [C] 的影响

T（℃）和 [C] 与 $n_{S\cdot1}$ 的相关性名列第七、八位。T 和 [C] 增大时，动力学条件改善，故 $n_{S\cdot1}$ 增大。如 T 由 1620℃ 增到 1660℃，$\Delta[C] = 0.05\%$，则 $\Delta n_{S\cdot1} = 0.053$。

5.1.3　小结

由上分析，可得出如下结论：

（1）转炉脱硫是在脱硅毕和脱磷大部分时才开始。

本试验中，虽一倒时已基本完成脱磷任务（$[P]_1 \leqslant 0.03\%$ 占 92.5%，$\overline{L}_{P\cdot1} = 100$，$\overline{n}_{P\cdot1} \approx 1.0$）。但 $[S]_1 > 0.04\%$ 者占 47.5%，其中 $[S]_1 = 0.045\% \sim 0.078\%$ 者为 27.5%，且 $\overline{L}_{S\cdot1} = 4.52$，$\overline{n}_{S\cdot1} = 0.5$。这说明脱硫是原上钢五厂改进转炉技术经济指标的限制环节。

（2）式（5-1-1）可供估算 $L_{S\cdot1}$ 用。

$L_{S\cdot1}$ 随 T、R、CaF_2、（Al_2O_3）、（MnO）和 L_H 的增大及（$\sum FeO$）、[C] 和 P_{O_2} 的减小

而增大。式（5-1-1）可供估算 $L_{S \cdot 1}$ 用。

（3）转炉中存在一个 $L_{S \cdot 1}$ 起跃点和 $L_{S \cdot 1}$ 极大值。

转炉中存在一个 $L_{S \cdot 1}$ 起跃点，其 $R \approx 2.9$；并存在一个 $L_{S \cdot 1}$ 极大值和相应的 $(MgO)_1$ 最佳值，可由式（5-1-4）估算。

（4）$n_{S \cdot 1}$ 可由式（5-1-5）估算。

$n_{S \cdot 1}$ 随 R、CaF_2、(Al_2O_3)、$[C]$、T 和 L_H 的增大及 (MgO)、(ΣFeO) 和 P_{O_2} 的减小而增大。可由式（5-1-5）估算。

（5）达到 $L_{S \cdot 1(计)} = 6.13$，$n_{S \cdot 1} = 0.65$ 指标的规范化操作为：

在本试验一倒完成脱磷任务的工艺下，可采用下列规范化操作。即：一倒炉渣为 $R = 4.0$，$(\Sigma FeO) = 20\%$，$(MgO) = 8\% \sim 9\%$，$(CaF_2) = 4.0\%$，$(Al_2O_3) = 3\%$，$(MnO) = 2\%$；第二期供氧制度为 $P_{O_2} = 8kg/cm^2$，$L_H = 1.2m$；预拉碳点 $t = 1660℃$，$[C] = 0.1\% \sim 0.2\%$。则 $L_{S \cdot 1(计)} = 6.13$，$n_{S \cdot 1} = 0.65$。

（6）从改善转炉经济效益考虑，转炉脱硫任务应予以限制。

参 考 文 献

[1] 李远洲，等. 氧气转炉的最佳化脱磷工艺冶金效果研究 [J]. 江西冶金，1993 (4)：6.

[2] 李远洲. 氧气转炉造渣最佳化脱磷工艺模型的探讨 [J]. 钢铁，1992 (4)：14.

[3] 陈家祥. 炼钢常用图表数据手册 [M]，北京：冶金工业出版社，1984：635，647，652.

[4] Turkdogan E T. Physicochemical Properties of motten slags and glasses [M]. London：The Metals Society，122.

[5] Elliott J F. Trans Amer Inst min (metall) Engee，1955，203：485.

[6] Bodsworth C. Physical Chemistry of Iron and Steel Manufacture [M]. Longmans，1963：429.

5.2　顶吹氧气转炉的气化脱硫率和终点脱硫能力

本节根据原上钢五厂 15t 顶吹氧气转炉最佳化造渣工艺的试验数据，探讨氧气转炉气化脱硫的规律；n_S 与 $\eta_{S \cdot g}$ 的关系；影响 L_S 和 $\eta_{S \cdot g}$ 的因素，以及 $L_{S \cdot F}$ 和 $\eta_{S \cdot g \cdot F}$ 随 $\Sigma(FeO)$ 增大而增大的条件，并发现 $\eta_{S \cdot g \cdot F}$ 平均为 17.5%，在 $R_F = 4$ 时最高达 40%，较文献 [1] 所说的 10% 高，为经济合理地提高 L_{SF}（达 8~10），$\eta_{S \cdot g}$（达 20%~30%），$\Sigma \eta_S$（达 50%~60%）和使转炉脱磷脱硫的热力学条件相一致提供了依据；并为设计顶吹氧气转炉的最佳化脱硫工艺和限制其脱硫任务提供参数。

5.2.1　气化脱硫率 $\eta_{S \cdot g}$ 及其影响因素

图 5-2-1 示出一倒和终点的 $\eta_{S \cdot g}$，由图 5-2-1 可见，$\eta_{S \cdot g \cdot 1}$（一倒）集中在 5%~15%，$\eta_{S \cdot g \cdot F}$（终）集中在 15%~25%（平均 17.5%），较文献 [1] 所说的 $\eta_{S \cdot g} = 10\%$ 高。这说明利用气化脱硫对提高转炉脱硫能力有不可忽视的作用，现就影响 $\eta_{S \cdot g}$ 的因素和 $\eta_{S \cdot g}$ 对 n_S 的影响讨论如下。

5.2.1.1　炉渣碱度 R 对 $\eta_{S \cdot g}$ 的影响

由图 5-2-2 可见，$\eta_{S \cdot g}$ 随 R 的增大而减小，这是因为，当流动的氧化性气流作用于熔渣时：

$$(S^{2-}) + 2\{O_2\} = (SO_4^{2-}) \tag{5-2-1}$$

(SO_4^{2-}) 在高温下容易分解成 SO_2 和 O_2，即

$$(SO_4^{2-}) = \{SO_2\} + (O^{2-}) + \frac{1}{2}\{O_2\} \tag{5-2-2}$$

而实现气化脱硫，即

$$(S^{2-}) + \frac{3}{2}\{O_2\} = (O^{2-}) + \{SO_2\} \tag{5-2-3}$$

但当 R 过大时，(SO_4^{2-}) 则与 Ca^{2+} 结合成 $CaSO_4$ 而较难分解，故 $R>4$ 后，$\eta_{S \cdot g}$ 随 R 的增大而减小，特别是当 $R>5.0$ 后，$\eta_{S \cdot g}$ 降到 $3\% \sim 10\%$。所以从充分发挥气化脱硫的作用考虑，取 $R \approx 4.0$ 较为合适。至于在相同的 R 下，$\eta_{S \cdot g \cdot F} > \eta_{S \cdot g \cdot 1}$ 则是 $\sum(FeO)_F$ （$= 20.37\% \sim 36.13\%$）$> \sum(FeO)_1$ （$= 14.46\% \sim 30.5\%$）和 $[C]_F < [C]_1$ 的结果。

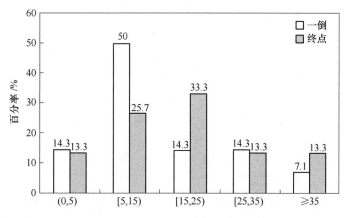

图 5-2-1 一倒和终点的 $\eta_{S \cdot g}$ 直方图

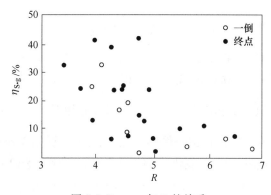

图 5-2-2 $\eta_{S \cdot g}$ 与 R 的关系

5.2.1.2 $\sum(FeO)$ 对 $\eta_{S \cdot g}$ 的影响

由图 5-2-3 可见 $\eta_{S \cdot g}$ 随 $\sum(FeO)$ 的增大而增大。据王国忱等研究[2]，在炼钢的碱性氧化渣中，铁离子参加气化脱硫的反应过程如下：

$$6(Fe^{3+}) + (S^{2-}) + 2\{O_2\} = 6(Fe^{2+}) + \{SO_2\} \tag{5-2-4}$$

$$6(Fe^{2+}) + \frac{3}{2}\{O_2\} = 6(Fe^{3+}) + 3(O^{2-}) \tag{5-2-5}$$

将上述二式合并即为式（5-2-3）。据文献［2］，$P_{O_2} < 10^{-5} \sim 10^{-6}$ atm 时，随 P_{O_2} 的增加，式（5-2-3）的反应向右进行，即如式（5-2-4）和式（5-2-5）所示，随渣中（Fe_2O_3）和（FeO）的增大，气化脱硫率增大。本试验中，P_{O_2} 为 1.93×10^{-11} MPa 左右。故 $\eta_{S \cdot g}$ 随 $\Sigma(FeO)$ 的增大而增大；但 R 高时，$\Sigma(FeO)$ 过高后，渣量过大对气化脱硫则是不利的，如图 5-2-2 所示，并有使 L_S 随 $\Sigma(FeO)$ 的增大而降低的趋势，如图 5-2-3 所示。

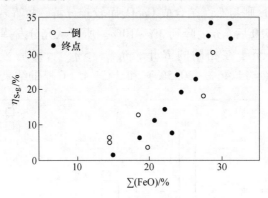

图 5-2-3 $\eta_{S \cdot g}$ 与 $\Sigma(FeO)$ 的关系

至于 $\Sigma(FeO)$ 相同时，$\eta_{S \cdot g \cdot F}$ 也比 $\eta_{S \cdot g \cdot 1}$ 大些，则是因［S］与［C］之间存在选择性氧化关系，在 $[C]_F < [C]_1$ 的情况下，$P_{SO_2 \cdot F} > P_{SO_2 \cdot 1}$ 的结果。

$$[S] + 2\{CO\} = \{SO_2\} + 2[C] \qquad \Delta_r G_m^\ominus = 9860 + 33.41T \tag{5-2-6}$$

$$\lg \frac{P_{SO_2} a_{[C]}^2}{a_{[S]} P_{CO}^2} = -\frac{2155}{T} - 7.3 \tag{5-2-7}$$

$$\lg P_{SO_2} = \lg a_{[S]} + 2\lg P_{CO} - 2\lg a_{[C]} - \frac{2155}{T} - 7.3 \tag{5-2-8}$$

$$\lg f_C = 0.14[C] - 0.012[Mn] + 0.051[P] + 0.046[S] - 0.34[O] \tag{5-2-9}$$

$$\lg f_S = 0.11[C] - 0.026[Mn] + 0.029[P] - 0.028[S] - 0.27[O] \tag{5-2-10}$$

根据试验数据，可取一倒和终点的炉渣和金属成分如下，并设定 $P_{CO} = \dfrac{[C][O]}{0.0025}$，从而通过式（5-2-8）～式（5-2-10）得出一倒和终点时，［S］氧化成 SO_2 的 P_{SO_2} 值，一并列于表 5-2-1 中。这说明终点时，［S］氧化成 SO_2 的势能大，故在 $\Sigma(FeO)$ 相同时 $\eta_{S \cdot g}$（终）稍大于 $\eta_{S \cdot g}$（一倒），但不论一倒或终点，金属中的［S］直接氧化成 $\{SO_2\}$ 的 P_{SO_2} 均远远小于 1atm，这只能是 $\{SO_2\}$ 并入 $\{CO\}$ 气泡中一起逸出。

表 5-2-1   一倒和终点的 P_{SO_2} 估算值

项目	T/K	［C］/%	［Mn］/%	［P］/%	［S］/%	［O］/%	P_{CO}/atm	f_C	f_S	P_{SO_2}/atm
一倒	1933	0.15	0.15	0.03	0.045	0.025	1.52	1.0335	1.013	1.6×10^{-8}
终点	1953	0.05	0.08	0.025	0.035	0.076	1.52	0.962	0.96	1.32×10^{-7}

5.2.1.3 渣量对 $\eta_{S \cdot g}$ 的影响

由图 5-2-4 可见 $\eta_{S \cdot g}$ 随渣量增大而减小。这主要是渣量增大时，熔池搅拌比功率减小，(S^{2-}) 在渣中的传质速度变慢，如果渣量增大主要是 R 增大引起，则还将降低炉渣流动性和 a_{FeO} 值，并增加 (SO_4^{2-}) 的稳定性，从而加剧 $\eta_{S \cdot g}$ 的减小。

5.2.1.4 CaF_2 和 T 对 $\eta_{S \cdot g}$ 的影响

加 CaF_2 可改善渣流动性和提高 γ_{FeO}，故有利于气化脱硫，但增高温度对气化脱硫不利，见式（5-2-6）。

5.2.1.5 $\eta_{S \cdot g}$ 对 n_S 的影响

由图 5-2-5 可见，随着 $\eta_{S \cdot g}$ 的增大，n_S 增大。这种关系在终点脱硫中尤为显著。后面再作讨论。

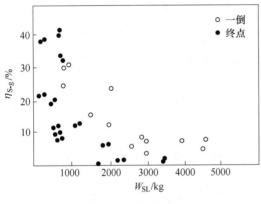

图 5-2-4 $\eta_{S \cdot g}$ 与 W_{SL} 的关系

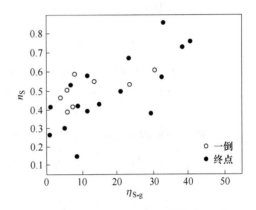

图 5-2-5 $\eta_{S \cdot g}$ 对 n_S 的影响

5.2.2 影响 L_S 的因素及其作用和地位

先将试验数据建成数据库，再用计算机进行一次和二次多元逐步回归，经优选后获得下列 L_S 方程式：

$$L_{S \cdot F} = -12.48 + \frac{36389}{T} + 0.531R + 0.091(\sum FeO) - 0.569(MgO) + 0.24CaF_2(kg/t) +$$
$$0.244(Al_2O_3) - 0.486(MnO) + 9.3[C] - 0.085P_{O_2} - 0.446L_H(m)$$
$$(N = 30, R = 0.86, F = 5.43, S = 1.058) \tag{5-2-11}$$

式（5-2-11）中各因素与 L_S 间的相关性按下列顺序递减：

$$(MgO) \rightarrow R \rightarrow (MnO) \rightarrow \frac{1}{T} \rightarrow CaF_2 \rightarrow (\sum FeO) \rightarrow [C] \rightarrow P_{O_2} \rightarrow (Al_2O_3) \rightarrow L_H$$

$$L_{S \cdot F} = -11.518 + \frac{34144}{T} + 0.4704R + 0.0584(\sum FeO) - 0.504(MgO)$$
$$(N = 30, R = 0.817, F = 12.5, S = 1.045) \tag{5-2-12}$$

式（5-2-12）中各因素与 L_S 间的相关性按下列顺序递减：$(MgO) \rightarrow R \rightarrow \frac{1}{T} \rightarrow (\sum FeO)$。

$$L_{S \cdot F} = -18.76 + \frac{32733}{T} + 1.249R + 0.558(MgO) - 0.0594(MgO)^2 - 0.09R(MgO) +$$

$$0.0167(\sum FeO)(MgO) + 8.4[C] - 0.045P_{O_2} + 1.7L_H$$

$$(N = 30, R = 0.852, F = 5.9, S = 1.059) \tag{5-2-13}$$

式（5-2-13）中各因素与 L_S 间的相关性按下列顺序递减：

$$(MgO)^2 \to R \to (\sum FeO)(MgO) \to [C] \to R(MgO) \to \frac{1}{T} \to L_H \to (MgO) \to P_{O_2}$$

$$L_{S \cdot F} = -1.829 + 1.365R + 0.611(MgO) - 0.0519(MgO)^2 - 0.106R(MgO) +$$

$$0.013(\sum FeO)(MgO) - 0.0535P_{O_2} + 1.703L_H$$

$$(N = 30, R = 0.838, F = 7.43, S = 1.052) \tag{5-2-14}$$

式（5-2-14）中各因素与 L_S 间的相关性按下列顺序递减：

$$(MgO)^2 \to R \to (\sum FeO)(MgO) \to R(MgO) \to L_H \to (MgO) \to P_{O_2}$$

$$L_{S \cdot F} = -19.246 + \frac{41590}{T} + 0.723R + 0.252(MgO) + 0.108R^2 + 0.0029(\sum FeO)^2 -$$

$$0.07(MgO)^2 - 0.042R(\sum FeO) - 0.031R(MgO) +$$

$$0.0209(\sum FeO)(MgO) + 9.58[C]$$

$$(N = 30, R = 0.849, F = 4.9, S = 1.097) \tag{5-2-15}$$

式（5-2-15）中各因素与 L_S 间的相关性按下列顺序递减：

$$(MgO)^2 \to R \to [C] \to \frac{1}{T} \to R(MgO) \to (\sum FeO)(MgO) \to R^2 \to (MgO) \to (\sum FeO)^2$$

$$L_{S \cdot F} = -22.123 + \frac{33094}{T} + 1.307R + 1.27(MgO) + 0.439(Al_2O_3) - 0.0454(MgO)^2 +$$

$$0.015(\sum FeO)R - 0.172(MgO)R + 0.27(Al_2O_3)R + 4.16 \times 10^{-3}(\sum FeO)(MgO) -$$

$$0.188(MgO)(Al_2O_3) - 0.046P_{O_2} + 2.111L_H$$

$$(N = 30, R = 0.855, F = 3.9, S = 1.14) \tag{5-2-16}$$

现将式（5-2-11）~式（5-2-16）所反映的终点时各因素对 $L_{S \cdot F}$ 的影响讨论如下。

5.2.2.1　R 和（$\sum FeO$）的影响

先看一倒（预拉碳）时的 $L_{S \cdot 1}$：

$$L_{S \cdot 1} = 12.545 - \frac{29593}{T} + 1.345R - 0.087(\sum FeO) + 0.239CaO_2(kg/t) +$$

$$0.525(Al_2O_3) + 0.439(MnO) - 0.966[C] - 1.31P_{O_2} + 2.551L_H \tag{5-2-17}$$

$$(N = 30, \quad R = 0.866, \quad F = 6.8, \quad S = 0.693)$$

式（5-2-17）中各因素与 $L_{S \cdot 1}$ 间的相关性按下列顺序递减：

$$R \to (\sum FeO) \to L_H \to (Al_2O_3) \to P_{O_2} \to 1/T \to CaF_2 \to (MnO) \to [C]$$

比较式（5-2-17）和式（5-2-11）可见，R 和（$\sum FeO$）与 L_S 的相关性已由一倒时的第一、第二降为第二和第六（或四）。且由式（5-2-17）和式（5-2-11）可见，R 对 L_S 的影响已由 $\Delta R = 1.0$ 时 $\Delta L_{S \cdot 1} = 1.345$ 降为 $\Delta L_S = 0.5$，尤其是（$\sum FeO$）对 L_S 的影响由 $\Delta(\sum FeO) = +1\%$ 时 $\Delta L_{S \cdot 1} = -0.087$ 变为 $\Delta L_{S \cdot 1} = +0.091$。这主要是一倒时液相脱硫占统治地位，而终点时渣相脱硫减弱、气相脱硫显著发展的结果。这就是 L_S 随（$\sum FeO$）增大而

增大的规律只适用于转炉气相脱硫发达时，并存在一个最佳适用范围。现按式（5-2-15），设 $T=1953\mathrm{K}$，$(\mathrm{MgO})=6\%$，$[\mathrm{C}]=0.1\%$，作 L_{S} 与 R 和 $(\sum\mathrm{FeO})$ 的关系图，如图5-2-6所示。

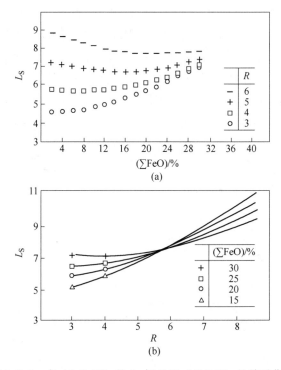

图5-2-6 式（5-2-15）的 L_{S} 与 R 和 $(\sum\mathrm{FeO})$ 的关系曲线

由图5-2-6可见：

（1）$L_{\mathrm{S.F}}$ 随 R 的增大而增大，要使 $L_{\mathrm{S.F}}>4.5$，必须 $R>3.0$（见图5-2-6（a））。

（2）$R\leqslant4.0$ 时，$L_{\mathrm{S.F}}$ 随 $(\sum\mathrm{FeO})$ 的增大而增大；但 $R>4.0$ 后，$L_{\mathrm{S.F}}$ 与 $(\sum\mathrm{FeO})$ 的关系，在 $(\sum\mathrm{FeO})<16\%$ 时随 $(\sum\mathrm{FeO})$ 的增大而减小，在 $(\sum\mathrm{FeO})>16\%$ 后随 $(\sum\mathrm{FeO})$ 的增大而增大甚微（见图5-2-6（a））。

（3）不妨说，式（5-2-15）和图5-2-6初步和较好地反映了顶吹氧气转炉吹炼终期渣相脱硫和气相脱硫对 $L_{\mathrm{S.F}}$ 值的交互影响。

（4）据式（5-2-15）和图5-2-6，可初步设定 $L_{\mathrm{S.F}}$ 随 $(\sum\mathrm{FeO})$ 的增大而增大的适用范围为：$[\mathrm{C}]<0.1\%$，$R<6$，$(\sum\mathrm{FeO})\geqslant12\%$。

（5）从既有利于脱磷又有利于转炉经济合理地脱硫考虑，宜控制终渣 $R=4.0$ 和 $(\sum\mathrm{FeO})=20\%\sim25\%$。

国外也曾发现[4]，在 $R=2\sim4$ 和 $(\mathrm{TFe})<18.5\%$ 和 $(\sum\mathrm{FeO})>23.51\%$ 条件下，$L_{\mathrm{S.F}}$ 随 R 和 (TFe) 的增大而增大的结果。

5.2.2.2 (MgO) 的影响

(MgO) 与 $L_{\mathrm{S.F}}$ 的相关性名列第一。$L_{\mathrm{S.F}}$ 与 (MgO) 有极值关系。由式（5-2-13）和式（5-2-14）可得，当：

$$(MgO) = 4.697 - 0.758R + 0.141(\sum FeO) \qquad (5\text{-}2\text{-}18)$$

$$(MgO) = 5.886 - 1.021R + 0.125(\sum FeO) \qquad (5\text{-}2\text{-}19)$$

时，$L_{S \cdot F}$ 有极大值。图 5-2-7 示出按式（5-2-13）绘制的不同 R 和（TFe）下，L_S 与（MgO）的关系曲线。由式（5-2-18）、式（5-2-19）和图 5-2-7 可见：对脱硫而言终点的（MgO）最佳值约为 4%~6%，而本试验中的 $(MgO)_F$ 值大都高于 6%，最高者达 14.52%。故 $L_{S \cdot F}$ 值偏小。一次方程式（5-2-11）中反映出 $L_{S \cdot F}$ 随（MgO）的增大而减小的关系。其一是随着（CaO+MgO）/（SiO_2）中（MgO）的增大，使（Fe^{3+}）/（Fe^{2+}）减小[3]而气化脱硫降低；其二是因 Mg^{2+} 的脱硫能力只有 Ca^{2+} 的 0.0075 倍[4]，而使渣相脱硫减少之故。

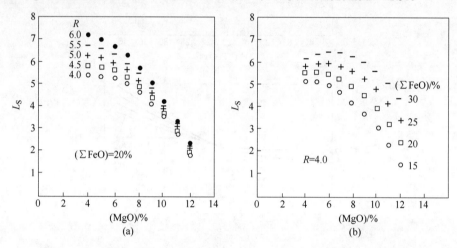

图 5-2-7　式（5-2-13）的 $L_{S \cdot F}$ 与（MgO）、R 和（$\sum FeO$）的关系曲线

（$T = 1953K$，$P_{O_2} = 8.0 kg/cm^2$，$L_H = 1.0m$，[C] = 0.1%）

5.2.2.3　（MnO）的影响

（MnO）与 $L_{S \cdot F}$ 的相关性列第三。由式（5-2-11）可见，$L_{S \cdot F}$ 随（MnO）的增大而显著减小。这说明本试验终点时，气化脱硫占了相当大的比例，因（MnO）可与（Fe_2O_3）结合，降低 $a_{Fe_2O_3}$，从而不利于气化脱硫。

5.2.2.4　终点温度（T_F）的影响

T_F 与 $L_{S \cdot F}$ 的相关性列第四。$L_{S \cdot F}$ 随 T 的增大而减小。这也可作吹炼终期气化脱硫占了相当大的比例解释，因 T 大时，由式（5-2-6）可见对气化脱硫是不利的。

5.2.2.5　（CaF_2）、（Al_2O_3）的影响

（CaF_2）、（Al_2O_3）与 $L_{S \cdot F}$ 的相关性名列第五和第九。由式（5-2-11）可见：L_S 随它们的增大而明显的增大。与国外的文献报道相符[5]。这除了在 5.1 节所述的原因外，就是它们可增大 γ_{FeO} 和 Fe^{3+}/Fe^{2+} 而有助于气化脱硫。

人们对（CaF_2）增大 L_S 的作用易接受，而对（Al_2O_3）增大 $L_{S \cdot F}$ 的作用就不易接受，现不妨利用式（5-2-16）。据式（5-2-16），命：

$$Y = 0.439(Al_2O_3) + 0.27(Al_2O_3)R - 0.188(MgO)(Al_2O_3)$$

$$Y = (Al_2O_3)[0.433 + 0.27R - 0.188(MgO)] \qquad (5\text{-}2\text{-}20)$$

$$X = 0.433 + 0.27R - 0.188(MgO) \tag{5-2-21}$$

由式（5-2-16）、式（5-2-20）、式（5-2-21）可见，只要 X 为正值，(Al_2O_3) 就总是起增大 L_S 的作用；其 X 值随 R 的增大而增大，(MgO) 的增大而减小。这说明 (Al_2O_3) 在高碱度渣中的作用更大，因它一者降低炉渣熔点，改善流动性，加速脱硫反应；二者提高 a_{CaO}、$a_{Fe_2O_3}$ 之故。当 $(MgO) = 4\%$，$R = 4 \sim 5$ 时，每增加 1% (Al_2O_3) 可增大 $L_{S \cdot F}$ 0.76 ~ 1.0。因此对 (Al_2O_3) 的化渣脱硫作用及其最佳控制是值得重视并须进一步研究的。

5.2.2.6 $[C]_F$、P_{O_2} 和 L_H 的影响

$[C]_F$、P_{O_2} 和 L_H 与 L_S 的相关性列第七、八和十位。由式（5-2-11）可见，$L_{S \cdot F}$ 随 $[C]$ 的增大和 P_{O_2}、L_H 减小而增大。如设 $\Delta[C] = 0.03\%$，$\Delta P_{O_2} = 2\text{kg/cm}^2$，$\Delta L_H = 0.2\text{m}$，则 $\Delta L_S = 0.54$，这说明顶吹氧气转炉的动力学条件对提高 L_S 的作用很有限。

5.2.3 影响 n_S 的因素及其作用和地位

经一次多元逐步回归分析，得：

$$n_S = 2.012 - 0.0817R - 0.0032(\textstyle\sum FeO) + 0.0163CaF_2(\text{kg/t}) -$$
$$0.0581(MgO) - 0.553L_H$$
$$(N = 30, R = 0.71, F = 4.9, S = 0.165) \tag{5-2-22}$$

式（5-2-22）中各因素与 n_S 的相关性按下列顺序递减：

$$(MgO) \to R \to (\textstyle\sum FeO) \to L_H \to CaF_2$$

$$n_S = 1.2031 + \frac{563}{T} - 1.238EBR + 8 \times 10^{-4}(\textstyle\sum FeO) + 0.019CaF_2(\text{kg/t}) - 0.037(MgO)$$

$$(N = 30, R = 0.845, F = 12, S = 0.125) \tag{5-2-23}$$

式（5-2-23）中各因素与 n_S 的相关性按下列顺序递减：

$$EB \to (MgO) \to CaF_2 \to (\textstyle\sum FeO) \to 1/T$$

$$n_S = L_{S(实)} / L_{S(理)} \tag{5-2-24}$$

$$L_{S(理)} = 17.33EB + 1.23 \tag{5-2-25}[6]$$

$$EB = (n_{CaO} + n_{MgO} + n_{MnO}) - (2n_{SiO_2} + 4n_{P_2O_5} + 2n_{Al_2O_3} + n_{Fe_2O_3}) \tag{5-2-26}[7]$$

由上可见：

（1）n_S 随 $EB \to (MgO) \to R \to L_H$ 的减小和 CaF_2 的增大而增大。

（2）为促进脱硫反应达到或接近平衡，提高 n_S 值可采取以下措施：1）提早造好脱硫渣；2）出钢前 5min 加入最后一批适量萤石；3）控制 $R_F = 4.0$，$(MgO)_F = 4\% \sim 6\%$，$(\textstyle\sum FeO)_F = 25\% \sim 30\%$；压枪枪位取 $L_H = 20d_T$。

5.2.4 小结[8]

由上讨论，可得如下结论：

（1）$\eta_{S \cdot g}$ 随 $(\textstyle\sum FeO)$ 的增大和 W_{SL} 的减小而增大，在 $R \approx 4.0$ 时，$\eta_{S \cdot g}$ 值最大。

（2）$L_{S \cdot F}$ 随 R、$(\textstyle\sum FeO)$、CaF_2、(Al_2O_3) 和 $[C]$ 的增大及 T、(MgO)、(MnO)、P_{O_2} 和 L_H 的减小而增大。

- 在 $(MgO)_F = 4\% \sim 5\%$ 时，$L_{S \cdot F}$ 存在极大值。

- $L_{\text{S.F}}$ 随（$\sum\text{FeO}$）的增大和 T 的减小而增大的关系，初步认为可适用于 [C] ≤ 0.1%，$R<6.0$ 和（$\sum\text{FeO}$）≥12% 条件下。
- （Al_2O_3）增大 $L_{\text{S.F}}$ 的作用随 R 的增大而增大。

（3）$n_{\text{S.F}}$ 随 EB、（MgO）、R、L_{H} 和 T 的减小及 CaF_2 增大而增大，同时 $\eta_{\text{S.g}}$ 愈大，则 $n_{\text{S.F}}$ 愈大。

（4）可通过优化脱硫操作，提高终点的气化脱硫率和总的脱硫率，使 L_{SF} 达 8～10，$\eta_{\text{S.g.F}}$ 达 20%～30%，$\sum\eta_{\text{S}}$ 达 50%～60%，以便较经济合理地完成脱硫任务，同时也完成脱磷任务。

参 考 文 献

[1] 曲英. 炼钢学原理 [M]. 北京：冶金工业出版社，1980：174.
[2] 曲英. 炼钢学原理 [M]. 北京：冶金工业出版社，1980：183-184.
[3] Turkdogan E T, Physicochemical properties of molten slags and glasses [M], London：The Metal Society，1983：240-243.
[4] 曲英. 炼钢学原理 [M]. 北京：冶金工业出版社，1980：176.
[5] Otterman B A, et al. Steelmaking Proceedings，1984：199-207.
[6] Elliott J F. Trans Amer Inst min（metal）Engrs，1955，203：485.
[7] Bodworth C. Physical Chemistry of Iron and Steel Manufacture [M]. Longmans，1963：439.
[8] 李远洲，林建国，马洛文. 顶吹氧气转炉的气化脱硫率和终点脱硫能力的研究探讨 [J]. 炼钢，1993（6）：21-26，34.

5.3　顶吹氧气转炉的脱硫最佳化工艺静态控制模型的探讨

长期以来，一方面在生产一线的冶炼工人抱怨"书上的理论生产用不上"，或说"书本与实际两回事"；另一方面在生产二线的冶金工作者也往往只能把冶金理论用作事后生产总结时的显微镜或准绳，而不能作事前生产决策的参考和过程控制的助手而困惑。这其中除了有些是理论本身的原因外，更主要的还在于：实验室的冶金反应平衡试验时间不限，可一直到平衡为止；而生产冶炼却时间有限，反应未必都能达到平衡。故要把冶金平衡分配比 $L_{\text{理}}$ 的公式用于指导生产时，还必须有映射实际生产中各种工艺因素的 $L_{\text{实}}$ 控制模型和其与理论 L 值之比的偏离平衡系数 n 的控制模型作桥和杠杆，才能借以作冶金的调控，以促进 $L_{\text{实}}\to L_{\text{理}}$ 和 $n\to1.0$。

本节继文献 [1] 之后，再通过对顶吹氧气转炉最佳化脱硫工艺的设计研究，进一步论述作者提出的上述冶金反应工程控制论，或者说是再一次进一步应用这一控制论新方法来建立 15t 顶吹氧气转炉的脱硫最佳化工艺静态控制模型。其建模过程分三步，第一步通过对转炉炼钢的脱硫实验研究，建立映射各种工艺因素的 L_{S}、n_{S} 和 $\eta_{\text{S.g}}$ 单元最佳化控制模型；第二步设计使 L_{S} 达最大值，$n_{\text{S}}\to1.0$ 和 $\eta_{\text{S.g}}$ 达优化值的最佳化脱硫工艺系列；第三步建立微机智能系统。本节着重讨论第二步和扼要地介绍第三步。

5.3.1　最佳化脱硫工艺的设计研究

由于顶吹氧气转炉造碱性氧化渣的特点和主要脱硫反应须在其他氧化物与 CaO 形成稳定化合物之后才开始（也即在吹炼中后期才开始），这就决定了目前一般顶吹氧气转炉的

脱硫率 η_S 低（约40%），脱硫分配比 L_S 小（约4~5），偏离平衡系数 n_S 小（约0.5~0.6），为了完成脱硫任务，往往不得不采用高碱度大渣量操作，以致造成严重喷溅，原材料消耗高，钢质差，成为影响转炉主要技术经济指标的限制环节。故这里拟根据对顶吹氧气转炉脱硫行为、气化脱硫，以及一倒和终点 L_S 和 n_S 的研究，并根据有关的研究结果，探讨顶吹氧气转炉在不同铁水成分和冶炼钢种时，宜设计和采用的最佳化脱硫工艺，以及转炉的经济脱硫能力。

5.3.1.1 设计原则

（1）保持吹炼平稳，控制一倒前的泡沫渣渣量：当炉容比 $V/T = 0.9\text{m}^3/\text{t}$ 时，$W_{SL} \leqslant 130\text{kg/t}$；当 $V/T = 1.0\text{m}^3/\text{t}$ 时，$W_{SL} \leqslant 150\text{kg/t}$。

（2）造好最佳化初渣（$R \geqslant 1.6$），并尽早造好 $R \geqslant 3.0$ 的炉渣，使脱磷脱硫反应尽早进行。

（3）按获得 L_S 极大值和 $n_S \to 0.6~1.0$，选取最佳化控制参数。

（4）充分发挥 CaF_2、Al_2O_3 的助熔剂作用。

（5）充分发挥顶吹氧气转炉气化脱硫的作用，使 $\eta_{S \cdot g}$（一倒）达 $10\% \pm$，$\eta_{S \cdot g}$（终）$\geqslant 20\%$，以及终期脱磷脱硫的实际热力学条件达到一致。

5.3.1.2 设计的理论依据

（1）泡沫渣的比重 γ（kg/m^3）。根据文献[2]，取 $\gamma = 175\text{kg/m}^3$。

（2）脱硫的平衡分配比 L_S。按文献[3]：

$$L_S = 17.33EB + 1.23 \tag{5-2-25}$$

$$EB = (n_{CaO} + n_{MgO} + n_{MnO}) - (2n_{SiO_2} + 4n_{P_2O_5} + 2n_{Al_2O_3} + n_{Fe_2O_3}) \tag{5-2-26}$$

（3）脱硫分配比控制模型。

一倒的 $L_{S \cdot 1}$（[C] > 0.1%）：

$$L_{S \cdot 1} = 12.545 - \frac{29593}{T} + 1.345R - 0.0869(\sum FeO) + 0.237CaF_2(\text{kg/t}) + 0.525(Al_2O_3) +$$
$$0.432(MnO) - 0.966[C] - 0.131P_{O_2}(\text{kg/cm}^2) + 2.55L_T(\text{m}) \tag{5-3-1}$$

终点的 $L_{S \cdot F}$（[C] ≤ 0.1%）：

$$L_{S \cdot F} = -12.48 + \frac{36389}{T} + 0.531R + 0.091(\sum FeO) - 0.569(MgO) + 0.24CaF_2(\text{kg/t}) +$$
$$0.244(Al_2O_3) - 0.486(MnO) + 9.3[C] - 0.085P_{O_2} - 0.446L_T(\text{m}) \tag{5-3-2}$$

（4）与 L_S 极大值对应的（MgO）最佳值控制模型。

一倒的 $(MgO)_1$ 最佳值：

$$(MgO)_1 = 6.605 - 0.398R + 0.207(\sum FeO) \tag{5-3-3}$$

终点的 $(MgO)_F$ 最佳值：

$$(MgO)_F = 5.886 - 1.021R + 0.125(\sum FeO) \tag{5-3-4}$$

（5）$L_{S \cdot 1}$ 的起跃点：$R = 2.89$。

（6）气化脱硫的控制参数：

1）

$$\eta_{S \cdot g} = \frac{100W_{S \cdot g}}{W_{S \cdot Sl} + W_{S \cdot g} + W_{S \cdot St}} \approx \frac{100W_{S \cdot g}}{1.15W_{S \cdot HM}} \quad \% \tag{5-3-5}$$

2）$\eta_{S \cdot g \cdot 1} = 5\% \sim 10\%$[3]；$\eta_{S \cdot g \cdot F}$（当 $R = 3.5 \sim 4.0$ 时）如表 5-3-1 所示。

表 5-3-1　$\eta_{S \cdot g \cdot F}$ 与（$\sum$FeO）$_F$ 之间的关系[1,4]

（$\sum$FeO）$_F$/%	20	25	30	35	40
$\eta_{S \cdot g \cdot F}$/%	10	20	30	40	50

3）气化脱硫的合适条件为：

$$R = 4.0,(\sum \text{FeO}) \geq 25\%,(\text{Fe}^{3+})/(\text{Fe}^{2+}) \text{宜大些},[\text{C}] \leq 0.15\%$$

（7）脱硫偏离平衡系数 n_S：

1）n_S 目标值：

$$n_S = \frac{L_{S(\text{目标})}}{L_{S(\text{理论})}} \approx \frac{L_{S(\text{控模})}}{L_{S(\text{理论})}} \tag{5-3-6}$$

2）n_S 控制模型

一倒时：

$$n_{S \cdot 1} = 2.35 - \frac{4120}{T} + 0.076R - 0.0034(\sum \text{FeO}) - 0.0142(\text{MgO}) +$$
$$0.008 \text{CaF}_2(\text{kg/t}) + 0.074(\text{Al}_2\text{O}_3) + 0.17L_T - 0.02P_{\text{O}_2} + 0.152[\text{C}]$$

$$\tag{5-3-7}$$

终点时：

$$n_{S \cdot F} = 2.012 - 0.0817R - 0.0032(\sum \text{FeO}) + 0.0163 \text{CaF}_2(\text{kg/t}) -$$
$$0.0581(\text{MgO}) - 0.553L_T \tag{5-3-8}$$

$$n_{S \cdot F} = 1.2031 + \frac{563}{T} - 1.2386EB + 8 \times 10^{-4}(\sum \text{FeO}) + 0.019 \text{CaF}_2(\text{kg/t}) - 0.037(\text{MgO})$$

$$\tag{5-3-9}$$

（8）调整过程渣成分提高 L_S 的理论模型。按文献［5］中根据许多试验者的数据（$t = 1530 \sim 1730 ℃$）所绘制的 $\dfrac{(\text{S})}{[\text{S}]}(\sum \text{FeO})$ 与 ［$(\text{SiO}_2) + 0.84(\text{P}_2\text{O}_5)$］的关系曲线，经回归分析得：

$$\frac{(\text{S})}{[\text{S}]} = \frac{511.248 - 142.31\ln[(\text{SiO}_2) + 0.84(\text{P}_2\text{O}_5)]}{(\sum \text{FeO})} \tag{5-3-10}$$

$$(\sum \text{FeO}) = (\text{FeO}) + 0.9(\text{Fe}_2\text{O}_3) \tag{5-3-11}$$

式（5-3-10）只适用于（CaF_2）= 0%时。

5.3.2　最佳化脱硫工艺的设计

一般顶吹氧气转炉的造渣制度，只简单地凭铁水的 Si、P 含量，按式（5-3-12）、式（5-3-13）：

$$R = (\%\text{CaO})/[(\%\text{SiO}_2) + (\%\text{P}_2\text{O}_5)] = 3.5 \sim 4.0 \tag{5-3-12}$$

$$W_{\text{Li}} = 2.1([\%\text{P}]_{\text{HM}} + [\%\text{Si}]_{\text{HM}}) \cdot R \cdot W_{\text{HM}}/(\%\text{CaO})_{\text{ef}} \tag{5-3-13}$$

来确定石灰加入量 W_{Li}，而不管生成渣量多少，单渣法是否能吹炼平稳，生成渣成分如何，对脱磷脱硫是否最佳，渣钢反应是否能达到或接近平衡。故往往造成大渣量、高消耗、喷溅严重和终点［P］、［S］含量时高时低，难以准确控制。为此，作者在文献［1］中专就以满足脱磷任务为目的的最佳化造渣工艺模型作了探讨，但它只适用于铁水含硫 $[S]_{HM} <$ 0.05% 的情况，而当 $[S]_{HM} > 0.05\%$ 时，或要求 $[S]_F < 0.03\%$ 时，则造渣工艺将取决于脱硫的要求，现就对脱硫的最佳化工艺模型作一探讨。

5.3.2.1 单渣法方案

采用该方案的前提是：当炉容比 $V/T = 0.9 m^3/t$ 时，$W_{SL} \le 135 kg/t$；当 $V/T = 1.0 m^3/t$ 时，$W_{SL} \le 150 kg/t$。

A 规范化脱硫工艺

该工艺系在满足一般脱磷要求的炉渣碱度 $R = 3.5 \sim 4.0$ 的前提下，按获得 L_S 极大和 n_S →0.6~1.0 来选取最佳化工艺参数。

a 一倒拉碳脱硫的规范化工艺

由式 (5-3-1)、式 (5-3-2)、式 (5-3-7) 可见，在 $R_1 = 3.5 \sim 4.0$ 的前提下，增大实际的 $L_{S\cdot 1}$，一是从热力学条件入手，在可能的范围内减小（$\sum FeO$），提高 T 和使 $(MgO)_1$ 为最佳值。第二是从动力学条件入手，在造渣制度上，吹炼前期务求造好 $R_b \ge$ 1.6~2.0 的最佳化初渣，以使 $L_{S\cdot 1}$ 尽早进入起跃点，吹炼中期加的第二批渣料中应适当添加 MnO、Al_2O_3 和分小批多次及早加完，并应在一倒前 5~6min 时加入第二批萤石，以尽早造好流动性良好的 $R = 3.5 \sim 4.0$ 的最佳化一倒脱硫渣；在供氧制度上则是：吹炼前期采用大供氧强度和高枪位，以促进造好最佳化初渣，在吹炼中期采用适当小的供氧强度和高枪位，以促进石灰不断渣化，使 R_1 尽早达到 3.5~4.0 和脱硫反应有较长的时间，然后在一倒前 0.5~1.0min 时实行压枪操作，以强化熔池搅拌，促进 n_S→0.6~1.0。

故取该工艺的主要工艺参数如表 5-3-2 所示。

表 5-3-2 一倒拉碳脱硫规范化工艺参数

编号		1	2
T_1/K		1933	1933
R_1		3.5	4.0
一倒炉渣成分/%	（CaO）	50.7	48.64
	（SiO_2）	14.5	12.16
	（$\sum FeO$）	15	18
	（Fe_2O_3）	4	5
	（MgO）	8.3	8.7
	（MnO）	2	2
	（Al_2O_3）	3	3
	$CaF_2/kg \cdot t^{-1}$	3.5	4.0
	（P_2O_5）	3.0	3.5
[C]/%		0.15	0.15
中期供氧	P/MPa	0.7	0.7
	L_H/m	1.2	1.2
$W_{SL\cdot 1}/kg \cdot t^{-1}$		<135~150	<135~150

脱硫指标为：

（1）$\eta_{S \cdot g} \approx 8\%$

（2）$L_{S \cdot 1} = 5.9(R=3.5) \sim 6.44(R=4.0)$　（式（5-3-1））

　　　$L_{S \cdot 1} = 9.71(R=3.5) \sim 10.25(R=4.0)$　（式（5-2-25））

（3）$n_{S \cdot 1}$，如表 5-3-3 所示。

表 5-3-3　$n_{S \cdot 1}$ 指标

式（5-3-7）	$L_{S \cdot 1}$（式5-3-1）/$L_{S \cdot 1}$（式5-2-25）	备　注
0.653	0.61	$R = 3.5$
0.68	0.63	$R = 4.0$

（4）允许的 $[S]_{HM}$ 最大值

$$[\%S]_{HM} \leqslant \frac{1000 + W_{SL \cdot 1} L_{S \cdot 1}}{1.15\ (1 - n_{S \cdot g})\ W_{HM}}\ [\%S]_1$$

设 $W_{SL \cdot 1} = 140\text{kg/t}$，$W_{HM} \approx 1135\text{kg/t}$，则铁水中允许的最大硫含量如表 5-3-4 所示。

表 5-3-4　铁水中允许的 $w[S]_{HM}$

R	$w[S]_1/\%$	$w[S]_{HM}/\%$
4.0	0.03	0.047
4.0	0.035	0.055

（5）
$$\sum \eta_S = \frac{(1000\eta_{S \cdot g} + W_{SL} L_S)\ [S]}{1.15\ (1 - \eta_{S \cdot g})\ W_{HM}[S]_{HM}} \times 100\%$$

不同碱度、铁水硫含量以及终点硫含量时的总脱硫率如表 5-3-5 所示。

表 5-3-5　不同碱度、铁水硫含量以及终点硫含量时的总脱硫率

R	$[S]/\%$	$[S]_{HM}/\%$	$\sum \eta_S/\%$
4.0	0.03	0.047	51.9
4.0	0.035	0.055	51.7

b　终点脱硫的规范化工艺

终点脱硫的规范化工艺既是诸多最佳化转炉脱硫工艺中的一项独立工艺，也可是一倒脱硫规范化工艺失控时的补充。其吹炼前、中期的操作基本上与"一倒规范工艺"相同，所不同之处主要是：

（1）终渣的脱硫热力学条件与脱磷热力学条件相同，其 $L_{S \cdot F}$ 随 R_F、$(\sum FeO)_F$ 的增大和 T 的减小而增大。

（2）$L_{S \cdot F}$ 与 $(MgO)_F$ 间存在极大值关系，其 $(MgO)_F$ 应小于 $(MgO)_1$。

（3）减小 $(L_T)_F$ 有助于增大 $L_{S \cdot F}$ 和 $n_{S \cdot F}$。

特别是要控制 $[C]_F \leqslant 0.1\%$，$R = 4.0$，和 $(\sum FeO)_F \geqslant 25\%$，以充分发挥终渣气化脱硫的作用，并增大了脱硫的反应时间。

该工艺的主要工艺参数如表 5-3-6 所示。

表 5-3-6 终点脱硫规范化工艺的主要工艺参数

编　号		1
T_F/K		1953
R_F		4.0
终渣成分/%	(CaO)	46.4
	(SiO₂)	11.6
	(ΣFeO)	25
	(Fe₂O₃)	6
	(MgO)	5
	(MnO)	2
	(Al₂O₃)	2.5
	CaF₂/kg·t⁻¹	4.0
	(P₂O₅)	3.5
$[C]_F/\%$		0.1
终期供氧	P/MPa	0.7
	L_H/m	0.8
$W_{SL.F}/kg·t^{-1}$		≤150

可获得的脱硫指标为：

（1）$\eta_{S·g}=20\%$

（2）$L_{S·F}=8.28$（按式（5-3-2））

　　$L_{S·F}=8.33$（按式（5-2-25））

（3）$n_{S·F}$如表 5-3-7 所示。

表 5-3-7 $n_{S·F}$ 指标

式（5-3-8）	式（5-3-9）	$L_{S·F}$（式 5-3-2）/$L_{S·F}$（式 5-2-25）
0.94	0.9	0.99

（4）允许的 $[S]_{HM}$ 最大值：

$$[S]_{HM} \leqslant \frac{1000+W_{SL·1}L_{S·F}}{1.15(1-\eta_{S·g})W_{HM}} \times [S]_F$$

设 $W_{SL·F}=140kg/t$，$W_{HM}\approx1135kg/t$，则铁水中允许的最大硫含量如表 5-3-8 所示。

表 5-3-8 铁水中允许的 $[S]_{HM}$

$[S]_F/\%$	$[S]_{HM}/\%$
0.03	≤0.062
0.035	≤0.072

(5)　　　$$\sum\eta_{S\cdot F}=\frac{(1000\eta_{S\cdot g}+W_{SL\cdot F}L_{S\cdot F})\ [S]_F\times100}{1.15\ (1-\eta_{S\cdot g})\ W_{HM}\ [S]_{HM}}\qquad\%$$

$$\sum\eta_{S\cdot F}=\frac{(1000\times140\times8.28+1000\times20)\ [S]_F}{1.15\ (1-0.2)\ \times1135\ [S]_{HM}}\qquad\%$$

$$\sum\eta_{S\cdot F}=130.17\ [S]_F/\ [S]_{HM}\qquad\%$$

在允许最大铁水硫含量以及终点钢水硫含量下可获得的总脱硫率如表 5-3-9 所示。

表 5-3-9　在允许最大铁水硫含量以及终点钢水硫含量下可获得的总脱硫率

$[S]_F/\%$	$[S]_{HM}/\%$	$\sum\eta_{S\cdot F}/\%$
0.03	0.062	62.78
0.035	0.072	61.27

B　强化脱硫工艺

由式 (5-2-25) ~式 (5-3-2) 和式 (5-3-10) 可见,在 (CaO) 含量一定时,降低 (SiO$_2$) 含量时,可显著增大 L_S 值。故本工艺以预脱硅铁水 ([Si] <0.4%) 或低硅铁水为原料。

该工艺的主要控制参数如表 5-3-10 所示。

表 5-3-10　强化脱硫工艺的主要控制参数

方　　法		拉碳法	低碳法
T_1/K		1933	1953
R		6	6
炉渣成分/%	(CaO)	50.74	48.0
	(SiO$_2$)	8.46	8.0
	($\sum$FeO)	18	25
	(Fe$_2$O$_3$)	4	6
	(MgO)	7.3	3.0
	(MnO)	2	2
	(Al$_2$O$_3$)	5	5
	CaF$_2$/kg · t^{-1}	5	5
	(P$_2$O$_5$)	3.5	4.0
[C]/%		0.15	0.1
中期供氧	P/MPa	0.7	0.7
	L_H/m	1.2	0.8
W_{SL1}/kg · t^{-1}		<135~150	<135~150

注:表中的炉渣成分和供氧参数系指各方法的终吹控制参数。

该工艺可获得的脱硫指标如表 5-3-11 所示。

表 5-3-11 强化脱硫工艺可获得的脱硫指标

方法	$L_{S(理)}$	$L_{S(控)}$	$n_{S(理)}$	$n_{S(控)}$	$[S]_{HM}(\leqslant)/\%$			$\sum\eta_S/\%$			备 注
拉碳法	11.86	10.41	0.88	1.0	$=2.046[S]_1$			$=128.03[S]_1/[S]_{HM}$			$W_{SL}=140\text{kg/t}$ $W_{HM}=1135\text{kg/t}$
					$[S]_1$	$[S]_{HM}$	$[S]_1$	$[S]_{HM}$	$\sum\eta_S$		
					0.03	0.061	0.03	0.061	62.96		
					0.035	0.071	0.035	0.071	63.12		
低碳法	10.65	11.33	1.06	0.91	$=2.477[S]_F$			$=171.06[S]_F/[S]_{HM}$			
					$[S]_F$	$[S]_{HM}$	$[S]_F$	$[S]_{HM}$	$\sum\eta_S$		
					0.03	0.074	0.03	0.074	69.35		
					0.035	0.087	0.035	0.087	68.81		

5.3.2.2 双渣法方案

A 双渣法之一

扒渣时刻选在开吹后约 7min 时，扒去初期渣 40%~70%，视 $[Si]_{HM}$ 含量大小和造新渣的渣量和碱度而定。该工艺适用于 $[Si]_{HM}>0.8\%$ 或 $[P]_{HM}>0.3\%$ 时，其特点是：前期采用大氧压高枪位，于 7min 前造好 $R\geqslant2.0$ 的最佳化初渣，于 7min 时扒去初渣后，视脱硫任务大小，选取上面所述的拉碳法出钢强化脱硫工艺，或低碳出钢强化脱硫工艺。

该工艺的控制参数如表 5-3-12 所示，可得 $[S]_{HM}$ 最大值和 $\sum\eta_S$ 值，如表 5-3-13 所示。

表 5-3-12 双渣法之一的工艺控制参数

方 法	扒渣时				终点				$W_{HM}/\text{kg}\cdot\text{t}^{-1}$
	R	W_{SL} /$\text{kg}\cdot\text{t}^{-1}$	L_S	$[S]$	R_F	$W_{SL\cdot F}$ /$\text{kg}\cdot\text{t}^{-1}$	$L_{S\cdot F}$	$[S]_F$	
拉碳法	$\geqslant2.0$	100	3.0	0.06	6	140	10.4	0.03~0.035	1140
低碳法	$\geqslant2.0$	100	3.0	0.06	6	140	11.33	0.03~0.035	1140

表 5-3-13 双渣法之一的工艺可获得的脱硫指标

方 法	$[S]_F/\%$	$[S]_{HM(max)}/\%$	$\sum\eta_S/\%$
拉碳法	0.03 0.035	$=0.007+2.036[S]_F$	$=(127.351[S]_F+0.686)/[S]_{HM}$
		0.068	66.28
		0.078	65.95
低碳法	0.03	$=0.007+2.466[S]_F$	$=(170.309[S]_F+0.686)/[S]_{HM}$
		0.081	71.55
	0.035	0.093	71.47

B 双渣法之二

扒渣时刻选在 $[C]=0.3\%$，扒去中期渣 40%~60%，视 $[Si]_{HM}$ 含量大小和后期脱硫任务而定。该工艺主要用于单渣法（即 $W_{SL}=135\sim150kg/t$）不能完成脱硫任务时。其特点是一倒前视 $[Si]_{HM}$ 大小确定用规范化脱硫工艺或强化脱硫工艺，原则是 $W_{SL\cdot1}\le135\sim150kg/t$。扒渣后则均采用强化脱硫工艺，重新造渣，控制 $W_{SL\cdot F}\approx120kg/t$。

该工艺的控制参数如表 5-3-14 所示。

表 5-3-14　双渣法之二工艺的控制参数

扒渣前的工艺	R_1	$W_{SL\cdot1}$ /kg·t⁻¹	$L_{S\cdot1}$	$[S]_1$/%	R_F	$W_{SL\cdot F}$ /kg·t⁻¹	$L_{S\cdot F}$	$[S]_F$/%	W_{HM} /kg·t⁻¹
规范化脱硫	4.0	140	6.4	0.05	5.0	120	10	0.03~0.035	1140
强化脱硫	6.0	140	10.4	0.05	6.0	120	11.3	0.03~0.035	1140

可得 $[S]_{HM}$ 最大值和 $\sum\eta_S$ 值。

$$(1)\quad [S]_{HM}\le\frac{1000+W_{SL\cdot F}L_{S\cdot F}}{1.15\,(1-\eta_{S\cdot g\cdot F})\,W_{HM}}[S]_F+\frac{aW_{SL\cdot1}L_{S\cdot1}[S]_1}{1.15\,(1-\eta_{S\cdot g\cdot1})\,W_{HM}}$$

$$(2)\quad \sum\eta_S=\frac{(1000\eta_{S\cdot g\cdot F}+W_{SL\cdot F}L_{S\cdot F})\,[S]_F\times100}{1.15\,(1-\eta_{S\cdot g\cdot F})\,W_{HM}[S]_{HM}}+\frac{aW_{SL\cdot1}L_{S\cdot1}[S]_1\times100}{1.15\,(1-\eta_{S\cdot g\cdot1})\,W_{HM}[S]_{HM}}$$

式中，a 为扒渣系数，$a=0.4\sim0.6$，如取 $a=0.5$，则脱硫指标如表 5-3-15 所示。

表 5-3-15　双渣法之二的工艺可获得的脱硫指标

扒渣前工艺	$[S]_F$/%	$[S]_{HM(max)}$	$\sum\eta_S$/%
规范化脱硫	0.03	=2.098$[S]_F$+0.0186	=(133.486$[S]_F$+1.857)/$[S]_{HM}$
		0.082	71.49
	0.035	0.092	70.97
强化脱硫	0.03	=2.2498$[S]_F$+0.03	=(148.703$[S]_F$+3.01)/$[S]_{HM}$
		0.098	76.32
	0.035	0.109	75.36

5.3.2.3　小结

对上面的脱硫工艺总结，如表 5-3-16 所示。

表 5-3-16　各种工艺的脱硫指标总结

特性参数	单渣法				双渣法			
	规范化脱硫工艺		强化脱硫工艺		7min 时扒渣 50%		$[C]$=0.15%~0.4% 时扒渣 50%	
	拉碳出钢	低碳出钢	拉碳出钢	低碳出钢	强化脱硫，拉碳出钢	强化脱硫，低碳出钢	扒渣前规范化脱硫	扒渣前强化脱硫
R_1	4.0		6.0		2.0	2.0	4.0	6.0
$L_{S\cdot1}$	6.4		10.4		3.0	3.0	6.4	10.4
$W_{SL\cdot1}$/kg·t⁻¹	140		140		~100	~100	140	140

续表 5-3-16

特性参数	单渣法				双渣法			
	规范化脱硫工艺		强化脱硫工艺		7min 时扒渣 50%		[C]=0.15%~0.4% 时扒渣 50%	
	拉碳出钢	低碳出钢	拉碳出钢	低碳出钢	强化脱硫，拉碳出钢	强化脱硫，低碳出钢	扒渣前规范化脱硫	扒渣前强化脱硫
$[S]_1/\%$	0.03				0.06	0.06	0.05	0.05
	0.035							
R_F	4.0		6.0		6.0	6.0	5	6
$L_{S \cdot F}$	8.28		11.33		10.4	11.33	10	11.33
$W_{SL \cdot F}/\text{kg} \cdot \text{t}^{-1}$	140		140		140	140	120	120
$[S]_F/\%$			0.03		0.03	0.03	0.03	0.03
			0.035		0.035	0.035	0.035	0.035
$\Sigma\eta_S/\%$	51.9	62.98	62.96	69.35①	66.28	71.55①	71.49①	76.32①
	51.7	63.27	63.12	68.81①	65.95	71.47①	70.97①	75.96①
$[S]_{HM(max)}/\%$	0.047	0.062	0.061	0.074①	0.068	0.081①	0.082①	0.106①
	0.055	0.072	0.071	0.087①	0.078	0.093①	0.092①	0.118①

① 这几种低碳出钢工艺中，虽然（ΣFeO）=25%，但 $R_F \geqslant 5.0$，所以 $\eta_{S \cdot g}$ 仍取 20% 似乎偏高，则这些值也偏高。

5.3.3 最佳化脱硫工艺的计算机智能系统

最佳化脱硫工艺模型也是一种系统工程的建立。它分三个建设步骤。第一步经过转炉炼钢的脱硫试验研究，建立映射各种工艺因素的 L_S、n_S、$\eta_{S \cdot g}$ 单元最佳化控制模型；第二步设计使 L_S 达极大值，$n_S \to 0$ 和 $\eta_{S \cdot g} > 15\%$ 的各种最佳化脱硫工艺；第三步则是这里要阐述建立的计算机智能系统，它是先按炉渣碱度的递变，拉碳出钢或低碳出钢，单渣法或双渣法，前期扒渣或后期扒渣，建立各种最佳化脱硫工艺的标准数据库；然后根据入炉原材料成分（特别是铁水的 Si、P、S 含量）和对钢水 [S] 含量的要求，通过计算机运算，决定所选的最佳化脱硫工艺，并报出其单渣法或双渣法（包括扒渣时刻和扒渣率）、分阶段的炉渣量、碱度和主要成分，及供氧制度（包括氧压和枪位）；并同时将上述决策通知渣料和金属料控制模型，使之快速算出该炉应加入的总渣料（包括石灰、白云石、萤石、生石灰、废高铝砖、铁矾土等），批料和铁水、废钢量。简而言之，该计算机智能系统包括三部分：（1）最佳化脱硫工艺系列数据库和成分相对稳定的原材料成分数据库；（2）最佳化工艺决策模型；（3）加料控制模型。其运算流程示于图 5-3-1。

5.3.4 小结

（1）本节明确提出的冶金反应工程控制论，不仅可用于开发氧气转炉的脱磷最佳化工艺静态控制模型[1]，也可用于开发脱硫最佳化工艺静态控制模型，以及冶金领域中其他诸多最佳化工艺静态控制模型。

（2）本节设计开发的 15t 顶吹氧气转炉的脱硫最佳化工艺静态控制模型已通过计算机

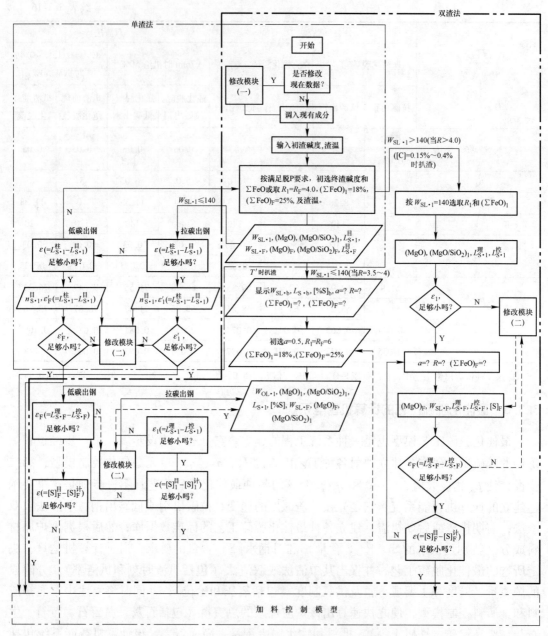

图 5-3-1　最佳化脱硫工艺计算机智能系统框图

运行，能作生产参谋用。

（3）经改进后的几种典型最佳化脱硫工艺均较目前转炉的实际脱硫指标良好。

（4）当 $[S]_{HM} \leqslant 0.07\%$ 时，可采用低碳出钢的规范化脱硫工艺。该工艺不仅应用了 $L_{S.F}$ 在 $(MgO)_F=$ 最佳值处存在极大值的关系，而且应用了 $\eta_{S.g}$ 不仅随 $(\sum FeO)$ 的增大而增大，并在 $R \approx 4.0$ 时达最大值的试验结果。故该工艺可说是转炉的最佳最经济的脱硫工艺，并可允兑入转炉的铁水经济含硫量不大于 $0.06\% \sim 0.07\%$。

（5）如 $[S]_{HM} > 0.07\%$ 时则须采用预脱硅的低硅铁水进行强化脱硫，或扒除初期渣后再强化脱硫，或选两次脱硫渣进行脱硫。

（6）最佳化脱硫工艺的关键技术是：

1）尽早造好 $R \geqslant 3.0$ 的炉渣，使 L_S 值尽早跃升；

2）控制（MgO$)_F$=最佳值，以使 L_S=最大值；

3）按 L_S 和 n_S 控制模型，调节工艺参数使 $L_{S(控制)} \rightarrow L_{S(理论)}$ 和 $n_{S(控制)} \approx n_{S(理论)} \rightarrow 0.9 \sim 1.0$；

4）尽可能利用 $\eta_{S \cdot g}$ 在［C］$\leqslant 0.1\%$ 下，当（$\sum$FeO）一定时 $\eta_{S \cdot g}$ 在 $R \approx 4.0$ 处最大和随（$\sum$FeO）的增大而增大的特性，把转炉的气化脱硫能力适当地充分利用；

5）过程渣量不大于 140kg/t。

参 考 文 献

［1］李远洲. 氧气转炉造渣最佳化工艺模型的探讨［J］. 钢铁，1992（4）：14-17.

［2］Chatterjee A. Ironmaking and Steelmaking, 1976, 3（1）: 21.

［3］Grant N J, Chipman J. Trans Met Soc AIME, 1946, 167: 134-149.

［4］王本茂，等. 铁与钢，1970, 56（4）: S70.

［5］Turkdogan E T. Physicochemical Properties of Molten slags and glasses［M］. London: The Metals Society, 1983: 299.

6 脱 碳 反 应

6.1 碳的氧化反应

6.1.1 不同研究者的实验结果

（1）有的研究者认为，在 1260℃ 及 1atm 的一氧化碳下，碳与氧的百分浓度乘积为：

$$[C] \cdot [O] = 0.0025 \tag{6-1-1}$$

将氧换算成 FeO 时，则

$$[C] \cdot [FeO] = 0.011 \tag{6-1-2}$$

上述数值是研究者由实验确定的，其所用的方法及装置是可靠的，但实验点不足。它仅包括了金属中不大的浓度范围（即 0.01%～0.94%C 及 0.003%～0.190%O 的合金；在所取的 11 个点中仅 3 个是 C>0.1% 的合金，其余则是在 0.01%～0.04%C 合金中得到的）。但在 1580℃ 及 1atm 下进行的补充实验的结果，仍得到 $[C] \cdot [O] = 0.0025$。

钢液中碳的氧化反应平衡的方程式如下：

$$[C] + [FeO] \rightleftharpoons [Fe] + CO \tag{6-1-3}$$

$$K = \frac{[C][FeO]}{P_{CO}} \tag{6-1-4}$$

$$\lg K = -\frac{2400}{T} - 0.675 \tag{6-1-5}$$

$$\Delta F^{\ominus} = 10980 + 3.09T \tag{6-1-6}$$

上列式中第一项系数以定量的形式反映出温度作用的主要部分。其数值颇低，表明温度对溶于液体铁中的氧化反应完成程度影响不大。表 6-1-1 中列出了 $[C] \cdot [O]$ 乘积与温度的关系。

表 6-1-1 $[C] \cdot [O]$ 乘积与温度的关系

$t/℃$	$[C] \cdot [O]$ 乘积波动范围	$[C] \cdot [O]$ 乘积平均数值
1550	0.0012～0.0033	0.0020
1700	0.0018～0.0056	0.0025

表 6-1-1 中所列的实验数据波动很大，乘积的平均数值随温度的升高而增长，这表明升高温度则溶于铁内的碳及氧反应较不完全，这种温度关系也说明反应向脱碳方向的热效应是正的。

（2）马歇尔和启普曼的实验结果：

$$K_1' = P_{CO}^2 / P_{CO_2} \cdot [C] \tag{6-1-7}$$

$$K_2' = P_{CO_2} / P_{CO} \cdot [O] \tag{6-1-8}$$

$$K_3' = P_{CO}/[C] \cdot [O] \tag{6-1-9}$$

式中，常数 K_1'、K_2'、K_3' 并非常数，它们都随金属中碳含量而变化。碳的作用随压力升高而加剧；如在 1atmCO、CO_2 及 1540℃下，0.02%C 时，碳氧乘积为 0.0018；而 1.0%C 时，增长到 0.0034，因此碳氧平衡关系对等边双曲线的规律稍有偏差。马歇尔和启普曼认为，这是铁内各成分活度与其百分浓度不同的证明，他们认为真正的平衡常数应用活度表示：

$$a_C = f_C[C] \quad 和 \quad a_O = f_O[O] \tag{6-1-10}$$

式中，f_C、f_O 分别为碳和氧的活度系数。

对于 $[C]+[O] \rightleftharpoons [CO]$ 这个反应式的自由能变化与温度的关系表示为：

$$\Delta F_0 = -8510 - 7.52T \tag{6-1-11}$$

由温度函数的系数，他们认为反应的热效应往金属脱碳方向是正数，即：$Q = 8510cal$。

应当指出：上述这些温度函数式都是对碳含量很低的合金而言。关于活度的理论及结论都是根据不足的。

（3）其他研究结果：在碳和氧同时存在于熔体中，并相互作用下，它们的化学活度是向相反的方向变化的，碳的活度系数大于 1，并随碳含量升高而增大；氧活度系数却小于 1，并随碳含量升高而减少。

隆马林和卡拉谢夫曾进一步分析过马歇尔和启普曼的数据，通过反应物质的对比关系与金属熔池组成无关。结论认为：熔于铁液中的碳和氧的活度系数，在 C<1% 时是恒定数值。

法国科学家凡列对马歇尔和启普曼的数据所作的统计研究也证明：各个个别反应的平衡常数与金属中碳和氧的含量无关，并认为在碳含量达 2.3% 以前，碳和氧的活度系数等于 1。

费列波夫从实验证明：碳的活度与温度关系不大，并在含碳量低于 2.0% 的溶体中遵守亨利定律，即溶于铁中 C 的含量及其活度之间有正比关系。碳活度系数几乎为恒定值。

总之，大多数研究者都倾向于认为：溶于金属各成分的浓度乘积在恒温恒压下是常数。

6.1.2　碳氧反应平衡常数 K_{C-O}

6.1.2.1　平衡常数 K_{C-O} 与压力的关系

费列波夫根据实验数据认为：K_{C-O} 的数值随压力降低而按曲线关系增长，特别是在低压范围内。重要的情况是，当接近一大气压时，体系最佳状态的特征 K_{C-O}，即平衡常数真正地接近一定值（如图 6-1-1 所示）。

从图 6-1-1 上所示实验点的位置，证实了在低压范围内压力有很大影响，而在接近 1atm 时，平衡常数变化很小。所以将该实验数据外推到 1atm 是有根据的，而在 1atm 下反应平衡常数 K_{C-O} 可认为几乎是一恒定数值。

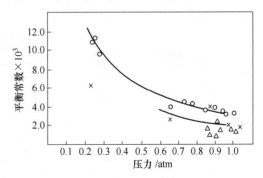

图 6-1-1　碳氧反应平衡常数在气相压力
影响下的变化

○—由 [CO]；×—由 [CO_2]；△— [C]<0.25%

图 6-1-1 中的关系可用方程式（6-1-12）表示：

$$m = m_P + 0.65(1-P) \tag{6-1-12}$$

式中，m 为在 1atm 下，[C]·[O] 乘积数值；m_P 为在 P(atm) 下，[C]·[O] 乘积数值。

6.1.2.2　平衡常数 K_{C-O} 与温度的关系

按一般研究者的实验方程式得知：平衡常数 K_{C-O} 的温度函数式的第一项系数是负的，即往金属脱碳方向反应的热效应是正值。

而费利波夫在实验中所得的平衡常数 K_{C-O} 的温度函数方程式为：

$$\lg K = -\frac{1020}{T} - 3.0245 \tag{6-1-13}$$

$$K = \frac{[C] \cdot [O]}{P_{CO}} \tag{6-1-14}$$

其所得的（6-1-14）平衡常数温度函数式的第一项系数与目前的主流观点相反，往金属脱碳方向反应的热效应是负值，$Q = -\Delta H = 4900$cal。因此，在 1510℃ 以上，铁液中碳氧化反应平衡随温度上升而向相反更完全的方向移动。但是从定量的观点来看，温度因素的影响并不很大，因为热效应数值很小。

从转炉熔炼的过程中以及哈尔森捷也夫等在 20t 转炉上的实验报道中都可看到：吹炼开始时金属温度迅速由 1350℃ 上升到 1500℃ 之后便开始了强烈的金属脱碳过程，在这个时期内 v_C 和温度制度相对稳定（在 1500℃ 上）；到吹炼快终了时，熔池温度才进一步随着降碳速度的减小，Mn 和 Fe 的部分再氧化而升高。从这里也证明了，铁液中碳的氧化反应平衡随温度上升而向反应更完全的方向移动，但温度的影响并不很大。

6.1.2.3　碳氧浓度乘积与含碳量的关系

在表 6-1-2 中由 0.52%~1.2%C 含量范围内 [C]·[O] 曲线接近等边双曲线，仅在仔细地比较时才能发现金属中碳含量高时，实验数据对等边双曲线稍有偏差，但是如此之小，所以可认为碳氧浓度间是双曲线关系。但在金属中低碳浓度范围内则与双曲线相差甚多，约在 0.250%C 处偏差达到最大。

表 6-1-2　铁液中碳氧化反应平衡数值的比较（$P=1$atm，$t=1550$℃）

碳含量 /%	实验平均数值		根据双曲线 [O]/%	碳含量 /%	实验平均数值		根据双曲线 [O]/%
	[C]·[O]	[O]/%			[C]·[O]	[O]/%	
0.05	0.0027	0.0540	0.0640	0.7	0.0032	0.0046	0.0046
0.10	0.0017	0.0167	0.0320	0.8	0.0032	0.0040	0.0040
0.20	0.0015	0.0072	0.0162	0.9	0.0032	0.0036	0.0036
0.30	0.0020	0.0067	0.0108	1.0	0.0032	0.0032	0.0032
0.40	0.0028	0.0070	0.0081	1.1	0.0032	0.0029	0.0029
0.50	0.0032	0.0064	0.0065	1.2	0.0032	0.0027	0.0027
0.60	0.0032	0.0054	0.0054				

在图 6-1-2 上示出了 [C]·[O] 的乘积值在 0.20%C 处偏差达到最大。

看来，费列波夫所确定的新的平衡数据与表面现象的规律有着一定的相互联系。对双

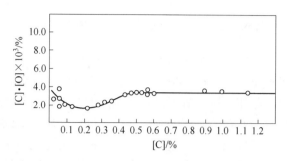

图 6-1-2　金属中碳氧平衡浓度乘积与金属中碳含量的关系

曲线关系的偏差，以及浓度乘积出现最小值，都与金属中成分的吸附及表面张力最高点刚好在铁中碳含量约 0.15%~0.2% 处出现相符合。熔体的这个组成约相当于溶解成分的等量吸附和最小总吸附量处。在此等条件下，碳氧质点的接触及相互影响达到最完全，并且反应表面为 CO 充满的程度最小。

在费利波夫所得的新的平衡数据中，对碳含量大于 0.5% 的金属，浓度乘积为 0.0032，在约 0.15%~0.2%C 处降低约一半，并达到最小值。再减小金属中碳含量就使浓度乘积增大，虽然此时气相中 CO_2 含量增加，所以对尚须进行真空处理的钢水来说，当金属的含碳量降至 0.15%~0.2% 时，即应停止吹炼。

6.1.2.4　对各研究者所得的结果的比较

在图 6-1-3 中列出了马歇尔与汉密尔顿、隆马林和启普曼，以及费利波夫等关于 [C]·[O] 乘积值的曲线。其中费利波夫曲线的特征着重表现为两个不同的部分——对中碳含量的碳氧浓度乘积为恒定数值；对低碳含量的浓度乘积值则产生特殊变化，并有最低点存在。而其他研究者的数据则对整个组成范围都表示成直线关系；并从直线的斜率表明，不管碳含量如何，平衡常数都与金属组成有一定的关系。

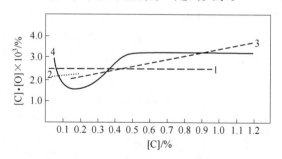

图 6-1-3　不同研究者碳氧浓度乘积随碳含量的变化

1—马歇尔与汉密尔顿，$t=1600℃$，$P=1atm$；2—隆马林和启普曼，$t=1550℃$，$P=1atm$；
3—马歇尔与启普曼，$t=1540℃$，$P=1atm$；4—费利波夫，$t=1550℃$，$P=1atm$

应当着重指出：费利波夫的碳氧浓度乘积曲线是较为正确的，它是符合表面现象规律的，同时也为近代的炼钢实践所证明。更重要的是，费利波夫的碳氧浓度乘积曲线对炼钢操作有着重大的指导意义。如对尚需进行真空处理的钢水，可以选择其熔炼终点的含碳量为 0.15%~0.20%。以及在回转式的转炉中也可按照费利波夫曲线，在一适当的含碳量下停吹，然后进一步加速炉子的回转，来获得最低含氧量的钢水。

6.1.3　碳氧化反应的热效应

6.1.3.1　根据不同研究者的数据看反应的热效应

隆马林和启普曼的数据为：$Q = +10980cal$，即碳的氧化反应为放热性质，但反应热效应数值不大，说明温度对溶于铁中碳氧元素间反应的完全程度影响较小。

其实过去大多数研究者都认为，碳的氧化反应是放热性质。其结果形成这种概念——温度降低有助于溶于铁中的碳氧反应得更完全。一般都是由此观点来解释钢液在钢锭模内冷却及凝固时活跃的沸腾现象。但是在此情况下，温度因素对转炉反应过程的进行就失去了意义。

若热效应为正，则升高温度并不会促使金属更完全地脱碳，这样，金属熔池的活跃程度随温度升高而增长的现象只能由动力学规律方面加以解释了。

6.1.3.2　费利波夫的热效应数据

费利波夫所确定的热效应与过去的研究者所得的结果恰好相反，它是：$Q = -4900cal$。

费利波夫实验所用的原始数据是属于含碳量超过0.4%的中碳金属，这些数据消除了压力的影响，同时压力的作用，实验者按所观察到的规律加以修正了；同时为了将金属与石英坩埚壁的副作用减到最小，费利波夫还在1510℃以上变化不大的温度范围内研究了温度的影响。在这些条件下，费利波夫获得了负的热效应值，同时观察到温度升高引起更多地放出CO，与此相反降低温度导致金属吸收一定数量的CO。这就证实了：溶于钢中的碳和氧的相互作用在温度升高时应当进行得更加完全。

费利波夫认为：过去研究者所采用的研究温度因素的方法有误差，致使他们获得了钢液中碳氧化反应是放热的错误结论。

至于钢液冷凝时的沸腾现象，费利波夫则引用了巴依科夫的意见，认为金属的沸腾乃是由于碳及氧在母液中浓聚所引起。在此情况下，温度因素的作用被浓度因素所掩盖。

应该强调指出，费利波夫的这个结论，对转炉熔炼的操作制度，特别是温度制度具有重要的影响。如果认为费利波夫的结论是正确的话，那么就应该在转炉熔炼中，特别是熔炼后期，采用高温操作，以便使溶于钢中的碳和氧获得更完全的反应，达到熔池自脱氧的目的。

近代炼钢生产的实践中，在用氧吹炼和在高温熔炼下所获得的含氧量低的钢水的事实也充分证明了，溶于钢中的碳和氧的相互作用在温度升高时应当进行得更加完全这一结论的正确（这个问题还将在后面"熔炼的温度制度"一节中详细讨论）。

6.2　金属熔池中碳的氧化动力学

6.2.1　氧化过程的机理和速度

6.2.1.1　过程的机理

史达尔克和费利波夫用实验方法首次指出溶于金属中的氧和碳是表面活性的元素而吸附于相界面；这便是表面浓度和体积浓度在实质上产生差异的原因。

在钢液表面上的吸附现象一节中已经提到：在一定的金属组成范围内，在反应相的交界的表面层是优先被一个成分占据，这时出现体积浓度变化，而表面浓度实际上几乎保持恒定。因此，在 C 高于临界浓度时，对于平静的熔炼情况，C 的氧化反应速度经实验证明为零次动力学方程式：

$$v = -\frac{d[C]}{d\tau} = B \qquad (6-2-1)$$

即钢脱碳过程的速度具有恒定数值；在金属中，当碳高于临界含量时，它与金属的组成相关。

6.2.1.2　根据不同研究者的试验讨论临界浓度对碳氧化过程的机理和速度的影响

С. И. 费利波夫、Т. Ж. 哈里斯琴巴也夫、Г. С. 苏溶弗策夫等人在试验转炉中观察到：金属中的杂质在临界浓度之前，过程在扩散区域中发展起来，而且过程的速度取决于往反应带中送进的氧化剂，即所耗用的氧量，而搅拌并不起影响。低于临界浓度时，过程剧烈减慢，而且在熔池内被氧化元素的转移变成了决定性因素。

日本的冶金学家在研究碱性平炉钢水的脱碳速度时确定：在 [C]>0.3% 时，v_C 与 [C]·ΔO 及 v_C 与 $\Delta[O]$ 之间不存在依赖关系，当 [C]<0.30% 时，v_C 按如下方程式与碳浓度成比例地减小：

$$-\frac{d[C]}{dt}(\%/min) = 0.0514 \times C\% - 0.0030 \qquad (6-2-2)$$

另外他们还研究了钢水含 C 浓度和气相含氧浓度对于脱碳速度的影响：当 [C]>0.15% 和气相中 O_2 的浓度固定时，脱碳速度也不变，而且与 [C] 无关；当 [C]<0.15% 时，脱碳速度迅速降低，并接近于零。当气相中氧浓度自 0 增加到 10% 时，脱碳速度也随着增加；当 O_2 浓度高于 10% 时，则 v_C 差不多保持固定（应该说这是一个很有意义的结论）。

3. 刁隆、С. И. 费利波夫根据临界浓度的概念在对于铁水杂质氧化的动力学与机理的研究中曾指出：在氧化性气流与金属熔体表面直接相互作用的情况下，C 高于临界浓度时，过程的速度遵守扩散动力学的规律，而且氧从气流进入界面层是限制性环节。C 低于临界浓度时，过程在扩散反应区得到发展，而 C 则停止从金属进入界面层。临界浓度标明氧化过程减慢的起始。并指出了：临界浓度随着往熔池里供给氧化剂的强度的增加而提高，而在熔池沸腾和搅拌时降低。他们在按临界点对于 C 的表面浓度的估算中证明：在静止熔池情况下，表面浓度比体积浓度小 10 倍左右，而且在熔池沸腾时更加减低。

6.2.1.3　过程速度的限制环节

丹羽贵知藏、下地、光雄根据反应的绝对速度理论得出：铁水之中的 C 与 O 之间的单相反应应当进行得很快。并从扩散层的理论出现得出：扩散是限制步骤的概念，他在考虑了雷诺数的情况下，估计出铁水中扩散层的厚度为 0.1cm。

费利波夫认为：控制熔池脱碳速度的不是碳的浓度，而是从金属熔体中析出 CO 的多相过程。并认为金属中气泡形成的困难致使 CO 压力增加，因此氧的浓度增长，这就是实际熔池中过剩氧存在的原因。

6.2.2　钢液脱碳过程的动力学

（1）当氧流与碳流相向流动而渗入金属熔池的反应带时，反应带可能从表面移动至熔池深处。

对于物质的扩散对流过程的速度常数为：

$$\beta = \frac{D}{\delta} \tag{6-2-3}$$

式中，D 为分子扩散系数，cm/s；δ 为相应的停滞膜的厚度，cm。

当碳流减弱（如通过降低其体积浓度 [C]），则必然导致 δ 的增大和反应带深入金属。而反应带在金属相内的位置，以及碳的氧化速度又是氧化剂和 C 在接触相内体积浓度的函数。

反应带的位置与氧和碳扩散流的关系可取作反应带距金属表面的距离 h_1，与距熔池底的距离 h_2 之比。

应当指出，在化学反应本身速度高于扩散流速度时，金属表面过剩的氧存在（即 $k_X > \alpha > \gamma$）乃是反应带之所以可能从表面移动深入金属的原因。

当反应带由于其气泡的产生是来源于炉底这个原因移至炉底时，氧的供氧量必须要能保证氧的扩散流在金属中移动时被消耗于气泡的生成和到达炉底的这个数量。

（2）当 $k_X > \gamma > \beta'$ 时，即化学反应速度较高，而碳的传送速度又高于氧的传送速度时，氧的传送无疑是限制性环节。这时，在反应带中，氧浓度趋向最小值，至于碳则略有过剩，而其浓度接近于体积内的 C 含量：即

$$[C]_m \longrightarrow [C]_0 \tag{6-2-4}$$

$$[O]_m \longrightarrow [O]_P \tag{6-2-5}$$

$$-\frac{dC}{d\tau} = \frac{S_m}{V_m} \cdot \frac{[O]_0}{\dfrac{1}{a} + \dfrac{1}{\beta'} + \dfrac{1}{k_X}\dfrac{S_\omega}{S_n}} \tag{6-2-6}$$

式中　$\dfrac{dC}{d\tau}$——碳氧化速度，mol/(cm^3 · s)；

　　　S_n——总的反应表面积，cm^2；

　　　S_ω——炉渣与金属的接触面积，cm^2；

　　　V_m——金属熔池的体积，cm^3；

　　$[O]_0$——氧化剂相中活性氧的浓度，mol/cm^3；

　　　a——氧化剂相中指向金属的氧传送速度常数，cm/s；

　　　β'——金属内指向反应带的氧传送速度常数，cm/s；

　　　k_X——化学反应速度常数，cm/s。

由式（6-2-6）中可见：过程的总的阻碍乃是由氧化剂流所受到的炉渣和金属相中的阻力与成分直接交互作用时的化学阻力所组成。

值得提出的：在这样复杂的体系中，化学阻碍随接触表面数值之比及氧化剂流的强弱而加强或减弱（这在转炉的生产实践中已得到证实）。以气泡界面而言，适当地增加炉渣和金属的接触，将加速 C 的氧化和导致[C] · [O]乘积的减小；反之，如果过分扩展炉渣和金属的相界面，和过分增强氧化剂流，使反应表面上的负荷增加，造成产生新相的困难，将导致化学阻力的加强和乘积值的增大。

（3）当 $\gamma > k_X > \beta'$ 时，氧的传送为过程的限制环节，但是在 β' 与 k_X 差别不大时，则是被化学环节所延缓；并同时增加金属中的氧含量。

（4）当 $a>\gamma>k_X$ 时，这种情况的产生，可能是由于熔池温度低于临界温度时碳的化学活性降低的结果。

（5）碳的临界含量对过程速度的影响。当碳高于临界含量（即 $C>0.15\%\sim0.2\%$）时，C 有剩余。这时过程的限制性环节就不是碳的传送这个因素，而是氧的供应了。但当碳的含量小于临界浓度 $[C]_K$ 时，则碳就变得少于反应带中氧所能氧化的那个分量，这时 C 的传送就成为限制性的环节了。

将碳的临界含量用方程式（6-2-7）表示如下：

$$[C]_K=[C]_P+([O]_O-[O]_P)\frac{S_\omega}{S_n}\left[\frac{\dfrac{1}{r}}{\dfrac{1}{a}+\dfrac{1}{\beta'}}\right] \tag{6-2-7}$$

式中，$[C]_P$ 为反应带中碳的浓度；$[O]_O$，$[O]_P$ 分别为氧在金属中的体积浓度及反应带中的浓度。

由式（6-2-7）中可知，如果能保证氧较好地供应熔池，则钢水脱碳过程历程的变化就较早，并且在 C 含量较高时产生，也就是说碳的临界值偏大。由此可以认为：当采用氧来强化过程时，过程历程的变换和脱碳速度的减缓，便会较通常熔炼时发生得早些，所以在紧靠脱氧前的阶段内，特别是在冶炼低碳钢时，连续使用等强度的供氧（空气或纯氧），在工艺上是不合理的。

当碳含量低于临界含量时，整个过程在过剩氧存在下，由反应带中碳的供应这个缓慢环节来决定。其特点是熔池脱碳速度较低，同时可能出现比金属在高碳时有更多的过剩氧。

这时 $\beta>k_X>\gamma$

$$-\frac{d[C]}{dt}=\frac{S_m}{V_m}\cdot\frac{k_X\cdot r}{k_X+r}[C]_O=\frac{S_m}{V_m}\cdot\frac{[C]_O}{\dfrac{1}{r}+\dfrac{1}{k_X}} \tag{6-2-8}$$

式中，$[C]_O$ 为金属体积内碳的浓度。

从方程式（6-2-8）可见：在碳的低浓度范围内，脱碳速度随金属中 C 浓度的变化（降低）而连续变化（降低）。这时，由于过程被延缓，以及氧的不完全消耗，因此有更多的过剩氧存在。

（6）表面沸腾。在有过剩碳的条件下，当氧向金属表面输送比较迟缓时，如果金属熔渣交界有产生 CO 的条件，并且化学反应本身的速度至少是大于氧的供应速度，这时便可能产生表面沸腾的脱碳现象。

由于此时 $\gamma>k_X>\alpha$ 故

$$-\frac{dC}{d\tau}=\frac{S_m}{V_m}\cdot\frac{k_X\cdot\alpha}{k_X+\alpha}\cdot[O]_O=\frac{S_m}{V_m}\cdot\frac{[O]_O}{\dfrac{1}{\alpha}+\dfrac{1}{k_X}} \tag{6-2-9}$$

表面沸腾的特征是金属中氧含量处于接近平衡值这样低的水平，而无过剩存在于金属中。

6.3　熔池中碳氧化反应过程的分析

按照现代的观点，碳的氧化反应过程由下述三段反应形成：

$$(FeO) \longrightarrow [FeO] \tag{6-3-1}$$

$$[FeO] + [C] \longrightarrow [Fe] + [CO] \tag{6-3-2}$$

$$[CO] \longrightarrow \{CO\}_{气} \tag{6-3-3}$$

以上反应的总和：

$$(FeO) + [C] \longrightarrow [Fe] + \{CO\}_{气} \tag{6-3-4}$$

只有在转炉炼钢过程中，部分碳直接被鼓风中的氧直接氧化：

$$\frac{1}{2}(O_2)_{气} + [C] \longrightarrow \{CO\}_{气} \tag{6-3-5}$$

反应（6-3-1）是取决于炉渣中的 FeO 向金属相内的扩散过程。而扩散过程是遵守费克定律的，费克定律指出，若要提高单位时间向内扩散物质的克分子数，则必须增加扩散物质的浓度程度、扩散的截面积，以及提高金属的温度，从而使钢液和炉渣的黏度减小，扩散系数增大，因此有利于 FeO 的扩散。同时反应（6-3-1）还取决于分配系数 $L_{FeO} = [FeO]/(FeO) = 0.588t \times 10^{-4} - 0.0793$，温度越高，分配系数越大，（FeO）转入[FeO]就越多。

必须要指出：熔渣黏度大大超过金属黏度，因而氧在金属中的扩散速度势必大于 FeO 分子在渣中的扩散速度，何况一般认为氧化剂在金属中一般多半是呈原子氧存在的，而在渣中则呈 FeO 分子状态。当它条件相同时，提高熔池温度（约 100℃），则氧化剂由熔渣向金属转移的速度随即增加 10 倍。

反应（6-3-2）由于氧化剂系呈游离的原子或离子状态存在于金属中，因而温度高时碳的氧化速度十分迅速，当熔池沸腾时金属中的氧化剂含量十分接近于碳及氧之间的平衡状态。

Н. М. Чуйко 曾指出燃碳速度与金属温度呈直线关系，是由于低温时，金属黏度大，碰撞的各种原子（或粒子）数量少，以及由于金属的表面张力高而使生成稳定的气泡的几率小，因而使低温时碳的氧化速度受到了限制，认为：

$$v_C = k_2 \left(\frac{[FeO] \cdot [C]}{m} - P_{外} \right) \tag{6-3-6}$$

式中，k_2 为碳的氧化速度常数，$\lg k_2 = -\dfrac{52700}{T} + 11.4$；$m$ 为碳的氧化反应平衡常数。

由式（6-3-6）可以看出：金属的氧化程度随燃 C 速度的加快及外压力的增加而增加，并且随碳的氧化反应速度常数 k_2 的增加，也即温度的上升而减小。过氧化通常是发生在热能低或熔池过深的炉子。

应当指出：Н. М. Чуйко 的这个公式是不完全正确的。例如在转炉熔炼及吹氧炼钢时，v_C 均很大，金属并未过氧化；深溶池中，金属的氧化性也并不高。因高温时，[C]·[O]的反应速度很快，整个去 C 反应速度受制于供氧速度。事实上，在高温（高于1500℃）及 C>0.15%~0.20%时，在沸腾的熔池中金属的含氧量是由钢中的含 C 量调节的，此刻 [O]$_{实}$ 总是比 [O]$_{平}$ 高约 0.02%。Н. М. Чуйко 的公式只有当 C<0.15%~0.20%

时才是正确的。

反应（6-3-3）是一个新相生成的反应，CO 气泡的生成条件对碳的氧化过程具有重大的影响。根据表面现象的研究，可以知道直接在钢液内部产生气泡的可能性是很少的。特别当炉子冷行时更造成新相生成的困难。

通过上述分析可以断定反应（6-3-1）及反应（6-3-3）进行得较慢，而反应（6-3-4）则是以高速度进行的。

通过前面对金属熔池中碳的氧化动力学的探讨，我们知道，在转炉熔炼中，当 C>0.4%时，整个去碳速度，取决于供氧速度，也就是说供氧的速度是整个去碳反应的限制性步骤。

至于$[O]_{实际}>[O]_{平衡}$，同时碳愈高，则过氧化程度愈大，根据启普曼对 C-O 实际曲线的公式：

$$[C] \cdot [FeO] = 0.0124 + 0.050(\%C) \tag{6-3-7}$$

我们认为这种现象的产生主要是由于：C 高，温度低时，钢水的黏度更大，氧的扩散速度更小，由于金属中的 $[O]$ 向反应中心的扩散速度总是滞后于熔池的受氧速度，所以产生了过氧化现象。（当 C<0.4%，则受制于 C 的扩散速度。）这可以从热行操作的转炉，当其降低供氧速度后，则（FeO）、[FeO] 降低的事实来说明。

在低温时，金属的过氧化是因为[C]、[O]反应速度小。在高温时，C 与 O 的化学反应过程很快，整个过程取决于供氧速度。但 $[O]_{实际}>[O]_{平衡}$，原因何在？

若是把转炉中碳的氧化过程解析为：

(1) $\{O\} + [Fe] \rightarrow (FeO)$；

(2) (FeO) 扩散至反应中心 $[FeO]_C$；

(3) $[FeO]_C + [C] \rightarrow [Fe] + \{CO\}$。

可以假设其中各个环节的速度间有一个平衡调节关系。即是说 v_2 随 v_1 的增大而增大，但是 v_1 在前，v_2 滞后；同样地，CO 的生成和逸出速度只是滞后于 $[C]$ 与 $[O]$ 的反应速度；如果说它们不是滞前，滞后的关系就不可能在 $[O]_{实际}$ 与 $[O]_{平衡}$ 之间保持一个稳定的差值，必然会随进程的发展而加大，但实际上，这个差值却随着 C 的去除而在减小。只是当$[C]<[C]_K<0.15\%\sim0.2\%$后，当强烈供氧时，$[O]_实$ 才远远地超过 $[O]_平$，这时 CO 气泡的生成和逸出的困难才是过程的限制性环节，应当说，这也是表面性质所决定的。

6.4 熔炼的温度制度对钢水含氧量的影响

碳氧反应的热效应，在前面已经论及，根据费列波夫的热效应数据，$Q = -4900\text{cal}$，就是说溶于钢中的碳和氧的相互作用在温度升高时应当进行得更加完全。

大家知道：化学反应的强度是按照质量作用定律取决于反应物质的浓度，并取决于反应体系中的自由能的变化，即反应的动力。

按照质量作用定律，反应的方向取决于方程式右面与左面的反应速度之比：

$$A+B \Longleftrightarrow C+D \tag{6-4-1}$$

如果反应速度 v_{AB} 大于反应速度 v_{CD}，则反应从左到右；如果 v_{AB} 小于 v_{CD} 则反应从右向左。因为反应速度等于反应物浓度的乘积，$v_{AB} = k_1 AB$ 及 $v_{CD} = k_2 CD$，因而反应式的任何一边浓度改变，反应物的乘积值或反应值也改变。

在转炉熔炼时，是直接向熔池送氧，熔池元素氧化的反应速度显然随参加氧化反应的氧的浓度增加而增加。随反应物自由能的变化而变化。图6-4-1指出熔池的主要氧化反应的自由能变化。这里可以看到，随着温度的提高，碳氧化反应的 ΔF 绝对值大大高于铁锰铬氧化反应的 ΔF 值，而且这个差值愈往前愈大。这说明提高熔炼温度时，碳的氧化反应便能获得更充分的优先开展，即在熔炼后期可借着调整熔池的温度制度来构成熔池自脱氧，以求获得加入脱氧剂前含氧量低的钢水。

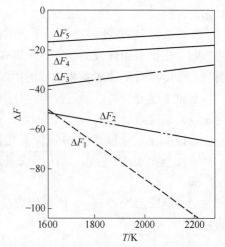

图 6-4-1　氧及氧化亚铁进行氧化反应时的自由能变化

$$C+\frac{1}{2}O_{2气}\!\!=\!\!=\!\!=CO_{气} \qquad \Delta F_1 = -41560+5.50T$$
$$(6\text{-}4\text{-}2)$$

$$C+FeO_{液}\!\!=\!\!=\!\!=Fe_{液}+CO_{气} \qquad \Delta F_2 = +20400-20.05T$$
$$(6\text{-}4\text{-}3)$$

$$F_{液}+\frac{1}{2}O_{2气}\!\!=\!\!=\!\!=FeO_{液} \qquad \Delta F_3 = -61960+14.55T \qquad (6\text{-}4\text{-}4)$$

$$Mn_{液}+FeO_{液}\!\!=\!\!=\!\!=MnO_{液}+Fe_{液} \qquad \Delta F_4 = -30200+5.35T \qquad (6\text{-}4\text{-}5)$$

$$Cr_{液}+FeO_{液}\!\!=\!\!=\!\!=CrO_{液}+Fe_{液} \qquad \Delta F_5 = -22145+4.12T \qquad (6\text{-}4\text{-}6)$$

按 И. А. Ahдpeeb 教授根据 P. Шehka 及 Рисса 关于碱性操作实验数据的整理，确定了碳氧化反应的强度与温度的关系。Ahдpeeb 教授用来确定碳的氧化速度的方程式为：

$$W = 10^m[C]^{a+b}\{[FeO]_H-[FeO]_C\}^b \qquad (6\text{-}4\text{-}7)$$

式中，[C] 为金属中碳的浓度；$[FeO]_H$ 为分析测定的 FeO 的数量；$[FeO]_C$ 为与碳平衡的 FeO 的数量；m，a 及 b 为系数。

a 及 b 指数的数值用试验的方法决定，它们随温度上升而变化。当温度接近于该成分下的熔化温度时，他们仍然几乎相等；而当熔池过热到超过熔化温度 100℃ 时，它们则为相反的符号，改变了反应的方向。

О. Д. Зopии 在试验中发现：在温度大于 1640℃ 的区域中，[O] 随着温度的升高而下降。

Г. И. 奥依克斯在平炉熔炼中发现：当炉子热行时，快速操作并不使金属质量变坏，相反的是熔池中的过剩含氧量（超过与碳相平衡的）随温度的降低而增加。而在 v_c 值相同时，[C]·[O] 乘积却随温度的上升而下降，如图6-4-2所示。

在德涅泊特殊钢厂，在使用真空处理以前由于害怕在熔炼过程中金属过热，因此在较冷的情况下进行熔炼，使得在氧化期内金属强烈地过氧化，以及更慢的碳的燃烧和脱硫，而同时金属被脱氧产物弄脏。在采用盛钢桶内真空处理变压器钢后，由于保证了气体从金属中的去除，因此消除了怕在熔炼过程中金属过热而引起碳剧烈降低和金属过氧化而造成金属上涨的顾虑，从而采用熔炼过程在更高温度的情况下进行。结果证明：可怕的不是高温操作，而是低温。高温能使金属内碳的含量在氧化期降到 0.02% 而后到 0.01%，同时更快地脱硫和显著地降低 S 在最终金属内的含量。金属内氧含量的测定指出：在熔炼的第一

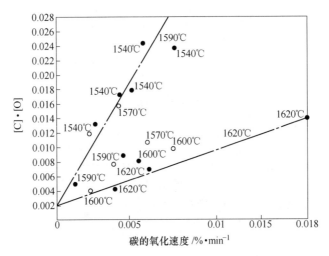

图 6-4-2 ［C］·［O］乘积与碳的氧化速度之间的关系
●为奥依克斯及其合作者所展现的数据；○为斯塔尔克和奥里雪夫之数据

阶段当炉温较低时，虽然含碳量较高而氧的含量仍较高，在 0.0075% ~ 0.016% 范围内；在熔炉第二阶段，当操作在较高温度下进行，虽然碳的含量较低且小室内达到的真空较高，氧的含量仍降低了 1/2 ~ 2/3，平均在 0.004% ~ 0.005%。在出钢前自炉内取出的试样中，第二阶段内的氧含量也较第一阶段的金属少 1/2 ~ 2/3。

总结以上所述，可以认为：在较高温度下进行碳的氧化可以保证获得含氧量较低的钢水。看来这个结论似乎跟前面所述的 ［O］ 在金属中的溶解度随温度的升高而升高的规律相矛盾，这里值得说明的是金属中的含氧量不是取决于氧在金属中的饱和极限，而是取决于熔池吸收的氧和消耗的氧之间的关系。提高金属温度有利于氧溶解在金属中，但是金属中的氧含量主要还是取决于供氧强度（因为在熔炼条件下氧在金属中的浓度是不可能达到等温饱和极限的），供氧强度却是可以调节的；另外，提高熔炼温度却可以提高金属的流动性，加速反应物的扩散速度，降低表面张力和碳氧反应的自由能，所有这些都将加速碳的氧化过程，增加对氧的消耗。所以，在较高温度下进行碳的氧化反应可以保证获得较低含氧量的钢水，这个问题是无需怀疑的。

目前国内的有些转炉熔炼和出钢温度都低，同时吹炼末期供氧强度仍高，这就难怪钢水的含氧量较高。

为了利用在技术操作中碳的氧化反应能像熔池自脱氧方法一样，使熔池在临近用铁合金来脱氧时金属能具有低的含氧量（这样就可使金属在氧化度和非金属夹杂物方面有优良的质量），根据以上所述的原理建议在精炼开始时要保证熔池过热 105 ~ 110℃。以及当 ［C］ < 0.3% 时降低供氧强度。为实现这个操作技术，在转炉熔炼末期采用"燃气混合"热吹炼按理说来是较为合适的。

6.5 转炉一般脱碳模型的建立

6.5.1 脱碳一般模型

根据转炉的脱碳曲线可以写出前、中、后三期的脱碳模型为：

I 期：
$$v_C = -\frac{dC}{dt} = k_1 t \qquad (6\text{-}5\text{-}1)$$

$$x_C = x_{C(t=0)} - \frac{1}{2}k_1 t^2 \qquad (6\text{-}5\text{-}2)$$

II 期：
$$v_C = -\frac{dC}{dt} = k_2 \qquad (6\text{-}5\text{-}3)$$

$$x_C = x_{C(t=t_A)} - k_2(t - t_A) \qquad (6\text{-}5\text{-}4)$$

III 期：
$$v_C = -\frac{dC}{dt} = k_2 - k_3(t - t_B) = k_3 t'\ (t' = t_F - t) \qquad (6\text{-}5\text{-}5)$$

$$x_C = x_C(t = t_B) - k_3\left(\frac{1}{2}t^2 - t_B \cdot t\right) \qquad (6\text{-}5\text{-}6)$$

$$k_3 = \frac{k_2^2}{2C_B} \qquad (6\text{-}5\text{-}7)$$

应当指出，k_1 主要取决于转炉的温度制度、造渣制度、铁水和原材料成分及供氧制度等；k_2 则仅取决于供氧制度；k_3 则取决于供氧制度与熔池深度等或 k_2 与 C_B。

这里以南钢、本钢和太钢转炉生产为例按其数据分析。

6.5.1.1　方法1（见表6-5-1）

表6-5-1　方法1

脱碳期	$[\%C]$ 和 $v_C = -dc/dt$	转炉	南钢 15t 复吹转炉 $q_{O_2} = 4.2\mathrm{Nm^3/(min \cdot t)}$		本钢 120t 顶吹转炉	鞍钢 220t 顶吹转炉
			$q_b = 0.03\mathrm{Nm^3/}$ $(\min \cdot t)$	$q_b = 0.055\mathrm{Nm^3/}$ $(\min \cdot t)$		
I	$[\%C]$	$\leqslant 2.22\mathrm{min}$	$= 4.05 - 0.083t^2$	$= 4.12 - 0.067t^2$	$t \leqslant 7.4\mathrm{min}$	$= -0.00615t^2 -$ $0.112t + [C]_0$
	$v_C/[\%C] \cdot \min^{-1}$					$= 0.0123t - 0.122$
II	$[\%C]$	$t = 2.22 \sim 10\mathrm{min}$	$= 4.46 - 3.369t$	$= 4.63 - 0.37t$	$t = 7.4 \sim$ $20\mathrm{min}$	$= [C]_{t=7.4\mathrm{min}} -$ $0.213t$
	$v_C/[\%C] \cdot \min^{-1}$					$= 4.0 - 0.27t$, $[C] > 0.37\%$ $= 0.213$
III	$[\%C]$		$= 0.76\exp$ $[-0.479$ $(t-10)]$	$= 0.93\exp$ $[-0.34$ $(t-10)]$	$= \exp\ [-0.51t +$ $9.33]$	$= \exp[\ (1.204$ $+ 0.9t)\ ]$, $[C] < 0.3\%$
	$v_C/[\%C] \cdot \min^{-1}$		$t > 10\mathrm{min}$		$t \geqslant 20\mathrm{min}$	$= 0.51[C]_t$

6.5.1.2　方法2

I 期：
$$-(dc/dt) = v_C = k_1 t \qquad (6\text{-}5\text{-}8)$$

II 期：
$$-(dc/dt) = v_C = k_2 \qquad (6\text{-}5\text{-}9)$$

III 期：
$$-(dc/dt) = v_C = k_2 - k_3(t - t_B) \qquad (6\text{-}5\text{-}10)$$
$$= k_3 t' \qquad (t' = t_F - t)$$

$$C_B = C_T = \frac{1}{2}\frac{k_2^2}{k_3} \qquad (6\text{-}5\text{-}11)$$

$$k_3 = \frac{k_2^2}{2C_B} \tag{6-5-12}$$

式中的 k_1、k_2、k_3 值可根据转炉的原料条件和供氧供气制度求得，如通过对 60kg 底吹 O_2 的复吹实验炉（$q_T = 3.85 \sim 5.5 Nm^3 (O_2)/(min \cdot t)$，$q_b = 0.2 \sim 0.35 Nm^3 (O_2)/(min \cdot t)$）数据的回归分析得：

$$k_1 = 0.0354 + 5.533t(℃) + 0.0689[Si] + 0.15664q_b \tag{6-5-13}$$
$$(r = 0.86)$$

$$k_2 = 0.4908 - 0.75q_b \tag{6-5-14}$$
$$(r = 0.95)$$

$$k_3 = 0.069 - 0.083q_b \tag{6-5-15}$$
$$(r = 0.97)$$

对 50t 顶吹转炉数据的回归分析得：

$$k_2 = (1.89V_{O_2} - 0.048L_H - 28.5) \times 10^{-3} \tag{6-5-16}$$
$$(r = 0.914, \quad n = 66)$$

$$k_3 = 0.996\frac{k_2^2}{2C_B} - 0.0002 \tag{6-5-17}$$
$$(r = 0.948, \quad n = 79)$$

$$k_3 = (0.87V_{O_2} - 0.037L_H - 0.012n_0 - 7.1) \times 10^{-3} \tag{6-5-18}$$

式中　V_{O_2}——每小时每吨钢供给的氧气量，$Nm^3/(h \cdot t)$；

　　　L_H——氧枪高度，cm；

　　　n_0——熔池深度，cm。

由此可见第 I 期的 k_1 主要取决于铁水 Si 的含量和供氧制度，第 II 和第 III 期的脱碳速度则仅取决于供氧制度，同时第 II 期的顶、底吹的供氧强度还直接影响 C_T 值的大小，特别在复吹转炉中 q_b 对 C_T 的影响尤为明显。

6.5.2　计算 C_T（即 C_B）

（1）C_T 与 q_b 的关系曲线如图 6-5-1 所示。

（2）　　　$$C_T = \frac{Q_{O_2}k}{10v_{cir}} \tag{6-5-19}$$

式中　Q_{O_2}——$Nm^3(O_2)/min$；

　　　k——单位氧的最大脱碳速度，kg $(C)/m^3(O_2)$；

　　　v_{cir}——钢液的循环速度；t/min。

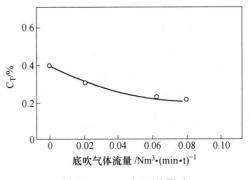

图 6-5-1　q_b 对 C_T 的影响

$$K = \left(\frac{dW_{C角}}{dQ_{O_2}}\right)_{max} \tag{6-5-20}$$

或　　　$$K = (0.035/B_2) + 0.6837 \tag{6-5-21}$$

$$B_2 = \frac{Q'}{d(n^* + L_H)} \tag{6-5-22}$$

$$n^* = (0.64Q'/d\sqrt{L_H}) - 3.6 \tag{6-5-23}$$

式中　Q'——氧枪每孔的送氧速度，Nm^3/h；

　　　　d——喷孔直径，cm；

　　　　L_H——枪高，cm。

应当指出：从 6.2 节中的式（6-2-7）和本节中的式（6-5-11）和式（6-5-19）可知，可通过对 q_T、q_b、L_H、n_0 等参数的调节，来达到适当降低或提高 C_T 值的目的，以满足冶炼低碳、超低碳钢或中高碳钢，或为了更好地同时脱碳、脱磷，或为了降低终点钢水含 [O] 量的要求。

6.5.3　高拉补吹的耗氧分段控制模型

太钢建立的补吹模型为：

$$\frac{\mathrm{d}Q_{O_2}}{\mathrm{d}C} = a_i [C_s] b_i \tag{6-5-24}$$

相关数据如下：

C_s	a_i	b_i
≥0.4	0	11.000
0.14~0.07	−571.428	98.000
0.07~0.05	−2000	198
<0.05	−5000	348
0.4~0.14	−26.923	21.761

应当说按吹炼前、中、后期的起始 C 含量和单位分期耗氧量，分别进行数据处理后并按不同的操作方式分成若干组，借助式（6-5-24）进行回归分析，找出各吹炼期的不同吹炼操作模式下的 a_i、b_i，不仅有助于得出误差较小的 C' 变化曲线，也有助于研究供氧操作对 k_2 和 k_3 的影响，并找出 k_2 和 k_3 与 q_{O_2} 和 L_H 的关系式，从而也提高预报 C'_t 精度。

但式（6-5-24）得出的 C_s、a_i 和 b_i 的分段关系式精度并不高，故作者根据其实际分段耗氧量的变化曲线配之相匹配的数学模型来进行回归分析，从而得到更切合实际所需的补吹耗氧量。如下式：

（1）[C]≥0.4%时：

$$Q_{O_2}(Nm^3/t_钢) = \int 11 \mathrm{d}C \tag{6-5-25}$$

（2）[C]=0.14%~0.4%时：

$$Q_{O_2}(Nm^3/t_钢) = \int (-26.923[\%C] + 21.7)\mathrm{d}C \tag{6-5-26}$$

（3）[C]=0.07%~0.15%时：

$$Q_{O_2}(Nm^3/t_钢) = (-438 - 227.2\ln[\%C])/60 \tag{6-5-27}$$

$$(n=9,\ r=0.9976)$$

（4）［C］=0.03%~0.15%时：

$$Q_{O_2}(\mathrm{Nm^3/t_{钢}})=(-562.16-282.56\ln[\%\mathrm{C}])/60 \qquad (6\text{-}5\text{-}28)$$

$$(n=13,\ r=0.986)$$

（5）［C］=0.03%~0.07%时：

$$Q_{O_2}=(-830.84-369.57\ln[\%\mathrm{C}])/60 \qquad (6\text{-}5\text{-}29)$$

$$(n=5,\ r=0.986)$$

（6）

$$\Delta T=10.5\Delta V-3.2℃ \qquad (6\text{-}5\text{-}30)$$

6.6 脱硅和脱碳的半经验混合模型

该模型首先通过对脱硅和脱碳的动力学分析，建立其由传质和化学反应综合控制的动力学理论模型，然后根据实际生产数据借助回归分析先找出脱硅模型中的系数，建立起脱硅的半经验模型，并用它来修正吹炼前期用于脱碳的实际氧流量；随后用脱硅修正后的生产数据按脱碳模型进行回归分析，找出其系数；最后建成脱硅和脱碳的半经验混合模型以预报吹炼过程［Si］、［C］元素的变化，脱硅的终点时间和终点含碳量，当转炉采用计算机控制时，该模型中的系数可进行定期修正或跟踪修正。

一些学者认为 C-O 反应主要是

$$[\mathrm{C}]+[\mathrm{O}]\longrightarrow\mathrm{CO_{(g)}} \qquad (6\text{-}6\text{-}1)$$

但另一些学者认为吹炼初期和后期是

$$[\mathrm{C}]+(\mathrm{FeO})\longrightarrow\mathrm{CO_{(g)}}+\mathrm{Fe} \qquad (6\text{-}6\text{-}2)$$

C. Blanco 则认为可将转炉脱碳简化为 C 直接被氧化，把［C］与（FeO）的反应归纳到直接氧化的传质速度控制环节中，只需修正用于脱硅的氧耗，就可符合炼钢厂的终点［C］含量，并提出了一个简化的脱碳数学模型，即一个修正了脱硅氧耗的、由吹炼的扩散控制和 C-O 反应的化学动力学控制所组合的脱碳数模。现论述于下。

6.6.1 脱碳的传质方程

先写出碳的传质方程式（6-6-3）和式（6-6-4）：

$$\mathrm{d}(V\underline{\mathrm{C}})/\mathrm{d}t=\sum r_{\mathrm{C}j}V+N_{\mathrm{C}}A_{\mathrm{C}} \qquad (6\text{-}6\text{-}3)$$

式中，V 为铁水体积，$\mathrm{m^3}$；$\underline{\mathrm{C}}$ 为铁水中的 C 的浓度，$\mathrm{t/m^3}$；$r_{\mathrm{C}j}$ 为反应机制 j 的脱碳速度，$\mathrm{t/(min \cdot m^3)}$；$N_{\mathrm{C}}A_{\mathrm{C}}$ 为单位时间 C 传入渣相的速度，$\mathrm{t/min}$。

$$N_{O_2}A_{O_2,z=0}=\frac{1}{\gamma}\sum Vr_{\mathrm{C}j}+\frac{\partial[O_2V]}{\partial t} \qquad (6\text{-}6\text{-}4)$$

式中，$N_{O_2}A_{O_2}$ 为单位时间 O_2 通过气-液界面传入铁水的速度，$\mathrm{t/min}$；γ 为氧脱碳的化学计量系数，$\gamma=12/16=0.75$，为了获得简化的脱碳传质模型，可设定：

（1）气-液完全混合，也就是吹入的氧气能完全被熔池吸收；

（2）全部碳都是通过炉气排除，渣中没有 C 的积累；

（3）在脱碳中没有氧的积累和反应体积的变化，于是式（6-6-3）中的 $N_{\mathrm{C}}A_{\mathrm{C}}=0$，式（6-6-4）中的 $\dfrac{\partial[O_2V]}{\partial t}=0$，则式（6-6-3）和式（6-6-4）可简化合并为：

$$V \frac{\mathrm{d}\underline{C}}{\mathrm{d}t} = \gamma N_{O_2} A_{O_2} = V r_{Cj} \tag{6-6-5}$$

在工业生产中

$$\gamma N_{O_2} A_{O_2} = \eta G \tag{6-6-6}$$

式中，G 为氧气流量，t/min；η 为工业系数。

故可把脱碳的传质模型写为

$$V \frac{\mathrm{d}\underline{C}}{\mathrm{d}t} = V r_{Cj} = \eta G \tag{6-6-7}$$

因此不难看出脱碳速度不仅取决于氧气流量，还取决于氧的脱碳利用率 η。而 η 则取决于脱碳动力学的反应机制。

6.6.2　脱碳的反应机制

当 C 浓度小时，脱碳速度受化学反应动力学控制，其脱碳方程为：

$$V r_C = V k'_L \underline{C} \tag{6-6-8}$$

式中，k'_L 为化学反应动力学常数，$\min^{-1}$。

当碳浓度高时，脱碳速度受 O_2 的扩散速度环节控制，其脱碳方程为：

$$V r_C = \gamma k_L A C_A^* \tag{6-6-9}$$

式中，k_L 为氧-钢界面上氧的传质系数，m/min；A 为氧/钢反应界面，m^2；C_A^* 为氧扩散溶于钢中的溶解度，t/m^3，一般取 $C_A^* = 0.0156\mathrm{t}\,(O_2)/m^3$（或 $C_A^* = 0.22\%$）。

严格地说脱碳速度的限制环节须用下面的方程判断，当

$$\frac{\underline{C}}{\gamma k_L A C_A^*} \ll \frac{1}{V k'}, \qquad k^* = V k' \tag{6-6-10}$$

脱碳速度受化学反应动力学控制，而当

$$\frac{1}{V k'} \ll \frac{\underline{C}'}{\gamma k_L A C_A^*}, \qquad k^* = \frac{\gamma k_L A C_A^*}{\underline{C}'} \tag{6-6-11}$$

则脱碳速度受 O_2 的扩散速度控制，但也有些时候是受两种反应机制共同控制的，这时的脱碳方程为

$$\gamma_C = k^* \underline{C}, \qquad k^* = \frac{\underline{C}}{\dfrac{1}{V k'} + \dfrac{\underline{C}}{\gamma k_L \cdot A \cdot C_A^*}} \tag{6-6-12}$$

联解式（6-6-5）和式（6-6-12）得：

$$-V \frac{\mathrm{d}\underline{C}}{\mathrm{d}t} = k * \underline{C} = \frac{\underline{C}}{\dfrac{1}{V k'} + \dfrac{\underline{C}}{\gamma k_L \cdot A \cdot C_A^*}} \tag{6-6-13}$$

由 $\underline{C} = \dfrac{t}{m^3} \times \dfrac{100}{\rho} \times \dfrac{\rho}{100} = \underline{C}' \dfrac{\rho}{100}$（$\underline{C}'$ 为 C 含量，%；ρ 为铁水密度，t/m^3），$V\rho = W$（W 为铁水量，t），$G = \mathrm{d}Q_{O_2 \cdot \text{total}}/\mathrm{d}t$，将它们代入式（6-6-13）同时对等号右边的分子分母各乘以 G，经整理后得到

$$\begin{cases} -W\dfrac{\mathrm{d}\,\underline{C}'}{\mathrm{d}t}=\dfrac{1}{\dfrac{1}{a\,\underline{C}'}+\dfrac{1}{100b}}\cdot\dfrac{\mathrm{d}Q_{O_2\cdot total}^{C}}{\mathrm{d}t} \\[4mm] a=\dfrac{Vk'\rho}{G}, \qquad b=\dfrac{\gamma k_L A\cdot C_A^{*}}{G} \end{cases} \qquad (6\text{-}6\text{-}14)$$

通过对式（6-6-14）积分得：

$$-W\int_{\underline{C}_0}^{\underline{C}_f}\left(\frac{1}{a\,\underline{C}'}+\frac{1}{100b}\right)\mathrm{d}\,\underline{C}'=\int_{0}^{Q_{2\cdot total}^{O}}\mathrm{d}Q_{O_2}^{C} \qquad (6\text{-}6\text{-}15)$$

$$-\left[\frac{1}{a}\ln\frac{\underline{C}_f'}{\underline{C}_0'}+\frac{1}{100b}(\,\underline{C}_f'-\underline{C}_0'\,)\right]=\frac{Q_{O_2\cdot total}^{C}}{W} \qquad (6\text{-}6\text{-}16)$$

并通过对式（6-5-13）积分：

$$V\int_{\underline{C}_0'}^{\underline{C}_f'}\left(\frac{1}{Vk'}\cdot\frac{1}{\underline{C}'}+\frac{\rho}{100\gamma k_L A\cdot C_A^{*}}\right)\mathrm{d}\,\underline{C}'=\int_{0}^{t}\mathrm{d}t \qquad (6\text{-}6\text{-}17)$$

$$\frac{1}{K'}\ln\frac{\underline{C}_f'}{\underline{C}_0'}+\frac{\rho}{100\gamma k_L a_L\cdot C_A^{*}}(\,\underline{C}_f'-\underline{C}_0'\,)=t$$

得：

$$\frac{1}{K'}\ln\underline{C}_f'+\frac{\rho}{100\gamma k_L a_L\cdot C_A^{*}}\cdot\underline{C}_f'=\frac{1}{K'}\ln\underline{C}_0'+\frac{\rho}{100\gamma k_L a_L\cdot C_A^{*}}\cdot\underline{C}_0'-t \qquad (6\text{-}6\text{-}18)$$

式中，a_L 为氧/钢水界面与钢水体积之比，m^{-1}。

如果我们就研究到此，将生产众多炉数的 $\underline{C}_0'$、$\underline{C}_f'$、W 和 $Q_{O_2\cdot total}$ 按式（6-6-16）进行数据整理并通过回归分析得出式（6-6-16）的系数 A' 和 B'，然后

按 $A'=\dfrac{1}{a}=\dfrac{G}{Vk'\rho}$ 得：

$$K'=\frac{G}{A'V\rho} \qquad (6\text{-}6\text{-}19)$$

按 $B'=\dfrac{1}{100b}=\dfrac{G}{\gamma k_L a_L VC_A^{*}100}$ 得：

$$k_L a_L=\frac{G}{B'\gamma C_A^{*}100V} \qquad (6\text{-}6\text{-}20)$$

如文献用 220t LD 转炉的生产数据得出的 $\ln(\underline{C}_f'/\underline{C}_0')$ 项的系数 $A'=-0.000523$，$(\underline{C}_f'-\underline{C}_0')$ 项的系数 $B'=-0.01244$，其回归相关系数 $r^2=0.9991$。由此借助式（6-6-18）~式（6-6-20）便可预报该转炉的吹炼过程 $\underline{C}'$ 含量变化曲线和 $\underline{C}_f'$ 值。

例如，按其计算使用的标准值为：$W=$ 附加料+铁水，$<W>=297.865t$；平均供氧速率 $G=1.2t/min$；铁水体积 $=W/\rho$，铁水平均密度 $\rho=7.1t/m^3$，$<V>=41.953m^3$；$A=32m^3$，$\gamma=0.75$；$C_A^{*}=0.0156t(O_2)/m^3$（铁水）$=0.22\%$。由式（6-6-18）和（6-6-20）计算得到 $k'=7.70/min$，$k_L a_L=1.92/min$（注：该值与文献的报道十分一致），吹炼初期 $\underline{C}_0'=4.194\%$ 时，$k'\underline{C}'=32.306/min$，$\gamma k_L a_L C_A^{*}=0.316/min$。说明吹炼初期脱碳由氧的扩散速度控制，而吹炼后期 $\underline{C}_f'=0.047\%$ 时，$k\underline{C}'=0.362/min$，$\gamma k_L a_L C_A^{*}=0.316/min$，说明吹炼后期是由化学反应动力学和扩散动力学共同控制。证明本混合模型是符合实际的。

另外，当我们把$\underline{C}'_0 = 4.410\%$时，$Q_{O_2 \cdot total0} = 16.70t$与$t = 15min$，以及上面得到的$k'$和$k_L a_L$值带入式（6-6-18）时，则算出$\underline{C}'_f = 0.033\%$，与同样原材料生产得出的试验结果$\underline{C}'_f = 0.037\%$相比，其误差为11%，但与随机生产的30炉数据比，其计算误差平均高达50%。究其原因：一是把全炉氧耗用于式（6-6-16）来推算k'和$k_L a_L$不太妥当；二是不同炉次的副加料（如废钢、铁矿石、石灰石、生白云石）不同未曾考虑；三是把某些因素（如C_A^*）设定为常数也欠妥；四是操作因素，如枪位、氧流变化等对k'和$k_L a_L$的影响未作考虑。因此，可以预期，当针对上述情况而进行补正后，该模型的实用性会是良好的，也就是预计误差定会显著降低。

6.6.3　C_A^*的补充模型

上述模型中的C_A^*值根据文献资料取为常数0.22%。其实它在每炉吹炼过程中不守常，就是由初始操作条件来决定的，C_A^*值每炉也不一样。但为了找到一个既能提高上述模型的精度，又能保持方程（6-6-12）中k'和$k_L a_L$设定为常数的决定，以方便使用，建议采用由初始操作条件来确定每炉C_A^*平均值。

C. Blanco通过对大量生产数据的分析研究提出了由初始操作条件确定C_A^*平均值的公式：

$$C_A^* = 0.005 \underline{Si}_0 + 0.734 \underline{S}_0 + 20.0262 \underline{S}_0^2 + 0.006 \underline{C}_0^2 -$$
$$0.116 \underline{Mn}_0 + 0.091 \underline{Mn}_0^2 - 59 \times 10^{-6} Q_{O_2 total} +$$
$$23 \times 10^{-11} Q_{O_2 \cdot total}^2 + 0.014 t \text{（min）} + 0.005 W - 8.8 \times 10^{-6} W^2$$

$$(6-6-21)$$

这样尽管仍采用前面得出的A'和B'值，但用式（6-6-21）得出的C_A^*值取代原来的$C_A^* = 0.0156t/m^3$后，其随机产生的30炉终点$\underline{C}'_f$值与用式（6-6-18）计算得出的$\underline{C}'_f$相比，其误差平均值已由原来的50%降到23%，较前大大改善。该结果的意义是说明这样的解析方法可用在实际操作的控制模型中，并达到不必采用副枪取样的目的。另外式（6-6-21）还可包括更多的独立变量，从而进一步提高其计算精度。

6.6.4　脱硅对脱碳的影响

应当说在铁水温度小于1400℃时，当氧流一进入熔池便直接氧化硅，几乎在吹炼的第1min内就把硅完全去除，但是当熔池温度达到1500℃和［C］含量仍高达3%时，虽然在渣-钢界面处脱硅反应仍继续着，而直接氧化脱硅的速度却从Si的一定含量起开始下降。其脱硅速度开始下降的Si含量临界值，是熔池温度的函数，随温度的升高而升高。还应当说，虽然高的脱碳速度是发生在高温和较小的Si浓度时，但在高的脱硅速度下也并未排除碳还有一定氧化的事实。

根据上面的讨论和资料的数据分析，可以大致认为在开吹后的头2min内硅就全部去除，其脱硅速度受供氧的扩散速度控制，于是可写出脱硅的动力学方程如下：

$$-W \frac{d\underline{Si}'}{dt} = \frac{100 \gamma_{Si} k_L A C_A^*}{G} \frac{dQ_{O_2}}{dt} \qquad (6-6-22)$$

令

$$b = \frac{\gamma_{Si} k_L A C_A^*}{G}$$

式中，γ_{Si}为脱硅的化学计量系数，$\gamma_{Si}=28/32=0.875$。

或

$$-V\frac{d\,Si'}{dt}=\frac{100\gamma_{Si}k_L A\cdot C_A^*}{\rho} \tag{6-6-23}$$

通过对式（6-6-22）积分得：

$$\frac{Q_{O_2\cdot total}}{W}=\frac{-G}{100\gamma_{Si}k_L a_L C_A^* V}(\underline{Si'_f}-\underline{Si'_0}) \tag{6-6-24}$$

对式（6-6-23）积分得：

$$\frac{-V\rho}{100\gamma_{Si}k_L a_L C_A^*}(\underline{Si'_f}-\underline{Si'_0})=t \tag{6-6-25}$$

C. Blanco 根据 200t LD 转炉的生产数据按式（6-6-24）进行回归分析得出表 6-6-1 和图 6-6-1。

表 6-6-1　回归分析表

t/min	$Q_{O_2\cdot total}/t$	$\dfrac{1}{b\times100}$	$k_L a_L$
1	1.2	−0.0060	3.353
3	3.6	−0.0180	1.122
7	8.4	−0.0290	0.713
13	15.6	−0.0716	0.284
14	16.8	−0.0740	0.275
15	18.0	−0.0850	0.239

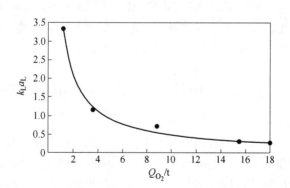

图 6-6-1　$k_L a_L$ 与 Q_{O_2} 的关系

$$k_L a_L=4.0997Q_{O_2\cdot total}^{-0.951}\qquad(r=0.991) \tag{6-6-26}$$
$$k_L a_L=2.663\exp\{-0.1395Q_{O_2\cdot total}\}\qquad(r=0.969) \tag{6-6-27}$$

由此，借助式（6-6-24）和式（6-6-27）可估算 Si 氧化完毕的供氧量 $Q_{O_2\cdot total}$ 和 t。例如，以上述 220t 转炉为例，将 $W=297.865t$，$G=1.2$ t/min，$\gamma_{Si}=0.875$，$C_A^*=0.0156t/m^3$，$V=41.953m^3$ 代入式（6-6-24）得：

$$Q_{O_2\cdot total}\cdot(k_L a_L)=6.24173(\underline{Si'_0}-\underline{Si'_f}) \tag{6-6-28}$$

当 $\underline{Si'_0}=0.8\%$，$\underline{Si'_f}=0$ 时

$$k_L a_L = 4.9936 / Q_{O_2 \cdot \text{total}} \qquad (6\text{-}6\text{-}29)$$

在不同 $Q_{O_2 \cdot \text{total}}$ 下，由式（6-6-26）和式（6-6-29）得出的 $k_L a_L$ 值列于表 6-6-2。

表 6-6-2　$k_L a_L$

$Q_{O_2 \cdot \text{total}}/t$		2.723	2.0	2.5	3.0	3.6	4.8	6.0
$k_L a_L$	式（6-6-26）	1.581	2.121	1.715	1.442	1.212	0.992	0.746
	式（6-6-29）	1.834	2.497	1.997	1.665	1.387	1.04	0.832
$\Delta k_L a_L$		0.253	0.376	0.282	0.243	0.175	0.118	0.086

由表可见：

（1）$Q_{O_2 \cdot \text{total}} > 2.0t$ 式（6-6-26）和式（6-6-29）所得的 $k_L a_L$ 已趋接近；

（2）$Q_{O_2 \cdot \text{total}} = 2.723t$ 与脱硅的氧耗一致；

（3）这也说明脱硅期几乎全部氧都用于脱硅，脱碳是在脱硅结束时，大约在 $\underline{Si'} = 0.05\% \pm$ 才开始。当全炉氧耗 $Q_{O_2 \cdot \text{total}} - Q_{O_2 \cdot Si}$ 后，重新求得脱碳模型的 $A' = -0.000867$，$B' = -0.011194$。如仍用 $C_A^* = 0.22\% = 0.0156 t/m^3$，则得 $k' = 4.64/\text{min}$，$k_L a_L = 2.26/\text{min}$。这样脱碳模型采用修正的新系数 A' 和 B' 后，所得的 $\underline{C'}$ 变化曲线就比较符合实际，其预报 $\underline{C_f'}$ 值的误差已明显降低。如将 Si 的修正和 C_A^* 的修正同时应用，相信其预报 $\underline{C_f'}$ 的精度还会进一步提高。

6.6.5　操作因素变化的修正

应当说，上述模型中的 $k_L a_L$ 在很大程度取决于氧气射流对钢液的破碎和乳化，因此，一个不考虑氧枪操作影响的脱碳模型和静态控制模型都不是优秀的、精度高的模型，但实际大生产中，氧压和枪位及副加原料的操作又都是变化多端的，使模型本身难以把这些因素包括进去。为此本书在此提出将生产数据分类建模，也就是说按炉龄区段、枪龄区段和不同的供氧操作分组，特别是供氧操作和附加料操作是随冶炼钢种、原料条件和炉况变化而变化的，具有较大的随机性，故更需把它们细分为若干供氧操作模式，如恒氧压变枪位的"高—低—再低 ⌐‾‿_"，"低—高—低 _‾⌐"，"高—低—高—低 ⌐‾_‾⌐" 等分期定枪位模式和多变枪位模式，及其不同的枪位水平操作模式，同样变氧压变枪位操作也分分期变氧压变枪位的不同模式和不同变动水平。各厂应根据自己的具体情况和历史资料分为若干操作模式，按式（6-6-21）进行回归，得出各自由初始操作条件确定 C_A^* 平均值的公式，再由式（6-6-19）和式（6-6-20）找出不同操作模式下的 A' 和 B'。如果只是为了预报终点 $\underline{C_f'}$，则只需对上述不同操作模式的开吹和终点 $\underline{C'}$ 及全炉用于脱碳的氧（包括固态氧化物带入的）用式（6-6-29）回归，找出全炉的 A' 和 B' 即可；如是要准确预报过程 $\underline{C'}$ 的变化，则宜按吹炼的前、中、后期分别按不同操作模式分类回归。应当指出：按吹炼前、中、后期分别找出各类操作模式下它们的 A' 和 B'，不仅有助于得出误差较小的 $\underline{C'}$ 变化曲线，也有助于研究供氧操作对 k' 和 $k_L a_L$ 的影响，并最后建立 k' 与 $k_L a_L$ 与顶吹射流冲击熔池深度和底吹气量等可调因素的关系式。

注：本章参考文献由于某些原因丢失，致使许多文献都缺失，谨致歉意。

7 转炉吹炼过程解析

7.1 转炉吹炼过程参数的变化

本节系根据鞭严著《冶金反应工程学》的第9章（LD转炉）及其有关资料[1~8]编写成的。

7.1.1 碳含量的变化

$$\mathrm{d}(W_\mathrm{m}C_\mathrm{C\cdot b})/\mathrm{d}\theta = -\sigma_\mathrm{C}S - C_\mathrm{SC}\cdot\mathrm{d}W_\mathrm{SC}/\mathrm{d}\theta \quad (\mathrm{kmol(C)/s}) \tag{7-1-1}$$

式中 $C_\mathrm{C\cdot b}$——钢水内碳含量，$\mathrm{kmol(C)/kg(Fe)}$；

$\quad\quad C_\mathrm{SC}$——废钢内碳含量，$\mathrm{kmol(C)/kg(Fe)}$；

$\quad\quad W_\mathrm{m}$——钢水质量，kg；

$\quad\quad W_\mathrm{SC}$——废钢质量，kg；

$\quad\quad S$——单位时间内同钢水反应所消耗的氧量，$\mathrm{kmol(O)/s}$；

$\quad\quad \sigma_\mathrm{C}$——脱碳反应所消耗氧的比率；

$\quad\quad \theta$——时间，s。

7.1.2 硅含量的变化

$$\mathrm{d}(W_\mathrm{m}C_\mathrm{Si\cdot b})/\mathrm{d}\theta = -\frac{1}{2}\sigma_\mathrm{Si}\cdot S \tag{7-1-2}$$

式中 $C_\mathrm{Si\cdot b}$——钢水内 Si 含量，$\mathrm{kmol(Si)/kg(Fe)}$；

$\quad\quad \sigma_\mathrm{Si}$——脱硅反应所消耗氧的比率。

7.1.3 锰含量的变化

$$\mathrm{d}(W_\mathrm{m}C_\mathrm{Mn\cdot b})/\mathrm{d}\theta = -\sigma_\mathrm{Mn}\cdot S + A_\mathrm{m}k_\mathrm{m}\cdot\rho_\mathrm{m}(C_\mathrm{Mn\cdot i} - C_\mathrm{Mn\cdot b}) \tag{7-1-3}$$

式中 $C_\mathrm{Mn\cdot b}$——钢水内锰含量，$\mathrm{kmol(Mn)/kg(Fe)}$；

$\quad\quad C_\mathrm{Mn\cdot i}$——钢渣界面锰含量，$\mathrm{kmol(Mn)/kg(Fe)}$；

$\quad\quad \sigma_\mathrm{Mn}$——氧流冲击凹坑面上脱锰反应所消耗氧的比率；

$\quad\quad A_\mathrm{m}$——钢渣反应接触面；

$\quad\quad k_\mathrm{m}$——钢水侧传质系数，为2×10^{-3}，$\mathrm{m/s}$；

$\quad\quad \rho_\mathrm{m}$——钢水密度；

$A_\mathrm{m}\cdot\rho_\mathrm{m}/W_\mathrm{m}$——单位钢水的反应表面质量，文献取 2.241/m。

7.1.4　磷含量的变化

$$d(W_m C_{P \cdot b})/d\theta = -\frac{2}{5}\sigma_P \cdot S + A_m \cdot k_m \cdot \rho_m (C_{P \cdot i} - C_{P \cdot b}) \qquad (7\text{-}1\text{-}4)$$

式中　　$C_{P \cdot b}$——钢水内磷含量，kmol(P)/kg(Fe)；

　　　　$C_{P \cdot i}$——钢渣界面磷含量，kmol(P)/kg(Fe)；

　　　　σ_P——氧流冲击凹坑面上脱 P 反应所消耗氧的比率。

7.1.5　渣中 SiO_2 质量的变化

$$dW_{SiO_2}/d\theta = \frac{1}{2}\sigma_{Si} \cdot S \cdot M_{SiO_2} \qquad (7\text{-}1\text{-}5)$$

式中　　M_{SiO_2}——SiO_2 的分子量，60kg/kmol。

7.1.6　渣中 FeO 质量的变化

$$dW_{FeO}/d\theta = M_{FeO}[\sigma_{Fe} \cdot S + A_m \cdot k_m \cdot \rho_m(5/2)(C_{P \cdot i} - C_{P \cdot b}) +$$
$$C_{Mn \cdot i} - C_{Mn \cdot b} - C_{O \cdot i} + C_{O \cdot b}] \qquad (7\text{-}1\text{-}6)$$

7.1.7　渣中 MnO 质量的变化

$$dW_{MnO}/d\theta = M_{MnO}\{\sigma_{Fe} \cdot S - A_m \cdot k_m \cdot \rho_m(C_{Mn \cdot i} - C_{Mn \cdot b})\} \qquad (7\text{-}1\text{-}7)$$

7.1.8　渣中 P_2O_5 质量的变化

$$dW_{P_2O_5}/d\theta = M_{P_2O_5}\{(1/5)\sigma_P \cdot S - (1/2)A_m \cdot k_m \cdot \rho_m(C_{P \cdot i} - C_{P \cdot b})\} \qquad (7\text{-}1\text{-}8)$$

7.1.9　渣中 CaO 质量的变化

$$dW_{CaO}/d\theta = 4\pi r^2 N_{CaO} K_{CaO}(\rho_s/100)\{(\%CaO)_{sat} - (\%CaO)_b\} \qquad (7\text{-}1\text{-}9)$$

$$N_{CaO} = 3W_{CaO}/(4\pi r_0^3 \rho_{CaO}) \qquad (7\text{-}1\text{-}10)$$

$$dr/d\theta = -K_{CaO}(\rho_S/100\rho_{CaO})\{(\%CaO)_{sat} - (\%CaO)_b\} \qquad (7\text{-}1\text{-}11)$$

$$dr/d\theta = A_1 \cdot A_2 \exp(-E_d/RT) \qquad (7\text{-}1\text{-}12)$$

$$A_1 = 1.104 \times 10^{-3} u^{0.61} \rho_S^{1.276} \rho_{CaO}^{-1} d^{-0.39}$$

$$A_2 = 0.168 - 3.486 \times 10^{-3}(\%CaO) + 3.033 \times 10^{-3}(\%Fe_tO)$$

或　　　　$$A_2 = 0.0854 + 1.88 \times 10^{-3}(\%CaO) - 0.124(\%CaO/\%SiO_2) +$$
$$0.1030\ (\%Fe_tO/\%SiO_2) + 0.1294\ (\%MgO/\%SiO_2)$$

$$(\%CaO)_{sat} = a_0 + a_1 x + a_2 x^2 + a_3 x^3 + a_4 y_1 + a_5 y^2 + a_6 y^3 +$$
$$a_7 xy + a_8 x^2 y + a_9 xy^2 \qquad (7\text{-}1\text{-}13)$$

$$x = W_{CaO}/W_{SiO_2}$$

$$y = T_m$$

$a_0 \sim a_9$ 见表 8-3-1。

7.1.10 废钢熔化速度

$$\mathrm{d}W_{SC}/\mathrm{d}\theta = [\alpha_1(T_m - T_i) - \alpha_2(T_i - T_{SC})]/\Delta H_{SC} \qquad (7\text{-}1\text{-}14)$$

式中 ΔH_{SC} 为废钢熔化潜热，kcal/kg(Fe)；T_i 为与废钢表面接触的钢水温度，K。其中：

$$T_i = \frac{\beta(a + bC_{C\cdot b}) + [\alpha_1 b/(-\Delta H_{SC})][(\alpha_2/\alpha_1)T_{SC} + T_m](C_{C\cdot b} - C_{SC})}{\beta + [\alpha_1 b/(-\Delta H_{SC})](1 + \alpha_2/\alpha_1)(C_{C\cdot b} - C_{SC})} \qquad (7\text{-}1\text{-}15)$$

$$\beta = [(C_{C\cdot b} - C_{SC})/(C_{C\cdot b} - C_{C\cdot i})](-\mathrm{d}W_{SC}/\mathrm{d}\theta) \qquad (7\text{-}1\text{-}15a)$$

$$\alpha_1 = h_L A_{SC}, \quad \alpha_2 = h_{SC} A_{SC} \qquad (7\text{-}1\text{-}16)$$

式中，β 为钢水中单位浓度碳的传质速度，kg(Fe)/s；$C_{C\cdot i}$，$C_{C\cdot b}$，C_{SC} 分别为钢水初始和后期的含碳量及废钢的含碳量，kmol(C)/kg(Fe)；h_L，h_{SC} 分别为钢水和废铁的传热系数；A_{SC} 为废钢有效表面积。按文献 [8]：$h_L = 12\mathrm{kcal}/(\mathrm{m}^2 \cdot \mathrm{s} \cdot ℃)$，$h_{SC} = 1 \sim 2\mathrm{kcal}/(\mathrm{m}^2 \cdot \mathrm{s} \cdot ℃)$（或 $0.827 \sim 1.654\mathrm{kcal}/(\mathrm{m}^2 \cdot \mathrm{s} \cdot ℃)$）（注：原文为 $10 \sim 20\mathrm{kcal}/(\mathrm{m}^2 \cdot \mathrm{s} \cdot ℃)$ 或 $8.27 \sim 16.54\mathrm{kcal}/(\mathrm{m}^2 \cdot \mathrm{s} \cdot ℃)$）；

$A_{SC}/W_m(\mathrm{m}^2/\mathrm{kg}(Fe))$	废钢块尺寸（cm^3）
$0.25×10^{-3}$	$35×60×65$
$0.5×10^{-3}$	$10×35×64$
$0.25×10^{-3}$	$10×10×10$

$\alpha_2/\alpha_1 = 0.15$；$a = 1536℃$，$b = -1.08×10^5 ℃ \cdot \mathrm{kg}(Fe)/\mathrm{kmol}(C)$

在吹炼开始时已熔化的废钢数量与它的尺寸和形状有关，轻废钢溶化不小于30%，0.2m×0.2m 断面的废钢约10%；打包废钢约15%；重废钢实际上不熔化；生铁块35%（表7-1-1）。

表 7-1-1 废钢熔化时间

废 钢 形 状	熔化的相对时间/%（占整个冶炼时间）
轻废钢（0.04m×0.04m）	≤30
打包或块状废钢（0.08m×0.08m）	~60
生铁块	~30
重废钢（0.3m×0.3m）	90

7.1.11 钢水量的变化

$$\begin{aligned}\mathrm{d}W_m/\mathrm{d}\theta = &- \mathrm{d}W_{SC}/\mathrm{d}\theta + M_C\{\mathrm{d}W_m \cdot C_{C\cdot b}/\mathrm{d}\theta\} + M_{Si}\{\mathrm{d}W_m \cdot C_{Si\cdot b}/\mathrm{d}\theta\} + \\ &M_{Mn}\{\mathrm{d}W_m \cdot C_{Mn\cdot b}/\mathrm{d}\theta\} + M_P\{\mathrm{d}W_m \cdot C_P/\mathrm{d}\theta\} - \\ &(M_{Fe}/M_{FeO})(\mathrm{d}W_{FeO}/\mathrm{d}\theta)\end{aligned} \qquad (7\text{-}1\text{-}17)$$

7.1.12　渣量的变化

$$dW_S/d\theta = dW_{SiO_2}/d\theta + dW_{FeO}/d\theta + dW_{MnO}/d\theta +$$

$$dW_{P_2O_5}/d\theta + dW_{CaO}/d\theta \tag{7-1-18}$$

$$W_S = W_{SiO_2} + W_{Fe_tO} + W_{CaO} \tag{7-1-19}$$

7.1.13　钢水温度及变化

熔池钢水温度的变化主要取决于单位时间内熔池生成热量与消耗热量的平衡。

$$d\left[(C_{P\cdot S}W_S + C_P W_m)T_m \right]/d\theta$$

$$= q_e - \alpha_1(T_m - T_i) + C_{P\cdot S}T_{SC}(-dW_{SC}/d\theta) - q_{ls} - q_d \tag{7-1-20}$$

$$q_e = q_c + q_b + q_s - q_G \tag{7-1-21}$$

$$q_c = \left[\sigma_C(-\Delta H_C) + (1/2)\sigma_{Si}(-\Delta H_{Si}) + \sigma_{Fe}(-\Delta H_{Fe}) + \right.$$

$$\left. \sigma_{Mn}(-\Delta H_{Mn}) + (2/5)\sigma_P(-\Delta H_P) \right]S_C \tag{7-1-22}$$

$$C_{P\cdot S}T_{SC}(-dW_{SC}/d\theta) = -\left(q_{pig} + q_{SC} + q_{CaO} + q_{CaF_2} + q_{铁矾土} \right) \tag{7-1-23}$$

$$q_{ls} = q_W + q_R \tag{7-1-24}$$

式（7-1-20）右边的第二项同式（7-1-14）第一项是向废钢的传热速度，该项传热速度有助于随废钢熔化的热变化和废钢的显热变化；式（7-1-20）右边的第三项是由废钢熔化所引起的废钢焓的变化速度；q_{ls} 是钢水通过炉壁的热损失和由渣层向熔池上方的炉壁和炉口外辐射的热损失；q_d 是过程加入的铁矿石或（白云石、石灰石）分解反应（式（7-1-23），式（7-1-24））的吸热速度。第一项 q_e 是总的放热速度（kcal/s），见式（7-1-21）所述。

式（7-1-21）中，q_c 是凹坑界面上 C、Si、Fe、Mn、P 直接氧化的放热速度；q_G 是 q_c 中流过凹坑界面的气流传热速度；q_b 是矿石中 Fe_2O_3 和白云石、石灰石中 $CaCO_3$、$MgCO_3$ 分解出的氧溶解于钢水中时的放热速度和钢/渣间的脱 P 脱 Mn 间接氧化反应的放热速度的总和。q_s 是石灰与 SiO_2、FeO…的成渣热的放热速度。

$$Fe_2O_3 \longrightarrow 2Fe + \frac{3}{2}O_2 \tag{7-1-25}$$

$$3/2O_2 \longrightarrow 3[O] \tag{7-1-25a}$$

$$nCaCO_3 \longrightarrow nCaO_{(S)} + n \cdot \eta \cdot CO + n(1-\eta)CO_2 + \frac{n \cdot \eta}{2}O_2 \tag{7-1-26}$$

$$(n \cdot \eta/2)O_2 \longrightarrow n \cdot \eta[O] \tag{7-1-26a}$$

$$2[P] + 5(FeO) + n(CaO') \rightleftharpoons (nCaO \cdot P_2O_5) + 5Fe \tag{7-1-27}$$

$$[Mn] + (FeO) \rightleftharpoons (MnO) + Fe \tag{7-1-28}$$

式（7-1-22）中，ΔH_j（j=C，Si，Fe，Mn，P）是脱碳、脱硅、脱锰反应时焓的变化（kcal/kmol(j)）；S_C 是凹坑界面所吸收的氧的摩尔流量（kmol(O)/s）。

7.1.14　凹坑界面温度（T_W）

由 $q_c = q_G + q_L = h_G S_t(T_W - t_b) + h_L S_t(T_W - T_m)$ 得：

$$T_W = [q_c + (h_G t_b + h_L T_m) S_t] / (h_G + h_L) S_t \qquad (7\text{-}1\text{-}29)$$

式中 S_t——凹坑的表面积，m^2；

$\quad h_G$——从凹坑面向气流的传热系数，$kcal/(m^2 \cdot s \cdot ℃)$；文献 [8] 中为 0.6；

$\quad h_L$——从凹坑表面向钢水的传热系数，$kcal/(m^2 \cdot s \cdot ℃)$；文献 [8] 中为 10~12；

$\quad t_b$——炉气温度，℃。

h_G（$kcal/(cm^2 \cdot s \cdot ℃)$）	学　者
0.8~0.8	森一美
0.6	戈德布幅
0.2	希尔（在 162t 炉内）

7.1.15 吹炼开始时的熔池温度（$T_{m \cdot i}$）

$$Q_{all} = W \cdot C_{P \cdot Fe} \cdot T_{HM}(℃) + (W_{pig} \cdot C_{P \cdot pig} + W_{SC} \cdot C_{P \cdot SC} + W_{MgCO_3} \cdot C_{P \cdot MgCO_3} +$$
$$W_{CaO} \cdot C_{P \cdot CaO} + W_{Fe_2O_3} \cdot C_{P \cdot Fe_2O_3} + W_{CaCO_3} \cdot C_{P \cdot CaCO_3} + \cdots) t_R \qquad (7\text{-}1\text{-}30)$$

式（7-1-30）也可写为：

$$Q'_{all} = [(W_m + W_{pig} \cdot a_{pig} + W_{SC} \cdot a_{SC}) \cdot C_{P \cdot Fem} + W_{pig}(1 - a_{pig}) C_{P \cdot pig} +$$
$$(1 - a_{SC}) W_{SC} \cdot C_{P \cdot SC} + (W_{CaCO_3} \cdot M_{CaO}/M_{CaCO_3} + W_{CaO}) C_{P \cdot CaO} +$$
$$(W_{MgCO_3} \cdot M_{CaO}/M_{MgCO_3}) \cdot C_{P \cdot MgCO_3} + W_{Fe_2O_3} \cdot C_{P \cdot Fe_2O_3}] T_{m \cdot i} +$$
$$W_{CaCO_3} \cdot [C_{P \cdot CaCO_3} - (M_{CaO}/M_{CaCO_3}) \cdot C_{P \cdot CaO}] \times 900 - W_{CaCO_3} \cdot$$
$$(-\Delta H_{CaCO_3}) + W_{MgCO_3}[C_{P \cdot MgCO_3} - (M_{MgO}/M_{MgCO_3}) \cdot C_{P \cdot MgO}] \times 735 -$$
$$W_{MgCO_3} \cdot (-\Delta H_{CaCO_3}) - W_{pig} \cdot a_{pig} \cdot (-\Delta H_{Fe}) - W_{SC} \cdot a_{SC} \cdot (-\Delta H_{SC}) \qquad (7\text{-}1\text{-}31)$$

则：$T_{m \cdot i} = W_m \cdot C_{P \cdot Fe} \cdot t_{HM} + (W_{pig} \cdot C_{P \cdot pig} + W_{SC} \cdot C_{P \cdot SC}) t_{R1} + (W_{MgCO_3} C_{P \cdot MgCO_3} +$
$$W_{CaCO_3} \cdot C_{P \cdot CaCO_3} + W_{CaO} \cdot C_{P \cdot CaO} + W_{Fe_2O_3} \cdot C_{P \cdot Fe_2O_3} + W_{spar} \cdot C_{P \cdot spar} + \cdots) t_{R2} -$$
$$W_{CaCO_3}[C_{P \cdot CaCO_3} - (M_{CaO}/M_{CaCO_3}) \cdot C_{P \cdot CaO}] \times 900 +$$
$$W_{CaCO_3} \cdot (-\Delta H_{CaCO_3}) - W_{MgCO_3}[C_{P \cdot MgCO_3} - (W_{MgCO_3} C_{P \cdot MgCO_3})$$
$$C_{P \cdot MgO}] \times 735 + W_{MgCO_3}(-\Delta H_{MgCO_3}) + W_{pig} \cdot a_{pig} \cdot (-\Delta H_{Fe}) +$$
$$W_{SC} \cdot a_{SC}(-\Delta H_{SC}) / [(W_m + W_{pig} \cdot a_{pig} + W_{SC} \cdot a_{SC}) C_{P \cdot Fem} +$$
$$W_{pig}(1 - a_{pig}) C_{P \cdot pig} + W_{SC}(1 - a_{SC}) \cdot C_{P \cdot SC} + (W_{CaCO_3} \cdot$$
$$M_{CaO}/M_{CaCO_3} + W_{CaO}) C_{P \cdot CaO} + (W_{MgCO_3} \cdot M_{MgO}/M_{MgCO_3}) \cdot$$
$$C_{P \cdot MgO} + W_{Fe_2O_3} \cdot C_{P \cdot Fe_2O_3}] \qquad (7\text{-}1\text{-}32)$$

当原材料加入转炉后，发生生白云石分解，废钢、生铁块溶解，以及与炉衬间的热交换等。以生白云石分解为例：

$$CaMg(CO_3)_2 \xrightarrow{720~750℃} CaCO_{3(s)} + MgO_{(s)} + CO_2 \quad \Delta G^{\ominus} = 30940 - 40.6T \quad kcal/mol$$

$$CaCO_{3(s)} \xrightarrow{900℃} CaO + CO_2 \quad \Delta G^{\ominus} = 43450 - 21.2T \quad kcal/mol$$

而生白云石分解产生的 CO_2 中有多少与 [C] 或 Fe 作用，与其加入的方法和炉温等有关，比如，在开吹前先于铁加入则与 [C]、Fe 作用的机会大，如兑铁水后加于其表面上，则较多的 CO_2 将直接逸出；如在开吹后加入，还将受 CO-CO_2 平衡的影响。另外，各种散装料的入炉温度，应考虑入炉前它们在集中漏斗内的预加热情况。文献是把上述 CO_2

全部作［C］氧化剂和 T_b = 室温考虑的。

7.1.16　炉气温度的变化

$$dt_b/d\theta = \{ q_t - (F_{out}/n_v)(n_{A'}C'_{P \cdot A'} + n_E C'_{P \cdot E} + n_F C'_{P \cdot F} + n_G C'_{P \cdot G}) \cdot t_b +$$
$$R_A(-\Delta H_{CO})\}/(n_{A'}C'_{P \cdot A'} + n_E C'_{P \cdot E} + n_F C'_{P \cdot F} + n_G C'_{P \cdot G}) \tag{7-1-33}$$

$$dn_{A'}/d\theta = F_{A'} - F_{out} \cdot n_{A'}/n_v - R_2/2 \tag{7-1-34}$$

$$dn_E/d\theta = F_E - F_{out} \cdot n_E/n_v - R_A \tag{7-1-35}$$

$$dn_F/d\theta = -F_{out} \cdot n_F/n_v + R_A \tag{7-1-36}$$

$$dn_G/d\theta = -F_{out} \cdot n_G/n_v \tag{7-1-37}$$

$$F_{A'} = (G_{O_2}/32) - (\overline{N}_A/2)S_t \qquad \text{kmol/s} \tag{7-1-38}$$

$$F_E = \sigma_C \cdot \overline{N}_A \cdot S_t \qquad \text{kmol/s} \tag{7-1-39}$$

$$q_t = q_G + q_W + q_{O_2} + q_{氧枪} \tag{7-1-40}$$

$$q_G = h_G S_t (T_W - t_b) \tag{7-1-41}$$

$$q_{O_2} = \int_0^{t_{b1}} G_{O_2} C_{P \cdot O} dt \tag{7-1-42}$$

$$q_W = h_G \cdot A_{炉渣表面}(t_m - t_b) + h_G \cdot A_{炉内壁}(t_{衬表} - t_b) \tag{7-1-43}$$

$$\qquad\qquad O_2 \quad CO \quad CO_2 \quad N_2$$
$$n_v = n_{A'} + n_E + n_F + n_G \tag{7-1-44}$$

$$n_v = P_C V_t / R(t_b + 273) \tag{7-1-45}$$

$$R = 82.05 \text{cm}^3 \cdot \text{atm}/(\text{mol} \cdot ℃)$$

根据
$$CO + \frac{1}{2}O_2 =\!=\!= CO_2$$

$$n_F/n_E \cdot \sqrt{n_{A'}} = K \tag{7-1-46}$$

$$K = \exp\{-[\Delta H_{CO} - \Delta S_{CO}(t_b + 273)]/R_i(t_b + 273)\} \tag{7-1-47}$$

$$R_A = (E - A \cdot D)/(D \cdot B - C) \tag{7-1-48}$$

$$F_{out} = A + B \cdot R_A \qquad \text{kmol/s} \tag{7-1-49}$$

$$A = [F \cdot n_V(F_{A'} + F_E)R(t_b + 273)^2 + P_C V_t \cdot q_t \cdot n_V]/$$
$$[F \cdot n_V \cdot R(t_b + 273)^2 + P_C V_t \cdot t_b \cdot F] \qquad \text{kmol/s} \tag{7-1-50}$$

$$B = -[(1/2) \cdot F \cdot n_V \cdot R \cdot (t_b + 273)^2 - P_C V_t(-\Delta H_{CO}) \cdot n_V]/$$
$$[F \cdot n_V \cdot R(t_b + 273)^2 + P_C \cdot V_t \cdot t_b \cdot F] \tag{7-1-51}$$

$$C = \frac{1}{K} + \sqrt{n_{A'}} + n_E/4\sqrt{n_{A'}} + [\Delta H_{CO}^2 \cdot n_E \cdot \sqrt{n_N}][F \cdot (t_b + 273)^2 \cdot R_1] \tag{7-1-52}$$

$$D = -n_F/n_v \cdot K + [-t_b(-\Delta H_{CO}) \cdot n_E \cdot \sqrt{n_{A'}}]/[F(t_b + 273)^2 \cdot$$
$$R_1 \cdot n_v] + 3n_E \cdot \sqrt{n_{A'}}/2n_v \qquad \text{kmol}^{3/2}/\text{s} \tag{7-1-53}$$

$$E = F_E \cdot \sqrt{n_{A'}} + (F_A \cdot n_E/2\sqrt{n_{A'}}) + (n_E \cdot \sqrt{n_{A'}} \cdot q_t) \cdot [-(-\Delta H_{CO})]/$$
$$[F(t_b + 273)^2 \cdot R_1] \qquad \text{kmol}^{3/2}/\text{s} \tag{7-1-54}$$

$$F \equiv n_{A'}C'_{P \cdot A'} + n_E C'_{P \cdot E} + n_F C'_{P \cdot F} + n_G C'_{P \cdot G} \qquad \text{kmol}/℃ \tag{7-1-55}$$

$$F_{A'out} = F_{out} n_{A'} / n_v, \qquad F_{Eout} = F_{out} n_E / n_v$$
$$F_{Fout} = F_{out} n_F / n_v, \qquad F_{Gout} = F_{out} n_G / n_v \tag{7-1-56}$$

式（7-1-33）~式（7-1-56）中　　t_b——炉气温度，℃；

q_t——炉气中总的传热速度，kcal/s；

F_{out}——排出的炉气分子总流量，kmol/s；

n_v——炉气各成分的总分子数，kmol；

n_j——炉气中 j（$= A'—O_2$，$E—CO$，$F—CO_2$，$G—N_2$）成分的分子数，kmol；

$C'_{P \cdot j}$——j 成分的平均比热，kcal/(kmol(j) · ℃)；

R_A——CO 的二次氧化速度，kmol/s；

$F_{A'}$——进入火点外围的氧流，kmol/s；

G_{O_2}——氧气质量流，kg/s；

$\overline{N}_A$——凹坑表面吸收氧流的平均通量，kmol(O)/s；

S_t——凹坑表面积，m^2；

F_E——凹坑坑面上生成 CO 的速度，kmol/s；

q_{O_2}——氧流带入的物理热，kcal/s；

q_W——由熔池面和炉壁传给炉气的热量，kcal/s；

R，R_1——气体常数，分别为 $0.08205 \dfrac{\text{atm} \cdot \text{L}}{\text{mol} \cdot \text{K}}$ 和 1.9871 kcal/

(kmol · ℃)（注：国际单位为 8.314J/(mol · K)）；

K——CO 的二次氧化平衡常数；

ΔH_{CO}——CO 的二次氧化生成的焓；

ΔS_{CO}——CO 的二次氧化熵。

7.1.17　转炉热平衡收支项

7.1.17.1　热量收入项的变化速率

A　熔池和凹坑表面氧化反应放出的热

$$q_C = \left[\sigma_C(-\Delta H_{CO}) + \frac{1}{2}\sigma_{Si}(-\Delta H_{SiO_2}) + \sigma_{Fe}(-\Delta H_{FeO}) \right] S_C \qquad \text{kcal/s} \tag{7-1-57}$$

或　$q_C = \big[\sigma_C(-\Delta H_{CO}) + \frac{1}{2}\sigma_{Si}(-\Delta H_{SiO_2}) + \sigma_{Fe}(-\Delta H_{FeO}) + \sigma_{Mn}(-\Delta H_{MnO}) +$

$\dfrac{2}{5}\sigma_P(-\Delta H_{P_2O_5}) \big] S_C \tag{7-1-58}$

对于凹坑来说取　　　　$S_C = \overline{N}_A \displaystyle\int_0^{x_c} A(x)\,\mathrm{d}x \tag{7-1-59}$

对于整个熔池而言　$S_C = \overline{N}_A \displaystyle\int_0^{x_c} A(x)\,\mathrm{d}x + 3(iW_{Fe_2O_3}/M_{Fe_2O_3}) \cdot \delta(\theta - iW_{Fe_2O_3}) +$

$(iW_{CaCO_3}/M_{CaCO_3}) \cdot \delta(\theta - iW_{CaCO_3}) + (iW_{MgCO_3}/M_{MgCO_3}) \cdot$

$\delta(\theta - iW_{MgCO_3}) \tag{7-1-60}$

B　各种原材料带入的物理热

（1）铁水：$q'_{HM} = W_{HM} \cdot C_{P \cdot Fe} \cdot t_{HM}$

（2）生铁块：$q'_{pig} = W_{pig} \cdot C_{P \cdot pig} \cdot t_R$

（3）废钢：$q'_{SC} = W_{SC} \cdot C_{P \cdot SC} \cdot t_R$

（4）生白：$q'_{生白} = W_{生白}(\theta \cdot C_{P \cdot MgCO_3} + (1-\theta) \cdot C_{P \cdot CaCO_3}) t_R$

（5）石灰：$q'_{CaO} = W_{CaO} \cdot C_{P \cdot CaO} \cdot t_R$

（6）氧化铁皮或矿石：$q'_{Fe_2O_3} = W_{Fe_2O_3} \cdot C_{P \cdot Fe_2O_3} \cdot t_R$

（7）萤石：$q'_{CaF_2} = W_{CaF_2} \cdot C_{P \cdot CaF_2} \cdot t_R$

（8）铁矾土：$q'_{矾土} = W_{矾土} \cdot C_{P \cdot 矾土} \cdot t_R$

为简化起见，可取

$$q_{mix(前期)} = (-428.79)dW_{SiO_2}/d\theta + (-15)dW_{Al_2O_3}/d\theta + (-31.25)dW_{Fe_2O_3}/d\theta +$$
$$(-1075.7)dW_{P_2O_5}/d\theta + \cdots \quad kcal/s \tag{7-1-61}$$

$$q_{mix(中、后期)} = (-502.58)dW_{SiO_2}/d\theta + (-15.69)dW_{Al_2O_3}/d\theta + (-46.35)$$
$$dW_{Fe_2O_3}/d\theta + (-1145.73)dW_{P_2O_5}/d\theta \quad kcal/s \tag{7-1-62}$$

$$q_{mix} = \{-330(CaO/SiO_2)^{2.033}\exp(-1.1329CaO/SiO_2)\}dW_S/d\theta +$$
$$(-\Delta H_{C_nF})dW_{Fe_2O_3}/d\theta \quad kcal/s \tag{7-1-63}$$

注：式（7-1-61）~式（7-1-63）与文献［3］中的公式不大相同，前者为成渣热，后者为混合热。

7.1.17.2　热量支出项的变化速率

由：$SiO_{2(1)} = (SiO_2)$　　$\Delta H_{(SiO_2)} = -285$　　$kcal/kg(SiO_2)$

$FeO_{(1)} = (FeO)$　　$\Delta H_{(FeO)} = -334$　　$kcal/kg(FeO)$

$MnO_{(1)} = (MnO)$　　$\Delta H_{(MnO)} = -20$　　$kcal/kg(MnO)$

$CaO_{(1)} = (CaO)$　　$\Delta H_{(CaO)}$

$MgO_{(1)} = (MgO)$　　$\Delta H_{(MgO)}$

可得各氧化物在组成混合溶液时产生的混合热：

$$q_{mix} = (-\Delta H_{(FeO)}) \cdot dW_{(FeO)}/d\theta + (-\Delta H_{(SiO_2)}) \cdot dW_{(SiO_2)}/d\theta +$$
$$(-\Delta H_{(CaO)}) \cdot dW_{(CaO)}/d\theta + (-\Delta H_{(MgO)}) \cdot dW_{(MgO)}/d\theta +$$
$$(-\Delta H_{(MnO)}) \cdot dW_{(MnO)}/d\theta$$

此外，还有酸性与碱性氧化物形成复合化合物时所产生的化合热，即成渣热。

参 考 文 献

［1］鞭严. 冶金反应工程学［M］. 蔡志鹏，谢水生，译. 北京：科学出版社，1981：330-393.

［2］川三公成. 藤井隆，内堀秀男. Change of the bath Temperature in LD converter［J］铁与钢，1966（3）：380-383.

［3］浅井滋生，鞭严. Mathematical model of oxygen top blowing converter［J］. 铁与钢，1969（2）：122-132.

［4］森一美，野村宏之. Study on the rate of scrat melting in the steelmaking process［J］. 铁与钢，第1969（5）：347-354.

[5] 野村宏之，森一美. The rate of dissolution iron into liquid Fe-C alloy [J]. 铁与钢，1969（13）：1135-1141.

[6] 浅井滋生，鞭严. Effects of varius operating condiction in LD converter [J]. 铁与钢，1969（12）：1030-1040.

[7] 三轮守，浅井滋生，鞭严. Mathematical model of LD converter process taken account of oxidation of phosphorus and manganese of rate lime solution [J]. 铁与钢，1970（13）：1677-1686.

[8] 浅井滋生，鞭严. Theoretical analysis of LD converter operating by mathematical model considered scratmelting process [J]. 铁与钢，1971（8）：1331-1339.

7.2 硅锰磷碳同时氧化反应的数学模型

7.2.1 引言

要想估计和控制炼钢过程中化学成分的变化，从根本上说，必须控制炼钢过程中发生的化学反应和熔渣的氧化状态。

考虑到转炉炼钢过程的物理特征，已经确定炼钢过程中精炼反应主要发生在氧流冲击熔池的凹坑处，富含氧化铁的渣滴在经过金属熔池的过程中，金属滴逗留在渣池的过程中，以及渣池和金属熔池的接触面上这四个位置的熔渣/金属界面和氧流/熔池界面处。

如要精确地模拟炼钢过程的化学反应，唯一的途径是把每一个反应位置看作一个独立的体系。作为一个多相冶金体系，该体系不仅包括界面处的化学反应，反应物向反应界面的传质过程和反应产物越过反应界面的传质过程，而且涉及随反应发生的物质的混合和均匀化问题。

假如精炼反应基本上发生在每个熔渣/金属界面处，在每个相内部发生反应物和产物的均匀化，在精炼的高温下，这种均匀化过程综合控制着精炼的反应速率。对于任何给定的钢/渣体系，在实际炼钢过程中，热力学上可能发生的反应在每个相界面处同时发生。而我们应予特别注意的元素是 Si、Mn、P、C 之类的活性元素。

根据氧气转炉炼钢的二步氧化机理，不难认为，在吹炼初期 [Si] ≤0.1% 后，Si 的氧化速度被 Si 向金/渣界面的扩散限制，因而熔渣/金属界面上可能发生如下一些氧化-还原反应：

$$[Fe] + \frac{1}{2}O_2 \rightleftharpoons (FeO) \tag{7-2-1}$$

$$[C] + (FeO) \rightleftharpoons \{CO_2\} + [Fe]_1 \tag{7-2-2}$$

$$[Si]_{Fe} + 2(FeO) \rightleftharpoons (SiO_2) + 2[Fe]_1 \tag{7-2-3}$$

$$[Mn]_{Fe} + (FeO) \rightleftharpoons (MnO) + [Fe]_1 \tag{7-2-4}$$

$$2[P]_{Fe} + 5(FeO) \rightleftharpoons (P_2O_5) + 5[Fe]_1 \tag{7-2-5}$$

$$[Si]_{Fe} + 2(MnO) \rightleftharpoons (SiO_2) + 2[Mn]_{Fe} \tag{7-2-6}$$

$$\frac{5}{2}[Si]_{Fe} + (P_2O_5) \rightleftharpoons \frac{5}{2}(SiO_2) + 2[P]_{Fe} \tag{7-2-7}$$

$$[Si]_{Fe} + 2\{CO\} \rightleftharpoons (SiO_2) + 2[C]_{Fe} \tag{7-2-8}$$

$$5[Mn]_{Fe} + (P_2O_5) \rightleftharpoons 5(MnO) + 2[P]_{Fe} \tag{7-2-9}$$

$$[Mn]_{Fe} + \{CO\} \rightleftharpoons (MnO) + [C]_{Fe} \tag{7-2-10}$$

$$2[P]+5\{CO\} \Longrightarrow (P_2O_5)+5[C]_{Fe} \tag{7-2-11}$$

还可写出其他一些反应。在炼钢过程中,这些反应同时发生,互相制约。它不同于惰性气氛下的电渣重熔和钢包冶金,而是具有不断供氧,即不断供应熔渣 FeO 扩散物质源的"氧气-熔渣-金属"体系。业已证明,在炼钢温度下,界面化学体系以很大的速度发生反应;因此,在气/金和熔渣/金属界面处,各个可能发生的化学反应将达到一个总的平衡,炼钢过程各化学反应的综合速度,只取决于各反应物和产物的传质。问题是在每个不同反应位置中 C-O 反应的形核条件不同,且转炉中的上述几个主要反应位置随吹炼条件和吹炼期而变化,所以,很难用一种 C-O 反应系统的热力学方程来表述,更难把它与 Si、Mn、P 等元素在熔渣/金属界面上同时发生氧化反应的体系中分离出来考虑。按照这个思路,作者把熔渣中的 FeO 物质定义是一个存在供应物质源的物质。这个供应源来自供应转炉熔池的氧流消耗于熔池脱 C 后剩余的氧,以 FeO 形态进入渣池。这个进入渣池的 FeO 源的大小随吹炼时间、金属成分、附加料,特别是氧流冲击熔池深度比的不同而不同,可参照 1.6.2 节和 1.7 节中所述的建立炉渣氧化铁控制模型的方法,通过试验研究来建立,或通过炉气的自动检测系统来推算氧流进入炉渣的剩余氧。这样,我们就可把熔渣/金属界面处的 Si、Mn、P 与渣中 FeO 同时氧化反应的速率受控于物质传质速率的传质方程作为体系内存在 FeO 源的传质方程来处理。

基于上述对氧气转炉炼钢过程的基本物理特征和冶金反应过程的理解,参考文献 [1] 中建立数学方程时采用如下几个基本假设:

(1) 对每个反应位置,熔渣/金属体系可以看作是一个由两个半无限大体系组成的体系,且在界面处 $x=0$。

(2) 在熔渣和金属两相内各反应物的初始浓度呈均匀分布。

(3) 在相界面处发生化学反应;在相内部发生成分的均匀化过程,即扩散过程。

(4) 所有可能发生的化学反应在界面处达到一个总的平衡。

(5) 不单独考虑流体动力对传质过程的影响,而在传质系数计算中来考虑。

应用扩散过程的渗透理论和薄膜理论,以及有关冶金过程理论,于是这个具体的物理化学模型,就能用数学语言来描述转炉炼钢精炼过程,得到相应的氧气转炉炼钢过程化学反应及传质数学模型。以采用 $CaO+MgO+CaF_2+MnO+SiO_2+P_2O_5+FeO$ 多元渣系简化的虚拟三元 ($CaO'-SiO_2-FeO'$) 渣冶炼低碳钢为例,不难看出参与这些反应的反应物和反应产物可以被分成四个物系:$Si+SiO_2$,$Mn+MnO$,$P+P_2O_5$ 和 $Fe+FeO$,全部反应均是这四组物质间的相互作用。随着冶炼过程的进行,各物质的浓度连续发生变化,形成越过熔渣/金属界面的相应的物质流,假定如图 7-2-1 所示。由于 Fe 作为溶剂存在于体系,金属相内 Fe 的传输过程无需考虑。

对于这四个反应物系在钢液和熔渣内的浓度变化和分布规律,可以把熔渣/钢液体系看作为由两个半无限大体系合成的一个无限大体系,其中钢液位于 ($-\infty < x \leqslant 0$) 区间,熔渣位于 ($0 \leqslant x < \infty$);并假定钢液内的 Si、Mn、P 和熔渣中的 SiO_2,MnO,P_2O_5,FeO 等的初始浓度呈均匀分布,于是,按照渗透理论,这四个反应物系的扩散方程可分别由钢液中的 Si、Mn、P 和熔渣中的 SiO_2,MnO,P_2O_5,FeO 的一维扩散方程来描述。

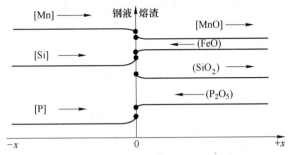

图 7-2-1 炉渣中有关组分的浓度梯度及物质流示意图[1]

7.2.2 四个反应物系

7.2.2.1 对于 Si+SiO$_2$ 系

$$\frac{\partial C_{[Si]}}{\partial t} = D_{Si} \frac{\partial^2 C_{[Si]}}{\partial x^2} \qquad (x \leqslant 0) \tag{7-2-12}$$

$$\frac{\partial C_{(SiO_2)}}{\partial t} = D_{SiO_2} \frac{\partial^2 C_{(SiO_2)}}{\partial x^2} \qquad (x \geqslant 0) \tag{7-2-13}$$

式中，$C_{[Si]}$ 和 $C_{(SiO_2)}$ 分别为钢液中的 Si 和渣中 SiO$_2$ 的体积摩尔浓度；D_{Si} 和 D_{SiO_2} 分别为钢中的 Si 和渣中 SiO$_2$ 的扩散系数。由基本假设可写出相应的初始条件和边界条件。

初始条件 1：
$$C_{[Si]}(-x, 0) = C_{[Si]0} \tag{7-2-14}$$
$$C_{(SiO_2)}(+x, 0) = C_{(SiO_2)0} \tag{7-2-15}$$

边界条件 1：
$$C_{[Si]}(-\infty, t) = C_{[Si]0} \tag{7-2-16}$$
$$C_{(SiO_2)}(+\infty, t) = C_{(SiO_2)0} \tag{7-2-17}$$

边界条件 2：
$$C_{[Si]}(0, t) = C_{[Si]e} \tag{7-2-18}$$
$$C_{(SiO_2)}(0, t) = C_{(SiO_2)e} \tag{7-2-19}$$

边界条件 3：

$$a_0 D_{Si} \frac{\partial^2 C_{[Si]}(0,t)}{\partial x} = D_{SiO_2} \frac{\partial C_{(SiO_2)}(0,t)}{\partial x} \tag{7-2-20}$$

式中，$C_{[Si]0}$ 和 $C_{(SiO_2)0}$ 分别为 $C_{[Si]}$ 和 $C_{(SiO_2)}$ 的初始值（$t=0$ 瞬刻）；$C_{[Si]e}$ 和 $C_{(SiO_2)e}$ 分别为反应界面（熔渣/金属界面）处 $C_{[Si]}$ 和 $C_{(SiO_2)}$ 的值，亦即相应于 $C_{[Si]0}$ 和 $C_{(SiO_2)0}$ 的平衡浓度。

边界条件 3，即式（7-2-20），在数学上表示通过熔渣/金属界面的物质流的连续性，在物理上反映在界面处没有扩散物质的积聚这一事实，该式左边的系数 a_0 是与界面化学平衡有关的常数。应当指出，界面条件 2 和界面条件 3 是相关的。从数学上说，仅仅由初始条件（式（7-2-14），式（7-2-15））和边界条件 1 和 2（式（7-2-16），式（7-2-19））即可解由式（7-2-12）和式（7-2-13）组成的联立方程。如果该方程组满足边界条件 2，那么当能自动满足边界条件 3。因此，只要在条件式（7-2-14）~式（7-2-19）下，联立求解式（7-2-12）和式（7-2-13），即可得到钢液中的 Si 和熔渣中的 SiO$_2$ 的变化和分布规律，而无需考虑条件式（7-2-20）。

注意到 $C_{[Si]0}$、$C_{(SiO_2)0}$ 和给定瞬间的 $C_{[Si]e}$、$C_{(SiO_2)e}$ 均为常数做一适当的变换，然后由

半无限大体系解的组合，使之满足初始条件和边界条件，不难得到这个问题的特解。令

$$\theta_{SiO_2} = C_{(SiO_2)} - C_{(SiO_2)0} \tag{7-2-21}$$

则有关 SiO_2 的初始条件和边界条件可改写成如下：

$$\theta_{SiO_2}(x, 0) = 0 \qquad (x \geqslant 0) \tag{7-2-22}$$

$$\theta_{SiO_2}(+\infty, t) = 0 \tag{7-2-23}$$

$$\theta_{SiO_2}(0, t) = C_{(SiO_2)e} - C_{(SiO_2)0} \tag{7-2-24}$$

而方程（7-2-13）变为：

$$\frac{\partial \theta_{SiO_2}}{\partial t} = D_{SiO_2} \frac{\partial^2 \theta_{SiO_2}}{\partial x^2} \qquad (x \geqslant 0) \tag{7-2-25}$$

对于方程（7-2-12）和方程（7-2-25），根据文献中求半无限杆中的导热方程的一般形式解，可直接写出这两个联立方程的一般形式的解为：

$$C_{[Si]} = A_1 + B_1 \mathrm{erf}\left(\frac{x}{2\sqrt{D_{Si}t}}\right) \qquad (x \leqslant 0) \tag{7-2-26}$$

$$\theta_{SiO_2} = A_2 + B_2 \mathrm{erf}\left(\frac{-x}{2\sqrt{D_{SiO_2}t}}\right) \qquad (x \geqslant 0) \tag{7-2-27}$$

使式（7-2-26）和式（7-2-27）满足初始条件和边界条件，以确定常数 A_1，B_1 和 A_2，B_2。由初始条件式（7-2-14）和式（7-2-22）

$$t = 0: \qquad A_1 - B_1 = C_{[Si]0} \tag{7-2-28}$$

$$A_2 + B_2 = 0 \tag{7-2-29}$$

由边界条件式（7-2-18）和式（7-2-24）

$$x = 0: \qquad A_1 = C_{[Si]e} \tag{7-2-30}$$

$$A_2 = C_{(SiO_2)e} - C_{(SiO_2)0} \tag{7-2-31}$$

所以，我们有：

$$B_1 = C_{[Si]e} - C_{[Si]0} \tag{7-2-32}$$

$$B_2 = -A_2 = C_{(SiO_2)0} - C_{(SiO_2)e} \tag{7-2-33}$$

把式（7-2-30）~式（7-2-33）带入式（7-2-26）和式（7-2-27）得：

$$C_{[Si]} = C_{[Si]e} + (C_{[Si]e} - C_{[Si]0}) \mathrm{erf}\left(\frac{x}{2\sqrt{D_{SiO_2}t}}\right) \qquad (x \leqslant 0) \tag{7-2-34}$$

$$\theta_{SiO_2} = (C_{(SiO_2)e} - C_{(SiO_2)0}) + (C_{(SiO_2)0} - C_{(SiO_2)e}) \mathrm{erf}\left(\frac{x}{2\sqrt{D_{SiO_2}t}}\right) \qquad (x \geqslant 0) \tag{7-2-35}$$

式（7-2-34）和式（7-2-35）可给出问题的解。由钢液内 Si 和熔渣中 SiO_2 和 FeO 的初始浓度，根据反应式（7-2-3）的化学平衡，确定界面平衡浓度值 $C_{[Si]e}$ 和 $C_{(SiO_2)e}$ 以后，即可由这两式得到钢液中的 Si 和熔渣中的 SiO_2 与时间及位置（即与熔渣/钢液界面的距离）有关的浓度分布。

可以把结果变换成另一种形式。令

$$p = \frac{C_{(SiO_2)e} - C_{(SiO_2)0}}{C_{[Si]e}} \tag{7-2-36}$$

注意到

$$C_{[Si]0} + C_{(SiO_2)0} = C_{[Si]e} + C_{(SiO_2)e} \tag{7-2-37}$$

则有

$$C_{[Si]e} = C_{[Si]0} \frac{1}{p+1} \tag{7-2-38}$$

$$C_{(SiO_2)e} - C_{(SiO_2)0} = \frac{p}{p+1} C_{[Si]0} \tag{7-2-39}$$

p 所反应的实际是界面处熔渣相中 SiO_2 的变换后的浓度 $\theta_{(SiO_2)e}$ 与钢液中 Si 的浓度 $C_{[Si]e}$ 之比，如果在界面处不发生化学反应，仅仅是溶质在两相中的简单分配，则 p 所反应的就是溶质在两相中的平衡分配系数。

把式（7-2-37）和式（7-2-38）带入式（7-2-34）和式（7-2-35），整理后得：

$$C_{[Si]}(x,\ t) = C_{[Si]0} \left\{ 1 - \frac{p}{p+1} \left[1 + \mathrm{erf}\left(\frac{x}{2\sqrt{D_{SiO_2}t}} \right) \right] \right\} \quad (x \leqslant 0) \tag{7-2-40}$$

和

$$\theta_{SiO_2}(x,\ t) = C_{[Si]0} \left(\frac{p}{p+1} \right) \left[1 - \mathrm{erf}\left(\frac{x}{2\sqrt{D_{SiO_2}t}} \right) \right] \quad (x \geqslant 0) \tag{7-2-41}$$

由式（7-2-21），式（7-2-35）和式（7-2-41）联解，分别得出：

$$C_{SiO_2}(x,\ t) = C_{(SiO_2)e} - (C_{(SiO_2)0} - C_{(SiO_2)e}) \mathrm{erf}\left(\frac{x}{2\sqrt{D_{SiO_2}t}} \right) \quad (x \geqslant 0) \tag{7-2-42}$$

和

$$C_{SiO_2}(x,\ t) = C_{(SiO_2)0} + C_{[Si]0} \left(\frac{p}{p+1} \right) \left[1 - \mathrm{erf}\left(\frac{x}{2\sqrt{D_{SiO_2}t}} \right) \right] \quad (x \geqslant 0) \tag{7-2-43}$$

应当指出，我们这儿所讨论的不只是一个 Si 的氧化的界面化学反应，而是 Si、Mn、P、C 同时氧化的界面化学反应，比单纯的 [Si]$_e$ 和 (SiO$_2$)$_e$ 的求解要复杂得多。对此，我们将在后面作进一步的说明。

7.2.2.2　对于 Mn+MnO 系

$$\frac{\partial C_{[Mn]}}{\partial t} = D_{Mn} \frac{\partial^2 C_{[Mn]}}{\partial x^2} \quad (x \leqslant 0) \tag{7-2-44}$$

$$\frac{\partial C_{(MnO)}}{\partial t} = D_{MnO} \frac{\partial^2 C_{(MnO)}}{\partial x^2} \quad (x \geqslant 0) \tag{7-2-45}$$

相应的初始条件和边界条件如下：

初始条件 2：

$$C_{[Mn]}(-x,0) = C_{[Mn]0} \tag{7-2-46}$$

$$C_{(MnO)}(+x,\ 0) = C_{(MnO)0} \tag{7-2-47}$$

边界条件 4：

$$C_{[Mn]}(-\infty,t) = C_{[Mn]0} \tag{7-2-48}$$

$$C_{(MnO)}(+\infty,t) = C_{(MnO)0} \tag{7-2-49}$$

边界条件 5：

$$C_{[Mn]}(0,\ t) = C_{[Mn]e} \tag{7-2-50}$$

$$C_{(MnO)}(0,\ t) = C_{(MnO)e} \tag{7-2-51}$$

边界条件 6：

$$b_0 D_{Mn} \frac{\partial C_{[Mn]}(0,t)}{\partial x} = D_{MnO} \frac{\partial C_{(MnO)}(0,t)}{\partial x} \qquad (7\text{-}2\text{-}52)$$

与 $Si+SiO_2$ 系的方程求解方法相同，可给出 $Mn+MnO$ 系的问题的解：

$$C_{[Mn]}(x,\ t) = C_{[Mn]0}\left\{1 - \frac{R}{R+1}\left[1 + \text{erf}\left(\frac{x}{2\sqrt{D_{SiO_2}t}}\right)\right]\right\} \qquad (x \leqslant 0) \qquad (7\text{-}2\text{-}53)$$

$$C_{(MnO)}(x,\ t) = C_{(MnO)0} + C_{[Mn]0}\left(\frac{R}{R+1}\right) \cdot \left[1 - \text{erf}\left(\frac{x}{2\sqrt{D_{SiO_2}t}}\right)\right] \qquad (x \geqslant 0)$$

$$(7\text{-}2\text{-}54)$$

7.2.2.3　对于 $P+P_2O_5$ 系

同样，对于 $P+P_2O_5$ 系，有：

$$\frac{\partial C_{[P]}}{\partial t} = D_P \frac{\partial^2 C_{[P]}}{\partial x^2} \qquad (x \leqslant 0) \qquad (7\text{-}2\text{-}55)$$

$$\frac{\partial C_{[P_2O_5]}}{\partial t} = D_{P_2O_5} \frac{\partial^2 C_{[P_2O_5]}}{\partial x^2} \qquad (x \geqslant 0) \qquad (7\text{-}2\text{-}56)$$

初始条件3：
$$C_{[P]}(-x,0) = C_{[P]0} \qquad (7\text{-}2\text{-}57)$$
$$C_{(P_2O_5)}(+x,\ 0) = C_{(P_2O_5)0} \qquad (7\text{-}2\text{-}58)$$

边界条件7：
$$C_{[P]}(-\infty,t) = C_{[P]0} \qquad (7\text{-}2\text{-}59)$$
$$C_{(P_2O_5)}(+\infty,t) = C_{(P_2O_5)0} \qquad (7\text{-}2\text{-}60)$$

边界条件8：
$$C_{[P]}(0,\ t) = C_{[P]e} \qquad (7\text{-}2\text{-}61)$$
$$C_{(P_2O_5)}(0,\ t) = C_{(P_2O_5)e} \qquad (7\text{-}2\text{-}62)$$

边界条件9：

$$C_0 D_P \frac{\partial C_{[P]}(0,t)}{\partial x} = D_{P_2O_5} \frac{\partial C_{(P_2O_5)}(0,t)}{\partial x} \qquad (7\text{-}2\text{-}63)$$

与 $Si+SiO_2$ 系的方程求解方法相同，可给出 $P+P_2O_5$ 系的问题的解：

$$C_{[P]}(x,t) = C_{[P]0}\left\{1 - \left(\frac{2Q}{2Q+1}\right) \cdot \left[1 + \text{erf}\left(\frac{x}{2\sqrt{D_P t}}\right)\right]\right\} \qquad (x \leqslant 0) \qquad (7\text{-}2\text{-}64)$$

$$C_{(P_2O_5)}(x,t) = C_{(P_2O_5)0} + C_{[P]0}\left(\frac{2Q}{2Q+1}\right) \cdot \left[1 - \text{erf}\left(\frac{x}{2\sqrt{D_{(P_2O_5)}t}}\right)\right] \qquad (x \geqslant 0)$$

$$(7\text{-}2\text{-}65)$$

7.2.2.4　对于 $Fe+FeO$ 系

我们只需考虑渣相内 FeO 的浓度变化。根据氧气转炉的特点，已在前面设定熔渣的 FeO 存在物质供应源，因此，我们可写出渣相内 FeO 浓度的变化方程：

$$\frac{\partial C_{(FeO)}}{\partial t} = D_{FeO}^2 \frac{\partial^2 C_{(FeO)}}{\partial x^2} + f(x,t) \qquad t > 0, 0 < x < +\infty \qquad (7\text{-}2\text{-}66)$$

初始条件4：
$$C_{(FeO)}(+x,\ 0) = C_{(FeO)0} \qquad (7\text{-}2\text{-}67)$$
边界条件10：
$$C_{(FeO)}(+\infty,\ t) = C_{(FeO)0} \qquad (7\text{-}2\text{-}68)$$
边界条件11：
$$C_{(FeO)}(0,\ t) = C_{(FeO)e} \qquad (7\text{-}2\text{-}69)$$

根据对体系内存在热源或物质源的导热方程或扩散方程的求解，可写出氧气转炉熔渣中的方程（7-2-66）的一般形式的解：

$$C_{(\text{FeO})}(x,t) = C_{(\text{FeO})\text{e}} + \left(C_{(\text{FeO})0} - C_{(\text{FeO})\text{e}} \right) \cdot \left[\text{erf}\left(\frac{x}{2\sqrt{D_{\text{FeO}}t}} \right) + \right.$$

$$\left. 4D_{\text{FeO}}(t-\tau) \int_0^t kf(\tau) \text{erf}\left(\frac{x}{2\sqrt{D_{\text{FeO}}(t-\tau)}} \right) \text{d}\tau \right]$$

$$(t > 0, 0 < x < +\infty) \tag{7-2-70}$$

式中 t——整个熔炼时间，min；

τ——吹氧时间，min；

$kf(\tau)$——吹氧耗于熔池脱 C 后的剩余氧折合成 FeO 后随吹炼时间而变化的函数式；对于设有炉气成分自动分析（注：用质谱仪）和炉气体积自动测定（注：用渗入少量惰性气体法）的氧气转炉，该函数式可在每炉钢吹炼过程中在线建立；否则，便需通过若干炉次的试验研究，$f(x, t)$ 方程离线建立。

这里应当指出，由于假定了在炉渣/金属界面存在化学平衡，因此，在熔渣/金属界面处，反应物的总化学位相当于产物的总化学位。这就是，在式（7-2-18）和式（7-2-19）、式（7-2-50）和式（7-2-51）、式（7-2-61）和式（7-2-62），以及式（7-2-69）之间存在着一定的由热力学规定的关系。这个问题我们将在后面作专门讨论。

根据前面所得的式（7-2-40）和式（7-2-43）、式（7-2-53）和式（7-2-54）、式（7-2-64）和式（7-2-65）以及式（7-2-70）可计算出相应物质的浓度分布及浓度随时间的变化。

对于每个给定的时间，如果 x 的绝对值取足够大，则可求得相应的半无限大体系内各有关组分的平均浓度（如何求得这平均浓度将在后面讨论），这个平均浓度可看作钢液和熔渣的内部浓度 C_{ib} 和 C_{jb}。就成分控制而言，这是我们很感兴趣的变量。因为，有了这个变量 C_{ib} 和 C_{jb}，就有可能把原问题简化为一组常微分方程。假定体系内的物质流如图 7-1-1 所示，根据薄膜理论，当有下列各式成立。

对于金属中的 Si、Mn 和 P 传输到熔渣/金属界面的过程：

$$\dot{N}_{\text{Si}}/A = k_{\text{Si}}\{ C_{[\text{Si}]\text{b}}(t) - C_{[\text{Si}]\text{e}} \} \tag{7-2-71}$$

$$\dot{N}_{\text{Mn}}/A = k_{\text{Mn}}\{ C_{[\text{Mn}]\text{b}}(t) - C_{[\text{Mn}]\text{e}} \} \tag{7-2-72}$$

$$\dot{N}_{\text{P}}/A = k_{\text{P}}\{ C_{[\text{P}]\text{b}}(t) - C_{[\text{P}]\text{e}} \} \tag{7-2-73}$$

对于渣相中的 SiO_2，MnO 和 P_2O_5 离开熔渣/金属界面的传输过程如下：

$$\dot{N}_{\text{SiO}_2}/A = k_{\text{SiO}_2}\{ C_{(\text{SiO}_2)\text{e}} - C_{(\text{SiO}_2)\text{b}}(t) \} \tag{7-2-74}$$

$$\dot{N}_{\text{MnO}}/A = k_{\text{MnO}}\{ C_{(\text{MnO})\text{e}} - C_{(\text{MnO})\text{b}}(t) \} \tag{7-2-75}$$

$$\dot{N}_{\text{P}_2\text{O}_5}/A = k_{\text{P}_2\text{O}_5}\{ C_{(\text{P}_2\text{O}_5)\text{e}} - C_{(\text{P}_2\text{O}_5)\text{b}}(t) \} \tag{7-2-76}$$

对于熔渣中的 FeO 达到熔渣/金属界面的传输过程：

$$\dot{N}_{(\text{FeO})}/A = -k_{\text{FeO}}\{ C_{(\text{FeO})\text{b}}(t) - C_{(\text{FeO})\text{b}} \} \tag{7-2-77}$$

式中 $\dot{N}_i$——组分 i 的物质流，$\text{mol}/(\text{cm}^3 \cdot \text{s})$；

k_i ——组分 i 的传质系数，cm/s；

　　A ——反应界面面积，cm^2；

$C_{[i]b}$，$C_{(i)b}$ ——有关相中组分 i 的内部浓度，是时间 t 的函数，mol/cm^3；

$C_{[i]e}$，$C_{(i)e}$ ——相界面处有关相中组分 i 的浓度，mol/cm^3。

　　据此，由各组分的物质衡算，可以得到与时间有关的相应的变化速率如下：

$$dC_{[Si]b}/dt = - k_{Si}A/V_m [C_{[Si]b}(t) - C_{[Si]e}] \tag{7-2-78}$$

$$dC_{[Mn]b}/dt = - k_{Mn}A/V_m [C_{[Mn]b}(t) - C_{[Mn]e}] \tag{7-2-79}$$

$$dC_{[P]b}/dt = - k_{P}A/V_m [C_{[P]b}(t) - C_{[P]e}] \tag{7-2-80}$$

$$dC_{(SiO_2)b}/dt = + k_{(SiO_2)} \frac{A}{V_S} [C_{(SiO_2)e} - C_{(SiO_2)b}(t)] \tag{7-2-81}$$

$$dC_{(MnO)b}/dt = + k_{MnO}A/V_S [C_{(MnO)e} - C_{(MnO)b}(t)] \tag{7-2-82}$$

$$dC_{(P_2O_5)b}/dt = + k_{P_2O_5}A/V_S [C_{(P_2O_5)e} - C_{(P_2O_5)b}(t)] \tag{7-2-83}$$

$$dC_{(FeO)b}/dt = - k_{FeO} \frac{A}{V_S} [C_{(FeO)b}(t) - C_{(FeO)e}] \tag{7-2-84}$$

$$C_{[Si]b}(t) = C_{[Si]0} \left\{ 1 - \frac{p}{p+1} \left[1 - \operatorname{erf} \left(\frac{\bar{x}_{[Si]}}{2\sqrt{D_{Si}t}} \right) \right] \right\} \tag{7-2-85}$$

$$C_{[Mn]b}(t) = C_{[Mn]0} \left\{ 1 - \frac{R}{R+1} \left[1 - \operatorname{erf} \left(\frac{\bar{x}_{[Mn]}}{2\sqrt{D_{Mn}t}} \right) \right] \right\} \tag{7-2-86}$$

$$C_{[P]b}(t) = C_{[P]0} \left\{ 1 - \frac{2Q}{2Q+1} \left[1 - \operatorname{erf} \left(\frac{\bar{x}_{[P]}}{2\sqrt{D_{P}t}} \right) \right] \right\} \tag{7-2-87}$$

$$C_{(SiO_2)b}(t) = C_{(SiO_2)0} + C_{[Si]0} \left(\frac{p}{p+1} \right) \left[1 - \operatorname{erf} \left(\frac{\bar{x}_{(SiO_2)}}{2\sqrt{D_{SiO_2}t}} \right) \right] \tag{7-2-88}$$

$$C_{(MnO)b}(t) = C_{(MnO)0} + C_{[Mn]0} \left(\frac{R}{R+1} \right) \left[1 - \operatorname{erf} \left(\frac{\bar{x}_{(MnO)}}{2\sqrt{D_{MnO}t}} \right) \right] \tag{7-2-89}$$

$$C_{(P_2O_5)b}(t) = C_{(P_2O_5)0} + C_{[P]0} \left(\frac{2Q}{2Q+1} \right) \left[1 - \operatorname{erf} \left(\frac{\bar{x}_{(P_2O_5)}}{2\sqrt{D_{P_2O_5}t}} \right) \right] \tag{7-2-90}$$

$$C_{(FeO)b}(t) = C_{(FeO)0} + (C_{(FeO)e} - C_{(FeO)0}) \left[1 - \operatorname{erf} \left(\frac{\bar{x}_{(FeO)}}{2\sqrt{D_{FeO}t}} \right) \right] +$$

$$4D_{FeO}(t - \tau) \int_0^t kf(\tau) \operatorname{erf} \left(\frac{\bar{x}_{(FeO)}}{2\sqrt{D_{FeO}(t - \tau)}} \right) d\tau \tag{7-2-91}$$

式中　D_i ——钢液内和熔渣内 i 组分的扩散系数；

　　V_m，V_S ——金属和熔渣的体积，cm^3；

$\bar{x}_{[i]}$，$\bar{x}_{(i)}$ ——在金属相和熔渣相内的 i 组分扩散至体相内部的平均距离，cm；

　　$R = (C_{(MnO)e} - C_{(MnO)0})/C_{[Mn]e}$；

　　$Q = (C_{(P_2O_5)e} - C_{(P_2O_5)0})/C_{[P]e}$。

　　在建立该过程的数学模型时，涉及到两个特征值，一个是各物质的扩散系数 D_i，它是有关物质的一个物理性能，可通过有关文献查得，如 $D_{Si} = 6.1 \times 10^{-5}\,cm^2/s$，$D_{Mn} = 6.25 \times 10^{-5}\,cm^2/s$ 等。另一个是各物质的传质系数 k_i 和金属与熔渣接触的单位面积 A/V 的乘积，即 $k_i A/V$ 参数，它除与 D_i 有关外，还与熔池尺寸、熔池运动等诸多因素有关，特别是 A/V 值，可通试验研究，按 "3.3.1" 节中所述的方法来建立它与熔池搅拌能或搅拌混匀时间的关系式。

上述式（7-2-78）~式（7-2-84）方程组是一个一阶非线性常微分方程的初值问题，求解这 7 个方程，即可得到炼钢过程中不同瞬间金属相内 Si、Mn 和 P 的浓度，但由于 P 的平衡常数不仅取决于 FeO，还取决于 CaO 和 MgO，尤其是 CaO 浓度，故还需补充建立一个 CaO 浓度变化（$C_{(CaO)b}/dt$）的方程。在给定的时间间隔（求解步长）内，$C_{[i]0}$、$C_{[i]e}$ 和 $C_{(i)0}$、$C_{(i)e}$，以及 P、R、Q 均可看作常数；其中 $C_{[i]e}$、$C_{(i)e}$ 可按后面所述的方法求出。为求 $\bar{x}_{[i]}$ 和 $\bar{x}_{(i)}$，先确定金属相内和熔渣相内与时间和位置有关的各组分的浓度分布，再由数值积分计算出给定瞬刻的平均浓度。然后，利用四阶龙格库塔法求解这七个方程。计算时，前一级计算的 $[\%i]_b$ 和 $(\%i)_b$ 即为下一级的 $[\%i]_0$ 和 $(\%i)_0$。$C_{[i]}$ 和 $[\%i]$，以及 $C_{(i)}$ 和 $(\%i)$ 之间有如下换算关系：

$$[\%i] = \frac{C_{[i]} \cdot 100 \cdot M_{[i]}}{\rho_{Fe}}; \qquad (\%i) = \frac{C_{(i)} \cdot 100 \cdot M_{(i)}}{\rho_S}$$

式中　$M_{[i]}$，$M_{(i)}$ ——分别为金属相和渣相中 $[i]$ 和 (i) 组分的分子量；

　　　ρ_{Fe}，ρ_S ——分别为钢液和熔渣的密度。

7.2.3　炼钢熔池中熔渣-金属界面处的两相浓度的确定

在炼钢温度下界面化学体系以很大的速度发生反应，因此，在钢/液界面处，各个可能发生的化学反应将达到一个总的平衡。由吉布斯（Gibbs）相律和物质守恒定律出发，我们可以把原问题转化为一个数学问题。

在一定温度下，由给定的初始浓度所达到的界面平衡浓度应当是一定的，在所讨论的情况下，假定钢液内 Si、Mn、P、C 的初始体积摩尔浓度分别为 $C_{[Si]0}$、$C_{[Mn]0}$、$C_{[P]0}$、$C_{[C]0}$。渣相内 P 开始氧化时的 SiO_2、MnO、FeO、CaO 和 P_2O_5 的初始体积摩尔浓度分别为 $C_{(SiO_2)0}$、$C_{(MnO)0}$、$C_{(FeO)0}$、$C_{(P_2O_5)0}$ 和 $C_{(CaO)0}$；前三个值可通过物料和熔渣定氧来求，$C_{(P_2O_5)0}$ 可假设为一适当值，如 0，或 $10^{-5} \sim 10^{-6}$；$C_{(CaO)0}$ 可通过石灰的溶解动力学公式来估算。我们要确定从 P 开始氧化起，Si、Mn、C、P 同时氧化至 $C_{[Si]b} \approx 0$ 期间，随时间变化的熔渣-金属界面处金属相和渣相内各有关物质的浓度。实际即是相应于给定初始浓度的平衡浓度：$C_{[Si]e}$、$C_{[Mn]e}$、$C_{[P]e}$、$C_{[C]e}$、$C_{(SiO_2)e}$、$C_{(MnO)e}$、$C_{(P_2O_5)e}$ 和 $C_{(FeO)e}$ 总共有七个未知数。因此，我们需要七个方程式。

由吉布斯相律可知，鉴于该体系有六个必须考虑的独立组分，即 Si、Mn、C、P、Fe、O；以及八种相应的物质，即 Si、SiO_2、Mn、MnO、P、P_2O_5、Fe、FeO，所以可能发生的界面化学反应中，只有三个独立的反应平衡。我们选取反应式（7-2-3）~式（7-2-5）可以得到：

$$\Omega_{Si} = C_{(SiO_2)e}/(C_{[Si]e} \cdot C_{(FeO)e}^2) \qquad (7-2-92)$$

$$\Omega_{Mn} = C_{(MnO)e}/(C_{[Mn]e} \cdot C_{(FeO)e}) \qquad (7-2-93)$$

$$\Omega_{\mathrm{P}} = C_{(\mathrm{P_2O_5})e} / (C_{(\mathrm{P})e}^2 \cdot C_{(\mathrm{FeO})e}^5) \tag{7-2-94}$$

式中，Ω_{Si}，Ω_{Mn}，Ω_{P} 分别为反应（7-2-3），式（7-2-4）和式（7-2-5）的摩尔平衡常数值。

应当指出，这些（表观）平衡常数精确值的获得，除必须有 $\mathrm{SiO_2}$、MnO、$\mathrm{P_2O_5}$ 和 FeO 浓度值外，还必须有 CaO、MgO 乃至 $\mathrm{CaF_2}$ 的浓度值，尤其是 CaO 的浓度值。故为了估算 Ω_{Si}、Ω_{Mn}、Ω_{P}，还须辅以熔渣中 CaO、MgO 和 $\mathrm{CaF_2}$ 的浓度变化方程，这一问题将在熔渣的章节中讨论，这里只能先按方程式（7-2-92）~式（7-2-94）来建模。

所需的另外四个方程式，可由另外四个独立组分的物质守恒得到：

$$C_{[\mathrm{Si}]e} + C_{(\mathrm{SiO_2})e} = C_{[\mathrm{Si}]0} + C_{(\mathrm{SiO_2})0} = n_{\mathrm{Si}} \tag{7-2-95}$$

$$C_{[\mathrm{Mn}]e} + C_{(\mathrm{MnO})e} = C_{[\mathrm{Mn}]0} + C_{(\mathrm{MnO})0} = n_{\mathrm{Mn}} \tag{7-2-96}$$

$$C_{[\mathrm{P}]e} + 2C_{(\mathrm{P_2O_5})e} = C_{[\mathrm{P}]0} + 2C_{(\mathrm{P_2O_5})0} = n_{\mathrm{P}} \tag{7-2-97}$$

和

$$2C_{(\mathrm{SiO_2})e} + C_{(\mathrm{MnO})e} + 5C_{(\mathrm{P_2O_5})e} + C_{(\mathrm{FeO})e}$$
$$= 2C_{(\mathrm{SiO_2})0} + C_{(\mathrm{MnO})0} + 5C_{(\mathrm{P_2O_5})0} + \mathrm{d}C_{(\mathrm{FeO})} / \mathrm{d}t$$
$$= n_0 + \mathrm{d}n_0 / \mathrm{d}t \tag{7-2-98}$$

由式（7-2-95）×4＋式（7-2-96）×2＋式（7-2-97）×5 得：

$$4n_{\mathrm{Si}} + 2n_{\mathrm{Mn}} + 5n_{\mathrm{P}}$$
$$= 4C_{[\mathrm{Si}]e} + 2C_{[\mathrm{Mn}]e} + 5C_{[\mathrm{P}]e} + 4C_{(\mathrm{SiO_2})e} + 2C_{(\mathrm{MnO})e} + 10C_{(\mathrm{P_2O_5})e} \tag{7-2-99}$$

式中，$\mathrm{d}n_0 / \mathrm{d}t$ 和 $\mathrm{d}C_{(\mathrm{FeO})} / \mathrm{d}t$ 分别为氧枪供氧在不同吹炼时期，除了耗于脱 C 之后进入渣池的有效剩余氧分子速率和折合为 FeO 摩尔的变化速率，在一定瞬刻可视为定值。

由式（7-2-98）×2 得：

$$4C_{(\mathrm{SiO_2})e} + 2C_{(\mathrm{MnO})e} + 10C_{(\mathrm{P_2O_5})e} + 2C_{(\mathrm{FeO})e}$$
$$= 2(n_0 + \mathrm{d}n_0 / \mathrm{d}t) \tag{7-2-100}$$

解式（7-2-99）和式（7-2-100）得：

$$C_{[\mathrm{Si}]e} + 2C_{[\mathrm{Mn}]e} + 5C_{[\mathrm{P}]e} - 2C_{(\mathrm{FeO})e}$$
$$= 4n_{\mathrm{Si}} + 2n_{\mathrm{Mn}} + 5n_{\mathrm{P}} - 2(n_0 + \mathrm{d}n_0 / \mathrm{d}t) \tag{7-2-101}$$

而由式（7-2-92）~式（7-2-94）分别可得：

$$C_{(\mathrm{FeO})e} = \frac{C_{(\mathrm{MnO})e}}{\Omega_{\mathrm{Mn}} \cdot C_{[\mathrm{Mn}]e}} = \frac{n_{\mathrm{Mn}} - C_{[\mathrm{Mn}]e}}{\Omega_{\mathrm{Mn}} \cdot C_{[\mathrm{Mn}]e}} \tag{7-2-102}$$

以及

$$C_{[\mathrm{Si}]e} = \frac{n_{\mathrm{Si}}}{1 + \Omega_{\mathrm{Si}} \left[\dfrac{n_{\mathrm{Mn}} - C_{[\mathrm{Mn}]e}}{\Omega_{\mathrm{Mn}} \cdot C_{[\mathrm{Mn}]e}} \right]^2} \tag{7-2-103}$$

$$C_{[\mathrm{P}]e} = \frac{-1 + \sqrt{1 + 8\Omega_{\mathrm{P}}(n_{\mathrm{Mn}} - C_{[\mathrm{Mn}]e}) / (\Omega_{\mathrm{Mn}} \cdot C_{[\mathrm{Mn}]e})^5 n_{\mathrm{P}}}}{4\Omega_{\mathrm{P}}(n_{\mathrm{Mn}} - C_{[\mathrm{Mn}]e}) / (\Omega_{\mathrm{Mn}} \cdot C_{[\mathrm{Mn}]e})^5} \tag{7-2-104}$$

把式（7-2-102）~式（7-2-104）带入式（7-2-101），则有：

$$4n_{\mathrm{Si}} \left/ \left(1 + \Omega_{\mathrm{Si}} \left[\frac{n_{\mathrm{Mn}} - C_{[\mathrm{Mn}]e}}{\Omega_{\mathrm{Mn}} \cdot C_{[\mathrm{Mn}]e}} \right]^2 + 2C_{[\mathrm{Mn}]e} + \left(1 + 8\Omega_{\mathrm{P}} \left[\frac{n_{\mathrm{Mn}} - C_{[\mathrm{Mn}]e}}{\Omega_{\mathrm{Mn}} \cdot C_{[\mathrm{Mn}]e}} \right]^5 n_{\mathrm{P}} \right)^{\frac{1}{2}} \right) \right/$$

$$\left(4\Omega_{\mathrm{P}} \left[\frac{n_{\mathrm{Mn}} - C_{[\mathrm{Mn}]e}}{\Omega_{\mathrm{Mn}} \cdot C_{[\mathrm{Mn}]e}} \right]^5 \right) - 5 \left/ \left(4\Omega_{\mathrm{P}} \left[\frac{n_{\mathrm{Mn}} - C_{[\mathrm{Mn}]e}}{\Omega_{\mathrm{Mn}} \cdot C_{[\mathrm{Mn}]e}} \right]^5 \right) - 2(n_{\mathrm{Mn}} - C_{[\mathrm{Mn}]e}) \right/$$

$$(\Omega_{Mn} \cdot C_{[Mn]e}) - [4n_{Si} + 2n_{Mn} + 5n_P - 2(n_0 + dn_0/dt)] = 0 \quad (7\text{-}2\text{-}105)$$

另外

$$C_{(SiO_2)e} = n_{Si} - C_{[Si]e} \quad (7\text{-}2\text{-}106)$$

$$C_{(MnO)e} = n_{Mn} - C_{[Mn]e} \quad (7\text{-}2\text{-}107)$$

$$C_{(P_2O_5)e} = (n_P - C_{[P]e})/2 \quad (7\text{-}2\text{-}108)$$

因此，只要式（7-2-105）定出 $C_{[Mn]e}$，即可由式（7-2-102）~式（7-2-104）和式（7-2-106）~式（7-2-108）得出其余六个未知数，对于式（7-2-105）我们无须求出它的全部根，只要求得一有意义的实根即可，因为问题的解有唯一性，用牛顿迭代法很易达到目的。

将式（7-2-105）改写成如下形式：

$$f = f_1 + f_2 + f_3 + f_4 + f_5 + f_6 = 0 \quad (7\text{-}2\text{-}109)$$

其中各项与式（7-2-105）中的各项相对应，分别求出各项的导数：

$$f_1' = \frac{8n_{Si}\Omega_{Si}\left(\dfrac{n_{Mn}-C_{[Mn]e}}{\Omega_{Mn} \cdot C_{[Mn]e}}\right)}{\left[1+\Omega_{Si}\left(\dfrac{n_{Mn}-C_{[Mn]e}}{\Omega_{Mn} \cdot C_{[Mn]e}}\right)^2\right]^2} \cdot \frac{n_{Mn}}{\Omega_{Mn} \cdot C_{[Mn]e}^2} \quad (7\text{-}2\text{-}110)$$

$$f_2' = 2 \quad (7\text{-}2\text{-}111)$$

$$f_3' = \left\{\frac{400\Omega_P^2 n_P\left(\dfrac{n_{Mn}-C_{[Mn]e}}{\Omega_{Mn} \cdot C_{[Mn]e}}\right)^9}{\left[1+8\Omega_P n_P\left(\dfrac{n_{Mn}-C_{[Mn]e}}{\Omega_{Mn} \cdot C_{[Mn]e}}\right)^5\right]^{\frac{1}{2}}} - 100\Omega_P\left(\dfrac{n_{Mn}-C_{[Mn]e}}{\Omega_{Mn} \cdot C_{[Mn]e}}\right)^4 \cdot \left[1+8\Omega_P n_P\left(\dfrac{n_{Mn}-C_{[Mn]e}}{\Omega_{Mn} \cdot C_{[Mn]e}}\right)^5\right]^{1/2}\right\} \cdot$$

$$\frac{\dfrac{-n_{Mn}}{\Omega_{Mn} \cdot C_{[Mn]e}^2}}{\left[8\Omega_P\left(\dfrac{n_{Mn}-C_{[Mn]e}}{\Omega_{Mn} C_{[Mn]e}}\right)^5\right]^2} \quad (7\text{-}2\text{-}112)$$

$$f_4' = 100\Omega_P\left(\frac{n_{Mn}-C_{[Mn]e}}{\Omega_{Mn} \cdot C_{[Mn]e}}\right)^4\left\{\frac{-n_{Mn}/(\Omega_{Mn} \cdot C_{[Mn]e}^2)}{\left[4\Omega_P\left(\dfrac{n_{Mn}-C_{[Mn]e}}{\Omega_{Mn} \cdot C_{[Mn]e}}\right)^5\right]^2}\right\} \quad (7\text{-}2\text{-}113)$$

$$f_5' = \frac{2n_{Mn}}{\Omega_{Mn} \cdot C_{[Mn]e}^2} \quad (7\text{-}2\text{-}114)$$

$$f_6' = 0 \quad (7\text{-}2\text{-}115)$$

如是，由牛顿迭代法的迭代公式：

$$x_{n+1} = x_0 - f_{(x_n)}/f'_{(x_n)}$$

可写出求取 $C_{[Mn]e}$ 的迭代式

$$\{C_{[Mn]e}\}_{n+1} = \{C_{[Mn]e}\}_n - f/f' \quad (7\text{-}2\text{-}116)$$

式中，$f' = f_1' + f_2' + f_3' + f_4' + f_5' + f_6'$。

一个很重要的问题是如何确定合理的初始值 $\{C_{[Mn]e}\}_0$，如果 $f'(C_{[Mn]e\cdot0}})$ 过小，则所选定的初始值 $\{C_{[Mn]e}\}_0$ 很可能是不适宜的。按牛顿迭代法的条件

$$\left| f'(C_{[Mn]e\cdot0}}) \right|^2 > \left| \frac{f''(C_{[Mn]e\cdot0}})}{2} \right| \cdot f(C_{[Mn]e\cdot0}}) \tag{7-2-117}$$

如果 $f(C_{[Mn]e\cdot0}})$ 满足不等式（7-2-117），且 $f''(C_{[Mn]e\cdot0}}) \neq 0$，则一般可选 $C_{[Mn]e\cdot0}$ 作为牛顿迭代法的初始值。这样，将 $C_{[Mn]e\cdot0}$ 的估计值带入式（7-2-116）求出 $C_{[Mn]e\cdot1}$，再以 $C_{[Mn]e\cdot1}$ 作为方程新的近似根代入方程（7-2-116）求出 $C_{[Mn]e\cdot1}$，得到比 $C_{[Mn]e\cdot1}$ 更好的近似根，如此重复进行，经 n 此迭代后，可得到足够精确的 $C_{[Mn]e}$ 值。

7.2.4 体系内存在物质源的扩散方程

7.2.4.1 在有界区域中有物质源的扩散

在冶金过程中常会遇到体系内存在物质源，对应于这种情况，相应的扩散方程就变成非齐次的。

设在 $[-l, l]$ 区间内有一物质源 $f(x, t)$，试求此区间的浓度变化规律，这就是要求解如下定解问题：

$$\frac{\partial C}{\partial t} = D \frac{\partial^2 C}{\partial x^2} + f(x,t) \quad\quad t > 0, -l < x < +l \tag{7-2-118}$$

初始条件 $\qquad\qquad\qquad C(x, 0) = \varphi(x) \tag{7-2-119}$

对于这种情况，可以把此区域的浓度变化看作两个扩散过程合成的结果，其中一个是纯粹由初始浓度分布引起的，另一个完全是来自物质源。换句话说，我们可以把所要求的问题的解 $C(x, t)$ 看作是两个部分解之和，仅由初始浓度分布所决定的 $O(x, t)$ 和完全决定于物质源的 $M(x, t)$，即：

$$C(x, t) = O(x, t) + M(x, t) \tag{7-2-120}$$

由式（7-2-120）：

$$\frac{\partial C}{\partial t} = \frac{\partial O(x,t)}{\partial t} + \frac{\partial M(x,t)}{\partial t}$$

$$\frac{\partial^2 C}{\partial x^2} = \frac{\partial^2 O(x,t)}{\partial x^2} + \frac{\partial^2 M(x,t)}{\partial x^2}$$

代入式（7-2-118）得：

$$\frac{\partial O}{\partial t} + \frac{\partial M}{\partial t} = D\left(\frac{\partial^2 O(x,t)}{\partial x^2} + \frac{\partial^2 M(x,t)}{\partial x^2} \right) + f(x,t) \tag{7-2-121}$$

A 求 $O(x, t)$ 与 $C(x, t)$ 满足相同初始条件的定解

$$\frac{\partial O}{\partial t} = D \frac{\partial^2 O}{\partial x^2}, \quad\quad t > 0, -l < x + l \tag{7-2-122}$$

初始条件 $\qquad\qquad\qquad O(x, t) = \varphi(x) \tag{7-2-123}$

现采用分离变量法处理，得方程（7-2-122）变量分离形式的解为：

$$O(x, t) = X(x)T(t)$$

$$= \sum_{n=1}^{\infty} \left(a_n \cos \frac{n\pi x}{l} + b_n \sin \frac{n\pi x}{l} \right) \cdot \exp\left(-\frac{Dn^2\pi^2}{l^2}t \right) \tag{7-2-124}$$

使式（7-2-124）所定义的函数 $O(x, t)$ 满足初始条件（7-2-123），就有式（7-2-125）成立

$$O(x, t) = \varphi(x) = \sum_{n=1}^{\infty}\left[a_n\cos\frac{n\pi x}{l} + b_n\sin\frac{n\pi x}{l}\right] \tag{7-2-125}$$

按傅里叶系数公式可知：

$$a_n = \frac{1}{l}\int_{-l}^{l}\varphi(\xi)\cos\frac{n\pi\xi}{l}\mathrm{d}\xi$$

$$b_n = \frac{1}{l}\int_{-l}^{l}\varphi(\xi)\sin\frac{n\pi\xi}{l}\mathrm{d}\xi$$

代入式（7-2-124）得：

$$O(x, t) = \frac{1}{l}\sum_{n=1}^{\infty}\int_{-l}^{l}\varphi(\xi)\cos\frac{n\pi}{l}(\xi-x)\mathrm{d}\xi\cdot\exp\left(-\frac{Dn^2\pi^2}{l^2}t\right)$$

或

$$O(x, t) = \frac{1}{\pi}\sum_{n=1}^{\infty}\int_{-l}^{l}\varphi(\xi)\cos\frac{n\pi}{l}(\xi-x)\mathrm{d}\xi\cdot\exp\left(-\frac{Dn^2\pi^2}{l^2}t\right) \tag{7-2-126}$$

这里的式（7-2-126）即为我们要求的 $O(x, t)$ 的特解。

B　求 $M(x, t)$

这时

$$\frac{\partial M}{\partial t} = D\frac{\partial^2 M}{\partial x^2} + f(x,t) \qquad t > 0, -l < x + l \tag{7-2-127}$$

相应地，

初始条件：
$$M(x,t) = 0 \tag{7-2-128}$$

边界条件：
$$M(-l,t) = M(l,t) = 0 \tag{7-2-129}$$

这是一个具有齐次初始条件和齐次第一类边界条件的一维线性非齐次扩散方程的定解问题。我们仍采用傅里叶法来求其特解。

设未知函数 $M(x, t)$ 具有如下级数形式

$$M(x, t) = \frac{1}{l}\sum_{n=1}^{\infty}\int_{-l}^{l}I_n(t)\cos\frac{n\pi}{l}(\xi-x)\mathrm{d}\xi \tag{7-2-130}$$

因为具有这种形式的 $M(x, t)$ 必须满足边界条件式（7-2-129）。于是有：

$$\frac{\partial M}{\partial t} = \frac{1}{l}\sum_{n=1}^{\infty}I'_n(t)\int_{-l}^{l}\cos\frac{n\pi}{l}(\xi-x)\mathrm{d}\xi$$

$$\frac{\partial^2 M}{\partial x^2} = \sum_{n=1}^{\infty}I_n(t)\frac{n^2\pi^2}{l^2}\int_{-l}^{l} - \cos\frac{n\pi}{l}(\xi-x)\mathrm{d}\xi$$

代入式（7-2-127），得

$$\frac{1}{l}\sum_{n=1}^{\infty}I'_n(t)\int_{-l}^{l}\cos\frac{n\pi}{l}(\xi-t)\mathrm{d}\xi$$

$$= D\left[\sum_{n=1}^{\infty}I_n(t)\frac{n^2\pi^2}{l^2}\int_{-l}^{l} - \cos\frac{n\pi}{l}(\xi-t)\mathrm{d}\xi\right] + f(x, t)$$

所以

$$\frac{1}{l}\int_{-l}^{l}\cos\frac{n\pi}{l}(\xi-t)\mathrm{d}\xi\left[\sum_{n=1}^{\infty}I'_n(t) + \frac{Dn^2\pi^2}{l^2}I'_n(t)\right] = f(x, t) \tag{7-2-131}$$

如果把函数 $f(x, t)$ 在 $(-l, l)$ 上关于变量 x 展开成傅里叶级数（此时 t 看作常数），则有：

$$f(x, t) = \frac{1}{l} \sum_{n=1}^{\infty} f_n(\xi, t) \cos \frac{n\pi}{l}(\xi - x) d\xi \tag{7-2-132}$$

将式（7-2-131）与式（7-2-132）联解，得：

$$I_n'(t) + \frac{Dn^2\pi^2}{l^2} I_n(t) = f_n(\xi, t) \tag{7-2-133}$$

式（7-2-133）与时间参数有关，由式（7-2-133）确定的 $I_n(t)$ 代入式（7-2-130）后所得的 $M(x, t)$ 自然也必满足式（7-2-127）和边界条件式（7-2-129），为了还满足初始条件式（7-2-128），须有：

$$M(x, t) = \frac{1}{l} \sum_{n=1}^{\infty} I_n(0) \cos \frac{n\pi}{l}(\xi - x) d\xi = 0$$

即

$$I_n(0) = 0 \tag{7-2-134}$$

于是，只要联立求解式（7-2-134）和式（7-2-133），找出 $I_n(t)$，问题即可得到解决。

式（7-2-133）是一个一阶非齐次线性方程，现采用常系数变易法求解。

将式（7-2-133）改写为：

$$\frac{dI}{dt} = f_n(\xi, t) - \frac{Dn^2\pi^2}{l^2} I_n(t) \tag{7-2-135}$$

式（7-2-135）通除 $I_n(t)$ 后整理得：

$$\frac{dI}{I_n(t)} = \frac{f_n(\xi, t)}{I_n(t)} dt - \frac{Dn^2\pi^2}{l^2} dt \tag{7-2-136}$$

式（7-2-136）两边积分得：

$$\ln |I_n(t)| = \int_0^t \frac{f_n(\xi, t)}{I_n(t)} dt - \int_0^t \frac{Dn^2\pi^2}{l^2} dt$$

$$\ln |I_n(t)| = V_t - \int_0^t \frac{Dn^2\pi^2}{l^2} dt$$

即

$$I_n(t) = e^{V(t)} \cdot e^{-\int_0^t \frac{Dn^2\pi^2}{l^2} dt}$$

令 $u(t) = e^{V(t)}$，它也是特定的函数，这时上式变为：

$$I_n(t) = u(t) \cdot \exp\left(-\int_0^t \frac{Dn^2\pi^2}{l^2} dt\right) \tag{7-2-137}$$

下面来定这个函数 $u(t)$，将式（7-2-137）微商，得：

$$I_n'(t) = u'(t) \cdot \exp\left(-\int_0^t \frac{Dn^2\pi^2}{l^2} dt\right) +$$

$$u(t) \cdot \left(-\frac{Dn^2\pi^2}{l^2}\right) \cdot \exp\left(-\int_0^t \frac{Dn^2\pi^2}{l^2} dt\right) \tag{7-2-138}$$

将式（7-2-137）和式（7-2-138）代入方程（7-2-133），整理后，得：

$$u'(t) = f_n(\xi, t) \cdot \exp\left(\int_0^t \frac{Dn^2\pi^2}{l^2} dt\right)$$

或
$$\frac{\mathrm{d}u(t)}{I_n(t)} = f_n(\xi, \ t) \cdot \exp\left(\int_0^t \frac{Dn^2\pi^2}{l^2}\mathrm{d}t\right) \qquad (7\text{-}2\text{-}139)$$

为了区别于 $I_n(t)$ 中的 t，将系数 $u(t)$ 中的自变量 t 改为 τ，故积分式（7-2-139）变为

$$u(t) = \int_0^t \left[f_n(\xi, \ \tau) \cdot \exp\left(\int_0^\tau \frac{Dn^2\pi^2}{l^2}\mathrm{d}t\right)\right]\mathrm{d}\tau + C \qquad (7\text{-}2\text{-}140)$$

代入式（7-2-137），得：

$$I_n(t) = \int_0^t\left[f_n(\xi, \ \tau) \cdot \exp\left(-\frac{Dn^2\pi^2}{l^2}(t-\tau)\right]\mathrm{d}\tau + C\cdot\exp\left(-\frac{Dn^2\pi^2}{l^2}t\right) \quad (7\text{-}2\text{-}141)$$

由式（7-2-134）可知（7-2-141）中的 $C = 0$，故我们找到

$$I_n(t) = \int_0^t f_n(\xi, \ \tau)\cdot\exp\left[-\frac{Dn^2\pi^2}{l^2}(t-\tau)\right]\mathrm{d}\tau \qquad (7\text{-}2\text{-}142)$$

以此代入式（7-2-130）得：

$$M(x, \ t) = \frac{1}{l}\sum_{n=1}^{\infty}\int_0^t\int_{-l}^{l}f_n(\xi, \ \tau)\cdot\exp\left[-\frac{Dn^2\pi^2}{l^2}(t-\tau)\right]\cos\frac{n\pi}{l}(\xi-x)\mathrm{d}\tau\mathrm{d}\xi$$
$$(7\text{-}2\text{-}143)$$

这样，我们的问题已全部解决，把式（7-2-126）和式（7-2-143）代入式（7-2-120），最后得：

$$C(x, \ t) = \frac{1}{\pi}\sum_{n=1}^{\infty}\frac{\pi}{l}\int_t^l\varphi(\xi)\cos\frac{n\pi}{l}(\xi-x)\mathrm{d}\xi\cdot\exp\left(-\frac{Dn^2\pi^2}{l^2}t\right) +$$
$$\frac{1}{\pi}\sum_{n=1}^{\infty}\frac{\pi}{l}\int_t^l\int_o^t f_n(\xi, \ \tau)\cos\frac{n\pi}{l}(\xi-x)\cdot\exp\left(-\frac{Dn^2\pi^2}{l^2}(t-\tau)\right)\mathrm{d}\xi\mathrm{d}\tau$$
$$(7\text{-}2\text{-}144)$$

7.2.4.2 无界区域中有物质源的扩散

在许多冶金问题的研究中，我们常常把体系看作无限大或半无限大体系，这样可以忽略两侧或一侧边界状况的影响。在研究炼钢熔池内的传质过程时，可以把熔渣、金属体系看作两个半无限大体系合成的无限大体系。因此，研究无限大体系或半无限大体系内方程的求解，对解决氧气射流冲击下转炉熔池中 FeO 的分布与传质有很重要的意义。下面讨论无界区域中有物质源的扩散—— 一维非齐次扩散方程初值问题的傅里叶解。

对于这种情况，实际求解如下定解问题：

$$\frac{\partial C}{\partial t} = D\frac{\partial^2 C}{\partial x^2} + f(x,t) \qquad t > 0, \ -\infty < x < +\infty \qquad (7\text{-}2\text{-}145)$$

初始条件：
$$C(x, \ 0) = \varphi(x) \qquad (7\text{-}2\text{-}146)$$

由式（7-2-144），当 $-l \to -\infty$，$+l \to +\infty$ 时，$\Delta\lambda = \dfrac{\pi}{l} \to 0$，则式（7-2-144）的极限为：

$$C(x, \ t) = \frac{1}{\pi}\int_0^{+\infty}\mathrm{d}\lambda\int_{-\infty}^{+\infty}\varphi(\xi)\cos\lambda(\xi-x)\exp(-D\lambda^2 t)\mathrm{d}\xi +$$
$$\frac{1}{\pi}\int_0^{+\infty}\mathrm{d}\lambda\int_0^t\int_{-\infty}^{+\infty}f_n(\xi, \ \tau)\cos\lambda(\xi-x)\exp[-D\lambda^2(t-\tau)]\mathrm{d}\tau\mathrm{d}\xi +$$

$$\frac{1}{2\pi}\int_{-\infty}^{+\infty}\varphi(\xi)\mathrm{d}\xi\int_{-\infty}^{+\infty}\exp(-D\lambda^2 t)\cos\lambda(\xi-x)\mathrm{d}\lambda +$$

$$\frac{1}{2\pi}\int_{-\infty}^{+\infty}\int_0^t f_n(\xi,\tau)\mathrm{d}\xi\mathrm{d}\tau\int_{-\infty}^{+\infty}\exp[-D\lambda^2(t-\tau)]\cos\lambda(\xi-x)\mathrm{d}\lambda \qquad (7\text{-}2\text{-}147)$$

对式（7-2-147）右端的积分还可作进一步的简化，在对 λ 积分时，把 ξ、x、t、τ 均作为常量待之，因此，若令：

$$G_1(x,\xi,t)=\frac{1}{2\pi}\int_{-\infty}^{+\infty}\exp(-D\lambda^2 t)\cos\lambda(\xi-x)D\lambda \qquad (7\text{-}2\text{-}148)$$

$$G_2(x,\xi,t,\tau)=\frac{1}{2\pi}\int_{-\infty}^{+\infty}\exp[-D\lambda^2(t-\tau)]\cos\lambda(\xi-x)D\lambda \qquad (7\text{-}2\text{-}149)$$

则式（7-2-147）可写为：

$$C(x,t)=\int_{-\infty}^{+\infty}G_1(x,\xi,t)\varphi(\xi)\mathrm{d}\xi +$$

$$\int_0^t\int_{-\infty}^{+\infty}G_2(x,\xi,t,\tau)f(\xi,\tau)\mathrm{d}\tau\mathrm{d}\xi \qquad (7\text{-}2\text{-}150)$$

现在，我们来求源函数 G_1 和 G_2，令

$$Dt=P_1,\quad D(t-\tau)=P_2,\quad \xi-x=q$$

则式（7-2-148）和式（7-2-149）可改写成：

$$G_1(x,\xi,t)=k_1(P_1,q)=\frac{1}{2\pi}\int_{-\infty}^{+\infty}\mathrm{e}^{-P_1\lambda^2}\cos\lambda q\mathrm{d}\lambda \qquad (7\text{-}2\text{-}151)$$

$$G_2(x,\xi,t,\tau)=k_2(P_2,q)=\frac{1}{2\pi}\int_{-\infty}^{+\infty}\mathrm{e}^{-P_2\lambda^2}\cos\lambda q\mathrm{d}\lambda \qquad (7\text{-}2\text{-}152)$$

在积分下对式（7-2-151）求 q 的偏导数

$$\frac{\partial k_1}{\partial q}=\frac{1}{2\pi}\int_{-\infty}^{+\infty}\mathrm{e}^{-P_1\lambda^2}(\lambda\sin\lambda q)\mathrm{d}\lambda$$

$$=\frac{1}{2\pi}\frac{1}{2P_1}\int_{-\infty}^{+\infty}-2P_1\lambda\mathrm{e}^{-P_1\lambda^2}\sin\lambda q\mathrm{d}\lambda$$

$$=\frac{1}{2\pi}\frac{1}{2P_1}\left\{\sin\lambda q\mathrm{e}^{-P_1\lambda^2}\Big|_{-\infty}^{+\infty}-\int_{-\infty}^{+\infty}\mathrm{e}^{-P_1\lambda^2}q\cos\lambda q\mathrm{d}\lambda\right\}$$

$$=-\frac{q}{2P_1}\frac{1}{2\pi}\int_{-\infty}^{+\infty}\mathrm{e}^{-P_1\lambda^2}q\cos\lambda q\mathrm{d}\lambda$$

$$=-\frac{q}{2P_1}k_1(P_1,q) \qquad (7\text{-}2\text{-}153)$$

于是

$$\int\frac{1}{k_1(P_1,q)}\frac{\partial k_1}{\partial q}\cdot\mathrm{d}q=\int-\frac{q}{2P_1}\mathrm{d}q$$

两边积分，得：

$$\ln k_1(P_1,q)=-\frac{q^2}{4P_1}+\ln\varphi(P_1)$$

$$k_1(P_1,q)=\varphi(P_1)\exp\left(-\frac{q^2}{4P_1}\right) \qquad (7\text{-}2\text{-}154)$$

由式（7-2-151）和式（7-2-154），可得：

$$\ln k_1(P_1,\ 0) = \frac{1}{2\pi}\int_{-\infty}^{+\infty} e^{-P_1\lambda^2}d\lambda = \varphi(P_1)$$

故有

$$k_1(P_1,\ q) = k_1(P_1,\ 0)\exp\left(-\frac{q^2}{4P_1}\right) \qquad (7\text{-}2\text{-}155)$$

只要求出 $k_1(P_1,\ 0)$，即可求得源函数 $G_1 = (x,\ \xi,\ t)$。

$$k_1(P_1,\ 0) = \frac{1}{2\pi}\int_{-\infty}^{+\infty} e^{-P_1\lambda^2}d\lambda$$

$$= \frac{1}{2\pi\sqrt{P_1}}\int_{-\infty}^{+\infty}\exp\left[-(\sqrt{P_1}\lambda)^2\right]d(\sqrt{P_1}\lambda)$$

令 $\sqrt{P_1}\lambda = \mu$，则有

$$k_1(P_1,\ 0) = \frac{1}{2\pi\sqrt{P_1}}\int_{-\infty}^{+\infty}\exp(-\mu^2)d\mu$$

$$= \frac{1}{2\pi\sqrt{P_1}}\Gamma\left(\frac{1}{2}\right)$$

$$= \frac{1}{2\pi\sqrt{P_1}}\sqrt{\pi} = \frac{1}{2\sqrt{\pi P_1}} \qquad (7\text{-}2\text{-}156)$$

将所得的 $k_1(P_1,\ 0)$ 值代入式（7-2-155），得：

$$k_1(P_1,\ q) = \frac{1}{2\pi\sqrt{P_1}}\cdot\exp\left(-\frac{q^2}{4P_1}\right) \qquad (7\text{-}2\text{-}157)$$

把 $P_1 = Dt$ 和 $q = (\xi - x)$ 代入式（7-2-157），得：

$$G_1(x,\ \xi,\ t) = k_1(P_1,\ q) = \frac{1}{2\sqrt{\pi Dt}}\cdot\exp\left[-\frac{(\xi-x)^2}{4Dt}\right] \qquad (7\text{-}2\text{-}158)$$

同理，可推导出：

$$G_2(x,\ \xi,\ t,\ \tau) = k_2(P_2,\ q) = \frac{1}{2\sqrt{\pi D(t-\tau)}}\cdot\exp\left[-\frac{(\xi-x)^2}{4D(t-\tau)}\right] \qquad (7\text{-}2\text{-}159)$$

这样，一维有物质源的扩散方程柯西问题的解式（7-2-147）可以写成：

$$C(x,\ t) = \frac{1}{2\sqrt{\pi Dt}}\int_{-\infty}^{+\infty}\varphi(\xi)\exp\left(-\frac{(\xi-x)^2}{4Dt}\right)d\xi +$$

$$\frac{1}{2\sqrt{\pi D}}\int_0^t d\tau\int_{-\infty}^{+\infty}\frac{f_n(\xi,\ \tau)}{\sqrt{t-\tau}}\cdot\exp\left[-\frac{(\xi-x)^2}{4D(t-\tau)}\right]d\xi \qquad (7\text{-}2\text{-}160)$$

7.2.4.3　半无界区域中有物质源的扩散

在这种情况下，相应的区域为 $0\leqslant x<+\infty$，当然，也可以是另一半实数轴，即 $-\infty<x\leqslant 0$，也就是说，区域是以 $x=0$ 处为界限的非常长的区域（或非常宽或深的区域），在界面处，浓度发生变化。现要求解在区域 $0\leqslant x<+\infty$ 内具有如下初始条件和边界条件的有物质源的扩散问题：

$$\frac{\partial C}{\partial t} = D\frac{\partial^2 C}{\partial x^2} + f(x,t) \qquad t > 0, 0 < x < +\infty \tag{7-2-161}$$

初始条件：
$$C(x,\ 0) = \varphi(0), \qquad x > 0 \tag{7-2-162}$$

边界条件：
$$C(0,\ t) = 0 \tag{7-2-163}$$

将 $\varphi(x)$ 作奇式或偶式延拓于 $-\infty < x < 0$ 的区域，我们便可应用前面得到的解及源函数。为要满足条件式（7-2-163），这里 $\varphi(x)$ 和 $f(x,\ t)$ 应依照

$$\varphi(x) = -\varphi(-x), \qquad f(x,\ t) = -f(-x,\ t)$$

奇式延拓于 $x < 0$ 的区域，在 $x = 0$ 处的浓度仍为零，那应由式（7-2-160），我们可以有：

$$\begin{aligned}
C(x,\ t) &= \frac{1}{2\sqrt{\pi D t}}\left\{\int_{-\infty}^{0} -\varphi(-\xi)\exp\left[-\frac{(\xi-x)^2}{4Dt}\right]\mathrm{d}\xi + \int_{0}^{\infty}\varphi(\xi)\exp\left[-\frac{(\xi-x)^2}{4Dt}\right]\mathrm{d}\xi\right\} + \\
&\quad \frac{1}{2\sqrt{\pi D(t-\tau)}}\left\{\int_{0}^{t}\int_{-\infty}^{0} -f_n(-\xi,\ \tau)\exp\left[-\frac{(\xi-x)^2}{4D(t-\tau)}\right]\mathrm{d}\xi\mathrm{d}\tau + \right.\\
&\quad \left.\int_{0}^{t}\int_{0}^{\infty}f(\xi,\ \tau)\cdot\exp\left[-\frac{(\xi-x)^2}{4D(t-\tau)}\right]\mathrm{d}\xi\mathrm{d}\tau\right\} \\
&= \frac{1}{2\sqrt{\pi D t}}\left\{-\int_{0}^{\infty}\varphi(\xi)\exp\left[-\frac{(-\xi-x)^2}{4Dt}\right]\mathrm{d}\xi + \int_{0}^{\infty}\varphi(\xi)\exp\left[-\frac{(\xi-x)^2}{4Dt}\right]\mathrm{d}\xi\right\} + \\
&\quad \frac{1}{2\sqrt{\pi D(t-\tau)}}\left\{-\int_{0}^{t}\int_{0}^{\infty}f_n(\xi,\ \tau)\exp\left[-\frac{(-\xi-x)^2}{4D(t-\tau)}\right]\mathrm{d}\xi\mathrm{d}\tau + \right.\\
&\quad \left.\int_{0}^{t}\int_{0}^{\infty}f(\xi,\ \tau)\exp\left[-\frac{(\xi-x)^2}{4D(t-\tau)}\right]\mathrm{d}\xi\mathrm{d}\tau\right\} \\
&= \frac{1}{2\sqrt{\pi D t}}\int_{0}^{\infty}\varphi(\xi)\left[\exp\left(-\frac{(\xi-x)^2}{4Dt}\right) - \exp\left[-\frac{(\xi+x)^2}{4Dt}\right]\right]\mathrm{d}\xi + \\
&\quad \frac{1}{2\sqrt{\pi D(t-\tau)}}\int_{0}^{t}\int_{0}^{\infty}f(\xi,\ \tau)\left\{\exp\left[-\frac{(\xi-x)^2}{4D(t-\tau)}\right] - \exp\left[-\frac{(\xi+x)^2}{4D(t-\tau)}\right]\right\}\mathrm{d}\xi\mathrm{d}\tau
\end{aligned}$$

$$\tag{7-2-164}$$

此即我们所要求的解，这个解满足初始条件式（7-2-162）和边界条件式（7-2-163）。

事实上，由无限区间扩散问题的解式（7-2-160）满足边界条件式（7-2-163）就可得：

$$\begin{aligned}
C(0,\ t) &= \frac{1}{2\sqrt{\pi D t}}\left[\int_{-\infty}^{+\infty}\varphi(\xi)\exp\left(-\frac{\varepsilon^2}{4Dt}\right)\mathrm{d}\xi\right] + \\
&\quad \frac{1}{2\sqrt{\pi D(t-\tau)}}\left\{\int_{0}^{t}\int_{-\infty}^{+\infty}f(\xi,\ \tau)\left\{\exp\left[-\frac{\varepsilon^2}{4D(t-\tau)}\right]\mathrm{d}\xi\mathrm{d}\tau\right\}\right. \\
&= 0 \\
&= \frac{1}{\sqrt{\pi D t}}\left\{\int_{0}^{\infty}[\varphi(\xi)+\varphi(-\xi)]\exp\left(-\frac{\varepsilon^2}{4Dt}\right)\mathrm{d}\xi\right\} + \\
&\quad \frac{1}{\sqrt{\pi D(t-\tau)}}\left\{\int_{0}^{t}\int_{0}^{\infty}[f(\xi,\ \tau)+f(-\xi,\ \tau)]\exp\left[-\frac{\varepsilon^2}{4D(t-\tau)}\right]\mathrm{d}\xi\mathrm{d}\tau\right\} \\
&= 0
\end{aligned}$$

因：
$$\exp\left(-\frac{\varepsilon^2}{4Dt}\right) > 0 \quad \text{和} \quad \exp\left[-\frac{\varepsilon^2}{4D(t-\tau)}\right] > 0$$

于是只有：

$$\varphi(\xi) + \varphi(-\xi) = 0, \qquad f(\xi, \tau) + f(-\xi, \tau) = 0$$

则：

$$\varphi(\xi) = -\varphi(-\xi), \qquad f(\xi, \tau) = -f(-\xi, \tau)$$

根据文献 [1]：

$$\int x^n e^{ax} dx (n > 0) = \frac{x^n}{a} e^{ax} - \frac{n}{a} \int x^{n-1} e^{ax} dx$$

则可写出：

$$\int_0^\infty f(\xi, \tau) e^{-\frac{(\xi-x)^2}{4D(t-\tau)}} d\xi = -4D(t-\tau)f(\xi, \tau) e^{-\frac{(\xi-x)^2}{4D(t-\tau)}} + 4nD(t-\tau) \int_0^\infty \frac{df(\xi, \tau)}{d\xi} \cdot e^{\frac{-(\xi-x)^2}{4D(t-\tau)}} d\xi$$

$$= 4D(t-\tau)f(\xi, \tau) e^{\frac{-(\xi-x)^2}{4D(t-\tau)}} + 4D(t-\tau) \int_0^\infty F(\tau) e^{-\frac{(\xi-x)^2}{4D(t-\tau)}} d\xi$$

故可把式（7-2-164）改写为：

$$C(x, t) = \frac{1}{2\sqrt{\pi Dt}} \int_0^\infty \varphi(\xi) \left\{ \exp\left[-\frac{(\varepsilon-x)^2}{4Dt} \right] - \exp\left[-\frac{(\varepsilon+x)^2}{4Dt} \right] d\xi + \right.$$

$$\frac{1}{2\sqrt{\pi D(t-\tau)}} \int_0^t -4D(t-\tau)f(\xi, \tau) \exp\left[-\frac{(\varepsilon-x)^2}{4D(t-\tau)} \right] d\xi +$$

$$4D(t-\tau) \int_0^\infty F(\tau) \exp\left[-\frac{(\varepsilon-x)^2}{4D(t-\tau)} \right] d\xi + 4D(t-\tau)f(\xi, \tau)$$

$$\left. \exp\left[-\frac{(\varepsilon-x)^2}{4D(t-\tau)} \right] - 4D(t-\tau) \int_0^\infty F(\tau) \exp\left[-\frac{(\varepsilon-x)^2}{4D(t-\tau)} \right] d\xi \right\} d\tau$$

设 $\varphi(\xi) = C_0$，即初始浓度为均匀分布，且当 $\xi \to 0$ 时，$\exp\left[-\frac{(\varepsilon-x)^2}{4D(t-\tau)} \right] \approx$

$\exp\left[-\frac{(\varepsilon+x)^2}{4D(t-\tau)} \right]$ ，则上式可写成：

$$C(x, t) = \frac{C_0}{2\sqrt{\pi Dt}} \int_0^\infty \left\{ \exp\left[-\frac{(\varepsilon-x)^2}{4Dt} \right] - \exp\left[-\frac{(\varepsilon+x)^2}{4Dt} \right] \right\} d\xi +$$

$$\frac{4D(t-\tau)}{2\sqrt{\pi D(t-\tau)}} \int_0^t f(\tau) \int_0^\infty \left\{ \exp\left[-\frac{(\varepsilon-x)^2}{4D(t-\tau)} \right] - \right.$$

$$\left. \exp\left[-\frac{(\varepsilon+x)^2}{4D(t-\tau)} \right] \right\} d\xi d\tau \qquad (7\text{-}2\text{-}165)$$

如果作变量置换，令：

$$\alpha = \frac{\xi - x}{2\sqrt{Dt}}, \qquad \alpha' = \frac{\xi + x}{2\sqrt{Dt}}$$

$$\beta = \frac{\xi - x}{2\sqrt{D(t-\tau)}}, \qquad \beta' = \frac{\xi + x}{2\sqrt{D(t-\tau)}}$$

$$d\alpha = -\frac{x}{2\sqrt{Dt}} d\xi, \qquad d\alpha' = \frac{x}{2\sqrt{Dt}} d\xi$$

$$d\beta = -\frac{x}{2\sqrt{D(t-\tau)}} d\xi, \qquad d\beta' = \frac{x}{2\sqrt{D(t-\tau)}} d\xi$$

则式（7-2-165）可写成：

$$C(x,\ t) = \frac{C_0}{\sqrt{\pi}}\Big(\int_{\alpha=\frac{-x}{2\sqrt{Dt}}}^{+\infty} e^{-\alpha^2}d\alpha - \int_{\alpha'=\frac{x}{2\sqrt{Dt}}}^{+\infty} e^{-\alpha'^2}d\alpha'\Big) +$$

$$4D(t-\tau)\int_0^t f(\tau)\cdot\frac{1}{\sqrt{\pi}}\Big(\int_{\beta=\frac{-x}{2\sqrt{D(t-\tau)}}}^{\infty} e^{-\beta^2}d\beta - \int_{\beta'=\frac{x}{2\sqrt{D(t-\tau)}}}^{\infty} e^{-\beta'^2}d\beta'\Big)d\tau \quad (7\text{-}2\text{-}166)$$

注意到无需再要 α' 和 β' 上角的一撇，则有：

$$C(x,\ t) = \frac{C_0}{\sqrt{\pi}}\Big(\int_{\alpha=\frac{-x}{2\sqrt{Dt}}}^{+\infty} e^{-\alpha^2}d\alpha + \int_{+\infty}^{\frac{x}{2\sqrt{Dt}}} e^{-\alpha^2}d\alpha\Big) +$$

$$4D(t-\tau)\int_0^t f(\tau)\cdot\frac{1}{\sqrt{\pi}}\Big[\int_{\beta=\frac{-x}{2\sqrt{D(t-\tau)}}}^{\infty} e^{-\beta^2}d\beta + \int_{\infty}^{\beta=\frac{-x}{2\sqrt{D(t-\tau)}}} e^{-\beta^2}d\beta\Big]d\tau -$$

$$\int_{\beta'=\frac{x}{2\sqrt{D(t-\tau)}}}^{\infty} e^{-\beta'^2}d\beta'$$

$$= \frac{C_0}{\sqrt{\pi}}\int_{-x/2\sqrt{Dt}}^{x/2\sqrt{Dt}} e^{-\alpha^2}d\alpha + 4D(t-\tau)\int_0^t f(\tau)\cdot\frac{1}{\sqrt{\pi}}\int_{-x/2\sqrt{D(t-\tau)}}^{x/2\sqrt{D(t-\tau)}} e^{-\beta^2}d\beta$$

$$= \frac{2C_0}{\sqrt{\pi}}\int_0^{x/2\sqrt{Dt}} e^{-\alpha^2}d\alpha + 4D(t-\tau)\int_0^t f(\tau)\cdot\frac{2}{\sqrt{\pi}}\Big[\int_0^{x/2\sqrt{D(t-\tau)}} e^{-\beta^2}d\beta\Big]d\tau$$

$$(7\text{-}2\text{-}167)$$

最终的解可写成：

$$C(x,\ t) = C_0\mathrm{erf}\Big(\frac{x}{2\sqrt{Dt}}\Big) + 4D(t-\tau)\int_0^t F(\tau)\mathrm{erf}\Big(\frac{x}{2\sqrt{D(t-\tau)}}\Big)d\tau \quad (7\text{-}2\text{-}168)$$

假如，初始条件仍保持为 $C(x,\ t) = C_0$，但边界条件变为 $C(0,\ t) = C_i$，只要作简单变换，仍可直接利用式（7-2-168）。为此，定义一新的未知函数 $\theta(x,\ t)$：

$$\theta(x,\ t) = C(x,\ t) - C(0,\ t)$$

$$= C(x,\ t) - C_i \quad (7\text{-}2\text{-}169)$$

则它满足的初始条件和边界条件为：

$$\theta(x,\ 0) = C(x,\ 0) - C_i$$

$$= C_0 - C_i \quad (0 \leqslant x < +\infty) \quad (7\text{-}2\text{-}170)$$

$$\theta(0,\ t) = 0 \quad (7\text{-}2\text{-}171)$$

这样，对新的未知函数而言，我们可直接写出问题的解：

$$\frac{\theta(x,\ t)}{\theta(x,\ 0)} = \mathrm{erf}\Big(\frac{x}{2\sqrt{Dt}}\Big) + \frac{4D(t-\tau)}{\theta(x,\ 0)}\int_0^t F(\tau)\mathrm{erf}\Big(\frac{x}{2\sqrt{D(t-\tau)}}\Big)d\tau \quad (7\text{-}2\text{-}172)$$

于是得到：

$$C(x,\ t) = C_i + (C_0 - C_i)\mathrm{erf}\Big(\frac{x}{2\sqrt{Dt}}\Big) +$$

$$4D(t-\tau)\int_0^t F(\tau)\mathrm{erf}\Big(\frac{x}{2\sqrt{D(t-\tau)}}\Big)d\tau \quad (7\text{-}2\text{-}173)$$

参 考 文 献

[1] 魏季和. 冶金工程数学（下册）[M]. 北京：冶金工业出版社，1988.

7.3 氧气顶吹转炉炼钢中元素氧化过程的数学模型[1]

7.3.1 引言

数学模拟的研究方法在科学技术的研究和生产过程的分析中已被广泛运用。在电子计算机上对炼钢过程（或其他冶金过程）进行数学模拟是一种较好的研究方法。据称[2,3]，对复杂的"大系统"过程而言，它是一种唯一可能的经济合理的研究方法，炼钢过程的各个参数至今仍不能进行连续测定（除废气间接定碳外）。所以，炼钢过程中金属成分、炉渣成分、温度及其他参数的动态变化情况仅能从一些有限的试验炉中得知。而且，数据也只能由间断取样获得的。

数学模拟是运用炼钢理论和计算技术知识对炼钢工艺进行数学概括。为此，首先，需建立一个由微分方程式和代数方程式组成的方程组，以作为它的数学模型；然后，在计算机上对此方程组进行求解。如果数学模型基本上能反映出炼钢生产中的各个参数之间的相互关系，则所得结果也将与炼钢生产的实际情况相一致。所以，通过对数学模型的计算能提供出金属成分（C、Si、Mn……）、炉渣成分（CaO、SiO_2、$\sum FeO$ 等）和钢液温度等参数的过程变化情况。这样，我们可以运用此数学模型在计算机上对实际炼钢生产过程进行模拟。譬如，改变氧压，改变炉料加入量或加入时间等可计算出由此引起的过程参数的变化情况，从而就有可能对它进行科学的工艺分析，并制定合理的工艺制度。同理，数学模型也能为工艺设计和新工艺的探讨提供较可靠的数据和方案；它还可以为未来的冶炼过程的最佳控制打下数学模型的基础。另外，若将这种动态的数学模型用于控制氧气顶吹转炉炼钢的终点，即作为控制模型来使用，据文献 [3] 报道，吹炼终点碳和温度的命中率均能显著地提高。

显然，炼钢过程是一种复杂的包括传质和传热的高温物化过程。目前，仅仅运用炼钢理论对它进行定量计算尚存在着很大的困难，然而，可以借助于概率统计、计算数学和自动控制理论中的一些知识对炼钢过程的数学模型进行定量的识别（确定方程式中的未知系数），并对数学模型和实际过程进行等价研究，目前该方法已达到一定的计算精度。

对氧气顶吹转炉炼钢工艺进行全面的数学模型模拟是一个十分复杂的课题，所涉及的面甚广，故只能逐步进行。本书先对氧气顶吹转炉炼钢的元素（C、Si、Mn）氧化反应的数学模型模拟作如下的讨论。

7.3.2 元素氧化反应数学模型的设想

众所周知，一炉钢的吹炼过程中，脱碳速度变化的幅度是很大的（0.02~0.6%/min）。而且，影响脱碳速度的因素甚多：供氧强度、钢液组成（C、Si、Mn）、熔池温度、氧枪枪位、喷头结构及其状况、炉役期、渣料的加入、废钢用量等。在这些因素中，我们必须找到影响脱碳速度最主要、最本质的因素，并将它作为数学模型的主要组成，而其他因素放在方程式系数中加以考虑，或者暂不考虑其作用。

为此，我们对 1974 年上钢一厂与西安冶金建筑学院在上钢一厂 30t 氧气顶吹转炉上所进行的吊桶取样的数据进行了逐一分析。

若我们将一炉钢吹炼过程中各时刻的耗氧量
与钢液碳含量的函数关系作图示于图7-3-1，则在
各炉冶炼过程的耗氧量与碳含量曲线均有三个共
同点：

（1）若将氧化每吨钢中0.01%碳的耗氧量称
为碳的单位耗氧量，则在吹炼前期，开始时碳的
单位耗氧量是较大的，然后它随着硅、锰氧化速
度的减慢而减少，这是因为开始时，硅、锰、铁
的氧化夺走了大量的氧。

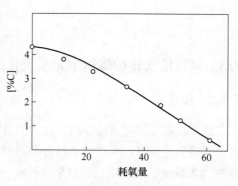

图7-3-1　炉号412金属中碳含量与
耗氧量关系曲线

（2）在吹炼中期，碳的单位耗氧量总体来看
是正常的；并且，各炉的数据十分接近，约为
0.13~0.15m³/0.01%C。由此可见。在这一吹炼期内，吹入多少氧量即能去掉多少碳。若供
氧强度一定，则脱碳速度也一定。如果在某一时刻，碳的单位耗氧量超过了上述数值，则在
下一段时间里，它必然会少于此数值，而它们的平均值则基本上保持不变。

（3）在吹炼后期，碳的单位耗氧量是逐渐增加的，因这时发生了铁的氧化。

上述这些规律性说明了这样的问题：虽然影响脱碳速度的因素甚多，但最主要、最本质
的因素是氧的行为。因此，要得到能反映元素氧化实际情况的数学模型，必须从氧的行为着
手，即需从氧的传递和氧在各元素间的分配方面进行考虑。

现代炼钢理论认为，熔池中元素氧化是分两步进行的。氧气进入熔池后，主要先发生铁
的氧化：

$$[Fe]+1/2O_2 =\!\!=\!\!= (FeO)$$

生成氧化铁，提高熔池的氧化位。然后，发生氧化铁向反应区的传递及氧的再分配，即根据
元素与氧亲和力的大小，发生各元素的氧化：

$$[Si]+2[FeO] =\!\!=\!\!= [SiO_2]+2[Fe]$$

$$[Mn]+(FeO) =\!\!=\!\!= (MnO)+[Fe]$$

$$[C]+(FeO) =\!\!=\!\!= (CO)+[Fe]$$

炼钢理论对元素氧化的一般看法和上述从生产实际数据所引出的规律应作为我们研制数
学模型的基础。另外，我们还借鉴了文献[3]作者对研制元素氧化数模的基本思想。拟定了
以下的数学模型。

7.3.3　元素氧化的数学模型

7.3.3.1　铁的氧化与氧化铁的生成

当氧气流股吹入熔池并与金属液相遇时，由于在高温下化学反应速度是最大的。所以，
在瞬时内就完成了铁的氧化。由此，可以把元素氧化过程的第一步骤看作是自动调节原理中
的比例环节。其方程式为：

$$G_{FeO}^{吹氧}(\tau) = S_{FeO}^{O_2}\eta_{O_2}V_{O_2}(\tau) \tag{7-3-1}$$

式中　$G_{FeO}^{吹氧}$——某一时刻向熔池吹氧生成的FeO的速度，kg/(min·t)；

$V_{O_2}(\tau)$ ——供氧强度，$m^3/(min \cdot t)$；

η_{O_2} ——熔池对氧气的吸收程度（氧的利用率），%；

$S_{FeO}^{O_2}$ ——氧气生成 FeO 的折算系数，kg/m^3。

文献［3］把这一步骤看作惯性环节，惯性环节不同于比例环节，比例环节系统的动态特性是，当输入量（这里指供氧强度）发生阶跃变化时，输出量（FeO 生成的速度）也立即发生阶跃变化，没有滞后现象；而惯性环节系统的动态特性是，当输入量发生阶跃变化时，输出量会按指数曲线进行变化，需经一段时间后，才能接近其最终稳定值。按惯性环节建立起来的铁氧化的数学模型看来是不妥的，很难设想，气体氧在熔池中由于此过程有一定的惯性作用能在熔池中逗留相当的时间，它既不与大量存在的铁发生氧化反应，也不能逸出熔池，我们也曾经按惯性环节作了计算，发现在停吹后，熔池中仍会存在激烈的脱碳反应，这点是不符合实际情况的，因此我们把此步骤改为比例环节。

熔池 FeO 的主要来源是吹入的氧气，但还有一部分来自于矿石、氧化铁皮等加入物的溶解。在我国的氧气顶吹转炉炼钢生产中，矿石和氧化铁皮的用量较小。所能提供的氧化铁皮的数量也较少。为了简化计算，假设矿石和氧化铁皮的溶解是均匀的，其方程式为：

$$G_{FeO}^{加入}(\tau) = S_{FeO}^{矿} \sum W_i^{矿}/\tau_{矿} + S_{FeO}^{铁皮} \sum W_j^{铁皮}/\tau_{铁皮} \tag{7-3-2}$$

式中　　　　$G_{FeO}^{加入}(\tau)$ ——某一时刻由于加入矿石、氧化铁皮等加入物所生成的 FeO 的速度，$kg/(min \cdot t)$；

$S_{FeO}^{矿}$，$S_{FeO}^{铁皮}$ ——分别为矿石和氧化铁皮生成 FeO 的折算系数，与矿石和氧化铁皮的成分有关，kg/kg；

$\sum W_i^{矿}(\tau)$，$\sum W_j^{铁皮}(\tau)$ ——分别为在此时刻仍起作用的某批矿石和氧化铁皮的数量，i，$j = 1, 2, \cdots$，加矿石或氧化铁皮的批号，kg/t；

$\tau_{矿}$，$\tau_{铁皮}$ ——分别为矿石和氧化铁皮在炉内的溶解时间，设 $\tau_{矿} = 4$，$\tau_{铁皮} = 2$，min。

若以熔池氧化铁的多少来衡量熔池氧化位的高低，则熔池氧化铁的生成速度或熔池氧化位的增长速度应为：

$$G_{FeO}(\tau) = G_{FeO}^{吹氧}(\tau) + G_{FeO}^{加入}(\tau)$$

我们以元素（C、Si、Mn）氧化作为一个系统来考虑，则熔池氧化位的增长速度是此系统变化的输入量，$G_{FeO}(\tau)$ 值的任何变化都会引起熔池中碳、硅、锰氧化速度的变化，如果我们需要将碳、硅、锰氧化反应分别加以考虑，则这三个小系统的输入分别应是作用于碳或硅、锰氧化也消耗大量熔池氧化铁，同理也适用于硅、锰氧化。

7.3.3.2　碳的氧化

元素氧化过程大致可分为三个环节：氧向反应区的传递、元素氧化的化学反应和反应产物的排除。大量的理论研究和生产实践均表明，在碳含量较高的情况下，氧的传递是限制性环节。元素的氧化速度是由氧的传递速度决定的。所以，若能反映出氧传递的数模即能描绘出元素氧化的实际情况。氧在熔池中的传递状况与电量在 R-C 充电路中的传输现象相类似。氧的传质系数可类似于电导率，而熔池氧化位的高低则类似于电容充电后电位的高低，所以文献［3］作者采用自动调节原理中的惯性环节对元素氧化过程进行描述应认为是合理的，当只考虑碳的氧化过程时，则可写成：

$$T_C \frac{d[C][\tau]}{d\tau} + [C](\tau) = S_C^{FeO} G_{FeO}^C(\tau) f\{[C][\tau]\} \tag{7-3-3}$$

式中　　G_{FeO}^C——作用于脱碳过程的氧化位变化速率，kg/(min·t)；

　　　$[C][\tau]$——熔池的脱碳速度，%/min；

　　$\dfrac{d[C][\tau]}{d\tau}$——熔池的脱碳加速度，%/min²；

　　　　T_C——脱碳反应的时间常数，min；

　　　S_C^{FeO}——氧化铁与碳反应的化学反应系数，%t/kg；

$f\{[C][\tau]\}$——熔池碳含量的函数。

方程式（7-3-3）的右边是脱碳反应系统中单位时间输入量，而单位时间的输出量是脱碳速度，如果输入量与输出量相等，则脱碳加速度为零，脱碳过程将处于均速阶段。假如输入量大于（或小于）输出量，则脱碳系统将处在加速（或减速）状态，并且加速度（或减速度）的大小与输入量和输出量的差值成正比，即

$$\frac{d[C][\tau]}{d\tau} \sim 输入量-输出量$$

$$\frac{d[C][\tau]}{d\tau} = S_C^{FeO} G_{FeO}^C(\tau) f\{[C](\tau)\} - [C](\tau)$$

熔池碳含量函数 $f\{[C][\tau]\}$ 的是引入是因为在吹炼后期，当金属中含量降至某一临界值时，氧的传递不再是脱碳过程的限制环节，相反，金属内的碳向反应界面的扩散成为限制性环节。这时，脱碳速度是与金属中含碳量成函数关系。式（7-3-3）中碳含量函数（此值应小于1）表达了这一关系。它也反映了吹炼后期有一部分输入氧并不去氧化碳而去氧化铁的状况。

文献［3］把这函数关系写成以下形式：

$$f\{[C][\tau]\} = m_C[C](\tau)$$

其中 m_C 为熔池碳含量系数。

并且文献［3］还不合理地将此函数运用于脱碳的全过程，这样，就会出现 $m_C[C](\tau)$ 值大于1的情况，作用于脱碳反应的氧化位从而会变大，这显然是无根据的。故在我们提出的数模中对此函数进行了限制，即 $m_C[C](\tau)$ 必须小于等于1，即当计算值大于1时，用1代入式（7-3-3）。

7.3.3.3　硅、锰的氧化

同理，可列出

$$T_{Si} \frac{d(Si)(\tau)}{d\tau} + [Si](\tau) = S_{Si}^{FeO} G_{FeO}^{Si}(\tau) f\{[Si](\tau)\} \tag{7-3-4}$$

$$T_{Mn} \frac{d(Mn)(\tau)}{d\tau} + [Mn](\tau) = S_{Mn}^{FeO} G_{FeO}^{Mn}(\tau) f\{[Mn](\tau)\} \tag{7-3-5}$$

式中　　$G_{FeO}^{Si}(\tau)$，$G_{FeO}^{Mn}(\tau)$——分别为作用于硅和锰氧化过程的氧化位的变化速率，kg/(min·t)；

　　$\dfrac{d(Si)(\tau)}{d\tau}$，$\dfrac{d(Mn)(\tau)}{d\tau}$——分别为熔池内硅和锰氧化反应的加速度，%/min²；

　　$[Si](\tau)$，$[Mn](\tau)$——分别为熔池内硅和锰氧化反应速度，%/min；

T_{Si}，T_{Mn}——分别为氧化铁与硅和锰反应的化学反应系数，%t/kg；

$f\{[Si](\tau)\}$，$f\{[Mn](\tau)\}$——分别为熔池内硅含量函数和锰含量函数，与碳含量函数相似。

$$f\{[Si](\tau)\} = m_{Si}[Si](\tau)$$

$$f\{[Mn](\tau)\} = m_{Mn}[Mn](\tau)$$

式中　m_{Si}，m_{Mn}——分别为熔池硅含量和锰含量系数，1/%。

硅经过 3~5min 的吹炼已氧化至"痕迹"。在计算中因有硅含量系数的作用，将影响硅的氧化速度。锰经过 3~5min 的吹炼可氧化至它的平衡值（与炉渣相平衡），在计算中将熔池锰含量和终点锰含量的差值作为锰的运算值来处理。

7.3.3.4 系统氧化位

通过以上讨论我们可看到，在元素氧化系统中吹氧，加矿石或氧化铁皮等会不断生成氧化铁，而碳、硅、锰的氧化又不断消耗氧化铁。当我们将碳。硅、锰氧化分别考虑时，作用于脱碳反应的氧化位变化速率 G_{FeO}^{C} 应是整个系统内 FeO 的生成速度与硅、锰氧化反应消耗 FeO 的速率的差额。即

$$G_{FeO}^{C}(\tau) = G_{FeO}^{吹氧}(\tau) + G_{FeO}^{加入}(\tau) - S_{FeO}^{Si}[Si](\tau) - S_{FeO}^{Mn}[Mn](\tau) \quad (7\text{-}3\text{-}6)$$

式中，S_{FeO}^{Si}，S_{FeO}^{Mn} 分别为氧化位硅和锰所消耗的氧化铁 FeO 量，kg/%t。

很明显

$$S_{FeO}^{Si}[Si] \cdot S_{Si}^{FeO} = 1$$

$$S_{FeO}^{Mn}[Si] \cdot S_{Mn}^{FeO} = 1$$

同理

$$G_{FeO}^{Si}(\tau) = G_{FeO}^{吹氧}(\tau) + G_{FeO}^{加入}(\tau) - S_{FeO}^{C}[C](\tau) - S_{FeO}^{Mn}[Mn](\tau) \quad (7\text{-}3\text{-}7)$$

$$G_{FeO}^{Mn}(\tau) = G_{FeO}^{吹氧}(\tau) + G_{FeO}^{加入}(\tau) - S_{FeO}^{C}[C](\tau) - S_{FeO}^{Si}[Mn](\tau) \quad (7\text{-}3\text{-}8)$$

式中，S_{FeO}^{C} 为氧化单位碳所消耗的 FeO 量，kg/%t。

当然

$$S_{FeO}^{C}[Si] \cdot S_{C}^{FeO} = 1$$

以上方程式（7-3-1）~式（7-3-8）组合后即得元素氧化过程的微分方程组和代数方程组。作此方程组结构图（图 7-3-2），能更清楚地看出它们之间的关系。

以上方程组中有六个未知参数（T_C、T_{Si}、T_{Mn}、m_C、m_{Si}、m_{Mn}），这些未知参数实际上是反映了影响元素氧化速度的其他因素（枪位、温度等）作用。

对上钢一厂试验数据的计算见光盘。

参 考 文 献

[1] 徐烈鹏，曹兆民，丁伟中. 氧气顶吹转炉炼钢中元素氧化过程的数学模拟 [R]. 上海工业大学冶金工程系炼钢教研组科技资料. 1980：80-106.

[2] Ρопсков И М，Травиц О В，Туркемич Д И. Мате матцче ские модели конв е рторное процесса [M]. 1978（转炉炼钢过程数学模拟）.

[3] Г Д Сургучев математи ч екое мо. дел. иров—дние сто ч л ави л bныхп роuecca [M]. 1978（转炉炼钢过程数学模拟）.

[4] 上钢一厂. 北京钢铁学院 30 吨氧气顶吹转炉工艺试验总结 [R]，1975.

8 氧气转炉造渣和石灰熔化特点

"炼钢就是炼渣。"本章讲解炼渣：（1）首先论述了转炉渣的基本性质和特征及形成过程；（2）其次讨论了石灰的溶解机理、溶解动力学和影响石灰溶解的因素，特别论述了石灰的渣化速度，包括渣化数量、渣化速度、渣化率、渣化时间、$(CaO)_{sat}$值、传质系数 K 公式、石灰熔介速度的直观方程、多孔石灰的溶解模型；（3）提出了脱 P 碱度和石灰（及白云石）用量新公式，并通过实践对新旧公式做了对比；（4）从理论和实践详细论述了各种熔剂的性能，提出了对理想熔剂的要求，各种熔剂配比的选择（特别是 CaF_2、MgO 和 Al_2O_3），造 $a_{CaO} \rightarrow 1.0$ 炉渣的途径及多种熔剂的配合使用；（5）论述了转炉的泡沫渣特性及其在泡沫渣下保持全程吹炼平稳的操作；（6）提出并论证了转炉最佳化初渣的特征参数；（7）提出并论述了转炉终渣的合理类型；（8）提出了以改善动力学条件为重点，达到所选的目标 L_P 和 n_P 值的氧气转炉最佳化工艺模型；（9）论述了炉渣成分、渣量和炉衬寿命的三角关系。关于初渣和终渣渣量的计算方法、最佳化造渣工艺设计以及现场生产效果验证，可参阅相关材料。

造渣制度一般包括炉渣碱度、渣料的选择（如硬、软烧石灰，生、熟白云石，混烧石灰，合成渣料，氧化铁皮，铁矿石，锰矿石和萤石等）、渣料重和料批制度及造渣路线（是用铁质造渣路线还是钙质造渣路线）。过去它们都是凭经验确定，所以它们仅仅是一门工艺学，本章推荐按以下方式确定造渣制度：（1）造好最佳化初值和终渣的规范值；（2）去磷的碱度公式和石灰白云石加入量公式；（3）熔剂的选配原理；（4）石灰的渣化动力学；（5）氧气转炉的最佳化造渣工艺模型和理论；（6）分前期和全程的物热衡算；（7）在泡沫渣操作下，保持吹炼平稳的关键因素等，以期使造渣工艺学变成更科学、更符合实际的一门反应工程学。

8.1 转炉渣的基本性质和特征

8.1.1 碱度

碱度是判断炉渣碱性强弱的指标和去除磷硫能力大小的基本标志。它对炉衬的侵蚀，炉渣的氧化性、黏度和许多组元的活度，以及金属中 Mn、V、Cr 等元素的氧化还原反应均有不同程度的影响。因此，碱度是炉渣的重要理化性质，合适的碱度是造渣要达到的主要目标之一。

炉渣碱度常用碱性最强的 CaO 和酸性最强的 SiO_2 含量之比表示，如：

$$m(CaO)/m(SiO_2) \tag{8-1-1}$$

在吹炼中、高磷铁水时，考虑到 P_2O_5 的影响，可采用如下的比值表示：

$$\frac{m(CaO)}{m(SiO_2)+m(P_2O_5)}; \quad \frac{m(CaO)-1.18(1.57)m(P_2O_5)}{m(SiO_2)} \tag{8-1-2}$$

式中，$m(P_2O_5)$ 前的系数 1.18 或 1.57 是考虑生成 $3CaO \cdot P_2O$ 或 $4CaO \cdot P_2O$ 时，$m(P_2O_5)$ 折合为 $m(CaO)$ 的系数。

如造饱和 MgO 渣，并考虑 P_2O_5 和 MgO 的影响，则可采用如下的比值表示：

$$\frac{m(CaO)+0.68m(MgO)}{m(SiO_2)+0.85(0.63)m(P_2O_5)} \tag{8-1-3}$$

式中，$m(P_2O_5)$ 前的系数 0.63 或 0.85 是考虑渣中生成的稳定化合物为 $3CaO \cdot P_2O_5$ 和 $2CaO \cdot SiO$ 或 $4CaO \cdot P_2O_5$ 和 $2CaO \cdot SiO_2$ 时，$m(P_2O_5)$ 折合为 $m(SiO_2)$ 的系数。

LD 转炉一般渣化率较低，大约为 80%~85%，目前国内钢厂对含磷、硫较高的原料和低磷、硫钢种往往将碱度提到 4.0~5.0，即使是低磷铁水碱度也用到 3.0 以上。而法国的 LBE 法则碱度只用 2.7~2.8。

8.1.2 氧化性

炉渣的氧化性是代表炉渣对碳、锰、硅、磷、硫等杂质氧化能力的一种性质，取决于炉渣的组成和温度。它不仅对终点钢水中的含氧量和钢的质量有影响，对石灰的溶解速度起重要作用，还影响泡沫渣和喷溅的产生、炉衬的寿命，以及金属和铁合金的收得率。故掌握和控制好吹炼各个阶段炉渣的氧化性是操作者的重要任务。

通常用渣中最不稳定的氧化物（氧化铁）的多少来代表其氧化能力的强弱。渣中氧化铁有 FeO 和 Fe_2O_3 两种形式，生产中普遍用氧化铁的重量百分数浓度来表示炉渣的氧化性，有如下的几种表示方法：

（1）单用氧化亚铁的浓度表示。在平炉中，$(Fe_2O_3):(FeO)=1:4$，所以可用该法表示。而氧气转炉的终渣中 $(Fe_2O_3):(FeO)$ 比值比平炉大，且波动范围也比平炉的宽，故不宜用该法表示。

（2）用氧化亚铁与三氧化二铁之和表示，即 $\sum(FeO)=(FeO)+(Fe_2O_3)$。

（3）用以氧为基础换算的"全氧法"表示，即 $\sum(FeO)=(FeO)+1.35(Fe_2O_3)$。其中 $1.35=(3\times82)/160$，表示各氧化铁中全部的氧为 FeO，1mol 的 Fe_2O_3 可生成 3mol 的 FeO。

（4）用以铁为基础换算的"全铁法"表示，即 $\sum(FeO)=(FeO)+0.9(\%Fe_2O_3)$。其中 $0.9=(2\times72)/160$，表示各氧化铁中全部的铁为 FeO，1mol 的 Fe_2O_3 可生成 2mol 的 FeO；由于 $\sum(FeO)=1.288(TFe)$，故"全铁法"常用 (TFe) 表示。

按照目前倒炉、样勺取样方法的分析结果表明：化得好的炉渣中，$(Fe_2O_3)/(FeO)$ 比值比石灰结团的地方平均可以小一半；渣层厚度不同 $(Fe_2O_3)/(FeO)$ 比值也不同；且渣样在空冷时有少量低价铁被氧化成高价铁。因而使方法（1）的结果偏低，方法（2）、方法（3）的计算结果偏高，而"全铁法"则可以消除取样方法、地点和试样制备的影响，所以，从这个意义上来说，"全铁法"能比较客观地反映炉渣的氧化性。

但"全铁法"也并非理想的方法，它并不能准确反应炉渣的去磷能力、氧化能力和黏度等。因为它掩盖了渣中 $(Fe_2O_3)/(FeO)$ 比值的不同，而 $(Fe_2O_3)/(FeO)$ 比值不同时，炉渣的理化性质将会有较大的差异。如资料表明：FeO 是使 1600℃下碱性氧化渣的黏度增大的，而 Fe_2O_3 则是使黏度降低的，且 Fe_2O_3 降低 Fe_tO 的表面张力，使中等表面活性物质 $a_{Fe_2O_3}$ 远远大于 a_{FeO}，同时我们最近还研究发现 Fe_2O_3 对（P）/［P］的影响远大于 FeO。而实际上，氧气转炉终渣的（Fe_2O_3）/（FeO）比是波动的且波动范围较大。如用上述四种表述炉渣氧化性的方法来建立冶金过程反应动力学和反应工程学的数学模型，势必影响模型的精度和可靠程度。故用而（Fe_2O_3）和（FeO）两者共同表示炉渣的氧化性应是较为妥当的，关键是如何消除取样的误差。

因为炉渣不是理想溶液，其氧化能力不仅与（FeO）、（Fe_2O_3）有关，还和炉渣的其他成分有关，因此用氧化铁的活度 a_{FeO} 和 $a_{Fe_2O_3}$ 来表示炉渣的氧化性才是最合理的。关于求取 a_{FeO} 和 $a_{Fe_2O_3}$ 的方法可参看有关文献，这里不再介绍。

8.1.3　黏度

黏度是炉渣的主要物理性质之一，它代表炉渣内部相对运动时各层之间的内摩擦力。黏度对渣和金属间的传质和传热速度有密切关系，因而它影响着渣钢反应速度和炉渣传热的能力。过黏的渣使熔池不活跃，石灰熔化慢，去除磷、硫慢，渣中含大量金属粒，降低钢水收得率；过稀的渣则严重侵蚀炉衬。因此炼钢熔渣还应有适当的黏度，以保证冶炼的顺利进行，获取良好的钢水质量和各项技术经济指标。

由图 8-1-1、图 8-1-2 可见，碱性氧化渣的黏度主要取决于炉渣碱度和温度，温度在 1485℃下，酸性渣比碱性渣黏度低。所以如不迅速造好早期碱性渣，其酸渣对碱性炉衬的侵蚀将是显著的。而温度大于 1500℃后，炉渣的黏度随碱度的增大而降低，至碱度为 2.2 时，炉渣的黏度达极小值，并随温度由 1500℃升高到 1550℃而继续降低；但温度大于 1550℃后，

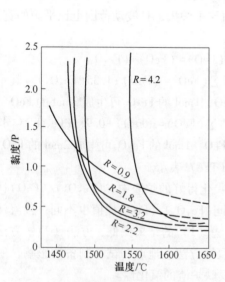

图 8-1-1　碱性氧化渣的黏度和碱度、温度的关系[1]

（1P＝0.1Pa·s，下同）

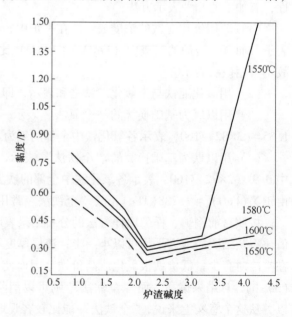

图 8-1-2　碱性平炉渣的黏度和碱度、温度的关系[1]

再升高温度时，冶炼温度对碱度在 1.8~3.2 区间的碱性氧化渣的黏度影响不大。这就表明，把吹炼前期末的熔池温度控制在 1480~1550℃，炉渣碱度造到 2.0~2.2，对加速去 P、去 S，减轻炉衬侵蚀和保持吹炼平稳都是十分必要的。

一般来讲，氧气转炉前期渣的合适黏度宜控制在 0.3~1.0P 之间，后期渣的黏度宜控制在 0.3P 左右，然后用终渣作黏。

在顶吹氧气转炉中，渣黏的原因通常是炉渣的熔点与当时的熔池温度接近，即过热度很小。炉渣温度低于炉渣的液相线时，则炉渣特别黏稠。因此，提高炉渣温度或加入任何能降低炉渣熔点的物质，都能改善炉渣的流动性。顶吹转炉软吹时一次反应区的温度可达 2800℃，因而可使炉渣的实际温度比当时的钢液温度高 40~80℃，且软吹可提高渣中 FeO 含量，故软吹是改善炉渣流动性的重要手段。另外，加入助熔剂 CaF_2、Fe_2O_3、MnO、MgO（<6%）等也能使炉渣熔点降低，从而使流动性改善。碱性氧化渣 1600℃时的黏度（P）和组成关系的近似式如下：

$$\lg\eta_{1600℃} = 1.882 + 0.0455(Al_2O_3) - 0.509(SiO_2) + 1.17(P_2O_5) - 23.2(S) -$$
$$0.0122(MnO) + 0.0165(FeO) - 0.0322(Fe_2O_3) -$$
$$0.0201(MgO) + 0.0178(CaO) \quad (8-1-4)$$

式中组成含量为质量分数，使用范围见表 8-1-1。

表 8-1-1 炉渣组成含量范围 （%）

Al_2O_3	SiO_2	P_2O_5	S	MnO	FeO	Fe_2O_3	MgO	CaO
5~21	18~25	1~3	0.1~0.3	9~16	8~14	0.6~3.5	8~13	24~40

式（8-1-1）也表明，提高渣中 MnO、Fe_2O_3 和 MgO 含量可使 η 减小。

萤石能显著将低 CaO 及 C_2S 的熔点，而且作用迅速。因此吹炼前期加入少量萤石，便能加速初期渣的形成，吹炼中期加入萤石可以防止炉渣"返干"，从而降低渣的黏度。但一到 1600℃由于 F 的挥发，它的效能就消失了。

为了延长炉龄，在确保去除磷、硫的条件下，可提高终渣 MgO 含量，降低 $\Sigma(FeO)$ 含量使渣稠化，出钢时稠渣黏附在炉壁上以减少下一炉初渣对炉衬的侵蚀，但稠渣的程度要适当，否则会影响炼钢的正常操作。

炉渣过稀往往出现在吹炼初期和后吹期，主要是炉渣碱度低或 $\Sigma(FeO)$ 过高造成的。

8.1.4 渣-金属-气体乳化液和炉渣起泡

现代理论认为，氧气转炉之所以反应速度快，主要是渣-金属-气体形成乳化液，使反应表面大为增加的结果。

在氧气顶吹转炉里，泡沫渣和乳化液往往是一对孪生子，同时氧气顶吹转炉的"化渣"概念又是和泡沫渣的形成联系在一起的，故人们习惯地把氧气顶吹转炉良好的去磷作用和高速反应能力归功于泡沫渣操作。其实，泡沫渣如果无限制地发展，便会发生喷渣、带出大量的金属粒和出现"闭锁"反应现象；而它如下陷、消失（即炉渣"返干"），则石灰的溶解将停止，并产生金属直接喷溅。所以，如何在吹炼过程中适时促进渣-金属-气体乳化液的生成和破坏，并控制好炉渣的泡沫化程度是氧气顶吹转炉最重要的也是最困难的操作问题之一。

乳化液和泡沫的定义：细小的液滴（液相Ⅱ）或气泡分散在一液相介质（液相Ⅰ内），如果相邻液滴（液-液乳化液）或气泡（气-液乳化液）之间的距离足够大，以致液滴或气泡（至少大体上）能够独立地运动，这样构成的体系可称为乳化液。在气-液体系里，当和气泡总体积相比液体的体积较小时，它只能以分隔相邻气泡的薄膜的形态存在，且他们都不能自由运动，这样的整个体系称为泡沫。

乳化液（或泡沫）的最主要特征是：两相间的界面大为增加。例如一由直径 0.4mm 的液滴（这仍算是比较大的）组成的乳化液中，比表面积达 $10^5 cm^2/1cm^3$ 乳化液。

在氧气转炉中这两种现象的发生、发展和破坏都是由氧化物相和金属相的表面性质决定的。因为某一液体或气体在另一液相内乳化是需要提供形成新表面所需的功的。同样，乳化液的破坏，即比表面的减小，就会放出能量。所以，从能量的角度来看，低的界面张力显然有利于乳化液的生成和保持，而乳化液的破坏总是自发的过程（或称自破）。

应当强调，金属在炉渣内乳化，如果同时生成大量稳定泡沫，那就可能由于渣的膨胀造成溢渣。故我们对形成稳定型泡沫渣的问题必须充分了解。通常认为：形成稳定型泡沫渣的数量大小取决于三个因素：直接由吹氧提供的外来能量和气体，脱碳过程的剧烈程度，以及泡沫或渣-气乳化液的稳定性（气泡的平均寿命），它取决于渣的物理性质。如果供给的能量和气体充分，则即使"不起泡沫"的液体也会起泡沫；反之，如果由于吸附现象，渣内有固体颗粒悬浮，或者由于介质黏度高，使气泡稳定化，则供给少一点能量和气体也会产生大量泡沫。

参 考 文 献

[1] 陈家祥. 炼钢常用图表数据手册 [M]. 北京：冶金工业出版社，1984：214.

8.2　转炉渣的组成、来源和形成过程

8.2.1　转炉渣的组成、来源和含量范围

炉渣来源主要是金属炉料中各元素被氧化后生成的氧化物（Fe、Si、Mn、P、S 等氧化物）及其他化学反应等产物（MnS、CaS），被侵蚀的炉衬耐火材料（MgO、CaO），造渣材料（石灰、萤石等），冷却剂（铁矿石、铁皮、废钢中的污物及杂质）等。

碱性转炉渣的一般组成和来源见表 8-2-1。

表 8-2-1　转炉渣的形成、来源和含量范围

组　分	主要来源	终渣成分范围/%
CaO（碱）	石灰、炉衬	33~55
MgO（碱）	炉衬、石灰	2~12
MnO（弱碱）	铁水和废钢中 Mn 的氧化	8~12① 2~8
FeO（弱碱）	铁的氧化和矿石	10~25
Fe₂O₃（弱碱）	铁的氧化和矿石	1.5~8

组　分	主要来源	终渣成分范围/%
Al_2O_3（弱酸）	铁矿、石灰、炉衬	0.5~4
P_2O_5（酸）	铁水和废钢中 P 的氧化	1~4
SiO_2（酸）	铁水中 Si 的氧化及铁矿、炉衬等	10~20
S	铁水、废钢、石灰、铁矿	0.05~0.4

① 分子表示吹炼 Mn 含量为 1.5%~2.0%铁水数据，分母是炼 Mn 含量低于 1%铁水数据。

常见的炉渣由 CaO、SiO_2、MnO、MgO、ΣFeO、Al_2O_3、P_2O_5、CaS、MnS、CaF_2 等化合物组成；在某些地区，原材料中含有钒、钛、铬等时，炉渣中还存在有它们的化合物，如 V_2O_3、TiO_2、Cr_2O_3 等；这都是由化学分析得出的简单的化合物形式。实际上，对炉渣进行矿物组成的研究发现，炉渣是由更复杂的各种盐类（如硅酸盐、磷酸盐、铁酸盐等）所组成。一般情况下，由于受研究条件的限制，常以简单的氧化物的含量来说明炉渣的组成和研究炉渣的性质。

8.2.2　转炉渣的形成过程

在氧气顶吹转炉的炼钢过程中，炉渣来源为铁水中杂质的氧化产物、散装料中的氧化物、炉衬和石灰等，其中石灰是炉渣的主要来源。在冶炼过程中，在采用废钢-矿石冷却法的条件下，炉渣液相数量变化的一般规律如图 8-2-1 所示。

最初（在采用矿石冷却时为冶炼时间的 20%，而废钢冷却时为 30%）的渣相积累主要是由于铁水组成（Si、Mn、Fe）的氧化，而后渣量的增大则是石灰的溶解起了主要作用。

石灰最激烈地转移到熔渣中和炉渣碱度迅速增长是发生在冶炼前期（尤其是用矿石冷却）和后期，如图 8-2-2 所示。终渣的组成取决于铁水成分、钢中含碳量（它越低，则渣中氧化铁含量越高）、供氧制度和其他因素。在吹炼平炉铁水时所形成的总渣量通常为金属重量的 10%~16%，而吹炼中磷铁水时则通常为 15%~20%。

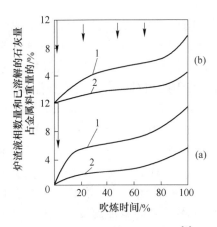

图 8-2-1　炉渣液相数量的变化[1]

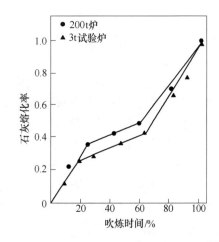

图 8-2-2　吹炼过程中石灰熔化率的变化[2]

8.2.3　化学成分的变化

转炉吹炼过程中熔池内的炉渣成分和温度影响着元素的氧化和脱除规律，而元素的氧化和脱除又影响着熔渣成分的变化，如图 8-2-3 所示。

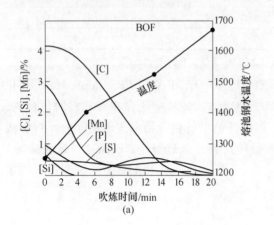
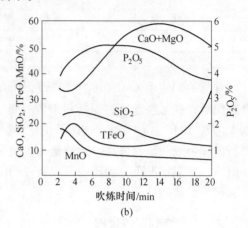

图 8-2-3　顶吹转炉炉内成分变化[3]
（a）熔池钢水成分的变化；（b）炉法成分的变化

吹炼开始后，由于硅的迅速氧化和石灰尚未入渣，所以渣中的 SiO_2 含量迅速升高到 30% 以上。其后由于石灰逐渐入渣，渣中 CaO 的含量不断升高，而且由于金属中的硅已经氧化完了，仅余痕迹，渣中 SiO_2 的绝对含量不再增加，而相对浓度降低，熔渣碱度逐渐升高，到吹炼中、后期可得到高碱度、流动性良好的炉渣。

吹炼初期一般采用高枪位化渣，所以开吹后不久渣中 FeO 含量可迅速升高到 20% 甚至更高。随着脱碳速度的增加，渣中 FeO 含量逐渐下降，到脱碳高峰期，可降到 10% 左右。到吹炼后期，特别是在吹炼低碳钢和终点前提枪化渣时，渣中 FeO 含量又明显回升。

8.2.4　矿物组成的变化

开吹后，由于 Fe、Si、Mn 等元素与氧流作用产生了 FeO、Fe_2O_3、SiO_2、MnO 等氧化物，由于加入白云石造渣或炉衬中 MgO 被侵蚀，使 MgO 也进入渣中，形成最初的酸性氧化渣，构成最早的铁、锰、镁橄榄石相（$2FeO \cdot SiO_2$、$2MnO \cdot SiO_2$、$2MgO \cdot SiO_2$）和镁铁矿（$MgO \cdot Fe_2O_3$）。随后，这些氧化物与石灰作用，使石灰迅速溶解。值得指出的是：这里和前面所说的吹炼前期石灰溶解速度较快是对吹炼中期相对而言的，实质若石灰表面不沉积 C_2S 外壳，石灰的溶解速度还应大些。随着石灰的不断溶解，渣中 CaO 不断增加，CaO 逐渐取代最初橄榄石中的 FeO、MnO、MgO，即发生了 $2FeO \cdot SiO_2 \rightarrow CaO \cdot FeO \cdot SiO_2$ $\rightarrow 3CaO \cdot FeO \cdot 2SiO_2 \rightarrow 2CaO \cdot SiO_2$ 的变化。这样在矿物组成上，FeO、MnO 和 MgO 被取代出来而形成 RO 相，当炉渣碱度提高到 1.88 时，上述取代过程基本完成。这时难熔的 C_2S 出现并增长，使炉渣的熔化温度急剧增高，而此时脱碳速度也开始增大，渣中 FeO、MnO 相对显著下降，故吹炼中期，渣中少量的 FeO 和不过高的熔池温度不能保持炉渣有足够的流动性，渣中有一部分高熔点的 C_2S 析出，使炉渣黏稠；而且由于吹炼中期炉渣溶解 MgO 的能力降低，有部分 MgO 析出，也会导致炉渣变稠，出现返干现象，使石灰溶解停止或大大减慢。在吹炼时间的后 $1/3$，由于脱碳速度降低，渣中 FeO 增加，以及炉温上升，这时石灰又迅速溶解，渣中 RO 相急剧增加，并有 $2CaO \cdot Fe_2O_3$ 生成。

P_2O_5 在 SiO_2 未完全与 CaO 结合成 C_2S 以前是以 $(FeO)_3 \cdot P$ 的矿物形式不稳定地存在于渣中，还是以 C_2P 形式存在，各文献的说法不一，但从键参数分析 C_2P 应比 C_2S 更早生成（还有待研究查清）。而早在 C_2S 生成后，则 P_2O_5 与 CaO 生成 C_3P。一般 C_3P 并不独立存在，而是与渣中大量的 C_2S 结合成 C_8PS_2（$2C_2S \cdot C_3P$——纳盖斯密特石）或者 C_5PS（$C_2S \cdot C_3P$——西利卡诺特石），当渣中有 CaF_2 时，还结合成 $2C_9P \cdot CaF_2$（氟磷灰石）。

在 Al_2O_3 和 Fe_2O_3 存在的条件下，当 CaO 与 SiO_2 生成 C_2S 后，C_3S 的生成将被延后。如 CaO 继续增加，这些 CaO 将首先与 Al_2O_3 和 Fe_2O_3 结合成 C_4AF（C_4AF 只是 $6CaO \cdot xAl_2O_3 \cdot yFe_2O_3$ 固溶体的一个过渡组成，为简便起见，视它为独立矿物）；当 Al_2O_3 多余时，还有 CA、C_5A_3、C_3A 等矿物出现。当这些矿物生成后，若 CaO 再增加，C_3S 才生成。即 Al_2O_3 与 CaO 结合是在 C_2S 和 C_3P 完成以后发生的。在此之前 Al_2O_3 将与 RO 相物质作用成 RA。归纳起来，Al_2O_3 生成矿物是按 $RA \rightarrow C_4AF \rightarrow CA \rightarrow C_5A_3 \rightarrow C_3A$。

Fe_2O_3 在 C_2S、C_3P 完成前后，能够与 MgO 结合成 MF。在 C_2S 完成后，当 A 或 F 与 C 或 M 结合成矿物后，仍有剩余时（这在用铁矾土造渣的条件下是可能出现的），将出现 C_2AS、C_2FS 这两种黄长石矿物。

氟在炉渣中始终与 Ca 结合成 CaF_2，如果存在 C_3P 时，将会全部或部分结合为氟磷灰石。硫在渣中与 Ca 结合成 CaS（褐硫钙石）；MnS、MgS 在炉渣中并不多见，所以 CaS 应是一独立相，它必须是在 CaO 与其他氧化物结合后有多余时才生成，所以去 S 必须有比去 P 更高的炉渣碱度。

MgO、FeO、MnO 能够生成范围很广的固溶体（即 RO 相），它们在与 SiO_2、Al_2O_3、Fe_2O_3 结合生成矿物时是可以大量互替的；CaO 也是 RO 相物质，由于它碱性强，必须首先满足与酸性物质的结合。在出现游离 CaO 以前，CaO 不会大量进入 RO 相。

表 8-2-2 列出了炉渣中主要的化合物及其熔点。

表 8-2-2　炉渣中的化合物及其熔点

化合物	矿物名称	熔点/℃	化合物	矿物名称	熔点/℃
$CaO \cdot SiO_2$	硅酸钙	1550	$CaO \cdot MgO \cdot SiO_2$	钙镁橄榄石	1390
$MnO \cdot SiO_2$	硅酸锰	1285	$CaO \cdot FeO \cdot SiO_2$	钙铁橄榄石	1205
$MgO \cdot SiO_2$	硅酸镁	1558	$2CaO \cdot MgO \cdot 2SiO_2$	镁黄长石	1450
$2CaO \cdot SiO_2$	硅酸二钙	2130	$3CaO \cdot MgO \cdot 2SiO_2$	镁蔷薇辉石	1550
$2FeO \cdot SiO_2$	铁橄榄石	1205	$2CaO \cdot P_2O_5$	磷酸二钙	1320
$2MnO \cdot SiO_2$	锰橄榄石	1345	$CaO \cdot Fe_2O_3$	铁酸钙	1230
$2MgO \cdot SiO_2$	镁橄榄石	1890	$2CaO \cdot Fe_2O_3$	正铁酸钙	1420

参 考 文 献

[1] 巴普基兹曼斯基 B И，氧气转炉炼钢过程理论 [M]. 曹兆民，译. 上海：上海科技出版社，1979：145.

[2] Open Hearth Proceedings，1973，56：21-32.

[3] 三本木贡治等著. 炼钢技术（钢铁冶金学讲座第三卷）[M]. 王舒黎，等译. 北京：冶金工业出版社，1980：14.

8.3 石灰在转炉渣中的溶解动力学

8.3.1 石灰溶解过程

将石灰块加入转炉后，在它的周围立即形成一层渣的冷凝外壳，对于约 4cm 块度的石灰而言，在通常的转炉熔池的热流下，此外壳的加热并熔化大约不超过 50s。石灰的化学组成主要是 CaO（要求不小于 85%），其熔点约为 2600℃，因而单独的石灰在炼钢温度下是不可能熔化的。但开吹后，由于铁水中的 Si、Mn、Fe 的大量迅速氧化，SiO_2、FeO、MnO 含量较高的初期渣迅速开始形成；当石灰块与这样的炉渣接触并被包围时，炉渣中的 FeO（有时还有 MnO）首先向石灰块渗透，其浓度是越向外层越高，并逐渐转化为含有大量 FeO-MnO-CaO 的固溶体、共晶体和少量低熔点化合物（如浮氏体、硅酸盐，有时还有磷化物）的层带。要是多孔质的石灰，则渣中所有组分均同时向石灰块的孔隙和裂缝中渗透，与石灰发生化学反应，形成各种低熔点化合物（矿物分析中称为橄榄石）如 CaO·FeO·SiO_2，1205℃；CaO·Fe_2O_3，1230℃；2CaO·Fe_2O_3，1420℃；3CaO·Al_2O_3，1455℃；CaO·MgO·SiO_2，1390℃；CaO·SiO_2，1550℃；CaO·P_2O_5，980℃；2CaO·P_2O_5，1320℃；MgO·SiO_2，1558℃；CaO·2FeO，1140℃。接着已熔的 CaO 从石灰表面向炉渣中扩散，而渣中的 SiO_2 则朝固体石灰的方向扩散。故当前期渣中 SiO_2 含量很高时，在离石灰块表面一点点的位置处通常会形成一层致密的 C_2S 外壳（其熔点为 2130℃），而与 CaO 界面接触的则是 SiO_2 含量低、FeO 含量高的渣子，如图 8-3-1 所示。如果把此时石灰块周围炉渣成分的浓度分布用模型表示就为图 8-3-2 的情况。其所以 CaO 界面附近的 SiO_2 浓度低，而 FeO 浓度高是因为在稍离开界面位置处生成了 C_2S，则扩散到界面的 SiO_2 必然较少，而 FeO 的扩散则不大受 C_2S 的影响。

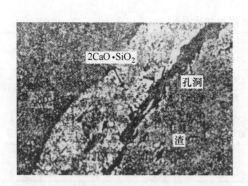

图 8-3-1   1400℃时，在 $m(FeO)40, m(CaO)30,$
$m(SiO_2)$ 30 渣中浸泡 10min 后，
CaO 晶体表面形成的 C_2S 薄膜[1]

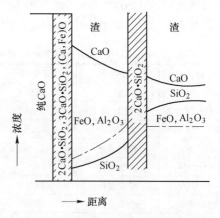

图 8-3-2   石灰溶解界面附近炉渣成分分布

8.3.2 石灰溶解机理

CaO 的溶解速度对转炉吹炼过程的冶金反应和物理状况有重要影响。氧气转炉吹炼时间很短（12~20min），石灰加入量为铁水加入量的 0~6%，石灰溶解速度往往落后于杂质氧化速度，其渣化率一般为 60%~90%，在无后吹时很少超过 80%~85%。所以，如何提高石灰在转炉渣中的溶解速度是关系提高转炉生产率、降低原料消耗和去除有害元素的重大问题，特别是如何及时造好早期渣，对转炉吹炼过程的顺利进行更有着重要意义。而要解决这一问题，就必须对石灰的溶解机理和溶解动力学有比较透彻的了解。过去不少研究者[2~7]曾研究过石灰的溶解机理，但大多是依据石灰块在静止熔池中浸泡后的观察和测试而作出的结论。实际上，转炉熔池在吹炼过程中都不是平静的。故本节介绍作者与同事们[8,9]在 1400~1600℃下旋转石灰圆柱体法，于 CaO-MgO（7.4%~8.0%）-FeO$_n$-SiO$_2$ 四元系渣中的测试结果，以及尾上等人[10]和喜多善史等人[11]在炉渣中的动态测试结果，对熔池搅拌下的石灰溶解机理进行探讨，以期能找到合理的造渣工艺模型。

8.3.2.1　理论分析

石灰在渣中的溶解是复杂的多相反应，在此过程中传热传质和化学反应同时进行。随着石灰性质、熔池温度、搅拌强度和炉渣成分的变化，石灰溶解机理也在变化。

把石灰试样插入熔渣后，接踵而来的就是：液相炉渣向石灰表面或通过孔隙向石灰内部扩散，CaO 与炉渣进行化学反应形成新相，然后反应产物离开反应面向熔渣体内扩散。这三个步骤中究竟谁是限制性环节呢？从旋转试样 5~10min 后的石灰残样上可见 ϕ13~20mm 的断面上已不同程度地被 Fe$_t$O 渗透，这说明液相炉渣向石灰扩散不是限制性环节，否则它们在反应区的浓度应等于零。那么化学反应是边界层的限制性环节吗？关于 CaO 与通过渣侧边界层的 SiO$_2$ 和 Fe$_t$O 的化学反应速度式可写成：

$$W^* = \beta^* (C^*)^n S(1 - \theta) \quad \text{mol/s} \tag{8-3-1}$$

式中，β^* 为化学反应速度常数（其量纲与反应级数 n 有关）；θ 为被反应产物所占据的反应界面比率；C^* 为 SiO$_2$ 或 Fe$_t$O 在反应区的浓度，mol/s；S 为总反应面积，m^2；一般情况下 β^* 可用式（8-3-2）表述：

$$\beta^* = A_0 \exp(-E/RT) \tag{8-3-2}$$

式中，A_0 为取决于石灰性质和炉渣成分的常数；E 为反应的活化能（取决于石灰性质，如活性石灰的 E 值就小），J/mol；R 为理想气体常数，8.3143J/（K·mol）；T 为绝对温度，K。

如化学反应速度是限制性环节，则反应物扩散至反应面的浓度将逐渐积累至饱和值，反应面上的反应物浓度将接近其在熔渣样内的浓度；这样，按照式（8-3-2）和式（8-3-3），如要 W^* 小，则必须 β^* 小，也就是 E 值必须大，但本实验测得的 E 为 101~126kJ/mol，该值并不大。故不能认为化学反应速度是限制性环节。

一般情况下，当熔渣碱度小于 1.8 时，石灰表面上大都被 2CaO·SiO$_2$ 外壳包围，从而（1-θ）值减小，导致 W^* 值急剧下降。这种反应可看成是化学反应时反应面上吸附了反应产物的结果，其 θ 值可看成是反应产物的相对吸附量。故在反应速度守常的情况下，可视脱附速度 W' 等于 W^*，即：

$$W' = W^* = \beta' \theta \quad \text{mol/s} \tag{8-3-3}$$

式中，β' 为反应产物脱离反应表面的脱附常数。

因式（8-3-1）与式（8-3-3）相等，则：

$$W^* = \beta^* \frac{(C^*)^n S}{1 + \varepsilon (C^*)^n S} \qquad (8-3-4)$$

式中，$\varepsilon = \beta^* / \beta'$。

若 $\varepsilon \to 0$，即相当于反应产物脱离反应表面的脱附速度很快时，则：

$$W^* = \beta^* (C^*)^n S \qquad (8-3-5)$$

这时 W^* 主要取决定于反应物在反应面的浓度和石灰的表面积（包括孔隙的表面）。这种情况应当说在（SiO_2）完全结合成 $2CaO \cdot SiO_2$ 之后，主要反应产物仍是易熔的铁酸钙（如 $2CaO \cdot Fe_2O_3$、$CaO \cdot Fe_2O_3$ 和 $CaO \cdot 2Fe_2O_3$）；加上炉渣具有一定的过热度和足够的搅拌强度，使反应产物很容易脱离反应表面而进入熔渣体内时，便可能出现。

若 ε 值很大，即相当于石灰表面主要为 $2CaO \cdot SiO_2$ 占据时，则：

$$W^* = \beta^* (C^*)^0 \qquad (8-3-6)$$

式（8-3-6）说明，这时的化学反应速度完全取决于反应产物脱离石灰块表面的速度，而与参加反应的物质浓度无关（因为 C^* 的幂指数为零次）；伴随反应产物脱离界面的脱附作用的发生，反应产物通过扩散边界层向熔渣内扩散，也就是说这时的化学反应速度取决于反应产物向熔渣体内的扩散速度，遵守式（8-3-7）的关系：

$$n = kS(C^* - C) \quad mol/s \qquad (8-3-7)$$

式中，k 为传质系数，m/s；C^* 为反应区内反应产物的浓度，即 $2CaO \cdot SiO_2$ 或 $2CaO \cdot Fe_2O_3$ 的饱和浓度，mol/m^3；C 为炉渣容积中反应产物的浓度，mol/m^3。

8.3.2.2   溶解机理探讨

实验发现，石灰残样在 $CaO/SiO_2 \leqslant 1.33$ 时，其表面有一层硬壳，而在 $CaO/SiO_2 \geqslant 2.0$ 时则没有明显的硬壳层。与文献［12］介绍的从转炉前半期取出的石灰块上存在 $2CaO \cdot SiO_2$ 致密外壳（图 8-3-3），而在吹炼终期取出的石灰块上则看不到固体产物的情况相同（图 8-3-4）。据此，可对石灰在（CaO）/（SiO_2）< 1.33 时和（CaO）/（SiO_2）$\geqslant 2.0$ 的熔渣中的溶解机理分别讨论。

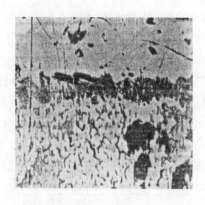

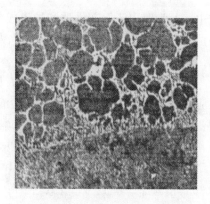

图 8-3-3   软烧石灰晶粒（下部）与初期酸性炉渣接触

白色网状结构——石灰；在网状结构之间乃是由硅酸二钙、

铁酸钙、RO 相组成的三元共晶体。上面是钙镁橄榄石，

硅酸二钙将它与石灰分开

图 8-3-4   硬烧石灰结晶（下部）

与碱性终渣相接

A　CaO/SiO$_2$<1.33 时

根据文献[7]对 CaO 晶体在 CaO30%、SiO$_2$30%、Fe$_t$O40%的熔渣中（1440℃）浸泡 10min 后所作的电子扫描 XMA 分析和文献 [13] 对块状石灰在渣中的溶解过程的相图分析，结合作者等[9]的旋转试验，可设想石灰在 CaO/SiO$_2$≤1.33 的熔渣中的溶解过程如下：当石灰与熔渣接触后，熔渣首先向试样的缝隙和毛细裂纹由表面向内部渗透，填满所有缝隙。然后渣中 FeO 由于离子半径比较小，它既容易从熔渣内先行扩散到石灰表面，又能向固体石灰内部扩散，其 Fe$_t$O 在试样中的浓度由表及里逐步降低，它们与 CaO 反应生成半熔体状态的 CaO-FeO 溶液。由相图 8-3-5 可知，这种半熔体实际上是由含 Fe$_t$O 较低含 CaO 较高的固溶体与成分为 g 点的液相成分组成的两相混合物。其混合成分落在 CaO-g 线上，如 FeO$_n$ 含量较高则靠近 g 点，那么按杠杆原理，在该薄层范围内的含 g 成分的液相数量较多。由于石灰表层含 FeO$_n$ 较多，故生成的（Ca，Fe）O 液相数量也较多。所以当 FeO$_n$ 先行扩散到石灰表面与 CaO 作用生成（Ca，Fe）O 固溶体后，接着 Ca 便从石灰表面新形成的（Ca，Fe）O 液相中向熔渣内扩散。此时，渣中的 SiO$_2$ 和 Si$_2$O$_5^{2-}$、SiO$_3^{2-}$、Si$_2$O$_7^{6-}$ 等离子团由于半径大扩散慢正朝固体 CaO 的方向而来，于是在离开石灰表面一点点的地方与 CaO 作用生成 2CaO·SiO$_2$。如在该反应区内固-液两相总成分已进入两相区，例如图 8-3-5 中的 Q 或 Q' 点，那么在该区域内炉渣也要分离成 L+C$_2$S 两相，其 C$_2$S 析出后在石灰表面上逐渐构成一层外壳，并在石灰与外壳之间留下一层成分为 L$_Q$ 的富 FeO$_n$ 液相渣。根据杠杆原理，Q' 点（含 FeO$_n$ 低）析出的 C$_2$S 固相多、液相少，则 C$_2$S 外壳厚实，不易脱附；Q 点（含 FeO$_n$ 高）析出的 C$_2$S 固相少、液相多，则 C$_2$S 壳较疏松，易脱附；随之向熔渣体内扩散。应当说，C$_2$S 外壳与石灰表面之间若存在一层富 FeO$_n$ 含量的液相渣时，便能胀大 C$_2$S 外壳和削弱石灰表面对 C$_2$S 的吸附，其胀大和削弱程度均与富 FeO$_n$ 液渣的数量成正比，故提高 FeO$_n$/SiO$_2$ 值时，石灰溶解速度增大。特别是此时，若再对 C$_2$S 外壳施加一个剪力，便较易使之破坏和漂向熔渣内。这就是实验结果中，U 对加速石灰溶解作用随 FeO$_n$/SiO$_2$ 的增大而增大的根本原因。石灰溶解过程模型如图 8-3-2 所示。

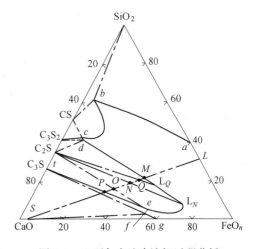

图 8-3-5　石灰在渣中溶解过程分析

由此不难看出，石灰在 CaO/SiO$_2$<1.8 熔渣中的溶解过程不应简单地看成是 CaO 直接由石灰表面向熔渣扩散，而实质上是 C$_2$S 不断在石灰表面沉积和不断向熔渣转移的过程；或者说是 C$_2$S 外壳的生成与破坏的过程。可以想像，如果不是不断造成 C$_2$S 外壳破裂和疏松，也就不会有新鲜的 FeO$_n$、MnO 等不断地传入石灰块，则 C$_2$S 外壳与石灰之间原有的富 FeO$_n$ 薄层将因其不断地向石灰内部渗透而消耗殆尽，以致增大 C$_2$S 由石灰表面脱附的困难，影响它向熔渣体内扩散，使 C$_2$S 在石灰表面愈积愈厚，愈来愈致密，直至形成厚实、致密的封闭外壳。这时，它既阻止了 FeO$_n$ 通过它传向石灰，它的生长也同时停止，并使 C$_2$S 的溶解十分缓慢，乃至停顿。故这时要保

持石灰的溶解速度处于半稳态，就必须保持 C_2S 不断地向石灰表面沉积，而又不断地由石灰表面向熔渣体内扩散的动平衡；这就必须不断地造成 C_2S 外壳破裂、疏松，防止它增厚、致密和形成封闭的外壳。故 $R<2.0$ 时，加速石灰渣化的核心在于与 C_2S 外壳作斗争。在这方面的具体措施有采用活性石灰、提高熔池温度、提高 $(FeO_n)/(SiO_2)$ 比和起始熔渣碱度、加入适量 MgO 和 CaF_2 以降低炉渣熔点和缩小固-液相区以及强化熔池搅拌等。

　　B　$CaO/SiO_2 \geqslant 1.9$ 时

　　当 $CaO/SiO_2 \geqslant 1.9$ 时，若没有炉渣的返干现象发生，则由于这时炉渣中的 SiO_2 已完全形成 C_2S 而不再向石灰块扩散，加之炉渣分层现象，故这时石灰溶解的特点是 CaO 优先与 FeO_n 作用，生成半熔状态的 CaO-FeO 溶液，由相图 8-3-5 可知，这种半熔体实际上是含 FeO 较低而含 CaO 较多的固溶体与成分为 g 点的液相所组成的两相混合物。当 FeO_n 充分高和搅拌强度充分大时，则渗入石灰表层的 FeO_n 多，CaO-FeO_n 溶液中的液相数量就多，其铁酸钙（如 $2CaO \cdot Fe_2O_3$、$CaO \cdot Fe_2O_3$ 和 $CaO \cdot 2Fe_2O_3$）产物就容易从石灰表面吸附后进入炉渣体内，这时，石灰的溶解速度遵守式（8-3-5）。反之，若 FeO_n 不够充分、搅拌强度不够大，熔渣过热度小，则石灰的溶解速度将遵守式（8-3-7），只是这时从石灰表面向熔渣扩散的反应产物不是 C_2S，而是铁酸钙产物。若此时炉渣熔点已不同程度的大于熔池温度，对石灰块表面将是过饱和的 C_2S 质点非自发形核的良好场所，这样，石灰块表面也将不同程度地被沉积在它上面的 C_2S 所占据，使反应界面由 S 变为 $S(1-\theta)$。实验[9] 中 $CaO/SiO_2 \geqslant 2.0$ 的实验结果，既不遵守式（8-3-5），也不遵守铁酸钙反应产物由整个反应界面向熔渣体内扩散的式（8-3-7），而是近似服从第三种情况，即 $S(1-\theta) \approx 0.5S$，相当于文献 [9] 中 B 渣的 $\Delta(CaO)$ 取 $1/2[(CaO)_s - (CaO)_b]$，这样，文献 [9] 中 B 渣的实验结果与按 J 因子方程所算的结果基本相同。这就说明 $CaO/SiO_2 \geqslant 2.0$ 时，石灰的溶解速度或取决于 CaO 与 FeO_n 作用生成铁酸钙的化学反应速度，即 (FeO_n) 数量，或取决于铁酸钙由有效石灰表面向熔渣体内扩散。故这时，加速石灰溶解的关键在于防止炉渣返干和提高渣中 CaO 的饱和溶解度。这方面的具体措施是：（1）随着炉渣碱度的增大应相应地提高熔池温度，保证高出炉渣熔点 $50 \sim 80℃$。（2）加入第二批萤石和白云石，控制终渣的 $CaF_2 = 3.5\% \sim 4.0\%$，$MgO = 8\% \sim 10\%$，以降低炉渣熔点和提高 CaO 的饱和浓度。（3）控制枪位，使 v_c 与 $\sum FeO$ 之间有合理关系，以保证后期的石灰渣化：当 $MgO = 8\%$ 时，沿 $CaO/FeO = 1.5$ 和 $FeO/SiO_2 = 1.5$ 的关系进行，当 $MgO = 10\%$ 时，沿 $CaO/FeO = 2.0$ 和 $FeO/SiO_2 = 1.0$ 的关系进行。从 CaO-FeO_n-SiO_2-MgO 系在 $1600℃$ 时的等温图[4] 可以看出，按上述关系使渣中的 FeO_n 含量随 CaO 含量的提高而提高则可避免炉渣返干。实验[14] 还表明，当 $CaO/\sum FeO \approx 2.0$ 时 $P/[P]$ 与 $\sum FeO$ 的关系曲线上出现极大值。（4）如碳吹期，因炉渣返干而石灰未化尽时，可在后期压枪前先提枪并增大氧压以促进化渣。

　　8.3.2.3　C_2S 在石灰表面沉积和反沉积

　　由上可知，石灰表面被 C_2S 沉积和反沉积的斗争是贯穿整个石灰渣化过程和冶炼过程的，因此，炼钢工作者必须掌握石灰表面被 C_2S 沉积和反沉积的知识。特别是定量分析的知识，以便采取措施加速石灰溶解。

　　前人[2~7] 通过在静止液渣中浸泡石灰试样的试验，发现 $FeO/SiO_2 < 2.0$ 时，石灰表面沉积一层致密的 C_2S 外壳，使之溶解速度变慢乃至停止。而当 $FeO/SiO_2 \geqslant 2.0$ 时，C_2S 外

壳才不再是连续的。故提出不在石灰表面沉积 C_2S 外壳的铁质造渣路线，即炉渣沿 FeO/SiO_2>2.0 的路线提高碱度。松岛雅章等人[7]，用 2mm×2mm×5mm 的结晶 CaO 在 FeO=40%，CaO=30%，SiO=30%的渣中，于1400℃下浸泡10min后取出速冷，也同样观测到 CaO 表面生成有连续的 C_2S 薄膜。Baker 和 Cavaghan[6] 则发现：在1400℃的纯硅酸盐炉渣中，当 FeO/SiO_2 的比值达到 2.0 时，试样表面的 C_2S 外壳是不完整的，这时石灰的溶解速度反出现跃升；而在1300℃时，则不管渣中的 FeO 含量多高，试样表面均形成有完整的 C_2S 外壳，这时石灰溶解停止。作者在文献［15］中也提出溶池温度低于1350℃时石灰渣化量保持在约36%不变。

李远州、范鹏等人通过对旋转试验后的 ϕ13mm 圆柱体石灰试样的显微镜观察发现：在1400℃和 CaO/SiO_2=0.5~0.75，FeO/SiO_2=1.0~2.0 的渣中，石灰-炉渣的相对运动速度 $u \geqslant 0.136$m/s（$n \geqslant 200$min^{-1}）时，石灰表面未被 C_2S 外壳包围，而只有不同数量的 C_2S 分散存在于残样表面上，其 C_2S 数量随 CaO/SiO_2 和 U 的增大而减少，当 FeO/SiO_2=2.0 或 $U \geqslant 2.0$ 和 FeO/SiO_2=1.5 时，则 C_2S 基本消失；其传质系数 $k=(7.0\sim17.1)\times10^{-6}$m/s。这一结果最先发表于1987年的全国第四届冶金过程动力学和反应工程学学术会议上[16]，继之在1988年沈阳召开的"冶金石灰、精炼粉剂和浇铸保护渣"国际技术交流和学术讨论会议上[8]作了宣读，与此同时，Y. 喜多善史也在该会上宣读了他用超声波（频率控制为25kHz，强度分别为 0、25W、50W、75W 和 100W）对圆柱（ϕ8×15mm）状石灰烧结块在 t=1400℃，CaO=37.6%，SiO=40%，FeO=22.4%渣中溶解速度的影响，发现[11]：当不用超声波，而只是静止浸泡时，试样表面被 C_2S 外壳包围，CaO 的传质系数 $k=1.2\times10^{-6}$m/s，但当超声波的强度为 100W（相当于 CaO-炉渣间的相对速度为 0.16 m/s）时，试样表面上的 C_2S 消失。k 高达 12×10^{-6}m/s，比 $u=0$ 时增大了 10 倍。由上可见，控制石灰和炉渣间的相对速度不小于 0.15m/s，是吹炼前期防止 C_2S 在石灰表面形成封闭外壳的基本措施。故转炉吹炼前期采用大乃至超大供氧强度是十分必要的。

Akira Masui 和 Kenzo Yamado [10] 在1600℃下，用直径为 30mm 的石灰棒，在 CaO 42.5%，MgO 30%，FeO 19.2%，MnO 7%，$SiO_2$20.3%，P_2O_5 2.5%，Al_2O_3 3.0%的炉渣中进行旋转试验，发现：

（1）转速为 0~70 r/min 时，在试样表面有一层密实的 C_2S 外壳；

（2）转速为 100 r/min 时，（相当于 $U \approx 0.157$m/s）试样上完全没有 C_2S 外壳。该渣：CaO/SiO_2=2.1，(FeO+MnO)/(SiO+Al_2O_3) = 1.1。

如以 CaO+MgO=CaO、FeO+MnO=FeO、SiO_2+Al_2O_3=SiO_2 计，由 CaO-FeO$_n$-MgO-SiO_2 四相图[17]中可见，该渣在1600℃下已进入 C_2S+L 两相区。故当试样转速为 0~70r/min 时，有渣中析出的 C_2S（和 CPS）沉积在石灰棒表面。同样在 CaO-FeO$_n$-P_2O_5（1600℃）四元相图[18]中也可看到，该渣已进入 CPS+L 两相区，故这时如不采取措施提高熔池温度或降低熔渣熔点、缩小（C_2S+L）区或（CPS+L）区，则炉渣返干和 C_2S、CPS 向石灰块表面沉积的现象将是不可避免的。这里有趣的是与 CaO/SiO_2<1.9 时一样，$u \geqslant 0.15$m/s 时，石灰表面上完全没有 C_2S（和 CPS）外壳。猜测是因为 $u \geqslant 0.15$m/s 时，C_2S（或 CPS）易从石灰表面脱附，C_2S（或 CPS）向石灰表面沉积困难。特别是，尽管从相图上看，此时 Δ(CaO) 已等于零，但石灰的溶解速度仍随 u 的增大而增大。这与作者 R>1.9 的试验情况相同[9]，由此看来，要造好 $R=3.0\sim4.0$ 的终渣，未必一定要造全液相渣。

8.3.2.4 结论

通过上面的讨论，可作以下结论：

（1）石灰加入 $R<1.9$ 的熔渣时，凡与 CaO 具有亲和力的（FeO）、（MnO）、（SiO_2）、（CaO·SiO_2）、（3CaO·2SiO_2）等组元均向 CaO 扩散而来，接着发生化学反应，形成（Fe，Ca）O 及 C_2S 等新相。其 C_2S 在石灰表面沉积的状况随熔池温度、FeO/SiO_2 的比值和熔池运动的不同而不同：

1）在 1300℃ 时，不管（FeO）含量多高，试样表面均形成有完整的 C_2S 外壳。

2）在 1400℃ 的平静渣池中，石灰均被 C_2S 外壳包围；只在 $FeO/SiO_2 \geq 2.0$ 时，C_2S 外壳才是不完整的。

3）在 1400℃ 的搅拌渣池中，当 $FeO/SiO_2 \geq 1.0$ 时，石灰面上的 C_2S 外壳是不完整的，并随 FeO/SiO_2 和 u 的增大而减少；当 $FeO/SiO_2 = 2.0$，或 $u \geq 0.2$ m/s 和 $FeO/SiO_2 = 1.5$ 时，则 C_2S 基本消失。

（2）石灰在 $R<1.9$ 的熔渣中的溶解速度，取决于 Ca 自 $2CaO·SiO_2$ 表面向熔渣内扩散。其熔渣的 $(CaO)_{sat}$ 的值应是三元相图中的 $2CaO·SiO_2$ 点与炉渣成分的连线通过液相线的交点的（CaO）的值。

（3）吹炼前期加速石灰溶解的关键在于防止石灰被 C_2S 包围，而防止 C_2S 在石灰表面形成封闭外壳的主要措施则是：使开吹温度等于（或尽快达到）1400℃，并控制 $u \geq 0.15$ m/s，$FeO/SiO_2 = 1.0\sim1.5$，$CaF_2 \approx 2.0\%$ 和 $MgO \approx 4.0\%$。

（4）石灰加入 $R>1.9$ 的熔渣时，若熔池温度大于炉渣熔点，则向 CaO 扩散而来的只有（FeO）、（MnO）等（而不会有 C_2S 在石灰表面沉积），它们发生化学反应后生成铁酸钙，然后向熔渣内扩散。若熔池温度低于炉渣熔点，则视其过冷度将有 C_2S 或（CPS）析出并沉积在石灰表面，其所占的表面积百分比取决于炉渣的过冷度、u 及 FeO/SiO_2，这时的石灰溶解速度将取决于 Ca 由铁酸钙生成物的有效反应面向熔渣内扩散。

（5）在吹炼中、后期，$FeO/SiO_2 > 1.9$ 后，加速石灰溶解的关键在于防止炉渣返干，故此时主要是提高熔池温度，并在控制 $MgO = 6\%\sim10\%$ 和 $CaF_2 = 3\%\sim4\%$ 的条件下，使石灰沿 $CaO/\sum FeO = 2.0$ 和 $\sum FeO/SiO_2 = 1.0\sim1.5$ 的关系进行渣化。

（6）在熔池搅拌良好的情况下，可造非全液相的 $R = 3.0\sim4.0$ 的 C_2S（或 C_2S+C_3S）饱和型终点，以获得较好的冶金和经济效果。

8.3.3 石灰溶解动力学

石灰的溶解动力学和石灰的溶解机理一样，是如何加速石灰溶解的机理。过去不少学者对石灰在渣中的溶解速度作过研究[19-43]，并提出了以扩散速度为限制性环节的石灰溶解速度模型[9,38,41]，但对石灰在渣中的传质系数还研究得不充分，特别是对石灰的渣化率和渣化时间等动力学问题。故本节拟对石灰的渣化量、渣化速度、渣化率、渣化时间以及石灰的饱和浓度和传质系数等动力学问题作系统讨论研究，以便为加速石灰在转炉中的溶解提供理论依据。

8.3.3.1 石灰渣化动力学

在 FeO-CaO 二元系中，用折线来近似地表示石灰开始熔化的温度变化曲线[44]，该曲线随组分变化而变化。根据折线的结果，把 $(\lambda/\nu)\text{cal} \equiv R$ 作为温度的函数表示如下：

$$
\left.
\begin{array}{ll}
1250\text{℃} \leqslant T_b \leqslant 1290\text{℃} & R = (0.25T_b - 282.5) / 100 \\
1290\text{℃} \leqslant T_b \leqslant 1380\text{℃} & R = (0.13T_b - 128.8) / 100 \\
1380\text{℃} \leqslant T_b \leqslant 1465\text{℃} & R = (0.23T_b - 264.8) / 100 \\
1465\text{℃} \leqslant T_b \leqslant 2390\text{℃} & R = (0.03T_b + 28.3) / 100
\end{array}
\right\}
\tag{8-3-8}
$$

式中，$R = (\lambda/\nu)_{\text{obs}} / (\lambda/\nu)_{\text{cal}}$，$\lambda$ 为（CaO）的质量；ν 为（CaO）+（FeO）的质量；T_b 为钢水温度。

因为转炉渣中除了（CaO）、（FeO）以外，还包含有（SiO_2）、（MnO）、（P_2O_5）等多种成分，所以为了用实测值修正式（8-3-9），以 $H \equiv$（实测渣化率）$/R = (\lambda/\nu)_{\text{obs}}/(\lambda/\nu)_{\text{cal}}$ 为纵坐标，以 T_b 为横坐标，作成图 8-3-6，该曲线的数学表达式为：

$$
H = 79.925 - 0.1512T_b + 9.745 \times 10^{-5}T_b^2 - 2.111 \times 10^{-8}T_b^3
\tag{8-3-9}
$$

再以 $Y \equiv (\nu)_{\text{obs}}/W_S$ 为纵坐标，以 T_b 为横坐标作成图 8-3-7，该曲线的数学表达式为：

$$
Y = 47.050 - 9.186 \times 10^{-2}T_b + 5.961 \times 10^{-5}T_b^2 - 1.267 \times 10^{-8}T_b^3
\tag{8-3-10}
$$

于是

$$
R \cdot H \cdot Y = (\lambda/\nu)_{\text{cal}} \times \frac{(\lambda/\nu)_{\text{osb}}}{(\lambda/\nu)_{\text{cal}}} \times \frac{(\nu)_{\text{obs}}}{W_S}
\tag{8-3-11}
$$

所以

$$
(\lambda)_{\text{obs}}/W_S = R \cdot H \cdot Y
\tag{8-3-12}
$$

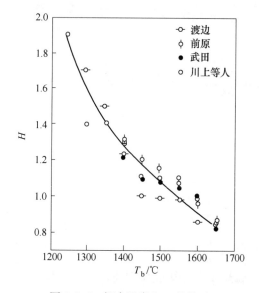

图 8-3-6 钢水温度和 H 的关系

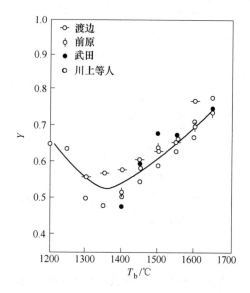

图 8-3-7 钢水温度和 Y 的关系

以上便是浅井[44]提出的估算石灰渣化量的方法。这里再以 $Z \equiv (\lambda)_{\text{obs}}/W_S$ 为纵坐标，以 T_b 为横坐标作成图 8-3-8，该曲线的数学表达式为：

$$
Z = 4.623 \times 10^{-10} T_b^{2.8434} \quad (T_b = 1350 \sim 1650\text{℃})
\tag{8-3-13}
$$

式中，W_S 为渣量，它随吹炼时间而变化，并随渣中 FeO 含量的增大而增大，可通过吹炼过程数学模型或专门计算渣量的公式来计算，从而求出石灰的渣化数量。

由上可见：石灰的渣化量 $(\lambda)_{\text{obs}}$ 取决于熔池温度和渣量变化。温度一定后，则渣中允

许的最大 CaO 含量便定了。故合理的石灰加
入量应视熔池温度和渣量而定，任何过大的
加入量除了造成浪费之外是毫无意义的。同
时，熔池温度低于 1350℃ 时，Z 值不变，
1650℃ 时 Z 值最大。

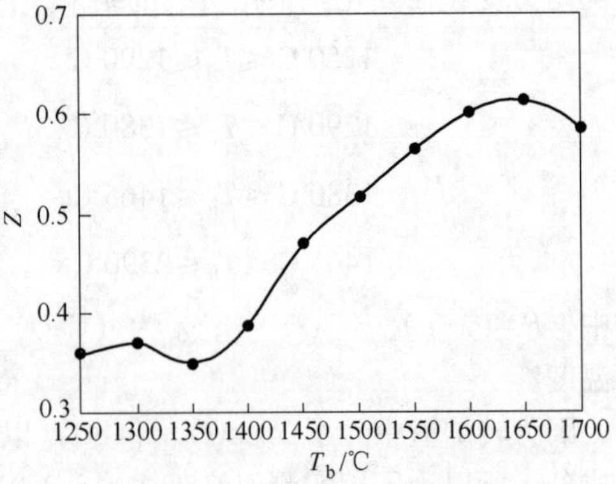

图 8-3-8　　$T_b(℃)$ 对 Z 的影响

8.3.3.2　石灰的渣化速度

为了对石灰化渣过程进行动力学解
析[45]，做如下假定：

（1）加入的石灰颗粒都是同一粒度的球
状颗粒。

（2）表面的液相膜内的颗粒传质为控制
环节。

（3）熔化是从颗粒表面向内部逐渐进行，而表面渣被石灰所饱和。

根据上述假定，石灰的渣化速度可用式（8-3-14）来表示：

$$-\frac{dW_{CaO}}{dt} = 4\pi r^2 kN\rho_s [(CaO)_{sat} - (CaO)_b]/100 \qquad (8\text{-}3\text{-}14)$$

式中　　r——时间在 t 时，石灰粒的瞬时半径；

　　　　k——传质系数；

　　　　N——加入石灰颗粒的个数：

$$N = \frac{W_{CaO}}{\frac{4}{3}\pi r_0^3 \rho_{CaO}}$$

　　　W_{CaO}——石灰加入量；

　　　　r_0——初始石灰的颗粒半径；

　　　ρ_{CaO}——石灰颗粒的密度；

　$(CaO)_{sat}$——石灰饱和浓度；

　　$(CaO)_b$——在时间 t 时，渣中的 CaO 浓度；

　　　　ρ_s——渣的密度。

又因：
$$\frac{dW_{CaO}}{dt} = -4\pi r^2 N\rho_{CaO}\frac{dr}{dt} \qquad (8\text{-}3\text{-}15)$$

由式（8-3-14）和式（8-3-15）可得到石灰颗粒半径变化的速度式：

$$\frac{dr}{dt} = -\frac{k\rho_s}{100\rho_{CaO}}[(CaO)_{sat} - (CaO)_b] \qquad (8\text{-}3\text{-}16)$$

借助式（8-3-15）和式（8-3-16）可求出在 t 时刻石灰瞬时渣化速率和颗粒半径变化
速率。

8.3.3.3　石灰的渣化率

为了对石灰的渣化率作动力学解析，作如下假设：

（1）石灰颗粒在渣中的溶解过程进行到渣中的 CaO 浓度饱和为止；

（2）渣中的 CaO 浓度取初始值和最终值平均；

（3）石灰颗粒的半径也取初始值和最终值平均。

由式（8-3-15）可得：

$$-\frac{\mathrm{d}W_{CaO}}{\mathrm{d}t} = W_{CaO}\frac{3k}{\bar{r}}\frac{\rho_s}{100\rho_{CaO}}\big[(CaO)_{sat} - (\overline{CaO})_b\big] \qquad (8\text{-}3\text{-}17)$$

$$\bar{r} = \frac{r_0 + r_t}{2} = \frac{2r_0 + (r_t - r_0)}{2} = r_0 + \frac{\Delta r}{2} \qquad (8\text{-}3\text{-}18)$$

$$(\overline{CaO}) = \big[(CaO)_{sat} + (CaO)_b\big]/2 \qquad (8\text{-}3\text{-}19)$$

将式(8-3-18)、式(8-3-19)代入式(8-3-17)得：

$$-\frac{\mathrm{d}W_{CaO}}{W_{Cao}} = \frac{3k\rho_s\big[(CaO)_{sat} - (CaO)_b\big]/100\rho_{CaO}}{2r_0 - k\rho_s\big[(CaO)_{sat} - (CaO)_b\big]\dfrac{t}{100\rho_{CaO}}}\mathrm{d}t \qquad (8\text{-}3\text{-}20)$$

令：

$$\frac{k\rho_s}{100\rho_{CaO}}\big[(CaO)_{sat} - (CaO)_b\big] = A$$

则：

$$\frac{\mathrm{d}W_{CaO}}{W_{Cao}} = \frac{-3A}{2r_0 - At}\mathrm{d}t \qquad (8\text{-}3\text{-}21)$$

对式（8-3-21）积分得：

$$\int_{W_{CaO\cdot 0}}^{W_{CaO\cdot t}} -\frac{\mathrm{d}W_{CaO}}{W_{CaO}} = \int_0^t \frac{-3A}{2r_0 - At}\mathrm{d}t \qquad (8\text{-}3\text{-}22)$$

$$\ln\frac{W_{CaO\cdot t}}{W_{CaO\cdot 0}} = 3\ln\left(-\frac{At}{2r_0} + 1\right) \qquad (8\text{-}3\text{-}23)$$

$$W_{CaO\cdot t} = W_{CaO\cdot 0}\exp\left[-3\ln\left(\frac{At}{2r_0} + 1\right)\right] \qquad (8\text{-}3\text{-}24)$$

$$\eta_{CaO} = \frac{W_{CaO\cdot t} - W_{CaO\cdot 0}}{W_{CaO\cdot 0}} = 1 - \exp\left[3\ln\left(-\frac{At}{2r_0} + 1\right)\right] \qquad (8\text{-}3\text{-}25)$$

由式（8-3-20）可见提高石灰渣化率的途径是：

（1）提高石灰的传质系数 k；

（2）适当提高（FeO）含量以增大 ρ_s 值；

（3）采用密度小、晶粒小和颗粒小的石灰；

（4）提高石灰溶解的驱动力 $\big[(CaO)_{sat} - (CaO)_b\big]$，即尽可能提高 $(CaO)_{sat}$ 值和采用较低的终渣 $(CaO)_b$ 值；

（5）保证必须的化渣时间。

8.3.3.4 石灰的渣化时间

由式（8-3-23）可得出估算造好早期渣和石灰渣化时间的公式如下：

$$t = \frac{2r_0}{A}\left[1 - \exp\left(-\frac{1}{3}\ln\frac{W_{CaO\cdot t}}{W_{CaO\cdot 0}}\right)\right] \qquad (8\text{-}3\text{-}26)$$

当加入的石灰全部溶解时，$W_{CaO\cdot t}\to 0$，则，

$$t = 2r_0/A \qquad (8\text{-}3\text{-}27)$$

当加入的石灰只有部分溶解时，则 t 与石灰溶解率的关系如图 8-3-9 所示。

由式（8-3-25）、式（8-3-26）以及图 8-3-9 可见，缩短石灰渣化时间和早期渣成渣时间的途径有 8.3.3.3 中的途径（1）~（4），此外，如仅从造好初渣考虑，为了缩短成渣时间，头批石灰料宜采用重料批，也就是取造好初渣碱度所需石灰量的 1.1~1.25 倍。

8.3.3.5　（CaO）$_{sat}$ 数值

为了估算（%CaO）$_{sat}$ 值，文献［46］将 CaO、FeO、SiO_2 三元系状态图简化成图 8-3-10，再将其分为 I ~ V 所表示的五种区域，用下列多项式来表示各区域的液相线

$$（CaO）_{sat} = a_0 + a_1x + a_2x^2 + a_3x^3 + a_4y + a_5y^2 + a_6y^3 + a_7xy + a_8x^2y + a_9xy^2$$

$$(8-3-28)$$

式中，$x = (FeO)/(SiO_2)$；$y = T_b(℃)$；参数 $a_0 \sim a_9$ 的数值用最小二乘法求出，按文献［44］列于表 8-3-1。

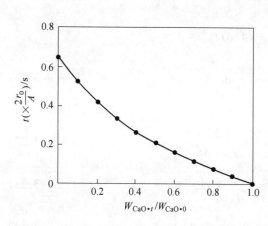

图 8-3-9　石灰溶解时间与石灰溶解率的关系　　　图 8-3-10　简化的 CaO-FeO-SiO_2 三元系状态图

表 8-3-1　参数 $a_0 \sim a_9$ 的数值

区域	$a_9 \times 10^5$	$a_0 \times 10^{-2}$	$a_1 \times 10^{-1}$	a_2	$a_3 \times 10^2$	$a_4 \times 10^1$	$a_5 \times 10^4$	$a_6 \times 10^8$	$a_7 \times 10^2$	$a_8 \times 10^3$
I	−33.1	3.868	−108.8	396.8	4146	−2.642	−1.801	1.380	124.0	−244.1
II	−50.83	6.108	−64.34	−1.38	6918	−9.389	0.9821	1.664	140.5	−104.6
III	0	2.938	6.282	3.456	0.9813	−5.199	1.169	1.329	−8.80	0
IV	1.632	−1.920	3.988	−0.8544	−1.015	3.541	−1.824	0.2928	−5.666	0.93
V	1.153	−30.04	3.168	4.989	−18.94	41.33	−18.65	28.32	−4.328	−1.414

由式（8-3-28）可见（FeO）/（SiO_2）大，T_b 高，则（CaO）$_{sat}$ 大。

文献［38］则提出用 CaO-FeO-SiO_2 三元相图直接查出（CaO）$_{sat}$。即将炉渣成分在相图上的坐标点与 CaO 顶点相连，其连线与 T_b 温度下的等温液相线相交的点所代表的 CaO 组分，便是该炉渣成分在 T_b 温度下的（CaO）$_{sat}$。

作者在文献［9］中提出：（CaO）/（SiO_2）<1.9 时，支配 CaO 渣化的主要因素是 Ca 自石灰的 2CaO·SiO_2 外壳向渣中扩散[12,38]，故（CaO）$_{sat}$ 应是三元相图中的 2CaO·SiO_2 点与炉渣成分的连线与液相线交点所表示的（CaO）值；否则像上述那样的求法，在 Δ（CaO）值不太大时，将产生较大误差。而（CaO）/（SiO_2）>1.9 时，支配 CaO 渣化的主要因素变

成了 Ca 自铁酸钙表面向渣中扩散[12]，故这时的 $(CaO)_{sat}$ 值应取 CaO-Fe_2O_3 边上 $T=T_b$ 时的液相点的 $w(CaO)$ 值。

值得指出的是，从 CaO-FeO_n-SiO_2 三元相图未见 $(CaO)_{sat}$ 随 T_b 和 $(SiO_2)/(FeO)_n$ 的增大而增大。但增大 T_b 对石灰渣化是有利的，而增大 $(SiO_2)/(FeO)_n$ 尽管可以使 $(CaO)_{sat}$ 增大，却往往使石灰渣化速度减慢，这时因为增大 $(SiO_2)/(FeO)_n$ 时，会使石灰表面沉积更厚更致密的 C_2S 外壳，以致石灰传质系数 k 降低的影响大于 $(CaO)_{sat}$ 增大的影响。故从提高 k 值有利于加速石灰渣化和保持吹炼平稳考虑，应选取合理的 $(SiO_2)/(FeO)_n$ 值。

8.3.3.6　传质系数 k

前人对石灰在渣中的传质系数的试验研究还不多。松岛雅章等人[38]在 1400℃ 和 $(CaO)/(SiO_2)=0.6\sim1.0$ 的 CaO-FeO_n-SiO_2 渣系中，通过石灰圆柱体旋转实验得出：

$$J = \frac{k}{u}Sc^{2/3} = 0.384\,Re^{-0.31} \qquad (8\text{-}3\text{-}29)$$

作者和范鹏等人[41]也在 1400℃ 和 $w(CaO)/w(SiO_2)=0.5\sim0.85$ 的 CaO-MgO（$=8.0\%$）-FeO_n-SiO_2 渣系中进行了石灰圆柱体旋转实验，但得出：

$$J = \frac{k}{u}Sc^{2/3} = 0.1172\,Re^{-0.393} \qquad (8\text{-}3\text{-}30)$$

式（8-3-30）用于计算[38]实验的结果时，其计算值与实测值相符。而式（8-3-29）用于计算[42]的实验结果时，则不相符。作者与孙亚琴等人[9]进一步在 $t=1400\sim1600℃$ 和 $(CaO)/(SiO_2)=0.5\sim2.5$ 的 CaO-MgO（$8.4\%\sim8.0\%$）-FeO_n-SiO_2 渣系中进行了石灰圆柱体旋转实验（图 8-3-11），得出：

$$J = \frac{k}{u}Sc^{2/3} = 0.1104\,Re^{-0.39}$$

$$(8\text{-}3\text{-}31)$$

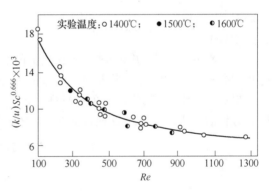

图 8-3-11　J 与 Re 的关系

以上 J 因子方程中：k 为 CaO 的传质系数，m/s；u 为石灰与炉渣间的相对运动速度，m/s；Sc 为施密特数（$=\eta/\rho_{sl}D$）；Re 为雷诺数（$=du\rho_{sl}/\eta$）；η 为炉渣黏度，$10^{-1}Pa\cdot s$；d 为石灰粒直径，m；ρ_{sl} 为炉渣密度，kg/m³；D 为石灰（Ca）的扩散系数，m²/s。

当 $(CaO)/(SiO_2)<1.9$ 时，式（8-3-5）可与前面所述的石灰溶解速度方程式直接联合应用，但当 $(CaO)/(SiO_2)>1.9$ 时，虽考虑石灰的有效反应面，即用 $S(1-\theta)$ 代替 S 后方可联用。

关于文献［38］提出的式（8-3-29）与式（8-3-30）和式（8-3-31）不同的原因，不是两者间的测试误差所致，而是在处理数据上对 $(CaO)_{sat}$ 和 D_{Ca} 的计算方法不同所致（详见文献［9］）。

8.3.3.7　石灰溶解速度的直观方程

解式（8-3-16）和式（8-3-31）可得：

$$-\frac{dr}{dt} = 1.104 \times 10^{-3} u^{0.61} \rho_{sl}^{1.276} \rho_{li}^{-1} d^{-0.39} D^{2/3} \eta^{-0.276} \Delta(CaO) \qquad (8\text{-}3\text{-}32)$$

但式（8-3-32）中的尾项 $D^{2/3}\eta^{-0.276}\Delta(CaO)$ 在生产中应用不便，且目前尚未建立它们的完整数据，故作者在文献［9］中提出了供生产者参考的直观方程：

$$-\frac{dr}{dt} = 1.104 \times 10^{-3} u^{0.61} \rho_{sl}^{1.276} \rho_{li}^{-1} d^{-0.39} [0.0854 + 1.88 \times 10^{-3}(CaO) - 0.1241$$

$$(CaO)/(SiO_2) + 0.103(FeO)/(SiO_2) + 0.129(MgO)/(SiO_2)] \exp(-115000/RT)$$

$$(8-3-33)$$

式中，$R = 8.3143J/(K \cdot mol)$。由此可见增大 CaO-炉渣之间的相对速度 u，采用密度（ρ_{li}）小和块度（d）小的石灰，提高炉渣中的（CaO）、（FeO_n）/（SiO_2）和（MgO）/（SiO_2），特别是提高熔池温度将有助于加速石灰溶解。

8.3.3.8　多孔石灰的溶解模型

C. A. Natelie 和 J. W. Evans[39]通过实验，从多孔石灰很快被炉渣渗透的情况出发，曾设想用"颗粒模型"（grain model）[47]来描述多孔石灰在渣中的溶解，即：

$$t \approx \frac{C_1(1-\varepsilon)[1-(1-x)^{1/F_g}]}{S_V} + \frac{C_2(1-\varepsilon)x^2}{\varepsilon^2} + \frac{C_3(1-\varepsilon)x}{\varepsilon^2} \qquad (8-3-34)$$

式中，t 为达到一给定溶解程度所需的时间；C_1，C_2，C_3 为物理几何常数；F_g 为形状系数，介于 1 ~ 3，这里取 2；S_V 为单位固体体积的孔表面积；x 为溶解程度，$x \equiv \dfrac{\Delta(Ca/Fe)_{时间t}}{\Delta(Ca/Fe)_{溶解停止时}}$；$\varepsilon$ 为孔隙度。

式（8-3-34）中的第一项代表孔壁上的晶粒溶解对整个过程的"阻力"，第二项代表晶粒向孔外扩散的阻力，最末项为外部传质的阻力。

根据 D、E、G 三种石灰在 88FeO-12SiO₂-10CaO 渣中于 1350℃下所做的实验结果，经回归分析后，求出适合于各种石灰的 C_1、C_2、C_3 值，见表 8-3-2。

表 8-3-2　各种石灰的 C_1、C_2、C_3 值

石灰	$\varepsilon/\%$	$S_V/m^2 \cdot g^{-1}$	$C_1(1-\varepsilon)/S_V$	$C_2(1-\varepsilon)/\varepsilon^2$	$C_3(1-\varepsilon)/\varepsilon^2$
D	44	1.05	385	3.2	6.0
E	33	0.55	663	6.6	12.6
G	23	0.38	1023	16.8	31.8

由图 8-3-12 可见，不论是单用式（8-3-34）的第一项来计算，还是用三项来计算，均得到符合实际的结果。这似乎说明，孔壁的溶解速度是过程限制性环节。即活性石灰的溶解速度与它的有效孔表面积成正比，作者认为，这个结论，在上述（FeO）= 88%的渣中是成立的（表 8-3-2 就是一个证明），文献[48]也曾报道，在纯氧化物渣中，软烧石灰的溶解速度比硬烧石灰快 4~5 倍，这又是一个证明。但这个结论对 FeO 低的硅酸盐渣不适用，因它不能解释在这些渣中，软烧石灰的溶解速度增加有限，例如，据文献［48］报道：在硅酸铁渣中，软

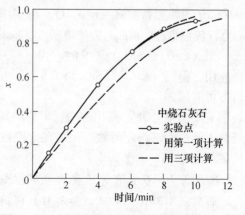

图 8-3-12　用圆盘实验结果来验证"颗粒模型"（即式（8-3-34））的匹配图[39,47]

烧石灰的溶解速度最多只高 1 倍，在硅酸钙渣中两者的差别更小。又据文献［52］报道：(FeO)<20% 时，软烧石灰与硬烧石灰的溶解速度没有什么差别。且上面的那个结论，不能解释在这些渣中搅拌运动的影响和靠近石灰外表面的溶解速度较孔壁快的原因。因此，一种较合适的修正意见是：多孔石灰的溶解速度由孔隙内壁的溶解和外部传质（包括有效反应界面，即扣除 C_2S 外占据的部分外）共同控制。这就是说多孔石灰的溶解速度同样遵守上述公式，只是其反应界面积应按下式（8-3-35）[12]计算：

$$S = S' + S'' \qquad\qquad (8\text{-}3\text{-}35)$$

$$S'_0 = 0.03 W_{石灰}(CaO)_{石灰}/r_0\rho_{石灰} \qquad m^2/100kg(铁水) \qquad (8\text{-}3\text{-}36)$$

$$S''_0 = \exp(9.08 - 1.41\times10^3 t_{水化}) \qquad m^2/kg(石灰) \qquad (8\text{-}3\text{-}37)$$

$$S_{(t)} = S'_{(t)} + S''_{(t)}$$

$$= 0.03 W_{石灰}(CaO)_{石灰}/r_0\rho_{石灰} + \frac{2}{r_0\rho_{石灰}}\int_0^\tau \frac{W(t)}{[1-\eta(t)]^{1/3}}d\tau +$$

$$0.01 W_{石灰}(CaO)_{石灰} \times [1-\eta(t)\exp(a-bt_{水化})] \qquad m^2/100kg(铁水) \quad (8\text{-}3\text{-}38)$$

式中　S，S_0，$S_{(t)}$——分别为石灰块总的、最初总的和时间 τ 瞬时的总面积；

$\qquad\qquad S'$，S'_0，$S'_{(t)}$——分别为石灰块外表面积、最初总的和时间 τ 瞬时的外表面积；

$\qquad\qquad S''$，S''_0，$S''_{(t)}$——分别为石灰块气孔的表面积、最初的和时间 τ 瞬时的气孔表面积；

$\qquad\qquad W_{石灰}$——每 100kg 生铁的石灰耗量，kg；

$\qquad\quad (\%CaO)_{石灰}$——石灰中的 CaO，%；

$\qquad\qquad\qquad r_0$——石灰块最初的平均半径，m；

$\qquad\qquad\quad \rho_{石灰}$——石灰的密度，$kg/m^3$；

$\qquad\qquad\quad t_{水化}$——根据 ГОСТ9189 的石灰水化时间，s；

$\qquad\qquad\quad \eta(t)$——时间 τ 瞬时石灰溶于炉渣的百分数，当已知渣中熔化的和未熔化的 CaO 含量（用化学分析测出）和渣量（用锰平衡法或加入渣中某一氧化物平衡法求出）时，可以算出 $\eta(t)$ 的值，$\eta(t) = \dfrac{100}{W_{石灰}(CaO)_{石灰}}\int_0^\tau W(\tau)d\tau$；

$\quad \exp(a\text{-}bt_{水化})$——式（8-3-38）的普遍形式，表示石灰气孔内表面积与石灰水化时间之间的关系；

$\qquad\qquad\qquad \alpha$——参与反应的内表面积分数，此值波动在 0～1 之间，与石灰质量、炉渣成分、熔池温度、熔池搅拌和反应的限制环节有关。

由上可见，采用密度小、块度小和水化时间短的石灰，将有助于提高总的石灰反应面积。但必须指出的是，活性石灰在大约 1600℃ 或以上时将迅速被再焙烧，而变成硬烧石灰[39]，特别在含 FeO 低、SiO_2 高的硅酸盐渣中，一旦被 C_2S 外壳包围，将失去气孔内表面积所提供的较大反应界面的优势，并将在 C_2S 外壳解除前被再焙烧成硬烧石灰。故活性石灰在含 FeO 高、SiO_2 低的炉渣和低于 1600℃ 下使用时才能充分发挥其气孔表面积大的优点，同时活性石灰也需要强化熔池搅拌，以阻止和破坏 C_2S 对它的包围。

8.3.3.9　结论

通过上述动力学剖析，对一些结论总结如下：

（1）提高石灰溶解速度的根本途径是提高石灰在渣中的传质系数（k），适当提高渣中的 FeO 含量以增大炉渣密度（ρ_s），采用密度（ρ_{CaO}）小的反应面积大的多孔石灰，以及提高石灰溶解的驱动力 $\Delta(CaO)$。

（2）提高石灰在渣中的传质系数的根本途径是：强化熔池搅拌，使石灰与熔池间的相对运动速度 $u \geqslant 0.2m/s$；控制 $(FeO)/(SiO_2) = 1.0 \sim 1.5$；采用适当的助熔剂，以改善炉渣的流动性。这样，不论熔池温度 $t_b = 1400℃$ 或 $1600℃$ 时，石灰块表面均不会沉积 C_2S 致密外壳。

（3）提高石灰溶解驱动力 $\Delta(CaO)$ 的根本途径是：提高熔池温度；采用适当的 $(FeO)/(SiO_2)$ 比值（如 1.0），避免采用过高的终渣碱度。

（4）缩短石灰渣化时间的根本途径是：提高石灰的渣化速度和采用小块多孔石灰。

（5）石灰的渣化量取决于熔池温度和渣量，任何过大的石灰加入量对终渣都是无益的。

（6）加速造好早期渣的根本途径是：采用热行的温度制度，控制前期末的温度为 $1450 \sim 1500℃$；头批料采用重料批，加入石灰总量的 2/3 ~ 3/4，并配加一定量的助熔剂；控制熔池搅拌速度 $u \geqslant 0.2m/s$；控制炉渣 $(FeO)/(SiO_2) = 1.0 \sim 1.5$；采用小块活性石灰。

（7）提高石灰渣化率的根本途径是：提高石灰溶解速度，采用小块多孔石灰和使石灰在加入后有足够的溶解时间（特别是最后一批料）；防止石灰加入量大于终点熔池温度和渣量允许的最大石灰渣化量；避免 CaO 过饱和型炉渣。

（8）整个冶炼过程中都要保持一个与 $(CaO)/(SiO_2)$ 相应的合理 $(FeO)/(SiO_2)$、u 和 t（℃），防止石灰被 C_2S 包围。

8.3.4　影响石灰溶解速度的因素

石灰在炉渣中的溶解是复杂的多相反应，其溶解过程分为三个步骤：

第一步：液态炉渣中的 FeO、MnO 等氧化物或其他熔剂通过扩散边界层向石灰块表面扩散（外部传质），并且液态炉渣顺石灰块中的孔隙、裂缝向石灰块内部迁移，同时其氧化物离子进一步向石灰晶格中扩散（内部传质）。

第二步：CaO 与炉渣进行化学反应形成新相。反应不仅在石灰块的外表面进行，而且也在石灰块内部孔隙的表面上进行。其反应生成物一般都是比 CaO 熔点低的固溶体及化合物。

第三步：反应产物离开反应区，通过扩散边界层向炉渣熔体中传递。

在此三个步骤中，第一和第三属于传质过程，它与一系列动力学因素有关，第二是化学反应过程，一般来讲，在高温下化学反应本身是非常迅速的。实践也证明，石灰的溶解速度属于扩散控制范围。也就是说取决于第一步和第三步，但第一步和第三步又是谁为主，谁为次，随什么条件变化，目前还是空白，需要我们去进一步研究。现只能说在渣中 FeO、MnO 含量足够的条件下（例如在吹炼前半期）石灰溶解过程的限制性环节乃是反应产物脱离反应表面（液相）进行相间传递。这时 CaO 的传质方程可写成：

$$\frac{\mathrm{d}W_{CaO}}{\mathrm{d}t} = ks\Delta(CaO) = \frac{SW_{CaO}\rho_s}{100r_{CaO}\rho_{CaO}}\frac{D}{\delta}\left[(CaO)_{sat} - (CaO)_b\right] \tag{8-3-39}$$

炉渣进入孔隙的渗透深度可写成:

$$x^2 = \frac{\sigma\cos\theta}{2\eta}r\tau \tag{8-3-40}$$

式中　　　k——传质系数, $k = av_C^{0.7}$;

δ——扩散边界层厚度, $\delta = D^{1/3}\nu^{1/6}\sqrt{\dfrac{L}{u}}$;

D——Ca 的扩散系数, $D = Be^{-(E_D/RT)}$;

L——离渣流对石灰块冲击点的距离, 它与石灰块度成正比;

ν——炉渣的运动黏度;

u——渣流的速度;

v_C——脱碳速度;

E_D——扩散活化能;

R——气体常数;

T——温度;

a, B——比例常数;

ρ_s, ρ_{CaO}——分别为渣和石灰的密度;

W_{CaO}, r_{CaO}——分别为石灰加入量和石灰颗粒半径;

x——渗透深度;

σ——炉渣表面张力;

θ——润湿角;

η——炉渣的动力学黏度;

r——毛细管半径;

τ——接触时间。

由式 (8-3-39) 和式 (8-3-40) 可见, 影响石灰溶解速度的因素有: 石灰的密度、粒度和孔隙度; 影响炉渣黏度、表面张力、CaO 饱和浓度和润湿角的炉渣成分; 熔池温度; 以及熔池搅拌强度。现分别讨论如下。

8.3.4.1 石灰质量的影响

石灰质量主要是指石灰的反应能力, 也即石灰吸附、吸收炉渣及与之反应的能力。由于反应能力与石灰的反应表面积成正比, 所以石灰的晶粒度愈小, 气孔率愈高, 比表面积愈大, 则石灰的反应能力愈强, 在炉渣中溶解愈快。同时石灰的活性愈强, 反应能力也愈强。实践证明, 软烧石灰的反应能力比硬烧石灰强, 吹炼中成渣速度快, 去 P、S 效果好。

8.3.4.2 炉渣成分的影响

炉渣成分对石灰溶解速度和炉渣黏度的影响如图 8-3-13 所示。由图中可以看出以下几点:

(1) 渣中 CaO 含量的影响。图 8-3-13 表明: 石灰被炉渣吸收的速度 (J_{CaO}) 与渣中

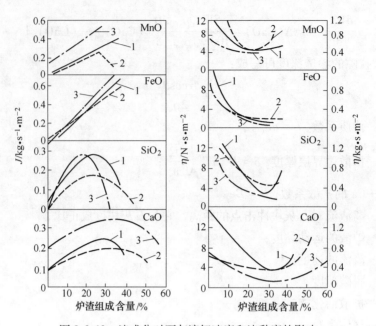

图 8-3-13　渣成分对石灰溶解速度和渣黏度的影响

1—0~33%冶炼时间，1400℃；2—34%~68%冶炼时间，1500℃；3—68%~100%冶炼时间，1580℃

（CaO）含量之间存在极值关系。J_{CaO} 随炉渣碱度和渣中（CaO）含量的增大而提高，超过一定限度后就成反比关系。这与炉渣黏度发生变化有关。在（CaO）含量增加到 30% ~ 35%之前，炉渣黏度是下降的，此时炉渣结构和流动单元发生了变化。而当（CaO）含量大于 35% ~ 40%时，已接近形成炉渣的多相状态，且此时石灰溶解的热力学推动力（CaO）$_{饱}$ -（CaO）$_{实}$ 已经减少了。

（2）渣中 SiO_2 含量的影响。在其他组分关系不变的情况下，渣中 SiO_2 含量增加，起初是炉渣变稀，见图 8-3-13，组成从多相区移向均相熔体区，使 Δ（CaO）值增加，同时炉渣对石灰吸收方面的活性增加。但当 SiO_2 含量超过一个最佳点后，SiO_2 继续增加会与 CaO 作用形成 C_2S 的致密外壳，从而阻碍熔剂向石灰块内的渗透，使石灰的溶解速度急剧降低。这种反作用的影响在 SiO_2 含量超过 30%时变得更为严重，因为炉渣的黏度由于硅氧离子的增大而提高了。

（3）渣中 FeO 和 MnO 含量的影响。从图 8-3-13 可见：石灰的溶解速度随渣中 FeO、MnO 含量的增大而增大，这是由于它们能与 CaO 结合形成低熔点的化合物和降低炉渣黏度。在所有情况下，初渣的形成（出现 C_2S 相）都是首先经过石灰与渣中 FeO、MnO、SiO_2作用形成最初的结构相——钙镁橄榄石——它是初期渣中开始结晶的唯一相。并占88%~91%的绝对优势，随后初期渣相变的第一种产物——原硅酸盐（$2CaO \cdot SiO_2$、$2MnO \cdot SiO_2$）则是在 Mn^{2+} 参与下被形成和分解，即在初期渣中，有 MnO 存在时原硅酸盐的形成和分解要早；同时，$FeO\text{-}MnO\text{-}SiO_2$ 渣系比 $FeO\text{-}Fe_2O_3\text{-}SiO_2$ 渣系的黏度小。所以 MnO 对早期石灰的溶解和初渣的形成是十分重要的。MnO 的这种作用是 FeO 所不能取代和补偿的。若用 FeO 代替 MnO，则会使初渣相变减缓，并增加其氧化性。但在一定范围内增加炉渣氧化性（以不发生喷溅为限）可以改善石灰的溶解。试验指出：生铁含［Mn］量不低于0.4%~0.5%时，可以通过增加氧化铁的措施来补偿；而低于0.4%~0.5%时，则增加氧化铁也难补偿，还需采取其他措施。

（4）渣中 MgO 含量的影响。在一般氧气转炉渣中加入 MgO≤6%对石灰的溶解过程是有利的。但超过6%后，对石灰溶解不利，如图8-3-14所示。

综上所述，炉渣成分对石灰溶解速度的影响可用式（8-3-41）表述：

$$J_{CaO} \approx k[(CaO) + 1.35(MgO) - 1.09(SiO_2) + 2.75(FeO) + 1.9(MnO) - 39.1]$$

$$(8-3-41)$$

式中，J_{CaO} 为石灰在渣中溶解速度，$kg/(m^2 \cdot s)$；（CaO）、（MgO）等为渣中相应氧化物的质量百分数；k 为比例系数。

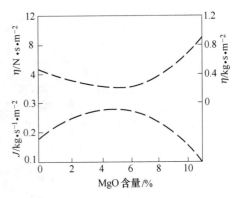

图 8-3-14　渣中（MgO）与 J_{CaO} 以及熔
渣黏度的关系

从式（8-3-41）可以看出：对生产中常见的炉渣体系而言，FeO、MnO、MgO、CaO 含量的提高（在它们一般的变化范围内），对石灰渣化具有决定性的影响。在通常的氧气转炉炼钢条件下，石灰的主要熔剂是 FeO，因为提高炉渣的氧化性能最大限度地降低炉渣黏度，同时提高 FeO、Fe_2O_3、MnO 含量后，炉渣对石灰的润湿和浸透孔隙的条件均得到根本的改善，这是由于固体表面上所形成的润湿角减小和炉渣表面张力增加了的缘故。另外，FeO 的离子（Fe^{2+}、Fe^{3+}、O^{2-}）尺寸较小（$r_{Fe^{2+}} = 0.083nm$，$r_{Fe^{3+}} = 0.067nm$，$r_{O^{2-}} = 0.132nm$），并且它的结构同 CaO 一样均为立方晶系。这些均便于氧化铁在石灰晶格中迁移和扩散，以形成熔点很低的溶液和铁酸钙（$CaO \cdot Fe_2O_3$，1200℃）。同时 FeO 还能渗透 C_2S 硬壳并在 C_2S 中扩散，形成熔点较低的铁黄长石（$2CaO \cdot Fe_2O_3 \cdot SiO_2$），破坏 C_2S 硬壳的致密性和连续性。

硅酸盐和铝酸盐，由于它们的离子尺寸较大，在向石灰的渗透过程中会遇到一定的困难，所以它们不可能成为石灰的主要熔剂。

8.3.4.3　熔池温度的影响

图 8-3-15 是 Bardenhuer 虚拟的 $CaO'-SiO_2'-FeO'$ 三元系相图。从该图可以看出，炉渣的温度和氧化性对石灰的溶解过程起着相当大的作用。

随着温度的提高，激烈熔解石灰的炉渣区域扩大。故吹炼前期采用热行的温度制度是必要的。一般来讲，块状石灰激烈熔解的温度波动在 1450~1550℃ 范围内，并且它总是高于炉渣的熔点，所以，只有在炉渣具有一定过热度的情况下，当超过了石灰块表面所形成的固溶体和化合物的熔点时，石灰的渣化才能加快。另外，采用热行温度制度可降低炉渣黏度，有利于外部传质和提高 $w(CaO)_{饱和}$ 值。

据报道[49]，印度的 Bokaro 厂 100t 转炉将废钢的加入时间推迟在开吹后 15%~40% 的区间，从而使早期的熔池温度升高 150~300℃，初渣碱度从原来的 1.0~1.4 提升到平均 2.5。并改善了成渣路径（图8-3-16），使钢水收得率提高 1.8%~2.0%。

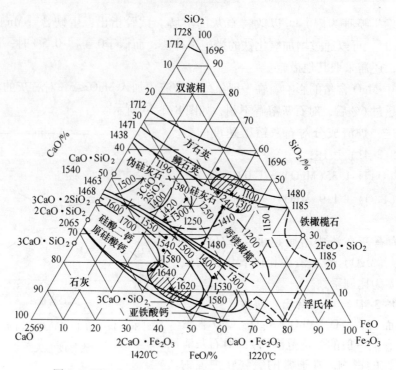

图 8-3-15　CaO′-SiO₂′-FeO′虚拟三元相图（Bardenhuer）

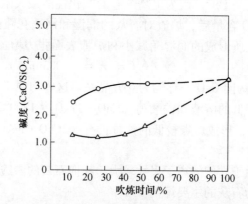

图 8-3-16　Bokaro 厂 100t 转炉吹炼过程中炉渣碱度的变化

8.3.4.4　比渣量的影响

所谓比渣量是指已熔炉渣和未熔石灰量之比。生产实践表明：采用留渣法，"少量多批"加入第二批石灰的方法对促进石灰溶解是有利的。

8.3.4.5　熔池搅拌的影响

熔池搅拌强烈而均匀是石灰溶解的重要动力学条件。返量因为它能促进渣中的 FeO、MnO 等向石灰表面和内部扩散，并使石灰与炉渣反应生成的新熔体离开石灰表面而加速向渣中迁移，同时又促进石灰表面的 C₂S 外壳破裂，从而加速石灰的溶解。

在顶吹转炉中，熔池的搅拌强度主要取决于脱碳速度，石灰溶于炉渣中的传质系数和脱碳速度的关系如下：

$$k = a v_C^{0.7}$$

$$(8-3-42)$$

　　而顶吹转炉，在冶炼前期往往是 FeO 有余而 v_C 偏小；在冶炼中期则是 v_C 偏高而 FeO 过低。

　　作者[9]把式（8-3-41）和式（8-3-42）的因素综合在一起考虑后，给出了转炉冶炼条件下，石灰溶解速度的近似方程式：

$$J_{CaO} \approx k\left[(CaO)+1.35(MgO)-1.09(SiO_2)+2.75(FeO)+\right.$$

$$\left.1.9(MnO)-39.1\right]\exp\left\{-\frac{2550}{T}\right\}v_C^{0.7}G^{0.5} \qquad (8\text{-}3\text{-}43)$$

式中，G 为石灰量。由式（8-3-43）可见，在顶吹转炉操作中，控制（FeO）与 v_C 之间保持一个合理的比值是十分必要的。

参 考 文 献

[1] 特列恰柯夫 E B，等. 氧气转炉造渣制度［M］. 北京：冶金工业出版社，1975.

[2] Trömel G, Görl E. Stahl u Eisen, 1963, 83：1435.

[3] Hachtel L, et al. Archir. Eisenhüttenw., 1972, 43：361.

[4] Oeters F, Scheel R. Archir. Eisenhüttenw., 1974, 45：575.

[5] Bardenheuer et al. Stahl u Eisen, 1968, 88：1283.

[6] 首钢钢研所. 碱性氧气炼钢的反应机理［C］. 见：国外氧气顶吹转炉炼钢文献，第九辑，1973：13 -38（译自 Iron and Steel, 1972（3-5））.

[7] 松岛雅章，等. 铁与钢，1976（2）：18 -26.

[8] Li Yuanzhou, et al. Proceedings of Shenyang Symposium on Lime- Based Slagforming, Refing & Alloying Powders, Casting Mold Fluxes in Iron and Steel Industry, 1988, I：75 -86.

[9] 李远州，等. 固体石灰在 CaO-MgO（=7.4%）-FeO$_n$-SiO$_2$ 渣系中的溶解速度实验研究［J］. 钢铁，1989, 24（11）：22-28.

[10] 尾上，石井，植村，成田. The 4th Japan- USSR Toint Symp. on Phys. Chem. of Metall. Proc. ISIJ, 1973：100.

[11] Kita Y, Morita Z. Proceedings of Shenyang Symposium on Lime-Based Slagforming, Refing & Alloying Powders, Casting Mold Fluxes in Iron and Steel Industry. 1988. I：54-66.

[12] 特列恰柯夫 E B，等. 氧气转炉造渣制度［M］. 北京：冶金工业出版社，1975：18-36.

[13] 张圣弼，李道子，编. 相图原理、计算及在冶金中的应用［M］. 北京：冶金工业出版社，1986：272-274.

[14] 李远州，等. CaO-MgO$_{sat}$-MnO-FeO$_n$-SiO$_2$-P$_2$O$_5$ 渣系与金属液之间的磷平衡分配比的实验研究［J］. 钢铁，1993,（1）：15-21.

[15] 李远州. 石灰在碱性氧化渣中的溶解动力学（见 8.3.3 节）.

[16] 李远州，等. 第四届冶金过程动力学和反应工程学学术会议论文集［C］. 中国，马鞍山：1988：47-58.

[17] Trömel G, et al. Archiv. Eisenh., 1969, 40(12)：969.

[18] 张圣弼，李道子，编. 相图原理、计算及在冶金中的应用［M］. 北京：冶金工业出版社，1986：338-119.

[19] Trömel G, Görl E. Stahl und Eisen, 1963, 83：1435.

[20] Bardenheuer F, von Ende H, Oberhäuser P G. Stahl und Eisen, 1968, 88：1283.

[21] Schürmann E, Nürnberg K, Ullrich W, Overkott E. Archiv. Eisenhüttenw., 1968, 39：815.

[22] Meyer H W, et al. J. Met., 1968, 20：35.

[23] Tartarcn F X, Ruschak I D. Report of Inverstigation, US Bureau of Mines, 6901, 1967.

[24] Obst K H, Stradtmann J. Archiv. Eisenhüttenw., 1969, 40：619.

[25] Obst K H, Stradtmann J, Trömel G, Iron Steel Inst., 1970, 208：450.

[26] Noguchi F, et al. World Min. Metall. Tech., 1970. Chap. 43：685.

[27] Anderson L C, Vernon J J. Iron Steel Inst., 1970, 208：329-335.

[28] Boichenko B M, Baptizmanskii V I, Kotemetskii O N, Trubavin V I, Steel USSR, 1971（1）：204-205.

[29] Scheel R, Oeters F, Archiv. Eisenhüttenw., 1971, 42：769.

[30] Hachtel L, Fix W, Trömel G, Archiv. Eisenhüttenw., 1972, 43：361.

[31] Bardenheuer F, Kauder G, Von Wedel K. Archiv. Eisenhüttenw., 1973, 44：111.

[32] Turkdogan E T, et al. Trans. Soc. Min. Eng. AIME, 1973, 254：9.

[33] Oeters F, Scheel R. Archiv. Eisenhüttenw., 1974, 45：575.

[34] 木村, 柳ケ赖, 野口, 植田. 金属誌, 1974, 38：226.

[35] Pehlke R D, Klaas P F, National Lime Association, Universiay of Michigan, 1966.

[36] 柳井, 山田. The 4th Japan-USSR Joint Symp. On Phys. Chem. of Metall. Proc ISIJ, 1973：113.

[37] Baptizmanskii V I, Yaroshenko N I, Steel USSR, 1976（6）：197-198.

[38] 松岛雅章, 矢動丸成行, 森克己, 川和保治. 鉄と鋼, 1976（2）：182-190.

[39] Natalie C A, Evans J W, Ironmaking and Steelmaking, 1979（3）：101-109.

[40] Williams P, et al. Ironmaking and Steelmaking, 1982（4）：150-162.

[41] 李远州, 范鹏, 等. 固体石灰在 CaO- MgO（= 7.4%）- FeO$_n$- SiO$_2$ 渣系中的溶解速度实验研究 [C] // 冶金石灰, 精炼粉剂和浇铸保护渣国际技术交流和学术讨论会议论文集, 1988：1-75.

[42] 喜多善史, 等. 冶金石灰, 精炼粉剂和浇铸保护渣国际技术交流和学术讨论会议论文集 [C]. 1988：I -54.

[43] Hilty D C, et al. Electric Furnace Steelmaking, 1963, 11：189.

[44] 浅井, 鞭严. 鉄と鋼, 1969, 55：122.

[45] 三轮, 浅井, 鞭严. 鉄と鋼, 1970, 56：1677.

[46] Muan A, et al. Phase Equilibria Among Oxides in Steelmaking [M]. Addison Wesley, 1965：113.

[47] Szekely J, et al. Gas-Solid Reactions（Chap. 4）[M]. 1976, New York：Academic Press, 1976.

[48] 首钢钢研所. 硬烧和软烧石灰在氧气顶吹转炉渣中的溶解过程 [C]. 见：国外氧气顶吹转炉炼钢文献, 第九辑, 1973：72-83（译自 Stahl und Eisen, 1967：1071-1077）.

[49] Masui A, et al. The role of slag in basic oxygen steelmaking processes [C]. Mcmaster Symposium, 1976：3-1.

8.4　对转炉脱磷碱度和石灰用量公式的商榷

目前一般使用铁水 [P]>0.1% 的转炉炼钢厂, 其操作规程均规定其炉渣碱度：

$$R_1 = \frac{(CaO)}{(SiO_2) + (P_2O_5)} \tag{8-4-1}$$

按 $R_1 = 3.5 \sim 4.0$ 计, 石灰加入量则按式（8-4-2）计算：

$$W_{石灰} = 21([Si] + [P]) \times R_1 \times 100/(CaO)_{ef \cdot 石灰}$$
$$= 7350 \sim 8400([Si] + [P])/(CaO)_{ef \cdot 石灰} \quad kg/t \tag{8-4-2}$$

以致石灰消耗高, (ΣFeO) 高, f_{CaO} 高, 喷溅严重, 金属损耗大, 吃废钢少, 脱磷分配比小、偏离平衡常数大、去磷效果差。为此, 本节根据文献 [1~4] 对磷在炉渣中矿相结构的研究, 探讨了更能反映脱磷反应实际的炉渣碱度公式和脱磷真正需要的 CaO 数量及其计算公式。

8.4.1 脱磷炉渣碱度公式

根据文献［1~4］对磷在渣中矿相变化的实验研究[6]：P_2O_5 是在 SiO_2 完全形成 C_2S 之后才生成 $3CaO \cdot P_2O_5$（即 C_3P），且 C_3P 在硅酸盐渣中不单独存在，而主要固溶于 C_2S 中，不是 C_3S，更不是 C_2F 或 C_3F 中。由此，可以认为脱磷所需的石灰量应按下述反应公式进行推算：

$$2(CaO) + (SiO_2) === 2CaO \cdot SiO_2 \qquad (8\text{-}4\text{-}3)$$

$$3(CaO) + (P_2O_5) === 3CaO \cdot P_2O_5 \qquad (8\text{-}4\text{-}4)$$

或

$$3(CaO) + (SiO_2) === 3CaO \cdot SiO_2 \qquad (8\text{-}4\text{-}5)$$

$$4(CaO) + (P_2O_5) === 4CaO \cdot P_2O_5 \qquad (8\text{-}4\text{-}6)$$

由式（8-3-3）和式（8-3-4）得所需 CaO 摩尔数为：

$$n_{CaO} = 2n_{SiO_2} + 3n_{P_2O_5} \qquad (8\text{-}4\text{-}7)$$

由式（8-3-5）和式（8-3-6）则得：

$$n_{CaO} = 3n_{SiO_2} + 4n_{P_2O_5} \qquad (8\text{-}4\text{-}8)$$

故若定义脱磷渣碱度为：

$$R_2 = \frac{n_{CaO}}{n_{SiO_2} + n_{P_2O_5}} \qquad (8\text{-}4\text{-}9)$$

如取 $R_2 = 3$，则 $n_{CaO} = 3(n_{SiO_2} + n_{P_2O_5}) > (2n_{SiO_2} + 3n_{P_2O_5})$，说明取 $R_2 = 3$ 可充分满足第一组脱磷反应所需的石灰且有余；取 $R_2 = 4$，则 $n_{CaO} = 4(n_{SiO_2} + n_{P_2O_5}) > (3n_{SiO_2} + 4n_{P_2O_5})$，说明 $R_2 = 4$ 时可满足第二组脱磷所需石灰且有余。故可用式（8-4-9）定义脱磷渣碱度，并取 $R_2 = 2.5 \sim 4.0$ 计算脱磷所需的石灰用量。

为了应用方便，现将用摩尔数表示的 R_2 换做为质量表示法，即：

$$R_2 = \frac{(CaO)/56}{(SiO_2)/60 + (P_2O_5)/142} = \frac{(CaO)}{0.93(SiO_2) + 0.394(P_2O_5)} \qquad (8\text{-}4\text{-}10)$$

通过以上讨论，不难想象，当取不同的 R_2 时，将形成不同的炉渣矿相结构，见表8-4-1。

表 8-4-1 不同 R_2 下的炉渣主要矿相推测

R_2	矿 相 组 成
2.5	C_2S，C_3P
3.0	C_2S，C_3S，C_3P
3.5	C_4P，C_3S，C_3P
4.0	C_4P，C_3S，C_3P，CA，CF

8.4.2 石灰加入量公式

8.4.2.1 供计算石灰量用的生白云石估算式

生白云石估量可用式（8-4-11）：

$$W_{生白云石} = \frac{W_{SL} \times (MgO)_{SL}}{(MgO)_{ef \cdot 生白}} \qquad kg/t \qquad (8\text{-}4\text{-}11)$$

式中

$$W_{SL} = \frac{(R+1) \times 2.14 [Si]_{HM} \times 1000}{85 - (\sum FeO)} \qquad kg/t$$

$$R = \frac{(CaO)}{(SiO_2)}$$

$$(MgO)_{SL} = (MgO)_{sat}$$

若取 $(\sum FeO) = 25$，则可定 $(MgO)_{SL} = 6$（当 $R = 4$）时，$(MgO)_{ef \cdot 生白} \approx 20$。
将它们代入式（8-4-11）后得：

$$W_{生白云石} = 10.7(R+1)[Si]_{HM} \qquad kg/t \qquad (8\text{-}4\text{-}12)$$

8.4.2.2　石灰加入量公式

由式（8-4-12）可得：

$$W_{CaO} = [9.3 (SiO_2) + 3.94 (P_2O_5)] \times R_2 = (20[Si]_{HM} + 9[P]_{HM}) \times R_2 \qquad kg/t$$
$$(8\text{-}4\text{-}13)$$

而

$$W_{CaO} = W_{石灰} \times (CaO)_{ef \cdot 石灰} - W_{生白} \times (CaO)_{ef \cdot 生白} \qquad (8\text{-}4\text{-}14)$$

所以

$$W_{CaO} = \frac{(20[Si]_{HM} + 9[P]_{HM}) \times R_2 - 10.7(R+1)[Si]_{HM}(CaO)_{ef \cdot 生白}/100}{(CaO)_{ef \cdot 石灰}/100}$$
$$(8\text{-}4\text{-}15)$$

比较 R_2 和 R，可得：

$$\frac{R}{R_2} = \frac{0.93(SiO_2) + 0.395(P_2O_5)}{(SiO_2)} \qquad (8\text{-}4\text{-}16)$$

$$R = \left(0.93 + 0.42 \frac{[P]_{HM}}{[Si]_{HM}}\right) \times R_2 \qquad (8\text{-}4\text{-}17)$$

令

$$0.93 + 0.42 \frac{[P]_{HM}}{[Si]_{HM}} = a$$

设 $[P]_{HM} = 0.2$，由表8-4-2可见 a 随 $[Si]_{HM}$ 的增大而减小，为了计算简便，取 $R = 1.05R_2$ 和 $[P] = 0.2$，a 与 $[Si]_{HM}$ 的关系见表8-4-2。

$(CaO)_{ef \cdot 生白} = 30$ 代入式（8-4-15），得

$$W_{石灰} = \frac{\left\{20 - \left(3.37 + \frac{3.21}{R_2}\right)[Si]_{HM} + 9[P]_{HM}\right\} \times R_2 \times 100}{(CaO)_{ef \cdot 石灰}}$$

$$= \frac{\{(15.6 \sim 15.8)[Si]_{HM} + 9[P]_{HM}\} \times R_2 \times 100}{(CaO)_{ef \cdot 石灰}}$$

$$= \frac{(16[Si]_{HM} + 9[P]_{HM}) \times R_2 \times 100}{(CaO)_{ef \cdot 石灰}} \qquad (8\text{-}4\text{-}18)$$

若设 $(CaO)_{ef \cdot 石灰} = 85$

$$W_{石灰} = (18.8[Si]_{HM} + 10.6[P]_{HM}) \times R_2 \qquad kg/t \qquad (8\text{-}4\text{-}19)$$

表 8-4-2 a 与 $[Si]_{HM}$ 的关系

$[Si]_{HM}$	0.5	0.6	0.7	0.8	0.9	1.0
a	1.098	1.07	1.05	1.035	1.023	1.014

8.4.3 白云石加入量公式

合理的炉衬维护是既防炉衬侵蚀又防炉底上涨，故宜控制 $(MgO) \approx (MgO)_{sat}$；而加速石灰渣化也需要控制 $(MgO) \approx (MgO)_{sat}$[5]；故合理的白云石制度是供石灰沿 $(MgO) \approx (MgO)_{sat}$ 的路线进行渣化的制度。而现行操作规程中，只有石灰加入量公式，却无白云石加入量公式，仅根据文献[6]的结论：当 $R \geq 2$ 时，$(MgO)_{sat} = 6\% \sim 8\%$，不再受 T、R 和 (TFe) 的影响，作了终渣 (MgO) 控制在 $6\% \sim 7\%$ 左右的规定，对初渣 (MgO) 控制范围则未作规定，白云石的批料制度也就未作规定。且文献[6]的结论并不完全正确。故导致一些转炉厂的白云石加入制度混乱和不合理，如有的为了省热不加；有的则为了护炉大量加和集中在头批料加；更多是心中无标准，只能凭感觉加，各班的白云石用量和加入制度也大不相同，以致影响吹炼的顺利进行和各项技术经济指标。为此根据对 $(MgO)_{sat}$ 模型的研究[7]和最佳化初渣、终渣标准的定义[8]，遵照控制过程渣$(MgO) \approx 0.85 (MgO)_{sat}$的白云石造渣制度，白云石加入量可用如下公式计算。

8.4.3.1 全炉的白云石加入量 $W_{白云(全)}$

$$W_{白云(全)} = \frac{0.85 W_{SL(终)} \times (MgO)_{SL(终)}}{(MgO)_{ef \cdot 白云}} \tag{8-4-20}$$

$$W_{SL(终)} = \frac{(R_{终}+1) \times 2.14 [Si]_{HM} \times 1000}{85 - (\sum FeO)_{终}} \tag{8-4-21}$$

$$lg (MgO)_{SL(终)} = lg (MgO)_{1873K} - \frac{6000 (1873-T)}{1873 \times T} \tag{8-4-22}$$

$$(MgO)_{1873K} = 22.76 - 1.917 R_{终} - 7.364 lg (TFe) \tag{8-4-23a}$$

$$(MgO)_{1873K} = 21.41 - 0.084 R_{终} - 0.163 lg (TFe)_{终} -$$
$$4.42 (P_2O_5)_{终} + 1.564 (MnO)_{终} \tag{8-4-23b}$$

若命 $R_{终} = 4.2$（相当于 $R_2 = 4.0$），$(TFe) = 19.44\%$，$(P_2O_5)_{终} = 3.5\%$，$(MnO)_{终} = 2.0\%$，$T = 1953K$，$(MgO)_{ef \cdot 生白} = 20\%$，$(MgO)_{ef \cdot 熟白} = 40\%$，并将它们分别代入式（8-4-23）、式（8-4-22）、式（8-4-21）、式（8-4-20）后可得：

（1）$(MgO)_{终(1953K)} = 7.05\%$（8-4-23a）或$(MgO)_{(终1953K)} = 7.5\%$ （8-4-23c）

（注：$(MgO)_{终(1900K)} = 5.8\%$ 或 6.28%，与文献[9]同样条件下 $(MgO) = 6\%$ 基本相同。）

（2）$W_{熟白(全)} = 5.35 (R+1) [Si]_{HM}$ （8-4-24）

（3）$W_{生白(全)} = 10.7 (R+1) [Si]_{HM}$ （8-4-25）

若 $R_{终} = 4.2$，$w[Si]_{HM} = 0.7\%$，则 $W_{熟白(全)} = 19.5 kg/t$，与文献[9]相符，$W_{生白(全)} = 39.0 kg/t$。而中小转炉由于吹炼前期热量不足，全炉一般只加约 15kg（生白）/t，并与头批料一次加入，其不足之量看来就由每班一次的补炉料（焦油熟白）来补足了。这样耗费吹炼前期热量的生白用料既不可取，靠吃补炉料来补足生白未能满足炉渣对（MgO）的"食欲"则更不可取。如其这样，不如将 15kg（生白）/t 改为 20~23kg（熟白）/t，分前后两期加入较为合理。

8.4.3.2　吹炼前期的白云石加入量 $W_{白云(前)}$

$$W_{白云(前)} = \frac{0.85W_{SL(初)} \times (MgO)_{SL(初)}}{(MgO)_{ef \cdot 白云}} \tag{8-4-26}$$

$$W_{SL(初)} = \frac{(R_{初}+1) \times 2.14[Si]_{HM} \times 1000}{85-(\sum FeO)_{初}} \tag{8-4-27}$$

$$\lg(MgO)_{SL(初) \cdot 1723K} = \lg(MgO)_{1873K} - 0.279 \tag{8-4-28}$$

$$(MgO)_{初 \cdot 1873K} = 25.09 - 1.917R_{初} - 7.364\lg(TFe) \tag{8-4-29}$$

若命 $R_{终}=1.8$，$(\sum FeO)=20\%$（即（TFe）=15.56%），$T_{初}=1723K$，并将它们分别代入式（8-4-29）、式（8-4-28）、式（8-4-27）、式（8-4-26）后可得：

(1) $w(MgO)_{初(1723K)} = 6.76\%$

(2) $W_{熟白(前)} = 4.73(R_{初}+1)[Si]_{HM}$ $\tag{8-4-30}$

(3) $W_{生白(前)} = 9.46(R_{初}+1)[Si]_{HM}$ $\tag{8-4-31}$

故当 $R_{初}=1.8$，$[Si]_{HM}=0.7\%$，头批料应加 $W_{熟白(前)}=9.2kg/t$，或 $W_{生白(前)}=18.5kg/t$。

8.4.3.3　第二期白云石加入量 $W_{白云(后)}$

$$W_{白云(全)} = W_{白云(前)} + W_{白云(后)} \tag{8-4-32}$$

$$W_{熟白(后)} = (5.35R_{终} - 4.73R_{初} + 0.62)[Si]_{HM} \tag{8-4-33}$$

$$W_{生白(后)} = (10.7R_{终} - 9.46R_{初} + 1.24)[Si]_{HM} \tag{8-4-34}$$

8.4.4　讨论

8.4.4.1　各种公式表述的碱度 R_i 与 k_P（$= \frac{(P)}{[P](\sum FeO)^{2.5}}$）的相关性

通过对 15t 顶吹氧气转炉最佳化造渣工艺工业性验证试验的 40 炉预拉碳时的数据，按

$$\lg k_P = a_0 + \frac{a_1}{T} + R_i(i = 1 \sim 6) \tag{8-4-35}$$

进行多元回归，式中：

$$R_1 = \frac{(CaO)}{(SiO_2) + (P_2O_5)} \tag{8-4-36}$$

$$R_2 = \frac{(CaO)}{0.93(SiO_2) + 0.394(P_2O_5)} \tag{8-4-37}$$

$$R_3 = \frac{(CaO) - 1.18(P_2O_5)}{(SiO_2)} \tag{8-4-38}$$

$$R_4 = \frac{(CaO) + 0.7(MgO)}{(SiO_2) + 0.85(P_2O_5)} \tag{8-4-39}$$

$$R_5 = \frac{(CaO) + 0.7(MgO)}{0.93(SiO_2) + 0.394(P_2O_5)} \tag{8-4-40}$$

$$R_6 = \frac{(CaO)}{(SiO_2)} = R \qquad (8\text{-}4\text{-}41)$$

得到不同 R_i 表述的回归式的 R、F 和 S 值，见表 8-4-3，从表中可以看出，以目前操作规程定义的炉渣碱度 R_1 的回归式的可信度最差，R_4 和 R_5 的可信度最好。这说明取 R_2 计算石灰加入量是留有余地的和可信的。

表 8-4-3 各个 $\lg k_P$ 回归式的 R、F 和 S 值

R_i	R	F	S
R_1	0.29	1.71	0.213
R_2	0.301	1.84	0.212
R_3	0.304	1.89	0.212
R_4	0.37	2.9	0.207
R_5	0.37	2.9	0.207
R_6	0.307	1.92	0.212

8.4.4.2 R_i 当量比及 R 和 R_i 与 f_{CaO} 的关系

在同一炉渣成分下，可得 R_i 当量比如下：

(1) $\dfrac{R}{R_1} = 1 + 0.7\dfrac{[P]}{[Si]}$，即 $1R_1$ 相当于 $\left(1 + 0.7\dfrac{[P]}{[Si]}\right)$ 倍 R。由此不难看出铁水含磷愈高或 $[P]/[Si]$ 愈大，则按 R_1 确定的石灰加入量势必造成更大的渣量，更高的碱度 R 和 f_{CaO}。

(2) $\dfrac{R}{R_2} = 0.93 + 0.42\dfrac{[P]}{[Si]}$，即 1 单位 R_1 相当于 $\left(0.93 + 0.42\dfrac{[P]}{[Si]}\right)$ 倍 R。即在 $[P] = 0.2\%$，$[Si] = 0.7\%$ 时，$1R_2 \approx 1.05R$，$1R_1 \approx 1.31R$，$1R_2 \approx 0.8R_1$；在 $[P] = 0.3\%$，$[Si] = 0.6\%$ 时，$1R_2 \approx 1.14R$，$1R_1 \approx 1.54R$，$1R_2 \approx 0.74R_1$；如 R_1 和 R_2 均按规定取 3.5~4.0，则 f_{CaO} 可用式 (8-4-42) 估算[10]：

$$f_{CaO} = 0.232 R^{2.533} \qquad (8\text{-}4\text{-}42)$$

得出不同 $[P]$、$[Si]$ 含量下，分别取 R_1 和 R_2 为 3.5 和 4.0 时的 f_{CaO} 值，见表 8-4-4。

表 8-4-4 分别取 R_1 和 R_2 为 3.5~4.0 时的 f_{CaO} 值

$[Si]_{HM}/\%$	$[P]_{HM}/\%$	R/f_{CaO}	R_1		R_2	
			3.5	4.0	3.5	4.0
0.6	0.3	R	5.39	6.16	3.99	4.56
		f_{CaO}	16.54	23.2	7.72	10.83
0.7	0.2	R	4.59	5.24	3.68	4.2
		f_{CaO}	10.98	15.4	6.27	8.79

由此不难看出取 R_1 定义的碱度，虽似乎只取了 4.0，实则为 5 以上，所以马钢、原上钢三厂中的 f_{CaO} 高，如图 8-4-1、图 8-4-2 所示，石灰消耗高，渣量大，喷溅严重，金属吹损大。故宜以 R_2 定义碱度。它虽较 R 复杂，但所确定的 $W_{石灰}$ 量较之符合实际。

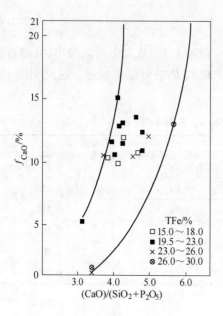

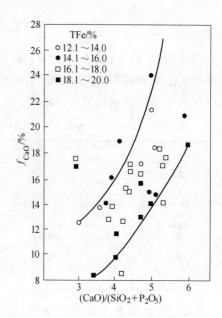

图 8-4-1　原上钢三厂渣中 f_{CaO} 与
　　　　碱度和（TFe）的关系

图 8-4-2　马钢 50t 复吹转炉渣中 f_{CaO} 与
　　　　碱度和（TFe）的关系

8.4.4.3　R_2 值如何选定

前面已从理论上分析了 R_2 的最小取值为 2.5，最大为 4.0。人们也许要问，这会不会小了，有保险系数吗，实际可行吗，在不同的铁水含磷条件下是否不同？现我们不妨看两组试验数据，一组是文献［11］报道的法国试验数据，一组是原上钢五厂 15t 顶吹转炉最佳化造渣工艺工业性验证试验数据，表 8-4-5～表 8-4-7 所示。

表 8-4-5　LD 法和 LBE 法冶炼低磷铁水的生产试验结果

方法	$[P]_0$ /%	$[P]_F$ /%	R'	R	R_2	（TFe） /%	（P_2O_5） /%	（MgO） /%	CaF_2 /kg·t^{-1}	$\dfrac{(P_2O_5)}{[P]^2}$	$\dfrac{(P)}{[P]}$
LD	0.103	0.015	3.0	2.5	2.6	16	1.35	9	2.5	6000	393
LBE	0.103	0.015	2.7	2.26	2.4	13.5	1.56	9	2.0	7000	45.9
LD	0.103	0.018	2.8	2.32	2.42	15.7	1.35	9	2.25	5000	39.3
LBE	0.103	0.012	2.8	234	2.44	15.7	1.58	9	2.25	11000	57.6

注：1. $T = 1680℃$；2. $R' = \dfrac{(CaO) + 1.4(MgO)}{(SiO_2) + 0.84(P_2O_5)}$；3. （MgO）为设定值，$R_2$；4. R 和（P_2O_5）为推算值。

表 8-4-5 中的 $R = \dfrac{(CaO)}{(SiO_2)}$ 按下列方程解得：

$$(CaO) + (SiO_2) + (\Sigma FeO) = 85 \tag{8-4-43}$$

$$R' = \dfrac{(CaO) + 1.4(MgO)}{(SiO_2) + 0.84(P_2O_5)} \tag{8-4-44}$$

表 8-4-6 原上钢五厂 15t 顶吹氧气转炉最佳化造渣工艺工业性验证试验部分数据（Ⅰ）

炉次	$[Si]_0$/%	$[P]_0$/%	$[P]_F$/%	T/℃	R	R_2	$(TFe)_1$/%	$(MgO)_1$/%	$(P_2O_5)_1$/%	$(P)/[P]$
827	0.45	0.16	0.012	1681	2.88	2.82	14.48	10.61	3.09	112
858	0.60	0.17	0.014	1728	2.76	2.72	11.46	7.83	3.20	110
887	0.62	0.165	0.02	1685	2.87	2.77	12.1	6.75	4.05	88
962	0.7	0.13	0.02	1659	2.05	2.04	15.6	12.97	3.62	79
964	0.7	0.10	0.014	1641	2.96	2.90	17.31	9.44	2.84	89
1004	0.72	0.14	0.011	1628	2.50	2.5	22.86	11.97	3.01	119
1005	0.57	0.10	0.015	1620	2.87	2.8	16.59	11.31	3.25	95
785	0.7	0.2	0.023	1717	3.57	3.21	16.47	8.17	5.63	107
786	0.65	0.205	0.029	1653	4.62	3.96	23.72	12.38	4.82	72.4
891	0.7	0.22	0.015	1665	3.64	3.42	14.28	7.14	4.47	130
921	0.68	0.22	0.019	1693	4.38	3.89	15.48	10.96	5.45	125
922	0.57	0.21								
923	0.3	0.25	0.011	1665	6.0	4.8	20.78	7.14	5.59	222
924	0.36	0.20	0.016	1693	4.0	4.08	18.91	6.85	5.70	156
926	0.44	0.23	0.01	1668	3.3	3.55	24.13	14.51	2.67	117

表 8-4-7 原上钢五厂 15t 顶吹氧气转炉最佳化造渣工艺工业性验证试验部分数据（Ⅱ）

炉次	石灰/kg·t^{-1}（锭）	生白/kg·t^{-1}（锭）	萤石/kg·t^{-1}（锭）
827			
858	69.6	10.9	3.9
887	52.17	0	3.9
962	46.96	19.13	1.3
964	49.59	12.4	1.24
1004	59.4	15	3.0
1005	60.6	10.8	1.3
785	58.1	16.6	1.2
786	55.6	60.2	0.7
891	72.7	10.5	3.2
921	68.9	17.3	1.3
922	47.2	47.2	1.4
923	63.3	19.5	2.7
924	53.3	23.5	1.3
926	56.1	70.1	9.4

由表 8-4-6 和表 8-4-7 可见：

（1）$[P]_{HM}=0.1\%$时，$R_2=2.5$ 即能很好地完成脱磷任务。

（2）$[P]_{HM}=0.16\%$时，$R_2=2.8\sim3.0$ 足矣。

（3）$[P]_{HM}$ = 0.2% ~ 0.25% 时，R_2 = 3.2 ~ 4.0 为宜。并要注意防止（TFe）过高（如786 炉次），以免对脱磷不利。

应当指出，取 R_2 = 2.5 ~ 4.0 来计算石灰加入量本身就留有余地，因为它只动用了 CaO 与 SiO$_2$ 和 P$_2$O$_5$ 生成盐类，而还没有动用加入白云石中的 MgO 的脱磷能力。所以取 R_2 = 2.5 ~ 4.0 是科学的，也是可行的。实践证明[12]，照此配加渣料，则（CaO）$_F$ ≈ 饱和而非过饱和，这样脱磷反应可达到或接近平衡，反之取 R_2 = 3.5 ~ 4.0 配加渣料，则石灰加入量过大，自然渣量大，（CaO）$_F$ 过饱和，f_{CaO} 高，n_P 大。

8.4.4.4　前后方法计算的石灰量比较

前后方法计算的石灰量比较见表 8-4-8。

表 8-4-8　前后方法计算的石灰量比较

项　目		$[Si]_{HM}$/%								备注
		0.5			0.7			0.9		
R_1 或 R_2		3.5	4.0	4.5	3.5	4.0	4.5	3.5	4.0	4.5	$[P]_{HM}$ = 0.2%
$W_{石灰}$	前法	60.5	69.2	77.8	77.8	88.9	100	95.1	108.7	122.3	
/kg·t^{-1}	后法	40.4	46.1	51.9	53.5	61.2	68.8	66.7	76.2	85.8	

由表 8-4-8 可见，按改后方法配加渣料，在 $[P]_{HM}$ = 0.2% 条件下，可减少石灰消耗 20 ~ 30kg/t，从而降低渣量 40 ~ 60kg/t，减少铁损 6.4 ~ 9.6kg/t（注：按（CaO）= 50%，（TFe）= 16% 计）。如再加上减少的喷溅损失和因碱度降低而（TFe）降低的收益，其钢铁料消耗估计可降低 15 kg/t 左右。

8.4.5　小结

（1）本节提出的脱磷炉渣碱度 R_2 是较文献上和转炉炼钢操作规程上定义的 R_1 更科学更符合实际，因而能更好地指导炼钢生产。

（2）建立在 R_2 基础上的石灰加入量公式，是克服目前中小转炉高消耗、大渣量和吹炼不平稳的有效工具，已在原上钢五厂 15t 顶吹转炉最佳化造渣工艺试验中得到证实。

（3）建立在（MgO）=（MgO）$_{sat}$ 基础上的白云石分别为全炉、头批和第二批加入量公式，是克服目前白云石制度混乱、不合理状况和保证最佳化造渣工艺顺利实施的有力工具。补充了操作规程中的这一空白。

（4）根据理论分析和实践检验，提出 $[P]_{HM}$ = 0.1% 时，取 R_2 = 2.5；$[P]_{HM}$ = 0.16% 时，取 R_2 = 2.8 ~ 3.0；$[P]_{HM}$ = 0.2% ~ 0.25% 时，R_2 = 3.2 ~ 4.0 为宜。

参　考　文　献

[1] 特列恰柯夫 E B，等. 氧气转炉造渣制度 [M]. 北京：冶金工业出版社，1975：10-20.

[2] Ono H, et al. Trans ISIJ, 1981, 21：135.

[3] 马钢钢研所. 钢渣矿物相平衡的理论计算 [R]. 1979.

[4] 李远洲，金淑筠，俞盛义. (P$_2$O$_5$) 在渣中的矿物结构实验研究. 1991 ~ 1992（未发表）.

[5] 巴普基兹曼斯基 B И. 氧气转炉炼钢过程理论 [M]. 曹兆民，译. 上海：上海科技出版社，1979：150.

［6］沈载东，万谷志郎. 铁と钢，1981（10）：1735.

［7］李远洲. 转炉造渣如何选配熔剂. 1987~1988（未发表）.

［8］李远洲. 转炉最佳化初渣特性参数研究、转炉终渣合理类型的探讨. 1990（未发表）.

［9］佩尔克 R D，等. 氧气顶吹转炉炼钢（下册）［M］. 邵象华，等译. 北京：冶金工业出版社，1982：81-93.

［10］李远洲. 改进氧气转炉造渣工艺（探讨之八——如何提高石灰渣化率）. 1987~1988（未发表）.

［11］FreseH，et al. Stahl und Eisen，1983（4）：37.

［12］李远洲，孙亚琴，等. 顶底复吹转炉合理造渣工艺的探讨［J］. 钢铁，1990（7）：15-21.

8.5　氧气转炉熔剂的选配

熔剂是促进石灰溶解、造好最佳化初渣和终渣的重要手段。

图 8-5-1 示出在与金属平衡的、不加熔剂的 CaO-FeO-SiO_2 渣系中，CaO、C_3S 和 C_2S 的基本结晶区和液相等温线。由图 8-5-1 可以看出，初渣温度在 1500℃ 下，只有在 FeO/

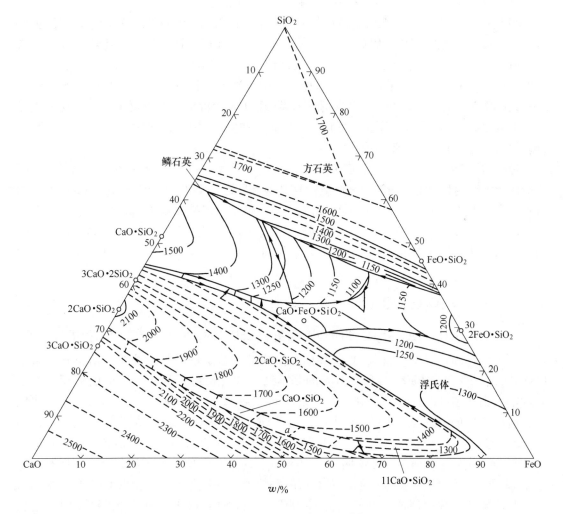

图 8-5-1　CaO-SiO_2-FeO 相图[1]

$SiO_2 > 49/4.6$（a 点）时，炉渣才直接与 CaO 相处于平衡；也就是说，在 1500℃下的非饱和渣中，只有在 $FeO/SiO_2 > 49/4.6$ 时，才能排除 C_2S 在石灰表面沉积和对其溶解速度的干扰；实际上这样做是行不通的，因为首先是生产安全不允许。若要造好 $CaO/SiO_2 = 2.2$，$CaO/FeO = 2.2$ 和 $FeO/SiO_2 = 1.0 \sim 1.5$ 的初渣，则需炉温达 1800℃；若要造好 $CaO/SiO_2 \geqslant 3.5$，$CaO/FeO = 2.2$ 和 $FeO/SiO_2 = 1.0$ 的终渣，则需炉温达 1900~2000℃；而实际氧气转炉中，吹炼初期末的温度大多为 1450~1500℃，终期为 1650~1700℃，要做到这样高的造渣温度是有困难的；且它们还只是一种与 C_2S 和 C_3S 相处于平衡的饱和渣。值得注意的是，与 C_2S 相处于平衡的造渣路线，不仅 C_2S 在石灰表面上的沉积难以避免，且在与 C_2S 和 C_3S 相处于平衡的 a 饱和渣中，CaO 的浓度只约为 0.05~0.1；相反，在与 CaO 平衡的饱和渣中，CaO 的活度却接近于 1.0[1]。为此，不少研究者曾先后对转炉炼钢过程中如何利用加入熔剂来实现非 C_2S 沉积的造渣路线和造就一种直接与 CaO 相平衡的饱和渣的问题进行了大量的研究，但大多是对单项熔剂的研究，而对综合使用 MgO、Al_2O_3、MnO、CaF_2 以及萤石代用品的问题研究不多，并缺乏系统的论述。

20 世纪 70 年代前，一般转炉造渣都采用大剂量的萤石（8~12kg/t）助熔，以致炉衬寿命低、萤石耗量大。70 年代后，为了节约萤石资源和保护镁质炉衬，转炉普遍采用白云石造渣。目前，有的转炉由于害怕萤石侵蚀炉衬，在吹炼初期只加石灰和白云石，在吹炼中期炉渣返干时才加少量萤石；但这样，一则实现不了初渣的目标碱度 CaO/SiO_2（$\geqslant$ 2.0），CaO/FeO 比（= 2.2）；二则易造成中期 MgO 大量析出，炉渣返干；三则易造成终渣自由氧化钙 f_{CaO} 含量高，乃至迫使 FeO 含量高，并使去磷去硫分配系数降低。故熔剂的合理使用问题尚值得进一步研究。

理想的熔剂应当是：（1）能避免 C_2S 在石灰表面沉积；（2）能使转炉在规定的温度下造成规定碱度和规定比的初渣和终渣，且其饱和状态是与 CaO 相平衡的；（3）不会加重吹炼中期 MgO 大量析出；（4）能提高而不是降低实际脱磷脱硫能力；（5）有利于保护炉衬而不是严重侵蚀炉衬；（6）有利于降低终渣的 f_{CaO} 和 $\Sigma(FeO)$ 含量。而要做到这些，则不是用一种熔剂所能办到的。故本节着重探讨如何合理地综合使用 MgO、Al_2O_3、MnO 和 CaF_2。

8.5.1　MgO、Al_2O_3 配比的选择

8.5.1.1　CaO-MgO-Al_2O_3-SiO_2 四元相图和 CaO-MgO-Fe_2O_3-SiO_2 四元相图的应用

图 8-5-2（a）说明了石灰-炉渣界面上生成硅酸盐层的条件，此图给出空气气氛下 CaO-Fe_2O_3-SiO_2 系中 CaO、C_3S 和 C_2S 的基本结晶区（实线）和 1650℃时的液相等温线（虚线）。由此图可以看出，在 1650℃的条件下，当 $(SiO_2)/(Fe_2O_3)$ 比值大于 b 的比值时，饱和 CaO 的炉渣与 C_2S 相处于平衡；当 $(SiO_2)/(Fe_2O_3)$ 比值处于 b、c 之间，饱和 CaO 的炉渣与 C_3S 相处于平衡；当 SiO_2/Fe_2O_3 比值小于 c 点（21/79），饱和 CaO 的炉渣才直接与 CaO 相处于平衡。这也说明，在 1650℃下，非饱和 CaO 的炉渣只有在 SiO_2/Fe_2O_3 小于 21/79 时，才能排除 C_2S、C_3S 对石灰溶解的干扰。与金属铁平衡的 CaO-FeO-SiO_2 系中跟此情况是非常相似的。例如，在 1650℃下，当 SiO_2/FeO 比值小于 24/76 时，饱和 CaO 的炉渣直接与 CaO 相处于平衡。此外，这两个渣系中满足这种条件的比值范围随温度降低而下降。

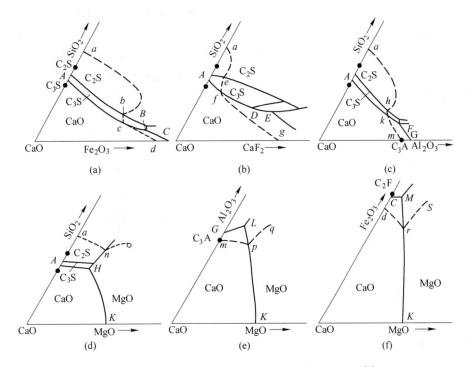

图 8-5-2　各种渣系在高 CaO 范围的一些主要结晶区[2]

（a）空气中 CaO-Fe₂O₃-SiO₂渣系；（b）CaO-CaF₂-SiO₂渣系；（c）CaO-Al₂O₃-SiO₂渣系；

（d）CaO-MgO-SiO₂渣系；（e）CaO-MgO-Al₂O₃渣系；（f）CaO-MgO-Fe₂O₃渣系

（虚线为 1650℃时的液相等温线）

对比之下，在 $CaO-MgO-Al_2O_3$ 系中（图 8-5-2（e））和 $CaO-MgO-Fe_2O_3-SiO_2$ 系中（图 8-5-2（f）），温度只要分别超过 L 点（1460℃）和 M 点（<1438℃），饱和渣就能与石灰共存。此外，这两个图中 L 和 M 点的 MgO/R_2O_3 比值很小，这就告诉我们，一块加入 MgO 和 Al_2O_3，或单独向氧化铁足够高的炉渣中加 MgO 是恰当的。

虽然表现 CaO 在 $CaO-MgO-Fe_2O_3-Al_2O_3-SiO_2$ 系（如考虑到渣中存在 FeO，那就是六元系）的共存性关系还没有一张简单相图，但是从图 8-5-3（a）和图 8-5-3（b）[2]中能对必要的氧化物做出很好的定量估计。

图 8-5-3（a）是 $CaO-MgO-Al_2O_3-SiO_2$ 系中初生石灰结晶体的边界面向 $MgO-Al_2O_3-SiO_2$ 面上的投影图，图 8-5-3（b）是 $CaO-MgO-Fe_2O_3-SiO_2$ 系中初生石灰结晶体的边界面向 $MgO-Fe_2O_3-SiO_2$ 面上的投影图。图 8-5-3 中的炉渣成分仅用它们的 MgO、Al_2O_3 和 SiO_2（及 MgO、Fe_2O_3 和 SiO_2）成分来表示，并重新计算成 100%；处于界面某一组成的 CaO 大致数量用数字标注（总渣量的%）；虚线代表在这个界面上的组成完全熔化温度所规定的等温线。还有，在炉渣处于饱和温度（完全熔化的温度）下，在界面上的组成分如果落在图 8-5-3（a）的 FHN-SiO₂区或图 8-5-3（b）的 BOH-SiO₂区，它与 CaO 和 C_2S 共处于平衡；如果落在图 8-5-3（a）的 LNH-MgO 区或图 8-5-3（b）的 MOH-MgO 区，它与 CaO 和方镁石共处平衡；如果落在图 8-5-3（a）的 FNL-Al₂O₃区或图 8-5-3（b）的 BOM-Fe₂O₃区，它与 CaO 和 C_3A 或 CaO 和 C_3F 共处于平衡。就我们的目的来看，等温线的意义在于：如

1650℃，图 8-5-3（a）的组分处于 kt 线上的炉渣是被 CaO 和 C_3S 饱和的；组成处于界面 tp 线上的炉渣是被 CaO 和方镁石饱和的；成分落在 ktp-Al_2O_3 区的炉渣是非饱和渣。这个 1460～1600℃区域中和 1650～1700℃区域中的炉渣就是我们要设计的初渣和终渣，因为，在这个区域中的炉渣能避免 C_2S 在石灰表面沉积和造成被 CaO 和 MgO 同时饱和的炉渣，以减小炉渣对白云石炉衬的侵蚀。

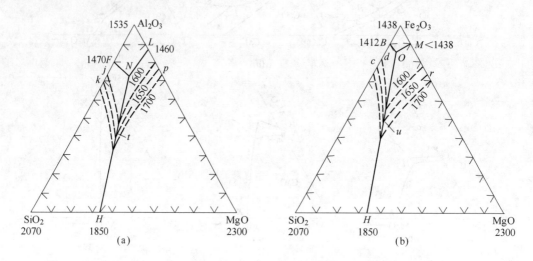

图 8-5-3　两个渣系中初生石灰结晶体边界面投影图[2]

（a）CaO-MgO-Al_2O_3-SiO_2 系；（b）CaO-MgO-Fe_2O_3-SiO_2 系（在空气中）从组分四面体 CaO 角向其底面投影

（虚线为界面上的组成完全熔化所规定的等温线；括号中的数值为该界面的 CaO 含量）

从图 8-5-3 等温线的位置和形状可以得出在炼钢温度下单独与 CaO 平衡的饱和渣的各个临界参数值，见表 8-5-1。与此对照不加 MgO 的情况下，在 1600℃时，两个渣系的临界 SiO_2/R_2O_3 比值分别为 0.37 和 0.205（即图 8-5-3（a）和图 8-5-3（b）中的 j 和 d 点）；在 1650℃时，它们分别为 0.43 和 0.27（即图 8-5-3（a）和图 8-5-3（b）中的 k 和 c 点）。

表 8-5-1　单独与 CaO 平衡的饱和渣临界参数

图 8-5-3（a）参数	1465℃	1600℃	1650℃	1700℃
MgO/Al_2O_3	0.140	0.396	0.5	0.727
SiO_2/Al_2O_3	0.215	0.688	0.88	1.303
SiO_2/MgO	1.54	1.736	1.76	1.79
$SiO_2/(MgO+Al_2O_3)$	0.189	0.493	0.59	0.754
图 8-5-3（b）参数	1425℃	1600℃	1650℃	1700
MgO/Fe_2O_3	0.064	0.287	0.39	0.50
SiO_2/Fe_2O_3	0.093	0.515	0.72	0.923
SiO_2/MgO	1.455	1.799	1.82	1.85
$SiO_2/(MgO+Fe_2O_3)$	0.087	0.401	0.52	0.616

当炉渣中同时存在 Fe_2O_3 和 Al_2O_3，但以 Fe_2O_3 为主时，在估计炉渣的各种极限比值时可假定，随 Al_2O_3 含量变化，MgO、SiO_2 和 R_2O_3 的极限含量在图 8-5-3（a）和图 8-5-3

(b) 所指示值之间按线性关系变化。

表 8-5-2 系根据图 8-5-3 (b) 和表 8-5-1 中的临界参数计算出的，不同温度下单独加 MgO 时所造的直接与 CaO 平衡的饱和渣成分及化学性质参数。由表 8-5-2 可见：(1) 在前期末温度为 1400~1450℃下，通过单独加 MgO 造就与 CaO 平衡的饱和渣看来是行不通的。因为它必须控制 $Fe_2O_3 \geq 50.2\%$ 和 $Fe_2O_3/SiO_2 \geq 10.8$，而实际转炉中，一般吹炼初期控制 $FeO_n = 20\%~26\%$，$SiO_2 = 25\%~30\%$，否则易产生喷溅。(2) 对于造好冶炼低磷铁水的终渣来说，可以靠单独加 MgO 来实现。但应当指出：这种渣的过热度为 0，对促进去磷去硫反应平衡不太有利，故从动力学考虑，宜在终点前 3~5min 时，通过软吹操作造成在 1700℃ 下如表 8-5-2 中 1650℃ 时的炉渣成分，然后在终吹前 1.5min 时转为硬吹，将 Fe_2O_3 降到约 20%；或通过加 Al_2O_3 或萤石来直接造就表 8-5-2 中 1700℃ 下的炉渣。(3) 如果把吹炼中期之初的温度做到 1500~1600℃，在铁水含硅量低的情况下，可在加白云石的同时加入适量的低 SiO_2 钒土，以造就含 Fe_2O_3 不太高而又是与 CaO 和 MgO 平衡的饱和渣。但中期渣中的 Al_2O_3 含量应以终渣中的 $Al_2O_3 \leq 7\%$ 为限，否则将影响炉渣的脱磷能力。例如，中期渣量为终渣量的 85%，温度为 1600℃，则可设 $R_2O_3 = 22.5Fe_2O_3 + 8.0Al_2O_3$，即 $Fe_2O_3/R_2O_3 = 0.738$，$Al_2O_3/R_2O_3 = 0.262$，根据图 8-5-3 (a) 和图 8-5-3 (b) 所指示值之间的关系按线性关系变化，则由表 8-5-1 中 1600℃ 的临界参数值可算得：$MgO/Fe_2O_3 + Al_2O_3 = 0.316$，$SiO_2/Fe_2O_3 + Al_2O_3 = 0.560$，$CaO = 45 \times 0.738 + 53 \times 0.262 = 47.10\%$，则新渣成分为：$45.15\%CaO - 21.57\%Fe_2O_3 - 7.67\%Al_2O_3 - 9.24\%MgO - 16.37\%SiO_2$，其 $CaO/SiO_2 = 2.76$，$Fe_2O_3/SiO_2 = 1.32$，$CaO/Fe_2O_3 = 2.09$。在该温度下，该渣成分是合理的，如再配加 $1\%CaF$ 以改善其动力学条件，则其实际脱磷脱硫能力将得到很好发挥。

表 8-5-2 单独加 MgO 时，直接与 CaO 平衡的饱和渣的临界成分和化学性质参数

化学成分/%	1425℃	1600℃	1650℃	1700℃
CaO	42	45	46	47
Fe_2O_3	50.20	30.53	25.65	21.89
SiO_2	4.64	15.73	18.36	20.19
MgO	3.20	8.75	9.99	10.92
CaO/SiO_2	9.05	2.86	2.51	2.33
$(CaO+0.7MgO)/SiO_2$	9.54	3.25	2.89	2.71
Fe_2O_3/SiO_2	10.80	1.94	1.397	1.08
CaO/Fe_2O_3	0.84	1.47	1.79	2.15

8.5.1.2 CaO-FeO$_n$-SiO$_2$-MgO 相图的应用

图 8-5-4 是 CaO-FeO$_n$-SiO$_2$-MgO 四元系在 1400℃ 时的等温图[3]，图 8-5-5 是该系在 1600℃ 时的等温图[4]。由图可以看出，向渣中添加 MgO 时，可以缩小 C_2S 区，添加的 MgO 越多，C_2S 区缩小得越多。在 1400℃ 添加 MgO 的极值为 4%，1600℃ 时为 10%。图中每一条含 MgO 的曲线都有一个朝 FeO$_n$ 顶角的极点和各自包围的 C_2S 固相区，形似"鼻子"，若炉渣成分落在"鼻头"的唇根上，如图 8-5-4 中的 11，48，…，图 8-5-5 中的 12，

…，则该渣直接与 CaO 相处于平衡。这就是要设计的与 CaO 相平衡的饱和渣的临界成分。
由图可得：（1）在 1400℃ 和 MgO = 4% 时，与 C₂S、C₃S 相处于平衡的饱和渣或与 CaO 处
于平衡的饱和渣的临界成分；（2）在 1600℃ 下，不同的 MgO 含量下与 CaO 相处于平衡的
饱和渣的临界成分，现分别列于表 8-5-3 和表 8-5-4。

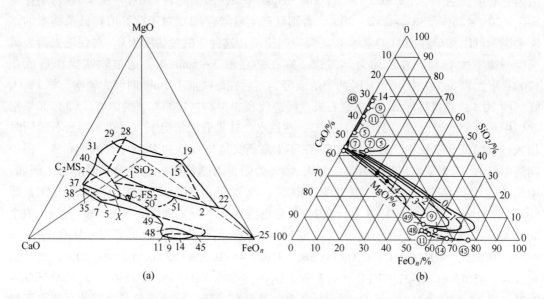

图 8-5-4　CaO-FeO$_n$-SiO$_2$-MgO 系在 1400℃ 时的等温图[3]

（a）立体图；（b）投影图

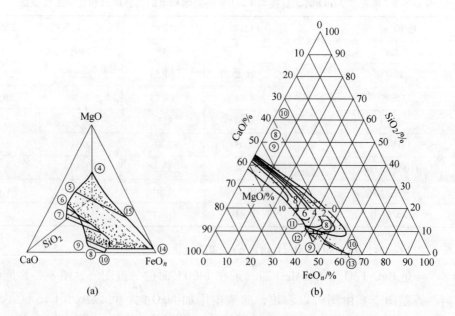

图 8-5-5　CaO-FeO$_n$-SiO$_2$-MgO 系在 1600℃ 时的等温图[4]

（a）立体图；（b）投影图

表 8-5-3 在 $w(MgO)=4\%$ 时，温度 1400℃时的饱和渣成分

成 分	与 CaO 相平衡的临界成分	与 C_2S 相平衡的临界成分			
CaO/%	46.1	48	46.1	43.2	41.3
FeO_n/%	38.4	13.44	20.2	24.96	38.4
SiO_2/%	11.5	34.56	29.7	27.84	16.3
CaO/SiO_2	4.0	1.39	1.55	1.55	2.53
$(CaO+0.7MgO)/SiO_2$	4.25	1.47	1.65	1.65	2.70
FeO_n/SiO_2	3.35	0.39	0.68	0.9	2.36
CaO/FeO_n	1.2	3.57	2.28	1.75	1.08

表 8-5-4 在 1600℃下，不同 MgO 含量时，与 CaO 平衡的饱和渣临界成分

MgO/%	0	2	4	6	8	10
CaO/%	46.4	47	48	47.9	48.2	48.2
FeO_n/%	45.2	41.4	36.6	32.5	27.4	22.5
SiO_2/%	8.4	9.6	11.4	13.6	16.4	19.3
CaO/SiO_2	5.52	4.9	4.21	3.52	2.94	2.5
$(CaO+0.7MgO)/SiO_2$	5.52	5.04	4.46	3.83	3.28	2.86
FeO_n/SiO_2	3.38	4.3	3.21	2.39	1.67	1.17
CaO/FeO_n	1.03	1.14	1.31	1.48	1.76	2.14

由表 8-5-3 和表 8-5-4 可见：

（1）如初期末的温度为 1400℃，单加白云石来造与 CaO 平衡的饱和渣是困难的，因其要求控制 $FeO_n=38.4\%$。这样的操作一则易产生大喷；二则当 $FeO_n<38.4\%$ 时，CaO 和 MgO 析出，炉渣黏度增大，石灰不易渣化，也就造不好与 CaO 平衡的饱和渣，而当 $FeO_n>38.4\%$ 时，则 MgO 与 FeO_n 形成高熔点的镁铁固溶体 $(Mg\cdot Fe)O$[5]，也使炉渣熔点升高黏度增大[5~7]，石灰渣化率降低，白云石渣化极少[5,6]，故实际上也难造好直接与 CaO 平衡的饱和渣。

（2）如单加白云石来造与 C_2S 相平衡的饱和初期渣，当要求 $CaO/SiO_{2初}=2.5$，也是困难的。因其也要求控制 $FeO_n=38.4\%$，石灰渣化势必是铁质造渣路线 $FeO_n/SiO_2>2.0$，用 (FeO) 或 $(2FeO_n\cdot SiO_2)$ 来破坏石灰表面的 C_2S 外壳，造成低熔点的 CF 和 CFS[5]，但白云石在富铁渣中溶解度小，渣化率也就小，且此时白云石中的 FeO 只能与渣中的 MgO 形成高熔点的 $(Mg\cdot Fe)O$ 固溶体，使初渣熔点和黏度均随 MgO 的增大而增大，从而不仅不促进石灰的渣化，反而促退石灰渣化。这说明，采用铁质造渣路线时，头批料中是不宜加白云石的，特别是生白云石。但实际生产中不加白云石的铁质造渣路线也因喷溅严重而行不通，也就造不好 $CaO/SiO_2\geqslant2$ 和与 C_2S 平衡的饱和初渣。

（3）安全生产和吹炼平稳是生产操作的最高准则，故实际生产中大多是铁质造渣路线，以求前期升温快和吹炼平稳。据文献[8]报道，不用白云石作熔剂时，在吹炼到 1/5 前后，石灰渣化不到 30%，见图 8-5-6，碱度只达到 0.7；而鞍钢三炼钢厂[9]用轻烧白云石作熔剂后，则初期的熔化率达到了 53.5% 左右，见图 8-5-7，碱度达 1.3，与表 8-5-3 中

跟 C_2S 相平衡的第一组炉渣——$CaO/SiO_2 = 1.39$，$FeO_n/SiO_2 = 0.39$ 相近。为什么白云石在钙质造渣路线中能促进石灰渣化，提高初渣碱度呢？这是因为 Mg^{2+} 离子半径（0.072nm）与 Ca^{2+}（0.07nm）相近，故渣中 Mg^{2+} 离子可取代 Ca^{2+} 离子，从而使 C_2S 转变为钙镁橄榄石（CMS），这样既破坏石灰块表面的 C_2S 外壳，又降低炉渣熔点[5~7]，故白云石在钙质造渣路线中有促进石灰渣化和提高初渣碱度的作用[5,9]。但这种单加白云石的钙质造渣路线所造就的初渣碱度，也还远未达到最佳化初渣规定的碱度不小于 2.0。

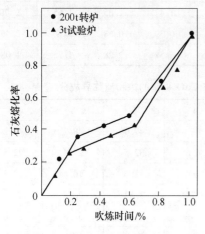

图 8-5-6　吹炼过程中石灰熔化率的变化[8]

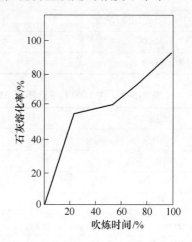

图 8-5-7　造白云石渣吹炼过程中石灰熔化率的变化[8]

（4）以上说明铁质造渣路线对白云石渣化不利；FeO_n 低的钙质造渣路线对石灰渣化不利，尽管这时用白云石助熔，$R_初$ 也只能做到 1.3 左右。那么是否还有一条 FeO_n 不高也不低，FeO_n/SiO_2 较铁质造渣路线规定的不小于 2.0 小，按铁质路线规定的不大于 0.5 大，即 $0.5 < FeO_n/SiO_2 < 2.0$ 的合理造渣路线呢？文献[10]提出在 1400℃下，石灰块不被 C_2S 包围的动力学合理造渣路线，规定 $u_{石灰} \geqslant 0.15m/s$，（MgO）接近饱和值，$(\sum FeO)/(SiO_2) = 1.0$ 左右，$CaF_2 = 1\% \sim 2\%$。这里由表 8-5-3 中与 C_2S 相平衡的饱和渣成分第二、第三组中可见：当 $FeO_n/SiO_2 = 0.68 \sim 0.9$ 时，可获得 $CaO/SiO_2 = 1.55$，$(CaO + 0.7MgO)/SiO_2 = 1.65$ 和 $CaO/FeO_n = 2.28^* \sim 1.75$（注：该值为 L_P 达极大值的特性参数[11]）。故可以说，这就是单加白云石造渣在 1400℃下可能造好的初渣最佳水平；或者说在吹炼初期末 1450 ~ 1470℃下，按照这条 $u_{石灰} \geqslant 0.15m/s$，$FeO_n/SiO_2 = 0.6 \sim 1.0$ 和（MgO）趋近饱和值的合理造渣路线造渣时，获得 $CaO/SiO_2 = 2.0$ 和 $FeO_n/SiO_2 = 2.0$ 左右的较好初渣是可能的。

（5）应当指出（4）中指出的这条单加白云石的合理造渣路线虽比铁质和钙质造渣路线都好，但它究竟还是造的与 C_2S 相平衡的饱和渣，且 $R_初$ 尚小于 2.0。同时它在 R 增大的过程中，FeO_n/SiO_2 比和 MgO 若有控制不当，便会有 C_2S 或 MgO 析出，而使炉渣熔点和黏度增大，石灰和白云石的渣化速度变慢，以致吹炼初期末，$R_初 < 1.6$。也就是说，这条路线由于本身动力学条件的原因，对实现转炉初渣 $R_初 = 1.6$ 的可靠性和稳定性尚有不足。因此探索多种熔剂搭配使用的更合理的造好最佳化初渣的路线是十分必要的。如参照 8.5.1.1 节中的方法，用 $5\% Al_2O_3$ 取代 $5\% FeO_n$，则表 8-5-3 中与 C_2S 相平衡的第三组饱和渣将变成 46% CaO，20.60% FeO_n，5.2% Al_2O_3，24.20% SiO_2，4.0% MgO，$CaO/SiO_2 =$

1.90，（CaO+0.7MgO）/SiO_2 = 2.02，FeO_n/SiO_2 = 0.85，CaO/FeO_n = 2.23。这样，吹炼将更平稳，造好 $R \geq 1.6$ 的初渣的可靠性和稳定性将明显改善，从而使 $L_{P(初)}$ 增大，$n_{P(初)}$ 减小[12]。若再加上 MnO 和 CaF_2 助熔剂能造就直接与 CaO 相平衡的初渣那就更好了。这问题后面再详细讨论。

（6）前面都是讨论造初渣的问题，现在来谈造中、后期炉渣的问题。在 1600℃ 下，若单用白云石作熔剂，则最有希望的还是造表 8-5-4 中 MgO = 8% 或 10% 栏中的炉渣。但就这样也嫌其碱度偏低、氧化铁偏高，而实际上转炉吹炼中期渣中的 FeO_n 只有 13%~15%，故碱度只达到 1.3~2.0，且是与 C_2S 相平衡的渣，其石灰渣化率也只有 50%~79%。这时全程化渣去磷显然是不理想的。

（7）从（6）的讨论可见，转炉吹炼中、后期也宜参照 8.5.2.1 节中的方法，用 5%~7%Al_2O_3 取代 FeO_n，这样表 8-5-4 中的最末两组渣可变为：MgO ≈ 7.17%，CaO/SiO_2 ≈ 3.54，FeO_n = 21.09%，Al_2O_3 = 7.24%，FeO_n/SiO_2 = 1.49，CaO/FeO_n = 2.39；及 MgO ≈ 8.85%，CaO/SiO_2 ≈ 2.98，FeO_n = 18.25%，Al_2O_3 = 5.20%，FeO_n/SiO_2 = 1.07，CaO/FeO_n = 2.78。从而较单用白云石作熔剂的中、后期炉渣的脱磷脱硫的热力学和动力学条件均有所改善[12,13]。若再配上 MnO 和 CaF_2 助熔剂将能造成碱度更高而 FeO_n 不太高，但直接与 CaO 平衡的渣，这将在 8.5.2 节详细讨论。

（8）最后还要再提一下，单用白云石做熔剂时，往往会由于吹炼中期 FeO_n 降低而熔点升高，致使高出与一定温度相对应的 MgO/FeO_n 比值和 SiO_2/FeO_n 比值部分的 MgO 和 SiO_2，以 MgO 固相和 C_2S 固相析出，而使过程渣变黏返干，造成喷枪粘钢、烧枪，终渣不易化透，炉底上涨，炉口套钢，出钢口变小等现象，破坏冶炼正常进行。

8.5.1.3　过程渣和终渣的最佳化 MgO 含量

就保护镁质炉衬材料免遭炉渣化学侵蚀和炼制高 CaO 活度、高脱磷脱硫能力的炉渣而言，理想的炉渣成分自然是在整个吹炼过程中，使 MgO 浓度和 CaO 浓度均保持饱和。即所谓保证渣中 MgO 和 CaO 在饱和线上操作。这样的炉渣既保证含有一定量的 MgO 和 CaO，以减轻对白云石炉衬的侵蚀，又能保证在过程渣中固相 MgO 和 CaO 析出不多，使炉渣具有良好的流动性和去硫去磷能力。同时在倒炉出渣时随着炉温的降低，将有许多 MgO 和 CaO 析出，从而使炉渣变黏后挂渣保护炉衬。因此，过程渣中的 MgO 和 CaO 可以稍有析出，但不宜过多，所以就应有一个反映不同温度和不同渣组成下 MgO 析出与否的白云石合理加入量。尽管到目前为止，关于（MgO）在炉渣中的饱和溶解度值尚有分歧，如有的研究报道认为吹炼前期渣中（MgO）饱和溶解度值为 9% 左右（平均值），到吹炼末了时仅约 3% 左右；也有的报道认为吹炼前期渣中（MgO）控制在 6% 时渣的流动性最好，石灰溶解最快；而最近一些研究报道则认为终渣（MgO）饱和溶解度值为 6%~8%。作者根据前面对 MgO-CaO-SiO_2-FeO 等四元系炉渣性质的论述、转炉的生产实践数据，特别是沈载东等人[15]对 Fe_tO-SiO_2-CaO-MgO 系中的 MgO 饱和溶解度的实验结果，对如何控制初渣和终渣中 MgO 含量的问题初步探讨于下：

A　初期渣的 MgO 含量控制模型

沈载东等人[15]在 1536~1660℃ 下，测定了与铁液平衡的 Fe_tO-MgO 和 Fe_tO-SiO_2-CaO-MgO 渣系中的 MgO 饱和溶解度。其结果如下：

（1）在 $Fe_tO\text{-}MgO$ 渣系中 MgO 的饱和溶解度与温度的关系式为：

$$\lg(MgO) = -\frac{6000}{T} + 4.21 \tag{8-5-1}$$

（2）在 $Fe_tO\text{-}SiO_2\text{-}CaO\text{-}MgO$ 渣系中 MgO 的饱和溶解度随炉渣碱度和 Fe_tO 含量的增加而降低，但当 $R>2.0$ 后，$(MgO)_{sat}$ 几乎为一常数（6%~8%）。如图 8-5-8 所示。

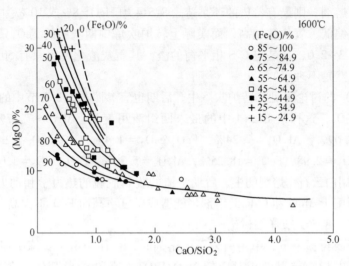

图 8-5-8　在 $Fe_tO\text{-}SiO_2\text{-}CaO\text{-}MgO$ 渣系中 Fe_tO 含量和碱度对 MgO 溶解度的影响

分析认为，尽管图 8-5-8 中展示了 $R>2.0$ 时，MgO=6%~8% 的结果，但他们都是在 $Fe_tO>65\%$ 的条件下得出的，而在其他情况下则不是这样，如 $FeO_n\text{-}SiO_2\text{-}CaO\text{-}MgO$ 相图 8-5-4、图 8-5-5。故作者只取文献［15］中 $R<2.0$ 的数据，经数学处理后得出用于初期渣 MgO 含量的控制模型：

$$(MgO)_{1873K} = 25.07 - 1.917R - 7.364\lg(TFe) \tag{8-5-2}$$

$$\lg(MgO)_T = \lg(MgO)_{1873K} - \frac{6000(1873-T)}{1873T} \tag{8-5-3}$$

将在 1400℃ 时，由 $FeO_n\text{-}SiO_2\text{-}CaO\text{-}MgO$ 相图中得出的 MgO=4% 时与 CaO 相平衡的临界成分：$R=2.33$，$FeO_n=38.4\%$ 代入式（8-5-2）、式（8-5-3）时计算得出 $MgO_{sat}=4.04\%$，与相图的结果一致。说明上式是正确的，可供实际参考。如某厂 30t 转炉初渣中 CaO39.6%，SiO_2 31.2%，FeO29.2%，初期温度为 1350~1400℃，利用式（8-5-2）和式（8-5-3）可求出该渣的 $MgO_{sat}=5.24\%$。而目前许多转炉厂都是按终渣 MgO 饱和值为 6%~8% 计算白云石加入量，于头批料中一次加入，这样势必使初渣 MgO 含量高达 9%~12% 左右而使炉渣黏度大大增加，并影响石灰的溶解速度。从图 8-5-9[14] 中

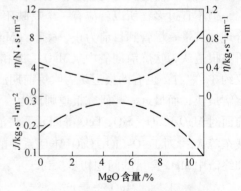

图 8-5-9　渣中 MgO 含量与炉渣黏度及石灰在渣中的溶解速度之间的关系

也可看到：当初渣中的 MgO 含量大于5%以后，炉渣的黏度急剧增大、石灰的溶解速度急剧降低。同时，初渣中 MgO 含量过高也是造成目前有的转炉炉底上涨、炉渣返干、金属喷溅、沾枪烧枪的重要原因。故目前转炉操作中规定白云石熔剂于头批料中一次全部加入的做法值得商榷。作者认为白云石的加入量应根据各吹炼期的温度、炉渣碱度和 Fe_tO 的含量按式（8-5-2）和式（8-5-3）计算出 MgO_{sat} 值后，再结合各期的渣量考虑分期分批的白云石加入量为好。当然，适当的超前加入是必要的，但不宜过头。

　　B　中、后期渣的 MgO 含量控制模型

　　对于炉渣碱度大于2.0的中、后期渣，其 MgO 饱和溶解度可用式（8-5-4）及式（8-5-5）来表述：

$$(MgO)_{1873K} = 22.76 - 1.917R - 7.364 \lg (TFe) \tag{8-5-4}$$

$$\lg (MgO)_T = \lg (MgO)_{1873K} - \frac{6000\ (1873-T)}{1873T} \tag{8-5-5}$$

　　利用该式来计算1600℃下，表 8-5-4 中与 CaO 相平衡的饱和渣中的 MgO 含量时，其所得结果与相图[3]中所查得的结果基本一致。同时利用该式计算图 8-5-8 中 $R>2.0$ 的 MgO 值时也基本相符。故式（8-5-4）和式（8-5-5）可供实际应用参考。

　　若终点温度为1650℃，终渣碱度为3.5，$(TFe)=18\%$，则根据式（8-5-4）和式（8-5-5）可计算出 $MgO_{sat}=8.25\%$。

　　据文献［7］报道，冶炼 $[C]=0.1\%$ 的钢时，含 $MgO=8.2\%$ 的炉渣既不侵蚀炉衬也不增厚炉衬，如图 8-5-10 所示，同时其流动性较好，去硫分配比高，如表 8-5-5 所示。

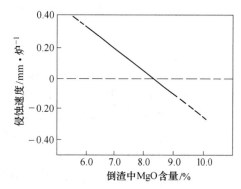

图 8-5-10　炉衬侵蚀速率与（%MgO）的关系

表 8-5-5　（MgO）对（S）/［S］的影响

（MgO）/%	（S）/［S］
6.7	5.0
7.5	5.5
8.2	5.2
8.7	4.8

　　应当指出：式（8-5-2）~式（8-5-5）对与 CaO 和 MgO 处于平衡的双饱和渣是适用的，也就是说，在造 CaO 和 MgO 双饱和渣时可用式（8-5-2）~式（8-5-5）来估算渣中的 $(MgO)_{sat}$ 值。但如造 CaO、C_3S 和 C_2S 过饱和渣，则不需按 $(MgO)_{sat}$ 来控制渣中的 MgO 含量。用过饱和的 CaO、C_3S 和 C_2S 渣不需 MgO 含量饱和即可保证炉渣黏稠而达到挂渣的目的。所以冶炼低碳钢时，用式（8-5-2）~式（8-5-5）来控制渣中的 MgO 含量是可行的，而冶炼中、高碳钢时，它们就不适用了。因为冶炼中、高碳钢时，终渣（FeO）含量低，易使 CaO、C_2S 大量析出而变稠挂渣，保护炉衬。故一般冶炼中高碳钢时，只要控制渣中（MgO）=3%~5%即可。如美钢联 Mon-Valley 工厂的 250t 转炉，就是根据终点钢水

的含碳量来控制终渣的 MgO 含量，见图 8-5-11，并达 3000 炉左右的炉龄[17]。

以上仅讨论了 Fe_tO-SiO_2-CaO-MgO 渣中 Fe_tO 和 CaO/SiO_2 对 MgO_{sat} 的影响，而 CaF_2、MnO 和 P_2O_5 对 $(\%MgO)_{sat}$ 的影响如何呢？通过对 Fe_tO-SiO_2-P_2O_5-CaF_2-CaO-MgO 系[18] 和 Fe_tO-SiO_2-P_2O_5-MnO-CaO-MgO 系[19] 的 MgO 饱和浓度试验结果进行多元逐步回归，得出：

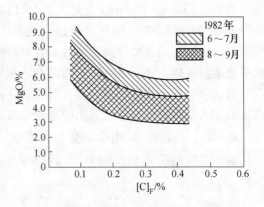

图 8-5-11　终渣 MgO 含量与 [C]$_F$ 的关系

（1）在 $R = 0.08 \sim 18.38$，$(TFe) = 11.75\% \sim 65.65\%$，$(CaF_2) = 1\% \sim 4\%$ 和 $(P_2O_5) = 0.2\% \sim 2.9\%$ 的条件下：

$$(MgO)_{sat(1823K)} = 27.2 - 0.142R - 0.059(TFe) + 19.62(P_2O_5) - 10.64(CaF_2)$$
$$(R = 0.755, F = 2.5, S = 4.6) \tag{8-5-6}$$

$$(MgO)_{sat(1873K)} = 20.1 - 0.41R - 0.058(TFe) - 4.49(P_2O_5) + 0.61(CaF_2)$$
$$(R = 0.62, F = 2.5, S = 4.6) \tag{8-5-7}$$

$$(MgO)_{sat(1923K)} = 24.2 - 4.4R - 0.013(TFe) - 20.94(P_2O_5) + 5.08(CaF_2)$$
$$(R = 0.98, F = 28.5, S = 1.5) \tag{8-5-8}$$

（2）在 $(CaO) < 34\%$，$R = 0.02 \sim 33.6$，$(TFe) = 10.81\% \sim 60.89\%$，$(P_2O_5) = 0.14\% \sim 3.4\%$ 和 $(MnO) = 2.3\% \sim 5.3\%$ 的条件下：

$$(MgO)_{sat(1823K)} = 31.1 + 0.41R - 0.33(TFe) - 21.3(P_2O_5) + 3.62(MnO)$$
$$(R = 0.85, F = 8.6, S = 2.7) \tag{8-5-9}$$

$$(MgO)_{sat(1873K)} = 21.4 - 0.084R - 0.163(TFe) - 4.42(P_2O_5) + 1.56(MnO)$$
$$(R = 0.7, F = 6.85, S = 4.1) \tag{8-5-10}$$

$$(MgO)_{sat(1923K)} = 55.4 + 0.056R - 0.435(TFe) - 30.8(P_2O_5) - 1.79(CaF_2)$$
$$(R = 0.92, F = 18.2, S = 3.0) \tag{8-5-11}$$

由式（8-5-6）～式（8-5-11）可见：

（1）CaF_2 在 1823K 时有降低 $(MgO)_{sat}$ 的作用，1873K 时有轻度增大 $(MgO)_{sat}$ 的作用，而 1923K 时则有显著增大 $(MgO)_{sat}$ 的作用。故转炉炼钢头批渣料中配加少量萤石是合理的，并应在出钢前 5min（$t = 1600℃$）加入第二批少量萤石，或用低硅铁钒土和贫锰矿代替部分萤石。

（2）MnO 在 1823K 时有增大 $(MgO)_{sat}$ 的明显作用，在 1873K 时这种作用有所减少，但在 1923K 时则起降低 $(MgO)_{sat}$ 的作用了。故吹炼初期 MnO 可促进白云石渣化，后期又可保护炉衬。从文献[7]报道的 Tromel 和 Lenard 的试验结果来看，如图 8-5-12 所示，MnO 在 $T \leqslant 1873K$ 时起增大 $(MgO)_{sat}$ 作用是可信的。

（3）P_2O_5 对 $(MgO)_{sat}$ 的作用，除在式（8-5-6）中它是起增大 $(MgO)_{sat}$ 的作用外，其余诸式中均是起降

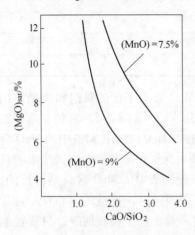

图 8-5-12　吹炼初期的 MgO 目标值

低（MgO）$_{sat}$的作用。故不必为渣中 P$_2$O$_5$ 侵蚀白云石炉衬担心。

（4）鉴于式（8-5-6）~式（8-5-11）的相关性和规律性较差，故不宜作计算模型用。

8.5.2 MnO、CaF$_2$ 配比的选择

8.5.2.1 MnO 配比的选择

前面已提到，单用白云石做熔剂时，吹炼初期若 FeO$_n$ 高，则白云石不易渣化；FeO$_n$ 低，石灰又不易渣化，虽有白云石助熔，初渣碱度也增大有限，而中期渣还易返干。同时，MgO 和 P$_2$O$_5$、SiO$_2$ 一样，不但使炉渣表面张力减小，而且能增大渣膜的黏度使泡沫稳定[20]，故单用白云石做熔剂时还易产生溢渣。而 MnO 则有使碱性渣的泡沫化程度明显降低[20]，和既促进石灰渣化又促进白云石渣化的双重作用。故在用白云石做熔剂的同时，配加一定的 MnO 对造好最佳化初渣是大有好处的。

石灰的溶解可由 2FeO$_n$·SiO$_2$ 也可由 2MnO·SiO$_2$ 与 2CaO·SiO$_2$ 相结合而生成低熔点 CFS 和 CMS，见图 8-5-13 和图 8-5-14，从而缓和 C$_2$S 的边界陡度，破坏石灰表面的 C$_2$S 外壳，降低初渣熔点和黏度，使 Fe^{2+} 和 Mn^{2+} 加快向石灰气孔渗透，以加速石灰渣化和正硅酸盐渣的形成。因为初渣相变是由 Fe^{2+} 和 Mn^{2+} 代替了正规酸盐中的 Ca^{2+} 而分解出自由 RO 相和独立的硅酸盐——黄长石（C$_2$FS 和 C$_2$MS）的结果。而 Fe^{2+} 和 Mn^{2+} 取代 C$_2$S 中的 Ca^{2+} 的速度和程度，则取决于它们的浓度和活性以及在炉渣中的扩

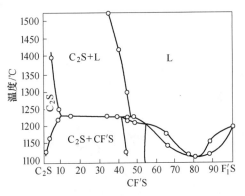

图 8-5-13　2CaO·SiO$_2$-2FeO·SiO$_2$ 相图[21]

散速度。因 $\gamma_{MnO} > \gamma_{FeO}$，且 FeO-MnO-SiO$_2$ 渣系比 FeO-Fe$_2$O$_3$-SiO$_2$ 渣系的黏度小，渗透石灰的能力强，所以试验结果[23]表明，初渣相变的第一产物为（2CaO·SiO$_2$，2MnO·SiO$_2$），它是在 Mn^{2+} 参与下才形成和分解的，而随后的相变产物才是氧化铁的化合物（橄榄石类）和高铁酸钙。故在初期渣中有 Mn^{2+} 存在时，正硅酸盐的形成和分解比没有 Mn^{2+} 存在时要早。应当说，Mn^{2+} 的这种促进早期成渣的作用是很难用 Fe^{2+} 来补偿和代替的，特别是 Mn^{2+} 促进白云石渣化造好 MgO 饱和初渣的作用更难用 Fe^{2+} 来补偿和代替的。那么是否可单用 MnO 做熔剂呢？由 CaO-FeO$_n$-SiO$_2$-MnO 四元系相图可见，虽单向 CaO-SiO$_2$-FeO 系渣中添加 MnO 可缩小 C$_2$S 区，但其显著程度不如 MgO，见图 8-5-15。故单用 MnO 则势必 MnO 含量高，也会引起大喷[25]，且其初渣碱度最高只有 1.52，还影响造好高碱度终渣，见表 8-5-6；同时，MnO 虽有降低 SiO$_2$ 和 FeO$_n$ 活度的作用，但不如 MgO，且它有增大（MgO）$_{sat}$ 值的作用。故单用 MnO 的高 Mn 渣操作也是不可取的。看来较合理的熔剂配比还是高镁配锰为宜。由图 8-5-16[26]可见，高 Mn 低 MgO 渣缩小 C$_2$S 的作用有限，能造好的初渣碱度也不高，见表 8-5-6 中第一组炉渣所示，$R_{初}$=1.2，而高镁高锰渣缩小 C$_2$S 的作用则明显增大，可见 10%MgO，10%MnO 和 20%FeO 的条件下能造与 CaO 相平衡的饱和终渣。但考虑到我国锰矿资源少，不太可能为造渣而规定生铁的含锰量，故只能根据具体情况来制定添加造渣剂的合理制度。如铁水含锰量仅 0.2%时，可用添加烧结矿、氧化铁皮来提高

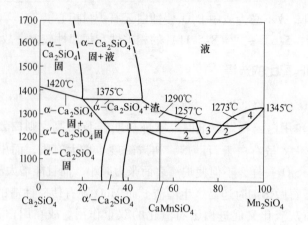

图 8-5-14　Ca_2SiO_4-Mn_2SiO_4 二元系假想图[22]

1—α'-Ca_2SiO_4+(Ca,Mn)O 固+液；2—Mn_2SiO_4 固+(Ca,Mn)O 固+液；

3—(Ca,Mn)O+液；4—Mn_2SiO_4 固+液

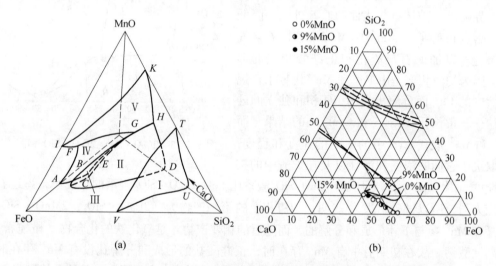

(a)　　　　　　　　　　　(b)

图 8-5-15　CaO-FeO_n-SiO_2-MnO 四元系在 1600℃ 时的等温图及投影图[24]

(a) 立体图；(b) 投影图

I—SiO_2饱和面；II—C_2S饱和面；III—C_3S饱和面；

IV—CaO 高固溶体饱和面；V—低 CaO 高 MnO 固溶体饱和面

表 8-5-6　不同渣系的炉渣成分

[Mn]$_{HM}$	初渣成分/%					终渣成分/%			脱硫率 /%	渣量 /kg· t^{-1}	石灰消耗 kg·t^{-1}	石灰利用率 /%	资料来源
	FeO	MgO	MnO	R	熔点 /℃	MnO	FeO	R					
1.31	8.82	3.46	18.49	1.2	1235								[22]
0.80	11.2			1.27		6.0	11.2	2.71	37.14	145	74		[23]
0.20	18.44			1.52	①	14.24	10.1	2.34	40.38	218	83		[23]

续表 8-5-6

[Mn]$_{HM}$	初渣成分/%					终渣成分/%			脱硫率/%	渣量/kg·t^{-1}	石灰消耗/kg·t^{-1}	石灰利用率/%	资料来源
	FeO	MgO	MnO	R	熔点/℃	MnO	FeO	R					
0.20	15.75			1.01		2.2	12.1	2.63	28.2			81.7	[23]
0.50	14.23			1.47		6.72	9.03	3.1	36.1			87.2	[23]
0.4~0.6	2.69	7.38		1.38	1340	②							[22]

①用锰矿造渣；②用生白云石造渣。

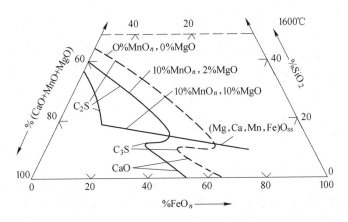

图 8-5-16　Fe-CaO-FeO$_n$-SiO$_2$-MnO 系中 MnO$_n$ 和 MgO 对渣平衡综合影响[26]

初渣氧化性，添加贫锰矿来使渣中的 MnO 含量增至 5%~8%，或用添加适量铁矾土和萤石的办法来补救。从文献 [22，23] 的试验结果来看，在条件允许时，用白云石做熔剂的同时，要求铁水含锰量为 0.4%~0.6%，或控制初渣中的 MnO 含量为 6%~8%，对迅速造好初渣、提高炉衬寿命、脱磷脱硫率和石灰利用率及保持吹炼平稳都是比较合理的。而采用高锰渣制度操作看来既无必要也不合理，因为，一者初渣形成和分解出 C$_2$S 后，最后终渣的形成取决于石灰的溶解；二者对于低碳钢来说，[Mn]$_F$ 几乎与 [Mn]$_{HM}$ 无关；三者 MnO 过高会与 CaO 形成 RO 相而降低 a_{CaO}，致使 L$_P$ 减小；四者（MnO）过高也会产生严重喷溅。

8.5.2.2　萤石配比的选择

由于萤石是国防和化工的重要原料，加上对炉衬严重侵蚀、价格昂贵和对环境污染等原因，所以许多国家都在研究萤石的代用品，目前有希望的是 B$_2$O$_3$、CaO-B$_2$O$_3$、TiO$_2$-SiO$_2$，但也都并不十分理想[2]。

过去转炉单用萤石和用大剂量萤石做熔剂，看来都是不合理的，因为含 F 量过高（如（F）= 4.81%）的炉渣[27]不仅严重侵蚀炉衬，还容易产生喷溅、溢渣。另一方面，如害怕萤石严重侵蚀炉衬，而不用萤石或萤石用得太少（如（F）<0.5%）则又可能出现炉渣返干，导致金属喷溅、喷枪粘钢、石灰渣化率低、脱磷脱硫能力低，故也是不可取的。若用增大渣中氧化铁含量来代替萤石加入量，则势必使炉渣过氧化而产生大喷，故也是行不通的。所以，如何在不恶化造渣条件的前提下尽量减少萤石用量的问题是十分值得研究的。作者认为，在充分利用 MgO、Al$_2$O$_3$、MnO（如有条件，还有 B$_2$O$_3$、CaO-B$_2$O$_3$、TiO$_2$-

SiO$_2$）熔剂之后，再适当配加一定量的萤石，以保证在适当温度下造好流动性良好的，并直接与 CaO 相平衡的饱和渣，则既可最大限度地降低萤石用量而又不恶化造渣条件和炉渣特性。

众所周知，CaF$_2$ 可缩小 C$_2$S 区扩大液相区，如图 8-5-17 所示；降低炉渣熔点，特别是对于碱度为 2.0~2.2（见图 8-5-18）和 FeO$_n$ 含量高（见图 8-5-19）的炉渣，只要添加少量萤石便能大幅度地降低其熔点，提高它的流动性和传质能力。由此可见，对于早期渣来说，少量 CaF$_2$ 便具有显著的助熔能力，所以，不论从加速造好早期渣考虑，还是从造好最佳化初渣的限制性环节在于温度不足考虑，或是从合理利用萤石的助熔性质考虑，前期加入适量的萤石助熔都是理所当然的、合理的。故国外大多数转炉在吹炼开始时，加入的第一批渣

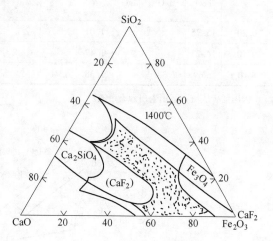

图 8-5-17　FeO 和 CaF$_2$ 做熔剂的对比[28]

料中便配加少量的萤石，而不是造早期渣不用萤石，只在中期渣返干时，才加入萤石。目前，国内有些厂因害怕萤石侵蚀炉衬，并以为用了白云石做熔剂就可以不用萤石而造好早期渣了，实则如前所述，这只能造好 $R = 1.3$ 左右的早期渣，而不是 $R = 2.3~2.5$ 的最佳化的早期渣，这样的早期渣，其理化性能和冶金效果必然较差。也有的研究认为[27]前期加入的萤石在碳吹期会有较大的挥发（约 30%），因而从节约萤石、防止污染考虑，主张萤石放在后期加入，这也是不可取的，特别对中磷铁水冶炼中、高碳钢来说更是弊多利少。

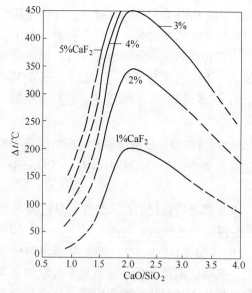

图 8-5-18　CaF$_2$ 含量对 CaO-SiO$_2$-Al$_2$O$_3$（Al$_2$O$_3$ 5%）
熔点降低的影响[29]

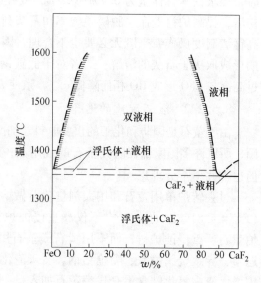

图 8-5-19　FeO-CaF$_2$ 系[28]

另外我们从 FeO-CaF_2 渣中的 a_{FeO}（图 8-5-20）和一般碱性渣中的 a_{FeO}（图 8-5-21）的对比中可以看到，CaF_2 可显著提高 FeO 的活度；从 CaO-SiO_2-FeO_n 渣中的 a_{CaO}（图 8-5-22）和 CaO-SiO_2-CaF_2 渣中的 a_{CaO}（图 8-5-23）的对比中还可以看到，CaF_2 能显著提高 CaO 的活度。

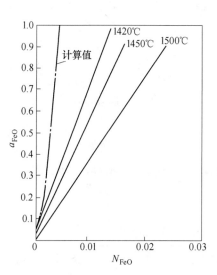

图 8-5-20　FeO-CaF_2 渣中的 a_{FeO}[30]

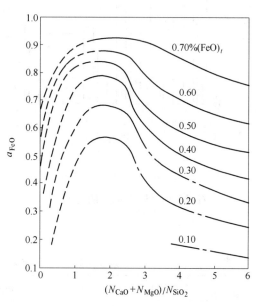

图 8-5-21　（FeO）和碱度对渣中 a_{FeO} 的影响[30]

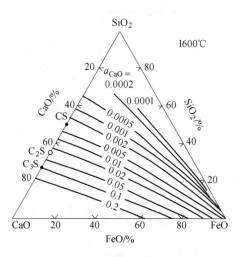

图 8-5-22　Fe 和 Fe_tO-CaO-SiO_2 渣在
1600℃时的等活度（a_{CaO}）线[31]

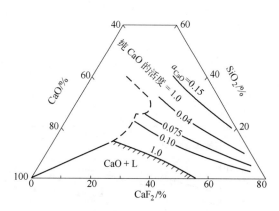

图 8-5-23　CaO-SiO_2-CaF_2 系中的等活度
（a_{CaO}）线[32]

所以，一般合理使用萤石做熔剂的转炉均获得成渣早、石灰渣化率高（达 86%~96%）（图 8-5-24）、脱磷平衡商大（图 8-5-25）、脱硫分配比高（表 8-5-7）、终渣 TFe 低（图 8-5-26）、钢水含磷低（图 8-5-27）等良好冶金效果。

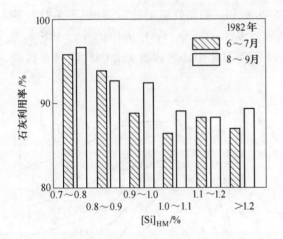

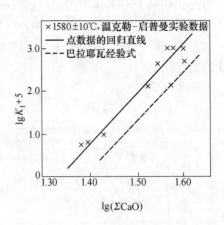

图 8-5-24　按 $[C]_F$ 控制 S-Ratio 时，
石灰利用率与 $[Si]_{HM}$ 的关系[17]

图 8-5-25　巴拉耶瓦实验数据 （$CaF_2 = 0\%$）
同温克勒-启普曼实验数据 （$CaF_2 = 1\% \sim 3\%$）
的比较[33]

表 8-5-7　用萤石和不用萤石的 (S)/[S] 比较[16]

试验条件	炉渣流动性	(S)/[S]
$CaF_2 = 3.75kg/100kg$ 石灰	良好	5.3
$CaF_2 = 0$	不好	3.5

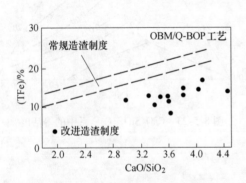

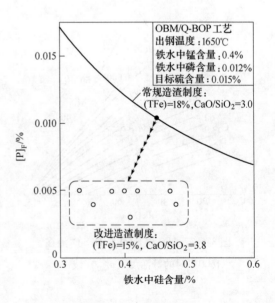

图 8-5-26　萤石添加量为 0 和 2kg/t 钢
的 $(TFe)_F$-CaO/SiO_2 关系图[30]

图 8-5-27　添加 2kg （萤石）/t （钢）的合理
造渣制度可获得较低的 $[P]_F$ 含量[34]

关于萤石的合理加入量问题。如以加速造好初渣，提高脱硫分配比，而又不侵蚀炉衬考虑，如图 8-5-28 所示，则以 3.75kg（萤石）/100kg（石灰）为宜。如以降低（TFe）$_F$ 和 [P]$_F$ 考虑，则 2kg（萤石）/t（钢）即可。美钢联的 Hon-Valley 钢厂[17] 在冶炼 Mn=0.6%~0.85% 的铁水时，则按 S-Ratio-[C]$_F$ 关系曲线和 D-Ratio-[C]$_F$ 关系曲线来控制萤石和白云石的加入量，见图 8-5-29 和图 8-5-30，既取得了较低的 [S]$_F$、[P]$_F$ 含量，又获得了较高的石灰利用率和 3400 炉的炉龄。

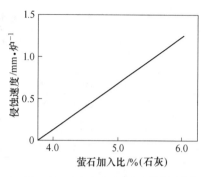

图 8-5-28 萤石对炉衬侵蚀的影响[16]

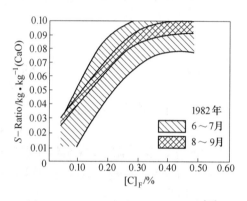

图 8-5-29 S-Ratio 与 [C]$_F$ 的关系[17]

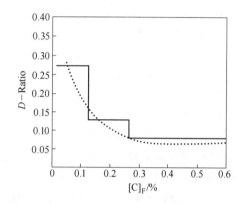

图 8-5-30 D-Ratio 与 [C]$_F$ 的关系

综上，合理的萤石加入量应随 [C]$_F$ 而定，并与合理的白云石加入量一起考虑为宜，可参照图 8-5-29 和图 8-5-30 来确定。

8.5.3 多种熔剂的配合使用

多种熔剂配合使用的目的在于，在白云石造渣的基础上，用 Al_2O_3、MnO 和少量萤石代替 FeO_n，以求在保持吹炼平稳的前提下，造直接与相平衡的饱和渣。

现先从单用白云石做熔剂的表 8-5-3 和表 8-5-4 中选取五组炉渣成分，见表 8-5-8。

表 8-5-8 五组炉渣成分

顺序	MgO/%	CaO/%	FeO_n/%	SiO_2/%	R	FeO_n/SiO_2	CaO/FeO_n	熔点/℃
1	4	41.3	38.4	16.3	2.53	2.36	1.08	1400
2	4	46.1	38.4	11.5	4.0	3.35	1.20	1400
3	4	48	36.6	11.4	4.21	3.21	1.31	1600
4	6	47.9	32.5	13.6	3.52	2.39	1.48	1600
5	8	48.2	27.4	16.4	2.94	1.67	1.76	1600

命 $Al_2O_3 + MnO + CaF_2 + FeO_n' = FeO_n$ 根据前面的讨论，宜取 $Al_2O_3 = 2\%~8\%$，MnO = 5%~8%，$CaF_2 = 1\%~2\%$。于是将上面的五组炉渣成分改为表 8-5-9 的结果。

表 8-5-9　新的五组炉渣成分

顺序	MgO /%	CaO /%	FeO$_n$ /%	Al$_2$O$_3$ /%	MnO /%	CaF$_2$ /%	SiO$_2$ /%	R	FeO$_n$ /SiO$_2$	CaO /FeO$_n$	熔点/℃		
											T_b	相图	T_F
1	4	41.3	20.9	8	8	1.5	16.3	2.53	1.28	1.98	1336	1400	1349
2	4	46.1	20.4	8	8	2	11.5	4.0	1.77	2.26	1347	1400	1360
3	4	48	20.6	6	8	2	11.4	4.21	1.80	2.33	1365	1600	1378
4	6	47.9	20.5	2	8	2	13.6	3.52	1.51	2.33	1520	1600	1587
5	8	48.2	16.4	1	8	2	16.4	2.94	1.0	2.93	1721	1600	1830

这里要说明五点：

(1) $T_{熔(b)}$ 系按以下公式[35]计算：

$R = 2.2 \sim 2.6$ 时

$$T_b(℃) = 1538.8 - 5.12(Al_2O_3) - 17.3(CaF_2) - 64.98R + 2.74(MgO) + 2.92(Fe_2O_3) \tag{8-5-12}$$

$R > 2.6$ 时

$$T_b(℃) = 1189 + 11.28R + 0.068R^2 + 92.3(MgO) - 15.37(CaF_2) - 12.95(MnO) - 7.12(FeO) - 2.8(Fe_2O_3 + Al_2O_3) \tag{8-5-13}$$

(2) 式 (8-5-12) 和式 (8-5-13) 的 T_b 值是表示的开始熔化温度，完全熔化温度按文献[36]的实验数据，当 (MgO) = 10%，$\Delta T_熔 = 175℃$；(MgO) = 7.4%，$\Delta T_熔 = 105℃$。可推算出 (MgO) = 6%，$\Delta T_熔 = 67℃$；(MgO) = 4%，$\Delta T_熔 = 13℃$。

(3) 要在 1450℃ 下，通过多种熔剂的配合使用，造好直接与 CaO 相平衡的液态最佳化初渣是可能的，关键是 (MgO) ≤ 4%。

(4) 要在 1680～1700℃ 出钢温度下通过多种熔剂的配合使用造好 $(MgO)_F = 6\% \sim 7\%$ 直接与 CaO 相平衡的液态最佳化终渣是可能的，但 (MgO) = 8% 则将有 MgO 晶粒析出。

(5) 故为了在吹炼平稳的前提下造好直接与 CaO 相平衡的最佳化初渣和终渣，必须多种熔剂搭配使用，同时要控制 $(MgO)_初 ≤ 4\%$，$(MgO)_终 ≤ 7\%$。

8.5.4　小结

(1) 应千方百计造直接与 CaO 相平衡的饱和渣。因为，在与 C$_2$S 和 C$_3$S 相处于平衡的饱和渣中，CaO 的活度只约为 0.05～0.1；相反，在与 CaO 相平衡的饱和渣中，CaO 的活度却接近 1.0。

(2) 不用白云石做熔剂时，初渣碱度一般只有 0.7。

(3) 用白云石做熔剂时，不宜采用铁质造渣路线。

(4) 白云石在钙质造渣路线中可促进石灰的溶解，将 $R_初$ 由 0.7 提高到 1.2～1.3。

(5) 用白云石做熔剂时，宜采用 $u_{LM} = 0.15$m/s，MgO = 4%，FeO$_n$/SiO$_2$ = 0.7～1.0 和 CaF$_2$ = 1%～2% 的合理造渣途径，以争取造好 R ≥ 1.6 的初渣。

(6) 单用白云石做熔剂，只能造与 C$_2$S 和 C$_3$S 相处于平衡的饱和渣，且 $R_初$ 达不到 1.9 以上。

(7) 碱性氧化渣中的 MgO 饱和浓度主要取决于 R、TFe 和 T，并受 CaF$_2$、MnO 和 P$_2$O$_5$

等因素的影响。一般随 R、TFe 和 P_2O_5 的增大而降低，随 T 的增大而增大。MnO 在不高于 1600℃ 时起增大 $(MgO)_{sat}$ 的作用，在 1650℃ 时则起减小 $(MgO)_{sat}$ 的作用。CaF_2 则在 1550℃ 时有降低 $(MgO)_{sat}$ 的作用，不低于 1650℃ 时则起增大 $(MgO)_{sat}$ 的作用。

（8）式（8-5-2）～式（8-5-5）可用于估算炼钢渣中的 $(MgO)_{sat}$ 值。

（9）单用白云石做熔剂时，炉渣熔点高（特别是在碱度高时），从始熔到熔毕时间长，温差大，流动性差，易产生溢渣和炉渣返干，即使采用合理的造渣路线，也难造与 CaO 相平衡的饱和渣。

（10）MnO 有同时促进石灰和白云石渣化的作用，使 C_2S 型初渣尽快形成，但单独采用高锰渣操作也不可取。合理的用锰制度应是中镁配锰，即在白云石做熔剂的同时，配加贫锰矿或规定 $[Mn]_{HM} = 0.4\% \sim 0.6\%$，控制渣中 $(MgO)_F = 6\% \sim 7\%$ 和 $(MnO)_F = 6\% \sim 8\%$。

（11）中镁配锰的造渣操作也难造好直接与 CaO 相平衡的饱和渣。

（12）Al_2O_3 可取代部分 FeO_n，以推进"中镁配锰"的造渣操作，在吹炼平稳的前提下，造直接与 CaO 相平衡的饱和渣。Al_2O_3 一般控制在 $2\% \sim 8\%$。

（13）萤石具有的助熔作用，特别是在吹炼前期的助熔作用和它具有的增大 γ_{FeO} 和 γ_{CaO} 的作用等是其他熔剂所无法代替的。

（14）造渣需要白云石和萤石，但又不能多加白云石和萤石。因为多加白云石会使炉渣熔点增高，黏度增大，反而对造渣不利，而多加萤石则会严重侵蚀炉衬。合理的萤石和白云石加入量可利用 S-Ratio-$[C]_F$ 关系曲线和 D-Ratio-$[C]_F$ 关系曲线来估算。按作者的实践[36]，生产低碳钢时，萤石以 $2.5 \sim 3.0 kg/t$（钢），生白云石以 $26 \sim 40 kg/t$（钢）（取 $30 kg/t$（钢））（头批生白云石按 $15 kg/t$（钢））为宜。

（15）多种熔剂综合使用可造就直接与 CaO 相平衡的饱和初渣和终渣。

参 考 文 献

［1］陈家祥. 炼钢常用图表数据手册［M］. 北京：冶金工业出版社，1984：150.

［2］首钢钢研所. 碱性炼钢过程的炉渣控制［C］. 国外氧气顶吹转炉炼钢文献，第十三辑，1977：130（译自 Ironmaking and Steelmaking，1974（2）：115-117）.

［3］Knüppel R, et al. Archiv Eisenh. Bd. 1975，46（9）：S549-554.

［4］Trömel G, et al. Archiv Eisenh. Bd. 1975，40（12）：S969.

［5］董履仁，刘新华，等. 白云石与转炉炉渣作用的研究［C］. 第一届全国炼钢学术会议，1979.

［6］北京钢院炉龄组和天钢二炼钢厂. 白云石造渣中几个问题的研究［R］. 1981.

［7］刘刚. 钢铁，1981（1）.

［8］首钢钢研所，氧气顶吹转炉的造渣反应［C］. 国外氧气顶吹转炉炼钢文献，第十三辑，1977：27-37（译自 Open Hearth Proceedings，1973，56：21-32）.

［9］鞍钢钢研所，鞍钢第三炼钢厂. 鞍钢150t 氧气顶吹转炉采用轻烧白云石造渣工艺试验［C］. 全国转炉炼钢会议资料，1981.

［10］李远洲，等. 固体石灰在 CaO-MgO（=7.4%）-FeO_n-SiO_2 渣系中的溶解速度实验研究［J］. 钢铁，1989（11）：22-28.

［11］李远洲. 转炉最佳化初渣特性的探讨（见 8.7 节）.

［12］李远洲. 15t 顶吹转炉的最佳化脱磷工艺模型探讨（见 4.10 节）.

[13] 李远洲. 顶吹氧气转炉脱硫研究（见5章）.

[14] 巴普基兹曼斯基 В И. 氧气转炉炼钢过程理论［M］. 曹兆民，译. 上海：上海科技出版社，1979：150.

[15] 沈载东. 万国志郎. 铁と钢，1981（10）：1735.

[16] Otterman B A, et al. Steelmaking Proceedings, 1984, 67：199-207.

[17] Countouris M E, et al. Steelmaking Proceedings, 1983, 66：317-319.

[18] 水渡英昭，井上亮. 铁と钢，1982（10）：63.

[19] 水渡英昭，井上亮. 铁と钢，1984（7）：54.

[20] 蒋仲乐，主编. 炼钢工艺及设备［M］. 北京：冶金工业出版社，1981：28.

[21] 曲英，主编. 炼钢学原理［M］. 北京：冶金工业出版社，1980：139.

[22] 柯玲，等. 对提高炉衬寿命有利的造渣制度［C］.1980年炼钢学术委员会年会，1980.

[23] Глазов А Н. Сталв，1978（9）：796-800.

[24] Görl E, et al. Archiv. Eisenh., Bd. 1969, 40（12）：S959-967.

[25] Hambly L E, et al. Steelmaking Proceedings, 1982, 65：272-279.

[26] 曲英，等译. 物理化学和炼钢［M］. 北京：冶金工业出版社，1984：30-43.

[27] 柳朝汀，转炉渣中氟行为的探讨［C］.1982年柳州全国转炉炼钢会议，1982.

[28] 首钢钢研所，氧气顶吹转炉的造渣反应［C］. 国外氧气顶吹转炉炼钢文献，第十三辑，1977：20-26（译自 Ironmaking and Steelmaking, 1974（2）：115-117）.

[29] 陈家祥. 炼钢常用图表数据手册［M］. 北京：冶金工业出版社，1984：176.

[30] 陈家祥. 炼钢常用图表数据手册［M］. 北京：冶金工业出版社，1984：638-639.

[31] 陈家祥. 炼钢常用图表数据手册［M］. 北京：冶金工业出版社，1984：635.

[32] 陈家祥. 炼钢常用图表数据手册［M］. 北京：冶金工业出版社，1984：652.

[33] 汪大洲. 钢铁生产中的脱磷［M］. 北京：冶金工业出版社，1986：103.

[34] Coessens C, et al. Steelmaking Conference Proceedings［C］, 1987, 70：375-380.

[35] 李远洲，等. 转炉最佳化初渣熔点的实验研究［J］. 转炉顶底复合吹炼技术通讯，1993（2）：1-8.

[36] 李远洲，孙亚琴. 顶底复吹转炉合理造渣工艺的探讨［J］. 钢铁，1990（7）：15-21.

8.6　转炉泡沫渣操作的特性

随着氧气顶吹转炉炼钢的发展，炉渣的起泡和金属在渣中的乳化现象引起了炼钢工作者的重视。对泡沫渣的控制已成为正确进行造渣操作，以致整个吹炼过程的重要标志，而在吹炼中高磷铁水时尤其如此。

8.6.1　泡沫渣在转炉炼钢中的作用

在炼钢物理化学中已经提到，在氧气顶吹转炉炼钢中，由于泡沫渣的较为充分的发展，大大增加了钢—渣—气之间的接触面积，加速了脱C、脱P等反应的进行，所以在吹炼过程中造成一定程度的泡沫渣乃是缩短冶炼时间、提高产品质量的一个重要工艺措施。

8.6.1.1　泡沫渣与去P

炉渣因起泡而膨胀造成"淹没"吹炼，可为炉渣铁液间的脱P反应创造较为理想的热力学和动力学条件。

因为在合适的泡沫渣下进行吹炼，一方面高速氧流能将炉渣抽入反应区，造成炉渣被氧流更为强烈的搅拌、氧化和过热，从而加速石灰的溶解；另一方面，较厚的泡沫渣层有利于保留氧流冲击而反射出的铁粒，而分散在渣层中的铁粒与炉渣有极大的反应面积，从而大大地加速了脱磷过程的进行。此过程一般称为乳化脱磷，如表8-6-1所示。所以国内外的炼钢工作者认为：合适的泡沫渣特别对于吹炼中高磷生铁是不可缺少的冶炼条件。在冶炼低磷生铁时，根据国外资料介绍，炉渣起泡时间从吹炼时间的20%延长到80%时，终点钢水含［P］量从0.019%~0.022%降到0.012%~0.016%，如图8-6-1所示。

表8-6-1 熔池和炉渣中金属颗粒的P含量

熔池[P]/%	炉渣中金属颗粒中的 w[P]/%			
	>2.5mm	2.5~1.2mm	1.2~0.6mm	<0.6mm
0.1		0.006	0.005	0.004
0.136	0.028	0.011	0.008	0.008

8.6.1.2 泡沫期与铁的损失

随着起泡时间的延长，渣中铁的损失包括渣中 ΣFeO 和悬浮在渣中的铁粒有所增加。但是由于蒸发和飞溅的铁能为较厚的泡沫层所吸收，使铁的总损失还可能有所减小。如图8-6-2所示。如果泡沫渣控制得当，（ΣFeO）适中，不发生大喷，则钢液收得率由于铁的飞溅和蒸发的减小有可能随气泡持续时间的延长而增加。

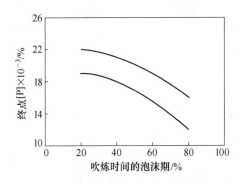

图8-6-1 低磷铁水吹炼时，泡沫期与终点P的关系

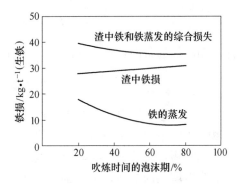

图8-6-2 泡沫期与铁损的关系

8.6.1.3 泡沫期与脱氮

如图8-6-3所示，吹炼低磷生铁时，起泡持续时间从吹炼时的20%延长到80%时，钢中［N］含量降低了0.0013%。由于泡沫渣层能保护铁液，特别是高温反应区的铁液避免直接从炉气中吸收N，所以淹没吹炼能保证金属中N含量较低。

8.6.1.4 泡沫期与热的利用

泡沫期的延长，意味着高温反应区暴露时间缩短，金属喷溅减少以及热损失降低，从而使顶

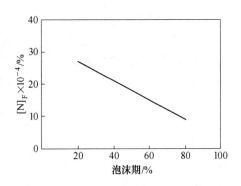

图8-6-3 泡沫期对终点［N］含量的影响

吹转炉热的利用随之改善。最明显的是由单孔改为三孔喷头，因为化渣起泡得到改善，吹炼时间缩短，废钢用量相应地有所提高，当然如果炉渣过泡而造成大喷，则热损失增多。

8.6.1.5　泡沫期与脱硫

上述同一试验表明，随着泡沫持续时间由 20% 延长到 80%，终点 [S] 含量会增高 0.002%~0.003%，其原因可能有二：一是厚层的泡沫渣阻碍气化脱 S；二是泡沫渣中 $\sum FeO$ 一般较高，不利于去 S。

8.6.1.6　泡沫期与炉衬寿命

虽然泡沫渣中 $\sum FeO$ 稍高对炉衬寿命是有害的。但延长起泡持续时间，有利于石灰溶解；采用淹没吹炼可以避免高温反应区对炉衬上部的直接侵蚀；提前去 P 可减少末期的拉 C 倒炉次数；减少金属喷溅也能减轻对炉衬的冲刷，所有这些因素都有利于炉衬寿命的提高。显然与前一因素相比，后一因素将起主导作用。

8.6.2　影响炉渣泡沫化的因素

影响泡沫化的因素在其本身的发生、发展和消失的过程中。根据一般弥散体系的理论，泡沫化和乳化系的寿命由三个交叠的时期组成：产生期、稳定期和破坏期。

泡沫的产生和稳定的条件是泡沫中气体的内压力等于其上方炉气的压力加上泡沫渣柱的压力以及渣沫表面张力所引起的附加压力之和，可表示为：

$$P_{内} \approx P_{炉气} + P_{泡沫渣柱} + \frac{2\sigma}{r} \tag{8-6-1}$$

泡沫自动破坏的条件是：式（8-6-2）达到一定程度。

$$P_{内} > P_{炉气} + P_{泡沫渣柱} + \frac{2\sigma}{r} \tag{8-6-2}$$

显然当气泡内压力小于等式右边的压力时，气泡将不能产生。

泡沫化体系存在时间的长短，即稳定性主要决定产生和破坏的相对速度。

在炼钢物理化学中已经提到，泡沫的形成过程就是液体形成气泡膜的过程，也即液体的表面张力增大的过程，由表面张力的定义可知，在恒温恒压下，体系的表面积 S 增大时，它的自由能也随之增大。即

$$dF_{T \cdot P} = \sigma dS \tag{8-6-3}$$

所以液体变成气泡膜时自由能会增大。我们知道，在恒温恒压下，只有自由能减少的过程才能自发进行，所以气泡膜总是自发倾向于收缩成液滴。因为一定体积的物质收缩成球形的表面积最小，其自由能就最小，因此泡沫渣中的小气泡与小气泡间要自发地进行合并而聚合长大，最后从炉渣中分离出来或自行破裂，泡沫也就因气泡间的合并而趋于消失。一般认为，在"非饱和型"的泡沫渣中，任何泡沫的合并与破坏都是通过小气泡间的排液，即部分渣膜的移动来实现的，如图 8-6-4 所示。因此，强化渣膜移动的阻力就能提高泡沫的稳定性。一般情况下炉渣的表面黏性高时，对渣膜的移动阻力就大，渣膜也不容易

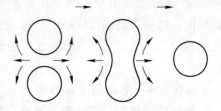

图 8-6-4　气泡自动合并和部分排液示意图

破裂。

根据消沫时释放出来的能量：$\Delta F_{表面} = -\Delta S\sigma$，说明气泡间的合并与破坏随着炉渣表面张力的降低而减慢。在实际操作中，泡沫还要受加入的固体料及气流冲击等的破坏。

通过对泡沫渣的形成和稳定性的了解可以看出：影响炉渣泡沫化的主要因素有以下几点：

（1）通过渣层的气泡特性与强度。应当指出，大而有力的气泡容易从渣中分离，甚至对泡沫起破坏作用。来自氧流本身的小气泡和熔池中 [C]、[O] 反应所产生的 CO 气泡就是如此，对泡沫一方面起着积极的作用，另一方面又起着破坏作用，它们所占的比例要视气泡通过渣层时的分散程度而异，但总的说来积极作用是主要的。因为转炉中的乳化现象主要由氧流的冲击和搅动所造成，而乳化又是泡沫化的先决条件。根据吹炼过程中泡沫渣形成以及小而无力的气泡在渣中较为稳定可以认为：炉渣的泡沫化主要是由渣中铁粒 [C] 和 (FeO) 反应（即乳化脱碳）生成 {CO} 小气泡所引起。既然渣中铁粒 [C] 对泡沫有如此重要的作用，也就决定了金属成分对泡沫渣有如此重要的作用，也就决定了金属成分对泡沫渣的形成是有很大影响的。例如冶炼低碳钢时，当 [C]<0.1%时，后期泡沫消失。

实践表明：尽早形成足量的渣层厚度是大量发展这种铁粒 [C] 和 (FeO) 反应的前提，因此，若要提前形成泡沫渣，就要早化渣。

（2）炉渣的表面张力。在炼钢条件下，低的表面张力不仅有利于小气泡的形成，而且有益于泡沫的稳定，因而它是形成泡沫渣的基本因素。

实践表明：低表面张力的氧化物，如 Fe_2O_3、SiO_2、P_2O_5、Mn_2O_3、CaF_2 以及 C_2S 等浓度增高，可使炉渣泡沫化程度增强。而初期渣中正是含有较高的 SiO_2、MnO 和一定量的 Fe_2O_3 和 P_2O_5，所以初期渣容易起泡。又如吹炼中期，如果错误操作，加入 CaF_2 过多，也会使炉渣过泡沫化。相反，随着 CaO 和 Al_2O_3 含量的提高，炉渣的表面张力增大，使泡沫化程度减弱。

（3）悬浮的固体颗粒。实践表明："饱和型"泡沫渣的细小固体颗粒的存在对泡沫的稳定性同样起着决定的作用。在这方面的原因尚不十分清楚。可能是由于存在渣中一定数量的固体悬浮物如 CaO、MgO、C_2S、C_3S 和 C_3P 等的微晶不易被炉渣所润湿，而易被排挤到气泡周围，或许说这些固体质点被气体润湿而附着在气泡表面上，增加了气泡的机械强度，阻碍着小气泡的合并和渣膜的破裂，从而使泡沫渣的稳定期增长。

但是，当熔体析出固体晶粒时，渣膜易呈"脆性"破裂，反而使泡沫减退成为返干渣或瘟渣。

（4）气泡膜表面带有同符号电荷。当气泡膜表面富集有带负电荷的 SiO_4^{4-}、$Si_2O_7^{6-}$、$Si_4O_{12}^{8-}$、PO_4^{3-}、$P_2O_7^{4-}$ 等复合负离子时，由于气泡膜带有相同符号的电荷，故气泡间产生静电排斥，从而使气泡稳定存在。

（5）炉渣温度。实践表明，高温容易使炉渣发瘟，低温有利于泡沫的稳定存在。

（6）炉渣黏度。多年前，冶金工作者认为泡沫渣是这样形成的：[C]、[O] 相互作用形成的 CO 气泡，在渣中上浮的过程里，受到阻碍或是上浮很慢，因此使炉渣体积成倍增加，密度显著减小。根据这种观点，则炉渣应该随其黏度的提高而易起泡。但炼钢实践中发现，强盛的泡沫渣往往是流动性良好的；相反，酸性渣（如 SiO_2 所饱和）尽管它的黏度很大，然而并不易于形成泡沫。

应当说黏度和泡沫的关系是比较复杂的。首先必须分清是真黏度还是假黏度。实践表明：真黏度高的酸性渣并不"嗜好"起泡。而就假黏度和析出固体颗粒而言，又可分为"脆性"影响和"韧性"影响，总之对具体问题需作具体分析。

通过以上分析，可以认为渣膜和小气泡是泡沫渣的两个基本组成部分。对泡沫的整个生命期来说，由产生到消亡，两者相互依存，缺一不可。因此决定泡沫形成和稳定的基本因素是小气泡的产生和炉渣的表面性质，气泡的直径小、渣膜的表面张力低和呈黏性"韧性"状态，则泡沫容易形成和稳定，而炉渣温度和黏度则是起着从属的影响而已。

8.6.3　吹炼过程中泡沫渣的形成与变化

吹炼初期渣量尚少时，从炉口看到的只是铁粒的喷出。以后由于初期渣的逐步形成，这种渣中 SiO_2、P_2O_5、Fe_2O_3 等含量较高，它们既使炉渣的表面张力降低，又能富集在气泡的表面形成较坚固的表面薄膜；同时吹炼初期炉温较低，炉渣黏度较大，渣中未熔化的固体颗粒又较多，故吹炼初期容易形成泡沫渣。因此当初期渣达到一定厚度时，它能够将氧流冲击所引起的反射铁粒保留在渣中稍长时间，从而炉渣开始起泡，引起体积膨胀。当它达到喷枪面之后，气流冲击熔池的噪声消失，而且炉口的喷出物不再是有火花的金属粒，而是不粘炉壳的渣片。噪声的消失、渣片的出现等现象可作为开始形成泡沫渣的标志，在生产中，也可以此作为初期渣形成的显著标志。

吹炼中期，因操作好坏和原料条件的不同，炉渣往往出现以下三种情况：正常的泡沫渣、非正常的溢流或涌冲的过泡渣、瘪渣。

8.6.3.1　正常泡沫渣

吹炼中期产生大量的 CO 气泡是促进中期泡沫渣形成的主要因素。若此期 $\sum FeO$ 较低而出现一定量的 C_2S 固体晶粒，也是中期形成泡沫渣的一个重要原因。这种渣称"饱和型"泡沫渣，常是 $\sum FeO$ 低、炉渣过热度不足所引起。

当渣中没有 C_2S 析出，渣中除去未熔的石灰块外，全为液体状态时出现的泡沫渣称为"非饱和型"的。这种渣的温度往往高出其熔点 $100\sim300℃$，高出熔池 $50\sim200℃$。

8.6.3.2　溢渣或涌冲的过泡渣

它们是上述"非饱和型"和"饱和型"泡沫渣进一步发展的结果。其产生原因较多，如［Si］含量较高，SiO_2 含量较高引起渣量过大；或因炉温较低，炉渣黏度较大；或因枪位较高，且停留时间较长，造成 $\sum FeO$ 含量过高（一般高于 $20\%\sim25\%$）；或因 C-O 反应过于剧烈；或因析出 MgO、C_2S 等。

防止出现这种渣的最主要措施是在一个吹炼过程中保持合理的枪位和"少量多批"的加入第二批渣料的制度，以保持 $\sum FeO$ 在合适的范围和较高的炉渣温度。当已经出现时则应针对引起的具体原因而及时处理。

8.6.3.3　瘪渣

炉渣过热度过高或过低都会使炉渣发瘪，只是在 $\sum FeO$ 一定时，前者为稀渣，后者为稠渣，对于稀渣可加入石灰等料调整，对于稠渣则应加入氧化铁皮（或提高枪位）、萤石等进行稀释。此外渣中 $\sum FeO$ 过低，容易喷出铁粒，渣稠不泡，有时呈渣-铁-气的乳浊状，其中有大量的 C_2S、C_3S、C_3P 以及 CaO、MgO 等微粒，这种渣称"返干渣"。这种渣放出很难，去 P、S 效果很差。因此操作中应保持 $\sum FeO \geqslant 10\%$，以防这种渣出现。

吹炼末期，由于脱 C 速度降低，温度较高，一般正常操作下，不会有大量泡沫渣出现。若炉渣碱度太高，使 C_2S、CaO 等固体悬浮物增加，黏度增长，则能使泡沫稳定存在。

8.6.4 泡沫渣的控制

实践证明：氧气转炉炼钢过程中泡沫渣总是要发生的，问题是如何利用它和控制它。我们的任务是使它早形成，形成后控制在合适的范围内，以使吹炼平稳和达到拉 C 出钢的效果。

上节已经提到，决定炉渣泡沫化的主要方面是早化渣、低的炉渣表面张力和适当的固体微粒。对由于析出 C_2S、C_3S 和 CaO 形成的泡沫渣称为饱和型的；对由加入料未熔的固体微粒形成的则称"非饱和"型的。对炼钢操作来说，我们要造的是"非饱和"型的正常泡沫渣，也即要全程化渣来实现。而如果造"饱和"型的泡沫渣，则 C_2S（或 C_3S、CaO）析出后会使炉渣变黏，石灰熔化减慢，且它们一旦析出便不易再熔，势必影响吹炼时间，恶化去 P、去 S，这不是我们所希望发生的。可是目前对于 C_2S 等的析出条件和原因还了解得不够，一般认为是铁水中含 Si 量高，渣中 $\sum FeO$ 含量控制过低，或是炉渣的过热度不足所引起。产生这些情况的操作原因有以下几种：

（1）二批料加入过早，造成炉温过低；

（2）熔池温度过高，引起渣中 $\sum FeO$ 显著下降；

（3）脱碳速度突然增高，使炉渣"返干"；

（4）枪位调节不当，破坏了"淹没"吹炼，从而使炉渣过热度显著降低。

故要造好"非饱和"型泡沫渣，也就是所说的控制好泡沫渣的关键是：

（1）初期早化渣；

（2）中期保持渣中 $\sum FeO = 10\% \sim 20\%$ 的范围化好渣；

（3）保持枪位在合适的"淹没"吹炼条件下工作；

（4）根据炉况，二批料应按"少量多批"加料。

众所周知，过泡的熔渣容易引起溢渣和大喷。应当指出，炉渣的泡沫稳定性与炉渣的碱度有很大的关系。因此，当泡沫渣已经形成后，就应采取措施，使泡沫和熔池上涨高度保持在需要的限度内。其控制方法有两种：一种为人工控制，另一种为液面自动控制。

在人工控制下：

（1）如炉渣发生溢、涌性喷溅是由于枪位高、氧压低，使 $\sum FeO$ 过高的结果，吹炼时可逐级地降低喷枪。应当说逐级降枪法对防危于未然是可行的，但已经发生溢渣时，一般工厂都是先提枪（短时）再降枪。

（2）如降枪太晚（指将或已喷溅时）或分级太大，则降碳速度会突然增大，造成大喷，随后渣中 $\sum FeO$ 迅速下降，流动性恶化，炉渣返干，这时必须重新提高枪位，或分批加入萤石，再次进行化渣。

（3）第二批渣料采用"少量多批"加入法。

（4）用小块石灰石，控制炉渣过分泡沫化。

液面自动控制有：

（1）电动杆测高法。

（2）熔池振荡强度和频率分辨法。

（3）声纳（或音强）检测法。

（4）用废气温度探针和音响计综合判断法。

（5）声纳和废气流量变化曲线综合判断法。

8.7　转炉最佳化初渣的定义和特性参数

目前，氧气转炉造渣工艺中普遍存在的问题是：渣量大、碱度高、氧化铁高、喷溅严重、脱磷反应远离平衡，所以，金属料消耗高、石灰消耗量大、炉衬寿命低、钢水质量差。这都是石灰溶解速度慢，早期渣碱度低，中期渣返干，把造渣去磷任务集中到后期的结果。针对这一问题，一般的对策是采用活性石灰和顶底复吹技术。但除此之外，另外一条简易可行的对策就是改进造渣工艺本身，其关键在于加速石灰溶解，造就最佳化初渣和最佳化终渣，实现全程化渣去磷去硫。这里首先讨论转炉最佳化初渣的特性参数。

冶金工作者有一句名言，炼钢就是炼渣，炼好了渣也就炼好了钢。但怎样算是炼好了渣呢？人们在冶炼低碳钢时往往只看好炼好终渣，而不重视炼好初渣。从表面上看，这是保持平稳的上策，但它失去了全程化渣去磷去硫的时间，终点钢水和炉渣间的反应势必远离平衡而导致大渣量操作带来的一系列不良后果。因此，作者以为，真正的炼好渣应是既炼好终渣也炼好初渣，特别是首先要炼好最佳化初渣，以便为全程去磷、去硫和保持吹炼平稳打下基础。

所谓最佳化初渣，就是具有促进全程去磷，保持吹炼平稳以及减小炉衬侵蚀而又不加剧中期渣返干的冶金性能的炉渣。下面仅就初渣达到这一性能所需要的 $(CaO)/(SiO_2)$、$(CaO)/(FeO)$ 比值和 MgO、CaF_2 含量进行讨论。

8.7.1　碱度

初渣的最佳化碱度是最佳化初渣的最重要的特性参数。目前一般氧气转炉的初渣碱度（$R=(CaO)/(SiO_2)$）在 1.2 左右。作者提出把初渣的碱度造到 2~2.6。其理由是，前者不易保持吹炼平稳，不易实现全程去磷去硫，致使反应远离平衡；而造好 $R=2~2.6$ 的初渣可为转炉获得良好的冶金效果打下坚实的基础。

8.7.1.1　炉渣碱度与形成 $(CaO)_x \cdot P_2O_5$ 型化合物的关系和对初渣脱磷的影响

一般认为，在碱性熔渣中，脱磷的主要产物为 $3CaO \cdot P_2O_5$（或 PO_4^{3-}）[1]。而实际上，只有在 SiO_2 完全形成 $3CaO \cdot SiO_2$ 后，P_2O_5 才能形成稳定的 $3CaO \cdot P_2O_5$ 型化合物[2]，而在 C_3RS_2（注：C 表示 CaO，R 表示 MgO、MnO 和 FeO 等 RO 相，S 表示 SiO_2）生成后和 C_2S 生成前，即 $(CaO)/(SiO_2)=1.4~1.88$ 时，究竟是以 $3FeO \cdot P_2O_5$ 的形态不稳定地存在于渣中，还是以 $2CaO \cdot P_2O_5$ 的形态存在，各文献的说法不一，但从键化学理论分析[3]，C_2P（注：P 表示 P_2O_5）应更早生成。所以，当初渣的碱度 $R=1.4~1.88$ 之间时，钢渣间的脱磷反应可写为：

$$2(CaO)+2[P]+5[O]=\!=\!=(Ca_2P_2O_7) \tag{8-7-1}$$

当 $R>1.9$ 时，则可写为：

$$3(CaO)+2[P]+5[O]\Longrightarrow(Ca_3P_2O_8) \tag{8-7-2}$$

式（8-7-1）和式（8-7-2）的反应热力学数据对转炉脱磷作业具有根本性的指导意义。对于式（8-7-1）来说，目前还未见文献上报道其 $\Delta_r G_m^{\ominus}$ 之实验测定值，故此只能做一估算。根据纯磷酸二钙的生成反应

$$2CaO_{(s)}+P_{2(g)}+\frac{5}{2}O_{2(g)}\Longrightarrow Ca_2P_2O_{7(s)} \tag{8-7-3}$$

其各物质的焓和熵[4,5]如表 8-7-1 所示。

表 8-7-1 各物质的焓和熵

反应物和生成物	$\Delta_r H_m^{\ominus}$（298K）/cal·mol^{-1}	$S_m^{\ominus}$（298K）/cal·K^{-1}·mol^{-1}
Ca$_2$P$_2$O$_7$	−898500	45.25
2CaO$_{(s)}$	−2×151500	2×9.5
P$_{2(g)}$	33600	52.1
5/2O$_{2(g)}$	0	5/2×49.02
反应式（8-7-3）	−528100	−148.45

可得出反应（8-7-3）的 $\Delta_r G_m^{\ominus}$ 为：

$$\Delta_r G_m^{\ominus}=-528100+148.45T \tag{8-7-4}$$

以及磷和氧在液体铁中溶解自由能数据[6]

$$P_{2(g)}\Longrightarrow 2[P] \tag{8-7-5}$$

$$\Delta_r G_m^{\ominus}=-58400-9.2T \tag{8-7-6}$$

$$5/2O_2\Longrightarrow 5[O] \tag{8-7-7}$$

$$\Delta_r G_m^{\ominus}=-140000-3.45T \tag{8-7-8}$$

则可得出

$$2CaO_{(s)}+2[P]+5[O]\Longrightarrow Ca_2P_2O_{7(s)} \tag{8-7-9}$$

$$\Delta_r G_m^{\ominus}(C_2P)=-329800+161.05T \tag{8-7-10}$$

$$\lg K_{C_2P}^{\ominus}=\frac{72056}{T}-35.2 \tag{8-7-11}$$

$$K_{C_2P}^{\ominus}=\frac{a_{C_2P}}{a_{CaO}^2 a_{[P]}^2 a_{[O]}^3} \tag{8-7-12}$$

对于类似反应式（8-7-2）的 $\Delta_r G_m^{\ominus}$（C$_3$P），根据文献 [7, 8] 有：

$$3CaO_{(s)}+2[P]+5[O]\Longrightarrow Ca_3P_2O_{8(s)} \tag{8-7-13}$$

$$\Delta_r G_m^{\ominus}(C_3P)=-338600+142.05T^{[7]} \tag{8-7-14}$$

$$\lg K_{C_3P}^{\ominus}=\frac{74000}{T}-31.05 \tag{8-7-15}$$

$$\Delta_r G_m^{\ominus}(C_3P)=-355900+127T^{[8]} \tag{8-7-16}$$

$$\lg K_{C_3P}^{\ominus}=\frac{77792}{T}-27.76 \tag{8-7-17}$$

$$K_{C_3P}^{\ominus}=\frac{a_{C_3P}}{a_{CaO}^3 a_{[P]}^2 a_{[O]}^3} \tag{8-7-18}$$

根据反应式（8-7-9）和式（8-7-13）可以比较在 1450℃下，造好 $R=1.6$ 的炉渣（40%CaO，25%SiO$_2$，28%FeO，5%MgO 和 3%P$_2$O$_5$）和造好 $R=2.1$ 的炉渣（44%CaO，21%SiO$_2$，28%FeO，5%MgO 和 3%P$_2$O$_5$）对 [C] =3.5%的铁液的脱磷能力。通过下面的计算后得出：

$R=1.6$ 的 $[P]=1.698\times10^{-12}a_{[O]}^{-2.5}$，而 $R=2.1$ 的 $[P]=8.398\times10^{-15}a_{[O]}^{-2.5}$，故

$$[P]_{R=2.1}=5\times10^{-3}[P]_{R=1.6}\frac{a_{[O](R=1.6)}^{2.5}}{a_{[O](R=2.1)}^{2.5}} \tag{8-7-19}$$

不同碱度下的各参数值如表 8-7-2 所示。

表 8-7-2　不同碱度下的各参数值

参　数	R			备　注
	1.6	2.1		
$K_{C_xP}^{\ominus}$	5.48×10^{10}①	8.91×10^{11}②	2.45×10^{18}③	①按式（8-7-11） ②按式（8-7-15） ③按式（8-7-17）
a_{CaO}	0.02	0.04	0.04	$R=2.1$ 比 1.6 的 [C] 平衡值高，$\lg f_{[P]}$ =0.32 [C] 利用 Turkdogan 公式[9]计算
$f_{[P]}$	13.18	13.18	13.18	
$\gamma_{P_2O_5}$	6.42×10^{-16}	4.88×10^{-18}	4.88×10^{-18}	
$N_{P_2O_5}$	0.013	0.013	0.013	
$[P]$	$1.698\times10^{-12}a_{[O]}^{-2.5}$	$8.398\times10^{-15}a_{[O]}^{-2.5}$	$1.509\times10^{-18}a_{[O]}^{-2.5}$	

再根据文献 [10]，通过实验得出磷分配比公式如下：

$R=0.91\sim1.9$ 时，

$$\lg\frac{(P)}{[P]}=\frac{10637}{T}-10.365+0.074[(CaO)+0.7(MgO)]+2.5\lg(TFe)+0.5\lg(P_2O_5) \tag{8-7-20}$$

$R>1.9$ 时，

$$\lg\frac{(P)}{[P]}=\frac{11200}{T}-10.248+0.067[(CaO)+0.7(MgO)]+2.5\lg(TFe)+0.5\lg(P_2O_5) \tag{8-7-21}$$

按照上述条件可以算出：$[P]_{R=1.6}=0.00146$，$[P]_{R=2.1}=0.00055$，即相当于 $[P]_{R=2.1}=0.38[P]_{R=1.6}$。

由此不难看出：

（1）造好 $R>1.9$ 的炉渣，可形成稳定的 Ca$_3$P$_2$O$_8$ 型磷酸钙。

（2）$R=2.1$ 的炉渣的脱磷能力比 $R=1.6$ 的约大 2.8 倍。

（3）文献 [8] 给出的反应式（8-7-13）的热力学数据看来较文献 [7] 的更符合实际。

8.7.1.2　炉渣碱度与磷碳选择性氧化的关系

根据文献 [6]，可写出碳的氧化反应式

$$5[C]+5[O] \Longrightarrow 5\{CO\} \tag{8-7-22}$$

$$\Delta_r G_m^{\ominus} = -28000-46.85T \tag{8-7-23}$$

$R<1.88$ 时的磷碳选择性氧化反应为:

$$2CaO_{(s)}+2[P]+5\{CO\} \Longrightarrow Ca_2P_2O_7+5[C] \tag{8-7-24}$$

$$\Delta_r G_m^{\ominus} = -301800+208.9T \tag{8-7-25}$$

$$T_{C-P} = \frac{65942}{45.43+lgK_{C_2P}^{\ominus}} \tag{8-7-26}$$

$$lgK_{C_2P}^{\ominus} = \frac{65942}{T_{C-P}}-45.43 \tag{8-7-27}$$

$$K_{C_2P}^{\ominus} = \frac{a_{C_2P}a_{[C]}^5}{a_{CaO}^2 a_{[P]}^2 P_{CO}^5} \tag{8-7-28}$$

假设 $lga_{C_2P}=lga_{P_2O_5}=lg\gamma_{P_2O_5}+N_{P_2O_5}$根据文献 [9],有:

$$lg\gamma_{P_2O_5} = -1.12\sum A_iN_i-\frac{4200}{T}+23.58 \tag{8-7-29}$$

$$\sum A_iN_i = 22N_{CaO}+15N_{MgO}+13N_{MnO}+12N_{FeO}-2N_{SiO_2} \tag{8-7-30}$$

解式 (8-7-27) ~式 (8-7-29) 得去磷保碳指数方程:

$$lg\frac{a_{[C]}^{2.5}}{a_{[P]}} = \frac{53971}{T}-34.51+lga_{CaO}+0.56\sum A_iN_i-0.5lgN_{P_2O_5}+2.5lgP_{CO} \tag{8-7-31}$$

根据文献 [11,12],对于吹炼初期末至吹炼终点的金属:

$$lg f_C = 0.14[C]-0.012[Mn]+0.05[P]+0.045[Si] \tag{8-7-32}$$

$$lg f_P = 0.13[C]+0.062[P]+0.028[S] \tag{8-7-33}$$

经检算表明式 (8-7-32) 和式 (8-7-33) 可简化为式 (8-7-34) (误差不大于1%):

$$lg f_C = 0.14[C] \tag{8-7-34}$$

$$lg f_P = 0.13[C] \tag{8-7-35}$$

因为

$$lg\frac{a_{[C]}^{2.5}}{a_{[P]}} = lg\frac{[C]^{2.5}}{[P]}+2.5lgf_C-lgf_P = lg\frac{[C]^{2.5}}{[P]}+0.22lg[C] \tag{8-7-36}$$

所以

$$lg\frac{a_{[C]}^{2.5}}{a_{[P]}} = \frac{53971}{T}-34.51+lgN_{CaO}-0.5lgN_{P_2O_5}+0.56\sum A_iN_i+lg\gamma_{CaO}-0.22[C]+2.5lgP_{CO} \tag{8-7-37}$$

$R>1.88$ 时的磷碳选择性氧化反应为:

$$3CaO(s)+2[P]+5\{CO\} \Longrightarrow Ca_3P_2O_8+5[C] \tag{8-7-38}$$

$$\Delta_r G_m^{\ominus} = -310600+188.9T \tag{8-7-39}$$

$$T_{C-P} = \frac{67891}{41.29+lgK_{C_3P}^{\ominus}} \tag{8-7-40}$$

$$lgK_{C_3P}^{\ominus} = \frac{67890}{T}-41.29 \tag{8-7-41}$$

$$K_{C_3P}^{\ominus} = \frac{a_{C_3P} a_{[C]}^5}{a_{CaO}^3 a_{[P]}^2 P_{CO}^5} \qquad (8\text{-}7\text{-}42)$$

同理可得出 $R>1.9$ 时的保碳去磷指数方程：

$$\lg \frac{a_{[C]}^{2.5}}{a_{[P]}} = \frac{54946}{T} - 32.435 + 1.5\lg a_{CaO} + 0.56\sum A_i N_i - 0.5\lg N_{P_2O_5} + 2.5\lg P_{CO} \qquad (8\text{-}7\text{-}43)$$

$$\lg \frac{a_{[C]}^{2.5}}{a_{[P]}} = \frac{54946}{T} - 32.435 + 1.5\lg N_{CaO} + 0.56\sum A_i N_i - 0.5\lg N_{P_2O_5} + 1.5\lg \gamma_{CaO} - 0.22[C] + 2.5\lg P_{CO}$$

$$(8\text{-}7\text{-}43a)$$

由上可见：

（1）T 小，$N_{P_2O_5}$ 小，a_{CaO} 大，$\sum A_i N_i$ 大和 P_{CO} 大，则 $\dfrac{a_{[C]}^{2.5}}{a_{[P]}}$（或 $\dfrac{[C]^{2.5}}{[P]}$）大，故加入少量萤石造好早期渣和前期采用软吹有利于去磷保碳。

（2）T 相同时，即使 a_{CaO}、$\sum A_i N_i$、$N_{P_2O_5}$ 和 P_{CO} 也相同，其 $\dfrac{[C]^{2.5}}{[P]}$ 值也是 $R>1.9$ 的较 $R<1.88$ 的大。

（3）如炉渣成分不变，即 a_{CaO}、$\sum A_i N_i$、$N_{P_2O_5}$ 不变，则保碳去磷指数 $\dfrac{[C]^{2.5}}{[P]}$ 将随温度 T 升高和 P_{CO} 的减小（当硬吹时）而减小。若升温前脱磷未达平衡，这时将是缓慢脱磷或停止脱磷而迅速脱碳；若升温前脱磷保碳已达平衡，则将是迅速脱碳的同时产生回磷。故熔池升温的同时，欲保持较高的脱磷指数，则必须继续造渣，控制渣中有足够的 FeO 含量，使 CaO 不断溶解，渣量逐步增大到适当值方可。

现按反应式（8-7-24）和式（8-7-38）中的有关公式，用逼近法对不同碱度下的熔渣与铁液间平衡时可能达到的磷、碳选择性氧化的临界温度和临界成分作一估算和讨论。其计算结果列于表 8-7-3。它基本上反映了转炉炼钢的实际，并从理论上阐明了此次原上钢五厂转炉造渣工艺获得成功的原因。从表 8-7-3 中不难看出：初渣碱度 $R=1.23$ 时，只能在前期将磷最多降到 0.13%，当温度升高进入碳吹期时，即使炉渣成分不变也不能再继续脱磷，如炉渣变黏返干则势必回磷。而当初渣碱度 $R=1.6$ 时，即使吹炼前期 [P] 未降到 0.05%，但进入氧化期后，只要保持 FeO 不大降，则还可继续将磷脱至 0.05% 左右，待到 [C]≤0.5% 时再进一步造渣进一步深入脱磷也不失为上策。如能将碱度造到 2.1，则即使碳吹期的 FeO 控制在 20% 左右，乃至 P_{CO} 略小于 1 也不妨全程优先脱磷，保持较高的 $\dfrac{[C]^{2.5}}{[P]}$ 指数，待至 [C]≤1.0% 时，再将 R 由 2.0 提高到 3.0 进行深脱磷，将是转炉炼钢配合连铸的最佳造渣工艺。由此结合原五厂的原料条件和实验结果，不妨作出以下小结：

（1）要贯彻全程优先去磷，则进入碳吹期前后的炉渣碱度必须大于或等于 1.6，并加入适当萤石；如炉温条件允许，最好将初渣碱度造到 2~2.6。

（2）要在碳吹期保持较高的去磷保碳指数，则必须控制渣中的 FeO 在 16%~20%，促进石灰不断渣化和防止返干。

表 8-7-3　不同碱性渣下的 T_{C-P}、[C] 和 [P]

R	1.23	1.6		2.1		3.0	备　注
(CaO)/%	36.04	40		44		50	
(SiO$_2$)/%	29.38	25		21		18	
(FeO)/%	18.2	28		28		22	
(MgO)/%	8.0	5.0		5.0		8.0	(1) 假定 $P_{CO}=1$;
(MnO)/%	8.38						(2) 表中的 a_{CaO}
(P$_2$O$_5$)/%	2.0	3.0		3.0		4.0	是从 CaO-FeO-SiO$_2$
$\sum A_i N_i$	12.025	12.854		13.862		15.061	等活度图中查得;
$\gamma_{P_2O_5}$	5.444×10^{-15}	$6.49\times$ 10^{-16}	$5.849\times$ 10^{-14}	$1.635\times$ 10^{-14}	$2.836\times$ 10^{-14}	$1.518\times$ 10^{-16}	(3) 如加入一定 CaF$_2$, 可提高炉渣
$N_{P_2O_5}$	0.008	0.013		0.013		0.018	的 γ_{CaO} 和 γ_{FeO}, 从
a_{CaO}	0.008	0.02		0.04		0.1	而提高保碳去磷
[C]/%	3.0	3.5	0.5	1.5	1.0	1.0	指数
[P]/%	0.13	0.05	0.05	0.02	0.01	0.01	
T_{C-P}/℃	1450	1455	1602	1656	1689	1880	

8.7.1.3　炉渣碱度与氧化铁活度（a_{FeO}）和黏度 η 的关系

由图 8-1-1[13]可见，炉渣的黏度 η 开始随碱度的增大而减小，至 $R=2.2$ 时，η 达极小值，再增大 R 时，η 则随之增大。所以从降低 η 考虑，取 $R=2.2$ 是最佳的，这对降低泡沫渣的稳定性和提高各种元素在渣中的传质系数也是最有利的。

从图 8-7-1[14]可见，渣中氧化铁的活度 a_{FeO} 在 $(N_{CaO}+N_{MgO})/N_{SiO_2}<1.5$ 或 $N_{CaO}/N_{SiO_2}<2.5$ 时，a_{FeO} 随 N_{CaO}/N_{SiO_2} 的增大而增大；至 $N_{CaO}/N_{SiO_2}=1.5\sim2.5$ 时，a_{FeO} 达极大值；再增

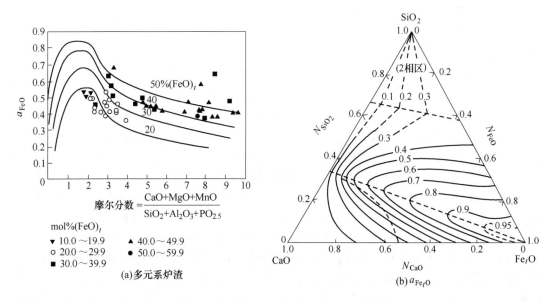

图 8-7-1　SiO$_2$-CaO-FeO$_t$ 三元系炉渣组成和 a_{FeO} 的关系（1600℃）

大 N_{CaO}/N_{SiO_2} 时，a_{FeO} 反而减小。故在渣中 FeO 含量一定的条件下，取 $N_{CaO}/N_{SiO_2} = 1.5 \sim 2.5$（相当于 $CaO/SiO_2 = 1.4 \sim 2.33$）时，将获得极大的 a_{FeO} 值，从而有利于脱磷；或在保持渣中 a_{FeO} 一定的条件下，可把渣中的 FeO 控制在极小值，从而有利于保持吹炼平稳。

8.7.1.4　初渣碱度与吹炼初期炉衬侵蚀的关系

文献［15］报道：初渣碱度与炉衬侵蚀量的函数关系是：

$$侵蚀量(\%) = 15.3 + 238R - 164R^2 \tag{8-7-44}$$

由式（8-7-44）绘成的图 8-7-2 可见，当 $R \approx 0.8$ 时炉衬侵蚀最严重；在 $R > 1.2$ 之前炉衬均受着严重侵蚀，直至 $R = 1.5$ 时炉衬侵蚀才降到开吹时的侵蚀水平。故迅速造好 $R \geqslant 1.5$ 的初渣对降低前期炉衬侵蚀量是十分必要的。

8.7.1.5　炉渣碱度与泡沫稳定性的关系

图 8-7-3[16] 示出，在 1883K 下，$CaO\text{-}SiO_2\text{-}20\%FeO$ 炉渣的计算泡沫指数 $\Sigma(S)$ 与碱度的关系（$\Sigma(S) = 5.7 \times 10^2 \dfrac{\mu}{\sqrt{\gamma\rho}}$，$\rho$ 为密度，$kg \cdot m^{-3}$；γ 为表面张力，$N \cdot m^{-1}$；μ 为黏度，$Pa \cdot s$）。由图 8-7-4 可见，开始时 Σ_{cal} 随 R 的增大而减小，至 $R = 1.2$ 时达最小值，然后 Σ_{cal} 随 R 的增大而增大，至 $R = 1.5 \sim 1.8$ 时达最大值。随 R 继续增大到 $2.2 \sim 2.6$ 时，Σ_{cal} 复又降到一个稳定的最小值。这在研究碱性转炉渣和平炉渣的泡沫性时也得到了类似的关系[18,19]。

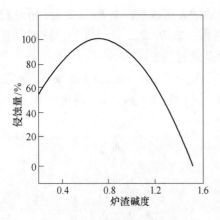

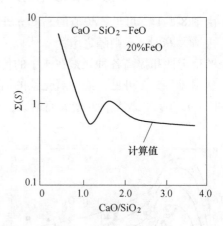

图 8-7-2　炉渣碱度对氧气转炉　　　　图 8-7-3　在 1873K 下，炉渣 $CaO\text{-}SiO_2\text{-}20\%FeO$ 的
　　　　炉衬砖侵蚀的影响　　　　　　　　　　　　Σ_{cal} 与碱度的关系

在生产实践中常见到[18]，熔池液面达到最大高度的时间是与炉渣碱度达临界值（$1.5 \sim 1.8$）的时间以及碳氧化速度达最大值的时间相吻合的。故要防止喷溅，就必须采取一切措施防止这两者发生时间的吻合，确保快速造好 $R \geqslant 2.0$ 的初期渣。

怎样从理论上阐明，炉渣的泡沫指数 Σ 与碱度之间存在的这一极大极小关系呢？

（1）由图 8-7-3 和图 8-7-1 可见，具有最大泡沫指数的炉渣碱度，恰好与炼钢炉渣这具有最大氧化铁活度 a_{FeO} 的炉渣碱度相吻合。这说明 a_{FeO} 最大值是造成泡沫指数最大的根本原因，因 a_{FeO} 大时，不仅炉渣表面张力 γ 小，而且有利于渣中的铁粒与 FeO 反应生成小的 CO 气泡。

（2）$R=1.5\sim1.8$ 时，渣中所形成的阴离子团主要是 $Si_2O_7^{6-}$ 和 SiO_4^{4-} 类型的；而 $R>1.8$ 后，即完全形成 C_2S 后，渣中将有铁酸钙（$CaO\cdot Fe_2O_3$）形成浮氏体类型的复阴离子团（FeO_2^-）。故由图 8-7-4 可见，$R=1.5\sim1.8$ 的炉渣黏度显著大于 $R=2.0\sim2.6$ 的炉渣黏度，且饱含 $Si_2O_7^{6-}$ 和 SiO_4^{4-} 型复阴离子团的渣膜强度和气泡间的静电互排性也显然大于具有 FeO_2^- 型复阴离子团的。所以 $R=1.5\sim1.8$ 的炉渣，既有高的 a_{FeO} 值以利炉渣泡沫化，又有阻止气泡合并和渣膜集聚而使气泡稳定的良好性能，故其泡沫指数 Σ 最大。

（3）当 $R>1.8$ 后，由上分析可知，随着 R 增大泡沫稳定性势必降低，故泡沫指数减小，至 $R=2.3\sim2.6$ 时，Σ 降到一个不再随 R 变化的最小值。估计 $R=2.6$ 时，渣中的铁酸钙含量达最大值（因这时的炉渣熔点达极小值[20]），即 FeO_2^- 达最大值。再继续增大 R 时，由于自由 CaO 增加，不仅使炉渣的表观黏度增大，也使渣膜的脆性增大。故 $R>2.6$ 后，Σ 指数不再增大和变化。

8.7.2 CaO/FeO 或 CaO/（FeO+MnO）的最佳比值

CaO 和 FeO 都是脱磷的重要因素。已经讨论过，在 $CaO/SiO_2<2.2$ 的情况下，a_{FeO} 随 CaO 的增大而增大，它们之间存在极值函数关系。同时 CaO 的渣化量是依存于一定的熔池温度和渣中 FeO 含量的，而过大的 FeO 含量将冲淡 CaO 浓度从而使 $\gamma_{P_2O_5}$ 增大而对脱磷不利。故渣中的 CaO/FeO 比值应控制在最佳范围内为宜。

不论是巴拉耶瓦的实验结果（图 8-7-4[21]），还是我们的实验结果（图 8-7-5[22]），都表明：一定碱度的炉渣有一最佳的 FeO 含量，在此 FeO 含量下，磷的分配比最大；同时，该最佳的 FeO 含量随碱度的增大而增大。我们怎样从理论上阐明这一现象，并找出其规律呢？

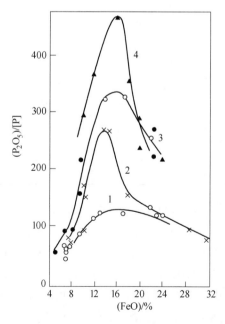

图 8-7-4　渣中 FeO 含量对（P_2O_5）/[P] 的影响

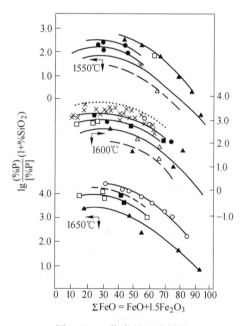

图 8-7-5　作者的试验结果

魏寿昆[23]利用公式（8-7-45）~式（8-7-46）进行计算：

$$\frac{N_{P_2O_5}}{[P]^2}=\frac{K f_P^2 a_O^5}{\gamma_{P_2O_5}} \tag{8-7-45}$$

$$\lg K=\frac{33050}{T}-27.0 \tag{8-7-46}$$

$$\lg\gamma_{P_2O_5}=-1.12(22N_{CaO}+15N_{MgO}+13N_{MnO}+12N_{FeO}-2N_{SiO_2})-\frac{44600}{T}+23.80 \tag{8-7-47}$$

设炉渣碱度 $N_{CaO}/N_{SiO_2}=3.0$，$T=1600℃$，$f_P=1.0$，对不同的 N_{FeO} 值计算磷分配比，其结果见表 8-7-4。很明显可以看出，在 $N_{FeO}=0.2$ 时，$\frac{N_{P_2O_5}}{[P]^2}$ 达最高值。实际上这反映 a_O 及 $\gamma_{P_2O_5}$ 对磷分配比的综合影响：随着 N_{FeO} 的增加，a_{FeO} 和 a_O 在增加。根据式（8-7-47），N_{FeO} 增加也带来 $\gamma_{P_2O_5}$ 的增加。在 $N_{FeO}=0.2$ 的最佳值未达到之前，a_O^5 的增加率高于 $\gamma_{P_2O_5}$ 的增加率，所以磷分配比在增加；但超过 $N_{FeO}=0.2$ 的最佳值之后，a_O^5 的增加率低于 $\gamma_{P_2O_5}$ 的增加率，因而导致磷分配比在降低。而在 $N_{FeO}=0.2$ 时，磷分配比有一高峰值。这时的 $N_{CaO}/N_{FeO}=0.6/0.2=3.0$，即 $CaO/FeO=(0.6×56)/(0.2×82)=2.33$。

表 8-7-4　渣中 FeO 含量对 $\frac{N_{P_2O_5}}{[P]^2}$ 的影响（$N_{CaO}/N_{SiO_2}=3.0$）

N_{FeO}	0.1	0.15	0.2	0.25	0.3
N_{CaO}	0.685	0.6385	0.6	0.5625	0.525
N_{SiO_2}	0.225	0.2125	0.2	0.1885	0.185
a_{FeO}	0.43	0.56	0.65	0.68	0.83
a_O	0.0989	0.1288	0.1495	0.1564	0.1689
a_O^5	$9.46×10^{-6}$	$3.54×10^{-5}$	$8.46×10^{-5}$	$9.355×10^{-5}$	$1.335×10^{-4}$
$\gamma_{P_2O_5}$	$3.38×10^{-18}$	$5.65×10^{-18}$	$9.46×10^{-18}$	$1.585×10^{-18}$	$2.655×10^{-18}$
$\frac{N_{P_2O_5}}{[P]^2}$	1230	2850	3480	2600	2210

如果把 $N_{CaO}/N_{FeO}=3.0$，即 $CaO/FeO=2.33$ 作为不同碱度下磷分配比达最大值的特性参数，则它不仅对 $N_{CaO}/N_{SiO_2}=3.0$ 是对的，对 $N_{CaO}/N_{SiO_2}=2.5$，4.0 也应是对的。当然，由于表 8-7-4 取的计算点还不够多，故 N_{CaO}/N_{FeO} 的精确值还有待提高。根据魏寿昆的计算方法，我们再进一步计算炉渣碱度 $N_{CaO}/N_{SiO_2}=2.5$，4.0，$T=1600℃$ 和 $N_{CaO}/N_{FeO}=1.5$，2.0，2.8，3.0，4.0，5.0 时的磷分配比，其结果见表 8-7-5 和表 8-7-6。由此证明：任何碱度的炉渣均有一最佳的 N_{CaO}/N_{FeO} 比值，在此值下磷的分配比最大，该最佳 N_{CaO}/N_{FeO} 值就是 3.0（且计算表明，在 $t=1550℃$ 和 1650℃时，也是该值）。

表 8-7-5 渣中 FeO 含量对 $\dfrac{N_{P_2O_5}}{[P]^2}$ 的影响（$N_{CaO}/N_{SiO_2}=2.5$）

N_{FeO}	0.322	0.263	0.206	0.192	0.152	0.125
N_{CaO}	0.484	0.526	0.569	0.588	0.606	0.625
N_{SiO_2}	0.194	0.211	0.228	0.231	0.242	0.250
a_{FeO}	0.86	0.81	0.68	0.66	0.60	0.55
a_O	0.1848	0.1633	0.1541	0.1518	0.138	0.1265
a_O^5	1.63×10^{-4}	1.16×10^{-4}	8.69×10^{-5}	8.06×10^{-5}	5.00×10^{-5}	3.24×10^{-5}
$\gamma_{P_2O_5}$	1.52×10^{-16}	9.48×10^{-18}	5.88×10^{-18}	5.25×10^{-18}	3.69×10^{-18}	3.02×10^{-18}
$\dfrac{N_{P_2O_5}}{[P]^2}$	481	538	661	686	596	482

表 8-7-6 渣中 FeO 含量对 $\dfrac{N_{P_2O_5}}{[P]^2}$ 的影响（$N_{CaO}/N_{SiO_2}=4.0$）

N_{FeO}	0.348	0.286	0.222	0.210	0.166	0.138
N_{CaO}	0.522	0.581	0.622	0.632	0.668	0.690
N_{SiO_2}	0.132	0.143	0.156	0.158	0.168	0.182
a_{FeO}	0.84	0.66	0.58	0.58	0.46	0.40
a_O	0.1802	0.1518	0.1311	0.1288	0.1058	0.092
a_O^5	1.43×10^{-4}	8.06×10^{-5}	3.88×10^{-5}	3.54×10^{-5}	1.33×10^{-5}	6.59×10^{-5}
$\gamma_{P_2O_5}$	5.65×10^{-18}	2.55×10^{-18}	1.1×10^{-18}	9.10×10^{-19}	5.11×10^{-19}	3.38×10^{-19}
$\dfrac{N_{P_2O_5}}{[P]^2}$	11136	13908	14083	15560	10410	8899

应当指出，Healy 公式中也存在上述关系，当（CaO）>24%时：

$$\lg\frac{(P)}{[P]}=\frac{22350}{T}-23.7+7\lg(CaO)+2.5\lg(TFe) \tag{8-7-48}$$

设 $T=1883K$，（TFe）$=C-$（CaO），则

$$\lg\frac{(P)}{[P]}=7\lg(CaO)+2.5\lg[C-(CaO)]-11.77 \tag{8-7-49}$$

命（P）/[P]$=L_P$，并对式（8-7-49）求偏导，则：

$$\frac{\partial\lg L_P}{\partial(CaO)}=\frac{7}{2.303(CaO)}-\frac{2.5}{2.303[C-(CaO)]} \tag{8-7-50}$$

命 $\dfrac{\partial\lg L_P}{\partial(CaO)}=0$，则

$$\frac{7}{(CaO)}-\frac{2.5}{(TFe)}=0 \tag{8-7-51}$$

故当（CaO）/（TFe）$=7/2.5=2.8$ 时（相当于（CaO）/（$\sum$FeO）$=2.18$），L_P 最大。这就进一步证明在 1600℃下，渣中氧化钙和氧化铁的最佳化比值为：$N_{CaO}/N_{FeO}=3.0$，（CaO）/（$\sum$FeO）

= 2.18，（CaO）/（TFe）= 2.8 具有普遍性。所以，当 CaO 增大时，FeO 也应增大，L_P 的峰值增大，且向右偏移，其（FeO）的最佳值为 CaO/2.18，再大则 L_P 反而降低。

对于 CaO- MgO_{sat}- SiO_2- FeO_n 渣系，文献［10］得出的 L_P 为极大值时的（CaO+0.8MgO）/TFe 比值见表 8-7-7。

表 8-7-7　L_P 为极大值时（CaO+0.8MgO）/TFe 比值

CaO/SiO_2	（CaO+0.8MgO）/TFe
<0.9	1.38
0.9~1.9	2.28
>1.9	2.0

8.7.3　MgO、CaF_2 和 MnO 的合理含量

8.7.3.1　MgO 含量

MgO 在初渣中的作用是：（1）促进石灰溶解；（2）保护炉衬。

目前有的工厂因觉得生白云石造渣影响转炉前期热工作，而取消了头批料中配加白云石，甚至全部取消；也有的厂把全部白云石在头批料中一次加入。应当说，这两种做法都是欠妥的。

据 R Knuppel 等人[24] 的研究，加入 MgO 可以使 CaO-SiO_2-FeO 渣系中的 C_2S 区缩小，见图 8-5-4[25]。所以用 MgO 作早期造渣的萤石代用品时，可以加速石灰溶解和减少炉衬侵蚀。由图 8-5-6[26] 和图 8-5-7 的比较中可以看到，不用白云石作熔剂时，在吹炼到 1/4 前后，石灰熔化不到 40%，在接近吹炼 2/3 时石灰溶解不到一半，而用轻烧白云石作熔剂时，则初期的石灰渣化率为 53.5% 左右，渣碱度为 1.3（不加白云石时一般为 0.8）。但如白云石全部在头批料中加入，则也未必合适。从图 8-5-9[28] 可见，在一般氧气转炉中加入约 6%MgO 对石灰的溶解是有利的，能减小渣的黏度和增大单位时间内氧化钙的溶解速度，但超过 6% 后则不

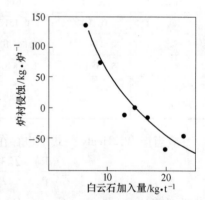

图 8-7-6　前期白云石加入量
与炉衬侵蚀的关系[29]

利了。文献［29］中也报道，初期末温度为 1450℃时，MgO_{sat} 大约为 5%±，当头批料的生白云石加入量为 15kg/t（钢）时，炉衬既不侵蚀也不增厚（图 8-7-6）；少了，炉衬侵蚀，不易造好 $R \geq 1.88$ 的初渣；大了，炉底上涨，也不利造 $R \geq 1.88$ 的初渣，并易造成严重溢渣。因为：（1）生白云石降温大；（2）（MgO）高，泡沫性好。故作者以为，头批料的白云石加入量应按初期渣的 MgO 饱和含量和渣量来估算，现将它们[28] 写在下面：

$$（MgO）_{1873K} = 25.07 - 1.917R - 7.364lg（TFe） \tag{8-7-52}$$

$$lg（MgO）_T = lg（MgO）_{1873K} - \frac{6000（1873-T）}{1873T} \tag{8-7-53}$$

$$W_{(白云石)} = (1.1 \sim 1.2) W_{渣} \times \frac{(MgO)_{初渣}}{(MgO)_{白云石}} \tag{8-7-54}$$

至于生白云石耗热大的问题，则应是采用轻烧白云石，最好是熟白云石或镁质石灰，而不是头批料不加白云石。

8.7.3.2　CaF_2 含量

CaF_2 在初渣中的主要作用是加速石灰溶解，使之在 1450℃ 和 3.2%～3.5%C 条件下，能造好 $R \geqslant 1.6$（最好为 2.2～2.6）的炉渣。

萤石的加入制度，大多数工厂的操作规程规定：每吨钢不得超过 4～5kg，并应在中、后期加入。作者认为，前一规定是对的，后一规定则值得商榷。

众所周知，CaF_2 可缩小 C_2S 区，扩大液相区，见图 8-5-17；在 1400℃ 时，CaO-SiO_2-FeO 渣系中只要含 2%CaF_2 就可以起到 $\sum FeO/SiO_2$ 由 1.0 增大到 2.0 时所起的加速石灰渣化的作用[29]。

$$t(℃) = 1212.9 + 24.92(MgO) + 2.406(Al_2O_3) - 75.75(CaF_2) -$$
$$10.45(FeO) + 12.02(Fe_2O_3) + 102.75(CaO)/(SiO_2) \tag{8-7-55}$$
$$(R = 0.995, \ S = 8.38)$$

特别是，对于 FeO_n 含量高（图 8-5-19[30]）和 $R < 2.2$ 的炉渣，只要添加少量萤石便能大幅度地降低其熔点。实验表明[31]，在 CaO-MgO-MnO-FeO_n-SiO_2 渣系中，当 $(CaO)/(SiO_2) < 2.2$ 时，每加入 1%$w(CaF_2)$ 可降低熔点约 86℃。而 $R = 2.2 \sim 2.6$ 时仅 18℃。由此可见，对于早期渣来说，少量 CaF_2 便具有显著的助熔能力。所以，不论从加速造好 $R > 1.6$（最好为 2.2～2.6）的初渣（注：仅加白云石造渣时，只能造好 $R = 1.2 \sim 1.3$）的限制性环节在于破坏石灰表面的 C_2S 外壳，还是前期炉温不足考虑，或是从合理利用萤石的助熔性质考虑，哪怕前期加入的萤石在碳吹期会有较大的挥发（约 30%）[32]，也应在头批料中配入适量的萤石，以便不失时机地造好 $R = 2.2 \sim 2.6$，a_{FeO} 高和流动性良好的初渣。国外大多数转炉也是在开吹的头批料中便配加一定量的萤石[33]，而不是如文献［32］主张只在后期返干时才加。但头批料中萤石量也不能太多，否则不仅严重侵蚀炉衬，还会引起喷溅。作者通过原上钢五厂 15t 转炉上的两次造渣试验发现，在该厂条件下，前后期的萤石加入量分别按 1.5～2.0kg/t（钢）加入为当，多了少了都不好，只前期加或只后期加也都不好[28]。另一种估算前期萤石加入量的方法就是按造好最佳化初渣的熔点与前期末的炉温之差除以 75℃ 来计算：

$$(CaF_2) = \frac{t_{渣} - t_{熔池}}{75} \tag{8-7-56}$$

关于加入 CaF_2 对改善去 P 去 S 效果的显著方面，请见合理的终渣类型一文，这里不再赘述。

8.7.3.3　MnO 含量

我国的锰矿资源较少，故不可能为造渣而专门规定渣中的 MnO 含量。但应当指出，不含 MnO 的炉渣，单用白云石做熔剂时，白云石加入量多，渣中 MgO 含量高，中期渣易返干。同时 MgO 和 P_2O_5、SiO_2 一样，不但会使炉渣的表面张力减小，而且能增大渣膜的黏度使泡沫稳定，故单用白云石做熔剂时易产生严重溢渣。而 MnO 则有使 MgO 在渣中的溶解速度（见式（8-7-57），在 $t=1600℃$ 和 $(P_2O_5)=0.138\%\sim0.1\%$ 下的）明显降低的作用，同时 MnO 能增加渣表面张力，具有降低碱性泡沫渣稳定性的作用[34]，特别是与 MgO 配合使用时更能显著缩小 C_2S，见图 8-5-16[35]，促进造好最佳化初渣。

$$(MgO)=58.23-0.425(TFe)-1.983(MnO)-30.38(P_2O_5) \qquad (8-7-57)$$

А. Н. Пазов 等人[36]试验研究指出，Mn 氧化物对促进造好早期渣的作用是 Fe 氧化物很难代替的。因为用 FeO 代替 MnO 时会使 FeO 含量过高而造成喷溅。但在铁含 [Mn] $\geqslant$ $0.4\%\sim0.5\%$（或 (MnO) $\geqslant8\%\sim9\%$）时，也可通过把初渣的 FeO 增大到一定的水平来改善石灰的溶解速度而不发生喷溅，但如使用含 [Mn] 量低于 $0.4\%\sim0.5\%$ 的铁水时，则造渣条件急剧恶化，如表 8-7-8 所示。故我们虽然不强调造渣的 Mn 制度，但强调控制铁水 [Mn] $\geqslant0.4\%\sim0.5\%$，或初渣中 (MnO) $\geqslant8\%\sim9\%$ 仍是十分重要的。

表 8-7-8　铁水含 $w[Mn]$ 量对炉渣特性的影响

铁水中 $[Mn]_0/\%$	渣中 (MnO)/%	初渣中 (FeO)/%	终渣中 (FeO)/%	初渣碱度	终渣碱度	脱S率/%	脱P率/%	石灰利用率/%
0.2	2.23	15.83	12.1	1.01	2.63	28.2	83.1	81.8
0.5	6.83	14.23	9.03	1.48	3.10	36.2	89.8	88.1

通过以上讨论，可以对转炉最佳化初渣的特性参数做以下总结：

（1）碱度最小应大于等于 1.6，最好为 $2.2\sim2.6$。

（2）对于 $CaO\text{-}FeO_n\text{-}SiO_2$ 渣系，$(CaO)/(TFe)=2.8\sim3.0$。

（3）对于 $CaO\text{-}MgO_{sat}\text{-}FeO_n\text{-}SiO_2$ 渣系，$(CaO+0.8MgO)/TFe=2.0\sim2.3$。

（4）$(MgO)_{初渣}$ 宜控制在 5% 左右，由式（8-7-53）～式（8-7-54）估算。

（5）(CaF_2) 宜按 2%±控制，可用式（8-7-56）估算头批料的萤石加入量。

（6）$(MnO)\geqslant6\%$。

参 考 文 献

[1] 曲英，主编. 炼钢学原理 [M]. 北京：冶金工业出版社，1980：112.

[2] 特列恰柯夫 E B，等. 氧气转炉造渣制度 [M]. 北京：冶金工业出版社，1975：12-13.

[3] 陈念贻. 键参数函数及其应用 [M]. 北京：科学出版社，1976.

[4] Wagman D D, et al. Selected Values of Chemical Thermodynamic Properties, National Bureau of Standards, Technical Note 270-3/7, Washington, 1967：73.

[5] 佩尔克 R D. 氧气顶吹转炉炼钢（上册）[M]. 北京：冶金工业出版社，1980：134-144.

[6] Elliott J F, Gleiser M. Thermochemistry for Steelmaking [M]. Addision-Wesley, 1960.

[7] 汪大洲，编著. 钢铁生产中的脱磷 [M]. 北京：冶金工业出版社，1986：85-86.

[8] Bodsworth C. Physical Chemistry of Iron and Steel Manufacture [M]. Addsion-Longmans, 1963：450.

[9] Turkdogan E T, Pearson J. JISI, 175 (1953), P. 393.

[10] 李远洲，等. $CaO\text{-}MgO_{sat}\text{-}FeO_n\text{-}SiO_2$ 渣系与铁液间磷平衡分配比表达式的再认识（未发表）.

[11] 曲英，主编. 炼钢学原理 [M]. 北京：冶金工业出版社，1980：87-88.

[12] Elliott J F. Electric Furnace Proceedings, 1974：62-73.

[13] 陈家祥. 炼钢常用图表数据手册 [M]. 北京：冶金工业出版社，1984：214.

[14] 三本木贡治，等著. 炼钢技术［M］. 北京：冶金工业出版社，1980：9.

[15] Open Hearth Proceedings（1973，56：21-32）. 国外氧气顶吹转炉炼钢文献（十三）. 1977：31.

[16] Ito K，Fruehan R J. Metallurgical Trans. B，1989，20B：518.

[17] 巴普基兹曼斯基 B И. 氧气转炉炼钢过程理论［M］. 上海：上海科技出版社，1979：120.

[18] Явойский B И，Теория Проиввокства Стали. М.，Металлургии，1967：791.

[19] Ростовцев C Т. Теория Металлургических П-роцесов. М.，Металлургиздат，1956：515.

[20] 岑永权，等. 上海第二冶专学报，1990.

[21] Balajiva K，et al. JISI，1946，153：115.

[22] 李远洲，等. 钢铁，1995（4）：14-19.

[23] 魏寿昆. 冶金过程热力学［M］. 上海：上海科技出版社，1980：267-272.

[24] Krüppel R，et al. Archiv. Eisenh.，Bd. 1975，46（9）：549-554.

[25] Open Hearth Proceedings，1973，156：21-32.

[26] 鞍钢钢研所，第三炼钢厂. 鞍钢 150 吨氧气顶吹转炉采用轻烧白云石造渣工艺试验［C］. 1981 年全国转炉炼钢会议材料，1981.

[27] 巴普基兹曼斯基 B И. 氧气转炉炼钢过程理论［M］. 上海：上海科技出版社，1979：120，150.

[28] 李远洲，等. 钢铁，1990，25（7）：15-21.

[29] 李远洲，等. 钢铁，1989，24（11）：22-28.

[30] 陈家祥，编著. 炼钢常用图表数据手册［M］. 北京：冶金工业出版社，1984：125.

[31] 李远洲，孙亚琴，等. CaO-MgO-MnO-FeO_n-SiO_2-Al_2O_3-CaF_2 渣系的半球点实验研究［J］. 转炉顶底复合吹炼技术通讯，1993（2）：1-8.

[32] 柳朝汀. 转炉渣中氟行为的初步探讨［C］. 1981 年全国转炉炼钢会议，1981.

[33] 特列恰柯夫 E B，等. 氧气转炉造渣制度. 冶金工业出版社，1975：12-13，73.

[34] 蒋仲乐，主编. 炼钢工艺及设备［M］. 北京：冶金工业出版社，1981：28.

[35] 曲英，万天骥，等译. 物理化学和炼钢［M］. 北京：冶金工业出版社，1984：42.

[36] Глазов A H. Сталь，1978（9）：796-800.

8.8　转炉终渣的合理类型

　　国内氧气转炉的终渣普遍存在"三高"的问题，即碱度高，含铁（TFe）高和自由氧化钙（f-CaO）高。这不仅使石灰和金属料消耗增加，同时还使钢水含氧量增高。所以，如何选取合理类型的终渣，究竟是造 C_2S 饱和区的，C_2S+C_3S 饱和区的，C_3S 饱和区的，还是 C_3S+CaO 饱和区的，抑或是 MgO 饱和的，MgO 与 C_2S 共同饱和的，还是全液相的，这都是值得讨论研究的问题。

　　合理类型的终渣应当是去磷、去硫分配比高，偏离平衡值小；有利于保护炉衬；渣中 TFe 含量合适和自由 CaO 含量小。而要做到这些，就必须根据终渣温度来选取合理的碱度和相应的 TFe、MgO、CaF_2 含量。

8.8.1　终渣的矿相组成与碱度

　　氧气转炉终渣碱度的控制水平直接关系着它的冶金效果和经济效益。碱度低了不能保证脱磷、脱硫和保护炉衬；但碱度过高对去磷去硫也未必有利，且增大渣量和 FeO 含量，会使石灰和钢铁料消耗增加，炉衬寿命降低。故终渣碱度以控制在什么水平为合理值得研究。

8.8.1.1　炉渣的矿相组成与 L_P 和 L_S 的关系

Bardenhuer 和 Oberhause[1] 把从转炉中取出的终点钢样和渣样，用石灰坩埚平衡法对炉渣的去磷去硫能力进行了一系列试验，得出了下述结论：对于磷来说（图 8-8-1）：（1）在（液相+C_2S）和（液相+C_3S）两个成分区可得到最大的去磷分配指数（P）/[P]^2，并且后者的效果较稳定；（2）在两个成分区之间，即两个相区的交界处去磷分配指数较低。对去硫来说，去硫分配指数（S）/[S] 是随炉渣碱度的升高而增加的，当炉渣为 C_3S 所饱和时，将得到最大的（S）/[S] 值。

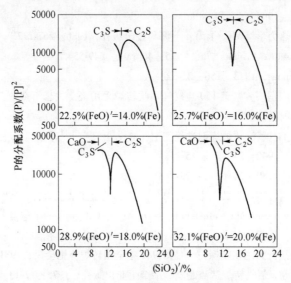

图 8-8-1　1600℃时磷的平衡分配系数

四个图是在（CaO）′-（FeO）′-（SiO$_2$）′三元相图中不同（FeO）′含量时的断面图

В.И. 巴普基兹曼斯基[2] 根据图 8-8-2 中硫的实际等分配系数 η_S 线与炉渣显微结构和

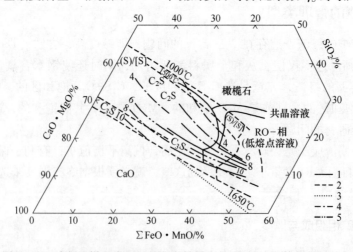

图 8-8-2　冷凝渣样显微组织的研究结果和钢-渣间硫的等分配系数 η_S

1—矿物组成分界线（按作者数据）；2—矿物组成分界线（按马尔哥特（Maprora）数据）；3—1650℃下 CaO 饱和线；
4—1500~1600℃下等分配系数 η_S 线（按作者数据）；5—1650℃下的等 η_S 线（按 Inoue 数据）

化学组成的关系，提出造渣过程的最终目的应是获得石灰或 C_3S 饱和的炉渣（或近似于饱和状态的），这样才能保证金属熔体的深度脱硫和脱磷。

H. Ono 等人[3]通过对 LD 转炉渣的显微结构观察和 EPMA 试验，得出了各种矿物相的化学成分，如图 8-8-3 和表 8-8-1 所示，从而进一步证明了炉渣中的磷主要存在于 C_2S 相中，同时炉渣中的 SiO_2 也主要存在于 C_2S 相中。因此假设全部 P_2O_5 均以 $3CaO \cdot P_2O_5$ 的形式固溶于 C_2S 相中形成 Ca_2SiO_4-$Ca_3P_2O_8$ 新相。于是，根据 Nurse 等人[4]提出的 Ca_2SiO_4-$Ca_3P_2O_8$ 完全互溶相图，写出计算 C_2S 相和 C_2S 相中的 P_2O_5（%）的方程式如下：

$$(C_2S)_{s-s} = (C_2S) + (C_3P) \quad (8\text{-}8\text{-}1)$$

$$(C_2S) = (182/60) \times (SiO_2) \quad (8\text{-}8\text{-}2)$$

$$(C_3P) = (310/142) \times (P_2O_5) \quad (8\text{-}8\text{-}3)$$

$$(P_2O_5)'_{cal} = \frac{(P_2O_5)}{(C_2S)_{s-s}} \times 100 \quad (8\text{-}8\text{-}4)$$

式中，C_2S 为硅酸二钙（$2CaO \cdot SiO_2$）；C_3P 为磷酸三钙（$3CaO \cdot P_2O_5$）；$(C_2S)_{s-s}$ 为 C_2S 和 C_3P 的固溶体；(SiO_2) 和 (P_2O_5) 为它们在母体渣中的含量；$(P_2O_5)'_{cal}$ 为 C_2S_{s-s} 相中 (P_2O_5) 含量的计算值。

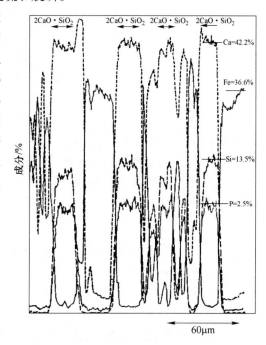

图 8-8-3 用 EPMA 确定的炉渣中的典型组分

表 8-8-1 用 EPMA 确定的转炉渣中几种矿物相的组分

矿相	序号	组成/%								
		CaO	SiO₂	FeO（Fe₂O₃）	MnO	MgO	P₂O₅	Al₂O₃	TiO₂	Cr₂O₃
硅酸二钙	4	58.00	33.84	0.54	—	0.01	3.62	0.68	0.50	0.04
	5	60.62	28.98	1.13	0.06	0.63	4.36	—	—	—
	6	59.59	33.15	0.56	0.10	0.05	5.49	—	—	—
硅酸三钙	8	68.20	25.80	2.15	1.55	0.08	1.10	0.30	0.38	
铁酸二钙	4	49.64	1.48	48.11	0.36	4.24	0.02	—	—	—
钛铁酸二钙等	4	52.80	2.55	33.31	0.88	0.43	0.32	3.25	8.53	0.39
镁质方铁矿	4	2.12	2.08	61.80	18.50	5.68	—	—	—	—
	8	3.20	0.05	46.80	12.10	38.10	—	—	—	—
石灰（L₂）	8	83.00	0.05	10.10	10.80	2.80	0.35	—	—	—
石灰（L₁）	4	100.5	—	—	—	—	—	—	—	—

图 8-8-4 把转炉渣重熔补加 P_2O_5 后，对式 (8-8-4) 计算得出的 $(P_2O_5)'_{cal}$ 与用 EPMA 确定的 C_2S 相中的 $(P_2O_5)'_{anal}$ 之间的关系作了比较。由图可见，它们之间的比例是 1:1，这就证明，假定渣中的 P_2O_5 全部固溶于 C_2S 相中是成立的，无大偏差的。再有，钢渣中元素的键参数函数分析[5]指出，在 SiO_2 与 CaO 结合成 C_2S 后，当渣中有富余 CaO 时，CaO 便与 P_2O_5 结合生成 C_3P。故如只是为了脱磷，则可根据以上论述写出计算脱磷所需 CaO 的简化方程式（不考虑生成 $CA \to C_3A$ 和 $CF \to C_3F$ 等所需 CaO）：

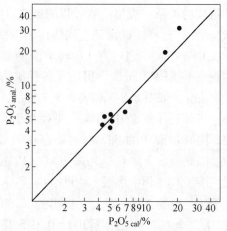

图 8-8-4　计算的 $(P_2O_5)'_{cal}$ 的与测得的 C_2S 相中的 $(P_2O_5)'_{anal}$ 的比较

$$(CaO) = (2 \times 56/28) \times [Si] + (3 \times 56/62) \times [P] \qquad kg(CaO)/100(Fe) \qquad (8-8-5)$$

若铁水含 [Si] 量为 0.8%，含 [P] 量为 0.3%，则由式 (8-8-5) 可算出 $(CaO) = 3.613kg/100kg (Fe)$，$(CaO)/(SiO_2) = 2.4$。如既要脱磷又要脱硫，则需要造 C_3S 饱和渣，计算其所需 CaO 的简化方程式为：

$$(CaO) = (3 \times 56/28) \times [Si] + (3 \times 56/62) \times [P] + (56/32) \times [S] \qquad kg(CaO)/100(Fe) \qquad (8-8-6)$$

若铁水含 [Si] 0.8%，含 [P] 0.3%，含 [S] 0.06%，则由式 (8-8-6) 可算出 $(CaO) = 5.123kg/100kg (Fe)$，$(CaO)/(SiO_2) = 3.4$。

8.8.1.2　炉渣碱度与脱磷的关系

H. Gaye 等人[6]通过他们提出的磷在钢/渣间的平衡分配比模型算出了温度为 1650℃ 时，在不同 CaO/SiO_2 和 (TFe) 下与渣系 CaO-SiO_2-FeO_n-$2\%P_2O_5$-$6\%MnO$-$5\%MgO$ 平衡的金属磷含量，见图 8-8-5，由图可见：当铁水含磷不大于 0.3% 时，即使用碱度较低（如 $CaO/SiO_2 = 2.6$）的炉渣也可能正常脱磷。这与前面从炉渣的矿相与化学成分的分析中得出的结论是一致的。

文献 [8] 在镁质坩埚中，温度为 1600℃ 下，进行 CaO-MgO_{sat}-SiO_2-FeO_n（及少量 MnO、Al_2O_3 和 CaF_2）渣系与铁液间的磷平衡试验，如图 8-8-6 所示，得出一定 FeO 的炉渣有一最佳碱度（CaO/SiO_2），在此碱度下，磷的分配比最大；且 $(FeO) = 16\% \sim 20\%$ 时，$(P)/[P]$-R 曲线的位置最高，其最佳 $R = 3.6$，最大 $(P)/[P] = 510$；在 $(FeO) = 13\% \sim 15\%$ 时，最佳碱度 $R = 3.0$，最大 $(P)/[P] = 300$。

据文献报道，LBE 法[8]冶炼低磷铁水（$[P] = 0.103\%$），采用的炉渣碱度 $CaO/SiO_2 = 2.8$ 左右，在温度为 1650℃ 时，去磷分配系数 $(P_2O_5)/[P]^2 = 14000 \sim 19000$，钢水含磷 $[P] = 0.011\% \sim 0.009\%$，见图 8-8-7 和图 8-8-8。TBM 法[9]的最佳炉渣碱度 $CaO/SiO_2 = 3.5$，最大去磷分配比 $(P_2O_5)/[P]^2 = 26000$，见图 8-8-9，若再增大碱度，则 $(P_2O_5)/[P]^2$ 不再增大，而渣中 (TFe) 含量却显著增大，见图 8-8-10。马钢 50t 转炉底吹小气量复合吹炼中磷铁水（$[P] = 0.3\% \sim 0.5\%$）时的最佳炉渣碱度 $CaO/SiO_2 \approx 4.0 \sim 4.5$，最大

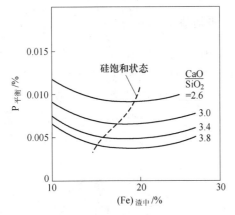

图 8-8-5　温度为 1650℃，炉渣成分为 2%P_2O_5-
6%MnO-5%MgO 时磷平衡含量

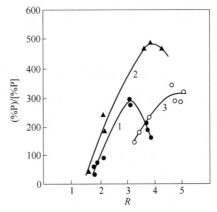

图 8-8-6　(P)/[P]-R 关系图

1—(FeO) = 13%~15%；2—(FeO) = 16%~20%；

3—(FeO) = 30%~35%

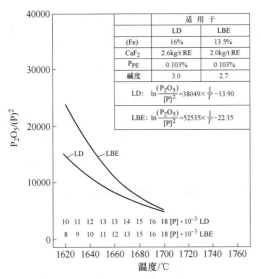

	适 用 于	
	LD	LBE
(Fe)	16%	13.5%
CaF$_2$	2.6kg/t RE	2.0kg/t RE
P$_{PE}$	0.103%	0.103%
碱度	3.0	2.7
LD: $\ln\dfrac{(P_2O_5)}{[P]^2}=38049\times\dfrac{1}{T}-13.90$		
LBE: $\ln\dfrac{(P_2O_5)}{[P]^2}=52535\times\dfrac{1}{T}-22.35$		

图 8-8-7　LD 法和 LBE 法磷的分配系数比较

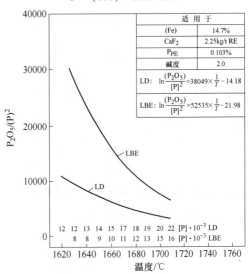

	适 用 于
(Fe)	14.7%
CaF$_2$	2.25kg/t RE
P$_{PE}$	0.103%
碱度	2.0
LD: $\ln\dfrac{(P_2O_5)}{[P]^2}=38049\times\dfrac{1}{T}-14.18$	
LBE: $\ln\dfrac{(P_2O_5)}{[P]^2}=52535\times\dfrac{1}{T}-21.98$	

图 8-8-8　在相同条件下 LD 法和 LBE
法磷的分配系数比较

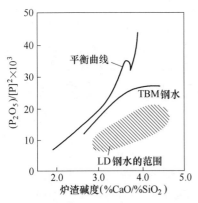

图 8-8-9　磷的分配比与炉渣碱度的关系

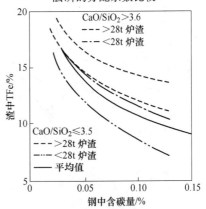

图 8-8-10　渣量和碱度对渣中含铁量与
钢中含碳量的关系的影响

去磷分配比 $\lg\{(P)/[P]\} = 1.8\sim2.3$，最小去磷偏离平衡值 $n_P = \lg\left\{\dfrac{(P)}{[P]}\right\}_{Healy}\Big/\lg\left\{\dfrac{(P)}{[P]}\right\}_{Actual} \approx$

1.3，再增大 R 时，反而 $(P)/[P]$ 减小，n_P 和 f-CaO 增大，见图 8-8-11~图 8-8-13[10]。
上钢三厂在 25t 转炉用 LD 法和双流复合顶吹法吹炼中偏低磷铁水（$[P] = 0.2\%\sim0.3\%$）
的对比实验中发现[11]：LD 法的最佳炉渣碱度 $R = 4.0$，最大去磷分配比 $(P)/[P] = 80$，
而双流法的最佳炉渣碱度 $R = 3.5$，最大去磷分配比 $(P)/[P] \approx 100$，且 LD 法的 n_P 值较
大，双流法的 n_P 值较小（$n_P \approx 1.3$），再增大 R 时，反而 $(P)/[P]$ 减小，n_P 和 f-CaO 增
大，见图 8-8-14~图 8-8-16。

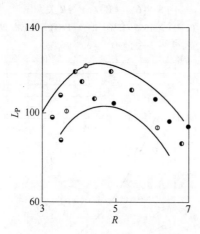

图 8-8-11　L_P 和终渣碱度 $R(=$CaO/
　　　　　($SiO_2+P_2O_5$)）的关系

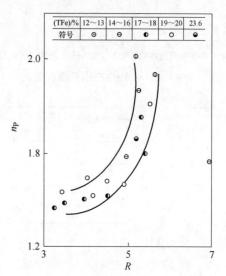

图 8-8-12　碱度 R 对 n_P 的影响

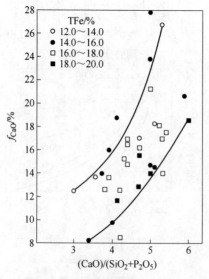

图 8-8-13　马钢 50t 复吹转炉未熔 CaO 与碱度的关系

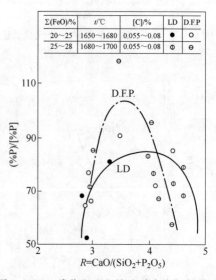

图 8-8-14　磷分配比和炉渣碱度之间的关系

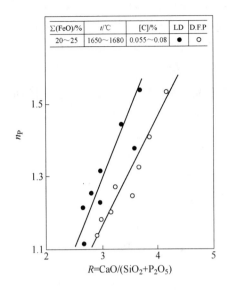

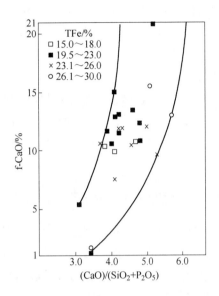

图 8-8-15 去磷偏离平衡值与炉渣碱度之间的关系

图 8-8-16 上钢三厂渣中 f-CaO 与碱度和 TFe 的关系

8.8.1.3 炉渣碱度和矿相结构与炉衬寿命的关系

从图 8-8-17[12] 可见,当碱度为 3.5 时炉衬的线性侵蚀速度最小,因这时炉渣开始被 CaO 饱和,其矿相组成主要是粗长的结晶的硅酸三钙（2CaO·SiO$_2$）,见图 8-8-18。它在出钢过程中较颗粒状结晶的硅酸二钙（2CaO·SiO$_2$）更易挂住炉衬。

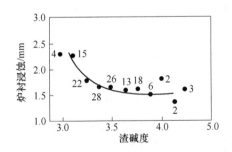

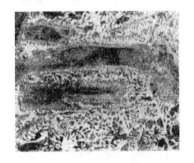

图 8-8-17 炉衬侵蚀的线速度与炉渣碱度的关系[12]

图 8-8-18 终渣碱度 3.5 的显微结构

8.8.1.4 小结

通过对以上各种试验研究结果和生产实践结果的论述,可以得出以下结论:

(1) 如去磷、去硫任务重时,宜造 C$_3$S 饱和型的炉渣,将炉渣碱度 R 控制在 3.5 ~ 4.0,以保证深度脱磷和脱硫。

(2) 如去硫任务较轻,则可造 C$_2$S+C$_3$S 饱和型炉渣,将终渣碱度控制在 3.0~3.5。

(3) 如不需转炉去硫,且去磷任务不重,则可造 MgO 和 C$_2$S 饱和型炉渣,将终渣碱度控制在 2.6~2.8。但从保护炉衬考虑，还是取 $R=3.0~3.5$ 为好。

（4）目前有些氧气顶吹转炉和底吹小气量的顶底复吹转炉，用造高碱度（CaO/SiO$_2$ = 4.5~5.0）的 C$_3$S+CaO 饱和型炉渣来脱磷，看来这是不太合适的，因为它不仅增大去磷偏离平衡值，加重石灰消耗量，还往往伴随着高（FeO$_n$）含量。

（5）目前氧气转炉（包括 LD 法和底吹小气量的顶底复吹法）脱磷所遇到的问题，看来主要不是受热力学环节的限制，而是受动力学环节的限制；因此，改善氧气转炉的脱磷能力，一般应着重于改善动力学条件，以促进反应接近平衡，而不是片面采用高碱度。

8.8.2　终渣的 TFe（或 ∑FeO）含量

氧气转炉终渣 TFe（或 ∑FeO）含量的控制水平同样关系着它的冶金效果和经济效益，因此，对终渣的控制除了碱度之外，（TFe）的大小也是重要的控制指标。

众所周知，（TFe）低则金属收得率高，［O］含量低，［Mn］$_残$含量高，铁合金消耗低，炉衬寿命长；但（TFe）太低对石灰渣化不利，对去磷不利，同时（TFe）太高对去磷也不利，故终渣（TFe）含量应控制在什么水平为最佳值得讨论研究。

在文献［13］中已经阐明，去磷反应平衡时，一定碱度的炉渣有一最佳的（FeO）含量，在此（FeO）下，去磷分配系数（P）/［P］最大，同时该最佳（FeO）含量随碱度的增大而增大；作者还定义了最佳（FeO）含量特性参数为（CaO）/（FeO），并得出（CaO）/（FeO）= 2.18~2.3。对于 MgO 饱和时，（CaO+0.8MgO）/FeO = 2~2.3。下面将根据生产实践结果来进一步讨论这个问题。

转炉脱磷的实践表明：一定碱度的炉渣也有一最佳（FeO）含量，在此（FeO）下，（P）/［P］最大，n_P 最小（或较小）；且该最佳（FeO）含量随熔池搅拌强度的大小和是否加萤石而不同，一般是搅拌强度大的和加萤石助熔的，其最佳（FeO）含量较低，反之则 w（FeO）含量较高。例如，上钢三厂 25t 氧气转炉造渣不用萤石时，LD 法的最佳（FeO）含量为 30%（其（CaO）/（FeO）≈1.5），相应的 ｛（P）/［P］｝$_{max}$=90，n_P≈1.3；双流法的最佳 ∑FeO≈26%（其 CaO/FeO≈1.82），相应的 ｛（P）/［P］｝$_{max}$=105，n_P≈1.18，见图 8-8-19 和图 8-8-20[11]。马钢 50t 氧气转炉造渣用少量萤石和底吹小气量（q_b≤0.06Nm^3/（min·t））时的最佳 ∑（FeO）≈22%~23%（即（TFe）= 16%~18%，其（CaO）/∑（FeO）= 2.28~2.39），相应的 ｛（P）/［P］｝$_{max}$≈130，$n_{P(min)}$≈1.18，见图 8-8-21 和图 8-8-22[10]。K-BOP 法[14]的最佳 ∑（FeO）= 23%（即（TFe）= 18%，按（CaO）+（SiO$_2$）+∑（FeO）= 85%，（CaO）/（SiO$_2$）= 4.0 计，则（CaO）/∑（FeO）= 49.6/23 = 2.16），相应的 ｛（P）/［P］｝$_{max}$≈120~140，见图 8-8-23。另据文献报道，复吹转炉中终点含磷量一定时，q_b 小者需要的（TFe）高，例如［P］= 0.02%，对于 LD-AB 法，在 q_b= 0.02Nm^3/（min·t）时，需（TFe）= 18%，q_b= 0.1Nm^3/（min·t）时，需（TFe）= 14%，见图 8-8-24；STB 法[16]也需（TFe）= 14%，见图 8-8-25；LD-OB 法[18]则需（TFe）= 12%~14%，见图 8-8-26。

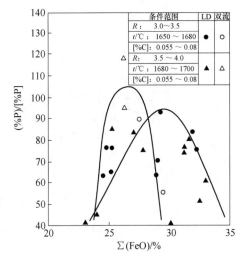

图 8-8-19　去磷分配比与渣中 $\sum$（FeO）的关系

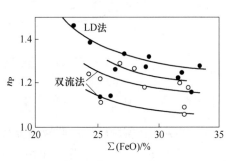

图 8-8-20　偏离平衡值 n_P 和渣中 $\sum$（FeO）的关系

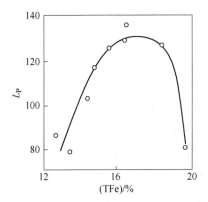

图 8-8-21　（P）/[P] 与（TFe）的关系

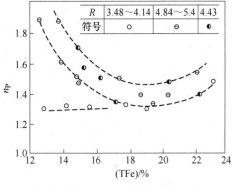

图 8-8-22　n_P 与（TFe）的关系

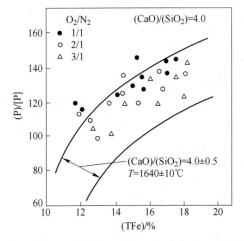

图 8-8-23　O_2/N_2 比对（TFe）和（P）/[P] 的影响

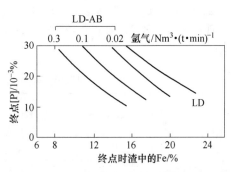

图 8-8-24　LD-AB 法终点 [P] 与渣中 Fe 的关系

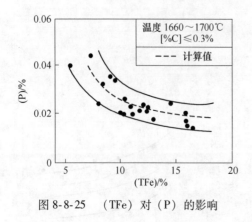

图 8-8-25　（TFe）对（P）的影响

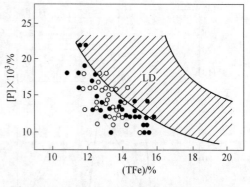

图 8-8-26　（%P）和炉渣中（TFe）的关系

由上可见，在实际转炉的脱磷冶金特性中也存在最佳（FeO）值，但熔池搅拌好的转炉（如顶底复吹法和双流法）和用萤石造渣者，其（CaO）/（FeO）$_{ot}$ = 2.18 ~ 2.3（或（CaO）/（TFe）$_{ot}$ = 2.8），与平衡反应的最佳 w（FeO）特性参数基本一致；而熔池搅拌差的和不用萤石造渣的 LD 转炉，（CaO）/（FeO）$_{ot}$ < 2.2。然而，不少顶底复吹法（如 LBE 法、STB 法和 LD-AB 法等）却采用（TFe）= 12% ~ 14%，相当于（CaO）/（TFeO）$_t$ = 3.4 ~ 4.0。究竟孰为合理？孰为最佳？下面先谈谈液相数量与（TFe）和（CaF$_2$）含量的关系。

对碱性转炉的终渣而言，可视为 Bardenheuer 等人[18]提出的 CaO′-SiO$_2$′-FeO′准三元系。据此资料[19]提出了描述出钢渣内液相数量的方程式，如表 8-8-2 所示。

表 8-8-2　钢渣内液相数量的方程式

温度/℃	回 归 方 程	
1600	$L(\%) = 4.1(FeO′)^{0.91}(N = 56, R = 0.92, S = 8.63)$	(8-8-7)
1650	$L(\%) = 4.58(FeO′)^{0.9}(N = 51, R = 0.84, S = 10.52)$	(8-8-8)
1800	$L(\%) = 8.62(FeO′)^{0.81}(N = 48, R = 0.89, S = 13.23)$	(8-8-9)

式中，L 为冶炼不加萤石时出钢渣中的液相数量，%；（FeO′）为虚拟的 CaO′+SiO$_2$′+FeO′ 之和为 100% 时的（FeO）百分含量，而实际（CaO）+（SiO$_2$）+（FeO）之和为总渣量的 80% ~ 85%。

由此可以认为，一般来说，Σ（FeO）对炉渣的物理状态起着支配作用。在一定温度下，Σ（FeO）高、液相多，流动性高；Σ（FeO）低则反之。

现按式（8-8-7）计算出终渣在 1650℃ 时，不同 Σ（FeO）含量下的液相组成，见表 8-8-3。

表 8-8-3　出钢渣在不同（TFe）（或（ΣFeO））下的液相数量

(TFe)/%	Σ(FeO)/%	Σ(FeO′)/%	L/%		
			1600℃	1650℃	1800℃
12	15.3	19.13	60.14	65.2	80.1
14	18.0	22.5	69.81	85.48	88.62
16	20.6	25.85	88.81	85.23	86.53

(TFe)/%	∑(FeO)/%	∑(FeO')/%	L/%		
			1600℃	1650℃	1800℃
18	23.1	28.88	88.48	94.49	93.88
19.1	24.6	30.85	92.62	100.0	98.15
19.6	25.3	31.58	94.88	—	100.0
20.8	26.8	33.45	100.0	—	—

注：$\sum(FeO)=0.8\sum(FeO')$。

由表 8-8-3 可见，在 $t=1650\sim1800℃$ 的条件下，若造渣不用萤石，要获得全液相的炉渣，则需将（TFe）控制在 19.1%～19.6%（即 $\sum(FeO)=24.6\%\sim25.3\%$）；若造渣用少许萤石，则控制（TFe）= 18% 可获得全液相的炉渣；若造渣用适量的萤石，则控制（TFe）= 14%～16% 时也可获得全液相的炉渣。

从图 8-3-15 CaO'-SiO_2'-FeO' 三元相图中也可直接看到，当炉渣成分分别为 $59\%CaO'$-$16\%SiO_2'$-$25\%FeO'$ 和 $62\%CaO'$-$15\%SiO_2'$-$23\%FeO'$ 时，则可为临界全液相。即在 1650℃ 和 1800℃ 下，只能分别造好 $R=3.8$，$(FeO')=25\%$ 和 $R=4.1$，$(FeO')=23\%$ 的临界全液相渣。这表明表 8-8-3 的估算值与 CaO'-SiO_2'-FeO' 相图相符。值得指出的是，该区域内炉渣成分的轻微变动，特别是 FeO/SiO_2 比值的减小，都会导致炉渣熔点的升高和 C_2S 的析出，故欲造碱度高、FeO_n 低的均质液相终渣，吹炼后期补加少量萤石是必要的。

通过对炉渣液相数量与（FeO）和（CaF_2）关系的讨论，不难解释前面所介绍的，双流顶吹复合法造渣不用萤石时，渣中的最佳氧化铁含量 $\sum(FeO)_{ot}=26\%$；而顶底复吹法造渣用少量萤石时 $\sum(FeO)_{ot}=23\%$，（CaF_2）= 2% 时，$\sum(FeO)_{ot}=18\%\sim21\%$；这时它们的去磷分配比（P）/[P] 都分别达到最大值。究其原因，就是（$\sum FeO$）小于上面这些最佳值时，炉渣的液相数量、流动性和物质的自扩散系数随（FeO）的增大而增大，至 $\sum(FeO)=\sum(FeO)_{ot}$，即（TFe）= 19%～20%（不加萤石）、或 18%（加少许萤石）、或 14%～16%（加萤石 3～2kg/t 石灰）时，则基本上都是液相了，这时钢/渣间的传质可通过强化熔池运动来进一步改善，再增大（FeO）反而恶化去磷的热力学条件。所以 $\sum(FeO)=\sum(FeO)_{ot}$ 后再增大 $\sum(FeO)$ 是不合理的。至于有的顶底复吹转炉把（TFe）控制在 12%，这主要是从冶金效果和经济效益综合考虑的，而不是单从（P）/[P] 为最大值考虑。这里还应当指出的是，造渣用萤石时，可使渣中（FeO）的活度增大，从而使（FeO）的最佳化特性参数（CaO）/（FeO）增大，也就是说造渣用萤石时不仅有利于促进去磷反应的平衡，还可把终渣（FeO）含量控制较低。所以萤石的合理使用问题值得研究。

8.8.3 终渣的熔剂组分

终渣的熔剂组分，主要指如何选取合理的（MgO）和（CaF_2）含量。

8.8.3.1 MgO 含量

对于炉渣碱度大于 2.0 的中、后期渣，其 MgO 饱和溶解度可用式（8-8-10）[28] 来表述：

$$(MgO)_{1873K}=22.76-1.917R-7.364\lg(TFe) \tag{8-8-10}$$

$$\lg(MgO)_T = \lg(MgO)_{1873K} - 6000 \, (1873 - T)/1873T \qquad (8\text{-}8\text{-}11)$$

若终点温度为1650℃，$R = 3.5$，$(TFe) = 18\%$，则根据式（8-8-10）和式（8-8-11）可计算出$(MgO)_{sat} = 8.25\%$。据文献［20］报道，冶炼$[C] = 0.1\%$的钢时，含$(MgO) = 8.2\%$的炉渣既不侵蚀炉衬也不增厚炉衬，见图8-5-10，与文献［28］的情况一致，同时其流动性较好，去硫分配比高，见表8-5-5，(MgO)再增大时，对去硫就不利了。

应当指出：式（8-8-7）和式（8-8-8）用来控制冶炼低碳钢的终渣(MgO)含量是合适的，对于冶炼中、高碳钢就不合适了。因冶炼中、高碳钢时，终渣的(FeO)含量低，易使CaO、C_3S和C_2S大量析出而变稠挂渣，故一般冶炼中高碳钢时，只要控制$(MgO) = 3\% \sim 5\%$即可。如美钢联Mon-Valley工厂的250t转炉，就是根据终点钢水的含碳量来控制终渣的(MgO)含量，见图8-5-11[21]，并达3000炉左右的炉龄[18]。

8.8.3.2　CaF_2含量

第二批萤石通常随第二批渣料或在终点前5min加入。加入第二批萤石的作用主要是防止炉渣返干和形成均质炉渣，以促进石灰不断渣化和提高炉渣的实际脱硫脱磷能力。

由$CaO'\text{-}SiO_2'\text{-}FeO'$准三元系图8-3-15可见，如整个吹炼期或只中后期不加萤石，则除非采用$(FeO')/(SiO_2') = 2.0$提高炉渣碱度的造渣路线，其余$(FeO')/(SiO_2') < 2.0$的造渣路线，在进入终渣成分区前均需穿过C_2S固液相区，并随$(FeO')/(SiO_2')$比值的减小而穿过的固液相区越深，即"返干"越严重。下面针对$(FeO')/(SiO_2') = 2.0$、0.5、1.0和1.5这四种造渣路线来讨论合理造渣路线和合理萤石加入制度。

A　$(FeO')/(SiO_2') = 2.0$——铁质造渣路线

由图8-3-15可见，沿$(FeO')/(SiO_2') = 2.0$的造渣路线造渣，虽在1450℃下，能造好$R = 1.88$和SiO_2完全形成C_2S的初渣，但需$(FeO') = 42\%$。这样，一旦进入碳反应区势必造成严重喷溅。尽管它可以不穿过C_2S固液相区而在1650℃下造好$R = 4.1$和$(FeO') = 28\%$的终渣，但在碳吹期始终保持$(FeO') = 42\% \sim 28\%$，也是不可能保持吹炼平稳的。故这条路线注定是喷溅严重、金属料消耗高和不太受欢迎的。

B　$(FeO')/(SiO_2') = 0.5$——硅酸钙造渣路线

由图8-3-15可见，沿$(FeO')/(SiO_2') = 0.5$的造渣路线造渣，在$t = 1450℃$和$(FeO') = 18\%$时，初渣碱度只能达到1.28，且在碳吹期末尾，当$t = 1600 \sim 1650℃$和$w(FeO') = 16\%$时，碱度也只能达1.6。这就是说要靠$[C] \leqslant [C]_{临}$后，通过提高(FeO')值（使之沿C_2S区的液相鼻尖部位由16%绕道）至$30\% \sim 34\%$顶点后再降到$20\% \sim 25\%$来造好碱度为$3 \sim 4$的终渣。这条造渣路线虽能较易保持吹炼平稳，并能完成一般低磷（不大于0.15%）铁水冶炼低碳钢的脱磷任务。但当$[C] \leqslant [C]_{临}$后，(FeO')一旦提高到了$30\% \sim 35\%$，再要通过压枪使之降低到$20\% \sim 25\%$是很困难的，特别是仅靠最后5min左右的时间来化清石灰和使脱磷脱硫反应接近平衡，这对顶吹转炉来说也是不可能的。因此，这条造渣路线也势必是石灰渣化率低，渣中自由CaO高，去磷偏离平衡值n_P大，渣量大，(FeO)高，而使石灰耗量大，金属收得率低。

C　$(FeO')/(SiO_2') = 1.0$或1.5——中间造渣路线

由图8-3-15可见，沿$(FeO')/(SiO_2') = 1.0 \sim 1.5$的路线提高炉渣碱度，在$t = 1450℃$和$(FeO') = 29\% \sim 36\%$下，初渣碱度可达到$1.45 \sim 1.68$，且在碳吹期末尾，当$t = 1600 \sim$

1650℃，[C]≤[C]_临和（FeO′）=20%~30%时，碱度可达2.0~2.5。然后再沿 C₂S 区的液相鼻尖部位提高（FeO′）直到 R=3.0~4.0。应当说，这条造渣路线显然较（FeO′）/（SiO₂′）=0.5进了一大步。因它既可在吹炼初期造好 R=1.5~1.6 具有一定保碳去磷或保证碳吹期 C、P 同时氧化性能的初渣，又可在碳吹期继续化渣，提高炉渣碱度（达2.0~2.5）保证进一步去磷。但问题是，在碳吹期的前、中期不太可能保持（FeO′）=30%~36%（按（FeO′）/（SiO₂′）=1.5），就是保持（FeO′）=25%~29%（按（FeO′）/（SiO₂′）=1.0），也需在碳吹期的前、中期采用较高枪位的操作才可；同时，在吹炼初期末造好 R≥1.88 的初渣而进入碳吹期时，很容易因（FeO′）降低出现非均质渣而使石灰溶解停止，以致实现不了该造渣路线所预期的碳吹期末的炉渣碱度（R=2.0~2.5）。

D 前期采用（FeO′）/（SiO₂′）=1.5 和加入少量萤石，而碳吹期改用（FeO′）/（SiO₂′）=0.8 和加入少量萤石的造渣路线——命名合理的造渣路线

通过对前面几种造渣路线的讨论不难看出，要促进全程化渣去磷去硫而又保持吹炼平稳，在操作上可行的造渣路线应是：前期采用沿（FeO′）/（SiO₂′）=1.5 和加入少量萤石来促进石灰渣化和提高炉渣碱度的造渣路线，以造好 R≥2.0 的最佳化初渣。在碳吹期则转为（FeO′）/（SiO₂′）=0.8~1.0 和加入少量萤石来进一步促进石灰渣化和提高炉渣碱度，使之顺利造好合理类型的终渣。根据文献[22]的报道，石灰在 SiO₂ 完全形成 C₂S 的炉渣中，即使炉渣是非液相的，也就是说有一定过饱和的 C₂S 析出，但不等于 CaO 饱和，所以只要在强搅拌下能防止 C₂S 在石灰表面沉积，和使炉渣具有较小的表观黏度和较好的流变性，则石灰仍可继续溶解。这也是前期强调加入少量萤石造好 R≥2.0 初渣的原因之一。而后期强调不加少量萤石，则是保证执行（FeO′）/（SiO₂′）=0.8~1.0 的造渣路线时，能使石灰在碳吹期继续渣化而又保持吹炼平稳。当然后期加入少量萤石还有另一重要目的，就是提高终渣的实际脱硫脱磷能力，但不论前期或后期都不能加萤石太多，否则既侵蚀炉衬也会造成喷溅。作者之所以提出在（FeO′）/（SiO₂′）=1.0~1.5 的造渣路线下添加萤石，也有尽量少用萤石之意。

尽管一致公认萤石是最好的助熔剂，但定量研究 CaF_2 降低碱性氧化渣熔点的实验却未见文献报道。作者通过对 $CaO\text{-}MgO\text{-}MnO\text{-}SiO_2\text{-}FeO\text{-}Fe_2O_3\text{-}Al_2O_3\text{-}CaF_2$ 多元系渣的半球点实验得出以下结论：

$(CaO)/(SiO_2)<2.2$ 时，

$$t_b(℃)=1212.9+29.92(MgO)+2.406(Al_2O_3)-85.848(CaF_2)-10.446(FeO)+$$
$$12.02(Fe_2O_3)+102.85(CaO)/(SiO_2) \quad (R=0.995,S=8.38) \quad (8\text{-}8\text{-}12)$$

$CaO/SiO_2=2.2~2.6$ 时，

$$t_b(℃)=1538.88+2.84(MgO)-5.12(Al_2O_3)-18.3(CaF_2)+$$
$$2.92(Fe_2O_3)-64.98(CaO)/(SiO_2) \quad (8\text{-}8\text{-}13)$$

$CaO/SiO_2>2.6$ 时，

$$t_b(℃)=1189+11.28(CaO)/(SiO_2)+0.068[(CaO)/(SiO_2)]^2+92.29(MgO)-$$
$$15.38(CaF_2)-12.95(MnO)-8.124(FeO)-2.8(Fe_2O_3)+0(Al_2O_3)$$
$$(R=0.88,S=35) \quad (8\text{-}8\text{-}14)$$

把它们与文献[23]报道的（CaF_2）含量对 $CaO\text{-}SiO_2\text{-}Al_2O_3$(=5%)熔点降低的影响的图 8-5-18 相比较时，可见 R<2.2 时两者的结果基本相近；但 R>2.2 后，两者的结果却相

差甚远。前者每 1%CaF$_2$ 只降低炉渣熔点 15~18℃，虽两次实验结果相同，尚难置信，而且用图 8-5-18 中（CaF$_2$）对 CaO-SiO$_2$-Al$_2$O$_3$ 渣系的熔点的影响来估计（CaF$_2$）对碱性氧化渣的助熔作用也有不妥。故目前尚不能像初渣那样，根据（CaF$_2$）对 R>2.2 的助熔能力来估算第二批萤石加入量。但生产实践：当吹炼前后期分别加入 2.0kg/100kg（石灰）时其去硫分配比达 6~8，而不加萤石时仅 3 左右[24]，尤其是我们在原上钢五厂 15t 转炉上进行的前后（注：1990 年 4~5 月进行的）两次试验[24] 均表明：前后期加了 1.5~2.0kg/t（钢）（相当于 2~2.5kg/100kg（石灰））萤石者比后期不加的去磷分配比（P）/[P] 要增大 1 倍左右（如前者 L$_p$ = 100~180，而后者仅 50~90）。反应达到平衡（如 n$_p$ ≈ 1.0），石灰消耗量平均为 58kg/t（锭）（与理论计算值相近）。而炉衬无大侵蚀（主要是渣量减少的原因）。

另据文献［21］报道，美钢联的 Mon-Valley 工厂在冶炼 [Mn]=0.6%~0.85% 的铁水时，按终点含碳量与 S-ratio（即萤石 kg/kg（CaO））的关系曲线来控制萤石加入量时（图 8-5-29），获得了较高的石灰利用率（图 8-5-24），并发现萤石用量不大于 85kg/100kg（石灰）时，炉衬的侵蚀量不增加（图 8-5-26）。

8.8.4 　小结

通过以上讨论，可以对转炉合理类型的终渣做以下总结。

（1）关于碱度：如去磷、去硫任务重时，宜造 C$_3$S 饱和型的终渣，使 R = 3.5~4。如去硫任务较轻，则宜造 C$_2$S+C$_3$S 饱和型的终渣，使 R = 3.0~3.5。如不需转炉去硫，且去磷任务不重，则可造 MgO 和 C$_2$S 饱和型的终渣，使 R = 2.6~3.0。

（2）关于 ∑（FeO）和（CaF$_2$）含量：冶炼低碳钢时，宜取 ∑（FeO）= 20%~24%（或按（CaO）/（∑FeO）= 2.1~2.4 控制），（CaF$_2$）≈ 3%~4%（即前、后期分别按 2kg（萤石）/100kg（石灰）加入）。冶炼中高碳钢时，宜按 ∑（FeO）= 15%~18% 和萤石加入总量为 8~10kg/100kg（石灰）控制。

（3）关于 MgO 含量：在肯定白云石分前后两批加入的前提下，冶炼低碳钢时，终渣的 MgO 含量和第二批白云石加入量可按式（8-4-22）和式（8-4-32）估算。而冶炼中高碳钢时，终渣（MgO）= 3%~5% 即可，因此，只需加第一批白云石。

参 考 文 献

[1] 首钢钢研所. 国外氧气顶吹转炉炼钢文献（第九辑），1977：13-38（译自 Iron and Steel，1972（3-5））.

[2] 巴普基兹曼斯基 В И，著. 氧气转炉炼钢过程理论 [M]. 曹兆民，译. 上海：上海科技出版社，1979：175-176.

[3] Ono H, et al. Trans. ISIJ, 1981, 21：135.

[4] Nurse R W, et al. J. Chem. Soc., 1959, 220：1077.

[5] 陈念贻. 键参数函数及其应用 [M]. 北京：科学出版社，1976.

[6] Gaye H, et al. Repport Technique. de BIRSID, Recherche CECA 7201-CA/3/303.

[7] 李远洲，等. CaO-MgO$_{sat}$-FeO$_n$-SiO$_2$ 渣系与铁液间磷平衡分配比表达式的最新认识 [J]. 上海第二冶专学报，1990（1）：1-9.

[8] Frese H. Bernmanmm G. Stahl und Eisen, 1983（4）：37-40.

［9］ Höffken E，et al. Stahl and Eisen，1983（4）：19-22.

［10］ 李远洲. 钢铁，1989，24（2）：12-18.

［11］ 李远洲. 钢铁，1988，23（1）：17-22.

［12］ 特列恰柯夫 E B，等著. 氧气转炉造渣制度［M］. 北京：冶金工业出版社，1975：15，90.

［13］ 李远洲. "转炉最佳化初渣的特性参数探讨"（见8.7节）.

［14］ Imai T，et al. The Third China-Japan Symposium on Science and Technology of Iron and Steel［C］. 中国金属学会，1985：268.

［15］ Nilles P E. Steelmaking Proceedings，1982，65：85-94.

［16］ Nashiwa H，et al. Steelmaking Proceedings，1982，65：280-286.

［17］ Kahtani T，et al. Steelmaking Proceedings，1982，65：211-220.

［18］ Bardenheuer Von F，et al. Arch. Eisenhüttenwes，1968，39：S571/76.

［19］ 殷瑞钰，等. FeO$_n$对转炉型（低磷）终渣性质的影响［R］. 唐山钢铁公司钢研所，1980.

［20］ Otterman B A，Borthwick R D. Steelmaking Proceedings，1984，67：199-207.

［21］ Countouris M E，et al. Steelmaling Proceedings. 1984，67：317-319.

［22］ 李远洲，等. 第六届全国炼钢学术讨论会论文集，1990.

［23］ 陈家祥. 炼钢常用图表数据手册［M］. 北京：冶金工业出版社，1984：176.

［24］ 李远洲，等. 钢铁，1990，25（7）：16-22.

8.9 氧气转炉造渣最佳化工艺模型

本节发表在《钢铁》1992年第4期，在此作者仅按原稿做了一些补充[1]。本节提出以改善动力学条件为重点的造渣最佳化工艺模型，其总体设计是根据铁水Si、P含量及设定的炉渣碱度、（TFe）和[P]$_F$含量，依次估算出渣量（W_{SL}）、目标磷分配比（L_P）、磷平衡分配比（$L_{P.E}$）和目标去磷偏离平衡值（n_P）；当（n_P）~1.1时，则设定的（W_{SL}）、CaO/SiO$_2$、（TFe）和T等值达到最佳化；然后根据（n_P）控制模型采取达到（n_P）~1.1的措施。

过去人们只把造渣作为与供氧制度并列的一种操作制度看待，并从操作经验出发赋予造渣制度以下列内涵：终渣碱度、（TFe）含量和渣量；从而决定其总的石灰加入量和头批料的石灰加入量及白云石和萤石用量。这是一种对冶金反应动力学无所作为的经验总结；这种造渣制度必然是偏离反应平衡，其终渣的碱度、（TFe）含量和渣量也就必然是远大于反应平衡的要求。为此，作者提出一种把冶金反应动力学和热力学融于一起，并注意改善动力学条件的造渣工艺模型。该模型的总体构想是：先通过渣量估标，初步选取目标磷分配比L_P；再根据构成渣量的（CaO）和（FeO）值估算反应平衡的磷分配比$L_P(E)$，从而求出目标去磷偏离平衡值n_P；如其所取的渣量、碱度、（TFe）含量和T，能使n_P~1.1则为最佳化；然后，根据n_P控制模型采取达到L_P和n_P的措施。如果这些措施在生产中是可行的，则所选的目标L_P和n_P成立；否则，渣量、碱度和（TFe）含量以及L_P和n_P均需重新选取，直至最佳化和实际可行为止。

8.9.1 模型结构

8.9.1.1 渣量的估算

炉渣主要来自铁水中杂质的氧化产物、散状料中的氧化物、炉衬和石灰等，其中石灰是炉渣的主要来源，而石灰的用量是取决于铁水含硅量和炉渣碱度，因此，在一般情况下可用式（8-9-1）来估标石灰加入量和渣量

$$W_{Li} = \frac{R\{2.14[a[Si]_{Pi} + b[Si]_{Sc} + c]\}}{(CaO)_{Li} - R(SiO_2)_{Li}} \times 100 \tag{8-9-1}$$

$$W_{SL} = \frac{(R+1)\{2.14(a[Si]_{Pi} + b[Si]_{Sc} + c) \times 100 + W_{Li}(SiO_2)_{Li}\}}{[k - 1.286(TFe)]/100} \tag{8-9-2}$$

式中，W_{Li} 和 W_{SL} 分别为石灰加入量和渣量，kg/100kg（钢铁料）；R 为炉渣碱度（= $(CaO)/(SiO_2)$）；a 为铁水占钢铁料的比例数；b 为废钢占钢铁料的比例数；c 为由矿石、炉衬、白云石和萤石等带入的 SiO_2 量，一般为 $0.08 \sim 0.12$kg/100kg（钢铁料）；k 为 $(CaO) + (SiO_2) + (Fe_tO)$ 之和，对于低 Mn 低 P 铁水的 MgO 饱和碱性氧化渣，$k \approx 85\%$，对于低 Mn 中 P 铁水，$k \approx 80\%$；脚标 Li 表示石灰，Pi 表示生铁，Sc 表示废钢。为了讨论方便，本文将式（8-9-1）和式（8-9-2）简化为：

$$W_{Li} = \frac{R\{2.14 \times 0.9[Si]_{Pi} + 0.1\}}{0.9 - 0.02R} \tag{8-9-3}$$

$$W_{SL} = \frac{(R+1)\{2.14 \times 0.9[Si]_{Pi} + 0.1 + 0.02W_{Li}\}}{[80 - 1.286(TFe)]/100} \tag{8-9-4}$$

根据式（8-9-3）和式（8-9-4）作出不同 $[Si]_{Pi}$ 和 R 下确定石灰用量的曲线和不同 $[Si]_{Pi}$、R 和（TFe）下估算渣量的曲线，如图 8-9-1 和图 8-9-2 所示。由这些图我们不仅能估算石灰用量和渣量，还能清楚地看到：

（1）W_{Li} 随 $[Si]_{Pi}$ 和 R 的增大而增大；R 一定时，W_{Li} 与 $[Si]_{Pi}$ 成线性关系，其增长斜率随 R 增大而增大；同样 $[Si]_{Pi}$ 一定时 W_{Li} 与 R 成线性关系，其增长斜率随 $[Si]_{Pi}$ 增大而增大。这说明，$[Si]_{Pi}$ 越大、R 越高对石灰耗量的影响越大。故降低石灰消耗首先是降低铁水含硅量和避免采用过高碱度。

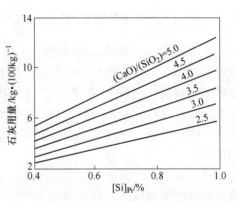

图 8-9-1　W_{Li} 与 $[Si]_{Pi}$ 和 R 的关系

（2）W_{SL} 随 $[Si]_{Pi}$、（TFe）和 R 的增大而增大，其中以 $[Si]_{Pi}$ 的影响最大，其次是 R，且 W_{SL} 与 $[Si]_{Pi}$ 和 R 的增大而增大的速率随（TFe）的增大而增大。故不仅高 $[Si]_{Pi}$、高 R 造成大渣量，高 $[Si]_{Pi}$、高（TFe）也造成大渣量，高 R、高（TFe）更造成大渣量。它们对 W_{SL} 影响的当量比大约是：0.1% $[Si]_{Pi} \approx 0.58R \approx 8\%$（TFe）。所以，防止大渣量操作的第一措施应是降低铁水含硅量和防止高炉渣随铁水兑入转炉，当然考虑到热平衡和去磷对渣量的要求，$[Si]_{Pi}$ 也不能太小；第二则是避免采用过高碱度；第三才是防止（TFe）过高。实践也说明，高 $[Si]_{Pi}$(0.8% ~ 1.0%)、高 R(4.5 ~ 5.0) 低（TFe）（12% ~ 14%）的操作，渣量不低、动力学条件不好、去磷效果不佳、铁损也不小。而低 $[Si]_{Pi}$(0.4% ~ 0.5%)、中 R(3.0) 中（TFe）（16% ~ 20%）的操作，反而铁损低甚至冶金效果也好。

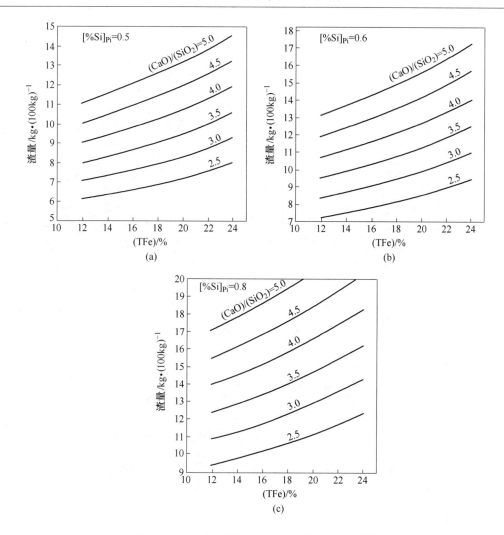

图 8-9-2 W_{SL} 与 $[Si]_{Pi}$、R 和 (TFe) 的关系图

8.9.1.2 目标磷分配比 L_P 的确定

在一定的铁水磷含量下，渣量不同，终点钢水磷含量的要求不同，对目标磷分配比 L_P = (P)/[P] 的要求也就不同。根据质量守恒原理可写出磷的质量平衡方程：

$$a[P]_{Pi} + b[P]_{Sc} = d[P]_F + W_{SL}(P) \tag{8-9-5}$$

式中，a 为铁水占钢铁料的百分数；b 为废钢占钢铁料的百分数；d 为钢水收得率，一般为 90%~92%。为讨论方便，将式 (8-9-5) 简写为：

$$85[P]_{Pi} + 15 \times 0.04 = 90[P]_F + W_{SL}(P) \tag{8-9-6}$$

根据式 (8-9-6) 做出不同铁水磷含量 $[P]_{Pi}$、不同渣量 W_{SL} 和不同终点钢水磷含量 $[P]_F$ 下确定目标磷分配比的图表，如图 8-9-3 所示。由这些图可见：

(1) $[P]_{Pi}$ 越大、$[P]_F$ 越小、W_{SL} 越小，则要求的 L_P 越大，反之则相反。

(2) 若不采用挡渣技术，而预留出钢回磷的安全系数，取 $[P]_F = 0.015\%$，如以一般

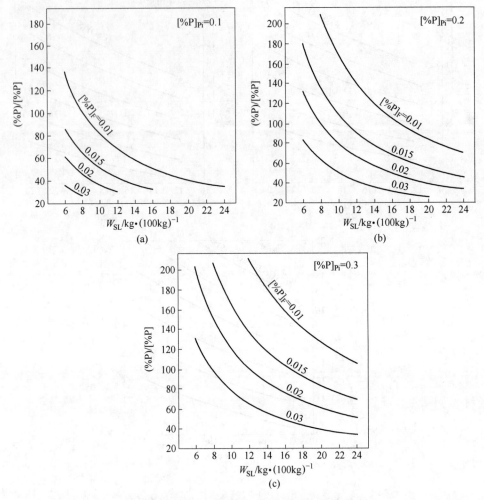

图 8-9-3　L_P 与 $[P]_{Pi}$、$[P]_F$ 和 W_{SL} 的关系

顶底复吹法所达到的 L_P 较好值 110~120 计，冶炼 $[P]_{Pi} = 0.3\%$ 的铁水时，必须渣量为 150kg/t；对于 LD 法一般所达到的 L_P 较好值 80 来说，则需渣量 225kg/t。若采用挡渣技术，则可取 $[P]_F = 0.02\% \sim 0.03\%$，这样顶底复吹法和 LD 转炉的渣量则可分别降到 100~70kg/t 和 150~100kg/t。故挡渣出钢是十分必要的。

8.9.1.3　反应平衡的磷分配比 $L_{P(E)}$

实践表明，转炉吹氧结束时炉渣的精炼能力未被充分利用。为了估标炉渣的实际脱磷能力偏离平衡的情况，现大都采用 Healy 提出的磷平衡分配比的公式[2]：

$(CaO) > 24\%$：

$$\lg \frac{(P)}{[P]} = \frac{22350}{T} - 24.0 + 7\lg(CaO) + 2.5\lg(TFe) \tag{8-9-7}$$

$(CaO) = 0 \sim$ 饱和：

$$\lg \frac{(P)}{[P]} = \frac{22350}{T} - 16.0 + 0.08(CaO) + 2.5\lg(TFe) \tag{8-9-8}$$

Healy 公式主要是依据 Flood 的离子模型, 把炉渣中的阳离子 (Ca^{2+}、Mg^{2+}、Mn^{2+}、Fe^{2+}、Na^+、…)、复杂阴离子 (SiO_4^{4-}、PO_4^{3-}、AlO_3^{3-}、FeO_3^{3-}、…) 和简单阴离子 (O^{2-}、S^{2-}、F^-、…) 作为理想分布状态来处理得出的; 实际上炉渣的离子熔体并非呈理想分布, 所以 Healy 公式的磷分配比作为炉渣成分的函数是相当没有规律的[3], 同时其计标值比 (MgO) 为 6% 的炉渣大 $0.2lg$ 值, 且误差较大 (平均为 $\pm0.4lg$)[2]。法国钢铁研究院提出了计标非理想离子熔体的磷分平衡分配比值的经验关系式。作为例子, 图 8-8-5 示出了用法国钢铁研究院模型算出的典型低磷炉渣的磷平衡分配系数与 R 及 (TFe) 的关系。看来它确实比 Healy 的计算值合理, 并比较符合实际, 其精度为 $\pm15\%$, 但该模型比较复杂, 故目前尚不为冶金工作者喜用。水渡[4~6]通过对 MgO 饱和渣的实验, 将 Healy 公式计标的 $[P]_{计}$ 与实验的 $[P]_{测}$ 之间的关系进行比较, 如图 8-9-4 所示, 发现计标值比实测值低许多, 因此认为 Healy 公式对 MgO 饱和渣不适用。但从水渡的实验结果图 8-9-5 看, 在 1650℃下的最大 $(P_2O_5)/[P]$ 值仅 224, 它比 K-BOP 法的 $(P)/[P]=120\sim140$ 还低, 故水渡提出的经验式和修正式也未被大家采用。为此, 作者对 MgO 饱和炉渣与金属间的磷分配比进行了初步实验研究, 并得出了下列经验式[7]:

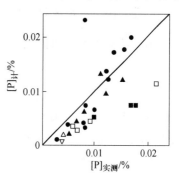

图 8-9-4　按 Healy 公式计算的磷含量与 Suito 实验观察值的比较

$$\lg \frac{(P)}{[P]} = \frac{11570}{T} - 14.021 + 4.348\lg(CaO) + 2.5\lg(TFe) \tag{8-9-9}$$

$$(N=34, \ R=0.853, \ S=0.176)$$

$$\lg \frac{(P)}{[P]} = \frac{11570}{T} - 9.076 + 0.0501(CaO) + 2.5\lg(TFe) \tag{8-9-10}$$

$$(N=34, \ R=0.874, \ S=0.151)$$

$$\lg \frac{(P)}{[P]} = \frac{11570}{T} - 16.472 + 5.675\lg[(CaO) + 0.7(MgO)] + 2.5\lg(TFe) \tag{8-9-11}$$

$$(N=34, \ R=0.921, \ S=0.125)$$

$$\lg \frac{(P)}{[P]} = \frac{11570}{T} - 9.611 + 0.0567[(CaO) + 0.7(MgO)] + 2.5\lg(TFe) \tag{8-9-12}$$

$$(N=34, \ R=0.928, \ S=0.123)$$

它们的标准偏差值比 Healy 公式小得多, 故对于 MgO 饱和的转炉渣, 本书推荐用式 (8-9-11)~式 (8-9-12) 来估标反应平衡的磷分配比。

因式 (8-9-9) 中的炉渣主要成分是 (CaO) 和 (TFe), 故可设其他项为常数, 令 $(TFe)=C-(CaO)$, $L_P = (P)/[P]$, 然后对式 (8-9-9) 求偏导, 则:

$$\frac{\partial \lg L_P}{\partial (CaO)} = \frac{4.348}{2.303(CaO)} - \frac{2.5}{2.303[C-(CaO)]} \tag{8-9-13}$$

令
$$\frac{\partial log L_P}{\partial (CaO)} = 0$$

则：
$$\frac{4.348}{(CaO)} - \frac{2.5}{(TFe)} = 0 \qquad (8\text{-}9\text{-}14)$$

故当 $\dfrac{(CaO)}{(TFe)} = 1.74$ 时，L_P 值最大。

同理，由式（8-9-11）可得当 $\dfrac{[(CaO) + 0.7(MgO)]}{(TFe)} = 2.27$ 时，L_P 最大。

为了估算方便，可假定（CaO）与 R、（TFe）的近似关系为：

$$(CaO) = \frac{80 - 1.286(TFe)}{R + 1} + R \qquad (8\text{-}9\text{-}15)$$

并命出钢温度为 1650℃，则通过 Healy 公式（8-9-8）和作者公式（8-9-10）可作出（P）/[P] 与 R、TFe 的关系曲线，如图 8-9-6 所示，供估标 $L_{P,E}$ 使用。

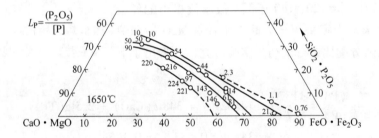

图 8-9-5　（CaO+MgO）-（SiO₂+P₂O₅）-（FeO+Fe₂O₃）系渣中磷分配比

8.9.1.4　去磷偏离平衡常数的控制

从上面对 Healy、法国钢铁研究院和作者提出的磷平衡分配比的论述中可见：对于 [P]=0.2% 的铁水只要选取 $R=3.0$，（TFe）= 16%，即可获得 [P]_F = 0.015% 的钢水。但实际上却不是这样，这就说明，转炉去磷的困难主要不在热力学条件不足，而在于动力学条件不足。过去人们用 $n_P = \dfrac{lg L_P(Healy)}{lg L_P(real)}$ 来表示去磷偏离平衡值；n_P 越大，说明动力学条件越差，偏离平衡越多。为了能在生产中调节和控制 n_P 值，建议每座转炉都能根据自己的条件建立自己的 n_P 模型，以便有目的地去降低 n_P 值。文献 [8] 用 Healy 公式（8-9-8）估计，各种冶炼方法的 n_P 值如表 8-9-1 所示。这看来是大了些。因 Healy 公式（8-9-8）对于（MgO）= 6% 的炉渣来说，按 Healy 本人的估计也要大 0.2lg，故实际上托马斯的 n_P 应等于 1.0，不宜再继续用 Healy 公式（8-9-8）来估算各种转炉的 n_P 值。但过去的文献资料都是用 Healy 公式（8-9-8）来定义 n_P。为了讨论问题的方便，本书仍用 Healy 公式（8-9-8）来定义 n_P，只是要注意，由 Healy 公式得出的 n_P 控制模型，在应用时不能小于 1.1。

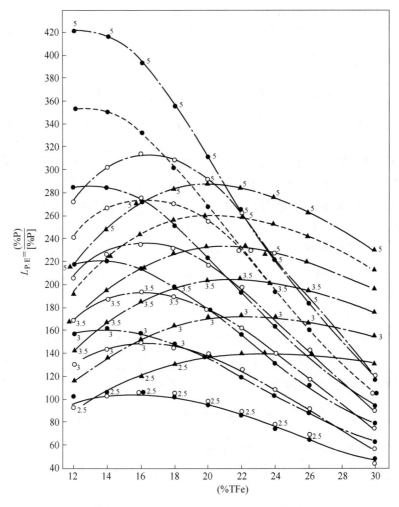

图 8-9-6 (P)/[P] 与 R、TFe 的关系曲线

表 8-9-1 各种方法的脱磷偏离平衡值

冶炼方法	磷偏离平衡值 n_P
LD-AC	1.75
AD-NB	1.67
LD-HC	1.46
OBM	1.33
托马斯	1.10

在实际生产中，采取措施降低 n_P 值对提高 L_P 值的作用是十分显著的。例如，$t =$ 1650℃，（CaO）= 48.62%，（TFe）= 16%时，$\lg L_P(\text{Healy}) = 2.523$；若 $n_P = 1.4$，则 $L_P(\text{real})$ = 63.4；若 $n_P = 1.2$，则 $L_P(\text{real}) = 126.6$，两者相差 1 倍。所以，在大多数情况下，改善动力学条件所获的去磷冶金效果往往比提高炉渣碱度的作用显著。下面就以作者在文

献 [10] 中提出的 n_P 控制模型来分析讨论。

$$n_P = 8.86 + 0.2244R - 0.00445t - 0.0277(\text{TFe}) - 0.198q_{O_2} - 0.43[C] +$$

$$9.09 \times 10^{-4}\left(\frac{L_H}{d_T}\right) - 0.0268q_b$$

$$(N = 38, \ R = 0.7, \ F = 4.024, \ S = 0.135) \tag{8-9-16}$$

式中，R 为炉渣碱度，$R = \dfrac{(\text{CaO})}{(\text{SiO}_2) + (\text{P}_2\text{O}_5)}$；$t$ 为熔池温度，℃；q_{O_2} 为顶部供氧强度，$\text{Nm}^3/(\text{min} \cdot t)$；$L_H$ 为顶枪枪位，m；d_T 为当量喉口直径，$d_T = \sqrt{n \times d_t^2}$；$n$ 为喷孔数；d_t 为喷孔喉口直径，m；q_b 为底部供气强度，$\text{Nm}^3/(\text{min} \cdot t)$。

式中七个因素对 n_P 的影响顺序是：$R(1) \rightarrow t(2) \rightarrow (\text{TFe})(3) \rightarrow q_{O_2}(4) \rightarrow [C](5) \rightarrow L_H/d_T(6) \rightarrow q_b(7)$。其显著性 $|B_1| : |B_2| : |B_3| : |B_4| : |B_5| : |B_6| : |B_7| = 0.687 : 0.352 : 0.344 : 0.288 : 0.227 : 0.0133 : 0.0013$。应当指出：式（8-9-16）是在底吹小气量（$q_b \leqslant 0.06\text{Nm}^3/(\text{min} \cdot t)$）和高碱性渣的条件下得出的。故其 R、t、（TFe）的显著性特别高，而 q_b 的显著性最小。

A　R 的影响

由式（8-9-16）可见，在 $R > 4.0$ 和底吹气量 $q_b \leqslant 0.06\text{Nm}^3/(\text{min} \cdot t)$ 的情况下，R 增大 0.5 时，n_P 平均增大 0.112。而 STB 法，由于其 q_b 较大，R 一般不大于 4.0，按文献 [10] 所给出的 STB 法的 L_P 计算式：

$$\lg L_P = \frac{12210}{T} - 9.332 + 2.328\lg(\text{CaO}) + 0.745\lg(\text{TFe}) \tag{8-9-17}$$

可以求出其 R 每增大 0.5 时，其 n_P 平均增大 0.045。

应当指出，在其他条件不变的情况下，若 R 增大 0.5 时，n_P 的增值超过 0.075 ~ 0.09，则 R 的增大将得不偿失。故一般来说，$L_P(\text{real})$ 开始随 R 的增大而增大，至 $R = 3.5 ~ 4.5$ 时达最大值，再增大 R 时，L_P 反而降低。这最佳 R 值的大小取决于 t、q_{O_2}、q_b 和（TFe）等诸因素。也就是说要推迟最佳化 R 值的到来，或补偿采用高 R 时 n_P 增值超过 $0.08/0.5R$ 部分，则必须采用较大的 q_{O_2}、q_b 乃至 t，否则采用高 R 操作将得益太少，甚至得不偿失。

B　t 的影响

由式（8-9-16）可见，当 t 增大 50℃ 时，n_P 可降低 0.223。如按 Healy 公式计算，当 $\Delta t = 50$℃，则 $\lg L_P$ 降低 0.31，故 $L_P(\text{real})$ 应随 t 的增大而降低。如按作者的式（8-9-10）计，则 $\Delta\lg L_P = -0.153$，故 $L_P(\text{real})$ 应随 t 的增大而约有增大。实际上，马钢 50t 顶底复吹转炉由于采用高碱度操作，其 L_P 值也是随 t 的增大而略有增大[9]。故在采用高碱度操作时，必须采用相应的高温操作，以改善炉渣的流动性，从而使 n_P 减小；或在采用较低温度操作时，必须适当提高（TFe）、q_{O_2} 或熔剂来补偿低温对 n_P 的不利影响。

C　（TFe）的影响

当（TFe）< 16% 时，随着（TFe）的增大，不仅从式（8-188）中可得 n_P 降低，且从图 8-9-6 可见 L_P（Healy）也增大，故 $L_P(\text{real})$ 明显增大。而（TFe）> 18% 后，尽管 L_P（Healy）值降低，但由于 n_P 也降低，故 $L_P(\text{real})$ 降低缓慢。故在（TFe）达最佳值前，增

大（TFe）值总是好的，甚至比增大 R 的效果显著。例如，$t = 1650℃$，$q_{O_2} = 3.0 Nm^3/(min \cdot t)$，[C] = 0.1%，$L_H/d_T = 20$ 时，由式（8-9-16）可得：

$$n_P = 0.899 + 0.2244R - 0.0277(TFe) \qquad (8-9-18)$$

当 $R = 4.0$，（TFe）= 18% 时，由式（8-9-15）和式（8-9-8）可得 $\lg L_P$（Healy）= 2.40，由式（8-9-18）得 $n_P = 1.849$，L_P（real）= 70.63。若 $R = 4.5$，（TFe）= 14% 时，则 $\lg L_P$（Healy）= 2.545，$n_P = 1.521$，故 L_P（real）= 47.1。所以，在终吹前宜适当提枪化渣后再压枪强化熔池搅拌；如采用低（TFe）操作，则必须采用低碱度，或较大的 q_{O_2}、q_b，或加较多的熔剂等相应措施。

D 供氧强度 q_{O_2} 的影响

由式（8-9-16）可见，q_{O_2} 增大 0.5，则 n_P 可降低约 0.1。所以，在实际操作中，q_{O_2} 是控制 L_P 的第一位因素，一般提高 q_{O_2} 都能显著提高 L_P 和脱磷速度，如表 8-9-2 和图 8-9-7、图 8-9-8 所示。故前期采用大供氧强度或超高强度供氧，终期采用中等强度供氧，对化渣和提高去磷效果来看都是合理的。

表 8-9-2 供氧强度 q_{O_2} 对 (P)/[P] 和 n_P 的影响

$q_{O_2}/Nm^3 \cdot min^{-1} \cdot t^{-1}$	L_P(real)	n_P	统计炉数
>2.9	113.3	1.41	24
2.6~2.8	97.0	1.44	21
2.4~2.5	83.0	1.60	8

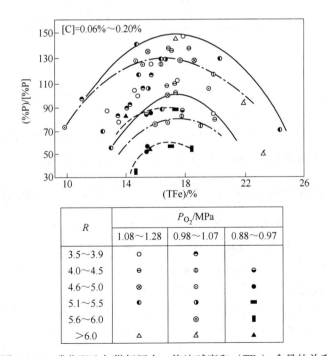

图 8-9-7 磷分配比与供氧压力、终渣碱度和（TFe）含量的关系

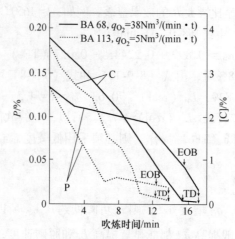

图 8-9-8 供氧强度 q_{O_2} 对脱磷脱碳速度的影响[11]

E $[C]_F$ 的影响

由式 (8-9-16) 可见，在冶炼低碳钢时，碳不宜拉得过低。因为 $[C]_F$ 如从 0.05% 提高到 0.1%，则 n_P 可降低 0.022。

F 式 (8-9-16) 中各因素的当量值

以影响 n_P = ±0.1 计，各因素的当量值如表 8-9-3 所示。

表 8-9-3 n_P = ±0.1 时各因素的当量值

各因素值	$R = 0.446$	$T = 22.51$	$(TFe) = 3.61\%$	$q_{O_2} = 0.505 Nm^3 \cdot min^{-1} \cdot t^{-1}$
Δn_P	+0.1	-0.1	-0.1	-0.1

8.9.2 模型应用

当铁水的 $[Si]_{Pi}$、$[P]_{Pi}$ 已知，终点钢水的 $[P]_F$ 已定，则可视铁水 $[P]$ 的高低初选炉渣碱度 R_b。如 $[P]_{Pi} = 0.1\%$，取 $R_b = 2.6 \sim 2.8$；$[P]_{Pi} = 0.2\%$；取 $R_b = 3.0 \sim 3.2$，$[P]_{Pi} = 0.3\%$，取 $R_b = 3.5$；(TFe) 的初选值则按 Healy 公式的最佳化 (TFe) 含量约 16% 来选取。然后按图 8-9-2 和图 8-9-3 相继查出渣量 W_{SL} 和目标 L_P，按图 8-9-6 查出 L_P（Healy）值，从而按目标 n_P 值的计算式——$n_P = \dfrac{\lg L_P(\text{Healy})}{\lg L_P(\text{目标})}$ 算出 n_P 值，再根据各个转炉自身的条件建立适合自己的式 (8-9-16) 这样的 n_P 控制模型，如通过调节 q_{O_2}、q_b、t 和 L_H/d_T 来达到目标 n_P 值是可行的，则所选的 R、(TFe)、q_{O_2}、q_b、t 和 L_H/d_T 便成立。否则再重选，增大或减小 R 和 (TFe)，直到所取的 q_{O_2}、q_b、t 和 L_H/d_T 等操作合理可行，并以 $n_P = 1.1$ 为控制的理想目标，使之 R 和 (TFe) 值达到最佳化。

例如：$[P]_{Pi} = 0.3\%$，$[Si]_{Pi} = 0.7\%$，$[P]_F = 0.02\%$。求最佳化的造渣工艺参数：R、t、(TFe)、q_{O_2}、L_H/d_T 和 q_b 及石灰加入量。

解：

(1) 现取 $R = 3.5$，$(TFe) = 16\%$。

（2）根据 $[Si]_{Pi} = 0.7\%$，$R = 3.5$，（TFe）$= 16\%$；从图 8-9-2 中查得 $W_{SL} = 11.9\text{kg}/100\text{kg}$。

（3）按 $[P]_{Pi} = 0.3\%$，$[P]_F = 0.02\%$，$W_{SL} = 11.9\text{kg}/100\text{kg}$，从图 8-9-3 中查得 L_P（目标）$= 100$，即 $\lg L_P = 2.0$。

（4）按 $R = 3.5$，（TFe）$= 16\%$，从图 8-9-6 中查得 L_P（Healy）$= 214$，即 $\lg L_P$（Healy）$= 2.3304$。

（5）故 $n_{P(目标)} = 1.165$。

（6）按式（8-9-16）取操作合理可行的参数：$t = 1650℃$，$q_{O_2} = 3.5\text{Nm}^3/(\text{min}\cdot\text{t})$，$L_H/d_T = 20$，$[C]_F = 0.1\%$，$q_b = 0.06\text{Nm}^3/(\text{min}\cdot\text{t})$；并将 $R = 3.5$，（TFe）$= 16\%$ 一起带入式（8-9-16），则求得 $n_P = 1.14$（$< n_{P(目标)} = 1.165$）。

（7）按 $[Si]_{Pi} = 0.7\%$，$R = 3.5$，从图 8-9-1 中可查得石灰加入量约为 62kg/100kg（钢铁料）。

故按式（8-9-16）求得的最佳化造渣工艺参数为：$R = 3.5$，（TFe）$= 16\%$，$t = 1650℃$，$q_{O_2} = 3.5\text{Nm}^3/(\text{min}\cdot\text{t})$，$L_H/d_T = 20$，$[C]_F = 0.1\%$，$q_b = 0.06\text{Nm}^3/(\text{min}\cdot\text{t})$。

8.9.3 小结

（1）本模型提出了制定最佳化造渣工艺的新方法，它有助于降低钢铁料和石灰消耗。

（2）各转炉应建立自己的 n_P 分段控制模型（例如把 R 分为 2.0~3.0、3.0~4.0 和 >4.0 三部分，（TFe）分为 8%~16% 和 >16% 两部分）以提高控制精度。

（3）降低石灰消耗的首要措施是降低铁水含硅量和避免采用过高的碱度。

（4）防止大渣量操作的根本途径是降低 n_P 值、提高 L_P 值，然后酌情采取措施以降低满足脱磷需要的多余渣量：或适当预脱硅，或适当降低碱度，或适当降低（TFe）含量。

（5）如低硅铁水不能满足脱磷对渣量的要求，也应在控制 $n_P = 1.1$ 的条件下，及保持合理 R 和（TFe）值的条件下，用追加添加剂的办法来增大渣量，而不宜采用加入过量石灰的办法来增大渣量。

（6）采用挡渣出钢，取 $[P]_F = 0.02\%~0.025\%$ 比不采用挡渣出钢而取 $[P]_F = 0.015\%$ 的渣量可减少 1/3 以上。

（7）在建立新的 n_P 控制模型时，宜以作者的公式（8-9-10）、式（8-9-11）或修正的 Healy 公式为判断转炉脱磷反应偏离平衡的标尺。

（8）转炉去磷的困难主要不在于热力学条件的不足，而在动力学条件的不足。故造渣最佳化工艺模型的核心是改善动力学条件，降低 n_P 值，甚至使 $n_P = 1.0$，以便最大限度地发挥炉渣的精炼能力。

（9）合理的供氧强度曲线是：前期超高供氧强度，中期中、小供氧强度，终期先大供氧强度化清炉渣后再换中等供氧强度压枪操作。

（10）合理的底部供气强度曲线是：中（$q_b = 0.05$）、低（$q_b = 0.02~0.04$）、高（$q_b = 0.1$）。

参 考 文 献

[1] 李远洲. 氧气转炉造渣最佳化工艺模型的探讨 [J]. 钢铁, 1992 (4): 14-17.

[2] Healy G W. Journal of the Iron and Steel Institude, 1970, 208 (7)：664-666.

[3] Gaye H, Grosjean J C. Steelmaking Proceedings, 1982, 65：P202.

[4] Suito H, Inoue R. Takada M. Trans. ISIJ, 1981, 21：250.

[5] Suito H, et al. The 3rd Japan-Sweden Synposium of Process Metallurgy, Stockholm, 1981：183.

[6] Suito H, Inoue R. Trans. ISIJ, 1982, 22：869.

[7] 李远洲，等. CaO-MgO$_{sat}$-Fe$_t$O-SiO$_2$-P$_2$O$_5$-MnO-Al$_2$O$_3$-CaF$_2$渣系与金属液之间磷平衡分配比的实验研究 [R]. 1987-1988.

[8] 亨利·雅各布斯，等. Stahl und Eisen, 1980 (18)：1056.

[9] 李远洲. 钢铁. 1989 (2)：12-18.

[10] Nashiwa H, et al. Steelmaking Proceedings, 1982, 65：280-286.

[11] Baker R, et al. Ironmaking and Steelmaking, 1980 (5)：227-238.

8.10　炉渣成分、渣量和炉衬寿命的三角关系

8.10.1　吹炼前期的"三角"关系

8.10.1.1　$R_初$对$W_{衬·初}$的影响

从图 8-10-1 可见，初期炉衬侵蚀量随初渣碱度的增大而迅速减少。至 $R \approx 2.0$ 时，$W_{衬·初} \approx 0$，故造好 $R \geqslant 1.9$ 的初渣不仅是脱磷的需要，也是防止炉衬侵蚀的需要。

8.10.1.2　$(\sum FeO)_初$对$W_{衬·初}$的影响

从图 8-10-2 可见，$W_{衬·初}$ 与 $(\sum FeO)_初$ 有极小值关系，在 $(\sum FeO)_初 \approx 15\%$ 时，$W_{衬·初}$ 最小。这是因为一者 FeO 本身和其在酸性渣中所起的碱性作用均降低渣中 $(MgO)_{sat}$ 值，从而减小镁质炉衬的侵蚀，另者 FeO 有烧损炉衬碳质网络，加重其侵蚀的作用。故当 $(\sum FeO)_初 < 15\%$ 时，$W_{衬·初}$ 随 $(\sum FeO)_初$ 的增大而减小，当 $(\sum FeO)_初$ 大于 15% 时，则随 $(\sum FeO)_初$ 的增大而增大。因此，如仅从保护炉衬考虑，宜控制吹炼初期末的 $(\sum FeO)_初$ =15%，但考虑到吹炼初期还有更重要的造好炉渣碱度 $(R \geqslant 1.9)$ 和去 P 的任务，似以 $(\sum FeO)_初 = 15\% \sim 20\%$ 更为合适。

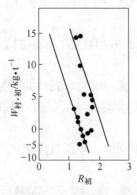

图 8-10-1　初期炉衬侵蚀量与初渣碱度的关系

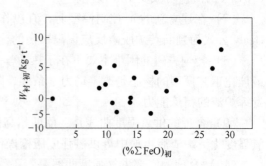

图 8-10-2　$W_{衬·初}$ 与 $(\sum FeO)_初$ 的关系

8.10.1.3　头批料的白云石量$W_{白·初}$对$W_{衬·初}$的影响

从图 8-10-3 可见，$W_{衬·初}$ 随 $W_{白·初}$（生白云石）的增大而迅速减小。当 $W_{白·初}$ = 15 ~

20kg/t 时，$W_{衬\cdot初} \approx 0$。再增大 $W_{白\cdot初}$ 时，则将引起炉底上涨。所以，将全炉白云石均集中在头批料的工厂都有不同程度的炉底上涨现象，从而影响冶炼的顺利进行。在本试验条件下，看来头批料的生白云石量以 15~20kg/t 为宜。

8.10.1.4 初期渣量 $W_{S\cdot初}$ 对 $W_{衬\cdot初}$ 的影响

从图 8-10-4 可见，$W_{衬\cdot初}$ 随 $W_{S\cdot初}$ 的增大而增大，故在保证脱磷脱硫所需渣量的前提下，应防止盲目地大渣量操作。从图 8-10-5 可见，$W_{S\cdot初}$ 随 $R_初$ 和（$\sum FeO$）$_初$ 的增大而增大，尤以（$\sum FeO$）$_初$ 的影响为甚，由此不难看出，用控制（$\sum FeO$）$_初 = 25\% \sim 30\%$ 来造好 $R_初 = 2.0$ 的炉渣所侵蚀的炉衬，未必比用加入少量萤石（2kg/100kg（石灰））来造好的（$\sum FeO$）$_初 = 15\%$ 和 $R_初 \approx 2.0$ 的炉渣所侵蚀的炉衬小。故初期造渣不宜用铁质造渣路线，而应用推荐的合理造渣路线才是。

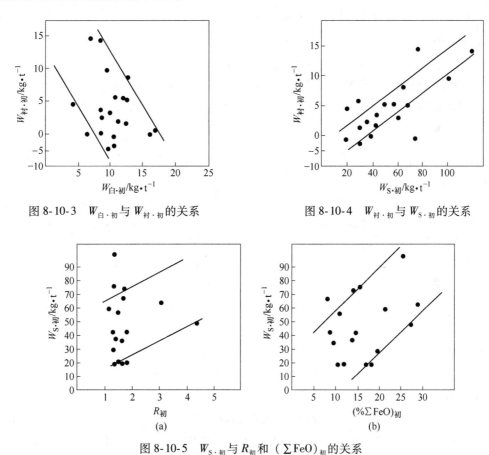

图 8-10-3　$W_{白\cdot初}$ 与 $W_{衬\cdot初}$ 的关系

图 8-10-4　$W_{衬\cdot初}$ 与 $W_{S\cdot初}$ 的关系

图 8-10-5　$W_{S\cdot初}$ 与 $R_初$ 和（$\sum FeO$）$_初$ 的关系

8.10.2 吹炼终期的"三角"关系

过去常为挂渣操作，究竟是造 MgO 过饱和渣，C_2S+C_3S 饱和渣，C_3S 饱和渣，C_3S+ CaO 饱和渣而争论不止。应当说，挂渣主体是炉渣的主要矿物相 C_2S 和 C_3S；而 MgO 只占少量，如以造 MgO 过饱和渣来挂渣，势必影响造好 C_3S 和 CaO 饱和渣，对保护炉衬，特别是对脱磷脱硫都将产生不利影响；C_2S 熔点高但系粒状晶较 C_3S 柱状或片状晶的挂牢度差，故似以取 C_2S+C_3S 饱和渣（$R \approx 3.0$）为宜，不过考虑到 Bardenhuer 等人[2]的实验结果：$(P)/[P]^2$ 在（液相+C_2S）和（液相+C_3S）两个成分区之间最小，并波动最大，则以造 C_3S 饱和或 C_3S+CaO 饱和渣为好。苏联叶那基耶沃工厂（冶炼中碳钢）对炉衬线性侵蚀速度的研究表明，当碱度为 3.5 时，炉渣开始被 CaO 所饱和，在这个碱度下侵蚀量最小（1.6m/炉），继续提高碱度，并没有降低炉衬侵蚀量。那么我们冶炼低碳钢的情况如何为好呢？

8.10.2.1　$R_{终}$ 对 $W_{衬 \cdot 终}$ 的影响

从图 8-10-6 可见，当 $R_{终}$ = 3.5 时，$W_{衬 \cdot 终}$ 最小，继续提高碱度，不仅 $W_{衬 \cdot 终}$ 不再减小，反而增大。分析其原图，主要是（$\sum FeO$）$_{终}$ 和 $W_{S \cdot 终}$ 随 $R_{终}$ 的增大而显著增大的缘故。故 $R_{终}$ 以 3.5 为宜。

8.10.2.2　（$\sum FeO$）$_{终}$ 对 $W_{衬 \cdot 终}$ 的影响

从图 8-10-7 可见，（$\sum FeO$）$_{终} \leqslant 25\%$ 对 $W_{衬 \cdot 终}$ 的影响不大，但（$\sum FeO$）$_{终} > 25\%$ 以后，则使炉衬的侵蚀速度急剧增大。究其原因，可用殷瑞钰提出的估算冶炼中磷铁水时出钢渣的液相数量的下列公式来分析，还有就是吹炼末期，由于碱度高，渣中 Fe^{3+} 增多，MgO 不仅在渣中以（Mg, Mn, Ca, Fe）O-RO 相固溶体形式出现，而且生成了 $MgO \cdot Fe_2O_3$ 缘故。

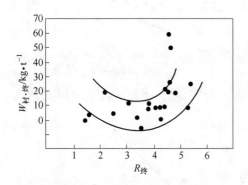

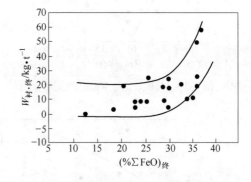

图 8-10-6　$R_{终}$ 对 $W_{衬 \cdot 终}$ 的影响　　　　　图 8-10-7　（$\sum FeO$）$_{终}$ 与 $W_{衬 \cdot 终}$ 的关系

当 1650℃时，

$$L(\%) = 4.58(FeO')^{0.9} \qquad (8\text{-}10\text{-}1)$$

当 1700℃时，

$$L(\%) = 8.62(FeO')^{0.71} \qquad (8\text{-}10\text{-}2)$$

式中，（FeO'）=（$\sum FeO$）/0.85。现将（FeO'）= 25/0.85 = 29.4 分别代入式（8-10-1）和式（8-10-2）后，得 1650℃时 $L(\%)$ = 96，1700℃ $L(\%)$ = 95.1。说明此时的炉渣虽已几乎全部为液相，但仍处于熔点温度上而无任何过热度，故（$\sum FeO$）的扩散、活动能力尚不很大，而当（$\sum FeO$）> 25% 后，炉渣有了过热度，（$\sum FeO$）的活动能力便开始增大，故其侵蚀炉衬的作用便迅速增大。由此看来，终渣不宜造完全液相的过热度渣，应以 $L(\%) \approx 95$ 来考虑和控制终渣的（$\sum FeO$）和（CaF_2）含量才是。

8.10.2.3　总的生白云石耗量 $W_{白 \cdot 终}$ 对 $W_{衬 \cdot 终}$ 的影响

从图 8-10-8 可见，生白云石耗量大约在 26~40kg/t 时，炉衬侵蚀最小，再增大白云石

用量不仅 $W_衬$ 不再减小反而增大，这与顶底复吹转炉中的正交实验结果相同，其原因主要是 $W_白$ 太大后，在增大（MgO）含量（>10%）的同时显著增大了（$\sum FeO$）含量（30%~35.5%）、降低了（CaO）含量（30.73%~40%），故过多地加入生白云石不仅不能减小炉衬侵蚀，反而浪费热量和加剧炉衬侵蚀。

8.10.2.4 $W_{S \cdot 终}$ 对 $W_{衬 \cdot 终}$ 的影响

从图 8-10-9 可见，$W_{衬 \cdot 终}$ 随 $W_{S \cdot 终}$ 的增大而增大，而 $W_{S \cdot 终}$ 则随 $R_终$ 和（$\sum FeO$）$_终$ 的增大而增大（图 8-10-10）。故必须防止盲目采用高碱度高氧化镁的大渣量操作。文献[1]并着重指出，防止大渣量操作的第一措施是降低铁水含硅量，第二则是避免采用过高碱度，第三才是防止（TFe）过度。

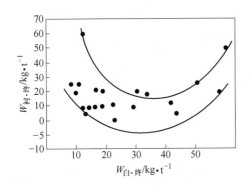

图 8-10-8 $W_{白 \cdot 终}$ 与 $W_{衬 \cdot 终}$ 的关系

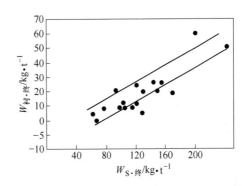

图 8-10-9 $W_{衬 \cdot 终}$ 与 $W_{S \cdot 终}$ 的关系

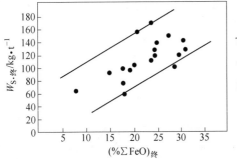

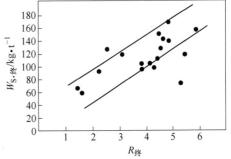

图 8-10-10 $W_{S \cdot 终}$ 与 $R_终$ 和（$\sum FeO$）$_终$ 的关系

8.10.3 小结

通过上述实验研究结果可以看出，为了既提高炉衬寿命，又有利于造好初渣和终渣，下列结论可供参考：

（1）造好 $R \geqslant 1.9$ 的初渣，不仅是脱磷的需要，也是防止炉衬侵蚀的需要。

（2）从保护炉衬考虑，宜控制吹炼初期末的（$\sum FeO$）$_初$ = 15%。但考虑到吹炼初期还有造好炉渣碱度（$R \geqslant 1.9$）和去 P 的任务，似以（$\sum FeO$）$_初$ = 20% 更为合适。

（3）头批料的生白云石量以 15~20kg/t 为宜。

（4）R 终以 3.5~4 为宜。

（5）（$\sum$FeO）$_终$ ≤25% 为宜。

（6）总的生白云石的耗量大约在 26~40kg/t 为宜。

（7）应尽可能防止大渣量操作。

参 考 文 献

［1］李远洲. 氧气转炉造渣最佳化工艺模型的探讨［J］. 钢铁，1992（4）：14.

［2］首钢钢研所. 国外氧气顶吹转炉炼钢文献（第九辑），1977：13-38（译自 Iron and Steel，1912（3-5））.

9 复吹转炉合理的供氧、供气制度

顶底吹供氧供气制度是复吹转炉的软件关键技术，包括顶部供氧压力、供氧强度和枪位制度及底部供气制度。它随各自转炉的原料条件、冶炼钢种和冶炼目的的不同而异，而不是一种绝对划一的模式。本章根据文献上发表的数据，对国内外各种复吹转炉典型的顶底吹供氧供气制度进行了详细分类和讨论，并开拓性地运用具有普遍意义的判别准数来规范和确定最佳化的枪位制度，以供设计和生产者根据各自实际情况选择参考。

供氧供气制度就是把氧流按冶炼不同时期钢水熔池和渣池对氧的不同需要作合理分配。炼钢就是炼渣，炼渣就是炼（Fe_tO），而炼（Fe_tO）就是通过对供氧供气制度的调节来炼成各时期所需的（Fe_tO）含量。如吹炼初期，以满足早造渣、造好最佳化初渣、优先去磷和保持吹炼平稳为主；吹炼中期（碳吹期），则以既防炉渣喷溅、又防返干回磷，并稳步推进脱碳为主；吹炼后期，则应按终点钢水对 $[C]_F$、$[Mn]_F$、$[P]_F$、$[S]_F$、$[O]_F$ 的要求，来调控碳氧化机理转变的碳临界值 C_T 是大些还是小些，并以临近终点时促进钢渣反应接近平衡为目的。本章便是按这样的原则和思路来论述和总结所得的文献资料，虽所介绍的模型不是每个都有普遍性，但却可供参考，本书在第 1 章中已提出了如何更好地建立吹炼各期控制（TFe）含量模型的方法，同时在第 8 章中也有对建立（TFe）含量模型的介绍，可一并参阅。另外 9.3 节介绍了专利技术——一种顶吹氧气转炉炼钢法及该方法使用的氧枪（ZL 89 1 03227.4）的使用情况："双流复合吹炼的冶金特征"（在第 1、10、12 各章中均有论及它的氧流宏观分配、射流特征、氧枪特性及冲击熔池凹坑的深度和面积的诸多优点），希望引起重视和推广应用。

9.1 复吹转炉顶部供氧和底部供气制度

氧压和氧流制度是整个供氧制度的重要部分之一。供氧强度的大小直接影响吹炼时间、石灰渣化速度、脱磷速度、喷溅强度，以及钢的产量质量、消耗、品种和成本等主要技术经济指标。故冶金工作者一直十分重视氧压氧流制度。苏联学者主张采用大供氧强度（$q \geqslant 4 \sim 5 Nm^3/(min \cdot t)$）以提高转炉的生产率[1]。欧美国家则通常取 $q = 2 \sim 3 Nm^3/(min \cdot t)$。我国一度长期重产量、轻质量，转炉厂大多采用大供氧强度；同时受苏联学者早期提出的氧枪工作压力的非设计系数 n（$= P_{工作}/P_{设计}$）$= 0.8 \sim 1.2$ 的影响，加上其他原因，至今我国的转炉操作规程仍规定采用分期恒压变枪位制度。应当说，我国转炉的钢质较差、消耗较高的原因很多，恒压操作就是其重要原因之一。下面对供氧强度、恒压供氧制度与变压供氧制度及氧枪工作压力的非设计系数范围进行讨论。

9.1.1 复吹转炉顶部供氧压力的选择

我国转炉都曾采用恒压恒供氧强度的操作。其理论依据是：脱碳速度取决于供氧速度，而供氧速度只受物理因素的影响；且金属的氧化性随供氧速度的增大而有所减小或变化甚微[2]。其操作考虑是简单；其目的是采用最大供氧强度提高生产率。但是，转炉炼钢的任务不只是脱碳，还有硅、锰氧化，造渣去磷去硫，熔化废钢和升温等。从冶金原理看，完成上述各项任务所需的吹炼方式是不尽相同的；即使是脱碳，在吹炼各个阶段所需的吹炼方式也是在变的。特别是原料条件和冶炼钢种不同时，采用的造渣路线不同，所用的吹炼方式便不同，产生的吹炼状况（或物理化学状况）更是大相径庭。如采用钙质造渣路线，则取火花操作的吹炼方式；如采用铁质造渣路线，则采取泡沫操作的吹炼方式。现用表 9-1-1 说明完成各项炼钢任务和操作宜采用的吹炼方式。这里定义的吹炼方式包括允许供氧速度的大小，单流氧枪是硬吹还是软吹，以及双流复合顶吹氧枪硬、软流的调节变化。

根据文献 [3]，估算表 9-1-1 中 Q_s、Q_f、Q_{sc} 的公式如下：

$$Q_s = 37.736 \ (V_F - T/7) \, d^{-2} n \tag{9-1-1}$$

$$Q_f = 0.309 \ (V_F - T/7)^2 \, d^{-2} n \tag{9-1-2}$$

$$Q_{sc} \approx 0.315 C_A^{1.667} d_B^{3.667} T^{0.333} n^{-0.667} SC^{-0.555} \tag{9-1-3}$$

式中，Q_s，Q_f，Q_{sc} 分别为"火花""泡沫"操作及熔化废钢允许的最大氧气流量，Nm^3/min；V_F 为炉衬容积，m^3；T 为出钢量，t；d，d_B 分别为炉子内衬和熔池直径，m；n 为氧枪喷孔数，个；C_A 为一块废钢的表面积与其体积 2/3 次方之比，$C_A = S/V^{2/3}$；SC 为一块废钢的重量。

表 9-1-1　完成各单项炼钢任务和操作宜采用的吹炼方式及单流和
双流氧枪在完成这些任务方面的功能比较

项　目		氧气流量 /Nm³·min⁻¹	单流氧枪		双流氧枪		具有功能的比较		
			硬吹	软吹	核心流	四周流	功能	单流	双流
火花操作		≤Q_s			大	大	抑制金属飞溅	无	有
泡沫操作		≤Q_f		是	小	大	防止（ΣFeO）过高	难	有
脱碳	吹炼前期	≤Q_s	是	是	中~大	中~大	视铁水温度成分和造渣任务调控 v_C 和（ΣFeO）的关系	难	有
	吹炼中期	Q_f~Q_s		是	小~中	大~中	使脱碳和化渣去 P 并举	有	有
			是		大	小~中	抑制炉渣返干和金属飞溅	无	有
	吹炼后期	≤3~3.5	是		大	小	按脱 C 扩散模型操作	难	有
造渣		Q_s~Q_f		是	小	大	按合理造渣路线操作	难	有
去磷		Q_s~Q_f		是	小	大	按两相反应与体搅统合的快速去 P 原理操作	无	有
去硫				是	大	小			
熔化废钢		≤Q_{sc}		是	大	小	提高熔池下部温度和传质传热以加速废钢熔化	有	有

根据 E. Fridel 等人[3] 的统计：大于 175t 的转炉，一般能满足泡沫渣操作，而不能满足火花操作所需的有效容积。小于 175t 的转炉则相反。从提高炉子生产率和吹炼平稳考

虑，应尽量采用火花操作的吹炼方式。也就是说，应采用精料方针。因为，只有采用低硫低磷低硅铁水和活性石灰，才能为少渣和火花操作创造好条件。应当说，火花操作是恒压操作合理化的前提条件，但还不是充分条件。吹炼后期，当 $[C] < [C]_T$ 时，需按扩散脱碳模型操作。这时，除非是底中、大气的复吹转炉，它可以不降低氧压氧流，而只提高底气来强化熔池搅拌以防止 $[P]$ 偏离平衡外，即使底小气的复吹转炉，此时若不降低氧压氧流，也难阻止钢水过氧化。南钢采用恒氧压操作的 15t 底小气复吹转炉的 $[C]_T$ 值仍高达 0.8[4]。所以，即使具备了火花操作条件的转炉，也只是底吹中、大气的复吹转炉才适合采用恒压供氧制度。

对于不具备吃精料而需要造渣、去磷、去硫的转炉，特别是要把含磷为 0.15%~0.2% 的铁水炼成低磷钢水的转炉，采用泡沫渣操作可说是完全必要的。即使是低磷铁水，当用矿石冷却代替废钢冷却，或用较多氧化铁皮造渣，或者铁水温度低时，出现泡沫渣操作也是不可避免的。而中、小型转炉又都是非常不适应泡沫渣操作的。在这种情况下应怎么办较好？作者认为，一是采用合理的（或最佳化的）造渣工艺，防止碱度过高和氧化铁过高的过大渣量操作；二是采用"泡沫"操作与"火花"操作并举的变压变枪位的单流氧枪供氧制度（最好是双流氧枪加变流变枪位）。实践表明：单流氧枪的恒压恒流供氧制度所追求的最大供氧强度是受制于泡沫渣操作的，而不是全程中其他"火花"操作期允许的更大供氧强度。这种以维持"泡沫"操作吹炼平稳为准绳的极限的恒定供氧强度下的操作，势必在渣溢的边缘上如履薄冰，小心翼翼地、频繁地变动枪位，工人操作并不轻松，稍有失算，便或致渣干、或致渣喷，而一旦渣喷，又难制止，往往至泄溢光为止，故其生产率未必真高，吹炼却大都很不平稳；且 $[C] < [C]_T$ 时仍继续大供氧，特别是 $Q_{O_2} > 3.0 \sim 3.5 \text{Nm}^3/(\text{min} \cdot \text{t})$ 时[5]，金属和炉渣过氧化。要想较好地全面实践各项炼钢任务，宜把各个吹炼进程分为三个操作阶段，即"火花"操作、泡沫渣操作和扩散脱碳模型操作，并按照这样来制定"大、中、小"或"大、中、大、小"的变压变流供氧制度，则既可保持较大的平均供氧强度，缩短吹炼时间，又有利于造好最佳化初渣，推进全程化渣去磷，促进反应平衡，获得较低的终点钢水含氧量、渣中 FeO 含量，并更好实现吹炼平稳。原上钢五厂 15t 底小气复吹转炉的最佳化冶炼工艺的试验结果表明，"大、中、大、小"双变（变氧压变枪位）供氧制度是所有试验方案中最佳的，比恒压变枪操作的各项技术经济指标都好[6,7]。美国福特公司的 225t 转炉采用"双变"操作后，喷溅率从 15% 降至 5%。故建议推广"双变"供氧操作。特别是用双流复吹氧枪来灵活执行双变供氧制度，这已在原上钢三厂的 25t 转炉上初见成效[8]。

9.1.2　复吹转炉底部供气量的确定

世界上已发表的顶底复吹技术已近 20 种，它们虽各有巧妙，但其底吹的目的均在于搅拌熔池，使顶吹平稳进行，使金属、炉渣和气体三相之间的反应接近平衡。就底吹小气量的顶底复吹转炉来说，其底气的下限值应满足吹炼中、高碳钢时，在顶吹为超软吹的条件下，既保证不破坏钢渣间的不平衡状态，以利早造渣、造好渣，而又能防止喷溅；其上限值则应满足吹炼终期促进反应平衡的要求。

9.1.2.1　水力学模型试验结果

模型比为 1:6，决定性准数为 Fr'。用水模拟钢液，以液态石蜡模拟炉渣，并用空气模拟顶吹氧和底吹惰性气体。

图 9-1-1 表示 14t 顶底复吹转炉模型中，风嘴数目（N）、底吹气量和钢/渣混合状态的关系。它是按定义：液态石蜡开始晃动，水、蜡开始交混，且部分液蜡进入水中不深时为非完全混合区；液蜡解体，整个熔池弥散着细小的液蜡滴，但熔池振荡强度还不大时为完全混合区；熔池强烈振荡，水蜡强烈乳化时为极完全混合区来作图的。图 9-1-2 是用动态应变仪测试的熔池四周的循环速度 u 与底气量（q_b）的关系。图 9-1-3 是以 KCl 溶液作示踪介质，用电导仪测定的熔池搅拌混匀时间（τ）与顶、底吹的关系。

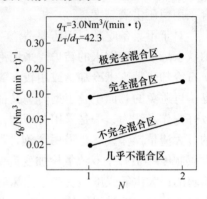

图 9-1-1　14t 顶底复吹转炉模型中的
钢渣混合状态

由图 9-1-1~图 9-1-3 可见，当顶吹超软吹（$q_T = 3.0 Nm^3/(min \cdot t)$，$L_T/d_T = 42.3$）时，在 $q_b = 0.01 \sim 0.03 Nm^3/(min \cdot t)$ 范围内钢/渣间的混合状态始终保持在不完全混合和几乎不混合之间，所以，底吹最小气量选 $0.01 \sim 0.03 Nm^3/(min \cdot t)$ 来满足冶炼中、高碳钢时，在吹炼前期保持钢/渣间不平衡状态的要求。而在 $q_b \approx 0.2 Nm^3/(min \cdot t)$ 时，钢/渣基本完全混合，熔池的循环速度达最大值，搅拌混匀时间达最小值。所以，为了满足吹炼终期促进冶金反应平衡的要求，底吹小气量的 q_b 的上限值宜取 $0.15 Nm^3/(min \cdot t)$。若需最大限度地抑制顶吹金属喷溅，以便提高供氧强度或减小炉容比，则需 $q_b = 0.5 \sim 0.8 Nm^3/(min \cdot t)$，这是底吹小气量的复吹转炉达不到的，故它的炉容比和供氧量与 LD 转炉差别不很大，但它对控制渣喷还是有效的。

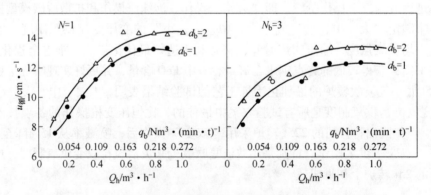

图 9-1-2　14t 复吹转炉中熔池循环速度和底部供气量 q_b 的关系

（$q_T = 3.31 Nm^3/(min \cdot t)$，$L_T/d_T = 42.3$）

9.1.2.2　生产实践

A　临界碳 $[C]_T$ 与底气量 q_b 的关系

图 9-1-4~图 9-1-6 表示各种复吹法的 $[C]_T$-q_b（或底气比 OBR）关系[9,10]。从这些图中可以看出：$[C]_T$ 随 q_b（或 OBR）和惰性气体比的增大而降低，如表 9-1-2 所示，当底气全部为惰性气体且 $q_b = 0.1 Nm^3/(min \cdot t)$ 时，$[C]_T$ 基本上接近最小值。因此，从推

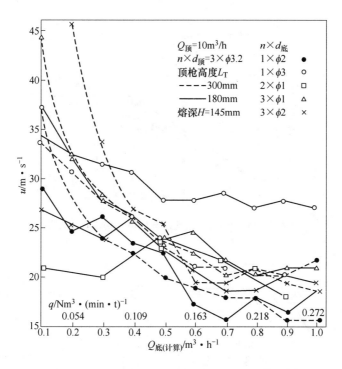

图 9-1-3　14t 复吹转炉模型熔池中 $Q=13Nm^3/h$ 和
不同枪位下的 τ-Q_b 曲线

迟 C-O 反应机理转变，降低 $[C]_T$ 值以提高氧的脱碳利用率和转炉煤气的回收时间和质量，以及降低终点钢水含氧量和渣中氧化铁含量等来考虑，吹少量气体的上限值取 0.1Nm³/(min·t) 和采用惰性气体是较合适的。

表 9-1-2　各种冶炼方法在不同底吹条件下的 $[C]_T$ 点

冶炼方法	底气比 OBR/%	底气量 q_b /Nm³·min⁻¹·t⁻¹	O_2/N_2	$[C]_T$/%
LD	0	0	—	0.46~0.8
LD-OB	6		O_2/100%	0.39
LD-OB	8		O_2/100%	0.36
K-BOP	30	1~1.5	O_2/100%	0.30
Q-BOP	100	3~4.0	O_2/100%	0.26
K-BOP	30	1~1.5	2:1	0.19
K-BOP	30	1~1.5	1:1	0.13/0.14
LD-OTB		0.02	Ar 或 $N_2$100%	0.3
LD-OTB		0.06	Ar 或 $N_2$100%	0.23
LD-OTB		0.08~0.1	Ar 或 $N_2$100%	0.2
LD-OTB		>0.1	Ar 或 $N_2$100%	0.2

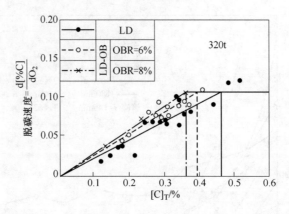

图 9-1-4　LD-OB 法中底气比（OBR）对 [C]_T 的影响

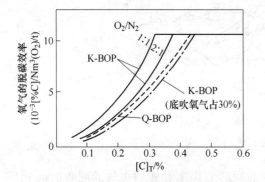

图 9-1-5　Q-BOP 法、K-BOP 法中
惰性气体比对 [C]_T 的影响

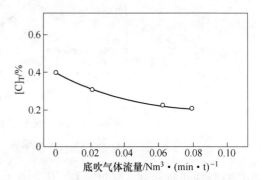

图 9-1-6　LD-OTB 法中 q_b 对 [C]_T 的影响

B　[C][O] 与 OBR 的关系

图 9-1-7 表明：钢水含氧量随底吹气体比（OBR）的增加（最高达 10% 左右）而减少。但是当底吹气体比超过 10% 时，钢水含氧量不再显著降低。应当指出 OBR＝10% 这个值相当于 $q_{b(O_2)}$＝0.2～0.3Nm³/(min·t)，对照水模实验结果来看，这时钢渣正进入完全混合区。因此，可以想像得到：在低碳范围内，钢水含氧量降到 P_{CO}＝1atm 时的平衡含量以下，这种现象，不能只认为是喷嘴冷却介质使 P_{CO} 降低的结果，而更重要的是底吹搅拌气体促进钢/渣混合，使渣中 TFe 含量降低的影响，所以，关键是在底吹气量，而不在底吹气体种类。原上钢一厂 15t 复吹转炉全程底吹 N_2 改为底吹 N_2-CO_2 工艺后，尽管 N_2 比 CO_2 更有利于降低钢水中的 P_{CO}，但由于 CO_2 进入熔池后变成了 2CO，因而增强了熔池搅拌，因此后者的钢水含氧量比前者低，特别在 [C] ＜0.6% 时更明显，如图 9-1-8 所示。大河平河男等人[11] 也认为：钢中含氧量不受 O_2-C_3H_8、CO_2、Ar 等底吹气体种类的影响，搅拌强度愈大，则溶于钢中的氧愈低，如图 9-1-9 所示。

S. Ito 等人根据 LD-OTB 法的经验认为[10]，q_b＞0.1Nm³/(min·t)，[O]_F 几乎是一个与气体流量和气体种类无关的常数，如图 9-1-10 所示。如果把 q_b 增大到 0.1Nm³/(min·t) 后 [O]_F 不再降低的经验仅限制在底吹惰性气体，而不扩大到底吹氧的情况，这就容易从惰性气体对 [C]_T 点的影响来理解和接受，同时也不会与八幡厂 LD-OB 法经验相矛盾。

应当指出，前面的讨论主要对一般低碳钢而言，对于超低碳钢，底吹惰性气体降低 P_{CO} 所发挥的作用，则不是底吹 O_2 和 CO_2 所能取代的。

因此，从降低终点钢水含氧量考虑，底吹小气量的上限值，如采用 O_2 时，宜取 $q_b(O_2)=0.2\sim0.3Nm^3/(min\cdot t)$，如采用惰性气体时，宜取 $q_b=0.1\sim0.15Nm^3/(min\cdot t)$。

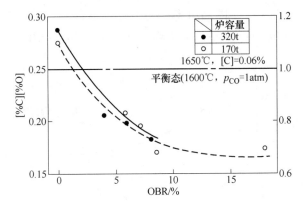

图 9-1-7 碳氧乘积和底吹气体比的关系

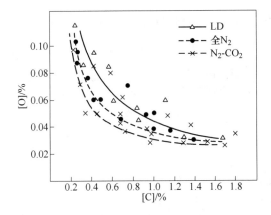

图 9-1-8 底吹气体种类对钢水含氧量的影响

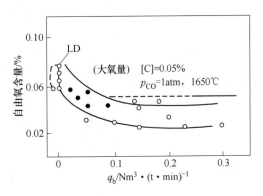

图 9-1-9 底吹气体种类与流量对钢中
自由氧 [O] 的影响

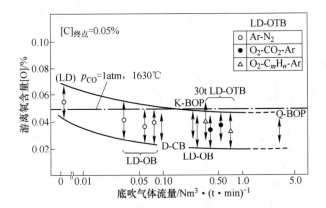

图 9-1-10 自由氧含量与底吹气体流量的关系

C　（TFe）与OBR（或q_b）的关系

图9-1-11表示LD-OB法冶炼低碳钢时（TFe）与OBR的关系，它说明：（TFe）随OBR的增大而减小。当OBR≥6%时，减小的趋势变缓，到OBR＝10%左右趋于稳定。

另外，从图9-1-12中可以看到：底吹惰性气体时，渣中（TFe）含量随q_b增加而降低，至$q_b \geq 0.1 Nm^3/(min \cdot t)$时趋于平缓。

由此，可知OBR和q_b对（TFe）的影响与对$[O]_F$的影响相似。

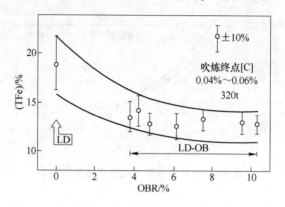

图9-1-11　底吹气体比和渣中（TFe）含量间的关系

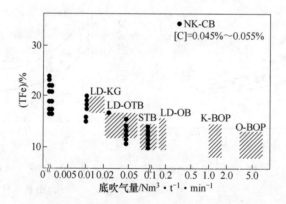

图9-1-12　底吹气量和渣中（TFe）含量间的关系

D　OBR和q_b与脱P的关系

日本八幡厂为了定量比较LD与LD-OB法的脱磷能力，用公式$\lg \dfrac{(P_2O_5)}{[P]^2(TFe)^5} = a(CaO) + \dfrac{b}{T} + C$，通过多次回归分析。计算了在（CaO）＝49%，$t = 1650℃$时的脱磷反应平衡系数，其结果示于图9-1-13，从图中可以看出，当OBR>4%左右时，LD-OB法的脱磷能力显著提高。而且从吹炼终点到钢水流入钢包这段时间内LD-OB法还在继续脱磷。但当OBR≥5%后再增大OBR值时，则它对提高脱磷能力不再有意义。

另外，从图 9-1-14 和图 9-1-15 中可以看出，底吹少量惰性气体的 LD-AB 法和 NK-CB 法，在渣中（TFe）含量相同时，将底吹气量由 0.01Nm³/(min·t) 提高到 0.1Nm³/(min·t) 时，终点钢水含磷量明显降低。

如果在金属温度为 1630℃，（TFe）= 15%，（CaO)/(SiO₂）= 3.5 条件下来比较，从图 9-1-16 可以看到：搅拌比功率最小的 LD 法的去磷分配比（P)/[P] 最小，其次是 LD-KG 法，搅拌比功率大的 K-BOP 法和 Q-BOP 法的（P)/[P] 值则最大。

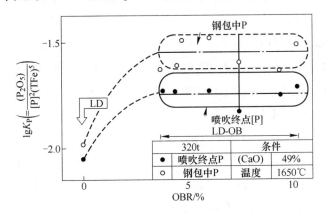

图 9-1-13 $\lg K_P$ 与底吹气体比之间的关系

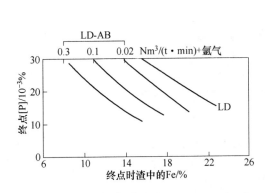

图 9-1-14 采用氩气搅拌的 LD（LD-AB）法

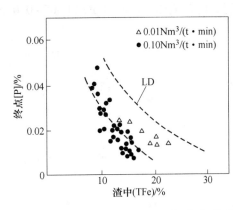

图 9-1-15 渣中（TFe）与终点钢中 [P] 的关系

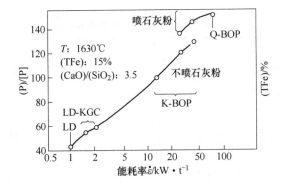

图 9-1-16 搅拌比功率与（P)/[P] 的关系

　　以上是说明改善冶金动力学条件对改善去磷效果的作用。但也应当指出，去磷问题首先是热力学问题，即反应温度、炉渣碱度和（TFe）含量所决定的去磷平衡系数的大小，而强化搅拌之所以改善去磷，只在于它促进反应接近平衡的结果，如搅拌强度过大，使渣中（TFe）降到了去磷热力学条件所要求的最佳（TFe）含量以下，甚至更多，则它就不再是改善去磷，而是妨碍去磷了。因此，要正确选择去磷的最大底气量，必须研究去磷所需的最佳（TFe）含量，然后根据底气量与（TFe）的关系，通过调节 q_b 来控制（TFe）含量使去磷反应接近平衡。

　　E　（Mn）/[Mn] 与 OBR 的关系

　　图 9-1-17 表明：LD-OB 法钢水中锰含量的增加不是平衡系数提高的结果，而是渣中（TFe）减少的结果，故不能用来确定 OBR（或 q_b）的上限值。

　　F　保持吹炼平稳所需的底气量

　　从表 9-1-3[12] 可见：严重喷溅使金属收得率平均降低 3.2%，相当于钢铁料消耗提高 44kg/t。故顶底复吹转炉的一个重要任务就是通过底吹搅拌气体控制渣中（FeO）含量，以减轻喷溅。据报道：神户钢铁公司加古川厂的 200t 顶底复吹转炉，底吹气体流量为 $0.024 \sim 0.053 \mathrm{Nm^3/(min \cdot t)}$ 时，不喷率达 70% ~ 80%。住友金属鹿岛厂的 200t 顶底复吹转炉，底吹气体流量为 $0.07 \mathrm{Nm^3/(min \cdot t)}$ 时，几乎没有发生喷溅现象。故为了保持吹炼平稳，防止渣喷，底吹气量以 $0.05 \sim 0.07 \mathrm{Nm^3/(min \cdot t)}$ 为宜。

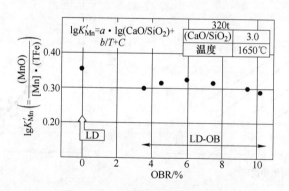

图 9-1-17　$\lg K'_{Mn}$ 与底吹气体比之间的关系

表 9-1-3　喷溅程度对收得率的影响

喷溅程度	收得率/%
无喷溅	86.8
轻度喷溅	86.0
中等喷溅	85.3
严重喷溅	83.6

　　G　一些工厂生产低、中、高碳钢时所用的底气量

　　目前，一般工厂生产低、中、高碳钢所用的底气量列于表 9-1-4，以供参考。

表 9-1-4 各厂生产低、中、高碳钢所用的底气量

工 厂	炉容量/t	复吹法	底吹气量 q_b/Nm³·(min·t)⁻¹			资料来源
			低碳钢 [C]<0.1%	中碳钢 [C]=0.1%~0.4%	高碳钢 [C]≥0.4%	
日本钢管公司，水江、鹿岛、福山分厂	80，250	NK-CB	0.1	0.05	0.01	[9]
神户钢铁公司，加古川炼钢车间	240	LD-OTB	0.03~0.1（调整时 0.015~0.025）		0.015~0.06（调整时 0.01~0.02）	[10]
法国钢铁研究院	6	LBE	0.2~0.3	0~0.06		[13]
南德	65	LBE	0.03~0.06			
阿尔贝德	150	LBE	0.033（后搅 0.066~0.2）			[14]
德国赫施	180	TBM	0.022~0.061			[15]
住友、鹿岛厂	250	STB	0.06~0.16			

底吹气体的作用是使顶吹平稳进行并使熔池反应接近平衡。前、中期的关键在于促进化渣和保持吹炼平稳，故前、中期的底吹气量以 0.01~0.07Nm³/(min·t) 为宜；后期的关键在于推迟 C-O 反应机理的转变，降低临界碳含量和促进反应平衡，故后期的底吹气量以 0.1~0.2Nm³/(min·t) 为宜，实际选用时应根据各厂的原料条件、冶炼钢种和风嘴性能等因素综合考虑来决定底气范围：或为 0.01~0.1Nm³/(min·t)，或为 0.015~0.15Nm³/(min·t)，或为 0.03~0.12Nm³/(min·t)，或为 0.05~0.1Nm³/(min·t) 等。

9.1.3 复吹转炉供氧和供气强度

9.1.3.1 吹炼前期顶部供氧制度的确定

吹炼初期供氧操作的任务就是使氧在渣与钢中按照要求去分配，以便获得高碱度（$CaO/SiO_2 \geqslant 2.0$）的初期渣。因为迅速造好高碱度的初渣就可能实现以下目的：（1）防止金属裸露而产生金属喷溅和蒸发；（2）避免酸性渣对炉衬的严重侵蚀；（3）有利于早期去磷；（4）有利于将稳定性泡沫渣（其 $R=1.5~1.7$）出现的时间与最大脱碳速度出现的时间错开发生，以免发生严重的喷溅。从表 9-1-3 和表 9-1-5 可见，吹炼平稳与否对钢铁料消耗的影响极大，所以，从一定意义上说，保持吹炼平稳是操作者的第一位任务。

表 9-1-5 LD-KG 法与 LD 法相比的铁收得率

收得率提高的原因	提 高 值
喷溅减少	+0.3%
渣中全铁降低	+0.11%
烟尘中铁降低	+0.13%
总 计	0.54%

图 9-1-18 和图 9-1-19 表明，要获得高碱度的初期渣，必须使 $FeO/SiO_2 \geqslant 2.5$。经验表

明，开吹时，供应大氧量，对加速 Si、Mn 氧化和（FeO）的生成都是十分必要的，并应随铁水含 Si 量的增大而增大，以使渣中保持高的（FeO）/（SiO$_2$）比值[16]。

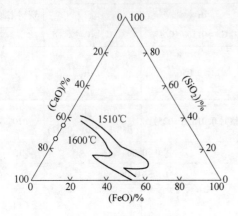

图 9-1-18　假四元相图

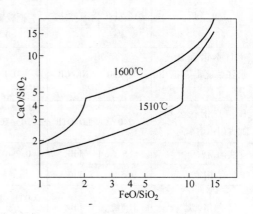

图 9-1-19　R 随 FeO/SiO$_2$ 的变化

式（9-1-4）为氧气转炉前期去磷的经验式[17]：

$$\frac{-\mathrm{d}[P]}{\mathrm{d}t} = k_P[P] \tag{9-1-4}$$

以 $t=0\sim t$，$[P]=[P]_0\sim[P]_t$ 为上下限积分，得

$$[P]_t = [P]_0 e^{-k_P \cdot t} \tag{9-1-5}$$

式中，t 为硅氧化时间；$[P]_0$ 为铁水含磷量；$[P]_t$ 为硅氧化完时的含磷量；k_P 为脱磷速度常数。在 100kg 转炉上实验得到影响 k_P 的回归方程如下：

$$k_P = -0.00025T + 0.002(\Sigma Fe) + 0.0016(CaO') +$$
$$0.16r_c + 0.18H^{-1/4}Q_{O_2} + 0.028G + x \tag{9-1-6}$$

式中，T 为反应后金属液温度（1305～1634℃）；（ΣFe）为渣中含铁量（13%～38%）；（CaO'）为渣中自由 CaO 浓度，（CaO'）=（CaO）-1.87（SiO$_2$）-1.58（P$_2$O$_5$）；r_c 为反应期间的脱碳速度（0.05%～0.54%C/min）；Q_{O_2} 为供氧强度（6～8Nm^3/（min·t））；G 为搅拌用侧吹氧气量（0～6Nm^3/（min·t））；H 为顶吹喷枪位置（69～157mm）；x 为常数，未包括在式中的其他影响因素。

从式（9-1-6）中可见，采用大供氧量有利于加速早期去磷。故从早期化渣、去磷考虑，前期采用大供氧强度是必要的，如 Arbed、福山、加古川等工厂便是采用这种操作的。

9.1.3.2　吹炼中期顶部供氧制度的确定

当 Si、Mn、V、Ti 等元素被氧化后，氧流和枪位则应及时调整，以免 C-O 反应剧烈发生时造成严重喷溅。如果采用恒压变枪位操作，这时一般只降枪，但降枪只能起降低渣中 FeO 的后效作用，如降枪不及时，待喷溅发生时再降枪，往往不但不能抑喷，反而触发大喷。式（9-1-7）和式（9-1-8）[18]为碳吹期的脱碳速度表达式：

$$v_C = -\frac{\mathrm{d}c}{\mathrm{d}t} = k_u \tag{9-1-7}$$

$$k_u \times 10^3 = 1.89V_{O_2} - 0.048h - 28.5 \tag{9-1-8}$$

式中，h 为氧枪高度，cm；V_{O_2} 为供氧强度，$Nm^3/(t \cdot h)$。由式可见，压枪只能带来氧的更大脱碳利用率，由 $[C]+1/2O_2 \rightarrow CO$ 产生更多的 CO 气，并促进 $[C]+(FeO) \rightarrow CO+Fe$ 反应的剧烈发生，所以，它往往会造成一时的大喷，将大量泡沫渣喷出后，或因 (FeO) 降低而破坏了泡沫渣的稳定性后才能恢复平静。故当 Si、Mn 氧化完毕后，特别是当喷溅已经出现时，促进吹炼平稳的根本措施应是：降枪与减压同时进行（采用这种操作的有 Arbed、福山等工厂）。待渣中 (FeO) 降低，泡沫渣的稳定性被破坏后，再适当提高氧压和枪位，以保持 v_C 与 (FeO) 之间的合理关系，但恢复后的供氧量不应大于 3.5$Nm^3/(min \cdot t)$，并在临近 $[C]=1.0\%$ 时，宜取 $q_{O_2}=3.0Nm^3/(min \cdot t)$，以推迟 C-O 反应机理的转变。

9.1.3.3　吹炼后期顶部供氧制度的确定

吹炼后期的供氧量制度宜取 $q_{O_2}=2.5 \sim 3.0Nm^3/(min \cdot t)$。这是为了提高钢水质量，降低生产成本，由脱碳扩散模型决定的。

A　q_{O_2} 与 $[C]_T$ 的关系

a　费利波夫的 $[C]_T$ 公式

$$[C]_T = [C]_P + ([O]_o - [O]_P) \frac{S_s}{S_T} \left(\frac{1/r}{1/\alpha + 1/\beta} \right) \tag{9-1-9}$$

式中，$[C]_P$ 为反应带中 C 的浓度，mol/cm^3；$[O]_o$、$[O]_P$ 分别为氧在金属中及反应带中的体积浓度，mol/cm^3；r 为 C 的传质系数，cm/s；S_T 为总的反应表面，cm^2；S_s 为总渣与金属的接触面，cm^2；α 为氧化剂相中指向金属的氧的传递速度系数，cm/s；β 为金属内指向反应带的氧的传递速度系数，cm/s。

b　K. Taguchi et al 的 $[C]_T$ 公式[19]

$$[C]_T = Q_{O_2} \cdot k/10 \cdot v_{cir} \tag{9-1-10}$$

式中，v_{cir} 为钢液循环速度，t/min；Q_{O_2} 为供氧速度，Nm^3/min；k 为单位氧的最大脱碳速度，$kg(C)/Nm^3(O_2)$。

c　三木贡治等的 $[C]_T$ 公式[18]

$$[C]_T - [C]_F = \frac{1}{2} \frac{k_2^2}{k_3} \tag{9-1-11}$$

式中，$[C]_F$ 为终点钢水含碳量，%；k_2 为脱碳期的去碳速度常数，与供氧量成正比，如式 (9-1-8) 所示；k_3 为 $[C] < [C]_T$ 时的脱碳速度常数（其 $v_{C(3)}=k_3t'$，$t'=t_F-t$）：

$$k_3 \times 10^3 = 0.87V_{O_2} - 0.037h - 0.012L_0 - 7.1 \tag{9-1-12}$$

式中，h 为氧枪高度，cm；V_{O_2} 为供氧强度，$Nm^3/(t \cdot h)$；L_0 为熔池深度，cm。

以上诸式说明，如果第二期连续采用大的供氧强度 V_{O_2}，则 $[C]_T$ 值将显著增大，而如在 $[C]$ 临近 1% 时降低 V_{O_2} 并降低枪位，则可使 $[C]_T$ 减小。川合保治亦指出：随着单位面积供氧速度的增大或熔池搅拌的减弱，$[C]_T$ 有所提高。从表 9-1-6 可见，当 $[C] < [C]_T$（$\leqslant 0.6\% \sim 0.8\%$）后，氧用于脱碳的利用率逐步减小，而用于氧化炉渣和金属的数量逐步增大。如推迟 C-O 反应机理的转换，把 $[C]_T$ 从 0.6% ~ 0.8% 降到 0.15% ~ 0.2%，则一者可提高氧的利用率，降低氧耗；二者可降低渣中 FeO 含量，提高金属收得率；三者可降低钢水含氧量。

表 9-1-6　熔池中 O_2 的分配（$(CaO)/(SiO_2) = 3.9$，渣量 77kg/t）

[C]/%	分配给各反应的 O_2/%			[C]/%	分配给各反应的 O_2/%		
	$O_2 \to CO$	$O_2 \to FeO$	$O_2 \to [O]$		$O_2 \to CO$	$O_2 \to FeO$	$O_2 \to [O]$
2.00	95	5	无	0.10	35	56	9
1.00	95	5	无	0.08	25	65	10
0.50	85	14	1	0.06	18	70	12
0.30	80	18	2	0.03	5	85	10
0.20	65	20	5				

B　q_{O_2} 与 τ_t 的关系

从图 9-1-20 中可见，顶吹熔池搅拌混匀时间 $\tau_{T,W}$ 开始随供氧强度（q_T）的增大而减小，当 $q_T = 3.56 Nm^3/(min \cdot t)$ 时，$\tau_{T,W}$ 达到最小值，再增大 q_T 时，$\tau_{T,W}$ 反而增大。这种关系在其他转炉模型实验中也存在[5]。以上表明，吹炼后期，采用 $Q_T > 3.5 Nm^3/(min \cdot t)$ 则是不合适的。

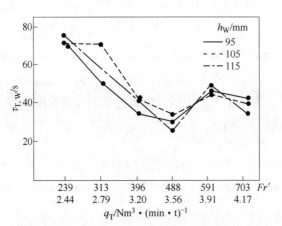

图 9-1-20　50t 转炉模型中 $Fr'-h_W-\tau_{T,W}$ 曲线

（$h_W = L_T/\sqrt{3d_T}$）

C　q_{O_2} 对 $[O]_F$ 和 $(TFe)_F$ 的影响

图 9-1-21[20] 表示不同供氧速度，终点 $[C]_F$ 和 $(TFe)_F$ 的关系。由图可见，增大供氧速度，即使在 $[C] \geq 0.2\%$ 的高碳区，$(TFe)_F$ 含量也明显升高。

图 9-1-22[20] 表示 $[C]_F = 0.04\% \sim 0.06\%$ 的低碳区，供氧速度对底吹气体流量与 $(TFe)_F$ 关系的影响，由图可见，增大供氧速度，即使底吹气体流量（$q_{惰} + q_{O_2}$）高达 $0.4 Nm^3/(min \cdot t)$，$(TFe)_F$ 含量也明显升高。

图 9-1-23 表示 BOC 值与 (TFe) 的关系，BOC 操作指数是作为供氧速度和供碳速度关系的一个参数，其定义为

$$BOC = \frac{Q_{O_2 \cdot s}}{(W/\tau_s)[C]} = \tau_s q_{O_2}[C]^{-1}$$

式中，$Q_{O_2 \cdot s}$ 为顶吹氧气流量和底吹氧气流量之和；W 为炉子容量；τ_s 为熔池搅拌混匀时间。

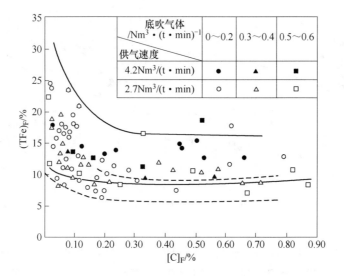

图 9-1-21　供氧速度对 $(TFe)_F$ 的影响

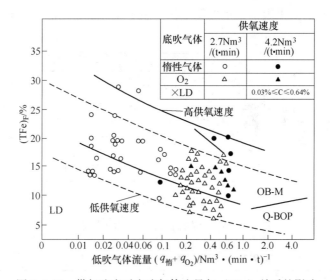

图 9-1-22　供氧速度对底吹气体流量与 $(TFe)_F$ 关系的影响

由图可见，即使在 $[C] = 0.02\% \sim 0.2\%$ 的大范围内，当 BOC 值相同时，尽管供氧速度很不相同，而其 $(TFe)_F$ 值却比较一致。这说明大的供氧速度配合大的底吹搅拌就能控制 $(TFe)_F$。故 Q-BOP、K-BOP 法可采用大供氧量，而底吹小气量的复吹转炉通常只采用 $q_{O_2} = 2 \sim 3 Nm^3 / (min \cdot t)$，否则如马钢的钢厂和南钢采用 $q_{O_2} = 4.0 \sim 5.0 Nm^3 / (min \cdot t)$ 的供氧操作时，其终点 $[O]$ 和 (TFe) 值均比其他厂高很多。Boka-Ro 钢厂的 100tLD 转炉[21] 吹炼中磷铁水（$[P] = 0.3\% \sim 0.35\%$），先前终点 (TFe) 为 $20\% \sim 25\%$，在采用了吹炼终点前 $14 \sim 90s$ 内减小供氧强度 $30\% \sim 40\%$ 和取枪位为 $L_T = 1.4 \sim 1.5m$（相当于 $L_T / d_T = 20$）

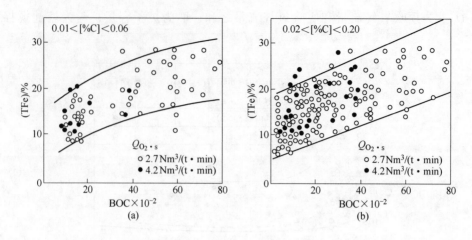

图 9-1-23　BOC 与（TFe）的关系

的措施后，（TFe）降到了 18%。加古川厂吹炼经处理后的铁水，采用 PTIL2 型操作制度后，锰的收得率显著提高达 70% 以上，如图 9-1-24[22] 所示。故终期采取降压降枪操作是降低终点 [O] 和（TFe）的有效措施。

当然影响 $[O]_F$ 的因素很多，不能简单认为表 9-1-7 中所列的各厂转炉 [O] 的不同

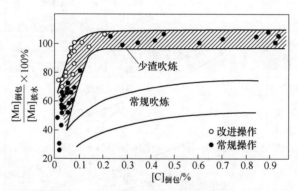

图 9-1-24　少渣操作锰收得率的比较[27]

表 9-1-7　不同供氧强度下的终点 $w[O]_F$

工厂	鞍钢	武钢	上钢一厂	南钢	马钢三钢	马钢二钢
[P]/%	0.081	—	0.082~0.254	0.23	0.3~0.5	0.26~0.71
q_b/Nm³·min⁻¹·t⁻¹	0.02~0.03	0.02~0.03	0.03	0.03	0.03~0.06	0.09~0.57
q_{O_2}/Nm³·min⁻¹	2.2	3.0	3.0	4.2	3.0	3.5~4.5
$[C]_F$/%	0.05	0.05	0.05	≤0.02	0.05	0.07
$[O]_F$/ppm	500	578	580	—	—	803
（TFe）/%	12.59	19.4	18.12	18.87	—	—
备　注		不后搅	全程吹 N₂			半钢底吹 O₂

仅仅是 q_{O_2} 不同的结果，但它说明 q_{O_2} 的大小对 $[O]_F$ 值的大小有很大的影响，对照图 9-1-22 和图 9-1-23，可以看出，马钢二钢的操作条件与其图中大供氧强度十分相似，所以其后果也十分相似，都未因底吹气量达 0.4% （~0.57Nm³/(min·t)）而避免终点 $[O]$ 和 (TFe) 增大。

以上说明，在 $[C]=1.0\%$ 时，将供氧强度调整为 $3.0Nm^3/(min·t)$，在终点前 $1~1.5min$ 内再调整为 $2.2~2.5Nm^3/(min·t)$，对改善钢水质量、降低生产成本都是十分重要的。

9.1.4 不同铁水条件和冶炼钢种的供氧供气制度

复吹转炉的供氧供气制度随铁水条件和冶炼钢种的不同而不同，如图 9-1-25~图 9-1-35 所示。

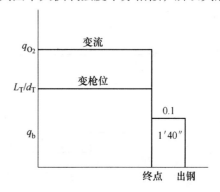

图 9-1-25 冶炼中碳钢（$[C]\geqslant0.2\%$）（高磷铁水（$[P]>1.6\%$））

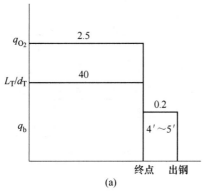

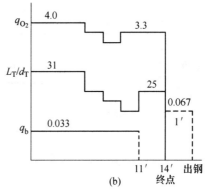

图 9-1-26 冶炼低碳钢（$[C]=0.05\%~0.06\%$）（高磷铁水（$[P]>1.6\%$））
(a) HL1 型；(b) HL2 型

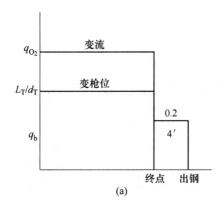

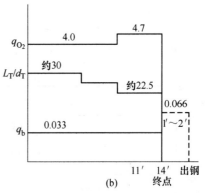

图 9-1-27 冶炼超低碳钢（$[C]\leqslant0.03\%$）（高磷铁水（$[P]>1.6\%$））
(a) HSL1 型；(b) HSL12 型

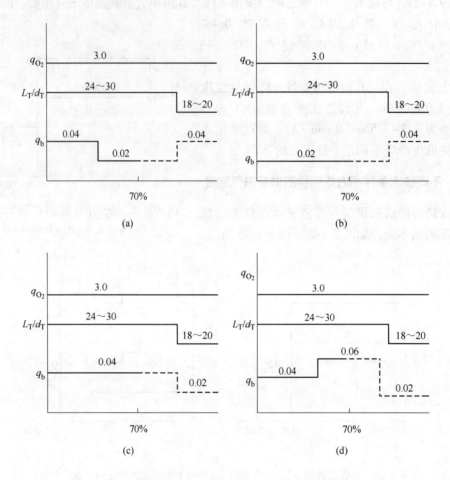

图 9-1-28　冶炼中碳钢（中磷铁水（［P］=0.15%~0.7%））

（a）MM1 型；（b）MM2 型；（c）MM3 型；（d）MM4 型

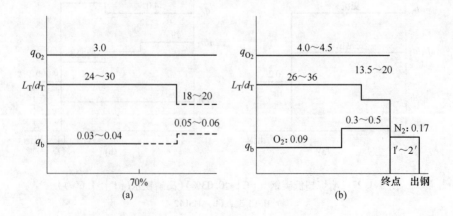

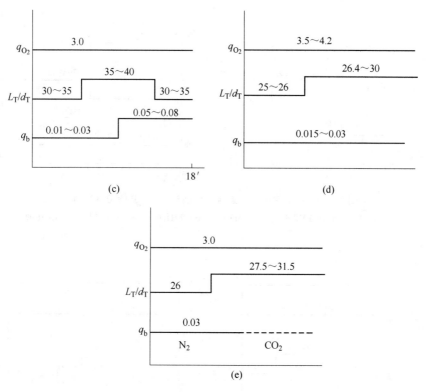

图 9-1-29 冶炼低碳钢（中磷铁水（[P]=0.15%~0.17%））

（a）ML1 型；（b）ML2 型；（c）ML3 型；（d）ML4 型；（e）ML5 型

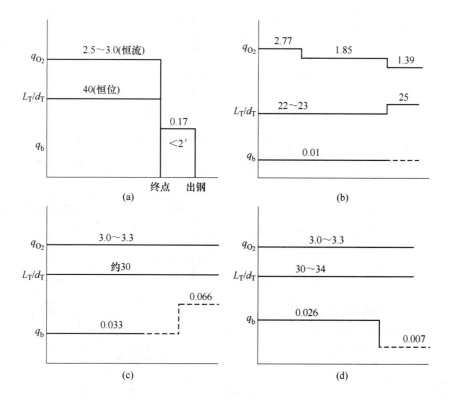

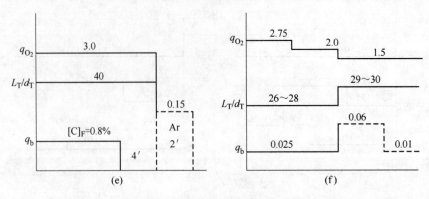

图 9-1-30 冶炼中、高碳钢（低磷铁水（[P]≤0.12%））

(a) LM1 型；(b) LM2 型；(c) LM3 型；(d) LH1 型；(e) LH2 型；(f) LMH 型

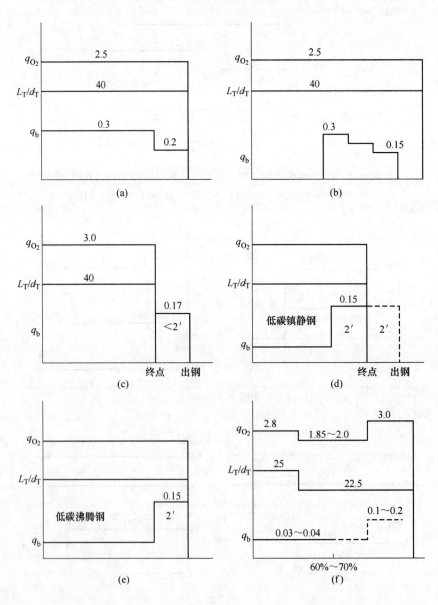

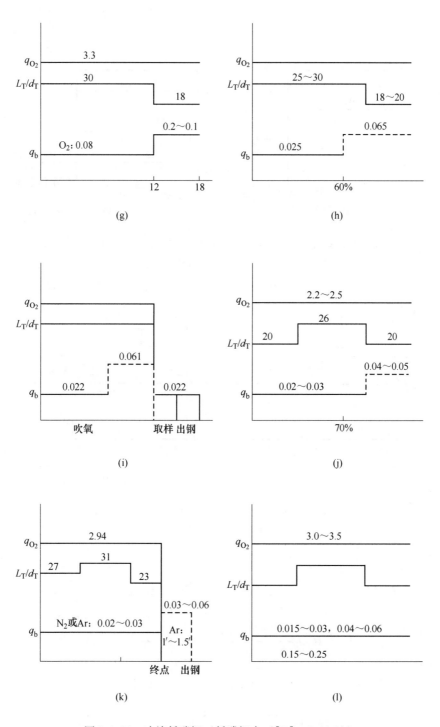

图 9-1-31 冶炼低碳钢（低磷钢水（［P］≤0.12%））

(a) LL1 型；(b) LL2 型；(c) LL3 型；(d) LL4 型；

(e) LL5 型；(f) LL6 型；(g) LL7 型；(h) LL8 型；

(i) LL9 型；(j) LL10 型；(k) LL11 型；(l) LL12 型

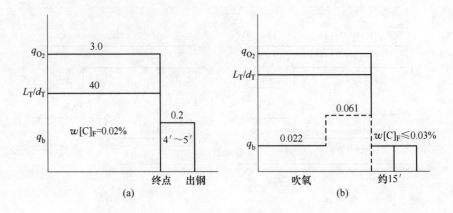

图 9-1-32　冶炼超低碳钢（［C］≤0.03%）（低磷钢水（［P］≤0.12%））

(a) LSL1 型；(b) LSL2 型

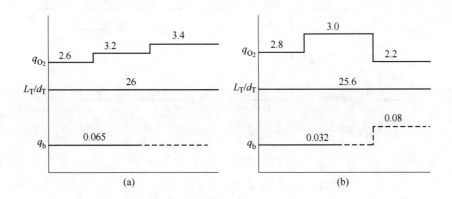

图 9-1-33　预处理铁水冶炼低碳钢（［C］≤0.1%）

(a) PTIL1 型；(b) PTIL2 型

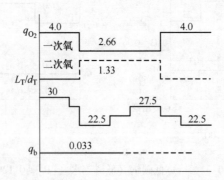

图 9-1-34　DO-HL 型高磷铁水冶炼超低碳钢

（［C］≤0.03%）（使用双流氧枪）

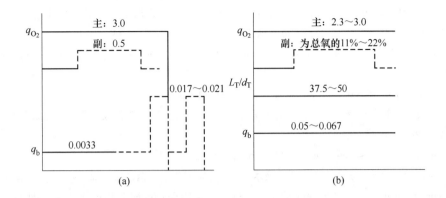

图 9-1-35 低磷铁水冶炼低碳钢（使用双流氧枪）

(a) DO-LL1 型；(b) DO-LL2 型

参 考 文 献

[1] 巴普基兹曼斯基 B N. 氧气转炉炼钢过程理论 [M]. 曹兆民，译. 上海：上海科技出版社，1979：307.

[2] 巴普基兹曼斯基 B N. 氧气转炉炼钢过程理论 [M]. 曹兆民，译. 上海：上海科技出版社，1979：300，314.

[3] Friedl E，等. LD 转炉炉型设计氧气转炉炼钢设计文集（一）译自 Operation of Large BOF's，北京钢铁设计院，1973：1-18.

[4] 倪瑞明，马中庭，等. 15 吨复吹转炉元素氧化规律（一）[C]. 首届全国冶金工艺理论学术会议论文集（上海冶金情报特辑），马鞍山，1990：233-241.

[5] 李远洲，黄永兴，刘晓亚. 顶吹转炉熔池搅拌强度的实验研究 [J]. 炼钢，1986（2）：27-37.

[6] 李远洲，岑永权，孙亚琴，等. 顶底复吹转炉最佳化冶炼工艺的探讨 [J]. 上海第二冶金专科学校学报，1989（3）：1-15.

[7] 李远洲，孙亚琴. 顶底复合吹转炉合理造渣工艺的探讨 [J]. 钢铁，1990（7）：15-21.

[8] 李远洲，黄永兴，史荣贵，等. 双流复合顶吹炼钢法的冶金特性初探 [J]. 钢铁，1988，25（1）：17-21.

[9] 田口喜代美，等. 顶底吹转炉法（NK-CB）的研究与工业化 [J].（葛诗元，译. 日本钢管技报，1982（7）：13-20)，钢铁钒钛译丛（第一集），1984：80-87.

[10] Shuzo Ito，等. 顶底复合吹转炉的一种新精炼法（LD-OTB 法）[C].（陈梦林，译. Steelmaking Proceeding，1982），国外转炉顶底复合吹炼技术（上），1985：73-82.

[11] 大河平和男，田中新，等. 顶底吹炉钢中的氧 [J]. 林敬发，译. 铁と钢，1983，69（4）：S245.

[12] Hambly L E，Heyer K W，Reid C A（杨仁权，译. Steelmaking Proceeding，1982，65：272-279），钢铁钒钛译丛（第一集），1984：45-52.

[13] Gaye H，Grosjean J C. LBE 法冶炼过程的冶金反应 [J].（钱家澍，译. Steelmaking Proceedings，1982，65：202-209），钢铁钒钛译丛（第一集），1984：71-79.

[14] Frese H，Bernsmann G. 阿尔贝德-萨尔钢公司采用 LBE 炼钢法的经验 [C].（何其松，译. Stahl und Eisen，1983，（4）：37-40)，钢铁钒钛译丛（第一集），1984：40-44.

[15] Schrott R, Hausen P, Petersen H. 赫施冶金公司的 LD 钢厂采用氩、氮复合吹炼 [C]. (何其松, 译. Stahl und Eisen, 1983 (4)：31), 钢铁钒钛译丛 (第一集), 1984：36-39.

[16] Nishizaki R M, et al. Automatic slop control at Steelco's Hilton works [C]. Steelmaking Proceeding, 1984：163.

[17] 曲英. 炼钢学原理 [M]. 北京：冶金工业出版社, 1980：169.

[18] 三本木贡治, 等. 炼钢技术 (钢铁冶金学讲座, 第三卷) [M]. 王舒黎, 等译. 北京：冶金工业出版社, 1980：24-27.

[19] Taguchi K, et al. Tetsu-to-Hagane, 1981, 67 (4)：S269.

[20] 赵荣玖, 等. 国外转炉顶底复合吹炼技术 (上) [M]. 北京：钢铁编辑部出版, 1985：231, 232.

[21] Rabindra K Singh, Jha Ajit S, Aswath H S, Singh S B. Higher initial basicity：a novel solution for many BOF problems [C]. Steelmaking Proceedings, 1983：305-315.

[22] Kimura M, Kitamura M, Soejima T, Ito S, Matsui H. Production of clean steel using pretreated hot met al by top and bottom oxygen blowing converter [C]. The 1983 AIME 66th Steelmaking Conference 1983.

9.2　枪位制度的确定

9.2.1　枪位制度论述

枪位和枪位制度是顶枪供氧制度的三个重要组成之一。对于 LD 转炉来说，它在冶炼过程中的作用和地位是众所公认的，并把恒压变枪位写进了我国氧气顶吹转炉操作规程，但至今对其枪位的合理参数还研究得不透彻。自顶底复吹转炉问世后，有的学者提出顶枪高枪定位操作的观点，这对底吹大气量的复吹转炉来说是十分正确的，但对底吹小气量的复吹转炉，不论从理论上来看，还是从实践来说，仍需采用变枪位操作，且也有枪位的合理参数问题。

枪位制度首先应满足化渣快、不"返干"、吹炼平稳和去磷好的要求；同时也要满足终点操作，促进钢、渣反应平衡的要求。

调节氧枪高度，不仅是 LD 法，也是底吹小气量复吹法控制吹炼过程的重要手段。因为它可改变射流对熔池的冲击深度、冲击面积、冲击压力、破碎液滴尺寸、搅拌混匀时间和钢/渣乳化程度；从而控制 Si、Mn、P、S、C 和 Fe 等元素的氧化顺序和氧化速度，以及化渣速度、喷溅大小、熔池升温速度和钢/渣反应的平衡程度。

从水模拟实验结果和生产实验结果给出的图 9-1-3、图 9-2-1~图 9-2-4 中可以看出，在底吹小气量的复吹转炉中，即底吹惰性气体是 $q_b \leqslant 0.1 \mathrm{Nm}^3/(\min \cdot t)$ 或底吹氧气是 OBR $\leqslant 10\%$ 的复吹转炉中，确定熔池搅拌强度、钢/渣混合状况和终渣 $w(\mathrm{TFe})$ 含量时，不能忽视顶吹条件 (L_H 和 L/L_0)。而只有当 $q_b \geqslant 0.1 \sim 0.2 \mathrm{Nm}^3/(\min \cdot t)$ (小炉子取下限值，大炉子取上限值)，或 OBR $> 10\% \sim 20\%$ 时，熔池搅拌强度，钢/渣乳化，$(\mathrm{TFe})_F$、$[O]_F$ 和各种反应的平衡程度对顶吹条件的依存关系才基本消失了。

实践表明：底吹中等或大气量的复吹转炉可以采用超软吹、恒枪位操作，而底吹小气量的复吹转炉则大多采用变枪位操作，并随铁水条件和冶炼钢种不同有所区别。根据文献上发表的资料，比较典型的变枪位曲线如图 9-2-5~图 9-2-13 所示。

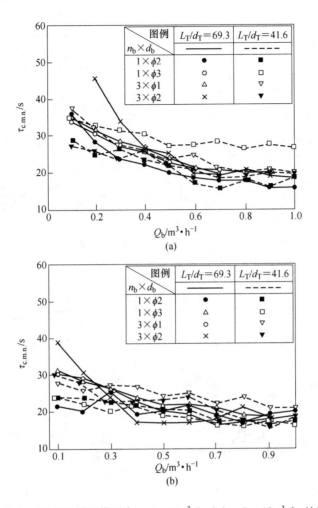

图 9-2-1　14t 复吹转炉模型中，$Q_r = 10 m^3/h$（a）、$Q_r = 13 m^3/h$（b）和
不同 L_T 条件下 $\tau_{c.m.n}$-Q_b 的曲线

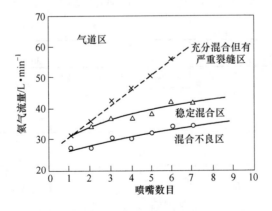

图 9-2-2　住友公司 250t 转炉纯底吹时 n_b 和 q_b 对钢渣混合的影响

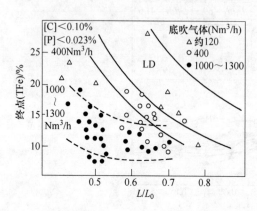

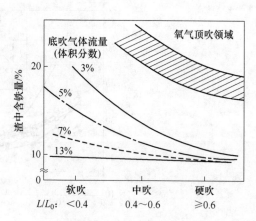

图 9-2-3　神户钢厂 75t 顶底复吹转炉在不同底气流量下，对终点 L/L_0 与 (TFe) 之间的关系的影响

图 9-2-4　新日铁顶底复吹转炉在各种底气率的情况下顶吹条件与 (TFe) 的关系

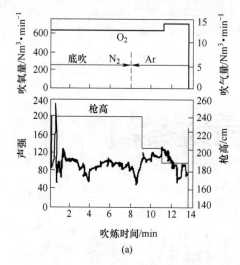

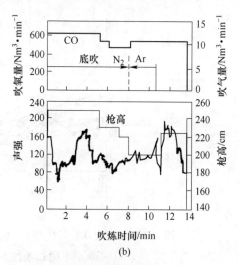

图 9-2-5　Arbed 厂 150t 转炉 (LBE) 冶炼高磷铁水枪位曲线

(a) 吹炼低碳钢 ([C] = 0.05%)；(b) 吹炼超低碳钢 ([C] = 0.03%)

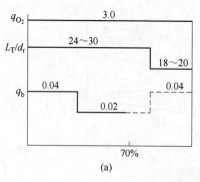

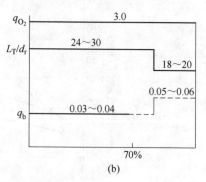

图 9-2-6　中磷铁水枪位曲线

(a) 吹炼中碳钢的过程；(b) 吹炼低碳钢的过程

LD
q_{O_2}/Nm^3·h^{-1}
30000
20000
15000
L_H/m
1.8
2.0
2.3
顶枪：ϕ40
三孔：ϕ6
NK-CB
q_{O_2}/Nm^3·h^{-1}
30000
20000
15000
L_H/m
1.8
2.0
顶枪：ϕ40
三孔：ϕ6
底吹气流量/Nm^3·(min·t)$^{-1}$
0.01
MHD型
喷嘴

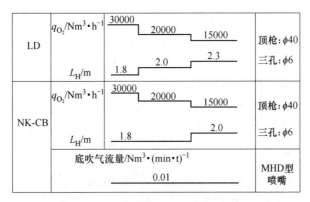

图 9-2-7　福山厂 180t 转炉冶炼 C>0.04%中、高碳钢的操作制度（低磷铁水）

LD
q_{O_2}
标准
−0.21～0.42Nm^3/(min·t)
L_T
标准　+200mm
根据情况判断，在吹炼末期，氧量降低
LD-OTB
q_{O_2}
标准
−0.75
−1.25Nm^3/(min·t)
+400～500mm
L_T
标准　+300～400
0.06
q_b
0.025
0.01Nm^3/(min·t)
吹炼末期采用超软吹要保证一定的软吹时间

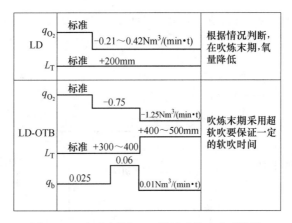

图 9-2-8　加古川厂 240t 转炉冶炼中高碳钢的操作制度（低磷铁水）

BOF
氧气流量
(炉顶)
30000
20000
32000
Nm^3/h
氧枪高度
2.0
1.6
1.4m
三孔喷嘴：
40ϕ6in
NK-CB
氧气流量
(炉顶)
30000
20000
35000
Nm^3/h
氧枪高度
2.0
1.8m
四孔喷嘴：
40ϕ6in
流量
(炉底)
0.04
0.10
Nm^3/(min·t)
单孔塞
铁水/%　[Si]0.3～0.5
温度1250～1350℃　[Mn]0.4～0.6
[P]0.10～0.12
比率90%～100%　[S]<0.04
烧石灰　25～35kg/t
轻烧白云石　15～25kg/t
萤石　1.0～1.5kg/t
摇炉时温度　1600～1700℃

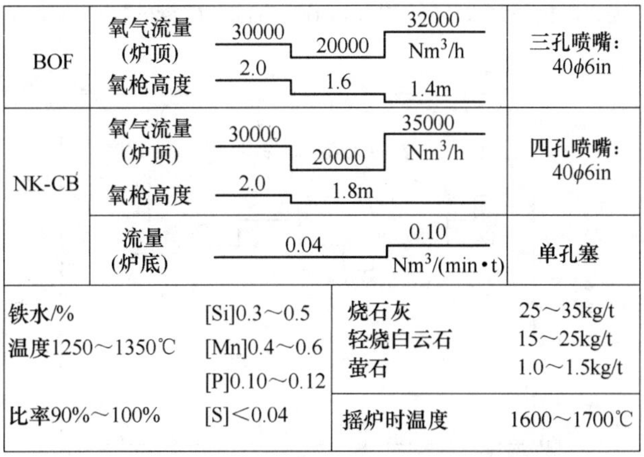

图 9-2-9　福山 180t 转炉（NK-CB）冶炼低碳钢的操作制度（低磷铁水）

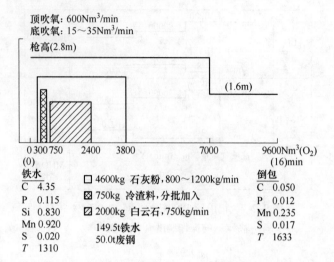

图 9-2-10　比利时科克黑尔-松布尔 180t 转炉（LD-HC）冶炼低碳钢的操作制度（低磷铁水）

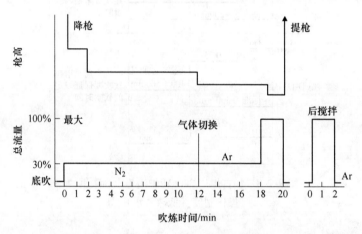

图 9-2-11　美钢联格里厂 215t 转炉（LBE）冶炼低碳钢的操作制度（低磷铁水）

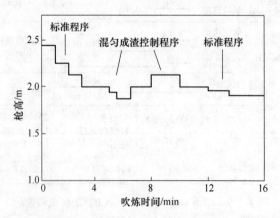

图 9-2-12　奥钢联 Port-Kembla 厂 270t 转炉（LBE）冶炼低碳钢的枪位操作制度（低磷铁水）

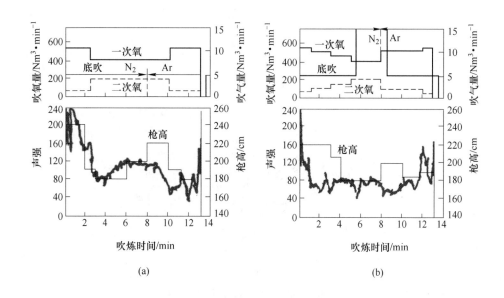

图 9-2-13 Arbed 150t 转炉（LBE）使用双流喷枪的操作制度（高磷铁水）

（a）冶炼 [C]=0.03% 的钢时；（b）出现泡沫渣但未溢出时

以上枪位操作曲线虽各不相同，但目标都是通过对枪位的调节，使吹炼期保持去磷的最佳化炉渣成分，同时喷溅最小；并使终期钢/渣反应趋向平衡。据此，本节拟把吹炼期分为前、中、后三个阶段，用无因次枪位（L_T/d_T）、熔池冲击深度比（L/L_0）、冲击压力、破碎液滴大小等特性操作参数来总结和探讨合理的枪位操作参数。

9.2.2 吹炼前期枪位的判别准数

从某种意义上说，炼钢就是炼渣，特别是快速造好初期渣尤为重要。因为初期渣碱度的高低和生成的早迟直接影响去磷效果、喷溅程度和炉衬寿命，从而影响炼钢的技术经济指标。而初期渣的生成很大程度上是取决于转炉的吹炼操作。这是炉渣生成的热力学和动力学条件所决定的。

图 9-2-14 为 Bardenhuer 虚拟的 $CaO'\text{-}SiO_2'\text{-}FeO'$ 三元相图，从图中可以得出初期渣的碱度与（FeO）/（SiO_2）和温度的关系，且一定的炉渣碱度是依存于一定的（FeO）/（SiO_2）比值和温度的，如图 9-1-19 所示。

生产实践表明：在开吹后 10%～20% 的时间内造好（CaO）/（SiO_2）≥2.0 初期渣，对稳定操作是十分必要的；否则，如在开吹后 25%～40% 时才达到（CaO）/（SiO_2）= 1.4～2.0，则势必像一般转炉那样在冶炼中期或稍早些发生大的喷溅，如图 9-2-15[1] 所示。这是（CaO）/（SiO_2）= 1.5～1.7 时，炉渣的泡沫稳定性和 FeO_n 活度达最大值（图 9-2-16[1]）与 v_C 达最大值同时出现的结果。所以，快速成渣，将碱度达 1.5～1.7 的时间移至吹炼初期，使之与 v_C 达最大值的时间分开发生，并采取其他降低泡沫渣稳定性峰值和 v_C 峰值的措施，对稳定吹炼操作是十分重要的。

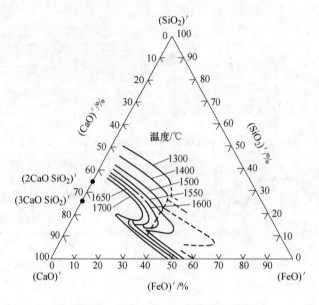

图 9-2-14　CaO′-SiO₂′-FeO′虚拟三元相图

（炉渣平均成分：CaO+SiO₂+FeO 80%；MnO10%；Al₂O₃ 2.0%；MgO 3.0%；P₂O₅ 3.8%）

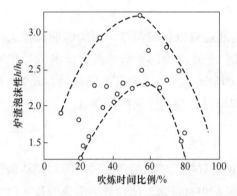

图 9-2-15　30t 转炉吹炼过程中
炉渣泡沫性的变化[1]

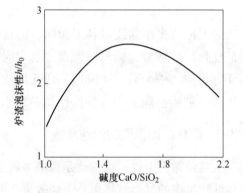

图 9-2-16　氧气转炉炉渣泡沫性
与碱度的关系[1]

　　而如何才能在开吹后 10%~20% 的时间内造好 $(CaO)/(SiO_2)$ >2.0 的初期渣呢？从图 9-1-19 可见，欲使初期渣的 $(CaO)/(SiO_2)$ ≥2.0，宜控制前期末的吹炼温度为 1500~1550℃ 和 $(FeO)/(SiO_2)$ = 2.0~3.0（低 Si 铁水可取上限值）。转炉初渣的岩相[2]分别有 CS（1544℃）、C_2MS_2（1450℃）、C_3MS_2（1550℃）等，以及玻璃体、FF′等出现，这进一步说明，前期吹炼温度控制在 1500~1550℃ 是必要的；否则，难以造好初期渣（不是碱度小于 2.0，便是 $(FeO)/(SiO_2)$ >3.0）。Bardenhuer 等人[3]在试验中发现，当渣中 (FeO) 含量达 30%~36% 时，石灰的溶解速度有一次飞跃，并与石灰的反应能力无关，在显微镜下看到这时的石灰块外壳发生了松动。Baker 和 Cavaghan 也在试验中发现，在 1400℃ 的纯硅酸盐炉渣中，当 $(FeO)/(SiO_2)$ = 2.0 时，石灰的溶解速度跃升，在显微镜下看到这时试样的 C_2S 外壳是不完整的；1300℃ 时，则不管 FeO 含量多高，因已形成完整的 C_2S 外壳，所以石灰的溶解速度不变。故为了加速石灰的溶解，防止石灰表面沉积 C_2S，取

（FeO）/（SiO$_2$）=2.0 的造渣路线是必要的。

上面讨论了造好（CaO）/（SiO$_2$）≥2.0 的初期渣的热力学条件；下面将重点讨论如何在开吹后 10%~20% 的吹炼时间内造好（CaO）/（SiO$_2$）≥2.0 的初期渣，即加速石灰溶解的动力学条件。

按照流体边界层理论，固体石灰溶于液渣的速度主要取决于 CaO 通过液相边界层的扩散速度。于是石灰溶解速度的表达式可用下面的质量传输方程来描述：

$$N' = k_m（C_s - C_b）= \frac{D}{\delta}（C_s - C_b） \tag{9-2-1}$$

式中，N' 为石灰溶解速度，kmol/（s·m^2）；k_m 为传质系数，m/s；C_b、C_s 分别为相界面上和炉渣中的 CaO 浓度，kmol/（s·m^2）；D 为扩散系数，$D = B\exp（-E_D/RT）$；δ 为相界面厚度，$\delta = D^{1/3} \nu^{1/6} \sqrt{\dfrac{x}{u}}$；$E_D$ 为扩散活化能；R 为气体常数；T 为温度，K；ν 为炉渣的运动黏度，m^2/s；x 为离渣流对石灰块的冲击点的距离，与石灰块度成正比，m；u 为炉渣运动速度，m/s。

因为：

$$N = \frac{V\rho}{M_{CaO}F}$$

$$N' = \frac{\rho}{M_{CaO}F} \cdot \frac{dV}{dt} \tag{9-2-2}$$

$$C_s = W_{s \cdot CaO}/M_{CaO} \cdot V_s = \frac{W_{s \cdot CaO}}{M_{CaO}} \frac{\rho_s}{W_s} = \frac{\rho_s}{100M_{CaO}}（CaO）_s \tag{9-2-3}$$

$$C_b = W_{b \cdot CaO}/M_{CaO} \cdot V_b = \frac{W_{b \cdot CaO}}{M_{CaO}} \frac{\rho_b}{W_b} = \frac{\rho_b}{100M_{CaO}}（CaO）_b \tag{9-2-4}$$

式中，V，V_s，V_b 分别为固体石灰、炉渣和相界面的总体积，m^3；F 为固体石灰的总表面积，m^2；M_{CaO} 为 CaO 的分子量，kg/mol；$W_{s \cdot CaO}$，$W_{b \cdot CaO}$ 分别为渣中和相界面内的 CaO 含量，kg；ρ、ρ_s、ρ_b 分别为固体石灰、炉渣和相界面物质的密度，kg/m^3；W_s、W_b 分别为总渣量和总相界面物质的重量，kg；（CaO）$_s$、（CaO）$_b$ 分别为炉渣内和相界面上的 CaO 含量，%。

于是方程（9-2-2）可写为：

$$\frac{dV}{dt} = \frac{Fk_m\rho_s}{100\rho}[（CaO）_b - （CaO）_s] \tag{9-2-5}$$

$$\frac{dV}{dt} = \frac{FD\rho_s}{100\delta\rho}\Delta（CaO） \tag{9-2-6}$$

驱动力 $\Delta（CaO）$ 是三元系相图中 CaO 顶点和炉渣成分的连线与等温液相线相交点处的（CaO）$_b$ 与渣中的（CaO）$_s$ 值之差，（CaO）$_b$ 值越大，则 $\Delta（CaO）$ 值越大。如 8.3 节所述，（CaO）$_b$ 是随（FeO）/（SiO$_2$）和 T_b 的增大而增大的。

从方程式（9-2-5）和式（9-2-6）不难看出，石灰的表面积愈大，密度愈小，浓度梯度愈大和传质系数愈大时，则石灰的溶解速度愈快。而传质系数 k_m 是随熔池搅拌强度、温度和炉渣流动性的增大而增大的。由图 8-1-1[4] 和图 8-3-13[5] 可知，初期渣的黏度是随碱度（或（CaO）含量）和（FeO）含量的增大、炉温的增高而减小的，特别是在 $R = 2.2~$

2.5（或（CaO）= 30%~40%），（FeO）= 20%~30%和 T = 1550℃时接近最小值。由图 8-3-13 和图 9-2-17 可知，当（FeO）→20%~30%和（FeO）/（SiO$_2$）= 2.0 时，其石灰溶解速度和传质系数均达到了较大值。图 9-2-17 指明了当其他工艺条件确定之后，吹炼操作中促进石灰溶解的动力学有效措施便是取（FeO）/（SiO$_2$）≥2.0 和 t = 1500~1550℃的造渣路线。如果再配合兑铁水前预加散状料和小批连续加料措施，底吹气体搅拌，顶吹旋流和中心流搅拌，或顶吹频变操作搅拌，便不难在 10%~20% 的吹炼时间内造好 R = 2.0~2.5 的初期渣。Bokaro 钢厂[6] 便是在 125tLD 转炉中采用（FeO）/（SiO$_2$）= 1.5

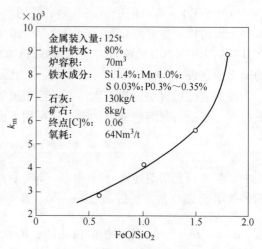

图 9-2-17　125tLD 转炉中传质系数 k_m 和
FeO/SiO$_2$在 1600℃时的关系[6]

和 t = 1600℃的造渣路线，从而在 15%~20% 的吹炼时间内造好了 R = 2.5 的初期渣，使金属收得率提高了 1.8%~2.0%，并改善了其他各项技术经济指标。

经验表明，在开吹时采用高枪位操作，有助于 FeO 的生成和抑制 Si 的氧化，同时有助于提高射流到达熔池面的温度，因而有利于造渣、去磷。但枪位究竟以多高为适当，根据文献上发表的研究结果，可以从以下几个方面进行判断。

9.2.2.1　用熔池搅拌混匀时间 τ_T 值作为判据

高温冶金反应的限制性环节是少量溶质的扩散速度，而 τ_T 值正是衡量各种顶吹操作技术参数综合影响下的熔池搅拌强度和溶质扩散速度的重要判据，所以，可根据 τ_T 来确定前期枪位。从表 9-2-1 中可见，尽管三个钢厂的转炉容量不同，喷枪类型不同，各自所取的基本枪位和供氧强度也不相同，但其取得化渣良好和吹炼平稳的 τ_T 值均在 50s 左右，小于该值太多，化渣不好；大于该值太多，容易喷溅。用 τ_T = 50s 左右来指导双流复合顶吹的工业性试验时，也获得满意的效果。对于顶/底复合吹炼，则 τ_T 值可视底吹供气强度的大小作适当的提高（如 q_b = 0.03~0.04Nm^3/（min·t），可取 τ_T = 55~58s）。

τ_T 值的计算公式可采用作者发表的文献［7］上的公式，也可采用中西恭二发表的文献［8］上的公式。

表 9-2-1　LD 转炉的吹炼状况与 τ_T 值的关系[7]

工厂	装入量 /t	氧枪参数					q/Nm^3· min^{-1}·t^{-1}	枪位		τ_s/s （不同计算公式）	吹炼状况
		N /个	d_t /mm	d_e /mm	θ /(°)	l/d_e		名称	h/mm		
C	6.5	1	17.6	25			2.75	高枪位	1400	72	（炉渣返干时用）
								基本枪位	800	49.6	化渣较早
									700	44.2	化渣较差
								低枪位	650	41.4	（C）$_终$ = 0.06%~0.12%，$\sum$（FeO）$_终$ ≈21%

续表 9-2-1

| 工厂 | 装入量 /t | 氧枪参数 | | | | | q/Nm³·min⁻¹·t⁻¹ | 枪位 | | τ_s/s（不同计算公式） | 吹炼状况 |
		N /个	d_t /mm	d_e /mm	θ /(°)	l/d_e		名称	h/mm		
A-3	62	3	28.5	36.5	10	0.9	2.81	高枪位	1400	58	（炉渣返干时用）
								基本枪位	1100	51.4	化渣良好
								低枪位	900	48.5	$(C)_终 = 0.06\% \sim 0.12\%$，$\sum(FeO)_终 \approx 25\%$
A-2	10	3	17.5	19.5	11	0.75	3.5	高枪位	1300	59.7	（炉渣返干时用）
								基本枪位	1000	53.8	化渣良好，第一次倒炉在 9min13s 时，其去磷率为 93.4%
									900	51.1	
								低枪位	400	53.3	$(C)_终 = 0.065\% \sim 0.13\%$，$\sum(FeO)_终 = 29\% \sim 52.1\%$
									300	106	

9.2.2.2 用熔池冲击深度比 h_T/H 值为判据

文献［9］根据在 10t 氧气顶吹转炉上的试验结果，得出吹炼前期渣中氧化铁含量和熔池冲击深度比之间的关系式如下：

$$\sum(FeO) = 38.46 - 24.07(h_T/H) \qquad (N=28, R=0.7) \qquad (9\text{-}2\text{-}7)$$

$$\sum(FeO) = 28.04 - 23.04(h_T/H) \qquad (N=30, R=-0.59) \qquad (9\text{-}2\text{-}8)$$

式中，h_T 为射流冲击熔池的凹坑深度：

$$h_T = \sqrt{\frac{K^2 \cdot 2M}{h_T \pi \rho_L g}} - L_T \qquad (9\text{-}2\text{-}9)^{[9]}$$

其中

$$M = \frac{\pi d_e^2 \rho_{O_2} v^2}{4} \qquad (9\text{-}2\text{-}10)$$

K 为常数，$K = P_0/0.404$；P_0 为工作压力，kg/cm³（绝对）；M 为动量，kg·m/s²；ρ_{O_2} 为出口处氧流密度，kg/m³；d_e 为小孔出口直径，m；v 为出口氧流速度，m/s；ρ_L 为钢水密度，kg/m³；g 为重力加速度，m/s²；L_T 为喷枪高度，m。

由图 9-2-18 可见，要想造 $\sum(FeO) = 33\%$ 左右的初期渣，则可取 $h_T/H = 0.33$。

作者根据文献［9］中冲击熔池深度公式来观察和研究底吹小气量（$q_b = 0.03 \sim 0.06$Nm³/(min·t)）的 50t 顶底复吹转炉和 25t 双流复合顶吹转炉时，发现前、中期的吹

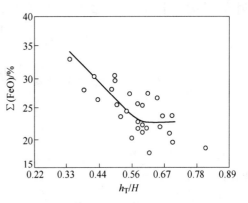

图 9-2-18 吹炼前期 $\sum(FeO)$ 与 h_T/H 的关系[9]

炼操作取 $h_T/H = 0.3$ 时，均获得了起渣早、喷溅少和去磷好等冶金效果。

9.2.2.3　非完全混合模型作为判据

供氧制度对磷在金属杂质中的氧化顺序起重要影响。过去人们都是从"硬吹"、"软吹"定义的范畴来认识和讨论这问题，比较粗略；为了较精细一些认识和讨论这一问题，在此拟根据 B. N. 亚佛依斯克、A. Φ. 卡里也夫提出的金属液与空气非完全混合时优先去磷的观点，来讨论造就金属液与氧气处于非完全混合区的供氧制度。要建立这一方法，首先需要解决的问题是：（1）供氧制度与金属液和氧气浑浊物粒度之间关系的计算公式；（2）B. N. 亚佛依斯克的观点与生产实际情况是否符合。

A　非完全混合去磷理论

B. N. 亚佛依斯克、A. Φ. 卡里也夫通过对炼钢过程中熔融金属的杂质的氧化顺序进行研究后提出[10]：当定义金属液与空气形成具有粒度小于 10^{-2} cm 的悬浮体时为完全混合，则在完全混合的区域，元素的氧化顺序取决于它们对氧的亲和力的大小，并要考虑到金属中杂质在表面层的吸附作用；而在不完全混合的区域，存在于接触面上的金属熔体的所有元素都进行着全面氧化，并且多半是甚至对氧的亲和力比较不高的表面活性元素受氧化。

B　金属液和氧的破碎粒度与供氧制度间关系的计算方法

a　方法一

设氧气射流冲击熔池的冲击力全部用于粉碎金属液及其自身，则可得氧和金属混合物的粒度与冲击力的关系式：

$$\frac{2\sigma}{r_{min}} = P_{冲} = \frac{1}{2}\rho_0 v_0^2 \tag{9-2-11}$$

式中，r_{min} 为生成的最小液滴半径，m；σ 为金属液表面张力，$0.1 \sim 0.15$ kg/m；ρ_0 为氧流冲击熔池轴心上的密度，kg/m³；v_0 为氧流冲击熔池轴心处的速度，m/s，

$$\frac{v_0}{v_j} = 6.8\left(\frac{\rho_0}{\rho_a}\right)\frac{d_j}{x} \tag{9-2-12}[11]$$

v_j 为喷头出口处射流速度，m/s；ρ_j 为喷头出口处气流密度，kg/m³；ρ_a 为高温下的炉气密度，kg/m³；d_j 为喷头出口直径，m；$x = H + n_0 - Z$，H 为枪位；n_0 为冲击深度；Z 为超音速射流势核心段长度。对于收缩-扩张型喷头，$Z=0$，所以 $x \approx H$，m。

$$\gamma_0 = \rho_0 g = \frac{1.029 \times 10000}{26.49 \times T_E}\left(=\frac{P}{RT}\right) \tag{9-2-13}$$

$$\gamma_a = \gamma_{CO} = \rho_a g = \frac{1.029 \times 10000 \times 28}{847.8 \times T_a}\left(=\frac{P}{R_0/mT}\right) \tag{9-2-14}$$

$$\frac{T_E - T_a}{T_b - T_a} = 5.61\left(\frac{\rho_j}{\rho_a}\right)^{1/2}\frac{d_j}{H} \tag{9-2-15}[12]$$

式中，T_E 为氧流冲击熔池面前轴心点的气流温度，K；T_a 为炉内温度，K；T_b 为喷头出口的射流温度，K。

b　方法二

文献［13］提出流股中液滴的最小尺寸 d_{min} 应由两种作用力的对比来确定，即流股的惯性力（流股的动压头）作用和阻碍液体破碎的表面张力的反作用：

$$Lap = \frac{\rho_0 v_0^2 d_{min}}{\sigma} \qquad (9\text{-}2\text{-}16)$$

式中，Lap 为拉普拉斯准数（即破碎参数）。

据文献［14］，液滴的破碎是在 $Lap > 2.2 \sim 3.8$（平均 3.0）时发生的。将 $Lap = 3.0$ 代入式（9-2-16），得：

$$d_{min} = \frac{3.0\sigma}{\rho_0 v_0^2} \qquad (9\text{-}2\text{-}17)$$

比较式（9-2-11）和式（9-2-17），可以看出两者的形式是一样的，只是系数不同，按方法一所得的 d_{min} 为按方法二所得的 d_{min} 的 2.67 倍。实际上，在建立式（9-2-11）时，已经取了两个最大设定值，一个是冲击力全用于破碎金属液滴；另一个就是取的射流轴心的冲击力。所以，按式（9-2-11）得出的 d_{min} 应当说是够小的了，式（9-2-17）算出的就更小了。

c 方法一和方法二的另解

前面介绍的氧流冲击熔池的轴心速度 v_0 和密度 ρ_0 的计算方法是按静止气氛中变密度射流考虑的。如按静止气氛中的等密度射流考虑时，则：

$$\frac{v_0}{v_j} = 6\left(\frac{\rho_0}{\rho_a}\right) \qquad (9\text{-}2\text{-}18)$$

C 生产实践对非完全混合去磷模型的检验

据文献［15～17］：哈斯彼和 H. 古斯米特尔等人在 2t 和 3t 氧气顶吹转炉上，用特殊结构的喷枪喷吹氧气和搅拌气体，用块状石灰冶炼高磷铁水（［P］=2.0%），在下列喷吹条件下：（1）氧气/搅拌气体=7；（2）喷头前的氧压 $P_0 = 3kg/cm^2$；（3）枪位 $L_T = 1.5m$；（4）氧流冲击熔池的压力 =100mmH$_2$O，取得了以下实验结果。

（1）由图 9-2-19 可见，在第一吹炼期末（3min 时）当 ［C］≈2.0% 时，钢水 ［P］含量便降到了 0.2%，这样高的去磷速度，一般只有在托马斯转炉的后吹期才能看到；

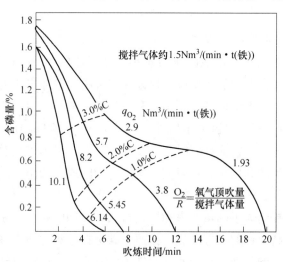

图 9-2-19 2t 试验炉吹炼过程中金属含磷量的变化

（2）钢水终点［P］<0.03%，［O］与平炉钢相同；

（3）渣中（TFe）含量较 LD 转炉低；

（4）q_{O_2} 无论为 2.9Nm³/（min·t）、5.7Nm³/（min·t）、8.2Nm³/（min·t）或 10.1Nm³/（min·t）时均获得了提前去磷和无炉渣喷溅现象的良好结果。

据文献［16］，法国钢铁研究学院在 6t 顶底复吹转炉上采用的顶、底吹参数是：单孔喷枪，其内径为 30mm，氧流为 15Nm³/min，枪高 120cm 恒定，惰性气体流量为 0～1.8Nm³/min。

现按文献［15~17］的操作参数，将其氧流作用下生成金属液大小的计算结果列于表 9-2-2。

表 9-2-2　金属滴的计算结果

炉容量 /t	供氧量 /Nm³·min⁻¹·t⁻¹	喷孔直径 /mm	枪位/mm	冲击速度 v_0/m·s⁻¹	冲击压力 /mmH₂O	金属滴 d_{min}/cm	
						按式（9-2-11）	按式（9-2-17）
6.0	2.5	30	1200	$\dfrac{153.7}{46.5}$	$\dfrac{425}{158}$	$\dfrac{0.094\sim0.141}{0.254\sim0.38}$	$\dfrac{0.035\sim0.053}{0.095\sim0.143}$
2.0	6.47	22.4	1500	$\dfrac{134.4}{37}$	$\dfrac{276}{100}$	$\dfrac{0.145\sim0.217}{0.4\sim0.6}$	$\dfrac{0.054\sim0.081}{0.15\sim0.225}$

注：分子上的数值系按变密度计算；分母上的数值系按等密度计算。

由表 9-2-2 中所列的计算结果可见，不论是文献［18］的 6t 试验炉，还是文献［15~17］的 2t 试验炉，也不论是用哪种方法的计算结果，其金属滴尺寸均大于金属液和氧完全混合的临界尺寸（$d=0.01cm$）（且实际吹炼试验过程中所形成的金属滴远比表中所列的 d_{min} 计算值大，因为，表 9-2-2 在估算 d_{min} 时未去除射流通过渣层时的速度衰减），尤其是在 2t 试验炉中，其不完全混合的情况更为明显，所以，它在较大供氧强度下仍获得了良好的去磷效果。

9.2.2.4　射流冲击熔池压力 $P_{冲}$ 的选择

一般来讲，氧气射流冲击熔池的压力越小，则形成的氧-金属液悬浮体的颗粒越大，越有利于实现非完全混合型的氧化反应，保证优先去磷。但冲击压力不能过小，它首先必须保证点火，穿透渣层，不降低氧的利用率和单位氧量的石灰熔化率。

据文献［15~17］，氧气射流冲击熔池面的压力 $P_{冲}=100mmH_2O$（注：此系按等密度射流得出的计算值，若按变密流计算时则为 276mmH₂O）时可以足够保证点火，击穿一般厚度的渣层和不影响氧的利用率。且射流到达熔池面的成分和温度随冲击压力的减小因抽引 CO 燃烧的原因而温度增高，含氧量降低，如表 9-2-3 所示。所以，采用适当小的冲击压力的供氧制度，对提高炉子的热效率和熔化石灰、废钢的能力都是有利的。泼留金格尔等认为这也是冶炼高磷生铁的良好前提。按照磷碳选择性氧化原理来看，采用低冲击压力操作的优点是不难理解的。而且在顶底复吹转炉中有底搅工艺可以消除这一低冲击压力操作可能造成的吹炼不平衡和使氧的利用率低等不利影响。

表 9-2-3　到达熔池面射流的成分和温度的变化

枪位	$P_冲/mmH_2O$	到达熔池面的混合流		备　注
		$O_2/\%$	温度/℃	
低	>1000	90	800	$P_冲$均按等密度流估算
中	100~500	60~90	1000~2000	
高	100	≤20	2800	

据文献［21］，单位氧熔解石灰的量随氧流冲击熔池压力 $P_冲$ 的减小而增加，但这个增加不是无限的，而是有一个最大值，如图 9-2-20 所示。这个最大值发生在 $\lg P_冲 = 2.1 \sim 2.3$ 之间，即 $P_冲 = 126 \sim 200mmH_2O$。若进一步降低 $\lg P_冲$ 值，则用作熔化石灰的氧的利用率将会降低。故按文献［21］的数据可取 $\lg P_冲 = 2.1 \sim 2.3$ 作为确定软吹操作和非完全混合型氧化反应操作的控制参数。如按变密度射流计算时，则 $\lg P_冲 = 2.45 \sim 2.70$。

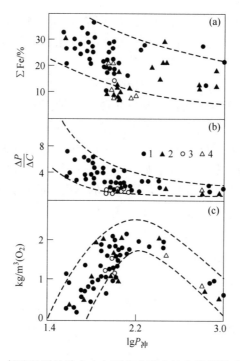

图 9-2-20　氧流的平均冲击力与石灰在渣中熔化量的关系（O_2/m^3）

（a）氧流的平均比压力对渣中全铁量的影响；

（b）提前脱磷效果（熔炼的进行在：1—实验室中；2—1t 转炉中；3—2t 转炉中；4—10t 转炉中）；

（c）对 $1m^2$ 氧气而言的石灰在渣中熔化量的改变的影响

注：文献［18］用的 $P_冲$ 的计算式为

$$P_冲 = 0.0131 (P_0 - 0.21)/(0.000352L/d_j + 0.001)^2 \qquad mmH_2O \qquad (9\text{-}2\text{-}19)$$

式中　$P_冲$——平均冲击压力，mmH_2O；

P_0——等截面喷嘴处的滞止压力，kg/cm^2（绝对）。

9.2.3　吹炼中期枪位的判别准数

枪位操作在吹炼中期的作用主要是防止炉渣喷溢和金属飞溅，促进石灰继续溶解和推迟 C-O 反应机理转变。

所谓飞溅是指钢水被撕成液滴呈抛物线状飞散而掷出炉口，这种现象多发生在初期渣未及时造好，或中期炉渣"返干"，以致金属液裸露，而枪位又过低，$h_T/H = 0.4 \sim 0.5$ 时。防止这种飞溅的措施，主要是加速造好早期渣，防止中期炉渣返干，和避免在 $h_T/H = 0.4 \sim 0.5$ 条件下操作。所谓喷溢则是指含有铁珠的炉渣从炉口溢出的现象，它是泡沫渣形成后（C-O 反应生成的 CO 气体在渣中起泡，积蓄后），使渣层上涨的结果。调查表明[19]，吹炼过程中渣层高度的变化与脱 C 速度的变化一样为梯形曲线。渣的最高高度是在软吹时[20]。渣样分析表明[21]：当渣中 FeO 和 MnO 含量过高（即过氧化）或 FeO 和 MnO 含量低（未充分氧化）时均易发生喷溅，而氧化程度在这两者之间的炉次则无喷渣，如图 9-2-21[24] 所示；若铁水的 Si、Mn 含量反复无常，则容易发生因过氧化或氧化不足而引起的喷渣；铁水含 Si 量高时，由于氧与 Si 优先反应，使渣中 FeO 和 MnO 含量降低，炉渣的化学成分移向三元相图中未充分氧化区，从而喷渣的频率增大，且铁水含 Si 量高时，加入的石灰量大，结果炉渣的体积增大，使气-渣-金属乳浊液超过炉子工作容积，从而发生喷渣；若铁水含锰量高、含 Si 量低，或喷孔被侵蚀后，则易发生因过氧化而产生的喷渣。炉渣碱度愈低，从吹炼初期至中期就容易发生喷渣；炉渣氧化性愈高或渣中 P_2O_5 含量高时，从中期到末期也容易发生喷渣[22]。所以，第一次喷渣发生的时间一般都在脱 Si 期末了或以后的几分钟内，即从开吹后的 $3 \sim 4$ min 至 $7 \sim 8$ min 这段时间内[23]；这是因为在脱 Si 结束时，渣子碱度低（或因加 CaO 渣料晚，或因铁水含 Si 量高之故）、黏度大，加之脱 Si 后 CO 气量激增的结果，或是渣中 FeO_t 含量过高的结果；故在脱 Si 结束时使炉渣保持低黏度是必须的，为获得低黏度的炉渣，高速提高炉渣碱度是有效的[24]；从文献 [24] 给出的图 9-2-22 中可见，当 $R > 1.6$ 时，初期喷渣现象就不会发生，文献 [1] 则给出 R 需大于 2.0，见图 9-2-16。

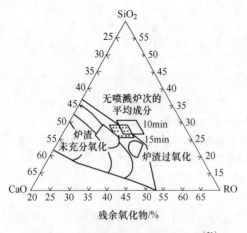

图 9-2-21　精炼期炉渣的化学成分[21]

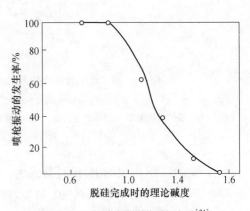

图 9-2-22　碱度和枪振的关系[24]

由上可见，吹炼中期吹炼平稳与否，根子在吹炼初期是否造好 $R \geqslant 2.0$ 的炉渣。而吹炼中期的吹炼操作则在于因势利导。故这阶段的枪位制度应视不同情况而异。一般来讲可归纳为三种典型的枪位曲线。

9.2.3.1 第一种枪位曲线

第一种枪位曲线是在保持吹炼平稳的条件下，继续造渣去磷，在炉渣碱度沿着 $(FeO)/(SiO_2) = 2.0$ 的路线，随着熔池温度的提高，而最后进入终点炉渣成分区，见图 9-2-21；按照这条路线，吹炼中期的顶吹条件仍采用 $h_T/H = 0.3$，用 q_b 来调节（FeO）与 v_C 之间的合理关系，当 [C] = 1.0% 时，取 $h_T/H = 0.4$ 以推迟 C-O 反应机理的转变，其枪位操作曲线如图 9-2-10 和图 9-2-11 所示。这一操作必须在初期渣造好的条件下采用，对中磷铁水冶炼低碳钢尤为合适，采用这一操作制度的有马钢 50t 顶底复吹转炉，格里厂的 215tLBE 法转炉[25] 和比利时 Cockerill-Samber 厂的 180tLD-HC 转炉[26]。

9.2.3.2 第二种枪位曲线

第二种枪位曲线是绝对保持吹炼平稳的方案，如图 9-2-17[27] 所示。当脱 Si 结束，便逐步压低枪位，以防炉渣过氧化，如根据作者提出的射流冲击熔池深度（h_T）公式[30] 来控制，则压枪位的底限值可取熔池冲击深度比（$h_T/H = 0.35 \sim 0.45$），若按文献 [28] 中冲击熔池（L）公式来控制，则压枪位可按熔池冲击深度比 $L/L_0 = 0.58 \sim 0.6$ 来控制[29]，以使大量生成 CO 气体的阶段不发生喷溅，然后当 [C] = 1.0%；或吹氧量为 40Nm³/t 以上[29] 时，再提高氧枪，使 $L/L_0 = 0.45 \sim 0.5$（表 9-2-4），或 $h_T/H = 0.30 \sim 0.35$，以增加渣中 $\sum FeO$，促进化渣和充分脱磷，最后在吹氧结束前 60~90s 时再压枪。作者在 25t 双流复合顶吹转炉试验中也曾采用过这种枪位制度[30]，吹炼十分平稳，关键是掌握好第二个高枪位的高度和时间，见图 9-2-23 和图 9-2-24，如高度过大，时间过长，则终渣（TFe）难以降低。根据文献 [31] 报道，采用这一枪位操作制度的还有 Arbed 的 185t LBE 转炉（用双流燃烧喷枪）和法国钢铁研究院的 6t LBE 转炉。

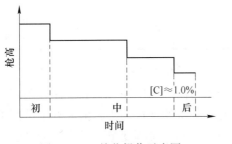

图 9-2-23 枪位操作示意图

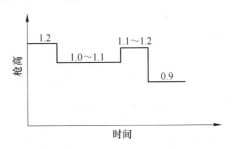

图 9-2-24 枪位操作示意图

9.2.3.3 第三种枪位曲线

第三种枪位曲线是频变枪位操作法，它是一种使顶枪按一定频率和幅度变动枪位的新工艺，与脉动供氧的原理相似，让冶金中充裕的热力学条件和充裕的动力学条件交替起作用，喷枪在高枪位时主要是增大渣中 FeO 含量，为加速石灰溶解和去磷创造良好的热力学条件，低枪位时则主要是通过强化熔池搅拌来推进石灰溶于高氧化性炉渣中，并促进钢渣两相反应平衡，达到在保持吹炼平稳（即无大喷）的条件下，获得高速高效的去磷结果。A 厂 50t 底吹少气量的复吹转炉采用频变枪位操作的两炉均取得了较其他炉次更好的冶金效果，见表 9-2-5。

表 9-2-4　吹炼条件与喷溅的关系[29]

条件	1	2	3	4
氧枪高度（高 L/L_0 …低）吹炼开始…终了	0.4	0.45　0.35	0.60　0.45	0.58　0.50
投入石灰的方法	∣∣∣∣	∣∣∣	∣∣∣	∣∣∣　∣
投入铁矿石的方法		∣∣		∣∣∣∣
吹炼初期中的全铁量	12.5	13.5	9	10
喷溅情况	中	大	无	无

表 9-2-5　A 厂采用频变枪位的冶金效果

序号	$\dfrac{(P)}{[P]}$	n	$[P]$/%	$[C]$/%	T/℃	R	(TFe)/%	q_{O_2}	$\dfrac{L_1\ (L_2)}{L_3\ (大)}$	q_N/q_{Ar}
1	177	1.14	0.011	0.09	1690	4.1	18.45	2.8	$\dfrac{1.3\sim1.9}{1.3\ (48'')}$	$\dfrac{0.032}{0.037}$
2	129	1.38	0.013	0.15	1650	5.3	16.47	2.8	$\dfrac{1.5}{1.2\ (45'')}$	$\dfrac{0.037}{0.037}$
3	144	1.33	0.01	0.26	1630	6.1	17.29	2.9	$\dfrac{1.3\sim1.9}{1.4\ (1'14'')}$	$\dfrac{0.033}{0.057}$
4	128	1.50	0.013	0.06	1660	5.5	17.62	2.6	$\dfrac{1.4}{1.2\ (1')}$	$\dfrac{0.035}{0.045}$

　　表中 n 表示去磷偏离平衡值，供氧、供气强度 q 的单位为 $Nm^3/(min \cdot t)$，L_1，L_2，L_3 分别表示吹炼第一期、第二期和第三期的枪位及压枪时间。其中序号 1 和 3 是采用频变枪位操作法，它们均取得了较好的去磷效果，尤其是 1 炉次的 $(P)/[P]$ 值为五个试验炉役的诸多炉次中的最高者，应当说明，A 厂在试验中，并未安排频变枪位操作法的试验，表中所列的两炉只是为了防止喷溅而采取的措施，尽管炉次较少，但却初步证明了频变枪位操作法不仅在理论上是成立的，实践上也是良好的、可行的，值得认真组织试验研究。

9.2.3.4　用控制该期 Σ（FeO）的公式来选定基本枪位

　　可用 Σ（FeO）与 BZ 或与 h_T/H 的关系式，枪位 L 和供氧压力 P_0 与喷溅的关系，以及 LD 转炉吹炼中期的最佳枪位 L 来选定该期的基本枪位。然后在实际操作中，以保持吹炼平稳为前提作浮动调节。而实现这一操作，必须知道喷头离熔池面的高度和熔池深度，文献［27］报道了这一测定技术。文献［32］根据 50t BOF 的测试结果得出碳吹期渣中氧化铁和氧气射流特性的关系，如式（9-2-20）和图 9-2-25 所示。

$$\Sigma（FeO） = 1.7 \times 10^5 \exp（-4.97 BZ^{1/2}）\qquad\text{（9-2-20）}^{[37]}$$

$$BZ = Q/d(n+h), \qquad n = \left(0.64\frac{Q}{dh^{1/2}}\right) - 3.6$$

式中，BZ 为氧气射流特性指数；n 为射流穿透深度，cm；Q 为氧气流量，Nm^3/h；d 为喷头直径，cm；h 为喷枪高度，cm。

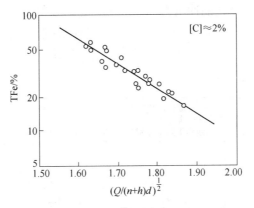

图 9-2-25 （TFe）与射流特性 BZ 的关系

文献 [9] 根据 10t BOF 的测试结果，得出碳吹期渣中氧化渣和射流冲击熔池深度比的关系，如式（9-2-21）和式（9-2-22）及图 9-2-26 和图 9-2-27 所示。

$$\sum(FeO) = 26.76 - 15.54h_T/H \qquad (N=22，R=-0.55) \qquad (9-2-21)$$

$$(FeO) = 29.592 - 34.92h_T/H \qquad (N=18，R=-0.766) \qquad (9-2-22)$$

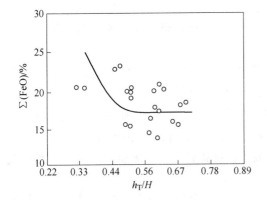

图 9-2-26 碳吹期 $\sum$（FeO）与 h_T/H 关系

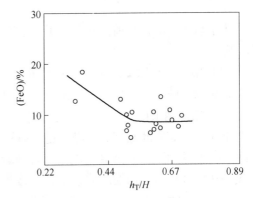

图 9-2-27 碳吹期（FeO）与 h_T/H 的关系

谢裕生和鞭岩[33]认为顶吹射流冲击熔池表面积 S 为最大时所对应的枪位为 LD 转炉吹炼中期的最佳枪位 L。他们根据资料[33]中提出的射流冲击熔池深度和凹坑表面积的公式，导出了 S 取极值时所对应的枪位高度 L 的表述式：

$$L = 4.3\left(\frac{M}{\rho_L g}\right)^{\frac{1}{3}} \qquad (9-2-23)$$

式中，M 为射流的冲击力，$M = \frac{\pi}{4}d_j^2\rho_j v_j^2$，其中 d_j 为喷头出口直径，ρ_j，v_j 分别为喷嘴出口的气流密度和速度；ρ_L 为钢液密度；g 为重力加速度。对于多孔（n 孔）喷嘴，S 为极值

时所对应的 L_n 为：

$$L_n = 4.3\left(\frac{M_n}{\rho_L g}\right)^{\frac{1}{3}}\cos\alpha \qquad (9\text{-}2\text{-}24)$$

式中，M_n 为多孔喷嘴每一个孔的冲击力（$=M/n$）；α 为喷射角。

E. Denis[33] 整理了世界各国 40 多个钢铁厂的操作数据，在供氧量一定时，不发生喷溅，操作稳定，所对应的枪位 L 与 P_0 的关系，见图 9-2-28，其经验曲线与式（9-2-24）的计算值非常一致。

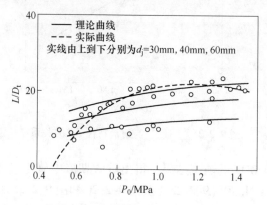

图 9-2-28　单孔喷嘴供氧压力 P_0 与枪高 L、
喷嘴喉口直径 D_t 之间的关系

为了防止喷溅，目前国外开发了通过直接检测渣面上涨的情况来控制喷溅的技术，它们是：

（1）用顶吹氧枪的振动情况来判断炉渣上涨情况。据报道[34]，氧枪经过振动 30~45s 后就开始发生喷溅。故可据此来调节 q_{O_2} 或 L_T 或 q_b，以便控制喷溅。

（2）用声纳来检测炉渣上涨的情况，据报道，声量低于 60%[21] 便会发生大喷溅。但音强低时，很难判断它究竟是噪声还是信号变化，或是供氧强度变化所引起。

（3）用废气温度探针和音响计综合判断。废气温度探针安装在氧枪套管壁上，当废气温度一达到峰值时，初期的大 q 便应降低[21,35]。

（4）声响和废气流量变化曲线综合判断法[21]。它是为预报潜在喷溅情况和采取防喷操作而开发的一种自动控制系统，将音响和废气流量变化曲线输入 Honeywell TDC-2000 微信息处理机，然后从微信息处理机输出信号，控制底吹氮气和氩气流量及氧枪高度。该系统仅在开吹后第 6min 至第 10min 及吹炼终点前 2min 之间操作；每 5min 采一次废气、流量和音响信号，并每 20s 进行一次控制操作，其废气流量的变化率按平均斜率计算，所用的方程式是：

$$\Delta Slope = 6.8\left(\frac{S_4-S_3}{5} + \frac{S_4-S_2}{10} + \frac{S_4-S_1}{15} + \frac{S_4-S_0}{20}\right) \quad \frac{kg/h}{min}$$

式中，S_0 为初始废气流量；S_1、S_2、S_3 和 S_4 为随后相继间隔 5s 所测的废气流量。该系统按三种自动控制类别进行操作。废气流量的变化率见表 9-2-6。

表 9-2-6 废气流量控制类别

控制类别	废气流量控制标准			控制动作响应	
	流量/×10³kg·h⁻¹	音响/%	流量变化率 ΔSF/×10³kg·h⁻¹	总氧枪调节/cm	搅拌气
1	>63.5	<60	2.27<ΔSF<6.80	0	on
2	>63.5	<60	6.80<ΔSF<13.60	-7.6	on
3	>63.5	<60	13.60<ΔSF	-15.2	increased

介于 2270~6800kg/(h·min) 之间时，发生喷溅的概率最低按 1 类控制进行操作，开启搅拌气体；如废气流量的变化率介于 6800~13600kg/(h·min) 之间时，则按 2 类控制进行操作，搅拌气体流量保持不变，并降低枪位 7.6cm；当 ΔSF>13600kg/(h·min) 时，则按 3 类控制进行操作，除增大底吹搅拌气体流量外，并将枪位再降低 7.6cm，而只有已经发生喷溅时才允许由操作者降低供氧强度。

当发生喷溅的可能性降低后，便转入正常控制（表 9-2-7）。

表 9-2-7 自动控制实例

开吹后时间/min	动 作
0	开始吹氧
6	流量控制激活
7	开始 2 类控制
8	开始 3 类控制
9	转到 2 类控制
10	转到 1 类控制
11	流量控制待命
14	流量控制结束
16	吹氧结束

另外，如音响读数小于 5% 和废气流量的 ΔSF 迅速超过 13600kg/(h·min)，则氧枪立刻下降 15.2cm，并把底搅气体开到最大流量，在这种情况下，向操作者发出音响警报信号，降低氧气流量可能是必须的。

该自动控制系统是减少喷溅的一种经济、有效的工具。对于头 238 炉，在喷溅的炉吹中只有一炉未被辨认出所存在的喷溅级别；而全部 83% 的炉次所存在的喷溅级别则都被辨认出了，并采取了防止喷溅的合适操作；在采取该系统控制的炉次中，只有 17% 的炉次仍发生了喷溅。但这些炉次的喷溅是轻度的。结果表明，使用该自动控制系统后，由于喷溅减少，金属收得率提高 0.1%（对于板材）~0.2%（对于型钢），吹炼时间平均缩短 1.3min。

9.2.4 吹炼后期枪位的判别准数

枪位操作在吹炼后期的作用，主要是促进钢、渣乳化，使钢/渣反应接近平衡，以提高去磷分配比（P)/[P] 和去硫分配比（S)/[S]，降低终点钢水氧含量、炉渣氧化铁含量和去磷偏离平衡值。而降低（TFe）与提高（P）/[P]往往是矛盾的，故有合理的压枪枪位问题需要研究。

9.2.4.1　按（TFe）最低值控制

如（TFe）$_F$ 为最小值时，终点钢水的磷容量也能满足冶炼钢种的要求，则终点枪位可按熔池运动动力学和冶金反应工程学中的下述无因次冶金操作特性参数来控制。

A　$L_H/d_T = 18 \sim 20$，$T = (1.5 \sim 2.0)\tau_T$

水模拟实验结果表明[7]，当 $L_H/d_T = 20$，τ_T 值达到极小。转炉生产实况如表 9-2-8 和图 9-2-29 也同样表明：当 $L_H/d_T \approx 20$ 时，$\sum(\text{FeO})_F$ 含量较小；当 L_H/d_T 大于或小于 20 较多时，$\sum(\text{FeO})_F$ 均较大。为了降低 $\sum(\text{FeO})_F$ 含量，故终点压枪枪位宜以 $L_H/d_T = 20$ 为限。目前，按照这一参数来控制终点枪位的还有鞍钢的 150t 转炉、川崎公司和歌山厂的 90tAOD 炉、新日铁的 70t 转炉（$L_{HF} = \dfrac{5}{8}L_{H0}$）[36] 及川崎的 5t 试验炉[37]。

表 9-2-8　终点枪位的冶金效果

资料来源	压枪枪位及冶金效果
M-3 厂	$L_H/d_T = 18 \sim 20$，$[C]_F = 0.06\% \sim 0.12\%$ 时，$\sum(\text{FeO})_F = 25\%$
M-2 厂	$L_H/d_T = 10 \sim 13.2$，$[C]_F = 0.065\% \sim 0.13\%$ 时，$\sum(\text{FeO})_F = 29\% \sim 52.1\%$
[20]	扇岛钢厂 250t 顶吹转炉的终点控制是：枪位由 $L_H/d_T = 29$ 降到 20
[21]	枪位由 $L_H/d_T = 12.5$ 提高到 $18 \sim 28$ 时，钢中夹杂物从 0.013% 降到 0.009%

压枪枪位确定之后，还必须选择合适的压枪时间。压枪操作的目的是促进钢、渣反应平衡，而接近反应平衡所需的时间是大于熔池搅拌混匀时间的。根据氧气底吹转炉吹 N_2 赶 H_2（吹 N_2 约 30s，$\tau_{b.s} \approx 20s$）的操作经验，可设想 $T = (1.5 \sim 2.0)\tau_s$。马钢正交法试验表明：$T = 1\text{min} \sim 1\text{min}20s$ 的比小于 45s 的纯供氧时间短、级差 $\Delta R = 0.77s$；其优先脱磷指数较大，级差 $\Delta R = 0.01\%$；其钢铁料消耗较低、级差 $\Delta R = 5\text{kg/t}$；其终渣 $\sum \text{FeO}$ 含量较低、级差 $\Delta R = 1.16\%$。应当指出：目前国内一般转炉的压枪时间大都是 $40 \sim 50s$，这显然短了。印度 Bokaro 钢厂的 100t LD 炉，采取 $T = 90s$ 等终点压枪操作等技术后，也取得了良好的冶金效果[6]。故取 $T = (1.5 \sim 2.0)\tau_s$ 是合适的。

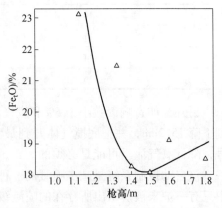

图 9-2-29　(Fe_tO) 与枪高的关系[6]

B　$h_T/H = 0.5$

水模实验结果表明[7]，当 $h_T/H = 0.5$ 时，τ_T 达极小，钢渣基本完全混合。生产实验也同样表明（图 9-2-30[7]），在 $q_{O_2} = 3.4 \sim 3.8 \text{Nm}^3/(\text{min} \cdot t)$ 时，$\sum(\text{FeO})_F$ 的极小值也发生在 $h_T/H = 0.5$ 处，故为了降低 $\sum(\text{FeO})_F$ 含量，宜以 $h_T/H = 0.5$ 为临界点。

9.2.4.2 按 $(FeO)_F$ 模型控制 $(FeO)_F = 12\% \sim 16\%$

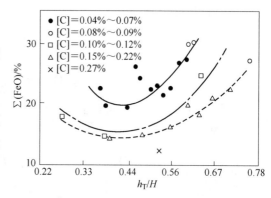

图 9-2-30 $(FeO)_F$ 与 h_T/H 的关系[7]

如要使去磷效果最佳,在冶炼低碳钢的一般条件下($(CaO)/(SiO_2) = 3.5 \sim 4.0$,$t = 1650℃$),对于 LD 转炉宜控制 $(TFe)_F$ 为 20%[38,39];对于顶底复吹转炉宜控制 $(TFe)_F = 12\% \sim 15\%$[39],而 $(FeO)_F$ 大于 20%(对于 LD)、或 15%(对于复吹)则是不经济不合理的。

当终点的 $(FeO)_F$ 合理值确定之后,操作者的任务便是选择切实可行的 $(FeO)_F$ 控制模型。现根据国内外学者近年来在这方面所做的工作,介绍几种 $(FeO)_F$ 模型于下。

A LD 转炉的 $(FeO)_F$ 模型

a 冶炼低碳钢($[C]_F = 0.1\% \sim 0.22\%$)

作者根据文献[9]的数据,经回归分析后得出:

$$\sum (FeO)_F = 38.3\left(\frac{H}{h_T}\right)^2 - 174.9\left(\frac{H}{h_T}\right) + 212.3 \qquad (N = 11,\ R = 0.85) \qquad (9\text{-}2\text{-}25)$$

式中,$h_T = \sqrt{\dfrac{K^2 2M}{h_T \pi \rho_L g}} - L_H$;$K$ 为常数($= P_0/0.404$);P_0 为工作压力,kg/cm^2;M 为动量 $\left(= \dfrac{\pi}{4} d_e^2 \rho_{O_2} v^2\right)$;$d_e$ 为小孔出口直径,m;ρ_{O_2} 为出口氧流密度,kg/m^3;v 为出口氧流速度,m/s;ρ_L 为钢水密度,kg/m^3;g 为重力加速度,m/s^2;L_H 为喷枪高度,m。

b 冶炼高碳钢($[C]_F = 0.5\% \sim 1.4\%$)

В. К. Дидковский 等人[40]根据 130t 转炉的冶炼数据,总结得出:

$$[O] = \frac{1}{37 + 240 h_T} \qquad (N = 40,\ R = 0.92) \qquad (9\text{-}2\text{-}26)$$

式中,$h_T = \dfrac{v d_e}{m \sqrt{(2g \rho_m / \rho_{O_2}) \cos\theta}} - L_H$;$m$ 为紊流常数;ρ_m、ρ_{O_2} 分别为钢水和氧气的密度,kg/m^3;θ 为小孔倾角,(°)。其氧气流股参数与氧气流量之间的关系如表 9-2-9 所示。

表 9-2-9 氧气流股参数与氧气流量之间的关系

$Q/m^3 \cdot min^{-1}$	500	450	400	350	300	250
$v/m \cdot s^{-1}$	612	608.9	604.8	600.5	598.2	588.7
d_e/m	0.0485	0.0473	0.0456	0.044	0.0427	0.0403
m	0.08	0.087	0.094	0.101	0.108	0.115

注:5 孔喷头,小孔 $d_t = 0.032m$,$\theta = 20°$。

从冶金物化可知

$$\gamma_{FeO} N_{FeO} = \frac{[O]}{[O]_{饱}} \tag{9-2-27}$$

$$\lg[O]_{饱} = -\frac{6320}{T} + 2.734 \tag{9-2-28}$$

故通过式 (9-2-26) 也可控制 $(FeO)_F$。

c　一般情况下[41]

$$(TFe)_F = 17.54 f(C, T)^{-0.571} \left[\frac{(CaO)}{(SiO_2)}\right]^{0.468} \tag{9-2-29}$$

$$f(C, T) = 1.77[C]^{0.434} \exp\left(-\frac{26500}{T} + 13.125\right) \tag{9-2-30}$$

式中，$[C]$ 为终点钢水 C 含量，$10^{-3}\%$；T 为熔池温度，K。

B　顶底复吹转炉的 $(FeO)_F$ 模型

a　底吹小气量的复吹转炉

作者根据马钢 50t 顶底复吹转炉的试验结果，经回归分析后得出，当 $t = 1650 \sim$ 1680℃，$[C]_F = 0.06\% \sim 0.12\%$ 时，可采用下述 $(TFe)_F$ 控制模型：

$$(TFe)_F = 1.091 + 0.37\tau_{T.S} \qquad (N=14, R=0.89, S=0.68) \tag{9-2-31}$$

式中，$\tau_{T.S}$ 为纯顶吹的熔池搅拌混匀时间，可按作者[7]或中西恭二[8]的公式计算：

$$(TFe)_F = -2.07 + 1.225R + 0.6267(L_H/d_T) \qquad (N=8, R=0.72, S=1.525) \tag{9-2-32}$$

式中，R 为炉渣碱度，$R = CaO/(SiO_2 + P_2O_5)$；$d_T = \sqrt{nd_t^2}$。

b　底吹氧的顶底复吹转炉

底吹氧的复吹转炉，在精炼末期一般首先停止顶吹氧，随后再单独底吹氧几分钟，并加入一部分氧化铁，以保证终点钢目标 P 要求的相应氧化铁含量。这时，所需的单独底吹时间可根据式 (9-2-33) 所示的回归方程计算：

$$(TFe)_F = a/[C] + b\Delta t_{O_2} + c/Q_b + d\Delta t_{FeO} + eW_{FeO} \tag{9-2-33}$$

式中，Δt_{O_2} 为单独底吹氧的时间，min；Q_b 为底吹氧气流量；Δt_{FeO} 为从氧化铁加完了到吹炼终点的时间，min；W_{FeO} 为吹炼末期加入氧化铁的数量，kg/t；a，b，c，d，e 为常数。藤山寿郎等人[42]通过对 250t K-BOP 炉数据的回归分析得出：

$$(TFe)_F = -0.68\Delta t_{O_2} + 0.035W_{ore} - 0.7\Delta t_{ore} + 6.76/[C]_F + 13.9 \tag{9-2-34}$$

式中，13.9 为由底吹氧流量（$900Nm^3/min$）确定的常数。

c　底吹中等氧量的顶底复吹转炉

文献 [29] 提出，在底吹氧比例 $OBR = 3\% \sim 13\%$（体积比）时，各种底吹氧量的情况下，顶吹条件 (L/L_0) 与渣中全铁量 (TFe) 关系如表 9-2-4 所示。由表可知，吹炼初期将 L/L_0 限制在 0.55 以上，控制使用矿石，就能防止喷溅；在吹炼末期使 $L/L_0 \leqslant 0.55$，就能使 $(TFe)_F \leqslant 10\%$。L 为射流冲击熔池深度，L_0 为熔池深度。

$$L = 63.0\left(\frac{KQ}{nd_t}\right)^3 \exp\left[-\frac{0.78h}{63\left(\frac{KQ}{nd_t}\right)^3}\right] \tag{9-2-35}$$

$$A = 63.0 \left(\frac{KQ}{nd_{\mathrm{t}}} \right)^3 \tag{9-2-36}$$

式中，h 为枪位，mm；A 相当于 $h=0$ 时的 L，mm；Q 为供氧量，$\mathrm{Nm^3/h}$；n 为喷孔数；d_{t} 为喷孔喉口直径，mm；K 为取决于喷孔倾角 θ 的常数，如表 9-2-10 所示。

表 9-2-10　K 与 θ 的关系

$\theta/(°)$	0	6	8	10	12
K	1.73	1.44	1.27	1.08	1.10

C　LD-CL 转炉

对于旋转氧枪的顶吹转炉[43]：

在 $[C]=0.05\%$ 时，$(\mathrm{TFe}) = \tau^{0.59}$　　　　(9-2-37)

$$\tau = L^{1.98} H^{3.08} d_j^{-4.16} v_j^{-3.92} n^{-1.13} W^{0.26} W_{\mathrm{S}}^{1.25} \qquad \mathrm{s} \tag{9-2-38}$$

式中，L 为熔池深度；H 为氧枪高度；d_j 为喷出口直径；v_j 为出口射流速度；n 为喷孔数目；W 为钢水量，kg；W_{S} 为渣量，kg。

参 考 文 献

[1] ［苏］巴普基兹曼斯基 B И. 氧气转炉炼钢过程理论 ［M］曹兆民，译. 上海：上海科学技术出版社，1979：121, 120.

[2] 殷瑞钰，张跃辉. FeO$_n$ 对转炉型（低磷）终渣性质的影响 ［R］. 唐钢钢研所，1980.

[3] 首钢钢研所. 碱性氧气炼钢的反应机理 ［C］. 见：炼钢文献（九），1977：13-38（译自 Iron and Steel, 1972 (3-5)）.

[4] 陈家祥. 炼钢常用图表数据手册 ［M］. 北京：冶金工业出版社，1984：214.

[5] ［苏］巴普基兹曼斯基 B И. 氧气转炉炼钢过程理论 ［M］曹兆民，译. 上海：上海科学技术出版社，1979：149.

[6] Rabindra K Singh, Jha Ajit S, Aswath H S, Singh S B. Higher initial basicity: a novel solution for many bof problems ［C］. Steelmaking Proceedings, 1983：305-314.

[7] 李远洲，黄永兴，刘晓亚. 顶吹转炉熔池搅拌强度的实验研究 ［J］. 炼钢，1986 (3)：27-37.

[8] 李远洲，黄永兴. 顶吹底吹和复吹转炉熔池搅拌强度的实验研究 ［J］. 钢铁，1987 (2)：13-19.

[9] 薛桂诗，谢宏荣. 比冲击深度与渣中 FeO 含量的关系初探 ［J］. 转炉通讯，1984 (2)：53-65.

[10] Stahl und Eisen, 1960, 80 (7)：407-416.

[11] Lanfer J. RM -5549- ARPA, Rand Corp. California USA, 1968.

[12] Chatterjee A. Iron and Steel, 1972, 45：6.

[13] ［苏］巴普基兹曼斯基 B И. 氧气转炉炼钢过程理论 ［M］. 曹兆民，译. 上海：上海科学技术出版社，1979：31.

[14] ［苏］巴普基兹曼斯基 B И. 氧气转炉炼钢过程理论 ［M］. 曹兆民，译. 上海：上海科学技术出版社，1979：354.

[15] 哈斯彼. Stahl and Eisen, 1960, 80 (11)：733-736.

[16] 古斯米特尔 H. Stahl and Eisen, 1961, 81 (17)：1107-1114.

[17] Stahl and Eisen, 1960, 80 (22)：1477-1486.

[18] 武汉钢铁设计学院炼钢科. 顶底吹并用转炉文集（第一集）：41-57.

[19] 岛田，等. 铁と钢，1968, 54：S453；立川，等. 铁と钢，1969, 55：S92；1970, 56：S72.

［20］ 赤松，等．铁と钢，1969，55：S90.

［21］ Nishizaki R M，et al. Steelmaking Proceeeding，1984：163-169.

［22］ 田上，等．铁と钢，1960，52：350，352.

［23］ 村上昌三，等．日本专利，57-177912.

［24］ 欧洲专利，0058725.

［25］ Richard M Wordrop. Steelmaking Proceeeding，1984：107-112.

［26］ Henrl Jacobs，et al. Iron and steel engineer，1981：39-43.

［27］ Keith Gregory. Steelmaking Proceeeding，1985：269-273.

［28］ 濑川清，铁冶金反应工程学［M］.1977：94.

［29］ 公开特许公报．昭56-25916（新日铁）．武钢译丛，1982（2）：87-88.

［30］ 李远洲，史荣贵，黄永兴，等．双流复合顶吹炼钢法的冶金特征［J］.钢铁，1988（1）：17-22.

［31］ Frese H，et al. Stahl and Eisen，1983，103（4）：S167-170.

［32］ Akira Masui，Kenzo Yamada. 4th Japan USSR Joint Symp on Physical Chem of Metallurgical Processes，1973：34.

［33］ 谢裕生．铁と钢，1979，65（12）：1812.

［34］ 山田博熊．日本专利，昭57-43918.

［35］ Baker R，et al. Ironm. and Steelm，1980（5）：227.

［36］ 公开特许公报．昭55-65313（新日铁）．武钢译丛，1982（2）：41-44.

［37］ Kyoji Nakanishi，et al. Steelmaking proceeding 1982，85：101-110.

［38］ 公开特许公报．昭55-138015（新日铁）．武钢译丛，1982（2）：49-53.

［39］ 转炉复吹技术，1987（8）：1-11.

［40］ 麦积昌，译．国外氧气转炉炼钢文献，1980（14）：65-67.

［41］ Kreijger P J，et al. Steelmaking Proceedings. 1983：373-383.

［42］ 藤山寿郎，等．国外转炉顶底复合吹炼技术［R］.钢铁，1985：186-193.

［43］ Kokan K K，et al. Steelmaking Proceedings，1982，65：194-201.

9.3　双流复合吹炼的冶金特征[1]

双流顶吹炼钢法是一种由核心搅拌流和四周主氧流组成的新型顶吹氧枪来达到复合吹炼的目的的炼钢技术。它是针对 LD 法转炉吹炼前后、后期熔池搅拌不足所造成的一些问题而提出的一种解决方法，既适合于纯顶吹转炉，也适合于顶底复吹转炉。

该法的主要特点是，在吹炼前期通过对顶枪的核心氧流和四周主氧流的调节来实现"硬吹"和"软吹"的复合吹炼及熔池钢、渣旋转，以达到界面反应与体相搅拌相结合和一次反应区不断更新的冶金效果；在吹炼后期，通过降低枪位和对核心流与四周流流量比的调节来实现降低总供氧强度的同时提高熔池搅拌强度，以达到促进钢、渣反应平衡和按脱碳扩散反应模型控制后期冶金反应的作用。

9.3.1　水力学模型试验

试验装置示于图 9-3-1，试验条件示于表 9-3-1，试验内容、方法和相似准数列于表 9-3-2。

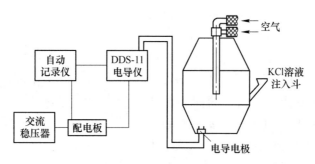

图 9-3-1　试验装置

表 9-3-1　试验条件

炉容量/t	25	模型比	1:6.5
模拟钢水介质	水	选型试验用双流喷头	39 种
模拟炉渣介质	液态石蜡	吹炼模拟试验用的定型双流喷头	TF-W I
模拟氧气介质	空气		TF-W II

表 9-3-2　试验内容、方法和相似准数

试 验 内 容	试 验 方 法	决定性相似准数
熔池冲击深度	浪高仪和量尺法	冲量准数 $\dfrac{\dot{M_j}}{\rho_L g H^3}$
熔池旋转速度	粒子示踪观测法	
喷溅强度	滤纸吸水增重法	
熔池混匀时间	电导法（KCl 做示踪剂）	名义速度下的弗鲁德修正准数 Fr'
钢渣乳化	透光度法	

9.3.1.1　射流冲击熔池深度 n_0

将试验结果作数学处理后，得出：

$$\left(\frac{n_0}{H}\right)_T = 10.777 + 0.862\left(\frac{n_0}{H}\right)_C + 0.455\left(\frac{n_0}{H}\right)_A \tag{9-3-1}$$

$$(N = 132，R = 0.972，B_1/B_2 = 2.0)$$

$$\left[\frac{n_0}{H}\left(1 + \frac{n_0}{H}\right)\right]_j = \frac{2K_1'\dot{M_j}\cos\theta}{\pi\ \rho_L g H^2} \tag{9-3-2}$$

式中，K_1' 为常数，当 $\dot{M_j}$ 按一个小孔计时，不同射流的 K_1' 如表 9-3-3 所示。

表 9-3-3　不同射流的 K_1' 值

射流 j	喷头型号		
	TF-W I	TF-W II	LD
核心流 C	7.13	7.92	7.78
四周流 A	6.63	7.55	

由式（9-3-1）、式（9-3-2）和表 9-3-3 可见，枪位和流量相同下，双流喷头的单独四周流的 n_0 值比 LD 喷头小，但加上核心流后，其凹坑最深处的 n_0 值则比 LD 喷头的大，如图 9-3-2 所示。所以双流喷头具有"软"的四周流和"硬"的核心流的优良特性。这主要是核心流乃一种具有伴随流的射流的缘故，故从式（9-3-1）中看到核心流对双射流 n_0 值的贡献较四周流要大 1 倍。

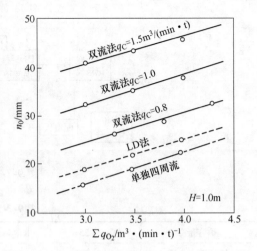

图 9-3-2　双流法和 LD 法的熔池冲击深度

9.3.1.2　熔池搅拌混匀时间 t

为便于直观判断，取 q_{O_2} 和 H 作为影响 t 的变量，对试验结果进行回归分析后，得出：

$$t_T = 31.128 - 5.297q_C - 3.554q_A + 8.63H$$

$$(9-3-3)$$

$$(N=40,\ R=0.96,\ S=0.64)$$

$$t_{LD} = 36.693 - 7.625q + 20.59H \qquad (9-3-4)$$

$$(N=20,\ R=0.92,\ S=2.46)$$

从图 9-3-3 中所示式（9-3-3）和式（9-3-4）的曲线可见：在相同的 q 和 H 下，总是 $t_T < t_{LD}$，且 t_T 随 q_C 值的增大而有所减小。这主要是双流能使熔池钢、渣旋转和核心流的冲击深度较大的缘故。由此可见，双流法具有比 LD 法较好的熔池搅拌特性，且可比较容易地通过调节核心流的流量来调节熔池搅拌混匀时间、钢/渣乳化程度及"硬"、"软"复吹状况，以达到控制不同吹炼阶段对冶金反应热力学条件和动力学条件的不同要求的目的。

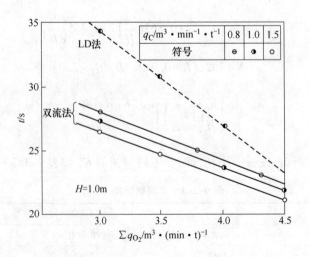

图 9-3-3　双流法和 LD 法的熔池搅拌混匀时间

9.3.2 工业性热调试试验

热调试的主要设备列于表9-3-4，主要原料及冶炼工艺列于表9-3-5。

表9-3-4 热调试的主要设备

转 炉		顶吹喷头
公称容量/t	装入量/t	
25	29~36	TF-WⅠ，TF-WⅡ及原LD喷头

表9-3-5 主要原料及冶炼工艺

铁 水	成分/%					温度/℃
	［C］	［Si］	［Mn］	［P］	［S］	
	3.8~4.78	0.32~0.52	0.35~0.72	0.12~0.30	0.01~0.06	1300~1450
硬烧石灰	CaO85%~90%，SiO₂2%~3%，块度：5~40mm					
生白云石	MgO>20%，CaO>30%，块度：10~40mm					
冶炼工艺	单渣不留渣法，高拉碳一次补吹，出钢温度1680~1720℃					
浇注方法	连铸和模铸					
主要钢种	碳素钢及低合金钢					

9.3.2.1 吹炼状况及吹炼时间

由图9-3-4可见，双流法的吹炼平稳性较好。原因是双渣法能使生产炉气量出现极大值的时间与泡沫渣稳定性最好的时间错开发生，并使 v_C 与 $\sum(\text{FeO})$ 之间保持合理的关系。因而，双流法氧的利用率较高，每炉吹炼时间约缩短1.5min。

9.3.2.2 起渣时间及一次拉碳去磷合格率

双流法的平均起渣时间为2min18s，比LD法提早33s；其一次拉碳去磷合格率为87.5%，比LD法提高25.7%。

9.3.2.3 去磷特性

双流法的平均去磷分配比（P）/［P］为79.1，比LD法提高7.9；去磷分配比偏离平衡值 $n_P = 1.17$，比LD法降低0.09。

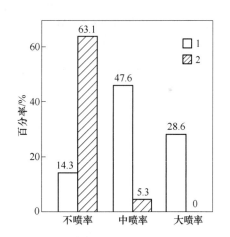

图9-3-4 双流法与LD法吹炼平稳性比较
1—LD法；2—TF-WⅠ双流喷头

图9-3-5表示（P）/［P］、n_P、与 R、$\sum(\text{FeO})$ 和［C］的关系。由图可见，双流法能在同等乃至较低的 R、$\sum(\text{FeO})$ 条件下超过LD法的去磷效果；同时，在不同［C］含量下，双流法也较好。这是双流法在吹炼初期用四周流"软吹"出尽石灰溶解，用核心流"硬吹"加强熔池搅拌，从而造就一种不同于LD法的相对稳定型泡沫渣。在吹炼终期，则发挥其"硬吹"的优势，促进钢/渣反应趋向平衡之故。

$\sum(FeO)/\%$	$t/^\circ C$	$[C]/\%$	LD	双流
20~25	1650~1680	0.055~0.08	●	○
25~28	1680~1700	0.055~0.08	◐	⊖

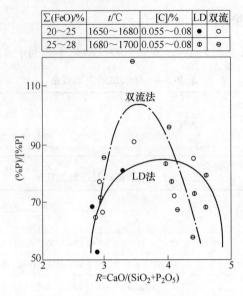

图 9-3-5　（P）/［P］和炉渣碱度 R 的关系

9.3.2.4　去硫分配比（S）/［S］

在 R、$\sum(FeO)$ 相同的条件下，双流法的（S）/［S］较 LD 法高。主要原因是双流法的熔池动力学条件较好和双流法的钢水含氧量较低。

9.3.2.5　钢水残锰量 $[Mn]_\text{残}$

图 9-3-6 和图 9-3-7 表示双流法和 LD 法在铁水含锰量相同或相近时的钢水残锰量和 ［C］及 $\sum(FeO)$ 的关系。由图中可见，在 ［C］或 $\sum(FeO)$ 相同时，双流法的残锰量约比 LD 法高 0.02%。

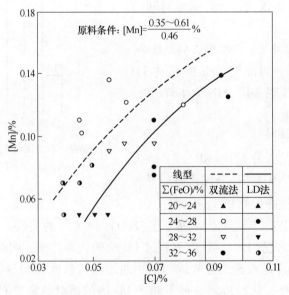

图 9-3-6　$[Mn]_\text{残}$ 与 ［C］的关系

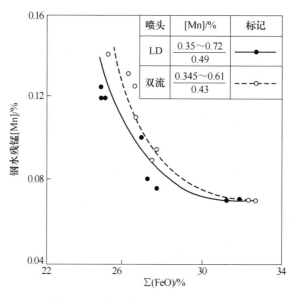

图 9-3-7 ［Mn］残 与 ∑（FeO）的关系

9.3.2.6 终渣 $\sum(\text{FeO})_F$

图 9-3-8 表示终渣 $\sum(\text{FeO})_F$ 与钢水 ［C］ 的关系，由图可见，在终点 ［C］ 相同时，双渣法的 $\sum(\text{FeO})_F$ 比 LD 法约降低 5%。

9.3.2.7 脱碳特性

图 9-3-9 为开吹至一倒期间吨铁耗氧量与降碳量的关系；图 9-3-10 为一倒至终点吨铁耗氧量与降碳量的关系；图 9-3-11 为一倒至终点吨铁耗氧量与 $\sum(\text{FeO})$ 的关系。

从图中可以看出：双流法的前期降碳量与供氧量成规律性变化，而 LD 法的规律性则较差，这主要是双流法吹炼平稳的原因，故双流法有可能建立吹炼前中期的静态脱碳模型；双流法一倒至终点吨铁耗氧量的脱磷率较 LD 法高，$\sum(\text{FeO})$ 升高率则较低，这说明双流法更有利于吹炼终期按脱碳扩散模型操作。

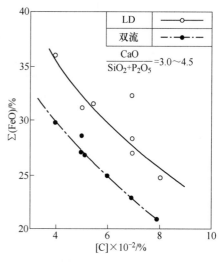

图 9-3-8 终渣 $\sum(\text{FeO})_F$ 与
终点 ［C］ 的关系

喷溅机理的研究表明，转炉喷溅的基本原因是熔池面上涨，熔池体积的增量 ΔV 主要取决于炉气的速度 Q（m^3/s）及其在炉中的停留时间 τ（s）可写成：

$$\Delta V = Q\tau \tag{9-3-5}$$

显然当熔池体积增量大于炉子内净空容积时便将发生溢渣和喷溅现象。

应当指出，Q 值不单是直接 C-O 反应生成 CO 气体的结果，同时还包括下列反应所生成的 CO 气体：

$$[C] + \frac{1}{2}O_2 \overset{}{=\!=\!=} CO \tag{9-3-6}$$

$$[C] + (FeO) \overset{}{=\!=\!=} CO + [Fe] \tag{9-3-7}$$

$$[C] + (MnO) \overset{}{=\!=\!=} CO + [Mn] \tag{9-3-8}$$

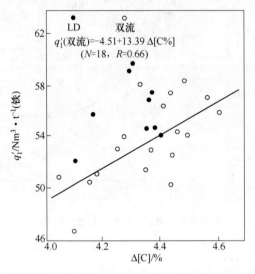

图 9-3-9　开吹至一倒炉吨铁耗氧量与降碳量的关系

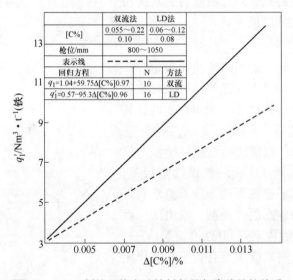

图 9-3-10　一倒炉至终点吨铁耗氧量与降碳量的关系

当渣中氧化铁积聚时，Q 值会猛烈升高。

τ 值的大小主要取决于炉渣泡沫渣的稳定性。据文献［2］介绍，炉渣泡沫的稳定性，开始时随渣碱度的增大而增大，至 $R = 1.5 \sim 1.7$ 时达最大值，同时氧化铁活度也在此时为最大，其后炉渣泡沫的稳定性逐渐降低。因而，为了减少喷溅就需要将 Q 值的极大值出现的时间与泡沫渣稳定性的极大值发生时间错开。双流法起渣时间较早，$R = 1.5 \sim 1.7$ 的炉

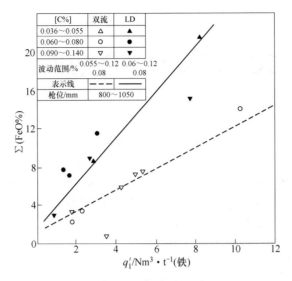

图 9-3-11 一倒炉至终点吨铁耗氧量与 Σ（FeO）的关系

渣在 v_C（max）到来之前已造好；同时能使 C-O 反应提早发生，当 v_C（max）到来时，渣中氧化铁不至过高，从而降低了 v_C（max）的峰值，减少了喷溅。另外，双流法的炉渣可较早地覆盖在金属面上，防止了金属裸露在射流的冲击下发生的金属喷溅；其次，双流法很少在吹炼中期发生炉渣"返干"现象，所以，不会发生炉渣和金属的飞溅；再者，双流法造成了熔池的水平旋转，使一次反应区不断更新，从而使熔池得到均匀沸腾，反射流均匀析出，反射力减弱，因而反射流造成的飞溅减少。同时双流法的石灰消耗有所降低，渣量也减少，允许的熔池膨胀体积增大。所以双流法能取得吹炼平稳的良好效果。

9.3.2.8 钢铁料和石灰消耗

双流法的钢铁料消耗比 LD 法降低 10.1kg/t（钢），石灰消耗降低 9.17kg/t（钢）。

9.3.3 小结

双流法在热调试中反映出的冶金特征是优良的。它能取得类似底小气量的顶底复合吹冶金效果，这是该法具有"硬"、"软"复合吹炼和使熔池钢、渣旋转的工艺所决定的。待操作制度进一步完善后，必将取得更好的效果。

参 考 文 献

[1] 李远洲，史荣贵，黄永兴，等．双流复合顶吹炼钢法的冶金特征 [J]．钢铁，1988（1）：17-22；炼钢，1987（3）：23-29；第五届全国炼钢学术会议论文集（上册），中国金属学会炼钢学会，1988：259.

[2] 巴普基兹曼斯基 В И，著，曹兆民，译．氧气转炉炼钢过程理论 [M]．上海：上海科学技术出版社，1979：300，314.

10 喷枪和炉型的设计

本章主要论述：（1）顶、底吹喷枪的类型、特征和冶金性能及其选择依据；并从理论和实践上介绍作者提出的双流硬、软复吹顶枪和多微孔环式风嘴。（2）在顶枪的喷头设计中，作者除推荐常用的方法和公式外，特别补充了设计总校验，以保证设计的喷枪在吹炼终期通过压枪操作，达到 0.6~0.7 的冲击熔池深度比，以促进冶金反应平衡，这是过去的设计所未要求的；并介绍了硬、软复吹型喷头的设计计算。（3）在底吹氧喷枪的设计中运用作者提出的理论和公式，指明了风嘴出口处合理压力的选择，单个风嘴的合理供气量、形状和个数的确定原则。（4）介绍了作者提出的多微孔环式风嘴的理论依据、风嘴结构及其水模实验和生产试验结果。（5）在顶吹转炉炉型的设计中详细论述了各项参数的确定依据和原则，以供设计合理炉型参考。（6）介绍了作者提出的全新的底吹转炉炉型设计的理论、公式和方法。

10.1 顶吹喷枪类型和喷头设计

无论顶吹氧气转炉，还是顶底复吹氧气转炉，其顶部供氧制度对冶炼均起着重要的或者决定性的作用。供氧制度指将氧气吹入熔池所用的工具和方法。主要因素有下列四项：（1）氧枪类型；（2）供氧速度（或强度）；（3）氧气射流的马赫数；（4）枪位。

顶吹氧枪的氧气射流对熔池的冲击作用，决定着炼钢过程中复杂的物理化学作用。对于底小气的复吹转炉，顶吹氧枪在炼钢中的作用仍占主导地位；它不仅起供氧作用，还起调节熔池搅拌强度的主导作用；而底小气只起强化熔池搅拌和抑制顶吹喷溅的一定作用，使顶枪具有采用较大供氧强度的可能性（从而增大其调节熔池搅拌强度和改善冶金效果的能力）和使顶吹冶炼的不平衡状态得到较大改善。这就是说，不论在顶吹或底小气的复吹转炉中，熔池中的传输、传质、传热以及各种物理化学作用，如元素的氧化速度、氧化顺序、氧化程度和喷溅情况，以及脱碳与升温、造渣和脱磷脱硫的关系等无不与氧气射流与熔池的相互作用有着密切关系。而氧气射流与熔池的相互作用对炼钢起决定性影响的参数，第一位是冲击熔池深度比，其次是冲击熔池压力和有效面积以及搅拌混匀时间。但它们又都取决于供氧制度的四要素。当然，对于底中、大气的复吹转炉，顶吹氧枪只起供氧和二燃作用，可以恒高枪位操作，其供氧制度的四要素将发生重大的或质的变化。但不论顶吹氧气转炉，还是底吹小、中、大气的复吹氧气转炉，其供氧制度的好坏都会直接影响钢的产量、质量、消耗、品种及成本等主要技术经济指标。因此，作者拟对供氧制度作系统地讨论。本节首先对下面两个问题：（1）喷枪类型的选择；（2）喷头主要参数的设计计算进行讨论。

10.1.1 顶枪类型的选择

吹氧有硬吹及软吹的区别。一般定义氧气射流冲击熔池的凹坑深度与熔池深度比 n/n_0

≥0.6 为硬吹，≤0.4 为软吹，0.4~0.6 为过渡吹。硬吹可由高氧流、低枪位及大马赫数、大喷孔孔径、小喷孔倾角和小喷孔分散度获得；软吹则反之。生产者可根据各自的生产条件和冶炼钢种确定各自的硬、软吹供氧制度，并通过喷头类型和主要系数的选择来实现。

国内外使用的喷枪主要有 LD 型、旋流（或旋转）型、脉冲供氧型、双流硬软吹复合型以及双流二燃型[1]。它们及其喷头类型的主要特征及吹炼效果见表 10-1-1 和表 10-1-2。A 适用于低磷铁水冶炼低碳钢，特别是底小气的复吹转炉；采用 A 的有武钢的 50t 转炉，日本的八幡 90t 转炉。B 多用于中磷铁水冶炼低、中碳钢和底中气的复吹转炉；采用 B 的有马钢 50t 转炉、南钢 15t 转炉、原上钢三厂 40t 转炉和八幡 70t 转炉。C 适用于高磷铁水冶炼低碳、超低碳钢，中、低磷铁水冶炼中、高碳钢；也适用于底中、大气的大型复吹转炉，因其冲击熔池面大、超软吹，恒高枪位操作，有利于 $CO_2/(CO+CO_2)$ 比例的提高和保持底气与熔池搅拌混匀时间的良好关系；采用 C 的有 LBE 和 LD-OB 和南德厂等。D 的特点是：中心流的马赫数较四周流大，且四周流又是它的伴随流，故该枪的射流冲击面大、凹坑深，混匀时间短，是一种软硬结合型的多功能喷枪，具有较好的冶金效果，采用 D 的有新日铁和宝钢 300t 转炉。旋流喷枪[2] E~H 目的在于使熔池旋转造成一次反应区不断更新，以加速氧化反应和造渣去磷及保持吹炼平稳。适用于中磷铁水和冶炼中、高碳钢；其外旋型和螺线型喷头均偏软，∑(FeO) 较高；内旋型喷头和 LD-CL 较好；采用 E 的有天钢 15t 转炉。采用 LD-CL 的有日本鹿岛 250t 转炉。LD-PJ 是脉冲供氧型喷枪，作用是交替进行硬软吹。采用 LD-PJ 的有意大利 100t 转炉，其冶金效果未见报道，根据频变枪位法的实践可以推测 LD-PJ 的冶金效果是较好的。以上是顶吹氧枪由单纯的硬、软吹型发展到硬软结合型和旋流型，但它们仍不具有对脱碳、升温和 ∑(FeO) 三者之间保持最佳关系的良好调节手段，特别是吹炼初期。例如前期硬吹，虽然 C-O 反应有所发展且熔池升温快，但 ∑(FeO) 低，渣温不高，初渣不可能造好；前期软吹，C-O 反应不太发展，熔池升温慢，搅拌弱，虽然 ∑(FeO) 高、渣温也较高，石灰溶解速度仍不理想，难以造好 $R \geqslant 1.9$ 的最佳化初渣。前期固定的硬、软吹复吹则只适合一个铁水温度和成分。如铁水温度或 [Si] 低了，要想在保持 ∑(FeO) 不降低和渣温较高的条件下，进一步发展 C-O 反应，使初期末炉温达 1450~1470℃，∑(FeO)/(SiO_2) = 1.5 和 $R \geqslant 1.6$，则几乎是不可能的。而 J、K 双流硬软复吹型喷枪，则可以通过对硬、软吹流的调节，使脱碳、升温（包括前期保持较高的渣温）和 ∑(FeO) 三者之间在各个吹炼期均保持各自的适当关系，以保证造好最佳化初渣，实现平静吹炼、全程化渣去磷去硫，终期按脱碳扩散模型控制，达到或接近反应平衡；J、K 枪可以单独用，也可用于底小气复吹转炉；它已在原上钢三厂通过工业性试验。L、M 枪是 J、K 的简化，效果虽不会有 J、K 好，但它简单易行。双流二燃喷枪[3] N~Q 既是复吹转炉的良好吹氧工具，也是顶吹转炉的良好吹氧工具，它具有吹氧炼钢与燃烧部分 CO 的双重作用，目前世界各国都在大力研制；当副氧孔的倾角为 30°，$A_副/A_主 = 20\%$ 时，可获得 $CO_2/(CO+CO_2) = 40\%$ 和废钢比为 20% 的良好效果，同时，由于炉子热效率提高加速了化渣，CO_2 提高增加了 $Fe^{3+}/(Fe^{2+}+Fe^{3+})$ 比，因而脱磷脱硫效果显著改善。

表 10-1-1　各种顶吹氧枪的特征

喷枪种类	喷头类型		代号	马赫数 Ma	喷孔数目 N	喷孔倾角 $\theta/(°)$	喷孔水平旋角 $\alpha/(°)$	喷孔分散度 R_H/d_e	有无中心孔	冲击熔池深度 n_0	搅拌混匀时间 τ	其他
LD 喷枪	硬吹型		A	1.9~2.5	3~4	≤9	0	≤0.8	无	深	短	
	软吹型		B	1.7~2.0	3~5	10~12	0	≥0.95	无	较浅	较长	
	超软吹型		C	1.5~2.0	3~5	14~15	0	>0.95	无	浅	长	
	软硬结合型		D	1.8~2.2	4~5	11~12		>0.95	有	中心深四周浅	短	
旋流喷枪	XL 外旋型		E	1.7	3	15	∠60	0.63	无	浅	较长	$L_H/d_T ≤ 11$ 时方见熔池旋转
	内旋型		F	1.7~2.0	3	15	30∠		无	较深	较短	熔池旋转良好
	螺线型		G		1~3				无	浅	5 r.p.n 时 τ 长	在熔池面上的绕旋周径为1200mm转速为 1″~6″/min（偏心 0.4）
	LD-CL		H								1 r.p.n 时 $\tau ≈ \tau_{qb}$（$q_b = 0.1nm^3$/（min·t））	
脉冲供氧喷枪	LD-PJ		I									周期频率为 1.5~（3~3.5）
双流硬软复吹型喷枪	双流道内旋双流	中心流	J	2~2.2	1	0		0.5~0.6		中心深四周浅	较短	中心流和四周流可调
		四周流		1.8~1.9	3~4	12~15	20~30	0.5~0.6				
	双流道外旋双流	中心流	K	2~2.2	1	0		0.5~0.6		中心深四周浅	较短	
		四周流		1.8~1.9	3~4	12~15	∠60	0.5~0.6				
	单流道内外旋双流	主氧流	L	1.8~2.0	1~3	0 或 8	0,30∠	0.5~0.6		中心深四周浅	较短	主副流不可调
		副氧流		1.7~1	3~6	12~15 20~30	∠60	0.5~0.6				
	单流道外外旋双流	主氧流	M	1.8~2.0	1~3	0 或 8	0,∠60	0.5~0.6		中心深四周浅	较短	
		副氧流		1.7~1	3~6	12~15 20~30	∠60	0.5~0.6				
双流二燃型喷枪	双流道双层双流	主流	N	1.8~2.0	3~4	9~12	0	0.7~1		一般	一般	主副流可调
		副流		1.0	6~8	30~35	0					
	双流道单层双流	主氧流	O	1.8~2	3~4	9~12	0	0.7~1		中部约深	约短	
		副氧流		1.0	6~8	30~35	0					
	单流道双层双流	主氧流	P	1.8~2	3~4	9~12	0	0.7~1		一般	一般	主副流不可调
		副氧流		1.0	6~8	30~35	0					
	单流道单层双流	主氧流	Q	1.8~2	3~4	9~12	0	0.7~1		中部约深	一般	
		副氧流		1.0	6~8	30~35	0					

表 10-1-2　各种顶吹氧枪的冶金性能

代号	脱碳	升渣	吹炼初期 铁液达1450~1470℃	$T_{渣}-T_{铁液}$℃	$\dfrac{(\Sigma FeO)}{(SiO_2)}$	$\dfrac{(CaO)}{(SiO_2)}$	脱碳峰值 v_C(max)	吹炼中期（及全程） 化渣 去P/去C	保碳去磷 $\dfrac{[\%C]^{2.5}}{[\%P]}$	$\dfrac{CO_2}{CO+CO_2}$/%	$\dfrac{Fe^{3+}}{Fe^{2+}+Fe^{3+}}$	熔渣溢出	金属飞溅	终点 (ΣFeO)	$[Mn]$	$[P]$	$n_p=\dfrac{\lg L'_{P理}}{\lg L_{P实}}$	废钢比	枪龄	炉衬侵蚀速度	碳临界值 $[\%C]_T$
A	较好	较快	难控	0~	~0.5	<1.0	较小	难	小	最小	最小	较大	较大	低	高	高	大	小	短	较小	约0.5
B	较少	较慢	难控	200~250	1~2.0	1.2	较大	可	较大	小	小	中	小	高	较低	较低	较小	一般	较长	一般	0.5~0.8
C	很少	慢	难控	250~300	≥2.0	1.4	大	可	大	较大	较大	大	小	很高	低	低	较小	较大	较长	较大	~0.8
D	较好	快	较好	300~350	1~1.5	1.6	较小	较好	大	较大	较大	小	小	中	较高	低	小	一般	较长	一般	约0.5
E			难控																		
F																					
G																					
H	较快	可控	可控	可控	可调	≥1.6	较小	较好	较大	一般	一般	小	小	低	较高	较低	较小				（250t LD-CL）0.3~0.6
J	可调	可调	可控	可控	可控在1.5	1.6~2.0	较小	可控	大（可控）	较大	较大	很小	很小	低	较高	低	接近平衡				0.3~0.6
K								可行	可行												
L	较好	较快	较易	大	0.8~1.5	≥1.4	较高	可控	可行	较大	较大	小	小	中	中	低	较小				
M	较少	较快	较易	较大	1~2.0	≥1.6	较低	可控	一般	最大	大	小	小	中	中	低	较小				
N	有	快	易	一般	1~1.5	≥1.4	较高	可控	可控大、可行	大	较大	小	小	中	中	低	较小	最大			
O	较少	较快	可	较大	1~2.0	≥1.6	较低	可	一般	大	大	小	小	中	中	低	较小	大			
P	有	可						一般	较大	较大	较大	小	小	中	中	低	较小	较大			
Q	有	快	易				较低	可		较大	较大	小	小	中	中	低	较小	较大			

10.1.2　顶枪的喷头设计计算

10.1.2.1　每炉需氧总量 $\sum V_{O_2}(\mathrm{Nm^3})$

$$\sum V_{O_2} = W_{\mathrm{pig}} V_{O_2} \qquad\qquad (10\text{-}1\text{-}1)$$

式中，W_{pig} 为每炉装入铁水量，t；V_{O_2} 为每吨铁水需氧量，$\mathrm{Nm^3/t}$。

新开炉与旧炉的容量不同，W_{pig} 随炉龄而变，设计时，如采用了分阶段定容定压操作，W_{pig} 可按平均铁水装入量计，如采用分阶段定容变压操作，则宜按炉龄 50 炉起至开始补炉阶段的平均铁水装入量计。

10.1.2.2　吹氧时间 $T(\min)$

由经验得知吹氧时间不应低于 10min，也不应超出 20min。一般 T 的低限主要受废钢熔化所需的时间、化渣时间和炉子容积限制。

10.1.2.3　氧气总流量 $Q(\mathrm{Nm^3/min})$

一法是按 $\sum V_{O_2}$ 与 T 的关系来求：

$$Q = \sum V_{O_2} / T \qquad\qquad (10\text{-}1\text{-}2)$$

另一方法是根据炉子有效容积和喷孔数来求：

$$Q = \left(\frac{V_{炉} - T/T_{\mathrm{m}}}{k_1 k_2 k_3 k_4 k_5 D}\right)^2 N \qquad\qquad (10\text{-}1\text{-}3)$$

式中，$V_{炉}$ 为炉子有效容积，$\mathrm{m^3}$；D 为熔池直径，m；N 为喷孔数目；T_{m} 为金属装入量，t；k_1 为炉子容积系数，$k_1 = 0.9 T_{\mathrm{m}}^{0.15}$；$k_2$ 为铁水成分系数，当高 P 铁水 Si>0.6%，平炉铁水 Si>0.9%时，$k_2 = 1.05 \sim 1.1$；反之 $k_2 = 1.0$；k_3 为铁水配比系数，当采用矿石冷却法时，$k_3 = 1.05 \sim 1.1$；当采用废钢冷却法时，$k_3 = 0.9 \sim 0.95$；当采用废钢-矿石冷却法时，$k_3 = 1.0$；k_4 为造渣制度系数，当采用石灰块法置于头批料中配加白云石时，取 $k_4 = 1.0$，采用喷石灰粉或软烧石灰时，取 $k_4 = 0.9 \sim 0.95$；k_5 为炉帽形状系数，$k_5 = 1.0$。$\sum V_{O_2}$ 和 $V_{炉}$ 都随炉龄而变。

10.1.2.4　可用供氧压力及马赫数

可用供氧马赫数为：

$$Ma = \frac{\text{管道某总流速（m/s）}}{\text{该总温度之下各速（m/s）}} \qquad\qquad (10\text{-}1\text{-}4)$$

喷孔入口处氧流之滞止压力（P_0）为产生高速射流之原动力。P_0 愈高，射流可达之速度也愈高。射流速度（常以喷孔出口截面之马赫数表示）与 P_0 有一定关系。一般来讲，$Ma \geqslant 1.5$，否则压力能转化为冲击力的效率小于 100%；$P_0 \geqslant 0.5\mathrm{MPa}$，否则管网压力有微小波动，会导致氧流速度的急剧变化。而 Ma 和 P_0 的上限最佳值，则应结合供氧系统可能供给压力 P_0 之大小，周围介质压力 P_{a} 之大小，非二次系数的大小，以及 P_0、d_{e}、Q 和 $R_{\mathrm{m}}/d_{\mathrm{e}}$ 与射流冲击熔池深度的关系等作综合考虑。

10.1.2.5　周围介质压力 P_{a}

一般来说氧枪在开吹 25%时间后，便浸没在泡沫渣中了。根据 Chaherjee 等人在 6t 转炉上的试验结果：吹炼中期，泡沫渣密度为铁水的 1/40，吹炼末期为 1/25，说明泡沫渣的生成和对喷枪的淹没必然增大射流周围的"流体"密度的环境压力，从而使射流衰减加快，由于 P_a 的改变而引起非工况系数 n（$=P_e/P_a$，P_e 为喷孔的实际压力）的变动。为了避免 $n<1$，流股触碰喷口的内壁造成喷孔内产生负压，以致使流股变形和喷头被破坏。因此，设计时应考虑泡沫渣淹没对 P_a 的影响，使 P_e 始终大于或等于 P_a。故规定：

$$P_a = 1 + H_{泡}\gamma \times 10^{-4} \quad kg/cm^2 \qquad (10\text{-}1\text{-}5)$$

式中，$H_{泡}$ 为泡沫渣最大高度，m；γ 为泡沫渣密度，取（1/25~1/40）$\gamma_{铁液}$。如 $H_{泡}=3m$ 则 $P_a=1.084~1.053kg/cm^2$。

10.1.2.6 非工况系数 n

我国的氧枪设计，一般规定 $n=0.8~1.2$[4]。这对于我国目前大、中转炉（不包括小转炉）仍采用的分期恒压变枪位操作制度基本上是可行的，但对于变压变枪位操作制度，就不全适用了。

10.1.2.7 喷口直径及数目

确定喷口直径及数目可由不同的观点入手。推荐用下面的方法。

A 喷孔数目 n

从保持吹炼平稳的角度考虑，先由式（10-1-3）初步算出 N，再按 3、4、5 取整数。值得注意的是喷孔多虽然易保持吹炼平稳，但太多时射流冲击熔池深度太小，对冶金效果也不好。故还应进一步通过射流冲击熔池的深度比来考查。

B 喷孔的喉口直径和工作压力

根据音速和超音速流的管道流量公式，可写出：

$$d_t = \sqrt{\frac{Q\sqrt{T_0}}{13.72NP_0}} \qquad (10\text{-}1\text{-}6)$$

式中，T_0 为喉口滞止温度，K，一般取 288K；P_0 为喉口滞止压力，kg/cm^2；d_t 为喷孔喉口直径，cm；Q 为 Nm^3/min；N 为喷口数目。

再根据 Flinn[7] 提出的单孔喷枪射流冲击熔池深度的公式

$$n_0 = 34\frac{P_0 d_t}{\sqrt{H}} - 3.81 \qquad (10\text{-}1\text{-}7)$$

转换为多孔喷枪的公式：

$$n_0 = \left(34\frac{P_0 d_T}{\sqrt{H}} - 3.81\right)N^{-1/3} \qquad (10\text{-}1\text{-}8)$$

式中，n_0 为射流冲击熔池深度，cm；P_0 为喷孔出口处滞止压力，kg/cm^2；d_e 为喷孔出口直径，cm；d_T 为多孔喷枪的总喉的当量直径，$d_T=\sqrt{Nd_t^2}$，cm；d_t 为喷孔喉口直径，cm；H 为喷枪高度；N 为喷孔数目。

吹炼终期压枪操作时，射流冲击熔池深度比 $n_0/n=0.7$ 时，P_0、d_t 和 N 参数的初选值可根据上述公式确定。

一般来说不论吹炼过程是采用硬吹还是软吹，其终期都应通过压枪操作来促进反应平衡。根据实验室和生产上的成果，压枪操作以 $H/d_t=18~20$ 和 $n_0/n=0.6~0.7$ 时的冶金效果最佳。因此，可设定：

$$n_0 = 0.6 \sim 0.7n \quad (n \text{ 为熔池深度}) \tag{10-1-9}$$

$$H = 20\sqrt{Nd_t^2} \tag{10-1-10}$$

把它们代入式（10-1-8）化简后得：

$$n = 10.86P_0 d_t^{1/2} N^{-1/12} - 5.5N^{-1/3}$$

或

$$P_0 d_t^{1/2} = 0.1n + 0.56N^{-1/3} \tag{10-1-11}$$

这样当炉型确定之后，即 V、D、n 确定之后，便可通过式（10-1-3）、式（10-1-5）和式（10-1-11）初步求得 P_0、d_t 和 N。然后进行孔型设计和布孔设计。再将布孔的数量，喷孔倾角和喷孔分散度 R_H/d_e 以及前面初选的 P_0、d_t 和 N_0 等，代入更符合实际的值也较为复杂的射流冲击熔池深度的公式进行验算以求总体合理。

10.1.2.8　孔型设计

缩张（C-D）型孔道为产生超音速射流之孔道。孔道分三个阶段，即收缩段、喉段及扩张段。

喉口段：喉段为圆柱形，其长度虽可短至零但无长度时，管壁非常难制。通常有一定长度，以不超过 d_t 为宜。此段内射流速度为音速，$Ma = 1$。

扩张段：扩张段为产生超音速的孔段。"拉瓦尔"型最理想，其射流不仅具有超音速核心段还具有势能核心段。而圆锥扩张型的射流则无势能核心段。故仅此而言拉瓦尔型的射流衰减慢。冲击熔池深度深，其效力较圆锥形高 5%以上。它对改善顶吹转炉的熔池搅拌强度和冶金效果也有显著作用。只是此型喷孔制造上颇费人工（尤其是整体型喷头）。如能采用水冷铸造喷头加精密铸造"拉瓦尔"喷孔的制造工艺，则此型喷孔可能推广。

目前大多采用圆锥形的扩张段。因入口直径 d_t 和出口直径 d_e 已知，此类问题只是扩张角度及长度。张角大而段短时容易引起激波的产生。反之，张角小而段长时，摩擦损耗会增高。故须折中二者。一般情况下扩张半角 $\alpha = 2.5° \sim 8°$，大多采用 5°左右。

$$\tan\alpha = \frac{b}{a} = \frac{d_e - d_t}{\alpha a}$$

$$a(\text{扩张段长度}) = \frac{d_e - d_t}{2\tan\alpha} \tag{10-1-12}$$

此段中，射流速度为音速变为超音速渐至增高至所设计的出口速度。

收缩段：收缩段的功能是使低速（约 $0.2Ma$）的氧流加速变为音速射流。其形状为倒圆锥。上端与枪身中之氧管相衔接，下端与喉段相接，其锥角多采用 25° ~ 30°。壁型要求不算严格，但须光滑。

10.1.2.9　喷孔布置

喷孔布置的任务主要是确定喷孔倾角和布孔半径（及喷孔旋角）。

射流自喷孔出口起始（注：当射流至出口正好完全膨胀时）即衰减，速度逐渐减低而直径同时扩大。其扩散角为 $10°30'' \sim 13°30''$ 之间，也可按式（10-1-13）计算：

$$\tan\alpha = 0.238(\gamma_g)^{0.133} \tag{10-1-13}$$

式中，γ_g 为射流的动黏度系数，在布孔时，必须满足下列条件：

（1）多股射流到达熔池不相交。

（2）在基本枪位下射流到达钢液时，射流冲击熔池的有效半径应控制在 $D_熔/D_冲 = 6 \sim 10$，小炉子取上限，大炉子取下限。

（3）吹炼公式：如选择硬吹型，则宜取 $\theta \leqslant 9°$，$R_H/d_e \leqslant 0.75$；软吹型，则宜取 $\theta \geqslant 10°$，$R_H/d_e \geqslant 1.0$；如选择旋流型则应按不同情况确定内旋角或外旋角大小，现将其不同效果用表 10-1-3 进行说明。

表 10-1-3　不同旋流型喷头的使用效果

比较项目	内旋流	外旋流
射流冲击面积	较小	较大
射流冲击深度	较深	较浅
水平旋转推力	较大	较小
强化度反应区	较好	较差
强化熔池搅拌	面积较小	面积较大
保护喷头作用	有	无
加工难易	较难	较易
综合冶金效果	较好	去 P 单项最佳

（4）喷头外形尺寸应尽量减小。一般来讲喷头外径 D_e 总是随 θ 和 R_H/d_e 的增大而增大，特别是随内旋角的减小而显著加大。故最后确定时还要注意勿使枪身过大而水耗增大，喷枪升降装置难以承受。

10.1.2.10　设计总校验

正如前面说明一切喷枪都应在吹炼终期通过压枪操作，来达到 $0.6 \sim 0.7$ 的冲击熔池深度比。而全部射流设计参数，包括 Q、P_0、N、d_e、d_t、θ、R_H/d_e、H 和 P_a、T_a 无不对射流冲击熔池深度有影响。而目前能全面反应这一关系的（也符合实际的）公式唯有文献提出的式（10-1-14）和式（10-1-15）。如将上述射流设计参数（注：其 Q 取下限值或 $q = 3 \sim 3.5 \mathrm{Nm}^3/(\min \cdot t)$）在 $H = 20\sqrt{N d_t^2}$ 下代入式（10-1-14）和式（10-1-15），能求得 $n_0 \geqslant 0.7 n$。则上述设计成立，否则应重新纠正，直到获得 $n_0 \geqslant 0.6 n$ 为止。

现将文献［5］提出的计算 n_0 的公式（10-1-14）和式（10-1-15）写在下面：

$$\frac{n_0}{H}\left(1 + \frac{n_0}{H}\right)^2 = \frac{2K_1'^2}{\pi} \frac{M_e \cos^2\theta}{\rho_{st} g H^3} \left(\frac{\rho_0''}{\rho_a}\right)^{1.5} \quad (10\text{-}1\text{-}14)$$

$$K_1' = 14.67 \left(1 - 0.0232 - 0.0846\frac{R_H}{d_e}\right)^{1/2} \left(\frac{\rho_e}{\rho_e'}\right)^{1/2} \left(\frac{d_e}{H}\right)^{0.38} \quad (10\text{-}1\text{-}15)$$

式中，n_0 为冲击熔池深度，m；H 为枪高，m；K_1' 为动量传递系数；M_e 为各喷孔出口处的动量（$M_e = m_e v_e$），kg·m/s²；ρ_{st} 为钢液密度，kg/m³；g 为重力加速度，$9.81 \mathrm{m} \cdot \mathrm{s}^{-2}$；$\theta$ 为喷孔倾角；R_H/d_e 为喷孔分散度，R_H 为布孔半径（喷孔出口中心至枪身轴线的距离），d_j 为喷孔出口直径，m；ρ_e 为喷出口射流密度，kg/cm²；ρ_0' 为膨胀冷却后的低温超音速射流通过常温（300K）下的大气后到达熔池面时，轴心上的密度，kg/m³；ρ_0'' 为假想的常温（300K）超音速射流，通过高温炉气后到达熔池面时，轴心上的射流密度，kg/m³；ρ_a 为射流周围介质的密度，kg/m³。

$$\rho_a = \rho_{CO} = \frac{P_a}{(R/M_{CO})\, T_a} = \frac{1.029 \times 10000 \times 28}{847.8 T_a} \qquad (10\text{-}1\text{-}16)$$

$$\rho_0 (注为\ \rho_0,\ \rho_0',\ \rho_0'') = \frac{1.029 \times 10000 \times 32}{847.8 T_E} \qquad (10\text{-}1\text{-}17)$$

$$\frac{T_E - T_a}{T_b - T_a} = 5.61 (\rho_e/\rho_a)^{1/2} \frac{d_e}{H} \qquad (10\text{-}1\text{-}18)$$

式中，T_E 为求取的射流终端温度，K；T_a 为射流周围的介质温度，K；如计算 ρ_0' 时 $T_a =$ 300K，计算 ρ_0'' 时，$T_a =$ 炉气温度，K；T_b 为计算射流的出发点温度，K；如计算 ρ_0' 时，$T_b = T_e$，计算 ρ_0'' 时，$T_b = 300K$。$\dfrac{d_e}{H} = \dfrac{\sqrt{\rho_a}}{20\sqrt{N}}$（$\rho_a = F_e/F_t$ 按 Ma 查表可得）。

10.1.2.11　硬、软复吹型喷头的设计计算

硬、软复吹型喷头，一类是多调节功能的双流道双流喷头。它对铁水成分、温度和冶炼钢种的适用范围较广，但设备较复杂。这类喷头的核心流一般为单孔，四周流为 3~4 孔。$M_中/M_四 = 1~1.1$，$d_中/d_四 = 1.1~1.3$。其熔池冲击深度可按 $\sum n_0 = n_中 + n_四$ 计算。另一类为无调节功能的单流道硬、软结合型双流喷头。这类喷头的核心流可为单孔或三孔，四周流可为 3~6 孔。应根据不同的铁水 Si、Mn 元素和温度来选择核心流和四周流的分配比例、马赫数差值。一般来说，Si、Mn 氧化完时，熔池温度低于 1470℃ 的差值愈大时，则须按吹炼前期核心流多开发一些 C-O 反应及 CO 多转化为 CO_2。故这时宜 $A_核$ 大些 $A_四$ 软些。

由上可知：

（1）顶吹氧枪对顶吹转炉和顶底复吹转炉的冶炼起着重要的乃至决定性的作用。氧枪类型有 LD 式的硬吹型、软吹型、超软吹型和硬软结合型、旋流式的外旋型、内旋型、轴线型和 LD-CL 旋转型、脉动脱氧的 LD-PJ 型，硬软复吹式的双流道双流外旋型与内旋型、单流道双流外旋型与内旋型以及二燃式双流道双层或单层双流型、单流道双流双层或单层型氧枪四种 LD 喷枪、四种旋流喷枪、一种脉动氧枪、四种待开发的双流硬软复吹喷枪和四种双流二燃型喷枪，各厂应结合自己的原料条件和冶炼钢种，选择合适的喷枪。

（2）双流硬、软复吹旋流型和双流二燃型喷枪将是顶枪技术的发展方向。

（3）喷头主要参数应根据冶炼需要、射流与周围介质和熔池的相互作用（特别是冲击熔池深度）的关系，以及供氧与炉型尺寸和吹炼平稳的关系，进行全面分析后，用联立方程求解。

（4）喷头设计必须满足压枪操作时冲击熔池深度比不小于 0.6。

参 考 文 献

[1] 国外氧气底吹转炉发展概况 [R]. 上海科学技术情报研究所. 1976：76.

[2] 氧气底吹—LWS 法（一、二、三）. [R]. 见：氧气底吹转炉炼钢参考资料（第一辑）. 马鞍山钢铁公司钢铁研究所，1974：153-202.

[3] 氧气底吹转炉炼钢参考资料（第三辑）. 马鞍山钢铁公司钢铁研究所，1976：196-199.

[4] 氧气底吹转炉炼钢参考资料（第一辑）. 马鞍山钢铁公司研究所，1974：125.

[5] 氧气底吹转炉炼钢参考资料（第二辑）. 马鞍山钢铁公司钢铁研究所，1975：139-144.

10.2　氧气底吹喷枪的设计计算

氧气底吹转炉的优越性能否充分发挥，在很大程度上取决于对风嘴直径和数目这两个参数的确定。在这个问题上国外有许多专利，而真正用于生产中见效者均对外保密。本节作者通过对熔池运动动力学的实验研究和生产实践后，提出了下面更科学的氧气底吹喷枪设计的原则和方法，可以说它才是具有真用途、真价值的专利，而被认为是发现了该领域的金矿所在地。

10.2.1　风嘴出口压力的选择

10.2.1.1　风嘴出口压力的选择原则

合理的风嘴出口压力应当是：

（1）消除氧气射流的气泡后坐现象，以减小对炉底的冲刷作用；

（2）保证射流束有较大的超音速，以冷却风嘴的喷头；

（3）保证金属熔池作合理的循环运动，以加速冶金反应和促进反应平衡；

（4）保持射流的穿透高度大约为熔池深度的 0.4~0.5，既要提高反应带，又要吹炼平稳。

根据水力学模型的实验结果，得出供氧压力的选择原则是：

$$\varepsilon'_* \leqslant 0.25 \tag{10-2-1}$$

式中，ε'_* 为有效压强差，$\varepsilon'_* = \dfrac{P_a}{P_{01}}$；$P_{01}$ 为喷嘴出口处氧流的滞止压力（绝对大气压），即扣除了管道摩擦损失的供氧压强。

该式有如下实践意义：

（1）采用 $\varepsilon'_* < 0.25$ 的供氧制度时，射流的流谱中便将出现以"桶形波"占主导地位的波形，从而为克服气泡后坐现象创造动力学条件。

（2）采用 $\varepsilon'_* < 0.25$ 的供氧制度时，可以使氧流从喷嘴喷出后，不因钢水的作用而过早地在喷嘴出口处发生较强烈的反应和改变射流方向，破坏射流形状，这有助于射流达到一定的高度（比如熔池深度的 $\dfrac{4}{10} \sim \dfrac{5}{10}$）后方被钢水碎散成细小的气泡，再行扩散，形成气-液交混的气泡带（或称气泡反应区）而上升。所以，$\varepsilon'_* < 0.25$ 便成为抬高底吹转炉熔池反应区，以提高炉底寿命和发展熔池循环运动，促进冶金过程顺利进行的动力学条件。

（3）采用 $\varepsilon'_* < 0.25$ 的供氧制度时，可以强化氧气射流在喷嘴出口处的冷却作用。

应当指出：氧枪内管端头的冷却主要是靠氧气流以及氧流出口处膨胀的冷却效应来实现，而冷却介质的作用则主要是保护喷嘴周围的炉底。二者都不能忽视。

按照气体动力学公式：

$$\frac{T_0}{T} = 1 + \frac{K-1}{2} Ma^2 \tag{10-2-2}$$

$$\frac{P_0}{P} = \left(1 + \frac{K-1}{2}Ma^2\right)^{\frac{K}{K-1}} \tag{10-2-3}$$

将不同压强差条件下，氧气射流在喷嘴出口处的膨胀冷却强度计算列于表 10-2-1 中。

表 10-2-1　压强差与射流膨胀温度之间的关系

Ma	1.1	1.2	1.3	1.4	1.5	1.6	1.7
$t/℃$	-33	-41	-50	-59	-67	-75	-84
ε'_*	0.47	0.41	0.36	0.31	0.28	0.24	0.2

从表 10-2-1 可以看到，当提高供氧压力（或降低压强差值）时，便能增大射流对喷头的冷却作用。

（4）采用 $\varepsilon' < 0.25$ 的供氧制度时，可以提高冷却介质保护炉底的作用。

在氧气底吹转炉中使用碳氢化合物作为冷却介质，是通过使它汽化和裂解时的吸热反应和防止射流在喷嘴出口处与钢水接触来起保护炉底的作用的。但它们又能与氧混合后起燃烧放热的作用。这里我们需要的是限制它可能产生燃烧的条件和创造使它充分裂化的条件，并在出口氧流周围包上一层保护气幕。要做到这点，就必须使氧流与冷却介质在离开喷嘴后的一段距离上作平行流动，并防止气泡后坐现象的发生。因为当射流在喷嘴端部产生气泡后坐现象时，必然会把冷却喷嘴的油在不同程度上敲打雾化后，部分地卷入射流中去过早引起燃烧，破坏其在氧流出口段上包上一层保护气幕的作用。所以，采用 $\varepsilon' < 0.25$ 的供氧制度，对提高冷却介质保护炉底的效用也是十分必要的。

10.2.1.2　风嘴出口最小供氧压力的计算

克服气泡后坐现象的最小供氧压力可通过下列方程式算出：

$$\frac{P_a}{P_0'} = \varepsilon'_a = 0.25 \tag{10-2-4}$$

$$P_0' = P_{01} - P_{石灰} - P_{失} \tag{10-2-5}$$

$$P_a = P_* = 0.528P_0' \tag{10-2-6}$$

$$\varepsilon'_* = \frac{P_2}{P_{01}} = 0.528q \tag{10-2-7}$$

$$\left(\frac{1}{\lambda_1}\right)^2 - 2\ln\frac{1}{\lambda_1} = 1 + 1.167\bar{\zeta}\frac{l}{D} \tag{10-2-8}$$

$$q = \left(\frac{K+1}{2}\right)^{\frac{1}{K-1}}\lambda\left(1 - \frac{K-1}{K+1}\lambda^2\right)^{\frac{1}{K-1}} \tag{10-2-9}$$

当不喷石灰粉时，式（10-2-5）可写为：

$$P_0' = P_{01} - P_{失} \tag{10-2-10}$$

为了便于设计人员和操作人员判断情况，现按上面公式对不同情况下的最小供氧压力参数作近似计算列于表 10-2-2 中。

从表 10-2-2 中，我们可以根据不同的熔池深度，选择最小供氧压力的近似值，但实际生产中要做到使常用供氧压力大于表中的 P_0 值，却不是随意可以办到的，它还必须与一定的风嘴直径相配合，否则吹炼不平稳，供氧压力就提不上去，所以在下面还必须讨论风嘴直径与熔池深度及供氧压力之间的关系。

表 10-2-2 不同情况下的最小供氧压力参数 （绝对大气压力）

l/D	熔池深度 /mm	750	850	950	1050	1150	1250	1350
	ε'_a	0.25	0.25	0.25	0.25	0.25	0.25	0.25
	P_a	1.52	1.60	1.66	1.73	1.80	1.87	1.94
	P_0	6.1	6.4	6.65	6.9	7.2	7.5	7.75
20	$P_失$				$0.21P_0$			
30					$0.23P_0$			
50					$0.26P_0$			
80					$0.36P_0$			
20	P_2				$0.415P_0$			
30					$0.404P_0$			
50					$0.388P_0$			
80					$0.335P_0$			
20	P_{01}	7.75	8.12	8.42	8.74	9.10	9.50	9.8
30		7.93	8.33	8.63	8.96	9.35	9.75	10.1
50		8.25	8.65	8.98	9.33	9.72	10.1	10.45
80		9.55	10.0	10.75	10.77	11.26	11.73	12.14

10.2.2 风嘴直径、个数和非圆形截面喷嘴的选择

10.2.2.1 确定风嘴直径的原则和依据

根据前面所提出的选择供氧压力的原则，和保持吹炼平稳的条件、良好的熔池循环运动的条件，不难得出确定风嘴直径的依据。这就是式（10-2-11）~式（10-2-14）：

$$\varepsilon'_a = \frac{P_a}{P_0} \leqslant 0.25 \qquad (10\text{-}2\text{-}11)$$

$$Fr' = \frac{\rho_g}{\rho_1 - \rho_g} \frac{C^2}{gd} \qquad (10\text{-}2\text{-}12)$$

$$\frac{h}{d} \geqslant 6.0(Fr')^{\frac{1}{3}} \qquad (10\text{-}2\text{-}13)$$

$$600 \leqslant Fr' \leqslant 800 \sim 1000 \qquad (10\text{-}2\text{-}14)$$

为了便于讨论，现将熔池深度为 850mm 时各种情况的计算结果列于表 10-2-3 中。

从表 10-2-3 中可以看出，当选定了 Fr' 和 P_{01} 值后，风嘴直径也就确定了。

现举例说明。例如，某厂的 12t 氧气底吹转炉，熔池深度 $h = 750$mm，试求在获得 $\varepsilon'_a <$ 0.25、$Fr' = 700$ 和吹炼平稳的条件下，宜采用的风嘴直径和常用氧压。

表 10-2-3　风嘴直径与 Fr' 和供氧压力 P_{01} 的关系

P_{01}（绝对大气压）	Fr'				
	500	600	700	800	1000
	风嘴直径 d/mm				
8.6	$\phi17.5$	$\phi14.6$	$\phi12.6$	$\phi11$	$\phi9$
10	$\phi19$	$\phi16$	$\phi13.7$	$\phi12$	$\phi10$
11	$\phi21$	$\phi17.5$	$\phi15$	$\phi13.2$	$\phi10.5$
12.1	$\phi22.4$	$\phi19$	$\phi16$	$\phi14$	$\phi11$
13.0	$\phi23.2$	$\phi19.3$	$\phi16.6$	$\phi14.5$	$\phi11.6$
15.0	$\phi25.5$	$\phi21$	$\phi18.3$	$\phi16$	$\phi13$

解： 按 $\varepsilon_a' \approx \dfrac{P_a}{0.7P_{01}} < 0.25$，则 $P_{01} > \dfrac{1+0.75\times7}{0.25\times0.7} > 7.65$ 绝对大气压。

现将 $Fr' = 700$ 代入 $\dfrac{h}{d} > 6.0\ (Fr')^{\frac{1}{3}}$，则 $\dfrac{h}{d} > 52.3$，所以 $d \leqslant 14\mathrm{mm}$。

已知 $d \leqslant 14\mathrm{mm}$，$Fr' = 700$，查表 10-2-3，得 $P_{01} = 10$ 绝对大气压。

故宜采用风嘴直径 14mm，氧压 9kg/cm²。

10.2.2.2　确定风嘴个数 n 的原则和依据

确定风嘴个数的原则和依据主要是单个风嘴的最大供氧量相对守恒。

确定风嘴个数的方法有两种：一是根据 10.2.2.1 中解出的风嘴直径和氧压 P_2 代入公式（10-2-15）：

$$Q = 33.1 \times F \frac{P_2}{\sqrt{T_0}} \tag{10-2-15}$$

由式（10-2-16）得出 n：

$$Q = 25.9nd^2 \frac{P_2}{\sqrt{T_0}} \tag{10-2-16}$$

二是根据式（10-2-17）计算：

$$V = kD\sqrt{\frac{Q}{n}} + \frac{T}{7} \tag{10-2-17}$$

10.2.2.3　非圆形风嘴的实用意义

在保持平稳的条件方程式中提出了与保持吹炼平稳有关的因素，即与产生喷溅有关的因素有三：（1）熔池深度；（2）氧气压力；（3）风嘴直径。

大家知道，在炉型设计中，特别是在小容量的转炉中，熔池深度是不能定得太深的，生产中它也是不易调节的，因为增大装入量提高熔池深度时就会减少炉容比，一般是不允许这样做的。若用降低氧压来限制喷溅和求得吹炼平稳就会延长吹炼时间和产生气泡后坐现象，使炉子寿命降低。因此，只好更多着眼于减小风嘴直径。而圆形风嘴单位直径上的单位面积和其他水力学直径相同的非圆形风嘴来比是最小的，这就是说，如炉子的风嘴总面积定了，减小风嘴直径时，圆形风嘴的个数就要增加较多，而用非圆形喷嘴则能减少这个问题上的矛盾。

用保持吹炼平稳的条件方程式来分析和认识扁平状断面风嘴时，就会发现采用非圆形喷嘴时有以下好处：

（1）当风嘴总面积和风嘴个数不变时，与圆形喷嘴比较，非圆形喷嘴的水力学直径较小，$h/\bar{d}$ 值较大。故允许采用弗鲁德修正数 Fr' 较大，即供氧压力和供氧量较大，而吹炼也更平稳，炉容比也可较小些。

（2）当风嘴的总面积和风嘴的水力学直径相同时，与圆形喷嘴相比，它的单个风嘴面积较大，故可减少风嘴个数，节约冷却介质耗量，降低钢水含氢量。

（3）特别是它能帮助妥善处理炉役前后期主要技术参数发生变化的特点。

下面以某厂 12t 氧气底吹转炉和某厂 150t 氧气底吹转炉为例做一计算比较，见表 10-2-4。

表 10-2-4 某厂 12t 氧气底吹转炉（1~4）和某厂 150t 氧气底吹转炉（5~7）风嘴比较

序号	矩形断面尺寸 $a \times b$ /cm×cm	水力学直径 $\bar{d}$/cm	相等面积的结圆直径 d/cm	熔池深度 h/mm	比值 $h/\bar{d}$	比值 h/d	单个风嘴面积 f/cm²	风嘴个数 n	风嘴总面积 F/cm²
1	—	—	1.9	750	—	39.5	2.73	3	8.2
2	—	—	2.1	750	—	35.6	3.45	3	10.4
3	3.2×0.9	1.28	1.8	750	59.0	42.0	2.56	3	7.7
4	3.5×1.0	1.55	2.1	750	48.2	35.6	3.50	3	10.5
5	—	—	2.4	1300	—	54.0	4.53	16	72.5
6	5.0×1.5	2.3	3.0	1300	60.5	43.4	7.5	10	75.0
7	4.8×1.6	2.4	3.14	1300	54.0	41.2	7.7	10	77.0

注：序号 1 实际常用氧压为 7kg/cm²；序号 2 实际常用氧压为 6kg/cm²；序号 3 允许常用氧压 $P_0 \approx 10 \sim 12$kg/cm²；序号 4 的 $P_0 \approx 9$kg/cm²。

从表 10-2-4 中可以看出：某厂 12t 氧气底吹转炉过去采用的风嘴直径为 21mm，h/d 值为 35.6，前期氧压只能用到 6kg/cm²，如改为序号 4 中的 3.5cm×1.0cm 的矩形风嘴，其风嘴面积和 φ21mm 的圆形风嘴一样，但水力学直径只有 15.5mm，所以 $h/\bar{d}$ 值增大到 48.2，允许把供氧压力提高到 9kg/cm²。又如某厂的 150t 氧气底吹转炉设计圆形风嘴 16 个，直径为 24mm，若改为 4.8cm×1.6cm 的矩形风嘴，则风嘴个数可以由原来的 16 个减少为 9~10 个。这些都说明矩形风嘴和其他扁平风嘴具有相当大的实际意义。

10.2.3 单个风嘴供氧量的确定

单个风嘴供氧量的问题，在顶吹转炉中主要是受气体动力学的因素决定的，所以它在顶吹转炉中就不是一个问题。但在底吹转炉中单凭气体动力学就不够了。如果我们接受某些文章中的观点，简单地用气体动力学的计算公式来确定单个风嘴的风量，那就往往会不自觉地采用较大的风嘴和较小的 h/d 值。比如企图任意扩大风嘴直径来提高供氧量。但实践证明：在氧气底吹转炉中单个风嘴的最大供氧量和合理的供氧量是有它自身的规律性的，而不是单凭扩大风嘴直径和提高氧气压力就能随意提高的。

10.2.3.1　单个风嘴最大供氧量的相对守恒

对氧气底吹转炉来说，当原料条件和熔池深度确定之后，在主要吹炼期中单个风嘴的最大供氧量也就相对地确定了，任何扩大风嘴直径的办法，都不可能再提高单个风嘴的最大供氧量。也就是说，在一定的炉子上，风嘴个数确定后，炉子的供氧量便基本上定了，再想增加氧气量，只有增加风嘴个数。

某厂 8t 氧气顶吹转炉第四个炉役的吹炼过程证明了这一点。这个炉役的风嘴个数和风嘴直径，从第三个炉役时的 $3 \times \phi 16mm$ 改为了 $2 \times \phi 19mm$，但单个风嘴的供氧量仍大致为 $13Nm^3/min$ 左右。继而在 12t 氧气底吹转炉中，先后采用 $3 \times \phi 19mm$、$3 \times \phi 21mm$、$3 \times \phi 23mm$ 的风嘴进行试验时，也出现风嘴直径不同，但单个风嘴的供氧量却大致相同，约为 $13 \sim 14Nm^3/min$ 的情况。这是受保持吹炼平稳的规律支配的必然结果。下面进行论证。

根据气体动力学的公式，总的风嘴供氧量为（Nm^3/min）：

$$Q = 33.1F \frac{P_a}{\sqrt{T_0}} \quad Nm^3/min$$

则单个风嘴的供氧量为：

$$\frac{Q}{n} = 1.53P_a d^2 \tag{10-2-18}$$

因 $P_a \approx 0.34 \sim 0.405P_{01}$（炉役前期小，后期大）

故　　　　　　　　　$$\frac{Q}{n} = 0.52 \sim 0.62P_{01}d^2 \quad Nm^3/(min \cdot 个) \tag{10-2-19}$$

按照供氧压力的选择原则，$\varepsilon'_a \leqslant 0.25$，如取 $\varepsilon'_a = 0.2$，则 $P_a/P_0 = 0.2$，设 $P_a = 1.6$ 大气压，$P_0 = 0.7P_{01}$，便求得应取 $P_{01} \geqslant 11$ 个绝对大气压。

再根据保持良好的熔池循环运动的条件：

$$600 \leqslant Fr' \leqslant 800 \sim 1000$$

按照图 10-2-1 选定风嘴直径 d。

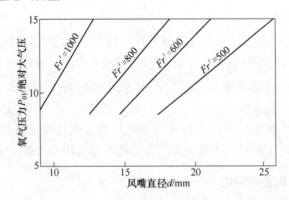

图 10-2-1　供氧压力 P_{01}、风嘴直径 d 和弗鲁德修正准数 Fr' 的关系

当 P_0 定了，Fr' 定了，d 也定了，便将它们代入保持吹炼最低平稳限度的条件式中，则可求出熔池的最小深度：

$$\frac{h}{d} = 6.0(Fr')^{\frac{1}{3}} \tag{10-2-20}$$

于是，当熔池的深度选定之后，则单个风嘴的最大供氧量也就基本上定了。因为在保持吹炼最低限度平稳的条件下，供氧压力、风嘴直径和熔池深度之间的任何变动都是互为消长和遵照条件式（10-2-20）来进行的。所以，当 h 确定之后，过分提高 P_0 时必须缩小 d，否则 h/d 便会小于 $6.0\ (Fr')^{\frac{1}{3}}$，吹炼平稳就会被破坏；同样，为了保持吹炼平稳，当扩大风嘴直径 d 时，供氧压力必然要降低。

现举例说明。

按照图 10-2-1，如取 $P_{01} = 10\mathrm{kg/cm^2}$（绝对），$Fr' = 600$，查得 $d = 16\mathrm{mm}$，

将 $Fr' = 600$，$d = 16\mathrm{mm}$ 代入 $\dfrac{h}{d} = 6.0\ (Fr')^{\frac{1}{3}}$，求得 $h = 800\mathrm{mm}$。

再将 $P_{01} = 10\mathrm{kg/cm^2}$（绝对）和 $d = 16\mathrm{mm}$ 代入公式：$\dfrac{Q}{n} = 0.52 \sim 0.62 P_{01} d^2$，则求得 $d = 16\mathrm{mm}$ 时单个风嘴的最大供氧量为：

$$\left(\frac{Q}{n}\right)_{\max} = 13.4 \sim 15.8 \quad \mathrm{Nm^3/(min \cdot 个)}$$

如将风嘴直径 d 扩大为 $20\mathrm{mm}$，按照吹炼平稳的条件式：

$$\frac{h}{d} = 6.0(Fr')^{\frac{1}{3}}$$

则

$$\frac{800}{20} = 6.0\ (Fr')^{\frac{1}{3}}, \quad Fr' = 300$$

因 $Fr' = \dfrac{\rho_{\mathrm{g}}}{\rho - \rho_{\mathrm{g}}} \dfrac{C^2}{gd}$，设 $\rho_{\mathrm{g}} = 3.0\mathrm{kg/m^3}$，则 $\dfrac{3.0}{7000} \times \dfrac{C^2}{9.81 \times 20 \times 10^{-3}} = 300$，故 $C = 370\mathrm{m/s}$。$\lambda \approx 1.23$，查气体动力学函数表得 $\varepsilon'_{\mathrm{a}} = 0.36$，$\rho/\rho_0 = 0.486$，则 $P_0 = 1.6/\varepsilon'_{\mathrm{a}} = 4.5\mathrm{kg/cm^2}$，故 $P_{01} = 4.5/0.7 = 6.4\mathrm{kg/cm^2}$（绝对）。

$\rho = 1.43 \times 4.5 \times 0.486 = 3.1\mathrm{kg/m^3}$（与假设数字基本上符合，不再重算）。

于是将 $P_{01} = 6.4\mathrm{kg/cm^2}$（绝对）和 $d = 20\mathrm{mm}$ 代入公式 $\dfrac{Q}{n} = 0.52 \sim 0.62 P_{01} d^2$，则求得 $d = 20\mathrm{mm}$ 时单个风嘴的最大供氧量为：

$$\left(\frac{Q}{n}\right)_{\max} = 13.2 \sim 15.8 \quad \mathrm{Nm^3/(min \cdot 个)}$$

现将两种情况下的计算结果列于表 10-2-5 中。

表 10-2-5 计算结果

供氧压力 P_{01}/kg·cm^{-2}（绝对）	10	6.4
弗鲁德修正准数 Fr'	600	300
风嘴直径 d/mm	16	20
熔池深度 h/mm	800	800
$\left(\dfrac{Q}{n}\right)_{\max}$ /Nm^3·(min·个)$^{-1}$	13.4~15.8	13.2~15.8

由此，不仅证明了上述论断，同时引出了下列结论：

（1）在氧气底吹转炉中，当熔池深度确定后，单个风嘴的最大供氧量也就确定了。任何扩大风嘴的做法都不可能再提高单个风嘴的最大供氧量，反而使有效压强差降低，弗鲁德修正准数减小，结果是气泡后坐现象可能发生，熔池循环运动变坏，炉龄不高，冶金反应不能顺利进行。

（2）为了提高炉子的供氧量，正确的做法应当是增加风嘴个数（或采用非圆形风嘴）为宜。

10.2.3.2　单个风嘴合理供氧量

单个风嘴的合理供氧量跟炉子容积有关，所需公式如下：

$$V = kD\sqrt{\frac{Q}{n}} + \frac{T}{7} \tag{10-2-21}$$

$$\frac{Q}{n} = (0.52 \sim 0.62)P_{01}d^2 \tag{10-2-22}$$

$$D = M\sqrt{\frac{T}{h}} \tag{10-2-23}$$

式中，V 为炉子容积，m^3；D 为熔池直径，m；Q/n 为单个风嘴的供氧量，$Nm^3/(min \cdot 个)$；T 为炉子容量，t；P_{01} 为供氧压力，绝对大气压；d 为风嘴直径，cm；h 为熔池深度，m；k 为炉子容积系数；M 为熔池系数。

根据保持吹炼最低限度平稳的公式，即 $\frac{h}{d} = 6.0(Fr')^{\frac{1}{3}}$，便能揭开上面三个联立方程式，得出如下结论：

（1）当 $\frac{h_1}{d} = 6.0(Fr')^{\frac{1}{3}}$ 时，$\frac{Q_1}{n}$ 达到最大值后不再增大。但增加 h_1 到 h_2 后，则 $\frac{h_2}{d} > 6.0$ $(Fr')^{\frac{1}{3}}$，这时 $\frac{Q_1}{n}$ 值可以采取提高 P_{01} 或扩大 d 的方法来提高，直到 $\frac{h_2}{d} = 6.0(Fr')^{\frac{1}{3}}$ 为止，达到新的最大值 $\frac{Q_2}{n}$。

（2）如设计按 $\frac{h}{d} = 6.0(Fr')^{\frac{1}{3}}$ 选取 $\frac{Q}{n}$ 最大值时，则 V/T 值也选取最大值。根据实践经验约为 $0.85 \sim 0.9$。如按 $\frac{h}{d} = 7 \sim 8(Fr')^{\frac{1}{3}}$ 来选定 $\frac{Q}{n}$ 值时，则 V/T 值可选为 0.6 左右。

（3）熔池不能太浅，浅了不利于采用高压供氧，不利于提高 Fr' 值，不利于减小 V/T 值。所以应适当地深些。

（4）在 $\frac{Q}{n} < \left(\frac{Q}{n}\right)_{max}$ 之前，选定的 $\frac{Q}{n}$ 值愈大，所需的 $\frac{V}{T}$ 值愈大。所以，如果采用最大的 $\frac{Q}{n}$ 值来求得最小的风嘴数目，则势必采用最大的 $\frac{V}{T}$ 值才能保持吹炼平稳；应当指出：这决不是经济的方法，对冶金反应也不是有利的。如按 $h/d = 6.5 \sim 7.0(Fr')^{\frac{1}{3}}$ 来选取 Q/n 值，虽然风嘴个数多了点，但 V/T 值小了，不仅对降低厂房高度，减小倾动设备，在经济上是合理的，同时风嘴个数多点、直径小点，对冶金反应也是有利的。当然风嘴个数过多也有

它不利的一面，这在前面已经谈了，所以，强调的风嘴个数多直径小是有限度的。这里必须提到非圆形风嘴在解决上述这个矛盾问题上是值得注意的。

10.2.4 喷枪供氧压力和流量的计算

已知某厂氧气底吹转炉的氧枪尺寸如图 10-2-2 所示。

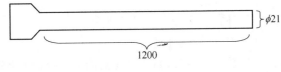

图 10-2-2 氧枪尺寸

当喷管前的氧气压力 $P_0 = 10$ 绝对大气压时，求氧气流量。

10.2.4.1 确定 $\bar{\zeta}\dfrac{L}{D}$

（1）估计管流雷诺数。设氧气流量 $Q = 1987 \times 0.785 \times 2.1^2 \times 10^{-4} \dfrac{0.35 \times 10 \times 10^{-4}}{\sqrt{273}} =$

$1470\,\mathrm{Nm^3/h}$，则 $Re = 25.29 \times \dfrac{1470}{0.021} = 1.78 \times 10^6$。

（2）确定表观摩擦系数 $\bar{\zeta}$。根据喷管尺寸 $L/D = 57$，查图得 $\bar{\zeta} = 0.0270$。

（3）计算 $1 + 1.167\bar{\zeta}\dfrac{L}{D} = 2.80$。

10.2.4.2 求出喷管出口压力 P_2

（1）求喷管入口的 λ_1。已知 $1 + 1.167\bar{\zeta}\dfrac{L}{D} = 2.80$，查表得 $1/\lambda_1 = 2.06$，则 $\lambda_1 = 0.486$。

（2）求折合流量 q。已知 $\lambda_1 = 0.486$，查表得 $q = 0.68$。

（3）按公式 $\varepsilon'_* = \dfrac{P_2}{P_{01}} = 0.528q$，由 $P_{01} = 10$ 绝对大气压，得 $P_2 = 3.59$ 绝对大气压。

10.2.4.3 求喷枪的氧气流量

（1）喷管截面积 $F = \dfrac{\pi D^2}{4} = \dfrac{3.14}{4} \times 2.1^2 \times 10^{-4} = 3.46 \times 10^{-4}\,\mathrm{m^2}$。

（2）氧气流量 $Q = 1987F\dfrac{P_2}{\sqrt{T_0}} = 1987 \times 3.46 \times 10^{-4} \times \dfrac{3.59 \times 10^4}{\sqrt{273}} = 1500\,\mathrm{Nm^3/h}$。

10.3 多微孔环式风嘴

　　顶/底复吹技术的优点在于它能根据冶金反应过程的需要，把冶金反应的热力学条件和动力学条件很好地协调和统一起来，所以它能取得良好的冶金效果和经济效益。

　　而要实现对复吹过程中冶金反应的热力学和动力学条件的协调和统一，关键在于对复吹熔池搅拌强度的调节和控制。而复吹熔池的搅拌强度是否具有较大调节范围和良好的调节性能，则在于顶、底吹喷枪的结构形式、喷吹特性和喷吹参数，尤其是底吹技术。

目前国外采用的底吹方式：一类是透气砖，另一类是喷嘴。透气砖的发展过程是：弥散型砖→具有定向孔（50~100 个）的钢板壳砖→包钢板壳的砖缝喷孔砖→（包一块、两块或三块）→内嵌 4~8mm 金属管的风嘴砖。喷嘴式的发展过程是：单管式→双套管式→单环缝式。但不论是透气砖型或者喷嘴型，其发展的共同特点都是微孔化、缝隙化，这是符合消除和减轻气泡后坐现象的原则的，所以其炉底寿命都有不同程度的提高。

我们所要提出的底部喷吹技术是：

（1）风嘴结构为多微孔单环式和多微孔双环式两种。

（2）喷吹气体为 N_2、Ar、O_2 及其混合气。

（3）外射气流的临界马赫数 $Ma^* = 1.21 \sim 1.4$（对内嵌 4~8mm 金属管的风嘴砖、单管风嘴、双套管风嘴和环缝式风嘴均适用）和 $Ma^* = 0.27 \sim 0.7$，而避免在 $Ma^* = 0.7 \sim 1.2$ 范围内工作。

（4）底吹小气量时采用两支喷枪，布置在耳轴中心线上。分别在离炉子中心（1/5~1/4）R 处（最大为 1/3 处）。底吹中等气量时，采用 4 支多微孔双环式喷枪。其两支布置在耳轴中心线上，离炉中心 2/3R 处，另两支布置在垂直于耳轴的炉子中心线上，离中心（1/5~1/4）R 处（并要考虑到炉子倒在水平位置时，风嘴露出渣面）。

（5）两个风嘴和四个风嘴可在上述规定 Ma^* 范围内组配，以满足流量调节范围大的要求。

以上底部喷吹技术与当时国内外采用的底部喷吹技术有明显区别，预期可能达到的目的是：

（1）确保底吹气流数量、调节范围大。

（2）在同样的底吹供气强度下，有较大的搅拌强度和较好的抑喷能力。

（3）防止气泡后坐对风嘴周围耐火材料侵蚀。

10.3.1　提出多微孔环式风嘴的理论依据

多微孔环式风嘴的提出是以下列经验公式为依据的：

（1）底吹气流穿透熔池的高度：

$$\frac{L}{d_b} = 3.0(Fr')^{\frac{1}{3}} \tag{10-3-1}$$

（2）保持吹炼平稳的条件式：

$$\frac{H}{d_b} \geqslant 6.0(Fr')^{\frac{1}{3}} \tag{10-3-2}$$

式中，Fr' 为修正弗鲁德数 $\left(= \dfrac{\rho_g v^2}{\rho_l g d_b} \right)$；$\rho_g$ 为气体密度，kg/m^3；v 为风嘴出口的气流速度，m/s；ρ_l 为液体密度，kg/m^3；$g = 9.81 m/s^2$；d_b 为风嘴内径，m；H 为熔池深度，m。

（3）熔池搅拌强度的数学模型

底吹熔池搅拌混匀时间 $\tau_{b \cdot m \cdot s}$（s）：

$$\tau_{b \cdot m \cdot s} = 23.793 k_2 q_b^{-0.4422} n_b^{0.0827} \left(\frac{d_b}{H} \right)^{0.0246} \tag{10-3-3}$$

式中　k_2——风嘴布置系数，对于直筒型或球缺形，$k_2 = 1.16 L_S^{0.588}$；

L_S——风嘴离炉壁的距离，以熔池面半径 R 为度量单位；若单个风嘴布置在炉底中心，或偶数个风嘴作对称布置（其间距为 $(1/4 \sim 1/2)D$ 时），$L_S = 1.0$；若单个风嘴布置在离炉壁 $3R/4$ 处，或多风嘴作 LWS 法布置时，$L_S = 3/4$；若单个风嘴布置在离炉壁 $R/2$ 时，或几个风嘴布置在离炉壁 $R/2$ 的一段圆弧上时，$L_S = 1/2$；

q_b——底部供气强度，$Nm^3/(min \cdot t)$；

n_b——风嘴个数（注：但当底吹气量小时，n 多的反而比 n 少的 $\tau_{b \cdot m \cdot s}$ 值小）。

复吹熔池搅拌混匀时间 $\tau_{c \cdot m \cdot s}$（s）：

$$\tau_{c \cdot m \cdot s} = 2.065 \tau_{b \cdot m \cdot s}^{0.55} \tau_{T \cdot m \cdot s}^{0.17} \qquad (10\text{-}3\text{-}4)$$

$$\tau_{c \cdot m \cdot s} = 1.047 \tau_{b \cdot m \cdot s}^{0.778} \tau_{T \cdot m \cdot s}^{0.13} \qquad (10\text{-}3\text{-}5)$$

注：资料给出了描述气泡直径 d_B 和上浮速度 v_B 的方程式：

$$d_B = 1.895 v^{0.1305} \left(\frac{\sigma_m}{\gamma_m} \right)^{\frac{1}{3}} d_b^{0.0073} g^{-0.0652} \qquad (10\text{-}3\text{-}6)$$

$$v_B = 1.65 \left(\frac{\sigma_m}{\gamma_m} \right)^{0.221} d_b^{0.058} g^{\frac{1}{2}} \qquad (10\text{-}3\text{-}7)$$

式中，v 为单个喷孔的气体流量 $\left(v = \dfrac{Q}{n} \right.$，$Q$ 为总流量，n 为喷嘴数或喷孔数$\left. \right)$；σ_m 为液体表面张力；γ_m 为物体重度。

（4）气泡后坐现象：

1）气泡后坐宽度：

$$\left(\frac{L_b}{d_b} \right)_{max} = 11 \sim 16 \qquad (10\text{-}3\text{-}8)$$

2）气泡后坐长度：

$$\left(\frac{L_1}{d_b} \right)_{max} = 6 \sim 9 \qquad (10\text{-}3\text{-}9)$$

3）后坐力：

$$\left(\frac{P_b}{P_0} \right)_{max} = 0.93 (Fr')^{-0.629} \qquad (10\text{-}3\text{-}10)$$

4）气泡后坐基本消失指数：

$$\varepsilon_a = \left(\frac{P_a}{P_0} \right) \leqslant 0.2 \qquad (10\text{-}3\text{-}11)$$

式中，L_b 为气泡后坐宽度，m；L_1 为气泡后坐长度，m；P_b 为气泡后坐力，kg/cm^2。

（5）单个底吹风嘴的最大供气量相对守恒。

由上可见，决定熔池搅拌强度、吹炼平稳、气泡后坐现象和单个风嘴的最大供气量的决定性因素都是：熔池深度、风嘴出口的压力（或供气压力）、风嘴直径。而在炉型设计中，特别是小容量的转炉中，熔池深度是不能定的太深的，生产中也是不易调节的，因为增大装入量来提高熔池深度时就会减少炉容比，一般是不宜这样做的。若用降低氧压来减少 Fr' 数，从而降低流股穿透高度，求得吹炼平稳，则会延长吹炼时间，降低熔池搅拌强度和加强气泡后坐现象（影响炉底寿命）。若从减小直筒型风嘴直径考虑，根据保持吹炼平稳的条件式，允许采用高压供气，这样既可提高熔池搅拌强度，又可减小气泡后坐现象。但在工业生产中最高供气压力一般只能达到 15kg/cm²，因此，直筒形风嘴直径的减少是有限度的，且在这样高的压力下，直筒型风嘴出口处也还存在一定气泡现象，只是出现的时间比率减小罢了。这里特别要提出的是，在水力学直径相同的条件下，直筒形风嘴的断面积比其他非圆形风嘴的断面积都小，或者说，在出口截面相同的情况，它的水力学直径较大，故从保持吹炼平稳的条件式和单个风嘴的最大供氧量相对守恒来看，单个圆筒风嘴的最大供氧量是小的，保持吹炼平稳的性能也是最差的。但仅仅将圆筒形风嘴改为非圆形风嘴，尽管吹炼会平稳些，供氧量会大些，风嘴数可减少些，搅拌强度会大些，气泡后坐现象会少些，去 P 效果会好些，但也还是有限的，且风嘴本身的结构更复杂了。综合上面的分析，不难看出：将小型、异型、多孔集中在一个环式风嘴上，便可能把它们的优点集中在一个风嘴上，使炉底结构也得到升华，这就是我们所要设计和探索的最佳风嘴结构。

10.3.2　水力学模型试验结果

转炉熔池的水力学模型试验结果如下。

10.3.2.1　气泡后坐现象

如图 10-3-1 所示，单管风嘴和双套管风嘴的气泡后坐现象十分严重；环缝风嘴的气泡后坐现象已大大减轻，但仍明显存在，而多微孔环式风嘴则基本上无气泡后坐现象。

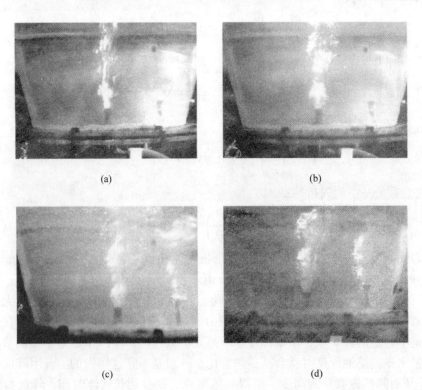

(a)　　　　　　　　　　　　　　　(b)

(c)　　　　　　　　　　　　　　　(d)

图 10-3-1 单管、双套管、环缝式和多微孔式风嘴的气泡后坐现象实验图形

(a) 压力为 0kg/cm²; (b) 压力为 0.85kg/cm²; (c) 压力为 2.0kg/cm²; (d) 压力为 2.71kg/cm²;

(e) 压力为 2.72kg/cm²; (f) 压力为 3.2kg/cm²; (g) 压力为 3.68kg/cm²

10.3.2.2 不同形式风嘴的熔池搅拌混匀时间

单管式:

$$\tau = 36.522Q^{-0.544} \quad \text{s} \tag{10-3-12}$$

六头多微孔式:

$$\tau = 32.244Q^{-0.628} \quad \text{s} \tag{10-3-13}$$

十头螺旋形多微孔风嘴:

$$\tau = 31.078Q^{-0.57} \quad \text{s} \tag{10-3-14}$$

式中, Q 为供气量, Nm³/h。

可以看出,环缝式风嘴的 τ 值比单管的仅略有缩短,而多微孔的则比单管和环缝的明显减少;孔数多的多微孔风嘴的 τ 值较小。

这就初步说明:以理论为依据而提出的多微孔环式风嘴有可能从硬件本身使气泡后坐现象基本消除和气流对熔池所作的搅拌功更大。

10.3.3 风嘴设计说明

10.3.3.1 设计原则

(1) 确保稳定的底吹气流及较大的调节范围 (0.03~0.3 Nm³/(min·t)), 并具有较大的搅拌强度和较好的抑喷能力。

(2) 防止风嘴周围耐火材料侵蚀。

10.3.3.2 风嘴形式和结构

多微孔环式风嘴形式见图 10-3-2。实心体直径比环缝宽度至少大 10 倍。

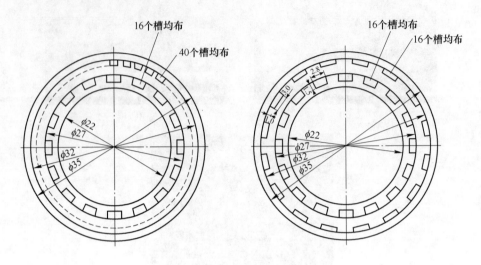

图 10-3-2 多微孔环式风嘴

内管选用的钢管材质见表 10-3-1。

内管充填的耐火材料：用铬酸盐、硫酸盐及水合物做黏结剂的优质镁砂，其次是白云石、氧化铝和耐火黏土。

表 10-3-1 内管选用的钢管材质　　　　　　　　　　　　　　（％）

[C]	[Cr]	[Ni]
0.4	13	
0.5	18	8
0.2~1.2	5~30	Ni、Mn、Si 含量变化范围大

10.3.3.3 供气压力和供气流量

供气压力和供气流量见表 10-3-2。

表 10-3-2 供气压力和供气流量

方案	吹　炼　期			非吹炼期	
	$\varepsilon_a = \dfrac{P_a}{P_0}$	$P_0/\text{kg} \cdot \text{cm}^{-2}$	$q_b/\text{Nm}^3 \cdot (\text{min} \cdot \text{t})^{-1}$	ε	q_b
方案一	0.35~0.175	4.85~9.7	0.05~0.1	≈0.7	0.02~0.025
方案二	≥0.7, ≤0.35		0.03~0.3	≈0.9	0.02

10.3.3.4 风嘴套砖

选用耐急冷急热的碳质（C = 20%）镁砖。

10.3.4 工业性试验结果

多微孔环管式风嘴在马钢50t转炉上进行过两个炉役试验。

（1）第一炉役炉底寿命首创了596炉与炉身寿命同步的纪录。

（2）第二炉役微孔尺寸加大后，底气量增大，因此该炉役的吹炼时间缩短了2~3min，金属消耗降低11kg/t，$\sum(FeO)$降低2%，石灰消耗不高于90kg/t，该喷枪使用后的情况见图10-3-3。

图10-3-3 多微孔环管式喷枪使用情况照片

10.4 顶吹转炉合理炉型的设计

自1952年第一座顶吹氧气转炉在奥地利投产以来，其操作上的成功引起了世界范围内对顶吹氧气转炉的采用。60多年来顶吹氧气转炉炼钢技术已有很大发展，第一座LD转炉的炉容量为30t，然后发展到80t，1958年达到100t，1961年达到200t，1962年达到270t，1964年达到300t，后最大炉容量已达到450t（苏联）（美国最大的LD转炉是威尔顿厂的350t转炉，日本最大的LD转炉是大分厂的375t转炉）。单炉座年产钢能力（连续工作）可达400万~500万吨。大型转炉月平均吹氧时间达12min。月平均冶炼周期达28min。溅渣护炉前，最高炉龄是日本（君津厂250t转炉，于1976年）达10110炉，美国（杜肯厂215t转炉，于1977年）达2857炉，前苏联（西西伯利亚厂130t转炉）达2500炉。联邦德国（萨尔茨吉特厂230t转炉于1977年）达1810炉，我国（上钢一厂的30t转炉于1958年）达4332炉。顶吹氧气转炉的这些发展必然推动炉型设计的发展。过去无论顶吹转炉也好，托马斯转炉也好，其炉子的主要尺寸都是按其容量为函数的经验公式来确定。这种设计炉型的方法没有反映，也不可能很好反映供氧强度、喷孔形式和数目，以及操作情况等重要因素。如果按照过去老的炉型设计方法来设计顶吹氧气转炉，就会产生炉子投产后达不到原设计规定的指标的现象。例如：

（1）美国大湖厂开始造了个矮胖炉子，因其铁水为高硅高锰类型，投产后喷溅太厉害而不得不（在1965年）换了下来。

（2）美国克里夫兰厂200t炉子原设计给氧量是560m³/min，而实际只能达到炉役前期340m³/min，炉役后期420m³/min，原因就是炉型设计未适应气体动力学的特征而造成激烈喷溅的结果。

因此最新的炉型设计方法不仅要根据炉子的装料量，而且还应考虑到炉子供氧的气体动力学和冶金反应。

在未具体讨论炉型的选择和设计计算方法之前，先规定几条炉型设计的原则。即：

（1）保证达到炉子的公称容量和适应具体的原料条件。

（2）达到设计规定的吹炼时间和供氧强度的指标。

（3）利于冶金反应的顺利进行。

（4）利于提高炉子寿命。

（5）吹炼平稳，喷溅少，烟尘少。

（6）满足出钢、出渣和加料的操作要求。

（7）除要求炉子设备投资少，还要有利于节省厂房投资。

10.4.1 炉子容量的含义

这里首先谈谈炉子容量的含义这个问题，因为它对炉型设计影响很大，目前世界上流传着三种说法：一谓炉子的装入量（前苏联）；二谓炉子的出钢量（日本）；三谓炉子的产钢锭量（西欧）。作者认为以炉子的出钢量来定炉子的容量是比较合适的。这样对于一定容量炉子的生产能力既不受浇钢方法的影响，也可基本上不受采用矿石法或废钢法而有所改变，从而可以提供在炉子尺寸及产量上的可比性。

但炉型设计主要与炉子的装料量和供氧方式发生密切关系，因而必须在进行炉型设计之前，将出钢量换算成装料量（尤其是铁水装入量），并首先确定炉子的供氧方式。

10.4.2 供氧制度与炉型的关系

供氧制度包括炉子的供氧强度、供氧压力、喷枪高度以及喷枪型式和孔数等。

10.4.2.1 供氧强度 q 的确定

为了充分发挥炉子的生产能力，提高炉子的供氧强度，缩短吹炼时间无疑是十分必要的。但受到提高供氧强度时会加速炉衬的磨损和增加炉料的喷损的限制，在多孔喷枪出现之前，30t 以下炉子的供氧强度一般为 $3.0 \sim 4.0 \mathrm{Nm^3/(min \cdot t)}$，大炉子一般为 $2.0 \sim 3.0 \mathrm{Nm^3/(min \cdot t)}$。直到 1963 年之前，这个认为吹炼时间随装入量的增加和炉容量的增加而相应增加的概念依然是有效的。至 1969 年以后，随着多孔喷枪的发展（首先是三孔喷枪于 1961 年在联邦德国克虏伯研究所实验炉上取得成功，只是到 1963/1964 年在操作上使用三孔喷枪的意义才被认识到）。由于改善了熔池与熔渣反应的动力学情况，才打破了过去那种随着炉子装入量的增加和炉容量的增加而供氧强度相应减少的概念，而可以做到大致相等。目前有些大型转炉的供氧强度已达 $4.0 \sim 4.5 \mathrm{Nm^3/min}$，月平均吹炼时间已达 12min。但在设计确定供氧强度时，还必须注意到下列限制供氧强度提高的因素。

（1）废钢的熔化时间不能延长到吹炼时间的下一半周期内，否则吹炼就要增长。

$$t \approx \frac{O^{0.6} n^{0.4} \times SCR^{0.333}}{C_A d_B^{2.2} T^{0.2}} \qquad (10\text{-}4\text{-}1)$$

式中，t 为废钢熔化时间占吹炼时间，%；O 为氧流，$\mathrm{Nm^3/min}$；n 为喷嘴孔数；SCR 为一块废钢的重量，t；$C_A = \dfrac{S}{V^{\frac{2}{3}}}$ 为一块废钢的表面积与其体积 $\dfrac{2}{3}$ 次方之比；d_B 为熔池直径，m；

T 为出钢量，t。

由方程（10-4-1）可见：

1）废钢的熔化时间随供氧速度的增加而增加；

2）增加喷枪的孔数与增加废钢的块重一样，延长废钢的熔化时间；

3）扩大熔池直径（即熔池浅一些）和提高废钢的单位表面积可以缩短废钢的熔化时间。

所以要把转炉设计成与废钢种类和块度大小没有关系和熔化时间不超过吹炼时间，必须遵守 $\dfrac{O^{0.6}n^{0.4}\times SCR^{0.333}}{C_{A}d_{B}^{2.2}T^{0.2}}=$ 常数的关系。

（2）冷却方法与吹炼时间的关系见表10-4-1。

表 10-4-1　冷却方法与吹炼时间的关系

冷却方法	矿石法	废钢矿石法	废钢法
吹炼时间/min	10~12	12~14	14~18

10.4.2.2　供氧压力的选择

过去一般供氧压力为 $6\sim10\mathrm{kg/cm^2}$，马赫数 $Ma\approx1.3\sim1.6$。为了提高喷枪寿命和促进熔池反应，普遍向采用高压供氧方面发展，Ma 达 $1.8\sim2.0$ 或更高。

10.4.2.3　喷枪孔数

美国大多数厂采用3孔喷枪，也有少数厂用4孔喷枪；日本则大多采用4孔喷枪；也有的国家采用 5~6 孔喷枪的，以及 7~9 孔或更多的喷枪。

根据文献资料，可用式（10-4-2）来计算采用的喷嘴孔数。即：

$$n_{\min}=\frac{kq^{a}H_{0}^{b}}{V^{c}} \tag{10-4-2}$$

式中，k 为炉子系数，随炉容量而不同，对于 100~130t 炉子，可取 $k=0.35$；q 为供氧强度，$\mathrm{Nm^3/(min\cdot t)}$；$H_0$ 为熔池深度，m；V 为单位炉容比，$\mathrm{m^3/t}$；a，b，c 为指数，可分别取 $a=1.17$，$b=2.0$，$c=1.7$。

喷枪孔数跟炉子容量的关系推荐表 10-4-2 所示的关系。

表 10-4-2　炉子容量与喷孔数之间的关系

炉子容量/t	<150	150~250	250~300	300~450
喷枪孔数	3	3~5	5~7	7~9

应当强调指出：喷枪设计的发展，从单孔到三孔喷嘴，和现在的 7 孔喷嘴的变化，对炉型设计有深远的意义，如表 10-4-3 所示，如果把炉型设计和喷枪设计分开考虑，就不可能做好炉型设计。

表 10-4-3　喷枪孔数与供氧强度的关系

喷枪孔数	1	3	7
$O_2/\mathrm{Nm^3\cdot(min\cdot m^2)^{-1}}$（熔池面）	15.3	26.0	45.8
$N/\mathrm{ft^3\cdot(min\cdot ft^2)^{-1}}$	50	85	150

10.4.3   炉型的选择

现国内外采用的氧气顶吹转炉炉型多为 A、B、C 三种，如图 10-4-1 所示。

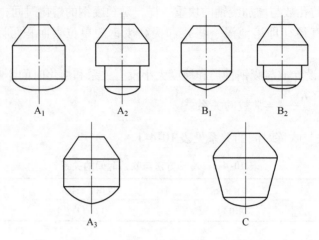

图 10-4-1   氧气顶吹转炉的各种炉型

A 型有三种，其主要区别点在于：A_1 型炉底的曲率半径一般为 0.85~1.2 倍的熔池内径，该种炉型形状简单、砌砖方便、炉壳制造容易而且熔池直径较大，有利于反应的进行，较适合于用在大炉子，是目前使用最多的一种炉型，尤其在美国和西欧。我国鞍钢的 150t 转炉、攀钢的 120t 转炉，以及武钢、马钢的 50t 转炉也都是采用的这种炉型。

A_2 炉型与 A_1 型的差别在于熔池部分多了一个加厚段，国内某些小转炉上有时为了提高炉衬寿命而采用此种形式，只是为了砌筑方便，熔池底是平的。

A_3 型的炉底曲率恰好等于炉膛半径。理论上这种炉型的熔池运动条件较好，但实际生产中用得较少。只看到联邦德国的维顿厂用过这种半球型炉型。

B 型主要有两种。与 A 型的主要区别点在于 B 型的炉底部分多了一个锥形段。B_1 和 B_2 型之间的区别，只是一个在下部有加厚段，另一个没有。B 型炉型既适于用在大炉子上，也适于用在较小容量的炉子上。因为它一方面在同容量同深度的条件下比直筒型的熔池直径大些，另一方面在同容量同熔池直径的条件下比直筒型熔池的深度深些，既有利于冶金反应的要求和满足顶吹氧气转炉对熔池直径和深度的要求，又利于缩小炉子的高宽比。所以 B 型炉型既在奥地利道纳维茨 30t 转炉及苏联彼特洛夫 20t 转炉上采用，也在美国匹茨堡 150t 转炉及德国奥古斯蒂森 200t 转炉上采用。从目前所掌握的材料来看，对于小炉子的 B 型居多，对于大炉子以 A 型居多。我国 30t 以下的炉子基本上都是采用的 B 型。主要是考虑到 LD 法炼钢的一个很大特点是熔池深度几乎为恒定的，并不随容量的增大而发生明显变化。这样小炉子的炉料体积小，而深度又和大转炉相差不多，为了避免熔池直径过分缩小，采用 B 型就更为必要。另外因炉底为锅底形状，B 型还具有炉衬腐蚀后熔池体积变化小的优点。对于小炉子来说，采用 B 型应该是没有争议的。而对容量大一些的炉子，例如 50~100t 以上的，从实际情况来看，由于保证基本操作的熔池深度已无问题，以及由于开始操作的熔池深度比较大，因而由炉衬腐蚀引起的熔池深度改变对操作的影响也比较小，所以考虑选用 A 种炉型者认为它既可使炉衬砌筑简化，又使炉壳制造简单容易。不过作者认为 B 种炉型用在 50~200t 上，对采用多孔喷嘴、高压、高强度供氧来说是更为合适的（因为 B 型炉型总的优点比较多，例如：（1）在同容量同熔池深度的条件下比直筒型的熔池直径大些，既有利于减轻对炉壁的侵蚀，又能减小炉子的高宽比；（2）单位金属的熔池接触面比 A 型大，有利于 CO 气泡的均匀析出和吹炼平稳；（3）有利于熔池环流运动和提高炉墙寿命；（4）可以改变炉底结构强度）。

C 型炉子主要用于喷石灰粉法冶炼高 P 生铁的转炉。其特点是炉帽倾角较大，炉身部分上大下小，这样可以增大上部反应空间，便于扒渣、倒渣，这对 OLP 法产生大量泡沫渣的操作是有利的。

通过以上讨论，推荐 150t 以上的转炉采用 A_1 型，20~120t 转炉采用 B_1 型，小于 10t 的转炉采用 B_2 型，但为了砌筑简便，熔池底可砌成平的。对于 OLP 法转炉则采用 C 型。

10.4.4　炉子主要尺寸参数的确定及其依据

10.4.4.1　熔池形状及尺寸

转炉的冶炼过程主要是在熔池中进行的。熔池形状及尺寸确定得好否直接关系着转炉工作的好坏。

A　熔池形状

目前实际生产中使用的熔池形状有锥球形、筒球形、球缺形、截锥形以及直筒形等。但用得最多的还是前两种。

截锥形熔池：在 10t 以下的小转炉上用得较多，一般 $d = 0.7D$，如图 10-4-2 所示。

锥球形熔池：由一个截圆锥体和一个球缺体组成，这种形式在大小炉子上均有采用，但以 100t 以下用得较多。根据液面线的位置不同可以分成三种不同的形式，（如图 10-4-3 所示）：

（1）液面线低于截锥体（图 10-4-3（a）），这种形式在德国、美国均有采用。优点是可以增大熔池上部的炉腔内径，减轻炉衬的磨损（它一般多用于炉墙不设加厚段的情况下），并相对地增加熔池深度，较好地满足冶炼要求。这种形式对小容量的转炉尤为合适。

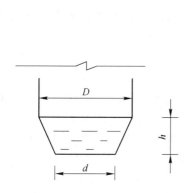

图 10-4-2　截锥形熔池形状

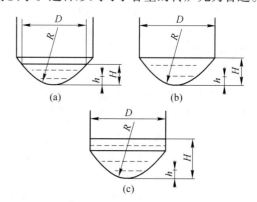

图 10-4-3　锥球形熔池的各种形状

（2）液面线与截锥部分相齐（图 10-4-3（b））：该炉型一般在炉墙下部设加厚段，以缓和其磨损作用。我国首钢 30t 轻炉为此形式，使用情况较好，炉衬侵蚀也较均匀。

（3）液面线高出截锥部分（图 10-4-3（c））：在实际中很少采用。

锥球形熔池的形状取决于以下几个参数：球缺曲率半径 R、球缺高度 h，以及深度 H、直径 D 等。在深度 H 体积 V 均为一定的情况下，增加半径 R 和减小球缺高度 h，会缩小熔池直径 D；反之，减小 R 并增大 h，会增加熔池直径。各国现用的 R、h 与 D 的关系见表 10-4-4。

表 10-4-4　R、h 与 D 的关系

德国 Demag	德国 Krupp	美国 Peco	前苏联
$R = 1.8D$	$R = 1.5D$	$R = 1.1D$	$R = 1.3D$
$h = 0.05D$	$h = 0.06D$	$h = 0.095D$	$h = 0.7D$

由此可以看出它们变动范围是很大的（这里既有熔池形状的原因，也有炉壳结构强度的考虑）。

从统计的资料看以 $R = 1.1D$ 和 $h = 0.09D$ 居多，并从形状来看比较便于炉衬砌筑和炉壳制作，故在现阶段设计中暂可采用此数值。

在 $R = 1.1D$，$h = 0.09D$ 条件下，熔池体积 V 和直径 D 及深度 H 之间有如下关系：

$$V = 0.655HD^2 - 0.033D^3 \tag{10-4-3}$$

筒球形熔池：由一个球缺体及一个筒体所组成，是采用最多的一种形状，它的最大优点是炉衬砌筑简单且炉壳制作容易。

筒球形熔池的形状主要取决于炉底曲率半径与熔池直径 D 之间的关系。在熔池体积及深度为一定时，如果 R 值减小则会使熔池直径 D 增大（$R = 0.5D$ 时为半球形），反之会使熔池直径减小（当 $R = \infty$ 时即成直筒形）。各国现用的 R 值变动范围很大，波动于 $R = (0.65 \sim 1.2)D$ 之间，但也以 $R = 1.1D$ 居多，故认为设计中可以暂考虑用此数值。

在 $R = 1.1D$ 条件下，熔池体积 V 与深度 H 之间有下列关系：

$$V = 0.79HD^2 - 0.064D^3 \tag{10-4-4}$$

B　熔池尺寸

从熔池形状的分析中可以看出，确定熔池尺寸的主要未知数是熔池深度和直径。确定的方法是按炉子吹氧动力学和炉子的装料量，尤其前者是一个很重要的因素，它要考虑如下几个方面。

a　熔池直径

氧流与熔池的相遇直径

氧流的相遇直径不仅是设计炉型时必须考虑的因素，而且也是实际生产操作中不可忽略的因素。它直接影响炉衬磨损速度以及精炼的效果。LD 转炉内衬损坏最严重的部位是在熔池面以上 $1 \sim 1.5$ 区域内，是气流反射二次动能对衬壁冲刷的结果。根据统计实际生产中采用的相遇直径比（熔池直径/相遇直径）大多在 $9 \sim 10$ 之间。中国科学院化冶所对首钢实验厂 5t 顶吹转炉历史上冶炼最顺利的炉次进行分析计算并得出 $D/d_{遇} = 10 \sim 10.6$，为最佳控制参数（国外报道为 $6 \sim 10$）。首钢 30tLD 炼炉所用的 $D/d_{遇}$ 值据换算为 $6.5 \sim 7.5$ 左右，实践证明该值小了，造成熔池上部衬砖的损坏较快。所以在设计中推荐 $D/d_{遇}$ 值采用 $9 \sim 10.5$ 较适宜。

计算氧流冲击面积公式为：

$$S = \frac{\rho_\gamma \times \left(1 - \dfrac{1}{\rho_\gamma}\right)^2 \times S_e \times (\ln v_m - \ln v)}{\dfrac{v_m}{v_0} \times \left(\dfrac{1}{\rho_\gamma} - 1\right) - \ln\left[1 - \dfrac{v_m}{v_0}\left(1 - \dfrac{1}{\rho_\gamma}\right)\right]} \tag{10-4-5}$$

式中，S 为某一剖面上速度为 v 的等速度线所包围的冲击面积（按 $v = 1\text{m/s}$ 计算）；ρ_γ 为射流出口密度与环境密度比，$\rho_\gamma = \dfrac{kP_0}{\left(1 + \dfrac{Ma^2}{5}\right)^{2.5}}$；$S_0$ 为喷出口总面积，m^2；v_m 为射流轴心最

大速度，m/s（v_m 随枪位而变）；v 为等速度线速度，取 $v = 1\ \text{m/s}$；$v_0 = \dfrac{19.1Ma\sqrt{T_0}}{\sqrt{1 + \dfrac{Ma^2}{5}}}$；$k =$

$\dfrac{1}{RT_0P_a}$；P_0 为供氧压力，绝对大气压力；Ma 为喷嘴出口马赫数；R 为氧气的气体常数；T_0 为氧气入口滞止温度；ρ_a 为环境密度。

由此可见喷枪的冲击面积除与射流的环境密度 ρ_a 有关以外，还取决于马赫数 Ma、氧气压力 P_0、氧气温度 T_0、喷嘴出口总面积 S_0、剖面上的最大速度 v_m（注：v_m 随枪位而变）。

这就是说当增大喷嘴出口的马赫数（Ma）、总喉道面积 S_0 和供氧压力 P_0 时，射流的冲击面积将扩大。按照 $D/d_{遇} = 9 \sim 10$ 的条件，则熔池直径 D 应相应增大。此为选定熔池直径的主要方法。

废钢熔化所需的熔池直径

其次，对废钢法操作的炉子来说，还应考虑废钢的熔化和所需的熔池直径的问题，即：

$$d_B = 1.07\left[\left(\frac{O}{T}\right)^{\frac{2}{3}} \times n \times T\right]^{0.812} \tag{10-4-6}$$

式中，d_B 为废钢熔化所需的熔池直径；O 为供氧量，Nm^3/min；T 为装料量，t；n 为喷嘴孔数。

熔池直径与供氧量的关系

另外，还有一种过去考虑熔池直径的方法，即简单的认为炉子的熔池直径的平方与供氧量成正比：

$$O \propto D^2$$

而供氧量 O 与装入量 W 成正比，与吹炼时间 t 成反比，即：

$$O \propto \frac{W}{t}$$

把两式合并后即得：

$$D = K\sqrt{\frac{W}{t}} \tag{10-4-7}$$

式中，K 为比例常数，一般 $K = 1.85$，$5 \sim 20\text{t}$ 的小炉子取 $K = 2.1$，5t 以下的炉子取 $K = 2.2$；W 为新炉初期装料量，t（大炉子钢铁料消耗取 1100kg/t，小炉子取 1140kg/t）；t 为

所选定的吹炼时间，min。

应当指出式（10-4-7）对采用单孔喷枪的炉型设计是可用的，对用多孔喷枪的转炉就未必合适了。

　　b　熔池深度

　　氧气对钢液的穿透深度及熔池深度

氧流对钢液的穿透深度是炉型设计中必须考虑的一个很重要的因素。如果考虑不当会增加炉底的磨损或影响到炉子的熔炼效果。

下面介绍两种计算氧气穿透钢液深度的公式：

（1）单孔喷枪氧流穿透钢液深度的公式（即过去日本人发表的）：

$$d_{出}v = \sqrt{Q}\sqrt{h_{穿}}(H_{高} + h_{穿}) \qquad (10\text{-}4\text{-}8)$$

式中，$d_{出}$为吹氧管的出口直径，mm；$H_{高}$为喷嘴距液面高度，mm；$h_{穿}$为氧流穿透深度，mm；v喷嘴出口处氧流速度，标准状态下 m/s；$\sqrt{Q}$为吹氧管材质有关的系数，对于水冷钢管$\sqrt{Q}=1$（也有的资料取$\sqrt{Q}=1.24$，这里推荐用1）；

$$H_{高} = \frac{d_{遇} - d_{出}}{2\tan\alpha} \qquad (10\text{-}4\text{-}9)$$

式中，$d_{遇}$为氧流与钢液的相遇直径；α为氧流的张角，对于直筒形喷嘴张角为16°（$\alpha = 8°$），对于拉瓦尔喷嘴张角为18°（$\alpha = 9°$）。

（2）超音速射流对熔池的穿透深度公式（中国科学院化冶所）：

$$\frac{H + n}{H} = \frac{0.825 \times 10^{-2} d_1 P_0 Ma}{H(\gamma_L \times \gamma_g \times n)^{\frac{1}{2}}\left(1 + \frac{Ma^2}{5}\right)^{\frac{7}{4}}} + 0.325 \qquad (10\text{-}4\text{-}10)$$

式中，H为喷枪距液面高度，mm；n为穿透深度，mm；d_1为喷嘴出口直径，mm；P_0为供氧压力，kg/cm^2；Ma为喷头马赫数；γ_L为液体比重；γ_g为气体比重。

　　熔池深度的确定

当我们利用氧流穿透熔池深度的公式来确定熔池深度时，要考虑两点：（1）炉底工作要安全，磨损要小；（2）精炼效果要好。如熔池深度过浅，炉底接近反应区，势必加大钢液对炉底砖衬的磨损。从这点考虑，国内实际操作经验表明$h_{穿}/H_{熔深} < 0.7$是必要的。另外从保证良好去 P 效果来看，$h_{穿}/H_{熔深}$也不应过大。根据日本所进行的实验只有当$h_{穿}/H_{熔深} < 0.6 \sim 0.7$时才有比较高的去 P 效果；但$h_{穿}/H_{熔深} < 0.2$时，脱 C 速度和氧利用率都大为降低。化冶所对首钢 5t 转炉历史上最顺利的炉次进行分析计算得出：$h_{穿}/H_{熔深} = 0.38 \sim 0.42$为最佳控制参数。国外资料报道为$h_{穿}/H_{熔深} = 0.3 \sim 0.5$（《顶吹转炉三孔喷枪》书中提出，对单孔喷头 $h/H = 0.4 \sim 0.6$，对三孔喷头 $h/H = 0.25 \sim 0.4$ 为宜）。

上面所述的确定熔池直径以及深度的方法是从给氧动力学角度出发的，它们所算出的值还需要校核，以适应选中的熔池形状和体积。若有一定的差别，则需要对熔池的形状进行适当的调整（若还不能满足要求，则说明所选的精炼速度过高，应该对精炼速度、喷嘴孔数和枪位等重新选定）。

根据对吹氧动力学的分析可以看出，在加大炉子精炼速度的同时，必须加大熔池直径和熔池深度；但是熔池的体积是一定的，熔池的现状和深度的调整都是有限的，也就是说供氧强度的提高不是无限的。

在 10.4.4.1 中介绍的式（10-4-5）、式（10-4-8）和式（10-4-10）在实际应用时尚须与同类公式做比较后选用。

10.4.4.2　炉帽的形状及尺寸

世界第一座 LD 转炉是偏心形状（这在某种程度上是由于受到底吹转炉影响的结果），接下第二座转炉出现了对称形式。随后曾有一个阶段两种炉帽形状都得到了广泛的采用。但在竞争中偏心炉帽逐渐被淘汰。两种炉帽的优缺点如下：

对称炉帽的主要优点是形状简单，便于砌砖和炉壳的制作，此外炉身高度也可以比用偏心炉帽少许低些。这些优点是对称炉帽得到广泛采用的最主要原因。

偏心炉帽的优点是废气导向性好，喷溅朝一个方向，喷溅物飞得较低，且对喷溅有一定的控制作用；但炉帽的高度较高，砌砖麻烦，炉帽制造较复杂。国内最早新建的首钢30t 顶吹转炉和由侧吹转炉改造的顶吹转炉，因受侧吹转炉操作的影响，炉帽多为偏心式的。但通过实践说明，上述偏心炉帽的优点都不是很重要的，相反给修炉、砌砖带来不便，为此后来新造的 LD 转炉均采用正口炉帽。

下面谈谈对称型炉帽的倾角和炉口尺寸。在实际使用中炉帽锥度大多在 55°~66° 之间，也即炉帽倾斜部分的水平倾角一般在 57°~62° 之间（注：目前在实际使用中的氧气底吹转炉的炉帽倾角也在 50°~60° 之间）。一般大炉子的炉帽倾角要偏小些，这是因为大炉子的炉口直径也相对比较小。这样可以不致使锥体部分过高。但炉帽倾角也不应过小。例如，美国大湖 270t 炉原设计倾角为 53°，在烘炉时发生炉帽内衬塌陷的现象，后来又把角度调整至 63°。

炉口尺寸应该在满足兑铁水及加废钢操作的前提下，尽可能缩小，炉口尺寸增大会增加热损失，使炉子热效率降低。例如联邦德国在 50t 转炉上进行实验表明：如果把炉口直径由原来的 1.3m 增大到 2.0m，废钢加入量将减少总量 20%（相当于每吨铁水减少50kg）；奥地利也做了类似的实验研究，如图 10-4-4 所示随炉口面积的增大，加入的废钢量明显减少。

根据统计资料，不同容量转炉的炉口面积示于图 10-4-5 中，可以看出炉口面积并不随容量增加而成比例增加。

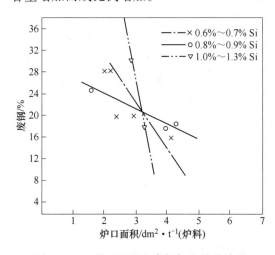

图 10-4-4　炉口面积和废钢加入量的关系

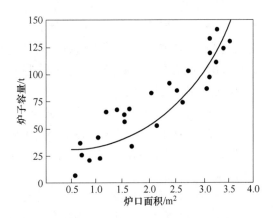

图 10-4-5　转炉容量和炉口面积的关系

  确定炉口尺寸的方法目前有三种，一为根据炉口废气速度（不超过 15m/s），二为根据炉口面积（按照经验一般为每吨炉料 0.25~0.35m²），三为根据炉口直径与炉膛直径的比值（根据统计资料一般为 0.4~0.5，小炉子偏大，大炉子偏小）。看来采用直径比的方法是比较好的，因为这既简单，又不会造成炉口尺寸的过分不合理，因为大小炉子之间的比值仅有 0.1 之差。

  关于出钢口的角度问题，最早的 30t 氧气顶吹转炉采用的出钢口角度多为 45°，现随着炉容量的增大有减小的趋势。一般认为出钢口角度减小有以下几个优点：（1）出钢口长度可以缩短，便于维修工作的进行。（2）在出钢期间钢液不会发生漩涡运动而把渣子带进罐内。（3）可以减短钢流长度，减少喷溅和钢液的氧化。应当指出，不能把这种看法绝对化，如不分炉子大小均推荐新设计的转炉采用 0°或 10°~20°出钢口那就不够合适了。比如上钢三厂 25t 转炉原设计的出钢口角度为 0°，生产中发现钢流在炉帽下面看不清，铁合金加入时对不准钢流，铝锭往往扔不进钢缶而被炉帽挡回掉在外面，同时钢流冲击力小，铁合金搅拌差，易使合金不均与脱氧不良，现已改为 15°。因此，设计时只能在保证钢流圆滑所必须的出钢口长度（850~1200mm）和使向钢水缶加铁合金的操作顺利进行的前提下来考虑采用最小的出钢口角度。这里推荐：

炉容量/t	5~30	50~150	≥200
出钢口角度	30°	20°	0°~10°

  出钢口的直径可按下式确定

$$d = \sqrt{63 + 1.75Q} \tag{10-4-11}$$

式中，d 为出钢口内径，cm；Q 为炉容量，t。

10.4.4.3 炉子容积 V

  选定炉子容积是炉型设计的一个很重要的部分，选定不当则会带来一系列的不良后果。例如，把 V 值定得过大，不仅会使设备重量增加，而且由于炉子尺寸的增大还可能引起厂房建设高度及耐火材料消耗的增加；如果 V 值定得过小，则会给操作带来困难，增加喷损降低炉龄，甚至还可能使原定的生产计划落空，达不到预定的供氧强度和装入量，从而实现不了预定年产量。

  氧气顶吹转炉的 V/T 值一般为 0.9~1.0m³/t。影响 V/T 值和 V 值的主要因素有：（1）炉子的供氧量、喷嘴孔数和熔池深度（或以熔池直径来表示）；（2）铁水成分；（3）铁水配比；（4）造渣制度，是采用喷石灰法还是加石灰块法；（5）炉帽形式是采用正口还是偏口；（6）是否采用拉碳操作。所有这些因素在设计时都必须考虑到。

  据北京钢铁设计总院推荐：

  对废钢法操作 V/T= 0.9，矿石法操作 V/T= 0.9~0.95；

  对于高 P 铁水 V/T=1.0；容量小于 10t 的炉子 V/T=0.95，大于 20t，V/T=0.9。

  但这些数值无论如何是有局限性的，不可能把所有不同种类的喷嘴和吹炼方式的影响表示出来。

  概括地说 LD 转炉的吹炼方式有三种：

  （1）"火花操作"。用于吹炼低磷、低硅铁水和小渣量操作。

  （2）"泡沫操作"。对于中、高磷铁水或高硅高锰铁水，或采用高拉碳法，或采用矿石冷却法时，泡沫法吹炼都将是不可避免的。

（3）"火花操作"和"泡沫操作"并用。

据文献报道，用火花法吹炼所需的炉子容积为

$$V_S = 0.0265 \times d^2 \times \frac{O}{n} + \frac{T}{7} \qquad (10\text{-}4\text{-}12)$$

用泡沫法吹炼所需的炉子容积为

$$V_F = 1.8 \times d \times \sqrt{\frac{O}{n}} + \frac{T}{7} \qquad (10\text{-}4\text{-}13)$$

式中，d 为炉膛内径，m；O 为氧气流量，$Nm^3/(min \cdot t)$；n 为喷嘴孔数；T 为出钢量，t。

经计算炉容积为 $150m^3$ 时（即容量为 175t）V_F 和 V_S 是一样，低于 $150m^3$ 时 $V_F > V_S$，高于 $150m^3$ 时 $V_S > V_F$。这一情况说明了采用"火花操作"和"泡沫操作"并用的吹炼方式是熔炼的观点所决定的。

对小炉子来说，普通的尺寸，其工作容积大都不能满足强泡沫渣的需要。由于这一原因小型转炉在吹炼中、高磷生铁和高硅高锰生铁时，在开始的时候需要解决控制泡沫渣的问题。实践说明采用三孔喷枪、精料操作和用白云石、石灰石、木屑块做防泡剂，这对防止或减轻泡沫操作是十分必要的。同样的原因，小型转炉按通常的设计，即使吹炼低 P 铁水也不是特别适应的。例如矿石冷却时，泡沫法吹炼就不可避免。因此从经济的观点来看，小于 175t 的 LD 转炉，用单渣法来冶炼中、高 P 铁水和高硅铁水，或用矿石法操作都是不经济的。它将使吹炼时间长、喷溅大、金属材料消耗高。

对小炉子存在的这些问题，有无补救的办法呢？作者的想法是：

一种办法是采用双管路的多孔喷枪。在吹炼初期（即火花操作周期里）用较高的供氧量（相当于火花操作公式允许的 1.3~1.4 倍）和较低强度的喷射流进行吹炼，以造就初期渣。在相继的泡沫渣期间，则采用相当于泡沫操作公式允许的供氧量的 1.3 倍和强力的喷射流进行吹炼。直到泡沫渣消失后，再提高供氧量。

另一种办法是：变氧量变枪位操作。早先 LD 法是用恒定的枪高。如在吹炼时改变氧枪高度会更好些。开始时用高枪位，之后按照渣子形成的情况将枪位降下，并同时改变供氧量，这不仅是吹炼高 P 生铁所需要的，就是吹炼低 P 生铁这样做也是好的（如提高金属收得率，较高的喷头寿命和其他的冶金效果等）。

应当指出：开吹后泡沫渣的形成期占吹炼时间的百分率（%PF）是与喷头到熔池的距离和喷嘴孔数的乘积成反比的。

$$\%PF = \frac{O}{nx}\left(\frac{d^2}{T}\right)^2 \qquad (10\text{-}4\text{-}14)$$

或

$$\%PF = \frac{O}{\sqrt{n}}\left(\frac{d^2}{T}\right)^2 \qquad (10\text{-}4\text{-}15)$$

值得注意的是，快速的泡沫渣的形成，其结果是泡沫期的延长。

对于大炉子（大于 175t），则主要是注意防止火花喷溅。因其工作容积都能满足泡沫渣操作，所以大型转炉都采用单渣操作。而其防止火花喷溅的措施，则是必须有足够的熔池面积以上的高度。Rowe 认为大转炉一般设计熔池面以上的最低高度是 28.2m。作者认为另一个办法就是变枪变氧量操作。如福特汽车公司的 225t 转炉，为了避免喷

溅，根据炉气成分 CO_2 分析数据，同时改变供氧量和喷溅高度，喷渣熔炼率从 15% 降至 5%。

根据作者对转炉炉型设计的总结，提出确定转炉容积的公式为：

$$V_F = k_1 \times k_2 \times k_3 \times k_4 \times k_5 D \sqrt{\frac{O}{n} + \frac{T}{7}} \tag{10-4-16}$$

式中，V_F 为炉子有效容积，m^3；D 为熔池直径，m；n 为喷孔数目；T 为金属装入量，t；O 为氧气流量，$Nm^3/(min \cdot t)$；k_1 为炉子容积系数，$k_1 = 0.9T^{0.15}$；k_2 为铁水成分系数，当高 P 铁水 $w[Si] > 0.6\%$，平炉铁水 $w[Si] > 0.9\%$ 时，$k_2 = 1.05 \sim 1.1$；反之 $k_2 = 1.0$；k_3 为铁水配比系数，当采用矿石冷却法时，$k_3 = 1.05 \sim 1.1$；当采用废钢冷却法时，$k_3 = 0.9 \sim 0.95$；当采用废钢—矿石冷却法时，$k_3 = 1.0$；k_4 为造渣制度系数，当采用石灰块法，置于头批料中配加白云石时，取 $k_4 = 1.0$，采用喷石灰粉或软烧石灰时，取 $k_4 = 0.9 \sim 0.95$；k_5 为炉帽形状系数，$k_5 = 1.0$。

10.4.4.4　炉壳高宽比（H/D）

为了减少喷溅，保持必须的炉身高度是十分必要的，但太高就不太好了。因为增加炉子的高度，则转炉操作平面的标高，原料跨吊车轨面的标高和氧枪位置的高度（即炉子跨的高度）都得增加，同时炉子倾动设备的能力都得增加，这就等于要增加相当多的厂房造价和设备投资。

最初 LD 转炉的 H/D 值都较大，后来逐渐减小，变为所谓"矮胖型"，但在氧气顶吹转炉发展到今天，普遍采用高压吹炼和注意防止喷溅时，高度与直径之比（H/D）又再度增大。例如日本千叶厂 165t 转炉 $H/D = 1.5$。

这种炉子设计的主要参数 H/D 值的马鞍形变化在美国表现得很明显。初期造的较小容量的炉子有的达到过 1.69（如阿姆科公司 50t 炉子），而大湖公司 300t 的转炉则采用 1.04，结果发生严重金属喷溅，供氧强度给不上去（即氧压降至 $7 \sim 5 \ kg/cm^2$ 也不能抑制住喷溅）使吹氧时间长达 40 多分钟。后来设计的炉子 H/D 值就明显增大。如拉卡沃纳厂的 270t 转炉采用 1.54。三孔喷出现及广泛应用后，炉子设计的 H/D 值又趋向降低。美国近年设计的 200~300t 炉子选用 H/D 值一般在 1.35~1.45 范围之内。

这里对不同容量的转炉推荐以下的炉子外壳的高宽比（见表 10-4-5）。

表 10-4-5　不同容量的转炉推荐的炉子外壳的高宽比

炉容量	<10	15~30	50~70	100~120	150~200	250~300
H/D	1.7~1.9	1.65~1.75	1.55~1.65	1.45~1.55	1.4~1.5	1.35~1.45

以上推荐数据仅供参考，选用时应做具体分析。

10.4.4.5　转炉内衬组成及厚度

炉衬厚度选择同样是转炉设计中非常重要的组成部分。因为，在炉衬内部容积为定值的前提下，炉衬厚度决定炉壳的最后尺寸。尽管炉型设计得比较合理，如果炉衬厚度选择不当，也同样不能达到理想的设计效果。目前转炉设计中，大多都是采用三层内衬，即永久层、填充层和工作层。永久层内衬紧靠炉壳，炉墙由一层侧砌标准镁砖组成（厚度约为

113~115mm），炉底由两层或一层平砌标准镁砖组成（厚度约为 65~130mm）；主要对炉壳钢板起一定保护作用。填充层是由焦油白云石料捣结而成，厚度一般为 50mm 左右；填充层的作用有各种说法，一般认为：

（1）可减轻因炉衬膨胀对炉壳发生的挤压作用（据理论计算此压力可达 60 大气压以上）。

（2）便于对炉衬侵蚀情况的观察。

（3）易于拆砌炉子的工作衬砖。除此以外，如果有此填充层，还可以给生产带来一定选择上的灵活性——可以设此填充层也可不设。

炉子工作层一般均由焦油质耐火材料制成，其厚度对于炉墙部分来说一般在 400~600mm 之间。对于炉底部分一般要比炉墙薄些，约 350~500mm。为了安全起见炉底永久层要比炉墙永久层厚些，一般为三层侧砌标准镁砖，也有两层侧砌一层平砌的，或工作层与永久层之间再增加 100mm 捣结层。

炉帽部分永久层和填充层厚度与炉身部分相同，也有的没有永久层，工作层厚度一般约为炉身工作层的 80%~90%。

根据国内生产经验并参考国外实际情况推荐的炉衬厚度见表 10-4-6。

表 10-4-6　推荐炉衬厚度

部　位		炉容量/t	
		小于 80	大于 80
炉身部分	有加厚段（加厚段）	500~550mm	600mm
	有加厚段（炉墙段）	400~450mm	500mm
	无加厚段	500~550mm	550mm
炉底部分		400	500
炉帽部分		为上部炉墙厚度的 80%~90%	
填充厚层		取 50~100mm 左右	
炉底永久层		300~350mm	

10.5　氧气底吹转炉的炉型设计

10.5.1　设计原则

我们认为设计氧气底吹转炉炉型的主要原则应当是：

（1）保证达到设计的炉子生产能力。适应具体的原料条件。满足高压供氧制度的要求。

（2）有利于冶金反应的顺利进行，缩短或消灭后吹，降低终点钢水含氧量和渣中含 FeO 量。

（3）保证吹炼平稳，喷溅少，烟尘少。

（4）有利于提高炉衬寿命，特别是炉底寿命。

（5）满足出钢、出渣的操作要求。

（6）采用合理的炉容比（V/T）和合理的炉子高宽比。

氧气底吹转炉的设计应以氧气底吹转炉的动力学为基础，根据供氧方式和冶金反应这些因素的动力学公式来设计计算炉子尺寸。

10.5.2　炉型设计举例

10.5.2.1　制定合理的供氧、供粉制度和炉型的意义

自 1967 年第一座氧气底吹转炉在联邦德国投产以来，至今已在世界上有了很大发展。在氧气底吹转炉中，影响熔池运动的各个主要动力学因素之间，存在着严格的相互制约关系。例如，保持吹炼平稳的第一条件方程式和第二条件方程式，单个风嘴的最大供氧量相对守恒的原理，以及流股气泡后坐现象的产生和消亡等。如不认识氧气底吹转炉的这些内在规律，就不可能把最重要的风嘴直径、风嘴数目、熔池深度和炉子容积选定好，就往往达不到设计的供氧压力、供氧强度、炉子生产能力和寿命，以及金属收得率和原材料消耗等技术经济指标。

大家知道，提高供氧强度可以缩短吹炼时间、提高炉子生产率和炉龄。但要想提高供氧强度，除了应从原料条件上和造渣制度上防止泡沫渣的产生外，还应从炉子容积，风嘴直径、数目、形式、布置和熔池深度上加以保证。否则，就做不到高强度供氧。希埃公司隆格威厂 35tLWS 法的实践说明[1]，转炉超装量的增加，会带来对生铁成分变化的敏感性增加、炉口结瘤加快、吹炼时间增加（由 11~12min 增加到 15~17min）。另外随着炉子吨位由 18.5t 增加到 31~33t，V/T 由 0.92m³/t 降到 0.57m³/t 后，炉底寿命也由平均 500 炉降到 260 炉。我国马钢 12t 氧气底吹转炉也是采用超装操作（高吨位低容积），其结果也是吹炼时间长（第 13~15 炉役平均 18.3min）、炉子寿命低（平均 150 炉，最高 207 炉）、炉口结渣快。这些经验是值得注意的。炉子容积太大也是不经济和不必要的。

实践说明，高压供氧可以克服流股的气泡后坐现象[2]，提高氧流对风嘴的冷却作用，使高温氧化区远离风嘴和炉底，从而有助于提高炉底寿命。但想要实行高压供氧，就需要熔池较深，风嘴直径较小，风嘴直径与熔池之比小于或等于 1/50。否则，熔池浅、风嘴大，风嘴直径与熔池深度之比等于或大于 1/35，就做不到高压供氧。值得注意的是，国外无一家采用 OBM 法、Q-BOP 法或 LWS 法的工厂是用 $d/h = 1/35$ 这一专利数据的。因为采用大风嘴的缺点是反应温度集中，风嘴出口处的 FeO 高，不利于采用高氧压操作，容易产生气泡后坐现象和反应区接近炉底。法国隆巴厂 30tLWS 法转炉的实践证明[3]，采用 3×ϕ28 的大风嘴时，炉底很快被烧坏。而采用 6×ϕ20 的风嘴时，由于保证了高氧压（10~12kg/cm²）操作，炉底寿命便达到了 400~500 炉（最高 640 炉）。木瓦厄夫勒厂的经验中也谈到[4]，使用大量小直径的风嘴能减少深褐色的烟尘和延长炉底寿命。托马斯转炉的实践也是采用小风嘴高压鼓风比采用大风嘴低压鼓风的炉底寿命高。美国格里厂 300tQ-BOP 转炉风嘴由 12 个增加到 21 个后炉底寿命由 300 炉提高到 715 炉，我国马钢 12t 氧气底吹转炉在同样的耐火材料条件（无风嘴套砖）和操作条件下，第 13 炉役风嘴直径为 ϕ19mm 时，炉底寿命为 103 炉（侵蚀速度为 6.5mm/炉）；而第 20 炉役风嘴直径为 ϕ23mm 时，氧压只能用到 5kg/cm²，炉底寿命只有 52 炉（侵蚀速度为 15.4mm）。另外实践还说明采用高压氧和小风嘴，可提高氧流进入熔池的修正弗鲁德准数（Fr'），有利于熔池循环和冶金反应。但采用小风嘴后是否会增加风嘴个数、耗油量和钢水含氢量呢？答曰：否！因为，这里所要提出的小风嘴是以采用高压供氧为界限的（注：不是像马克西米利安厂的

30tOBM 法转炉那样）。在氧气底吹转炉中，当熔池深度确定后，单个风嘴的最大供氧量也就确定了[5]，所以在同样吹炼时间的条件下，小风嘴和大风嘴的数目是一样的，耗油量只会少，而不会多；特别是采用小风嘴高氧压操作，还会使风嘴出口处的反应温度相对降低，使钢水吸收氢的能力降低。

实践还证明，风嘴之间必须保持一个合理的间距，太小了会因氧流出口处产生的吸引效应把邻近风嘴中的氧流所经之处产生的高温氧化铁吸引过来，涡旋到炉底上面，造成凹坑式的蚀损；反之，如果风嘴距离太大，流股不易汇合成一个和谐的循环运动，当氧压增高时容易造成喷溅，而只得采用低氧压操作，使反应区接近炉底，这同样是不利的。

实践和理论还说明[5,6]，非圆形风嘴可以扩大相界面，有利于去磷反应和吹炼平稳，并有助于采用高氧压，减少风嘴个数和节约油耗。

实践和理论还说明，风嘴在炉底上的布置形式对熔池的循环运动和冶金反应有密切关系。特别是与炉子纵轴成 15°斜角的布置方式值得重视，因为它既可造就双重环流运动，抑制泡沫渣的喷溅，又能延长喷粉经过熔池的途径和时间，提高瞬时渣的去 P 效果[5,7]。

而如何才能处理好氧气底吹转炉中的上述各种关系和运用好现有科学实验和生产实践中的成果，使氧气底吹转炉的优点得以充分发挥？根据《氧气底吹转炉的动力学和炉型》[5]和《氧气底吹转炉熔池运动的动力学探讨》[8]中对氧气底吹转炉各个主要动力学因素之间关系的探讨，提出制定氧气底吹转炉合理的供氧、供粉制度和炉型的原则和公式于后。

10.5.2.2 制定氧气底吹转炉合理的供氧、供粉制度和炉型设计的原则和公式

A 原始条件

（1）炉容量；

（2）原料条件以及冷却制度；

（3）由冷却制度决定的吹炼时间；

（4）造渣制度；

（5）炉帽形式。

B 供氧制度的选择

（1）供氧强度：

$$q = 每吨钢水的耗氧量/吹炼时间 \quad Nm^3/(min \cdot t)$$

（2）供氧压力的确定。按照克服流股气泡后坐现象的原理，取下列方程组来计算确定供氧压力：

$$\frac{P_a}{P_0} = \varepsilon_a' \leqslant 0.25 \tag{10-5-1}$$

$$P_0 = P_{01} - P_石 - P_失 \tag{10-5-2}$$

$$P_2 = P_* = 0.538P_0 \tag{10-5-3}$$

$$\frac{P_2}{P_{01}} = \varepsilon_*' = 0.528q \tag{10-5-4}$$

$$\left(\frac{1}{\lambda_1}\right)^2 - 2\ln\frac{1}{\lambda_1} = 1 + 1.167\zeta\frac{L}{D} \tag{10-5-5}$$

$$q = \left(\frac{K+1}{2}\right)^{\frac{1}{K-1}} \lambda_1 \left(1 - \frac{k-1}{k+1}\lambda_1^2\right)^{\frac{1}{k-1}} \tag{10-5-6}$$

当不喷粉时式（10-5-2）可写为：

$$P_0 = P_{01} - P_{失} \tag{10-5-7}$$

式中　P_a——外界压强，即钢水静压；

　　　P_0——风嘴出口处的滞止压强；

　　　P_{01}——喷枪入口处的氧压；

　　　$P_{石}$——载粉所需的压力，$P_{石} = P_{01}a\mu$；

　　　a——管网特性系数，石灰粉粒度>170 目时 $a \approx 0.2$，<170 目时 $a \approx 0.3$；

　L，D——喷枪长度和内径；

　　　ζ——喷枪的摩擦系数；

　　　λ_1——喷枪入口处的无因次速度；

　　　q——折合流量。

C　风嘴直径 d

按下列方程组求出风嘴直径：

$$\varepsilon'_a \leqslant 0.25 \tag{10-5-8}$$

$$500 \sim 600 \leqslant Fr' < 800 \sim 1000 \tag{10-5-9}$$

注：式（10-5-9）为保持熔池良好循环运动的条件方程式。

$$Fr' = \frac{\rho_g}{\rho_s - \rho_g} \cdot \frac{u^2}{gd} \tag{10-5-10}$$

式中　Fr'——修正弗鲁德数；

　ρ_g，ρ_s——气体、钢水密度，kg/m^3；

　　　u——标准状态下的喷嘴出口速度，m/s；

　　　g——重力加速度，$9.81 m/s^2$；

　　　d——风嘴直径，m。

D　风嘴单位面积 f

$$q = 33.1f\frac{p_2}{\sqrt{T_0}} \tag{10-5-11}$$

E　风嘴数目

$$n = fT/0.785d^2 \tag{10-5-12}$$

F　风嘴间距 L

$$L = 2h \cdot \tan\frac{\alpha}{2} \tag{10-5-13}$$

式中　L——风嘴间距，mm；

　　　h——熔池深度，mm；

　　　α——流股的扩散角，取 $\alpha = 18° \sim 25°$。

G　风嘴离炉墙距离（由图 10-5-1 求得）

H　风嘴布置形式（由设计者酌情决定）

10.5.2.3　供粉制度选定

首先按物料平衡计算石灰耗量，确定喷粉量是全部还是一部分。

（1）石灰粉粒度：小于 0.1mm，具体要求由设计者酌情选定。

（2）石灰粉浓度 μ。平均喷粉浓度取 $1 \sim 2kg/Nm^3$，浓度调节范围可取 $0.75 \sim 3.0kg/Nm^3$，特殊用途喷粉浓度可取 $4.5 \sim 6.5kg/Nm^3$。

（3）载粉时的氧气压力 P'_{01}：

$$P'_{01} = P_{01}(1 + a\mu) \qquad (10\text{-}5\text{-}14)$$

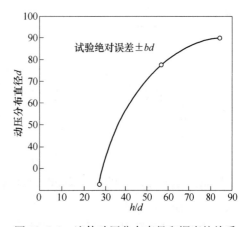

图 10-5-1　流体动压分布直径和深度的关系

（4）喷粉调节制度。按喷粉浓度调节，而不是按喷粉量调节。

（5）风嘴直径和数目问题。喷粉时，保持供氧强度的措施应当是在保持吹炼平稳的原则下，采用最大的经济氧压乃至增加风嘴数目，而不应是片面地增大风嘴直径。

（6）斜风嘴布置问题：风嘴与铅直线成 75° 布置时，可造就金属熔池作上下环流和水平旋转的双重复合循环运动，从而能起到均匀反应、均匀沸腾、均匀温度的作用，并降低石灰粉氧流穿透熔池的速度，增大石灰粉氧流进入熔池后形成的铁酸钙经过钢液的线路长度。这就有助于石灰粉的熔解和提高"瞬时渣"的去 P 效率。故斜风嘴布置在某些情况下值得考虑。

10.5.2.4　炉型的设计、计算

选用正口炉帽台锥熔池式的炉型。

A　熔池尺寸

熔池深度：按保持吹炼平稳的第一条件方程式计算。

$$h/d = k(Fr')^{\frac{1}{3}} \qquad (10\text{-}5\text{-}15)$$

式中　h——熔池深度，mm；

　　　d——风嘴直径，mm；

　　Fr'——修正弗鲁德数；

　　　k——保持吹炼平稳系数，该值应大于 6.0（注：6.0 为临界系数）。

熔池直径：取液面线与截锥部分相齐。按公式：

$$D_{底} = k_1 D \qquad (10\text{-}5\text{-}16)$$

$$D = k_2\sqrt{\frac{T}{h}} \qquad (10\text{-}5\text{-}17)$$

式中　$D_{底}$——熔池底直径，m；

　　　D——熔池面直径，m；

　　　T——炉子容量，t；

　　　h——熔池深度，m；

k_1，k_2——系数：

$k_1 = D_底/D$	0.65	0.7	0.75	0.8	0.85
k_2	0.52	0.503	0.49	0.477	0.465

B　炉帽尺寸

炉口直径 $D_口$，取：

$$D_口 = (0.4 \sim 0.5)D \tag{10-5-18}$$

炉帽高度，按炉帽的倾角为 50°～60°来确定。

C　炉子容积

按防止泡沫渣喷溅，保持吹炼平稳的第二条件方程式确定，即：

$$V = k_1 k_2 k_3 k_4 k_5 D \sqrt{\frac{Q}{n}} + \frac{T}{7} \tag{10-5-19}$$

式中　V——炉子容积，m^3；

k_1——炉子容积系数，炉子容量小于 60t 时 $k_1 = 0.23T^{0.55}$，炉子容量为 60～300t 时 $k_1 = 0.64T^{0.3}$；

k_2——铁水成分系数，当高磷生铁含 Si>0.6% 和低磷生铁含 Si>0.9% 时，$k_2 = 1.05 \sim 1.10$，当高磷生铁含 Si < 0.6% 和低磷生铁含 Si <0.9% 时，$k_2 = 1.0$；

k_3——铁水配比系数，当采用矿石冷却法时，$k_3 = 1.05 \sim 1.10$，当采用废钢矿石法时，$k_3 = 1.0$，当采用废钢冷却时，$k_3 = 0.9 \sim 0.95$；

k_4——造渣制度系数，采用石灰块法（并在第一批料中加入部分白云石和石灰石取代部分石灰和矿石）时，$k_4 = 1.0$，采用喷石灰粉法时，$k_4 = 0.9 \sim 0.95$；

Q——供氧量，Nm^3/min；

n——风嘴数目，个；

T——炉子容量，t。

D　炉身尺寸

炉膛内径：

$$D_膛 = kD \tag{10-5-20}$$

式中，k 为系数，一般取 $k = 1.0$。

炉身高度：

$$H_身 = \frac{V - V_池 - V_帽}{0.785 D_膛} \tag{10-5-21}$$

式中　V——炉子有效容积，m^3；

$V_池$——熔池体积，m^3；

$V_帽$——炉帽体积，m^3；

$D_膛$——炉膛直径，m。

炉壳尺寸：按内型尺寸和炉衬厚度来确定。

炉壳的高宽比 $H/D_外$ 值随着炉容量变化，推荐其参数如下：

炉容量/t	10	20	30	50	100	150	200	300
$H/D_外$	1.5~1.65	1.4~1.55	1.35~1.45	1.25~1.35	1.15~1.25	1.05~1.15	1.0~1.10	1.0~1.10

10.5.2.5 结束语

法国隆巴厂的 30tLWS 法转炉、索拉克的 60tLWS 法转炉、比利时的蒂马西内塞尔的 150tOBM 法转炉和美国的 180tQ-BOP 法转炉的炉型尺寸，以及苏联捷尔任斯基厂 24t 底吹转炉的供氧制度和炉型基本上符合用上述公式计算所得的结果。同时，各种氧气底吹转炉所存在的某些优缺点，也可用《氧气底吹转炉的动力学和炉型》中所提出的原则和公式予以说明。

应当指出氧气底吹转炉的心脏部分是喷嘴。从文献报道中可以看出，国外往往在一个炉子上要花费很大的力气才能摸索出合适的风嘴数目和直径，换了一种炉子后又要重新花大力气去摸索，并把其一个炉子上的经验数据视为专利。而我们则可以利用前面的公式计算得出，以少走弯路。这里，附上按上述公式设计计算的马钢 12t 氧气底吹转炉改进炉型尺寸和 25t 氧气底吹转炉炉型尺寸，以及 60t、90t、150t 和 300t 氧气底吹转炉的炉型尺寸（见表 10-5-1）和炉型图（见图 10-5-2~图 10-5-7），以供参考。

表 10-5-1 设计计算的各种氧气底吹转炉主要技术参数

炉容量 T/t		12	25	60	90	150	300
原料条件	P/%	0.8	0.8	0.5~0.8	0.5~0.8	<0.4	<0.4
	Si/%	>0.6	>0.6	0.8	0.8	1.0	1.0
吹炼时间 $t/\min$		9~12	10~11	12~11	11~12	8~9	11~12
造渣制度		喷石灰粉	喷石灰粉	喷石灰粉	喷石灰粉	喷石灰粉	喷石灰粉
供氧压力 $P_{01}/\mathrm{kg \cdot cm^{-2}}$		10.5~12.5	10.8	11.0	11.1	12	11.2
供氧量 $Q/\mathrm{Nm^3 \cdot min^{-1}}$		53~62	110~120	290	405	165	1470
供氧强度 $q/\mathrm{Nm^3 \cdot (min \cdot t)^{-1}}$		4.45~5.2	4.42	4.82	4.5	5.1	4.6
风嘴数目×直径 $(n×\phi)$/个·mm		4×ϕ16	6×ϕ20	10×ϕ21	13×ϕ23	20×ϕ26	24×ϕ30
风嘴间距 L/mm		300	400	410	460	520	580
风嘴离炉墙距离 L'/mm		675	>670	>750	>800	>875	>1050
风嘴布置形式		风嘴节圆直径 500mm，偏布半圆上	风嘴节圆直径为 820mm，均布				
石灰粉粒度（网目）		<200	<200	<200	<200	<60	<60
石灰粉浓度 μ（kg 粉/kg 氧）	常用	1~2.0	1.32	1.30	0.86~1.29	1.06	1.12~1.34
	特殊	4~5.0	5.0	5.0	5.0	5.0	5.0
载粉时氧压 $P'_{01}/\mathrm{kg \cdot cm^{-2}}$		15.0	15.5	15.5	15.7	15.5	15.2
不载粉时氧流参数 ε'_a		0.193~0.175	0.215	0.21	0.22	0.208	0.235
Fr'		785~850	590	530	510	535	400
熔池面直径 D/mm		1800	2520	3800	4780	5410	7350
熔池底直径 $D_底/\mathrm{mm}$		1500	1765	2660	3340	3780	5150

续表 10-5-1

熔池深度 h/mm	810	1000	1050	1150	1300	1500
炉口直径 $D_口$/mm	950	1180	1780	2300	2430	3600
炉帽高度 $H_帽$/mm	1000	1180	1750	2220	2130	3260
炉帽倾角 β/(°)	55	60	60	60	55	60
炉子容积 V/m³	7.65	20	53.2	81.0	129	251.7
炉身高度 $H_身$/mm	1140	2620	2890	2470	3470	3030
炉子内型全高 H/mm	2950	4800	5690	5840	6860	7790
炉壳外径 $D_外$/mm	3210	3900	5450	6440	7140	9160
炉子全高（包括炉底底座和水冷炉口）$H_外$/mm	4289	6310	7490	7680	8960	9980
单位风嘴面积 f/cm²·t⁻¹	0.50	0.56	0.575	0.55	0.56	0.52
V/T	0.64	0.8	0.885	0.90	0.86	0.84
d/h	1/50.6	1/50.0	1/50.0	1/50.0	1/50.0	1/50.0
$(H/D)_外$	1.34	1.620	1.37	1.19	1.23	1.08
炉膛直径 $D_膛$/mm	2100	2520	3800	4780	5410	7150

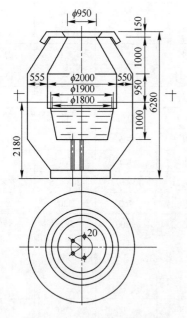

图 10-5-2　12t 氧气底吹转炉

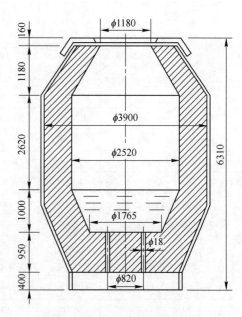

图 10-5-3　25t 氧气底吹转炉

10.5.3　文献对李远洲公式的评估

　　包头钢铁设计研究院在《氧气转炉炉型参数的确定及其数模》中将李远洲公式与诸多公式（注：系指该文献中所述的国内外诸多公式）做了比较，并按李远洲公式：在 $k_3 = k_4 = k_5 = 1.0$ 时所得的转炉炉型的主要参数作成图 10-5-8。认为按李远洲公式均较前述公式要合理些，其结果大体符合实际。

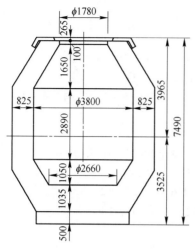

图 10-5-4　60t 氧气底吹转炉

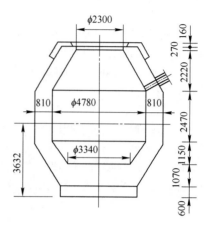

图 10-5-5　90t（钢锭）氧气底吹转炉

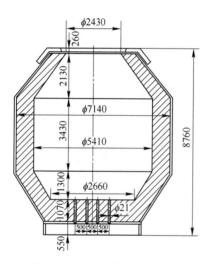

图 10-5-6　150t 底吹氧气转炉

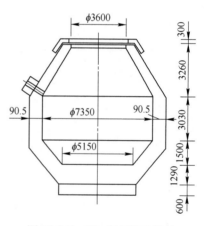

图 10-5-7　300t 氧气底吹转炉

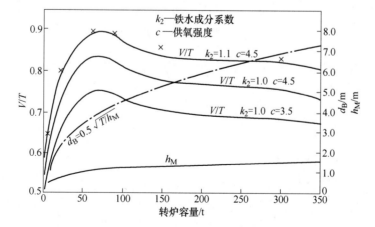

图 10-5-8　转炉容量与炉容比关系（按李远洲公式）

参 考 文 献

[1] Ge'Naudan A. 希埃高炉公司隆威厂的 LWS 法 [J]. 冶金评论，1975（6）.

[2] 石桥政衞，白石惟光，山本里见，岛田道彦. 鉄と鋼 [J].1975：S111.

[3] 皮埃尔·勒瓦. 法国的氧气底吹转炉 [LWS] [C].∥氧气底吹转炉炼钢参考资料（第一辑）. 马钢钢研所 .1974：120-131.

[4] LWS 法（二）[J]. Revue de Metallurgie，1970（3）：181-193.

[5] 李远洲. 氧气底吹转炉的动力学和炉型 [R]. 马鞍山钢铁设计研究院，1978.

[6] 国外氧气底吹转炉发展概况 [R]. 上海科学技术情报研究所，1976：76.

[7] 马钢钢研所. 氧气底吹转炉炼钢参考资料（一）.1974：136-152，253-262.

[8] 李远洲. 氧气底吹转炉熔池运动动力学的探讨 [J]. 钢铁，1980（3）：1-9.

11 转炉热工调控

转炉把 1250℃±的含碳铁水炼成 1650℃±的钢水，物料平衡、热平衡计算量大且费时。在计算机出现前，物料平衡、热平衡计算只用在炼钢厂设计和转炉炼钢的开炉操作准备。但在计算机出现后，这一理论计算便成了转炉热工控制、炉料加料制度等的重要工具，从而成了转炉静态控制模型的核心部分之一。

通常的物料平衡、热平衡计算，以及作者所做的分期物料平衡、热平衡计算，本书未收录，可参见相关资料。

本章讨论在进行物料平衡、热平衡计算时的几个热化学中问题。除了利用前人成熟的热力学数据外，补充建立了随炉渣碱度变化的转炉炉渣的成渣热模型，重新评估和修正了生白云石的冷却能力，讨论了几种不同空炉操作时的热损失。此外，对各操作因素的变化所造成的对前后期温度的影响，重新做了热化学和数学的量化分析，修订了它们对温度的影响值和与废钢相比的折合系数，从而建立了前后期温控的理论模型，并建立了简化理论模型，修订了折合温度计算法、折合废钢修正温度计算法。

本章还对氧气转炉二次燃烧的热力学和数学模型做了探讨，目的在于在操作中使 CO 燃烧成 CO_2 的热量更多地被熔池吸收。

通常的物料平衡、热平衡计算和转炉静态控制模型都是按转炉的吹炼终点来进行的。只重视终点控制而忽视吹炼前期控制的做法，往往由于吹炼前期冷行，导致初渣碱度低，不能保证造好最佳化初渣；不能全程化渣去磷，不能保持吹炼平稳，前、中期喷溅而后期不得不造渣去磷去硫的后果；物料平衡、热平衡计算模型设定的条件被破坏，从而使冶金反应远离平衡，终点控制的命中率降低，不能保证预定的物料平衡、热平衡计算结果。作者所做的关键之处在于，将物料平衡、热平衡计算分为吹炼前期、吹炼终点两期来进行，既有助于确定转炉铁水、废钢装入量和分期、分批的散装料加入量和供氧量，也对准确控制吹炼前期温度和终点温度同样具有重要的意义。

11.1 热化学中的几个问题

11.1.1 转炉成渣热的研究

过去人们对热平衡中的成渣热往往只考虑 C_2S 和 C_3P，这显然是不全面的，特别是对半钢冶炼和吹炼前期的热平衡计算是不合适的，因渣中还有其他组合物（如 CA、CF 等），且不同碱度时，形成不同的物相，故有必要探讨转炉渣在不同碱度下的成渣热，及其数学模型。

11.1.1.1 不同碱度时，形成不同的物相[1]

（CaO）/（SiO_2）<1.35 时，无 C_2S（C_2S 是在 ≥1.35 才出现）；

（CaO）/（SiO_2）<1.75 时，无 C_3P（C_3P 是在 ≥1.75 才出现）；

（CaO）/（SiO$_2$）≥1.35 时，才有 2CaO·Al$_2$O$_3$·SiO$_2$（黄长石）、C$_2$S 和 C$_2$P、C$_2$F；

（CaO）/（SiO$_2$）≥2.35 时，才有 C$_3$S 和 4CaO·Al$_2$O$_3$·SiO$_2$；

（CaO）/（SiO$_2$）= 1.35 时，尚有 33.28% 的钙镁橄榄石 2（CaO·MgO·MnO·FeO）·SiO$_2$；

（CaO）/（SiO$_2$）≥1.75 时，已无钙镁橄榄石相，说明 SiO$_2$ 已完全变成 C$_2$S 和黄长石（注：有时尚有玻璃相 SiO$_2$），故 C$_3$P 是在 SiO$_2$→C$_2$S 之后形成的。

由上分析可知，不同碱度时，由于形成的物相不同，因而成渣热不同，如表 11-1-1 所示。

表 11-1-1　不同碱度时的炉渣的成渣热

$R=$CaO/SiO$_2$	形成的相	成渣热/kJ·kg^{-1}（SiO$_2$）
1.2	CS	−1483.90
1.35	C$_{1.5}$S	−1792.34
1.75	C$_2$S	−2100.78
1.35~1.75	CaO·Al$_2$O$_3$	−151.65
≥2.35	3CaO·Al$_2$O$_3$	−65.58
≥1.35	2CaO·Fe$_2$O$_3$	

11.1.1.2　SiO$_2$ 成渣热

$$G_{(SiO_2)} = \frac{2.14[Si]}{100}W_{HM} + 2.143 \times 0.002 \times (1-0.2a)W_{SC} + 0.017W_{LM} + \frac{生\ 0.0178}{熟\ 0.008}W_{DL} + 0.055W_{Fl} +$$

$$0.1356 \times 0.2aW_{SC} + 0.33bW_{HM} + 0.037W_{ms} + 0.06W_{FS} - 0.0214 \times \frac{1}{3} \times 0.012W_{HM}$$

$$= \left(\frac{2.14[Si]}{100} + 0.33b - 0.856 \times 10^{-4}\right)W_{HM} + (0.004286 + 0.0263a)W_{SC} + 0.017W_{LM} +$$

$$\frac{生\ 0.0178}{熟\ 0.008}W_{DL} + 0.037W_{ms} + 0.055W_{Fl} + 0.06W_{FS} - \frac{2.14[Si]_{Hst}}{100}W_{Hst} \quad kg$$

设初期 $R<1.6$，则 SiO$_2$→C$_{1.5}$S，$q_{C_{1.5}S} = -1792.34$ kJ/kg（SiO$_2$），故：

$$Q_{(SiO_2)}^{C_{1.5}S} = -4.18 \times \{(9.1892[Si] + 141.50b - 0.0367)W_{HM} + (1.8378 + 11.2774a)W_{SC} +$$

$$7.2886W_{LM} + \frac{生\ 7.6326}{熟\ 3.4304}W_{DL} + 15.8656W_{ms} + 23.584W_{Fl} + 25.728W_{FS} - 9.1892[Si]_{Hst}W_{Hst}\} \quad kJ$$

设初期 $R \geq 1.75$，则 SiO$_2$→C$_2$S，$q_{C_2S} = -2100.78$ kJ/kg（SiO$_2$），故：

$$Q_{(SiO_2)}^{C_2S} = -4.18 \times \{(10.7703[Si] + 165.8514b - 0.0430)W_{HM} + (2.1541 + 13.2179a)W_{SC} +$$

$$8.5439W_{LM} + \frac{生\ 8.9459}{熟\ 4.0206}W_{DL} + 18.5955W_{ms} + 27.642W_{Fl} + 30.155W_{FS} - 10.7763[Si]_{Hst}W_{Hst}\} \quad kJ$$

11.1.1.3　P$_2$O$_5$ 成渣热

$$G_{(P_2O_5)} = \left\{\left(\frac{[P]}{100} + 0.0026b\right)W_{HM} + 0.0004 \times (1-0.2a)W_{SC} + 0.0004W_{ms} + 0.0055W_{FS} +$$

$$0.00087W_{LM}+\dfrac{\text{生 }0.00044}{\text{熟 }0}W_{DL}-10.42\ [P]_{Hst}\Bigg\}\times\dfrac{142}{62}\quad kg$$

注：$q_{(C_4P)}=-5091.66kJ/kg$（P_2O_5）；$q_{(C_3P)}=-4788.73kJ/kg$（P_2O_5）；$q_{(C_2P)}=-4496.43kJ/kg$（P_2O_5）。

$R<1.75$ 时.

$$Q^{C_2P}_{(P_2O_5)}=G_{(P_2O_5)}\times(-4496.43)$$

$$=-4.18\times\Big\{(24.637[P]+6.405b)W_{HM}+0.9855(1-0.2a)W_{SC}+0.9855W_{ms}+$$

$$13.5504W_{FS}+2.1434W_{LM}+\dfrac{\text{生 }1.084}{\text{熟 }0}W_{DL}-25671.754[P]_{Hst}\Big\}\quad kJ$$

$R\geqslant1.75$ 时：

$$Q^{C_3P}_{(P_2O_5)}=G_{(P_2O_5)}\times(-4788.73)$$

$$=-4.18\times\Big\{(26.2386[P]+6.822b)W_{HM}+1.0495(1-0.2a)W_{SC}+1.0495W_{ms}+$$

$$14.4312W_{FS}+2.2828W_{LM}+\dfrac{\text{生 }1.1545}{\text{熟 }0}W_{DL}-27340.645[P]_{Hst}\Big\}\quad kJ$$

$R\geqslant4.0$ 时：

$$Q^{C_4P}_{(P_2O_5)}=G_{(P_2O_5)}\times(-5091.66)$$

$$=-4.18\times\Big\{(27.8984[P]+7.2536b)W_{HM}+1.1159(1-0.2a)W_{SC}+1.1159W_{ms}+$$

$$15.3441W_{FS}+2.4272W_{LM}+\dfrac{\text{生 }1.2275}{\text{熟 }0}W_{DL}-29070.153[P]_{Hst}\Big\}\quad kJ$$

11.1.1.4 Al_2O_3 的成渣热

据文献 [2]：

$$Al_2O_3\longrightarrow CaO\cdot2Al_2O_3\qquad q_{(CaO\cdot2Al_2O_3)}=-62.28kJ/kg\text{（}Al_2O_3\text{）}$$

$$Al_2O_3\longrightarrow CaO\cdot Al_2O_3\qquad q_{(CaO\cdot Al_2O_3)}=-151.53kJ/kg\text{（}Al_2O_3\text{）}$$

$$Al_2O_3\longrightarrow3CaO\cdot Al_2O_3\qquad q_{(3CaO\cdot Al_2O_3)}=-65.58kJ/kg\text{（}Al_2O_3\text{）}$$

$$G_{(Al_2O_3)}=0.071bW_{HM}+0.0489\times0.2aW_{SC}+0.01W_{LM}+\dfrac{\text{生 }0.007}{\text{熟 }0.004}W_{DL}+0.018W_{ms}+$$

$$0.06W_{FS}+0.0073W_{Fl}\quad kg$$

$$Q^{CA}_{(Al_2O_3)}=G_{(Al_2O_3)}\times(-151.53)$$

$$=-4.18\times\{2.5759bW_{HM}+0.3548aW_{SC}+0.3628W_{LM}+\dfrac{\text{生 }0.2540}{\text{熟 }0.1451}W_{DL}+0.4716W_{ms}+$$

$$0.653W_{FS}+0.2468W_{Fl}\}\quad kJ$$

11.1.1.5 Fe_2O_3 的成渣热

据文献 [2]：

$$q_{(C_2F)}=-193.74kJ/kg\text{（}Fe_2O_3\text{）}$$

$$q_{(CF)}=-130.63kJ/kg\text{（}Fe_2O_3\text{）}$$

$$Q^{CF}_{(Fe_2O_3)}=\dfrac{(Fe_2O_3)}{100}W_{p\cdot sl}\times(-130.63)=-1.3063\ (Fe_2O_3)\ W_{p\cdot sl}\quad kJ$$

11.1.1.6 CaS 生成热

设渣中 S 均以 CaS 带入则不再消耗生成热：

$$Q_{\mathrm{CaS}} = G_{\mathrm{CaS}} \times 1653.65$$
$$= (0.02025[\mathrm{S}]W_{\mathrm{HM}} + 0.00081(1-0.2a)W_{\mathrm{SC}} - 21.1005[\mathrm{S}]_{\mathrm{Hst}}) \times 1653.65$$
$$= -4.18 \times \{-8.0111[\mathrm{S}]W_{\mathrm{HM}} - 0.3204(1-0.2a)W_{\mathrm{SC}} + 8347.57[\mathrm{S}]_{\mathrm{Hst}}\} \quad \mathrm{kJ}$$

11.1.1.7　总的成渣热

$$\sum Q_{\mathrm{M}_x\mathrm{O}_y}^{(R<1.6)} = -4.18 \times \{ (-0.0367 + 150.4855b + 9.1892[\mathrm{Si}] + 24.637[\mathrm{P}] -$$

$$8.0111[\mathrm{S}])W_{\mathrm{HM}} + (2.5029 + 11.4991a)W_{\mathrm{SC}} + 9.7948W_{\mathrm{LM}} + \frac{生\ 8.9706}{熟\ 3.5755}W_{\mathrm{DL}} +$$

$$17.3227W_{\mathrm{ms}} + 39.9314W_{\mathrm{FS}} + 23.8488W_{\mathrm{Fl}} - (25671.754[\mathrm{P}]_{\mathrm{Hst}} - 8347.57[\mathrm{S}]_{\mathrm{Hst}}) +$$

$$0.3125(\mathrm{Fe_2O_3})W_{\mathrm{P\cdot sl}}\} \quad \mathrm{kJ}$$

$$\sum Q_{\mathrm{M}_x\mathrm{O}_y}^{(R\geqslant1.75)} = -4.18 \times \{ (-0.043 + 175.2493b + 10.7703[\mathrm{Si}] + 26.2386[\mathrm{P}] -$$

$$8.0111[\mathrm{S}])W_{\mathrm{HM}} + (2.8832 + 13.42688a)W_{\mathrm{SC}} + 11.1895W_{\mathrm{LM}} + \frac{生\ 10.3544}{熟\ 4.1657}W_{\mathrm{DL}} +$$

$$20.1166W_{\mathrm{ms}} + 45.2392W_{\mathrm{FS}} + 27.9068W_{\mathrm{Fl}} - (27340.645[\mathrm{P}]_{\mathrm{Hst}} -$$

$$8347.57[\mathrm{S}]_{\mathrm{Hst}}) + 0.3125(\mathrm{Fe_2O_3})W_{\mathrm{P\cdot sl}}\} \quad \mathrm{kJ}$$

11.1.1.8　炉渣的成渣热随碱度变化的模型

根据此理，借助文献上的转炉炉渣成分，可求出不同碱度下炉渣的成渣热，见表11-1-2。

表 11-1-2　不同碱度下炉渣的成渣热

序号	R	CS 或 C$_2$S	CA$_2$	C$_2$P 或 C$_3$P	总 H	
					kJ/kg（渣）	kcal/kg（渣）
1	1.04	0.29×1483.9	0.013×62.28	0.024×4493.5	538.97	128.94
2	1.24	0.29×1483.9	0.026×62.28	0.022×4493.5	530.82	126.99
3	1.48	0.26×1792.34	0.023×151.65	0.02×4598+0.024×129.58	668.97	160.04
4	1.49	0.26×1792.34	0.022×151.65	0.034×4598+0.023×129.58	628.88	150.45
5	1.50	0.27×1792.34	0.02×151.65	0.039×4598+0.019×129.58	559.41	133.83
6	1.74	0.25×2100.78	0.029×151.65	0.039×4786.1+0.028×250.8	724.56	173.34
7	1.88	0.24×2100.78	0.021×151.65	0.027×4786.1+0.032×250.8	644.01	154.07
8	1.89	0.23×2100.78	0.019×151.65	0.029×4786.1+0.05×250.8	636.82	152.35
9	1.95	0.21×2100.78	0.02×151.65	0.04×4786.1+0.05×250.8	647.65	154.94
10	2.25	0.208×2100.78	0.034×66.88	0.035×4786.1+0.039×250.8	616.05	147.38
11	2.39	0.203×2100.78	0.03×66.88	0.038×4786.1+0.068×250.8	627	150
12	2.55	0.163×1400.3	0.023×66.88	0.03×4786.1+0.088×250.8	395.09	94.52
13	2.88	0.151×1400.3	0.014×66.88	0.035×4786.1+0.1×250.8	404.67	96.81

续表 11-1-2

序号	R	CS 或 C_2S	CA_2	C_2P 或 C_3P	总 H	
					kJ/kg（渣）	kcal/kg（渣）
14	2.9	0.146×1400.3	0.023×66.88	0.034×4786.1+0.074×250.8	386.98	92.58
15	3.28	0.139×1400.3	0.023×66.88	0.028×4786.1+0.071×250.8	347.57	83.15
16	3.34	0.124×1400.3	0.018×66.88	0.026×4786.1+0.091×250.8	321.84	76.996
17	3.43	0.126×1400.3	0.016×66.88	0.036×4786.1+0.087×250.8	371.36	88.843
18	3.92	0.116×698.06	0.016×66.88	0.029×5091.24+0.09×250.8	252.26	60.35
19	4.42	0.116×698.06	0.018×66.88	0.029×5091.24+0.07×250.8	247.46	59.2

将炉渣成渣热 H 与炉渣碱度 R 之间的关系作图，如图 11-1-1 所示。

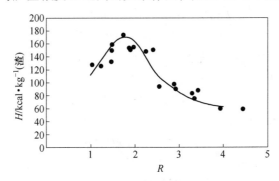

图 11-1-1　炉渣成渣热 H 与炉渣碱度 R 之间的关系

由图 11-1-1 可见，其曲线可化成线性回归的曲线类型（$y=ax^b+e^{cx}$），则图 11-1-1 中的曲线可写成 $H=aR^b e^{cR}$，若给定的 R 值构成以 h（0.25）为公差的等差级数，则可设：$X=\Delta\lg R$（取值 $\lg R_{i+1}-\lg R_i$），$Y=\Delta\lg H$（取值 $\lg H_{i+1}-\lg H_i$）；而得直线型回归方程：

$$Y = hc\lg e + bX \tag{11-1-1}$$

从而由表 11-1-2 中的 R、H 数据，建立 X、Y 数据库，如表 11-1-3 所示。

表 11-1-3　X、Y 数据库

序号	R	a	$H/\text{kcal}\cdot\text{kg}^{-1}$（渣）	$\Delta\lg R$	$\Delta\lg H$
1	1.00	347.7	112	0.0969	0.0893
2	1.25	360.0	138	0.0792	0.0658
3	1.50	383.8	160	0.0670	0.0263
4	1.75	395.7	170	0.0586	−0.0183
5	2.00	383.9	163	0.0512	−0.0723
6	2.25	340.0	138	0.0458	−0.0907
7	2.50	295.0	112	0.0414	−0.0580
8	2.75	283.0	98	0.0378	−0.0618
9	3.00	273.0	85	0.0348	−0.0373
10	3.25	273.0	78	0.0322	−0.0470

序号	R	a	H/kcal · kg^{-1}（渣）	$\Delta\lg R$	$\Delta\lg H$
11	3.50	289.0	70	0.0300	−0.0322
12	3.75	309.7	65	0.0280	−0.0136
13	4.00	349.0	63		
平均值		330.0			

经回归得：

$$Y = -0.123 + 2.033X \quad (n = 13,\ r = 0.80) \tag{11-1-2}$$

因知 $h c\lg e = -0.123$，$b = 2.033$，故：

$$c = -0.123/0.25\lg e = -1.1329$$

$$H = aR^{2.033}\mathrm{e}^{-1.1329R} \quad \mathrm{kcal/kg}（渣） \tag{11-1-3}$$

再以 $H = aR^{2.033}\mathrm{e}^{-1.1329R}$ 求出表 11-1-3 中各序号的 a 值，然后作 a 与 R 的关系图，再根据图 11-1-2 中三条线的形状得出三个 a 与 R 关系的直线方程如下：

（1）当 $R \leqslant 1.75$ 时：

$$a = 279.51 + 67.12R$$

（2）当 $1.75 \leqslant R \leqslant 3.0$ 时：

$$a = 589.33 - 109.85R$$

（3）当 $R \geqslant 3.0$ 时：

$$a = 34.56 + 75.48R$$

或

$$H = 4.18aR^{2.033}\mathrm{e}^{-1.1329R} \quad \mathrm{kJ/kg}（渣） \tag{11-1-3a}$$

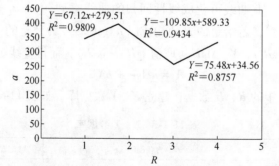

图 11-1-2　a 与 R 的关系图

11.1.2　生白云石冷却能力的重新评估

11.1.2.1　生白云石焙烧成熟白云石的热耗

白云石的分解分为两个阶段：

$$\mathrm{CaMgO(CO_3)_{2(s)}} \xrightarrow{720\sim750℃} \mathrm{CaCO_{3(s)} + MgO_{(s)} + CO_2}$$

$$\Delta_r G_m^{\ominus} = 129329.2 - 169.708T \quad \mathrm{kJ/mol} \tag{11-1-4}$$

$$\mathrm{CaCO_{3(s)}} \xrightarrow{900℃} \mathrm{CaO + CO_2}$$

$$\Delta_r G_m^{\ominus} = 181621 - 88.616T \qquad kJ/mol \qquad (11\text{-}1\text{-}5)$$

故得出以下结论。

A 生白云石的分解热

生白云石的分解热如表 11-1-4 所示。

表 11-1-4　生白云石的分解热

化 合 物	分 解 热		
	kJ/mol	kJ/kg	kJ/kg(CO_2)
$CaMgO(CO_3)_2$	129329.2	3233.23kJ/kgMgO	2939.301
CaO，CO_2	181621	3243.233kJ/kgCaO	4127.75

$$Q_{\text{生白}}^{\text{分解}} = 0.2008 \times 3233.23 + 0.3105 \times 3243.233 = 1656.256 \text{kJ/kg（生白）}$$

B 生白云石加热至煅烧温度所需的热

CO_2：　　　　$0.4554 \times 4.18 \times [(-147.4) + 0.3217(900+273)] = 437.734$

CaO：　　　　$0.3105 \times 4.18 \times [(-104) + 0.32(900+273)] = 352.196$

MgO：　　　　$0.2008 \times 4.18 \times [(5) + 0.32(900+273)] = 319.253$

其他：　　　　$0.0083 \times 4.18 \times [-104 + 0.32(t+273)] = 9.415$

小计　　　　　$Q_{\text{加热}} = 1118.597 \text{kJ/kg（生白云石）}$

故　　$Q = Q_{\text{分}} + Q_{\text{加热}} = 1656.256 + 1118.597 = 2774.853 \text{kJ/kg（生白云石）}$

煅烧活性石灰的热耗为：

热收入：从天然气　　　　　　3674.22kJ/kg（石灰）

热支出：废气带走热（350℃）：384.56kJ/kg（石灰）；煅烧 $CaCO_3$：2800.6kJ/kg（石灰）；活性石灰显热（80℃）：62.7kJ/kg（石灰）；热损失：409.64kJ/kg（石灰）；石灰石水分蒸发：16.72kJ/kg（石灰）。

合计：3674.22kJ/kg（石灰）

故取煅烧熟白云石的供热量：$Q = 3762 \text{kJ/kg（熟白）}$

11.1.2.2　白云石作熔剂使用时的热耗

A 分解热

白云石的分解热如表 11-1-5 所示。

表 11-1-5　白云石的分解热

项目	生白云石	熟白云石
$Q_{\text{分}}$/kJ	$1656.256W_{DL}$	$0.014W_{DL} \times 4.18(0.6 \times 987.5 + 0.4 \times 703.182) = 51.133W_{DL}$

B CO_2 的再分解和氧化反应

首先需要回答 $CaMgO(CO_3)_2$ 分解出 CO_2 之后，是否就直接进入炉气，而不再继续分解（即 $CO_2 \rightarrow CO + \frac{1}{2}O_2$）和起氧化剂作用，或分解后的 CO 和 O_2 直接进入炉气，其分解出的 O_2 不起氧化作用。

表 11-1-6 为原上钢三厂 25t 氧气顶吹转炉的物料平衡和热平衡的测试结果。

表 11-1-6　原上钢三厂 25t 氧气顶吹转炉的物料平衡和热平衡的测试结果

		3-481	3-485	3-493
炉号		3-481	3-485	3-493
铁水/kg		29710	29965	29710
废钢/kg		5000	6150	4500
石灰/kg		2750	2700	2700
生白云石/kg		500	0	500
炉口平均成分 /%	CO	76.37	64.56	76.34
	CO_2	13.12	11.62	12.58
	O_2	1.03	4.06	1.04
	$\dfrac{CO_2}{CO+CO_2}$	0.147	0.153	0.142
0.62~0.68min	CO_2	26.8	33.2	24
	O_2	0.2	1.6	0.8
1.68~1.72min	CO_2	21.8	25.4	23.4
	O_2	0.6	2.6	0.6
2.63~2.67min	CO_2	19.6	18.6	20.0
	O_2	0.8	3.2	0.8
3.48~3.77min	CO_2	20.4	14.6	16.2
	O_2	0.8	4.2	0.6
全炉	CO_2/CO	14.66/85.34	15.25/84.75	14.15/85.85
	计算 G_{O_2}/kg·炉$^{-1}$	2420	2617	2323
	实际 G_{O_2}/kg·炉$^{-1}$	2442	2661	2311

从表中可见:

(1) 不论是吹炼前期还是全程平均,炉气中的 CO_2 和 O_2 含量都未因加入生白云石有所增大,且 $CO_2:CO$ 均保持在 15:85。

(2) 使用生白云石炉次的氧耗较小,这就说明生白云石分解出的 CO_2 并未直接进入炉气,而是作了如下反应:

$$CO_2 + Fe \Longrightarrow FeO + CO$$

$$CO_2 + 2FeO \Longrightarrow Fe_2O_3 + CO$$

$$CO_2 \Longrightarrow CO + \frac{1}{2}O_2$$

$$CO_2 + [C] \Longrightarrow 2CO$$

$$\Delta_r G_m^{\ominus} = 181621 - 88.616T \quad \text{kJ/mol} \tag{11-1-6}$$

$$\lg \frac{P_{CO}^2}{P_{CO_2} a_{[C]}} = -\frac{7802}{T} + 6.93 \tag{11-1-7}$$

故体系中 $\dfrac{P_{CO}}{P_{CO_2}}$ 随温度的减小和 $a_{[C]}$ 的减小而增大,如终点时 $[C]=0.06\%$,$T_{炉口}=1643K$,则:

$$\frac{P_{CO}}{P_{CO_2}} = \frac{9.12}{P_{CO}}, \quad 即\ P_{CO} : P_{CO_2} \approx 9 \tag{11-1-8}$$

故体系中的 $CO : CO_2$ 主要取决于金属中的 $a_{[C]}$ 和炉气温度。

a CO_2 分解吸热

$$CO_2 =\!=\!= CO + \frac{1}{2}O_2 \qquad \Delta H = 284407.2 kJ/mol \ (6463.780 kJ/kg \ (CO_2))$$

按设定的前期 $CO_2 : CO = 23 : 77$

全炉 $CO_2 : CO = 14.15 : 85.85$

则 CO_2 再分解的吸热量如表 11-1-7 所示。

表 11-1-7 CO_2 再分解的吸热量

分 解 率		前期 0.77	全炉 0.8585
$Q_{(CO_2=CO+\frac{1}{2}O_2)}/kJ$	生白云石	$2266.583 W_{DL}$	$2527.093 W_{DL}$
	熟白云石	$69.681 W_{DL}$	$77.688 W_{DL}$

b CO_2 的氧化反应

设吹炼前期主要为：

$$CO_2 =\!=\!= CO + \frac{1}{2}O_2 \quad \Delta H = 284407.2 kJ/mol$$

$$\frac{1}{2}O_2 + Fe =\!=\!= FeO \quad \Delta H = -268774 kJ/mol$$

$$\overline{\quad CO_2 + Fe =\!=\!= CO + FeO \quad \Delta H = 15633.2 kJ/mol \quad}$$

或 $$CO_2 =\!=\!= CO + \frac{1}{2}O_2 \quad \Delta H = 284407.2 kJ/mol$$

$$\frac{1}{2}O_2 + 2FeO =\!=\!= Fe_2O_3 \quad \Delta H = -309846.68 kJ/mol$$

$$\overline{\quad CO_2 + 2FeO =\!=\!= CO + Fe_2O_3 \quad \Delta H = -25439.48 kJ/mol \quad}$$

但从物、热平衡来看，熟白云石换生白云石时，不仅 $CO_2 + Fe =\!=\!= CO + FeO$ 耗热，且减少了渣中由氧流作用生成的 FeO 所放出的热，故总的热损失仍相当于 CO_2 的再分解耗热，$\Delta H = 284407.2 kJ/mol$；同理 $CO_2 + 2FeO =\!=\!= CO + Fe_2O_3$ 反应的总热损也为 $\Delta H = 284407.2 kJ/mol$。

再设吹炼中期为：

$$CO_2 =\!=\!= CO + \frac{1}{2}O_2 \quad \Delta H = 284407.2 kJ/mol$$

$$\frac{1}{2}O_2 + [C] =\!=\!= CO \quad \Delta H = -143206.8 kJ/mol$$

$$\overline{\quad CO_2 + [C] =\!=\!= 2CO \quad \Delta H = 141200.4 kJ/mol \quad}$$

总的热损失为 $\Delta H = 284407.2 kJ/mol$，如其 [C] 还有一部分氧化为 CO_2，则总的热损失就更大了。

由上可见，生白云石分解出的 CO_2 不论是再分解或作氧化剂的热耗均可按 $CO_2 = CO + \frac{1}{2}O_2$ 反应计算。

C　CO_2 及其分解物 CO 加热至白云石加料时的炉口温度所消耗的热

$$CO_2 = CO + \frac{1}{2}O_2$$

如无此反应提供的 O_2，则也需氧枪供给，所以该部分 O_2 的加热不应计入使用生白云石时额外增加的热耗，而只计该反应中的 CO_2 和 CO 两项即可。根据吹炼前期和全炉的 $CO_2 : CO$ 分别为 $0.23 : 0.77$ 和 $0.1415 : 0.8585$，可得白云石的分解物 CO_2 和 CO，如表 11-1-8 所示。

表 11-1-8　白云石的分解物 CO_2 和 CO

项目		吹炼前期（头批料）	全　炉
G_{CO_2}/kg	生白云石	$0.4554W_{DL} \times 0.23 = 0.10474W_{DL}$	$0.4554W_{DL} \times 0.1415 = 0.06444W_{DL}$
	熟白云石	$0.014W_{DL} \times 0.23 = 0.00322W_{DL}$	$0.014W_{DL} \times 0.1415 = 0.00198W_{DL}$
G_{CO}/kg	生白云石	$0.4554W_{DL} \times 0.77 \times \frac{28}{44} = 0.2232W_L$	$0.4554W_{DL} \times 0.8585 \times \frac{28}{44} = 0.2488W_L$
	熟白云石	$0.014W_{DL} \times 0.77 \times \frac{28}{44} = 0.00686W_L$	$0.014W_{DL} \times 0.8585 \times \frac{28}{44} = 0.00765W_L$

其加热所需的热量为 $Q_3 = Q_{CO_2} + Q_{CO}$

$$Q_{CO_2} = G_{CO_2} \times 4.18 \times [(-147.4) + 0.3217T]$$

$$Q_{CO} = G_{CO} \times 4.18 \times [(-124.9) + 0.3043T]$$

故 Q_3 如表 11-1-9 所示。

表 11-1-9　CO_2 和 CO 吸收的热量 Q_3

项　　目		吹炼前期（头批料）	按全炉计
温度/K		1400	1643
Q_3/kJ	生白云石	$413.536W_{DL}$	$492.730W_{DL}$
	熟白云石	$12.713W_{DL}$	$15.148W_{DL}$

D　关于白云石中 CaO、MgO 及其他固体氧化物的加热与成渣的热耗

设定造好渣中同样的 MgO 含量时，不论使用生白云石还是熟白云石，其 CaO、MgO 等的成渣热均相同，故此不作考虑。

E　使用生白云石和熟白云石作熔剂的单位热耗

使用生白云石和熟白云石作熔剂的单位热耗，如表 11-1-10 所示。

表 11-1-10　使用生白云石和熟白云石作熔剂的单位热耗

项　目	吹炼前期/kJ·kg⁻¹		全炉/kJ·kg⁻¹	
	生白云石	熟白云石	生白云石	熟白云石
白云石分解出 CO_2，Q_1	1656.256	51.133	1656.256	51.133
$CO_2 = CO + \frac{1}{2}O_2$，$Q_3$	2266.583	69.681	2527.093	77.689

项 目	吹炼前期/kJ·kg^{-1}		全炉/kJ·kg^{-1}	
	生白云石	熟白云石	生白云石	熟白云石
加热 CO_2 和 CO，Q_3	413.536 576.744[①]	12.713 17.730[①]	492.729 725.522[①]	15.148 22.305[①]
加热 CaO、MgO 等，Q_4	$Q_{4(生)}^{前}$	$Q_{4(熟)}^{前}$	$Q_{4(生)}^{全}$	$Q_{4(熟)}^{全}$
$Q_1+Q_2+Q_3+Q_4$	$4336.375 + Q_{4(生)}^{前}$	$133.526 + Q_{4(熟)}^{前}$	$4676.078 + Q_{4(生)}^{全}$	$143.97 + Q_{4(熟)}^{全}$
Q_1+Q_3	2233	68.863	2382.6	73.438

① 全为 CO_2 时。

F 使用生白云石和熟白云石作熔剂的炉内热耗比较

根据物料平衡的计算，1kg 熟白云石相当于 2.13kg 生白云石和第四项的假设 $Q_{4(熟)} = 2.13 Q_{4(生)}$，则根据表 11-1-10 的结果可得表 11-1-11 结果。

表 11-1-11 生白云石和熟白云石的热耗比较

使用1kg 生白云石比使用0.4695kg 熟白云石多消耗的热/kJ		使用1kg 熟白云石代替2.13kg 生白云石所节省的热/kJ	
吹炼前期	全炉	吹炼前期	全炉
4273.674	4608.492	8852.153	9816.061

由上可见，使用1kg 生白云石比使用熟白云石的额外热消耗是很大的（大约 4264 ~ 4598kJ/kg），而过去文献[3~5]中常用的生白云石分解热大多偏低（大约 2161 ~ 2738kJ/kg）。这既影响热平衡计算的精度，更易使人做出错误的决策和判断，如（1）生白云石作熔剂的热耗与生白云石煅烧的热耗相当，乃至还少些？（2）生白云石作熔剂对吹炼前期的热工制度的影响，并不是严重到非改不可？（3）生白云石对加入废钢量的影响尚不足以引起重视？（4）看不到受热量的限制，使生白云石加入量不能满足渣中 $w(MgO)$ 含量的要求，导致炉衬严重侵蚀。现在的问题是究竟李远洲提出的生白云石分解耗热量（大约 4264 ~ 4598kJ/kg）正确，还是一般文献中所用的（2161 ~ 2738kJ/kg）正确，请看表 11-1-12 原上钢三厂 1983 年的三炉测试结果。

表 11-1-12 原上钢三厂热平衡测试的结果

炉 号		3-481	3-485	3-493
铁水	温度/℃	1400	1350	1365
	[C]/%	4.75	4.67	4.65
	[Si]/%	0.33	0.25	0.4
	[Mn]/%	0.28	0.29	0.34
	[P]/%	0.09	0.185	0.09
	kg	29710	29965	29710
废钢/kg		5000	6150	4500
石灰/kg		2750	2700	2700

续表 11-1-12

炉　　号		3-481	3-485	3-493
生白云石/kg		500	0	500
铁皮/kg		825	700	500
钢水	[C]/%	0.07	0.06	0.06
	[Mn]/%	0.08	0.12	0.12
	kg	33805	34486	32711
	℃	1660	1720	1680
	kJ	47199665	49747388	46202957
炉渣	kg	46320	5206	4588
	kJ	10015894	11677858	10142214

由表可见：3-485 和 3-493 的铁水条件基本相同，前者未使用生白云石（炉衬侵蚀量为 12.41kg/t 铁水），废钢加入量为 205.24kg/t（铁水），而后者加入 16.83kg（生白云石）/t（铁水），废钢加入量仅为 151.46kg/t（铁水），且前者的出钢温度较后者高 40℃，这虽然不能把 3-493 炉次加了 16.83kg（生白云石）/t（铁水）与少吃了 53.77kg（废钢）/t（铁水）完全等同来看，但也能大约说明：（1）加入 1kg 生白云石会少吃 3.2kg 废钢；（2）或者说，按 3-485 炉次 1kg 钢水的物理热 1442.539kJ 计，可大约估计 1kg 生白云石多消耗的热量大约为 4608.743kJ，这与前面所做的理论分析值相符。

11.1.2.3　取消生白云石改用熟白云石作冶金熔剂的意义

A　可多吃废钢，改善吹炼前期的热工制度和造好初渣

a　多吃废钢

按目前一般工厂的生白云石用量 20~30kg/t（钢），熔化 1kg 废钢的热耗为 1412.84kJ（1680℃），将 1kg 生白云石的热耗分别按 2738kJ 和 4598kJ 计，其结果如表 11-1-13 所示。

表 11-1-13　用熟白云石代替生白云石多吃的废钢量

可加废钢量/kg·t⁻¹ 节省热/kJ·kg⁻¹	生白云石换成熟白云石的量/kg·t⁻¹	
	20	30
2738	38.8	58.1
4598	65.1	97.6

b　可按（MgO）_sat 加入熟白云石

按物料平衡计，当 $R = 4.0$，（TFe）= 16.5%，$t_{出}$ = 1680℃，[Si] = 0.7% 时，欲使（MgO）_sat = 8.36%，则需加生白云石 64kg/t（钢），而熟白云石只须 30kg/t，而按此加生白云石，则热平衡不允许，所以一般只加 20~30kg/t（钢），这样势必加速炉衬侵蚀，故改 20~30kg（生白云石）/t（钢）为 20~30kg（熟白云石）/t（钢），既节省热能，又有助于造好早期高碱度和 MgO 饱和渣以加速去磷和进一步提高炉衬寿命。

c　可改善全程热工制度，特别是吹炼前期

B　可综合节能

$$\Delta Q = 2.13 Q_{生}^{熔剂} - (Q_{熟}^{熔剂} + Q_{熟}^{煅烧}) \quad kJ/kg（熟白）\qquad (11\text{-}1\text{-}9)$$

节能效果如表 11-1-14 所示。

表 11-1-14　用熟白云石代替生白云石时的节能效果

$Q_{生}^{熔剂}/kJ \cdot kg^{-1}$	$Q_{熟}^{煅烧}/kJ \cdot kg^{-1}$	
	3762	4598
2738	1927	1091
4598	5890	5054
备注	$Q_{熟}^{熔剂} = 142.12kJ/kg$	

11.1.2.4　生白云石的绝对冷却能力

生白云石作冷却剂应是在后期调温时使用，故仅按吹炼后期的情况考虑。

A　$CaMg(CO_3)_2$ 分解出 CO_2 的热耗

$$Q_{分解(CO_2)} = 1656.256kJ/kg（生白）\tag{11-1-10}$$

B　CO_2 再分解的热耗

$$Q_{分解(CO)} = 2528.9kJ/kg（生白）\tag{11-1-11}$$

C　$CO_2 = CO + \dfrac{1}{2}O_2$ 三种气体的加热

Q_{CO_2}：$\quad 0.4554 \times 0.15 \times 4.18[(-147.4)+0.3217(1472+273)] = 114.069$

Q_{CO}：$\quad 0.4554 \times 0.85 \times \dfrac{28}{44} \times 4.18[(-124.9)+0.3043(1472+273)] = 404.049$

Q_{O_2}：$\quad 0.4554 \times 0.85 \times \dfrac{16}{44} \times 4.18[(-111.9)+0.2768(1472+273)] = 211.027$

$$\sum Q_{加热} = 729.132kJ/kg（生白）$$

D　CaO、MgO 及其他物质加热至当时熔渣温度

（1）作为热平衡时，这已在熔渣物理热中考虑了，与采用生白云石和熟白云石的关系不大，故不再计入生白云石的附加吸热中。

（2）作为冷却剂时，一般均作为后期调温度用：

CaO：$\quad 0.3105 W_{DL}[-104+0.32(t_{熔}+298)] \times 4.18$

MgO：$\quad 0.2008 W_{DL}[5+0.32(t_{熔}+298)] \times 4.18$

SiO_2：$\quad 0.0178 W_{DL}[-23.9+0.32(t_{熔}+298)] \times 4.18$

其他：$\quad 0.0155 W_{DL}[-104+0.32(t_{熔}+298)] \times 4.18$

$$Q_{加热}^{固体氧化物} = [-32.1512+0.663(t_{熔}+298)] \times 4.18 W_{DL}\tag{11-1-12}$$

故在 $t_{熔}=1700℃$ 和 $1730℃$ 时，生白云石这些氧化物加热吸收的热量如表 11-1-15 所示。

表 11-1-15　不同温度加热时生白云石的固体氧化物吸收的热量

$Q_{加热}^{固体氧化物}/kJ$	热平衡	作冷却剂	
		$t_{熔}=1700℃$	$t_{熔}=1730℃$
	0	$1254.486 W_{DL}$	$1275.344 W_{DL}$

E　CaO 的成渣热

（1）作为热平衡已在炉渣中考虑了。

（2）作为冷却剂，由于一般都在冶炼后期加入，即 SiO_2 均已形成 C_2S，所以它只能是生成 $Ca_2Fe_2O_5$，成渣热为 $-276.776kJ/kg(CaO)$。

故生白云石的绝对冷却能力为：

$$Q_{分解(CO_2)} + Q_{分解(CO)} + Q_{加热}^{气体} + Q_{加热}^{固} - Q_{成渣}$$

$$= 1656.256 + 2528.9 + 492.738 + 1275.402 - 85.941$$

$$= 5867.341kJ/kg（相当于废钢冷却能力的4.28倍）$$

11.1.3　炉衬散热损失及辐射散热损失

11.1.3.1　炉体散热损失

炉体散热损失计算公式：

$$q = \left\{ 4.88\varepsilon \left[\left(\frac{T_n}{100} \right)^4 - \left(\frac{T_s}{100} \right)^4 \right] + h_0(t_n - t_s) \right\} \times 4.18 \quad kJ/(m^2 \cdot h) \tag{11-1-13}$$

式中，$\varepsilon = 0.95$；$h_0 = A(T_n - t_s)^{\frac{1}{4}}$；热表面直立时，$A = 1.44$，热表面水平向下时，$A = 1.1312$；$T_n$ 为炉体外表面温度，K；T_s 为车间环境温度，K。

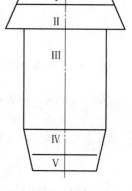

图 11-1-3　炉体示意图

I：
$$F = 1.5708(2.7 + 3.9) \times \sqrt{\left(\frac{3.9 - 2.7}{2} \right)^2 + 1.167^2}$$
$$= 13.604m^2$$

II：
$$F = 1.5708(3.9 + 4.72) \times \sqrt{\left(\frac{4.72 - 3.9}{2} \right)^2 + 0.66^2}$$
$$= 10.521m^2$$

III：
$$F = \pi \times 3.7 \times 2.353 = 27.351m^2$$

IV：
$$F = 1.5708(3.9 + 3.3) \times \sqrt{\left(\frac{3.9 - 3.3}{2} \right)^2 + 0.63^2}$$
$$= 7.892m^2$$

V：
$$F = 1.5708(3.3 + 3.0) \times \sqrt{\left(\frac{3.3 - 3.0}{2} \right)^2 + 0.45^2} + \pi \left(\frac{3.0^2}{4} + 0.48^2 \right)$$
$$= 12.487m^2$$

炉体散热损失计算结果如表 11-1-16 所示。

表 11-1-16　炉体（图 11-1-3）散热损失计算结果

部位	$T_n/℃$	$T_s/℃$	T_n/K	T_s/K	A	$q/kJ \cdot (m^2 \cdot h)^{-1}$	F_0/m^2	$Q_失/kJ \cdot h^{-1}$
I	256	25	529	298	1.5	19293.793	13.604	262472.763
II	226	25	499	298	1.5	15232.004	10.521	160255.908
III	233	25	506	298	1.44	15929.813	27.351	435696.310
IV	274	25	547	298	1.29	23643.919	7.892	186597.125
V	295	25	568	298	1.2	24131.976	12.487	301335.983
合　计								1346316.976

不同散热时间炉体散热损失计算结果如表 11-1-17 所示。

表 11-1-17 不同散热时间炉体散热损失计算结果（22t/炉）

散热时间/min	20	30	40	50
$Q_{失}$/kJ·炉$^{-1}$	448786. 260	673179. 390	897572. 516	1121965. 646
$Q_{失}$/kJ·(1000kg)$^{-1}$	20399. 374	30599. 063	40798. 751	50998. 438

11.1.3.2 炉口辐射热损失（kJ/炉、kJ/t）

分两段时间计算：停吹至倒渣毕，再至下炉开吹。

A 停吹至倒渣毕

设停吹至倒渣毕的辐射热损失，其计算公式为：

$$Q_r = 4.878 \times 10^{-8} A_m t (T_r^4 - 298^4) \tag{11-1-14}$$

式中，$A_m = \dfrac{\pi}{4}D^2 = 0.785 \times 1.15^2 = 1.0387 \mathrm{m}^2$（炉口面积）；$t$ 为炉衬表面从 T_0 冷却至 T 所经历的时间，h；T_r 为炉衬表面的平均温度，其定义为：

$$T_r = \left(\frac{1}{T_0 - T_1} \int_{T_1}^{T_4} T^4 \mathrm{d}T \right)^{\frac{1}{4}} \tag{11-1-15}$$

T_0 为炉衬的初始温度（假定是均匀的，该假设在±50℃左右是大致正确的）；T_1 为 t 小时后炉衬表面的温度，K。

经验证明，停吹至倒渣毕 t 时间时的炉衬温度可采用佩克尔著《氧气顶吹转炉炼钢》下册中的公式[6]：

$$\sqrt{t} = \frac{K\sqrt{\pi} A_i (T_0 - T_1)}{9.756 \times 10^{-8} \sqrt{D} A_m (T_r^4 - 298^4)} \tag{11-1-16}[9]$$

式中，K 为炉衬的导热系数，对于高温下的高镁砖或白云石砖，$K = 12.54$（或 11.704）kJ/(h·m·K)；D 为炉衬的导温系数，m²/h，$D = K/C_p\gamma$。

对于高温下的高镁砖：$C_P = 1.212$；CaO：$C_P = 0.744 + 0.00018T$。设白云石砖的成分为 MgO 40%，CaO 60%，则 C_P（白云石砖）= 1.104，白云石砖密度 $\gamma = 2900 \mathrm{kg/m}^3$，则 $D = 12.54/1.104 \times 2900 = 0.0039$。

应当指出：式（11-1-16）的推导是假定炉衬初始温度是均匀的，且炉内温度由 T_0 冷却至 T_1 的这段时间内热通量保持恒定。这样，其温降随时间的变化便具有其他扩散问题中惯用的那种时间平方根关系：

$$T_0 - T_1 = \frac{2F\sqrt{Dt}}{K\sqrt{\pi}} \tag{11-1-17}$$

若辐射损失的总热量既可考虑从平均表面温度 T_r 降至环境的热辐射，用式（11-1-14）表示，也可将它与通量 q、时间 t 和炉衬内表面积联系起来：

$$Q_r = qA_i t \tag{11-1-18}$$

则联解式（11-1-14）、式（11-1-17）和式（11-1-18）消去 Q_r 和 q，即得式（11-1-16）。

根据原上钢三厂实测的停吹至倒渣毕的炉衬温度和温降速度结果见表 11-1-18。

表 11-1-18　原上钢三厂实测停吹至倒渣毕的炉衬温度和温降速度

炉　号	481	485	493
钢水温度/℃	1649	1747	1684
停吹倒炉的炉衬温度/K	1841	1841	1841
倒渣毕的炉衬温度/K	1695	1685	1700
停吹至倒渣毕的时间/min	7.62	10.5	7.26
停吹至倒渣毕炉衬的温降速度/℃·min^{-1}	19.16	14.86	19.42

现用式（11-1-15）和式（11-1-16）按原上钢三厂的转炉尺寸和表 11-1-18 中实测的停吹至倒渣毕的炉衬温度数据计算如下：

例：
$$A_m = 0.785 \times 1.3^2 = 1.327 m^2$$

$$A_i = 1.5708(1.3 + 2.3) \times \sqrt{\left(\frac{2.3 - 1.3}{2}\right)^2 + 1.562^2} + (2.8 + 0.9) \times \pi \times 2.3 = 36 m^2$$

$$T_0 = 1841K, \quad T_1 = 1695K$$

解：
$$T_r = \left(\frac{1}{1841 - 1695} \int_{1695}^{1841} T^4 dT\right)^{\frac{1}{4}} = 1769.55K$$

$$\sqrt{t} = \frac{3.0\sqrt{\pi} \times 36 \times (1841 - 1695)}{9.756 \times 10^{-8} \sqrt{0.0039} \times 1.327(1769.66^4 - 298^4)} = 0.353$$

$$t = 0.125 \text{ h （实测为 0.127h）}$$

同时由上式算出了停吹后多少分钟内炉衬表面温度可从 1953K 降至 1853K：

$$\sqrt{t} = \frac{3.0\sqrt{\pi} \times 36 \times (1953 - 1853)}{9.756 \times 10^{-8} \sqrt{0.0039} \times 1.327(1904^4 - 298^4)} = 0.3336$$

$$t = 0.1113 \text{h} \approx 6.68 \text{min （基本符合实际）}$$

这说明用式（11-1-14）、式（11-1-15）和式（11-1-16）来计算停吹至倒渣毕的时间内的炉口辐射热损失是切合实际的和可用的。

B　倒渣毕至下炉开吹期间

倒渣毕至下炉开吹期间的温降速度如表 11-1-19 所示。

表 11-1-19　原上钢三厂实测的倒渣毕至下炉开吹期间的炉衬温度和温降速度

炉　号		481	485	493
间隔时间/min	停吹至倒渣毕	7.62	10.5	7.26
	停吹至下炉开吹	36.36	18.84	26.52
	Δt	28.74	8.34	19.26
炉衬温度/K	倒渣毕	1695	1685	1700
	开吹	1419	1599	1508
	ΔT	276	86	192
温降速度/℃·min^{-1}		9.6	10.31	9.97

现用式（11-1-15）和式（11-1-16）按表 11-1-19 中炉号 493：$T_0 = 1700K$，$T_1 = 1508K$，$T_r = 1607K$ 数据计算如下：

$$\sqrt{t} = \frac{3.0\sqrt{\pi} \times 36 \times (1700 - 1508)}{9.756 \times \sqrt{0.0039} \times 1.327(16.07^4 - 2.98^4)} = 0.6825$$

$$t = 0.466h \text{（而实际为 0.321h）}$$

由此可见式（11-1-15）和式（11-1-16）用于倒渣后与实际相差较大。

但作者发现：在停吹至倒渣毕再至下炉开吹期间，时间与炉衬温度之间有如图 11-1-4 中所示的关系（见表 11-1-20 和图 11-1-4）。

表 11-1-20　在停吹至倒渣毕再至下炉开吹期间，时间与炉衬温度之间的关系

间隔时间 t/min		0	7.26	7.62	10.5	18.84	26.52	36.36
T_1/K	实测	1841	1700	1695	1685	1599	1508	1419
	计算	1777	1706	1702	1674	1591	1515	1418

由图 11-1-4 可见：炉衬温度随停吹后时间的增长而不断降低。在停吹至倒渣毕这段时间的 T_1 与 t 成曲线关系，与式（11-1-16）相符，而从倒渣毕至下炉开吹这段时间里，T 与 t 则呈直线关系。

因此，本书作者提出：倒渣毕至下炉开吹期间，出渣后的温降与时间的关系采用下面的回归方程：

$$T = 1777 - 9.8675t \qquad (11\text{-}1\text{-}19)$$

（可用于 15~30t 的炉子）

式中，T 为出渣后再隔 t 时后的炉衬温度，K；t 为出渣后再间隔的时间，min。

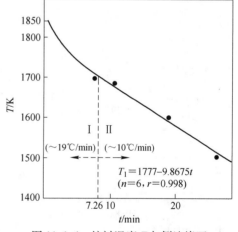

图 11-1-4　炉衬温度 T 与倒渣毕至下炉开吹时间 t 的关系

11.1.3.3　不同操作条件下的炉衬散热及空炉炉口辐射散热损失

A　不同操作条件下的空炉炉口辐射散热损失

a　从本炉停吹至下炉开吹期间的热损失

现将证明正确的公式算出的不同条件下从本炉停吹至下炉开吹期间的空炉炉口辐射散热损失列于表 11-1-21，供选用参考。

b　倒渣毕至下炉开吹不同时间的热损失

根据表 11-1-21 的结果，可得到从倒渣毕至下炉开吹不同时间的热损失及应减少的废钢的量，如表 11-1-22 所示。

表 11-1-21　不同条件下炉衬辐射散热损失计算结果

	序号	I	II	III	IV		V		VI	
上炉倒渣毕至本炉开吹	时间 t/h	0.1666	0.3333	0.5	0.1666	0.333	0.1666	0.333	0.1666	0.333
	倒渣毕温度 T_0/K	1682	1682	1682	1682	1682	1682	1682	1704	1704
		1703.6	1703.6	1703.6	1703.6	1703.6	1704	1704		
	开吹时温度 T_1/K	1583.4	1484.7	1386	1605					
		1605	1506.3	1407.6	1621	1593.5	1100	985		
	炉衬平均温度 T_r/K	1632.7	1583.1	1534	1644					
		1654.3	1605	1555.6	1662	1649.4	1433	1390		
	辐射热量 $Q_1/kJ\cdot炉^{-1}$	319968.6	566091.5	748068.7	200497.9				5333.7	0
		337259.1	597660.6	791162.0	215198.9	409552.2	189918.3	336418.9	10671.5	0
	备注	T_1按式(11-1-19)计算	T_1按式(11-1-19)计算	T_1按式(11-1-19)计算	倒渣毕炉口向下对着1300K的渣罐		倒渣毕即加入废钢和头批渣料		炉盖	高温燃烧器
本炉停吹至本炉倒渣毕	停吹钢水温度 T'/K	1923		1953		1973		1953		1953
	停吹炉衬温度 T'_0/K	1823		1853		1873		1853		1853
	时间 t/h	0.125		0.125		0.125		0.14		0.14
	倒渣毕炉衬温度 T'_1/K	1682		1703.6		1718		1780		1853
	炉衬平均温度 T'_r/K	1754		1780		1797				
	辐射热量 $Q_2/kJ\cdot炉^{-1}$	319857.8		339263.8		352555.8		4000.3①		0
	备注	T_1按式(11-1-16)计算		同左		同左		设炉盖(还可在吹炼时供中压炼钢)		设封口高温燃烧器
Q_1+	kJ/炉									
Q_2	kJ/t									

注：$T_n=568K$，$T_s=298K$，$T_a=1900K$。

① 按炉盖散热计。

表 11-1-22　倒渣毕至下炉开吹不同时间的热损失及应减少的废钢的量

$\Delta t/min$		10	20	30
ΔQ	kJ/炉	319968.6	566091.5	748068.7
	kJ/t	14544.0	25731.4	34003.1
应减少废钢/$kg\cdot t^{-1}$（按1463J/kg）		9.9	17.6	23.24

B　转炉在不同操作下全炉的炉衬散热损失及辐射散热损失

因吹炼前期末的金属熔池温度约为1450℃，而一般上炉倒渣毕的炉衬表面温度约为1430℃（出钢温度为1680℃时），故炉壳散热损失和炉口辐射热损失可将上炉倒渣毕至本炉吹炼初期末划入吹炼前期的热损失内，而将本炉吹炼期末至本炉倒渣毕划入吹炼的中后期。

据此算出25t转炉在不同操作下前后期及全炉热损失，如表 11-1-23 所示。

表 11-1-23　25t 转炉在不同操作下的前后期及全炉热损失

	时间/h		0				0.0833（5min）			
	操作		0	I	II	III	0	I	II	III
吹炼前期	上炉倒渣毕至本炉开吹/kJ·炉⁻¹	炉壳散热	0				112195.4			
		炉口辐射	0	0	0	0	170406.1	112195.4	2675.2	0
	吹炼期炉壳散热/kJ·炉⁻¹	4′	89757.1							
		5′	112195.4							
	∑Q（前期）/kJ·炉⁻¹		89757.1	89757.1	89757.1	89757.1	372358.6	314147.9	204627.7	201952.5
			112195.4	112195.4	112195.4	112195.4	374796.8	336586.1	247066.0	224390.8

	时间/h		0.14（8.4min）				0.14（8.4min）			
	操作		0	0	II	III	0	0	II	III
吹炼中后期	吹炼期炉壳散热/kJ·炉⁻¹	10′	224394.9							
		12′	269271.4							
	停吹至倒渣毕/kJ·炉⁻¹	炉壳散热	188488.7							
		炉口辐射	376200	376200	4000.3	0	376200	376200	4000.3	0
	∑Q（中后）/kJ·炉⁻¹		789083.7	789083.7	416883.9	789083.7	789083.7	789083.7	416883.9	789083.7
			833960.2	833960.2	461764.6	833960.2	833960.2	833960.2	461764.6	833960.2
全炉	∑Q/kJ·炉⁻¹ 总吹炼时间	15′	901279.1	901279.1	529079.3	483279.1	1183880.5	1125669.8	643950.0	595474.4
		16′	923717.3	923717.3	551521.7	547517.3	1206318.7	1148108.1	666392.3	659712.7

	时间/h		0.166（10min）				0.333（20min）			
	操作		0	I	II	III	0	I	II	III
吹炼前期	上炉倒渣毕至本炉开吹/kJ·炉⁻¹	炉壳散热	224390.8				448785.7			
		炉口辐射	337259.1	~209000	5350.4①	0	597660.6	~376200	10659①	0
	吹炼期炉壳散热/kJ·炉⁻¹	4′	89757.1							
		5′	112195.4							
	∑Q（前期）/kJ·炉⁻¹		651407.0	523147.9	319498.3	314147.9	1136203.4	914742.8	549201.8	538542.8
			673845.3	545586.1	341936.5	336586.1	1158641.7	937181.1	571640.1	560981.1

	时间/h		0.125（7.5min）				0.14（8.4min）			
	操作		0	0	II	III	0	0	II	III
吹炼中后期	吹炼期炉壳散热/kJ·炉⁻¹	10′	224394.9							
		12′	269271.4							
	停吹至倒渣毕/kJ·炉⁻¹	炉壳散热	168295.2				188488.7			
		炉口辐射	339265.5	339265.5	3971	0	376200	376200	4000.3	0
	∑Q（中后）/kJ·炉⁻¹		731955.6	731955.6	396661.1	39269.0	789083.7	789083.7	416883.9	412883.7
			776832.1	776832.1	441537.6	437566.6	833960.2	833960.2	461760.4	457760.2
全炉	∑Q/kJ·炉⁻¹ 总吹炼时间	15′	1405796.7	1277541.8	738597.6	729276.2	1947725.3	1726264.8	998524.0	973864.8
		16′	1428239.1	1299980.0	761035.9	751714.5	1970163.6	1748703.0	1011037.5	1992606.0

① 按 $T_n=295℃$，$q=233132kJ/(m^2·h)$ 计算。

操作说明：

0———一般操作；

Ⅰ——倒渣毕炉口向下对着盛满当炉熔渣的渣罐，或倒渣毕立即加入下炉废钢和头批渣料；

Ⅱ——停吹后盖上炉盖（封住炉口）；

Ⅲ——炉口设封口高温燃烧器。

由表 11-1-23 可见：

（1）出钢温度 1680℃，停吹至倒渣毕为 0.125h，倒渣毕至开吹时间为 0.1666h（即 10min）时，其通过炉口的热损失为 $Q_1+Q_2=337259.1+339265.5=676524.6$ kJ/炉。

（2）若倒渣毕至开吹时间为 0.333h（即 20min），则 $Q_1+Q_2=337259.1+597660.6=934919.7$ kJ/炉。

（3）若倒渣毕炉口向下对着渣罐或立即加入废钢、石灰等，则：

$t_2=0.166$h 时，$Q_1+Q_2=337259.1+189918.3=527177.4$ kJ/炉；

$t_2=0.133$h 时，$Q_1+Q_2=337259.1+336418.9=673678.0$ kJ/炉。

（4）若停吹后炉盖盖上，则 $Q=9196\sim14630$ kJ/炉。

（5）若停吹后用加热燃烧器，则 $Q_{辐射}=0$。

参 考 文 献

［1］特列恰柯夫 E B. 氧气转炉造渣制度［M］. 北京：冶金工业出版社，1975：12-15.

［2］佩克尔，著. 氧气顶吹转炉炼钢（上册）［M］. 北京：冶金工业出版社，1980：134，136.

［3］上海第三钢铁厂，北京冶金机电学院. 上钢三厂二转炉车间 25 吨氧气顶吹转炉物料平衡、热平衡测试总结［R］. 1983：38.

［4］吴巍，等. 15t 氧气顶吹转炉的物料与热平衡测定［J］. 炼钢，1985（1）：27.

［5］武钢钢研所，二炼钢厂，技术部. 转炉复吹和顶吹的物料及热平衡测定［J］. 炼钢，1985（1）：38.

［6］佩克尔，著. 氧气顶吹转炉炼钢（下册）［M］. 北京：冶金工业出版社，1980：132.

11.2　氧气转炉二次燃烧

为了推进氧气转炉炼钢技术的进步，采用铁水预处理技术、复吹技术、少渣操作、转炉冶炼不锈钢高锰钢工艺、直接合金化的矿石熔融还原工艺和高废钢比的冶炼工艺等新工艺新技术以求扩大转炉钢的品种，提高钢的质量，降低生产成本和适应市场原材料供应变化的能力等的需要，热补偿技术作为转炉炼钢技术进步的重要配套技术之一，受到各国的重视、研究和开发。这里只讨论热补偿技术中的转炉炉内二次燃烧技术，由于二次燃烧过程是一个十分复杂的过程，它与以下诸多因素有关，如：（1）氧气射流抽吸的炉气量和渣、钢液滴量；（2）氧流冲击熔池的有效半径、凹坑深度和凹坑表面积；（3）氧流击碎液滴的大小和数量；（4）凹坑面上反射流的流速；（5）泡沫渣的形成和性质（如膜壳寿命等）；（6）氧流与抽吸炉气和渣金液滴的燃烧反应及与凹坑表面金属的热化学反应；（7）液滴传热，炉气与渣钢间的对流辐射传热和炉气与泡沫渣间的热交换等。这些因素又相互影响、相互耦合，故使实验和理论研究都变得十分复杂困难。但已有不少学者从氧气射流的特性入手提出了 CO 的二次燃烧机理和以射流粉碎的渣钢液滴为基础提出了二次燃烧的各种传热模型，如对流-辐射综合传热模型，液滴传热模型，泡沫渣的导热、辐射综合传热模型，或单纯的对流传热模型，尽管他们所依据的氧气自由射流特性的公式是前人在冷态试验条件下得出的，但其对转炉中 CO 的二次燃烧机理的剖析仍然是十分珍贵的和值得借鉴的。本节在他人对转炉 CO 二次燃烧的实验研究和理论研究的基础上补充一些作者所知的影响二次燃烧的新信息，并尝试用作者修正的氧气射流的速度衰减公式、射流的速度分布公式、破碎钢渣指数公式等对转炉的 CO 二次燃烧机理再分析，然后借助转炉的火花操作、泡沫渣操作（包括泡沫渣的理化特性和沫壳寿命）探讨转炉各个吹炼阶段的二次燃烧传热模型。

11.2.1 脱碳和二次燃烧的热力学分析

11.2.1.1 BOP 中脱碳和二次燃烧的热力学模型

虽然在 BOP 中会同时发生脱碳和 CO 的二次燃烧，但是为了便于分析，可以认为它们是在转炉的不同区域发生的，如图 11-2-1 所示。并设定直到硅被脱完后才开始脱碳和氧化铁；而脱硫和脱磷则不影响脱碳，因此本节中的脱碳开始时间大约是吹氧后的 3~5min。

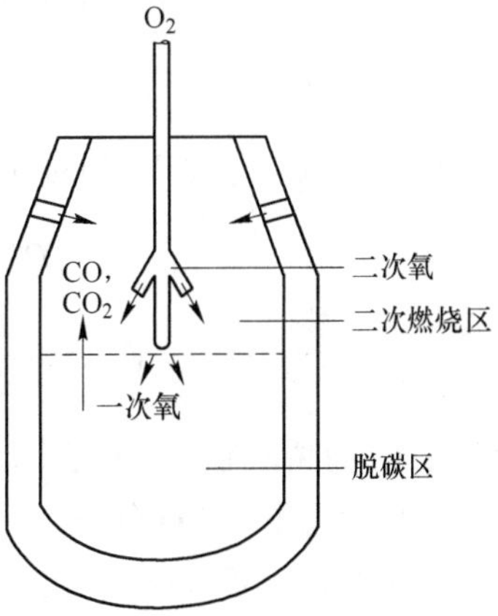

A　脱碳区中的化学反应

脱碳区中的化学反应可表述如下：

图 11-2-1　BOP 转炉中脱碳区与二次燃烧区简图[1]

$$CO_2 + [C] \Longrightarrow 2CO \tag{11-2-1}$$

$$K^{\ominus} = \frac{P_{CO}^2}{P_{CO_2} a_C} \tag{11-2-2}$$

$$a_C = f_C [C] \tag{11-2-3}$$

$$[C] > 1\% 时, \lg f_C = 0.167[C] \tag{11-2-4}$$

$$[C] < 1\% 时, \lg f_C = 0.2[C] \tag{11-2-5}$$

$$\Delta_r G_m^{\ominus} = 149226 - 132.5T \quad 或 \quad \Delta_r G_m^{\ominus} = 144210 - 129.9T \quad J/mol \tag{11-2-6}$$

$$K^{\ominus} = \exp\left(15.95 - \frac{17967}{T}\right) \quad 或 \quad K^{\ominus} = \exp\left(15.64 - \frac{17363}{T}\right) \tag{11-2-7}$$

由式（11-2-1）~式（11-2-7）可见：脱碳区中平衡状态下的 P_{CO} 和 P_{CO_2} 值取决于该区域内的 a_C 值和 T 值。而 a_C 值是随吹炼时间和供氧量的变化而变化的，T 则随 C、Si、Mn、P 等元素的氧化放热作用而变化。故当铁水成分和供氧制度确定之后，便可确定 a_C 和 T，均是随吹炼时间（θ, min）而变化的函数，进而可得到吹炼过程中脱碳区平衡状态下的 P_{CO} 和 P_{CO_2} 值。再根据质量守恒定律，写出脱碳区中 C、O、CO、CO_2 保持平衡的关系式：

$$\dot{n}_{O_2}^d = \frac{\dot{n}_{CO}^d}{2} + \dot{n}_{CO_2}^d \tag{11-2-8}$$

$$\dot{n}_C^d = \dot{n}_{CO}^d + \dot{n}_{CO_2}^d \tag{11-2-9}$$

根据道尔顿定律：

$$\frac{\dot{n}_{CO}^d}{\dot{n}_{CO_2}^d} = \left(\frac{P_{CO}}{P_{CO_2}}\right)^d \tag{11-2-10}$$

$$P_{CO} + P_{CO_2} = 1 \tag{11-2-11}$$

解式（11-2-9）~式（11-2-11）得：

$$\dot{n}_{CO}^{d} = \dot{n}_{C}^{d} P_{CO} \tag{11-2-12}$$

$$\dot{n}_{CO_2}^{d} = \dot{n}_{C}^{d} P_{CO_2} \tag{11-2-13}$$

代入式（11-2-8）得：

$$\dot{n}_{O_2}^{d} = \dot{n}_{C}^{d}\left(\frac{1}{2}P_{CO} + P_{CO_2}\right) = \dot{n}_{C}^{d}\left(1 - \frac{1}{2}P_{CO}\right) \tag{11-2-14}$$

又

$$\dot{n}_{O_2}^{d} = \frac{1000Q_{O_2}}{22.4} \qquad Q_{O_2}—\mathrm{Nm^3/min} \tag{11-2-15}$$

$$\dot{n}_{C}^{d}\ (\mathrm{mol/min}) = \frac{1000 \times 1000 W\ (t)\ \times\ [C]\ /\mathrm{min}}{100 \times M_C\ (\ =12\mathrm{g/mol})} \tag{11-2-16}$$

代入式（11-2-15）即得吹炼过程中保持脱碳区脱碳平衡。即 C-CO_2-CO 平衡状态所需的与过程脱碳速度 $\dot{X}_C$ 相对应的瞬时氧流量 Q_{O_2}（$\mathrm{Nm^3/min}$）。

$$Q_{O_2}^{d} = 18.677 W \dot{X}_C\left(1 - \frac{1}{2}P_{CO(平衡)}^{d}\right) \tag{11-2-17}$$

式中，$Q_{O_2}^{d}$ 是为保持与 $\dot{X}_C$ 相对应的脱碳平衡所需的氧流量，$\mathrm{Nm^3/min}$；W 为熔池中的金属量，t；$\dot{X}_C$ 为瞬时脱碳速度，$[C]\ /\mathrm{min}$；$P_{CO(平衡)}^{d}$ 为由式（11-2-2）和式（11-2-7）确定的脱碳平衡状态下的 CO 分压。

再联解式（11-2-8）、式（11-2-10）和式（11-2-15）得到：

$$\dot{n}_{CO_2}^{d} = \frac{1000Q_{O_2}}{22.4\left(1 + \dfrac{P_{CO}}{2P_{CO_2}}\right)} \tag{11-2-18}$$

这样就可以按照上面的关系式（11-2-1）~式（11-2-18）确定吹炼过程某一时刻在熔池一定碳含量和温度下，保持脱碳区一定的脱碳速度 $\dot{X}_C$ 所需的氧流量及平衡状态下脱碳生成的 $\dot{n}_{CO}^{d}$ 和 $\dot{n}_{CO_2}^{d}$，其计算步骤就是：

（1）由式（11-2-3）~式（11-2-5）计算 a_C；

（2）由式（11-2-2）、式（11-2-17）和式（11-2-11）计算离开脱碳区的 CO 和 CO_2 的分压；

（3）由式（11-2-17）计算保持熔池脱碳平衡所需的氧流量 $Q_{O_2}^{d}$；

（4）再由式（11-2-18）和式（11-2-10）计算脱碳区生成的 CO 和 CO_2 的分子流量 $\dot{n}_{CO}^{d}$ 和 $\dot{n}_{CO_2}^{d}$。

可以认为吹炼中，当实际供给的氧流量 $Q_{O_2} > Q_{O_2}^{d}$ 时，其过剩氧 $Q_{O_2}^{P}(\ = Q_{O_2} - Q_{O_2}^{d})$ 将用于脱碳期的 CO 的二次燃烧和液相传质控制期的 CO 二次燃烧与铁的氧化，下面将对二次燃烧区进行讨论。

B　二次燃烧区中的化学反应

二次燃烧区的化学反应式和热力学方程为：

$$\mathrm{CO} \quad + \quad 1/2\mathrm{O_2} \quad \rule[0.5ex]{1.5em}{0.4pt}\rule[0.5ex]{1.5em}{0.4pt} \quad \mathrm{CO_2} \tag{11-2-19}$$

$$\dot{n}^{\mathrm{d}}_{\mathrm{CO}}-\dot{n}^{\mathrm{P}}_{\mathrm{CO}} \qquad \dot{n}^{\mathrm{P}}_{\mathrm{O_2}}-\frac{1}{2}\dot{n}^{\mathrm{P}}_{\mathrm{CO}} \qquad \dot{n}^{\mathrm{d}}_{\mathrm{CO_2}}+\dot{n}^{\mathrm{P}}_{\mathrm{CO}}$$

$$K^{\ominus}=\frac{P^{\mathrm{P}}_{\mathrm{CO_2}}}{P^{\mathrm{P}}_{\mathrm{CO}}(P^{\mathrm{P}}_{\mathrm{O_2}})^{\frac{1}{2}}} \tag{11-2-20}$$

令 $\dot{n}^{\mathrm{d}}_{\mathrm{CO}}$ 表述生成 CO 的摩尔速率，$\dot{n}^{\mathrm{P}}_{\mathrm{CO}}$ 表示二次燃烧时 CO 转换为 CO_2 的摩尔速率，$\dot{n}^{\mathrm{P}}_{\mathrm{O_2}}$ 表示用于二次燃烧的 O_2 摩尔速率，则二次燃烧后保持平衡的 CO 摩尔速率是 $\dot{n}^{\mathrm{d}}_{\mathrm{CO}}-\dot{n}^{\mathrm{P}}_{\mathrm{CO}}$，$CO_2$ 摩尔速率是 $\dot{n}^{\mathrm{d}}_{\mathrm{CO_2}}+\dot{n}^{\mathrm{P}}_{\mathrm{CO}}$，以及 O_2 的摩尔速率是 $\dot{n}^{\mathrm{P}}_{\mathrm{O_2}}-\frac{1}{2}\dot{n}^{\mathrm{P}}_{\mathrm{CO}}$，于是根据道尔顿定律可得：

$$\left(\frac{P_{\mathrm{CO_2}}}{P_{\mathrm{CO}}}\right)^{\mathrm{P}}=\frac{\dot{n}^{\mathrm{d}}_{\mathrm{CO_2}}+\dot{n}^{\mathrm{P}}_{\mathrm{CO}}}{\dot{n}^{\mathrm{d}}_{\mathrm{CO}}-\dot{n}^{\mathrm{P}}_{\mathrm{CO}}} \tag{11-2-21}$$

$$P^{\mathrm{P}}_{\mathrm{O_2}}=\frac{\dot{n}^{\mathrm{P}}_{\mathrm{O_2}}-\frac{1}{2}\dot{n}^{\mathrm{P}}_{\mathrm{CO}}}{(\dot{n}^{\mathrm{d}}_{\mathrm{CO}}-\dot{n}^{\mathrm{P}}_{\mathrm{CO}})+\left(\dot{n}^{\mathrm{P}}_{\mathrm{O_2}}-\frac{1}{2}\dot{n}^{\mathrm{P}}_{\mathrm{CO}}\right)+(\dot{n}^{\mathrm{d}}_{\mathrm{CO_2}}+\dot{n}^{\mathrm{P}}_{\mathrm{CO}})} \tag{11-2-22}$$

代入式（11-2-20）得到：

$$K^{\ominus}=\frac{(\dot{n}^{\mathrm{d}}_{\mathrm{CO_2}}+\dot{n}^{\mathrm{P}}_{\mathrm{CO}})\ (\dot{n}^{\mathrm{d}}_{\mathrm{CO}}+\dot{n}^{\mathrm{d}}_{\mathrm{CO_2}}+\dot{n}^{\mathrm{P}}_{\mathrm{O_2}}-\frac{1}{2}\dot{n}^{\mathrm{P}}_{\mathrm{CO}})^{\frac{1}{2}}}{(\dot{n}^{\mathrm{d}}_{\mathrm{CO}}-\dot{n}^{\mathrm{P}}_{\mathrm{CO}})\left(\dot{n}^{\mathrm{P}}_{\mathrm{O_2}}-\frac{1}{2}\dot{n}^{\mathrm{P}}_{\mathrm{CO}}\right)^{\frac{1}{2}}} \tag{11-2-23}$$

由式（11-2-23）可知：$\dot{n}^{\mathrm{P}}_{\mathrm{CO}}$ 是立方项，为待求的变量，它受制于由脱碳反应，并可由式（11-2-1）～式（11-2-9）的 $\dot{n}^{\mathrm{d}}_{\mathrm{CO_2}}$ 和 $\dot{n}^{\mathrm{d}}_{\mathrm{CO}}$，以及准独立变量 $\dot{n}^{\mathrm{P}}_{\mathrm{O_2}}$（即 $Q^{\mathrm{P}}_{\mathrm{O_2}}=Q_{\mathrm{O_2}}-Q^{\mathrm{d}}_{\mathrm{O_2}}$）和二次燃烧反应的平衡常数 K 计算。

根据式（11-2-19）的热力学函数方程：

$$\Delta_{\mathrm{r}}G^{\ominus}_{\mathrm{m}}=282150+86.88T \quad \mathrm{J/mol} \tag{11-2-24}$$

可得：

$$K=\exp\left(\frac{33970}{T}-10.46\right) \tag{11-2-25}$$

在此并写出文献[1]给出的 K 值公式：

$$K=\exp\left(\frac{34358}{T}+0.091\ln T+0.000171T-\frac{43800}{T^2}-11.72\right) \tag{11-2-26}$$

式中，T 为二次燃烧区的温度，K。

现我们只要把已知的和计算出的 $\dot{n}^{\mathrm{d}}_{\mathrm{CO_2}}$、$\dot{n}^{\mathrm{d}}_{\mathrm{CO}}$、$\dot{n}^{\mathrm{P}}_{\mathrm{O_2}}$ 和 K 值代入式（11-2-23）便可用解三次方程的牛顿方法求出二次燃烧中 CO 燃烧成 CO_2 的摩尔速率 $\dot{n}^{\mathrm{P}}_{\mathrm{CO}}$，进而由式（11-2-21）求出按 $\dfrac{\mathrm{CO_2}}{\mathrm{CO+CO_2}}$ 表示的二次燃烧比，并由式（11-2-22）求出保持二次燃烧比所需的平衡氧分压 $p^{\mathrm{P}}_{\mathrm{O_2}}$ 及过剩氧 $\dot{n}^{\mathrm{P}}_{\mathrm{O_2}}-\frac{1}{2}\dot{n}^{\mathrm{P}}_{\mathrm{CO}}$。但以上所述诸式，还只能是在已知吹炼过程某一瞬间的 X_{C}

和 $\dot{X}_C$ 时才能计算出该瞬间与脱碳反应和二次燃烧反应相平衡的 $\dot{n}^d_{CO}$、$\dot{n}^d_{CO_2}$ 以及 $\dot{n}^P_{CO}$、$\dot{n}^P_{CO_2}$。若要进一步求解它们在全吹炼过程中的变化，则还需了解和掌握计算吹炼过程中 $w[C]$ 含量的变化，脱碳速度的变化以及一次反应区和二次燃烧区的温度变化的方法。

11.2.1.2　BOP 中脱碳和二次燃烧的热力学模型的实际意义

在采用常规氧枪的氧气转炉中，按文献[1] 180t BOP 转炉开吹后的前 5min 为脱硅期，C 从吹炼第 6min 开始氧化，初始 [C]=4.0%，[C]≥0.3% 时脱碳速度受供氧速度控制，[C]≤0.3% 时脱碳速度受钢液中 C 的传质速度控制，其脱碳模型为：

[C]≥0.3% 时：

$$X_C = 4.0 - 0.27t$$

$$-\frac{dX_C}{dt} = X'_C = -0.27 \qquad (11\text{-}2\text{-}27)$$

[C]≤0.3% 时：

$$X_C = \exp[-(1.204 + 0.9t)]$$

$$-\frac{dX_C}{dt} = X'_C = 0.9X_C \qquad (11\text{-}2\text{-}28)$$

其温度变化模型为：$T = 1350 + 12.0t$ ℃

再借助前面得出的脱碳热力学模型式（11-2-2）~式（11-2-7），式（11-2-11），式（11-2-17），式（11-2-18）可得出该 180t 转炉按保持前期脱碳速度恒供氧时（Q_{O_2} = 5.6 m^3/min），吹炼过程脱碳区内 $P_{CO平衡}$ 和 $P_{CO_2平衡}$ 的变化曲线，如图 11-2-2 和图 11-2-3 所示。

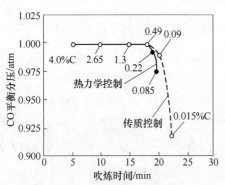

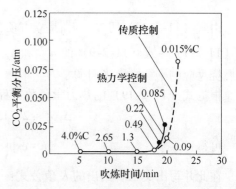

图 11-2-2　金属熔池中脱碳区碳及
　　　　　CO 的平衡分压[2]

图 11-2-3　金属熔池中脱碳区碳及
　　　　　CO_2 的平衡分压[1]

由图可见：在 [C]<0.3% 以前，CO-CO_2 的混合比为稳定值，基本上都是 CO，而只是在 [C]<0.3% 以后，由于脱碳速度受钢液中 C 的传质控制后，才有脱碳多余的氧用于 CO 的二次燃烧，因而吹炼后期的 CO/(CO+CO_2) 随 [C] 的降低而降低，这一情况与氧气底吹转炉的情况十分相似，只是与 LD 转炉的 CO/(CO+CO_2) 相比后者的水平比理论计算的要低许多，这除了顶吹氧不像底吹那样完全被脱碳区吸收外，还由于顶枪从炉口处吸入了部分大气的缘故。应当说顶吹氧被脱碳区吸收的程度，主要取决于射流冲击熔池的凹坑面

积大小，破碎钢、渣的液滴大小和气/液的混合程度。故硬吹时由于气/液乳化好，氧流基本上被火点区吸收，炉气中的 CO/(CO+CO$_2$) 高；软吹时氧流未被脱碳区吸收而进入了二次燃烧区，所以炉气中的 CO/(CO+CO$_2$) 便相对较低。

由上不难对上述脱碳和二次燃烧区的热力学模型得出以下结论。

A 用于顶吹转炉常规氧枪吹炼应做如下修正

（1）不能简单地把顶吹供氧视为全部被脱碳区吸收，换句话说也就是不能把全部氧用在脱碳区的 C-CO-CO$_2$ 平衡中。

（2）应根据氧枪供氧量、炉口吸氧量和实际脱碳耗氧量来估计用于二燃区的氧量，即：

$$Q_{O_2}^P = Q_{O_2(氧枪)} + Q_{O_2(炉口吸入)} - Q_{O_2}^C \tag{11-2-29}$$

$$Q_{O_2}^C = N \int A \mathrm{d}x \tag{11-2-30}$$

B 用于底吹和复吹转炉时

它不仅可用来估算过程的 CO/(CO+CO$_2$) 变化，还可警示人们底吹 CO$_2$ 气体时在 [C] < [C]$_T$ 后 CO$_2$ 的分解程度将逐渐减小，也就是冷却风嘴保护炉底的能力将降低，必须用增大流量来补偿。

C 在采用二燃氧枪的转炉中

如二燃氧枪的一次供氧为 5.60Nm^3/min，二次供氧分别为 0.4Nm^3/min、2.4Nm^3/min、3.4Nm^3/min，脱碳区的熔池含 C 量和脱碳速度与吹炼时间的关系仍用式（11-2-2）~式（11-2-7），则借助式（11-2-11）可得出 CO/(CO+CO$_2$) 随 $\sum Q_{O_2}$ 和 t 的变化曲线（图 11-2-4）及 CO/(CO+CO$_2$) 与 $\dot{n}_{O_2}^P / \dot{n}_{CO}^d$ 的关系图（图 11-2-5），由图可见：

（1）图 11-2-5 说明：二次燃烧不受热力学上的限制，即只要二次燃烧可得到的氧量比化学计算所需的氧多，换句话说，保持二燃足够的过剩氧 $\dot{n}_{O_2}^P - \dfrac{\dot{n}_{CO}^d}{2}$，CO 的转变就充分。

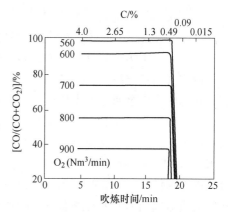

图 11-2-4 180t 转炉中输入氧的速度对脱碳区和二次燃烧区预测的 CO/(CO+CO$_2$) 的影响[1]

（2）图 11-2-4 的趋势与我们在高枪位和大供氧量操作中所观察到的和 Claes 等人[1]的报道非常符合（见图 11-2-6）。

（3）但应当指出的是，实际转炉中二燃氧枪的二次供氧所获得的 CO 转变率并不像图 11-2-4 中所描述的那样高。这是因为副氧流不仅与从脱碳区放出的 CO 作用，还与泡沫渣中的金属粒里的铁和 C 及渣中的 FeO 作用。正因为如此，采用二燃枪的转炉的 CO/(CO+CO$_2$) 除了取决于泡沫渣的理化性质外，还取决于二燃枪的设计和操作，还需做进一步的细化研究。

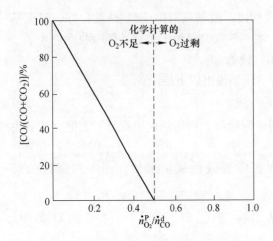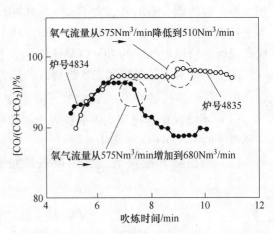

图 11-2-5　二次燃烧反应中 $CO/(CO+CO_2)$ 与　　　图 11-2-6　输入氧的速度对 Class 等人报道的

$\dot{n}_{O_2}^P/\dot{n}_{CO}^d$ 的关系[1]　　　　　　　　　　　$CO/(CO+CO_2)$ 的影响[1]

11.2.1.3　脱碳区逸出的 CO_2 和二燃枪的副氧流与炉渣的化学反应

A　脱碳区逸出的 CO_2 与炉渣的作用

下面先写出 CO_2 与泡沫渣中的金属粒和（FeO）发生反应的热力学方程：

$$CO_2+[C] = 2CO \qquad\qquad \Delta_r G_m^{\ominus} = 149226-132.5T \qquad (11-2-31)$$

$$CO_2+Fe = CO+FeO \qquad\qquad \Delta_r G_m^{\ominus} = 22781-24.2T \qquad (11-2-32)$$

$$CO_2+2FeO = CO+Fe_2O_3 \qquad \Delta_r G_m^{\ominus} = -6207.3+40.5T \qquad (11-2-33)$$

由式（11-2-31）~式（11-2-33）可见：在熔池高温下，CO_2 通过泡沫渣时，只能与和它接触的渣中金属珠发生作用而不能与渣中（FeO）发生作用。可以想象，如泡沫渣中的金属粒粒度较大个数较少时，则它们与 CO_2 气流接触面就少，使 CO_2 重新转变为 CO 的数量就少。而软吹既能使氧流外沿与炉气中 CO 燃烧，生成的 CO_2 层加厚，又使被由脱碳区来的 CO 反射流抛出脱碳区的 CO_2 量增加，同时使射流冲击熔池的压力减小，破碎金属液的能力降低，所以软吹有利于提高炉气中的 CO_2 比例。由以上热力学分析我们还看出：从射流边沿逸出的 CO_2 对渣本身来说基本上属惰性气体，故可根据射流冲击熔池时其边沿 CO_2 流的逸散率来建立常规氧枪的二次燃烧模型。

（注：铁珠中的 C 与包裹它的 FeO 生成的 CO 是形成泡沫渣的气源，泡沫愈稳定，就不易破壳出来，以致快到接近炉口由于静压的减少才逸出，甚至是被泡沫渣包裹着溢出炉口，这不仅不利于吹炼平稳，也不利于 CO 与副氧流中的氧接触，故造非稳定型泡沫渣对提高 CO 的二燃率也是十分重要的。）

B　二燃枪的副氧流与炉渣的作用

由下述反应热力学方程可见：

$$1/2O_2+[C] = CO \qquad\qquad \Delta_r G_m^{\ominus} = -1391910-42.47T \qquad (11-2-34)$$

$$1/2O_2+CO = CO_2 \qquad\qquad \Delta_r G_m^{\ominus} = -282150+86.74T \qquad (11-2-35)$$

$$1/2O_2+Fe = FeO \qquad\qquad \Delta_r G_m^{\ominus} = -232492+45.27T \qquad (11-2-36)$$

$$1/2O_2+2FeO = Fe_2O_3 \qquad\qquad \Delta_r G_m^{\ominus} = -340574+154.57T \qquad (11-2-37)$$

$$FeO+[C] \stackrel{}{=\!=\!=\!=} CO^* +Fe \tag{11-2-38}$$

射向泡沫渣层的副氧流不仅可以与从脱碳区来的 CO 二次燃烧成 CO_2，而且可以与渣中金属粒发生脱 C、脱 Mn、脱 P 和氧化 Fe 的作用，同时也可使渣中 FeO 进一步氧化成 Fe_2O_3，如图 11-2-7 所示。由此不难看出，要使二次氧气流更多地用于使 CO 二次燃烧成 CO_2，不能仅仅增加二次 O_2 的比例，还应通过改进氧枪操作，降低主氧流对熔池的冲击力和冲击凹坑面积以减少泡沫渣中夹带的金属粒数量及其界面积，使泡沫渣中的金属粒和炉渣与二次氧的混合处于非完全混合的富氧状态中。

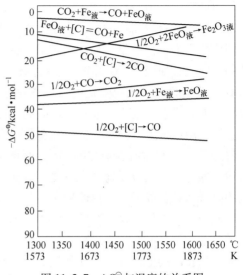

图 11-2-7　$\Delta G^{\ominus}$ 与温度的关系图

11.2.2　二次燃烧模型

11.2.2.1　二次燃烧机理的分析

上一节从热力学和反应平衡的角度分析了射流中 CO_2 在火点区进行脱碳的可能性和脱碳平衡时的 P_{CO}/P_{CO_2} 值，以及 CO 转变为 CO_2 的热力学条件。本节借助氧气射流与炉气和熔池的相互作用来进一步分析氧气转炉的二次燃烧机理。

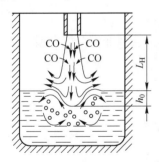

图 11-2-8　在枪位很高情况下氧流与熔池的相互作用

现用图 11-2-8 来描述转炉二次燃烧的机理，即从氧枪喷头喷出的氧气射流经过超音速区域、过渡区域到达自由射流区域，在冶炼的前期和后期，喷枪一般是在熔池的上方，在这种情况下，该自由射流从伴随它的炉气中卷入 CO 和 N_2 等气体，并与它们混合燃烧成为表层充满 CO_2 的火焰式射流。

当喷枪接近熔池表面或降至射流的势能核心段长度时，射流将直穿熔池，流股边缘部分将发生反射及明显的液体飞溅，而流股的主要部分则如火炬般深深地穿透在熔池中，同时抽吸液体，并把它破碎成小液滴。随后这些小液滴又被气体的流股所驱赶，继续往下运动，当 $h_x = h_0$ 时，流股向下穿透终止，并在滞止处破碎为气泡与金属滴混合。与此同时在氧流穿透熔池的整个过程中，O_2 不断与金属滴作用，最后形成由 CO 气泡和液滴组成的乳浊液。最后这些乳浊液借助比重差转而沿火点区四周向上运动，并在上浮的过程中气泡和液滴分别聚合长大，其液滴与途经之处的金属液汇合向熔池的中心区域流去，其长大后的 CO 气泡则逐步从乳浊液析出，通过二次反应区进入炉气。

该射流表层某极限速度以下的 CO_2，随着从火点区逸出的 CO 流和金属滴一道逸散进入大气，未逸散的自由射流则冲向熔池，形成由凹坑面包围的雾状乳化区（即火点区），在那里发生如式（11-2-31）～式（11-2-38）各种氧化反应，并生成 CO 气体。更详细地说：高枪位操作时，射流外沿的 CO_2 流层较厚，进入火点区的射流比较小，生成的 CO 量较少，其逸出火点区的速度较低，而且冲击熔池的有效面积较小，深度较浅，击碎的金属滴粒度较大，故这时炉气中携带的金属滴不太多，炉气中的 $CO_2/(CO+CO_2)$ 较高；而随着氧枪的降低，射流外沿的 CO_2 层减薄，进入火点区的射流比增大，生成的 CO 量增多，且冲击熔池的有效面积增大，深度增加，击碎的金属滴粒度减小，故这时 CO 的逸出速度即使变化不大，但数量增加，携带的金属滴增多，而从射流中逸散的 CO_2 流不一定增加，消耗于氧化金属滴的 CO_2 却增加，故这时飞溅在炉气中的金属滴增多，炉气中的 $CO_2/(CO+CO_2)$ 比降低；当枪位降到射流冲击熔池有效面积达最大值后，再继续降枪时，除射流外沿的 CO_2 层继续减薄，进入火点区的射流比继续增大，生成的 CO 量继续增多，射流击碎金属液滴粒度继续减小，冲击熔池深度继续增加外，冲击熔池的有效面积却不断减小，也就是说 CO 反射流的逸出速度在急剧增大，携带的金属滴在急剧增加，尽管这时随 CO 流逸散的射流表层极限速度也在增大，但 CO_2 量并未增加，故这时 $CO_2/(CO+CO_2)$ 随氧枪的降低而急剧降低。至射流冲击熔池深度比 $n/n_0 = 0.5$ 时，反射流速度和反射流携带的金属滴均达最大值，这时逸散射流中的 CO_2 和 O_2，即使全部用于金属滴的氧化也仍不够，故炉气中几乎全是 CO 了。如从另一个角度看，当枪位降至射流的超音速核心段长度时，射流几乎直冲熔池深部，并在那里破碎为细小气泡后，再在上浮过程中氧化金属生成 CO、SiO_2、MnO、FeO 等，分别进入炉气和炉渣，这时的炉气中也几乎全是 CO。现不妨对上述分析作以下归纳。

A　不同枪位操作的特点

（1）$L_H \geqslant L_H(A_{有效} = 最大)$ 操作区的特点是：

1）$CO_2/(CO+CO_2)$ 比较高；

2）泡沫渣操作；

3）泡沫渣中的金属滴数量不很多，且粒度较大，与炉气的混合属非完全混合型。

（2）$L_H < L_H(A_{有效} = 最大)$ 操作区的特点是：

1）$CO_2/(CO+CO_2)$ 比较低；

2）为泡沫渣操作与火花操作的过渡区操作；

3）泡沫渣的比重增大，金属滴增多，与炉气的混合属过渡型。

（3）$L_H = L_H(A_{有效} = 最大)$ 操作区的特点是：

1）$CO_2/(CO+CO_2) \approx 100\%$；

2）火花操作；

3）气/金完全混合，炉渣返干，金属飞溅。

（4）$L_H \leqslant L_H(n/n_0 \geqslant 0.5)$ 操作区的特点是：

1）$CO_2/(CO+CO_2) \approx 100\%$；

2）泡沫渣操作；

3）气/金完全混合，炉渣返干，射流直插熔池，无集中的 CO 反射流逸出所造成的金属喷溅。

B　氧枪宜佳枪位

由上讨论不难悟出：对于普通氧枪来说，为了既能提高炉气中的 CO_2 比，又能保持吹炼平稳的泡沫渣操作，似以取 $L_H = L_H$（$A_{有效} = 最大$）± 为宜。若能在普通氧枪中增加一个中心搅拌流，则可取 $L_H = L_H$（按等密流计算 $P_冲 = 100 \pm mmH_2O$，按非等密流计算 $P_冲 = 275 \pm$

mmH$_2$O），这样既可获得高的 CO$_2$ 比，又可获得良好的冶金效果。据报道，哈斯彼和 H. 古斯米特尔等人在 2t 氧气顶吹转炉上用特殊氧枪吹氧和搅拌气体，其操作条件为：

（1）氧气/搅拌气＝7；

（2）喷嘴前氧压 P_0＝3kg/cm^2；

（3）L_H＝1.5m（喷孔出口直径 d_j＝22.4mm）；

（4）按等密度流计算的到达熔池面时的射流 $v_冲$＝37m/s，$P_冲$＝100mmH$_2$O，破碎金属滴 d＝0.4~0.6cm（作者的分析式）或 0.15~0.225cm（俄的破碎指数式）；按非等密度流计算得到的 $v_冲$＝134m/s，$P_冲$＝276mmH$_2$O，破碎金属滴 d＝（0.15~0.22）~（0.05~0.08）cm（注：气/金完全混合的 $d_滴$≤0.01cm）。

在此条件下获得的冶金效果是：

（1）开吹后 3min 时，[P] 由 2.0% 降到 0.2%，[C] 由 4.0% 降到 2.0%。

（2）[P]$_F$≤0.03%。

（3）[O]$_F$ 与平炉钢相等。

（4）（TFe）$_F$ 小于 LD 法的（TFe）$_F$。

（5）射流到达熔池面的成分为：CO$_2$≥80%，O$_2$≤20%，t＝2800℃。

（6）石灰渣化率高。

（7）无论 q_{O_2} 为 2.9Nm^3/（min·t），5.7Nm^3/（min·t），8.2Nm^3/（min·t），还是 10.1Nm^3/（min·t），均获得了提前脱磷和无炉渣喷溢现象的平稳吹炼。

对于二次燃烧氧枪，如单纯追求 CO 的二次燃烧比，则主氧流采用硬吹火花操作也无妨，但这样做将是在无泡沫渣的状态下进行 CO+1/2O$_2$→CO$_2$ 的二次燃烧反应，其放出的热量只能通过炉气-炉膛-熔池三者间的对流和辐射热交换来传递，其传给金属熔池的热效率将是很低的，并将影响氧枪和炉衬寿命。故即使采用二次燃烧氧枪，其主氧流不宜在整个吹炼过程中采用硬吹操作，而仍采用适度的非完全乳化的泡沫渣操作为当。这样既保证副氧流中一部分 O$_2$ 用于泡沫渣中金属滴和本身的 FeO 的再氧化，又保证有一部分 O$_2$ 用于熔池生成 CO 和渣中金属滴生成 CO 的预定额度在泡沫渣层中进行二次燃烧，其放出热量将大部分通过与泡沫渣的乳化接触传热而回到金属熔池；否则，如泡沫渣中的金属滴又多又细，则不仅副氧流中的 O$_2$ 将大部分耗于金属滴的氧化，就是主射流中如还有逸出一次反应区的外层 CO$_2$ 流，也将在上升时被同时逸出的金属粒还原。故二燃氧枪操作，既要保持主氧流的适度泡沫渣操作，又要控制渣中的金属滴不能过多，方能获得较佳的二次燃烧率和热效率。

C 二次燃烧的机理

根据以上分析，现初步设定二次燃烧的机理如下：

（1）卷入氧气自由射流中的 CO 气体完全混入射流中心，而且十分迅速地进行 CO+1/2O$_2$→CO$_2$ 反应。

（2）到达钢液的 CO$_2$ 与 O$_2$ 一样，全部用于脱碳反应，且 CO$_2$+[C]→2CO，CO$_2$+Fe→CO+FeO 和 FeO+[C]→Fe+CO 的反应十分迅速。

（3）自由射流冲击熔池后，既造就了凹坑，又将一定量的钢液击为细小液滴。

（4）射流与熔池作用生成的 CO 汇聚成反射流后，由射流冲击熔池的有效面四周逸出，并带走与其逸出速度相应的可悬浮、飞翔的金属滴，同时还将阻止自由射流中流速小于 CO 反射流逸出速度的表层 CO_2 部分进入金属熔池，并改变其运动轨迹，使之一同进入炉气和渣相。

（5）从普通氧枪射流逸出的 CO_2 还将在二次反应区的炉气-炉渣-金属粒泡沫乳化相中，继续与金属粒作用，有富余时才最后作为由炉口排出的炉气中的 CO_2 组分，二次燃烧氧枪则可借助副氧流对二次反应区的 CO_2 二次燃烧率进行调控。

（6）当普通氧枪的全部射流直插熔池深部时，则逸出熔池的气体全为 CO，只有它快到炉口时才与被氧枪抽入的少量空气反应生成部分 CO_2。二燃氧枪在这时尽管可借助副氧流使 CO 转变为 CO_2，但热效率低。

11.2.2.2　二次燃烧数学模型的探讨

A　卷入氧气自由射流中的伴随流的质量

根据动量守恒定律，导出射流任一断面上的质流与喷出口处的质流比值为：

$$\frac{\dot{m}}{\dot{m}_j} = K\frac{X}{d_j} \tag{11-2-39}$$

$$\frac{\dot{m}_a}{\dot{m}_j} = K\frac{X}{d_j} - 1 \tag{11-2-40}$$

式中，$\dot{m}$ 为离喷出口 X（m）处的射流质量流，kg/s，$\dot{m} = \dot{m}_j + \dot{m}_a$；$\dot{m}_a$ 为卷入氧流的伴随流质量，kg/s；$\dot{m}_j$ 为氧气质量流，kg/s；d_j 为喷出口直径，m；Ricou 等人在等温等密的亚音速射流中测得 $K = 0.318 \approx 0.32$，故对于等温亚音速流，可写为：

$$\frac{\dot{m}_a}{\dot{m}_j} = 0.32\frac{L_H}{d_j} - 1 \tag{11-2-41}$$

对于等温超音速流：

$$\frac{\dot{m}_a}{\dot{m}_j} = 0.32\frac{L_H - L_C}{d_j} - 1 \tag{11-2-42}$$

式中，L_H 为枪位，m；L_C 为射流的超音速核心段长度，m。

对于非等温射流，Kapner 等人通过所做的工作，马赫数和 ΔT_j 对吸入量 $\dot{m}_a$ 的影响的实验结果，得出以 $\frac{\dot{m}}{\dot{m}_j}$ 对 $\left(\frac{\rho_a}{\rho_j}\right)^{\frac{1}{2}}\left(\frac{L_H - Z}{d_j}\right)$ 的曲线，如图 11-2-9 所示，其方程可写为：

$$\frac{\dot{m}_a}{\dot{m}_j} = 0.273\left(\frac{\rho_a}{\rho_j}\right)^{\frac{1}{2}}\left(\frac{L_H - Z}{d_j}\right) - 1 \tag{11-2-43}$$

式中，Z 为超音速射流势能核心段的长度，m。

$$Z = 0.4233d_j\exp(1.4542Ma) \tag{11-2-44}$$

由图可见，所有结果均在一条直线上，与方程（11-2-41）亚音速射流相比，所带入的气体是较低的。

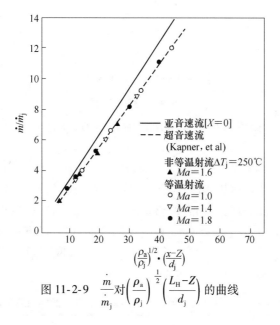

图 11-2-9 $\dfrac{\dot{m}}{\dot{m}_j}$ 对 $\left(\dfrac{\rho_a}{\rho_j}\right)^{\frac{1}{2}}\left(\dfrac{L_H-Z}{d_j}\right)$ 的曲线

本书作者提出的公式为：

$$\frac{\dot{m}_a'}{\dot{m}_j'}=\frac{1}{K_1 d_j \sum\limits_{n=0}^{\infty}\dfrac{(-1)^n \lambda^n r_0^{2n}}{(n+1)!\ (L_H+h_0-L_C)^{n+1}}}-1 \tag{11-2-45}$$

或

$$\frac{\dot{m}_a'}{\dot{m}_j'}=K_2\left(\frac{L_H+h_0-Z}{d_j}\right)-1 \tag{11-2-46}$$

式（11-2-45）和式（11-2-46）表示非等密非等温系的伴随质量，$\dot{m}_a'$ 和 $\dot{m}_j'$ 分别为吸入炉气和总的射流的质量流量，kg/s；r_0 为单股射流冲击熔池面的半径，m；$X=L_H+h_0-L_C$，L_H 为枪位，m；h_0 为射流冲击熔池深度，m。

$$K_{1(T_a,\text{多孔})}=5.501\left(1-0.0232\theta-0.0846\frac{1}{d_j}\right)^{\frac{1}{2}}\times\frac{\rho_j \rho_0''^{\frac{1}{4}}}{\rho_0'^{\frac{1}{2}}\rho_a^{\frac{3}{4}}}\times\left(\frac{d_j}{L_H}\right)^{0.38} \tag{11-2-47}$$

$$K_{2(T_a,\text{多孔})}=\frac{2}{K_{1(T_a,\text{多孔})}}$$

$$=0.3636\left(1-0.0232\theta-0.0846\frac{1}{d_j}\right)^{-\frac{1}{2}}\times\frac{\rho_0'^{\frac{1}{2}}\rho_a^{\frac{3}{4}}}{\rho_j \rho_0''^{\frac{1}{4}}}\times\left(\frac{L_H}{d_j}\right)^{0.38}\left(\frac{\rho_a}{\rho_j}\right) \tag{11-2-48}$$

$$\lambda_{(T_a,\text{多孔})}=2K_{1(T_a,\text{多孔})}^2\left(\frac{\rho_j}{\rho_a}\right) \tag{11-2-49}$$

不同研究者得出的 L_C 的计算公式如下：

Chatterjee
$$L_C=\left[6.8Ma\left(\frac{\rho_j}{\rho_a}\right)^{\frac{1}{2}}+\frac{Z}{d_j}\right]d_j \tag{11-2-50}$$

Kawakami
$$L_{\mathrm{C}} = P_0 Ma \frac{d_{\mathrm{j}}}{0.404} \tag{11-2-51}$$

Stevens
$$L_{\mathrm{C}} = (5.789 P_0 - 2) d_{\mathrm{j}} \tag{11-2-52}$$

$$L_{\mathrm{C}} = (4.12 P_0 - 1.86) d_{\mathrm{j}} \tag{11-2-53}$$

蔡志鹏
$$L_{\mathrm{C}} = (5 + 1.878 Ma^{2.81}) d_{\mathrm{j}} \tag{11-2-54}$$

式中，Ma 为氧气出口马赫数；P_0 为氧气出口滞止压力，kg/cm^2；Z 为氧气射流的势能核心段长度，m。

$$Z = 0.4233 d_{\mathrm{j}} \exp(1.4542 Ma) \qquad (r = 0.997) \tag{11-2-55}$$

根据 2.1 节对射流超音速核心段长度的讨论，鉴于式（11-2-53）和式（11-2-54）与文献的建议较接近，故此采用式（11-2-53）和式（11-2-54）来估算射流的 L_{C} 值。

现以三孔氧枪喷出口直径为 35mm，喷孔倾斜角 $\theta = 9°$，喷孔分散度 $l/d_{\mathrm{j}} = 1.286$ 为例，分别用式（11-2-39）、式（11-2-43）、式（11-2-46）求取不同吹炼期在不同供氧压力和枪位下所卷入氧流的伴随质量比，如表 11-2-1 所示。

表 11-2-1　顶吹氧气射流在不同条件下卷入的伴随质量比

$P_0/\mathrm{kg \cdot cm^{-2}}$		10			9			8	
Ma		2.13			2.065			1.99	
$\rho_{\mathrm{j}}/\mathrm{kg \cdot m^{-3}}$		2.844			2.748			2.66	
$\rho_0'/\mathrm{kg \cdot m^{-3}}$		1.462	1.451	1.441	1.466	1.454	1.443	1.524	1.508	1.487
$\rho_0''/\mathrm{kg \cdot m^{-3}}$		0.395	0.384	0.375	0.416	0.405	0.394	0.495	0.460	0.423
$\rho_{\mathrm{a}}/\mathrm{kg \cdot m^{-3}}$		0.2183			0.1993			0.179	
$L_{\mathrm{H}}/\mathrm{m}$		1.4	1.5	1.6	1.3	1.4	1.5	0.935	1.0	1.1
$L_{\mathrm{C}}/\mathrm{mm}$		725			679			629	
K_2		0.323	0.333	0.342	0.301	0.314	0.326	0.234	0.243	0.255
$\dot{m}$	式（11-2-39）	2.55	2.80	3.05	2.20	2.45	2.69	1.22	1.37	1.61
	式（11-2-42）	5.17	6.09	7.00	4.68	5.59	6.51	1.80	2.39	3.31
	式（11-2-46）	5.23	6.37	7.55	4.34	5.47	6.62	1.05	1.58	2.44
$L_{\mathrm{C}}/\mathrm{mm}$（式（11-2-53））		1377			1233			1089	
$\dfrac{\dot{m}_{\mathrm{a}}}{\dot{m}_{\mathrm{j}}}$	式（11-2-39）	2.55	2.80	3.05	2.20	2.45	2.69	1.22	1.37	1.61
	式（11-2-40）	11.8	12.71	13.63	10.89	11.8	12.72	7.55	8.14	9.06
	式（11-2-41）	0.71	0.96	1.22	0.53	0.78	1.02	—	—	0.12
	式（11-2-42）	0	0.125	1.04	0	0.527	1.441	0	0	0
	式（11-2-46）	0	0.135	1.122	0	0.498	1.487	0	0	0

由式（11-2-39）~式（11-2-46）和表 11-2-1 可见：

（1）在同样的枪位下，超音速射流卷入的伴随质量较小。

（2）枪位愈高卷入射流的伴随质量愈多。

（3）无因次枪位 $L_{\mathrm{H}}/d_{\mathrm{j}} \geqslant 20$ 时，超音速射流卷入的伴随质量比均在 1 以上，当 $L_{\mathrm{H}}/d_{\mathrm{j}} = 50$ 时，$\dot{m}_{\mathrm{a}}'/\dot{m}_{\mathrm{j}}' = 8.4$。这说明氧流到达熔池时，射流中除中心部分还剩有部分 O_2 外，其射

流从外沿向里已为 CO 和 CO_2 所充塞，并包括相当数量的金属滴和渣滴在内。当枪位很高时，射流中的 O_2 几乎都与卷入的 CO 作用生成了 CO_2。而当 $L_H/d_j > 20$ 时，卷入量数倍乃至十数倍于氧量，故不能认为射流只是 CO_2 和 O_2 组成，且射流外沿均为 CO_2，而是还有很大部分 CO 由于没有 O_2 与它作用仍以 CO 状态存在。

平居正纯等人[2] 根据图 11-2-10 所示高为 3200mm，内径为 700mm 的立式试验炉，预先从炉底通过多孔砖使炉内充满 CO 70% ~ 75%，CO_2 11% ~ 14%，H_2 1% ~ 2% 的炉气（LDG），然后边流入 LDG，边用喷孔直径约为工业设备 1/10 的单孔拉瓦尔喷头，从炉子顶部吹入氧气，进行燃烧试验，测得其氧气射流的中心轴线上气体成分的浓度分布以及射流长度方向各位置上沿着半径方向的温度分布的结果，分别示于图 11-2-11 和图 11-2-12。由图可以看出在该试验中：

（1）在无因次枪位 $L_H/d_j < 140$ 之前，射流中心的 O_2 浓度随枪位的增大而减小，CO_2 浓度则反之，其 CO 浓度却始终保持一个很小值。

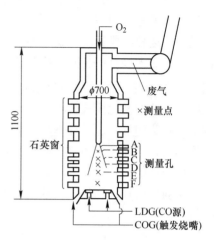

图 11-2-10 试验炉

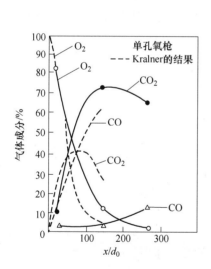

图 11-2-11 射流中心的气体
成分随无因次枪位的变化[2]

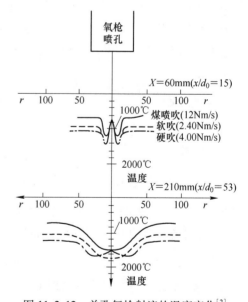

图 11-2-12 单孔氧枪射流的温度变化[2]

（2）在 $L_H/d_j > 140$ 之前，再增大枪位时，CO_2 浓度开始减小，CO 浓度开始增大。

（3）这情况表明：该试验喷头的拉瓦尔设计加工均较好，其射流的超音速核心段长度较大，致使氧流卷吸的 CO 伴流质量比在 $L_H/d_j \le 140$ 时，始终保持在 $\dot{m}_a/\dot{m}_j \le 1.75$ 水平（注：与式（11-2-53）计算值相近）。故才有所吸入的 CO 全部转换为 CO_2，其射流外沿为 CO_2 所包围的情况。应当说，这就是平居正纯等人[2] 建立二次燃烧模型公式的基础。

但 Kralner[2] 在实际转炉中测得的射流中心的气体成分中，其 CO 却占有相当大的比例，这说明实际转炉的超音速核心段长度较小（与式（11-2-54）的计算值相近），在同等 L_H/d_j 下，卷入的伴随量比 $\dot{m}_a/\dot{m}_j$ 较大。在这种情况下，就不能认为逸散到炉气中的射流外层的气体全是 CO_2。故用平居正纯模型估算的二燃率比实际转炉大许多。

应当说式（11-2-50）~式（11-2-54）在它们各自的喷头设计加工和试验条件下所反映的超音速核心段长度与 ρ_j、ρ_a、d_j、P_0 和 Ma 等因素的函数关系都是正确的，也就是说，即使出口压力和直径相同，喷头的设计加工不同，其超音速核心段长度往往大不相同，在同样 L_H/d_j 下卷入的伴随质量比 $\dot{m}_a/\dot{m}_j$ 也就大不相同，其射流的轴心和径向的气体成分随无因次枪位的变化模式就不只是"平居正纯"的一种，还有 Kralner 的和其他的。其关键取决于喷头的形式、设计参数和加工。换句话说，喷头定了，符合该喷头的超音速核心段长度的公式就定了（可通过测试得出），则它卷入伴随流的性能也就定了，射流中 CO_2 成分达极大值的最佳枪位 L_H/d_j 也就基本决定了。故炉气中的二次燃烧率既取决于枪位，更取决于喷头的设计和加工。故我们可通过设计和喷枪测试得出其 L_C 公式，从而实现对炉气二燃率的控制。

B　射流中心的气体成分变化

可参照前面的分析，借助其式（11-2-23）和式（11-2-25）求解氧气射流吸入炉气进行二次燃烧后保持平衡的 O_2、CO 和 CO_2 含量随 L_H/d_j 的变化。这里设定：

α 为氧气射流吸入的炉气伴随质量比，$\alpha = \dot{m}_a/\dot{m}_j$，由式（11-2-42）和式（11-2-46）计算。

y 为炉气中的 CO_2 比率，$y = CO_2/(CO+CO_2)$，由炉气成分的质谱分析仪自动提供或由 $y = \dfrac{\dot{n}^d_{CO_2} \times 44}{\dot{n}^d_{CO} \times 28 + \dot{n}^d_{CO_2} \times 44}$，并借助前面的相关公式求得。

$\dot{n}^d_{CO_2}$ 为吸入炉气的 CO_2 分子速率，mol/s，

$$\dot{n}^d_{CO_2} = \alpha \cdot \dot{m}_j \cdot y/44$$

$\dot{n}^d_{CO}$ 为吸入炉气的 CO 分子速率，mol/s，

$$\dot{n}^d_{CO} = \alpha \cdot \dot{m}_j \cdot (1-y)/28$$

$\dot{n}^P_{O_2}$ 为射流供给的 O_2 分子速率，mol/s，

$$\dot{n}^P_{O_2} = \dot{m}_j/32$$

$\dot{n}^P_{CO}$ 为在射流中进行二次燃烧时 CO 转换为 CO_2 的摩尔速率，mol/s。

$\dot{n}^d_{CO} - \dot{n}^P_{CO}$ 为在射流中二燃后保持平衡的 CO 摩尔速率，mol/s。

$\dot{n}^d_{CO_2} + \dot{n}^P_{CO}$ 为二燃后射流中保持平衡的 CO_2 摩尔速率，mol/s。

$\dot{n}^P_{O_2} - \dfrac{1}{2}\dot{n}^P_{CO}$ 为二燃后射流中保持平衡的 O_2 摩尔速率，mol/s。

K 为氧气射流吸入炉气进行二燃的平衡常数，它取决于二燃后射流的温度，而射流温度又取决于由 K 决定的 CO 转换为 CO_2 的数量和射流的热平衡，故应采用迭代法求解，其迭代法的迭代入口值可取 $\dot{n}^P_{CO} = 2\dot{n}^P_{O_2}$。

为探明上述立论的符实情况，我们不妨用下述简化模型作一计算。

命，$\dot{m}_a/\dot{m}_j=\alpha$，$y=CO_2/(CO+CO_2)$，

当 $\alpha\leqslant 1.75$ 时：

$$(CO_2)=\frac{y\dot{m}_a+(1-y)\dot{m}_j\times\dfrac{44}{28}}{(1+\alpha)\dot{m}_j}=\frac{\alpha y+(1-y)\alpha\times 1.571}{1+\alpha}$$

$$(CO)=0$$

$$(O_2)=\frac{\dot{m}_j-\alpha(1-y)\dot{m}_j\times\dfrac{16}{28}}{(1+\alpha)\dot{m}_j}=\frac{1-0.571\alpha(1-y)}{1+\alpha}$$

当 $\alpha>1.75$ 时：

$$(CO_2)=\frac{y\dot{m}_a+\dot{m}_j\times\dfrac{44}{16}}{(1+\alpha)\dot{m}_j}=\frac{2.75+\alpha y}{1+\alpha}$$

$$(CO)=\frac{(1-y)\dot{m}_a-\dot{m}_j\times\dfrac{28}{16}}{(1+\alpha)\dot{m}_j}=\frac{\alpha-\alpha y-1.75}{1+\alpha}$$

$$(O_2)=0$$

现将不同 α 和 y 的条件下的 CO_2、CO 和 O_2 的计算结果列于表 11-2-2 中。

表 11-2-2 不同 α 和 y 的条件下的 CO_2、CO 和 O_2 的计算结果

α	$y=0$			$y=0.1$		
	CO_2	CO	O_2	CO_2	CO	O_2
0.25	0.314	0	0.686	0.303	0	0.697
0.75	0.673	0	0.327	0.649	0	0.351
1.25	0.873	0	0.127	0.841	0	0.159
1.75	1.00	0	0	0.963	0	0.037
3.0	0.688	0.312	0	0.762	0.238	0
5.0	0.458	0.542	0	0.542	0.458	0
7.0	0.344	0.656	0	0.431	0.569	0
9.0	0.275	0.725	0	0.365	0.635	0
11.0	0.229	0.771	0	0.321	0.679	0
13.0	0.196	0.804	0	0.289	0.711	0

参 考 文 献

[1] Vensel D，等 . BOP 中脱碳和二次燃烧的热力学分析 [C]. 国外转炉顶底复合吹炼技术（三），中国金属学会，冶金部情报研究总所. 1988：329-340（牟慧妍，译 . Iron and Steel Maker，1987（2））.

[2] 平居正纯，等 . 转炉内的二次燃烧机理 [C]. 国外转炉顶底复合吹炼技术（三），中国金属学会，冶金部情报研究总所，1988：319-328（贺秀芳，译 . 铁与钢，1987（9））.

12　计算机在转炉中的应用

本章简要回顾氧气转炉控制技术的发展，介绍基于本书推荐的理论公式、造渣工艺和热工控制来编制的转炉静态控制模型。该模型帮助操作者实现转炉吹炼平稳、优化造渣、去磷去硫最佳化和反应接近平衡、降低冶炼成本，已通过原上钢五厂转炉的生产检验。作者开发过的其他模型可参阅相关资料。

12.1　转炉控制技术的发展

早期顶吹氧气转炉，仍沿用由托马斯和贝塞麦炉建立起来的控制方法：用肉眼或光学高温计来估计吹炼温度，用观察炉口火焰来判断吹炼终点。直到 20 世纪 50 年代末和 60 年代初，计算机的出现有可能在吹炼开始前就进行大量复杂的计算，称量系统和测压系统的改进使准确地计量装入料成为可能，直读火花发射光谱的问世简化和加速了钢样的化学分析，从而人们开始借助计算机和外围装置（包括称量、检测、分析和信息传输系统等），用一个静态模型计算转炉的输入物和输出物的质量平衡和热平衡，以达到科学控制吹炼的目的。菲尔布鲁克（Philibrook）于 1958 年最先提出顶吹氧气转炉炼钢过程可以仅仅以质量平衡和热化学为基础来进行近似计算。Healy 等人讨论了有关的基本方程。1959 年琼斯-劳林钢铁公司（Jones Laughin）第一个利用数学模型对顶吹氧气转炉炼钢实行静态控制。该厂当时采用的数学模型是由 Slatosky 通过对其转炉炼钢的热化学分析后导出的，它的控制目标原本只是终点温度。Slatosky 建立模型的第一步是首先根据热平衡关系得出铁水重量、温度、Si 含量、Mn 含量、废钢量、石灰量、轧钢屑量和球团矿量以及枪位等变量表述的预报终点钢水温度的方程；然后确认这个方程可以用来估算出钢温度后，再导出一套控制目标出钢温度的装料模型，也就是求取符合铁水重量、成分、出钢温度、碱度、石灰量、枪高、铁皮量和矿石量等所必须的废钢量的数学方程。这也叫控制终点温度的废钢变量模型。使用这个模型获得了比人工控制好的效果。因而自 1960 年起，世界各国相继开发和推广计算机控制技术。

1967 年博尔兹（Boltz）在 Slatosky 模型的基础上，开发了以控制终点碳、温度、硫、磷和出钢量为目标的总吹氧量计算模型和装料计算模型。并在这些计算模型中加进了空炉时间对热损的影响，炉衬损耗对炉渣成分的影响，烟尘对铁损的影响，并根据车间数据建立了控制 S、P 的经验式和脱碳耗氧量的经验式。他以金属料平衡式，根据希望的出钢量和废钢箱中的废钢量和既定的矿石量，首先求出铁水装入量，继而求出氧枪供氧量，脱磷脱硫所需的石灰量，以及生成的渣量和渣成分；然后，再以单位重量的铁水、炉渣、矿石、氧气、石灰、炉衬，以及钢水、炉渣、烟尘的热效应建立的质量和能量平衡方程以及铁水元素平衡方程来核对矿石量和铁水量。如果它们的重量是在误差范围之内，则计算成立，反之再调整铁水和矿石量。尽管 Boltz 模型仍是在理论热化学的基础上制定出来的，但它还包括了许多描述炉渣形成、FeO 生成、P 和 S 的去除，以及脱 C 效率等经验关系；

并提出了根据操作工艺的变化定期对上述经验式进行调整的思想。故 Boltz 模型较 Slatosky 模型前进了一大步，得到了较多厂家的采用。

12.1.1 统计模型

在最初发现理论模型的预报值和实际值有很大偏差之后，曾努力改进模型中的假设，但进展不大，于是人们进而开发了统计模型（也叫经验模型）。它是以相同数目的最近若干炉钢的输入变量的变化为基础，用最小二乘多元回归分析法确定或改变方程中的系数，由桂等人考虑到较多炉数中有些较为长期的变化，如炉容比、炉衬散热和造渣材料等会影响回归分析的灵敏度，因此，提出了只用前一炉的数据建立控制方程的增量模型。该模型把转炉整个炉役期看作连续过程，因而可忽略相邻炉次之间炉容的变化，造渣材料理化性能变化等对吹炼的影响，而仅对本炉与上炉相比发生变化的工艺因素量的相对变化造成的影响进行计算，从而能够显著减少由于计量仪器的误差和原材料波动等对控制造成的影响。最初增量模型的一般表达式为：

$$Y_i = Y_0 + \sum a_i(X_{i \cdot 1} - X_{i \cdot 0}) \tag{12-1-1}$$

式中，Y_i 为本炉采用的工艺控制参数（如冷却剂加入量或氧气用量）；Y_0 为上炉采用的工艺控制参数；$X_{i \cdot 1}$ 为本炉的工艺参数自变量（如诸输入因素中的重量、成分及诸终点条件）；$X_{i \cdot 0}$ 为上炉的工艺参数自变量；a_i 为表述各自变量影响关系的系数，先由物料平衡和热平衡的基本关系算出。通过模型的实际应用，再不断根据使用结果，将操作数据收集起来作离线分析，对其进行修正。

随后又开发了几种具有自适应（或自学习）跟踪修正功能的增量模型，如：

$$Y_i = Y_0 + \sum a_i(X_{i \cdot 1} - X_{i \cdot 0}) + A \tag{12-1-2}$$

$$Y_i = \alpha_i \left[Y_0 + \sum a_i(X_{i \cdot 1} - X_{i \cdot 0}) \right] + \beta_i \tag{12-1-3}$$

式中，A 为模型根据上炉吹炼结果对上炉工艺参数的修正项；α_i 为自适应乘法加权修正系数；β_i 为自适应加法加权修正系数。以及多变量 ARMAX 模型的自适应预报器。因而使统计模型获得了比理论模型更好的预报效能。它们的计算程序一般是：

（1）称量铁水和废钢；

（2）测量铁水温度和成分；

（3）根据钢中目标 P 含量计算石灰需用量；

（4）计算热平衡所需求的矿石量；

（5）计算氧耗量（氧枪供氧+矿石供氧）；

（6）根据装入重量计算总产钢量；

（7）模型自学计算。

但没有渣量和渣成分的计算。也就是说，它们对脱磷所需石灰的计算，不是基于冶金物理化学原理，而是基于经验公式，如：

$$W_{LM} = \frac{2.2([P]+[Si])(W_{HM}+W_{SC}) \times R}{(CaO)_{ef}} + D - 0.3 W_{DL} \tag{12-1-4}$$

式中，D 为钢种系数，$R = -1.4[Si] + 5.14(CaO)/(SiO_2)$，故它仅仅是为控制终点 C 和温度的补偿。

应当指出，上述所有静态控制模型都仅是对终点 C、温度的控制，而未考虑优化脱磷、脱硫和保持吹炼平稳的最佳化造渣的控制，这就势必造成大渣量操作，喷溅几率增大，反应远离平衡，渣中氧化铁含量的变化变得没有规律，而难以控制和预测，而这些不仅极大地影响原料平衡，也极大地影响终点控制的命中率。

12.1.2　CRM 模型

1968 年比利时钢铁研究院提出的 CRM 模型是对博尔兹模型和自适应跟踪模型的发展和完善。它在博尔兹模型的基础上引进了自学模型，特别是引进了物理化学原理计算渣量和渣成分及相应的 [P]、[O]、[C]、[Mn] 含量和 (S)/[S] 比的方法，根据转炉操作借助虚拟三元相图的石灰饱和边界线，对炉渣的铁含量作了规定，并建立了六个方程来描述炉渣组分：(CaO)、(MgO)、(SiO_2)、(Fe_tO)、(MnO) 和 (P_2O_5) 之间的相互关系，只要确定任一铁含量，就可由联立方程组求出相应的其余五个组分含量，进而借助渣-金平衡反应时的 Turkdogan 脱磷平衡常数关系式、氧分配比关系式、[C] [O] 乘积关系式、锰分配比关系式，以及硫分配比关系式来求出与每组炉渣成分对应的 [P]、[O]、[C]、[Mn]、[S] 含量。为了同时满足几个要求，如最高 [P] 含量、最高 [S] 含量和 [C] 含量，CRM 模型采用迭代计算法来求出满足上述综合要求所需的渣量和渣中铁含量；在计算中使渣中铁含量沿石灰饱和线变化，直到找出与要求的钢水成分相适应的渣成分和渣量为止。

由于 CRM 模型利用已有的冶金平衡反应公式控制造渣操作，改进装料计算方法，因而不论在降低原材料消耗和终点 [C]、[P]、[S] 和温度的命中率方面均获得了良好的结果。目前欧洲许多厂均使用这种静态模型。用一台数字计算机进行模型计算，另一台模拟计算机与废气温度和噪声测量连在一起，用变换枪位和氧气流量来控制炉渣形成。

应当指出：CRM 模型还存在以下问题：

（1）它是把转炉终点视为渣-金反应平衡来处理的，不考虑如何造好初渣和过程渣，但如果不注意全程造渣去 P、去 S，顶吹氧气转炉终点的渣-金反应是不可能达到平衡的。

（2）它像过去一些学者那样，用 Turkdogan 公式来判定转炉吹炼过程的脱磷反应已达平衡，但 Turkdogan 公式是一把"短尺"，故实属误判。

（3）它还没有一整套正确计算各元素反应平衡分配比的方程，以及主动去促进反应平衡和确定反应平衡程度的方程。

（4）由于上述原因，故它单独使用时，倒炉控制仍未获得重大改进。

12.1.3　静态控制模型的改进

以前曾以为，如果吹炼方式相同，装入原料相似，那么，脱碳效率和铁的氧化率都将与前一炉相同；但实践证明这个假设是不成立的。这说明，要提高静态控制模型的再现性，除输入输出的稳定性以外，关键可能还在其他尚不清楚的方面，如：正确反映各种元素反应平衡常数（或分配比）的一次多元热力学方程和具有极值关系的二次多元热力学方程，以及确定各种元素反应偏离平衡程度的方程（包括热力学和动力学综合条件），物质和能量平衡应分期控制等。故作者提出：

（1）根据顶吹氧气转炉白云石造渣的特点，沿 MgO 饱和的、既非钙质也非铁质的合理造渣路线促进石灰渣化，不断提高炉渣碱度，造好最佳化初渣和终渣，贯彻全程化渣去磷、去硫，促进反应趋于平衡，以实现最佳化去磷、去硫和保持吹炼平稳的方针。为此，首先要建立目标最佳化初渣和终渣的炉渣成分数据库。

（2）正确选择各种元素的平衡分配比公式（如李远洲的去磷分配比公式和 P_2O_5 活度系数以及 IRSID 的各种氧化元素分配模型）。

（3）建立各种元素反应偏离平衡值的计算公式和控制方程。将过去不论静态控制、还是动态控制均对反应程度任其发展而无能为力的做法，转变为有所作为的吹炼控制，打破一般静态控制模型强调吹炼条件稳定的戒律。

（4）将控制终点温度和［C］的一次性矿石增量模型和氧耗模型改为前、后期进行物质和能量平衡的分期控制模型，以改善金属料、渣料和冷却剂的加入制度，使之更符合造渣路线和熔池温度制度。

（5）将脱碳扩散模型既引入静态控制模型中，也引入吹炼模型中，实行"双变"供氧制度和高拉补吹法，以改善钢质和提高终点命中率。

（6）引入跟踪修正法和增量自学模型。

（7）引入回归分析优化工艺参数。根据作者的研究，可以用多元逐步回归分析法，对最近若干炉钢的冶炼数据进行回归分析以代替正交试验优化工艺的作用，如：

1）找出各工艺因素影响控制函数（目标值）的作用和地位。将其主要影响因素作为控制函数目标值的主要调节手段。

2）找出影响因素的正负属性，以扬正抑负，改进工艺。如在 L_P 控制模型的回归方程中，若 R 为负或（CaO）为负则说明石灰加入量过多；（FeO）为负，则说明渣中（FeO）超过了极大值；（MgO）为负则说明渣中（MgO）过高或已超过饱和值。其负的系数越大则其过量越大，越应及时纠正。

3）从一些因素的不显著性分析操作：因本身的水平级差小呢？还是不如其他因素的物化性能？或是该因素的操作水平值已接近合理值（如 P_{O_2}、q_{O_2}、L_H 因素）或饱和值（如 R、CaO、MgO 等因素）。

4）判断（CaO）、（MgO）已饱和和过饱和的方法，如：

① （CaO）、（MgO）因素消去，其相关系数 r 增大。如 $\lg L_P = a_0 + a_1$（TFe）回归式的 $r \to 1.0$，则无疑是（CaO）已饱和或过饱和。

② （CaO）的回归系数 F_{CaO} 小但为正值，则说明接近饱和；F_{CaO} 为负值则说明过饱和了。

③包含该因素时，r 反而小。

5）判断 P_{O_2}、L_H 因素的操作水平是否接近合理值。可根据回归系数的绝对值小和显著性也小综合判断。

6）检验反应是否接近平衡，可用以下方法：

①建立的 L_P 和 n_P 的回归方程中，动力学因素的显著性很小，又名列末尾时，也反映反应已接近平衡。

②删去影响 L_P 的动力学因素时，回归式的 r 值反而增大或变化甚小时，也说明反应已接近或达到平衡。

③在 L_P 和 n_P 的回归方程中，动力学因素的显著性很小，又名列末尾时，也反映反应已接近平衡。

7）利用多元二次逐步回归分析法，可作：

①获得目标值为极大或极小值的最佳化操作水平的分析。

②代替交互作用正交表的交互作用分析。

③建立各炉渣成分相互依存和交互影响的关系式，并进行跟踪修正。

④根据相图建立（CaO）$_{sat}$和（MgO）$_{sat}$的计算模型（并考虑氧化物交互作用的影响，以提高模型精度）。

8）考查某些因素是舍好还是留好，可视其对 r、F 和 S 值的影响，如原上钢五厂：

$$\lg \frac{(P)}{[P](\sum FeO)^{2.5}(P_2O_5)^{0.5}} = \frac{13215}{T} - 10.378 + 0.047(CaO)$$

$$(n = 40,\ r = 0.79,\ F = 39,\ S = 0.162) \tag{12-1-5}$$

而　　　　　　　$$\lg \frac{(P)}{[P](\sum FeO)^{2.5}} = \frac{15133}{T} - 11.33 + 0.052(CaO)$$

$$(n = 40,\ r = 0.8,\ F = 33,\ S = 0.176) \tag{12-1-6}$$

这说明在上钢五厂（P_2O_5）= 1.65% ~ 5.99%（平均 3.31%）时，如作为 L_P 的计算模型宜取前者，如作控制模型用时，则宜取后者（因事前不知（P_2O_5）含量，而只能假设）或用计算机作迭代逼近法计算而仍取前者。

9）鉴别各助熔剂，加与不加和加多加少的作用。

10）鉴别各氧化物在不同吹炼期的冶金作用和合理含量。如（Al_2O_3）在 R 小时是降低脱磷能力的，但在 R 大时则往往由于其有降低炉渣熔点，提高（CaO）$_{sat}$值和增大炉渣流动性的作用而有利于增大 L_P。

11）用以解难题和代替一些复杂的测试，如：①解炉衬散热损失和辐射热损失；②解冷却剂的实际冷却能力；③求解（CaO）、（MgO）等的表观饱和值。

（8）借助先由音频化渣仪或开发双音频多功能检测仪，建立控制炉气中 CO_2/CO 比例和过程渣中（FeO）含量的吹炼模型及判断"高拉补吹"点的控制模型。

应当指出：纯静态控制模型不论如何改进，它仅是根据吹炼的起始条件来建立的，而完全不考虑吹炼过程中的信息，因此，不能消除装入原料的信息误差和吹炼过程中的外界干扰，故在控制精度方面仍将受到限制。如吹炼过程的渣中（FeO）$_n$含量，炉气中的 CO_2/CO 比例和氧的脱碳率究竟如何，它们与设定值是不可能没有差异的，即使我们建立了控制 CO_2/CO 和（FeO）的吹炼模型，这问题也是存在的。它们与设定值差异愈大，则炉渣的实际成分与设定值差异愈大，终点钢水的 C、P、S、O 含量以及温度值就势必偏离规定的范围。故在开发新一代按冶金反应工程学建立的静态控制模型的同时，一方面要建立以动促平衡的吹炼控制模型，另一方面还须配置检测渣中（FeO）含量和氧脱碳效率的仪表，使吹炼保持在要求的方向上。

Meyer 设想：供给熔池的氧一方面用于使 C 生成 CO 和 CO_2，另一方面用于形成渣中的氧化物，两者作彼此相反变化。故从理论上讲，可通过收集吹炼过程炉气成分和流量的数据，以及供氧量（包括氧枪供 O_2 和矿石中的 O_2）数据，借助计算机计算，对渣中的（FeO）含量，C 的一次和二次燃烧率，氧的脱碳利用率和脱碳速度进行在线跟踪和在线控制（主要是对氧气流量和枪位的调节），使（$\sum$FeO）和 dC/dt 之间保持合理的关系，以实现平静吹炼和最佳化的造渣去磷去硫工艺。同时还可对终点控制进行跟踪修正，以提高其命中率。

12.1.4 动态控制模型

12.1.4.1 气体分析法

由以上分析可见，纯预报模型的一个逻辑发展是废气分析，杜克洛等人试图通过连续测量吹氧过程中产生的炉气的成分和流量，通过脱碳积分法：

$$[C]_t = [C]_0 - \int_0^t \frac{d[C]}{dt} dt \tag{12-1-7}$$

来预报任何时刻熔池中的含碳量。但由于废气体积、检测仪表引起的误差，以及铁水成分、铁水罐中的石墨渣量、装铁水过程中碳的烧损和装入石灰中碳酸钙含量等的差异，引起的装入总碳量的较大误差，故当试图从装入料的大碳量减去脱碳过程中去除的（也是大量的）碳，来预报钢中的少量碳时，误差必然是很大的。因此，这种方法很快就不再使用了。

12.1.4.2 动态控制（脱碳）模型

于是人们转而开发动态控制脱碳模型，该模型认为，尽管脱碳效率即使在吹炼条件相同时，并不直接与所有炉次的熔池含碳量有关，但与已在冶炼的这炉钢的熔池含碳有关，故每炉都必须通过在线数字计算机收集由气体分析及质量流量仪计算的脱碳速度来计算当炉后期脱碳的指数衰减方程：

$$R = R_P \{ 1 - \exp[-K([C]-[C]_0)] \} \tag{12-1-8}$$

$$[C] = -\frac{\ln\left(1-\dfrac{R}{R_P}\right)}{K} + [C]_0 \tag{12-1-9}$$

式中，R 为氧的脱碳效率，$R = d[C]/d[O]$；K 为系数，求取 K 的方法是：

（1）用吹炼中期得到的 R 平均值作为 R_P；

（2）R 由最大值 R_P 开始降低以后，将方程（12-1-8）对 C 微分后得：

$$\frac{dR}{d[C]} = K(R_P - R) \tag{12-1-10}$$

和

$$K = \frac{\dfrac{dR}{d[C]}}{R_P - R} \tag{12-1-11}$$

R 和 C 经过一段时间求出，这段时间取决于炉子特征。

或

$$K = \frac{\dfrac{R_2 - R_1}{[C]_2 - [C]_1}}{R_P - \dfrac{R_1 + R_2}{2}} \tag{12-1-12}$$

（3）$[C]_0$很小，通常为 0.015%~0.020%，可由以往的数据取得，或视为一常数。

（4）得出 R_P 和 K 值以后，可用计算机逐次迭代，由方程（12-1-9）解出熔池碳。

（5）将方程（12-1-8）重新整理并积分，可求出达到终点 $[C]$ 含量 $[C]_F$ 所需的氧量：

$$R = \frac{d[C]}{dO_2} = R_P\{1 - \exp[-K([C] - [C]_0)]\} \tag{12-1-13}$$

$$\Delta Q_{O_2} = \int_{[C]}^{[C]_f} \frac{d[C]}{R_P\{1 - \exp(-K([C] - [C]_0))\}} \tag{12-1-14}$$

用一独立的系统测定接近终点时的温度，然后代入式（12-1-15）

$$T_f = T_b + A\Delta Q_T \tag{12-1-15}$$

式中，T_f 为终点温度；T_b 为接近终点时的温度；A 为氧的升温系数，K/m^3；ΔQ_T 为炉温从 T_b 升到 T_f 需要补吹的氧量。

用过程控制计算机对 ΔQ_T 值和 ΔQ_C 值进行比较，如果 $\Delta Q_C > \Delta Q_T$，便确定使终点碳和温度同时命中目标所需加入的冷却剂量。如果 $\Delta Q_T > \Delta Q_C$，最初是用升高氧枪的办法来降低脱碳效率，并把更多的铁氧化成氧化铁来进行校正，从而使终点温度和碳同时命中。另一个更加易行的方法是为降碳而后吹，以便在要求的终点温度倒炉。

12.1.4.3　终点控制装置的发展

动态控制脱碳模型的特点是在建立当炉后期脱碳指数衰减方程的基础上，通过后期短程脱碳积分来预报终点碳，因而它比按全炉来进行脱碳积分时所受到的误差干扰少，只要把后期测定的熔池含碳量、炉气量 V_F 及 CO、CO_2 的测量误差控制在一定范围内，则短程预报终点 C 的精度是相当高的。因而，从两个方面去发展终点的动态控制：一是建立与副枪配套和吹炼特征参数相结合的后期耗氧量计算公式：

$$\frac{dQ_2/W_{st}}{d[C]} = \alpha(a_0 + a_1/C) \tag{12-1-16}$$

$$\frac{\Delta Q_2 + \sum K_{sub}^j W_{sub}^j}{W_{st}^j} = \alpha\left\{a_0\ ([C]_{钢} - [C]_{终})\ + a_1 \lg \frac{[C]_{钢}}{[C]_{终}}\right\} \tag{12-1-17}$$

和升温量计算公式：

$$\frac{dT}{d[C]} = \beta\ (b_0 + b_1/C) \tag{12-1-18}$$

$$\Delta T + \sum l_{sub}^j \frac{W_{sub}^j}{W_{st}} = \beta\left\{b_0\ ([C]_{钢} - [C]_{终}) + b_1 \lg \frac{[C]_{钢}}{[C]_{终}}\right\} \tag{12-1-19}$$

另一是改进炉气分析装置，以提高动态控制的后期脱碳模型的精度。如为了减小炉气体积和密度测量的误差，开发了 V_F 的附加气体测量法：

$$V_F = \frac{q_A}{C_A} \tag{12-1-20}$$

式中，q_A 为附加气体的流量，Nm^3/min；C_A 为转炉炉口处烟气中的附加气体浓度。

为提高分析精度、缩短分析时间、扩大分析成分范围（除 CO、CO_2 外，还可分析 Ar、N_2），采用质量分析仪代替时间常数小的热导分析仪和红外分析仪（只能分析 CO、CO_2）。这样，可在分析废气成分的同时，得到废气质量流量，而不存在两组信息之间的时间移位问题；并可利用分析出的含 N_2 信息，定量地控制从炉口卷入的空气和炉内真实的 CO_2 燃烧率，以校对与设定值的偏差，修正冷却计量、吹氧量，从而提高动态脱碳模型对终点碳和温度的控制精度。

也有一些厂，如日本加古川厂开发了副枪装置与废气成分分析装置相结合的动态控制系统，以进一步控制废气回收系统。

在我国，特别是中、小型转炉厂，由于受安装副枪的厂房条件、投资、使用费和主副枪间距的限制，则宜从改进静态控制模型的精度，配合吹炼过程控制，推动转炉冶炼按最佳化工艺路线进行来考虑，以选择改进型的废气分析装置来实现终点动态控制似为较妥。

12.1.5 吹炼控制的发展

狭义地讲，吹炼控制就是对渣面的控制，通过对渣面的监测控制渣面在一个最佳水平上，以促进化渣，防止溢渣和返干。广义地讲，吹炼控制就是吹炼过程控制，它包括以下内容和任务：

（1）控制渣面。使熔池渣面在不同的吹炼期，根据不同的冶炼要求，控制其在不同的最佳水平上。

（2）控制氧气用于熔池中碳的氧化和铁的氧化的合理比例。

（3）监控过程的温度变化和脱碳速度的变化。

（4）监控过程渣中的 $(FeO)_n$ 变化，使之保持在最佳化化渣、最大脱磷分配比，或最大脱硫率或最大残锰量所需的水平上，根据需要促其反应平衡或远离平衡，以保证终点磷、硫、锰、氧的命中率。

12.1.5.1 吹炼控制的萌芽

1964 年 Parsons 报道了他在 LD-AC 转炉中使用声学化渣仪来检测炉渣泡沫化和指导氧枪操作控制喷溅的情况。因当时的音响仪不能把初始喷溅造成的扰动与脱碳系统的正常噪声区分开来而未能成功。

1966 年奥克拉斯特（Aukrust）提出了控制前期脱碳速度的吹炼控制法。用红外分析仪分析炉气成分，用文丘里管测量废气流量，对氧气脱碳效率进行监控，当它偏离给定的轨迹时，便调整枪位和供氧量，使它回到控制带内。因检测仪表的时间滞后太大，以致在操作者看见熔渣从炉口溢出滞后，仪表才发现脱碳效率变化。更为重要的脱碳效率降低（表示最初的喷溅）是很难识别的。所以，该法在当时未得到应用。后来，由于质量分析仪的问世，再配以其他检测仪表，才使这一方法又得到新生。

接着，Maatsch 提出了用装在氧枪外面的绝缘探针来测定炉渣导电率的变化，以识别炉渣泡沫化的程度，当其偏离规定变动范围时，便调整枪位和供氧量来进行吹炼控制。由于此法不受厂内噪声和转炉其他声音的干扰，且响应时间快，故后来常被用来与音响仪或气体分析仪配合使用。

12.1.5.2　CRM 开发的烟气温度和音响结合的吹炼控制法

Parson 的早期工作是与比利时冶金研究院所（CRM）合作进行的。其后，CRM 发现全燃烧法的烟罩中测得的炉气温度与熔池脱碳速度有关。与红外分析仪相比，用热电偶测温来推测脱碳速度的优点是它对操作中的变化响应较快。同时 CRM 通过长期的音频化渣试验，用试差法找到了控制转炉炉渣氧化性的最合适的声频范围 300~3000Hz，选择中心频率 500Hz，从而通过滤波基本上排除了厂内噪声和脱碳噪声的干扰。于是 CRM 在试验炉上试验后于 1968—1971 年在塞兰厂的两座 150t 转炉上安装了静态控制终点碳和温度的模拟计算机和吹炼控制用的噪声分析仪与废气温度测定仪。第一步是通过生产试验积累经验和数据；第二步是对数据进行离线处理，确定怎样的废气温度和音响曲线是与炉渣的正常氧化、氧化不足、过氧化和溢渣，及脱碳速度适当和过大相关联的；第三步则是对成渣情况和脱碳速度进行在线控制——正常情况下枪位和氧流量按预先编好的程序控制，只有当音响或温度曲线偏离规定的轨迹范围时才变动氧流量或枪位，使之脱碳速度和渣况恢复正常。据报道该种废气温度、声学测量与静态模型相结合的 CRM 法，不仅可把最大脱碳期发生溢渣的危险减到最小，同时使吹炼后期逐渐减小的脱碳效率与熔池含碳量的关系更为密切，因而提高了静态模型的可预报性。

12.1.5.3　德国开发的废气成分、流量、音响和炉渣导电率的吹炼控制法

德国于 1964—1967 年先在 3t 试验炉上，其后在 90t 转炉上安装了两个控制环，一个控制炉渣和熔池间的氧分配比 Q'_C，另一个控制废气热流量 Q_W；用飞行时间质谱仪分析废气成分，用文氏管测量废气流量，用一台计算机监测和计算 Q'_C 和 Q_W 值，并安装了音响仪和电导仪连续测量操作中的噪声和炉渣导电率。

$$Q'_C = \frac{dQ_C}{dt} \bigg/ \frac{dQ_O}{dt} \tag{12-1-21}$$

式中，$\dfrac{dQ_O}{dt}$ 为氧枪氧流量；$\dfrac{dQ_C}{dt}$ 为单位时间中与熔池碳反应的那部分氧。

从烟气中的废气成分求出：

$$\frac{dQ_C}{dt} = 0.5\left(CO + CO_2 + O_2 - \frac{21}{79}N_2\right)V \tag{12-1-22}$$

式中，CO、CO_2、O_2、N_2 为废气体积 V 中测定的组分。Q_W 为单位时间内废气系统中化学反应热和显热之和：

$$Q_W = Q_C \frac{dQ_B}{dt}\left[(a+b)CO + cCO_2\right] \tag{12-1-23}$$

式中，a 为 $CO + 1/2O_2 = CO_2$ 的反应热；b 和 c 分别为 CO 和 CO_2 的显热。

经初步试验证实该设备的取样装置适应工作之后，对于大量未控炉数进行了数据积累，以得出控制方案中将要用到的枪高、氧流量与 Q'_C 和 Q_W 之间的关系，并规定一个最佳的 Q'_C 和 Q_W 值。然后，通过对枪高和氧流量的调节来达到对输出热量 Q_W 和氧分配比 Q'_C 的某种程度的控制。这不仅有助于控制喷溅的发生，也有助于实现静态模型所规定的造渣工艺和冶金反应，以达到科学炼钢。

12.1.5.4 用加速计测量氧枪振动的吹炼控制法

Bardenheer 和 Oberhauser 于 1970 年便提出了用测定转炉垂直振动的方法来确定转炉泡沫化的程度。以后许多学者相继研究了在转炉耳轴上或氧枪把持器上安装应变片来测量因熔池上涨而产生升温振动频率的变化。但直到 20 世纪 80 年代期间才发展到大生产应用。川崎钢铁公司的水岛厂在吹炼低磷生铁时，采用了固定在氧枪上的加速计来控制炉渣上涨高度，使以副枪为主的动态控制获得了如下改善：

（1）溢渣由 29% 减到 5% ~ 4%；

（2）石灰消耗减少 3kg/t；

（3）铁的回收率提高 0.49%；

（4）炉衬寿命由 1400 炉提高到 2000 炉；

（5）降低了由于磷、硫而造成的后吹。

意大利的塔兰托钢厂则是把加速计直接装在转炉耳轴上。

法国钢铁研究院（IRSID）和蒙德威勒的诺曼第冶金公司（SMN）的 100tLD-AC 转炉上，也进行了氧枪加速计的试验研究。为了良好地控制吹炼，他们设置了三种测量手段：火焰的声音（声呐）、烟罩内的火焰温度（完全燃烧法，$\lambda \geqslant 1.0$）和脱碳速度（烟气定碳）。但火焰温度和脱碳速度不能确定炉内渣面高度；火焰声音对炉渣情况的监测仅在脱碳旺盛和炉渣泡沫化的初期是有效的，当炉内渣面上涨后，信号就变得很弱和难于利用。而 LD-AC 法则需在炉渣高度泡沫化时，也能清晰地指示出渣面高度，以便在不溢渣的前提下，保持长期的高度泡沫化的操作，以获得良好的去磷效果。故他们进一步试验研究了氧枪加速计：当其将传感器安装在氧枪和小车的连结点 3m 多的位置上，并通过窄带滤波，选取 2.5 ~ 5Hz 的低频放大（5 倍）、校正、积分和修正后，排除了氧流量、石灰粉流量和氧枪高度对炉渣摇动频率的影响。

加速计信号与渣面高度的关系式为：

$$Sh = L_H + \frac{G - b}{aD_{O_2}} \tag{12-1-24}$$

$$G = c(Sh - L_H)D_C + b \tag{12-1-25}$$

式中，Sh 为渣面高度；L_H 为枪位；G 为氧枪振动的加速度；D_{O_2} 为氧气流量；D_C 为脱碳速度；a、b、c 都为常数。

上述公式需说明几点：

（1）它只能用于氧枪浸入炉渣之后，因此，不能用于吹炼初期；

（2）式（12-1-24）是式（12-1-25）的简化；

（3）式（12-1-25）反映了炉渣的振动能量正比于 D_C 和（$Sh - L_H$）。

（4）式（12-1-24）中的 b 很小，趋于 0。

应当指出：川崎加藤加英提出的炉渣本身的振荡频率公式为：

$$f = \sqrt{\frac{g}{8\pi r}} \quad 次/\min \tag{12-1-26}$$

或
$$f = 13.505 \sqrt{\frac{g}{D}} \quad 次/min \tag{12-1-27}$$

李远洲提出的公式为：

$$f = 16.615 \sqrt{\frac{g}{D}} \quad 次/min \tag{12-1-28}$$

或
$$f = 47.78 \frac{\sqrt{H}}{D} \left(Sh \frac{2D}{H} \right)^{0.1212} \quad 次/min \tag{12-1-29}$$

由此可见，炉渣的振荡频率不仅与熔池的上涨高度有关，还与熔池直径有关，也就是说，如用增量模型，D 的变化的影响可忽略不计，但从长期效果看，D 的变化不能忽略不计。

12.1.5.5　其他吹炼控制法

住友和歌山钢铁厂和神户钢铁公司加古川厂先后开发和采用了微波水平仪的渣面控制法。新日铁堺厂开发了图像光纤观测装置，可直接看到炉内渣面的控制法。

特别值得注意的是：CRM 对精炼期间产生的噪声的低频范围（<100Hz）的研究，使得音响计的新应用有了发展。该低频音响信号的特点是：

（1）可以对脱碳过程作出总的估计；

（2）可表示为一个典型的、一直存在的、并且非常容易记录的情况，例如：

$$I = AQ_{CO} + BQ_{CO_2} \tag{12-1-30}$$

式中，I 为音响强度。

12.1.6　生产管理与工艺跟踪

计算机对转炉终点钢水成分和温度的准确控制，有赖于装入转炉的全部物料的准确计算和沿 CaO 和 MgO 饱和的成渣路线控制炉渣升温和（TFe）含量及萤石加入量，以造好最佳化的初渣、过程渣和终渣。而要做到准确计算，必先做到输给计算机正确的数据；而要做到最佳化造渣，则必须进行正确的吹炼控制。

12.1.6.1　必须分析入炉铁水的成分和温度

即使采用了混铁炉的工厂也是必须的。实践表明，即使在良好的条件下，从混铁炉取的铁水化学成分的逐炉变化的标准偏差为：$\sigma_C = 0.096\%$，$\sigma_{Si} = 0.096\%$，$\sigma_{Mn} = 0.033\%$，$\sigma_P = 0.005\%$，如果总是按前一炉的数据进行吹炼的话，上述成分偏差将影响终点钢水温度偏差±11.6℃，终渣铁的含量±2.36%。

12.1.6.2　必须经常对称量装置进行校对

首先在选购称量装置时，必须要求其称量精度高（标准误差不超过 0.4%）。并在使用过程中作定期校正。因为，只有做到这点，才能把铁水重量的误差所导致的终点温度和终渣（TFe）的误差控制在±1.28℃ 和±0.57%（TFe）范围内，而小于铁水成分误差的影响。

12.1.6.3 应分析每一窑的石灰成分

一般来讲（CaO）含量的少量变化对倒炉精度不会有很大的影响；然而，在实际生产中如发生大的偏差（±5%CaO，+0.05%S 和±5%CO₂）则 S、P 的控制和炉衬消耗将受到大的影响。

12.1.6.4 废钢应按它的铁分、尺寸、温度和夹带元素进行分类管理

在装料计算中，废钢被认为是变化最大的因素，特别是打包废钢中的泥土和大量（Fe_2O_3）含量更难控制，因此，国外一些采用计算机控制的钢厂，均对废钢按来源分别抽样化验和分类管理。

12.1.6.5 必须配置快速、准确的测定物质成分和流量的装置

例如：分析炉渣成分和各种造渣材料成分的 X 射线荧光分析仪，分析炉气成分的质谱仪，以及分析金属成分的光谱仪等。

12.1.6.6 控制模型必须跟踪修正不断自学，因而也必须建立收集和存储数据的系统

为了保证控制模型较好地达到控制目标，在每炉之后做一次自学习计算和若干炉后做一次离线计算是十分必要的。前者是对模型作在线跟踪增量修正，以提高下一炉的控制精度；后者是对模型的常数项和各工艺因素系数的全面修正，以提高模型本身的精度，并通过回归分析改进下阶段的工艺操作。因此，必须收集和存储每炉钢的下列信息：

（1）装入原材料的重量、成分和温度；

（2）吹炼过程的炉气成分、流量和温度；

（3）吹炼过程的氧气流量和氧枪枪位；

（4）吹炼过程的脱碳速度和渣中（FeO_n）含量；

（5）吹炼终点的钢水重量、成分和温度；

（6）吹炼终点的炉渣重量、成分和温度；

（7）空炉时间和空炉炉衬温度。

12.1.6.7 建立生产分析管理中心

要进行科学的生产管理，必须建立生产分析管理中心。它的工作内容和任务主要是：

（1）收集、存储每炉熔炼数据和有关铸钢信息，并对原始数据进行加工处理；

（2）提供熔炼记录报表、日报表和月报表；

（3）制定每班的生产调度计划，并发指令；

（4）优化经营计算；

（5）历史资料分析，它包括：

1）对操作数据的统计分析（用平均值、标准偏差、变量出现频率和频布图、柱状分布图等方法）；

2）对生产技术经济指标进行分析；

3）对冶金效果进行分析；

4）优化工艺的回归分析。

生产管理中心如图 12-1-1 所示。

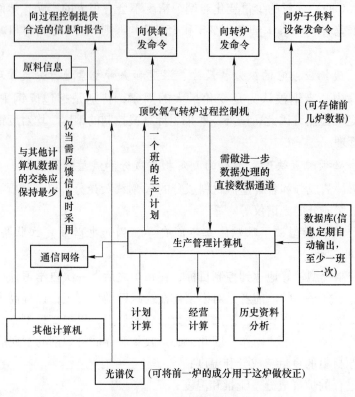

图 12-1-1　生产管理中心

12.2　转炉静态控制模型

转炉静态控制模型的功能，在于根据当炉的入炉铁水温度和［Si］、［P］、［S］含量，迅速确定总的废钢加入量、冷却剂用量，及批料加入制度。该模型的特点如下：

（1）考虑了保持吹炼平稳的最大渣量和泡沫渣的最大稳定性与 $\mathrm{d}C/\mathrm{d}t$ 最大值错开的问题。

简要的说，造渣操作的目标是造成流动性和碱度等符合要求的液态熔渣，使钢水的硫、磷含量降到计划钢种的上限以下，并使吹氧期中喷铁和溢渣减至最少。对于小容量转炉，炉容比为 0.9，如采用大渣量操作，必然造成溢渣，这就提出了炉子的最大渣量问题和在碳焰上在 $\mathrm{d}C/\mathrm{d}t$ 达最大值之前造好碱度 $R \geqslant 1.8$ 的初渣，以此来保持吹炼平稳，规划转炉炼钢合理的去磷去硫任务。

（2）物热平衡计算分吹炼前期和终期进行，为优化炼钢奠定了基础。

（3）以最佳化初渣类型和前期物热平衡计算为依据来确定第一批渣料和废钢加料制度，为造好初渣，全程化渣去硫去磷，实现吹炼平稳，促进终点反应接近平衡开创可行之路。

（4）以最佳化终渣类型和全炉物热平衡计算为依据来确定吹炼第二批（或后期）渣料和全炉废钢（或后期冷却剂）加料制度。

（5）采用本书提出的或推荐的计算公式和数据，为提高模型准确度奠定了基础（或创造了条件）。

本模型包括以下几部分内容：

（1）预报转炉经济的可行的最大脱 P、脱 S 能力。

（2）提出对预处理后的铁水成分和温度的要求。

（3）分析铁水直接炼钢与预处理后炼钢的各项技术经济指标，为铁水预处理与否的决策提供依据。

（4）提出转炉炼钢合理化工艺的框架：

1）废钢比：包括全炉的废钢比范围、轻废钢比范围、全沸型废钢与混杂型废钢的使用条件，废钢的加入批次和顺序。

2）白云石：确定采用生白云石还是熟白云石，还是先熟白云石后生白云石兼用。

3）增设石灰石和海绵铁料仓的合理性和必要性。

4）合理的加料制度（包括批重和加入时间顺序）。

5）铁水扒渣与否和出钢挡渣与否。

6）是否必须采用双流氧枪。

7）初渣碱度分别为 1.2、1.4、1.5、1.6、1.8、2.0 和 2.6 时对加料制度的要求。

8）选定一定的原料成分范围内的炉渣碱度（取决于铁水的 [P] 含量，[S] 含量也占主要的地位）。

12.2.1 模型中运算公式和操作特征参数的选择

12.2.1.1 最佳化终渣的主要参数

为了获得最佳化的脱硫脱磷冶金效果，取 $(CaO)/(Fe_tO) = 2.1 \sim 2.3$，$(Fe_tO)/(SiO_2) = 1.8 \sim 2.0$，$(MgO) = (MgO)_{sat}$，$(CaO)/(SiO_2)$ 根据两方面的计算相比较而言，根据碱度而知渣量，从而求出该渣满足脱磷脱硫需要时，必须达到的最小 L_S 和 L_P 值；另外根据碱度预定终渣成分，从而按照理论公式求出该渣理论和实际上可以达到的 L_S' 和 L_P' 值，如 $L_S' = L_S + \varepsilon$，$L_P' = L_P + \varepsilon$，则所选的 R 成立，这样可以避免过高碱度和过大渣量带来的不良后果。

12.2.1.2 最佳化初渣的主要参数

为了保证吹炼平稳，实现全过程化渣去磷去硫，促进终点反应达到接近平衡，要达到预定的 η_S、η_P 值和较高的静态控制模型的命中率，正确选定最佳化初渣的主要参数是至关重要的。本模型取 $(CaO)/(SiO_2) = 1.6 \sim 2.0$，最小不得小于 1.4，$(Fe_tO)/(SiO_2) = 1.2$，$(MgO) = (MgO)_{sat}$。

12.2.1.3 中小转炉泡沫渣操作容许渣量

一般中小转炉泡沫渣操作容许渣量为 132kg/t，考虑采取适当抑制喷溅措施后，可取 140~150kg/t。

12.2.1.4 全炉的物料平衡和热平衡公式

$$\{-30.3054 + [106.968 + 0.319(T_{HM} - 20)]a + 0.2554T_{HM} + 9.22 \times 10^{-6}T_{HM}{}^2 +$$

$$72.314[\text{Si}]_{\text{HM}}+90.061[\text{P}]_{\text{HM}}+16.745[\text{Mn}]_{\text{HM}}+14.14[\text{S}]_{\text{HM}}\}W_{\text{HM}}+$$

$$\left(\begin{array}{l}\text{全沸型废钢 }14.6258-136.1475b\\\text{掺混型废钢 }32.1661-139.2247b\end{array}\right)W_{\text{SC}}+[8.8796(\text{FeO})+$$

$$12.7866(\text{Fe}_2\text{O}_3)+71.8194-0.3071(T_{\text{铁水}}+25)]W_{\text{SL}}-59W_{\text{LM}}-$$

$$\left(\begin{array}{l}\text{生白 }1080(535)\\\text{熟白 }8144(-13.16)\end{array}\right)W_{\text{DL}}-30.39W_{\text{F·S}}-954.1297W_{\text{ms}}+(40.6277+$$

$$0.32T_{\text{F·1}})W_{\text{F·1}}-0.2093V_{\text{OX}}-[19480[\text{C}]_{\text{F}}-\frac{56}{[\text{C}]_{\text{F}}}+16745.5[\text{Mn}]_{\text{F}}+$$

$$90061.11[\text{P}]_{\text{F}}+14140.097[\text{S}]_{\text{F}}+196.9975T_{\text{铁水}}-38264+k]=0 \qquad (12\text{-}2\text{-}1)$$

$$W_{\text{HM}}+W_{\text{SC}}=1090 \qquad (12\text{-}2\text{-}2)$$

式中，W_{HM} 为铁水量，kg；W_{SL} 为渣量，kg/t；W_{SC} 为废钢量，kg；W_{LM} 为石灰加入量，kg/t；W_{DL} 为白云石加入量，kg/t；$W_{\text{F·S}}$ 为炉衬侵蚀量，kg/t；$W_{\text{F·1}}$ 为萤石加入量，kg/t；W_{ms} 为铁皮加入量，kg/t；V_{OX} 为耗氧量，Nm^3/t；k 为热损失，如表 12-2-1 所示。

表 12-2-1　不同条件下的转炉热损失

间隔时间/min	0		5		10		20	
$T_{\text{F·1}}$/K	1706		1643		1605		1506	
操作方式	I	II	I	II	I	II	I	II
k/kcal·t^{-1}	10045	10045	13118	12485	15531	14136	21424	19026

按入炉铁水的 $t(℃)$，Si、P 含量确定全炉的废钢比。

12.2.1.5　初期的物料平衡和热平衡公式

采用生白云石做熔剂时的前期热平衡公式：

$$\{-23.0852+70.0597[\text{Si}]+89.2313[\text{P}]+[0.319(T_{\text{HM}}-20)+108.212]a+$$

$$0.2691T_{\text{HM}}+9.222\times10^{-6}T_{\text{HM}}^2\}W_{\text{HM}}+(89.155-197.1686b)W_{\text{SC}}-$$

$$55.9527W_{\text{LM}}-(463\sim1005)W_{\text{DL}}-28.916W_{\text{F·S}}-928.865W_{\text{ms}}+(102.013+$$

$$0.32T_{\text{F·1}})W_{\text{F·1}}-0.2093V_{\text{OX}}+[8.8796(\text{FeO})+12.6356(\text{Fe}_2\text{O}_3)-$$

$$417.981-0.305\Delta t]W_{\text{P·sL}}=342860+27204.4[\text{C}]_{\text{Hst}}+k \qquad (12\text{-}2\text{-}3)$$

表 12-2-2　吹炼前期转炉热损失

倒渣毕至下炉开吹间隔/min	0	5	10	20
$T_{\text{F·1}}$/K	1704	1643	1605	1506
k/kcal·t^{-1}（半钢）	0	3070	6110	11380

采用熟白云石：

$$\{23.0852+70.0597[Si]+89.2313[P]+[0.319(T_{HM}-20)+108.2121]a+$$

$$0.2691T_{HM}+9.222\times10^{-6}T_{HM}^2\}W_{HM}+(89.155-197.1686b)W_{SC}-55.9527W_{LM}-$$

$$(9.81-16.8)W_{DL}-28.916W_{F.S}+[8.8796(FeO)+12.6356(Fe_2O_3)-$$

$$417.981-0.305\Delta t]W_{P.sL}-928.8647W_{ms}+(102.013+0.32T_{F.1})W_{F.1}-0.2093V_{OX}=$$

$$34860+27204[C]_{Hst}+k \tag{12-2-4}$$

以确定初渣的可行性碱度和料批加入制度及白云石的用料制度等，以保证吹炼顺利进行。

12.2.1.6 理论公式的选择

A 计算$(MgO)_{sat}$值

$$(MgO)_{1873}^{初}=25.09-1.917R-7.364lg(TFe) \tag{12-2-5}$$

$$(MgO)_{1873}^{终}=22.76-1.917R-7.364lg(TFe) \tag{12-2-6}$$

$$lg(MgO)_{初}=lg(MgO)_{1873}-\frac{6000(1873-T)}{1873T} \tag{12-2-7}$$

$$lg(MgO)_{终}=lg(MgO)_{1873}-\frac{6000(1873-T)}{1873T} \tag{12-2-8}$$

式中，T为渣温，K。

B 计算L_P值

$R=\dfrac{(CaO)}{(SiO_2)}=0.91\sim1.9$时，

$$lg\frac{(P)}{[P]}=\frac{10637}{T}-10.365+0.074[(CaO)+0.7(MgO)]+$$

$$2.5lg(TFe)+0.5lg(P_2O_5) \tag{12-2-9}$$

$R>1.9$时，

$$lg\frac{(P)}{[P]}=\frac{11200}{T}-10.248+0.067[(CaO)+0.7(MgO)]+$$

$$2.5lg(TFe)+0.5lg(P_2O_5) \tag{12-2-10}$$

C 计算L_S的公式

一倒：

$$L_S=13.112-\frac{20484}{T}+0.998R-0.09(\sum FeO) \tag{12-2-11}$$

$$L_S=(17.33EB+1.23)\times0.4 \tag{12-2-12}$$

$$EB=(\eta_{CaO}+\eta_{MgO}+\eta_{MnO})-(2\eta_{SiO_2}+4\eta_{P_2O_5}+2\eta_{Al_2O_3}+\eta_{Fe_2O_3}) \tag{12-2-13}$$

终点：

$$L_S = \eta_S \times (17.33EB + 1.23) \qquad （Chipman 等人提出） \qquad (12\text{-}2\text{-}14)$$

（注：一倒至终点不再加渣料时，取 $\eta_S = 0.8$；一倒至终点如再加渣料时，取 $\eta_S = 0.4 \sim 0.6$。）

$$L_S = -11.55 + \frac{33994}{T} + 3.61EB + 0.095(\sum FeO) - 0.568(MgO) + 0.145(CaF_2) \qquad (12\text{-}2\text{-}15)$$

D　计算 L_{Mn} 的公式

（1）初期：

$$L_{Mn} = L_{Mn(理)} [0.555 - 1.712 \times 10^{-2}(\sum FeO)] \qquad (12\text{-}2\text{-}16)$$

（2）一倒：

$$L_{Mn} = 5.608 + 0.821(\sum FeO) - 2.625R_1 + \frac{8226}{T} \qquad (12\text{-}2\text{-}17)$$

$$（3）L_{Mn} = L_{Mn(理)} \cdot n_{Mn} \qquad (12\text{-}2\text{-}18)$$

$$L_{Mn} = L_{Mn(理)} [1.13 - 0.0242(\sum FeO)] \qquad (12\text{-}2\text{-}19)$$

E　计算 $[C]_{Hst}$ 公式

$$\lg \frac{[C]^{2.5}}{[P]} = \frac{53971}{T} - 34.51 + \lg N_{CaO} - 0.5\lg N_{P_2O_5} + 0.56\sum A_i N_i +$$

$$\lg \gamma_{CaO} + \lg P_{CO} - 0.22[C] \quad (R < 1.87) \qquad (12\text{-}2\text{-}20)$$

$$\lg \frac{[C]^{2.5}}{[P]} = \frac{54946}{T} - 32.435 + 1.5\lg N_{CaO} - 0.5\lg N_{P_2O_5} + 0.56\sum A_i N_i +$$

$$1.5\lg \gamma_{CaO} + 2.5\lg P_{CO} - 0.22[C] \quad (R > 1.87) \qquad (12\text{-}2\text{-}21)$$

F　计算 $[Si]_{Hst}$ 公式

$$[Si] = \frac{0.3274 f_C^2 [C] a_{SiO_2}}{f_{Si} P_{CO}^2} \qquad (12\text{-}2\text{-}22)$$

其中：

$$\lg f_C = 0.14[C] + 0.08[Si] \approx 0.14[C] \qquad (12\text{-}2\text{-}23)$$

$$\lg f_{Si} = 0.18[C] + 0.117[Si] + 0.056[S] + 0.11[P] \approx 0.18[C] \qquad (12\text{-}2\text{-}24)$$

12.2.1.7　转炉脱硫的冶金特性

A　L_S 和 (MgO) 的关系（图 12-2-1 及图 12-2-2）

$$L_S = -18.76 + \frac{32723}{T} + 1.25R + 0.558MgO - 0.0594MgO^2 - 0.09R \times MgO +$$

$$0.0167\sum FeO \times MgO + 8.4 [\%C] - 0.145P_0 + 1.7L_T \qquad (12\text{-}2\text{-}25)$$

$$L_S = 8.874 + 1.491R - 0.32\sum FeO + 0.572MgO - 0.0433MgO^2 -$$

$$0.0345R \times MgO - 0.0179\sum FeO \times MgO - 0.067P_{O_2} + 0.12L_T \qquad (12\text{-}2\text{-}26)$$

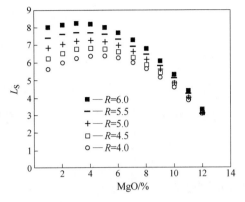

图 12-2-1 L_S 和（MgO）的关系（一）

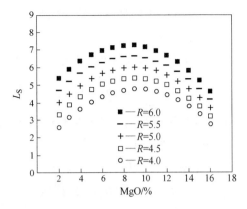

图 12-2-2 L_S 和（MgO）的关系（二）

由图 12-2-1、图 12-2-2 可见，对脱 S 来说为了获得最大的 L_S 值，（MgO）有一最佳含量，计算时应参考该值来制约$(MgO)_{sat}$的计算式和 Chipman 提出的 L_S 公式。

B L_S 与（CaO）/（SiO$_2$）的关系

$$L_S = 14.61 - \frac{10949}{T} - 3.358R - 0.0056\sum FeO^2 - 0.277MgO +$$

$$0.474R^2 - 0.032MgO^2 - 0.0215P_{O_2} - 1.214\ [\%C] \tag{12-2-27}$$

图 12-2-3 说明为了提高转炉脱 S 能力，宜控制（$\sum$FeO）在 15%~20% 和 $R \geqslant 4.0$。

$$L_S = 14.61 - \frac{10949}{T} - 3.358R - 0.0056\sum FeO^2 - 0.277MgO +$$

$$0.474R^2 - 0.032MgO^2 - 0.0215P_{O_2} - 1.214\ [\%C] \tag{12-2-28}$$

图 12-2-4 说明：在一倒 [C] 还较高时，L_S 总是随着（$\sum$FeO）的增大而降低，特别是 $R = 3.0~4.0$ 时（$\sum$FeO）>16% 后和当 $R = 4.5~5.0$ 时（$\sum$FeO）>20% 后的不利影响最为显著，故为了提高炉渣碱度促进石灰渣化，宜控制$(\sum FeO)_倒 \leqslant 16\%$（当 $R = 3.0~4.0$）和（$\sum$FeO）$\approx 20\%$（当 $R = 4.5~5.0$）。

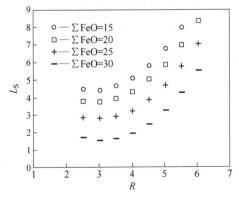

图 12-2-3 L_S 与（CaO）/（SiO$_2$）的关系

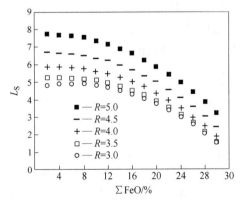

图 12-2-4 L_S 与 $\sum$FeO 的关系

12.2.1.8　转炉脱磷的冶金特性

A　L_P 和 R 的关系

$$L_P = -424669/T + 70.929q_{O_2} + 24.457L_T + 29.408[\%C] +$$

$$21.73(\%TFe) - 0.5998(\%TFe)^2 - 112.21 \qquad (12\text{-}2\text{-}29)$$

由图 12-2-5 可见，L_P 和 R 有极值关系，在 R 为最佳值时，L_P 较大，而 R 最佳值随 (TFe) 的增大而略有增大。在 (TFe) = 14%~20%时，R 最佳值大约在 4~4.7。

B　L_P 和 ($\sum$FeO) 间的关系

$$L_P = 1191300/T - 9.833R + 1.114MgO + 19.309\sum FeO -$$

$$0.359\sum FeO^2 + 0.269R \times \sum FeO - 0.96MgO \times \sum FeO - 708.75 \qquad (12\text{-}2\text{-}30)$$

由图 12-2-6 可见：

(1) 对 L_P 起决定性影响的是 ($\sum$FeO)，而 R 和 (MgO) 的影响位居末位，这说明 R 和 MgO 已接近饱和。

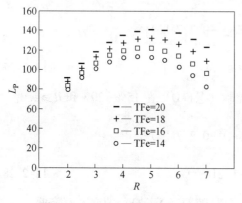

图 12-2-5　L_P 和 R 的关系（一）

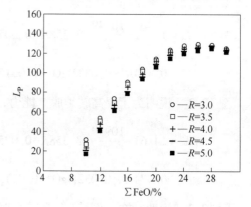

图 12-2-6　L_P 和 R 的关系（二）

(2) T 对 L_P 的影响居第二位，且 L_P 随 T 的降低而明显增大，这说明本实验的炉渣 (CaO) 含量仅是开始过饱和，故认为合理。

(3) 本方程中，未包括其他操作因素，和改善动力学条件的 CaF_2、Al_2O_3 等，而其 r 值仍达 0.97，这说明原上钢五厂 15t 转炉的最佳化造渣工艺试验的脱磷反应已接近平衡，证明其工艺是成功的。

C　L_P 与 (MgO) 的关系

$$L_P = 2214210/T + 0.971R + 14.378MgO - 2.238\sum FeO -$$

$$1.685MgO^2 + 0.657R \times MgO + 0.289MgO \times \sum FeO - 119.9 \qquad (12\text{-}2\text{-}31)$$

由图 12-2-7 可见：

(1) (CaO) 已饱和，仍属合理；

(2) (MgO) 有最佳值，其影响居首位；

(3) ($\sum$FeO) 已超过最佳值。

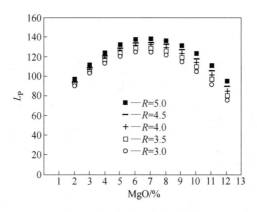

图 12-2-7 L_P 与 MgO 的关系

D （CaF$_2$）和（Al$_2$O$_3$）对 L_S、L_P 的影响

萤石有一个重要作用，就是能帮助石灰迅速溶解于渣中。实际上，萤石使初期渣中的石灰（或石灰石）块表面形成的硅酸二钙（2CaO·SiO$_2$）加速溶解。从五厂的实验数据表明有些炉次使用其他辅助溶剂似乎和萤石之间有同样的成渣速度，但看来去除的不如用萤石去除的多。CaF$_2$、Al$_2$O$_3$ 等的加入能降低炉渣黏度，即形成一种活泼的、流动性好的CaO 活度值的炉渣。CaF$_2$ 在一定程度上有挥发倾向，故而加入时间上就显得尤为重要，一般在第二批料中可适当的多加一些。而 Al$_2$O$_3$ 在转炉炼钢过程中可以说是不产生的，炉渣中适当的增加 Al$_2$O$_3$ 的含量对提高 L_S、L_P 有积极的意义。

通过对上钢五厂 15t 转炉最佳化造渣工艺实验结果的数据分析处理和多元回归分析，发现 CaF$_2$ 和 Al$_2$O$_3$ 在移动范围内对强化脱 S 和脱 P 有显著的作用。因此本模型设定 CaF$_2$ 分前后两批加入，前期控制 1~1.5kg/t，后期 2kg/t。

12.2.2 计算流程图（图 12-2-8、图 12-2-9）

12.2.3 静态工艺控制模型计算结果及分析

12.2.3.1 吹炼前期允许的废钢值及其调整

一般的静态控制模型都只考虑全炉冶炼终点的物料平衡和热平衡，并按此确定废钢量和各种渣料量，在开吹前将全部废钢加入和按设定的"重、中、轻"或"中、中、轻"料批制度，将 1/2~2/3 的渣料在头批加入而不管前期的热工情况。为此本模型专设了一个满足造好最佳化初渣要求的物料平衡和热平衡计算，务必使通过前后期，采用生白云石和熟白云石，R 大小，铁皮加入量的多少，以及前期脱 C 量的大小的调控来达到 $SC_{(初)}$ =$SC_{(终)}$，否则，如操作工艺是 $SC_{(初)} < SC_{(终)}$，而废钢按 $SC_{(终)}$ 于开吹前全部加入，则势必造成初期炉况冷行，导致喷溅。反之废钢按 $SC_{(初)}$ 加，则势必后期炉温过高，导致目前上海各钢铁厂用石灰和白云石做冷却剂的恶果。

吹炼前期允许 SC 值与 t_{HM}、$R_{初}$、$[C]_{Hst}$ 和生熟白云石的关系如图 12-2-10~图 12-2-14所示。

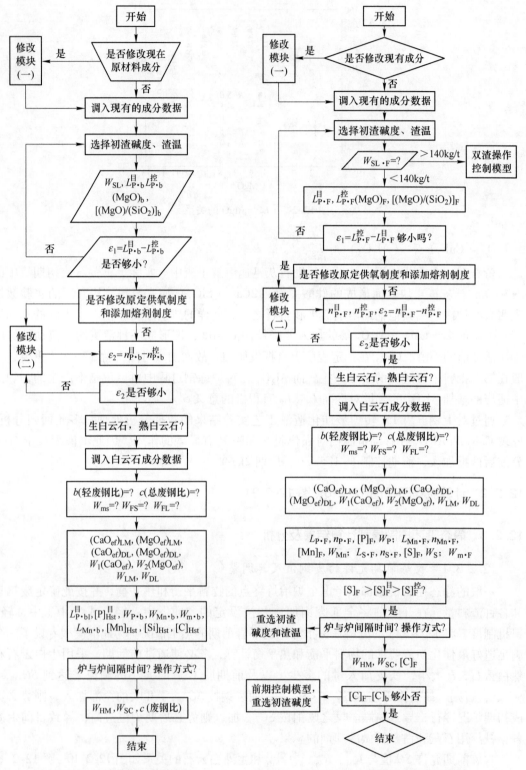

图 12-2-8　吹炼前期运算流程　　　　　　　图 12-2-9　全炉终期运算流程

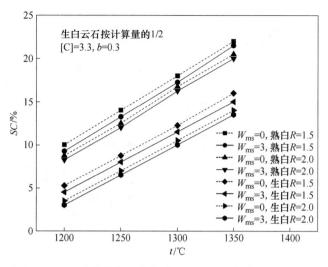

图 12-2-10　吹炼前期，当$[Si]_{HM}=0.7\%$，$[P]_{HM}=0.16\%$，

$t_{st}=1450°C$ 和 $[C]_{Hst}=3.3\%$时，前期允许的 SC 值与

t_{HM}、$R_{初}$、W_{ms} 和生熟白云石之间的关系

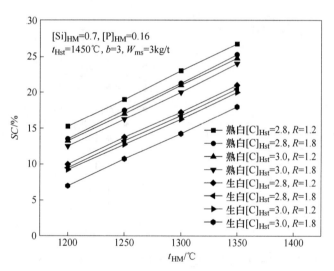

图 12-2-11　吹炼前期允许 SC 值与 t_{HM}、$R_{初}$、

$[C]_{Hst}$和生熟白云石的关系

从图 12-2-10~图 12-2-14 可见：

（1）吹炼前期允许的废钢值随 t_{HM} 和 $[Si]_{HM}$ 的增大，$R_{初}$ 和 $[C]_{Hst}$ 的减少而增大，特别是在 $[Si]_{HM}\geqslant0.5\%$时生白云石改为熟白云石时，废钢值显著增大。

（2）$t_{HM}=1300°C$，$[Si]_{HM}=0.7\%$ 以及 $[C]_{Hst}=3.3$，$W_{ms}=3.0kg/t$，采用生白云石时，$SC_{(全炉)}=14.5\%$，如操作按 $SC=14.5\%$和上述的条件进行，则势必造成前期热量不足，导致吹炼不平稳。但若是 $R_{初}$ 改为 1.8 和保持渣中足够石灰化渣所需的 Fe_tO 含量的前提下，而又能使 $[C]$ 在前期有更多的被氧化。如 $[C]_{Hst}=3.0\%$，则由图 12-2-11 可得 $SC_{(初)}=$

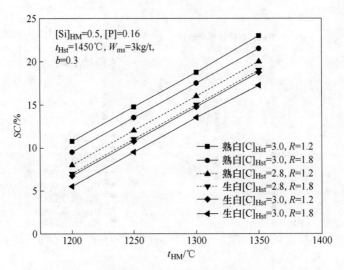

图 12-2-12　吹炼前期[Si]$_{HM}$＝0.5%时，允许的 SC 值与 t_{HM}、

$R_初$、[C]$_{Hst}$和生熟白云石之间的关系

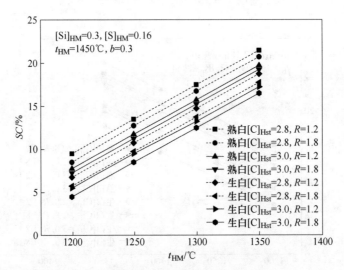

图 12-2-13　吹炼前期[Si]$_{HM}$＝0.3%时，允许的 SC 值与 t_{HM}、

$R_初$、[C]$_{Hst}$和生熟白云石之间的关系

14.5%，这样便可得到 $SC_{(初)}$＝$SC_{(终)}$。如为此目的，则采用双流氧枪将是调节[C]$_{Hst}$值，而又能保持（FeO）合理值的良好工具。

（3）在不具备双流氧枪的工厂，则只有通过低枪位操作来调节[C]$_{HM}$。但这样将不可能造好 R>1.6 的初渣，则不可能全程化渣去 P，和使终点 P、S 反应接近平衡。

（4）前期用熟白云石，后期用生白云石或前期再减少一些生白云石，将其移到第二批料去追加，都是调节 $SC_{(初)}$＝$SC_{(全炉)}$的办法。

（5）SC 按 $SC_{(初)}$加入，然后在中后期补加海绵铁（或自熔性烧结矿），或上部料仓准备一个生石灰石料仓，用部分生石灰代替部分熟石灰，而不应该在后期用石灰和生石灰石

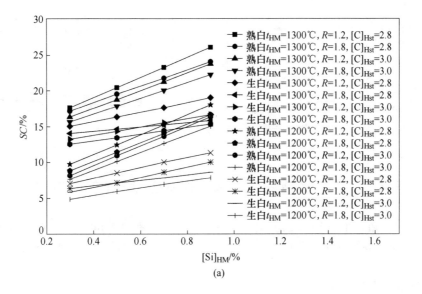

(a)

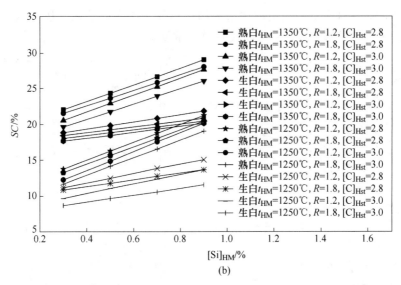

(b)

图 12-2-14　吹炼前期允许的 SC 值与[Si]$_{HM}$、t_{HM}、

$R_初$、[C]$_{Hst}$ 和生熟白云石之间的关系

做冷却剂。

12.2.3.2　影响废钢比 SC 的主要因素

A　[Si]$_{HM}$ 的影响

过去总以为提高[Si]$_{HM}$ 的含量可显著提高 SC，但计算结果表明（见图 12-2-15 和图 12-2-16），当采用熟白云石时，在 R 较小时，SC 随[Si]$_{HM}$ 增大将有所增大，在 R 较大时，则极不明显；而采用生白云石的全部计算量时，则出现了 SC 的负值，就是采用生白云石的一半计算量时，其 SC 也是随[Si]$_{HM}$ 增大而减小，这说明采用低 Si 铁水炼钢是合理的。

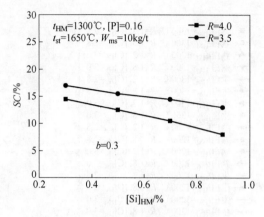

图 12-2-15　采用生白云石计算量的一半时，
SC 与 $[Si]_{HM}$ 和 R 的关系

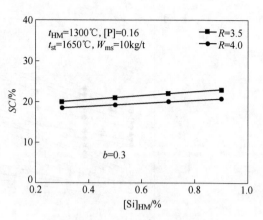

图 12-2-16　采用熟白云石时，
SC 与 $[Si]_{HM}$ 和 R 的关系

B　铁水温度的影响

由图 12-2-17 和图 12-2-18 可见 SC 随 t_{HM} 的增大成正比例增大。每提高铁水温度 50℃，废钢比约增加 3%，这主要是除增加铁水的物理热外，还增加了化学热（因为 $[C]_{HM}$ 增加了）。故提高了入炉铁水温度，对多吃废钢具有重要意义。

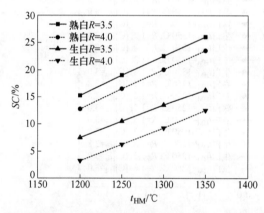

图 12-2-17　$[Si]_{HM}=0.9\%$ 时，SC 与 t_{HM}，
R 和生熟白云石之间的关系

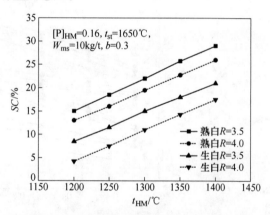

图 12-2-18　$[Si]_{HM}=0.7$ 时，SC 与 t_{HM}，
R 和生熟白云石之间的关系

C　出钢温度 t_{st} 的影响

由图 12-2-19 可见 SC 随 t_{st} 的增高成反比下降。每提高出钢温度 50℃，则废钢约降低 3%，故采取措施把当前中小转炉与小方坯连铸机配合（出钢温度 1680~1720℃ 降至 1650℃），不仅带来了多吃废钢的效果，还将有助于提高 L_P，从而可降低 R，进一步提高 SC 值。

D　$R_{终}$ 的影响

由图 12-2-15~图 12-2-19 均可看到，SC 随 $R_{终}$ 的增大而显著降低，反之也是。当 R 由 4.0 降为 3.5 时，SC 可提高约 4%（生白云石时）~2%（熟白云石时），故避免片面追求高碱度是十分必要的。

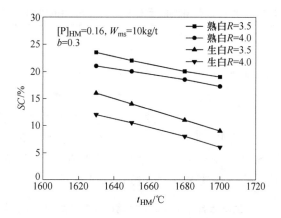

图 12-2-19 $[Si]_{HM} = 0.7$，$t_{HM} = 1300℃$ 时，

SC 与 t_{st}、R 和生熟白云石之间的关系

E 生白云石和熟白云石的选择

从图 12-2-15 ~ 图 12-2-19 可见，熟白云石和生白云石相比，即使前者按 $(MgO) =$ $(MgO)_{sat}$ 的计算量加，而后者按 $(MgO) = 1/2 (MgO)_{sat}$ 的计算量加，采用熟白云石也比生白云石多吃废钢 6.0% ~ 8.0%。这是十分可观的，相当于提高铁水温度 100 ~ 125℃ 的作用。同时采用生白时受热量的限制，不可能按 $(MgO) = (MgO)_{sat}$ 的计算量加，这势必增大炉衬的侵蚀。

12.2.3.3 少渣量操作的可行性

图 12-2-20 为 $[Si]_{HM} = 0.3\%$ 时 SC 与 t_{HM}、R 及生熟白云石之间的关系。

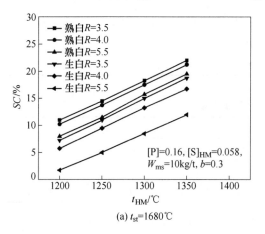
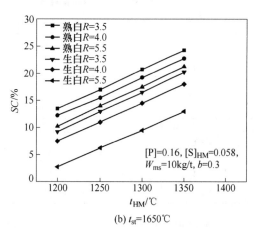

图 12-2-20 $[Si]_{HM} = 0.3\%$ 时，SC 与 t_{HM}、

R 及生熟白云石之间的关系

由图 12-2-20 可见：

（1）如铁水沟预脱 $[Si]$ 至 0.3%，铁水含 $[P]$ 为 0.16%，$[S] = 0.058\%$，则需 $R_{终}$ $= 5.5$。如果要求 $SC_{(终)} = 10\%$，则允许脱 Si 后的铁水入炉温度如表 12-2-3 所示。

表 12-2-3　生白云石与熟白云石所需的脱 Si 后的铁水入炉温度

白云石　t_{HM}/℃　t_{st}/℃	1650	1680
生白云石	1310	约 1350
熟白云石	1200	约 1220

说明采用熟白云石时，铁水预脱 Si 工艺+转炉脱 P、脱 S 工艺可行。

（2）如铁水同时脱 S 脱 Si（至 0.3%）然后转炉少渣去 P，则 $R=4.0$ 即可。如仍要求 $SC_{(终)}=10\%$，则允许预处理后的铁水温度如表 12-2-4 所示。

表 12-2-4　生白云石与熟白云石所需的预处理后的铁水入炉温度

白云石　t_{HM}/℃　t_{st}/℃	1650	1680
生白云石	1240	1260
熟白云石	1180	1200

说明采用生白云石、熟白云石时，预脱 Si、S 工艺+转炉脱 P 工艺均可行。

12.2.3.4　总渣料一览表

当 $t_{HM}=1300℃$，$[Si]_{HM}=0.7$ 和 $[P]_{HM}=0.16\%$，$[S]_{HM}=0.058\%$，满足造好初渣的头批渣料和全炉脱 P 脱 S 所需的总渣料如表 12-2-5 和表 12-2-6 所示。

表 12-2-5　前期渣料加入量

白云石	$R=1.5$			$R=2.0$		
	C_{SC}	W_{LM}/kg·t^{-1}	W_{DL}/kg·t^{-1}	C_{SC}	W_{LM}/kg·t^{-1}	W_{DL}/kg·t^{-1}
生白云石	0.119	20.781	19.402	0.105	30.291	21.516
熟白云石	0.171	15.382	18.559	0.162	24.162	20.516

表 12-2-6　全炉渣料加入量

白云石	$R=3.5$			$R=4.0$		
	C_{SC}	W_{LM}/kg·t^{-1}	W_{DL}/kg·t^{-1}	C_{SC}	W_{LM}/kg·t^{-1}	W_{DL}/kg·t^{-1}
生白云石	0.145	56.933	24.842	0.110	71.911	31.482
熟白云石	0.218	49.396	31.644	0.199	62.106	29.041

由表可见，该石灰和白云石耗量是较低的，与上钢五厂 15t 转炉的最佳化造渣工艺试验结果相符，同时也说明静态控制模型可用于指导生产。